名品

최신 **출제기준** 반영

산업안전기사

최병환 저

필기

실시간 카톡문의
@kisa
1544-8509

자격시험안내

1. 개요

생산관리에서 안전을 제외하고는 생산성 향상이 불가능하다는 인식속에서 산업현장의 근로자를 보호하고 근로자들이 안심하고 생산성 향상에 주력할 수 있는 작업환경을 만들 기위하여 전문적인 지식을 가진 기술인력을 양성하고자 자격제도제정.

2. 시행기관 및 원서접수

한국산업인력공단(www.q-net.or.kr)

3. 수행직무

제조 및 서비스업 등 각 산업현장에 배속되어 산업재해 예방계획의 수립에 관한 사항을 수행 하며, 작업환경의 점검 및 개선에 관한 사항, 유해 및 위험방지에 관한 사항, 사고사례 분석 및 개선에 관한 사항, 근로자의 안전교육 및 훈련에 관한 업무 수행

4. 시험과목 및 검정방법

구분	시험과목	검정방법
필기시험	① 산업재해 예방 및 안전보건교육 ② 인간공학 및 위험성 평가·관리 ③ 기계·기구 및 설비 안전 관리 ④ 전기설비 안전 관리 ⑤ 화학설비 안전 관리 ⑥ 건설공사 안전 관리	객관식 4지 택일형, 과목당 20문항(과목당 30분)
실기시험	산업안전관리실무	복합형[필답형(1시간 30분) + 작업형(1시간 정도)]

5. 합격기준

① 필기 : 100점을 만점으로 하여 과목당 40점 이상, 전 과목 평균 60점 이상
② 실기 : 100점을 만점으로 하여 60점 이상

6. 응시절차

1	필기원서접수	• Q-net를 통한 인터넷 원서접수 • 필기접수 기간 내 수험원서 인터넷 제출 • 사진(6개월 이내에 촬영한 3.5×4.5cm 칼라사진, 수수료 전자결제 • 수험표 본인 선택(선착순)
2	필기시험	수험표, 신분증, 필기구(흑색 싸인펜 등), 공학용계산기 지참
3	합격자 발표	• Q-net를 통한 합격확인(마이페이지 등) • 응시자격(기술사, 기능장, 산업기사, 서비스 분야 일부종목) • 제한종목은 합격예정자 발표일부터 8일 이내에(토, 공휴일 제외) • 응시자격서류를 제출하여 합격처리된 사람에 한하여 실기접수가 가능
4	실기원서 접수	• 실기접수기간 내 수험원서 인터넷(www.Q-net.or.kr)제출 • 사진(6개월 이내에 촬영한 반명함판 사진파일(JPG), 수수료(정액) • 시험일시, 장소, 본인 선택(선착순) 단, 기술사 면접시험은 시행 10일 전 공고
5	실기시험	수험표, 신분증, 필기구, 공학용 계산기, 수험자 지참준비물(작업형 시험한정) 지참
6	최종합격자 발표	Q-net를 통한 합격확인(마이페이지 등)
7	자격증 발급	• (인터넷) 인터넷 신청 후 우편 배송 • (방문수령) 여권규격사진 및 신분확인 서류

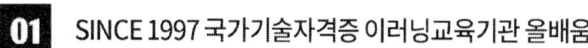

│ 전국 한국산업인력공단 안내 │

기관명	주소	연락처
서울지역본부	(02512)서울 동대문구 장안벚꽃로 279(휘경동 49-35)	02-2137-0590
서울서부지사	(03302)서울 은평구 진관3로 36(진관동 산100-23)	02-2024-1700
서울남부지사	(07225)서울시 영등포구 버드나루로 110(당산동)	02-876-8322
서울강남지사	(06193)서울시 강남구 테헤란로 412 알레르망타워 15층(대치동)	02-2161-9100
인천지사	(21634)인천시 남동구 남동서로 209(고잔동)	032-820-8600
경인지역본부	(16626)경기도 수원시 권선구 호매실로 46-68(탑동)	031-249-1201
경기동부지사	(13313)경기 성남시 수정구 성남대로 1214 광우빌딩(1~7층)	031-750-6200
경기서부지사	(14488) 경기도 부천시 길주로 463번길 69(춘의동)	032-719-0800
경기남부지사	(17561)경기 안성시 공도읍 공도로 51-23	031-615-9000
경기북부지사	(11801)경기도 의정부시 바대논길 21 해인프라자 3~5층(고산동)	031-850-9100
강원지사	(24408)강원특별자치도 춘천시 동내면 원창 고개길 135(학곡리)	033-248-8500
강원동부지사	(25440)강원특별자치도 강릉시 사천면 방동길 60(방동리)	033-650-5700
부산지역본부	(46519)부산시 북구 금곡대로 441번길 26(금곡동)	051-330-1910
부산남부지사	(48518)부산시 남구 신선로 454-18(용당동)	051-620-1910
경남지사	(51519)경남 창원시 성산구 두대로 239(중앙동)	055-212-7200
경남서부지사	(52733)경남 진주시 남강로 1689(초전동 260)	055-791-0700
울산지사	(44538)울산광역시 중구 종가로 347(교동)	052-220-3277
대구지역본부	(42704)대구시 달서구 성서공단로 213(갈산동)	053-580-2300
경북지사	(36616)경북 안동시 서후면 학가산 온천길 42(명리)	054-840-3000
경북동부지사	(37580)경북 포항시 북구 법원로 140번길 9(장성동)	054-230-3200
경북서부지사	(39371)경상북도 구미시 산호대로 253(구미첨단의료 기술타워 2층)	054-713-3000
광주지역본부	(61008)광주광역시 북구 첨단벤처로 82(대촌동)	062-970-1700
전북지사	(54852)전북특별자치도 전주시 덕진구 유상로 69(팔복동)	063-210-9200
전북서부지사	(54098)전북특별자치도 군산시 공단대로 197번지 풍산빌딩 2층(수송동)	063-731-5500
전남지사	(57948)전남 순천시 순광로 35-2(조례동)	061-720-8500
전남서부지사	(58604)전남 목포시 영산로 820(대양동)	061-288-3300
대전지역본부	(35000)대전광역시 중구 서문로 25번길 1(문화동)	042-580-9100
충북지사	(28456)충북 청주시 흥덕구 1순환로 394번길 81(신봉동)	043-279-9000
충북북부지사	(27480)충북 충주시 호암수청2로 14 (호암동) 충주농협 호암행복지점 3~4층	043-722-4300
충남지사	(31081)충남 천안시 서북구 상고1길 27(신당동)	041-620-7600
세종지사	(30128)세종특별자치시 한누리대로 296(나성동)	044-410-8000
제주지사	(63220)제주 제주시 복지로 19(도남동)	064-729-0701

기사 출제기준(필기)

직무 분야	안전관리	중직무 분야	안전관리	자격 종목	산업안전기사	적용 기간	2024.1.1. ～ 2026.12.31.

○ 직무내용

제조 및 서비스업 등 각 산업현장에 소속되어 산업재해 예방계획의 수립에 관한사항을 수행하며, 작업환경의 점검 및 개선에 관한 사항, 사고사례 분석 및 개선에 관한 사항, 근로자의 안전교육 및 훈련 등을 수행하는 직무이다.

필기검정방법	객관식	문제수	120	시험시간	3시간

필기과목명	문제수	주요항목
산업재해 예방 및 안전보건교육	20	1. 산업재해예방 계획수립　　2. 안전보호구 관리 3. 산업안전심리　　　　　　4. 인간의 행동과학 5. 안전보건교육의 내용 및 방법 6. 산업안전관계법규
인간공학 및 위험성 평가관리	20	1. 안전과 인간공학　　　　　2. 위험성 파악·결정 3. 위험성 감소 대책 수립·실행 4. 근골격계질환 예방관리 5. 유해요인 관리　　　　　　6. 작업환경 관리
기계·기구 및 설비안전관리	20	1. 기계공정의 안전　　　　　2. 기계분야 산업재해 조사 및 관리 3. 기계설비 위험요인 분석　　4. 기계안전시설 관리 5. 설비진단 및 검사
전기설비 안전관리	20	1. 전기안전관리 업무수행　　2. 감전재해 및 방지대책 3. 정전기 장·재해 관리　　　4. 전기 방폭 관리 5. 전기설비 위험요인 관리
화학설비 안전관리	20	1. 화재·폭발 검토　　　　　2. 화학물질 안전관리 실행 3. 화공안전 비상조치 계획·대응 4. 화공 안전운전·점검
건설공사 안전관리	20	1. 건설공사 특성분석　　　　2. 건설공사 위험성 3. 건설업 산업안전보건관리비 관리 4. 건설현장 안전시설 관리 5. 비계·거푸집 가시설 위험방지 6. 공사 및 작업 종류별 안전

차례

6과목　건설공사 안전관리

부록　과년도 문제풀이

PART 1

산업재해예방 및
안전보건 교육

INDUSTRIAL SAFETY

안전관리 개요

01 안전제일의 유래 및 이념

1. 안전제일의 유래
(1) U. S. Steel Co.의 게리(E. H. Gary) 사장이 주장
(2) 경영방침 : 안전 제1, 품질 제2, 생산 제3으로 정함

2. 안전제일이념 : 인도주의가 바탕이 된 인간존중

3. 산업안전의 이념(안전관리의 효과)
(1) 인간존중 : 안전제일 이념
(2) 생산성 향상 및 품질향상 : 안전태도 개선 및 손실예방
(3) 기업의 경제적 손실예방 : 재해로 인한 인적·재산손실예방
(4) 대외여론 개선으로 신뢰성 향상 : 노사협력의 경영태세 완성
(5) 사회복지증진 : 경제성 향상

02 사고(Accidnet)

1. 정의

(1) 원하지 않는 사상(Undesired Event)

(2) 비효율적인 사상(Inefficient)

(3) 변형된 사상(Strained Event)

2. 무상해 무사고(Near Accident)

인명이나 물적 등 일체의 피해가 없는 사고로 '앗차 사고'라고도 한다.

3. 안전사고

고의성이 없는 어떤 불안전한 행동이나 조건이 선행되어 발생하는 사고를 의미한다.

> □ 참고
> **안전사고의 본질적 특성**
> 1) 사고발생의 시간성
> 2) 우연성 중의 법칙성
> 3) 필연성 중의 우연성
> 4) 사고의 재현 불가능성

03 재해(Loss, Calamity)

1. 재해 정의

(1) 산업재해

(가) 일반적인 정의 : 안전사고의 결과로 일어난 인명피해 및 재산의 손실을 의미한다.

(나) 산업안전보건법상 정의 : 근로자가 업무에 관계되는 건설물, 설비, 원자재, 가스, 증기, 분진 등에 의하거나 작업 기타 업무에 기인하여 사망 또는 부상하거나 질병에 이환되는 것을 말한다.

(2) 중대재해

(가) 사망자가 1명 이상 발생한 재해를 의미한다.

(나) 3개월 이상의 요양이 필요한 부상자가 동시에 2명 이상 발생한 재해를 의미한다.

(다) 부상자 또는 직업성질병자가 동시에 10명 이상 발생한 재해를 의미한다.

2. 재해 조사

(1) 재해조사의 목적 : 동종 재해 및 유사재해의 재발방지

(2) 재해조사의 순서

① 현장 확인 → ② 목격자 및 관계자 진술 → ③ 자료수집
→ ④ 검증(사고의 실연 검증) → ⑤ 분석평가 → ⑥ 재확인

3. 재해의 분류

(1) 통계적 분류

(가) 사망 : 노동손실 일수가 7,500일 상해를 의미한다.

(나) 중상해 : 부상에 의해 8일 이상의 노동 손실을 가지고 온 상해를 의미한다.

(다) 경상해 : 부상에 의해 하루 이상 7일 이하의 노동 손실을 가지고 온 상해를 의미한다.

(라) 경미 상해 : 8시간 이하의 휴식 또는 가벼운 노동이나 통원치료를 받으면서 작업을 수행할 수 있을 정도의 상해를 의미한다.

(2) 상해정도별 분류(ILO에 의한 구분)

(가) 사망 : 사고로 인하여 생명을 잃는 것으로 부상이 악화되어 일정 기간 이내에 죽는 것을 포함한다.

(나) 영구 전노동 불능 상해 : 사고에 의한 부상으로 영구적으로 근로를 할 수 없는 상태로 신체장애 등급은 1 ~ 3급에 해당한다.

(다) 영구 일부 노동 불능 상해 : 사고에 의한 부상으로 신체의 일부가 영구적으로 기능을 상실한 상태로 신체 장애 듭급은 4 ~ 14급에 해당한다.

(라) 일시 전노동 불능 상해 : 의사의 진단에 따라 일정 기간 동안 노동을 할 수 없는 상태로 치료가 끝난 후 원래의 상태로 회복이 될 수 있는 상해를 의미한다.

(마) 일시 일부 노동 불능 상해 : 의사의 진단에 따라 일정 기간 동안 가벼운 노동을 제외하고는 할 수 없는 상해를 의미한다.

(바) 구급처치상해(응급조치상해) : 응급처치 또는 잠깐 동안의 치료 및 휴식을 받고 원래대로 돌아가 노동을 참여할 수 있는 상해를 의미한다.

(3) 상해종류에 의한 분류

분류 항목	세 부 항 목
골절	뼈가 부러진 상해
동상	저온물 접촉으로 생긴 동상 상해
부종	국부의 혈액순환에 이상으로 몸이 퉁퉁 부어오르는 상해
찔림(자상)	칼날 등 날카로운 물건에 찔린 상해
타박상(삐임)	타박, 충돌, 추락 등으로 피부표면 보다는 피하조직 또는 근육부를 다친 상해(삔 것 포함)
절단	신체부위가 절단된 상해
중독ㆍ질식	음식, 약물, 가스 등에 의한 중독이나 질식된 상해
찰과상	스치거나 문질러서 벗겨진 상해
베임(창상)	창, 칼 등에 베인 상해
화상	화재 또는 고온물 접촉으로 인한 상해
뇌진탕	머리를 세게 맞았을때 장해로 일어난 상해
익사	물속에 추락해서 익사한 상해
피부염	작업과 연관되어 발생 또는 악화되는 모든 피부질환
청력장해	청력이 감퇴 또는 난청이 된 상해
시력장해	시력이 감퇴 또는 실명된 상해
기타	항목 분류 불능 시 상해 명칭을 기재할 것

(4) 재해 형태별 분류

분류 항목	세 부 항 목
추락	사람이 건축물, 비계, 기계, 사다리, 계단. 경사면, 나무 등에서 떨어지는 것
전도	사람이 평면상으로 넘어졌을 때를 말함(과속, 미끄러짐 포함)
충돌	사람이 정지물에 부딪힌 경우
낙하·비래	물건이 주체가 되어 사람이 맞은 경우
협착·감김	물건에 끼워진 상태, 말려든 상태
감전(전류접촉)	전기 접촉이나 방전에 의해 사람이 충격을 받은 경우
폭발	압력의 급격한 발생, 개방으로 폭음을 수반한 팽창이 일어난 경우
붕괴·도괴	적재물, 비계, 건축물이 무너진 경우
파열	용기 또는 장치가 물리적인 압력에 의해 파열한 경우
화재	화재로 인한 경우를 말하며 관련물체는 발화물을 기재
무리한 동작	무거운 물건을 들다 허리를 삐거나 부자연할 자세나 반동으로 상해를 입는 경우
이상온도 접촉	고온이나 저온에 접촉한 경우
유해물 접촉	유해물 접촉으로 중독이나 질식된 경우
기타	항목 구분 불능 시 발생형태를 기재 할 것

4 재해 원인

(1) 원인 분류

(가) 직접원인

1. 불안전한 행동	2. 불안전한 상태
① 위험장소 접근	① 기계 자체 결함
② 안전장치의 기능 제거	② 안전 방호장치 결함
③ 복장 보호구의 잘못사용	③ 복장 보호구의 결함
④ 기계 기구 잘못 사용	④ 물건의 배치 및 작업 장소 결함
⑤ 운전 중인 기계장치의 손질	⑤ 작업환경의 결함
⑥ 불안전한 속도 조작	⑥ 생산 공정의 결함
⑦ 위험물 취급 부주의	⑦ 설비의 결함
⑧ 불안전한 상태 방치	
⑨ 불안전한 자세 동작	
⑩ 감독 및 연락 불충분	

(나) 간접원인(관리적원인)

항 목	세 부 항 목
1. 기술적 원인	① 건물, 기계장치 설계 불량 ② 구조, 재료의 부적합 ③ 생산 공정의 부적당 ④ 점검, 정비보존 불량
2. 교육적 원인	① 안전의식의 부족 ② 안전수칙의 오해 ③ 경험훈련의 미숙 ④ 작업방법의 교육 불충분 ⑤ 유해위험 작업의 교육 불충분
3. 작업관리상의 원인	① 안전관리 조직 결함 ② 안전수칙 미제정 ③ 작업준비 불충분 ④ 인원배치 부적당 ⑤ 작업지시 부적당

(2) **통계적 원인 분석 방법**

(가) 파렛토도 : 문제 및 목표 이해를 편리하게 하기 위해 사고 유형, 기인물 등 분류 항목을 큰 순서대로 도표화 한 분석법이다.

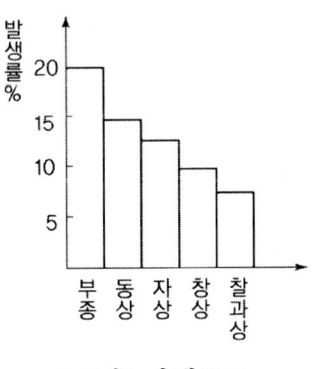

[그림] 파렛토도

(나) 특성 요인도 : 특성과 요인관계를 도표로 하여 어골상으로 세분화 한 분석법이다.

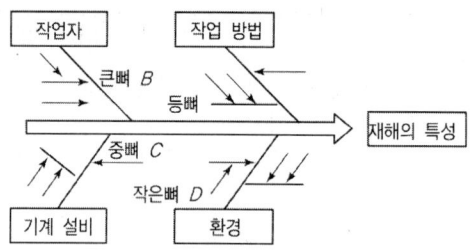

A : 등뼈, B : 큰뼈, C : 중뼈(중분류), D : 작은 뼈(소분류)

[그림] 특성요인도

(다) 크로스(Cross)분석 : 데이터(Data)를 집계 후 표로 표시하고 요인별 결과 내역을 교차한
크로스 그림을 작성하여 2가지 이상의 문제 관계를 분석하는데 이용하는 방법이다.

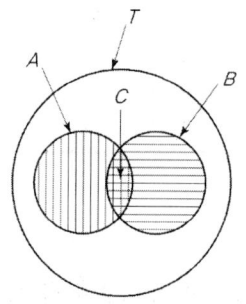

[그림] 크로스(Cross) 분석

(라) 관리도 : 재해 발생 건수 등의 추이를 파악하여 목표관리를 행하는데 필요한 월별
재해발생수를 그래프화하여 관리선을 설정 관리하는 방법이다.

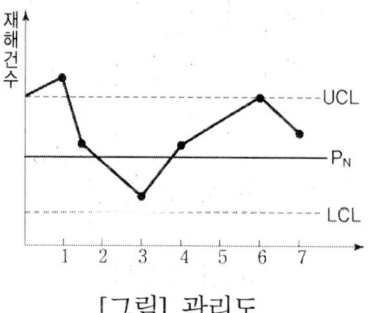

[그림] 관리도

5. 재해 발생

(1) 재해발생의 메커니즘(Mechanism)

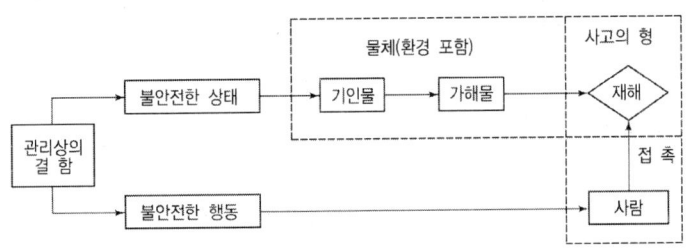

[그림] 재해발생의 기본적 모델

(가) 용어의 정의

1) 사고의 형(型) : 물체와 사람과의 접촉의 현상을 말한다.
   - 물체가 사람에 직접 접촉한 현상을 의미한다.
   - 사람이 유해 환경 하에 폭로된 현상을 의미한다.

2) 기인물과 가해물
   - 기인물 : 불안전한 상태에 있는 물체(환경포함)를 의미한다.
   - 가해물 : 직접 사람에게 접촉되어 위해를 가한 물체를 의미한다.

(나) 메커니즘 유형

1) 단순 자극형(집중형) : 상호자극에 의해 순간적으로 재해가 발생하는 유형을 의미한다.

2) 연쇄형 : 하나의 사고요인이 또 다른 요인을 발생시키며 재해를 발생하는 유형을 의미한다.

3) 복합형 : 연쇄형과 단순자극형의 복합적인 발생 유형을 의미한다.

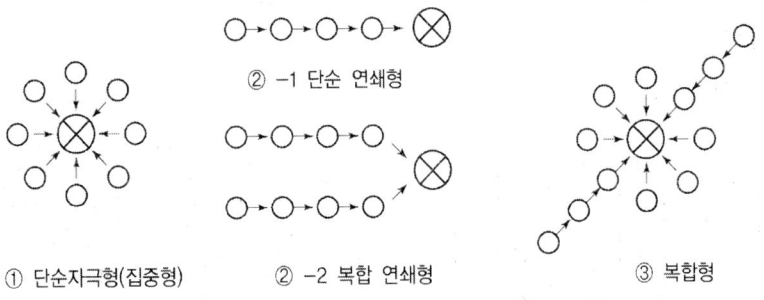

[그림] 재해발생의 메커니즘

(2) 재해발생시의 조치사항

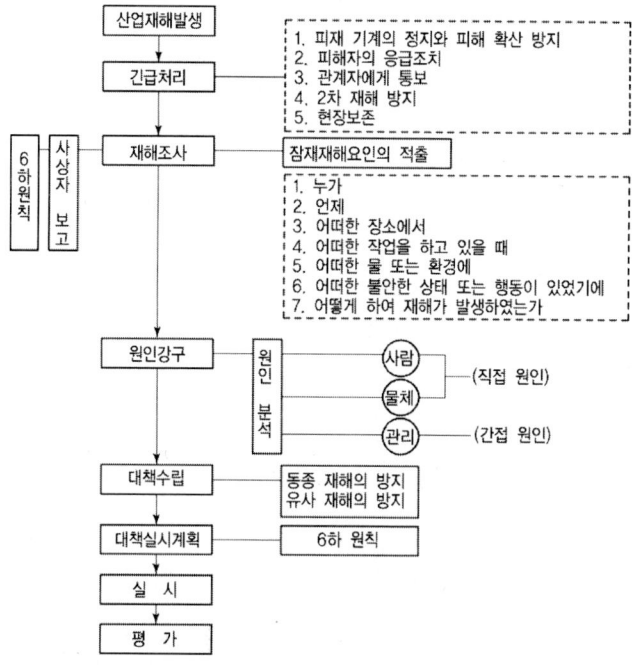

(3) 재해발생의 원리

(가) 하인리히(Heinrich)의 사고연쇄성 이론[도미노(domino)현상]

1) 사고 발생의 기본 5단계

- 1단계 : 사회적 환경 및 유전적 요소
- 2단계 : 개인적 결함
- 3단계 : 불안전한 행동 및 불안전한 상태(물리적, 기계적 위험)
- 4단계 : 사고
- 5단계 : 재해

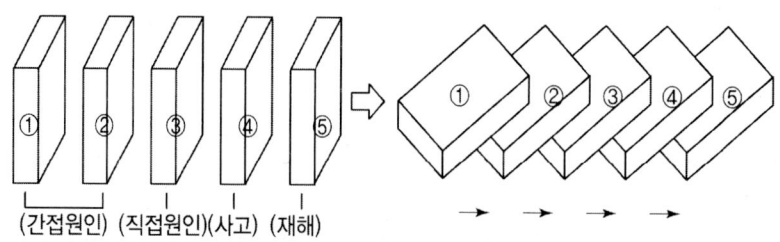

[그림] 사고 발생의 연쇄과정 - 도미노현상

2) 재해 발생 과정

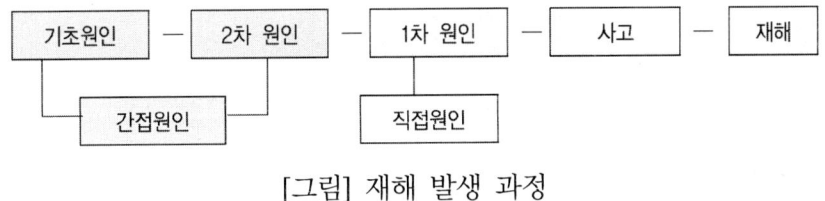

[그림] 재해 발생 과정

가) 간접원인 : 재해의 가장 깊은 곳에 존재하는 재해원인이다.
- 기초원인 : 유전적 요소 또는 사회적 환경에 의해 발생한다.
- 2차원인 : 신체적 원인, 정신적 원인 등 개인적 결함에 의해 발생한다.

나) 직접원인(1차원인) : 시간적으로 사고 발생에 가까운 원인이다.
- 물적 원인 : 불안전한 상태를 의미한다.
- 인적원인 : 불안전한 행동을 의미한다.

(나) 버드(Bird)의 사고 연쇄성 이론

(1) 1단계 : 통제의 부족 - 관리소홀(경영)

(2) 2단계 : 기본원인 - 기원(원인론)

(3) 3단계 : 직접원인 - 징후

(4) 4단계 : 사고 - 접촉

(5) 5단계 : 상해 - 손해/손실

(다) 아담스(Adams)의 사고연쇄성 이론

(1) 1단계 : 관리구조 - 목적, 조직, 운영 등

(2) 2단계 : 작전적(전략적) 에러 - 관리자 및 감독자의 행동에러(회사운영실수)

(3) 3단계 : 전술적 에러 - 관리·기술적 실수

(4) 4단계 : 사고 - 사고의 발생(앗차사고, 무상해사고)

(5) 5단계 : 상해 또는 손실 - 대인, 대물(부상, 손해, 재산피해)

6. 재해발생 비율

(1) 하인리히의 재해구성 비율(1 : 29 : 300의 법칙)

재해에 의해 발생할 수 있는 상해를 크게 사망 또는 중상과 경상으로 구분하고, 1일 미만 휴업 상해를 무상해 사고로 정하고 이에 따른 재해 발생 비율을 나타낸 것이다.
- 사망 또는 중상(휴업 8일 이상) : 1
- 경상(휴업 1일 ~ 7일 미만) : 29

· 무상해 사고 또는 앗차 사고 : 300

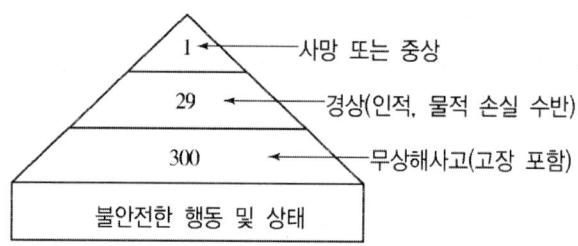

(2) 버드의 재해구성 비율(1 : 10 : 30 : 600)

재해에 의해 발생할 수 있는 상해를 크게 폐질 또는 중상, 인적·물적 상해를 모두 포함한 경상, 물적 손실만의 무상해 사고, 사고의 위험한 순간을 의미하는 무상해·무사고 고장으로 구분하고 이에 따른 재해 발생 비율을 나타낸 것이다.

· 폐질 또는 중상 : 1
· 경상(인적 상해, 물적 손실 모두 포함) : 10
· 무상해 사고(물적 손실만 포함) : 30
· 무상해·무사고 고장(위험한 순간) : 600

7. 재해율

(1) **연천인율**(年千人率) : 1년 동안 근로자 1,000명 중 발생한 사상자수를 의미한다. 인구비로 나타내는 재해 비율이기 때문에 근로시간 및 근로일수의 변동이 심한 경우 적용하기에 부적합하다.

$$연천인율 = \frac{사상자수}{연평균근로자수} \times 1,000$$

여기서, 사상자수는 사망자, 부상자 등 모든 재해로 인해 피해를 받은 사람의 수를 합한 것을 의미한다.

(2) **도수율**(Frequency Rate of Injury : FR) : 산업재해의 발생빈도를 나타내는 것으로, 연 근로시간 합계 100만 시간당의 재해발생건수이다.

$$도수율 = \frac{재해발생건수}{연근로시간수} \times 10^{6}$$

여기서, 연 근로시간의 기준은 다음과 같다.

- 1일 = 8시간
- 1개월 = 25일
- 1년 = 300일

= 300일 × 8시간/1일 = 2,400시간

□참고

도수율과 연천인율 관계

1) 도수율 $= \dfrac{연천인율}{2.4}$

2) 연천인율 = 도수율 × 2.4

---

(3) 강도율(Severity Rate of Injury : SR) : 재해의 경중, 즉 강도를 나타내는 척도로서 연 근로 1,000시간당 재해에 의해서 잃어버린 근로손실일수를 의미한다.

$$강도율 = \frac{근로손실일수}{연근로시간수} \times 1,000$$

□참고

근로손실일수 산정방법

(1) 사망 빛 영구 전노동 불능 상해(신체장애 등급 : 1 ~ 3등급) : 7,500일

(2) 영구 일부 노동 불능 상해(신체장애 등급 : 4 ~ 14등급)

· 신체장애 4등급 : 5,500일	· 신체장애 5등급 : 4,000일
· 신체장애 6등급 : 3,000일	· 신체장애 7등급 : 2,200일
· 신체장애 8등급 : 1,500일	· 신체장애 9등급 : 1,000일
· 신체장애 10등급 : 600일	· 신체장애 11등급 : 400일
· 신체장애 12등급 : 200일	· 신체장애 13등급 : 100일
· 신체장애 14등급 : 50일	

(3) 일시 전노동 불능 상해 $= 휴업일수 \times \dfrac{300}{365}$

---

(4) 환산 도수율(F) : 입사해서 퇴직할 때까지 평생 동안(40년)의 근로시간인 10만 시간당 재해건수를 의미한다.

$$환산도수율 = \frac{도수율}{10}$$

(5) 환산 강도율(S) : 10만 시간당 근로손실일수를 의미한다.

$$환산 강도율(S) = 강도율 \times 100$$

(6) 종합재해지수(도수 강도치, Frequency Severity Indicator : F.S.I)

$$도수강도치 = \sqrt{도수율(F) \times 강도율(S)}$$

8. 세이프 티 스코어(Safe T. score)

(1) 과거와 현재의 안전 성적을 비교 평가하는 방법으로 단위가 없으며 계산결과가 (+)이면 나쁜 기록, (-)이면 좋은 기록으로 본다.

$$세이프 티 스코어 = \frac{빈도율(현재) - 빈도율(과거)}{\sqrt{\dfrac{빈도율(과거)}{근로총시간수(현재)} \times 10^6}}$$

(2) 판정기준

- +2.0 이상 : 과거에 비해 심각하게 나빠짐
- +2.0 ~ -2.0 : 큰 차이는 없음
- -2.0 이하 : 과거에 비해 좋아짐

9. 재해 코스트

(1) 하인리히(Heinrich)의 1 : 4 법칙

총재해 Cost = 직접비 + 간접비(직접비 : 간접비 = 1 : 4)

(가) 직접비 : 법령으로 정한 피해자에게 지급되는 산재보상비를 의미한다.
- 휴업보상비 : 평균임금의 100분의 70에 상당하는 금액을 의미한다.
- 장해보상비 : 신체 장애가 남는 경우 장애등급에 의한 금액을 의미한다.
- 요양보상비 : 요양비의 전액을 의미한다.
- 장의비 : 평균임금의 120일 분에 상당하는 금액을 의미한다.
- 유족보상비 : 평균임금의 1,300일분에 상당하는 금액을 의미한다.
- 기타 유족특별보상비, 장애특별보상비, 상병보상연금 등

(나) 간접비 : 재산손실, 생산중단 등으로 기업이 입은 손실로서 정확한 산출이 어려울 때에 직접비의 4배로 산정하여 계산한다.
- 인적손실 : 본인 및 제3자에 관한 것을 포함한 시간손실
- 물적 손실 : 기계, 공구, 재료, 시설의 복구에 소비된 시간손실 및 재산손실
- 생산손실 : 생산 감소, 생산중단, 판매 감소 등에 의한 손실
- 기타손실 : 병상 위문금. 여비 및 통신비, 입원중의 잡비, 장의비용 등

(2) 시몬즈(R. H. Simonds)의 법칙

총재해 Cost = 산재보험 코스트 + 비 보험 코스트

(가) 산재보험 코스트 = 산업재해보상보험법에 의해 보상된 금액 + 보험회사의 보험에 관련된 제경비 및 이익금을 합친 금액

(나) 비보험 코스트 = (휴업상해건수 × A) + (통원상해건수 × B) + (응급조치건수 × C) + (무상해 사고 건수 × D)

(단, 여기서 A, B, C, D는 재해 정도별에 의한 비 보험 코스트의 평균치)

(다) 재해의 종류(사망과 영구 전노동 불능 상해는 비보험 코스트 산정에서 제외된다.)
- 휴업상해 : 영구 일부 노동 불능 상해 및 일시 전 노동 불능 상해를 의미한다.
- 통원상해 : 일시 일부 노동 불능 상해 및 의사의 통원조치를 필요로 한 상해를 의미한다.

• 응급조치상해 : 응급조치 상해 또는 8시간 미만의 휴업 및 의료조치를 필요로 하는 상해를 의미한다.

• 무상해 사고 : 의료조치를 필요로 하지 않는 상해사고 및 20달러 이상의 재산손실 또는 8시간 이상의 손실을 발생한 사고를 의미한다.

(3) 버드(F. E. Bird's Jr)의 법칙

보험비 : 비보험 재산 비용 : 비보험 기타 재산 비용 = 1 : 5 ~ 50 : 1 ~ 3

(가) 비보험 재산 비용 : 쉽게 측정이 가능하며 동시에 보험에 가입되어 있지 않은 재산손실 비용을 의미한다.

(나) 비보험 기타 재산 비용 : 측정하기 어려운 보험에 들지 않은 기타 비용을 의미한다.

10. 재해예방

(1) 재해 예방대책의 기본원리(사고방지원리의 단계)

단 계 별 과 정		내 용
1단계	조직	① 경영층의 참여 ② 안전관리자의 임명 ③ 안전의 라인 및 참모 조직 구성 ④ 안전 활동 방침 및 계획 수립 ⑤ 조직을 통한 안전 활동 수행
2단계	사실의 발견	① 사고 및 안전 활동 기록 검토 ② 작업분석 ③ 안전점검 및 안전진단 ④ 사고조사 ⑤ 안전회의 및 토의 ⑥ 근로자의 제안 및 여론조사 ⑦ 관찰 및 보고서의 연구 등을 통하여 불안전요소 발견
3단계	분석평가	① 사고 원인 및 경향성 분석 ② 사고기록 및 자료 분석 ③ 인적·물적 조건의 분석 ④ 작업공정 분석 ⑤ 교육 훈련 분석 등을 통하여 사고의 직접원인 및 간접원인을 규명
4단계	시정방법의 선정	① 기술적 개선 ② 인사조정(배치조정) ③ 교육 훈련의 개선 ④ 안전행정의 개선 ⑤ 규정 및 수치 작업표준 제두의 개선 ⑥ 확인 및 통제체제 개선
5단계	시정책의 적용 (3E 적용)	① 기술적(Engineering) 대책 ② 교육적(Education) 대책 ③ 단속(Enforcement) 대책

[참고]
· 3S : ① 표준화(Standardization), ② 전문화(Specification), ③ 단순화(Simplification)
· 4S : 3S + 종합화(Synthesization)

(2) 재해예방의 4원칙

(가) 손실 우연의 원칙 : 사고에 의해서 생기는 손실(상해)의 종류와 정도는 우연적이다.

(나) 원인 계기의 원칙 : 모든 재해는 필연적인 원인에 의해서 발생한다.

(다) 예방 가능의 원칙 : 재해는 원칙적으로 모두 예방이 가능하다.

(라) 대책 선정의 원칙 : 가장 효과적인 재해 예방 대책의 선정은 원인의 정확한 분석에 의해서 얻어질 수 있다.

CHAPTER 02

안전보건관리

01 안전관리 조직의 형태

1. 라인(Line)조직 형(직계식 조직)

(1) 안전관리에 관한 계획에서 실시에 이르기까지 모든 권한이 포괄적이고 직선적으로 행사된다.

(2) 생산 조직 전체에 안전관리 기능을 부여하며 안전을 전문적으로 분담하지는 않는다.

(3) 100명 이하의 소규모 사업장에 적합하다.

(4) 장점

· 안전지시나 개선조치가 각 부분의 직제를 통하여 생산업무와 같이 흘러가므로 지시나 조치가 철저할 뿐만 아니라 그 실시도 빠르다.

· 명령과 보고가 상하관계 뿐이므로 간단명료하다.

(5) 단점

· 안전에 대한 정보가 불충분하며, 안전 전문 입안이 되어 있지 않아 내용이 빈약하다.

· 생산업무와 같이 안전대책이 실시되므로 불충분하다.

· 라인에 과중한 책임을 지우기가 쉽다.

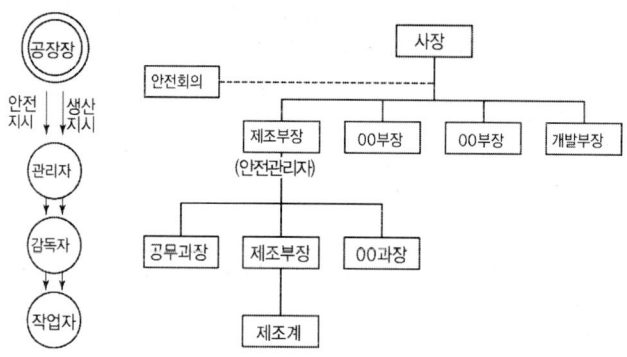

[그림] 라인형(Line) 안전관리조직

2. 스탭(Staff)형(참모식 조직)

(1) 안전관리를 담당하는 스탭(참모진)을 두고 안전관리에 관한 계획, 조사, 검토, 권고, 보고 등을 행하는 방식이다.

(2) 100명 이상 ~ 500명 미만인 중규모 사업장에서 주로 사용되는 형태이다

(3) 장점

- 안전지식 및 기술 축적이 용이하므로 사업장의 특수성에 적합한 기술연구를 전문적으로 할 수 있다.
- 경영자에게 직접적으로 조언과 자문 역할을 할 수 있다.

(4) 단점

- 생산 부분과 협력하여 안전 명령을 전달하므로 안전과 생산을 별개로 취급하기 쉽다.
- 생산부분은 안전에 대한 책임과 권한이 없다.
- 권한 다툼이나 조정 때문에 통제가 복잡해지며, 시간과 노력이 소모된다.

3. 라인(Line) · 스탭(Staff)형의 복합형(직계 · 참모식 조직)

(1) 라인형과 스탭형의 장점을 취한 절충식 조직 형태로 안전업무를 전문으로 담당하는 스탭 부분을 두고 생산 라인의 각층에도 겸임 또는 전임의 안전 담당자를 두어서 안전대책은 스탭 부분에서 기획하고, 라인을 통하여 실시하도록 한 조직 방식이다.

(2) 1,000명 이상의 대규모 사업장에 효율적인 시스템이다.

(3) 장점

- 전문가에 의해 입안된 것을 경영자의 지침으로 명령을 실시하므로 신속·정확하다.
- 안전입안 계획 평가 조사는 스탭에서, 생산기술의 안전대책은 라인에서 실시하므로 안전 활동과 생산업무가 균형을 유지할 수 있다.

(4) 단점

- 명령계통과 조언·권고적 참여가 혼동되기 쉽다.
- 안전 스탭의 월권행위로 라인에 간섭하는 경우가 있다.

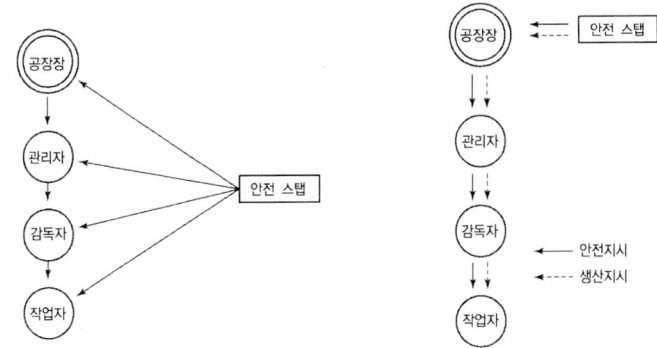

[그림] 스탭형 안전관리조직   [그림] 라인 · 스탭형 안전관리조지

02 산업안전보건법상의 안전·보건관리 조직

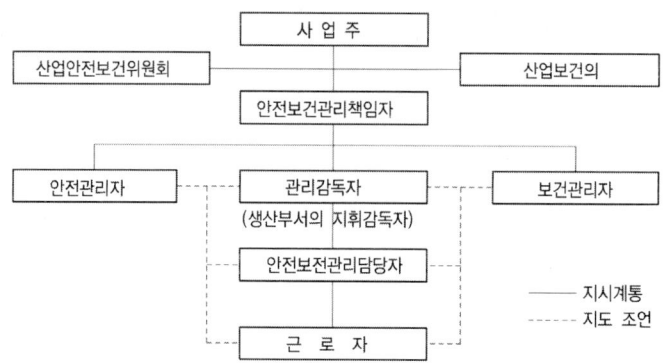

[그림] 안전·보건관리 조직의 체계도

1. 관리자별 특징

(1) 안전보건관리책임자

(가) 선임 조건

· 100인 이상의 사업장

· 20억 이상의 건설 공사 사업

(나) 자격 조건 : 사업의 실질적 총괄 관리가 가능한 자

(다) 업무 내용

1) 산업재해 예방계획의 수립에 관한 사항

2) 안전보건관리규정의 작성 및 그 변경에 관한 사항

3) 근로자의 안전·보건교육에 관한 사항

4) 작업환경의 측정 등 작업환경의 점검 및 개선에 관한 사항

5) 근로자의 건강진단 등 건강관리에 관한 사항

6) 산업재해의 원인조사 및 재발방지대책의 수립에 관한 사항

7) 산업재해에 관한 통계의 기록, 유지에 관한 사항

8) 안전·보건에 관련되는 안전장치 및 보호구 구입시의 적격품 여부 확인에 관한 사항

9) 기타 근로자의 유해, 위험예방조치에 관한 사항으로 고용노동부령이 정하는 사항

(2) 안전관리자

(가) 선임 조건 : 상시 근로자가 300인 이상의 사업장

(나) 자격 조건 : 산업안전기사 또는 건설안전 기사 등을 소지한 자

(다) 업무 내용

1) 산업안전보건위원회 또는 안전·보건에 관한 노사협의체에서 심의·의결한 업무와 해당 사업장의 안전보건관리규정 및 취업규칙에서 정한 직무

2) 안전인증대상 기계·기구 등과 자율안전확인대상 기계·기구 등의 구입시 적격품의 선정에 관한 보좌 및 조언·지도

3) 위험성 평가에 관한 보좌 및 조언·지도

4) 해당 사업장 안전교육계획의 수립 및 안전교육 실시에 관한 보좌 및 조언·지도

5) 사업장 순회점검·지도 및 조치의 건의

6) 산업재해 발생의 원인 조사·분석 및 재발방지를 위한 기술적 보좌 및 조언·지도

7) 산업재해에 관한 통계의 유지·관리·분석을 위한 보좌 및 조언·지도

8) 법 또는 법에 따른 명령으로 정한 안전에 관한 사항의 이행에 관한 보좌 및 지도·조언

9) 업무 수행 내용의 기록·유지

10) 그 밖에 안전에 관한 사항으로서 고용노동부장관이 정하는 사항

(3) 관리감독자

(가) 선임 조건 : 모든 사업장

(나) 자격 조건 : 생산 부서의 지휘 감독자

(다) 업무 내용

1) 사업장내 관리감독자가 지휘·감독하는 작업(이하 "해당 작업")과 관련되는 기계·기구 또는 설비의 안전·보건점검 및 이상유무의 확인

2) 관리감독자에게 소속된 근로자의 작업복·보호구 및 방호장치의 점검과 그 착용·사용에 관한 교육·지도

3) 해당 작업에서 발생한 산업재해에 관한 보고 및 이에 대한 응급조치

4) 해당 작업의 작업장의 정리정돈 및 통로확보의 확인·감독

5) 해당 사업장의 산업보건의·안전관리자 및 보건관리자의 지도·조언에 대한 협조

6) 그 밖에 해당 작업의 안전·보건에 관한 사항으로서 고용노동부령으로 정하는 사항

(4) 안전보건관리담당자

(가) 선임 조건 : 상시근로자 20명 이상 50명 미만인 다음에 해당하는 사업장에 안전보건관리담당자를 1명 이상 선임할 것

· 제조업

· 임업

　　　·하수, 폐수 및 분뇨 처리업

　　　·폐기물 수집, 운반, 처리 및 원료 재생업

　　　·환경 정화 및 복원업

(나) 업무 내용

　1) 안전·보건교육 실시에 관한 보좌 및 조언·지도

　2) 위험성평가에 관한 보좌 및 조언·지도

　3) 작업환경측정 및 개선에 관한 보좌 및 조언·지도

　4) 건강진단에 관한 보좌 및 조언·지도

　5) 산업재해 발생의 원인 조사, 산업재해 통계의 기록 및 유지를 위한 보좌 및 조언·지도

　6) 산업안전·보건과 관련된 안전장치 및 보호구 구입 시 적격품 선정에 관한 보좌 및 조언·지도

2. 안전조직의 일반적인 업무내용

구 분	업 무 내 용
경영자(사업주)	① 기본방침 및 안전시책의 시달 ② 안전조직 편성(원활한 안전조직의 확립) ③ 안전예산의 책정 ④ 안전한 기계설비, 작업환경의 유지
관리자	① 구체적인 안전관리 기준 규정의 작성 ② 설비, 공정, 작업방법 등의 안전상의 검토 ③ 위험시 응급조치 ④ 재해조사 및 재해방지 ⑤ 안전 활동의 평가
현장감독자 (현장인진관리의 핵심)	① 작업자 지도 및 교육훈련 ② 작업감독 및 지시 ③ 안전점검 ④ 직장안선 회의 ⑤ 재해보고서 작성 ⑥ 개선에 관한 의견 상신
작업자	① 작업 전 점검 실시 ② 보고 및 신호의 이행 ③ 안전작업의 이행 ④ 개선 필요시 의견 제시

3. 산업안전보건위원회

(1) 산업안전보건위원회를 설치·운영해야 할 사업의 종류 및 규모

사업의 종류	규모
1. 토사석 광업 2. 목재 및 나무제품 제조업 : 가구 제외 3. 화학물질 및 화학제품 제조업 : 의약품 제외(세제, 화장품 및 광택제 제조업과 화학섬유 제조업은 제외) 4. 비금속 광물제품 제조업 5. 1차 금속 제조업 6. 금속가공제품 제조업 : 기계 및 기구는 제외 7. 자동차 및 트레일러 제조업 8. 기타 기계 및 장비 제조업(사무용 기계 및 장비 제조업은 제외) 9. 기타 운송장비 제조업(전투용 차량 제조업은 제외)	상시근로자 50명 이상
10. 농업 11. 어업 12. 소프트웨어 개발 및 공급업 13. 컴퓨터 프로그래밍, 시스템 통합 및 관리업 14. 정보서비스업 15. 금융 및 보험업 16. 임대업 : 부동산 제외 17. 전문 과학 및 기술 서비스업(연구개발업은 제외) 18. 사업지원 서비스업 19. 사회복지 서비스업	상시근로자 300명 이상
20. 건설업	공사금액 120억원 이상 (토목 공사업에 해당하는 공사의 경우에는 150억원 이상)
21. 제1호부터 제20호까지의 사업을 제외한 사업	상시근로자 100명 이상

(2) 위원회의 구성

(가) 사용자위원(10명)

- 해당 사업의 대표자(같은 사업으로서 다른 지역에 사업장이 있는 경우에는 그 사업장의 안전보건관리책임자를 말한다.)
- 안전 관리자(안전 관리자를 두어야 하는 사업장으로 한정하되, 안전관리자의 업무를 안전관리전문기관에 위탁한 사업장의 경우에는 그 안전관리전문기관의 해당 사업장 담당자를 말한다.) 1명
- 보건관리자(보건관리자를 두어야 하는 사업장으로 한정하되, 보건관리자의 업무를

보건관리전문기관에 위탁한 사업장의 경우에는 그 보건관리전문기관의 해당 사업장 담당자를 말한다.) 1명

· 산업보건의(해당 사업장에 선임되어 있는 경우로 한정한다.)

· 해당 사업의 대표자가 지명하는 9명 이내의 해당 사업장 부서의 장

(나) 근로자위원(10명)

· 근로자대표

· 근로자대표가 지명하는 1명 이상의 명예산업안전감독관(명예 산업안전 감독관이 위촉되어 있는 사업장의 경우에 한함)

· 근로자대표가 지명하는 9명 이내의 해당 사업장의 근로자

(3) 위원회의 심의·의결 사항

· 안전보건관리책임자의 업무에 관한 사항

· 중대재해의 원인조사 및 재발방지대책의 수립에 관한 사항

· 유해·위험기계·기구와 그밖에 설비를 도입한 경우 안전보건조치에 관한 사항

(4) 위원회의 운영

· 위원장은 위원 중에서 호선한다. 이 경우 근로자위원과 사용자위원 중 각 1명을 공동위원장으로 선출할 수 있다.

· 위원회는 3개월마다 정기적으로 개최하며 필요시 임시회를 개최할 수도 있다.

03 안전관리

1. 안전 · 보건관리 규정

(1) 세부 내용
- 총칙(목적·법령 및 제규정과의 관계, 용어의 정의 등)
- 관리규정(기본조직 및 관리체계, 책임과 직무의 한계, 담당부서의 신설에 따른 업무 관리활동 등)
- 안전기준(기계, 기구, 설비 등에 대한 안전기준과 보존조치 등)
- 보건 기준(근로자의 건강관리, 작업환경관리 등)
- 교육적 대책(교육기준, 안전수칙, 표준작업 등에 대한 기준 등)
- 하청 사업장의 안전관리기준
- 보호구 관리에 관한 기준
- 재해 및 사고에 관한 규칙
- 색채관리 및 안전표시 등에 관한 기준
- 안전검사와 안전점검기준

(2) 안전·보건관리규정에 포함시켜야 할 사항
- 안전보건관리조직과 그 직무에 관한 사항
- 안전보건교육에 관한 사항
- 작업장 안전관리에 관한 사항
- 작업장 보건관리에 관한 사항
- 사고조사 및 대책수립에 관한 사항
- 그밖에 안전보건에 관한 사항

(3) 안전관리규정 작성상의 유의 사항
- 규정된 기준은 법정기준을 상회하도록 할 것
- 관리자층의 직무와 권한, 근로자에게 강제 또는 요청한 부분을 명확히 할 것
- 관계 법령의 제·개정에 따라 즉시 개정이 되도록 라인(Line) 활용에 쉬운 규정이 되도록 할 것
- 작성 또는 개정 시에 현장의 의견을 충분히 반영시킬 것
- 규정내용은 정상 시는 물론 이상 시 사고 및 재해 발생시의 조치에 관하여도 규정할 것

2. 안전관리 계획

(1) 안전관리 계획의 기본방향
- 현재기준 범위 내에서의 안전 유지 방향
- 현재 기준의 재설정 방향
- 문제해결의 방향

(2) 계획수립시의 유의 사항
- 사업장의 실태에 맞도록 독자적으로 수립하되, 실현가능성이 있도록 한다.
- 직장단위로 구체적 계획을 작성한다.
- 계획상의 재해 감소 목표는 점진적으로 수준을 높이도록 한다.
- 근본적인 안전대책을 강구한다.
- 복수적인 계획안을 내어 그 중에서 선택한다.

(3) 계획 작성 시 고려해야할 사항
- 목표와 대책은 평형상태를 유지해야 한다.
- 대책을 구상하기 전에 조감도를 작성한다.
- 조감도에 의한 대책의 우선순위 결정시 유의 사항
  ① 목표 달성에 대한 기여도
  ② 대책의 긴급성에 의해 우선순위 결정
  ③ 문제의 확대 가능성의 여부
  ④ 대책의 난이성에 의한 우선순위 결정 지양

(4) 계획내용의 구비조건
- 구체적인 내용일 것
- 타 관리 재계획과 균형이 맞을 것
- 장기적인 관점에서 일관성이 있을 것
- 실시 가능한 것일 것
- 이해하기가 용이할 것

(5) 평가 : 계획의 완성은 '계획 → 실시 → 평가 → 계획수정 → 완성 → 평가'를 통해서 이루어진다.

(가) 평가시의 유의 사항

· 재해건수, 재해율 등의 목표치와 안전활동 자체평가 실시

· 다각적인 평가가 되도록 실시

· 평가 결과에 따라 개선 방향 설정

(나) 주요평가척도

· 절대척도 : 재해건수 등 수치

· 상대척도 : 도수율, 강도율 등

· 평정척도 : 양적으로 나타내는 것이며, 양, 보통, 불량 등 단계로 평정

· 도수척도 : %로 나타내는 것

(6) 안전관리의 사이클(계획의 운용) : 관리의 사이클을 회전시킨다(P → D → C → A).

· Plan(계획) : 목표를 정하고 달성하는 방법을 계획한다.

· Do(실시) : 교육, 훈련을 하고 실행에 옮기는 것이다.

· Check(검토) : 결과를 검토하는 것이다.

· Action(조치) : 검토한 결과에 의해 조치를 취하는 것이다.

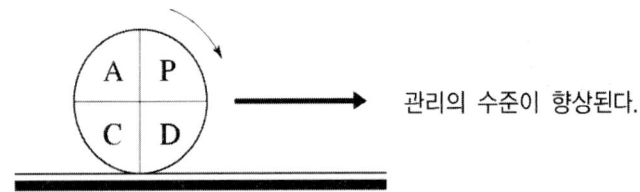

관리의 수준이 향상된다.

[그림] 관리의 사이클

04 안전보건개선계획

1. 개선 계획 사업장

(1) 안전보건개선계획 수립대상 사업장
- 산업 재해율이 같은 업종의 규모별 평균 산업 재해율보다 높은 사업장
- 사업주가 안전보전조치 의무를 이행하지 아니하여 중대재해가 발생한 사업장
- 유해인자의 노출기준을 초과한 사업장

(2) 안전보건진단을 받아 개선계획을 수립·제출해야 되는 사업장
- 산업 재해율이 같은 업종의 평균 산업 재해율보다 높은 사업장 중 중대재해가 발생한 사업장
- 산업 재해율이 같은 업종 평균 산업재해율의 2배 이상인 사업장
- 직업병에 걸린 사람이 연간 2명 이상(상시 근로자 1,000명 이상 사업장의 경우 3명 이상)인 사업장
- 작업환경불량, 화재·폭발 또는 누출사고로 사회적 물의를 일으킨 사업장

2. 안전 · 보건 개선계획서에 포함해야 되는 내용

(1) 기본 내용
- 시설
- 안전 · 보건교육
- 안전 · 보건관리체제
- 산업재해예방 및 작업환경의 개선을 위하여 필요한 사항

(2) 공통사항에 포함되는 항목
- 안전 · 보건관리조직(안전 · 보건관리책임자 임명, 안전 · 보건관리자의 임명, 안전담당자 임명)
- 안전표지 부착(금지표지, 경고표지, 지시표지, 안내표지, 기타 표지)
- 보호구 착용(작업복, 안전모, 보안경, 방진 마스크, 귀마개, 안전대, 안전화, 기타)
- 건강진단실시(일반건강진단, 특수건강진단, 채용시 건강진단)

(3) 중점 개선계획의 항목
- 시설(비상통로, 출구, 계단, 급수원, 소방시설, 작업설비, 운반경로, 안전통로, 배연시설, 배기시설, 배전시설 등 시설물의 안전대책)
- 기계 장치(기계별 안전장치, 전기장치, 가스장치, 동력전도장치, 운반장치, 용구 공구 등의 보존 상태 등의 안전대책)
- 원료·재료(인화물, 발화물, 유해물, 생산원료 등의 취급방법, 적재방법, 보관방법 등의 안전대책)
- 작업방법(안전기준, 작업표준, 보호구 관리상태 등에 대한 대책)
- 작업환경(정리정돈, 청소상태, 채광조명, 소음, 분진, 고열, 색채, 온도, 습도, 환기 등의 개선대책)
- 기타(산업안전·보건법, 안전·보건 기준상 조치사항)

3. 작업공정별 유해 위험 분포도 작성 시 포함되는 내용
- 각 공정 속에 숨어있는 유해 위험요소의 발견
- 각 공정 간의 표준작업의 상태
- 각 공정별로 종사하는 작업자의 파악
- 공정상의 기계, 재료, 도구의 공학적 결함 유무
- 작업조건 및 작업방법 개선
- 공정에서 발생된 재해 및 사고 분석

CHAPTER 03

무재해운동

01 개요

1. 3대 원칙
- 무의 원칙
- 참가의 원칙
- 선취 해결의 원칙

2. 무재해운동 추진의 3기둥(무재해운동의 3요소)
- 최고 경영자의 경영자세
- 라인화의 철저(관리감독자에 의한 안전보건의 추진)
- 직장(소집단)의 자주 활동의 활성화

02 무재해 운동의 안전 활동 기법

1. 브레인스토밍(B.S. : Brain Storming)

(1) 정의 : 잠재의식을 일깨워 자유롭게 아이디어를 개발하기 위한 토의식 기법을 의미한다.

(2) 4원칙
- 비평금지 : '좋다, 나쁘다' 비평하지 않는다.
- 자유분방 : 마음대로 편안히 발언한다.
- 대량발언 : 무엇이건 좋으니 많이 발언한다.
- 수정발언 : 타인의 아이디어에 수정하거나 덧붙여 말하여도 좋다.

2. TBM(Tool Box Meeting)

(1) 정의 : 불안전한 행동에 의한 사고를 줄이기 위해 5 ~ 7명 정도의 소집단으로 작업장 내 안전한 장소에서 하는 미팅을 의미한다.

(2) 미팅 시간
- 작업 전 : 5 ~ 15분(가장 많이 이용하는 방법)
- 점심시간 후 : 5 ~ 15분
- 작업 종료 후 : 3 ~ 5분

(3) 미팅 5단계
- 제1단계 - 도입(정렬, 인사, 건강 확인, 직장 체조, 목표 제창, 안전 연설)
- 제2단계 - 점검정비(복장, 보호구, 공구, 사용기기, 재료 등의 점검 정비)
- 제3단계 - 작업 지시(전달연락 사항, 금일의 작업 지시 5W1H＋위험예지, 지적확인[중점 실시 사항 2point], 복창)
- 제4단계 - 위험예지(설정해 놓은 도해로 one point위험 예지 훈련 실시)
- 제5단계 - 확인(One point 지적 확인 연습, touch & call, 끝맺음)

> □ 참고
> (1) 지적확인 : 작업을 안전하게 오조작 없이 하기 위해 작업공정의 요소요소에서 자신의 행동을(0 0 좋아!) 라고 대상을 지적하여 큰소리로 확인하는 것을 말하는 것으로 대뇌의 긴장도를 높이고 의식수준을 제고하여 작업행동상의 과오를 최소화하려고 하는 기법이다.
> (2) Touch & call : 팀의 전원이 각자의 왼손을 서로 맞잡아 둥근원을 만들어 팀의 행동목표나 무재해운동의 구호를 지적 확인하는 것을 말한다.

3. 위험예지 훈련

(1) 정의 : 잠재되어 있는 위험 요인에 대해 토의하여 위험 예지 능력을 키워나감으로써 문제
해결 능력을 키우는 일종의 모의 훈련을 의미한다.

(2) 종류
  · 감수성 훈련
  · 단시간 미팅 훈련
  · 문제 해결 훈련

(3) 위험 예지 훈련의 4라운드
  · 1R(현상파악) : 어떤 위험이 잠재하고 있는지 사실을 파악하는 라운드 (BS적용)
  · 2R(본질추구) : 가장 위험한 요인(위험 포인트)을 합의로 결정하는 라운드(요약)
  · 3R(대책수립) : 구체적인 대책을 수립하는 라운드 (BS적용)
  · 4R(목표달성 – 설정) : 수립한 대책 가운데 질이 높은 항목에 합의하는 라운드(요약)

> □ 참고
> **위험관리(Risk Management)의 기법**
> 1) 위험의 제거(Remove)
> 2) 위험의 회피(Avoid)
> 3) 위험의 전가(Transfer)
> 4) 위험의 경감 및 감축(Reduction)
> 5) 위험의 보류(Retention)

4. ECR(Error Cause Removal : 과오 원인 제거)의 제안제도

(1) 정의
  · 사업장에서 직접 작업을 하는 작업자 스스로가 자기의 부주의 또는 제반오류의 원인을
    생각함으로서 작업의 개선을 하도록 하는 제도를 의미한다.
  · J.D(Jero Defect)운동에서는 ECR 또는 ECE(Error Cause Elimination)라고도 한다.

(2) 실수 및 과오의 3대 원인
  (가) 능력 부족
    · 적성의 부적합
    · 지식의 부족
    · 기술의 미숙
    · 인간관계

(나) 주의 부족

　· 개성

　· 감성의 불안정

　· 습관성

　· 감수성 미약

(다) 환경조건 불량

　· 재해 표준 불량

　· 계획 불충분

　· 연락 및 의사소통 불량

　· 작업조건 불량

　· 불안과 동요

5. 안전 확인 5지 운동

(1) 정의 : 손가락마다 정해진 안전 상태를 확인함으로써 작업 전 위험을 예방하는 방법이다.

(2) 손가락마다의 의미

　· 모지(엄지) – 마음 : 정신차려서 마음의 준비

　· 시지(검지) – 복장 : 연락, 신호, 그리고 복장의 정비

　· 중지 – 규정 : 통로를 넓게, 규정과 기준

　· 약지 – 정비 : 기계, 차량의 점검, 정비

　· 새끼손가락 – 확인 : 표시는 뚜렷하게 안전 확인

6. STOP(Safety Training Observation Program)

(1) 정의 : 감독자를 대상으로 한 안전관찰훈련 과정으로 각 계층의 감독자들이 숙련된 안전관찰(Safety Observation)을 행할 수 있도록 훈련을 실시함으로서 사고의 발생을 미연에 방지하는 것을 의미한다.

(2) 안전 감독 실시법(관찰 사이클(Observation Cycle))

　결심(Decide) → 정지(Stop) → 관찰(Observe) → 조치(Act) → 보고(Report)

CHAPTER 04

보호구 및 안전표지

01 개요

1. 보호구의 구비조건

- 착용이 간편하고 작업에 방해가 되지 않을 것
- 대상물(유해위험물)에 대하여 방호가 완전할 것
- 재료의 품질이 우수할 것
- 구조 및 표면가공이 우수할 것
- 외관이 보기 좋을 것

2. 보호구의 효과 및 한계

(1) **보호구의 효과** : 보호구는 강도가 높은 재해사고인 경우에 그것을 인시던트(Incident), 즉 불휴재해로 그 피해를 최소화 되도록 만들어져 있다. 따라서 보호구는 재해 시 인시던트의 영역을 확대할 수 있는 역할을 담당하고 있는 것이다.

(2) **보호구의 한계** : 소극적 안전대책

3. 보호구의 점검과 관리

- 정기적으로 점검할 것
- 청결하고 습기가 없는 장소에 보관할 것
- 보호구 사용 후는 세척하여 항상 깨끗이 보관할 것
- 세척한 후는 완전히 건조시켜 보관할 것

4. 안전인증대상 보호구

안전인증대상 보호구	자율안전 확인 대상 보호구
① 추락 및 감전 위험방지용 안전모 ② 차광 및 비산물 위험방지용 보안경 ③ 용접용 보안면 ④ 방진마스크 ⑤ 방독마스크 ⑥ 송기마스크 ⑦ 전동식 호흡보호구 ⑧ 안전장갑 ⑨ 안전대 ⑩ 안전화 ⑪ 보호복 ⑫ 방음용 귀마개 또는 귀덮개	① 안전모(추락 및 감전위험방지용 제외) ② 보안경(차광 및 비산물 위험방지용 제외) ③ 보안면(용접용 제외)

02 안전모

1. 안전모의 종류

종류(기호)	사 용 구 분
AB	낙하 및 비래, 추락방지용
AE	낙하 및 비래, 감전 방지용(내전압성)
ABE	낙하 및 비래, 추락[1], 감전 방지용(내전압성[2])

1) 추락 : 높이 2m 이상의 고소작업, 굴착작업 및 하역작업 등에 있어서의 추락을 의미한다.
2) 내전압성 : 7,000V 이하의 전압에서 견디는 것을 말한다.

2. 재료의 성질

· 쉽게 부식하지 않는 것
· 피부에 해로운 영향을 주지 않는 것
· 사용목적에 따라 내열성, 내한성 및 내수성을 보유할 것
· 충분한 강도를 가질 것
· 모체의 표면을 밝고 선명한 색채로 할 것

3. 안전모의 일반구조

(1) 안전모의 착용높이는 85mm 이상이고 외부수직거리는 80mm 미만일 것
(2) 안전모의 내부수직거리는 25mm 이상 50mm 미만일 것
(3) 안전모의 수평간격은 5mm 이상일 것

□참고

용어의 정의
(1) 착용높이 : 안전모를 머리모형에 장착하였을 때 머리고정대의 하부와 머리모형 최고점과의 수직거리
(2) 외부수직거리 : 안전모를 머리모형에 장착하였을 때 모체외면의 최고점과 머리 모형 최고점과의 수직거리
(3) 내부수직거리 : 안전모를 머리모형에 장착하였을 때 모체 내면의 최고점과 머리모형 최고점과의 수직거리
(4) 수평간격 : 모체내면과 머리모형 전면 또는 측면간의 거리

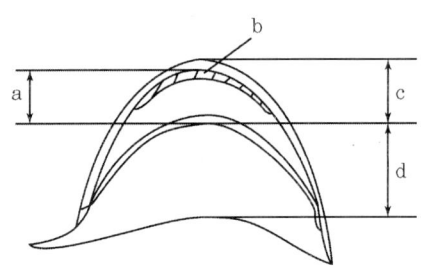

번호	명칭
a	내부 수직거리
b	충격흡수제
c	외부수직거리
d	착용높이

[그림] 안전모의 거리 및 간격 상세도

(4) 머리 받침끈이 섬유인 경우에는 각각의 폭은 15mm 이상이어야 하며 교차되는 끈의 폭의
합은 72mm 이상일 것

(5) 턱 끈의 폭은 10mm 이상일 것

(6) 안전모의 모체, 착장체(머리 받침 고리 + 머리 받침 끈 + 머리 고정대) 및 충격흡수재를
포함한 질량은 440g을 초과하지 않을 것

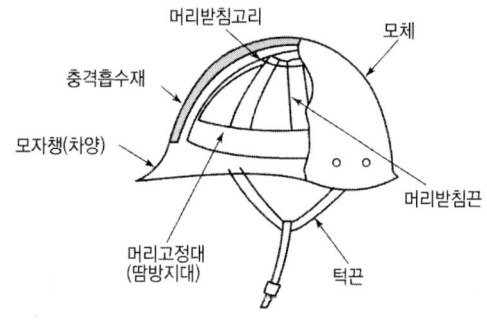

[그림] 안전모의 구조

□ 참고

착장체
안전모를 머리부위에 고정시켜주며 안전모에 충격이 가해질 때 착용자의 머리부위에 전해
지는 충격을 완화시켜주는 역할을 하는 부품을 말한다.

---

4. 안전모의 성능 시험 항목

(1) 내관통성 시험
- 450g의 철제 추를 낙하점이 안전모 모체정부에서 76mm안이 되도록 하여 높이 3m에서
  자유낙하 시켜 관통거리를 측정한다.
- 합격기준 : AE와 ABE는 관통거리가 9.5mm 이하, AB는 관통거리가 11.1mm 이하일 것

(2) 충격흡수성 시험

- 3.6kg(8파운드)의 철제 충격추를 모체정부 76mm 안에 높이 1.524m(5피트)에서 자유낙하 시켜 전달 충격력을 측정한다.
- 합격기준 : 최고전달충격력이 4,450N(1,000파운드)를 초과하지 않을 것

(3) 내전압성 시험(AE와 ABE)

- 모체를 수중에 넣은 후 전극을 담그고 주파수 60Hz의 정현파에 가까운 20kV의 전압을 가하여 1분간 이에 견디는 가를 조사한 후 충전전류를 측정한다.
- 합격기준 : 20kV의 전압에 1분간 견디고 충격전류가 10mA 이하일 것

(4) 내수성 시험 (AE와 ABE)

- 모체를 20 ~ 25℃의 수중에 24시간 담가 놓은 후 대기 중에 꺼내어 무게 증가율을 산출한다.
- 합격기준 : 무게(질량)증가율이 1% 미만일 것

$$무게 증가율(\%) = \frac{담근\ 후의\ 무게 - 담그기전의\ 무게}{담그기\ 전의\ 무게} \times 100$$

(5) 난연성 시험

- 모체 정부로부터 50 ~ 100mm 사이로 불꽃 접촉면이 수평이 된 상태에서 10초간 연소시킨 후 모체의 재료가 불꽃을 내고 계속 연소되는 시간을 측정한다.
- 합격기준 : 불꽃을 내며 5초 이상 타지 않을 것

(6) 턱끈 풀림시험

- 합격기준 : 150N 이상 250N 이하에서 딕 끈이 풀릴 것

03 눈의 보호구(보안경)

1. 보안경의 종류

(1) 보안경의 종류(고용노동부 고시)

종 류	사 용 구 분	렌즈의 재질
차광안경	눈에 대하여 해로운 자외선 및 적외선 또 강렬한 가시광선(이하 유해광선이라 한다.)이 발생하는 장소에서 눈을 보호하기 위한 것	유리 및 플라스틱
유 리 보호안경	미분, 칩, 기타 비산물로부터 눈을 보호하기 위한 것	유 리
플라스틱 보호안경	미분, 칩, 기타 비산물로부터 눈을 보호하기 위한 것	플라스틱
도수렌즈 보호안경	근시, 원시 혹은 난시인 근로자가 차광안경, 유리보호안경을 착용해야 하는 장소에서 작업하는 경우, 빛이나 비산물 및 기타 유해 물질로부터 눈을 보호함과 동시에 시력을 교정하기 위한 것	유리 및 플라스틱

(2) 안전인증대상 보안경의 구분

안전인증(차광보안경)	자율안전확인
1. 자외선용 2. 적외선용 3. 복합용(자외선 및 석외선) 4. 용접용(자외선, 적외선 및 강렬한 가시광선)	1. 유리보안경 2. 플라스틱 보안경 3. 도수렌즈보안경

2. 보안경의 구비조건

· 보안경은 그 모양에 따라 특정한 위험에 대해서 적절한 보호를 할 수 있을 것
· 착용했을 때 편안할 것
· 견고하게 고정되어 착용자가 움직이더라도 쉽게 탈락 또는 움직이지 않을 것
· 내구성이 있을 것
· 충분히 소독되어 있을 것
· 세척이 쉬울 것

3. 종류별 특징

(1) 차광안경

(가) 일반구조

- 차광보안경에는 돌출부분, 날카로운 모서리 혹은 사용도중 불편하거나 상해를 줄 수 있는 결함이 없을 것
- 착용자와 접촉하는 차광보안경의 모든 부분에는 피부자극을 유발하지 않는 재질을 사용할 것
- 머리띠를 착용하는 경우, 착용자의 머리와 접촉하는 모든 부분의 폭이 최소한 10mm 이상되어야 하며, 머리띠는 조절이 가능할 것

(나) 성능기준

- 시야범위 : 수평 22.0mm, 수직 20.0mm 이상일 것
- 표면 : 표면에 기포, 발포, 반점, 성형자국, 구멍, 침전물 등이 없을 것
- 내노후성 : 고온안정성 시험 후 보안경의 변형이 없어야 하고, 자외선 조사 후 시감투과율 차이가 적합할 것
- 내충격성 : 필터에 파손이나 변형이 없을 것
- 내식성 : 부식이 없을 것
- 내발화성 : 발화 또는 적열이 없을 것

(2) 유리 보호안경 및 플라스틱 보호안경(방진안경)

(가) 종류 및 구조

- 보통 안경형 : 두개의 렌즈, 테 및 걸이로 구성된다.
- 측판부착 안경형 : 보통 안경형에 측판으로 부착시킨 것으로 측판은 가능한 시야를 방해하지 않을 것

> **□참고**
> 렌즈 주위치수 허용차는 가능한 한 작게 하고 테에 끼었을 때 탈락되지 않아야 하며, 교환이 용이하고 두께는 2.5mm 이상이어야 한다.

(나) 방진안경 렌즈의 구비조건

- 렌즈가 신품인 경우 투과율은 투과광선의 약 90%를 투과하는 것으로 보통 70%를 내려서서는 안된다.
- 광학적으로 질이 좋아 두통을 일으키지 않아야 한다.
- 렌즈에는 줄이나 흠, 기포, 삐뚤어짐 등이 없어야 한다.

- 렌즈의 강도가 요구될 때는 강화렌즈를 사용할 필요가 있다.
- 렌즈의 양면은 매끄럽고 평행해야 한다.

(다) 방진안경의 성능시험

- 겉모양 시험 : 충격으로 렌즈의 가장 자리가 깨지거나 테에서 탈락되어서는 안 된다.
- 금속부품의 내식성 시험 : 부식 흔적이 있어서는 안된다.
- 렌즈의 성능시험 항목 : 겉모양 시험, 평행도 시험, 굴절력시험, 투명도시험, 간섭무늬시험(유리), 내열성 시험(플라스틱), 강도시험, 파쇄면 시험(유리), 표면마모저항시험(플라스틱)

(라) 도수렌즈 보호안경의 성능시험

- 평면횡단시험
- 가장자리의 횡단시험

04 안면보호구(보안면)

1. 보안면의 종류

종류	사 용 구 분	렌즈의 재질
용접용 보안면 (안전인증)	아크 용접 및 가스 용접, 절단 작업 시에 발생하는 유해한 자외선, 가시광선 및 적외선으로부터 눈을 보호하고, 용접광 및 열에 의한 화상의 위험에서 용접자의 안면, 머리 부분 및 목부분을 보호하기 위한 것	발카나이즈드 파이버 및 유리섬유 강화 플라스틱(FRP)
일반보안면 (자율안전확인)	일반작업 및 용접 작업 시 발생하는 각종 비산물과 유해물과 유해한 액체로부터 얼굴(머리의 전면, 이마, 턱, 목 앞부분, 코, 입)을 보호하고 눈부심을 방지하기 위해 적당한 보안경위에 겹쳐 착용하는 것	플라스틱

2. 보안면의 구비조건

(1) 경도가 높고 충격에 잘 견뎌야 한다.
(2) 불에 잘 타지 않아야 하며 시계(視界)가 좋아야 한다.
(3) 방사열을 효과적으로 차단할 수 있어야 한다.
(4) 방호에 충분한 크기와 형태를 가져야 한다.
(5) 각종 플레이트의 교환이 용이하고 상해를 주는 각이나 요철이 없어야 한다.

3. 보안면 면체의 성능시험 항목

· 절연시험
· 내식성시험
· 각주굴절력시험
· 구면굴절력 및 난시굴절력 시험
· 투과율 시험
· 시감투과율차이시험
· 내충격성시험
· 내발화성 및 관통시험
· 낙하시험
· 차광속도 및 차광능력시험 등

05 귀 보호구

1. 방음 보호구의 종류

형 식	종 류	기 호	적 요
귀마개	1종	EP - 1	저음부터 고음까지를 차단하는 것
	2종	EP - 2	고음만을 차음하는 것
귀덮개		EM	저음부터 고음까지를 차단하는 것

2. 방음보호구의 구비조건

(1) 귀마개(Ear Plug) : 귓구멍을 막는 것
- 귀에 잘 맞아야 한다.
- 사용 중에 현저한 불쾌감이 없어야 한다.
- 사용 중에 쉽게 탈락되지 않아야 한다.
- 재료에 변형이 생기지 않아야 한다.

(2) 귀덮개(Ear Muff) : 귀 전체를 덮는 것
- 귀 전체를 덮는 구조로 발포 플라스틱 등 흡음재로 감싸야 한다.
- 쿠션은 우레탄폼 또는 공기, 액체를 넣은 플라스틱튜브 등으로 귀 주위에 밀착시키는 구조이어야 한다.
- 머리띠 또는 걸고리 등은 길이 조정이 가능해야 한다.
- 철제 스프링은 탄력성이 있어서 압박감 또는 불쾌감을 주지 않아야 한나.

3. 재료의 구비조건

(1) 강도, 경도, 탄성 등이 각 부위별 용도에 적합해야 한다.
(2) 피부에 해로운 영향을 주지 않아야 하고 소독이 용이한 것으로 해야 한다.
(3) 금속으로 된 재료는 녹 방지 처리가 된 것으로 간이 소독이 용이한 것으로 해야 한다.

4. 차음 성능

중심주파수 (Hz)	차음성능치(dB)			중심주파수 (Hz)	차음성능치(dB)		
	EP-1	EP-2	EM		EP-1	EP-2	EM
125	10 이상	10 미만	5 이상	2,000	25 이상	20 이상	30 이상
250	15 이상	10 미만	10 이상	4,000	25 이상	25 이상	35 이상
500	15 이상	10 미만	20 이상	8,000	20 이상	20 이상	20 이상
1,000	20 이상	20 이상	25 이상				

06 호흡용 보호구

1. 방진마스크

(1) 방진마스크의 종류

종 류		형 상
분리식	격리식	• 전면형 : 안면부가 안면전체를 덮는 것 • 직결형 : 안면부가 입, 코를 덮는 것
	직결식	• 전면형 : 안면부가 안면전체를 덮는 것 • 직결형 : 안면부가 입, 코를 덮는 것
안면부 여과식		• 반면형 : 안면부가 입, 코를 덮는 것
사용조건		산소농도 18% 이상인 장소에서 사용

(2) 방진마스크의 종류별 구조(형식 및 기능)

종 류		구조(형식 및 기능)
분리식	격리식	• 안면부, 여과재, 연결관, 흡기밸브, 배기밸브 및 머리끈으로 구성 • 여과재에 의해 분진이 제거된 깨끗한 공기를 연결관을 통하여 흡기밸브로 흡입되고 체내의 공기는 배기밸브를 통하여 외기 중으로 배출하게 되는 것으로 부품을 자유롭게 교환할 수 있는 것
	직결식	• 안면부, 여과재, 흡기밸브, 배기밸브 및 머리끈으로 구성 • 여과재에 의해 분진이 제거된 깨끗한 공기가 흡기밸브를 통하여 흡입되고 체내의 공기는 배기밸브를 통하여 외기 중으로 배출하게 되는 것으로 부품을 자유롭게 교환할 수 있는 것
안면부 여과식		• 여과재로 된 안면부와 머리끈으로 구성 • 여과재인 안면부에 의해 분진을 여과한 깨끗한 공기가 흡입되고 체내의 공기는 여과재인 안면부를 통해 외기 중으로 배출(배기밸브가 있는 것은 배기밸브를 통하여 배출)되는 것으로 부품이 교환될 수 없는 것

(3) 방진마스크 기준

(가) 재료의 구비조건(기준)

- 안면접촉부분은 피부에 해를 주지 않을 것
- 여과제는 여과 성능이 우수하고 인체에 해가 없을 것
- 플라스틱은 내열성 및 내한성을 가질 것

· 금속은 내식처리가 되어 있을 것

· 고무재료는 인장강도, 신장률, 경도, 내열성 내한성 및 비중시험에 합격할 것

· 섬유재료는 강도가 충분할 것

(나) 방진마스크의 선정기준(구비조건)

· 분진포집효율(여과효율)이 좋을 것

· 흡기·배기저항이 낮을 것

· 사용면적(유효 공간)이 적을 것

· 중량이 가벼울 것

· 시야가 넓을 것(하방 시야 60° 이상)

· 안면 밀착성이 좋을 것

· 피부 접촉부위의 고무질이 좋을 것

(다) 방진마스크의 성능기준

· 여과재의 등급별 분진포집효율

종 류	등 급	염화나트륨(NaCl) 및 파라핀 오일(Paraffin oil) 시험(%)
분리식	특급 1급 2급	99.95(%) 이상 94.0(%) 이상 80.0(%) 이상
안면부 여과식	특급 1급 2급	99.0(%) 이상 94.0(%) 이상 80.0(%) 이상

· 안면부 흡기저항시험

종류	형태 및 등급	유량(L/min)	차압(Pa)
분리식	전면형	160	250 이하
		95	150 이하
		30	50 이하
	반면형	160	200 이하
		95	130 이하
		30	50 이하
안면부 여과식	특급	95	300 이하
	1급		240 이하
	2급		210 이하
	특급	30	100 이하
	1급		70 이하
	2급		60 이하

- 안면부 배기저항시험
- 안면부 누설률 시험
- 배기밸브작동시험
- 시야
- 투시부의 내충격성 : 이탈, 균열, 깨어짐 및 갈라짐이 없을 것
- 여과재 호흡저항
- 안면부 내부의 이산화탄소 농도 : 안면부 내부의 이산화탄소 농도가 부피분율 1% 이하일 것

(4) 방진마스크의 등급별 사용 장소

등 급	사용 장소
특급	- 베릴륨 등과 같이 독성이 강한 물질을 함유한 분진 등 발생장소 - 석면 취급 장소
1급	- 특급마스크 착용장소를 제외한 분진 등 발생장소 - 금속 흄 등과 같이 열적으로 생기는 분진 등 발생장소 - 기계적으로 생기는 분진 등 발생장소(규소 등과 같이 2급 마스크를 착용하여도 무방한 경우는 제외)
2급	- 특급 및 1급 마스크 착용장소를 제외한 분진 등 발생장소

∴ 단, 배기밸브가 없는 안면부 여과식 마스크는 특급 및 1급 마스크 착용장소에서 사용하여서는 안된다.

2. 방독마스크

(1) 종류
- 격리식 방독마스크(정화통·연결관·흡기밸브·안면부·배기밸브 및 머리끈으로 구성)
- 직결식 방독마스크(정화통·흡기밸브·안면부·배기밸브 및 머리끈으로 구성)
- 직결식 소형 방독마스크(정화통·흡기밸브·안면부·배기밸브 및 머리끈으로 구성)

□ 참고

방독마스크 종류별 시험가스

종류	시험가스
유기화합물용	시클로헥산(C_6H_{12})
할로겐용	염소가스 또는 증기(Cl_2)
황화수소용	황화수소가스(H_2S)
시안화수소용	시안화수소가스(HCN)
아황산용	아황산가스(SO_2)
암모니아용	암모니아가스(NH_3)

(2) 사용 기준

(가) 일반적인 기준 : 산소농도가 18% 미만 되는 장소 또는 가스, 증기의 농도가 2%(암모니아 3%)를 초과하는 장소에서 사용하여서는 안 된다.

(나) 종류별 기준

- 격리식 방독마스크 : 가스 또는 증기의 농도가 2%(암모니아는 3%) 이하의 대기 중에서 사용하는 것
- 직결식 방독마스크 : 가스 또는 증기의 농도가 1%(암모니아는 1.5%) 이하의 대기 중에서 사용하는 것
- 직결식 소형 방독마스크 : 가스 또는 증기의 농도가 0.1% 이하의 대기 중에서 사용하는 것으로서 긴급용이 아닌 것

(3) 방독마스크 재료의 구비조건

- 얼굴에 밀착되는 부분은 피부에 장해를 주지 않아야 한다.
- 정화제의 안쪽은 정화제에 의해서 부식되지 않는 것, 또는 부식되지 않도록 충분한 방식 처리가 되어있어야 한다.
- 정화통 내부의 분진 포집용 거르개는 인체에 장해를 주지 않아야 한다.
- 일반적인 취급에 있어 균열, 변형, 기타 이상이 생기지 않아야 한다.

(4) 방독마스크의 일반구조

- 쉽게 깨어지지 않을 것
- 착용자의 시야가 충분할 것
- 착용자의 얼굴과 방독마스크 내면 사이의 공간이 너무 크지 않을 것

· 착용이 쉽고 착용하였을 때 공기가 새지 않고. 압박감이나 고통을 주지 않을 것

· 전면 형 방독마스크는 호기에 의해 눈 주위에 안개가 끼지 않을 것

· 정화통·흡기밸브·배기밸브 또는 머리끈을 바꿀 수 있는 것은 쉽게 바꿀 수 있는 구조일 것

(5) 방독마스크의 흡수관(흡수통 또는 정화통)

    (가) 흡수관 속에 들어 있는 흡수제에 따라 그 종류별로 유효한 적응가스가 정해져 있다. 적응하는 가스의 종류를 나타내기 위해 흡수통에 색별의 도장과 기호가 표시되어 있다.

    (나) 흡수제 종류

      · 활성탄

      · 실리카겔(Silicagel)

      · 소다라임(Soda lime)

      · 호프카라이트(Hopcalite)

      · 큐프라마이트(Kuperamite) 등

□ 참고

방독마스크의 흡수관

종 류	표 지 기호	표 지 색	대응독물	주성분
보통가스용 (할로겐가스용)	A	흑색, 회색	염소 및 할로겐 류, 포스겐, 유기 및 산성가스	활성탄, 소다라임
산성가스용	B	회색	염산, 할로겐화수소, 산, 탄산가스, 이산화질소, 산화질소	소다라임, 알칼리제
유기가스용	C	흑색	유기가스 및 증기, 이황하탄수	활성탄
일산화탄소용	E	적색	TEL, 일산화탄소	호프카라이트. 방습제
암모니아용	H	녹색	암모니아	큐프라마이트
아황산용	I	황적색	아황산 및 황산미스트	산화금속, 알칼리제
청산가리용	J	청색	청산 및 청화물 증기	산화금속, 알칼리제
황화수소용	K	황색	황화수소	금속염류, 알칼리제

    (다) 흡수관의 파과시간 : 흡수관의 제독 능력에는 한계가 있으며, 흡수관속의 흡수제가 포화되어 흡수 능력을 상실하면 유해가스가 제거되지 않은 채 통과되고 마는데, 이런 상태를 흡수관의 파과라 하며 이 때의 시간을 파과시간이라 한다.

(라) 흡수관의 유효시간 $= \dfrac{\text{표준유효시간} \times \text{시험가스농도}}{\text{사용한 환기중의 유해가스농도}}$

(마) 정화통의 외부 측면의 표시색

종 류	표시색
유기화합물용 정화통	갈색
할로겐용 정화통	회색
황화수소용 정화통	
시안화수소용 정화통	
아황산용 정화통	노란색
암모니아용 정화통	녹색
복합용 및 겸용의 정화통	·복합용의 경우 : 해당가스 모두 표시(2층 분리) ·겸용의 경우 : 백색과 해당가스 모두 표시(2층 분리)

(바) 방독마스크의 성능시험

- 기밀시험
- 흡기저항시험
- 통기저항시험
- 제독능력시험
- 배기저항시험
- 배기밸브의 작동기밀시험

3. 송기마스크(공기 공급식 마스크)

(1) 자급식 : 공기, 산소 또는 산소 발생물질을 착용자가 직접 운반하고 이를 흡수하는 식으로 SCBA(Self - Contained Breathing Apparatus)라고 한다.

(2) 호스 마스크(Hose Mask) : 전면형 마스크, 꼬이지 않는 호흡관, 착장대 및 직경이 크고 꼬이지 않는 공기공급용 호스로 구성되며, 송풍기형과 폐력 흡인식이 있다.

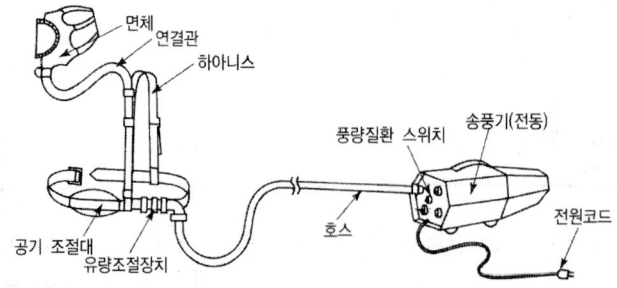

[그림] 송풍기형(전동) 호스 마스크

(3) 에어-라인 마스크(Air-line Mask) : 압축기가 가압 공기 실린더에서 직경이 작은 에어라인을 통하여 공기를 공급하는 것으로, 일정유량형, 디맨드(Demand)형, 압력디맨드(Pressure Demand)형이 있다.

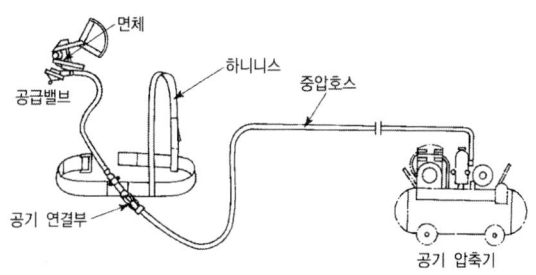

[그림] 디맨드형 에어라인 마스크

07 손의 보호구

1. 안전장갑(절연장갑)의 종류

구분	종류	재료	용도
전기용 고무장갑	A종	고무	주로 300V를 초과하고 교류 600V 또는 직류 750V 이하의 작업에 사용
	B종	고무	주로 교류 600V 또는 직류 750V를 초과하고 3,500V이하의 작업에 사용
	C종	고무	주로 3,500V를 초과하고 7,000V이하의 작업에 사용

2. 절연장갑의 재료 및 외형

- 재료 : 적당한 정도의 유연성 및 탄력성이 있는 양질의 고무를 사용하여야 한다.
- 외형 : 다듬질이 양호하며 흠, 기포, 안구멍, 기타 사용상 유해한 결점이 없고 이은 자국이 없는 고른 것이어야 한다.

3. 절연장갑의 등급별 최대사용전압 및 색상

등급	최대사용전압		색상
	교류(V, 실효값)	직류(V)	
00	500	750	갈 색
0	1,000	1,500	빨간색
1	7,500	11,250	흰 색
2	17,000	25,500	노란색
3	26,500	39,750	녹 색
4	36,000	54,000	등 색

4. 유기화합물용 안전장갑

- 정의 : 액체상태의 유기화합물이 피부를 통하여 인체에 흡수되는 것을 방지하기 위하여 사용하는 보호 장갑을 의미한다.
- 장갑의 재료 및 구조
    ① 장갑에 사용되는 재료와 부품은 착용자에게 해로운 영향을 주지 않을 것
    ② 장갑은 착용 및 조작이 용이하고 착용상태에서 작업을 행하는 데 지장이 없도록 할 것
    ③ 장갑은 이은 자국이 없고 육안을 통해 검사한 결과 찢어진 곳·터진 곳·구멍난 곳이 없도록 할 것

08 발의 보호구

(1) 개요

(가) 안전화의 종류

종류	사용 구분
① 가죽제 안전화	물체의 낙하, 충격 및 날카로운 물체에 의한 찔림의 위험으로부터 발을 보호하기 위한 것
② 고무제 안전화	물체의 낙하, 충격 및 찔림에 의한 위험으로부터 발을 보호하고 아울러 방수 또는 내화학성을 겸한 것
③ 정전기 안전화(정전화)	물체의 낙하, 충격 및 찔림에 의한 위험으로부터 발을 보호하고 아울러 정전기의 인체 대전을 방지하기 위한 것
④ 발등 안전화(방호 안전화)	물체의 낙하 및 충격으로부터 발 및 발등을 보호하기 위한 것
⑤ 절연화	저압의 전기에 의한 감전을 방지하기 위한 것
⑥ 절연장화	고압에 의한 감전을 방지하고 아울러 방수를 겸한 것

(나) 안전화의 높이

구 분	몸통높이(뒷굽높이 제외)
단 화	113mm 미만
중단화	113mm 이상
장 화	178mm 이상

(다) 안전화의 등급

등급	사용 장소
중작업용	건설업, 중량물 운반 작업 등 중량이 큰 물체를 취급하는 장소에서 날카로운 물체에 의해 찔릴 우려가 있을 때
보통작업용	기계공업, 건축업 등 손을 주로 사용하는 작업 및 차량 등의 운전·조작하는 일반 장소에서 날카로운 물체에 의해 찔릴 우려가 있을 때
경작업용	제품 조립, 식품 가공업 등 비교적 가벼운 물체를 취급하는 장소에서 날카로운 물체에 찔릴 우려가 있을 때

(2) 가죽제 발 보호 안전화

· 일반 구조

① 제조하는 과정에서 발가락 끝 부분에 선심을 넣어 압박 및 충격에 대하여 착용자의 발가락을 보호할 수 있는 구조일 것

② 착용감이 좋고 작업에 편리할 것

③ 견고하게 제작하고 부분품의 마무리가 확실하며 형상은 균형이 있을 것

④ 선심의 내측은 헝겊, 가죽, 고무 또는 플라스틱 등으로 감싸고 특히 후단부의 내측은
　　보강되어 있을 것
・성능시험방법
① 은면결렬시험　　　　② 인열강도시험　　　　③ 6가크롬시험
④ 내부식성시험　　　　⑤ 인장강도시험　　　　⑥ 내유성시험
⑦ 내압박성시험　　　　⑧ 내충격성시험　　　　⑨ 박리저항시험
⑩ 내답발성시험

(3) 고무제 발보호 안전화

・일반 구조
① 신었을 때 편안하고 활동하기에 편리하도록 할 것
② 안창포, 심지포 및 안에 부착하는 제품의 안감에 사용되는 메리야스, 융 등은 목적에
　　적합한 조직의 재료를 사용하고 견고 하게 제조하여 모양이 균일 하도록 할 것
③ 선심의 안쪽은 포, 고무 또는 플라스틱 등으로 붙이고 특히 선심 뒷부분의 안쪽은
　　보강되도록 할 것
④ 안쪽과 골 씌움이 안전하도록 할 것
・성능시험방법
① 인장강도 및 노화 후 인장강도시험　　② 내유성시험
③ 내화학성시험　　　　　　　　　　　　④ 파열강도시험
⑤ 누출방지시험　　　　　　　　　　　　⑥ 완성품의 내화학성시험
⑦ 선심 및 내답판의 내부식성 시험

(4) 기타 안전화 성능시험

・정전기 안전화 : 대전방지시험
・발등안전화 : 방호대 충격시험
・절연화 : 내전압시험
・절연장화 : 내전압시험, 내열성 시험

09 안전복

(1) 종류

- 보호복 : 부식성 약품·유기용제 등이 피부로 침입하는 것을 막기 위한 것으로 고무제 보호복과 방사선 보호복이 있다.
- 방열복 : 복사열을 차단하기 위해 내부는 모직, 외부는 알루미늄으로 되어 있다.

(2) 성능시험

- 재료시험
- 절연저항시험
- 인장강도시험
- 내한성 시험
- 난연성 시험
- 열충격 시험
- 열전도율 시험
- 내열성 시험
- 차광능력시험
- 표면마모저항 시험

10 안전대

(1) 안전대의 종류

종 류	사 용 구 분
벨트(B)식	U자 걸이 전용
	1개걸이 전용
안전그네식(H식)	안전블록
	추락 방지대

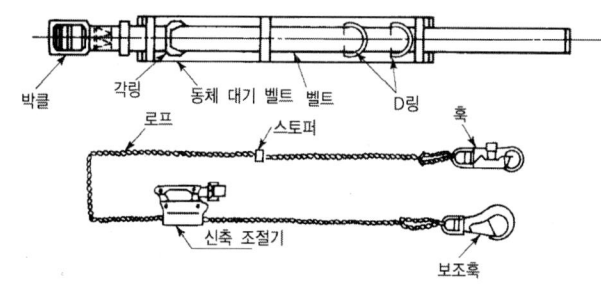

[그림] U자걸이 전용 안전대

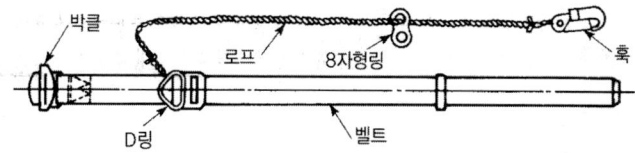

[그림] 1개걸이 전용 안전대

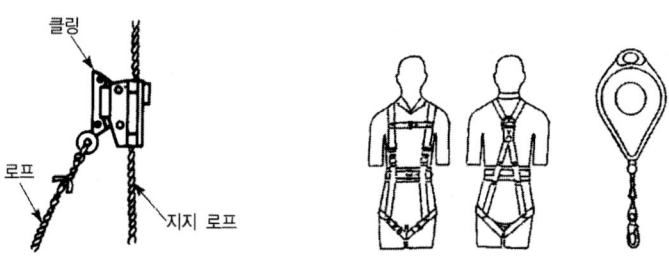

[그림] 추락방지대   [그림] 안전그네   [그림] 안전블록

(2) 용어 정의
- U자걸이 : 안전대의 죔줄을 구조물 등에 U자모양으로 돌린 뒤 훅 또는 카라비나를 D링에 연결하고 신축조절기를 각링 등에 연결하여 신체의 안전을 꾀하는 방법
- 1개 걸이 : 죔줄의 한쪽 끝을 D링에 고정시키고 훅 또는 카라비나를 구조물 또는 구명줄에 고정시켜 추락에 의한 위험을 방지하기 위한 방법

- 벨트 : 신체지지의 목적으로 허리에 착용하는 띠모양의 부품
- 안전그네 : 신체지지의 목적으로 전신에 착용하는 띠모양의 부품
- 추락 방지대 : 벨트 또는 안전그네를 신체에 착용하기 위해 그 끝에 부착한 금속장치
- 안전블록 : 안전그네와 연결하여 추락발생시 추락을 억제할 수 있는 자동잠금장치가 갖추어져 있고 죔줄이 자동적으로 수축되는 금속장치

(3) 안전대용 로프의 구비 조건
- 충격, 인장강도에 강할 것
- 내마모성이 높을 것
- 내열성이 높을 것
- 완충성이 높을 것
- 습기나 약품류에 침범당하지 않을 것
- 부드럽고, 되도록 매끄럽지 않을 것

11 안전표지

(1) **사용목적** : 유해·위험 장소 또는 기계 작동 시 생길 수 있는 위험성을 표지로 경고함으로써 예상 가능한 재해를 사전에 예방함을 목적으로 하고 있다.

(2) 안전표지의 크기

　1) 그림 또는 부호의 크기는 표지의 크기와 비례하여야 한다.

　2) 산업안전표지 전체규격의 30% 이상이 되어야 한다.

□ **참고**

　안전표지 이외 제품

　(1) 안전표찰 : 녹십자표지를 말하며 다음의 곳에 부착한다.
　　· 작업복 또는 보호의의 우측 어깨
　　· 안전모의 좌우면
　　· 안전완장

　(2) 안전완장 : 안전완장을 착용해야 하는 대상자는 다음과 같다.
　　· 안전 책임자
　　· 안전 관리자
　　· 안전 유지 담당자

---

(3) 안전표지의 종류 및 색채

분류	종류	색채
금지표지	① 출입금지　② 보행금지 ③ 차량통행금지　④ 사용금지 ⑤ 탑승금지　⑥ 금연 ⑦ 화기금지　⑧ 물체이동금지	· 바탕은 흰색 · 기본모형은 빨간색 · 관련부호 및 그림은 검정색
경고표지	① 인화성물질경고　② 산화성물질경고 ③ 폭발성물질경고　④ 급성독성물질경고 ⑤ 부식성물질경고　⑥ 방사성물질경고 ⑦ 고압전기경고　⑧ 매달린 물체경고 ⑨ 낙하물체경고　⑩ 고온경고 ⑪ 저온경고　⑫ 몸균형상실경고 ⑬ 레이저광선경고 ⑭ 발암성·변이원성·생식독성·전신독성·호흡기과민성물질경고 ⑮ 위험장소경고	· 바탕은 노랑색 · 기본모형·관련부호 및 그림은 검정색 · 다만, 인화성물질경고, 산화성물질경고, 폭발성물질경고, 급성독성물질경고, 부식성물질경고 및 발암성·변이원성·생식독성·전신독성·호흡기과민성물질경고의 경우 바탕은 무색, 기본모형은 적색(흑색도 가능)

분류	종류	색채
지시표지	① 보안경 착용 ② 방독마스크 착용 ③ 방진마스크 착용 ④ 보안면 착용 ⑤ 안전모 착용 ⑥ 귀마개 착용 ⑦ 안전화 착용 ⑧ 안전장갑 착용 ⑨ 안전복 착용	· 바탕은 파란색 · 관련그림은 흰색
안내표지	① 녹십자표지 ② 응급구호표지 ③ 들것 ④ 세안장치 ⑤ 비상구 ⑥ 좌측비상구 ⑦ 우측비상구	· 바탕은 흰색, 기본모형 및 관련부호는 녹색 · 바탕은 녹색, 관련부호 및 그림은 흰색
출입금지 표 지	① 허가대상 유해물질 취급 ② 석면취급 및 해체·제거 ③ 금지유해물질 취급	· 글자는 흰색 바탕에 흑색 · 다음 글자는 적색 - ○○○제조/사용/보관 중 - 석면취급/해체 중 - 발암물질 취급 중

(4) 산업안전표지의 색채 종류, 색도기준 및 용도

색 채	색도기준	용 도	사 용 예 시
빨간색	7.5R 4/14	금 지	정지신호, 소화설비 및 그 장소, 유해행위의 금지
		경 고	화학물질 취급장소에서의 유해·위험 경고
노란색	5Y 8.5/12	경 고	화학물질 취급장소에서의 유해·위험 경고 이외의 위험경고, 주의표지 또는 기계방호물
파란색	2.5PB 4/10	지 시	특정행위의 지시 및 사실의 고지
녹 색	2.5G 4/10	안 내	비상구 및 피난소, 사람 또는 차량의 통행표지
흰 색	N 9.5		파란색 또는 녹색에 대한 보조색
검은색	N 0.5		문자 및 빨간색 또는 노란색에 대한 보조색

여기서, ① 허용차 H=±2, V=±0.3, C=±1 (H는 색상, V는 명도, C는 채도를 말한다)

② 위의 색도기준은 한국산업규격 색의 3속성에 의한 표시방법(KSA 0062 기술표준원고시 제 2008-0759)에 따른다.

(5) 색의 종류 및 사용범위(KSD)

색 명	표지사항	사용 범위
적색	① 방화 ② 정지 ③ 금지	① 방화표시, 소화설비, 화학류 ② 긴급정지 신호 ③ 금지표지
황적색	① 위험	① 보호상자, 보호장치 없는 SW 또는 위험부위, 위험장소에 대한 표시
황색	① 주의	① 충돌, 추락, 층계, 함정 등 장소기구 주의
녹색	① 안전안내 ② 진행유도 ③ 구급구호	① 안내, 진행유도, 대피소 안내 ② 비상구 또는 구호소, 구급상자 ③ 구호장비 보관 장소 등의 표시
청색	① 조심 ② 지시	① 보호구 사용, 수리중 기계장소 또는 운전정지 ② 표지 SW 상자의 외면
백색	① 통로 ② 정리정돈	① 통로구획선, 방향선, 방향표지 ② 폐품 수집소, 수집용기
적자색	① 방사능	① 방사능 표지

[표] 안전 보건 표지의 종류와 형태(시행규칙 제6조 관련·별표 1의 2)

① 금지표지	101 출입금지	102 보행금지	103 차량통행금지	104 사용금지	105 탑승금지	106 금연
	107 화기금지	108 물체이동금지	② 경고표지	201 인화성물질 경고	202 산화성물질 경고	203 폭발성물질 경고	204 급성독성물질 경고
	205 부식성물질 경고	206 방사성물질 경고	207 고압전기 경고	208 매달린물체 경고	209 낙하물경고	210 고온경고	211 저온경고
	212 몸균형상실 경고	213 레이저광선 경고	214 발암성·변이원성·생식독성·전신독성·호흡기과민성물질 경고	215 위험장소 경고	③ 지시표지	301 보안경 착용	302 방독마스크 착용
	303 방진마스크 착용	304 보안면착용	305 안전모착용	306 귀마개착용	307 안전화착용	308 안전장갑 착용	309 안전복착용
④ 안내표지	401 녹십자표지	402 응급구호표지	403 들것	404 세안장치	406 비상구	407 좌측비상구

408 우측비상구	⑤ 관계자외 출입금지	501 허가대상물질 작업장	502 석면취급/해체 작업장	503 금지대상물의 취급 실험실 등
		관계자 외 출입 금지 (허가물질 명칭) 제조.사용보관 중 보호구/보호복 착용 흡연 및 음식물 섭취금지	관계자 외 출입 금지 석면 취급/해제 중 보호구/보호복 착용 흡연 및 음식물 섭취금지	관계자 외 출입 금지 발암물질 취급 중 보호구/보호복 착용 흡연 및 음식물 섭취금지

□**참고**

색(Color)

(1) 색의 3요소
   1) 색상(Hue) : 유채색에 있는 속성으로 색의 기본 종을 의미한다.
   2) 명도(Value) : 눈에서 느끼는 색의 명암의 정도(색의 밝기)를 의미한다.
   3) 채도(Chroma) : 색의 선명도(색깔의 강약)를 의미한다.

(2) 색의 조절 효과
   1) 피로 예방, 감정 조절 등 생산 능률 향상을 도모할 수 있다.
   2) 경고 등 표식을 명확하게 해줌으로써 재해율을 감소시킬 수 있다.

(3) 색 조절 시 고려 사항
   1) 조명
   2) 광원의 색
   3) 명도
   4) 색채
   5) 원심성
   6) 구심성

(4) 색의 선택조건
   1) 차분하고 밝은 색을 선택한다.
   2) 안정감을 낼 수 있는 색을 선택한다.
   3) 지루함을 없앨 수 있는 악센트(Accent)를 준다.
   4) 눈의 피로, 불안감 등을 조성할 수 있는 자극이 강한 색은 피한다.
   5) 빛의 반사도가 높은 순백색은 피한다.
   6) 차가운 색, 아늑한 색을 구분하여 사용한다.

산업심리와 심리검사

01 산업심리

1. 정의

사람의 행동이 산업 활동 전반에 어떤 영향을 미치는지를 연구하는 실천과학이면서 응용과학의 한 부분이다.

2. 영역

산업은 생산부터 소비에 이르기까지 넓은 영역을 포함하고 있으며, 여기에는 유동·서비스 등도 해당한다. 이처럼 산업이라는 분야가 넓은 영역을 차지하는 것처럼 산업심리학도 광범위한 영역의 내용을 포함한다고 볼 수 있다.

(1) **직업 심리** : 직무 분석, 직무 요건, 직업 적성, 교육 훈련. 직업 지도 등
(2) **노동 심리** : 작업환경, 작업 조건, 작업 방법, 피로, 재해 및 사고 등
(3) **조직 심리** : 인간관계, 팀워크, 리더십, 커뮤니케이션 등
(4) **소비 심리** : 광고, 선전, 소비자 교육, 시장조사 등
(5) **복지 심리** : 복지후생제도, 카운셀링, 고령화 문제 등
(6) **사회 심리** : 근로 의욕, 적응·부적응 문제 등

02 스트레스(Stress)

다양한 요인들에 장시간 노출되어 생체 내 호르몬계를 중심으로 특정한 반응이 나타나는 증상을 의미한다.

1. 종류

(1) 물리적 요인 : 고온·저온(더위·추위), 소음·진동 등

(2) 화학적 요인 : 알코올, 담배, 식품 첨가물 등

(3) 생물학적 요인 : 세균, 곰팡이, 바이러스 등

(4) 사회적 요인 : 정치, 경제, 고령화, 결혼 등

(5) 심리적 요인 : 우울증, 대인관계 등

2. 현상

(1) 맥박수가 증가한다.

(2) 혈압이 상승한다.

(3) 호흡이 얕고 빨라진다.

(4) 소화기관 내 위산 분비가 촉진된다.

(5) 아드레날린 분비가 촉진된다.

□ 참고

산업 스트레스

(1) 원인

(가) 작업에서의 상황
- 과도한 작업량
- 과도한 작업 속도
- 불규칙한 작업 시간(ex. 교대근무 등)

(나) 조직에서의 상황
- 불안정한 직무 안전성
- 역할의 모호성
- 부적합한 역할 요구

(다) 자기 자신에 의한 상황
- 막중한 책임감에 의한 심리적 압박
- 업무에서 열외됨에 따른 사회적 소외감
- 업무 수행 실패에 따른 무력감

(라) 환경에 의한 상황
- 실내 환기의 불량
- 작업 활동 반경 내 정리 불량
- 부적절한 조명
- 부적절한 온도

(2) 결과
(가) 행동 결과
- 음주 및 흡연
- 약물 남용
- 공격적 및 폭력적 언행·행동
- 식욕 감퇴

(나) 심리적 결과
- 성욕 감퇴
- 불면증 등 수면부족 현상
- 가정불화

(다) 생리적 결과
- 속쓰림·울렁거림 등 위장 질환
- 심혈관계 질환
- 두통, 피부염 등 기타 질환

03 심리검사

1. 개요

사람들의 성격, 지능, 흥미, 적성 등 사람들의 행동에 개인차를 발생시키는 일부 요인들을 측정하는 도구이다. 이처럼 심리검사는 사람들의 행동이 어떤 이유에서 나타나는지를 표준화시킬 수 있지만 개개인의 모든 행동을 검사할 수는 없기 때문에 특정 사람의 패턴을 가지고 다른 사람의 행동 이유를 단정 짓지 않아야 한다.

2. 유형

(1) **지능검사** : 다양한 문항들의 결과를 바탕으로 하나의 결과를 산출한다.

(2) **적성검사**

　・단 하나의 능력만을 측정하는 단일 적성 검사와 여러 가지 적성에 대한 점수 양상을 제공하는 다중적성 검사로 구분된다.

　・직업 훈련이나 교육 훈련 등에서 사용되고 있다.

(3) **성격검사**

　・동기, 가치, 태도 등 성격의 다양한 측면을 측정한다.

　・자기 보고식 검사와 투사적 검사로 구분된다.

> □참고
>
> **성격검사의 분류**
>
> (1) 자기 보고식 검사
>
> 　・다수의 사람들에게 동시에 실시할 수 있다.
>
> 　・채점이 객관적으로 이루어진다.
>
> 　・스스로를 좋게 포장할 수 있어 진실한 답을 기대하기 어렵다.
>
> (2) 투사적 검사
>
> 　・성격의 숨겨진 면을 확인할 수 있다.
>
> 　・검사에 시간이 오래 소요된다.
>
> 　・한 사람씩 검사할 수 있는 장소에서 사용된다.

(4) **성취검사**

　・특정 주제와 관련하여 개인의 학습 및 성취 정도를 측정한다.

　・학교에서 특정 주제를 직접 가르쳤다는 것을 가정한다.

직업적성과 피로

01 직업 적성

1. 정의

특정 직업(직종)에 종사하는 경우 해당 업무를 훌륭하게 수행 또는 배우는 속도가 매우 빠르고 적극적인 모습을 보일 수 있게 하는 힘을 의미한다.

2. 적성 검사

(1) 신체검사 : 대다수 직업에서는 크게 문제가 되지 않으나 중(重)노동·격심노동 등 체격 및 체력이 뒷받침되어야 하는 직업의 적성을 판단할 때 사용된다.

(2) 생리적 검사
  · 감각기능검사 : 시력, 청력, 색각 등
  · 심폐기능검사 : 호흡, 맥박, 혈압 등
  · 체력검사

(3) 심리적 검사
  · 지능검사 : 언어, 추리, 기억 등
  · 지각동작검사 : 운동 능력, 형태 지각, 손재주 등
  · 기능검사 : 기본지식 숙련도, 사고력 등
  · 인성검사 : 성격, 태도, 정신 상태 등

02 직업과 신체 능력

특정 직업은 신체 결손 등이 존재하는 경우 제대로 된 업무를 수행하기 어렵다. 직업군에 따라 업무를 수행하기 어려운 경우는 다음과 같다.

- 중근(重筋)작업 – 신체허약, 빈혈, 심계항진
- 서서하는 작업 – 편평족(扁平足)
- 화학공업 – 빈혈, 색약, 간기능 장애
- 유기용제 취급업 – 빈혈, 천식, 만성기관지염
- 정밀 작업 – 시력부족, 고혈압, 색약
- 고소 작업 – 비만, 심계항진, 고혈압
- 위험 작업 – 청력 장애, 당뇨

03 피로

1. 특징

(1) 고단하다는 주관적인 느낌으로 개인차가 심하다.

(2) 작업에 대한 개인의 신체적·정신적 반응을 수치로 나타내기에는 어려움이 있다.

(3) 건강 장애에 대한 경고반응으로 오랫동안 지속되면 작업능률의 저하뿐만 아니라 재해 및 질병의 원인(정신적 허탈감, 얼굴 부종 등의 신체적 변화 등)이 될 수 있다.

(4) 작업 시간이 등차급수로 증가하면 피로회복에 필요한 시간은 등비급수로 증가하는 경향이 있다.

(5) 피로를 판단하는 지표로 노동수명을 사용하기도 한다.

2. 분류

(1) **신체 부위별 분류** : 전신 피로, 국소 피로

(2) **작업 형태별 분류** : 육체적 피로, 정신적 피로

(3) **신체 상태별 분류** : 보통 피로, 과로, 곤비

　(가) 보통 피로(1단계) : 하룻밤 자고 나면 완전히 회복하는 상태를 의미한다.

　(나) 과로(2단계) : 다음날까지도 피로한 상태가 유지되며 단기간 휴식으로 충분히 회복될 수 있는 상태이다.

　(다) 곤비(3단계) : 극심한 노동에 의한 과로의 축적으로 단시간에 회복될 수 없는 단계를 말하며 피로 현상으로 인한 병적 상태를 의미한다.

3. 피로의 원인

(1) **신체적 원인** : 체력 저하 등

(2) **심리적 원인** : 작업 흥미도 저하, 무거운 책임감, 대인관계 등

(3) **작업 조건의 원인** : 작업 과부하, 불량한 작업 환경, 불규칙한 작업 조건 등

(4) **생활 조건의 원인** : 수면 부족, 불규칙한 식습관 등

4. 피로에 의한 변화

(1) 순환 기능의 변화

　• 맥박이 빨라지고 혈압이 상승한다.

　• 오랫동안 진행되면 오히려 혈압은 낮아지며 회복되기까지 오랜 시간이 필요하다.

(2) 호흡 기능의 변화
- 호흡이 얕고 빠르다.
- 심한 경우 호흡곤란 등이 발생할 수 있다.

(3) 신경 기능의 변화
- 지각 기능에 문제가 발생할 수 있다.
- 슬관절 건반사 등의 반사 기능의 둔화 등의 문제가 발생할 수 있다.

(4) 체온 기능의 변화
- 체온조절이 힘들어진다.
- 일반적으로 체온은 높아지나 피로가 심해질수록 낮아진다.

(5) 혈액 및 소변
- 젖산의 증가와 혈당치 감소로 소변은 진한 갈색을 띠고 양도 줄어든다.

5. 피로의 측정방법
(1) 생리적 방법 : 근력 검사, 대뇌 피질 활동 검사, 호흡 순환 기능 검사 등
(2) 생화학적 방법 : 혈색소 농도 검사, 혈액 검사, 뇨단백 검사 등
(3) 심리학적 방법 : 행동 분석, 연속 반응 시간 검사, 집중력 지속 시간 검사 등

6. 피로의 대책
(1) 신체적 원인의 대책
- 음주나 약물의 남용을 억제한다.
- 적당한 휴식 및 운동을 통한 체력 관리가 필요하다.

> □ 참고
> **휴식 시간 계산**
>
> $$R = \frac{E-5}{E-1.5} \times 60$$
>
> 여기서, R : 휴식시간(min)
> E : 작업 시 평균 에너지 소비량(kcal/min)

- 중노동은 최대한 기계화하여 신체 부담을 줄이도록 한다.

(2) 심리적 인자의 대책

- 적성검사를 통해 적정 직종에 배치하여야 한다.
- 기업적·개인적 정신보건의 관리가 필요하다.
- 친밀한 인간관계의 유지가 필요하다.

(3) 작업 조건의 대책

- 작업 방법의 개선이 필요하다.
- 교대 근무제의 경우 교대 시간 등이 적정해야 한다.
- 신체적 부담이 강하게 이루어지는 작업의 경우 기계를 활용한다.
- 정적인 작업은 신체에 부담을 줄 수 있으므로 동적인 작업으로 전환한다.
- 작업 환경의 안전과 위생적 관리가 필요하다.
- 휴게실·오락실·입욕실 등의 운영이 필요하며 주기적인 음료 공급도 좋다.

(4) 생활 조건의 대책

- 충분한 수면을 유지한다.
- 규칙적인 식생활과 충분한 영양공급이 이루어질 수 있도록 한다.

CHAPTER 07 안전 보건 교육

01 안전 교육의 개념

(1) 교육의 3요소
- 주체(Subject)
- 객체(Object)
- 매개체(Material)

(2) 교육의 의사소통 방식
- 강의식 : 일방향 의사소통 방식
- 토의식 : 쌍방향 의사소통 방식

(3) 안전 교육의 3단계

(가) 1단계 : 지식 교육
- 시청각 교육 또는 강의를 통해 작업에 필요한 안전 규정 및 기초 지식을 주입하는 단계이다.
- 지식 교육의 진행은 크게 '도입 → 제시 → 적용 → 확인' 4단계를 구분된다.

(나) 기능 교육
- 현장 실습 및 견학 등을 통해 전문적 기술 기능 및 작업 능력을 학습한다.
- 대규모 인원의 교육은 어려우며 교육 기간이 장기화될 수 있다.

> □ 참고
> **기능 교육의 3원칙**
> (1) 준비
> (2) 위험작업의 규제
> (3) 안전 작업의 표준화

(다) 태도 교육 : 작업 동작의 지도 등을 통해 안전 작업의 습관이 형성될 수 있도록 교육한다.

02 교육 방법

1. 강의법(Lecture Method)

(1) 적용 단계

- 주로 초기단계에 적용이 가능하다.
- 한정된 시간 내에서 많은 내용의 교육이 필요한 경우 적합하다.
- 교육자는 한정되어 있으나, 수업 참여자가 많은 경우에 적합하다.

(2) 장점

- 시간·장소에 큰 제약을 받지 않는다.
- 참여자에 큰 제한을 받지 않는다.
- 여러 가지 수업 매체를 다양하게 활용할 수 있다.

(3) 단점

- 각자의 학습 속도를 맞추기에는 어려움이 있다.
- 참여자의 흥미를 지속시키기에 어려움이 있다.
- 일방통행적인 지식 습득 과정이다.

2. 토의법

(1) 적용 조건

- 수업의 중간 또는 마지막에 적용하는 것이 좋다.
- 팀워크가 필요한 경우 적용하기 좋다.

(2) 장점

- 참여자들의 다양한 의견을 들을 수 있다.
- 자신이 가지고 있는 지식을 심화시키거나 어떤 내용에 대한 생각을 명료화하기 좋다.

(3) 단점

- 시간 소비량이 크며 참여자 인원의 제한(10 ~ 20인)이 있다.
- 참여자는 주제에 대한 배경지식을 가지고 있어야 한다.

(4) 종류

- 포럼(Forum) : 다수의 참여자와 1명 이상의 전문가가 사회자 진행 하에 공개적으로 토의를 진행하는 방식을 의미한다.

- 심포지엄(Symposium) : 동일 주제 또는 관련 주제에 대해 전문가(2 ~ 5명)가 각자의 견해를 제시하고 참여자는 이에 대한 의견이나 질문을 하는 방식의 토의 방식을 의미한다.
- 패널 디스커션(Panel Discussion) : 4 ~ 5명의 패널이 참여자들 앞에서 자유롭게 토의 후 참여자들은 사회자의 진행에 맞춰 해당 토의에 참여하는 방식을 의미한다.
- 버즈 그룹(Buzz Group) : 몇 개의 소집단을 구성하여 주제에 대해 구성원들끼리 토의를 진행하고, 최종적으로 전체가 모여 각 소집단에서 나온 결과를 종합·정리하여 최종 결과를 도출해내는 토의 방식을 의미한다.

3. 모의법(Simulation Method)

(1) 정의 : 실제 사례와 유사한 상태를 인위적으로 만든 후 그 속에서 교육하는 방법이다.

(2) 장점
- 모든 단계에서 활용이 가능하며 특히 직업 훈련 분야에서 활용하기 적합하다.
- 모의 훈련을 통해 실제 현장에서 발생할 수 있는 여러 문제들을 파악하기 용이하다.
- 참여자들의 수업 집중도가 높아진다.

(3) 단점
- 교육비가 비싸며 시간도 많이 소비된다.
- 시설의 유지비가 비싸다.

4. 프로그램 학습법(Program Method)

(1) 정의 : 프로그램 자료를 활용하여 참여자가 각자의 학습 속도에 따라 학습이 가능하도록 한 방법이다.

(2) 장점
- 모든 단계에서 적용이 가능하다.
- 참여자(학생)의 학습 수준에 따라 학습 속도를 조절하기 용이하나.
- 참여자(학생)가 원하는 시간에 언제든지 학습이 가능하다.

(3) 단점
- 프로그램 개발에 시간·비용 소모가 크다.
- 참여자의 사회성을 증가시키기에는 무리가 있다.

03 사업장 교육

1. 직급별 교육훈련

(1) MTP

· 관리자 교육 훈련으로 관리자의 능력 향상 및 자기개발을 추구하도록 하는 훈련을 의미한다.

· 보통 10 ~ 15명이 한 팀을 이뤄 약 40시간 정도의 훈련을 진행한다.

(2) TWI

· 현장 감독자 교육 훈련으로 감독자의 지도·통솔력 향상 및 관리에 관한 기초적인 지식 함양이 가능하도록 하는 훈련을 의미한다.

· TWI(Training Within Industry) 종류

① JIT(Job Instruction Training) : 작업 지도법

② JMT(Job Method Training) : 작업 개선법

③ JRT(Job Relation Training) : 인간관계 관리법

④ JST(Job Safety Training) : 작업 안전법

(3) ATT

· 모든 직급이 대상자가 되는 훈련으로 교육 훈련을 수료한 자가 교육 훈련 미수료자를 지도할 수 있다.

· 하루에 8시간씩 2주에 걸쳐 1차 교육 훈련을 진행하며 2차 교육 훈련은 문제가 발생할 때마다 진행한다.

2. 현장교육 및 잠재 교육

(1) 현장교육(OJT, On the Job Training)

· 도제식 교육으로 직속 상사가 일상 업무 중 부하 직원에게 지식·기능·문제해결 능력 등을 교육하는 실무 훈련 교육이다.

(2) 잠재교육(OFF JT, Off the Job Training)

· 일정 장소에 특정 교육을 필요로 하는 직원들을 모두 모아놓고 외부 강사를 초빙하여 교육을 진행하는 일종의 집합 교육 방식이다.

OJT 장점	OFF JT 장점
· 개인별 맞춤 교육이 가능하다. · 사업체 특성에 맞게 훈련이 가능하다. · 업무와 교육이 연결되어 있어 효과가 즉시 나타나기 쉽다. · 교육으로 인해 업무가 중단되는 경우는 적다. · 상호 이해관계가 상승한다. · 실무 지식의 함양으로 교육 대상자들의 만족도가 상대적으로 높다.	· 업무와 분리되어 있어 훈련에만 전념할 수 있다. · 한 번에 다수의 직원을 교육할 수 있다. · 각 직장의 직원들끼리 경험한 내용을 서로 공유할 수 있다. · 전문 강사를 초빙하여 교육하므로 고도의 전문 지식을 가르칠 수 있다.

04 법정 사업장 안전교육

1. 안전보건교육 교육 대상별 교육내용

(1) 근로자 안전보건교육

(가) 정기교육 내용

- 산업안전 및 사고 예방에 관한 사항
- 산업보건 및 직업병 예방에 관한 사항
- 위험성 평가에 관한 사항
- 건강증진 및 질병 예방에 관한 사항
- 유해·위험 작업환경 관리에 관한 사항
- 산업안전보건법령 및 산업재해보상보험 제도에 관한 사항
- 직무스트레스 예방 및 관리에 관한 사항
- 직장 내 괴롭힘, 고객의 폭언 등으로 인한 건강장해 예방 및 관리에 관한 사항

(나) 채용 시 교육 및 작업내용 변경 시 교육 내용

- 산업안전 및 사고 예방에 관한 사항
- 산업보건 및 직업병 예방에 관한 사항
- 위험성 평가에 관한 사항
- 산업안전보건법령 및 산업재해보상보험 제도에 관한 사항
- 직무스트레스 예방 및 관리에 관한 사항
- 직장 내 괴롭힘, 고객의 폭언 등으로 인한 건강장해 예방 및 관리에 관한 사항
- 기계·기구의 위험성과 작업의 순서 및 동서에 관한 사항
- 작업 개시 전 점검에 관한 사항
- 정리정돈 및 청소에 관한 사항
- 사고 발생 시 긴급조치에 관한 사항
- 물질안전보건자료에 관한 사항

(2) 관리감독자 안전보건교육

(가) 정기교육 내용

- 산업안전 및 사고 예방에 관한 사항
- 산업보건 및 직업병 예방에 관한 사항
- 위험성평가에 관한 사항

· 유해·위험 작업환경 관리에 관한 사항

· 산업안전보건법령 및 산업재해보상보험 제도에 관한 사항

· 직무스트레스 예방 및 관리에 관한 사항

· 직장 내 괴롭힘, 고객의 폭언 등으로 인한 건강장해 예방 및 관리에 관한 사항

· 작업공정의 유해·위험과 재해 예방대책에 관한 사항

· 사업장 내 안전보건관리체제 및 안전·보건조치 현황에 관한 사항

· 표준안전 작업방법 결정 및 지도·감독 요령에 관한 사항

· 현장근로자와의 의사소통능력 및 강의능력 등 안전보건교육 능력 배양에 관한 사항

· 비상시 또는 재해 발생 시 긴급조치에 관한 사항

· 그 밖의 관리감독자의 직무에 관한 사항

(나) 채용 시 교육 및 작업내용 변경 시 교육

· 산업안전 및 사고 예방에 관한 사항

· 산업보건 및 직업병 예방에 관한 사항

· 위험성평가에 관한 사항

· 산업안전보건법령 및 산업재해보상보험 제도에 관한 사항

· 직무스트레스 예방 및 관리에 관한 사항

· 직장 내 괴롭힘, 고객의 폭언 등으로 인한 건강장해 예방 및 관리에 관한 사항

· 기계·기구의 위험성과 작업의 순서 및 동선에 관한 사항

· 작업 개시 전 점검에 관한 사항

· 물질안전보건자료에 관한 사항

· 사업장 내 안전보건관리체제 및 안전·보건조치 현황에 관한 사항

· 표준안전 작업방법 결정 및 지도·감독 요령에 관한 사항

· 비상시 또는 재해 발생 시 긴급조치에 관한 사항

· 그 밖의 관리감독자의 직무에 관한 사항

(3) 안전보건관리책임자 등에 대한 교육

(가) 안전보건 관리 책임자

1) 신규 과정 교육 내용

· 관리책임자의 책임과 직무에 관한 사항

· 산업안전보건법령 및 안전·보건조치에 관한 사항

2) 보수 과정 교육 내용

· 산업안전·보건정책에 관한 사항

　　　　· 자율안전·보건관리에 관한 사항

(나) 안전 관리자 및 안전관리전문기관 종사자

　　1) 신규 과정 교육 내용

　　　　· 산업안전보건법령에 관한 사항

　　　　· 산업안전보건개론에 관한 사항

　　　　· 인간공학 및 산업심리에 관한 사항

　　　　· 안전보건교육방법에 관한 사항

　　　　· 재해 발생 시 응급처치에 관한 사항

　　　　· 안전점검·평가 및 재해 분석기법에 관한 사항

　　　　· 안전기준 및 개인보호구 등 분야별 재해예방 실무에 관한 사항

　　　　· 산업안전보건관리비 계상 및 사용기준에 관한 사항

　　　　· 작업환경 개선 등 산업위생 분야에 관한 사항

　　　　· 무재해운동 추진기법 및 실무에 관한 사항

　　　　· 위험성평가에 관한 사항

　　　　· 그 밖에 안전관리자의 직무 향상을 위하여 필요한 사항

　　2) 보수 과정 교육 내용

　　　　· 산업안전보건법령 및 정책에 관한 사항

　　　　· 안전관리계획 및 안전보건개선계획의 수립·평가·실무에 관한 사항

　　　　· 안전보건교육 및 무재해운동 추진실무에 관한 사항

　　　　· 산업안전보건관리비 사용기준 및 사용방법에 관한 사항

　　　　· 분야별 재해 사례 및 개선 사례에 관한 연구와 실무에 관한 사항

　　　　· 사업장 안전 개선기법에 관한 사항

　　　　· 위험성평가에 관한 사항

　　　　· 그 밖에 안전관리자 직무 향상을 위하여 필요한 사항

(다) 보건관리자 및 보건관리전문기관 종사자

　　1) 신규 과정 교육 내용

　　　　· 산업안전보건법령 및 작업환경측정에 관한 사항

　　　　· 산업안전보건개론에 관한 사항

　　　　· 안전보건교육방법에 관한 사항

　　　　· 산업보건관리계획 수립·평가 및 산업역학에 관한 사항

　　　　· 작업환경 및 직업병 예방에 관한 사항

　　　　· 작업환경 개선에 관한 사항(소음·분진·관리대상 유해물질 및 유해광선 등)

- 산업역학 및 통계에 관한 사항
- 산업 환기에 관한 사항
- 안전보건관리의 체제·규정 및 보건관리자 역할에 관한 사항
- 보건관리계획 및 운용에 관한 사항
- 근로자 건강관리 및 응급처치에 관한 사항
- 위험성평가에 관한 사항
- 감염병 예방에 관한 사항
- 자살 예방에 관한 사항
- 그 밖에 보건관리자의 직무 향상을 위하여 필요한 사항

2) 보수 과정 교육 내용
- 산업안전보건법령, 정책 및 작업환경 관리에 관한 사항
- 산업보건관리계획 수립·평가 및 안전보건교육 추진 요령에 관한 사항
- 근로자 건강 증진 및 구급환자 관리에 관한 사항
- 산업위생 및 산업환기에 관한 사항
- 직업병 사례 연구에 관한 사항
- 유해물질별 작업환경 관리에 관한 사항
- 위험성평가에 관한 사항
- 감염병 예방에 관한 사항
- 자살 예방에 관한 사항
- 그 밖에 보건관리자 직무 향상을 위하여 필요한 사항

(라) 건설재해예방전문지도기관 종사자
1) 신규 과정 교육 내용
- 산업안전보건법령 및 정책에 관한 사항
- 분야별 재해사례 연구에 관한 사항
- 새로운 공법 소개에 관한 사항
- 사업장 안전관리기법에 관한 사항
- 위험성평가의 실시에 관한 사항
- 그 밖에 직무 향상을 위하여 필요한 사항

2) 보수 과정 교육 내용
- 산업안전보건법령 및 정책에 관한 사항
- 분야별 재해사례 연구에 관한 사항
- 새로운 공법 소개에 관한 사항

・사업장 안전관리기법에 관한 사항

・위험성평가의 실시에 관한 사항

・그 밖에 직무 향상을 위하여 필요한 사항

(마) 석면조사기관 종사자

　1) 신규 과정 교육 내용

　　・석면 제품의 종류 및 구별 방법에 관한 사항

　　・석면에 의한 건강유해성에 관한 사항

　　・석면 관련 법령 및 제도에 관한 사항

　　・법 및 산업안전보건 정책방향에 관한 사항

　　・석면 시료채취 및 분석 방법에 관한 사항

　　・보호구 착용 방법에 관한 사항

　　・석면조사결과서 및 석면지도 작성 방법에 관한 사항

　　・석면 조사 실습에 관한 사항

　2) 보수 과정 교육 내용

　　・석면 관련 법령 및 제도에 관한 사항

　　・실내공기오염 관리(또는 작업환경측정 및 관리)에 관한 사항

　　・산업안전보건 정책방향에 관한 사항

　　・건축물·설비 구조의 이해에 관한 사항

　　・건축물·설비 내 석면함유 자재 사용 및 시공·제거 방법에 관한 사항

　　・보호구 선택 및 관리방법에 관한 사항

　　・석면해체·제거작업 및 석면 흩날림 방지 계획 수립 및 평가에 관한 사항

　　・건축물 석면조사 시 위해도 평가 및 석면지도 작성·관리 실무에 관한 사항

　　・건축 자재의 종류별 석면조사 실무에 관한 사항

(바) 안전보건관리담당자

　1) 보수 과정 교육 내용

　　・위험성평가에 관한 사항

　　・안전·보건교육방법에 관한 사항

　　・사업장 순회점검 및 지도에 관한 사항

　　・기계·기구의 적격품 선정에 관한 사항

　　・산업재해 통계의 유지·관리 및 조사에 관한 사항

　　・그 밖에 안전보건관리담당자 직무 향상을 위하여 필요한 사항

(사) 안전검사기관 및 자율안전검사기관

    1) 신규 과정 교육 내용

- 산업안전보건법령에 관한 사항
- 기계, 장비의 주요장치에 관한 사항
- 측정기기 작동 방법에 관한 사항
- 공통점검 사항 및 주요 위험요인별 점검내용에 관한 사항
- 기계, 장비의 주요안전장치에 관한 사항
- 검사시 안전보건 유의사항
- 기계·전기·화공 등 공학적 기초 지식에 관한 사항
- 검사원의 직무윤리에 관한 사항
- 그 밖에 종사자의 직무 향상을 위하여 필요한 사항

    2) 보수 과정 교육 내용

- 산업안전보건법령 및 정책에 관한 사항
- 주요 위험요인별 점검내용에 관한 사항
- 기계, 장비의 주요장치와 안전장치에 관한 심화과정
- 검사시 안전보건 유의 사항
- 구조해석, 용접, 피로, 파괴, 피해예측, 작업환기, 위험성평가 등에 관한 사항
- 검사대상 기계별 재해 사례 및 개선 사례에 관한 연구와 실무에 관한 사항
- 검사원의 직무윤리에 관한 사항
- 그 밖에 종사자의 직무 향상을 위하여 필요한 사항

(4) 특수형태근로종사자에 대한 안전보건교육

  (가) 최초 노무제공 시 교육 내용

- 산업안전 및 사고 예방에 관한 사항
- 산업보건 및 직업병 예방에 관한 사항
- 건강증진 및 질병 예방에 관한 사항
- 유해·위험 작업환경 관리에 관한 사항
- 산업안전보건법령 및 산업재해보상보험 제도에 관한 사항
- 직무스트레스 예방 및 관리에 관한 사항
- 직장 내 괴롭힘, 고객의 폭언 등으로 인한 건강장해 예방 및 관리에 관한 사항
- 기계·기구의 위험성과 작업의 순서 및 동선에 관한 사항
- 작업 개시 전 점검에 관한 사항

- 정리정돈 및 청소에 관한 사항
- 사고 발생 시 긴급조치에 관한 사항
- 물질안전보건자료에 관한 사항
- 교통안전 및 운전안전에 관한 사항
- 보호구 착용에 관한 사항

2. 안전보건교육 교육과정별 교육시간

(1) 근로자 안전보건 교육

교육과정	교육대상		교육시간
정기교육	사무직 종사 근로자		매반기 6시간 이상
	그 밖의 근로자	판매 업무에 직접 종사하는 근로자	매반기 6시간 이상
		판매 업무에 직접 종사하는 근로자 외의 근로자	매반기 12시간 이상
채용 시 교육	일용근로자 및 근로계약기간이 1주일 이하인 기간제 근로자		1시간 이상
	근로계약기간이 1주일 초과 1개월 이하인 기간제 근로자		4시간 이상
	그 밖의 근로자		8시간 이상
작업내용 변경 시 교육	일용근로자 및 근로계약기간이 1주일 이하인 기간제 근로자		1시간 이상
	그 밖의 근로자		2시간 이상
특별교육	일용근로자 및 근로계약기간이 1주일 이하인 기간제 근로자 : 별표 5 제1호라목(제39호는 제외한다)에 해당하는 작업에 종사하는 근로자에 한정한다.		2시간 이상
	일용근로자 및 근로계약기간이 1주일 이하인 기간제 근로자 : 별표 5 제1호라목제39호에 해당하는 작업에 종사하는 근로자에 한정한다.		8시간 이상
	일용근로자 및 근로계약기간이 1주일 이하인 기간제 근로자를 제외한 근로자 : 별표 5 제1호 라목에 해당하는 작업에 종사하는 근로자에 한정한다.		· 16시간 이상(최초 작업에 종사하기 전 4시간 이상 실시하고 12시간은 3개월 이내에서 분할하여 실시 가능) · 단기간 작업 또는 간헐적 작업인 경우에는 2시간 이상
건설업 기초안전· 보건교육	건설 일용근로자		4시간 이상

(2) 관리감독자 안전보건교육

교육과정	교육시간
정기교육	연간 16시간 이상
채용 시 교육	8시간 이상
작업내용 변경 시 교육	2시간 이상
특별교육	16시간 이상(최초 작업에 종사하기 전 4시간 이상 실시하고, 12시간은 3개월 이내에서 분할하여 실시 가능)
	단기간 작업 또는 간헐적 작업인 경우에는 2시간 이상

(3) 안전보건관리책임자 등에 대한 교육

교육대상	교육시간	
	신규교육	보수교육
가. 안전보건관리책임자	6시간 이상	6시간 이상
나. 안전관리자, 안전관리전문기관의 종사자	34시간 이상	24시간 이상
다. 보건관리자, 보건관리전문기관의 종사자	34시간 이상	24시간 이상
라. 건설재해예방전문지도기관의 종사자	34시간 이상	24시간 이상
마. 석면조사기관의 종사자	34시간 이상	24시간 이상
바. 안전보건관리담당자	-	8시간 이상
사. 안전검사기관, 자율안전검사기관의 종사자	34시간 이상	24시간 이상

(4) 특수형태근로종사자에 대한 안전보건교육

교육과정	교육시간
최초 노무제공 시 교육	2시간 이상(단기간 작업 또는 간헐적 작업에 노무를 제공하는 경우에는 1시간 이상 실시하고, 특별교육을 실시한 경우는 면제)
특별교육	16시간 이상(최초 작업에 종사하기 전 4시간 이상 실시하고 12시간은 3개월 이내에서 분할하여 실시가능)
	단기간 작업 또는 간헐적 작업인 경우에는 2시간 이상

(5) 검사원 성능검사 교육

교육과정	교육대상	교육시간
성능검사 교육	-	28시간 이상

01 적응기제의 종류 중 도피적 기제에 포함되지 않는 것은?

① 고립　　　　　　　　② 퇴행
③ 억압　　　　　　　　④ 합리화

해설

적응기제 종류
(1) 도피적 기제 : 고립, 퇴행, 억압, 백일몽
(2) 방어적 기체 : 보상, 합리화, 동일시, 승화

02 모랄 서베이의 방법 중 태도조사법에 해당하지 않는 것은?

① 질문지법　　　　　　② 면접법
③ 관찰법　　　　　　　④ 집단 토의법

해설

모랄 서베이(태도 조사법)의 종류
· 질문지법
· 면접법
· 집단토의법
· 투사법

03 다음 중 산업안전 심리의 5대 요소에 해당하지 않는 것은?

① 습관　　　　　　　　② 동기
③ 감정　　　　　　　　④ 지능

해설

안전심리의 5대 요소 : 습관, 동기, 기질, 감정, 습성

04 손다이크(Thorndike)의 시행 착오설에 의한 학습의 법칙이 아닌 것은?

① 연습의 법칙　　　　② 효과의 법칙
③ 동일성의 법칙　　　④ 준비성의 법칙

해설

손다이크의 시행착오설에 의한 학습 법칙 : 연습의 법칙, 효과의 법칙, 준비성의 법칙

05 다음 중 억측판단이 발생하는 배경으로 볼 수 없는 것은?

① 정보가 불확실할 때 ② 희망적인 관측이 있을 때

③ 타인의 의견에 동조할 때 ④ 과거의 성공한 경험이 있을 때

해설
타인의 의견을 동조하는 건 합리화이다.

06 도수율이 24.5이고, 강도율이 2.15의 사업장이 있다. 이 사업장에 한 근로자가 입사하여 퇴직할 때까지는 몇 일간의 근로손실일수가 발생하겠는가?

① 2.45일 ② 215일

③ 2,150일 ④ 2,450일

해설
환산강도율 = 강도율 × 100 = 2.15 × 100 = 215일

07 알더퍼(Alderfer)의 ERG 이론 중 다른 사람과의 상호작용을 통하여 만족을 추구하는 대인 욕구와 관련이 가장 깊은 것은?

① 성장 욕구 ② 관계 욕구

③ 존재 욕구 ④ 위생 욕구

해설
관계 욕구(Relatedness)는 다른 사람과의 상호작용을 통하여 만족을 추구하는 대인욕구와 관련이 가장 깊다.

08 다음 중 O.J.T(On the Job Training)의 특징에 대한 설명으로 옳은 것은?

① 직장의 실정에 맞는 구체적이고 실제적인 지도 교육이 가능하다.

② 타 직장의 근로자와 지식이나 경험을 교류할 수 있다.

③ 외부의 전문가를 위촉하여 전문 교육을 실시할 수 있다.

④ 다수의 근로자에게 조직적 훈련이 가능하다.

해설
②, ③, ④번은 Off.J.T의 특징이다.

09 다음 중 강의식 교육지도에서 가장 많은 시간을 소비하는 부분은?

① 도입 　　　　　　　　　② 제시
③ 적용 　　　　　　　　　④ 확인

해설

교육 진행 4단계 시간
강의식 : 도입(5분) - 제시(40분) - 적용(10분) - 확인(5분)
토의식 : 도입(5분) - 제시(10분) - 적용(40분) - 확인(5분)

10 다음 중 인간의 동기부여에 관한 맥그리거(McGregor)의 X 이론에 해당하지 않는 것은?

① 인간은 스스로 자기통제를 한다.
② 인간은 본래 게으르고 태만하다.
③ 동기는 생리적 수준 및 안전의 수준에서 나타난다.
④ 인간은 명령받는 것을 좋아하여 책임을 회피하려 한다.

해설

①번은 Y이론이다.

11 다음 중 재해의 발생형태에 해당하지 않는 것은?

① 낙하 및 비래 　　　　　② 협착
③ 이상온도 노출 　　　　　④ 골절

해설

골절은 상대의 종류이다.

12 하행선 기차역에 정지하고 있는 열차 안의 승객이 반대편 상행선 열차의 출발로 인하여 하행선
열차가 움직이는 것 같은 착각을 일으키는 현상을 무엇이라 하는가?

① 유도운동 　　　　　　　② 자동운동
③ 가현운동 　　　　　　　④ 브라운 운동

해설

유도 운동 : 본문 설명

13 근로자의 직무 적성을 결정하는 심리검사의 특징에 대한 설명으로 틀린 것은?

① 특정한 시기에 모든 근로자들을 검사하고, 그 검사 점수와 근로자의 직무 평정 척도를 상호 연관시키는 예언적 타당성을 갖추어야 한다.

② 검사의 관리를 위한 조건, 절차의 일관성과 통일성에 대한 심리검사의 표준화가 마련되어야 한다.

③ 한 집단에 대한 검사응답의 일관성을 말하는 객관성을 갖추어야 한다.

④ 심리검사의 결과를 해석하기 위해서는 개인의 성적을 다른 사람들의 성적과 비교할 수 있는 참조 또는 비교의 기준이 있어야 한다.

> **해설**
>
> 심리검사의 특징 : 타당성, 신뢰성, 실용성

14 교육심리학의 학습이론에 관한 설명으로 옳은 것은?

① 파블로프(Pavlov)의 조건반사설은 맹목적 시행을 반복하는 가운데 자극과 반응이 결합하여 행동하는 것이다.

② 레윈(Lewin)의 장설은 후천적으로 얻게 되는 반사작용으로 행동을 발생시킨다는 것이다.

③ 톨만(Tolman)의 기호형태설은 학습자의 머리 속에 인지적 지도 같은 인지 구조를 바탕으로 학습하려는 것이다.

④ 손다이크(Thorndike)의 시행 착오설은 내적, 외적의 전체구조를 새로운 시점에서 파악하여 행동하는 것이다.

> **해설**
>
> 교육심리학 학습이론
>
> ① 파블로프(Pavlov)의 조건 반사설 : 후천적으로 얻게 되는 반사작용으로 행동을 발생시키는 것으로 동물에게 어떤 자극을 반복적으로 주어 반사적으로 따라가는 반응을 만들어내는 것을 의미한다.
>
> ② 레윈(Lewin)의 장설은 학습단계에서 인지는 분석적으로 이루어지는 것이 아닌 전체의 장(한 사람의 전체 생활 공간)의 관계로 이루어지는 것으로 사람은 목적 지향적으로 행동하고 목표 달성 방법에 대해 인지 구조를 통찰하여 재구성한다는 이론을 의미한다.
>
> ③ 톨만(Tolman)의 기호형태설 : 학습자의 머리 속에 인지적 지도 같은 인지 구조를 바탕으로 학습하려는 것이다.
>
> ④ 손다이크(Thorndike)의 시행 착오설 : 맹목적 시행을 반복적으로 하는 가운데 자극과 반응이 결합하여 행동하는 것을 의미한다.

15 다음 중 산업재해의 기본원인 4M에서 Media에 해당하는 것은?

① 작업방법의 부적절　　　　② 점검, 정비의 부족

③ 적성배치의 불충분　　　　④ 직장의 인간관계

> **해설**
>
> 산업재해의 기본원인 4M
>
> (1) Man : 본인 외 사람
>
> (2) Machine : 장치나 기기 등의 물적 요인
>
> (3) Media : 작업방법의 부적절
>
> (4) Management : 법규 준수

16 운동 지각 현상 가운데 자동 운동(Autokinetic Movement)이 발생하기 쉬운 조건이 아닌 것은?

① 광점이 작은 것　　　　② 대상이 복잡한 것

③ 빛의 강도가 작은 것　　④ 시야의 다른 부분이 어두운 것

> **해설**
>
> 자동운동이 발생하기 쉬운 조건
>
> (1) 광점이 작은 것
>
> (2) 대상이 단순한 것
>
> (3) 빛의 강도가 작은 것
>
> (4) 시야의 다른 부분이 어두운 것

17 주의의 특징으로 볼 수 없는 것은?

① 선택성　　　　② 방향성

③ 변동성　　　　④ 전진성

> **해설**
>
> 주의의 특징 : 선택성, 방향성, 변동성

18 부주의가 발생하는 현상과 가장 거리가 먼 것은?

① 의식의 단절　　　　② 의식의 우회

③ 의식수준의 저하　　④ 의식의 집중화

> **해설**
>
> 부주의가 발생하는 현상
>
> (1) 의식의 단절
>
> (2) 의식의 우회
>
> (3) 의식수준의 저하
>
> (4) 의식의 과잉
>
> (5) 의식의 혼란

19 근로자 280명의 사업장에서 1년 동안 사고로 인한 근로손실일수가 190일, 휴업일수가 28일이었다. 이 사업장의 강도율은 약 얼마인가?

① 0.28   ② 0.32

③ 0.38   ④ 0.43

> **해설**
>
> $$강도율 = \frac{근로손실일수}{연근로총시간수} \times 10^3 = \frac{190일 + 28일 \times \dfrac{300일}{365일}}{280명 \times 8시간/일 \times 300일/년} \times 10^3 = 0.32$$

20 안전 교육의 개념에서 학습경험 선정의 원리와 가장 거리가 먼 것은?

① 가능성의 원리   ② 동기 유발의 원리

③ 계속성의 원리   ④ 다목적 달성의 원리

> **해설**
>
> 학습 경험 선정의 원리 : 가능성의 원리, 동기 유발의 원리, 다목적 달성의 원리

21 리더십의 행동이론 중 관리 그리드 이론에서 리더의 행동유형과 경향을 올바르게 연결한 것은?

① (1.1)형 – 무관심형   ② (1.9)형 – 과업형

③ (9.1)형 – 인기형   ④ (5.5)형 – 이상형

> **해설**
>
> 리더의 행동 유형
> (1.1)형 – 무관심형
> (1.9)형 – 교섭형·친목형
> (9.1)형 – 착취형·과업형
> (5.5)형 – 절충형·중도형

22 다음 중 플리커 검사(Flicker Test)의 목적으로 가장 적절한 것은?

① 혈 중 알코올 농도 측정   ② 체내 산소량 측정

③ 작업강도 측정   ④ 피로의 정도 측정

> **해설**
>
> 플리커 검사의 목적 : 피로의 정도 측정

23 안전모 중 ABE 안전모에 대하여 내수성 시험을 진행하였다. 물에 담그기 전 질량이 400g이고, 물에 담근 후 질량이 410g이었다면 질량 증가율과 합격여부로 옳게 짝지어진 것은?

① 질량 증가율 : 2.5%, 합격 여부 : 불합격

② 질량 증가율 : 2.5%, 합격 여부 : 합격

③ 질량 증가율 : 102.5%, 합격 여부 : 불합격

④ 질량 증가율 : 102.5%, 합격 여부 : 합격

해설

$$무게 \ 증가율(\%) = \frac{담근 \ 후의 \ 무게 - 담그기전의 \ 무게}{담그기 \ 전의 \ 무게} \times 100 = \frac{410g - 400g}{400g} \times 100 = 2.5\%$$

∴ 내수성 시험의 합격기준은 무게(질량)증가율이 1% 미만인 것이므로, 불합격이다.

24 공기 중 사염화탄소의 농도가 0.2%인 작업장에서 근로자가 착용할 방독마스크 정화통의 유효시간은 얼마인가? (단, 정화통의 유효시간은 0.5%에 대하여 100분이다.)

① 200분   ② 250분

③ 300분   ④ 350분

해설

$$정화통의 \ 유효시간 = \frac{표준유효시간 \times 시험가스농도}{사용한 \ 환기중의 \ 유해가스농도} = \frac{100분 \times 0.5/100}{0.2/100} = 250분$$

25 다음 중 정화통의 외부 측면 표시색이 회색이 아닌 것은?

① 할로겐용   ② 유기화합물용

③ 황화수소용   ④ 시안화수소용

해설

유기화합물용 정화통은 갈색이다.

26 다음 중 관리감독자의 안전보건 교육(정기교육) 내용으로 옳지 않은 것은?

① 위험성평가에 관한 사항
② 표준안전 작업방법 결정 및 지도·감독 요령에 관한 사항
③ 유해·위험 작업환경 관리에 관한 사항
④ 무재해운동 추진기법 및 실무에 관한 사항

해설

관리감독자 정기 교육 내용

· 산업안전 및 사고 예방에 관한 사항
· 산업보건 및 직업병 예방에 관한 사항
· 위험성평가에 관한 사항
· 유해·위험 작업환경 관리에 관한 사항
· 산업안전보건법령 및 산업재해보상보험 제도에 관한 사항
· 직무스트레스 예방 및 관리에 관한 사항
· 직장 내 괴롭힘, 고객의 폭언 등으로 인한 건강장해 예방 및 관리에 관한 사항
· 작업공정의 유해·위험과 재해 예방대책에 관한 사항
· 사업장 내 안전보건관리체제 및 안전·보건조치 현황에 관한 사항
· 표준안전 작업방법 결정 및 지도·감독 요령에 관한 사항
· 현장근로자와의 의사소통능력 및 강의능력 등 안전보건교육 능력 배양에 관한 사항
· 비상시 또는 재해 발생 시 긴급조치에 관한 사항
· 그 밖의 관리감독자의 직무에 관한 사항

참고 무재해운동 추진기법 및 실무에 관한 사항은 안전관리자 및 안전관리전문기관 종사자의 신규
과정 교육 내용이다.

27 다음 중 안전보건 교육 과정별 대상자와 교육시간이 잘못 짝지어진 것은?

① 정기교육 – 사무직 종사 근로자 – 매반기 6시간 이상
② 채용 시 교육 – 근로 계약 기간이 1주일 ~ 1개월인 기간제 근로자 – 4시간 이상
③ 특별 교육 – 일용 근로자 및 근로계약기간이 1주일 이하인 기간제 근로자를 제외한 근로자
   – 8시간 이상
④ 건설업 기초안전·보건교육 – 건설 일용 근로자 – 4시간 이상

해설

특별 교육 – 일용 근로자 및 근로계약기간이 1주일 이하인 기간제 근로자를 제외한 근로자 – 16시간
이상

28 토의식 교육방법 중 새로운 교재를 제시하고 거기에서의 문제점을 피교육자로 하여금 제기하게 하거나 의견을 여러 가지 방법으로 발표하게 하며, 다시 깊이 파고 들어서 토의하는 방법은?

① 포럼(Forum)
② 심포지엄(Symposium)
③ 버즈 그룹(Buzz Group)
④ 패널 디스커션(Panel Discussion)

해설

포럼(Forum) : 다수의 참여자와 1명 이상의 전문가가 사회자 진행 하에 공개적으로 토의를 진행하는 방식을 의미한다.

29 다음 중 산업안전보건법상 안전·보건 표지의 색채와 색도기준이 잘못 연결된 것은? (단, 색도 기준은 KS에 따른 색의 3속성에 의한 표시 방법에 따른다.)

① 빨간색 : 7.5R 4/14
② 노란색 : 5Y 8.5/12
③ 파란색 : 2.5PB 4/10
④ 흰색 : N 0.5

해설

흰색 : N 9.5

30 피로의 측정 방법 중 생리적 방법에 해당하지 않는 것은?

① 근력 검사
② 대뇌 피질 활동 검사
③ 혈색소 농도 검사
④ 호흡 순환 기능 검사

해설

혈색소 농도 검사는 생화학적 방법이다.

PART 2

인간공학 및
위험성평가관리

CHAPTER 01 안전과 인간공학

01 인간공학

1. 정의 : 기계가 인간의 특성 및 능력에 잘 조화되도록 설계하기 위한 일련의 과정을 의미한다.

2. 인간공학의 목적
- 첫 번째 목표 : 안전성 향상 및 사고 방지
- 두 번째 목표 : 기계 조작의 능률성과 생산성 향상
- 세 번째 목표 : 환경의 쾌적성

3. 인간공학의 연구 방법
- 순간 조작 분석
- 지각 운동 정보 분석
- 연속 컨트롤 부담 분석
- 기계의 상호 연관성 분석

4. 인간공학의 기여도
- 성능의 향상
- 인력의 이용률의 향상
- 사용자의 수용도 향상
- 생산 및 정비유지의 경제성 증대
- 훈련비용의 절감
- 사고 및 오용(誤用)으로부터의 손실감소

02 인간 - 기계 체계(Man-Machine System)

1. 인간 - 기계 체계의 기본 기능

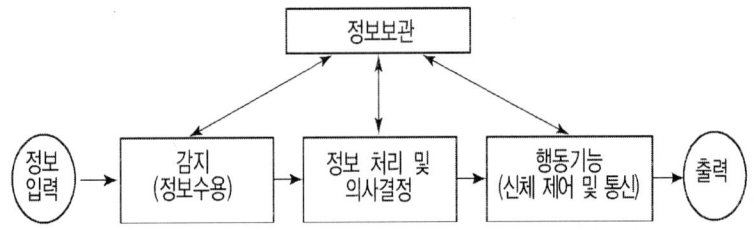

[그림] 인간 또는 기계에 의해서 수행되는 기본기능

(1) 감지(Sensing)
- 인체의 감지 기능 : 시각, 청각, 후각 등의 감각기관
- 기계적인 감지 기능 : 전자, 사진, 기계적인 감지장치

(2) 정보처리 및 의사 결정(Information Processing and Decision)
- 심리적 정보처리 단계 : 회상(Recall), 인식(Recognition), 정리(Retention : 집적)
- 인간의 정보처리 시간 : 0.5초(인간의 정보처리능력 한계)

(3) 행동기능(Acting Function)
- 물리적인 조종 행위나 과정 : 조종 장치 작동, 물체나 물건을 취급, 이동, 변경, 개조하는 것 등이 있다.
- 통신행위 : 음성(사람의 경우) 신호, 기록 등의 방법이 사용된다.

(4) 정보 보관(Information Storage)
- 인간의 정보 보관 : 기억된 학습 내용
- 기계적 정보 보관 : 펀치 카드(Punch card), 자기 테이프, 형판(Template), 기록, 자료표 등과 같은 물리적 기구에 보관한다.

2. 인간 – 기계 기능 비교

(1) 인간의 우수성

- 저에너지 자극 감지
- 복잡하고 다양한 자극의 형태를 식별
- 예기치 못한 사건 감지
- 상황의 관찰을 통한 귀납적 추리
- 다양한 경험을 통한 의사결정, 상황에 따른 방법 선택 등의 융통성 및 임기응변
- 독창성 있는 문제 해결력
- 과부하 상태에서 중요한 일을 선택해서 집중

(2) 기계의 우수성

- 인간이 느끼지 못하는 범위에서의 자극 감지
- 과부하시 효율적인 문제 해결 방법으로의 작동
- 반복 작업 및 장시간의 중량 작업 수행 가능
- 한 번에 여러 가지의 작업 수행 가능
- 주위 환경의 변화에 큰 영향 없이 작업
- 연역적 추정 기능

3 인간 – 기계 통합체계의 유형

(1) **수동 체계(Manual System)** : 사람의 신체적인 힘을 동력원으로 사용하여 수공구나 기타 보조물 등의 수동기계로 작업을 수행하는 체계이다.

(2) **기계화 체계(Mechanical System)** : 사람은 조종 장치를 이용하여 기계를 통제하고 동력은 그 기계가 제공하는 것으로 흔히 반자동체계라고 부른다.

(3) **지동 체계(Automatic System)** : 감지, 정보치리, 의시결정, 행동은 자동화된 기계를 통해 수행되며 사람은 주로 감시(Monitoring) 프로그램의 유지 및 정비 등을 수행하게 된다.

체계 종류	조작 대상	부품	부품과의 연결 장치	예
수동 체계	사용자	수공구 및 보조물	사용자	가수와 앰프
반자동 체계	운전자	다양한 부품	다양한 연결 장치	엔진, 자동차
자동 체계	프로그램	기계화(동력) 장치	제어회로(전선, 도관 등)	컴퓨터

03 체계설계와 인간요소

1. 기본설계

장비, 기계 및 기구 등 사람이 사용하는 물건을 설계하는 경우 반드시 인간 요소를 고려하여야 한다.

2. 체계개발 기준

(1) 기준의 요건

- 적절성(Relevance) : 기준이 의도된 목적에 적당하다고 판단되는 정도를 말한다.
- 무오염성 : 기준 척도는 측정하고자 하는 변수 외의 다른 변수들의 영향을 받아서는 안된다는 것을 무오염성이라고 한다.
- 기준 척도의 신뢰성 : 척도의 신뢰성은 반복성(Repeatability)을 의미한다.

(2) 체계 기준(System Criteria)

- 체계의 성능이나 산출물(Output)에 관련된 것으로 체계가 원래 의도한 바를 얼마나 달성하는가를 반영하는 기준이다.
- 예 : 체계의 예상수명, 운용·사용상의 용이성, 정비 유지도, 신뢰도, 운용비, 인력소요 등

(3) 인간기준(Human Criteria)

- 인간 성능 척도 : 여러 가지 감각활동, 정신활동, 근육활동 등에 의해서 판단된다.
- 생리학적 지표 : 혈압, 맥박수, 분당 호흡수, 뇌파, 혈당량, 혈액의 성분, 피부온도, 전기피부반응(Galvanic Skin Response) 등의 척도가 있다.
- 주관적인 반응 : 개인성능의 평점(Rating), 체계 설계면에 대한 대안들의 평점, 체계에 사용되는 여러 가지 다른 유형에 정보의 판단된 중요도 평점, 의자의 안락도 평점 등이 있다.
- 사고 빈도 : 어떤 목적을 위해서는 사고나 상해 발생 빈도가 적절한 기준이 될 수가 있다.

04 휴먼에러(Human Error)

1. 휴먼에러(Human Error)의 배후요인 4요소(4M)

· 사람(Man) : 본인 이외의 사람
· 기계(Machine) : 장치나 기기 등의 물적 요인
· 미디어(Media) : 인간과 기계를 연결하는 매체로 작업의 방법이나 순서, 작업정보의 실태나 환경과의 관계, 정리정돈 등
· 매니지먼트(Management) : 안전법규의 준수 방법, 단속, 점검 관리 외에 지휘감독, 교육훈련 등

2. 휴먼 에러의 분류

(1) 심리적 분류(Swain)

· Omission Error(생략 에러) : 필요 절차를 제대로 수행하지 않아 발생한 에러
· Time Error(시간 에러) : 필요 절차의 수행 지연에 따른 에러
· Commission Error(수행 에러) : 필요 절차의 불확실한 수행에 따른 에러
· Sequential Error(순서 에러) : 필요 절차의 순서 착오에 따른 에러
· Extraneous Error(불필요한 에러) : 불필요한 절차를 수행함으로써 발생한 에러

(2) 행동 과정을 통한 분류

· In put Error : 감지 에러
· Information processing Error : 정보처리 절차 에러(착각)
· Decision making Error : 의사 결정 에러
· Out put Error : 출력 에러
· Feed back Error : 제어 에러

(3) 대뇌정보처리 Error

· 인지 Miss
· 판단 Miss
· 동작 또는 조작의 Miss

3. 원인의 Level적 분류

(1) Primary Error(1차 에러) : 작업자 자신으로부터 발생한 에러

(2) Secondary Error(2차 에러)

   ㆍ작업형태나 조건 중에서 문제가 생겨 필요한 사항을 수행할 수 없는 에러

   ㆍ어떤 결함으로부터 파생하여 발생하는 에러

(3) Command Error(지시 에러) : 작업자가 움직이고 싶어도 움직일 수 없어 발생한 에러

4. 시스템 성능(System Performance, S·P)과 휴먼에러(Human Error, H·E)의 관계

$S.P = f \times (H.E) = K \times (H.E)$

여기서, S.P : 시스템의 성능(System Performance)

   H.E : 인간과오(Human Error)

   f : 함수

   K : 상수

(1) K ≒ 1 : 휴먼에러가 시스템 성능에 중대한 영향을 끼친다.

(2) 0 < K < 1 : 휴먼에러가 시스템 성능에 리스크(Risk)를 준다.

(3) K ≒ 0 : 휴먼에러가 시스템 성능에 아무런 영향을 주지 않는다.

CHAPTER 02

시스템 위험 분석

01 위험성의 분류 및 단위

1. 위험성의 분류

(1) Category(범주)I - 파국적(Catastrophic) : 인원의 사망·중상 또는 시스템의 손상을 일으킨다.

(2) Category(범주)II - 위험(Critical) : 인원의 상해 또는 주요 시스템의 손해가 발생했을 때, 인원이나 시스템 생존을 위한 시정조치를 필요로 한다.

(3) Category(범주)III - 한계적(Marginal) : 인원의 상해 또는 주요시스템의 손해가 생기는 일이 없이 배제 또는 제어할 수 있다.

(4) Category(범주)IV - 무시(Negligible) : 인원의 상해 또는 시스템의 손상에는 이르지 않는다.

2. 위험도 단위(FAFR, Fatality Accident Frequency Rate)

(1) 위험도를 표시하는 단위(FAFR)로서 108(1억)근로시간당 사망자수를 나타낸다.

(2) Kletz는 FAFR이 0.35 ~ 0.4를 넘지 않을 것을 권고하였다.

(3) Gibson은 위험이 동정되어 있는 경우에는 2FAFR, 그 이외의 경우에는 0.4FAFR를 위험성 수준으로 정할 것을 권장하였다.

02 시스템 안전 기법

1. 시스템

(1) 정의 : 정해진 조건 아래에서 상호간 관계를 유지하면서 특정한 목적을 위하여 구성된 집합체를 의미한다.

(2) 기능
- 정보의 전달
- 물질 및 에너지의 생산
- 사람, 물건, 에너지의 수송

2. 시스템 안전

(1) 시스템 안전공학 : 과학적·공학적 원리를 적용해서 시스템내의 위험성을 적시에 식별하고 그 예방 또는 제어에 필요한 조치를 도모하기 위한 시스템 공학의 한 분야이다.

(2) 시스템 안전 프로그램 : 시스템 안전을 확보하기 위한 기본지침으로 프로그램의 작성계획에 포함되어야 할 내용은 다음과 같다.
- 계획의 개요
- 안전조직
- 계약조건
- 관련부문과의 조정
- 안전기준
- 안전해서
- 안전성의 평가
- 안전데이터의 수집 및 분석
- 경과 및 결과의 분석

(3) 시스템 안전관리의 목적
- 시스템 안전에 필요한 사항의 동일성 식별(Identification)
- 안전 활동의 계획 및 조직 관리
- 다른 시스템 프로그램 영역과 조정
- 시스템 안전에 대한 목표를 유효하게 적시에 실현시키기 위한 프로그램의 해석, 검토 및 평가 등의 시스템 안전업무

(4) 적용 단계 : 계획 → 설계 → 제조 → 운용

3. 시스템 안전의 달성

(1) 시스템 안전 설계의 4단계

  · 1순위 : 위험상태 존재의 최소화

  · 2순위 : 안전장치의 채용

  · 3순위 : 경보장치의 채용

  · 4순위 : 특수한 수단 개발과 표식 등의 규격화

(2) 시스템 안전을 달성하기 위한 안전수단

재해의 예방	피해의 최소화 및 억제
① 위험의 소멸 ② 위험 레벨의 제한 ③ 잠금, 조임, 인터록 ④ 페일 세이프 설계 ⑤ 고장의 최소화 ⑥ 중지 및 회복	① 격리 ② 개인설비 보호구 ③ 적은 손실의 용인 ④ 탈출 및 생존 ⑤ 구조

03 시스템 안전 분석

1. 예비사고 분석(PHA : Preliminary Hazards Analysis)

(1) 정의 : 시스템 안전 프로그램의 최초 분석 단계로 시스템 내 위험한 요소가 얼마나 위험한 상태에 위치하고 있는가를 정성적으로 평가하는 것을 의미한다.

(2) 목적 : 시스템 개발 단계에 있어서 시스템 고유의 위험상태를 식별하고 예상되는 재해의 위험 단계를 평가하는데 있다.

(3) 기법 : 체크리스트에 의한 방법, 경험에 의한 방법, 기술적 판단에 의한 방법

(4) 4가지 주요목표

    (가) 사고 발생 확률은 식별 초기에는 고려되지 않기에 시스템에 대한 모든 주요한 사고를 식별하고 말로 표시한다.

    (나) 사고를 유발하는 요인을 식별한다.

    (다) 사고가 발생한다고 가정하고, 시스템에 생기는 결과를 식별하고 평가한다.

    (라) 식별된 사고를 다음의 범주(Category)로 분류한다.
- 파국적(Catastrophic)
- 중대(Critical)
- 한계적(Marginal)
- 무시가능(Negligible)

2. 결함사고 분석(FHA : Fault Hazards Analysis)

시스템의 일부 구성요소(서브시스템) 해석에 사용되는 방법이다.

3. 고장형태와 영향분석(FMEA : Failure Modes and Effects Analysis)

(1) 정의 : 시스템 안전 분석에 이용되는 전형적인 귀납적·정성적 분석방법으로 시스템에 영향을 끼치는 요소의 고장 유형과 그 고장이 미치는 영향을 검토하는 것을 의미한다.

(2) FMEA의 표준 실시절차

    (가) 대상 시스템의 분석
- 기기, 시스템의 구성 및 기능의 전반적 파악
- FMEA 실시를 위한 기본방침의 결정
- 기능 Block과 신뢰성 Block도의 작성

    (나) 고장형과 그 영향의 분석
- 고장 mode의 예측과 설정
- 고장 원인의 상정

· 상위 Item에 대한 고장 영향의 검토

· 고장 검지법의 검토

· 고장에 대한 보상법이나 대응법의 검토

· FMEA work sheet에 관한 기입

· 고장등급의 평가

(다) 치명도 해석과 개선책의 검토

· 치명도 해석

· 해석결과의 정리와 설계 개선의 제언

(3) **고장의 영향** : 고장이 시스템에 미치는 영향은 다음과 같다.

영　　향	발생확률 (β)
① 실제의 손실	β = 1.00
② 예상되는 손실	$0.10 \leq \beta < 1.00$
③ 가능한 손실	$0 \leq \beta < 0.10$
④ 영향 없음	β = 0

(4) **FMEA에 따른 위험성 분류 표시**

Category - I	생명 또는 가옥의 상실
Category - II	사명(작업) 수행의 실패
Category - III	활동의 지연
Category - IV	영향 없음

(5) **FMEA의 장·단점**

장점	단점
① FTA보다 서식이 간단하다. ② 비교적 작은 노력으로 특별한 훈련 없이 분석이 가능하다.	① 논리성이 부족하다. ② 요소가 물체로 한정되므로 인적 원인 분석이 곤란하다. ③ 요소끼리의 영향을 분석하기 어렵다. ④ 동시에 두 가지 이상의 요소가 고장이 나는 경우 분석이 곤란하다.

4. 위험도 분석(CA : Criticality Analysis)

(1) 정의 : 높은 위험도(Criticality)를 가진 요소 또는 그 고장 형태에 따른 분석을 의미한다.

(2) 고장의 위험도 분류(SAE : 국제자동차기술자협회)

Category - I	생명의 상실로 이어질 염려가 있는 고장
Category - II	작업의 실패로 이어질 염려가 있는 고장
Category - III	운용의 지연 또는 손실로 이어진 고장
Category - IV	극단적인 계획 외의 관리로 이어진 고장

5. FMECA(Failure Modes Effects and Criticality Analysis)

FMEA와 CA를 병용한 기법으로 위험도 평가를 위해 위험도 지수(Cr)를 활용한다.

> □ 참고
>
> **용어의 정의**
> · Cr : 위험도 지수, 치명적 지수(100만회당 손실수)
> · λG : 기준 고장률, 통상 고장률(한 Cycle당 고장수)

6. 디시전 트리(DT : Decision Trees)

(1) 정의 : 귀납적·정량적 분석 방법으로 요소의 신뢰도를 바탕으로 하여 시스템의 신뢰도를 나타내는 시스템 모델이다.

(2) 디시전 트리 작성 방법
· 일반적으로 좌에서 우로 진행된다.
· 요소를 나타내는 시점에서 성공사상은 위쪽, 실패사상은 아래쪽에 분기된다.
· 사상들의 분기점마다 안전도와 불안전도의 발생확률이 표시되며 이 때 분기된 사상들의 확률의 합은 1이 된다.

> □ 참고
>
> **이벤트 트리**(ETA : Event Trees Analysis)
> (1) 재해사고 분석 시 디시전 트리를 이용하는 경우를 의미한다.
> (2) 사상의 안전도를 사용한 시스템의 안전도를 나타내는 모델 중 하나이다.
> (3) 트리는 재해사고의 발단이 된 주요인에서 출발한다.
> (4) 귀납적이면서 정량적인 해석 기법이다.

7. 인간 과오율 예측 기법(THERP, Technique of Human Error Rate Prediction)

(1) 인간의 과오(Human Error)를 정량적으로 평가하기 위하여 개발된 기법이다.

(2) 시스템 내에서 오류가 발생할 가능성을 줄일 수 있는 조치를 가능하게 하므로 전반적인 안전 수준 개선을 가능하게 한다.

8. 경영소홀과 위험수 분석(MORT, Manaagement Oversight and Risk Tree)

(1) 미국 에너지 연구 개발청(ERDA, Energy Research Development Administration)의 존슨(Johnson)에 의해 개발된 기법이다.

(2) FTA와 동일한 논리기법을 이용하여 관리·생산·설계·보전 등의 광범위한 안전을 도모하는 것으로써 고도의 안전 달성을 목적으로 한다.

(3) 높은 안전성을 요구하는 원자력 산업 등에서 활용되고 있다.

9. 운용 및 지원 위험 분석(O & SHA, Operating and Support Hazard Analysis)

(1) 시스템 상 모든 사용단계에서 생산·보전·시험·운반·저장 등에 사용되는 인력·설비·순서에 관하여 위험을 동정하고 제어하며, 저들의 안전 요건을 결정하기 위해 실시하는 기법을 의미한다.

(2) O & SHA의 분석 결과 : 다음 사항의 기초가 된다.
- 위험성의 염려가 있는 시기와 그 기간 중의 위험을 최소화하기 위해 필요한 행동의 동정(同定)
- 위험을 배제하고 제어하기 위한 설계의 변경
- 안전설비, 안전장치에 대한 필요요건과 그들의 고장을 검출하기 위해 필요한 보전순서의 결정
- 운전 및 보전을 위한 경보, 주의 특별한 순서 및 비상용 순서 결정
- 취급, 저장, 운반, 보전 및 개수(改修)를 위한 특성 순서 결정

04 결함수 분석(FTA, Fault Tree Analysis)

1. 개요

(1) 우주 항공 분야에서 개발되어 항공기 설계·무기 산업 등에 적용되는 생산안전관리 기법이다.

(2) 기계·설비 또는 인간-기계 시스템의 고장 및 재해 발생 요인을 FTA 도표를 사용하여 분석하는 방법이다.

2. 특징

(1) 연역적 분석이 가능하여 원인과 어떤 현상 간의 상호 관련성을 정확하게 해석할 수 있다.

(2) 정량적 해석이 가능하다.

3. FTA 도표에 사용하는 논리 기호

명칭	기호	해설
결함사상		FT도표의 정상에 선정되는 사상, 즉 이제부터 해석하고자 하는 사상인 정상사상(top 사상)과 중간사상에 사용한다.
기본 사상		「원」기호로 표시하여, 더 이상 해석을 할 필요가 없는 기본적인 기계의 결함 또는 작업자의 오동작을 나타낸다(말단 사상).
이하 생략의 결함사상 (추적 불가능한 최후 사상)		사상과 원인과의 관계를 충분히 알 수 없거나 또는 필요한 정보를 얻을 수 없기 때문에 이것 이상 전개할 수 없는 최후적 사상을 나타낼 때 사용한다(말단사상).
통상사상 (家形事象)		결함사상이 아닌 발생이 예상되는 사상을 나타낸다(말단사상).
전이기호 (이행기호)	(in) (out)	FT 도상에서 다른 부분에의 이행 또는 연결을 나타내는 기호로 사용한다. 좌측은 전입, 우측은 전출을 뜻한다.

AND gate	출력 / 입력	출력 X의 사상이 일어나기 위해서는 모든 입력 A, B, C의 사상이 일어나지 않으면 안된다는 논리 조작을 나타낸다. 즉, 모든 입력 사상이 공존할 때만이 출력 사상이 발생한다.
OR gate	출력	입력 사상 A, B 중 어느 하나가 일어나도 출력 X의 사상이 일어난다고 하는 논리 조작을 나타낸다. 즉, 입력사상 중 어느 것이나 하나가 존재할 때 출력사상이 발생한다.
수정기호	출력 / 조건 / 입력	제약 Gate 또는 제지 Gate라고도 하며, 이 Gate는 입력 사상이 생김과 동시에 어떤 조건을 나타내는 사상이 발생할 때만이 출력 사상이 생기는 것을 나타내고 또한 AND Gate와 OR Gate에 여러 가지 조건부 Gate를 나타낼 경우 이 수정기호를 사용한다.

[참고] 수정기호 (─⟨ 조건 ⟩)

(1) 우선적 AND Gate : 입력사상 가운데 어느 사상이 다른 사상보다 먼저 일어났을 때에 출력사상이 생긴다. 예를 들면 「A는 B보다 먼저」와 같이 기입한다.

(2) 조합 AND Gate : 3개 이상의 입력사상 가운데 어느 것이든 2개가 일어나면 출력사상이 생긴다. 예를 들면 「어느 것이든 2개」라고 기입한다.

(3) 위험지속 AND Gate : 입력사상이 생겨서 어느 일정시간 지속하였을 때에 출력사상이 생긴다. 예를 들면 「위험지속시간」과 같이 기입한다.

(4) 배타적 OR Gate : OR Gate로 2개 이상의 입력이 동시에 존재할 때에는 출력사상이 생기지 않는다. 예를 들면 「동시에 발생하지 않는다.」라고 기입한다.

(5) 억제게이트와 부정게이트

・억제게이트(Inhibit Gate) : 수정기호(Modifier)의 일종으로서 억제 모디파이어(Inhibit Modifier)라고 하며, 실질적으로 수정기호를 병용해서 게이트의 역할을 한다.

① 입력사상의 조건이 만족되어야 출력사상이 생긴다.

② 조건은 수정기호 안에 쓴다.

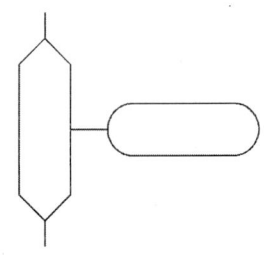

[그림] 억제 게이트

· 부정게이트(Not Gate) : 부정 모디파이어(Not Modifier)라고 하며, 입력사상의 반대사상이
출력된다.

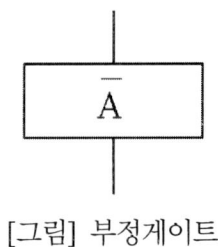

[그림] 부정게이트

4. 인간의 실수 및 조작자의 간과에 대한 기본사상 및 생략 사상

명 칭	기 호	명 칭	기 호
기본사상	◯	생략사상	◇
기본사상 (인간의 실수)	(점선 원)	생략사상 (인간의 실수)	(점선 마름모)
기본사상 (조작자의 간과)	(빗금 이중원)	생략사상 (조작자의 간과)	(빗금 마름모)

5. D.R Cherition의 FTA에 의한 재해사례 연구순서

· 1단계 : 탑(TOP) 사상의 선정
· 2단계 : 사상의 재해 원인의 규명
· 3단계 : FT의 작성
· 4단계 : 개선 계획의 작성

6. FTA의 기대효과

- 사고원인 분석의 일반화
- 사고원인 분석의 정량화
- 사고원인 규명의 간편화
- 시스템의 결함 진단
- 노력 시간의 절감
- 안전 점검 작성

05 확률사상 및 미니멀 컷과 패스

1. 확률사상

(1) 논리합의 확률

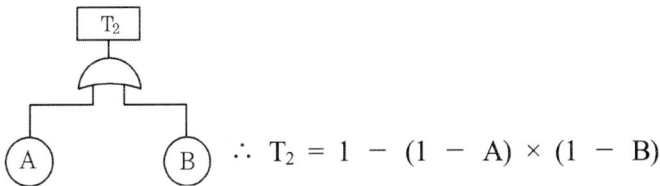

$$\therefore T_2 = 1 - (1 - A) \times (1 - B)$$

(2) 논리곱의 확률

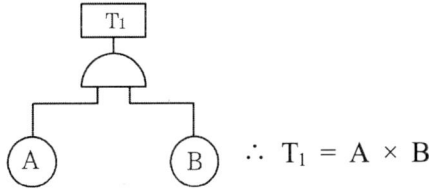

$$\therefore T_1 = A \times B$$

2. 미니멀 컷과 패스

(1) 컷과 미니멀 컷

- 컷(Cut) : 컷이란 그 속에 포함되어 있는 모든 기본사상(여기서는 통상사상, 생략 결함사상 등을 포함한 기본사상)이 일어났을 때, 성상사상을 일으키는 기본사상의 집합을 의미한다.
- 미니멀 컷(Minimal Cut Sets) : 정상사상을 일으키기 위해 필요한 최소한의 컷으로 컷 중 그 부분 집합만으로 정상사상이 일어나는 일이 없는 것을 의미한다.

(2) 패스(Path)와 미니멀 패스(Minimal Path Sets)

- 패스(Path) : 그 속에 포함되는 기본사상이 일어나지 않을 때, 처음으로 정상사상이 일어나지 않는 기본사상의 집합을 의미한다.
- 미니멀 패스(Minimal Path Sets) : 기본사상이 일어나지 않을 때, 정상 사상이 일어나지 않을 필요 최소한의 것을 의미한다.

(3) 컷(Cut) 구하는 방법

- 정상사상에서부터 AND Gate는 가로로 나열, Or Gate는 세로로 나열시켜 말단사상까지
진행시켜 나간다.

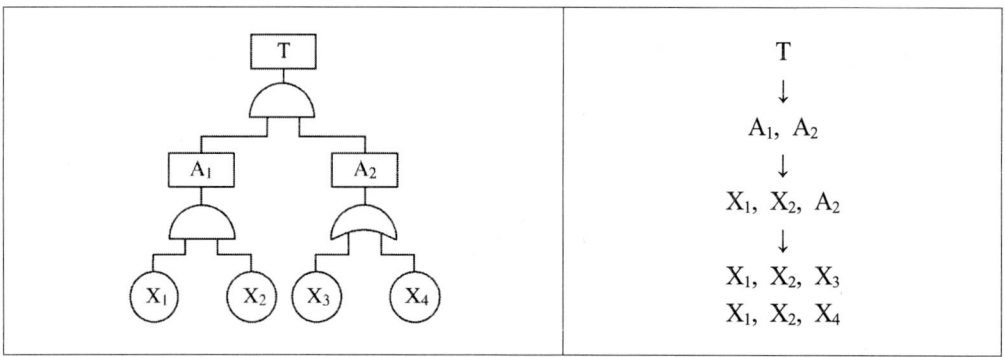

$$T$$
$$\downarrow$$
$$A_1, A_2$$
$$\downarrow$$
$$X_1, X_2, A_2$$
$$\downarrow$$
$$X_1, X_2, X_3$$
$$X_1, X_2, X_4$$

(4) 패스(Path) 구하는 방법

- AND Gate를 Or Gate로, Or Gate를 AND Gate로 치환시킨 FT도를 구하여 미니멀 컷을
구하면 원하는 FT도의 미니멀 패스가 된다.

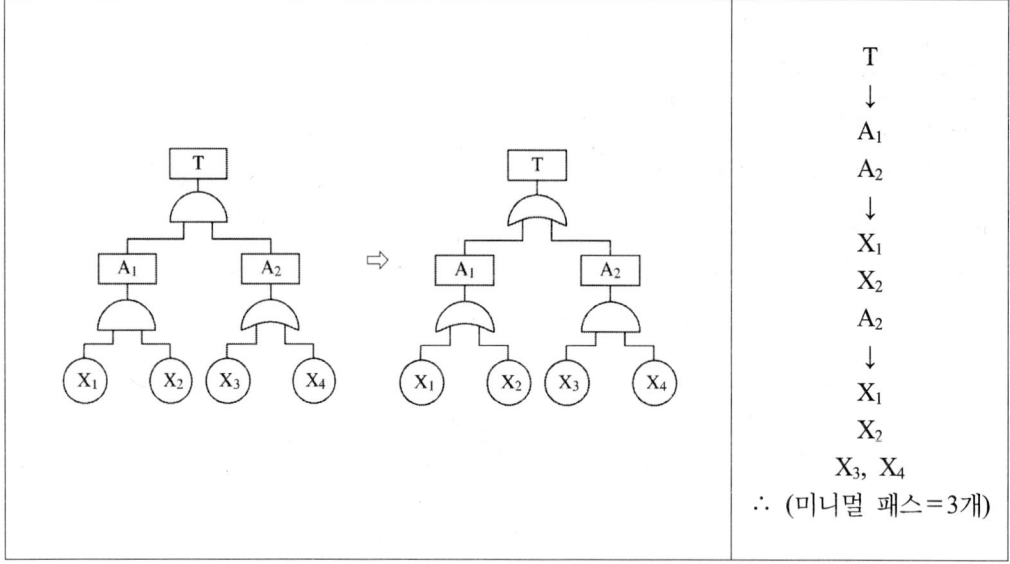

$$T$$
$$\downarrow$$
$$A_1$$
$$A_2$$
$$\downarrow$$
$$X_1$$
$$X_2$$
$$A_2$$
$$\downarrow$$
$$X_1$$
$$X_2$$
$$X_3, X_4$$
$$\therefore \text{(미니멀 패스＝3개)}$$

06 신뢰도

1. 고장 및 System의 수명

(1) 고장률의 유형

- 초기고장 : 점검 작업이나 시운전 등으로 사전에 방지할 수 있는 고장을 의미한다.
    ① 디버깅(Debugging)기간 : 결함을 찾아내 고장률을 안정시키는 기간을 의미한다.
    ② 번인(Bum In)기간 : 실제로 장시간 움직여 보고 그동안 고장난 것을 제거하는 공정기간을 의미한다.
- 우발고장 : 예측할 수 없을 때 생기는 고장으로 시운전이나 점검 작업으로는 방지할 수 없는 고장을 의미한다.
- 마모고장 : 수명이 다해 생기는 고장으로 안전진단 및 적당한 보수(정비)에 의해서 방지할 수 있는 고장을 의미한다.

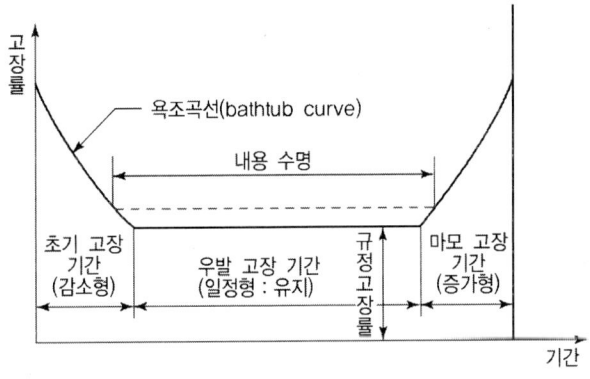

[그림] 고장의 발생상황

(2) MTTF와 MTBF 및 가용도

- MTTF(Mean Time To Failure) : 평균 수명 또는 고장발생까지의 동작시간 평균이라고도 하며, 하나의 고장에서부터 다음 고장까지의 평균동작시간을 말한다.

$$MTTF = \frac{1}{\lambda(고장률)}$$

- MTTR(Mean Time To Repair) : 평균 수리시간(총 수리시간을 그 기간의 수리회수로 나눈 시간)을 의미한다.
- MTBF(Mean Time Between Failure) : 평균고장간격으로 평균 동작시간과 평균 수리시간을 합해서 구한다.

$$MTBF = MTTF + MTTR$$

· 가용도(Availability, 이용률) : 설정된 시간에 시스템이 가동할 확률을 의미한다.

$$가용도 = \frac{MTTF}{MTTF + MTTR} = \frac{MTTF}{MTBF}$$

2. 시스템 신뢰도

(1) 인간 - 기계체계의 신뢰도(r_1 : 인간, r_2 : 기계)
  · 직렬(Series System) 연결 : R_S(신뢰도) = $r_1 \times r_2$ ($r_1 < r_2$일 때, $R_S \leq r_1$)
  · 병렬(Parallel System) : R_V(신뢰도) = $r_1 + r_2 \times (1 - r_1)$ ($r_1 < r_2$일 때, $R_V \geq r_2$)

(2) 설비의 신뢰도
  · 직렬연결 : 자동차 운전 장치처럼 제어장치는 여러 개의 요소로 만들어져 있으며 해당 요소의 고장이 독립적으로 발생한다고 하더라도 하나의 고장만으로도 제어 기능을 모두 잃어버리는 시스템을 의미한다.

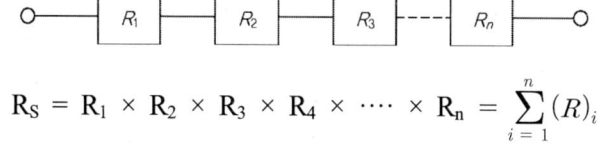

$$R_S = R_1 \times R_2 \times R_3 \times R_4 \times \cdots \times R_n = \sum_{i=1}^{n}(R)_i$$

  · 병렬연결 : 열차나 항공기의 제어장치처럼 하나의 결함이 중대한 사고로 이어지는 경우 결함이 생길 수 있는 부품의 기능을 대체할 수 있는 장치를 중복 부착하여 사고를 미연에 방지하는 시스템을 의미한다.

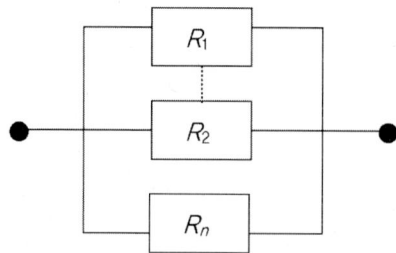

$$R_V = 1 - ((1 - R_1) \times (1 - R_2) \times (1 - R_3) \times \cdots \times (1 - R_n)) = 1 - \sum_{i=1}^{n}(1 - R_i)$$

3. 신뢰도 유지대책

(1) 인간에 대한 Monitoring 방식

- Self Monitoring 방법 : 자기 감지 방법
- 생리학적 Monitoring 방법 : 맥박수, 체온, 호흡속도, 혈압, 뇌파 등을 이용한 생리학적 감지 방법
- Visual Monitoring 방법 : 작업자의 태도를 보고 상태를 파악하는 방법
- 반응에 의한 Monitoring 방법 : 자극(시각 또는 청각)에 대한 반응을 보고 판단하는 방법
- 환경의 Monitoring 방법 : 간접적 Monitoring 방법

(2) 인간 공학적 안정 설정

(가) Fail - Safety 및 Lock System

- Fail – Safety : 인간 또는 기계에 과오나 동작상의 실수가 있어도 안전사고를 발생시키지 않도록 2중·3중으로 통제를 가하도록 한 체제를 말한다.
- Lock System
  ① 인간과 기계 사이에 두는 Lock System : Interlock System
  ② Interlock System과 Intralock System 사이에는 Translock System을 둔다.

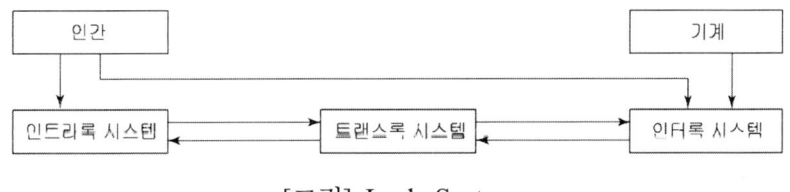

[그림] Lock System

(나) 제어 방식

1) 개방루프 제어(Open Loop Control)방식 : 항공기의 진로를 유지하면서 방향 조정을 하는 경우 기체의 역학적 특성, 공기의 밀도 및 바람 등을 충분히 조사하여 시간에 따라 프로그램 함으로써 비행로를 따라 비행하는데 문제없이 진행될 수 있도록 하는 제어 시스템으로 대표적으로 시퀀스 제어가 해당한다.
   - 시퀀스 제어(Sequence Control, 순차제어) : 미리 정해진 순서에 따라 제어의 각 단계를 차례로 진행시키는 시스템을 의미한다.
2) 피드백 제어(Feedback Control)방식 : 제어 결과를 통해 목표로 하는 동작 및 상태와 비교하여 잘못된 점을 수정해 나가는 제어 방식으로 폐쇄루프 제어(Closed Control)라고도 하며 대표적인 종류로는 서보 기구, 공정 제어, 자동 조정 등이 있다.

· 서보 기구(Servo Mechanism) : 물체의 위치, 방향, 힘, 속도 등의 역학적인 물리량을 제어하는 기구로 레이더의 방향 제어, 선박·항공기 등의 속도제어 기구 등에 사용한다.

· 공정제어(Process Control) : 제조공업에서 공정(Process)의 상태량(온도, 압력, 유량, 정도 등)을 제어 조건으로 하는 시스템이다.

· 자동조정(Automatic Regulation) : 자동조작으로 항상 일정한 값을 유지 하도록 해주는 방식으로 전압, 전류, 주파수, 전동기·공작기계의 속도 제어 등에 사용된다.

CHAPTER 03 위험성 · 안전성 평가 (Risk & Safety Assessment)

01 위험성 평가

1. 위험성 평가의 순서
- 위험성(Risk) 검출과 확인
- 위험성(Risk) 측정과 분석
- 위험성(Risk) 처리
- 위험성(Risk) 처리방법과 선택
- 지속적인 위험성(Risk) 감시

> □ 참고
> **위험성(Risk) 처리 기술의 종류**
> (1) 회피
> (2) 경감
> (3) 보유
> (4) 전가

2. HAZOP(위험 및 운전성 검토)

(1) 정의 : 설비 및 공정의 잠재된 위험이나 기능 저하, 잘못된 운전 등으로 발생할 수 있는 여러 영향들을 체계적으로 검토하는 평가 기법을 의미한다.

(2) HAZOP의 목적
- 기존시설(기계설비 등)의 안전도 향상
- 설비의 구입 여부 결정
- 설계의 검사
- 작업 수칙의 검토
- 공장 건설 여부와 건설장소의 결정
- 공급자에게 문의사항 획득

(3) HAZOP의 적용 대상

· 화학물질 등의 누출로 많은 사상자나 심각한 환경오염을 초래할 가능성이 있는 경우
· 대형 화재 및 폭발 등의 발생 위험이 존재하는 경우
· 기존 설비의 변경으로 잠재 위험요소가 증가될 우려가 있는 경우
· 새로운 공정 기술 및 제어 시스템을 도입하는 경우

(4) HAZOP의 중요 인자

· 팀의 기술능력과 통찰력
· 사용된 도면, 자료 등의 정확성
· 발견된 위험의 심각성을 평가할 때 팀의 균형감각 유지 능력
· 이상(Deviation), 원인(Cause), 결과(Consequence)를 발견하기 위해 상상력을 동원하는 데 보조수단으로 사용할 수 있는 팀의 능력

(5) HAZOP 절차

· 1단계 : 목적과 범위 결정
· 2단계 : 검토 팀의 선정
· 3단계 : 검토 준비

□참고

검토 준비 작업의 4단계

(1) 1단계 : 자료의 수집
(2) 2단계 : 수집된 자료를 적당한 형태로 수정
(3) 3단계 : 검토 순서 계획의 수립
(4) 4단계 : 필요한 회의 소집

· 4단계 : 검토 실시
· 5단계 : 후속 조치 후의 결과기록

(6) 검토 시 고려할 위험 형태

· 공장 및 기계설비에 대한 위험
· 작업 중인 인원 및 일반 대중에 대한 위험
· 제품 품질에 대한 위험
· 환경에 대한 위험

(7) 위험을 억제하기 위한 일반적인 조치사항
- 공정의 변경(원료, 방법 등)
- 공정 조건의 변경(압력, 온도 등)
- 설계 외형의 변경
- 작업방법의 변경

□ 참고

위험 및 운전성 검토를 수행하기에 가장 좋은 시점
설계완료(Design Freeze) 단계로서 설계가 상당히 구체화된 시점

□ 참고

HAZOP에서 사용하는 용어(Guide Words, 유인어)
창조적 사고를 유도하고 자극하여 이상을 발견,의도를 한정하기 위해 사용되는 용어를 의미한다.
(1) No 또는 Not : 설계의도의 완전한 부정
(2) More 또는 Less : 양(압력, 반응, Flow Fate, 온도 등)의 증가 또는 감소
(3) As well As : 성질상의 증가(설계의도와 운전조건이 어떤 부가적인 행위와 함께 일어남)
(4) Part of : 일부변경, 성질상의 감소(어떤 의도는 성취되나 어떤 의도는 성취되지 않음)
(5) Reverse : 설계의도의 논리적인 역
(6) Other than : 완전한 대체(통상 운전과 다르게 되는 상태)

02 안전성 평가

1. 평가의 종류

- 세이프티 어시스먼트(Safety Assessment) : 안전성 평가
- 리스크 어시스먼트(Risk Assessment) : 위험성 평가
- 휴먼 어시스먼트(Human Assessment) : 인간과 사고 상의 평가
- 테크놀로지 어시스먼트(Technology Assessment) : 기술개발의 종합평가

> □참고
> **테크놀로지 어시스먼트의 평가 5단계**
> (1) 제1단계 : 사회적 복리기여도
> (2) 제2단계 : 실현 가능성
> (3) 제3단계 : 안전성과 위험성
> (4) 제4단계 : 경제성
> (5) 제5단계 : 종합 평가(조정)

2. 기본 원칙 6단계

- 제1단계 : 관계 자료의 정비검토
- 제2단계 : 정성적 평가
- 제3단계 : 정량적 평가
- 제4단계 : 안전 대책
- 제5단계 : 재해 정보에 의한 재평가
- 제6단계 : FTA에 의한 재평가

3. 안전성 평가의 4가지 기법

- 체크리스트(Check List)에 의한 평가
- 위험의 예측평가(Lay Out의 검토)
- 고장형 영향분석(FMEA 법)
- 결함수 분석법(FTA 법)

CHAPTER 04 유해 요인 관리

01 물리적 유해 요인

1. 이상 고온 및 저온

(1) 이상고온에 의한 인체 영향

(가) 열사병(Heat Stroke)

① 특징
- 고온·다습한 환경에서 격심한 노동을 오랫동안 하거나 태양의 복사선이 오랫동안 머리에 내리쬘 때 뇌 온도가 상승하게 되며 이로 인해 중추 신경 기능의 장애가 발생하여 생기는 위급 상태를 의미한다.
- 전신의 피부가 건조해지고 땀이 배출되지 않아 체열 방산이 일어나지 못해 직장 온도가 상승(40℃ 이상)한다.
- 정신착란, 경련 등이 일어나며 심할 경우 혼수상태에 빠질 수도 있다.
- 40% 이상의 높은 치명률을 가지고 있는 응급성 질환으로 초기에 조치가 제대로 이루어지지 않는 경우 사망에 이를 수 있다.

② 대책
- 욕조 등 차가운 물에 몸을 담가 체온을 39℃ 이하로 떨어뜨린다.
- 몸에 물을 분무한 후 선풍기 등으로 바람을 쐬어 식혀준다.
- 차가운 수액을 정맥 투여한다.
- 호흡곤란이 발생한 경우 산소를 공급해준다.
- 울혈 방지 및 체열 이동을 돕기 위해 사지를 격렬하게 마사지 해준다.

(나) 열피로(Heat Exhaustion, 열탈진)

① 특징
- 고온 환경에 오랫동안 노출되어 말초혈관 장애 등이 발생하는 경우 대뇌피질의 혈류량이 부족해지고 이로 인해 발생하는 이상 고온 증상이다.
- 주로 중노동을 하는 사람에게서 많이 발생하며, 미숙련공일수록 발생 빈도는 높아진다.
- 피부 혈관이 확장되고 체내 땀 배출이 많아지면서 탈수 증상이 뒤따라온다.
- 체온은 대부분 정상 범위를 유지하거나 약간 상승한다.

· 맥박수는 증가하고 혈압은 낮아진다.

· 현기증·두통·구토 등의 발생할 수 있으며 심할 경우 허탈 상태로 의식을 잃을 수도 있다.

② 대책

· 서늘한 건물 안이나 그늘진 곳에서 충분한 휴식을 취한다.

· 5% 포도당 또는 생리식염수를 정맥 주사한다.

· 따뜻한 차를 마시게 한다.

(다) 열경련(Heat Cramp)

① 특징

· 고온 환경에서 고된 육체적인 작업을 장시간 지속했을 때 발한에 의한 염분 손실 및 탈수로 인하여 발생하는 현상이다.

· 팔과 다리 등의 근육에 발작적 경련 현상이 일어나는 것이 특징이다.

· 체온은 정상이거나 약간 상승하며 일시적인 단백뇨 현상이 나타날 수 있다.

· 중추신경계의 장애는 나타나지 않는다.

② 대책

· 서늘한 환경에서 휴식을 취한다.

· 입고 있는 옷을 벗겨 체열 방출을 유도한다.

· 염분이 든 음료를 섭취한다.

· 열경련이 심한 경우 생리식염수를 약 2L 정도 정맥 주사한다.

(라) 땀띠

① 특징

· 고온·다습한 작업환경에 오랫동안 노출된 상태에서 땀샘의 구멍이 막혀 발생하는 피부 장애를 의미한다.

· 피부가 땀에 오래 젖어 있는 상태일 때 발생한다.

· 땀이 배출될 수 있는 피부가 옷에 덮여 있는 경우 발생한다.

· 땀이 분비될 때 따가움 및 불쾌감을 느끼며 심한 경우 통증을 느끼기도 한다.

② 대책

· 피부를 차갑게 건조시켜 최대한 땀이 나지 않도록 한다.

· 세균 감염이 의심될 경우 땀띠 전용 연고를 바른다.

(2) 이상저온에 의한 현상

(가) 저체온증(General Hypothermia)

① 특징

· 오랜 시간 한랭에 폭로되어 일시적으로 체온이 상실되는 급성 중증 장해를 의미한다.

· 심부 온도(深部溫度)가 35℃ 이하로 떨어지는 현상을 의미한다.

· 피로가 오랫동안 누적되어 있는 경우 체온 손실이 빠르게 발생한다.

· 저체온증이 발생하는 경우 억제하기 어려운 떨림이 생기고 심장 박동이 불규칙해진다.

· 시간이 지날수록 맥박이 약해지고 혈압은 낮아진다.

② 대책

· 빠르게 신체를 따뜻하게 하여 정상체온까지 상승시켜야 한다.

□ 참고

온도에 따른 증상 분류

(1) 32℃ 이상 : 경증

(2) 32℃ 이하 : 중증

(3) 24℃ 이하 : 사망

(나) 동상(Frostbite) : 한랭 현상에 의하여 조직 장애(동결)가 유발되는 현상을 의미한다.

① 특징

· 피부의 동결온도는 약 -1℃에서 발생하고 피부의 감각은 점차 둔해진다.

· 동상에 대한 저항성은 개인에 따라 차이가 있다.

· 동상이 발생하고 시간이 지남에 따라 피부색은 점차 창백해진다.

② 대책

· 따뜻한 장소(약 25℃)에서 마른 헝겊 등으로 장시간 가볍게 마찰시킨다.

· 가벼운 동상에는 부신피질 호르몬제가 함유된 크림 또는 연고를 바른다.

□ 참고

동상의 종류

(1) 1도 동상
- 피부에 발적이 일어난다.
- 동상이 발생한 피부는 점차 창백해지며 약간의 통증을 유발한다.

(2) 2도 동상
- 피부에 염증이 발생하며 심한 경우 수포가 일어나기도 한다.
- 피부는 점차 청남색으로 변하고 심한 경우 궤양이 진행되기도 한다.

(3) 3도 동상
- 피부조직이 괴사하기 시작한다.
- 심한 경우 근육·뼈까지 침투하여 이환부(罹患部) 전체가 괴사하기도 한다.

(다) 참호족(Trench foot)·침수족(Immersion foot)

① 특징
- 신체 국소부위에 산소 결핍에 의한 모세혈관 파괴로 발생하는 현상이다.
- 물이 어는 온도 또는 그 부근의 찬 공기에 오랜 시간 노출되어서 생기는 현상이다.
- 피부 온도 저하가 가장 심한 손가락 및 발가락 등에 발생하는 동결 현상이다.
- 동결이 일어난 부위에 부종 및 가려움증이 발생하고 심할 경우 피부 괴사까지 일어난다.

② 대책
- 한랭 환경에 노출된 피부를 빠르게 따뜻한 헝겊 등으로 덮어준다.
- 부종 및 괴사가 심하게 일어나는 경우 빠르게 병원으로 이송하여 치료한다.

(라) Raynaud 증상

① 특징
- 한랭 환경에서 수지 등에 국소 진동이 오랜 시간 영향을 주어 발생히는 현상이다.
- 국소 진동이 노출된 부위에 감각 마비 증상이 나타난다.

② 대책
- 국소 진동을 일으키는 요인을 빠르게 수지로부터 떼어낸다.
- 안정된 공간에서 휴식을 취한다.

2. 이상 기압

(1) 이상 고압

(가) 1차 가압 현상

- 환경과 신체 내 기압의 차이로 발생하는 기계적 장애를 의미한다.
- 울혈, 부종, 출혈 등을 동반한다.

(나) 2차 가압현상

- 고압의 환경 조건에서 대기의 독성 작용으로 나타나는 압력 현상을 의미한다.
- 질소가스는 정상기압에서 비활성이지만 4기압 이상에서는 마취 작용(다행증)을 일으킨다.
- 산소가스의 분압이 2기압이 넘어가는 경우 중추 신경계에 장애를 일으킬 수 있으나 고압 산소 노출이 중단되는 경우 중독 증상은 더 이상 나타나지 않는다.

(2) 이상 저압

(가) 잠함병(케이슨병)

- 고압 환경에서 체내에 과다하게 용해된 불활성 기체인 질소가 정상 기압 환경으로 빠르게 복귀하였을 때 혈액과 조직 내부에서 기포를 형성하여 혈액 순환을 방해하는 현상을 의미한다.
- 해녀 및 잠수부 등 깊은 수심의 고압 환경에서 오랫동안 작업을 진행하는 사람들에게서 쉽게 발생한다.
- 급성장해로는 동통성 관절 장해 및 질식 증상이 있다.
- 만성장해로는 감염성 및 비감염성 골(骨) 괴사가 있다.

(나) 고산병(항공병)

- 해발 5,000m 이상의 높은 산을 등반하거나 상공에서 비행 업무에 종사하는 사람들에게서 많이 발생하는 증상이다.
- 압력 저하에 따른 복부 팽만, 두통 등의 증상이 나타난다.

3. 소음 및 진동 장해

(1) 소음 장해

(가) 소음 허용 기준 : 90dB 소리에서 8시간 노출될 때를 기준으로 한다.

(나) 소음의 영향

- 교감신경에 작용하여 혈압을 상승시킨다.

· 위장관 운동을 억제하여 소화 불량을 일으킬 수 있다.

· 수면에 방해를 줄 수 있으며 심할 경우 노이로제에 걸릴 수 있다.

· 일상적인 대화가 어려우며 작업 현장에서는 작업 능률 저하를 일으킬 수 있다.

□ 참고

소음과 작업의 관계

(1) 일정한 소음이 90dB을 초과하지 않는 경우 작업에 방해를 주지 않는다.

(2) 불규칙한 소음은 90dB 이하에서도 작업에 방해를 줄 수 있다.

(3) 고주파음이 저주파음보다 작업에 큰 영향을 미친다.

(4) 소음은 총 작업량의 저하보다 작업의 정밀도에 더 큰 영향을 미친다.

(5) 단순한 작업보다 복잡하고 세밀한 작업이 소음에 더 큰 영향을 받는다.

(다) 소음에 의한 청력 변화

1) 일시적 청력 손실

· 큰 소음에 의해서 발생하는 일시적 난청을 의미한다.

· 4,000Hz와 6,000Hz에서 주로 발생하며 노출이 중지될 경우 자연스럽게 회복된다.

2) 영구적 청력 손실

· 오랜 시간 소음에 노출됨에 따라 나타나는 영구적 난청을 의미한다.

· 일시적 난청과 달리 시간이 지남에도 회복이 이루어지지 않는다.

3) 소음성 난청

· 음압 수준(dB), 주파수, 폭로시간 및 기간, 개인의 감수성 등에 영향을 받는다.

· 보통 3,000 ~ 6,000Hz에서 나타나고 4,000Hz에서 가장 심하다.

· 4,000Hz를 중심으로 한 청력손실인 C_5-dip현상이 나타난다.

(2) 진동 장해

(가) 전신 진동 장해

· 진동수가 4 ~ 12Hz일 때 압박감과 동통을 느끼게 된다.

· 심할 경우 공포심이 들며 오한을 느끼게 된다.

(나) 국소 진동 장해

· 전동 연마기, 자동톱 등을 사용하는 작업자에게서 주로 나타난다.

· 대표적인 증상으로는 레이노드씨 현상, 뼈와 관절의 장애가 있다.

4. 방사선

(1) 방사선의 특징

- 에너지가 전자기파의 형태로 이동하는 방식을 의미한다.
- 파장 및 진동수에 따라 이온화 방사선(전리방사선)과 비이온화 방사선(비전리방사선)으로 구분된다.
- 빛의 속도로 이동 및 직진을 하며 물질과 만나는 순간 흡수, 산란, 반사, 굴절, 확산 등을 일으킬 수 있다.
- 파동의 형태로 매개체가 없는 진동 상태에서도 전파가 가능하다.
- 방사선 피복에 따른 위험도가 가장 큰 체내 조직은 생식선이다.
- 원자력 산업 등에서 내부 피폭 장애를 일으킬 수 있는 위험 핵종은 3H, 54Mn, 59Fe 등이다.

(2) 방사선의 공통 작용

- 형광작용
- 사진작용
- 전리작용

> □ 참고
> **전리 작용 순서**
> α - 선 〉 β - 선 〉 X - 선 또는 γ - 선

(3) 종류별 특징

(가) 전리 방사선

1) 특징

- 광자 에너지의 강도가 12eV 이상인 큰 에너지를 가진 방사선을 의미한다.
- 파장이 짧으며 원자에서 전자를 떼어 이온화시킬 수 있는 에너지를 가진 광선을 의미한다.
- 건강상 미치는 영향은 주로 암, 생식독성이며 영향을 미치는 부위로는 염색체, 세포, 조직 등이 있다.

2) 종류

① X–선(X – ray)

- 파장이 10 ~ 0.001nm에 해당하는 전자파를 의미한다.

· 에너지가 파장에 반비례하므로 에너지가 클수록 파장은 짧다.

· 투과력은 파장과 조사된 물질의 성질에 따라 달라진다.

· 병원에서 진단 및 치료 목적으로 사용되고 있다.

② α-입자

· 핵에서 방출되는 입자로 헬륨 원자의 핵과 같이 두 개의 양자와 중성자로 구성되어 있다.

· 질량과 하전 여부에 따라 그 위험성이 결정된다.

· 투과력이 매우 약해 종이 한 장이나 얇은 수막으로도 쉽게 차단된다.

· 신장, 간장, 폐, 비장 등에 축적되며 체내에서 배출 시 조직에 손상을 준다.

③ β-입자

· 원자핵에서 방출되며 음전하로 하전 되어있다.

· α-입자보다 에너지가 크며 투과력도 강하다.

· 과도한 노출 시 피부 화상을 일으킬 수 있다.

④ γ-선

· X-선과 동일한 특성을 가지는 전자파 전리방사선이다.

· 원자핵의 전환 또는 붕괴에 따라 방출되는 자연 발생적인 전자파를 의미한다.

· 투과력이 커 인체를 통과할 수 있으므로 외부조사 시 문제가 될 수 있다.

· 신체 투과력이 높아 암 치료목적으로 사용되기도 한다.

3) 단위

구 분		일반단위	국제단위(SI)	관 계
방사능		Ci	Bq	$1Ci = 3.7 \times 10^{10}Bq$
방사선량	조사선량	R	C/kg	$1R = 2.58 \times 10^{-4}C/kg$
	흡수선량	rad	Gy	$1Gy = 100rad$
	등가선량 유효선량	rem	Sv	$1Sv = 100rem$

4) 방사선 피복

① 인체 피복방법

· 체외피복

· 표면오염

· 체내피복

② 인체에 미치는 영향 인자

· 피복선량

・조직의 감수성

・피복방법

・투과력

③ 인체 투과력 크기 : X - 선 또는 γ - 선 > β - 선 > α - 선

④ 전리방사선에 대한 감수성 크기

| 골수, 흉선 및 림프조직(조혈기관) 눈의 수정체, 임파선 | 〉 | 상피세포 내피세포 | 〉 | 근육세포 | 〉 | 신경조직 |

⑤ 생체구성성분의 손상이 일어나는 순서

분자 수준에서의 손상 〉 세포 수준의 손상 〉 조직, 기관의 손상 〉 발암 현상

5) 예방대책

① 노출 시간을 최소화하며 작업자와 발생원 간의 거리를 최대화시킨다.

② 인체의 노출 정도 측정과 작업 환경 내의 전리방사선의 노출선량을 측정한다.

③ 세계 방사선 방호 위원회(ICRP)의 3대 원칙

・적정화 : 전리방사선의 사용은 그 필요성이 절대적인 경우에 한정한다.

・최적화 : 노출 수준은 경제적, 사회적 배려를 종합하여 합리적이라고 생각되는 하한을 유지하도록 한다.

・선량 제한 : 개인의 노출 수준은 각 개별적 상황에 대하여 ICRP가 권고하는 선량을 초과할 수 없다.

(나) 비전리방사선(비이온화 방사선)

1) 특징

・비교적 긴 파장을 가진다.

・원자를 이온화시키지 못하는 광선 즉, 전리 현상을 일으키지 않는 방사선을 의미한다.

2) 종류

가) 자외선(Ultra Violet Ray)

・태양빛의 약 7%를 차지하며 일상에서는 형광등, 수은등, 전기 용접 등에서 방출된다.

・400nm 이하의 파장으로 전리 작용은 없으나 감광작용, 형광작용, 광이온 작용을 한다.

・피부에 색소 침착을 일으키며 심할 경우 피부암을 유발하기도 한다.

・눈에 오랫동안 조사될 경우 결막염을 유발하고 심할 경우 백내장까지 일으킬

수 있다.

· 일정 파장 영역에서는 살균 작용을 일으킨다.

나) 적외선(Infrared Radiation)

· 물체가 작열 시 방출하는 파장으로 열작용을 일으켜 열선이라고도 부른다.

· 온실효과를 유발하기도 한다.

· 피부 홍반을 일으킬 수 있으나 색소 침착은 일으키지 않는다.

· 혈액 순환을 도와 진통 작용을 일으켜 치료에 사용되기도 한다.

다) 가시광선(Visible Radiation)

· 눈의 망막을 자극하여 명암과 색을 구별할 수 있게 해준다.

· 가시광선에 오랫동안 노출될 경우 잔상을 동반한 시력 장해 및 시야 협착증이 발생할 수 있다.

02 생·화학적 유해요인

1. 유해 화학물질

(1) 정의

- 인체에 흡입·섭취 또는 피부를 통하여 흡수될 때 급성 또는 만성장애를 일으킬 우려가 있는 물질을 총칭한다. (일반적 정의)
- 유독물질, 허가물질, 제한물질 또는 금지물질, 사고대비물질, 그 밖에 유해성 또는 위해성이 있거나 그럴 우려가 있는 화학물질을 말한다. (화학물질 관리법 정의)

(2) 분류

(가) 물리적 성상에 따른 분류

1) 분진(Dust)
- $1 \sim 100\mu m$의 입경의 크기를 가지고 있다.
- 물체의 파쇄·폭발 등에 의해 공기 중으로 비산되는 고체상 입자를 의미한다.

2) 매연(Smoke)
- $0.01\mu m$ 이상의 크기를 가지고 있는 고체상 입자이다.
- 유리탄소 함유 물질의 불완전 연소 시 주로 생성된다.

3) 미스트(Mist)
- 가스 및 증기 등이 응축하여 생성된 액체 입자이다.
- 공기 중으로 분산된 기름, 도료 등의 액체 입자이다.

4) 흄(Fume)
- 금속 정련, 도금 공정 등에서 고체 상태의 물질이 연소 승화 등의 반응에 의하여 생성된 기체가 응축할 때 만들어지는 고체상 입자이다.
- $1\mu m$ 이하의 크기로 브라운 운동이 활발하게 일어나 응집 현상이 일어난다.

5) 가스(Gas)
- 상온(25℃), 상압(1atm)에서 기체상 물질을 의미한다.

6) 증기(Vapor)
- 상온(25℃), 상압(1atm)에서 고체·액체에서 승화·증발에 의하여 생성된 기체상 물질을 의미한다.

(나) 화학적 성상에 따른 분류

- 산 또는 알칼리 화합물
- 할로겐 화합물
- 금속 및 그 화합물
- 페놀과 그 화합물
- 탄화수소류
- 알데하이드류
- 니트로화합물
- 유기인제
- 시안화합물
- 아민류

(다) 생리학적 작용에 따른 분류

1) 자극제

- 상기도 자극제 : 암모니아, 포름알데하이드, 불화수소, 아황산가스 등
- 상기도 및 폐조직 자극제 : 염소, 오존 등
- 폐포 점막 자극제 : 질소산화물, 포스겐 등

2) 질식제 : 일산화탄소, 니트로벤젠, 황화수소 등
3) 마취제 : 올레핀계 탄화수소류, 파라핀계 탄화수소류, 아세틸렌계 탄화수소류 등

(3) 국내 노출 기준

- TLV(Threshold Limit Value) : 거의 모든 근로자가 매일 반복하여 노출되어도 건강에 악영향이 없을 것이라 판단되는 공기 중 농도를 의미한다.
- TLV-TWA(Time Weighted Average, 시간가중평균노출기준) : 거의 모든 근로자들이 건강에 악영향이 없이 정상적으로 매일 8시간 또는 매주 40시간 반복적으로 노출될 수 있는 평균 농도를 의미한다.
- TLV-STEL(Short Term Exposure Limit, 단기간 노출한계 기준) : 단시간(15분) 동안 노출되었을 때 근로자가 자극, 만성 또는 불가역적 조직 장애, 사고 유발, 응급대처 능력 저하 및 작업능률 저하 등을 초래할 정도를 일으키지 않는 평균 농도를 의미한다.
- TLV-C(Threshold Limit Value-Ceiling, 최고허용기준) : 작업시간 동안 잠시도 노출되어서는 안되는 농도를 의미한다.

(4) 노출 특성

(가) 노출 경로 및 부위

- 신체로 독성 물질이 유입되는 경로로 가장 많은 것은 '폐(흡입)'이며 그 다음으로는 '피부(국소 경피 또는 진피)', '위장관(섭취)' 등이 있다.
- 동일한 독성물질이라도 효과가 가장 크면서 빠르게 반응을 일으킬 수 있는 유입 경로로는 정맥 내 경로(혈류 내)로 투입되었을 때이다.
- 노출 경로에 따라 독성 효과는 흡입 > 복강 내 > 피하 > 근육 내 > 경구 > 피부 순으로 크다.

(나) 노출 기간 및 빈도

1) 급성노출 : 화학물질에 24시간 이하로 단 회 또는 반복 노출되는 것을 의미한다.
2) 반복 노출
   - 아급성 노출 : 화학물질에 1개월 이하로 반복 노출되는 것을 의미한다.
   - 아만성 노출 : 화학물질에 1 ~ 3개월 반복 노출되는 것을 의미한다.
   - 만성 노출 : 화학물질에 3개월 이상 반복 노출되는 것을 의미한다.

> □ 참고
> **작업장이나 환경에서의 노출은 다음과 같이 분류한다.**
> (1) 급성 : 한 가지 사건에서 발생하는 것을 의미한다.
> (2) 아만성 : 수주 또는 수개월 이상 반복하여 발생하는 것을 의미한다.
> (3) 만성 : 수개월 또는 수년 동안 반복하여 발생하는 것을 의미한다.

(5) 독성에 간어하는 요인

(가) 공기 중의 농도(폭로농도)

- 유해물질의 농도상승률보다 인체 유해 정도의 증대율이 인체 독성에 크게 영향을 미친다.
- 유해물질이 혼합하는 경우 유해 정도는 상승작용을 나타낸다.
- 유해성은 그 물질 자체의 특성(성질, 형태, 순도 등)에 따라 달라진다.

(나) 폭로시간(폭로횟수)

- 유해물질에 폭로되는 시간이 길어질수록 인체에 크게 영향을 미친다.
- 동일한 농도의 경우 일정 시간 동안 계속 폭로되는 편이 일시적으로 같은 시간에 폭로되는 것보다 피해가 크다.

· Haber 법칙(유해물질에 단시간 폭로되는 경우에만 적용한다.)

$$K = C \times t$$

여기서, K : 유해물질지수

C : 노출농도(독성의 의미)

t : 폭로(노출)시간

(다) 작업 강도

· 호흡량, 혈액순환 속도 등이 증가할수록 유해물질의 흡수량은 커진다.

· 강도가 클수록 산소요구량이 많아지며 이에 따라 호흡량이 증가하여 유해물질이 체내에 많이 흡수된다.

(라) 기상조건

· 습도가 높거나 대기가 안정된 상태에서는 유해물질이 확산되지 않아 농도가 높아지면서 쉽게 폭로될 수 있다.

(마) 개인 감수성

· 인종, 나이, 성별, 선천적 체질, 질병의 유무 등에 따라 감수성이 다르게 나타난다.

· 일반적으로 연소자, 여성, 질병이 있는 자(심장, 신장 질환 등)는 감수성이 높게 나타난다.

□ 참고

여성이 남성보다 유해 화학물질에 대한 저항이 약한 이유는 다음과 같다.

(1) 피부가 남자보다 섬세하다.

(2) 월경으로 인한 혈액 소모량이 크다.

(3) 장기의 기능이 남성보다 떨어진다.

(6) 유해물질에 의한 신체 작용

(가) 가역적 및 비가역적 독성 작용

(나) 알레르기 반응(과민반응, 감작(感作) 반응)

· 화학물질 또는 유사 화학물질에 이미 감작되어 있어 면역학적으로 조정되는 유해 작용을 의미한다.

· 한번 감작 반응이 일어나면 낮은 용량의 화학물질에 노출되어도 알레르기 반응이 일어날 수 있다.

· 감작 반응이 심한 경우 경미한 피부 장해부터 치명적인 쇼크까지 나타날 수 있다.

(다) 특이체질 반응

· 유전적으로 어떤 화학물질에 비정상적으로 반응하는 현상을 의미한다.

· 반응 형태는 낮은 용량의 화학물질에 예민해지거나 높은 용량의 화학물질에 예민해지지 않는 반응 형태로 분류할 수 있다.

(라) 즉시 및 지연 독성 작용

· 즉시 독성 작용이란 어떤 물질을 단 회 투여한 경우 반응이 바로 나타나는 현상을 의미한다.

· 지연 독성 작용이란 어느 정도 기간이 경과한 후 나타나는 독성 작용으로 긴 잠복기를 가지고 있는 것이 특징이다.

(마) 국소적 및 전신적 독성

· 국소적 독성(Local toxicity)이란 피부에 화학물질이 접촉된 경우 신체 일부 조직에서 발생하는 발진 현상 등을 의미한다.

· 전신적 독성(조직 독성, Systemic toxicity)이란 신체의 장기 및 조직 전체에 나타나는 독성반응을 의미한다.

(바) 흡수 및 대사

· 흡수(Absorption) : 유해 화학물질이 체내 혈액으로 유입되는 일련의 과정으로 폐·피부·위장관이 주 침입 경로가 되며 그 외 정맥·근육·복강·피하 등의 경로를 통해 체내로 유입된다.

· 대사(Metabolism) : 체내에 흡수된 유해물질이 신체조직 내에서 생화학적 반응을 통해 체외로 배출되기 쉽도록 수용성 물질로 변환되는 과정을 말하며 주로 간에서 이루어진다.

2. 유기용제

(1) 정의

· 다른 물질을 용해시킬 수 있는 물질을 의미한다. (일반적 정의)

· 상온·상압 하에서 휘발성이 있는 액체로서 다른 물질을 녹이는 성질이 있는 물질을 의미한다. (산업안전보건기준 규칙 정의)

(2) 분류

· 산소함유계열 : 케톤류, 알코올류, 글리콜 에테르류, 에테르류 등

· 탄화수소계열 : 지방족류, 방향족류 등

· 기타 : 크레졸류, 니트로 파라핀류, 테레핀류 등

(3) 독성 작용

(가) 조직 자극

· 자극 증상으로 인하여 피부· 눈 등에 손상을 줄 수 있다.

· 불포화 탄화수소는 포화탄화수소보다 자극성이 크다.

(나) 중추신경계(CNS)의 활성 저하

· 마취제처럼 뇌와 중추신경계의 활동을 억제하고 심할 경우 무의식·혼수상태에 이르게 한다.

· 인체의 지방·지질에 축적성이 높다.

(4) 물질별 독성 작용

· 벤젠 : 조혈 기능 장애

· CCl_4 등 할로겐화탄화수소 : 간 및 콩팥 장애, 생식 기능 장애

· 이황화탄소 : 중추신경 및 말초신경 장애, 급성 정신병을 동반한 독성 뇌 병증

· 알코올, 에테르류, 케톤류 : 마취작용

· 메틸부틸케톤 : 말초신경 장애

· 노말헥산 : 말초신경 장애

· 2-브로모프로판, 에틸렌글리콜에테르 : 생식 기능 장애

· 메탄올 : 시신경염과 시신경 위축

· 염화메틸, 브롬화메틸 : 치사 가능한 급성 독성 뇌 병증

3. 다이옥신

(1) 물리·화학적 특징

· 75종의 다이옥신류(Polychlorinated Dibenzo-p-Dioxins, PCDDs)와 135종의 퓨란류 (Polychlorinated Dibenzo-Furan, PCDFs)가 있으며 이 중 2,3,7,8-TCDD가 가장 독성이 크다.

· 상온(25℃)에서 무색의 결정성 고체이다.

· 열적·화학적으로 비교적 안정하다.

· 녹는점, 끓는점은 높으며 증기압은 낮은 편이다.

· 소수성이므로 물에 대한 용해도가 매우 낮으나 기름에는 쉽게 용해된다.

· 광분해나 미생물분해가 어렵다.

· 고온($700℃$ 이상)에서는 분해가 잘된다.

· 저온($300℃$ 이하)에서는 재생성을 가지므로 방지시설 선정 시 이를 고려하여야 한다.

· 입자상 물질의 촉매작용 받는 경우 저온 재생성이 증가한다.

· 인체로의 유입은 대부분 음식물(특히 소고기, 유제품) 섭취 시 일어난다.

(2) 인체 영향

· 호흡기, 음식물, 피부를 통해 체내 유입되어 지방조직에 장기적으로 체류한다.

· 먹이사슬 과정에서 체내 축적이 이루어지면서 유해성은 증폭된다.

· PCDD는 선천기형, 발암성, 면역독성, 태아 독성 가지며 기형아출산, 간장 장애를 유발한다.

(3) 다이옥신류의 생성·배출 저감을 위한 단계별 기술전략

(가) 쓰레기

· 다이옥신 생성에 촉매 효과가 있는 중금속을 사전에 제거한다.

· 소각로로 투입되는 쓰레기의 양과 크기 및 발열량과 수분 등의 쓰레기 특성을 일정하게 한다.

(나) 연소조건

· 유기물질과 산화제가 충분히 혼합되게 한다.

· 분해에 충분한 온도와 체류 시간을 유지한다.

· 유기물질을 최대한 파괴시킬 수 있는 적절한 산소량을 유지시킨다.

(다) 배기가스 상태

· 소각로를 벗어나는 비산재의 양이 적도록 제어한다.

· SO_2나 SO_3 등 황 성분이 있는 가스를 주입한다.

(라) 조업상태

· 가동개시 시 소각로의 온도를 빠르게 승온시킨다.

· 조업중단 시 소각로 내 잔류분을 완전히 제거시킨다.

· 소각로의 정지나 불안전한 운전 상태가 되지 않게 한다.

□ 참고

유해화학물질의 화학적 상호 작용

(1) 상가작용
· 작업환경 중 2종 이상의 유해화학물질이 혼재하는 경우 해당 유해인자가 인체의 같은 부위에 작용함으로써 그 유해성이 가중되는 것을 의미한다.

(2) 상승작용
· 각 단일물질에 노출되었을 때 원래 단일 물질일 때의 독성보다 훨씬 커지는 상태를 의미한다.

(3) 잠재작용(가승작용)
· 인체에 나쁜 영향을 나타내지 않는 물질이 유해화학물질과 같이 노출되었을 때 오히려 독성 작용을 더 크게 일으키는 작용을 의미한다.

(4) 길항 작용(상쇄작용)
· 두 가지 화합물이 함께 있었을 때 서로의 작용을 방해함으로써 독성이 낮아지는 작용을 의미한다.
· 종류
① 화학적 길항 작용
② 기능적 길항 작용
③ 배분적 길항작용
④ 수용적 길항작용

CHAPTER 5

작업환경 관리

01 인간계측 및 체계제어

1. 인체계측

(1) 종류

(가) 정적 계측

· 원리 : 표준 자세로 움직이지 않은 상태에서 구조적 인체치수를 측정하는 방법이다.

· 측정 도구 : 마틴식 인체 측정기, 실루엘 사진기 등

(나) 동적 계측

· 원리 : 움직이는 상태에서 기능적 인체치수를 측정하는 방법이다.

· 측정 도구 : 사이클 그래프, 시네 필름, VTR 등

(2) 인체 계측치 활용상의 유의사항

· 최소 표본수는 50 ~ 100명이 좋다

· 인체 계측치는 어떤 기준에 의해 측정된 것인가를 확인할 필요가 있다.

· 인체 계측치는 일반적으로 나체치수로서 나타내며 설계대상에 그대로 적용되지 않는 경우가 많다.

(3) 인체계측자료의 응용원칙

· 최대치수와 최소 치수 : 최대 치수(90%, 95%, 99% 값 적용) 또는 최소치수(1%, 5%, 10% 값 적용)를 기준으로 하여 설계한다.

· 조절범위(조절식) : 체격이 다른 여러 사람에 맞도록 만드는 것이다.(5% ~ 95% : 90%범위)

· 평균치를 기준으로 한 설계 : 최대 치수와 최소치수 또는 조절식으로 하기가 곤란할 때 평균치를 기준으로 하여 설계한다.

2. 표시장치

(1) 종류

    (가) 정적 표시장치

- 시간에 따라 변하지 않는 것을 표시하는 장치를 의미한다.
- 종류 : 간판, 도표, 그래프, 인쇄물, 필기물 등

    (나) 동적 표시장치

- 시간에 따라 끊임없이 변하는 상황이나 변수를 표시하거나 특정 변수를 조정하기 위한 장치를 의미한다.
- 종류 : 기압계, 온도계, 레이더, 음파탐지기, TV, 영화, 온도조절기 등

(2) 정보의 유형

- 정량적(Quantitative)정보 : 변수의 정량적인 값
- 정성적(Qualitative) 정보 : 경향, 변화율, 변화방향 등 가변 변수의 대략적인 값
- 상태(Status)정보 : 체계의 상황이나 상태
- 묘사적(Representational) 정보 : 사물, 지역, 구성 등을 사진 및 그림 또는 그래프로 묘사한 정보
- 경계 및 신호 정보 : 비상 또는 위험 상황 또는 물체나 상황의 존재 유무
- 식별(Identification)정보 : 어떤 정적 상태, 상황 또는 사물의 식별용
- 시차적(Time Phased) : 펄스(Pulse)화 되었거나 또는 시차적 신호, 즉 신호의 지속 시간, 간격 및 이들의 조합에 의해 결정되는 신호
- 문자나 숫자의 부호(Symbolic) 정보 : 구두, 문자, 숫자 및 관련된 여러 형태의 암호화 정보

3. 통제장치

(1) 장치의 유형

    (가) 양의 조절에 의한 통제

- 정의 : 연료량, 전기량, 회전량 등 양을 조절함으로써 통제하는 장치를 의미한다.
- 종류 : 노브(Knob), 크랭크(Crank), 핸들(Handle), 레버(Lever), 패들(Pedal) 등

    (나) 개폐에 의한 통제

- 정의 : 스위치로 작동을 조절하여 통제하는 장치를 의미한다.
- 종류 : 수동식 푸시버튼, 발 푸시버튼, 토글스위치, 로터리 스위치 등

(다) 반응에 의한 통제
- 정의 : 일정한 조건이 갖추어질 때 신호 전달을 통해 통제하는 장치를 의미한다.
- 종류 : 자동경보 시스템 등

(2) 장치의 선택 조건
- 계기 지침의 작동 방향과 대상물이 움직이는 방향이 일치하는 통제 기기를 사용하여야 한다.
- 복잡하고 정밀한 조작이 필요한 통제기기의 경우 멀티로테이션 컨트롤(Multi Rotation Control) 기기를 사용하는 것이 좋다.
- 대상의 통제에 약간의 조작이 필요한 경우 로터리식 통제기기 또는 직선적 통제기기 중 하나를 선택해서 사용한다.
- 대상의 통제가 불규칙한 경우 설정 위치마다 저항을 강하게 두는 것이 좋다.
- 특정 목적에 사용하는 통제기기의 경우 단독으로 사용하는 것보다 여러 종류를 조합해서 사용하는 것이 효과적이다.
- 조명, 발광 등을 활용하여 통제기기의 식별이 용이하도록 하는 것이 좋다.

> □ 참고
> **조작 및 세팅 범위에 따른 통제기기**
> (1) 통제기기의 조작력이 적게 소요되는 경우
> (가) 불연속 세팅의 경우
> - 2개소 : 수동식 푸시버튼, 발 푸시버튼, 토글스위치 사용
> - 3개소 : 토글스위치, 로터리 스위치 사용
> - 4 ~ 24개소 : 로터리 스위치 시용
> (나) 연속 세팅의 경우
> - 적은 범위 : 노브(knob)와 레버(lever)의 사용
> - 큰 범위 : 크랭크(crank)의 사용
>
> (2) 통제기기의 조작력을 크게 요구하는 경우
> (가) 불연속 세팅의 경우
> - 2개소 : 정지장치가 있는 레버, 수동식 대형 푸시버튼, 대형 발 푸시버튼 사용
> - 3 ~ 24개소 : 정지 장치가 있는 레버 사용
> (나) 연속 세팅의 경우
> - 적은 범위의 경우 : 핸들, 로터리 페달 또는 레버를 사용
> - 넓은 범위의 경우 : 대형 크랭크 사용

(3) 통제 표시비(통제비)

(가) 통제 표시비(C/D)

· 통제기기(C)와 표시장치(D)의 관계를 나타낸 비율을 말하며, C/R(Control response ration ; 조종반응비율)비라고도 한다.

$$\frac{C}{D} = \frac{X}{Y}$$

여기서, X : 통제기기의 변위량(cm)

Y : 표시계기의 지침의 변위량(cm)

(나) 조종구(Ball Control)에서의 C/D

$$\frac{C}{D}비 = \frac{\frac{a}{360} \times 2\pi L}{표시계기의이동거리}$$

여기서, α : 조정장치가 움직인 각도

L : 반경(지레의 길이)

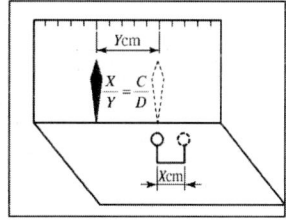

[그림] 통제 표시비

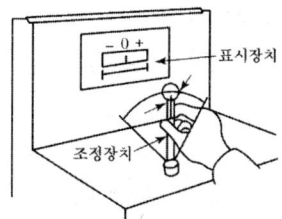

[그림] 선형 표시장치를 움직이는 조종구에서의 C/D비

(다) 통제비 설계 시 고려사항

· 계기의 크기

· 공차

· 방향성

· 조작시간

· 목측거리

(라) 최적의 C/D비

· 통제표시비(C/D)가 감소함에 따라 이동시간은 급격히 감소하다가 안정되며, 조정시간은 이와 반대의 형태를 갖는다.

· 최적의 C/D비 : 1.18 ~ 2.42

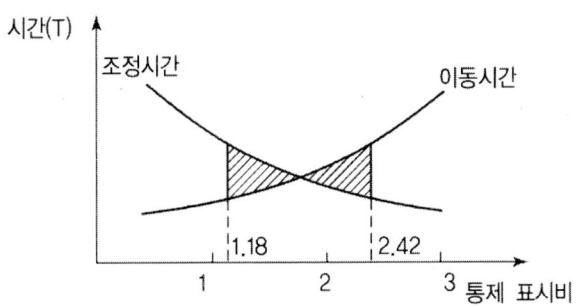

[그림] 통제 표시비와 조작시간

02 신체활동의 생리학적 측정법

1. 생리학적 측정 방법

· 정적근력작업 : 에너지대사량과 맥박수와의 상관관계 및 시간적 경과 등
· 동적근력작업 : 에너지대사량(에너지 대사율(RMR)), 산소소비량 또는 CO_2 배출량 등의 호흡량, 맥박수(심박수), 근전도 등
· 신경적 작업 : 피부전기반사(GSR), 매회 평균호흡진폭, 노르아드레날린 배출량 등
· 심적 작업 : 프릿가 값(플리커값, Flicker Frequency of Fusion Light)

> □ 참고
> **작업자의 상태에 따른 생리적 측정방법**
> (1) 작업 부하 및 피로 등의 측정 : 호흡량, 근전도, 프릿가 값
> (2) 긴장감 측정 : 맥박수(심박수), 피부전기반사

2. 측정방법의 세부적 특징

· 호흡 : 작업 수행 시 소비된 산소량을 측정하면 소비된 생체 에너지를 간접적으로 예측할 수 있다.
· 근전도(EMG : Electromyogram) : 근육활동의 전위차를 기록한 것으로, 심장근의 근전도를 특히 심전도(ECG : Electrocardiogram)라고 하며, 신경활동전위차의 기록은 ENG(Electroneurogram)라고 한다.
· 피부전기반사(GSR : Galvanic Skin Reflex) : 작업 부하의 정신적 부담도가 피로와 함께 증대하는 양상을 수장(手掌) 내측의 전기저항의 변화에서 측정하는 것으로, 피부전기저항 또는 정신전류현상이라고도 한다.
· 프릿가 값 : 정신적 부담이 대뇌피질의 활동수준에 미치고 있는 영향을 측정한 값이다.
· 에너지 대사율(RMR) : 간접적으로 호흡량을 알아내는 방법으로 작업 시 소비된 호흡량을 예측할 수 있다.

□ 참고

에너지 소모량의 산출

(1) 에너지 대사율(RMR : Relative Metabolic Rate) : 작업강도 단위로서 산소호흡량을 측정하여 에너지의 소모량을 결정하는 방식이다.

$$RMR = \frac{작업대사량}{기초대사량} = \frac{작업시소비에너지 - 안정시소비에너지}{기초대사량}$$

기초대사량 = A × B

여기서, A : 체표면적(cm², A = H⁰·⁷²⁵ × W⁰·⁴²⁵ × 72.46[H : 신장(cm), W : 체중(kg)])

B : 체표면적당 시간당 소비에너지

(2) 산소소비량 및 기초대사량

- 보통 사람의 산소소모량 : 50(mL/분)
- 기초대사량 : 1,500 ~ 1,800(kcal/day)
- 기초대사와 여가(leisure)에 필요한 대사량 : 2,300kcal/day

(3) 작업강도 구분

- 0 ~ 2RMR(輕작업)
- 2 ~ 4RMR(中작업)
- 4 ~ 7RMR(重작업)
- 7RMR 이상(超重작업)

03 작업 공간 및 작업 자세

(1) 개요

- 작업 공간 포락면(Envelope) : 한 장소에 앉아서 수행하는 작업 활동에서 사람이 작업하는 데 사용하는 공간을 말한다.
- 파악한계(Tranping Reach) : 앉은 상태에서 특정한 수작업을 편하게 수행할 수 있는 공간의 최외각한계를 의미한다.
- 특수 작업역 : 특정한 공간 내에서 작업하는 영역이다.

> **ㅁ참고**
>
> **특수 작업역 작업자 기준**
>
> (1) 서있는 공간
>   - 작업자가 서서 충분히 작업할 수 있는 공간의 영역을 의미한다.
>   - 높이는 최소 180cm이상, 폭은 75cm이상이어야 한다.
> (2) 쪼그려 앉아있는 공간
>   - 작업자가 쪼그려 앉아서 작업할 수 있는 공간의 영역을 의미한다.
>   - 높이는 최소 120cm 이상, 폭은 110cm 이상이어야 한다.
> (3) 누워서 작업하는 공간
>   - 작업자가 누워서 충분히 작업할 수 있는 공간의 영역을 의미한다.
>   - 높이는 최소 60cm 이상, 폭은 190cm 이상이어야 한다.
> (4) 의자에 앉아서 작업하는 공간
>   - 작업자가 앉아서 충분히 작업할 수 있는 공간의 영역을 의미한다.
>   - 높이는 최소 130cm 이상, 폭은 작업자 머리 위쪽을 기준으로 90cm 이상이어야 한다.
> (5) 구부려서 작업하는 공간
>   - 작업자가 몸을 숙여 구부려서 작업할 수 있는 공간의 영역을 의미한다.
>   - 폭이 최소 100cm 이상이어야 한다.
> (6) 엎드려 작업하는 공간
>   - 작업자가 엎드려서 작업할 수 있는 공간의 영역을 의미한다.
>   - 높이는 최소 45cm이상이어야 하며, 작업자가 직접 작업하기 위한 공간은 길이가 100cm 이상, 작업 영역 이외의 내부 공간은 215cm이상이어야 한다.

(2) 작업대

(가) 기준

- 정상 작업역 : 상완(윗팔)을 자연스럽게 몸에 붙인 채로 전완(아래팔)을 움직여서 도달하는 영역(34 ~ 45cm)을 의미한다.
- 최대 작업역 : 어깨점을 기준으로 팔을 쭉 뻗어 파악하는 최대영역(55 ~ 65cm)을

의미한다.
- 어깨 중심선과 작업대 간격은 19cm 정도이다.
- 입식 작업대의 경우 팔꿈치 높이보다 5 ~ 10cm 정도 낮은 게 좋다.

(나) 작업대 설계 시 배치 우선순위
- 1순위 : 주된 시각적 임무
- 2순위 : 주 시각 임무와 상호 교환하는 주 조종장치
- 3순위 : 조종 장치와 표시장치 간의 관계
- 4순위 : 사용 순서에 따른 부품의 배치
- 5순위 : 자주 사용되는 부품은 편리한 위치에 배치
- 6순위 : 체계 내 또는 다른 체계의 배치와 일관성 있게 배치

□ 참고
부품 배치의 4원칙
(1) 중요성의 원칙
(2) 사용빈도의 원칙
(3) 기능별 배치의 원칙
(4) 사용 순서의 원칙

(3) 의자 설계원칙
- 체중분포 : 체중이 좌골 결절에 실려야 편안하다.
- 의자 좌판의 높이 : 좌판 앞부분이 오금의 높이보다 높지 않아야 한다.
- 의자 좌판의 깊이와 폭 : 폭은 큰 사람에게, 깊이는 작은 사람에게 맞도록 해야 한다.
- 몸통의 안정 : 의자의 좌판 각도는 3°, 좌판 등판 간의 등판 각도는 100°가 몸통 안정에 효과적이다.

(4) 작업 자세
(가) 분류
- 서 있는 자세
- 앉아 있는 자세
- 의자에 앉아 있는 자세
- 엎드린 자세

(나) 작업 자세 결정 기준
- 작업자와 작업점간의 거리 및 높이
- 작업의 정밀성
- 작업 장소의 면적
- 사용하는 기구 및 도구
- 작업 소요 시간
- 작업자의 기술력

04 작업환경

1. 소음 및 진동

(1) 소음

(가) 음의 구분

- 2가지 : 음의 강도(또는 크기), 진동수(또는 음조)
- 3가지 : 음의 고저, 음의 강약, 음조

(나) 음의 크기의 수준

1) Phon(음량수준) : 1,000Hz 순음의 음압수준(dB)을 나타낸다.

2) Sone(음향) : 1,000Hz, 40dB의 음압수준을 가진 순음의 크기(= 40phon)를 1sone이라 한다.

- Sone와 Phon의 관계식

$$1Sone = 2^{\frac{Phon - 40}{10}}$$

3) 인식소음 수준

- PNdB(Perceived Noise Level) : 910 ~ 1,090Hz대의 소음 음압수준을 의미한다.
- PLdB(Perceived Level of Noise) : 3,150Hz에 중심을 둔 1/3 옥타브(Octave)대 음을 기준으로 사용한다.

4) 은폐와 복합소음

- Masking(은폐)현상 : dB이 높은 음과 낮은 음이 공존힐 때, 낮은 음이 강한 음에 가로막혀 숨겨져 들리지 않게 되는 현상을 말한다.

  (90dB + 80dB → 90dB)

- 복합소음 : 소음수준이 같은 2대 기계의 음이 합쳐지면 3dB이 증가한다.

  (90dB + 90dB → 93dB)

- 합성소음도(L)

$$L = 10 \log(10^{\frac{L_1}{10}} + 10^{\frac{L_2}{10}} + \cdots + 10^{\frac{L_n}{10}})$$

  여기서, L_1 ~ L_n : 각각 소음원의 소음(dB)

(다) 소음의 허용한계

1) 가청주파수 : 20 ~ 20,000Hz(CPS)

- 20 ~ 50Hz : 저진동범위
- 500 ~ 2,000Hz : 회화범위
- 2,000 ~ 20,000Hz : 가청범위(Audible Range)

・20,000Hz 이상 : 불가청범위

2) 가청한계 : 2×10^{-4}dyne/cm^2 ~ 10^3dyne/cm^2(최대 가청 한계 : 134dB)

3) 심리적 불쾌감 : 40dB 이상

4) 생리적 현상 : 60dB(안락한계 : 45 ~ 65dB, 불쾌한계 : 65 ~ 120dB)

5) 음압과 허용노출한계

dB	90	95	100	105	110	115	120
허용노출시간	8시간	4시간	2시간	1시간	30분	15분	5 ~ 8분

∴ 120dB 이상 : 격리 또는 격벽설치

(라) 소음의 영향

1) 청력손실

・진동수가 높아짐에 따라 심해진다.

・나이를 먹는 것과 현대문명의 정상적인 압박(Stress)이나 비직업적인 소음에 의해 발생한다.

・청력손실의 정도는 노출소음 수준에 따라 증가한다.

・청력손실은 4,000Hz에서 크게 나타난다.

・강한 소음에 대해서는 노출기간에 따라 청력손실이 증가하지만, 약한 소음은 관계가 없다.

2) 대화 방해 : 사람들 간의 대화 음압은 보통 60dB이며 이보다 10dB 이상 높은 경우 음폐 효과가 나타나 대화의 방해를 준다.

3) 수면 방해 : 소음으로 수면에 방해를 받는 경우 식욕 부진, 권태감, 우울증 등이 동반될 수 있다.

(마) 소음대책

・소음원의 통제 : 기계의 적절한 설계, 적절한 정비 및 주유, 기계에 고무 받침대 부착, 차량에는 소음기 사용

・소음의 격리 : 씌우개 방, 장벽을 사용(집의 창문을 닫으면 약 10dB 감음 됨)

・차폐장치 및 흡음재료 사용

・음향처리재 사용

・적절한 배치(layout)

・방음보호구 사용 : 귀마개(이전) (2,000Hz에서 20dB, 4,000Hz에서 25dB 차음효과)

・BGM(Back ground music) : 배경음악(60±3dB)

(바) 공식

1) dB 수준과 음의 강도와의 관계식[음의 세기수준(SIL ; 음력수준)관계식]

$$SIL = 10\log\left(\frac{I_1}{I_0}\right)$$

여기서, I_1 : 측정음의 강도

I_0 : 기준음의 강도 (10^{-12} watt/m^2 최소가청치)

2) dB 수준과 음압과의 관계식[음압수준(SPL)관계식]

$$SPL = 20\log\left(\frac{P_1}{P_0}\right)$$

여기서, P_1 : 측정하려는 음압

P_0 : 기준음의 음압 (2×10^{-5}N/m^2 : 1,000Hz에서의 최소가청치)

3) P_1과 P_2의 음압을 갖는 두음의 강도차

$$dB_2 - dB_1 = 20\log\left(\frac{P_2}{P_1}\right)$$

4) 거리에 따른 음의 강도 변화

· 음의 강도와 거리 : 음의 강도(I)는 거리(d)의 자승에 반비례한다.

$$I_2 = I_1 \times \left(\frac{d_1}{d_2}\right)^2$$

· 음압의 거리 : 음압(P)은 거리(d)에 반비례한다.

$$P_2 = P_1 \times \left(\frac{d_1}{d_2}\right)$$

· 거리(d_1과 d_2)에 따른 음압수준관계식

$$dB_2 = dB_1 + 20\log\left(\frac{d_1}{d_2}\right) = dB_1 - 20\log\left(\frac{d_2}{d_1}\right)$$

(2) 진동

(가) 진동의 종류 및 현상

진동이 신체에 전달하는 크기에 따라 크게 전신 진동과 국소 진동으로 구분된다.

1) 전신 진동
   - 차량, 선박, 비행기 등을 이용 시 발생하며 2 ~ 100Hz에서 장애 현상이 나타난다.
   - 증상 : 말초혈관의 수축, 혈압과 맥박수 증가, 공포감, 오한, 위장 장애 등

2) 국소 진동
   - 착암기, 공기 해머 등 진동이 심한 기기 사용 시 발생하며 8 ~ 1,500Hz에서 장애 현상이 나타난다.
   - 증상 : 레이노드병(Raynaud's 현상), 백납병(피부 창백), 혈관 및 신경 장애

(나) 진동 대책
   - 작업 방법의 변경
   - 가진력 감쇄
   - 진동원 제거

2. 조명

(1) 양호한 조명의 조건

(가) 빛의 색은 일반적으로 주광색이 좋다.

(나) 작업 조건에 따라 적당한 조명 밝기를 사용하는 것이 좋다.
   - 초정밀작업 : 750Lux
   - 정밀 작업 : 300Lux
   - 보통 작업 : 150Lux
   - 기타 작업 : 75Lux 이상

(다) 자연채광과 인공조명을 병용히는 것이 좋다.

□ 참고

채광을 위한 창의 특징

(가) 창문 방향 : 남향 (단, 작업의 경우 조명이 평등한 북향이 좋다.)

(나) 창문 형태 및 높이 : 동일 면적을 가진 창문의 경우 세로형이 가로형보다 좋다.

(다) 창문 높이 : 낮은 곳에 위치하는 것보다 높은 곳에 위치하는 것이 실내가 더 밝다.

(라) 창문의 위치 : 방의 깊이를 창 높이의 1.8 ~ 1.9배 이하로 하는 것이 좋다.

(마) 창문의 면적 : 거실 바닥 면적의 $\frac{1}{5}$ ~ $\frac{1}{7}$ 이 좋다.

---

(2) 용어의 정의

   (가) 조도(Illuminance) : 물체나 표면에 도달하는 빛의 밀도를 의미한다.

□참고

  조도의 척도

  (1) Foot – Candle(Fc) : 1촉광의 점광원으로부터 1Foot 떨어진 곡면에 비추는 빛의 밀도를 의미한다. ($1lumen/ft^2$)

  (2) Meter – Candle (lux) : 1촉광의 점광원으로부터 1m 떨어진 곡면에 비추는 빛의 밀도를 의미한다. ($1lumen/m^2$)

$$1Fc = 1lumen/ft^2 = 10lumen/m^2 = 10lux$$

   (나) 대비(Luminance Contrast, 對比) : 표적의 광속발산도(L_t)와 배경의 광속발산도(L_b)의 차를 나타내는 척도를 의미한다.

$$대비 = \frac{L_b - L_t}{L_b} \times 100$$

   • 표적이 배경보다 어두울 경우 : 대비는 +100%에서 0 사이

   • 표적이 배경보다 밝을 경우 : 대비는 0에서 $-\infty$ 사이

   (다) 광속 발산비(Luminance Ratio) : 단위면적당 표면에서 반사 또는 방출되는 빛의 양을 말하며, 이 척도를 때로는 휘도(輝度, Brightness)라고도 한다.

   • Lambert(L) : 완전발산 및 반사하는 표면이 표준촛불로 1cm 거리에서 조명될 때의 조도와 같은 광속발산도이다.

   • Millilambert(mL) : 1L의 1/1,000로 거의 1foot-Lampert에 가깝다(0.929fL).

   • Foot – Lambert(fL) : 완전발산 및 반사하는 표면이 1fc로 조명될 때의 조도와 같은 광속발산도이다.

> □ **참고**
>
> **광속 발산비**
>
> (1) 사무실 및 산업 상황에서의 광속발산비는 보통 3 : 1이다.
>
> (2) 반사율(Reflectance)
>
> · 반사율(%) $= \dfrac{\text{광속발산도}\,(fL)}{\text{조명}\,(fc)} \times 100$
>
> · 옥내 최적 반사율
>
> ① 천정 : 80 ~ 90%
>
> ② 벽, 창문 발(Blind) : 40 ~ 60%
>
> ③ 가구, 사무용기기, 책상 : 25 ~ 45%
>
> ④ 바닥 : 20 ~ 40%

(라) 이동(Movement) : 이동률이 60°/초 이상이 되면 시력이 급격히 저하된다.

(마) 휘광(Glare) : 적응된 휘도보다 훨씬 밝은 광원을 바라볼 때 생기는 눈부심으로 시력 저하 및 불쾌감을 느끼게 된다.

(3) 휘광(Glare)의 처리

(가) 광원으로부터의 직사휘광 처리

· 광원의 휘도를 줄이고 수를 증가시킨다.

· 광원을 시선에서 멀리 위치시킨다.

· 휘광원 주위를 밝게 하여 광속발산비(휘도)를 줄인다.

· 가리개(Shield), 갓(Hood), 혹은 차양(Visor)을 사용한다.

(나) 창문으로부터 직사휘광 처리

· 창문을 높이 단다.

· 창위(실외)에 드리우개(Overhang)를 설치한다.

· 창문(안쪽)에 수직날개(Fin)들을 달아서 직시선을 제한한다.

· 차양(shade) 혹은 발(Blind)을 사용한다.

3. 시각 및 색각

(1) 시각

(가) 특징

· 노화에 따라 가장 먼저 기능이 저하되는 감각기관으로, 진동의 영향도 가장 먼저 받는다.

· 시각의 최소감지 범위 : 10^{-6}mL

· 시각의 최대허용강도 : 10^{4}mL

- 정상적인 인간의 시계범위 : 200°
- 색채를 식별할 수 있는 시계의 범위 : 70°

(나) 암조응과 명조응
- 암조응 : 완전한 암조응이 될 때까지 걸리는 시간은 약 30 ~ 40분이다.
- 명조응 : 완전한 명조응이 될 때까지 걸리는 시간은 약 1 ~ 2분이다.

(2) **색각**

(가) 색광(色光)의 3가지 특성
- 주파장(Dominant Wavelength) : 혼합광의 색상을 결정하는 주요 파장을 의미한다.
- 포화도(Saturation) : 여러 파장의 혼합광에 비해 어떤 좁은 범위의 파장이 우세한 정도를 의미한다.
- 광속발산도(Luminance) : 단위 면적당 표면에서 반사 또는 방출되는 빛의 양을 의미한다.

(나) 색계(Color System)의 종류
- CIE색계 : 빛의 3원색으로 적, 녹, 청색의 상대적 비율로 색을 지정한다.
- 먼셀의 색환도(HV/C) : 색상(H, Hue), 명도(V, Value), 채도(C, Chroma)

(다) 색채심리

1) 색감(색채의 느낌)
- 적색 : 열정, 활기, 용기, 애정, 공포
- 황색 : 희망, 광명, 주의, 경계, 조심
- 녹색 : 안심, 평화, 안전, 위안, 편안
- 청색 : 진정, 침착, 소원, 냉담, 소극

2) 색채의 생물학적 작용
- 적색 : 신경에 대한 흥분작용을 가지고 조직 호흡면에서 환원작용을 촉진한다.
- 청색 : 진정작용을 가지고 있고 조직 호흡면에서 산화작용을 촉진한다.

3) 색채의 속도
- 명도가 높은 색채는 빠르고 경쾌하게 느껴지고, 낮은 색채는 둔하고 느리게 느껴진다.
- 가볍고 경쾌한 색에서 느리고 둔한 색의 순서는 '백색 → 황색 → 녹색 → 등색 → 자색 → 적색 → 청색 → 흑색'이다.

4. 열교환 및 온도

(1) 열 교환

· S(열축적) = M(대사열) - E(증발) - W(한일) ± R(복사) ± C(대류)

· 증발에 의한 열 손실률 : 37℃ 물 1g의 증발열은 2,410joule/g(575.7cal/g)이다.

$$\text{열 손실률(Watt)} = \frac{2,410 J/g \times 증발량(g)}{증발시간(sec)}$$

· 열교환에 영향을 주는 요소 : 기온, 습도, 복사온도, 공기의 유동 등

· 보온률(Clo 단위) $= 0.18(\dfrac{℃}{kcal/m^2 \cdot hr})$

· 열 유동률(R/A) $= \dfrac{\Delta T}{Clo}$

(2) 열적 환경 평가 지표

(가) Oxford 지수

· WD(습건) 지수라고도 하며 습구·건구 온도의 가중(加重) 평균치로서 다음과 같이 나타낸다.

$$WD = 0.85W(습구온도) + 0.15D(건구온도)$$

(나) WBGT(온열평가지수, 습구흑구온도지수)

· 햇빛이 있는 실외 : WBGT = 0.7NWB + 0.2GT + 0.1DB

· 햇빛이 없는 실외나 실내 : WBGT = 0.7NWB + 0.3GT

(NWB : 자연 습구온도, GT : 흑구온도(복사온도), DB : 건구온도)

(3) 불쾌지수(DI : Discomfortable Index)

· 온도와 습도에 의해서 인체가 느끼는 불쾌감을 숫자로 표시한 것을 의미한다.

· 실내에서만 적용되고 실외에서는 적용하지 않는다.

(→ 기류와 복사열이 고려되지 않아 감각온도와 차이가 있을 수 있기 때문에)

· DI = (건구온도 + 습구 온도)℃ × 0.72 + 40.6

= (건구온도 + 습구 온도)℉ × 0.4 + 15

□ 참고

사람이 느끼는 불쾌지수

(1) 불쾌지수(70 이상) : 10% 정도의 사람이 불쾌감을 느낀다.

(2) 불쾌지수(75 이상) : 50% 정도(절반 정도)의 사람이 불쾌감을 느낀다.

(3) 불쾌지수(80 이상) : 거의 모든 사람이 불쾌감을 느낀다.

(4) 불쾌지수(85 이상) : 견딜 수 없을 정도의 불쾌감을 느낀다.

(4) 온도

· 안전 활동에 알맞은 최적온도 : 18 ~ 21℃

· 갱내 작업장의 기온상황 : 37℃ 이하

· 체온의 안전한계와 최고한계온도 : 38℃와 41℃

· 손가락에 영향을 주는 한계온도 : 13 ~ 15.5℃

01 1.2×10^4시간의 수명을 가진 요소 4개가 병렬계를 이루고 있을 때 이 계의 수명은 얼마인가?

① 3×10^3
② 1.2×10^4
③ 2.5×10^4
④ 4.8×10^4

해설

병렬계 수명 $= 1.2 \times 10^4 \times (1 + \dfrac{1}{2} + \dfrac{1}{3} + \dfrac{1}{4}) = 2.5 \times 10^4$

02 불대수 관계식 중 옳지 않은 것은?

① $A + \overline{A} \cdot B = A + B$
② $\overline{A \cdot B} = \overline{A} + \overline{B}$
③ $A + B = \overline{A} \cdot \overline{B}$
④ $A(A + B) = A$

해설

$A + B = B + A$

03 반경 10cm의 조종구(Ball Control)를 30° 움직였을 때 표시장치는 1cm 이동하였다. 이 때의 통제표시비(C/D)는 약 얼마인가?

① 2.56
② 3.12
③ 4.56
④ 5.24

해설

$\dfrac{C}{D}$비 $= \dfrac{\dfrac{a}{360} \times 2\pi L}{\text{표시계기의이동거리}} = \dfrac{\dfrac{30}{360} \times 2\pi \times 10}{1} = 5.24$

04 소음이 심한 기계로부터 2m 떨어진 곳의 음압 수준이 100dB이라면 이 기계로부터 4.5m 떨어진 곳의 음압 수준은 몇 dB인가?

① 85.43
② 89.54
③ 92.96
④ 102.76

해설

$dB_2 = dB_1 - 20\log(\dfrac{d_2}{d_1}) = 100dB - 20\log(\dfrac{4.5}{2}) = 92.96dB$

정답 01 ③ 02 ③ 03 ④ 04 ③

05 반사율이 85%, 글자의 밝기가 400cd/m²인 VDT화면에 350lx의 조명이 있다면 대비는 얼마인가?

① -2.8 ② -4.2

③ -5.0 ④ -6.0

해설

대비 $= \dfrac{L_b - L_t}{L_b}$ (L_b : 배경휘도, L_t : 글자휘도)

배경(조명) 휘도 $= 350/\pi \times 0.85 = 94.6972\text{cd/m}^2$

글자 휘도 $=$ 글자 자체의 밝기(휘도) $+$ 배경(조명)에 의한 휘도
$= 400 + 94.6972 = 494.6972\text{cd/m}^2$

대비 $= \dfrac{L_b - L_t}{L_b} = \dfrac{94.6972 - 494.6972}{94.6972} = -4.22$

06 위험 및 운전성 검토(HAZOP)에서 성질상의 감소를 나타내는 용어로 옳은 것은?

① More 또는 Less ② Other Than

③ As well As ④ Part of

해설

HAZOP 용어
(1) More 또는 Less : 양의 증가 또는 감소
(2) Other than : 완전한 대체
(3) As well As : 성질상의 증가
(4) Part of : 성질상의 감소

07 인간이 기계보다 우수한 능력이 아닌 것은?

① 문제 해결에 독창성 발휘
② 경험을 활용한 행동방향 개선
③ 단시간에 많은 양의 정보기억과 재생
④ 상황에 따라 변화하는 복잡한 자극의 형태 식별

해설

인간의 우수성
· 저에너지 자극 감지
· 복잡하고 다양한 자극의 형태를 식별
· 예기치 못한 사건 감지
· 상황의 관찰을 통한 귀납적 추리
· 다양한 경험을 통한 의사결정, 상황에 따른 방법 선택 등의 융통성 및 임기응변
· 독창성 있는 문제 해결력
· 과부하 상태에서 중요한 일을 선택해서 집중

08 다음 중 양립성의 종류에 포함되지 않는 것은?

① 공간 양립성　　　　　② 형태 양립성

③ 개념 양립성　　　　　④ 운동 양립성

해설

양립성의 종류

(1) 공간 양립성

(2) 개념 양립성

(3) 운동 양립성

09 동일한 신뢰성을 가진 작업자로 운용되는 병렬 시스템에서 작업자 1명의 신뢰도가 80%일 때 전체 시스템의 신뢰도를 99%이상으로 얻기 위한 최소 작업자수는?

① 2　　　　　② 3

③ 4　　　　　④ 5

해설

병렬(Parallel System) : $RV(신뢰도) = 1 - (1 - r_1)^n$

$0.99 = 1 - (1 - 0.8)^n$

$(1 - 0.8)^n = 0.01$

$n \times \log(0.2) = \log(0.01)$

$\therefore n = \log(0.01) \div \log(0.2) = 2.86$

10 다음 FTA 도표에 사용하는 논리 기호의 명칭으로 옳은 것은?

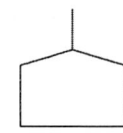

① 결함사상　　　　　② 기본사상

③ 통상사상　　　　　④ 생략사상

해설

해당 기호는 통상사상이다.

11 고장형태와 영향분석(FMEA)의 표준 실시 절차를 다음과 같이 구분할 때 2단계 내용과 관계가 없는 것은?

> (1) 1단계 : 대상 시스템의 분석
> (2) 2단계 : 고장의 유형과 그 영향의 분석
> (3) 3단계 : 치명도 해석과 개선책의 검토

① 고장등급의 평가   ② 고장형의 예측과 설정
③ 상위 아이템의 고장영향 검토   ④ 기능 블록도와 신뢰성 블록도의 작성

해설

기능 블록도와 신뢰성 블록도의 작성은 1단계 내용이다.

참고 2단계(고장의 유형과 그 영향의 분석) 내용
· 고장 Mode의 예측과 설정
· 고장 원인의 상정
· 상위 Item에 대한 고장 영향의 검토
· 고장 검지법의 검토
· 고장에 대한 보상법이나 대응법의 검토
· FMEA Work sheet에 관한 기입
· 고장등급의 평가

12 인간이 기계보다 우수한 측면이 아닌 것은?
① 완전히 새로운 해결책을 찾을 수 있다.
② 주위의 예기치 못한 상황을 감지할 수 있다.
③ 반복적인 작업을 신뢰성 있게 수행할 수 있다.
④ 관찰을 통해서 일반화하여 귀납적으로 추리할 수 있다.

해설

반복적인 작업을 신뢰성 있게 수행할 수 있는 건 기계의 우수한 측면이다.

13 FTA에 의한 재해사례 연구 순서 중 2단계에 해당하는 것은?
① FT도의 작성   ② 개선계획의 작성
③ 탑(Top) 사상의 선정   ④ 사상의 재해 원인의 규명

해설

D.R Cherition의 FTA에 의한 재해사례 연구순서
· 1단계 : 탑(TOP) 사상의 선정
· 2단계 : 사상의 재해 원인의 규명
· 3단계 : FT의 작성
· 4단계 : 개선 계획의 작성

14 다음 중 인체 측정 자료의 응용 원칙에 있어 조절식 설계를 적용하기에 가장 적절한 것은?

① 그네줄의 인장강도　　　　　② 자동차 운전석 의자의 위치
③ 전동차의 손잡이 높이　　　　④ 은행의 창구 높이

> **해설**
>
> 자동차 운전석 의자의 위치는 조절식 설계를 적용하기에 가장 좋다.

15 위험분석기법 중 높은 고장등급을 갖고 고장모드가 기기 전체의 고장에 어느 정도 영향을 주는가를 정량적으로 평가하는 해석 기법은?

① FTA　　　　　　　　　　② CA
③ ETA　　　　　　　　　　④ FHA

> **해설**
>
> 위험도 분석(CA : Criticality Analysis) : 높은 위험도(Criticality)를 가진 요소 또는 그 고장 형태에 따른 분석을 의미한다.

16 다음 중 인간공학의 정의로 가장 적합한 것은?

① 인간의 과오가 시스템에 미치는 영향을 최소화하기 위한 연구 분야를 의미한다.
② 인간, 기계, 물자, 환경으로 구성된 복잡한 체계의 효율을 최대로 활용하기 위하여 인간의 한계능력을 최대화하는 학문 분야를 의미한다.
③ 인간, 기계, 물자, 환경으로 구성된 복잡한 체계의 효율을 최대로 활용하기 위하여 인간의 생리적, 심리적 조건을 시스템에 맞추는 학문 분야를 의미한다.
④ 인간의 특성과 한계능력을 공학적으로 분석, 평가하여 이를 복잡한 체계의 설계에 응용함으로 효율을 최대로 활용할 수 있도록 하는 학문 분야를 의미한다.

> **해설**
>
> 인간공학 : 기계가 인간의 특성 및 능력에 잘 조화되도록 설계하기 위한 일련의 과정을 의미한다.

17 작업장 내의 설비 3대에서는 각각 80dB과 86dB, 78dB의 소음을 발생시키고 있다. 해당 작업장의 전체 소음은 약 몇 dB인가?

① 81.3dB　　　　　　　　　② 85.5dB
③ 87.5dB　　　　　　　　　④ 90.3dB

> **해설**
>
> $$L = 10\log(10^{\frac{L_1}{10}} + 10^{\frac{L_2}{10}} + \cdots + 10^{\frac{L_n}{10}}) = 10\log(10^{\frac{80}{10}} + 10^{\frac{86}{10}} + \cdots + 10^{\frac{78}{10}}) = 87.49dB$$

18 프레스 작업 중에 금형 내에 손이 오랫동안 남아 있어 발생한 재해의 경우 어떤 휴먼 에러에 해당하는가?

① 시간 오류(Time Error)
② 작위 오류(Commission Error)
③ 순서 오류(Sequential Error)
④ 생략 오류(Omission Error)

해설

Time Error(시간 에러) : 필요 절차의 수행 지연에 따른 에러

19 안전성 평가의 단계를 6단계로 구분하였을 때 해당되지 않는 것은?

① 안전 대책
② 경제성 평가
③ 관계 자료의 정비
④ FTA에 의한 재평가

해설

기본 원칙 6단계
· 제1단계 : 관계 자료의 정비검토
· 제2단계 : 정성적 평가
· 제3단계 : 정량적 평가
· 제4단계 : 안전 대책
· 제5단계 : 재해 정보에 의한 재평가
· 제6단계 : FTA에 의한 재평가

20 원자력 산업과 같이 상당한 안전이 확보되어 있는 장소에서 추가적인 고도의 안전달성을 목적으로 하고 있으며, 관리, 설계, 생산, 보전 등 광범위한 안전을 도모하기 위하여 개발된 분석기법은?

① MORT(Management Oversight and Risk Tree)
② DT(Decision Trees)
③ ETA(Event Trees Analysis)
④ FTA(Fault Tree Analysis)

해설

경영소홀과 위험수 분석(MORT, Management Oversight and Risk Tree)
(1) 미국 에너지 연구 개발청(ERDA, Energy Research Development Administration)의 존슨(Johnson)에 의해 개발된 기법이다.
(2) FTA와 동일한 논리기법을 이용하여 관리·생산·설계·보전 등의 광범위한 안전을 도모하는 것으로써 고도의 안전 달성을 목적으로 한다.
(3) 높은 안전성을 요구하는 원자력 산업 등에서 활용되고 있다.

21 종이의 반사율이 70%이고, 인쇄된 글자의 반사율이 10%라면 대비는 얼마인가?

① 85.7%　　　　　　　　　　② 89.5%

③ 95.3%　　　　　　　　　　④ 99.1%

> **해설**
>
> $$대비 = \frac{L_b - L_t}{L_b} \times 100 = \frac{70 - 10}{70} \times 100 = 85.71\%$$

22 인체에 작용한 스트레스의 영향으로 발생된 신체반응의 결과인 스트레인(Strain)을 측정하는 척도가 잘못 연결된 것은?

① 인지적 활동 : EEG　　　　　② 정신운동적 활동 : EOG

③ 국부적 근육 활동 : EMG　　④ 육체적 동적 활동 : GSR

> **해설**
>
> 피부전기반사 : GSR

23 상완을 자연스럽게 수직으로 늘어드린 상태에서 전완만을 편하게 뻗어 파악할 수 있는 영역을 무엇이라 하는가?

① 정상작업 파악한계　　　　　② 정상 작업역

③ 최대 작업역　　　　　　　　④ 작업공간 포락면

> **해설**
>
> 정상 작업역에 대한 설명이다.

24 결함수 분석(FTA)에 의한 재해사례의 연구 순서가 다음과 같을 때 올바른 순서대로 나열한 것은?

> ① FT(Fault Tree)도 작성
> ② 개선안 실시 계획
> ③ 탑(Top)사상의 선정
> ④ 사상마다 재해원인 및 요인 규명
> ⑤ 개선 계획의 작성

① ④ → ⑤ → ③ → ① → ②　　② ② → ④ → ③ → ⑤ → ①

③ ③ → ④ → ① → ⑤ → ②　　④ ⑤ → ③ → ② → ① → ④

> **해설**
>
> ③ → ④ → ① → ⑤ → ②

25 한 화학공장에서는 24개의 공정제어회로가 있으며 4,000시간의 공정가동 중 이 회로에는 14번의 고장이 발생하였고, 고장이 발생하였을 때마다 회로는 즉시 교체되었다. 이 회로의 평균고장시간 (MTTF)은 약 얼마인가?

① 6,857시간
② 7,571시간
③ 8,240시간
④ 9,800시간

해설

$$고장률 = \frac{고장건수}{총\ 고장시간} = \frac{14건}{24개 \times 4,000시간/개} = 1.4563 \times 10^{-4}$$

$$MTTF = \frac{1}{\lambda(고장률)} = \frac{1}{1.4583 \times 10^{-4}} = 6,857.30시간$$

26 FT도에 사용하는 기호에서 3개의 입력현상 중 임의의 시간에 2개가 발생하면 출력이 생기는 기호의 명칭은?

① 우선적 AND 게이트
② 조합 AND 게이트
③ 억제 게이트
④ 배타적 OR 게이트

해설

조합 AND Gate : 3개 이상의 입력사상 가운데 어느 것이든 2개가 일어나면 출력사상이 생긴다. 예를 들면 「어느 것이든 2개」라고 기입한다.

27 발생 확률이 각각 0.05, 0.08인 두 결함 사상이 AND 조합으로 연결된 시스템을 FTA로 분석하였을 때 이 시스템의 신뢰도는 얼마인가?

① 0.004
② 0.126
③ 0.874
④ 0.996

해설

(1) 불신뢰도 = 0.05 × 0.08 = 0.004
(2) 신뢰도 = 1 - 불신뢰도 = 1 - 0.004 = 0.996

28 건습구온도에서 건구온도가 24°C이고, 습구온도가 20°C일 때 Oxford지수는 얼마인가?

① 20.6°C
② 21°C
③ 23°C
④ 23.4°C

해설

WD = 0.85W(습구온도) + 0.15D(건구온도) = 0.85 × 20°C + 0.15 × 24°C = 20.6°C

29 비전리 방사선 중 자외선에 대한 설명으로 옳지 않은 것은?

① 400nm 이하의 파장으로 전리 작용은 없으나 감광작용, 형광작용, 광이온 작용을 한다.

② 눈에 오랫동안 조사될 경우 결막염을 유발하고 심할 경우 백내장까지 일으킬 수 있다.

③ 온실효과를 유발하기도 하며 열작용을 일으켜 열선이라고도 부른다.

④ 일정 파장 영역에서는 살균 작용을 일으킨다.

> **해설**
>
> 온실효과를 유발하기도 하며 열작용을 일으켜 열선이라고도 부르는 건 적외선이다.

30 다음 중 작업 공간의 배치에 있어 구성 요소 배치 원칙에 해당하지 않는 것은?

① 기능별 배치의 원칙　　② 사용 빈도의 원칙

③ 사용 순서의 원칙　　④ 사용 방법의 원칙

> **해설**
>
> 배치의 4원칙
> (1) 중요성의 원칙
> (2) 사용빈도의 원칙
> (3) 기능별 배치의 원칙
> (4) 사용 순서의 원칙

PART 3

기계기구 및
설비 안전관리

CHAPTER 01

기계안전의 개념

01 기계의 위험 및 안전조건

1. 기계설비의 안전조건

· 외형의 안전화

· 작업의 안전화

· 작업점의 안전화

· 기능의 안전화

· 구조의 안전화

· 보전작업의 안전화

· 표준화를 통한 안전화

· 법 규제를 통한 안전화

2. 외형(외관)의 안전화

(1) 덮개 및 방호 장치(Guard)설치

　· 기계의 회전 부(회전체 돌출부분) : 덮개 설치

　· 기계 외형 부분 : 덮개 및 방호장치 설치

(2) 별실 또는 구획된 장소에 격리 : 원동기 및 동력전도장치(벨트, 기어, 샤프트, 체인 등)

(3) 안전색채조절 : 기계장비 및 부수되는 배관

　· 스위치

　　① 시동 단추식 스위치 : 녹색

　　② 급정지 단추식 스위치 : 적색

　· 배관

　　① 공기 배관 : 백색

　　② 가스배관 : 황색

　　③ 물 배관 : 청색

3. 작업의 안전화

(1) 작업 안전화에 대한 기본이념 : 인간공학에 바탕을 두고 실천
(2) 작업의 안전화
- 작업의 표준화
- 안전한 기동장치(동력 차단장치, 시건장치)의 배치
- 급정지장치, 급정지 버튼 등의 배치
- 조작 장치의 적당한 위치 고려
- 작업에 필요한 적당한 공구 사용
- 인칭(Inching : 촌동), 기능의 활용

4. 작업점의 안전화

(1) 작업점(위험점) : 기계 설비에서 특히 위험을 발생케 할 우려가 있는 부분으로서 일(작업)이 물체에 행해지는 점 또는 가공물이 가공되는 부분.
(2) 기계 설비의 작업점의 분류
  (가) 협착점(Squeeze point)
   - 고정부와 왕복운동을 하는 운동부 사이에 형성되는 위험점으로 덮개, 울 등의 방호조치가 필요하다.
   - 종류 : 프레스, 성형기, 절곡기 등
  (나) 끼임점(Shear point)
   - 고정부와 회전 또는 직선운동과 함께 형성하는 부분 사이에 형성되는 위험점
   - 종류 : 연삭숫돌과 작업대, 반복 동작되는 링크기구, 교반기의 교반날개와 몸체사이
  (다) 절단점(Cutting point)
   - 회전하는 운동부분 자체와 운동하는 기계자체와의 위험이 형성되는 점.
   - 종류 : 둥근톱날, 띠톱기계의 날, 밀링커터 등
  (라) 물림점(Nip point)
   - 회전하는 두 개의 회전체에 물려들어갈 위험성이 형성되는 점(중심점 + 회전운동)
   - 종류 : 롤러, 기어와 피니언 등
  (마) 접선물림점(Tangential nip point)
   - 회전하는 부분이 접선방향에서 만들어지는 점.(접선점 + 회전운동)
   - 종류 : 벨트와 풀리, 체인과 스프라켓, 랙과 피니언 등

    (바) 회전말림점(Trapping point)
- 크기, 길이, 속도가 다른 회전운동에 의한 위험점으로 회전하는 부분에 돌기 등이 돌출되어 작업복 등이 말리는 위험점.
- 종류 : 회전축, 드릴축, 커플링 등

    (사) 비산점(Scattering point)
- 가공재, 부품, 칩 등의 비산에 의한 위험점
- 종류 : 연삭기숫돌, 선반, 밀링 등의 칩

    (아) 접촉점(Touch point)
- 날카롭거나 뜨겁거나 차가운 부위의 접촉에 따른 위험점
- 종류 : 연속칩, 열처리된 금속재료, 냉매 등

(3) 작업점의 방호 방법
- 작업점에는 작업자가 절대로 가까이 가지 않도록 할 것.
- 기계를 조작할 때는 작업점에서 떨어지도록 할 것.
- 작업점에서 작업자가 떨어지지 않는 한 기계를 작동하지 못하도록 할 것.
- 손을 작업점에 넣지 않도록 할 것.

5. 기능의 안전화
(1) 소극적 대책 : 이상 시 기계 설비의 급정지로 안전화 도모
(2) 적극적 대책 : 페일 세이프, 회로의 개선으로 오동작 방지

□ **참고**

페일 세이프(Fail Safe)

(1) 정의 : 인간이나 기계 등에 과오나 동작상의 실수가 있더라도 사고·재해를 발생시키지 않도록 철저하게 2중, 3중으로 통제를 가하는 것을 의미한다.

(2) 구조의 기능에 따른 분류

· Fail Passive : 일반적인 산업기계방식의 구조이며, 성분의 고장 시 기계·장치는 정지상태로 옮겨간다.

· Fail Operational : 병렬 여분계의 성분을 구성한 경우이며, 성분의 고장이 있어도 다음 정기 점검 시까지는 운전이 가능하다.

· Fail Active : 성분의 고장 시 기계·장치는 경보를 나타내며 단시간에 역전이 된다.

(3) 분류

(가) 구조적 페일 세이프(항공기의 엔진, 압력용기의 안전밸브)

· 저균열속도 구조 : 기계·장치 등에 균열이 발생하더라도 그 진전속도가 늦어 정지를 일으키는 구조

· 조합 구조 : 다층재 등에서와 같이 여러 개의 재료를 조합시켜 하나의 재료에서 균열이 생겨도 다른 재료가 하중을 받아주는 구조

· 다경로 하중 구조 : 하중을 받아주는 부재가 몇 개로 나뉘어져 있어 일부 부재가 파열되어도 다른 부재로 인해 하중을 받아 줄 수 있는 구조

· 하중해방 구조 : 안전파열판 등과 같이 어딘가가 파열되면 그 이상의 하중이 걸리지 않는 구조

(나) 회로적 페일 세이프(철도신호, 개폐기의 용장회로)

· 철도신호 : 신호기가 고장이 생긴 때에는 항상 적을 나타내어 중대재해를 막아주는 신호

· 개폐기의 용장회로 : 병렬회로와 식렬회로가 있고, 각각 ON 또는 OFF 에 대한 안전회로를 구성하고 있는 회로

· 대기 용장회로 · 용장회로 중 평상시에는 예비회로가 작동하지 않고 주회로가 고장이 생긴 경우에만 작동하는 방식

6. 구조의 안전화

(1) 설계상 결함

   (가) 기계설계상 가장 큰 과오의 요인은 강도 계산상의 잘못이다.

   (나) 최대하중 예측의 부정확성과 강도저하를 생각하여 안전율을 충분히 고려해 주어야 한다.

   (다) 안전율(안전계수)

$$안전율 = \frac{파괴하중}{최대사용하중} = \frac{극한강도(파단하중)}{최대설계하중(안전하중)}$$

- Unwin의 안전율 : 강철은 3, 나무는 7, 흙 및 벽돌은 20
- Cardullo의 안전율

   F = a × b × c × d

   $a : \dfrac{극한강도}{사용재료의\ 탄성강도}$

   b : 하중의 종류(정하중에서 b = 1, 조반하중에서는 b = 극한강도/피로한도)

   c : 하중속도(정하중에서 c = 1, 충격하중에서는 c = 2)

   d : 재료의 조건

- 안전여유 산정식

   안전여유 = 극한강도 - 허용응력(정격하중)

- 안전율을 크게 취하여야 할 힘의 순서 : 충격하중 > 교번하중 > 반복하중 > 정하중

(라) 하중의 종류

- 정하중 : 시간이 경과하여도 크기와 방향이 변화하지 않는 하중
- 동하중 : 시간의 경과와 더불어 크기와 방향이 변화하는 하중

> □ 참고
>
> **동하중의 종류**
> (1) 반복하중 : 일정한 방향으로 연속하여 반복하는 하중
> (2) 교번하중 : 크기와 방향이 동시에 변화하면서 인장과 압축이 교대로 반복하여 작용하는 하중
> (3) 충격하중 : 순간적인 짧은 시간에 갑자기 작용하는 하중

(마) 안전율(허용응력) 결정 시 고려할 사항
- 재료의 품질
- 하중과 응력의 정확성
- 하중의 종류에 따른 응력의 성질
- 부재의 형상 및 사용 장소
- 공작 방법 및 정밀도

> □ **참고**
> **허용응력 결정시 기초강도로서 고려되어야 할 경우**
> (1) 반복응력을 받는 경우 : 피로한도
> (2) 고온에서 정하중을 받는 경우 : 크리이프 강도
> (3) 상온에서 취성재료가 정하중을 받는 경우 : 극한강도
> (4) 상온에서 연성재료가 정하중을 받는 경우 : 극한강도 또는 항복점

(2) 재료의 결함 및 가공 결함
- 재료의 결함 : 균열, 부식, 강도 저하 등
- 가공 결함 : 가공 도중에 생기는 가공경화

(3) 재료의 성질
- 기계적 성질 : 기계적 성질 : 강도, 경도, 충격, 피로, 마모, 고온의 기계적 성질, 전성, 연성, 인성, 탄성 등
- 물리적 성질 : 비중, 열전도도, 비열, 용해 온도, 용해 잠열, 자성, 열팽창 계수, 전기전도도 등
- 제작상 성질 : 가공성, 주조성, 단조성, 용접성, 열처리 적응성 등 공작성 또는 절삭성
- 화학적 성질 : 내열성, 부식

(4) 재료 시험
(가) 기계적 시험(파괴시험)
- 정적시험 : 인장 시험, 굽힘 시험, 경도 시험, 비틀림 시험, 압축 시험, 크리이프 시험 등
- 동적 시험 : 충격 시험, 피로 시험
- 특수재료시험 : 연성 시험, 마멸 시험, 스프링시험

(나) 비파괴시험(Non-Destructive Test)
- 육안검사
- 음향검사
- 방사선 투과 검사
- 초음파 검사
- 자분탐상검사
- 형광탐상검사 등

(다) 인장시험
- 재료의 기계적 성질인 비례한도
- 탄성한도
- 항복점
- 인장강도
- 파단점
- 연신율 등

7. 보전작업의 안전화

(1) 고장예방을 위한 정기점검
(2) 부품교환의 철저화
(3) 주유방법의 개선
(4) 보전용 통로나 작업장 확보
(5) 구성부품의 신뢰도 향상

8. 기계설비의 본질 안전화

(1) **기본이념** : 기계설비에 이상이 생겨도 안전성이 확보되어 사고나 재해가 발생하지 않도록 설계하는 것
(2) **조건**
- 안전 기능이 기계설비에 내장되어 있을 것.
- 조작상 위험이 없도록 설계할 것.
- 페일 세이프(Fail Safe)의 기능을 가질 것(Safety Valve, Interlock 등)
- 풀푸르프(Fool Proof)의 기능을 가질 것

풀푸르프(Fool Proof)

인간 과오(Human Error)를 방지하기 위해 기계 장치 설계 단계에서 안전화를 도모하는 것으로 근로자가 기계 등의 취급을 잘못해도 사고로 연결되는 일이 없도록 하는 안전 기구를 의미한다.

02 기계의 방호

1. 기계의 방호 목적 및 방호장치 설치 시 고려할 사항

(1) 기계의 방호 목적 : 작업점으로부터 작업자가 접촉되는 것을 막아주는데 그 목적이 있다.

(2) 기계설비의 방호장치 설치 시 고려할 사항

- 적용의 범위
- 방호의 정도
- 신뢰도
- 보수의 난이도
- 작업성
- 경제성

2. 동력기계의 표준 방호덮개

(1) 방호덮개의 구비조건(ILO 기준)

- 확실한 방호기능을 가질 것.
- 사용이 간편하고 작동에 노력을 적게 들일 수 있을 것.
- 작동자의 작업행동과 기계의 특성에 맞을 것.
- 운전중(작동중)에는 위험한 부분에 인체의 접촉을 막을 수 있을 것
- 작동자에게 불편 또는 불쾌감을 주지 않을 것.
- 생산에 방해를 주지 않을 것.
- 최소한 손질로 장기간 사용할 수 있고 가능한 자동화되어 있을 것.
- 통상적인 마모 또는 충격에 견딜 수 있을 것.
- 기계장치와 조화를 이루도록 설치할 것.
- 기계의 주유, 검사 및 조정, 수리에 지장을 주지 않을 것.

(2) 방호덮개의 재질 및 두께

재 질	두 께
금속판	0.8mm 이상
구멍 뚫린 금속판	1mm 이상
엑스밴드메탈	1.25mm 이상
쇠줄금망	1.5mm 이상(직경)

3. 기계의 방호장치

(1) 방호장치(안전장치)의 기본목적

- 작업자의 보호(부상 및 사상 방지)
- 기계위험 부위의 접촉방지
- 인적·물적 손실 방지

(2) 방호장치의 종류

- 격리형 방호장치
- 위치 제한형 방호장치
- 접근거부형 방호장치
- 접근 반응형 방호장치
- 포집형 방호장치

(3) 방호장치별 특징

(가) 격리형 방호장치

1) 정의 : 작업자가 작업점에 접촉되지 않도록 기계설비 외부에 차단벽이나 방호망을 설치하는 것을 의미한다.

2) 종류

- 완전 차단형 : 어떤 방향에서도 작업점까지 신체가 접근할 수 없도록 하는 것을 의미한다.
- 덮개형 : 작업자가 말려들거나 끼일 위험이 있는 곳을 덮어씌우는 것을 의미한다.

□**참고**

안전덮개

(1) 안전 덮개가 필요한 기계요소 : 기어(치자), 풀리, 체인, 회전축, 플라이휠, 벨트 등의 동력전달장치의 회전운동부위

(2) 덮개를 씌운 샤프트(Shaft)가 바닥 위를 지날 경우 바닥면과 샤프트까지의 거리 : 최소 150mm 정도

(3) 덮개를 씌운 샤프트가 천정 밑을 지날 경우 샤프트의 덮개 하단부와 샤프트까지의 거리 : 최소 50mm 정도

- 방책형 : 울타리 등의 방호망을 설치하는 것을 의미한다.
    ① 방호울 설치 시 방벽의 높이 : 최소 1.6m ~ 1.8m 정도
    ② 방책의 설치

방책의 설치높이	위험 부분으로부터 방책까지의 거리
150cm 이상	12cm 미만
120cm 이상	12 ~ 24cm
90cm 이상	24cm 이상

□ 참고

(1) 동력 전도 장치(기계장치 중 재해가 가장 많이 발생)의 위험 방지 조치사항
- 기계의 원동기, 회전축, 기어, 풀리, 플라이휠 및 벨트 등 근로자에게 위험을 미칠 우려가 있는 부위에는 ① 덮개, ② 울, ③ 슬리브, ④ 건널다리 등을 설치 할 것.
- 회전축, 기어, 풀리 및 플라이휠 등에 부속하는 키 및 핀 등의 고정구는 ① 묻힘형으로 하거나 ② 해당 부위에 덮개를 설치할 것.
- 벨트의 이음부분에는 돌출된 고정구를 사용하지 않을 것.
- 건널 다리에는 안전난간 및 미끄러지지 않는 구조의 발판을 설치할 것

(2) 기계의 동력차단 장치
- 동력으로 작동되는 기계에는 스위치·클러치 및 벨트이동장치 등 동력차단장치를 설치할 것.
- 동력으로 작동되는 기계 중 절단·인발·압축·꼬임·타발 또는 굽힘 등의 가공을 하는 기계를 설치할 때에는 그 동력차단장치를 근로자가 작업위치를 이동하지 않고 조작할 수 있는 위치에 설치할 것.
- 동력차단장치는 조작이 쉽고 접촉, 또는 진동 등에 의하여 불시에 기계가 움직일 우려가 없는 것일 것.

(나) 위치 제한형 방호장치

1) 정의 : 작업자의 신체부위가 위험한계 밖에 있도록 기계의 조작장치를 위험한 작업점에서 안전거리 이상 떨어지게 하거나 조작 장치를 양손으로 동시 조작하게 함으로써 위험한계에 접근하는 것을 제한하는 것을 의미한다.

2) 종류 : 프레스기의 양수 조작식 방호장치

(다) 접근거부형 및 접근 반응형 방호장치

1) 접근거부형 방호장치
- 작업자의 신체부위가 위험한계로 접근하였을 때 기계적인 작용에 의하여 접근을 못하도록 제지하는 것을 의미한다.
- 수인식, 손쳐내기식 방호장치 등

2) 접근 반응형 방호장치
- 작업자의 신체부위가 위험한계 또는 그 인접한 거리 내로 들어오면 이를 감지하여 그 즉시 기계의 동작을 정지시키고 경보 등을 발하는 것을 의미한다.

(라) 포집형 방호장치

　1) 정의 : 위험장소에 설치하여 위험원이 비산하거나 튀는 것을 포집하여 작업자로부터
　　　위험원을 차단하는 것을 의미한다.

　2) 종류 : 연삭기의 덮개나 반발예방장치 등

4. 인터록 및 리미트 스위치

(1) 인터록 장치(Interlock System)

· 일종의 연동 기구로 걸림 장치라고도 한다.

· 기본적으로 어떤 목적을 달성하기 위해 한 동작 또는 수개 동작을 행하는 경우도 있으며,
　동작 종료 시에는 자동적으로 안전 상태를 확보하도록 한 장치이다.

(2) 록 시스템(Lock System)

· 기계 특수성과 인간의 생리적 관습에 의하여 사고를 일으킬 수 있는 불안전 요소에 대하여
　통제를 가하는 체계를 말한다.

· 기계에 인터록(Interlock System), 인간의 심중에는 인트라록(Intra Lock System), 그 중간
　에 트랜스록(Trans Lock System)을 두어 불안전 요소에 대하여 통제를 가한다.

(3) 리미트 스위치(Limit Switch)

· 기계장치 등에서 동작이 일정한 한계를 벗어나지 않도록 제한하는 장치를 말한다.

· 리미트 스위치를 활용한 방호장치 : 권과방지장치, 과부하방지장치, 과전류 차단장치,
　압력제한장치, 이동식 덮개, 게이트 가드(Gate Guard) 등

5. 방호조치

(1) 방호조치에 대한 근로자의 준수사항

· 방호조치 해체 시는 사업주의 허가를 받을 것.

· 방호조치 해체 후 그 사유가 소멸 시에는 지체 없이 원상으로 회복시킬 것.

· 방호조치의 기능이 상실된 것을 발견한 때에는 지체 없이 사업주에게 신고할 것.

(2) 방호장치의 해체금지 : 방호장치의 수리, 조정 및 교체 등의 작업을 하는 경우 이외에는
　방호장치를 해체하거나 사용을 정지하지 않을 것.

CHAPTER 02

공작기계의 안전

01 기계설비의 안전

1. 선반(Lathe)

(1) 정의 : 공작물에 회전운동을 주고 바이트에 직선운동, 즉 회전축에 평행한 운동(좌우이송)과 수직운동(전후이송)을 시켜 공작물을 가공하는 공작기계를 의미한다.

(2) 선반의 규격표시 방법
- 최대 가공물의 크기
- 양센터 사이의 거리(심압대를 주축에서 가장 멀리했을 때 양센터에 설치할 수 있는 공작물의 길이)
- 본체 위의 스윙(가공할 수 있는 공작물의 최대지름)의 크기

(3) 선반의 안전장치
- 칩 브레이크 : 바이트에 설치된 칩을 짧게 끊어내는 장치
- 쉴드(Shield) : 칩 비산 방지 투명판
- 덮개 또는 울 : 돌출가공물에 설치한 안전장치
- 브레이크 : 급정지장치
- 기타 척의 인터록 덮개, 고정브리지(Bridge) 등

(4) 선반기의 절삭속도

$$V = \frac{\pi DN}{1,000}$$

여기서, V : 절삭속도(m/min)
   D : 강의 지름(mm)
   N : 회전수(rpm)

(5) 선반 작업 시 안전작업수칙
- 공작물의 길이가 직경의 12배 이상으로 가늘고 길 때는 방진구(공작물의 고정에 사용)를 사용하여 진동을 막을 것
- 보링작업 중 구멍 속에 손가락을 넣지 않을 것
- 칩이나 부스러기를 제거할 때는 반드시 브러시를 사용할 것
- 작업 중 장갑을 끼지 않을 것
- 시동 전에 심압대가 잘 죄어져 있는가를 확인할 것
- 선반기계를 정지시켜야 할 경우
  ① 치수를 측정할 경우
  ② 백기어(Back Gear)를 넣거나 풀 경우
  ③ 주축을 변속할 경우
  ④ 기계에 주유 및 청소를 할 경우
  ⑤ 기계 점검을 할 경우
- 바이트는 가급적 짧게 설치하여 진동이나 휨을 막을 것
- 회전부분에 손을 대지 말 것
- 선반의 베드 위에 공구를 놓지 말 것
- 일감의 센터구멍과 센터는 반드시 일치시킬 것
- 공작물의 설치가 끝나면 척에서 렌치류는 제거시킬 것

2. 드릴링머신(Drilling Machine)

(1) 정의 : 드릴을 사용하여 일감에 구멍을 뚫는 공작기계를 의미한다.

(2) 드릴링머신의 작업
- 일반 작업에 사용되는 표준형 드릴 날의 각도 : 118°
- 공작물의 고정
  ① 바이스에 의한 고정 : 작은 일감(공작물)을 가공하는 경우
  ② 클램프(Clamp)나 조임 볼트에 의한 고정 : 일감이 크고 복잡할 경우
  ③ 지그(Jig)사용 : 대량생산과 정밀도를 요구할 경우
- 얇은 금속판(철판, 동판 등)에 구멍을 뚫을 경우 : 나무판(각목 등)을 밑에 깔고 기구로 고정할 것
- 드릴 작업 시 칩의 안전한 제거방법 : 회전을 중지시킨 후 솔로 제거

(3) 드릴링머신의 안전작업수칙

· 장갑을 끼고 작업하지 말 것

· 쇳가루가 날리기 쉬운 작업은 보안경을 착용할 것

· 드릴을 끼운 뒤 척 핸들은 반드시 빼놓을 것

· 뚫린 것을 확인하기 위해 손을 집어넣지 말 것

· 공작물을 견고하게 고정하고, 손으로 잡고 구멍을 뚫지 말 것

· 작은 구멍을 먼저 뚫은 뒤 큰 구멍을 뚫을 것

· 가공 중에 구멍이 관통되면 기계를 멈추고 손으로 돌려서 드릴을 뺄 것

3. 밀링머신(Milling Machine)

(1) 정의 : 여러 개의 날을 가진 밀링커터를 회전시켜 테이블 위에 고정된 공작물을 절삭 가공하는 공작기계를 의미한다.

(2) 밀링커터의 절삭 방향

· 상향 절삭(올려 깎기) : 밀링커터의 회전방향과 공작물의 이송 방향이 서로반대인 때의 절삭 방식을 의미한다.

· 하향 절삭(내려 깎기) : 밀링커터의 회전방향과 같은 방향으로 공작물에 이송을 주는 절삭 방식을 의미한다.

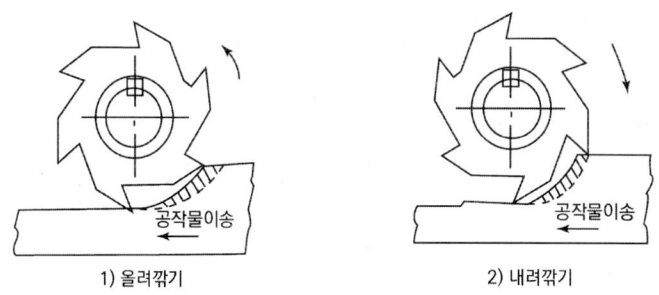

[그림] 밀링커터의 절삭방향

[표] 상향 절삭과 하향 절삭의 비교

	상향 절삭		하향 절삭
장점	· 칩이 커터에 의해 가공된 면에 떨어지므로 절삭을 방해하지 않는다. · 이송기구의 백래시(Back Lash)가 자연히 제거된다.	장점	· 공작물의 고정이 간편하다. · 날의 마멸이 적고 수명이 길다. · 동력 낭비가 적다. · 가공 면이 깨끗하다.
단점	· 공작물을 고정하여야 한다. · 날의 마멸이 심하고 수명이 짧다. · 동력낭비가 많다 · 가공 면이 깨끗하지 못하다.	단점	· 칩이 커터와 공작물 사이에 끼어 절삭을 방해한다. · 백래시가 커지고 공작물이 이송 방향으로 당겨지게 되어 진동을 일으켜 절삭 불능이 된다(백래시 제거장치가 필요).

(3) 밀링의 안전 작업 수칙

· 테이블 위에 공구나 기타 물건 등을 올려놓지 않을 것.

· 상하 좌우 이송 장치의 핸들(손잡이)은 사용 후 반드시 풀어 둘 것.

· 장갑의 사용을 금할 것.

· 칩의 제거는 반드시 브러시를 사용할 것(걸레 사용 금지).

· 일감을 풀거나 고정할 때와 측정 시에는 반드시 운전을 정지시킬 것.

· 가공 중에 손으로 가공면을 점검하지 않을 것

· 강력 절삭을 할 때는 일감을 바이스에 깊게 물릴 것

· 가동 중에 기계를 번속시키지 않을 것

· 밀링 칩은 공작기계 중 가장 가늘고 예리하므로 비산에 의한 부상을 방지하기 위해 보안경을 착용할 것.

· 아버 너트(Arber Nut : 고정 너트의 압력으로 축심에 정확히 직각으로 고정해주는 역할을 함)는 너무 힘껏 조이지 않도록 할 것.

4. 평삭가공

(1) 세이퍼(Shaper)

(가) 정의 : 바이트를 직선왕복운동을 시켜 테이블에 고정된 공작물을 직선이송운동을 하게하여 주로 소형공작물의 평면을 절삭하는 기계로 형삭기라고도 한다.

(나) 안전장치 : 칩 받이, 방책, 칸막이

(다) 위험요인 : 공작물 이탈, 가공칩의 비산, 램(Ram)말단부 충돌

(라) 안전작업 수칙

· 시동 전에 행정 조절용 핸들을 빼놓을 것.

· 바이트는 잘 갈아서 사용할 것이며, 가급적 짧게 물릴 것

· 반드시 재질에 따라서 절삭 속도를 정할 것.

· 램은 필요이상 긴 행정으로 하지 말고 일감에 알맞은 행정으로 조정할 것.

· 일감을 견고하게 물릴 것.

· 시동 전에 기계의 점검 및 주유를 할 것(운전 중 급유 금지).

· 작업 중에는 바이트의 운동 방향에 서지 말 것.

(2) 플레이너(Planer)

   (가) 정의 : 공작물은 테이블 위에 고정되어 수평왕복운동을 하고, 바이트는 공작물의 운동방향과 직각방향으로 이송시켜 평면을 가공하는 공작기계로 평삭기라고도 한다.

   (나) 안전 작업수칙

· 바이트는 되도록 짧게 설치할 것.

· 이동 테이블에는 방호울을 설치할 것.

· 프레임 내의 피트(Pit)에는 뚜껑을 설치할 것.

· 반드시 스위치를 끄고 일감의 고정 작업을 할 것

· 압판이 수평이 되도록 고정시킬 것

· 압판은 죄는 힘에 의해 휘어지지 않도록 충분히 두꺼운 것을 사용할 것

· 운전 중인 평삭기 테이블 또는 수직선반 등의 테이블에는 근로자를 탑승시키지 않을 것.

5. 연삭기(Grinder)

(1) 정의 : 연삭숫돌을 고속 회전시켜 공작물의 표면을 깎아 내는 작업을 하는 공작 기계를 의미한다.

(2) 연삭숫돌 표시법

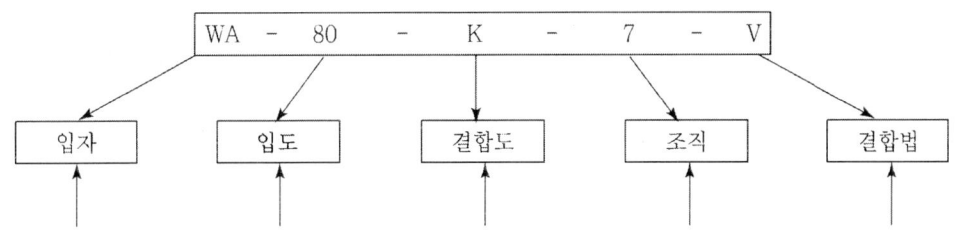

백색용융 알루미나	WA	조목	10, 12, 14, 16, 20, 24	극면	E, F, G	밀	0, 1, 2, 3	비트 리파이드	V
갈색용융 알루미나	A	중목	30, 36, 46, 54, 60	연	H, I, J, K			실리 케이트	S
녹색탄화 규소1급	GC	세목	70, 80, 90, 100, 120, 150, 180, 220	중	I, M, N, O	중	4, 5, 6	레지 노이드	B
								러버	R
				경	P, Q, R, S			셀락	E
녹색탄화 규소2급	BGC	극 세목	240, 280, 320, 400, 500, 600, 700, 800	극경	t, U, V, W, Y, Z	조	7, 8, 9, 10, 11, 12	비닐	PVA
탄화규소	C							메탈	M

(3) 연삭숫돌의 원주 속도(회전속도)

$$V = \pi D N (\text{mm/min}) = \frac{\pi D N}{1,000} (\text{m/min})$$

여기서, V : 회전속도(m/min)

　　　　　D : 숫돌의 지름(mm)

　　　　　N : 회전수(rpm)

(4) 연삭기숫돌의 파괴원인

· 숫돌의 회전 속도가 너무 빠를 때

· 숫돌 자체에 균열이 있을 때

· 숫돌의 측면을 사용하여 작업을 할 때

· 숫돌에 과대한 충격을 가할 때

· 숫돌의 불균형이나 베어링 마모에 의한 진동이 있을 때

· 숫돌의 치수가 부적당할 때

• 숫돌 반경 방향의 온도변화가 심할 때

• 작업에 부적당한 숫돌을 사용할 때

• 플랜지가 숫돌에 비해 현저히 작을 때(플랜지 직경 = 숫돌직경 × 1/3 이상)

(5) 연삭기 구조면에 있어서의 안전대책

• 연삭숫돌의 덮개 : 회전중인 연삭숫돌(직경 5cm 이상일 것)에는 덮개를 설치할 것.

• 칩 비산 방지 투명판(Shield), 국소배기장치를 설치할 것

• 탁상용 연삭기는 작업받침대와 조정편을 설치할 것

　① 작업받침대와 숫돌과의 간격 : 3mm 이내

　② 덮개의 조정편과 숫돌과의 간격 : 5 ~ 10mm 이내

　③ 작업받침대의 높이 : 숫돌의 중심과 거의 같은 높이로 고정

• 숫돌의 구멍지름은 연삭기 주축의 지름보다 0.05 ~ 0.15mm 정도 큰 것을 사용할 것

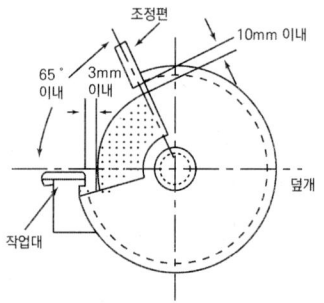

[그림] 연삭기의 덮개

(6) 연삭기 덮개방호장치의 설치방법

(가) 탁상용 연삭기의 덮개

• 덮개의 최대노출각도 : 90° 이내(원주의 1/4 이내)

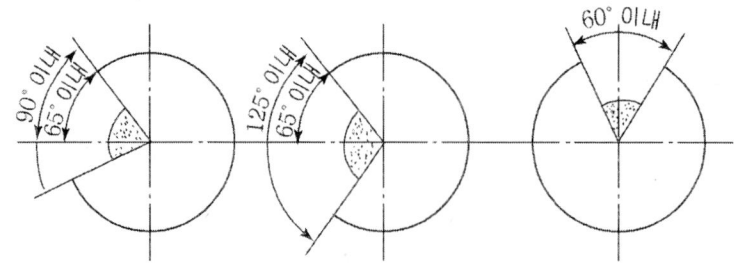

[그림] 탁상용 연삭기의 덮개노출각도

• 숫돌 주축에서 수평면 위로 이루는 원주각도 : 65° 이내

・수평면 이하의 부문에서 연삭할 경우 : 125°까지 증가

・숫돌의 상부사용을 목적으로 할 경우 : 60° 이내

(나) 원통 연삭기, 만능 연삭기의 덮개 : 덮개의 노출 각은 180° 이내

(다) 휴대용 연삭기, 스윙 연삭기의 덮개 : 덮개의 노출 각은 180° 이내

(라) 평면 연삭기, 절단 연삭기의 덮개 : 덮개의 노출 각은 150° 이내

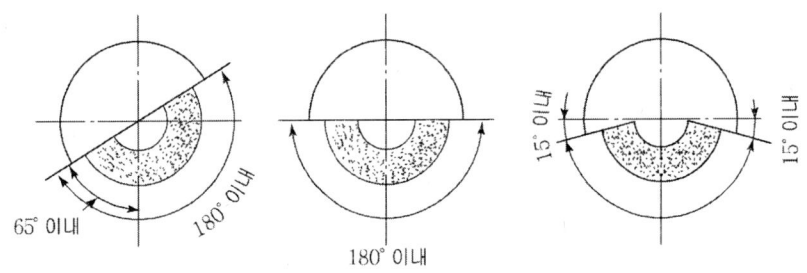

[그림] 연삭기 종류에 따른 덮개의 노출 각도

(7) 작업 시 안전작업수칙

・작업시작 전에 1분 이상 시운전하고, 숫돌 교체 시는 3분 이상 시운전할 것

・연삭숫돌의 최고사용 원주 속도(회전속도)를 초과하여 사용하지 말 것

・숫돌차의 정면에 서지 말고 측면으로 비켜서서 작업할 것

・연삭숫돌은 제조 후 사용속도의 1.5배로 안전시험을 할 것

・손으로 쥘 수 있는 부분이 30mm 이하인 것은 연삭기로 작업하기가 위험하므로 주의할 것

・연삭기의 숫돌차가 가장 많이 파열되는 순간은 스위치를 넣는 순산이므로 주의를 요할 것

・숫돌차의 파열은 과대한 회전수가 주요원인이므로 월 1회 정도 정기점검을 할 것

(8) 새 숫돌차의 교체방법(고정시키는 방법)

・외관검사(균열, 플랜지 접촉면의 이물질, 변형, 습기, 접착부의 이상 유무)를 할 것

・타음검사(목재망치사용, 타음점은 숫돌 수직부로부터 45°의 위치)를 할 것

・숫돌차에 붙은 종이는 떼지 않을 것(패킹역할)

・고정 후 편심을 수정할 것

・사용 중 풀리지 않도록 규정된 힘으로 조일 것

・교체 후 3분 이상 시운전하여 기계의 이상여부를 확인할 것

(9) 시운전시 점검 사항

・가공물은 확실히 세트(Set)되어 있는가

· 조임부에 헐거움은 없는가
· 연삭숫돌의 종류, 최고사용속도는 적절한가
· 클러치, 브레이크의 작동은 양호한가
· 전동기의 규정전압은 적당한가
· 접지는 적절한가

(10) 연삭기의 진동원인
· 전동기 베어링이 마모되어 있을 경우
· 숫돌차의 구멍이 축 지름보다 너무 클 경우
· 숫돌차의 외주와 구멍이 동심이 아닐 경우

(11) 글레이징(Glazing, 무딤) 현상
· 탁상용 연삭숫돌에 결합도가 높아 무디어진 입자가 탈락하지 않아 절삭이 어렵고 일감을 상하게 하고 표면이 변질되는 현상을 의미한다.
· 숫돌의 입자가 탈락하지 않고 마멸에 의해서 납작하게 된 상태를 의미한다.
· 결합도가 높거나 원주 속도가(연삭속도)가 클 경우에 또는 연삭 깊이가 클 때 글레이징을 일으키기 쉽다.

6. 목재가공용 둥근톱기계

(1) 둥근톱기계의 위험성
· 목재가공용 기계(둥근톱기계, 동력식 수동 대패기계, 띠톱기계, 모떼기 기계 등)중 둥근톱 기계가 가장 위험성이 높다.
· 재해의 대부분은 가공재 이송 시 발생한다.

(2) 둥근톱기계의 방호장치
· 톱날접촉예방장치(보호덮개)
· 반발예방장치 : 분할날, 반발방지기구(Finger), 반발방지롤(Roll) 등

(3) 톱날접촉예방장치
(가) 고정식 접촉예방장치
· 덮개 하단과 테이블 사이의 높이 : 25mm 이내로 할 것

- 덮개 하단과 가공재 상면의 간격 : 조절나사를 통하여 항상 8mm 이하로 해둘 것.
- 고정식 접촉예방장치는 박판으로 동일폭 다량 절삭용으로 적합

(나) 가동식 접촉 예방장치
- 가공재의 절단에 필요한 날 부분 이외의 날은 항상 자동적으로 덮을 수 있는 구조
- 가동식은 후판으로 소량 다품종 생산용에 적합

(4) 반발예방장치

(가) 분할날
- 분할날은 표준 테이블 상의 톱날 후면 날(톱날 전체 길이의 1/4)의 2/3 이상을 덮고, 톱날과의 간격은 12mm 이내가 되도록 설치할 것.

$$분할날의 \ 최소길이(L) = \pi D \times \frac{1}{4} \times \frac{2}{3}$$

- 분할날의 두께 : 톱날 두께의 1.1배 이상이고 톱날의 치진폭 이하로 할 것.

  $1.1t_1 \leqq t_2 < b$

  여기서, t_1 : 톱의 두께

  t_2 : 분할날의 두께

  b : 치진폭
- 톱의 직경이 610mm를 넘는 둥근톱에 사용하는 분할 날 : 양단 고정식의 현수식 분할날 사용

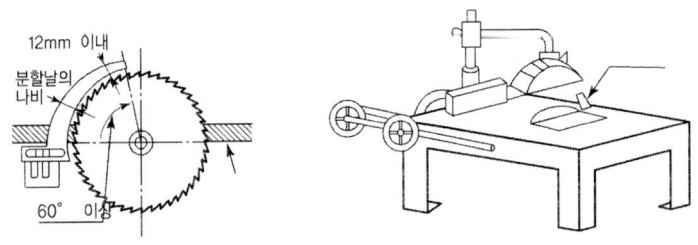

[그림] 둥근톱기계의 반발예방장치

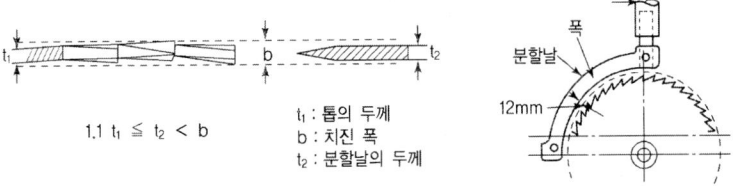

[그림] 톱두께 및 치진폭과 분할날 두께의 관계   [그림] 현수식 분할날

(나) 반발방지기구(Finger) : 일명 반발방지 발톱이라고도 하며, 목재 송급 쪽에 설치하여
  가공재의 반발을 방지하는 방호장치.

(다) 반발방지 롤러 : 가공재가 톱의 후면 날 쪽에서 떠오르는 것을 방지하는 방호장치

(라) 반발방지기구 및 반발방지 롤러는 항상 가공재의 상면에 밀착시 효과가 있으며 톱의
  직경이 405mm를 넘는 둥근 톱에는 사용하지 않음

(5) 둥근톱기계의 안전작업수칙

- 공회전을 시켜 이상 유무를 확인할 것.
- 작업 중에 톱날 회전 방향의 정면에 서지 말 것.
- 보안경, 안전모, 안전화를 착용할 것.
- 장갑을 끼지 않을 것.
- 두께가 얇은 물건의 가공은 압목이나 기타 적당한 도구를 사용할 것

7. 동력식 수동 대패기계 및 기타 목재가공용 기계

(1) 동력식 수동 대패기계

(가) 고정식 날 접촉 예방장치

- 덮개와 가공 재 송급 쪽 테이블 면과의 사이는 손이 끼지 않도록 8mm 이하의 틈새를
  유지하도록 한다.
- 동일 폭의 가공재를 다량 절삭하는 경우에 적당하다.

(나) 가동식 날 접촉 예방장치

- 가공재의 절삭에 필요하지 않은 부분을 항상 자동적으로 덮을 수 있는 구조의 방호장치
  를 의미한다.
- 소량 다품종 생산의 경우에 적당하다.

(2) 목재 가공용 기계

(가) 목공 작업 시 목공 날의 방향 : 작업자와 반대 방향이 안전

(나) 기계대패 작업 시 가장 위험한 경우 : 작업이 거의 끝날 때

(다) 방호장치

- 띠톱기계
  ① 목재가공용 띠톱기계 : 스파이크가 부착되어 있는 이송 롤러기 또는 요철형 이송
  롤러기에는 날 접촉 예방장치 또는 덮개를 설치할 것(급정지장치 설치 시 제외).

② 목재가공용 이외의 띠톱기계 : 톱날 부의에 덮개 또는 울을 설치할 것.

· 모떼기 기계 : 날 접촉 예방장치

· 금속절단용 원형 톱 기계 : 톱날 접촉예방장치

(라) 목재가공용 기계를 취급하는 작업을 하는 때의 관리감독자의 직무

· 목재 가공용 기계를 취급하는 작업을 지휘하는 일

· 목재 가공용 기계 및 그 방호장치를 점검하는 일

· 목재 가공용 기계 및 그 방호장치에 이상 발견 시 즉시 보고 및 필요한 조치를 하는 일

· 작업 중 지그 및 공구 등의 사용 상황을 감독하는 일

8. 수공구

(1) 해머(Hammer)의 안전작업수칙

· 장갑을 끼지 않을 것

· 작업 중 해머 상태를 확인할 것.

· 해머는 처음부터 힘을 주어 치지 말 것.

· 보안경을 착용할 것.

· 공동 작업 시는 호흡을 맞출 것.

(2) 정의 안전작업수칙

· 보안경을 착용할 것

· 정으로 담금질 된 재료를 가공하지 말 것

· 자르기 시작할 때와 끝날 무렵에는 세게 치지 말 것.

· 철강재를 정으로 절단할 때에는 철편이 날아 튀는 것에 주의할 것.

02 소성 가공기계 안전

1. 소성가공

(1) 소성변형 및 소성가공

- 소성변형 : 재료에 외력을 가하면 변형을 일으키게 되고 힘을 제거하여도 원형으로 완전히 복귀하지 않고 변형이 남게 되는데 이런 상태의 변형을 소성변형이라 한다.
- 소성가공 : 재료에 소성변형을 발생시켜 목적하는 형상치수로 성형 또는 절단하는 것을 소성가공이라 한다.

(2) 가공경화 및 재결정

- 가공경화 : 재료에 외력을 가하여 변형시켰을 때 굳어지는 현상을 의미한다.
- 풀림 : 가공 경화된 재료를 적당한 온도로 가열하여 냉각하면 경도가 가공경화 전의 상태로 돌아가는 것을 의미한다.
- 재결정 : 풀림으로 가공 전의 상태로 되돌아가는 것은 재료 내부에 새로운 결정이 발생하고 성장하여 전체가 새 결정으로 바뀌기 때문이며 이런 현상을 재결정이라 한다.

(3) 냉간가공 및 열간가공

- 냉간가공 : 재결정온도 이하에서 작업하는 가공
- 열간가공 : 재결정온도 이상의 높은 온도에서 작업하는 가공

(4) 소성가공의 종류

- 단조가공 : 보통 가열시킨 상태에서 재료를 단조기계나 해머로 두들겨 성형하는 가공(자유단조와 형단조)
- 압연가공 : 열간 또는 냉간으로 재료를 회전하는 두개의 롤러 사이에 통과시키면서 소정의 제품을 만드는 가공
- 인발가공 : 봉이나 파이프(관)을 다이(Die)에 넣고 축 방향으로 통과시켜 일감을 잡아당겨 바깥지름을 줄이고 길이 방향으로 늘리는 가공
- 기타 : 압축가공, 판금가공, 제관가공, 전조가공 등

2. 프레스 및 전단기

(1) 프레스 가공

- 프레스 : 플라이휠의 회전 운동을 슬라이드의 직선운동으로 바꾸어 펀치(Punch)와 다이 (Die) 사이에서 가공물을 압축하는 기계이다. (동력기계 중 재해가 가장 많이 발생)
- 프레스 가공 : 주로 냉간가공에 의한 작업으로 판재를 성형 가공하는데 많이 이용된다.

(2) 동력프레스기에 대한 안전대책

- No - Hand in Die 방식 : 작업자의 손을 금형 사이에 집어넣을 필요가 없는 방식이다. (본질 안전화 대책)

  ① 안전울을 부착한 프레스 : 작업을 위한 개구부를 제외하고 다른 틈새는 8mm 이하

  ② 안전금형을 부착한 프레스 : 상형과 하형의 틈새 및 가이드 포스트와 부시와의 틈새는 8mm 이하

  ③ 전용 프레스의 도입 : 작업자의 손을 금형 사이에 넣을 필요가 없도록 한 프레스

  ④ 자동 프레스의 도입 : 자동 송급 장치 및 배출장치를 부착한 프레스

- Hand - in Die 방식 : 작업자의 손이 금형사이로 들어가야만 되는 방식으로 방호장치를 설치하여야 한다.

  ① 프레스기의 종류, 압력능력, 매분 행정수, 행정의 길이 및 작업 방법에 상응하는 방호장 치 : 가드식 방호장치, 손쳐내기식 방호장치, 수인식 방호장치

  ② 프레스기의 정지 성능에 상응하는 방호장치 : 양수조작식 방호장치, 감응식 방호장치

(3) 프레스 기의 방호장치

(가) 프레스 기계 및 행정 길이에 따른 방호장치

구분	방호 장치
·1행정1정지식(크랭크 프레스)	양수 조작식, 게이트 가드식
·행정길이(stroke)가 40mm 이상인 프레스	손쳐내기, 수인식
·슬라이드 작동 중 정지 가능한 구조(마찰 프레스)	감응식(광전자식)

(나) 급정지기구에 따른 방호장치

- 급정지기구가 부착되어 있어야만 유효한 방호장치(마찰식 클러치 부착 프레스)

  ① 양수 조작식 방호장치

  ② 감응식 방호장치

- 급정지기구가 부착되어 있지 않아도 유효한 방호장치(확동식 클러치 부착 프레스)

① 양수기동식 방호장치

② 게이트 가드식 방호장치

③ 수인식 방호장치

④ 손쳐내기식 방호장치

(다) 방호장치 종류별 특징

1) 양수 조작식 방호장치

가) 작동 개요 : 누름 단추를 양손으로 동시에 조작하지 않으면 슬라이드가 작동하지 않는 구조의 방호장치이다. (기동 스위치를 활용한 안전장치)

나) 설치방법

① 반드시 양손을 사용하여 작동하도록 설치할 것.

② 누름 버튼 또는 조작레버의 간격을 300mm 이상으로 할 것.

③ 안전거리(설치거리, cm)

· 안전거리(cm) = 160 × 프레스 작동 후 작업점까지의 도달 시간(Sec)

· $D = 1.6 \times (T_L + T_S)$

여기서, D : 안전거리(mm)

T_L : 누름단추에서 손이 떨어질 때부터 급정지기구가 작동을 개시할 때까지의 시간(ms)

T_S : 급정지기구의 작동개시 후부터 슬라이드가 정지할 때까지의 시간(ms)

$(T_L + T_S)$: 최대정지시간

④ 양수기동식의 안전거리

· $D_m = 1.6 \times T_m$

· $Tm = \left(\dfrac{1}{클러치물림개소수} + \dfrac{1}{2} \right) \times \dfrac{60,000}{매분행정수} (ms)$

여기서, D_m : 안전거리(mm)

T_m : 누름단추를 누르기 시작할 때부터 슬라이드가 하사점에 도달할 때까지의 소요시간(ms)

다) 장점 및 단점

장점	단점
① 행정수가 빠른 기계에 사용할 수 있다 ② 다른 안전장치와 병행하는 것이 좋다. ③ 반드시 양손을 사용하므로 완전 방호가 가능하다.	① 행정수가 느린 기계에는 사용이 불가능하다. (90spm) ② 일행정일정지 기구에만 사용할 수 있다. ③ 기계적 고장에 의한 2차 낙하에는 효과가 없다.

2) 게이트 가드식 방호장치

　　가) 작동 개요 : 슬라이드의 작동 중에 열 수 없는 구조의 방호장치로 핸드인 다이(Hand in Die)방식 중 가장 안전한 방호장치이다.

　　나) 설치 방법

　　　　· 게이트가 위험 부위를 차단하지 않으면 작동되지 않도록 확실하게 인터록(Interlock 연동) 되어 있을 것

　　　　· 게이트는 5mm 이상의 두께를 갖는 투명 플라스틱판을 사용할 것

　　다) 장점 및 단점

장점	단점
① 완전방호가 가능하다. ② 금형파손에 의한 파편으로부터 작업자를 보호한다.	① 금형의 크기에 따라 가드를 선택하여야 한다. ② 금형교환 빈도수가 적은 기계에 사용이 가능하다.

3) 수인식 방호장치

　　가) 작동 개요 : 작업자의 손과 수인기구가 슬라이드와 직결되어 프레스기의 작동에 따라 작업자의 손을 위험 구역 밖으로 끌어내는 작용을 하는 방호장치이다. (확동식 클러치 방식에 적합)

　　나) 설치 방법

　　　　① 손을 당겨내는 수인줄을 작업자에 따라 조정할 것.

　　　　② 행정수를 보통 120spm 이하, 행정 길이는 40mm 이상일 경우에 사용할 것

　　　　③ 수인줄의 재질은 합성 섬유로 하고 절단 하중 150kg에 견디는 직경 4mm 이상의 로프를 사용할 것.

　　　　④ 수인줄의 끄는 양은 정반 안 길이의 1/2 이상일 것

　　　　⑤ 수인줄과 연결부는 50kg 이상의 정하중에 견딜 것.

다) 장점 및 단점

장점	단점
① 슬라이드의 2차 낙하에도 재해방지가 가능하다.	① 작업 반경 제한으로 행동의 제약을 받는다.
② 끈의 길이를 적절히 조절하게 되면 수공구를 사용할 필요가 없다.	② 작업자를 구속하여 사용을 기피한다.
③ 설치가 용이 하다.	③ 작업의 변경 시 마다 조정이 필요하다.
④ 경제적이다.	④ 스트로크가 짧은 프레스는 되돌리기가 불충분하다. (40mm 미만)

4) 손쳐내기식(제수형) 방호장치

가) 작동 개요 : 손쳐내는 기구(제수봉)가 슬라이드와 직결되어 슬라이드 하강에 의해 위험 구역 내에 있는 작업자의 손을 우에서 좌로 또는 좌에서 우로 쳐내어 방호하는 장치이다. (소형 프레스기에 적합)

나) 설치 방법

① 손쳐내기 판의 폭은 금형 크기의 1/2 이상일 것(단, 행정이 300mm 이상의 프레스는 손쳐내기 판의 폭을 300mm로 할 것).

② 슬라이드 하행정거리의 3/4 위치에서 손을 완전히 밀어낼 것.

다) 장점 및 단점

장점	단점
① 기계적인 고장에 의한 슬라이드의 2차 낙하에도 재해방지가 가능하다.	① 측면 방호가 불가능하고, 스트로크의 끝에서 방호가 불충분하다.
② 설치 및 수리·보수가 용이하다.	② 작업자의 정신 집중에 혼란이 생긴다.
③ 경제적이다.	③ 행정수가 빠른 기계에 사용이 곤란하다. (120spm)

5) 감응식 방호장치

가) 작동 개요 : 검출 기구(센서)에 의해 작업자의 손이나 신체의 접촉을 검출하여 제어회로를 통해서 안전 작동하는 방호장치이다.

· 광선식, 초음파식, 용량식이 있다.

· 슬라이드가 작동중 정지 가능한 구조의 마찰 프레스 등에 적합하다.

· 광선식은 확동식 클러치(Positive Clutch) 부착의 크랭크 프레스에는 부적합하다.

나) 설치 방법

① 광축의 수는 2개 이상으로 하고, 광축 간의 간격은 50mm 이하일 것.

② 투·수광기의 사이에 연속차광을 할 수 있는 차광폭은 30mm 이하일 것.

③ 지동 시간(차광상태를 검출하여 슬라이드에 정지신호를 발할때까지의 전기적

동작시간)은 30ms 이하, 급정지시간은 300ms 이하일 것.

□참고

광축의 설치거리

$$설치거리(mm) = 1.6 \times (T_L + T_S)$$

여기서, $T_L + T_S$: 최대정지시간(급정지시간)

다) 장점 및 단점

장점	단점
① 시계를 차단하지 않아서 작업에 지장을 주지 않는다. ② 연속 운전 작업에 사용할 수 있다.	① 작업 중에 진동에 의해 위치 변동이 생길 우려가 있다. ② 기계적 고장에 의한 2차 낙하에는 효과가 없다 ③ 설치가 어렵고, 핀 클러치 방식에는 사용할 수 없다.

(4) 프레스 및 전단기의 안전 대책

(가) 프레스 및 전단기의 작업 시작 전 점검사항

· 클러치 및 브레이크의 기능

· 크랭크축, 플라이휠, 슬라이드, 연결봉 및 연결 나사의 볼트의 풀림 유무

· 1행정 1정지 기구·급정지 장치 및 비상정지 장치의 기능

· 슬라이드 또는 칼날에 의한 위험방지기구의 기능

· 프레스의 금형 및 고정 볼트 상태

· 해당 방호장치의 기능점검

· 전단기의 칼날 및 테이블의 상태

(나) 프레스기의 안전작업수칙

· 장갑을 끼고 작업하지 말 것.

· 금형(金型)의 설치나 조정을 할 때는 반드시 동력을 끊고 페달의 방호장치를 해 놓은 다음 설치할 것.

· 정지시에는 스위치를 반드시 끌 것.

· 손질 및 급유를 할 때는 반드시 기계를 멈출 것.

· 작업 시작 전에 한번 공회전시켜 클러치의 상태, 스프링 및 브레이크의 안전도를 점검할 것.

· 형틀 주위의 방책망이나 페달에 씌워진 안전장치를 함부로 제거하지 말 것.

· 공동 작업을 할 때는 페달을 밟는 사람을 정해 놓고 서로 신호를 정확하게 지킬 것.
· 페달은 U자형의 이중상자로 덮고 연속작업 외에는 1회전마다 페달을 빼서 상자위에 놓을 것.

(다) 프레스기와 관련된 기타 안전 사항
· 100ton 이하의 프레스 재해 다발 요인 : 클러치(Clutch) 이상
· 프레스기에서 가장 중요한 점검 부분 : 클러치의 이상 유무
· 슬라이드 불시 하강방지 조치 사항 : 안전블록 설치
· 크랭크축 등의 회전수가 300rpm 이하의 크랭크 프레스 : 오버런 감시 장치를 부착할 것.
· 가공물과 스크랩(Scrap)이 금형에 부착되는 것을 방지하기 위한 기구 : 스트리퍼, 노크 아웃(Knock Out)
· 프레스기 페달에 U자형 덮개를 씌우는 이유 : 페달의 불시 작동으로 인한 사고 예방
· 프레스 본체에 가드식, 양수조작식, 광선식 방호장치를 내장한 프레스 : 안전 프레스

(라) 동력 프레스기의 위험방지기구
· 1행정 1정지기구
· 급정지기구
· 비상정지장치
· 안전블록
· 전환스위치
· 덮개

3. 금형

(1) 금형의 위험방지 조치사항

(가) 금형 사이에 신체 일부가 들어가지 않도록 할 것
· 금형에 안전울 설치
· 상하간의 틈새를 8mm 이하로 하여 손가락이 들어가지 않도록 할 것(펀치와 다이틈새, 스트리퍼와 다이틈새, 가이드 포스트와 가이드 부시틈새)

(나) 금형사이에 손을 집어넣을 필요가 없도록 할 것
· 슬라이드 다이 사용
· 자동 송급·배출장치 사용

(2) 금형파손에 의한 위험방지 조치사항
- 맞춤 핀 등은 낙하 방지 대책을 세울 것
- 인서트 부품은 이탈방지대책을 세울 것
- 캠 기타 충격이 반복해서 가해지는 부분에는 완충장치를 할 것.
- 볼트 및 너트는 풀리지 않도록 록 너트, 키이, 용접 등의 방법으로 조치할 것.

(3) 금형 작업 시 많이 쓰이는 수공구
- 집게류
- 핀센트류
- 밀대, 갈고리류
- 진공컵류
- 자석 공구류

4. 롤러기(Roller)

(1) **롤러기** : 두개 이상의 롤러가 근접하여 상호 반대 방향으로 회전하면서 압축, 성형, 분쇄, 인쇄 또는 압연 작업을 하는 기계 기구를 의미한다.

(2) 방호장치의 종류
- 가드(Guard)
- 급정지장치
- 울 또는 안내 롤러

(3) 급정지 장치의 종류 및 성능
(가) 급정지 장치의 종류

급정지 장치 조작부의 종류	설치 위치
손조작 로프식	밑면에서 1.8m 이내
복부 조작식	밑면에서 0.8m 이상 1.1m 이내
무릎 조작식	밑면에서 0.6m 이내

(나) 급정지 장치 설치

앞면 롤러의 표면속도(m/min)	급정지 거리
30 미만	앞면 롤러 원주의 1/3 이내
30 이상	앞면 롤러 원주의 1/2.5 이내

(다) 롤러기의 표면속도(V)

$$V = \frac{\pi DN}{1,000} \text{(m/min)}$$

여기서, V : 표면속도(m/min)

D : 롤러 원통직경(mm)

N : 회전수(rpm)

(4) 가드의 개구부 간격

(가) 롤러 가드의 개구부 간격(X < 160mm, 단, X ≥ 160mm이면 Y = 30)

Y = 6 + 0.15X

여기서, X : 가드와 위험점 간의 거리(mm : 안전거리)

Y : 가드 개구부의 간격(mm : 안전간극)

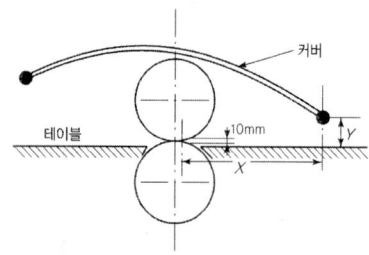

[그림] 롤러기의 가드

□ **참고**

위험점이 전동체인 경우의 개구부 간격

Y = 6 + (1/10)X (단, X < 760mm에서 유효)

(나) 절단기 가드의 개구부 간격

Y = 6 + (1/8)X

(다) 방적기 및 제면기 가드의 개구부 간격

Y = 6 + (1/10)X

(5) 작업점 가드의 설계원칙

· 허용개구부(안전간극) : 손가락 끝이 위험부위(작업점)에 닿지 않도록 설계된 간극

① 설계상 최대 안전간극 : 1/4Inch

② 경험치(실험치)에 의한 가드 안전 간극 : 3/8Inch

· 위험 부위로부터 가드까지 거리 : 1/8Inch

(6) 롤러기의 안전작업 수칙

- 청소, 주유, 수리 시는 정지 후 작업할 것
- 가공물이 유해물인 경우 덮개를 설치할 것
- 작업 시 장갑을 끼지 않을 것
- 바닥에는 기름 등으로 인한 미끄럼이 없도록 할 것.

5. 원심기와 방적기 및 제면기

(1) 원심기

- 정의 : 원심력을 이용하여 물질을 분리하거나 추출하는 일련의 작업을 행하는 기기이다.
- 원심기의 방호장치 : 덮개 설치
- 운전의 정지 : 원심기로부터 내용물을 꺼내거나 원심기의 정비·청소·검사·수리 그밖에 유사한 작업을 할 때는 그 기계의 운전을 정지하도록 한다.

(2) 방적기 및 제면기의 방호장치

- 시건장치
- 연동장치
- 덮개 등

03 용접장치

1. 아세틸렌 및 가스집합 용접장치의 방호장치

(1) 방호장치(안전기)종류

· 수봉식 안전기 및 건식 안전기

· 사용압력에 따른 구분

① 저압용안전기 : 0.07kg/cm² 미만

② 중압용안전기 : 0.07 ~ 1.3kg/cm² 미만

(2) 방호장치의 설치 기준

(가) 저압용 수봉식 안전기

· 안전기의 주요 부분은 두께 2mm 이상의 강판 또는 강관을 사용할 것.

· 도입부(수봉식) 및 수봉배기관은 가스가 역류하고 또는 역화 폭발할 때에 위험을 확실히 막을 수 있는 구조일 것.

· 유효수주는 25mm 이상으로 할 것.

· 수위를 쉽게 점검할 수 있고 물의 보급이 용이한 구조로 할 것

· 아세틸렌과 접촉할 염려가 있는 부분(주요 부분은 제외)은 동(또는 동을 70%이상 함유한 합금)을 사용하지 않을 것.

> **□참고**
> 아세틸렌은 동(Cu), 수은(Hg), 은(Ag)과 화학반응을 하여 아세틸리드의 폭발성 물질을 생성한다.

(나) 중압용 수봉식 안전기

· 도입관에 밸브 또는 콕크가 비치되어 있을 것. (수봉 배기관 사용 대신 도입관에 역지밸브를 비치하여도 됨)

· 유효수주는 50mm 이상으로 할 것.

· 5.5kg/cm²의 압력에 견디는 강도를 가지는 수면계, 들여다보는 창, 시험용 코크를 비치하고 있을 것.

(다) 건식 안전기

· 우 회로식 건식 안전기 : 가스 역화시 연소파가 우회로를 통과 하고 있는 사이에 가스 통로를 폐쇄시켜 역화를 방지하는 방식을 의미한다.

· 소결 금속식 안전기 : 소결 금속에 의해 역화 된 불꽃을 소화시키고, 역화 압력에

의해 폐쇄밸브가 스스로 가스 통로를 폐쇄시키는 방식을 의미한다.

(3) 안전기 설치방법(안전기 설치장소 : 흡입관)
· 아세틸렌 용접 장치의 안전기 : 취관마다 설치(단, 주관 및 취관에 근접한 분기관마다 안전기 부착 시는 제외)
· 가스용기가 발생기와 분리되어 있는 아세틸렌 용접 장치 : 발생기와 가스 용기 사이에 안전기 설치
· 가스집합 용접 장치의 안전기 : 주관 및 취관(분기관)에 설치(취관에는 2개 이상의 안전기 설치)

(4) 방호장치의 성능 검정 규격 기준
  (가) 외관검사
  · 역화방지기의 구조는 소염소자, 역화방지장치 및 방출장치 등을 구비하도록 할 것.
  · 역화방지기는 그 다듬질 면이 매끈하고 사용상 지장이 있는 부식·흠·균열 등이 없을 것
  · 가스의 흐름 방향을 지워지지 않도록 돌출 또는 각인하여 표시할 것.
  · 가스가 역화방지기내의 소염자 등을 통과할 때 가스압력손실은 유량이 13L/min일 때 900mmH$_2$O 이하, 유량이 30L/min일 때는 2,000mmH$_2$O이하 일 것.
  · 방출장치는 작동압력이 3kg/cm^2 이상 4kg/cm^2 이하에서 작동되도록 할 것
  · 소염소자는 금망, 소결금속, 스틸 울(Steel Wool), 다공성 금속물 또는 이와 동등 이상의 소염성능을 갖는 것일 것.
  · 역화방지기는 역화를 방지한 후 복원이 되어 계속 사용할 수 있는 구조일 것.
  (나) 시험 종류 및 방법
  · 내압시험 : 수압 시험기에 역화방지기를 부착하여 밀폐시키고, 50kg/cm^2 이상의 수압을 가했을 때, 균열·변형 등이 없을 것.
  · 기밀시험 : 최고 사용압력의 1.5배의 공기를 밀폐역화방지기에 연결한 후 물속에서 공기누설상태를 검사할 것.
  · 역류방지시험 : 가스의 흐름반대방향으로 시험품을 부착한 후 0.1kg/cm^2 이하의 공기를 보냈을 시 공기의 역류현상이 없을 것.
  · 역화방지시험 : 역화방지시험은 산소아세틸렌 불꽃이 정상상태를 유지할 수 있는 조성의 혼합가스를 시험품에 보낸 다음 강제 점화시켜 역화방지 상태를 검사하고, 연속 3회 이상 실험하여 역화현상이 없을 것.

(다) 표시사항
- 제조회사명
- 제조 연월
- 제품명 및 모델
- 가스의 흐름 방향

2. 용접장치의 안전

(1) 아세틸렌 용접장치의 발생기실 설치기준

(가) 발생기실 설치장소
- 발생기는 전용의 발생기실에 설치할 것.
- 발생기실은 건물 최상층에 위치하여야 하며 화기사용 설비로부터 3m를 초과하는 장소에 설치할 것.
- 발생기실의 옥외 설치시는 개구부를 다른 건축물로부터 1.5m 이상 떨어지도록 할 것.

(나) 발생기실의 구조
- 벽은 불연성의 재료로 하고 철근콘크리트 또는 그 밖에 이와 동등 이상의 강도를 가진 구조로 할 것.
- 지붕 천정에는 얇은 철판이나 가벼운 불연성 재료를 사용할 것.
- 바닥면적의 1/16 이상의 단면적을 가진 배기통을 옥상으로 돌출시키고 그 개구부를 창 또는 출입구로부터 1.5m 이상 떨어지도록 할 것.
- 출입구의 문은 불연성 재료로 하고 두께 1.5mm 이상의 철판 기타 이와 동등 이상의 강도를 가진 구조로 할 것.
- 벽과 발생기 사이에는 발생기의 조정 또는 카바이트 공급 등의 작업을 방해하지 아니하도록 간격을 확보할 것.

(2) 용접장치의 안전조치사항

(가) 금속의 용접, 용단, 가열 작업을 하는 경우 다음 사항을 준수할 것
- 발생기의 종류, 형식, 제작 업체명, 매시 평균가스 발생량 및 1회의 카바이트 송급량을 발생기실 내의 보기 쉬운 장소에 게시할 것.
- 발생기실에는 관계근로자 외에 자가 출입하는 것을 금지할 것.
- 발생기에서 5m 이내 또는 발생기실에서 3m 이내의 장소에서 흡연, 화기의 사용 또는

불꽃이 발생할 위험한 행위를 금지시킬 것.
- 도관에는 산소용과 아세틸렌용과의 혼동을 방지하기 위한 조치를 할 것.
- 아세틸렌 용접장치의 설치장소에는 적당한 소화설비를 갖출 것.
- 이동식 아세틸렌 용접장치의 발생기는 고온의 장소, 통풍이나 환기가 불충분한 장소 또는 진동이 많은 장소 등에 설치하지 아니하도록 할 것.

(나) 가스집합 용접장치의 관리는 다음 사항을 준수 할 것
- 사용하는 가스의 명칭 및 최대가스 저장량을 가스 장치실의 보기 쉬운 장소에 게시할 것.
- 가스용기를 교환하는 때에는 관리감독자의 참여하에 할 것.
- 밸브, 코크 등의 조작 및 점검요령을 가스장치실의 보기 쉬운 장소에 게시할 것.
- 가스 장치실에는 관계근로자외의 자의 출입을 금지시킬 것.
- 가스집합장치로부터 5m이내의 장소에서는 흡연, 화기의 사용 또는 불꽃의 발화 우려가 있는 행위를 금지시킬 것.
- 도관에는 산소용과의 혼동을 방지하기 위한 조치를 할 것.
- 가스집합장치의 설치장소에는 적당한 소화설비를 설치할 것.
- 이동식 가스집합 용접장치의 가스집합장치는 고온의 장소, 통풍이나 환기가 불충분한 장소 또는 진동이 많은 장소에 설치하지 아니하도록 할 것.
- 당해 작업을 행하는 근로자에게 보안경 및 안전장갑을 착용시킬 것.

(다) 가스집합장치의 위험방지조치사항
- 가스집합장치에 대하여는 화기를 사용하는 설비로부터 5m 떨어진 장소에 설치할 것.
- 가스집합장치를 설치할 때에는 전용의 방(가스 장치실)에 설치할 것.
- 가스장치실의 벽과 가스집합장치 사이에는 당해장치의 취급가스 용기의 교환 작업에 필요한 충분한 간격을 확보하도록 할 것.

(라) 가스장치실의 구조
- 가스가 누출된 경우에는 그 가스가 정체되지 않도록 할 것.
- 지붕과 천장에는 가벼운 불연성 재료를 사용할 것.
- 벽에는 불연성 재료를 사용할 것.

(3) 용접 작업 시 안전작업수칙
- 작업 전에 안전기와 산소조정기의 상태를 점검할 것.
- 토치의 점화는 조정기의 압력을 조정하고, 먼저 아세틸렌 밸브를 연 다음 산소밸브를 열어 점화 시키고, 작업 후에는 산소밸브를 먼저 닫고 아세틸렌 밸브를 닫을 것.

- 산소용 호스는 흑색, 아세틸렌용 호스는 적색 등 색으로 구별된 것을 사용할 것. (용기 색깔 : 아세틸렌용은 황색, 산소용은 녹색)
- 용접 시 사용되는 가스용기와 가연성 가스 탱크와의 거리는 30m 이상, 가스용기와 화기와의 거리는 5m 이상을 유지할 것.
- 용기 저장소의 온도는 40℃ 이하를 유지할 것.
- 안전밸브의 개폐는 조심스럽게 하고 밸브를 $1\frac{1}{2}$ 회전 이상 돌리지 말 것.
- 아세틸렌은 127kPa($1.3kg/cm^2$) 이상의 압력으로 사용하지 말 것.

> □ 참고
> **압력 관계**
> (1) $1kg/cm^2 = 9.8 \times 10^4 Pa$(파스칼)
> (2) 1kPa(킬로파스칼) = 1,000Pa

- 아세틸렌용 배관은 상용압력 1.5배의 수압 테스트와 1.1배의 압력에서 기밀시험을 할 것.
- 토오치 팁의 청소용구는 줄이나 팁 클리이너를 사용할 것.
- 아세틸렌 호스 내 먼지를 제거하기 위한 용기 출구의 밸브는 1/3회전하여 개도할 것.

(4) 용접 장치의 역화원인 및 역화 시 조치사항

(가) 아세틸렌 용접장치의 역화원인
- 과열 되었을 경우
- 산소공급이 과다할 경우
- 압력 조정기 고장
- 토치의 성능이 좋지 않을 경우
- 토치 팁에 이물질이 묻었을 경우

(나) 아세틸렌 용접장치의 역화 시 조치사항 : 산소밸브를 먼저 잠그고 아세틸렌 밸브를 나중에 잠글 것.

(5) 금속의 용접·용단 또는 가열에 사용되는 가스 등의 용기 취급 시 준수사항

- 다음 장소에서 사용하거나 당해 장소에 설치·저장 또는 방치하지 아니하도록 할 것.
  ① 통풍 또는 환기가 불충분한 장소
  ② 화기를 사용하는 장소 및 그 부근

③ 위험물, 화약류 또는 가연성 물질을 취급하는 장소 및 그 부근

- 용기의 온도를 40℃ 이하로 유지할 것.
- 전도의 위험이 없도록 할 것.
- 충격을 가하지 아니하도록 할 것.
- 운반할 때에는 캡을 씌울 것.
- 사용할 때에는 용기와 마개에 부착되어 있는 유류 및 먼지를 제거할 것.
- 밸브의 개폐는 서서히 할 것.
- 사용 전 또는 사용 중인 용기와 그 외의 용기를 명확히 구별하여 보관할 것.
- 용해 아세틸렌의 용기를 세워 둘 것.
- 용기의 부식·마모 또는 변형 상태를 점검한 후 사용할 것.

산업용 기계안전기술

01 보일러

1. 취급 시 이상 현상

(1) 이상 연소

(가) 발생원인
- 연료와 공기의 혼합비가 부적합할 때
- 수분이 많이 함유된 연료를 사용할 때
- 연료에 굴곡부와 같은 포켓이 있을 때
- 통풍량이 불량할 때

(나) 조치사항
- 수분이 적은 연료 사용
- 연소실과 연도의 개선
- 연소실내의 급격연소
- 2차 공기량 및 통풍량 조절

(2) 프라이밍(Priming) 및 포오밍(Foaming)

(가) 정의
- 프라이밍(비수공발) : 보일러의 급격한 부하, 급격한 압력강하, 고수위 등에 의해 물방울 혹은 물거품이 수면위로 튀어 올라 관 밖으로 운반되는 현상을 의미한다.
- 포오밍(거품의 발생) : 보일러 관수 중의 용존 고형물, 유지분에 의하여 수면위에 거품이 발생하고 심하면 보일러 밖으로 흘러넘치는 현상을 의미한다.

(나) 발생원인
- 고수위인 경우
- 부유물, 유지분이 많이 함유되었을 경우나 보일러 수가 농축된 경우
- 증기 부하가 과대한 경우
- 증기 밸브를 급격히 개방한 경우
- 증기부보다 수부가 큰 경우

・기수 분리 장치가 불완전한 경우

(다) 발생 시 조치사항

・보일러 수의 일부를 취출하여 새로운 물을 넣을 것

・안전밸브, 수면계의 시험과 압력계 연락 관을 취출하여 볼 것

・증기밸브를 닫고 수면계의 수위의 안정을 기다릴 것.

・연소량을 가볍게 할 것

・보일러 수의 수질검사를 할 것

(3) 수격작용(Water Hammering)

(가) 정의 : 관내의 유동, 밸브의 급격한 개폐 등에 의해 압력파가 생겨 불규칙한 유체 흐름이 생성되어 관벽을 치는 현상을 의미한다.

(나) 방지 방법

・관내의 유속을 낮출 것.

・관의 직경을 크게 할 것.

・펌프에 플라이휠(Fly Wheel)을 설치하여 정전 시에 속도가 급격히 변화하는 것을 막을 것.

・완폐 체크 밸브를 토출구에 설치할 것.

・자동 수압 조정밸브를 설치할 것.

(4) 캐리오버(Carry Over, 기수공발)

물속에 용해되어 있는 고형분이나 수분이 증기의 흐름에 따라서 발생증기 속으로 운반되어 나오게 되는 현상을 의미한다.

2. 보일러의 사고(부식, 과열, 파열, 이상 저수위)원인 및 대책

(1) 보일러의 부식

(가) 원인

・급수에 유해한 불순물이 혼입되었을 경우

・급수처리를 하지 않은 물을 사용하였을 경우

・불순물을 사용하여 수관이 부식되었을 경우

(2) 보일러의 과열

(가) 원인

- 수관 및 몸체의 청소 불량
- 관수를 감소시키고 빈 통에 불을 땔 때
- 수면계의 고장으로 드럼내의 물의 감소
- 보일러에 스케일 및 슬러지 부착 시(국부과열 현상 발생)

(나) 방지 대책

- 보일러수의 순환을 좋게 할 것
- 보일러 수위를 너무 낮게 유지하지 말 것
- 열이 축적되는 곳을 내화재 피복에 의하여 방호할 것
- 화력을 국부적으로 집중시키지 말 것
- 유지 혼입 및 보일러수의 과도 농축을 방지할 것

(3) 보일러의 파열 및 폭발

(가) 보일러 파열

1) 압력 이상 상승에 따른 파열 원인

- 안전장치의 미부착
- 안전장치(안전밸브 등)의 불확실한 작동(안전장치의 능력 부족)

□ **참고**

압력 상승의 원인
(1) 압력계의 고장(압력계의 기능 불완전)
(2) 압력계의 눈금을 잘못 읽거나 감시 소홀

---

2) 최고 사용 압력 이하에서 파열하는 원인

- 구조상의 결함(설계착오, 능력부족)
- 보일러 부품의 부식
- 과열

(나) 보일러 폭발

- 보일러 폭발의 주요원인 : 급수 불량에 의한 저수위
- 과잉 증기압력에 의한 보일러 폭발의 주원인 : 안전장치 결함
- 저수위 보일러 속에 급속하게 급수할 경우의 폭발 원인 : 급격한 수축 때문

(4) 보일러의 이상감수(저수위)

(가) 발생원인

- 급수 장치 및 수면계(액면계)의 고장
- 급수관의 스케일 및 이물질 축적
- 분출 밸브 등에 의한 누수

(나) 이상감수 시 대책(응급조치)

- 수위 및 과열면의 이상 유무 확인
- 연료 및 공기의 공기공급 중지와 댐퍼 폐쇄
- 보일러의 압력 방출
- 자동 급수 제어장치 점검 철저

3. 방호장치 및 안전작업수칙

(1) 방호장치의 종류

- 압력방출장치
- 압력제한스위치
- 고·저수위 조절장치
- 기타 도피밸브, 가용전, 방폭문, 화염 검출기 등

(2) 방호장치 특징

(가) 압력방출장치(안전밸브)

- 정의 : 최고사용압력(증기압력) 이하에서 자동적으로 밸브가 열려서 증기를 외부로 분출시켜 증기 상승압력을 방지하는 장치를 의미한다.
- 압력방출장치의 설치기준

① 보일러의 안전한 가동을 위하여 보일러 규격에 적합한 압력방출장치를 1개 또는 2개 이상 설치하고 최고사용압력(설계압력 또는 최고허용압력) 이하에서 작동되도록 할 것. 다만, 압력방출장치가 2개 이상 설치된 경우에는 최고사용압력 이하에서 1개가 작동되고, 다른 압력방출장치는 최고사용압력 1.05배 이하에서 작동되도록 부착할 것.

② 압력방출장치는 1년에 1회 이상 국가교정기관에서 교정을 받은 압력계를 이용하여 설정압력에서 압력방출장치가 적정하게 작동하는지를 검사한 후 납으로 봉인하여 사용하도록 할 것. (단, 공정안전보고서 이행상태 평가결과가 우수한 사업장은

  4년에 1회 이상 검사)

(나) 압력제한스위치

　　• 정의 : 상용 압력 이상으로 압력 상승 시 보일러의 과열 방지를 위해 버너의 연소차단 등 열원을 제거하여 정상 압력으로 유도하는 장치를 의미한다.

　　• 압력에 따른 종류

　　　① 고압용 : 브르돈관식 사용

　　　② 저압용 : 벨로우즈식 사용

(다) 고·저수위 조절 장치

　　• 정의 : 보일러 내의 수위가 최저 또는 최고한계에 도달하였을 경우 자동적으로 경보를 발하는 동시에 단수 또는 급수에 의해 수위를 조절하는 장치를 의미한다.

(3) 보일러의 안전작업수칙

　• 가동 중인 보일러에는 작업자가 항상 정위치할 것.

　• 압력방출장치는 봉인된 상태에서 정상 작동 되도록 1일 1회 이상 작동시험을 할 것.

　• 고저수위 조절장치와 상호 기능 상태를 점검할 것.

　• 노 내의 환기 및 통풍장치를 점검할 것.

　• 보일러의 각 종 부속장치의 누설 상태를 점검할 것.

02 압력용기 및 공기압축기

1. 압력용기(Pressure Vessel)

(1) 정의 및 종류

　(가) 정의 : 용기의 내면 또는 외면에서 일정한 유체의 압력을 받는 밀폐된 용기를 말한다.

　(나) 종류

갑종 압력용기	① 설계압력이 게이지 압력으로 0.2MPa(2kg$_f$/cm^2)을 초과하는 화학공정 유체취급 용기를 의미한다. ② 설계압력이 게이지 압력으로 1MPa(10kg$_f$/cm^2)를 초과하는 공기 및 질소취급용기를 의미한다.
을종 압력용기	갑종 압력용기 이외의 용기를 의미한다.

(2) 압력용기의 방호장치

　· 덮개 또는 울

　· 압력방출장치

(3) 압력방출장치의 설치기준

　· 압력용기 등에 과압으로 인한 폭발을 방지하기 위하여 압력방출장치를 설치할 것.

　· 다단형 압축기 또는 직렬로 접속된 공기압축기에는 과압 방지 압력방출장치를 각단마다 설치하도록 할 것.

　· 압력방출장치는 압력용기의 최고사용압력 이전에 작동되도록 설정할 것.

　· 압력방출장치 등을 설치한 후에는 1일 1회 이상 작동시험을 하는 등 성능이 유지될 수 있도록 항상 점검·보수하도록 할 것.

　· 압력방출장치는 1년에 1회 이상 표준 압력계를 이용하여 토출압력을 시험한 후 납으로 봉인하여 사용하도록 할 것.

　· 운전자가 토출압력을 임의로 조정하기 위하여 납으로 봉인된 압력방출장치를 해체하거나 조정할 수 없도록 조치할 것.

2. 공기압축기

(1) 정의 : 토출공기압력이 $1kg/cm^2$ 이상인 기계를 의미한다.

> □ 참고
>
> 압력이 $1kg/cm^2$ 미만의 것은 송풍기라 한다.

(2) 공기압축기의 표시사항
- 최고사용압력
- 제조 연월일
- 제조 회사명

(3) 공기압축기의 일반적 주의사항
- 무 급유 밸브를 사용할 것.
- 실린더의 급유에는 양질의 광유를 사용하도록 할 것.
- 시동시에는 무부하 기동을 위하여 토출지변을 연 후 흡인지변을 약간 열었다 닫고 기동한 다음 정상회전 속도에 달하면 흡입지변을 서서히 열 것.
- 에어탱크 최저부에는 배유장치를 할 것.

(4) 공기압축기의 방호장치
- 안전밸브 : 공기탱크의 파손, 전동기의 과부하 방지를 위한 방호장치를 의미한다.
- 역지밸브 : 공기탱크 내의 압축공기의 역류를 방지하는 방호장치를 의미한다.
- 언로우드 밸브 : 일정한 조건하에서 공기 압축기를 무부하로 하여 압력 상승을 방지하기 위해 사용되는 밸브를 의미한다.
- 릴리프밸브(Relief Valve) : 공기탱크내의 압력이 최고사용압력에 달하면 압송을 정지하고 소정의 압력까지 강하하면 다시 압송을 하여 공기탱크내의 압력을 설정값 이하로 유지하는 압력제어 밸브를 의미한다.

(5) 작업 시작 전 점검사항
- 공기저장 압력용기의 외관상태
- 드레인 밸브의 조작 및 배수
- 압력방출장치의 기능

- 언로드 밸브의 기능
- 윤활유의 상태
- 회전부의 덮개 또는 울
- 그 밖의 연결부위의 이상 유무

(6) 취급 시 안전대책

- 공기압축기 운전 시 최대 공기압력을 초과하여 사용하지 않을 것.
- 공기압축기를 정지시킬 때는 언로드 밸브를 조작한 후 정지시킬 것.
- 공기압축기 분해 시는 압축공기를 완전히 제거한 후 실시할 것.
- 공기압축기의 점검, 청소 시는 반드시 전원 스위치를 끌 것.

03 산업용 로봇의 안전

1. 산업용 로봇

(1) 정의 : 인간의 팔에 해당하는 암(Arm)인 매니플레이터(Manipulator)에 의해 제조과정의 조립·용접·검사 기능 등을 수행하는 자동기계장치를 의미한다.

> □참고
> **매니플레이터 범위**
> (1) 작동범위(가동범위) : 매니플레이터가 움직이는 영역
> (2) 위험범위 : 매니플레이터가 동작하여 사람과 접촉할 수 있는 범위

(2) 동작 형태에 따른 분류
- 극좌표 : 팔의 자유도가 극좌표 형식인 매니플레이터를 의미한다.
- 직각좌표 : 팔의 자유도가 직각좌표 형식인 매니플레이터를 의미한다.
- 다관절 : 팔의 자유도가 주로 다관절인 매니플레이터를 의미한다.
  (운동 방향이 넓고 용접, 도장, 조립 등 용도범위도 매우 넓다.)
- 원통좌표 : 팔의 자유도가 주로 원통좌표 형식인 매니플레이터를 의미한다.

2. 로봇의 불의의 작동 또는 잘못된 조작에 의한 위험방지 조치 사항

(1) 로봇의 작업지침 : 다음의 지침에 따라 작업을 시킬 것.
- 로봇의 조작 방법 및 순서
- 작업 중의 매니플레이터의 속도
- 2명 이상의 근로자에게 작업을 시킬 때의 신호방법
- 이상 발견 시 조치
- 이상 발견 시 로봇의 운전을 정지시킨 후 이를 재가동시킬 때의 조치
- 그 밖에 로봇의 불의의 작동, 오조작에 의한 위험방지 조치

(2) 로봇의 정지 및 작업 중 표시(단, 로봇 구동원을 차단하고 행하는 것은 제외)
- 이상 발견 시는 즉시 로봇의 운전을 정지시키는 조치를 할 것.
- 작업 중에는 기동 스위치 등에 「작업 중」이라는 표시를 하여 작업근로자 외의 자가 스위치 등을 조작할 수 없도록 할 것.

(3) 입력 정보교시에 의한 분류

종류	기능
매뉴얼 매니퓰레이션	인간이 조작하는 매니플레이터
지능 로봇	감각기능 및 인식기능에 의해 행동결정을 할 수 있는 로봇
감각제어 로봇	감각 정보를 가지고 동작의 제어를 행하는 로봇
플레이백 로봇	인간이 매니퓰레이터를 움직여서 미리 작업을 실시함으로써 그 작업의 순서, 위치 및 기타의 정보를 기억시켜 이를 재생으로써 그 작업을 되풀이할 수 있는 매니플레이터
수치제어 로봇	순서, 위치 등 기타 정보를 수치에 의해 지령받은 작업을 할 수 있는 매니플레이터
적응제어 로봇	환경의 변화 등에 따라 제어 등의 특성을 필요로 하는 조건을 충족시키기 위하여 변화되는 적응 제어기능을 가지는 로봇
학습제어 로봇	학습제어기능을 갖는 로봇으로 작업경험 등을 반영시켜 적절한 작업할 수 있는 로봇
고정시퀀스 로봇	미리 설정된 순서와 조건 및 위치에 따라 동작의 각 단계를 차례로 거쳐나가는 매니플레이터이며 설정정보의 변경을 쉽게 할 수 없는 로봇
가변시퀀스 로봇	미리 설정된 순서와 조건 및 위치에 따라 동작의 각 단계를 차례로 거쳐나가는 매니플레이터로서 설정정보의 변경을 쉽게 할 수 있는 로봇

> **□ 참고**
> **로봇의 교시 등**
> 매니플레이터의 작동순서, 위치 및 속도의 설정·변경 또는 그 결과를 확인하는 것을 의미한다.

3. 로봇의 운전 중 수리 등 작업 시의 위험방지 조치와 작업 시작 전 점검사항

(1) 로봇의 운전 중 위험방지 조치사항

· 로봇의 접촉 우려가 있을 때는 안전매트 및 높이 1.8m 이상의 방책을 설치할 것.

(2) 수리 등 작업 시의 위험방지 조치사항

· 로봇의 작동 범위 내에서 로봇의 수리, 검사, 조정(교시 등에 해당하는 것 제외), 청소, 급유(이하 수리 등) 등의 작업 시에는 로봇의 운전을 정지할 것
· 기동 스위치를 열쇠로 잠그고 열쇠를 별도로 관리할 것
· 기동 스위치에 작업 중이라는 표지판을 부착할 것

(3) 로봇의 교시 등의 작업을 하는 경우 작업 시작 전 점검사항
- 외부 전선의 피복 또는 외장 손상의 유무
- 매니플레이터 작동의 이상 유무
- 제동장치 및 비상정지 장치의 기능

04 운반기계 및 양중기의 안전

1. 지게차(Fork Lift)의 안전

(1) 지게차의 특징

- 하역, 운반 작업 시 작업자는 운전자 1명으로도 가능하다.
- 50m 이내의 운반거리에서는 하역량을 극대화시킬 수 있다.
- 다른 운송기계에 비해 하역, 운반 시의 안전성이 우수하다.
- 하역을 위한 마스트(Mast)가 주행 시 전방시야를 방해한다(단점)

(2) 지게차에 의한 재해비율

- 접촉 사고 37%
- 하물의 낙하 27%
- 지게차의 전도 및 전락 16%
- 추락 14% 등

(3) 지게차가 갖추어야 할 사항

- 전조등 및 후미등(안전 작업 수행을 위해 필요한 조명이 확보되어 있는 장소에서는 제외)
- 헤드가드(지게차의 방호장치)
- 백 레스트(후방에서 화물의 낙하함으로서 위험의 우려가 없을 때는 제외)

(4) 지게차의 안전성 : 지게차가 안정하려면 다음의 관계식을 유지하여야 한다.

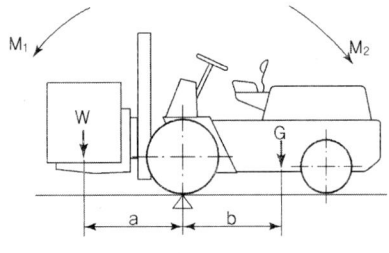

M_1 : $W \times a$… 화물의 모멘트
M_2 : $G \times b$… 차의 모멘트

$W \times a < G \times b$

여기서, W : 화물중량(kg)

　　　G : 차량의 중량(kg)

　　　a : 전차륜에서 화물의 중심까지의 최단거리(m)

b : 전차륜에서 차량의 중심까지의 최단거리(m)

(5) 지게차의 헤드가드

- 강도는 지게차의 최대하중의 2배의 값(그 값이 4톤을 넘는 것에 대하여서는 4톤으로 함)의 등분포정하중에 견딜 수 있는 것일 것
- 상부틀의 각 개구의 폭 또는 길이가 16cm 미만일 것
- 운전자가 앉아서 조작하거나 서서 조작하는 지게차의 헤드가드는 [산업표준화법]에 따른 한국산업표준에서 정하는 높이기준(입식 : 1.88m, 좌식 : 0.903m)이상일 것

(6) 지게차의 안정도

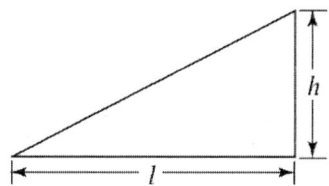

$$안정도 = \frac{h}{l} \times 100(\%)$$

(가) 하역 작업 시

- 전후 안정도 : 4%(5톤 이상의 것은 3.5%)
- 좌우 안정도 : 6%

(나) 주행 시

- 전후 안정도 : 18%
- 좌우 안정도 : (15+1.1V)% (여기서, V는 최고속도(km/hr))

(7) 지게차(운반차량)의 구내 운행속도 : 8km/hr

(8) 지게차에 의한 운반안전작업수칙

- 숙련된 담당자만 운전할 것
- 급격한 후퇴, 전진은 피할 것
- 정해진 하중이나 높이를 초과하는 적재를 하지 말 것
- 견인 시는 반드시 견인봉을 사용할 것

2. 컨베이어(Conveyer)의 안전

(1) 컨베이어의 종류

(가) 벨트 컨베이어 : 프레임의 양끝에 설치한 풀리에 벨트를 엔드리스(Endless)로 감아 걸고 그 위에 화물을 싣고 운반하는 컨베이어로 특징은 다음과 같다

- 컨베이어 중 가장 널리 쓰인다.
- 연속적으로 물건을 운반할 수 있다.
- 운반과 동시에 물건을 올리기도 내리기도 할 수 있다.
- 무인화 작업이 가능하다.
- 대용량의 운반수단에 이용된다.
- 경사 각도가 30° 이하인 경우에 이용된다.

(나) 체인 컨베이어 : 엔드리스로 감아 걸은 체인에 의하거나 체인에 슬래트(Slat), 버킷 (Bucket) 등을 부착하여 화물을 운반하는 컨베이를 의미한다.

(다) 나사 컨베이어 : 도랑 속에 화물을 스크류(Screw)에 의하여 운반하는 컨베이어를 의미한다.

(라) 기타 롤러 컨베이어, 버킷 컨베이어 등이 있다.

(2) 컨베이어의 방호장치

- 이탈 및 역주행 방지장치 : 컨베이어 이송용 롤러 등(이하 "컨베이어 등"이라 한다.)을 사용하는 경우에는 정전·전압강하 등에 따른 화물 또는 운반구의 이탈 및 역주행을 방지하는 장치를 갖출 것. (단, 무동력 상태 또는 수평상태로만 사용하여 근로자에게 위험을 미칠 우려가 없는 경우에는 제외)
- 비상정지장치 : 근로자의 신체가 말려드는 등 근로자가 위험해질 우려가 있는 경우 및 비상시에는 즉시 컨베이어 등의 운전을 정지시킬 수 있는 장치를 설치할 것.
- 덮개 또는 울 : 컨베이어 등으로부터 화물이 떨어져 근로자가 위험해질 우려가 있는 경우에는 해당 컨베이어 등에 덮개 또는 울을 설치하는 등 낙하방지를 위한 조치를 할 것.

(3) 컨베이어의 안전작업수칙

- 컨베이어를 시동할 때는 마지막 쪽의 컨베이어부터 시동하고, 정지 시는 처음 쪽의 컨베이어부터 시작할 것.
- 운전 중인 컨베이어에 근로자의 탑승을 금지시킬 것.

· 스위치를 넣을 때는 미리 신고를 할 것.

· 지면에서 2개 이상 높이에 설치된 컨베이어에는 승강계단을 설치할 것.

(4) 컨베이어 벨트의 손상원인

· 속도가 빠를 경우

· 캐리어에 기름이 떨어질 경우

· 장력이 너무 클 경우

· 운반물을 적재한 채 시동할 경우

(5) 컨베이어의 작업 시작 전 점검사항

· 원동기 및 풀리 기능의 이상 유무

· 이탈 등의 방지장치 기능의 이상 유무

· 비상정지장치 기능의 이상 유무

· 원동기·회전축·치차 및 풀리 등의 덮개 또는 울 등의 이상 유무

3. 양중기의 안전

(1) 양중기의 종류

(가) 크레인 : 동력을 사용하여 중량물을 매달아 상하 및 좌우(수평 또는 선회)로 운반하는 기계장치를 의미한다.

(나) 이동식 크레인 : 원동기를 내장하고 있는 것으로서 불특정장소에 스스로 이동할 수 있는 크레인을 의미한다.

(다) 리프트 : 동력을 사용하여 사람이나 화물을 운반하는 기계 설비를 의미한다.

· 건설용 리프트 : 건설 현장에서 사용하는 리프트를 의미한다.

· 산업용 리프트 : 건설 현장이 아닌 장소에서 사용하는 리프트를 의미한다.

· 자동차 정비용 리프트 : 자동차 정비에 사용하는 리프트를 의미한다.

· 이삿짐운반용 리프트(적재하중 0.1ton이상인 것) : 연장 및 축소가 가능하고 끝단을 건축물 등에 지지하는 구조의 사다리형 붐에 따라 동력을 사용하여 움직이는 운반구를 매달아 화물을 운반하는 설비로서 화물자동차 등 차량 위에 탑재하여 이삿짐 운반 등에 사용하는 리프트를 의미한다.

(라) 곤돌라 : 와이어로프 또는 달기강선에 의하여 달기발판 또는 운반구가 전용의 승강 장치에 의하여 상승 또는 하강하는 설비를 의미한다.

(마) 승강기(최대하중이 0.25ton 이상인 것) : 가이드레일을 따라 승강하는 운반구 또는
카에 사람이나 화물을 상하 또는 좌우로 이동, 운반하기 위한 기계 설비를 의미한다.
- 승객용 엘리베이터 : 사람의 수직수송
- 승객화물용 엘리베이터 : 사람과 화물이 수직수송
- 화물용 엘리베이터 : 화물의 수송(인원탑승금지)
- 소형화물용 엘리베이터 : 소형화물(음식물, 서적 등)의 운반에 적합한 것
- 에스컬레이터 : 사람을 운반하는 연속계단이나 보도상태의 승강기

(2) 양중기의 방호장치
- 과부하방지장치
- 권과방지장치
- 비상정지장치
- 제동장치(브레이크 등)

(3) 승강기의 방호장치
- 과부하방지장치
- 비상정지장치
- 파이널 리미트 스위치(Final Limit Switch)
- 속도조절기
- 출입문 인터록(Interlock)

(4) 양중기의 안전기준
(가) 정격하중 등의 표시(승강기는 제외) : 운전자 또는 작업자가 보기 쉬운 곳에 다음
사항을 표시하여 부착할 것(단, 달기구는 정격하중만 표시)
- 정격하중
- 운전속도
- 경고표시
(나) 양중기 작업 시는 일정한 신호방법을 정하여 사용하도록 할 것
(다) 양중기 운전자는 운전위치를 이탈하지 않도록 할 것

4. 크레인 안전

(1) 크레인의 종류

(가) 크레인(기중기) : 동력을 이용하여 화물을 올리거나 내리고 주행, 선회, 부양 운동을 하는 단거리 운반기계(화물의 상하·수평으로 운반하는 기계)를 의미한다.

(나) 크레인의 종류

- 육상운송이 가능한 크레인 : 휠크레인, 크롤러 크레인, 트럭크레인 등
- 공장내부에 설치한 크레인 : 천장크레인
- 건축공사에 많이 사용되는 크레인 : 탑형 크레인, 지브 크레인
- 기타, 교형크레인, 해머형 크레인 등

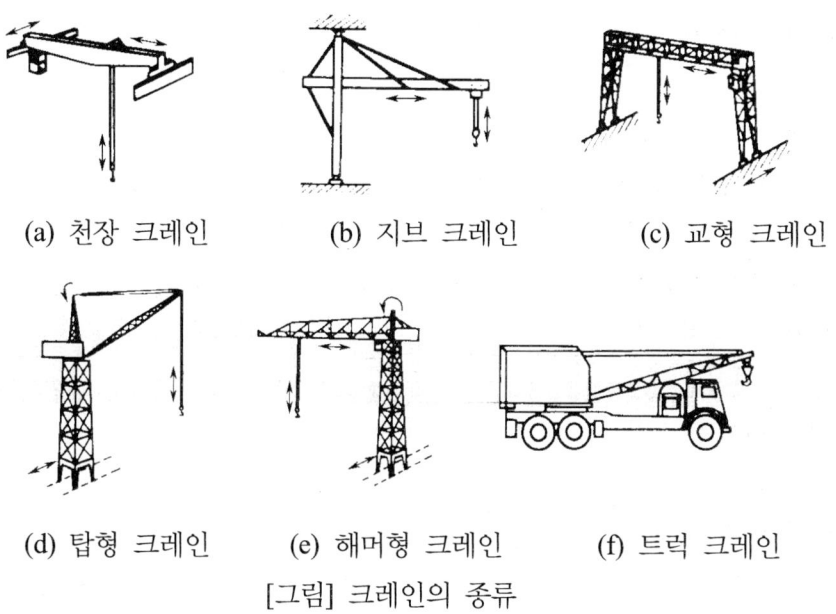

| (a) 천장 크레인 | (b) 지브 크레인 | (c) 교형 크레인 |

| (d) 탑형 크레인 | (e) 해머형 크레인 | (f) 트럭 크레인 |

[그림] 크레인의 종류

(2) 크레인의 제작기준에서 사용되는 용어의 정의

- 크레인 : 원동기 및 달기기구를 사용하여 화물을 권상, 횡행 및 주행(또는 선회)동작을 행하는 것
- 호이스트 : 원동기 및 달기기구를 사용하여 화물을 권상 및 횡행 또는 권상 동작만을 행하는 것
- 정격하중 : 크레인의 권상(호이스팅) 하중에서 훅크, 그래브 또는 버켓 등 달기기구의 중량에 상당하는 하중을 뺀 하중. 단, 지브가 있는 크레인 등으로서 경사각의 위치에 따라 권상능력이 달라지는 것은 그 위치에서의 권상 하중으로부터 달기기구의 중량을 뺀 하중

- 권상하중 : 크레인의 구조 및 재료에 따라 들어 올릴 수 있는 최대의 하중
- 정격속도 : 크레인에 정격하중에 상당하는 하중을 매달고 권상, 주행, 선회 또는 트롤리의 수평 이동시의 최고속도

(3) 크레인의 방호장치

(가) 방호장치의 종류

- 과부하방지장치 : 하중 초과 시 리미트 스위치에 의해 권상을 정지시키는 장치
- 권과방지장치 : 지정거리에서 권상을 정지시키는 장치
- 비상정지장치 : 비상 시 운행을 정지시키는 장치
- 제동장치 : 크레인의 주행을 제동시키는 장치
- 훅의 해지장치 : 와이어로프가 훅을 이탈하는 것을 방지하는 장치

(나) 과부하방지장치의 성능 기준

- 정격하중 초과 시 권상기동이 정지되는 기능일 것
- 초기부하감지기능이 3초 이내일 것
- 물, 분진, 충격 등의 영향을 받지 않는 것일 것
- 점검이 용이할 것.

(4) 크레인의 안전기준

(가) 과부하의 제한 : 정격하중을 초과하는 하중을 걸어서 사용하지 않을 것.

(나) 폭풍에 의한 이탈 방지 : 순간 풍속이 30m/sec를 초과하는 바람이 불어올 우려가 있을 때는 옥외 설치 주행 크레인에 대하여 이탈 방지장치의 작동 등 이탈 방지 조치를 할 것.

(다) 크레인의 조립 또는 해체 작업 시 조치사항

- 작업순서에 의하여 작업을 실시할 것.
- 관계 근로자 외의 출입금지 및 보기 쉬운 곳에 표시할 것
- 비, 눈, 그 밖에 기상상태 불안정으로 날씨가 몹시 나쁜 경우에는 작업을 중지시킬 것.
- 작업 장소는 충분한 공간 확보 및 장애물이 없도록 할 것.
- 들어 올리거나 내리는 기자재는 균형을 유지하면서 작업을 실시하도록 할 것.
- 크레인의 성능, 사용조건 등에 따라 충분한 응력을 갖는 구조로 기초를 설치하고 침하 등이 일어나지 않도록 할 것.
- 규격품인 조립용 볼트를 사용하고 대칭되는 곳을 순차적으로 결합하고 분해할 것.

(라) 크레인의 작업시작 전 점검사항

- 권과방지장치·브레이크·클러치 및 운전 장치의 기능
- 주행로의 상측 및 트롤리가 횡행하는 레일의 상태
- 와이어로프가 통하고 있는 곳의 상태

(5) 이동식 크레인의 안전기준

(가) 해지장치의 사용 : 이동식 크레인을 사용하여 화물을 달아 올릴 때는 해지장치를 사용할 것

(나) 이동식 크레인의 작업시작 전 점검사항

- 권과방지장치나 그 밖의 경보장치의 기능
- 브레이크·클러치 및 조정장치의 기능
- 와이어로프가 통하고 있는 곳 및 작업장소의 지반상태

5. 리프트 및 곤돌라 안전

(1) 리프트의 안전기준

(가) 무인작동의 제한

- 운반구의 내부에만 탑승 조작 장치가 설치되어 있는 리프트를 사람이 탑승하지 아니한 상태로 작동하지 않도록 할 것.
- 리프트 조작반(盤)에 잠금장치를 설치하는 등 관계 근로자가 아닌 사람이 리프트를 임의로 조작함으로써 발생하는 위험을 방지하기 위하여 필요한 조치를 하도록 할 것.

(나) 출입금지 장소

- 리프트 운반구가 오르내리다가 근로자에게 위험을 미칠 우려가 있는 장소
- 리프트의 권상용 와이어로프의 내각 측에 그 와이어로프가 통하고 있는 도르래 또는 그 부착구가 떨어져 나감으로써 근로자에게 위험을 미칠 우려가 있는 장소

(다) 붕괴 등의 방지

- 지반 침하, 불량 자재사용, 헐거운 결선 등으로 인한 리프트의 전도 및 붕괴 또는 붕괴되지 않도록 필요한 조치를 할 것.
- 순간 풍속이 35m/sec 초과 시는 건설용 리프트에 대하여 받침수를 증가시키는 등 도괴방지를 위한 조치를 할 것.

(라) 이상 유무 점검 : 순간풍속이 30m/sec인 바람이 불어온 후 중진 이상의 진도의 지진 후에는 리프트의 각 부위에 대하여 이상 유무를 점검할 것.

(마) 리프트의 작업 시작 전 점검사항

　　・방호장치·브레이크 및 클러치의 기능

　　・와이어로프가 통하고 있는 곳의 상태

(2) 곤돌라의 안전기준

　1) 운전방법 등의 주지 : 곤돌라의 운전방법 또는 고장이 났을 때의 처치방법을 그 곤돌라를
　　사용하는 근로자에게 주지시킬 것

　2) 곤돌라의 작업 시작 전 점검사항

　　① 방호장치 · 브레이크의 기능

　　② 와이어로프 · 슬링와이어(Sling Wire) 등의 상태

6. 양중기의 와이어로프의 안전기준

(1) 와이어로프의 구성 및 명명법

　・와이어로프의 구성 : 여러 개의 와이어(소선)로, 가닥(꼬임 : Strand)을 만들어서, 이것을
　　보통 6개 이상 꼬아서 만든 것으로 심에는 기름을 칠한 대와 심선을 삽입시킨다.

　・와이어로프의 명명법

　　꼬임(가닥)의 수량 × 소선의 수량

　　[예시] 6 × 9 (6 : 꼬임의 수량, 9 : 소선의 수량)

(2) 와이어로프에 걸리는 하중

　・화물을 달아 올릴 때 로프에 걸리는 하중은 슬링와이어의 각도가 작을수록 작게 걸린다.

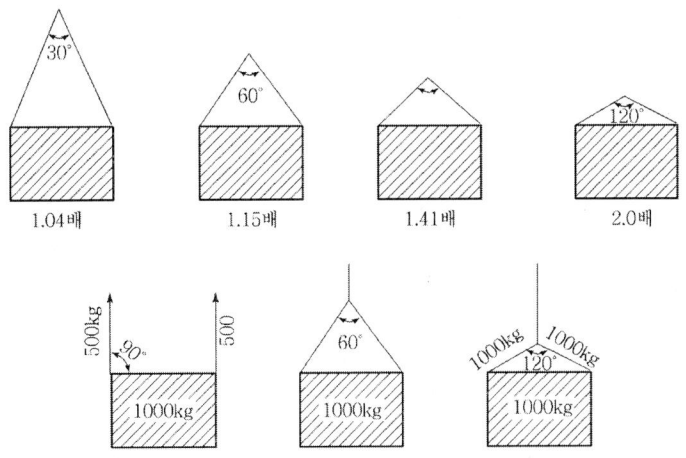

• 와이어로프에 걸리는 총 하중

$$\text{총 하중(W)} = \text{정하중}(W_1) + \text{동하중}(W_2)$$

동하중$(W_2) = \dfrac{W_1}{g} \times \alpha$

여기서, g : 중력가속도(9.8m/sec^2)

α : 가속도(m/sec^2)

• 줄 걸이 로프에 걸리는 장력(하중)

$$\text{로프에 작용하는 장력} = \dfrac{\text{짐의 무게}}{\text{로프의 수}} \div \cos\left(\dfrac{\text{로프각도}}{2}\right)$$

• 줄 걸이 로프에 발생하는 압축력

$$\text{줄 걸이에 발생하는 압축력} = \text{로프에 작용하는 장력} \times \cos\left(\dfrac{\text{로프의 각도}}{2}\right)$$

(3) 와이어로프의 안전계수

• 와이어로프 또는 달기체인의 안전계수 $= \dfrac{\text{절단하중}}{\text{최대사용하중}}$

• S(와이어로프의 안전율) $= \dfrac{NP}{Q}$

여기서, N : 로프가닥수

P : 로프의 파단강도(kg)

Q : 안전하중(kg)

(4) 와이어로프의 사용금지사항

• 이음매가 있는 것.

• 와이어로프의 한 꼬임[[스트랜드(Strand)를 말함]]에서 끊어진 소선(素線)[필러(Pillar)선은 제외]의 수가 10% 이상(비자전로프의 경우에는 끊어진 소선의 수가 와이어로프 호칭지름의 6배 길이 이내에서 4개 이상이거나 호칭지름 30배 길이 이내에서 8개 이상)인 것.

• 지름의 감소가 공칭지름의 7%를 초과한 것.

· 꼬인 것.

· 심하게 변형되거나 부식된 것.

· 열과 전기충격에 의해 손상된 것.

(5) 달기체인의 사용금지사항

· 달기체인의 길이가 달기체인이 제조된 때의 길이의 5%를 초과한 것.

· 링의 단면지름이 달기체인이 제조된 때의 해당 링의 지름의 10%를 초과하여 감소한 것.

· 균열이 있거나 심하게 변형된 것.

01 기계의 왕복운동을 하는 운동부와 고정부 사이에 형성되는 위험점은?

① 끼임점(Shear Point)
② 절단점(Cutting Point)
③ 물림점(Nip Point)
④ 협착점(Squeeze Point)

해설

협착점(Squeeze point)

· 고정부와 왕복운동을 하는 운동부 사이에 형성되는 위험점으로 덮개, 울 등의 방호조치가 필요하다.
· 종류 : 프레스, 성형기, 절곡기 등

02 취성재료의 극한 강도가 900MPa이며, 허용응력이 500MPa일 경우 안전계수(Safety Factor)는 얼마인가?

① 0.56
② 1.12
③ 1.40
④ 1.80

해설

$$안전율 = \frac{파괴하중}{최대사용하중} = \frac{극한강도(파단하중)}{최대설계하중(안전하중)} = \frac{900MPa}{500MPa} = 1.8$$

03 앞면 롤러의 지름이 600mm이고 회전수가 20rpm의 경우 롤러기에 설치하는 급정지 장치의 급정지 거리는?

① 약 754mm 이내
② 약 802mm 이내
③ 약 942mm 이내
④ 약 993mm 이내

해설

$$V = \frac{\pi DN}{1,000} = \frac{\pi \times 600 \times 20}{1,000} = 37.70 m/\min$$

앞면 롤러의 표면속도(m/min)	급정지 거리
30 미만	앞면 롤러 원주의 1/3 이내
30 이상	앞면 롤러 원주의 1/2.5 이내

앞면 롤러의 표면속도가 30m/min 이상이므로 급정지거리는 앞면 롤러 원주의 1/2.5 이내

그러므로, 급정지 거리 $= \pi \times 600 \times \frac{1}{2.5} = 753.98 mm$

04 산업용 로봇의 작동범위 내에서 당해 로봇에 대하여 교시 등의 작업 시 위험을 방지하기 위하여 수립해야 하는 지침 사항에 해당하지 않는 것은?

① 로봇의 구성품의 설계절차   ② 2인 이상의 근로자에게 작업을 시킬 때의 신호 방법
③ 로봇의 조작방법 및 순서   ④ 작업 중의 매니플레이터의 속도

해설

로봇의 작업지침
- 로봇의 조작 방법 및 순서
- 작업 중의 매니플레이터의 속도
- 2명 이상의 근로자에게 작업을 시킬 때의 신호방법
- 이상 발견 시 조치
- 이상 발견 시 로봇의 운전을 정지시킨 후 이를 재가동시킬 때의 조치
- 그 밖에 로봇의 불의의 작동, 오조작에 의한 위험방지 조치

05 다음 설비의 진단방법 중 비파괴시험에 해당하지 않는 것은?

① 피로시험   ② 침투탐상시험
③ 방사선투과시험   ④ 초음파탐상시험

해설

피로시험은 파괴시험 항목에 해당한다.

06 연삭숫돌의 상부를 사용하는 것을 목적으로 하는 탁상용 연삭기의 안전덮개 노출각도로 다음 중 가장 적합한 것은?

① 90° 이내   ② 65° 이상
③ 60° 이내   ④ 125° 이내

해설

탁상용 연삭기의 덮개
- 덮개의 최대노출각도 : 90° 이내(원주의 1/4 이내)
- 숫돌 주축에서 수평면 위로 이루는 원주각도 : 65° 이내
- 수평면 이하의 부문에서 연삭할 경우 : 125°까지 증가
- 숫돌의 상부사용을 목적으로 할 경우 : 60° 이내

07 목재가공용 둥근톱 기계의 반발예방용 방호 장치가 아닌 것은?

① 수봉식 안전기　　　　　　　② 분할날

③ 반발 방지기구　　　　　　　④ 반발 방지롤

해설

둥근톱기계의 방호장치

· 톱날접촉예방장치(보호덮개)

· 반발예방장치 : 분할날, 반발방지기구(Finger), 반발 방지롤(Roll)

참고 아세틸렌 및 가스집합 용접장치의 방호장치 : 수봉식 안전기 및 건식 안전기

08 연삭기에서 숫돌의 바깥지름이 180mm일 경우 평형 플랜지 지름은 몇 mm 이상이어야 하는가?

① 30　　　　　　　　　　　　② 50

③ 60　　　　　　　　　　　　④ 90

해설

플랜지 직경 = 숫돌직경 × 1/3 이상 = 180mm × 1/3 = 60mm

09 회전축, 기어, 풀리, 플라이휠 등에는 어떤 고정구를 설치해야 하는가?

① 개방형 고정구　　　　　　　② 돌출형 고정구

③ 묻힘형 고정구　　　　　　　④ 요철형 고정구

해설

회전축, 기어, 풀리 및 플라이휠 등에 부속하는 키 및 핀 등의 고정구는 묻힘형으로 하거나 해당 부위에 덮개를 설치할 것.

10 산업안전기준에 관한 규칙에서 크레인, 간이리프트, 곤돌라, 승강기에 공통적으로 설치하여야 할 방호장치는?

① 과부하 방지장치　　　　　　② 권과 방지장치

③ 제동장치　　　　　　　　　④ 비상정지장치

해설

크레인, 간이리프트, 곤돌라, 승강기 등에 공통적으로 설치되는 방호장치는 과부하방지장치이다.

11 작업자가 기계를 잘못 취급하여 불안전 행동이나 실수를 하여도 기계 설비의 안전 기능이 작용되어 재해를 방지할 수 있는 기능은?

① 페일 세이프
② 풀 프루프
③ 연동 잠김
④ 자동 송급출

해설

풀푸르프(Fool Proof) : 인간 과오(Human Error)를 방지하기 위해 기계 장치 설계 단계에서 안전화를 도모하는 것으로 근로자가 기계 등의 취급을 잘못해도 사고로 연결되는 일이 없도록 하는 안전 기구를 의미한다.

12 아세틸렌 용접장치에 대한 산업안전 기준으로 맞는 것은?

① 아세틸렌 용접장치의 발생기실을 옥외에 설치할 때에는 그 개구부를 다른 건축물로부터 1m이상 떨어지도록 하여야 한다.
② 가스집합장치로부터 3m 이내의 장소에서는 화기의 사용을 금지시킨다.
③ 아세틸렌 발생기에서 10m 이내 또는 발생기실에서 4m 이내의 장소에서는 흡연 행위를 금지시킨다.
④ 아세틸렌 용접장치의 게이지 압력이 매 cm^2당 1.3kg을 초과하는 압력의 아세틸렌을 발생시켜 사용하여서는 안된다.

해설

아세틸렌 용접장치
① 발생기실의 옥외 설치시는 개구부를 다른 건축물로부터 1.5m 이상 떨어지도록 할 것.
② 가스집합장치에 대하여는 화기를 사용하는 설비로부터 5m 떨어진 장소에 설치할 것.
③ 발생기에서 5m 이내 또는 발생기실에서 3m 이내의 장소에서 흡연, 화기의 사용 또는 불꽃이 발생할 위험한 행위를 금지시킬 것.

13 산업안전기준에 관한 규칙에 따르면 프레스 등을 사용하여 작업을 하는 경우 작업시작 전 일반적인 점검사항과 가장 거리가 먼 것은?

① 전단기의 칼날 및 테이블 상태
② 프레스의 금형 및 고정볼트 상태
③ 슬라이드 또는 칼날에 의한 위험방지 기구의 기능
④ 전자밸브, 압력조정밸브, 기타 공압계통의 이상유무

해설

프레스 및 전단기의 작업 시작 전 점검사항
· 클러치 및 브레이크의 기능
· 크랭크축, 플라이휠, 슬라이드, 연결봉 및 연결 나사의 볼트의 풀림 유무
· 1행정 1정지 기구 · 급정지 장치 및 비상정지 장치의 기능
· 슬라이드 또는 칼날에 의한 위험방지기구의 기능
· 프레스의 금형 및 고정 볼트 상태
· 해당 방호장치의 기능점검
· 전단기의 칼날 및 테이블의 상태

14 선반의 방호장치로 볼 수 없는 것은?

① 칩 브레이커   ② 마그네틱 척

③ 급정지 브레이크   ④ 덮개

해설

선반의 안전장치

· 칩 브레이크

· 쉴드(Shield)

· 덮개 또는 울

· 브레이크

· 기타 척의 인터록 덮개, 고정브리지(bridge) 등

15 [보기]와 같은 안전수칙을 적용해야 하는 수공구는?

> [보기]
> (1) 칩이 튀는 작업이므로 보호안경을 착용한다.
> (2) 처음에는 가볍게 때리고 점차 힘을 가해주며 끝날 무렵에는 다시 힘을 빼준다.
> (3) 절단된 가공물의 끝이 튕길 위험 발생을 방지한다.

① 스패너   ② 정

③ 쇠톱   ④ 줄

해설

정의 안전작업수칙

· 보안경을 착용할 것

· 정으로 담금질 된 재료를 가공하지 말 것

· 자르기 시작할 때와 끝날 무렵에는 세게 치지 말 것.

· 철강재를 정으로 절단할 때에는 철편이 날아 튀는 것에 주의할 것.

16 그림과 같이 목재가공용 둥근톱기계에서 분할날(t_2) 두께가 4mm일 때 톱날과의 관계로 옳은 것은?

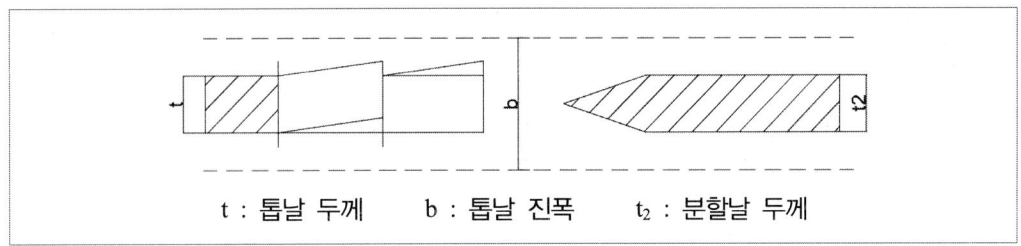

t : 톱날 두께   b : 톱날 진폭 t_2 : 분할날 두께

① b > 4mm, t ≦ 3.6mm   ② b > 4mm, t ≦ 4mm

③ b < 4mm, t ≦ 3.6mm   ④ b < 4mm, t ≦ 4mm

> **해설**
>
> 분할날의 두께 : 톱날 두께의 1.1배 이상이고 톱날의 치진폭 이하로 할 것.
>
> $1.1t_1 ≦ t_2 < b$
>
> 톱날두께(t_1) ≦ t_2/1.1이므로 t_1 ≦ 4/1.1
>
> 그러므로 t_1 ≦ 3.6
>
> 4mm < b

17 다음 ( )안의 ㉠, ㉡에 알맞은 것은?

> 보일러에서 압력방출장치를 2개 설치하는 경우 1개는 (㉠)이하에서 작동되도록 하고, 또 다른 하나는 (㉠)의 (㉡)이하에서 작동하도록 부착한다.

① ㉠ 평균사용압력, ㉡ 1.05배   ② ㉠ 평균사용압력, ㉡ 1.1배

③ ㉠ 최고사용압력, ㉡ 1.05배   ④ ㉠ 최고사용압력, ㉡ 1.1배

> **해설**
>
> 보일러의 안전한 가동을 위하여 보일러 규격에 적합한 압력방출장치를 1개 또는 2개 이상 설치하고 최고사용압력(설계압력 또는 최고허용압력) 이하에서 작동되도록 할 것. 다만, 압력방출장치가 2개 이상 설치된 경우에는 최고사용압력 이하에서 1개가 작동되고, 다른 압력방출장치는 최고사용압력 1.05배 이하에서 작동되도록 부착할 것.

18 안전계수가 5인 체인의 허용하중이 1,200N이라면, 이 체인의 극한강도는 몇 N인가?

① 3,000   ② 4,000

③ 5,000   ④ 6,000

> **해설**
>
> $$안전율 = \frac{파괴하중}{최대사용하중} = \frac{극한강도(파단하중)}{최대설계하중(안전하중, 허용하중)}$$
>
> ∴ 극한강도 = 안전율 × 허용하중 = 5 × 1,200 = 6,000N

19 완전 회전식 클러치 기구가 있는 동력 프레스에서 양수기동식 방호장치의 안전거리는 얼마 이상이어야 하는가? (단, 활동 클러치의 봉합개소의 수는 8개, 분당 행정수는 250spm을 가진다.)

① 240mm   ② 360mm

③ 400mm   ④ 420mm

> **해설**
>
> 양수기동식의 안전거리(Dm) = 1.6 × Tm = 1.6 × 150 = 240mm
>
> 여기서, $Tm = \left(\dfrac{1}{클러치물림개소수} + \dfrac{1}{2}\right) \times \dfrac{60,000}{매분행정수}(ms)$
>
> $$= \left(\frac{1}{8} + \frac{1}{2}\right) \times \frac{60,000}{250}(ms) = 150ms$$

20 플레이너 작업 시 안전대책으로 거리가 먼 것은?

① 베드 위에 다른 물건을 올려놓지 않는다.

② 바이트는 되도록 짧게 나오도록 설치한다.

③ 프레임 내의 피트(Pit)에는 뚜껑을 설치한다.

④ 칩브레이커를 사용하여 칩이 길게 되도록 한다.

> **해설**
>
> 안전 작업수칙
> • 바이트는 되도록 짧게 설치할 것.
> • 이동 테이블에는 방호울을 설치할 것.
> • 프레임 내의 피트(Pit)에는 뚜껑을 설치할 것.
> • 반드시 스위치를 끄고 일감의 고정 작업을 할 것
> • 압판이 수평이 되도록 고정시킬 것
> • 압판은 죄는 힘에 의해 휘어지지 않도록 충분히 두꺼운 것을 사용할 것
> • 운전 중인 평삭기 테이블 또는 수직선반 등의 테이블에는 근로자를 탑승시키지 않을 것.

21 압력용기 및 공기압축기에 설치해야 하는 안전장치는?

① 압력방출장치
② 압력제한스위치
③ 고저수위조절장치
④ 화염검출기

> **해설**
>
> 압력용기 및 공기압축기에는 압력방출장치를 설치해야 한다.

22 목재가공용 둥근톱의 톱날지름이 500mm일 경우 분할날의 최소 길이는 약 몇 mm인가?

① 161.8mm
② 261.8mm
③ 361.8mm
④ 461.8mm

> **해설**
>
> 분할날의 최소길이$(L) = \pi D \times \dfrac{1}{4} \times \dfrac{2}{3} = \pi \times 500 \times \dfrac{1}{4} \times \dfrac{2}{3} = 261.8mm$

23 기계부품에 작용하는 하중에서 일반적으로 안전계수를 가장 크게 취하는 것은?

① 반복하중
② 교번하중
③ 충격하중
④ 정하중

> **해설**
>
> 안전율을 크게 취하여야 할 힘의 순서
>
> 충격하중 > 교번하중 > 반복하중 > 정하중

24 연삭기 숫돌의 파괴 원인으로 가장 거리가 먼 것은?

① 충격을 받았을 때
② 숫돌의 측면을 사용할 때
③ 회전수가 규정 이상 초과할 때
④ 내외면의 플랜지 지름이 같을 때

> **해설**
>
> 연삭기숫돌의 파괴원인
> · 숫돌의 회전 속도가 너무 빠를 때
> · 숫돌 자체에 균열이 있을 때
> · 숫돌의 측면을 사용하여 작업을 할 때
> · 숫돌에 과대한 충격을 가할 때
> · 숫돌의 불균형이나 베어링 마모에 의한 진동이 있을 때
> · 숫돌의 치수가 부적당할 때
> · 숫돌 반경 방향의 온도변화가 심할 때
> · 작업에 부적당한 숫돌을 사용할 때
> · 플랜지가 숫돌에 비해 현저히 작을 때

25 화물중량이 200kg, 지게차의 중량이 400kg, 앞바퀴에서 화물의 무게 중심까지의 최단거리가 1m이면 지게차가 안정되기 위한 앞바퀴에서 지게차의 무게중심까지의 최단거리는 최소 몇 m를 초과해야 하는가?

① 0.2   ② 0.5

③ 1   ④ 3

해설

$W \times a < G \times b$

여기서, W : 화물중량(kg)

       G : 차량의 중량(kg)

       a : 전차륜에서 화물의 중심까지의 최단거리(m)

       b : 전차륜에서 차량의 중심까지의 최단거리(m)

그러므로, 200kg × 1 < 400kg × b

∴ b는 최소 0.5m 이상 초과해야 한다.

26 양중기에 사용하지 않아야 하는 와이어로프의 기준에 해당하지 않는 것은?

① 이음매가 있는 것

② 심하게 변형 또는 부식된 것

③ 지름의 감소가 공칭지름의 5% 이상인 것

④ 한 꼬임에서 끊어진 소선의 수가 10% 이상인 것

해설

와이어로프의 사용금지사항

· 이음매가 있는 것.

· 와이어로프의 한 꼬임의 수가 10% 이상인 것.

· 지름의 감소가 공칭지름의 7%를 초과한 것.

· 꼬인 것.

· 심하게 변형되거나 부식된 것.

· 열과 전기충격에 의해 손상된 것.

27 그림과 같이 500kg의 중량물을 와이어 로프로 상부 60°의 각으로 들어올릴 때, 로프 한 선에 걸리는 하중(T)은?

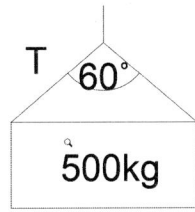

① 168.49kg
② 248.58kg
③ 288.68kg
④ 378.79kg

해설

로프에 작용하는 장력 $= \dfrac{\text{짐의무게}}{\text{로프의수}} \div \cos\left(\dfrac{\text{로프각도}}{2}\right) = \dfrac{500}{2} \div \cos\left(\dfrac{60}{2}\right) = 288.68kg$

28 롤러기의 방호장치 설치 시 유의해야 할 사항으로 거리가 먼 것은?

① 손으로 조작하는 급정지 장치의 조작부는 롤러기의 전면 및 후면에 각각 1개씩 수평으로 설치하여야 한다.
② 앞면 롤러의 표면 속도가 30m/min 미만인 경우 급정지 거리는 앞면 롤러 원주의 1/2.5 이하로 한다.
③ 작업자의 복부로 조작하는 급정지 장치는 높이가 밑면에서 0.8m 이상 1.1m이내에 설치되어야 한다.
④ 급정지 장치의 조작부에 사용하는 줄은 사용 중 늘어져서는 안 되며 충분한 인장강도를 가져야 한다.

해설

급정지 거리

앞면 롤러의 표면속도(m/min)	급정지 거리
30 미만	앞면 롤러 원주의 1/3 이내
30 이상	앞면 롤러 원주의 1/2.5 이내

29 아세틸렌 용접장치에서 사용하는 발생기실의 구조에 대한 요구사항으로 틀린 것은?

① 벽의 재료는 불연성 재료를 사용할 것

② 천장과 벽은 견고한 콘크리트 구조로 할 것

③ 출입구의 문은 두께 1.5mm 이상의 철판, 기타 이와 동등 이상의 강도를 가진 구조로 할 것

④ 바닥면적의 16분의 1 이상의 단면적을 가진 배기통을 옥상으로 돌출시킬 것

해설

지붕 천정에는 얇은 철판이나 가벼운 불연성 재료를 사용할 것.

30 크레인로프에 2ton의 중량을 걸어 20m/sec²의 가속도로 감아 올릴 때 로프에 걸리는 총 하중은 몇 kg인가?

① 682
② 6,082
③ 782
④ 7,082

해설

총 하중(W) = 정하중(W₁) + 동하중(W₂)

이 때, 동하중(W_2) $= \dfrac{W_1}{g} \times \alpha = \dfrac{2}{9.8} \times 20 = 4.08$

∴ 총 하중 = 2ton + 4.08ton = 6.082ton = 6,082kg

PART 4

전기설비 안전관리

전격재해 및 방지대책

01 전기재해의 종류 및 특성

1. 재해의 종류

- 전격(감전)
- 과열
- 전기 스파크
- 정전기사고
- 화재
- 폭발
- 화상 등

2. 전기재해의 특성

- 전기재해는 보통 저압일 때 발생하는 경우가 많다.
- 사망률이 매우 높아 전체 평균 사망률이 약 10배에 이르나 발생빈도는 낮다.

02 전격현상의 메커니즘 및 위험도 결정조건

1. 전격현상의 메커니즘
- 심실세동에 의한 혈액순환기능의 상실
- 뇌의 호흡중추신경 마비에 따른 호흡중지
- 흉부수축에 의한 질식

2. 전격 위험도 결정조건
(1) 1차적 감전위험요소
- 통전전류의 크기
- 전원의 종류(교류·직류)
- 통전경로
- 통전시간

(2) 2차적 감전위험요소
- 인체의 조건(저항)
- 전압
- 주파수
- 계절

03 통전전류에 의한 인체의 영향

1. 통전전류의 크기와 인체에 미치는 영향

(1) 최소감지전류(1mA 정도) : 통전되는 전류를 느낄 수 있는 정도의 전류치를 의미한다.

(2) 고통한계전류(7 ~ 8mA 정도) : 고통을 참을 수 있는 한계의 전류치를 의미한다.

(3) 마비한계전류(10 ~ 15mA 정도) : 인체 각부의 근육이 수축현상을 일으키고 신경이 마비되어 신체를 자유로이 움직일 수 없게 되는 경우의 전류치를 의미한다.

(4) 심실세동전류(치사전류) : 전류의 일부가 심장부분을 흐르게 되면 심장은 정상적인 맥동을 하지 못하고 불규칙한 세동을 일으키며 혈액순환이 곤란하게 되고 심장이 마비되는 현상을 초래하는데 이러한 경우를 심실세동이라 하며 이 때의 전류치를 의미한다.

· 심실 세동 전류와 통전시간과의 관계

$$I = \frac{165}{\sqrt{T}} (\text{mA})$$

여기서, I : 심실세동전류(mA)

T : 통전시간(sec)

· 심실 세동을 일으키는 전기에너지 값

$$W = I^2 RT$$

여기서, W : 전기에너지

R : 전기저항(Ω)

T : 통전시간(sec)

$$W = I^2 RT = \left(\frac{165}{\sqrt{T}} \times 10^{-3}\right)^2 \times 500 \times T = 13.6\text{W·sec} = 13.6\text{Joule} = 3.3\text{cal}$$

2. 저압전기기기의 전류의 크기에 따른 감전의 영향

· 1mA : 전기를 느낄 정도

· 5mA : 상당한 고통을 느낌

· 10mA : 견디기 어려운 정도의 고통

· 20mA : 근육의 수축이 심해 의사대로 행동불능

· 50mA : 상당히 위험한 상태

· 100mA : 치명적인 결과 초래

3. 통전 경로별 위험도

통전경로	위험도	통전경로	위험도
왼손 - 가슴	1.5	왼손 - 등	0.7
오른손 - 가슴	1.3	한손 또는 양손 - 앉아있는 자리	0.7
왼손 - 한발 또는 양발	1.0	왼손 - 오른손	0.4
양손 - 양발	1.0	오른손 - 등	0.3
오른손 - 한발 또는 양발	0.8		

4. 가수전류 및 불수전류

(1) 가수전류(Let - go Current) : 인체가 자력으로 이탈할 수 있는 전류를 말하며 전원이 교류인
경우를 이탈전류, 직류인 경우를 해방 전류라고 한다.
- 60Hz 정현파 교류에 의한 가수전류(이탈전류 또는 마비한계전류) : 10 ~ 15mA
- 직류에 의한 가수전류 : 남자는 73.7mA, 여자의 경우는 50mA

(2) 불수전류(Freezing Current) : 자력으로 이탈할 수 없는 전류로서 교착전류라고도 한다.

5. 전류, 전압, 저항의 관계식

(1) 전류값 산정식

$$I = \frac{E}{R}$$

여기서, I : 전류(A)

　　　　E : 전압(V)

　　　　R : 저항(Ω)

(2) 인체통전전류(I_m)

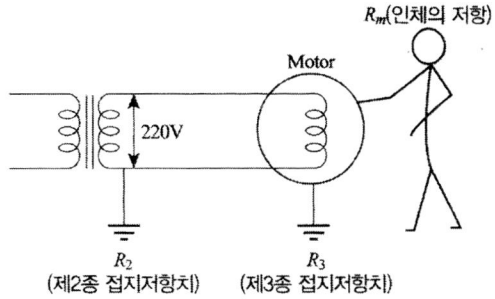

$$I_m = \frac{E}{R_m\left(1 + R_2/R_3\right)}$$

여기서, I_m : 인체에 흐르는 전류

　　　　E : 대지 전압

　　　　R_2 : 제2종 접지 저항식

　　　　R_3 : 제3종 접지 저항식

　　　　R_m : 인체저항

04 인체의 전기저항 및 안전전압

1. 인체 각부의 전기저항

(1) 건조한 피부의 전기 저항 : 약 2,500Ω
- 피부에 땀이 났을 경우 : 1/12 ~ 1/20 정도로 감소
- 피부가 물에 젖어 있을 경우 : 1/25 정도로 감소

(2) 내부조직저항 : 300Ω

(3) 발과 신발, 신발과 대지사이의 저항
- 발과 신발사이의 저항 : 1,500Ω
- 신발과 대지사이의 저항 : 700Ω

(4) 전체 저항 값 : 5,000Ω

2. 인체피부의 전기저항에 영향을 주는 요인
- 인가전압의 크기와 전류의 세기
- 접촉 면적
- 인가 시간

3. 안전전압 및 허용 접촉전압

(1) 안전전압
- 한국 : 30V
- 일본 : 24 ~ 30V
- 독일 : 24V
- 영국 : 24V
- 네덜란드 : 50V

(2) 허용 접촉전압

종별	접촉 상태	허용접촉전압
제 1종	· 인체의 대부분이 수중에 있는 상태	2.5V
제 2종	· 인체가 현저히 젖어있는 상태 · 금속성의 전기기계장치나 구조물에 인체의 일부가 상시 접촉되어 있는 상태	25V 이하
제 3종	· 제1종 및 제2종 이외의 경우로써 통상의 인체상태에 있어서 접촉전압이 가해지면 위험성이 높은 상태	50V 이하
제 4종	· 제3종의 경우로써 위험성이 낮은 상태 · 접촉전압이 가해질 위험이 없는 경우	제한 없음

(3) 허용접촉전압 산정식

$$E = \left(R_b + \frac{3R_s}{2}\right) \times I_k$$

여기서, E : 허용접촉전압(V)

R_b : 인체의 저항률(Ω)

R_S : 지표상층저항(Ωm)

I_K : 심실세동전류($0.165/\sqrt{T}$ (A))

05 감전사고 발생 후의 처리 및 응급조치

1. 감전사고 발생 후의 처리 순서

- 스위치를 끄고 구출자 본인의 방호조치 후 신속하게 상해자를 구출할 것
- 즉시 인공호흡을 실시할 것
- 생명 소생 후 병원에 후송할 것

2. 전격시 응급조치

(1) 감전재해자의 관찰사항

- 호흡, 맥박, 의식의 상태
- 출혈, 골절유무(고소 추락시)
- 입술과 피부의 색깔, 체온의 상태

(2) 감전에 의한 국소증상

- 피부의 광성 변화 : 감전사고시 전선로의 선간단락 및 지락사고로 전선이나 단자 등의 금속분자가 가열 용용되어 피부 속으로 녹아들어가는 현상을 의미한다.
- 표피박탈 : 전선로나 기계·기구에서 선간단락, 고전압에 의한 아크 등으로 폭발적인 고열이 발생하여 인체의 표피가 벗겨져 떨어지는 현상을 의미한다.
- 전문(雷紋) : 감전전류의 유출입 부분에 회백색 또는 붉은색의 수지상선이 나타나는 현상을 의미한다.
- 전류반점 · 감전 시 특유의 피부손상이며 푸르스름하게 또는 회백색의 반점이 생기는 현상을 의미한다.
- 기타 : 감전성 궤양 등이 있다.

(3) 인공호흡

- 인공호흡은 분당 12 ~ 15회(4초 간격)의 속도로 30분 이상 반복 실시한다.
- 인체의 호흡이 멎고 심장이 정지되었다 하더라도 인공호흡을 계속 실시하는 것이 좋다.
- 인공호흡에 의한 소생 비율은 다음과 같다.

호흡정지에서 인공호흡개시까지의 경과시간	소생률(%)
1분	95
2분	90
3분	75
4분	50
5분	25
6분	10

06 감전사고 방지

1. 감전사고의 방지대책
- 전기기기 및 설비의 위험부에 위험표시
- 보호접지의 실시
- 전기설비의 점검철저
- 전기기기 및 설비의 정비 철저
- 고전압 선로 및 충전부에 근접하여 작업하는 경우 보호구 착용
- 충전부가 노출된 부분에는 절연 방호구 사용
- 유자격자이외는 전기기계 및 기구에 접촉금지
- 안전 관리자는 작업에 대한 안전교육 실시
- 사고발생시의 처리순서를 미리 작성하여 둘 것

2. 전기기계·기구에 의한 감전방지대책
(1) 직접 접촉에 의한 감전방지
- 충전부 전체를 절연할 것
- 노출형 배전설비 등은 폐쇄 배전반형으로 하고 전동기 등은 적절한 방호구조의 형식을 사용할 것
- 설치장소의 제한
- 별도의 실내 또는 울타리 등을 설치하고 시건 장치를 할 것

(2) 보호전지 실시

(3) 교류 아크용접기의 감전방지
- 자동전격방지장치를 설치하여 2차측의 무부하 전압을 30V 이하로 유지시킬 것

(4) 누전에 의한 감전방지
- 전기적 절연
- 누전차단기의 설치
- 이중 절연기기의 사용

(5) 비접지식 전로 및 절연 변압기의 사용

(6) 안전전압 전원의 사용

07 전자파의 종류 및 전자파 장해의 방지대책

1. 전자파의 종류

- 자외선 및 적외선·가시광선 등
- 감마(Gamma)선 및 X선
- 마이크로파, 라디오파, 극저주파
- 레이저광선 등

2. 전자파 장해(EMI)의 방지대책

- 전자경로의 차폐·흡수 등 대책 실시
- 저지필터 설치
- 접지 실시

전기설비기기 및 전기 작업안전

01 전기설비 및 기기

1. 배전반 및 분전반

(1) 배전반(Switch Board) : 송배전계통과 전력기기의 상태를 상시 감시하고 차단기 등의 개폐상태를 한눈에 볼 수 있으며 변전소내의 기기를 원격 제어할 수 있도록 계기, 계전기, 제어스위치 등을 한곳에 집중시켜 놓은 것을 말한다.

(2) 분전반(캐비넷 : Cabinet)

   (가) 분기회로용의 배전반으로 과전류차단기, 주개폐기, 분기개폐기 등을 수납한 것이다.

   (나) 건물 등에서 배전반으로부터 각층으로 분기한 분기간선에서 부하로 분기하는 곳에 설치한다.

   (다) 과전류, 단락사고 등을 최소범위로 방지한다.

   (라) 분전반의 종류

      · 텀블러식 분전반

      · 브레이커식 분전반

      · 나이프식 분전반

2. 개폐기(Switch)

(1) 정의 : 전기회로의 개폐 혹은 접속의 전환을 하는 장치를 의미한다.

(2) 개폐기의 분류

   (가) 주상유입개폐기(POS)

      · 고압개폐기로서 반드시 [개폐]의 표시를 하여야 한다.

      · 배전선로의 개폐 및 타 계통으로 변환, 고장 구간의 구분, 부하전류의 차단 및 콘덴서의 개폐, 접지사고의 차단 등에 사용된다.

   (나) 부하 개폐기

      · 부하상태에서 개폐할 수 있는 것으로 리클로우저, 차단기 등이 있다.

        ① 리클로우저(Recloser) : 자동차단, 자동재투입의 능력을 가진 개폐기를 의미한다.

② 차단기(OLB) : 부하상태에서 개폐할 수 있는 개폐기를 의미한다.

(다) 단로기(DS)

· 무부하 회로에서 개폐하는 것이다.

· 차단기의 전후 또는 차단기의 측로회로 및 회로접속의 변환에 사용된다.

(라) 자동 개폐기

· 시한 개폐기 : 옥외의 신호회로 등에 사용한다.

· 전자 개폐기 : 단추를 눌러서 개폐하는 방식으로 과부하보호용으로 적합하며 전동기의 기동과 정지에 많이 사용한다.

· 스냅 개폐기 : 전열기, 전등점열, 소형 전동기의 기동과 정지에 사용한다.

· 압력 개폐기 : 압력 변화에 의해 작동하는 방식으로 옥내 급수용, 배수용 등의 전동기 회로에 사용한다.

(마) 저압 개폐기

· 스위치 내부에 퓨즈를 삽입한 개폐기이다.

· 안전 개폐기, 박스 개폐기, 칼날형 개폐기, 커버 개폐기 등이 있다.

3. 과전류 보호기

(1) 퓨즈(Fuse) : 전기회로가 단락되었을 때 순간적으로 전원을 차단시켜 전기기계기구나 배선을 보호하는 역할을 한다.

(가) 퓨즈의 재료 : 납, 주석, 아연, 알루미늄 및 이들의 합금

(나) 퓨즈 선택 시 고려사항

· 정격전압

· 정격전류

· 차단용량

· 사용 장소

(다) 퓨즈의 정격용량

· 저압용 포장 퓨즈 : 정격전류의 1.1배

· 고압용 포장 퓨즈 : 정격전류의 1.3배

· 고압용 비포장 퓨즈 : 정격전류의 1.25배

(2) 과전류 차단기

(가) 차단기 : 평상시의 전류 및 고장시의 전류를 보호계전기와의 조합에 의하여 안전하게 차단하고 전로 및 기구를 보호하는 것

(나) 차단기의 종류

- 공기차단기(ABB) : 압축공기로 아크를 소호하는 차단기
- 기중차단기(ACB) : 대기 중에서 아크를 길게하여 소호실에 의하여 냉각 차단하는 차단기
- 애자형차단기(PCB) : 탱크형 유입차단기를 개량한 차단기
- 가스차단기(GCB) : 아크의 소호 매질로 가스를 사용한 차단기
- 진공차단기(VCB) : 진공 속에서 전극을 개폐하여 소호하는 방식
- 자기차단기(MBB) : 대기 중에서 전자력을 사용하여 아크를 소호실내로 유도하여 냉각 차단하는 것
- 배선용차단기(NFB, No Fuse Breaker) : 평상시에는 수동으로 개폐하고, 과부하전류나 단락시에는 자동적으로 과전류를 차단하는 것
- 유입차단기(OCB) : 탱크 속에 절연유를 넣어 유중 개폐하는 차단기

(다) 배선용차단기의 특성

- 정격전류의 1배에 견디어야 한다.

□참고

정격전류에 따른 자동작동시간

정격전류의 구분	자동 작동 시간	
	정격전류의 1.25배의 전류가 흐를때(분)	성격전류의 2배의 전류가 흐를때(분)
30A 이하	60	2
30 ~ 50A 이하	60	4
50 ~ 100A 이하	120	6
100 ~ 225A 이하	120	8

(라) 유입차단기의 작동 순서

- 절연유 온도는 90℃ 이하, 자연소호식이며 절연유 속에서 과전류를 차단한다.
- 유입차단기의 작동순서는 다음과 같다.

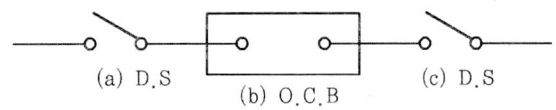

(a) D.S   (b) O.C.B   (c) D.S

① 투입순서 : (c) - (a) - (b)

② 차단순서 : (b) - (c) - (a)

· 바이패스 회로 설치 시 유입차단기의 작동순서는 다음과 같다.

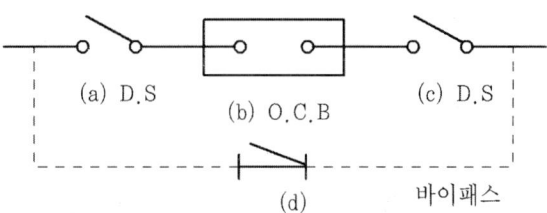

(a) D.S (b) O.C.B (c) D.S

(d) 바이패스

① 작동순서 : (d)투입, (b), (c), (a) 차단

(3) 누전차단기(Earth Leakage Breaker)

(가) 누전차단기의 종류에 따른 동작시간

종류	동작 시간	정격감도전류(mA)	비 고
고속형	정격감도전류에서 0.1초 이내	5, 10, 15, 30	전압 동작형
보통형	정격감도전류에서 0.2초 이내		전류 동작형
시연형 (지연형)	정격감도전류에서 0.1초 초과 2초 이내		대계통의 모선보호용

(나) 누전차단기를 접속하는 경우 준수사항

· 전기기계·기구에 설치되어 있는 누전차단기는 [정격감도전류가 30mA 이하]이고 [작동 시간은 0.03초 이내]이어야 한다. 다만, 정격전부하전류가 50A 이상인 전기기계·기구에 접속되는 누전차단기는 오작동을 방지하기 위하여 정격감도전류는 200mA 이하로 작동시간은 0.1초 이내로 할 수 있다.

· 분기회로 또는 전기기계·기구마다 누전차단기를 접속시켜야 한다. 다만, 평상시 누설전류가 매우 적은 소용량 부하의 전로에는 분기회로에 일괄하여 접속할 수 있다.

· 누전차단기는 배전반 또는 분전반 내에 접속하거나 꽂음 접속기형 누전차단기를 콘센트에 접속하는 등 파손이나 감전 사고를 방지할 수 있는 장소에 접속해야 한다.

· 지락보호전용 기능만 있는 누전차단기는 과전류를 차단하는 퓨즈나 차단기 등과 조합하여 접속하여야 한다.

(다) 누전차단기를 설치해야할 전기 기계·기구

· 대지전압이 150볼트를 초과하는 이동형 또는 휴대형 전기기계·기구

· 물 등 도전성이 높은 액체가 있는 습윤 장소에서 사용하는 저압(1.5kV 이하 직류전압이나 1kV 이하의 교류전압)용 전기기계·기구

- 철판·철골 위 등 도전성이 높은 장소에서 사용하는 이동형 또는 휴대형 전기기계·기구
- 임시배선의 전로가 설치되는 장소에서 사용하는 이동형 또는 휴대형 전기기계·기구

(라) 누전차단기의 설치 및 접지의 적용 제외대상
- 이중절연구조일 것
- 비접지방식의 전로
- 절연대 위에서 사용하는 것

(마) 누전차단기 설치 제외대상
- 기계·기구를 취급자 이외의 사람이 출입할 수 없도록 시설하는 경우
- 기계·기구를 건조한 곳에 시설하는 경우
- 대지전압 300V 이하인 기계·기구를 건조한 곳에 시설하는 경우
- 기계·기구에 설치한 접지 저항 값이 3Ω 이하인 경우

(바) 누전차단기의 선정 시 주의사항
- 누전차단기는 동작시간이 0.1초 이하의 가능한 한 짧은 시간의 것을 사용해야 한다.
- 절연저항이 $5M\Omega$ 이상이 되어야 한다.
- 누전차단기는 접속된 각각의 휴대용, 이동용 전동기기에 대해 정격감도전류가 30mA 이하의 것을 사용해야 한다.
- 정격부 동작전류가 정격감도전류의 50% 이상이고 또한 이들의 차가 가능한 한 작은 값을 사용해야 한다.

(사) 누전차단기의 설치 시 환경 조건
- 주위온도(-10 ~ 40℃ 범위 내에서 성능이 발휘할 수 있도록 구조 및 기능의 설계)에 유의할 것.
- 표고 1,000m 이하의 장소에 설치할 것.
- 습도가 적은 장소(상대습도 45 ~ 80% 사이에서 사용)에 설치할 것.
- 전원전압의 변동(전원전압이 정격전압의 85 ~ 110% 사이에서 성능을 만족)에 유의할 것.

(4) 보호계전기

(가) 정의 : 전로에 이상 현상이 발생하면 곧 이것을 검출하여 고장구간을 신속하게 차단하는 등 확실한 조치를 취하는 기구

(나) 구비조건
- 고장상태를 식별하여 정도를 판단할 수 있을 것
- 고장개소를 정확히 선택할 수 있을 것

• 동작이 예민하고 오동작을 하지 않을 것

(다) 사용조건

• 주위온도가 –10℃ ~ 40℃이하일 것

• 주파수의 변동은 ±5%이내일 것

• 이상진동의 위험이 없는 상태일 것

(라) 용도에 의한 분류

• 과전류계전기(OCR) : 전류가 일정한 값 이상으로 흘렀을 때 동작하는 것으로 발전기, 변압기, 전선로 등의 단락 보호용으로 사용한다.

• 과전압계전기(OVR) : 전압이 일정한 값 이상으로 흘렀을 때 동작하는 것으로 배선계 또는 리액터(Reactor)계에서 접지사고의 검출 등에 사용한다.

• 차동계전기(DFR) : 두 점에서 전류가 같을 때는 동작하지 않으나 고장 시 전류의 차가 생기면 동작하는 계전기로 전압차동계전기와 전류차동계전기 등이 있다.

• 선택단락계전기(SSR) : 평행 2회선의 단락, 고장회선의 선택에 사용되는 것으로 차동원리를 이용한 것이며 평형 계전기라고도 한다.

• 비율차동계전기(RDFR) : 고장시의 불균형 차전류가 평형전류의 어떤 비율 이상이 되었을 때 작동하는 것으로 변압기의 내부고장 보호용으로 사용한다.

• 방향단락계전기(DSR) : 일정한 방향으로 일정한 전류가 흘렀을 때 동작하는 것으로 변전소에서 선로의 고장을 검출하기 위해 사용되며, 지향성계전기라고도 한다.

• 거리계전기(ZR) : 동작시한이 계전기의 설치점에서 고장점까지의 전기적 거리에 비례하는 것으로 여기에 방향성을 가지도록 한 것을 방향거리 계전기라 한다.

• 온도계전기(TR) : 어떤 일정한 온도 이상으로 되었을 때 동작하는 것으로 기기의 과부하보호용으로 사용된다.

• 접지계전기(GR) : 접지사고의 보호에 쓰이는 것으로 종류에는 과전류접지계전기, 방향접지계전기, 선택접지계전기 등이 있다.

(마) 동작시한에 의한 분류

• 반한 시계 전기 : 동작전류가 클수록 시한이 짧아지는 계전기

• 정한 시계 전기 : 일정시한으로 동작하는 계전기

• 순한 시계 전기 : 동작 시한이 0.3초 이내인 계전기

(5) 변압기

(가) 변압기의 보호계전방식

- 과전류계전방식 : 지속적 과부하에 의한 과열
- 차동계전방식 : 부싱사고, 내부고장
- 부흐홈쯔계전기 및 압력계전기 : 내부고장

(나) 변압기 절연유의 구비조건

- 절연내력이 클 것
- 점도가 낮고 냉각효과가 클 것
- 인화점이 높고, 응고점이 낮을 것
- 고온에서도 산화하지 않을 것
- 절연재료와 화학작용을 일으키지 않을 것

4. 피뢰장치

(1) 피뢰기의 설치장소

(가) 고압 또는 특별고압의 전로 중에서 다음의 장소에 설치할 것

- 발전소, 변전소의 가공 전선의 인입구 및 인출구
- 가공 전선로에 접속하는 특고압 옥외배전용 변압기의 고압측 및 특고압측
- 고압가공 전선로에서 수전하는 500kW 이상의 수용장소의 인입구
- 특고압 가공 전선로에서 수전하는 수용장소의 인입구

(나) 배전선로 차단기, 개폐기의 전원측 및 부하측

(다) 콘덴서의 전원측

(2) 피뢰기의 성능

- 반복동작이 가능할 것
- 구조가 견고하며 특성이 변화하지 않을 것
- 점검·보수가 간단할 것
- 충격방전 개시전압과 제한전압이 낮을 것
  (피뢰기의 충격방전개시전압 = 공칭전압 × 4.5배)
- 뇌전류의 방전능력이 크고, 속류의 차단이 확실하게 될 것

(3) 피뢰기 설치시 안전조치사항

(가) 화약류 또는 위험물을 저장하거나 취급하는 시설물에는 피뢰침을 설치할 것

(나) 피뢰침 설치 시 준수할 사항

- 피뢰침의 보호각은 45°이하로 할 것
- 피뢰침을 접지하기 위한 접지극과 대지간의 접지저항은 10Ω이하로 할 것
- 피뢰침의 접지극을 연결하는 피뢰도선은 단면적이 30mm² 이상인 동선을 사용하여 확실하게 접속할 것
- 피뢰침은 가연성 가스등이 누설될 우려가 있는 밸브 게이지 및 배기구 등은 시설물로부터 1.5m 이상 떨어진 장소에 설치할 것

> □참고
> **피뢰설비의 설치**
> [산업표준화법]에 따른 한국산업표준에 적합한 피뢰설비를 사용해야 한다.

(4) 피뢰기의 종류

- 방출형 피뢰기 : 배전선로에 주로 많이 설치한다.
- 저항형 피뢰기 : 밴드만피뢰기, 멀티캡피뢰기 등이 있다.
- 밸브형 피뢰기 : 벨트형산화막피뢰기(구조가 간단하고 가격이 저렴하여 배전선로용으로 사용), 알루미늄셀피뢰기, 오토밸브피뢰기 등이 있다.
- 밸브저항형 피뢰기 : 드라이밸브피뢰기, 래지스트밸브피뢰기, 사이라이트피뢰기 등이 있다.
- 종이 피뢰기 : P-밸브피뢰기로 비밀폐형이다.

(5) 피뢰침의 보호범위 및 보호여유도

(가) 피뢰침의 보호범위(보호각도)

- 위험물, 폭발물 등의 저장소 : 45° 이하
- 일반건축물 : 60° 이하
- 폭이 큰 건축물에 두개 설치 시 : 외각 45° 이하, 내각 60° 이하

(나) 피뢰침의 보호여유도

$$여유도(\%) = \frac{충격절연강도 - 제한전압}{제한전압} \times 100$$

(6) 피뢰침의 접지공사
- 피뢰침의 종합접지 저항치는 10Ω 이하, 단독접지 저항치는 20Ω 이하일 것
- 타접지극과의 이격거리는 2m 이상일 것
- 접지극을 병렬로 하는 경우의 간격은 2m 이상일 것
- 지하 50m 이상의 곳에서는 $30mm^2$ 이상의 나동선으로 접속할 것
- 각 인하도선마다 1개 이상의 접지극을 접속할 것

(7) 피뢰침의 점검(검사)사항
- 접지저항측정(가장 중요한 사항)
- 지상의 각 접속부의 검사
- 지상에서 단선, 용융, 기타 손상개소의 유무검사

02 전기 작업 안전

1. 전기 작업 안전대책의 3가지 기본적 조건

- 전기설비의 품질 향상 : 전기설비의 품질이 기술기준에 적합하고 신뢰성 및 안전성이 높아야 한다.
- 전기시설의 안전관리확립 : 시설의 운용 및 보수의 적정화를 꾀한다.
- 취급자의 자세 : 취급자의 관심도를 높이고 안전작업을 위한 작업지침을 확립한다.

2. 정전작업

(1) 전로차단의 절차(정전작업시의 안전조치사항)

- 전기기기 등에 공급되는 모든 전원을 관련 도면, 배선도 등으로 확인할 것.
- 전원을 차단한 후 각 단로기 등을 개방하고 확인할 것.
- 차단장치나 단로기 등에 잠금장치 및 꼬리표를 부착할 것.
- 개로된 전로에서 유도전압 또는 전기에너지가 축적되어 근로자에게 전기위험을 끼칠 수 있는 전기기기 등은 접촉하기 전에 잔류전하를 완전히 방전시킬 것.
- 검전기를 이용하여 작업 대상 기기가 충전되었는지를 확인할 것.
- 전기기기 등이 다른 노출 충전부와의 접촉, 유도 또는 예비동력원의 역송전 등으로 전압이 발생할 우려가 있는 경우에는 충분한 용량을 가진 단락 접지기구를 이용하여 접지할 것.

(2) 정전작업 후 재통전시 안전조치사항

- 작업기구, 단락 접지기구 등을 제거하고 전기기기 등이 안전하게 통전될 수 있는지를 확인할 것.
- 모든 작업자가 작업이 완료된 전기기기 등에서 떨어져 있는지를 확인할 것.
- 잠금장치와 꼬리표는 설치한 근로자가 직접 철거할 것.
- 모든 이상 유무를 확인한 후 전기기기 등의 전원을 투입할 것.

(3) 정전작업시의 정전작업요령의 내용

- 작업책임자의 임명, 정전범위 및 절연용보호구 작업시작 전 점검 등 작업시작 전에 필요한 사항
- 전로 또는 설비의 정전순서에 관한 사항

- 개폐기관리 및 표지판 부착에 관한 사항
- 정전확인순서에 관한 사항
- 단락접지실시에 관한 사항
- 전원재투입 순서에 관한 사항
- 점검 또는 시운전을 위한 일시운전에 관한 사항
- 교대 근무 시 근무인계에 필요한 사항

□ 참고

정전 작업

(1) 정전 작업 시 안전조치 사항

단계조치	실무사항(조치사항)
작업 전	・작업지휘자에 의한 작업내용의 주지 철저 ・개로개폐기의 시건 또는 표시(잠금장치 및 꼬리표 부착) ・잔류전하의 방전 ・검전기에 의한 정전확인 ・단락접지 ・일부 정전 작업 시 정전선로 및 활선선로의 표시 ・근접활선에 대한 방호
작업 중	・작업지휘자에 의한 지휘 ・개폐기의 관리 ・단락접지의 수시확인 ・근접활선에 대한 방호상태의 관리
작업 종료 시	・단락접지기구의 철거 ・표지의 철거 ・작업자에 대한 위험이 없는 것을 확인 ・개폐기를 투입해서 송전재개

(2) 정전 작업 순서
- 정전작업시의 작업순서
  : 개폐기 시건 장치 - 잔류전하방전 - 전로검진 - 단락접지설치 - 작업
- 정전작업종료시 통전을 위한 순서
  : 단락접지기구철거 - 위험표시철거 - 작업자에 대한 위험성여부 확인 - 개폐기 투입

3. 전기의 압력분류 및 방호조치

(1) 전기의 압력분류

압 력 분 류	직 류	교 류
저압	1.5kV 이하	1kV 이하
고압	1.5kV ~ 7kV 이하	1kV ~ 7kV 이하
특별고압	7kV 초과	7kV 초과

(2) 방호조치

(가) 고압 충전로 작업시 이격거리

전 로 의 전 압	이 격 거 리
특별고압 (7,000V 초과)	2m
고압 (1,000 ~ 7,000V 이하)	1.2m
저압 (1,000V 이하)	1m

(나) 특고압 가공전선과의 이격거리

구분	전압의 범위	이격 거리
건조물, 도로 등과 접촉, 교차	35kV 이하	3m
	35kV 초과	3m +A*
삭도 및 식물과의 이격거리	35kV 이하	2m
	35kV 초과 60kV 이하	2m
	60kV 초과	2m + B**
가공약전선 및 특고압 상호간	60kV 이하	2m
	60kV 초과	2m + C***

* A : 35kV를 초과하는 매 10kV마다 또는 그 단수마다 15cm씩 가산한 값

** B : 60kV를 초과하는 매 10kV마다 또는 그 단수마다 12cm씩 가산한 값

*** C : 60kV를 초과하는 매 10kV마다 또는 그 단수마다 12cm씩 가산한 값

4. 충전전로에서의 전기 작업(활선작업 및 활선근접작업)

(1) 충전전로를 취급하거나 그 인근에서 작업 시 조치사항

(가) 충전전로의 정전 : 충전전로를 정전시키는 경우에는 정전전로에서의 전기 작업(전로차단 절차 및 정전 작업 후 조치사항 등)에 따른 조치를 할 것.

(나) 충전전로의 방호·차폐 및 절연 등의 조치를 하는 경우 : 근로자의 신체가 전로와 직접 접촉하거나 도전재료, 공구 또는 기기를 통하여 간접 접촉되지 않도록 할 것.

(다) 충전전로 취급 작업 : 작업에 적합한 절연용 보호구를 착용시킬 것.

(라) 충전전로에 근접한 장소에서 전기 작업 : 해당 전압에 적합한 절연용 방호구를 설치할 것. (단, 저압인 경우 절연용 보호구를 착용하되, 충전전로에 접촉할 우려가 없는 경우에는 절연용 방호구 설치는 제외)

(마) 고압 및 특별고압의 전로에서 전기 작업 : 활선작업용 기구 및 장치를 사용하도록 할 것.

(바) 절연용 방호구의 설치·해체작업 : 절연용 보호구를 착용하거나 활선작업용 기구 및 장치를 사용하도록 할 것.

(사) 유자격자가 아닌 근로자가 충전전로 인근의 높은 곳에서 작업할 때에 조치사항
- 대지전압이 50kV 이하인 경우 : 300cm 이내로 접근할 수 없도록 할 것.
- 대지전압이 50kV를 넘는 경우 : 10kV당 10cm씩 더한 거리 이내로 접근할 수 없도록 할 것.

(아) 유자격자가 충전전로 인근에서 작업하는 경우 : 다음 항목의 경우를 제외하고는 노출 충전부에 다음 표에 제시된 접근한계거리 이내로 접근하거나 절연 손잡이가 없는 도전체에 접근할 수 없도록 할 것.
- 근로자가 노출 충전부로부터 절연된 경우 또는 해당 전압에 적합한 절연장갑을 착용한 경우
- 노출 충전부가 다른 전위를 갖는 도전체 또는 근로자와 절연된 경우
- 근로자가 다른 전위를 갖는 모든 도전체로부터 절연된 경우

[참고] 접근한계거리

충전전로의 선간전압(단위 : kV)	충전전로에 대한 접근 한계거리(단위 : cm)
0.3 이하	접촉금지
0.3 초과 0.75 이하	30
0.75 초과 2 이하	45
2 초과 15 이하	60
15 초과 37 이하	90
37 초과 88 이하	110
88 초과 121 이하	130
121 초과 145 이하	150
145 초과 169 이하	170
169 초과 242 이하	230
242 초과 362 이하	380
362 초과 550 이하	550
550 초과 800 이하	790

(2) 절연되지 않은 충전부나 그 인근에 근로자가 접근하는 것을 막거나 제한할 필요가 있는 경우
- 방책을 설치하고 근로자가 쉽게 알아볼 수 있도록 할 것.
- 전기와 접촉할 위험이 있는 경우에는 도전성이 있는 금속제 방책을 사용하거나, 접근 한계거리 이내에 설치하지 않을 것.

(3) 방책 설치가 곤란한 경우 : 근로자를 감전위험에서 보호하기 위하여 사전에 위험을 경고하는 감시인을 배치할 것.

5. 충전전로 인근에서의 차량 · 기계장치 작업

(1) 충전전로 인근에서 차량, 기계장치 등의 작업이 있는 경우
- 차량 등을 충전전로의 충전부로부터 300cm 이상 이격시켜 유지시키되, 대지전압이 50kV를 넘는 경우는 10kV 증가할 때마다 10cm씩 증가시켜 이격시키도록 할 것.
- 차량 등의 높이를 낮춘 상태에서 이동하는 경우 : 이격거리를 120cm 이상(대지전압이 50kV를 넘는 경우에는 10kV 증가할 때마다 이격거리를 10cm씩 증가)으로 할 수 있음.

(2) 충전전로의 전압에 적합한 절연용 방호구 등을 설치한 경우
- 이격거리를 절연용 방호구 앞면까지로 할 수 있으며, 차량 등의 가공 붐대의 버킷이나 끝부분 등이 충전전로의 전압에 적합하게 절연되어 있고 유자격자가 작업을 수행하는 경우에는 붐대의 절연되지 않은 부분과 충전전로 간의 이격거리는 접근 한계거리까지로 할 수 있음.

(3) 방책 설치 및 감시인 배치
다음 각 호의 경우를 제외하고는 근로자가 차량 등의 그 어느 부분과도 접촉하지 않도록 방책을 설치하거나 감시인 배치 등의 조치를 할 것.
- 근로자가 해당 전압에 적합한 절연용 보호구 등을 착용하거나 사용하는 경우
- 차량 등의 절연되지 않은 부분이 접근 한계거리 이내로 접근하지 않도록 하는 경우

(4) 충전전로 인근에서 접지된 차량 등이 충전전로와 접촉할 우려가 있을 경우
지상의 근로자가 접지점에 접촉하지 않도록 조치할 것.

> □참고
>
> **시설물 건설 등의 작업시의 감전방지 조치사항**
> (1) 차량, 기계장치 등을 고압선으로부터 300cm 이상 이격시킬 것(50kV 초과시 10kV 증가할 때보다 이격거리를 10cm씩 증가시킬 것)
> (2) 감전의 위험을 방지하기위한 방책을 설치할 것
> (3) 충전전로에 절연용 방호구를 설치할 것
> (4) 감시인을 배치할 것

6. 안전작업공간

(1) 한쪽에만 통전부분이 있을 경우 : 75cm 이상의 작업 공간 유지

(2) 양쪽에 모두 충전부분이 있을 경우 : 135cm 이상의 작업 공간 유지

7. 전기 작업용 안전장구

(1) 절연용 보호구

　(가) 절연안전모

　　· 안전모의 종류 : AB(낙하 및 비래, 추락방지용), AE(낙하 및 비래, 감전방지용), ABE(낙하 및 비래, 추락, 감전방지용)

　　· 감전방지용 안전모(AE, ABE)의 내전압성 : 7,000V 이하의 전압에 견딜 것

　(나) 절연고무장갑

　　· 전기용 고무장갑 : 300V 초과 ~ 7,000V 이하의 작업에 사용

　　· 전기용 고무장갑은 유연성 및 탄력성이 있는 양질의 고무를 사용할 것

　　· 전기용 고무장갑은 다듬질이 양호하며 흠, 기포, 안구멍, 기타 사용상 유해한 결점이 없고 이은 자국이 없는 고른 것일 것

　　· 3,000 ~ 6,000V 정도의 고압충전전로에 사용 시는 고무장갑의 바깥쪽에 가죽장갑을 착용할 것

　(다) 절연고무장화

　　· 절연화 : 저압(교류 600V, 직류 750V 이하의 전압)의 전기에 의한 감전을 방지하기 위한 것

　　· 절연장화 : 저압 및 고압(7,000V 이하의 전압)의 전기에 의한 감전을 방지하기 위한 것

　(라) 절연복 : 상반신의 감전방지용으로 사용되는 것으로 내전압은 1,500V, 1분이다.

(2) 절연용 방호용구
- 완금 커버
- 방호관
- 고무 블랭킷
- 점퍼호스
- 애자후드
- 커트아웃스위치 커버
- 건축 지장용 방호판

(3) 활선 작업용 장구(공구)
- 활선 시메라 : 충전중인 고·저압전선을 장선하는 작업에 사용
- 활선카터 : 충전된 고압전선을 절단하는데 사용
- 커트아웃스위치 조작봉(배전용 후크봉) : 충전중인 고압 커트아웃스위치를 개폐할 때에 섬광에 의한 화상 등의 재해 방지를 위해 사용
- 디스콘 스위치 조작봉 : 충전부와의 절연거리를 유지하기 위하여 사용
- 점퍼선 : 부하전류를 일시적으로 측로로 통과시키기 위해 사용
- 기타 : 활선 스틱공구, 가완목, 활선작업대, 주상작업대, 활선애자청소기, 활선사다리 등

03 전기설비안전

1. 전 압

(1) 옥내전로의 대지전압의 제한 : 주택의 옥내전로의 대지전압은 150V 이하로 할 것(단, 백열전등, 방전등 및 이에 부속하는 전선에 사람이 접촉할 우려가 없을 경우는 대지전압이 300V 이하)

(2) 전압강하
  · 저압 배선중의 전압강하는 간선 및 분기회로에서 각각 표준전압의 2% 이하로 할 것. 단, 변압기에 의하여 공급되는 경우 간선의 전압강하는 3% 이하로 할 수 있다.
  · 전압 강하율 : 전압강하와 송전단 전압의 비

  $$전압강하율 = \frac{V_s - V_r}{V_s} \times 100(\%)$$

  여기서, V_s : 송전단 전압
  $\qquad\quad V_r$: 수전단 전압

2. 전선 및 케이블

(1) 전선의 종류 및 용도
  (가) 피복전선(절연전선)
    · 고무절연전선 : 저압옥내공사 또는 고압 가공선에 사용
    · 비닐절연전선
      ① 600V 비닐절연전선(IV) : 600V 이하의 옥내배선에 이용(습기, 물기가 많은 곳, 금속관 공사용)
      ② 옥외용 비닐절연전선(OW) : 저압가공 배전선로에 사용(옥외배선용)
      ③ 인입용 비닐절연전선(DV) : 저압가공 인입선에 사용(옥외인입배선용)
    · 옥외용 가교 폴리에틸렌 절연전선(DC) : 고압가공 전선로에 사용
  (나) 나전선
    · 절연피복이 없는 전선
    · 경동선(옥외배선용), 특별고압가공전선, 전차선 등으로 사용

(2) 전선의 구비조건 및 전선 굵기 결정시 고려사항
  (가) 전선의 구비조건
    · 도전율이 클 것

- 인장강도가 클 것
- 내식성이 클 것
- 접속이 쉬울 것
- 가요성이 풍부할 것

(나) 전선 굵기의 결정
- 허용 전류치
- 선로의 전압강하
- 기계적 강도(인장강도)

(3) 케이블의 종류
- 전력 케이블 : 폴리에틸렌 절연 비닐시드케이블, 비닐절연시드케이블 등
- 제어 케이블 : 일반 빌딩, 공장, 발수변전소, 기타 600V 이하인 제어회로에 사용되는 케이블
- 캡타이어 케이블 : 이동용 전기기구 또는 배선 등에 사용되는 케이블
- 코드 : 옥내에서 적하식 전등 및 기타 소형전기기구에 사용

(4) 케이블 공사
- 매설 깊이 : 차도 및 중량물의 압력을 받을 우려가 있는 장소의 매설깊이는 1.2m 이상, 그 밖의 장소는 0.6m 이상
- 매입할 때는 케이블 외경의 1.5배 정도의 관에 넣어서 시공
- 바닥이나 벽을 관통할 때는 두께 4mm 이상의 절연관 사용
- 지지점과의 거리 : 최고 2m

(5) 저압옥내배선의 굵기
- 전구선, 이동용 전선 : $0.75mm^2$ 이상
- 쇼윈도, 쇼케이스 내 : $0.75mm^2$ 이상의 캡타이어 케이블 또는 코드
- 전광표시, 출퇴표시 등 기타 유사한 것으로 다수의 전선을 금속관 등에 넣어 시설할 경우 : $1.2mm^2$ 이상
- 일반장소에서는 지름 1.6mm 이상의 연동선 또는 미네럴 인슐레이션 케이블(MI케이블)일 경우 : $1.25mm^2$ 이상

(6) 옥내 배선 공사

  (가) 애자사용공사

    · 전선은 절연 전선(옥외용 및 인입용 비닐 절연 전선은 제외) 일 것.

    · 전선 상호간의 간격은 6cm 이상일 것. (점검할 수 없는 은폐 장소에서 400V를 넘는 경우는 12cm 이상)

    · 전선과 조영재와의 이격거리는 400V 이하는 2.5cm 이상, 400V를 넘는 경우는 4.5cm일 것. (건조된 장소는 2.5cm 이상일 것)

    · 전개된 장소 또는 점검할 수 있는 은폐 장소로서 전선을 조영재의 상면 또는 측면에 따라 붙일 경우에는 전선의 지점간의 거리를 2m 이하로 할 것.

  (나) 합성 수지관 공사

    · 전선은 절연 전선(옥외용 비닐 절연 전선 제외) 일 것

    · 전선은 연선이어야 하나, 단선의 경우 지름 3.2mm (Al선은 지름 4mm)이하까지 사용이 가능함

    · 관의 지지점간의 거리는 1.5m 이하로 할 것

  (다) 금속관 공사

    · 전선에 관한 내용은 합성수지관의 경우와 같음.

    · 금속관의 두께는 콘크리트에 매설하는 것은 1.2mm 이상, 그 외의 경우는 1mm 이상일 것.

    · 400V 이하의 관은 3종 접지, 400V 초과의 경우는 특별 3종접지(사람의 접촉 우려가 없는 경우는 3종 접지)를 할 것.

(7) 가공전선의 높이(지면 기준)

전압의 구분		높이
저압	1,000V 이하	① 5m 이상 ② 도로의 횡단부 : 6m 이상 ③ 철도, 궤도의 횡단부 : 궤도면상 6.5m 이상 ④ 횡단보도교 : 노면상 3.5m 이상
고압	1,000V 초과 7,000V 이하	① 5m 이상 ② 전선의 밑에 보호망설치 및 위험표시를 할 경우 : 3.5m 이상
특고압	7,000V 초과 35,000V 이하	① 5m 이상 ② 도로의 횡단부 : 6m 이상
	35,000V 초과 160kV이하	① 6m 이상 ② 산지(사람의 출입이 없는 곳) : 5m 이상

3. 전로의 절연저항 및 절연내력

(1) 저압전로의 절연저항치(절연전선의 전기저항)

전로의 사용전압	DC 시험전압(V)	절연저항(MΩ)
SELV 및 PELV	250	0.5
FELV, 500(V) 이하	500	1.0
500(V) 이하	1,000	1.0

[참고]

특별저압(extra low voltage : 2차 전압이 AC 50V, DC 120V 이하)으로 SELV(비접지회로구성) 및 PELV(접지회로구성)은 1차와 2차가 전기적으로 절연된 회로, FELV는 1차와 2차가 전기적으로 절연되지 않은 회로

(2) 저압의 전선로의 누설전류는 최대공급전류의 1/2,000을 넘지 않도록 한다.

(3) 고압·특별고압 전로 및 기기의 절연내력시험은 전로와 대지간의 다음의 전압에 10분을 가하여 견딜 수 있어야 한다.

전로의 종류	시험 전압
7kV 이하	최대사용전압의 1.5배
	중성점 접지식 전로로서 다중접지식 중성선을 가지는 것은 0.92배의 전압
7kV 초과 60kV 이하	최대사용전압의 1.25배의 전압
60kV 초과	중성점 비접지식전로 : 최대사용전압 × 1.25배의 전압
	중성점 접지식전로 : 최대사용전압 × 1.1배의 전압
60kV초과 170kV 이하	중성점 직접접지식전로 : 최대사용전압 × 0.72배의 전압
170kV 초과	중성점 직접접지식전로 : 최대사용전압 × 0.64배의 전압

(4) 누설 전류 및 절연저항

- 저압전선로의 누설전류 $= 최대공급전류 \times \dfrac{1}{2,000}$ 이하

- 절연저항$(\Omega) = \dfrac{전압}{누설전류} = \dfrac{전압}{최대공급전류 \times 1/2,000}$

- 3상변압기의 절연저항$(\Omega) = \sqrt{3} \times 절연저항$

4. 접지설비

(1) 접지목적 및 접지목적에 따른 종류

(가) 접지의 목적

- 전기설비의 절연물이 열화 또는 손상되었을 때 누전전류에 의한 감전방지
- 고압선과 저압선이 혼촉되면 위험하므로 대지로 전류를 흘려보내기 위해서 접지
- 낙뢰에 의한 피해방지
- 송·배전선, 고전압모선 등에 지락사고 발생 시에 보호계전기를 신속하게 동작시키기 위해서임.
- 송·배전선로의 지락 사고 시 대전전위의 상승을 억제하고 절연강도를 경감시킴

(나) 접지목적에 따른 종류

- 계통접지 : 고압전류와 저압전로가 혼촉되었을 때의 감전이나 화재방지
- 기기접지 : 누전되고 있는 기기에 접촉되었을 때의 감전방지
- 피뢰기접지 : 낙뢰로부터 전기기기의 손상을 방지
- 정전기접지 : 정전기의 축적에 의한 폭발재해방지
- 지락검출용접지 : 누전차단기의 동작을 확실하게 하기 위한 접지
- 등전위접지 : 병원에 있어서의 의료기기 사용시의 안전도모

(2) 접지방식의 종류별 특징

- 비접지방식 : 중성점을 접지하지 않는 방법으로 1선지락 사고시 건전한 두선의 대지전압은 성형전압에서 선간전압으로 상승하고 대지 충전전류는 사고점을 흐른다.
- 직접접지방식 : Y결선 변압기의 중성점을 도선으로 직접 접지하는 방식을 의미한다.
- 저항접지방식 : 변압기의 중성점을 저항을 통하여 접지하는 방식으로 접지전류는 100 ~ 300A 정도이다.
- 소호 리액터접지 : 중성점을 소호 리액터를 통하여 접지하는 방식으로 1선 지락 전류가 0이 되도록 하는 접지방식을 의미한다.

(3) 접지공사의 종류 및 특징

접지종별	공작물 또는 기기의 종별
제1종	① 피뢰기 ② 고압 또는 특별고압용 기기의 철대 및 금속제 외함 ③ 주상에 설치하는 3상 4선식 접지계통 변압기 및 기기 외함 ④ 특고압계기용 변성기의 2차측 ⑤ 관동회로가 고압이며 동작전류가 1A가 넘는 방전등기구의 금속부분
제2종	① 주상에 설치하는 비접지계통의 고압주상 변압기의 저압측 중성점 ② 저압측의 한 단자와 그 변압기의 외함
제3종	① 철주, 철탑 등 ② 교류전차선과 교차하는 고압전선로의 완금 ③ 주상에 시설하는 고압 콘덴서, 고압전압조정기 및 고압개폐기 등 기기의 외함 ④ 옥내 또는 지상에 시설하는 400V 이하의 저압 기계·기구의 철대·외함 ⑤ 고압계기용 변성기의 2차측 ⑥ 보호망 및 보호선
특별 제3종	① 옥내 또는 지상에 시설하는 400V를 넘는 저압기계·기구의 철대·외함 ② 금속관공사의 고압옥측 전선로관 ③ 경질비닐관 공사에 의한 고압옥내 배선의 금속제 풀박스 등

(4) 접지 공사 시 사람이 접지선에 닿을 우려가 있는 장소에서의 유의사항

- 접지극(접지판, 접지관)의 지중 매설깊이는 75cm 이상으로 할 것
- 접지선을 철주 등의 금속체에 연하여 시공할 때에는 접지극 부근의 전위상승 억제를 위하여 접지극을 철주 등에서 1m 이상 떼어서 매설할 것
- 지중에 매설된 금속제 수도관로와 대지간의 전기저항치가 3Ω 이하인 값을 유지시는 금속제 수도관을 접지극으로 대용
- 접지선의 외상방지를 위해 지하 75cm에서 지상 2m까지의 부분에는 합성수지관이나 모울드로 덮을 것

(5) 접지저항 저감법

- 접지극의 매설깊이를 깊게 할 것
- 접지극의 수를 증가하여 이들을 병렬로 연결시킬 것
- 접지극의 크기를 크게 할 것
- 토양이 불량한 경우는 토질에 적합한 시공법을 택하거나, 접지저항저감제를 사용 토양을 개선할 것

(6) 접지공사가 생략되는 장소
- 건조한 장소에 설치한 직류 300V 또는 교류 대지전압이 150V 이하인 전기기계기구
- 목재 마루 등 건조한 장소에서 전기기기를 취급하는 곳
- 철대와 외함 주위에 절연대를 설치한 전기기계기구
- 사람이 쉽게 접촉되지 않게 목주 등에 높이 설치한 저압·고압용 전기기계기구(단, 절연성이 없는 철주상 등에 설치시는 접지공사를 해야 함)
- 전기용품 안전관리법의 적용을 받는 이중절연의 전기기계기구
- 누전차단기(정격감도전류 30mA 이하, 동작시간 0.03sec 이하의 전류동작형의 것에 한함) 로 보호된 저압전로의 기계기구

04 교류 아크용접작업의 안전

1. 아크용접시의 광선에 의한 장해 및 전격위험도

(1) 아크광선에 의한 장해

(가) 자외선

·현상 : 아크 용접 시 가장 많이 발생하여 전기성 안염을 일으킨다.

·응급조치 : 냉찜질 후 전문의에게 치료받는다.

(나) 적외선

·현상 : 백내장을 일으킨다.

·응급조치 : 2%의 붕산수용액으로 씻는다.

(2) 아크용접시의 전격위험 : 작업자가 홀더(Holder)의 충전부분이나 용접봉 등에 접촉되어 감전된 경우 통전전류는 다음 식에 의해서 구해진다.

$$I = \frac{E}{R_1 + R_2 + R_3}[A]$$

·I : 인체의 통전전류[A]

·E : 용접기의 출력측 무부하 전압[V]

·R_1 : 손, 홀더 용접봉 등의 접촉저항[Ω]

·R_2 : 인체의 내부저항[Ω]

·R_3 : 발과 대지의 접촉저항[Ω]

(3) 아크전압과 전류

(가) 일반적으로 아크전압은 낮으며 전류는 대전류이다.

(나) 아크전압전류의 특성 : 수하특성이라고 하며 이는 부하전류가 증가하면 단자전압이 저하하는 특성으로 아크를 안정시키는데 필요하다.

(다) 무부하 전압 : 용접기에 전원이 들어와 있으나 용접봉에서 아직 아크를 발생시키지 않은 상태의 전압으로 교류아크용접기는 70 ~ 100V(400A 이하는 85V, 500A이상은 95V 이하로 규정), 직류아크용접기는 50 ~ 60V 정도이다.

(라) 정격사용률 및 허용사용률

·정격사용률 : 아크 용접기는 연속적으로 아크를 발생시켜 사용하는 것이 아니므로 정격사용률이 규정되어 있다.

$$연천인율 = \frac{사상자수}{연평균근로자수} \times 1,000$$

- 허용사용률 산정식

$$허용사용률(\%) = 정격사용률 \times \frac{(정격2차전류)^2}{(실제용접전류)^2}$$

2. 교류아크용접기의 방호장치 및 감전방지대책

(1) 방호장치 : 자동전격방지장치

(2) 방호장치의 성능
- 아크발생을 정지시킬 때 주접점이 개로될 때까지의 시간(지동시간)은 1초 이내일 것
- 2차 무부하전압은 25V 이내일 것

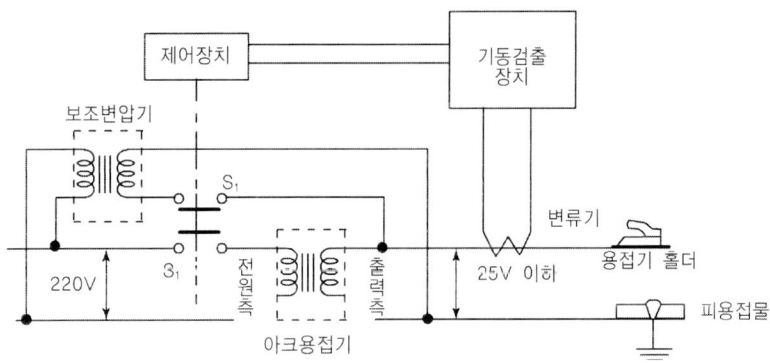

[그림] 자동전격방지장치의 원리

(3) 시동시간 및 지동시간
- 시동시간 : 용접봉을 피용접물에 접촉시켜 전격방지기의 주접점이 폐로될 때까지의 시간 (시동시간은 0.06초 이내, 용접봉의 접촉소요시간은 0.03초 이내일 것)
- 지동시간 : 용접봉 홀더에 용접기 출력측의 무부하전압이 발생한 후 주접점이 개방될 때까지의 시간

(4) 전격방지기의 기능 : 용접 작업 중단 직후부터 다음 아크 발생 시까지 유지할 것

(5) 아크 용접 작업 시 감전방지대책

· 자동전격방지장치를 사용할 것

· 절연 용접봉 홀더를 사용할 것

· 적정한 케이블(용접봉 케이블 또는 캡타이어케이블)을 사용할 것

· 절연장갑을 사용할 것

· 용접기 외함 및 피용접 모재에는 제3종 접지공사를 실시할 것

CHAPTER **03**

전기화재 예방대책

01 전기화재의 원인 분류

1. 전기화재의 원인

- ・출화의 경과(발화형태)
- ・발화원
- ・착화원

2. 전기화재의 분류

(1) 출화의 경과(발화형태)에 의한 분류

(가) 단락(25%) : 2개 이상의 전선이 어떤 원인에 의해 서로 접촉되어, 즉 합선에 의하여 발화하는 것을 의미한다. (단락된 순간의 단락전류는 정격전류보다 크다)

(나) 스파크(24%) : 개폐기나 콘센트를 조작할 때 발생하는 전기불꽃을 의미한다.

(다) 누전 및 지락
- ・누전(15%) : 전류가 설계된 부분 이외의 곳으로 흐르는 현상으로 발화에 이를 수 있는 누전전류의 최소치는 300 ~ 500mA이다
- ・지락 : 누전 전류의 일부가 대지로 흐르는 것을 의미한다.

(라) 접촉부의 과열(12%) : 전선과 전선, 전선과 단자 또는 접촉편 등의 접속부에서 특별한 접촉저항을 나타내어 발열하는 것을 의미한다.

(마) 절연열화, 절연파괴(11%) : 전기적으로 절연된 물질 상호간에 전기저항이 감소하여 많은 전류가 흐르게 되는 현상을 의미한다.

(바) 과전류(8%) : 전기기기, 배선 등이 설계된 정상동작상태의 온도 이상으로 온도상승을 일으키는 것으로 과전류에 의해서 발생되는 열은 줄(Joule)의 법칙에 의하여 구한다.

$$Q = I^2 RT$$

- ・Q : 발생열량(J)
- ・I : 전류(A)
- ・R : 전기저항(Ω)
- ・T : 통전시간(sec)

(2) 발생원에 의한 분류

- 이동 가능한 전열기
- 전등, 전화 등의 배선
- 전기기기 및 전기장치
- 전기배선 및 배선기구
- 고정된 전열기

02 발화단계 및 착화에너지

1. 과전류에 의한 전선의 발화단계

1) 인화단계(허용전류의 3배 정도 흐를 경우) : 전류밀도 40 ~ 43A/mm²

2) 착화단계(허용전류의 3배 정도 흐를 경우) : 전류밀도 43 ~ 60A/mm²

3) 발화단계 : 전류밀도 60 ~ 120A/mm²

    ① 발화 후 용융되는 단계 : 전류밀도 60 ~ 75A/mm²

    ② 용융되면서 스스로 발화하는 단계 : 전류밀도 75 ~ 120A/mm²

4) 용단단계(전선이 용단되며 폭발하는 단계) : 전류밀도 120A/mm² 이상

2. 착화에너지 산정식

$$E = \frac{1}{2}CV^2$$

$$V = \sqrt{\frac{2E}{C}}$$

- E : 착화에너지(J : 줄)
- C : 정전용량(F : 패럿, $1F = 10^6\mu F = 10^{12}pF$)
- V : 착화한계전압(V : 볼트)

03 전기화재의 방지대책 및 발화원의 관리

1. 전기화재의 방지대책

(1) 단락 및 혼촉 방지책

- 단락방지 : 퓨즈(Fuse) 및 누전차단기 설치
- 혼촉방지 : 제2종 접지공사

(2) 누전방지책

(가) 누전전류는 최대공급전류의 1/2,000을 넘지 않도록 할 것

(나) 접지 및 누전차단기를 설치할 것

(다) 누전화재라는 것을 입증하기 위한 요건

- 누전점 : 전류의 유입점
- 발화점 : 발화된 장소
- 접지점 : 확실한 접지점의 소재 및 적당한 접지 저항치

(라) 발화까지에 이르는 누전전류의 최소한계 : 300 ~ 500mA

(마) 전기화재방지기(누전경보기) : 50mA 정도의 누전에서 경보를 발할 수 있을 것

(3) 스파크(전기불꽃) 화재의 방지책

- 개폐기를 불연성의 외함 내에 내장시키거나 통형퓨즈를 사용할 것
- 가연성 증기, 분진 등의 위험성 물질이 있는 곳은 방폭형 개폐기를 사용할 것
- 유입개폐기는 절연유의 열화정도, 유량에 유의하고 주위에는 내화벽을 설치할 것
- 접촉부분의 산화, 변형, 퓨즈의 나사풀림 등으로 인하여 접촉저항이 증가되는 것을 방지할 것

(4) 출화의 경과 및 발화원에 대한 화재예방대책

(가) 출화의 경과에 대한 화재예방대책

- 단락 및 혼촉을 방지한다.
- 누전사고의 요인을 제거한다.
- 접촉불량방지와 안전점검을 철저히 한다.

(나) 발화원에 대한 화재예방대책

- 배선기구는 정격전압, 전류범위에서 사용한다.

- 전기기기 및 장치를 올바르게 사용한다.
- 전기배선(코드)을 올바르게 사용한다.

2. 발화원의 관리

(1) 전기기기 및 전기장치

(가) 변압기의 발화 방지상 유의할 사항

- 변압기는 독립된 내화구조의 변전실 또는 다른 건물에서 충분히 떨어진 장소에 설치할 것
- 방화적인 격리를 할 것
- 대용량의 변압기 상호간의 사이 및 차단기, 배전판 등의 사이에는 콘크리트 칸막이벽을 설치할 것
- 불연성 절연유를 사용한 변압기나 건식 변압기를 사용할 것
- 바닥을 경사지게 하고 배유구 설치 및 변압기 주위에 방유재를 설치할 것

(나) 전동기

- 설비 장소에 맞는 전동기를 선정하거나 과부하가 되지 않도록 할 것

(2) 이동 가능한 전열기의 화재방지책

- 열판의 밑에는 차열판을 설치할 것
- 인조석, 석면, 벽돌 등의 단열성 불연재의 깔판(받침대)을 사용할 것
- 주위 30 ~ 50cm, 위쪽 1 ~ 1.5m 내에는 가연물을 두지 않을 것
- 배선, 코드의 과열방지를 위해 충분한 용량의 굵기를 사용할 것
- 점멸을 확실히 할 것(통전유무를 표시하는 파일럿램프 사용)

3. 전기누전 화재경보기

(1) 화재경보기의 구성

- 변류기 : 누설전류의 검출
- 수신기 : 누설전류의 증폭
- 차단릴레이 : 주전원에 누설전류가 흐르는 경우 전원 차단
- 음향장치 및 표시등 : 경보음 발생 및 점등

(2) 화재경보기의 검출누설 전류치 : 최소 200mA 이하에서 최대 1A 이하

(3) 전기화재경보기의 수신기의 설치방법

(가) 수신기는 옥내의 점검에 편리한 장소에 설치할 것(단, 가연성의 증기·먼지 등이 체류할 우려가 있는 장소의 전기회로에는 해당 부분의 전기회로를 차단할 수 있는 차단 기구를 가진 수신기를 설치할 것)

(나) 수신기는 다음 장소 외의 곳에 설치할 것
- 가연성의 증기·먼지·가스 등이나 부식성의 증기·가스 등이 다량으로 체류하는 장소
- 화약류를 제조·저장 또는 취급하는 장소
- 습도가 높은 장소
- 온도의 변화가 급격한 장소
- 대전류 회로·고주파발생회로 등에 의한 영향을 받을 우려가 있는 장소

4. 전기화재에 적합한 소화기(전기화재 : C급 화재, 청색)

- 분말소화기
- 유기성소화기
- CO_2 소화기
- 증발성 액체소화기(사염화탄소 등)

정전기 재해 방지대책

01 정전기 이론

1. 정전기의 발생

(1) 정전기 : 부도체상의 전하와 같이 거의 이동하지 않는 전하 즉, 공간의 모든 장소에서 전하의 이동이 전혀 없는 전기를 의미한다.

(2) 정전기 발생에 영향을 주는 요인

(가) 물체의 특성

· 대전량은 접촉이나 분리하는 두 가지 물체가 대전서열 내에서 가까운 위치에 있으면 대전량이 적고 먼 위치에 있을수록 대전량이 커진다.

· 물체가 불순물을 포함하고 있으면 정전기 발생량은 커진다.

(나) 물체의 표면상태

· 물체의 표면이 원활하면 정전기 발생량이 적어진다.

· 물체표면이 수분이나 기름 등에 오염되었을 때에는 산화, 부식에 의해 정전기가 크게 발생된다.

(다) 물체의 분리력 : 처음접촉, 분리가 일어날 때 성선기 발생은 최내가 되며 이후 집촉, 분리가 반복됨에 따라 발생량은 점차 감소한다.

(라) 접촉면적 및 압력

· 접촉 면적이 클수록 발생량은 커진다.

· 접촉압력이 증가하면 접촉 면적이 커지므로 발생량도 증가하게 된다.

(마) 분리속도

· 전하완화시간이 길면 전원분리에 주는 에너지가 커져서 발생량이 증가한다.

· 물체의 분리속도가 빠를수록 정전기 발생량은 커진다.

2. 정전기 대전 및 방전에너지

(1) 정전기 대전 : 물체에 발생한 전하를 일부는 소멸하지 않고 물체에 축적되는데 이 축적된 전하를 대전전하(정전기)라 한다.

$Q = Q_1 - Q_2$

- Q : 대전전하(정전기)
- Q_1 : 발생된 전하량(발생전하량)
- Q_2 : 소실된 전하량(완화량)

(2) 방전에너지 : 정전기가 방전될 때의 방전에너지는 다음 식에 의해서 구한다.

$$E = \frac{1}{2}(CV^2) = \frac{1}{2}(QV) = \frac{1}{2}(\frac{Q^2}{C})$$

- E : 정전에너지(J)
- C : 도체의 정전용량(F), C = Q/V
- V : 대전전위(전압, V), V = Q/C
- Q : 대전 전하량(C), Q = CV

3. 정전기 발생의 종류

(1) 마찰대전
- 물체가 마찰을 일으킬 때 마찰에 의해서 접촉위치가 이동하며 전하 분리 및 재배열이 일어나서 정전기가 발생하는 현상이다.
- 고체, 액체, 분체류의 정전기발생은 마찰대전에 기인한다.

(2) 유동대전
(가) 액체류가 파이프 등을 통해서 유동할 때 관벽과 액체사이에서 정전기가 발생하는 현상이다.
(나) 액체유동에 의한 정전기발생은 액체의 유속에 큰 영향을 받는다.
- 배관 내 유체의 대전량(정전하량) : 유속의 1.5 ~ 2배에 비례
- 배관 내 유체의 제한유속 : 1m/sec 이하

(3) 박리대전
- 서로 밀착해 있던 물체가 박리되었을 때 전하분리가 일어나서 정전기가 발생하는 현상이다.

・박리대전은 접촉면적, 접촉면의 밀착력, 박리속도 등에 영향을 받는다.

(4) **분출대전** : 기체, 액체, 분체류 등이 단면적이 작은 분출구를 통과할 때 마찰에 의해서 정전기가 발생하는 현상이다.

(5) **충돌대전** : 분체류와 같은 입자끼리 또는 입자와 고체와의 충돌에 의해서 급속한 분리, 접촉이 행해지기 때문에 정전기가 발생하는 현상이다.

(6) **파괴대전** : 물체가 파괴될 때 정전기가 발생하는 현상이다.

(7) **비말대전** : 공간에 분출한 액체류가 가늘게 비산해서 분리되는 과정에 정전기가 발생하는 현상이다.

(8) **진동대전(교반대전)** : 액체를 교반할 때 정전기가 발생하는 현상이다.

4. 방전의 종류
(1) **스파크(Spark) 방전(불꽃방전)**
   ・전위차가 있는 2개의 대전체가 특정거리에 근접하게 되면 등전위가 되기 위하여 전하가 절연공간을 깨고 순간적으로 흘러가면서 빛과 열을 발생하는 현상이다.
   ・스파크 방전시 공기 중에 오존(O_3)이 생성되어 인화성 물질에 인화되거나 분진폭발을 일으킬 수 있다.

(2) **코로나(Corona) 방전**
   ・스파크 방전을 억제시킨 접지 돌기상 도체 표면에서 발생하여 공기 중으로 방전하거나 고체 유도체 표면을 흐르는 경우가 있다.
   ・돌기부(뾰족한 부분)에서 발생되기 쉬우나 방전에너지가 적기 때문에 재해원인이 될 확률은 비교적 적다.

(3) **연면방전**
   (가) 액체 또는 고체 절연체와 기체사이의 경계에 따른 방전이다.
   (나) 정전기가 대전되어 있는 부도체에 접지체가 접근한 경우 대전물체와 접지체 사이에서

발생하는 것으로 나뭇가지 형태(별표마크)의 발광을 수반하는 방전을 말한다.

(다) 연면방전의 방전조건

- 부도체의 대전량이 극히 큰 경우
- 대전된 부도체의 표면 가까이에 접지체가 있는 경우

(라) 방전에너지가 커서 불꽃방전과 더불어 착화 및 전격을 일으킨 위험성이 크다.

(4) 스트리머(Streamer) 방전

- 대전량이 큰 부도체와 평편한 형상을 갖는 금속과의 기상공간에서 발생하기 쉬운 방전이다.
- 코로나 방전보다 전격을 일으킬 확률이 높다.

(5) 뇌상방전

공기 중에 뇌상으로 부유하는 대전입자가 커졌을 때 대전운에서 번개형의 발광을 수반하는 방전이다.

5. 정전기 유도 및 대책

(1) **정전기의 유도** : 절연된 물체에 대전체가 접근하면 절연체에도 정전기가 유도되며, 대전체와 가까운 곳에 대전체와 반대극성의 전하가 유도되고 먼 곳에는 동일 극성의 전하가 유도된다.

(2) **정전기의 축적**

- 생성된 정전기는 지면이나 다른 물체로부터 절연되어 있을 경우 축적된다.
- 절연저항이 1MΩ 이상이면 정전기가 축적되며, 전기전도도가 10,000(picosiemens/m) 이하일 때 정전기가 축적된다.

(3) **정전기의 완화**

(가) 영전위 소요시간 : 액체에 생성된 정전기는 주위에 반대극성이 있을 경우 상호 상태작용에 의해 소멸되며, 전하가 완전 소멸될 때까지의 소요시간(T)은 다음 식에 의해 구한다.

$$T = \frac{18}{\text{액체전도도}}$$

(나) 완화시간

- 절연체에 발생한 정전기는 축적, 소멸과정에 의해 처음 값의 36.8% 감소하는 시간을 시정수 또는 완화시간이라 한다.
- 완화시간은 영전위 소요시간의 1/4 ~ 1/5 정도이다.

02 정전기 재해 방지대책

1. 정전기에 의한 재해형태

(1) 재해형태의 종류

- 정전기가 착화원이 된 화재폭발
- 전격
- 분체의 부착, 필름 등의 벗겨짐으로 인한 생산 장해
- 정전기 쇼크(컴퓨터 오작동, 전자부품파손 등)

(2) 정전기에 의한 재해 : 물리적 현상(역학적 현상, 방전현상, 유도현상 등)에 기인한다.

(가) 역학적 현상 : 대전된 물체의 정전기는 대전 전하간의 전기력(쿨롱 힘, Coulomb's Force)에 의해 부근에 있는 다른 물체를 흡수하거나 반발하며, 이러한 현상은 물체의 무게에 비해 표면이 크거나 가볍고 작은 물체에 많이 나타난다.

(나) 방전현상

- 절연내력의 세기 : $3MV/m$
- 표면전하밀도 : $2.7 \times 10^{-2} C/m^2$
- 정전기 방전의 대전체 표면의 전하밀도 : $10^{-6} C/m^2$

(다) 정전유도현상 : 정전기 유도현상에 의한 재해형태는 전격, 폭발 등이 있다.

(3) 정전유도현상

(가) 전격

- 인체에서의 방전에 의한 전격의 발생한계 : 인체의 방전전하량이 $2 \sim 3 \times 10^7 C$ 이상의 방전은 대전전위가 3kV 이상일 경우 발생한다.
- 대전물체에서의 방전에 의한 전격의 발생한계 : 대전체가 도체인 경우 방전전하량은 $2 \sim 3 \times 10^7 C$, 부도체인 경우는 대전전위가 10kV, 대전전하밀도(방전전하량)는 $10^5 C/m^2$에서 전격이 발생한다.

(나) 폭발 : 정전기방전이 착화원이 되어 가연성물질과 폭발을 일으킨다.

2. 정전기 재해 방지대책

(1) 정전기 발생 방지책

- 접지(부도체물질은 부적합)
- 가습
- 보호구착용
- 대전방지제 사용
- 배관 내 액체의 유속제한 및 정치시간의 확보
- 도전성 재료 사용
- 제전장치 사용

(2) 정전기로 인한 화재·폭발 방지 대책(안전보건규칙)

(가) 정전기로 인한 화재·폭발 등의 위험이 발생할 우려가 있는 설비 사용 시 정전기의 제거

- 확실한 방법으로 접지
- 도전성재료를 사용
- 가습(상대습도 70% 이상)
- 제전장치 사용

(나) 인체에 대전된 정전기의 제거

- 정전기 대전방지용 안전화 및 제전복의 착용(그 밖에 제전용 손목띠, 장갑, 토시 등도 활용되고 있음)
- 정전기 제전용구의 사용
- 작업장 바닥에 도전성을 갖추도록 하는 방법

(다) 기타 정전기로 인한 화재·폭발방지 대책

- 정전기 발생방지 도장을 하는 방법
- 배관 내의 유속을 조절하는 방법
- 정전기의 발생을 억제하는 방법(대전방지)
- 도전성 향상에 의한 방법(섬유나 수지의 표면에 흡습성과 이온성을 부여하여 도전성 증대)
- 대전방지제에 의한 방법(대전방지제를 첨가하거나 탄소와 금속분 및 반도체를 첨가, 도포, 종착 등의 방법으로 플라스틱 및 석유제품의 표면저항을 $10^{10} \sim 10^{14}[\Omega]$ 이하로 낮추는 방법)

(라) 정전기에 의한 화재·폭발방지를 위한 조치가 필요한 설비
- 위험물을 탱크로리·탱크차 및 드럼 등에 주입하는 설비
- 탱크로리·탱크차 및 드럼 등 위험물저장설비
- 인화성 액체를 함유하는 도료 및 접착제 등을 제조·저장·취급 또는 도포하는 설비
- 위험물 건조설비 또는 그 부속설비
- 인화성 고체를 저장하거나 취급하는 설비
- 드라이클리닝설비, 염색가공 설비 또는 모피류 등을 씻는 설비 등 인화성 유기용제를 사용하는 설비
- 유압, 압축공기 또는 고전위정전기 등을 이용하여 인화성 액체나 인화성 고체를 분무하거나 이송하는 설비
- 고압가스를 이송하거나 저장·취급하는 설비
- 화약류 제조설비
- 발파공에 장전된 화약류를 점화시키는 경우에 사용하는 발파기(발파공을 막는 재료로 물을 사용하거나 갱도발파를 하는 경우는 제외)

(3) 도체의 대전방지대책
(가) 접지에 의한 대전방지 : 정전기 대책만을 목적으로 하는 접지저항은 $1 \times 10^{-6}\Omega$ 이하인 고체의 표면은 금속도체를 밀착시켜서 간접접지에 의해 대전을 방지한다.
(나) 접지에 의한 대전방지효과
- 고체(금속은 제외)의 대전방지효과 : 도전율이 10^{-6}s/m 이상인 도체(필름, 시트포장)나 표면고유저항이 $10^{9}\Omega$ 이하인 고체의 표면은 금속도체를 밀착시켜서 간접접지에 의해 대전을 방지한다.
- 분체류의 대전 방지효과 : 도전율이 $10^{-10} \sim 10^{-12}$s/m인 분체류가 퇴적되어 있을 경우에는 금속제의 관이나 용기를 접지하면 분체류의 대전을 방지할 수 있다.
(다) 화학설비에 접지를 실시하는 1차적 목적 : 정전기 대전방지
(라) 배관 내 액체의 유속제한
- 저항율이 $10^{10}\Omega \times$ cm 미만의 도전성 위험물 : 7m/sec 이하
- 유동대전이 심하고 폭발위험성이 높은 물질(에테르, 이황화탄소 등) : 1m/sec 이하
- 물이나 기체를 포함한 비수용성 위험물 : 1m/sec 이하

(4) 부도체의 대전방지대책

- 습기를 가하거나 주위환경의 습도를 높일 것
- 대전방지제를 사용할 것
- 제전기를 사용할 것

3. 제전기

(1) 제전원리

(가) 제전기를 대전체 가까이 설치하면 제전기에서 생성된 정·부 이온 중 대전물체와 역극성의 이온이 대전물체의 방향으로 이동하여, 그 이온과 대전물체의 전하와 재결합에 의해 중화가 이루어져 대전물체의 정전기가 제거된다.

(나) 제전기에 의한 정전기의 제거는 제전기와 대전물체 사이에 이온전류의 흐름에 의한 것으로 이온전류가 클수록 단시간에 제전 된다.

(2) 제전의 목적 : 부도체의 정전기 대전방지

(3) 제전기의 종류

(가) 전압 인가식 제전기(코로나 방전식 제전기)

- 제전전극에 7,000V 정도의 고전압이 인가되어 코로나 방전발생, 인가된 고전압의 에너지에 의해 제전에 필요한 이온이 생성된다.
- 제전능력이 뛰어나며(거의 0에 가까운 효과를 봄) 단시간에 제전이 가능하다.

(나) 자기 방전식 제전기

- 코로나 방전을 일으켜 공기를 이온화하는 방식이다.
- 50kV 내외의 높은 대전을 제거하는 장점이 있으나 2kV 내외의 대전이 남는 결점이 있다.
- 인화위험이 거의 없으며 제전기 중 설치비가 가장 경제적이다.
- 플라스틱, 섬유, 고무, 필름 공장 등에서 정전기 제거에 효과적이다.

(다) 방사선식 제전기

- 방사선의 공기전리작용을 이용하여 제전에 필요한 이온을 만드는 방식이다.
- 방사선물질은 반감기가 길고 전리 능력이 큰 α선, β선 등이 사용된다.
- 제전능력이 작으며 제전에 시간을 필요로 하므로 이동하는 대전물체의 제전에는 효과가 적다.

(라) 이온식 제전기(라디오 - 아이소토프 : Radio - Isotope식 제전기)

- 방사선의 전리작용으로 공기를 이온화하는 방식이다.
- 제전효율이 낮으나 폭발위험이 있는 곳에 적당하다.

4. 대전방지제의 종류

(1) 외부용 일시성 대전방지제

(가) 음이온계 활성계

- 값이 싸고 무독성이다.
- 섬유의 균일 부착성과 열안전성이 양호하다.
- 섬유의 원사 등에 사용된다.

(나) 양이온계 활성계

- 대전방지 성능이 뛰어나다.
- 비교적 고가이고 피부에 장해를 주며, 섬유에 사용할 때에는 염색이 곤란한 경우가 발생한다.
- 내열성은 떨어지나 유연성이 뛰어나며 아크릴(Acryl)섬유용으로 널리 쓰인다.

(다) 비이온계 활성계

- 단독사용으로는 효과가 적지만 열안전성이 우수하다.
- 음이온계나 양이온계 또는 무기염과 병용해서 사용할 때에는 대전방지 효과가 뛰어나다.

(라) 양성이온계 활성제

- 대전방지성능은 양이온계와 비슷한 것으로 매우 우수한 성능을 보유하고 있다.
- 베타인계는 그 효과가 매우 높다.
- 다른 이온계 활성제와 병용도 가능하다.

(2) 외부용 내구성 대전방지제

- 일시성 대전방지제의 단점을 보완한 대전방지제이다.
- 아크릴(Acryl)산 유도체, 폴리알킬렌(Poly Alkylene), 폴리아민(Polyamine)유도체, 폴리에틸렌글리콜(Polyethyleneglycol) 등이 있다.

CHAPTER 05 전기설비의 방폭

01 폭발성가스의 위험특성

1. 방폭 구조와 관계있는 위험특성

(1) 발화온도(발화점) : 가연성물질이 공기 중에서 점화원이 없이 스스로 연소를 개시할 수 있는 최저온도를 의미한다.

(2) 화염일주한계 : 폭발성 분위기내에 방치된 표준용기의 접합면 틈새를 통하여 화염이 내부에서 외부로 전파되는 것을 저지할 수 있는 틈새의 최대간격치를 말한다.

(3) 최소점화전류 : 폭발성 분위기가 전기불꽃에 의하여 폭발을 일으킬 수 있는 최소의 회로를 말한다.

> □ 참고
> **최소점화전류**
> 불꽃점화시험을 하였을 때 점화가 발생하는 전류의 최소값

2. 폭발성 분위기의 생성조건에 관계되는 위험특성

(1) 폭발한계(폭발범위)
- 점화원에 의하여 폭발을 일으킬 수 있는 폭발성가스와 공기와의 혼합가스 농도범위를 말하며, 폭발이 일어날 수 있는 낮은 농도값을 폭발하한계, 가장 높은 농도값을 폭발상한계라 한다.
- 일반적으로 폭발범위가 넓고, 하한계가 낮을수록 폭발성 분위기를 생성하기 쉽다.

(2) 인화점 : 가연성물질을 가열할 때 가연성 증기가 연소범위 하한에 달하는 최저온도 즉, 가연성 증기에 점화원을 주었을 때 연소가 시작되는 최저온도로 인화점이 낮을수록 폭발성 분위기가 생성되기 쉽다.

(3) 증기밀도
- 표준상태(0℃, 1기압) 또는 15℃, 1기압에서 증기 1m³의 질량의 비를 말하며, 공기의

밀도를 1로 하는 경우 기체비중을 증기밀도로 사용한다.

· 증기밀도가 1보다 작은 것은 공기보다 가볍고, 1보다 큰 것을 공기보다 무거워 바닥부근에
  서 폭발성 분위기를 생성하기 쉽다.

02 방폭 대책의 기본사항

1. 위험분위기 생성방지

- 폭발성 가스의 누설 및 방출방지
- 폭발성 가스의 체류방지
- 폭발성 분진의 생성방지

2. 전기기기의 방폭

(1) 점화원의 방폭적 격리

- 압력 방폭 구조
- 유입 방폭 구조
- 내압 방폭 구조

(2) 전기기기의 안전도 증강 : 안전증 방폭 구조

(3) 점화능력의 본질적 억제 : 본질 안전 방폭 구조

03 폭발성가스 및 분진

1. 폭발성가스

(1) 폭발성가스
- 공장 등 사업장에서 존재하는 모든 가연성 가스를 의미한다.
- 인화점이 40℃ 이하의 가연성 액체증기를 의미한다.

(2) 폭연 및 폭굉
- 폭연 : 300m/sec 이하의 연소속도를 가진 가연성 물질을 의미한다.
- 폭굉 : 1,000 ~ 3,500m/sec 정도의 연소속도(폭굉속도)를 가진 폭발성 가스를 의미한다.

> □ 참고
>
> **폭발의 성립조건**
> (1) 가연성 가스(증기 또는 분진)가 폭발범위 내에 있어야 한다.
> (2) 밀폐된 공간이 존재하여야 한다.
> (3) 점화원(에너지)이 있어야 한다.

(3) 발화도 : 폭발성 가스의 폭발위험성은 발화점에 따라서 다르기 때문에 발화도에 따라 구분하고 있다.

발화도	발화점의 범위
G_1	450℃ 초과
G_2	300℃ 초과 ~ 450℃ 이하
G_3	200℃ 초과 ~ 300℃ 이하
G_4	135℃ 초과 ~ 200℃ 이하
G_5	100℃ 초과 ~ 135℃ 이하

(4) 폭발등급 : 표준용기(내용적 8L, 틈의 안 길이 25mm)의 내부에서 폭발이 발생했을 때 외부에 화염이 미치지 않는 틈의 치수에 따라 등급을 정한 것이다.

폭발 등급	틈새의 폭 치수(안전간격)
1등급	0.6mm 초과
2등급	0.4mm 초과 0.6m 이하
3등급	0.4mm 이하

(5) 폭발성가스의 분류

폭발등급 \ 발화도	G_1 (450℃ 초과)	G_2 (300~450℃)	G_3 (200~300℃)	G_4 (135~200℃)	G_5 (100~135℃)
1등급	아세톤 암모니아 일산화탄소 에탄 초산 초산에틸 톨루엔 프로판 벤젠 메타놀 메탄	에탄올 초산인펜틸 1-부타놀 부탄 무수초산	가솔린 핵산 가솔린	아세트알데히드 에틸에테르	
2등급	석탄가스	에틸렌 에틸렌옥시드			
3등급	수성가스 수소	아세틸렌			이황화탄소

□참고

화재폭발의 예민성

(1) 화재폭발의 예민성 : 다음 조건에서 화재 폭발의 예민성은 커진다.
· 폭발등급이 클수록
· 안전간격이 작을수록
· 발화도가 높을수록
· 발화온도가 낮을수록

(2) 화재폭발의 예민성이 가장 높은 물질 : 이황화탄소(폭발등급 : 3등급, 발화도, G_5)

2. 폭발성 분진

(1) 분진의 정의

· 분체 및 분진 : 지름이 1,000μm보다 작은 고체입자를 분체라 하며 그 중 75μm 이하의 고체입자로서 공기 중에 떠 있는 분체를 분진이라 한다.

· 폭발에 관계되는 분체의 직경은 대체로 500μm 이하이다.

(2) 분진의 종류

(가) 가연성분진

　・정의 : 공기 중 산소와 발열반응을 일으키며 폭발하는 분진을 의미한다.

　・종류 : 소맥분, 전분, 합성수지, 코크스, 철 등

(나) 폭연성 분진

　・정의 : 공기 중 산소가 희박하거나 이산화탄소(CO_2) 중에서도 심한 폭발을 발생하는 금속분진을 의미한다.

　・종류 : 마그네슘, 알루미늄 등

발화도＼종류	폭연성 분진	가연성 분진	
		도전성	비도전성
I_1(270℃초과)	마그네슘, 알루미늄, 알루미늄 브론즈	티탄, 아연, 코크스, 카본블랙	소맥, 고무, 염료, 페놀수지, 폴리에틸렌
I_2(200 ~ 270℃)	알루미늄	철, 석탄	리그닌, 쌀겨, 코코아
I_3(150 ~ 200℃)	-	-	유황

04 위험장소

1. 가스위험장소의 분류

(1) **0종 장소** : 폭발성 분위기가 연속적 또는 장시간 발생할 염려가 있는 장소로서 다음의 장소를 말한다.
- 폭발성 농도가 연속적 또는 장시간 계속해서 폭발하한치 이상이 되는 인화성 액체의 용기
- 탱크 내 액면 상부의 공간부
- 가연성 가스의 용기, 탱크의 내부
- 가연성 액체내의 액중 펌프

(2) **1종 장소** : 폭발성 분위기가 주기적 또는 간헐적으로 발생할 염려가 있는 장소(보통상태에서 위험분위기를 발생할 염려가 있는 장소)로서 다음의 장소를 말한다.
- 탱크로리, 드럼관 등 인화성 액체를 충전하는 경우 개구부의 부근
- 릴리프 밸브가 가끔 작동하여 가연성 가스, 증기를 방출하는 경우
- 탱크류의 벤트의 개구부 부근
- 점검, 수리작업 시 가연성가스나 증기를 방출하는 장소
- 플로팅 루프탱크(Floating Roof Tank)상의 셀(Shell)내의 부근
- 실내(환기가 방해되는 장소)에서 가연성 가스나 증기를 방출할 염려가 있는 장소
- 위험한 가스가 누출할 염려가 있는 장소로서 핏트류처럼 가스가 축적되는 장소

(3) **2종 장소** : 이상상태에서 위험분위기를 발생할 염려가 있는 장소를 의미한다.

2. IEC기준에 의한 위험장소 및 발화도 구분

(1) 위험장소

- Zone 0 : 지속적인 위험분위기
- Zone 1 : 통상상태 하에서의 간헐적 위험분위기
- Zone 2 : 이상상태 하에서의 위험분위기

(2) 전기기기의 최대표면온도의 분류(KSCIEC)

온도등급	T_1	T_2	T_3	T_4	T_5	T_6
최고표면온도의 범위(℃)	300초과 450이하	200초과 300이하	135초과 200이하	100초과 135이하	85초과 100이하	85이하

> □ 참고
>
> **최대표면온도**
> 방폭기기가 사양 범위내의 최악의 조건에서 사용된 경우에 주위의 폭발성분위기에 점화될 우려가 있는 해당 전기기기의 구성부품이 도달하는 표면온도 중 가장 높은 온도를 의미한다.

3. 분진위험장소의 분류

- 가연성 분진 위험장소
- 폭연성 분진 위험장소

4. 위험장소의 판정기준

- 위험증기의 양
- 위험가스의 현존 가능성
- 가스의 특성(공기와의 비중차)
- 통풍의 정도
- 작업자에 의한 영향

□ 참고

위험장소의 분류

분류		정의	예
가스 폭발 위험 장소	0종 장소	인화성 액체의 증기 또는 가연성 가스에 의한 폭발위험이 지속적으로 또는 장기간 존재하는 장소	용기·장치·배관 등의 내부 등(Zone 0)
	1종 장소	정상 작동상태에서 인화성 액체의 증기 또는 가연성 가스에 의한 폭발위험분위기가 존재하기 쉬운 장소	맨홀·벤트·피트 등의 주위(Zone 1)
	2종 장소	정상작동상태에서 인화성 액체의 증기 또는 가연성 가스에 의한 폭발위험분위기가 존재할 우려가 없으나, 존재할 경우 그 빈도가 아주 적고 단기간만 존재할 수 있는 장소	개스킷·패킹 등의 주위 (Zone 2)
분진 폭발 위험 장소	20종 장소	분진운 형태의 가연성 분진이 폭발농도를 형성할 정도로 충분한 양이 정상작동 중에 연속적으로 또는 자주 존재하거나, 제어할 수 없을 정도의 양 및 두께의 분진층이 형성될 수 있는 장소	호퍼·분진저장소·집진장치·피터 등의 내부
	21종 장소	20종 장소 외의 장소로서, 분진운 형태의 가연성 분진이 폭발농도를 형성할 정도의 충분한 양이 정상작동 중에 존재할 수 있는 장소	집진장치·백필터·배기구 등의 주위, 이송벨트 샘플링 지역 등
	22종 장소	21종 장소 외의 장소로서, 가연성 분진운 형태가 드물게 발생 또는 단기간 존재할 우려가 있거나, 이상작동 상태하에서 가연성 분진층이 형성될 수 있는 장소	21종 장소에서 예방조치가 취하여진 지역, 환기설비 등과 같은 안전장치 배출구 주위 등

05 방폭 구조

1. 방폭구조의 구비조건 및 방폭기기 선정요건

(1) 방폭구조의 구비조건
- 시건장치를 할 것
- 접지를 할 것
- 퓨즈를 사용할 것
- 도선의 인입방식을 정확히 채택할 것

(2) 방폭기기 선정요건
- 위험장소의 종류
- 폭발성가스의 폭발등급
- 발화도

(3) 방폭전기기기의 선정시 고려사항
- 가스 등의 발화온도
- 설치될 지역의 방폭지역 등급 구분
- 압력, 유입, 안전증방폭구조의 경우 최고 표면온도

(4) 위험장소의 방폭구조선정

위험장소	해당방폭구조 선정
0종 장소	본질안전 방폭구조(ia)
1종 장소	본질안전(ia 또는 ib), 내압, 압력, 유입, 충전, 몰드, 안전증 방폭구조
2종 장소	0종장소 및 1종장소에서 사용가능한 방폭구조, 비점화방폭구조

2. 방폭구조의 종류 및 특징

(1) 압력(내부압) 방폭 구조

(가) 용기내부에 보호기체(공기 또는 불활성기체)를 주입하여 용기의 내부압력을 외기압보다 높게 유지함으로써 폭발성 가스·증기가 침입하는 것을 방지하는 구조(전폐형 구조)를 의미한다.

(나) 용기내부압력 : 외기압보다 5mm 수주 이상

(다) 내부압력 유지방식
  · 통풍식
  · 봉입식
  · 밀폐식

(2) 유입 방폭 구조

· 전기기기의 불꽃, 아크 또는 고온이 발생하는 부분을 기름 속(유중)에 담궈 주위의 폭발성 가스로부터 격리해서 인화를 방지하려는 구조(전폐형구조)를 의미한다.

· 유입 방폭 구조의 유면에서 위험부분까지는 10mm 이상으로 유지하고, 온도가 60℃ 이상일 때는 사용을 금지한다.

(3) 내압 방폭 구조

(가) 용기내부에서 가스가 폭발하였을 때 용기가 그 압력에 견디고 또한 용기 내에 폭발성 가스가 침입할 수 없도록 되어 있는 구조(전폐형구조)를 의미한다.

(나) 내압 방폭 구조의 내압한도는 $10kg/cm^2$ 이상이어야 한다.

(다) 내압 방폭 구조의 조건
  · 내부에서 폭발할 경우 그 압력에 견딜 것
  · 외함 표면온도가 주위의 가연성 가스에 점화되지 않을 것
  · 폭발화염이 외부로 유출되지 않을 것

(4) 안전증 방폭 구조

· 폭발성가스·증기의 점화원이 될 전기불꽃, 아크 또는 고온이 되어서는 안되는 부분에 기계적, 전기적 구조상 또는 온도상승을 억제할 수 있도록 안전도를 증가시킬 구조를 의미한다.

· 연면거리(절연된 두 도체간에 절연물의 표면을 따라 측정한 최단거리)를 크게 한다.

・과부하 및 과열로 인한 소손 및 절연 열화를 주의하여야 한다.

(5) **본질 안전 방폭 구조** : 정상시 및 사고시(단선, 단락, 지락 등)에 발생하는 전기불꽃 아크 또는 고온에 의하여 폭발성 가스 또는 증기에 점화되지 않는 것이 점화시험, 기타에 의해서 확인된 구조를 의미한다.

(6) **특수 방폭 구조** : 폭발성가스 또는 증기에 점화 또는 위험분위기로 인화를 방지할 수 있는 것이 시험, 기타에 의하여 확인된 구조를 의미한다.

(7) **비점화 방폭 구조** : 전기기기가 정상작동과 규정된 특정한 비정상상태에서 주위의 폭발성 가스 분위기를 점화시키지 못하도록 만든 방폭 구조를 의미한다.

(8) **몰드 방폭구조** : 전기기기의 스파크 또는 열로 인해 폭발성 위험분위기에 점화되지 않도록 컴파운드를 충전해서 보호한 방폭 구조를 의미한다.

(9) **충전 방폭구조** : 폭발성 가스 분위기를 점화시킬 수 있는 부품을 고정하여 설치하고, 그 주위를 충전재로 완전히 둘러쌈으로서 외부의 폭발성 가스 분위기를 점화시키지 않도록 하는 방폭 구조를 의미한다.

3. 분진방폭구조의 종류
・보통방진 방폭구조 : 전폐구조로 접합면 깊이를 일정치 이상으로 하거나 접합면에 패킹을 사용하여 분진이 침입하기 어렵게 한 구조를 의미한다.
・특수방진 방폭구조 : 전폐구조로 접합면이 깊이를 일정치 이상으로 하거나 접합면에 일정치 이상의 깊이를 갖는 패킹을 사용하여 분진침입을 막는 구조를 의미한다.
・방진특수 방폭구조 : 특수방진, 보통방진구조 이외의 구조로서 방진특수 방폭성이 있는 것으로 확인된 구조를 의미한다.

4. 방폭구조의 기호 및 표시

(1) 방폭구조의 기호

표 시 항 목	기 호	기호의 의미
방폭 구조	Ex	방폭구조의 상징(심벌)
방폭 구조의 종류	d	내압 방폭구조
	p	압력 방폭구조
	e	안전증 방폭구조
	ia 또는 ib	본질 안전 방폭구조
	o	유입 방폭구조
	s	특수 방폭구조
	q	충전 방폭구조
	m	몰드 방폭구조
	n	비점화 방폭구조

(2) 분진방폭구조 및 발화도의 기호

구 분		기 호
방폭구조의 종류	특수방진 방폭구조	SDR
	보통방진 방폭구조	DP
	방진특수 방폭구조	XDP
발화도	발화도 11(270℃ 초과)	11
	발화도 12(200℃ 초과 270℃ 이하)	12
	발화도 13(150℃ 초과 200℃ 이하)	13

(3) 방폭 구조의 표시

· 방폭구조의 종류를 나타내는 [기호 – 폭발등급 – 발화도]의 기호 순으로 표시한다.

· 안전증, 내압, 유입, 특수방진 방폭구조는 폭발등급을 표시하지 않는다.

> □ 참고
>
> **방폭구조 표시 예시[d2G3]**
> · d : 내압 방폭구조
> · 2 : 폭발등급
> · G3 : 발화도

5. 방폭전기설비의 전기적 보호

(1) 지락보호

- 접지식 저압전로 : 지락차단장치설치(감도전류는 30mA 이하)
- 비접지식 저압전로 : 지락자동경보장치, 지락차단장치 설치
- 고압전로 : 지락자동차단장치 설치

(2) 과전류보호

- 단락전류보호
- 과부하전류보호

(3) 노출도전성 부분의 보호접지

- 보호접지의 대상 : 전기기기 및 배선의 노출도전성 부분(전기기기의 금속 외함, 전선관, 전선관용부속품, 케이블의 금속재 Sheath 등)
- 접지저항치 : 최고치 10Ω, 300V 이하의 저압전로에 접지된 노출도전성 부분은 최고치 100Ω
- 접지선 : 600V이상의 비닐절연전선 이상의 성능을 갖는 전선을 사용

01 분진운 형태의 가연성 분진이 폭발 농도를 형성할 정도로 충분한 양이 정상작동 중에 연속적으로 또는 자주 존재하거나 제어할 수 없을 정도의 양 및 두께의 분진층이 형성될 수 있는 장소로 정의되는 폭발위험장소는?

① 0종 장소
② 1종 장소
③ 20종 장소
④ 21종 장소

해설

위험장소의 분류

분류		정의	예
가스폭발위험장소	0종 장소	인화성 액체의 증기 또는 가연성 가스에 의한 폭발위험이 지속적으로 또는 장기간 존재하는 장소	용기·장치·배관 등의 내부 등(Zone 0)
	1종 장소	정상 작동상태에서 인화성 액체의 증기 또는 가연성 가스에 의한 폭발위험분위기가 존재하기 쉬운 장소	맨홀·벤트·피트 등의 주위(Zone 1)
	2종 장소	정상작동상태에서 인화성 액체의 증기 또는 가연성 가스에 의한 폭발위험분위기가 존재할 우려가 없으나, 존재할 경우 그 빈도가 아주 적고 단기간만 존재할 수 있는 장소	개스킷·패킹 등의 주위 (Zone 2)
분진폭발위험장소	20종 장소	분진운 형태의 가연성 분진이 폭발농도를 형성할 정도로 충분한 양이 정상작동 중에 연속적으로 또는 자주 존재하거나, 제어할 수 없을 정도의 양 및 두께의 분진층이 형성될 수 있는 장소	호퍼·분진저장소·집진장치·피터 등의 내부
	21종 장소	20종 장소 외의 장소로서, 분진운 형태의 가연성 분진이 폭발농도를 형성할 정도의 충분한 양이 정상작동 중에 존재할 수 있는 장소	집진장치·백필터·배기구 등의 주위, 이송밸트 샘플링 지역 등
	22종 장소	21종 장소 외의 장소로서, 가연성 분진운 형태가 드물게 발생 또는 단기간 존재할 우려가 있거나, 이상 작동 상태 하에서 가연성 분진층이 형성될 수 있는 장소	21종 장소에서 예방조치가 취하여진 지역, 환기설비 등과 같은 안전장치 배출구 주위 등

02 다음 중 방폭 전기 기구의 구조별 표시 방법으로 옳지 않은 것은?

① 내압방폭구조 : p ② 본질안전방폭구조 : ia, ib
③ 유입방폭구조 : o ④ 안전증방폭구조 : e

해설

표 시 항 목	기 호	기호의 의미
방폭 구조의 종류	d	내압 방폭구조
	p	압력 방폭구조
	e	안전증 방폭구조
	ia 또는 ib	본질 안전 방폭구조
	o	유입 방폭구조
	s	특수 방폭구조
	q	충전 방폭구조
	m	몰드 방폭구조
	n	비점화 방폭구조

03 인체에 대전된 정전기로 인하여 화재 또는 폭발의 위험이 발생할 우려가 있을 때의 조치사항으로 옳지 않은 것은?

① 정전기 대전유도용 안전화 착용 ② 제전복 착용
③ 정전기 제전용구의 사용 ④ 작업장 바닥 등의 도전성 조치

해설

인체에 대전된 정전기의 제거
・정전기 대전방지용 안선화 및 세전복의 착용
・정전기 제전용구의 사용
・작업장 바닥에 도전성을 갖추도록 하는 방법

04 인체의 전기저항이 $5,000\Omega$이고, 세동전류와 통전시간과의 관계를 $I = \dfrac{165}{\sqrt{T}}$ 이라 할 경우, 심실 세동을 일으키는 위험에너지는 약 몇 J인가? (단, 통전시간은 1초로 한다.)

① 5 ② 30
③ 136 ④ 825

해설

$$W = I^2 RT = \left(\frac{165}{\sqrt{T}} \times 10^{-3}\right)^2 \times R \times T = (165 \times 10^{-3})^2 \times \frac{1}{T} \times 5,000 \times T = 136J$$

05 인체가 현저하게 젖어있는 상태 또는 금속성의 전기기계장치나 구조물에 인체의 일부가 상시 접촉되어 있는 상태에서는 허용접촉전압은 일반적으로 몇 V이하로 하고 있는가?
① 2.5V 이하　　　　　　　② 25V 이하
③ 50V 이하　　　　　　　④ 75V 이하

해설

허용 접촉전압

종별	접촉 상태	허용접촉전압
제 1종	· 인체의 대부분이 수중에 있는 상태	2.5V
제 2종	· 인체가 현저히 젖어있는 상태 · 금속성의 전기기계장치나 구조물에 인체의 일부가 상시 접촉되어 있는 상태	25V 이하
제 3종	· 제1종 및 제2종 이외의 경우로써 통상의 인체상태에 있어서 접촉전압이 가해지면 위험성이 높은 상태	50V 이하
제 4종	· 제3종의 경우로써 위험성이 낮은 상태 · 접촉전압이 가해질 위험이 없는 경우	제한 없음

06 다음 중 정전기 방전의 종류에 속하지 않는 것은?
① 스트리머 방전　　　　　② 코로나 방법
③ 연면 방전　　　　　　　④ 적외선 방전

해설

방전의 종류
(1) 스파크(Spark) 방전(불꽃방전)
(2) 코로나(Corona) 방전
(3) 연면방전
(4) 스트리머(Streamer) 방전
(5) 뇌상방전

07 다음 중 감전사고 방지대책으로 옳지 않은 것은?

① 설비의 필요한 부분에 보호접지 실시
② 노출된 충전부에 통전망 설치
③ 안전전압 이하의 전기기기 사용
④ 전기기기 및 설비의 정비

해설

감전사고의 방지대책
· 전기기기 및 설비의 위험부에 위험표시
· 보호접지의 실시
· 전기설비의 점검철저
· 전기기기 및 설비의 정비 철저
· 고전압 선로 및 충전부에 근접하여 작업하는 경우 보호구 착용
· 충전부가 노출된 부분에는 절연 방호구 사용
· 유자격자이외는 전기기계 및 기구에 접촉금지
· 안전 관리자는 작업에 대한 안전교육 실시
· 사고발생시의 처리순서를 미리 작성하여 둘 것
· 안전전압 이하의 전기기기 사용

08 다음 중 가수전류(Let-go Current)에 대한 설명으로 옳은 것은?

① 마이크 사용 중 전격으로 사망에 이른 전류
② 전력을 일으킨 전류가 교류인지 직류인지 구별할 수 없는 전류
③ 충전부로부터 인체가 자력으로 이탈할 수 있는 전류
④ 몸이 물에 젖어 전압이 낮은데도 전격을 일으킨 전류

해설

가수전류(Let - go Current) : 인체가 자력으로 이탈할 수 있는 전류를 말하며 전원이 교류인 경우는 이탈전류, 직류인 경우는 해방 전류라고 한다.

09 다음 중 피뢰기가 갖추어야 할 특성으로 알맞은 것은?

① 충격방전 개시전압이 높을 것   ② 제한전압이 높을 것
③ 뇌전류의 방전능력이 클 것   ④ 속류차단을 하지 않을 것

해설

피뢰기의 성능
· 반복동작이 가능할 것
· 구조가 견고하며 특성이 변화하지 않을 것
· 점검·보수가 간단할 것
· 충격방전 개시전압과 제한전압이 낮을 것
· 뇌전류의 방전능력이 크고, 속류의 차단이 확실하게 될 것

10 전압은 저압, 고압 및 특별고압으로 구분되고 있다. 다음 중 저압에 대한 설명으로 가장 알맞은 것은?

① 직류 750V 이하, 교류 650V 이하 ② 직류 650V 이하, 교류 750V 이하
③ 직류 1.5kV 이하, 교류 1kV 이하 ④ 직류 1kV 이하, 교류 1.5kV 이하

> 해설

전기의 압력분류

압 력 분 류	직류	교류
저압	1.5kV 이하	1kV 이하
고압	1.5kV ~ 7kV 이하	1kV ~ 7kV 이하
특별고압	7kV 초과	7kV 초과

11 다음 중 정전기의 발생현상에 포함되지 않는 것은?

① 파괴대전 ② 분출대전
③ 전도대전 ④ 유동대전

> 해설

정전기 발생의 종류
(1) 마찰대전
(2) 유동대전
(3) 박리대전
(4) 분출대전
(5) 충돌대전
(6) 파괴대전
(7) 비말대전
(8) 진동대전(교반대전)

12 피뢰기의 제한전압이 752kV이고 변압기의 기준 충격절연강도가 1,050kV이라면 보호 여유도는 약 몇 %인가?

① 18% ② 30%
③ 40% ④ 43%

> 해설

$$여유도(\%) = \frac{충격절연강도 - 제한전압}{제한전압} \times 100 = \frac{1,050 - 752}{752} \times 100 = 39.63\%$$

13 통전경로별 위험도를 나타낸 경우 위험도가 큰 순서로 옳은 것은?

① 왼손 – 오른손 > 왼손 – 등 > 양손 – 양발 > 오른손 – 가슴
② 왼손 – 오른손 > 오른손 – 가슴 > 왼손 – 등 > 양손 – 양발
③ 오른손 – 가슴 > 양손 – 양발 > 왼손 – 등 > 왼손 – 오른손
④ 오른손 – 가슴 > 왼손 – 오른손 > 양손 – 양발 > 왼손 – 등

> **해설**
>
> 통전 경로별 위험도
>
> | 통전경로 | 위험도 | 통전경로 | 위험도 |
> |---|---|---|---|
> | 왼손 - 가슴 | 1.5 | 왼손 - 등 | 0.7 |
> | 오른손 - 가슴 | 1.3 | 한손 또는 양손 - 앉아있는 자리 | 0.7 |
> | 왼손 - 한발 또는 양발 | 1.0 | 왼손 - 오른손 | 0.4 |
> | 양손 - 양발 | 1.0 | 오른손 - 등 | 0.3 |
> | 오른손 - 한발 또는 양발 | 0.8 | | |

14 다음 중 정전작업 시 조치사항으로 부적합한 것은?

① 개로된 전로의 충전여부를 검전기구에 의하여 확인한다.
② 개폐기에 시건장치를 하고 통전금지에 관한 표지판을 제거한다.
③ 예비 동력원의 역송전에 의한 감전의 위험을 방지하기 위한 단락접지 기구를 사용하여 단락접지를 한다.
④ 잔류전하를 확실히 방전한다.

> **해설**
>
> 정전 작업 시 안전조치 사항
>
> | 단계조치 | 실무사항(조치사항) |
> |---|---|
> | 작업 전 | ·작업지휘자에 의한 작업내용의 주지 철저
·개로개폐기의 시건 또는 표시(잠금장치 및 꼬리표 부착)
·잔류전하의 방전
·검전기에 의한 정전확인
·단락접지
·일부 정전 작업 시 정전선로 및 활선선로의 표시
·근접활선에 대한 방호 |
> | 작업 중 | ·작업지휘자에 의한 지휘
·개폐기의 관리
·단락접지의 수시확인
·근접활선에 대한 방호상태의 관리 |
> | 작업 종료 시 | ·단락접지기구의 철거
·표지의 철거
·작업자에 대한 위험이 없는 것을 확인
·개폐기를 투입해서 송전재개 |

15 심실세동전류 $I = \dfrac{0.116}{\sqrt{T}}(A)$, 인체의 저항(R)을 1,000Ω, 지표상층 저항률(RS)을 100Ω·cm, 고정시간(T)을 1초로 하는 경우 허용접촉전압은 약 몇 V인가?

① 45V
② 90V
③ 133V
④ 190V

해설

$$E = \left(R + \frac{3R_s}{2}\right) \times I = \left(R + \frac{3R_s}{2}\right) \times \frac{0.116}{\sqrt{T}} = \left(1{,}000 + \frac{3 \times 100}{2}\right) \times \frac{0.116}{1} = 133.4\,V$$

여기서, E : 허용접촉전압(V)
　　　　R_b : 인체의 저항률(Ω)
　　　　R_S : 지표상층저항(Ωm)
　　　　I_K : 심실세동전류($0.165/\sqrt{T}\,(A)$)

16 다음 중 접지의 목적으로 볼 수 없는 것은?

① 낙뢰에 의한 피해 방지
② 송배전선, 고전압 모선 등에서 지락사고의 발생 시 보호계전기를 신속하게 작동시킴
③ 설비의 절연물이 손상되었을 때 흐르는 누설전류에 의한 감전방지
④ 송배전선로의 지락사고 시 대지전위의 상승을 억제하고 절연강도를 상승시킴

해설

접지의 목적
· 전기설비의 절연물이 열화 또는 손상되었을 때 누전전류에 의한 감전방지
· 고압선과 저압선이 혼촉되면 위험하므로 대지로 전류를 흘려보내기 위해서 접지
· 낙뢰에 의한 피해방지
· 송·배전선, 고전압모선 등에 지락사고 발생 시에 보호계전기를 신속하게 동작시키기 위해서임.
· 송·배전선로의 지락 사고 시 대전전위의 상승을 억제하고 절연강도를 경감시킴

17 전폐형의 구조로 되어 있으며, 외부의 폭발성 가스가 내부로 침입해서 폭발하였을 때 고열가스나 화염이 협격을 통하여 서서히 방출시킴으로써 냉각되는 방폭구조는?

① 내압방폭구조
② 유입방폭구조
③ 압력방폭구조
④ 안전증방폭구조

해설

내압 방폭 구조 : 용기내부에서 가스가 폭발하였을 때 용기가 그 압력에 견디고 또한 용기 내에 폭발성 가스가 침입할 수 없도록 되어 있는 구조(전폐형구조)를 의미한다.

18 교류아크용접기의 허용사용률(%)은? (단, 정격사용률은 10%, 2차 정격전류는 400A, 교류아크 용접기의 사용전류는 200A이다.)

① 40%   ② 50%

③ 60%   ④ 70%

> **해설**
>
> $$허용사용률(\%) = 정격사용률 \times \frac{(정격2차전류)^2}{(실제용접전류)^2} = 10\% \times \frac{(400)^2}{(200)^2} = 40\%$$

19 다음 중 1종 접지 공사를 해야 하는 공작물 또는 기기로 옳지 않은 것은?

① 피뢰기

② 특고압 계기용 변성기의 2차측

③ 주상에 시설하는 고압 콘덴서, 고압전압조정기 및 고압개폐기 등 기기의 외함

④ 광동회로가 고압이며 동작 전류가 1A가 넘는 방전등기구의 금속 부분

> **해설**
>
> 주상에 시설하는 고압 콘덴서, 고압전압조정기 및 고압개폐기 등 기기의 외함에는 제3종 접지공사를 수행한다.

20 다음 중 누전차단기의 선정 시 주의사항으로 옳지 않은 것은?

① 동작시간이 0.1초 이하의 가능한 한 짧은 시간의 것을 사용하도록 한다.

② 절연저항이 5MΩ 이상이 되어야 한다.

③ 정격부 동작전류가 정격감도전류이 50% 이상이고, 또한 이들의 차가 가능한 한 작은 값을 사용하여야 한다.

④ 휴대용, 이동용 전기기기에 대해 정격 감도전류가 50mA 이상의 것을 사용하여야 한다.

> **해설**
>
> 누전차단기의 선정 시 주의사항
> - 누전차단기는 동작시간이 0.1초 이하의 가능한 한 짧은 시간의 것을 사용해야 한다.
> - 절연저항이 5MΩ 이상이 되어야 한다.
> - 누전차단기는 접속된 각각의 휴대용, 이동용 전동기기에 대해 정격감도전류가 30mA 이하의 것을 사용해야 한다.
> - 정격부 동작전류가 정격감도전류의 50% 이상이고 또한 이들의 차가 가능한 한 작은 값을 사용해야 한다.

21 폭발한계에 도달한 메탄가스가 공기에 혼합되었을 경우 착화 한계전압은 약 몇 V인가? (단, 메탄의 착화 최소에너지는 0.2mJ, 극간 용량은 10pF으로 한다.)

① 6,325V

② 5,225V

③ 4,135V

④ 3,035V

해설

$$V = \sqrt{\frac{2E}{C}} = \sqrt{\frac{2 \times 0.2 \times 10^{-3}}{10 \times 10^{-12}}} = 6,324.56\,V$$

· E : 착화에너지(J : 줄)

· C : 정전용량(F : 패럿, $1F = 10^6 \mu F = 10^{12} pF$)

· V : 착화한계전압(V : 볼트)

22 감전방지용 누전차단기의 정격감도전류 및 작동 시간은 얼마인가?

① 30mA 이하, 0.1초 이내

② 30mA 이하, 0.03초 이내

③ 50mA 이하, 0.1초 이내

④ 50mA 이하, 0.03초 이내

해설

전기기계·기구에 설치되어 있는 누전차단기는 정격감도전류가 30mA 이하이고 작동시간은 0.03초 이내이어야 한다.

23 다음 중 화염일주한계에 대한 설명으로 옳은 것은?

① 폭발성 가스와 공기의 혼합기에 온도를 높인 경우 화염이 발생할 때가지의 시간 한계치

② 폭발성 분위기에 있는 용기의 접합면 틈새를 통해 화염이 내부에서 외부로 전파되는 것을 저지할 수 있는 틈새의 최대간격치

③ 폭발성 분위기 속에서 전기 불꽃에 의하여 폭발을 일으킬 수 있는 화염을 발생시키기에 충분한 교류파형의 1주기치

④ 전기방폭설비에서 이상이 발생하여 불꽃이 생성된 경우에 그것이 점화원으로 작용하지 않도록 화염의 에너지를 억제하여 폭발하한계로 되도록 화염크기를 조정하는 한계치

해설

화염일주한계 : 폭발성 분위기내에 방치된 표준용기의 접합면 틈새를 통하여 화염이 내부에서 외부로 전파되는 것을 저지할 수 있는 틈새의 최대 간격치를 말한다.

24 충전전로의 선간 전압이 22.9kV인 경우 충전전로에 대한 접근한계 거리(cm)로 옳은 것은?

① 30 ② 60

③ 90 ④ 130

해설

접근한계거리

충전전로의 선간전압(단위 : kV)	충전전로에 대한 접근 한계거리(단위 : cm)
0.3 이하	접촉금지
0.3 초과 0.75 이하	30
0.75 초과 2 이하	45
2 초과 15 이하	60
15 초과 37 이하	90
37 초과 88 이하	110
88 초과 121 이하	130
121 초과 145 이하	150
145 초과 169 이하	170
169 초과 242 이하	230
242 초과 362 이하	380
362 초과 550 이하	550
550 초과 800 이하	790

25 20Ω의 저항 중에 5A의 전류를 3분간 흘렸을 때의 발열량은 몇 cal인가?

① 4,320 ② 90,000

③ 21,600 ④ 376,560

해설

$Q = I^2RT = 5^2A \times 20\Omega \times (3 \times 60)\sec = 90,000J$

이 때, 1cal = 4.184J이므로, $90,000J \times \dfrac{1cal}{4.184J} = 21,510.52cal$

· Q : 발생열량(J)

· I : 전류(A)

· R : 전기저항(Ω)

· T : 통전시간(sec)

26 다음의 기계·기구 중 접지 공사를 생략할 수 있는 것은?

① 전동기의 철대 또는 외함의 주위에 절연대를 설치한 것
② 440V 전동기를 설치한 곳
③ 변압기의 2차측 전로
④ 저압용의 기계·기구

> **해설**
>
> 접지공사가 생략되는 장소
> - 건조한 장소에 설치한 직류 300V 또는 교류 대지전압이 150V 이하인 전기기계기구
> - 목재 마루 등 건조한 장소에서 전기기기를 취급하는 곳
> - 철대와 외함 주위에 절연대를 설치한 전기기계기구
> - 사람이 쉽게 접촉되지 않게 목주 등에 높이 설치한 저압·고압용 전기기계기구(단, 절연성이 없는 철주상 등에 설치시는 접지공사를 해야 함)
> - 전기용품 안전관리법의 적용을 받는 이중절연의 전기기계기구
> - 누전차단기(정격감도전류 30mA 이하, 동작시간 0.03sec 이하의 전류동작형의 것에 한함)로 보호된 저압전로의 기계기구

27 다음 중 직접 접촉에 의한 감전방지방법으로 적절하지 않은 것은?

① 충전부가 노출되지 않도록 폐쇄형 외함이 있는 구조로 할 것
② 충전부에 충분한 절연효과가 있는 방호망 또는 절연덮개를 설치할 것
③ 충전부는 출입이 용이한 전개된 장소에 설치하고 위험표시 등의 방법으로 방호를 강화할 것
④ 충전부는 내구성이 있는 절연물로 완전히 덮어 감쌀 것

> **해설**
>
> 직접 접촉에 의한 감전방지
> - 충전부 전체를 절연할 것
> - 노출형 배전설비 등은 폐쇄 배전반형으로 하고 전동기 등은 적절한 방호구조의 형식을 사용할 것
> - 설치장소의 제한
> - 별도의 실내 또는 울타리 등을 설치하고 시건 장치를 할 것

28 다음 중 제전능력이 가장 뛰어난 제전기는?

① 이온제어식 제전기　　② 전압인가식 제전기
③ 방사선식 제전기　　　④ 자기방전식 제전기

> **해설**
>
> 전압 인가식 제전기(코로나 방전식 제전기)
> - 제전전극에 7,000V 정도의 고전압이 인가되어 코로나 방전발생, 인가된 고전압의 에너지에 의해 제전에 필요한 이온이 생성된다.
> - 제전능력이 뛰어나며(거의 0에 가까운 효과를 봄) 단시간에 제전이 가능하다.

29 다음 중 정전기 발생요인과 가장 관계가 먼 것은?

① 물질의 특성 ② 물질의 분리속도
③ 물질의 표면상태 ④ 물질의 온도

해설

정전기 발생에 영향을 주는 요인

(가) 물체의 특성
(나) 물체의 표면상태
(다) 물체의 분리력
(라) 접촉면적 및 압력
(마) 분리속도

30 대지에서 용접작업을 하고 있는 작업자가 용접봉에 접촉한 경우 통전전류는? (단, 용접기의 출력측 무부하전압 : 100V, 접촉저항(손, 용접봉 등 포함) : 20kΩ, 인체의 내부저항 : 1kΩ, 발과 대기의 접촉저항 : 30kΩ이다.)

① 약 0.2mA ② 약 2mA
③ 약 0.2A ④ 약 2A

해설

$$I = \frac{E}{R_1 + R_2 + R_3}[A] = \frac{100\,V}{(20 + 1 + 30) \times 10^3 \Omega} = 1.9608 \times 10^{-3} A = 1.96mA$$

· I : 인체의 통전전류[A]
· E : 용접기의 출력측 무부하 전압[V]
· R_1 : 손, 홀더 용접봉 등의 접촉저항[Ω]
· R_2 : 인체의 내부저항[Ω]
· R_3 : 발과 대지의 접촉저항[Ω]

PART 5

화학설비 안전관리

INDUSTRIAL SAFETY

CHAPTER 01 위험물의 화학 이론

01 위험물의 기초 화학

1. 물질의 정의 및 분류

(1) 물질 : 물체를 이루는 기본성분을 말한다.

(2) 물질의 분류

물질	순물질	단체 : 한 가지 원소로 된 순물질. 수소(H), 산소(O), 철(Fe) 등
		화합물 : 두 가지 이상의 원소로 된 순물질. 물(H_2O), 소금(NaCl) 등
	혼합물	두 가지 이상의 단체 또는 화합물이 혼합하여 이루어진 물질 (소금물, 공기, 합금 등)

2. 원자와 분자 및 몰(mol)의 개념

· 원자 : 물질을 구성하고 있는 가장 작은 입자이다.

· 분자 : 순물질(단체, 화합물)의 성질을 띠고 있는 가장 작은 입자이다.

· 몰(mol)의 개념 : 원자, 분자의 1mol 속에는 원자, 분자가 각각 6.02×10^{23}개가 들어 있으며 이것을 아보가드로수라 한다.

· 아보가드로의 법칙 : 온도와 압력이 일정하면 모든 기체는 같은 부피 속에 같은 분자가 들어 있다. 즉 표준상태(0℃, 1기압)에서 모든 기체 1mol의 부피는 22.4L이며 22.4L 속에는 6.02×10^{23}개의 분자가 들어 있다.

· 몰(mol)을 구하는 방법

→ 기체 1mol = 22.4L = 분자 6.02×10^{23}개 : 표준 상태(0℃, 1기압)

3. 물질의 변화

· 화학적 변화 : 물질의 본질 자체가 변하여 성분물질과 전혀 다른 물질로 변화되는 현상으로 화합, 분해, 치환, 복분해 등이 있다.

· 물리적 변화 : 물질의 본질은 변하지 않고 상태만이 변화되는 현상으로 기화, 액화, 융해, 응고, 승화 등이 있다.

4. 반응열

· 화학 반응 시 반드시 발생하는 출입열을 반응열이라 하며 발열반응과 흡열반응이 있다.
· 종류에는 생성열, 분해열, 연소열, 중화열, 용해열 등이 있다.

02 화학반응

1. 산화반응 및 산화성 물질

· 산화반응 : 물질이 산소와 화합하는 반응을 말한다.
· 산화성 물질 : 다른 물질을 산화시켜 주는 물질을 말하며 산화성 물질은 산소를 함유하고 있는 위험 물질에 속한다.

2. 할로겐화 반응

할로겐원소($F_2 \cdot Cl_2 \cdot Br_2 \cdot I_2$)를 반응시키는 것을 말하며 다음과 같은 특징이 있다.
· 발열반응을 한다.
· 폭발의 위험성이 있다.
· 부식을 일으킨다.

3. 니트로화 반응

유기화합물에 질산(HNO_3)을 반응시켜 니트로기($-NO_2$)를 도입 시키는 반응으로 다음과 같은 특징이 있다.
· 발열반응을 한다.
· 니트로 화합물을 폭발성이 있다.

4. 부가반응

에틸렌(C_2H_4)은 부가반응성이 큰 가연성 기체로 염소(Cl_2)와 부가반응을 한다.

$$CH_2 = CH_2 + Cl_2 \xrightarrow{\text{부가 반응}} CH_2Cl - CH_2Cl$$

5. 열분해와 중합반응.

· 열분해 : 무기화합물이나 유기화합물을 열에 의해서 분해시키는 것으로, 이 반응은 흡열반응이다.
· 중합 : 분자량이 적은 분자가 결합하여 큰 분자(고분자화합물) 하나를 만드는 반응을 중합이라 하며, 이 반응은 발열반응이고 고온·고압에서 진행되므로 위험성이 크다.

03 연소 이론

1. 연소의 정의 및 3요소 · 연소조건 등

(1) 연소의 정의 : 빛과 열의 발생을 동반하는 급격한 산화 현상을 의미한다.

(2) 연소의 3요소
- 가연물(연소되는 물질)
- 산소공급원(공기)
- 점화원(열원)

(3) 가연물이 될 수 있는 조건
- 산소와 화합 시 연소열(발열량)이 클 것.
- 산소와 화합 시 열전도율이 작을 것.
- 산소와 화합 시 필요한 활성화 에너지가 작을 것.

□ **참고**

가연물이 될 수 없는 물질
(1) 비활성 기체(주기표 0족의 원소) : He(헬륨), Ne(네온), Ar(아르곤), Kr(크립톤), Xe(크세논), Rn(라돈)
(2) 산화반응에 완결된 안정된 산화물 : CO_2(이산화탄소), P_2O_5(오산화인), 삼산화황(SO_3) 등
(3) 산소와 반응 시 흡열반응을 일으키는 물질 : 질소 또는 질소화합물
  $N_2 + O_2 → 2NO - 43.2kcal$

---

(4) 산소공급원 : 산화성 물질 또는 조연성 물질(연소를 계속 시키는 물질)
- 공기 중의 산소(체적 배분율로 약 21% 존재)
- 산화제로부터 부생되는 산소(염소산염류, 과산화물, 질산염류 등의 강산화제)
- 자기연소성 물질

□ **참고**

자기연소성 물질
(1) 정의 : 가연물인 동시에 자체 내부에 산소를 함유하고 있기 때문에 공기 중에 산소를 필요로 하지 않고 점화원만으로 연소를 하는 물질을 의미한다.
(2) 종류 : 니트로셀룰로즈, 피크린산, 니트로글린세린, 니트로톨루엔 등

---

(5) 점화원

　　· 전기불꽃

　　· 정전기 불꽃

　　· 마찰 및 충격의 불꽃

　　· 고열물

　　· 단열압축

　　· 산화열 등

> □ 참고
>
> **점화원이 될 수 없는 것**
>
> 기화열(증발열), 융해열 등은 열을 흡수하므로 점화원이 될 수 없다.

(6) 연소의 조건(연소되기 쉬운 조건)

　　· 산화되기 쉬울수록

　　· 산소와 접촉면이 클수록

　　· 발열량이 큰 것일수록

　　· 열전도율이 작을수록

　　· 건조도가 좋은 것일수록

2. 연소형태

(1) 확산 연소

　　· 가연성가스와 공기가 확산에 의해 혼합되면서 연소하는 것을 의미한다.

　　· 수소, 아세틸렌 등의 기체 연소의 형태이다.

(2) 증발연소

　　· 액체표면에서 발생된 증기가 연소하는 것을 의미한다.

　　· 알코올, 에테르, 등유, 경유 등의 액체연소의 형태이다.

(3) 분해연소

　　· 열분해에 의해 가연성가스를 방출시켜서 연소하는 것을 의미한다.

　　· 중유, 석탄, 목재, 고체파라핀 등의 고체연소의 형태이다.

(4) 표면연소

- 고체표면에서 연소가 일어나는 것을 의미한다.
- 숯, 알루미늄박, 마그네슘 리본 등의 고체연소의 형태이다.

3. 기체, 액체, 고체의 연소형태

(1) 기체의 연소 : 확산연소(발염연소, 불꽃연소)

(2) 액체의 연소 : 증발연소

(3) 고체의 연소

- 분해연소(목재, 종이, 석탄, 플라스틱 등)
- 표면연소(코크스 목탄, 금속분 등)
- 증발연소(황, 나프탈렌, 파라핀 등)
- 자기연소(질산에스테르류, 셀룰로이드류, 니트로화합물 등의 폭발성물질)

4. 균일계 및 불균일계 연소

- 균일계 연소 : 수소, 도시가스(메탄, CH_4), 프로판 및 부탄 등 기체의 연소
- 불균일계 연소 : 휘발유, 나무, 석탄 등 액체 및 고체의 연소

5. 가스의 연소속도

(1) 1차 공기 및 2차 공기

- 1차 공기 : 공기구멍에서 빨아들인 공기
- 2차 공기 : 화염이 주위에서 확산에 의해 취하는 공기

(2) 연소속도 : 화염이 화염주위에서 수직방향으로 미연소혼합가스 쪽으로 이동하는 속도

연소속도 = 화염속도 + 미연소가스속도

(3) 연소속도(화염속도)에 영향을 주는 요인

- 온도
- 압력
- 가스조성
- 용기의 형태나 크기

6. 연소의 특성

(1) 인화점 : 가연성 증기에 점화원을 주었을 때 연소가 시작되는 최저온도

(2) 발화점 : 가연물을 가열할 때 점화원이 없이 스스로 연소가 시작되는 최저온도.

(3) 연소범위(폭발범위) : 가연성가스(또는 증기)와 공기(또는 산소)와의 혼합가스에 점화원을
주었을 때 연소(폭발)가 일어나는 혼합가스의 농도범위(부피%)

・낮은 쪽을 폭발 하한계, 높은 쪽을 폭발 상한계라 한다.

・온도와 압력이 높을수록 폭발범위는 넓어진다.

```
□ 참고
 연소에 대한 용어의 정의 및 위험성
  (1) 용어의 정의
     ・발화 : 주위의 열에 의하여 스스로 불이 붙는 것을 의미한다.
     ・인화 : 액체가 그 표면에 폭발하한계의 증기를 내어 화염이 전파되는 것을 의미한다.
     ・착화 : 기체, 액체, 고체 어느 것이든 불이 붙는 현상을 의미한다.
     ・점화 : 불이 붙어서 연소하는 현상을 의미한다.
  (2) 연소의 위험성
     ・착화온도가 낮을수록 연소위험이 크다.
     ・인화점이 낮을수록 연소위험도 크다.
     ・연소범위가 넓을수록 연소위험이 크다.
     ・인화점이 낮은 물질이라도 반드시 착화점이 낮지는 않다.
```

7. 폭발의 종류

(1) 화학적 폭발

・폭발성 물질의 폭발 : 화약의 폭발 등

・산화 폭발 : 가연성 가스나 인화성 액체 증기의 연소 폭발

(2) 분진 폭발 : 석탄, 플라스틱, 알루미늄 등의 금속분, 소맥분 등의 분말이나 가연성 미스트의
폭발

(3) 분해 폭발 : 아세틸렌, 에틸렌, 산화에틸렌, 히드라진 등의 분해물질의 폭발

(4) 증기 폭발(물리적 폭발) : 수증기를 많이 발생하여 일어나는 폭발

8. 취급상 유의해야 할 물성

(1) 증기 및 가스 밀도 : 표준 상태 (0℃, 1기압)에서 단위 부피당 질량의 비

- 표준상태에서의 가스의 밀도 $= \dfrac{M(분자량)}{22.4}(g/L)$

- 가스의 비중 $= \dfrac{가스의 밀도}{공기의 밀도} = \dfrac{M/22.4}{29/22.4} = \dfrac{M}{29}$

(2) 비점(끓는 점) : 액체의 증기압이 대기압과 같아질 때의 온도를 말하며, 비점이 낮은 물질은 증기발생이 쉽기 때문에 위험성이 크다.

(3) 최소 발화 에너지 : 물질을 발화시키는데 필요한 최저 에너지(단위 : mJ)

(4) 최소 발화 에너지가 낮은 물질

- 에틸렌(C_2H_4) : 0.096×10^{-3}J(줄)

- 메탄(CH_4) : 0.28×10^{-3}

- 프로판(C_3H_8) : 0.31×10^{-3}J

- 벤젠(C_6H_6) : 0.55×10^{-3}J

- 수소(H_2) : 0.019×10^{-3}J

- 이황화탄소(CS_2) : 0.015×10^{-3}J

04 위험물의 종류 및 성상

1. 폭발성물질 및 유기과산화물

(1) 정의 : 가열, 마찰, 충격 또는 다른 화학물질과의 접촉에 의해 산소나 산화제의 공급이
없더라도 폭발 등 격렬한 반응을 일으킬 수 있는 고체나 액체를 의미한다.

(2) 종류
- 질산에스테르류 : 니트로셀룰로오스, 니트로글리세린, 질산메틸, 질산에틸 등
- 니트로화합물 : 피크린산(트리니트로페놀), 트리니트로톨루엔(TNT) 등
- 니트로소화합물 : 파라니트로소벤젠, 디니트로소레조르
- 아조화합물 및 디아조 화합물
- 하이드라진 및 그 유도체
- 유기과산화물 : 메틸에틸케톤 과산화물, 과산화벤조일, 과산화아세틸 등

(3) 성질 및 위험성
- 자연연소를 일으키기 쉽다.
- 연소속도가 대단히 빨라서 폭발적이다.
- 자연발화를 일으킨다.

2. 물반응성 물질 및 인화성 고체(발화성 물질)

(1) 정의 : 스스로 발화하거나 발화가 용이하거나, 물과 접촉하여 발화하고 가연성가스를 발생할
수 있는 물질을 의미한다.

(2) 인화성 고체의 종류
- 황화인
- 황
- 적린
- 철분
- 금속분
- 마그네슘
- 인화성 고체

(3) 자연발화성 물질 : 황린(P_4)

(4) 물반응성 물질(금수성 물질)의 종류

- 칼륨
- 나트륨
- 알킬알미늄
- 알킬리튬
- 알카리금속(칼륨 및 나트륨 제외)
- 유기 금속화합물(알킬알미늄 및 알킬리튬 제외)
- 금속의 수소화물
- 금속의 인화물
- 칼슘 또는 알미늄의 탄화물

(5) 성질 및 위험성

(가) 인화성 고체

- 비교적 저온에서 발화하기 쉬운 가연성 물질이다.
- 연소속도가 빠르고, 연소 시 유독가스를 발생한다.

(나) 물반응성 물질

- 물과 접촉 시 발열반응을 일으키고 가연성가스와 유독가스를 발생시킨다.
- 불연성이다. (칼륨, 나트륨 등은 공기 중에서 산화)

3. 산화성 액체 및 산화성 고체(산화성 물질)

(1) 정의 : 산화력이 강하고 가열, 충격 및 다른 화학물질과의 접촉 등으로 인해 격렬히 분해되거나 반응하는 고체 및 액체를 의미한다.

(2) 종류

- 염소산 및 그 염류 : 염소산칼륨, 염소산나트륨, 염소산암모늄, 기타 중금속 염소산염(염소산은, 염소산납, 염소산바륨, 염소산아연 등)
- 과염소산 및 그 염류 : 과염소산나트륨, 과염소산암모늄, 기타 과염소산 염류(과염소산마그네슘, 과염소산리튬, 과염소산바륨, 과염소산루비듐 등)
- 과산화수소 및 무기과산화물 : 과산화수소, 과산화칼륨, 과산화나트륨, 과산화마그네슘, 과산화칼슘, 과산화바륨 등

· 아염소산 및 그 염류 : 아염소산나트륨
· 불소산 염류
· 질산 및 그 염류 : 질산칼륨, 질산나트륨, 질산암모늄, 기타 질산 염류(질산바륨, 질산마그네슘 등)
· 요오드산염류 : 요오드산칼륨, 요오드산칼슘
· 과망간산염류 : 과망간산칼륨, 과망간산나트륨, 과망간산칼슘, 기타 과망간산암모늄 등
· 중크롬산 및 그 염류 : 중크롬산칼륨, 중크롬산나트륨, 중크롬산암모늄, 기타 중크롬산 염류(중크롬산아연, 중크롬산칼슘, 중크롬산제이철 등)

(3) 성질 및 위험성
· 불연성이며 산소를 많이 함유하고 있는 강 산화제이다.
· 가열, 타격, 충격, 마찰 등에 의해 분해해서 산소를 방출하기 쉽다.

4. 인화성 액체

(1) 정의 : 표준압력(101.3kPa) 하에서 인화점이 60℃ 이하이거나 고온·고압의 공정운전조건으로 인하여 화재·폭발위험이 있는 상태에서 취급되는 가연성 물질을 의미한다.

(2) 종류
· 에틸에테르, 가솔린, 아세트알데히드, 산화프로필렌, 그 밖에 인화점이 23℃ 미만이고 초기끓는점이 35℃ 이하인 물질
· 노르말헥산, 아세톤, 메틸에틸케톤, 메틸알코올, 에틸알코올, 이황화탄소, 그 밖에 인화점이 23℃ 미만이고 초기 끓는점이 35℃를 초과하는 물질
· 크실렌, 아세트산아밀, 등유, 경유, 테레핀유, 이소아밀알코올, 아세트산, 하이드라진, 그 밖에 인화점이 23℃ 이상 60℃ 이하인 물질

(3) 성질 및 위험성
· 상온에서 액체이며, 대단히 인화되기 쉽다.
· 대부분 물보다 가볍고, 물에 녹기 어렵다. (단, 알코올, 아세톤 등은 예외)
· 증기는 공기보다 무겁고, 공기와 혼합 시 연소의 우려가 있다.

5. 인화성 가스

(1) 정의 : 인화한계 농도의 최저한도가 13% 이하 또는 최고한도와 최저한도의 차가 12%
이상인 것으로 표준압력(101.3kPa) 하의 20℃에서 가스 상태인 물질을 의미한다.

(2) 종류

- 수소
- 아세틸렌
- 에틸렌
- 메탄
- 에탄
- 프로판
- 부탄

(3) 성질 및 위험성

- 대부분의 가스가 무색, 무취이다.
- 공기보다 가벼운 가스는 확산하기 쉽고, 공기보다 무거운 가스는 체류하기 쉽다.

> □ 참고
> **가연성가스**
> (1) 폭발한계농두의 하한이 10%이상인 가스를 의미한다.
> (2) 폭발한계농도의 상한과 하한의 차가 20%이상인 가스를 의미한다.
> (3) 그 밖의 15℃, 1기압에서 기체 상태인 가연성 가스를 의미한다.

6. 독성물질

(1) 정의 : 사람의 건강 또는 환경에 위해를 미칠 독성이 있는 화학물질을 의미한다.

(2) 종류

(가) 쥐에 대한 경구투입실험

- 실험동물의 50%를 사망시킬 수 있는 물질의 양을 의미한다.
- LD_{50}(경구, 쥐)이 (체중)kg당 300mg 이하인 화학물질을 의미한다.

(나) 쥐 또는 토끼에 대한 경피 흡수 실험

- 실험동물의 50%를 사망시킬 수 있는 물질의 양을 의미한다.
- LD_{50}(경피, 쥐 또는 토끼)이 (체중)kg당 1,000mg 이하인 화학물질을 의미한다.

　　(다) 쥐에 대한 4시간 동안의 흡입 실험

　　　・실험동물의 50%를 사망시킬 수 있는 물질의 농도를 의미한다.

　　　・가스 LC_{50}(쥐, 4시간 흡입)이 2,500ppm 이하인 화학물질을 의미한다.

　　　・증기 LC_{50}(쥐, 4시간 흡입)이 10mg/L 이하인 화학물질을 의미한다.

　　　・분진 또는 미스트 1mg/L 이하인 화학물질을 의미한다.

7. 부식성물질

(1) 정의 : 금속 등을 쉽게 부식시키고 인체에 접촉하면 심한 상해(화상)을 입히는 물질을 의미한다.

(2) 종류

　　(가) 부식성 산류

　　　・농도가 20% 이상인 염산, 황산, 질산, 기타 이와 동등 이상의 부식성을 지니는 물질을 의미한다.

　　　・농도가 60% 이상인 인산, 아세트산, 불산, 기타 이와 동등 이상의 부식성을 가지는 물질을 의미한다.

　　(나) 부식성 염기류 : 농도가 40% 이상인 수산화나트륨, 수산화칼륨, 이와 동등 이상의 부식성을 가지는 염기류를 의미한다.

□ 참고

산업안전보건법과 소방법에서의 위험물의 비교

산업안전보건법		소방법
폭발성물질 및 유기과산화물	제5류	자기반응성 물질
물반응성 물질 및 인화성고체	제2류	가연성 고체
	제3류	자기발화성 물질 및 금수성 물질
산화성 액체, 산화성 고체	제1류	산화성 고체
	제6류	산화성 액체
인화성 액체	제4류	인화성 액체
인화성 가스		
부식성 물질		
급성독성물질		

※ 산업안전보건법과 소방법의 위험물의 분류에서 공통으로 포함되지 않는 것
　　① 인화성 가스　　② 부식성 물질　　③ 급성독성물질

□ **참고**

위험물질의 기준량

(1) 위험물질의 기준량 : 제조 또는 취급하는 설비에서 하루 동안 최대로 제조 또는 취급할
수 있는 수량을 의미한다.

　　· 과염소산, 염소산, 아염소산, 차아염소산 등 산화성물질 : 300kg
　　· 에틸에테르, 가솔린, 아세트알데히드, 산화프로필렌, 이황화탄소 등 인화점이 30℃
　　　미만인 인화성 물질 : 50L
　　· 부식성 염기류 및 부식성 산류 : 300kg
　　· 시안화수소, 플루오르아세트산 및 소디움염, 디옥신 등 LD_{50}(경구, 쥐)이 kg당 5mg
　　　이하인 독성물질 : 5kg

(2) 2종 이상의 위험물질을 제조 또는 취급하는 경우 : 다음 공식에 의하여 산출한 R값이
1인 이상의 경우 기준량을 초과한 것으로 한다.

$$R = \frac{C_1}{T_1} + \frac{C_2}{T_2} + \cdots + \frac{C_n}{T_n}$$

　　여기서, C_n : 위험물질 각각의 제조 또는 취급량
　　　　　　 T_n : 위험물질 각각의 기준량

05 위험물질의 특성 등

1. 위험물질의 위험분석에 필요한 물리적, 화학적 특성

(1) 물리적 특성 : 광도, 중량, 어는점 및 끓는점(빙점 및 비점), 저항도, 연성 및 전성 등

(2) 화학적 특성 : 연소성, 부식성, 반응 및 폭발특성, 내약품성 등

2. 위험물질의 성상

(1) 자연발화의 형태별 분류

- 산화열에 의한 발열
- 분해열에 의한 발열
- 흡착열에 의한 발열
- 미생물에 의한 발열
- 중합열에 의한 발열

(2) 자연발화에 영향을 주는 인자 : 열의 축적, 발열량, 열전도율, 퇴적방법, 공기의 유동, 수분, 온도 등

(3) 자연발화 방지법

- 통풍을 잘 시킬 것
- 습기가 높은 것을 피할 것
- 연소성 가스의 발생에 주의할 것
- 저장실의 온도 상승을 피할 것

06 고압가스

(1) 고압가스의 상태에 따른 분류
- 압축가스 : 수소, 산소, 질소, 메탄 등과 같이 비점이 낮은 가스로서 상온에서 압축하여도 액화하지 않는 가스를 그대로 압축하여 용기에 충전한 가스를 의미한다.
- 액화가스 : 프로판, 부탄, 염소, 탄산가스, 시안화수소, 암모니아, 프레온 등과 같이 상온에서 비교적 낮은 압력으로 쉽게 액화할 수 있는 가스를 의미한다.
- 용해가스 : 아세틸렌 등과 같이 용제에 용해시켜 취급되는 가스를 의미한다.

(2) 고압가스의 성질(연소성)에 의한 분류
- 가연성 가스 : 프로판, 부탄, 메탄, 수소 등과 같이 연소할 수 있는 가스를 의미한다.
- 조연성 가스 : 공기, 산소, 오존, 염소, 불소, 질소산화물 등과 같이 연소를 도와주는 가스를 의미한다.
- 불연성 가스 : 질소, 탄산가스, 프레온 등과 같이 연소하지 않는 가스를 의미한다.

(3) 고압가스 용기의 파열사고 원인
- 용기의 내압력(耐壓力) 부족
- 용기 내압(內壓)의 이상 상승
- 용기 내에서의 폭발성 혼합가스의 발화

(4) 용기의 분출 또는 누설사고의 원인
- 용기 밸브의 용기에서의 이탈
- 용기밸브에서의 가스의 누설
- 안전밸브의 작동
- 용기에 부속된 압력계의 파열

(5) 고압가스 용기의 도색
- 액화탄산가스 : 청색
- 산소 : 녹색
- 수소 : 주황색
- 아세틸렌 : 황색
- 액화 암모니아 : 백색

- 액화염소 : 갈색
- 액화 석유 가스(LPG) 및 기타 가스 : 회색

(6) 기체에 관한 법칙

- 보일의 법칙(Boyle's law) : 일정한 온도에서 기체의 부피는 압력에 반비례한다.

$$P_1 V_1 = P_2 V_2 = C(일정)$$

- 샤를의 법칙(Charles's law) : 일정한 압력에서 기체 부피는 온도가 1℃ 상승할 때마다 0℃일 때 부피의 약 1/273만큼씩 증가한다. 즉 기체의 부피는 절대온도에 비례한다. (절대온도 $T = t\,℃ + 273$)

$$\frac{V_1}{T_1} = \frac{V_2}{T_2} = C(일정)$$

- 보일 - 샤를의 법칙(Boyle's Charles's law) : 일정량의 기체의 부피는 압력에 반비례하고, 절대온도에 비례한다.

$$\frac{P_1 V_1}{T_1} = \frac{P_2 V_2}{T_2} = C(일정)$$

- 기체상태 방정식 : 보일 — 샤를법칙에다 아보가드로의 법칙을 대입시킨 것이다.
  ① 기체 1mol의 상태 방정식 : 표준상태에서 1mol은 22.4L이다.

  $$\frac{PV}{T} = \frac{1 \times 22.4}{273} = 0.082(L \cdot atm/mol \cdot °K) = R$$

  ② 기체 n 몰의 상태 방정식

  $$PV = nRT$$

(7) 단열 압축 시 온도·압력 및 일량 산정식

- 단열 압축 시 가스의 온도

  $$\frac{T_2}{T_1} = \left(\frac{P_2}{P_1}\right)^{\frac{r-1}{r}} = \left(\frac{V_1}{V_2}\right)^{r-1} \quad ※ \ r : 비열비$$

- 단열 압축 시 P와 V의 관계

$PV = \text{const}, \quad P_1 V_1{}^r = P_2 V_2{}^r$

$$\frac{P_2}{P_1} = \left(\frac{V_1}{V_2}\right)^r$$

· 단열 압축 시 소요되는 일량

$$W_1 = \frac{R}{r-1} \times (T_1 - T_2)$$

※ R(기체상수) : 29.27(kg·m/kg·K)

07 유해물질관리

1. 유해물질의 유해 요인

· 유해물질의 농도와 접촉시간(Haber의 법칙)

유해지수(K) = 유해물질의 농도(C) × 노출시간(T)

· 근로자의 감수성

· 작업강도

· 기상조건

2. 유해물질의 허용 농도

· 시간가중 평균 농도(TWA) : 1일 8시간 작업을 기준으로 하여 유해요인의 측정농도에 발생시간을 곱하여 8시간으로 나눈 농도를 의미한다.

$$TWA = \frac{C_1 T_1 + C_2 T_2 + C_3 T_3 + \ldots + C_n T_n}{8}$$

여기서, C : 유해요인의 측정농도(단위 : ppm 또는 mg/m^3)

T : 유해요인의 발생시간(단위 : 시간)

· 단시간 노출한계(STEL) : 근로자의 1회 15분간 유해요인에 노출되는 경우의 허용농도를 의미한다.

· 최고 허용농도(Ceiling농도) : 근로자가 1일 작업시간동안 잠시라도 노출되어서는 아니되는 최고 허용온도를 의미한다. (허용온도 앞에 "C"를 붙여 표시)

· 혼합물질의 허용농도 : 화학 물질이 2종 이상 혼재하는 경우 혼합물의 허용농도를 의미한다.

$$혼합물의 허용농도 = \frac{C_1}{T_1} + \frac{C_2}{T_2} + \cdots + \frac{C_n}{T_n}$$

여기서, C : 화학물질 각각의 측정농도

T : 화학물질 각각의 허용농도

· TLV(Threshold Limit Value) : 미국정부 산업위생전문가협의회(ACGIH)에서 채택한 허용농도기준을 의미한다.

□ 참고

ppm을 mg/m³으로 바꾸는 공식

$$mg/m^3 = \frac{ppm \times 분자량(g)}{24.45(25℃ \cdot 1기압)}$$

3. 분진의 침착률과 유해조건

· 분진의 침착률 : 분진의 크기가 0.3 ~ 0.4μm부터 5μm까지의 분진이 침착률이 높아서 유해하며, 1.2μm정도의 분진이 가장 유해한 것으로 침착률 60%를 상회한다.

· 분진의 유해성을 결정하는 조건 : 작업 강도가 클수록 호흡량이 많아져서 분진의 흡입량이 많아진다.

4. 분진대책

· 작업공정에서 분진발생 억제 및 감소화

· 분진 비상 방지 조치

· 개인 보호구 착용으로 분진 흡입방지

· 환기

· 기타 공정을 습식으로 하거나 밀폐 등의 조치

5. 방사선 위험성

· 외부위험 방사능 물질 : X선, γ선, 중성자

· 내부 위험 방사능 물질 : α선 β선 (가장 심각한 내적 위험 물질 : α선)

· 방사선 조사량 : 거리의 자승에 반비례

· 200 ~ 300rem 조사 시 : 탈모증상

· 450 ~ 500rem 이상 조사 시 : 사망

· 투과력 : α선 < β선 < X선 < γ선

· 방사선 오염의 가장 실제적인 제거 방법 : 물로 씻어 낸다.

6. 배기 및 환기

(1) 국소배기장치의 후드 형식

· 리시버형 후드(Receiver Hood) : 연삭기 부근 또는 금속 용해로 등의 열상승기류 부분에 설치하는 후드이다.

· 밀폐형 후드(포위식 후드) : 분진이나 유해가스 발생원을 완전히 밀폐하여 흡인하는 방식이다.

· 부스형 후드(Booth Hood) : 부스 모양의 후드로서 흡입량은 밀폐형 후드보다 훨씬 많아진다.

· 부착형 후드(외부식 후드) : 송풍기(Air Curtain)를 사용하여 흡인을 용이하게 하는 경우도 있다.

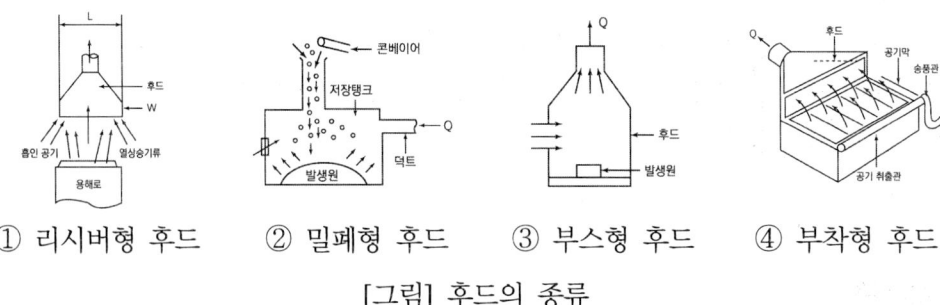

① 리시버형 후드　② 밀폐형 후드　③ 부스형 후드　④ 부착형 후드

[그림] 후드의 종류

(2) 후드의 설치 요령(후드에 의한 흡인 요령)

· 후드의 개구면적을 작게 할 것.

· 에어 커텐(Air Curtain)을 이용할 것.

· 충분한 포집속도를 유지할 것.

· 배풍기 혹은 송풍기 소요 동력에는 충분한 여유를 둘 것.

· 후드를 되도록 발생원에 접근시킬 것.

· 국부적인 흡인방식을 선택할 것.

· 후드로부터 연결된 덕트는 직선화할 것.

(3) 전체 환기장치의 성능 : 단일성분의 유기화합물이 발생되는 작업장에 전체 환기장치를 설치하고자 할 때는 다음 식에 따라 계산한 환기량 이상으로 설치하여야 한다.

$$작업시간\ 1시간당\ 필요환기량 = \frac{24.1 \times 비중 \times 유해물질의\ 시간당\ 사용량 \times K}{분자량 \times 유해물질의\ 노출기준} \times 10^6$$

여기서, 시간당 필요 환기량 단위 : m^3/hr

유해물질의 시간당 사용량 단위 : L/hr

K : 안전계수

K = 1 : 작업장 내의 공기혼합이 원활한 경우

K = 2 : 작업장 내의 공기혼합이 보통인 경우

K = 3 : 작업장 내의 공기혼합이 불완전한 경우

7. 작업환경개선의 기본원칙 및 유해물질에 대한 대책

(1) 작업환경개선의 기본원칙
- 대치 : 공정 및 시설의 변경, 물질의 대치 등
- 격리 : 저장·시설 및 공정의 격리
- 환기 : 국소배기장치 및 전체 환기장치 등에 의한 환기
- 교육 : 정기적인 교육

(2) 유해물질에 대한 대책
- 유해물질의 제조 및 사용의 중지 또는 유해성이 적은 물질로의 전환
- 생산 공정 및 작업방법의 개선
- 설비의 밀폐화와 자동화
- 유해한 생산 공정의 격리와 원격조작의 채용
- 국소배기에 의한 오염물질의 확산 방지
- 전체 환기에 의한 오염물질의 희석배출

(3) 유해물질의 방호 관리를 위한 안전관리대책
- 환경관리
- 위생관리
- 의학적관리

8. 유독성 물질 관리와 관련된 중요사항

(1) 과산화수소가 분해되어 생성되는 물질 : 물과 산소($2H_2O_2 \rightarrow 2H_2 + O_2$)

(2) 붉은 인 + 염소산칼륨 : 혼합 폭발 우려가 있다.

(3) N_2O(아산화질소) : 가연성 마취제

(4) 황린은 공기나 산소와 접촉 : 발화하는 위험이 있다.

(5) 유리를 부식시킬 때 발생하는 유독성 기체 : 불화수소(HF)

(6) 고기압 작업 시에 발생하기 쉬운 잠수병, 잠함병의 원인이 되는 물질 : 질소(N_2)

(7) 액체의 비점 : 액체의 증기압이 대기압과 같아지는 점

(8) 어떤 물질의 잠재 위험도 결정요인 : 독성과 사용조건

(9) 발화성 물질의 저장법

· 나트륨, 칼륨 : 석유 속에 저장

· 황인 : 물 속에 저장

· 적린, 마그네슘 : 격리 저장

· 질산은($AgNO_3$) 용액 : 햇빛을 피하여 저장

(10) 환원성 물질 : 황린, 적린, 황화린, 황, 금속

(11) 금수성(禁水性)물질 : 탄화칼슘(카바이드), 금속나트륨, 금속칼륨

(12) 피부에 침투하면 암을 유발하는 발암성 물질 : 베타나프틸아민, 타르, 크롬 등

(13) 아스베스트(석면)분진 흡입으로 인한 직업병 : 진폐증을 유발

(14) 진동이 심한 작업장에서 발생하는 직업병 : 레이노씨병을 유발

(15) 안티몬 화합물 : 인체 내 혈색소를 용해하여 결합력이 강한 헤모글로브린 결합체를 만들어 산소의 공급을 방해하는 중금속

08 소화이론 및 소화약제

1. 소화 방법

1) 냉각소화(화점의 냉각)

① 액체의 증발잠열을 이용하는 방법, 열용량이 큰 고체를 이용하는 방법이다.

② 냉각소화는 증발열이 크고 값이 싼 물을 가장 많이 사용한다.

2) 희석소화 : 연소반응의 계 내의 가연물이나 산화제의 농도를 낮추어서 반응을 억제 시키는 것을 이용하는 방법이다.

3) 화염의 불안정화에 의한 소화 : 혼합기체(가연물＋산소 공급원)의 유속을 증가하면 연소 속도가 일정하게 되고 화염의 길이는 점차 길어지면서 불이 꺼지게 되는 것을 이용한 방법이다.

4) 연소의 억제소화 : 연소억제제를 사용하여 소화하는 방법이다.

① 연소억제제 : 할로겐, 알칼리금속 등

② 할로겐원소의 억제 효과 : $I_2 > Br_2 > Cl_2 > F_2$

③ 알칼리금속의 억제 효과 : Ce(세슘) > Rb(루비듐) > K(칼륨) > Na(나트륨) > Li(리튬)

5) 제거소화법(소화물의 제거) : 연소 중에 있는 가연물을 제거함으로서 연소확대를 방지하고 또한 자연소화를 시킨다.

6) 질식소화법(산소의 차단) : 산소공급을 차단하여 질식소화를 하는 것으로 그 방법에는 다음과 같은 종류가 있다.

① 불연성 기체로 연소물을 덮는 방법

② 불연성 포말로 여소물을 덮는 방법

③ 불연성 고체로 연소물을 덮는 방법

④ 소화분말로 연소물을 덮는 방법

2. 소화방법별 특징

(1) 포말 소화제 : 질식 및 냉각 효과

(가) 기계포 : 공기포(에어졸)라고도 하며 포제의 수용액을 공기와 혼합하여 포를 만든 것을 의미한다.

구분	기계포의 소화약제
원액	가수분해단백질, 계면활성제, 일정량의 물
포핵(거품속의 가스)	공기

(나) 화학포 : 포제는 중조(A제)와 황산알루미늄(B제)의 반응에 의하여 만들어지고, 여기에 기포안정제인 가수분해 단백질, 사포닝, 계면활성제를 포함시킨다.

(다) 포 소화제의 구비조건
- 부착성이 있을 것.
- 열에 대한 센 막을 가지고 유동성이 있을 것.
- 바람 등에 견디고 응집성과 안전성이 있을 것.
- 가연물 표면을 짧은 시간 내에 덮을 것.
- 기름 또는 물보다 가벼운 것일 것.

(2) 분말소화기(드라이 케미컬) : 질식 및 냉각 효과

(가) 소화약제
- 제1종 분말소화약제 : 중탄산나트륨(중조 : $NaHCO_3$)
- 제2종 분말소화약제 : 중탄산칼륨($KHCO_3$)
- 제3종 분말소화약제 : 인산암모늄($NH_4H_2PO_4$)
- 제4종 분말수화약제 : 중탄산칼륨 + 요소[$KHCO_3 + (NH_2)_2CO$]

(나) 특징 : 전기화재와 유류화재에 효력이 뛰어나다.

(3) 증발성액체 소화기(할로겐화물 소화기) : 희석효과, 억제작용, 기화열에 의한 냉각효과

(가) 사염화탄소(CCl_4)
- CTC소화기라고 하며 포스겐 가스($COCl_2$)를 발생하는 경우가 있기 때문에 밀폐된 장소에서는 사용이 곤란하다.
- 사염화탄소는 건조한 공기 중, 습도가 높은 곳, 산화철(Fe_2O_3)이 있는 곳, 탄산가스(CO_2)가 있는 곳에서 포스겐 가스를 발생할 수 있다.

(나) 일염화일취화메탄(CH_2ClBr) : C.B 소화기
- 부식성이 크다.
- 사염화탄소보다 소화 효과가 크다.

(다) 이취화사불화에탄($CBrF_2CBrF_2$) : F.B 소화기
- 증발성 액체 중 소화 효과가 가장 크다.
- 독성 및 부식성이 적어 보관 중 안전성도 좋다.

(라) 증발성 액체 소화기의 구비 조건
- 비점이 낮을 것.
- 증기(기화)가 되기 쉬울 것.

· 공기보다 무겁고 불연성일 것.

□ 참고

Halon(할론) 명명법

명명법	보기
0　　0　　0　　0 ↑　　↑　　↑　　↑ C　　F　　Cl　　Br 의　　의　　의　　의 수　　수　　수　　수	㉠ CH_2ClBr : Halon - 1011 ㉡ $CBrF_2CBrF_2$: Halon - 2402 ㉢ CF_3Br : Halon - 1301 ㉣ $CBrClF_2$: Halon - 1211

(4) 탄산가스 소화기 : 질식 및 냉각효과

　(가) 특징

　　· 전기·유류·기계화재에 유효하다.

　　· 화재 진화 후 깨끗하고 화재 심부 속까지 파고들어 증거의 보존이 가능하다.

　　· 고압밸브, 배관 등으로 부속이 구성되어 고장 시 수리가 어렵다.

　　· 소리가 요란하며 사람에게 질식의 해를 입힐 수 있다.

　(나) 이산화탄소 소화기 사용 시 주의사항

　　· 이산화탄소 소화기는 호스를 잡으면 동상의 위험이 있으므로 반드시 손잡이를 잡고 방출시킨다.

　　· 액화탄산가스가 공기 중에서 이산화탄소로 기화하면 체적이 급격하게 팽창하므로 질식에 주의한다.

　　· 이산화탄소는 반도체설비와 반응을 일으키지 않기 때문에 통신기기나 컴퓨터설비에 사용한다.

　　· 이산화탄소의 주된 소화 작용은 질식작용이므로 산소의 농도가 15% 이하가 되도록 약제를 살포한다.

(5) 강화액 소화기 : 물에 탄산칼륨(K_2CO_3) 등을 녹인 수용액

　· 빙점이 0℃인 물을 탄산칼륨으로 강화하여 빙점을 $-17 \sim -30$℃까지 낮추어 한냉 지역이나 겨울철의 소화에 많이 이용한다.

　· 일반화재, 전기화재에 이용한다.

(6) 산 알칼리 소화기

- 황산과 중탄산나트륨(중조)의 화학반응으로 생긴 탄산가스(CO_2)의 압력으로 물을 방출시키는 소화기이다.
- 일반화재, 분무노즐의 경우에는 전기화재에도 적합하다.

(7) 간이 소화제

- 건조사
- 중조톱밥
- 수증기
- 소화탄
- 팽창질석, 팽창진주암(알킬알루미늄 소화에 효과)

> □ 참고
>
> **이산화탄소 및 할로겐화물 소화설비의 특징**
> (1) 소화속도가 빠르다.
> (2) 전기기기류 화재에 사용된다.
> (3) 저장에 의한 변질우려가 없어 장기간 저장이 용이하다.
> (4) 소화할 때 주변을 오염시키지 않아 부식성이 없다.
> (5) 소화설비의 보수관리가 용이하다.
> (6) 밀폐공간에서는 질식 및 중독의 위험성 때문에 사용이 제한된다.

3. 소화이론과 관련된 중요사항

(1) 물을 소화제로 사용하는 이유

- 공기를 차단한다. (질식 효과)
- 기화 잠열이 크다. (냉각 효과)

(2) 소화기 사용 최적용도

- 분말 소화기 : 0 ~ 40℃
- 포말 소화기 : 5 ~ 40℃

(3) 포말 소화기가 발생시킬 수 있는 거품의 양 : 소화기 용량의 7 ~ 8배

(4) 소화제로 사염화탄소(CCl_4)를 사용시 : 포스겐($COCl_2$) 가스발생 우려가 있다.

(5) 금속 나트륨 화재 시 쓰이는 소화제 : 마른 모래 및 소다회

(6) 가연성가스 소화 시 가장 많이 쓰이는 것 : 분말(중탄산소다) 소화기

4. 자동화재 탐지설비

(1) 자동화재 탐지 설비의 구성요소
- 감지기 : 화원에서 상승하는 열 또는 연기에 의해서 작동한다.
- 발신기 : 감지기에 의해 주어지는 신호를 수신기에 보내는 역할을 한다.
- 수신기 : 화재의 발생을 알린다.

(2) 감지기의 종류
- 정온식
- 차동식
- 보상식
- 기타 복사검지기 및 연기검지기

(3) 정온식 검지기
- 주위의 온도가 일정하게 정해둔 온도에 도달하였을 때에 작동되는 감지기를 의미한다.
- 작동온도 범위 : 60 ~ 150℃

(4) 차동식 검지기
- 외계와의 변화가 일정치를 넘었을 때(주위의 온도가 정해진 비율 이상으로 크게 되었을 경우) 작동되는 검지기를 의미한다.
- 사계절을 통해 일정한 감도를 유지하는 장점이 있으나 온도상승이 완만한 훈소화재에는 효과가 적다.

(5) 보상식 검지기
- 차동식의 단점인 온도의 완만한 상승에 의한 작동 불능을 해소하기 위해 정온식과 차동식을 조합한 형식의 검지기를 의미한다.
- 외기 온도의 영향을 거의 받지 않는다.

(6) 복사 검지기
- 일정량의 복사열량을 받았을 때나 화염의 불꽃을 포착하였을 때 작동되는 검지기를 의미

한다.

· 터널화재, 항공기 엔진의 감시용으로 사용된다.

(7) 연기 검지기

· 화재에 의해서 생성되는 연기 입자에 의해 빛의 흡수에 산란을 일으키는 것을 이용하여 검출하는 광전식과 α선에 의해 이온화되어 있는 공기 중에 연기가 들어가면 이온전류가 감소하는 성질을 이용한 이온화식이다.

· 연기 검지기의 방사원 : 라듐(Ra), 아메리듐(Am)

폭발방지 안전대책 및 방호

01 화 재

1. 화재의 종류

(1) 일반화재(A급 화재) : 나무, 섬유 종이, 고무, 플라스틱류와 같은 일반가연물이라고 해서 재가 남는 화재를 말한다.

(2) 유류화재(B급 화재) : 인화성 액체, 가연성 액체, 석유 그리스, 파일, 오일, 유성도료, 솔벤트, 래커, 알코올 및 인화성 가스와 같은 유류라고 해서 재가 남지 않는 화재를 말한다.

(3) 전기화재(C급 화재) : 전류가 흐르고 있는 전기기기, 배설과 관련된 화재를 말한다.

(4) 금속화재(D급 화재) : 마그네슘(Mg), 알루미늄(Al)등에 의한 화재를 말한다.

2. 적응 소화기

구분	A급 화재(백색) 일반화재	B급 화재(황색) 유류화재	C급 화재(청색) 전기화재	D급 화재 금속화재
소화 효과	냉각	질식	질식, 냉각	질식
적응 소화기	① 물소화기 ② 강화액 소화기 ③ 산알칼리소화기	① 포말소화기 ② 분말소화기 ③ 증발성 액체 소화기 ④ CO_2 소화기	① 분말소화기 ② 유기성 소화기 ③ CO_2 소화기	① 건조사 ② 팽창질석 및 팽창진주암 등 소화기

3. 화재에 관련된 중요사항

(1) 플래쉬 오버(Flash Over) : 플라스틱 가구가 많은 실내와 가연재에 화재가 발생할 경우, 실내 전체가 단숨에 타오르고 온도가 급격히 상승하는 현상으로 연기에 의한 위험 상태가 증가해 진다.

(2) 화재 사망의 주요 원인 : 일산화탄소(CO)

(3) 공기 중 탄산가스 농도에 따른 현상 : 3 ~ 4%(호흡 곤란), 15% 이상(심한 두통), 30% 이상(질식 사망)

(4) 갱내 작업장 CO_2 농도 : 1.5% 이하 유지

(5) 피부에 화상을 입었을 때의 화상정도 분류

· 1도 : 피부가 빨갛다.

· 2도 : 물집이 생긴다.

· 3도 : 검게 탄다.

02 폭발 및 폭굉

1. 폭 발

(1) 폭발의 본질 : 급격한 압력의 상승

(2) 폭발의 원인

    (가) 폭발의 원인이 되는 화학반응

- 연소반응
- 분해반응
- 중합반응
- 폭굉반응
- 폭연반응 등

    (나) 물리화학적 변화 : 고체 또는 액체의 응상체(凝相體)에서 기상체(氣相體)로의 이상 변화

- 가스폭발
- 분진폭발
- 액적폭발

2. 폭 굉

(1) 폭굉 : 폭발 중에서도 특히, 격렬한 경우를 폭굉이라 하며, 폭굉이라 함은 가스 중의 음속보다도 화염전파 속도가 큰 경우로 이때는 파면선단에 충격파라 하는 솟구치는 압력파가 발생하여 격렬한 파괴 작용을 일으키는 원인이 된다.

(2) 폭굉속도(폭속) 및 정상연소속도

- 폭굉 시 : 1,000 ~ 3,500m/sec(폭굉파)
- 정상 연소 시 : 0.03 ~ 10m/sec(연소파)

(3) 폭굉유도거리가 짧은 경우 : 최초의 완만한 연소가 격렬한 폭굉으로 발전할 때까지의 거리를 폭굉거리라 하며, 그 거리가 짧은 경우는 다음과 같다.

- 정상 연소속도가 큰 혼합가스일수록
- 관속에 방해물이 있거나 관경이 가늘수록
- 압력이 높을수록
- 점화원의 에너지가 강할수록

03 폭발의 분류

1. 기상폭발

(1) 혼합가스의 폭발 : 가연성 가스의 연소에 의한 폭발(산화 폭발)을 의미한다.

(2) 가스의 분해 폭발 : 아세틸렌, 산화에틸렌, 에틸렌, 히드라진 등의 폭발을 의미한다.

(3) 분진 폭발 : 가연성 고체의 미분이나 가연성 액체의 무적(Mist)에 의한 폭발을 의미한다.

2. 액상폭발

(1) 혼합 위험성에 의한 폭발 : 산화성 물질과 환원성 물질을 혼합하였을 때 일어나는 폭발을 의미한다.

(2) 폭발성 화합물의 폭발

· 반응성 물질의 분자 내 연소에 의한 폭발과 흡열화합물의 분해반응에 의한 폭발을 의미한다.

· 유기과산화물, 니트로화합물, 질산에스테르 등이 해당한다.

(3) 증기 폭발 : 물, 유기액체 또는 액화가스 등의 과열 시 순간적인 급속한 증발기에 의한 폭발을 의미한다.

3. 응상폭발(액상 및 고상폭발)

· 수증기폭발 또는 증기폭발

· 고상간의 전이에 의한 폭발

· 전선 폭발

· 화학류 및 유기과산화물 등의 폭발

4. 증기운 폭발 : 대량의 가연성가스 및 기화하기 쉬운 액체가 사고에 의해 누출·누설하여 발화원에 의해 폭발·화재가 발생할 때 나타나는 폭발을 의미한다.

> □참고
>
> 브레비(BLEVE, Boiling Liquid Expanding Vapor Explosion)
>
> (1) 비등상태의 액화가스가 기화하여 팽창하고 폭발하는 현상이다
>
> (2) 화염전파속도 : 250m/sec

5. 분진폭발

(1) 분진폭발의 특성

- 연소속도나 폭발압력은 가스폭발보다는 작지만 가해지는 힘(파괴력)은 매우 크다.
- 2차 폭발을 한다.
- CO(일산화탄소)의 중독피해의 우려가 있다.

(2) 분진폭발을 일으키는 조건

- 가연성일 것
- 분진상태일 것
- 조연성 가스(공기) 중에서 잘 교반될 것
- 발화원이 존재할 것

(3) 분진의 폭발성에 영향을 주는 요인

- 분진입도 및 입도분포 : 입도가 작을수록 비표면적이 커지고, 표면적이 크면 반응속도가 커져서 폭발성을 크게 한다.
- 입자의 형상과 표면 상태 : 구형이 될수록 폭발성이 약하며, 입자표면이 산소에 대해 활성일수록 폭발성이 높다.
- 분진의 부유성 : 부유성이 큰 것일수록 공기 중에 체류하는 시간이 길고 위험성도 커진다.
- 분진의 화학적 성질과 조성 : 산화반응에 의해서 발생되는 기체량이나 연소열의 대소, 반응 전후에 용적의 변화가 큰 것 등이 분진폭발의 격렬도에 영향을 준다.

04 가연성가스의 폭발한계

1. 폭발의 성립 조건

(1) 가연성가스(증기 또는 분진)가 폭발범위 내에 있어야 한다.

(2) 밀폐된 공간이 존재하여야 한다.

(3) 점화원(에너지)이 있어야 한다.

2. 폭발범위(폭발한계) 정의 및 영향요인

(1) 정의 : 폭발에 필요한 혼합가스(가연성가스와 공기 또는 산소) 중의 가연성가스의 농도범위를 폭발범위(폭발한계 또는 연소범위라고도 함)라 하며, 낮은 쪽을 폭발하한계, 높은 쪽을 폭발상한계라 한다.

(2) 폭발한계에 영향을 주는 요인

- 온도 : 폭발하한은 100℃ 증가할 때마다 25℃에서의 값이 8%가 감소하며, 폭발상한은 8%가 증가한다.
- 압력 : 가스압력이 높아질수록 폭발범위는 넓어진다. (상한값이 증가함)
- 산소 : 공기 중에서보다 산소 중에서 폭발범위가 넓어진다. (상한값이 증가함)

3. 양론농도(C_{ST}) : 가연성 물질 1몰이 완전 연소할 수 있는 공기와의 혼합기체 중 가연성 물질의 부피[%]를 의미한다.

(1) 양론농도(C_{st})구하는 식 : $C_nH_mO_\lambda Cl_f$ 분자식에서 다음과 같은 식으로도 계산된다.

$$C_{st} = \frac{100}{1 + 4.773\left(n + \dfrac{m - f - 2\lambda}{4}\right)}(\%)$$

여기서, n : 탄소

　　　 m : 수소

　　　 f : 할로겐 원소

　　　 λ : 산소의 원자수

(2) 양론농도와 폭발한계의 관계

- 유기화합물의 폭발하한 값(L)은 양론농도(C_{st})의 약 55%로 추정한다.
- 폭발상한값(u)은 양론농도의 약 3.5배 정도가 된다.

4. 르-샤틀리에(Le - chatelier)의 법칙 : 혼합가스의 폭발한계를 구하는 식

$$\frac{100}{L} = \frac{V_1}{L_1} + \frac{V_2}{L_2} + \frac{V_3}{L_3} + \cdots + \frac{V_n}{L_n}(vol\%)$$

- L : 혼합가스의 폭발한계(%)
- L_1, L_2, L_3 ... L_n : 성분가스의 폭발한계(%)
- V_1, V_2, V_3 ... V_n : 성분가스의 용량(%)

5. 위험도 : 폭발범위를 하한계로 제(除)한 값을 말하며, H로 표시한다.

$$H = \frac{U - L}{L}$$

- H : 위험도
- U : 폭발상한
- L : 폭발하한

6. 안전간격에 따른 폭발등급

폭발등급	안전간격(mm)	해 당 물 질
1등급	0.6 초과	메탄, 에탄, 프로판, n-부탄, 가솔린, 일산화탄소, 암모니아, 아세톤, 벤젠, 에틸에테르
2등급	0.4mm 초과 0.6mm 이하	에틸렌, 석탄가스
3등급	0.4 이하	수소, 아세틸렌, 이황화탄소, 수성가스

05 인화점 및 발화온도

1. 인화점(Flash Point)

(1) 정의 : 공기 중에서 가연성 액체가 그 표면에서 인화하는 데 충분한 농도의 증기(폭발하한계)를 발생하는 최저온도를 말한다.
  · 가연성 증기에 점화원(불꽃)을 주었을 때 연소가 시작되는 최저온도이다.
  · 인화점은 가연성 물질의 위험성을 나타내는 척도이다.

(2) 인화점에 영향을 주는 요인
  · 압력이 증가하면 인화점은 높아지고 압력이 낮아지면 인화점도 낮아진다.
  · 유기물의 수용액은 증기압이 낮아지는 관계로 인화점은 높아진다.

(3) 가연물이 인화하는 데 필요한 조건
  · 가연물이 인화점 이상의 온도상태에 있어야 한다.
  · 산소 및 이와 혼합할 수 있는 물질의 증기가 존재하여야 한다.
  · 인화원이 주위에 있어야 한다.

2. 발화점(Ignition Temperature)

(1) 발화온도(발화점 및 착화점)
  · 가연성 물질이 공기 중에서 점화원이 없이 스스로 연소를 개시할 수 있는 최저온도이다.
  · 일반적으로 발화점(착화점)은 인화점보다 상당히(20 ~ 60℃)높다.

(2) 발화온도에 영향을 주는 요인
  (가) 발화 지연시간 : 어느 온도에서 가열하기 시작하여 발화에 이르기까지의 시간을 말하려, 발화지연시간이 짧아지는 경우는 다음과 같다.
    · 고온·고압일수록
    · 가연성가스와 산소의 혼합비가 완전 산화에 가까울수록
  (나) 증기의 농도와 발화온도의 관계
    · 동족열(유기화합물)에서 분자량이 증가할수록 발화온도가 감소한다.
    · 가지 달린 화합물이 직쇄상 화합물보다 높은 발화온도를 갖는다.
  (다) 환경적 영향에 의해 발화온도가 낮아지는 경우

- 용기가 클수록
- 압력이 증가할수록
- 산소농도가 증가할수록
- 접촉금속의 열전도율이 좋을수록
- 화학적 활성도가 클수록

(라) 촉매 : 산화철 파우더는 모든 물질의 발화온도를 낮게 한다.

(3) 발화점에 영향을 주는 인자

- 가연성가스와 혼합비
- 발화가 생기는 공간의 형태와 크기
- 가열속도와 지속시간
- 기벽의 재질과 촉매 효과
- 점화원의 종류와 에너지 투여법

(4) 발화원(점화원)의 종류

- 화기 및 고열물 : 담배불, 난방기구, 굴뚝, 증기배관 등
- 충격 및 마찰 : 철제 공구의 낙하, 그라인더의 불꽃 등
- 자연 산화(자동 발화) : 중합열 등
- 기타 단열 압축, 광선 및 방사선, 전기적 발화원(전기 기구), 정전기 방전 불꽃 및 벼락 등

(5) 자연발화현상

(가) 자연발화가 일어나는 계에 대한 에너지수식

열의 축적 = 열의 발생 – 열의 방열

(나) 자연발화성물질의 자연발화를 촉진시키는데 영향을 주는 경우

- 표면적이 넓고 발열량이 클 것
- 주위온도가 높을 것
- 열전도율이 낮을 것

06 폭발압력

1. 밀폐된 용기 내에서 최대 폭발압력

(1) 기체 몰수 및 온도와의 관계 : 최대 폭발압력(P_m)은 처음 압력(P_1), 기체 몰수의 변화량(n_1 → n_2), 온도변화(T_1 → T_2)에 비례하여 높아진다.

$$P_m = P_1 \times \frac{n_2}{n_1} \times \frac{T_2}{T_1}$$

(2) 폭발압력과 가연성가스의 농도와의 관계
- 가연성가스의 농도가 너무 희박하거나 진하여도 폭발압력(P_m)은 낮아진다.
- 폭발압력은 양론농도보다 약간 높은 농도에서 가장 높아져 최대폭발이 된다.
- 최대 폭발압력의 크기는 공기보다 산소의 농도가 큰 혼합기체에서 더 높아진다.

(3) 폭발압력 상승속도(r_m)
- r_m은 폭발의 종점 가까이에서 존재한다.
- 가연성 물질의 농도는 양론농도보다 약간 높은 농도에서 r_m이 된다.

2. 밀폐된 용기 내에서 폭발압력에 영향을 주는 요인

(1) 온도
- 온도의 증가에 따라 P_m(최대 폭발압력)은 감소하는데, 이유는 높은 온도에서는 같은 조건에서 물질의 양이 감소하기 때문이다.
- 처음 온도 상승에 따라 r_m(최대폭발압력 상승속도)은 증가한다.

(2) 최초압력(초기압력)
- P_m은 최초압력에 영향을 받으며, 피크폭발압력은 최초 압력의 8배가 된다.
- 최초압력이 증가하면 r_m도 증가한다.

(3) 용기의 형태
- 용기의 지름에 대한 길이의 비가 큰 용기는 P_m이 낮아진다. (용기 부피나 모양에는 영향을 받지 않음)
- r_m은 용기의 부피(V)에 큰 영향을 받으며, 그 관계식은 다음과 같다. ($r_m V^{1/3} = $ const)

(4) 발화원의 강도

- 발화원의 강도가 클수록 P_m은 약간 증가된다.
- 발화원의 강도가 클수록 r_m은 크게 높아진다.

(5) 난류현상

- 연소하한에 있는 혼합가스(가연성+공기)에 초기난류가 가해진 경우 P_m은 약 3배정도 높아진다.
- 난류현상이 있을 때 r_m은 크게 증가한다.

07 화재 및 폭발 방호

1. 화재의 예방대책

(1) **예방대책** : 화재가 발생하기 전에 발화자체를 방지하는 대책을 의미한다.

(2) **국한대책** : 화재가 확대되지 않도록 하는 대책을 의미한다.
- 가연성 물질의 집적방지
- 건물 및 설비의 불연성화
- 위험물 시설 등의 지하매설
- 방화벽 및 물, 방유제, 방액제 등의 정비
- 일정한 공지의 확보

(3) **소화대책** : 초기소화 등 본격적인 소화활동을 의미한다.

(4) **피난대책** : 비상구 등을 통하여 대피하는 대책을 의미한다.

2. 폭발 재해의 대책

- 예방대책 : 페일 세이프(Fail Safe)의 원칙을 적용하여 대책을 수립한다.
- 국한대책 : 안전장치 설치, 방폭벽 설치 등 피해를 최소화하는 대책이다.

3. 폭발의 방호

- 폭발봉쇄 : 유독성물질이나 공기 중에서 방출되어서는 안되는 물질의 폭발 시 안전밸브나 파열판을 통하여 다른 탱크나 저장소 등으로 보내어 압력을 완화시켜서 파열을 방지하는 방법을 의미한다.
- 폭발억제 : 압력이 상승하였을 때 폭발억제장치가 작동하여 고압불활성가스가 담겨 있는 소화기가 터져서 증기, 가스, 분진폭발 등의 폭발을 진압하여 큰 파괴적인 폭발압력이 되지 않도록 하는 방법을 의미한다.
- 폭발방산 : 안전밸브나 파열판 등에 의해 탱크 내의 기체를 밖으로 방출시켜 압력을 정상화시키는 방법을 의미한다.
- 대기방출 : 가연성 가스를 대기 중으로 방출시키는 방법을 의미한다.

4. 분진폭발의 방호

- 분진물의 생성 방지
- 발화원의 제거

· 불활성물질의 첨가

5. 불활성첨가에 의한 가스폭발의 예방

(1) **폭발예방의 원리** : 가연성 혼합가스(가연성 가스 + 공기)중의 가연성 성분의 농도를 폭발하한계 이하로 하는 방법과 폭발상한계 이상으로 하는 2가지 방법이 있다.

· 가연성 혼합가스에 불활성 가스를 첨가하면 가연성 가스의 농도가 폭발하한계(연소를 유지할 수 있는 가연성 성분의 최저농도)이하로 되어 폭발이 일어나지 않는다.

· 폭발상한계는 연소를 지속할 수 있는 산소의 최저농도(폭발한계산소농도 또는 가연성 성분의 최대농도)이므로 가연성 혼합가스 중의 산소농도를 이 값 이하로 하여 폭발을 예방할 수 있다.

(2) **폭발한계산소농도(임계산소농도)** : 폭발상한계에 있어서의 연소를 지속할 수 있는 산소의 최저농도를 말하며, 폭발성을 유지하기 위한 최소의 산소농도로서 일반적으로 3성분(가연성 가스 + 공기 + 불활성 가스)중의 산소농도로 나타낸다.

6. 불활성화 방법

(1) **불활성화(Purge, 퍼지)** : 가스 또는 증기와 공기의 혼합가스에 불활성 가스를 주입하여 산소농도를 최소산소농도(MOC) 이하로 낮게 하는 불활성화 공정을 말한다.

(2) **퍼지의 종류(불활성화 방법)**

· 진공퍼지(저압퍼지) : 용기에 대한 가장 일반적인 불활성화 방법으로 큰 용기는 보통 진공이 되도록 설계되지 않아서 큰 저장용기에는 사용할 수 없다.

· 압력퍼지 : 가압 하에서 불활성 가스를 주입함으로써 퍼지시킬 수 있는 방법이다.

· 스위프퍼지 : 용기의 한 개구부로 퍼지가스를 가하고 다른 개구부로부터 대기로 혼합가스를 축출시키는 방법으로 용기나 장치에 압력을 가하거나 진공으로 할 수 없을 때에 사용된다.

CHAPTER 03 화학설비 등의 안전

01 반응기

1. 정의
- 화학반응을 최적조건에서 효율이 좋도록 행하는 기구를 의미한다.

2. 구비조건
(1) 고온·고압에 견딜 것
(2) 원료물질의 균일한 혼합이 가능할 것
(3) 촉매의 활성에 영향을 주지 않을 것
(4) 적당한 체류시간이 있을 것
(5) 냉각장치(발열반응인 경우 발생열 제거) 및 가열장치(흡열반응에서 반응 온도 유지)를 가질 것

3. 반응기의 분류 및 설계 시 고려요인
(1) 조작방식에 의한 분류
- 회분식 반응기(Batch Reactor)
- 반회분식 반응기(Semi Batch Reactor)
- 연속식 반응기(Plug Flow Reactor)

(2) 구조방식에 의한 분류
- 교반조형 반응기
- 관형 반응기
- 탑형 반응기
- 유동층형 반응기

(3) 반응기 설계 시 고려해야 할 요인(반응기 안전 설계 시 주요인자)
- 상(Phase)의 형태

· 온도범위

· 부식성

· 체류시간 또는 공간속도

· 열전달

· 온도조절

· 조작방법

· 운전압력

· 수율

4. 오토클레이브(Auto Clave)

고온·고압하에서 화학적인 합성이나 반응을 하기 위한 고압반응솥(밀폐반응가마)으로 교반방법에 따라 다음의 종류가 있다.

· 교반형

· 진탕형

· 회전형

· 가스 교반형

02 보일러

(1) 보일러의 시동전 점검사항

　1) 급수탱크의 수위

　2) 연료의 상태

　3) 급수펌프의 운전상태

(2) 보일러의 압력상승 원인

　1) 압력계의 눈금을 잘못 읽거나 감시가 소홀했을 때

　2) 압력계의 고장으로 기능이 불완전할 때

　3) 안전밸브의 기능이 부정확할 때

(3) 보일러의 파열 원인

　1) 규정 압력 이상으로 상승하는 원인

　　① 안전장치를 부착하지 않았을 때

　　② 안전장치가 불확실하거나 작용을 하지 않을 때

　2) 증기압력이 최고사용압력 이하이더라도 파열하는 원인

　　① 구조상의 결함으로 상용압력에서도 견디지 못할 때

　　② 보일러 부품의 부식

　　③ 과열

(4) 보일러의 과열 원인

　1) 수관 및 몸체의 청소 불량

　2) 관수를 감소시키고 빈 통에 불을 땔 때

　3) 수면계의 고장으로 드럼 내의 물의 감소

(5) 보일러의 부식 원인

　1) 불순물을 사용하여 수관이 부식되었을 때

　2) 급수처리를 하지 않은 물을 사용할 때

　3) 급수에 해로운 불순물이 혼입되었을 때

(6) 보일러 안전에 관련된 중요사항

    1) 보일러 폭발의 주요원인 : 급수불량(저수위)

    2) 보일러 저수위 사고 방지 : 자동 급수제어장치 점검 철저

    3) 과잉증기압력에 의한 보일러 폭발의 주원인 : 안전장치의 결함

    4) 보일러 속에 물이 부족하여 급속하게 급수할 때 폭발하는 원인 : 급격수축 때문

03 증류탑

1. 정의

증발하기 쉬운 차이(비점의 차이)를 이용하여 액체혼합물의 성분을 분리하기 위한 장치이다.

2. 운전상의 주의 사항

· 원액의 농도와 공급단
· 환류량의 증감
· 온도구배
· 압력구배
· 증류탑의 적정운전 부하

3. 특수 증류 방법

(1) **감압증류(진공증류)** : 다음 물질을 취급하는 경우에는 비점을 낮추어 처리하기 위해 감압 또는 진공으로 할 필요가 있다.

· 취급물질의 비점이 높아 적당한 가열매체가 없는 경우
· 가열에 의해 분해를 일으키기 쉬운 물질을 취급하는 경우

(2) **추출증류** : 분리하려고 하는 물질의 비점이 거의 다르지 않는 경우에는 용매라고 하는 제3성분을 넣어서 추출증류를 한다.

(3) **공비증류** : 비점차이가 상당히 큰(10℃ 이상) 물질의 혼합물 증류 시 단수를 증가하거나 환류를 증가하여도 어느 한도 이상으로는 분리할 수 없는 경우가 있는데 이와 같은 혼합물을 공비혼합물이라 한다.

· 2성분계가 공비혼합물인 경우 분리방법은 추출증류와 같이 제3의 성분을 첨가하는 방법을 사용한다.
· 공비증류는 알코올-물계와 같이 상호 용해하고 있는 혼합물에서 물을 제거하는데 사용되는 경우가 많으며 첨가물로 벤젠을 사용한다.

(4) **수증기 증류** : 물에 거의 용해되지 않는 휘발성 액체에 직접 수증기를 불어 넣으면서 가열하면 그 액체는 본래의 비점보다는 상당히 낮은 온도에서 유출하는데, 이것이 수증기 증류의

원리이며 다음과 같은 경우에 사용된다.
- 물질의 비점이 높고 상압에서 증류하면 분해할 가능성이 있는 경우
- 열원의 온도가 낮기 때문에 원액이 증류온도에 도달하는 것이 곤란한 경우

4. 증류탑의 점검사항

(1) 일상점검 항목(운전 중에 점검 가능한 항목)
- 보온재 및 보냉재의 파손 상황
- 도장의 열화상황
- 플랜지(Flange)부, 맨홀(Manhole)부, 용접부에서 외부누출 여부
- 기초 볼트의 헐거움 여부
- 증기배관에 열팽창에 의한 무리한 힘이 가해지고 있는지의 여부와 부식 등

(2) 개방 시 점검해야 할 항목
- 트레이(Tray)의 부식상태, 정도, 범위
- 폴리머(Polymer) 등의 생성물, 녹 등으로 인하여 포종(泡鐘)의 막힘 여부와 다공판의 Loading 유무
- 넘쳐흐르는 둑의 높이가 설계와 같은 지의 여부
- 용접선의 상황과 포종이 단(선반)에 고정되어 있는지의 여부
- 누출이 원인이 되는 균열, 손상여부
- 라이닝(Lining), 코팅(Coating) 상황

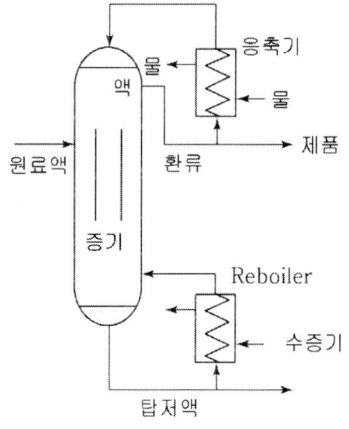

[그림] 증류탑의 구조

04 열교환기

1. 열교환기의 원리 및 목적
· 정의 : 고온유체와 저온유체의 사이에서 열을 이동시키는 장치를 의미한다.
· 목적은 온도차를 이용하여 가열, 냉각, 증발 및 응축시키는 것이다.

2. 사용목적에 따른 열교환기의 분류
· 열교환기 : 폐열의 회수
· 냉각기 : 고온측 유체의 냉각
· 가열기 : 저온측 유체의 가열
· 응축기 : 증기의 응축
· 증발기 : 저온측 유체의 증발

3. 열교환기의 효율저하 원인
(1) 냉각수를 사용하는 열교환기의 경우
　· 유체오염에 의한 Scale이 관내벽에 부착
　· 관측 또는 몸통측에 비응축 가스의 축적

(2) 증기를 사용하는 열교환기의 경우
　· 배관이 폐쇄된 경우 증기의 유량이 급격히 감소해서 증기 측의 압이 올라간 경우
　· 피 가열물의 유량이 중지된 상태나 극단으로 유량이 적은 경우

05 건조 설비

1. 개요

- 정의 : 습기가 있는 재료를 처리하여 수분을 제거하고 조작하는 기구를 건조설비라 한다.
- 건조설비의 구성 : 본체, 가열장치, 부속장치

2. 형태, 구조에 의한 건조장치의 분류

(1) 용액이나 슬러리 건조기

- 드럼건조기 : Roller사이에서 용액인 슬러리를 증발시킨다.
- 교반건조기 : 접착성이 큰 것에 사용된다.
- 분무건조기 : 슬러리나 용액의 미세한 입자 형태를 가열하여 기체 중에 분산해 건조시킨다.

(2) 고체건조기

- 상자건조기 : 괴상, 입상의 고체를 회분식으로 건조하여 곡물, 점토제품, 비누, 양모 등에 사용된다.
- 터널건조기 : 다량은 연속적으로 건조한다.
- 회전건조기 : 다량의 입상 또는 결정상 물질을 건조한다.

(3) 특수건조기 : 적외선 복사 건조기, 고주파가열건조기(합판건조사용) 등이 있다.

3. 위험물 건조설비를 설치하는 건축물의 구조

(1) 위험물 건조설비(위험물 또는 위험물이 발생하는 물질을 가열·건조하는 건조실 및 건조기)

- 건조실을 설치하는 건축물의 구조는 독립된 단층 건물로 하여야 한다.(다만, 건조실을 건축물의 최상층에 설치하거나 건축물이 내화구조일 때는 제외한다.)

(2) 독립된 단층 건물로 해야 하는 건조설비

(가) 위험물을 가열·건조하는 경우 내용적이 $1m^3$ 이상인 건조설비

(나) 위험물이 아닌 물질을 가열·건조하는 경우로서 다음 각 목의 어느 하나의 용량에 해당하는 건조설비

- 고체 또는 액체연료의 최대사용량이 10kg/hr 이상
- 기체연료의 최대사용량이 $1m^3/hr$ 이상
- 전기사용 전격용량이 10kW 이상

06 화학설비 및 특수화학설비

1. 화학설비 및 그 부속설비

(1) 화학설비
- 화학물질의 반응 또는 혼합장치·분리장치·저장 또는 계량설비
- 열교환기류
- 화학제품 가공설비
- 분체화학물질 취급장치·분리장치
- 화학물질 이송 또는 압축설비

(2) 화학설비의 부속설비
- 화학물질이송 관련설비
- 자동제어 관련설비
- 비상조치 관련설비
- 가스누출감지 및 경보관련설비
- 폐가스처리설비
- 분진처리설비
- 전기관련설비
- 안전관련설비

2. 특수화학설비

(1) **특수화학설비의 종류** : 위험물질의 기준량 이상으로 제조 또는 취급되는 다음 각 호의 화학설비를 의미한다.
- 발열반응이 일어나는 반응장치
- 증류·정류·증발·추출 등 분리를 행하는 장치
- 가열시켜주는 물질의 온도가 가열되는 위험물질의 분해온도 또는 발화점보다 높은 상태에서 운전되는 설비
- 반응폭주 등 이상 화학반응에 의하여 위험물질이 발생할 우려가 있는 설비
- 온도가 섭씨 350℃ 이상이거나 게이지압력이 980kPa 이상인 상태에서 운전되는 설비
- 가열로 또는 가열기

(2) 2종 이상의 위험물질을 제조 또는 취급하는 경우 : 다음 공식에 의해 산출한 값(R)이 1 이상인 경우는 기준량 초과로 특수화학설비에 해당된다.

$$R = \frac{C_1}{T_1} + \frac{C_2}{T_2} + \cdots + \frac{C_n}{T_n}$$

- C_n : 위험물질 각각의 제조 또는 취급량
- T_n : 위험물질 각각의 기준량

(3) 특수화학설비 설치 시 내부의 이상상태를 조기에 파악하기 위해 설치하는 장치
- 계측장치 : 온도계, 유량계, 압력계 등 설치
- 자동경보장치설치(자동경보장치설치가 곤란한 경우 감시인 배치)

(4) 특수화학설비 설치시 이상상태의 발생에 따른 폭발, 화재 또는 위험물의 누출방지를 위해 설치하는 장치
- 원재료 공급의 긴급차단장치
- 제품 등의 긴급방출장치
- 불활성 가스의 주입 또는 냉각용수 등의 공급을 위한 장치 등 설치

07 제어장치

1. 폐회로방식 제어계 및 작동순서

(1) 폐회로방식 제어계 : 외관의 변동에 관계가 없이 제어량이 설정 값을 지니도록 제어량과 설정 값과를 비교해서 조작량을 변화시켜 조정될 수 있도록 제어대상과 제어장치로서 폐밸브(Valver)를 구성하는 제어계이다.

(2) 폐회로 방식 제어계의 작동 순서
 : 공정설비 – 검출부 – 조절계 – 조작부 – 공정설비

2. 제어동작(조절계에 의한 제어에 필요한 동작)

· 위치동작 : 2위치동작과 다위치 동작이 있다.

· 비례동작 : 설정치로부터의 차이에 비례한 조작신호를 내보내는 동작이다.

· 적분동작 : 제어치와 목표치를 일치시키기 위해 설정치로부터 차이가 발생하면 이 차이에 비례한 속도에서 조작신호가 변화하는 동작이다.

· 미분동작 : 설정치에서 검출치가 벗어나는 속도에 비례하여 조작신호를 송출하는 동작이다.

> □ 참고
>
> **조절부**
> 화학공정의 되먹임(피드백, Feed Back)제어에서 제어알고리즘(동작신호를 작업량으로 바꾸는 제어요소의 부분)을 이용하여 제어할 값을 결정하는 곳을 의미한다.

08 안전장치

1. 안전밸브

(1) 안전밸브의 종류

- 스프링식(가장 많이 사용)
- 가용전식
- 중추식
- 파열판식

(2) 안전밸브의 작동압력

안전밸브 작동압력 = 상용압력 × 1.5 × 8/10 = 내압시험압력 × 8/10

(3) 안전밸브의 분출부 유효면적 계산식

$$\alpha = \frac{W}{230\,P\sqrt{\dfrac{M}{T}}}$$

- α : 분출부의 유효면적(cm^2)
- W : 시간당 가스분출량(kg/hr)
- P : 안전밸브의 작동압력(kg/cm^2 abs)
- M : 가스 분자량
- T : 가스분출시 절대온도($°K$)

(4) 가용전식 용융온도

- 암모니아(NH_3) : 60°C
- 염소(Cl_2)용 : 65 ~ 68°C
- 아세틸렌(C_2H_2)용 : 105 ± 5°C
- 긴급차단밸브용 : 110°C

2. 파열판

(1) 정의 : 취급물질의 고화 및 부식성 등에 의해 안전밸브의 작동이 곤란한 경우나 방출량이 많은 경우 또는 순간방출을 필요로 하는 경우에 사용되는 안전장치이다.

(2) 파열판의 특징
- 구조가 간단하여 취급 및 점검이 용이하다.
- 압력 상승속도가 급격한 중합, 분해 등의 반응장치에 사용된다.
- 밸브시트 누설이 없다.
- 부식성 유체, 괴상물질을 함유한 유체에도 적합하다.
- 작동 후 새로운 파열판과 교체해야 한다.

3. 안전밸브 또는 파열판의 설치

(1) 안전밸브 또는 파열판을 설치해야 할 설비
- 압력용기 : 관형 열교환기는 관의 파열로 인한 압력상승이 압력용기의 최고사용압력을 초과할 우려가 있는 경우에 한하며, 내경이 150mm 이하인 압력용기는 제외한다.
- 정변위압축기 : 다단압축기인 경우에는 압축기의 각단에 설치한다.
- 정변위 펌프 : 토출측에 차단밸브가 설치된 것에 한한다.
- 배관 : 2개 이상의 밸브에 의하여 차단되어 대기온도에서 액체의 열팽창에 의하여 파열이 우려되는 것에 한한다.
- 그 밖에 화학설비 및 그 부속설비 : 이상 화학반응, 밸브의 막힘 등 이상상태로 인한 압력상승으로 해당설비의 최고사용압력을 초과할 우려가 있는 곳에 설치한다.

(2) 파열판을 설치해야 할 경우
- 반응 폭주 등 급격한 압력상승의 우려가 있는 경우
- 독성물질의 누출로 인하여 주위의 작업환경을 오염시킬 우려가 있는 경우
- 운전 중 안전밸브에 이상 물질이 누적되어 안전밸브가 작동되지 아니할 우려가 있는 경우

4. 체크밸브, 블로우 밸브, 대기밸브

- 체크밸브 : 유체의 역류를 방지하는 밸브를 의미한다.
- 블로우밸브 : 과잉 압력을 방출하는 밸브를 의미한다.
- 대기밸브(Breather Valve) : 통기밸브라고도 하며 항상 탱크 내의 압력을 대기압과 평형한 압력으로 해서 탱크를 보호하는 밸브를 의미한다.

5. Flame Arrestor와 Vent Stack

(1) Flame Arrestor : 화염의 차단을 목적으로 한 장치를 의미한다.

(2) Vent Stack : 탱크 내의 압력을 정상의 상태로 유지하기 위한 가스 방출장치를 의미한다.

6. 긴급차단장치 및 긴급방출장치

(1) 긴급차단장치

(가) 정의 : 가스누출, 화재 등의 이상사태 발생 시 그 피해확대를 방지하기 위해 해당 기기에 원재료 송입을 긴급히 정지하는 안전장치를 의미한다.

(나) 종류(작동 동력원에 의한 분류)

- 공기압식
- 유압식
- 전기식

(2) 긴급방출장치 : 가스누출, 화재 등이 이상사태 발생 시 재해 확대를 방지하기 위해 내용물을 신속하게 외부에 방출하여 안전하게 처리하기 위한 안전장치로 Flare Stack과 Blow Down이 있다.

- Flare Stack : 가스나 고휘발성 액체의 증기를 연소해서 대기 중으로 방출하는 장치를 의미한다. (가연성, 독성, 냄새를 거의 없앤 후 대기 중에 방산)
- Blow Down : 응축성증기, 열유(熱油), 열액(熱液) 등 공정 액체를 빼내고 이것을 안전하게 유지 또는 처리하기 위한 설비를 의미한다.

7. Steam Draft

- 증기배관 내에 생기는 응축수를 자동적으로 배출하기 위한 장치를 의미한다.

09 배관부속품

1. 배관을 연결할 때 사용하는 관속부품

· 플랜지
· 유니온
· 커플링 등

2. 유로를 차단할 때 사용하는 관속부품

· 플러그
· 캡

3. 유체의 온도변화로 인해 일어나는 배관의 변형을 방지하기 위해 설치하는 관 부속품

· 팽창곡관
· 플렉시블조인트
· 루프형 신축이음쇠

4. 가스켓

압력용기나 관플랜지의 고정접합면을 고정접합면에 끼워서 볼트 및 기타 방법으로 죄어 유체의 누설을 방지하는 작용을 하는 것을 말한다.

5. 부싱(Bushing)

구멍 내면에 끼워 넣는 두께가 얇은 원통(축받이통)을 의미한다.

10 압력계 및 유량계

1. 압력계의 종류

(1) 1차 압력계
- 액주식 압력계
- 자유피스톤식 압력계

(2) 2차 압력계
- 브로돈관 식
- 벨로우즈 식
- 다이아프램 식
- 전기저항 식
- 피에조 전기압력계

2. 유량계의 종류

(1) 직접식 유량계 : 습식 가스미터
(2) 간접식 유량계
- Pitot(피토)관(관내 유체의 국부속도 측정에 이용)
- 오리피스미터
- 벤츄리관
- 면적식 유량계 : 로터미터

11　송풍기와 압축기의 구분 및 종류

1. 송풍기와 압축기의 구분

(1) 송풍기 : 토출압력이 $1kg/cm^2$ 미만을 의미한다.

(2) 압축기 : 토출압력이 $1kg/cm^2$ 이상을 의미한다.

2. 송풍기 및 압축기의 종류(구조에 의한 분류)

구분	종류
용적형	회전식 송풍기·압축기, 왕복식 압축기
회전형	원심식 송풍기·압축기, 축류식 송풍기·압축기

5과목 예상문제

01 프로판의 폭발한계가 2.2 ~ 9.5%일 때 위험도는 약 얼마인가?

① 2.52

② 3.32

③ 4.91

④ 5.64

해설

$$H = \frac{U - L}{L} = \frac{9.5 - 2.2}{2.2} = 3.32$$

· H : 위험도

· U : 폭발상한

· L : 폭발하한

02 연소이론에 대한 설명 중 틀린 것은?

① 착화온도가 낮을수록 연소 위험이 크다.

② 인화점이 낮은 물질은 반드시 착화점도 낮다.

③ 인화점이 낮을수록 일반적으로 연소위험도 크다.

④ 연소범위가 넓을수록 연소위험이 크다.

해설

연소의 위험성

· 착화온도가 낮을수록 연소위험이 크다.

· 인화점이 낮을수록 연소위험도 크다.

· 연소범위가 넓을수록 연소위험이 크다.

· 인화섬이 낮은 물질이라도 반드시 착화점이 낮지는 않다.

03 다음 중 물질의 자연발화를 촉진시키는데 영향을 주는 조건으로 옳지 않은 것은?

① 표면적이 넓고 발열량이 클 것

② 열전도율이 클 것

③ 주위온도가 높을 것

④ 적다한 수분을 보유할 것

해설

자연발화성물질의 자연발화를 촉진시키는데 영향을 주는 경우

· 표면적이 넓고 발열량이 클 것

· 주위온도가 높을 것

· 열전도율이 낮을 것

04 다음 중 유류화재와 전기화재에 모두 사용 가능한 소화기로 옳은 것은?

① 산·알칼리 소화기　　　　　② 분말 소화기

③ 포말 소화기　　　　　　　　④ 물 소화기

> 해설

적응 소화기

구분	A급 화재(백색) 일반화재	B급 화재(황색) 유류화재	C급 화재(청색) 전기화재	D급 화재 금속화재
소화 효과	냉각	질식	질식, 냉각	질식
적응 소화기	① 물소화기 ② 강화액 소화기 ③ 산알칼리소화기	① 포말소화기 ② 분말소화기 ③ 증발성 액체 소화기 ④ CO_2 소화기	① 분말소화기 ② 유기성 소화기 ③ CO_2 소화기	① 건조사 ② 팽창질석 및 팽창 진주암 등 소화기

05 다음 중 산업안전보건법에서 규정한 위험물질의 종류와 해당 물질의 연결이 잘못된 것은?

① 발화성 물질 : 칼륨, 황　　　　　② 폭발성 물질 : 질산에스테르류

③ 인화성 물질 : 염소산 및 그 염류　④ 산화성 물질 : 과산화수소 및 무기과산화물

> 해설

염소산 및 그 염류는 산화성 물질 중 하나이다.

06 고체의 연소형태 중 증발연소에 속하는 것은?

① 목탄　　　　　　　　② 목재

③ TNT　　　　　　　　④ 나프탈렌

> 해설

고체의 연소

· 분해연소(목재, 종이, 석탄, 플라스틱 등)

· 표면연소(코크스 목탄, 금속분 등)

· 증발연소(황, 나프탈렌, 파라핀 등)

· 자기연소(질산에스테르류, 셀룰로이드류, 니트로화합물 등의 폭발성물질)

07 다음 중 억제 소화제인 Halon - 2402의 화학식으로 옳은 것은?

① $C_2F_4Br_2$　　　　　　　② CF_3Br

③ CF_2ClBr　　　　　　　④ $C_2F_2Br_4$

> 해설

$CBrF_2CBrF_2$: Halon - 2402

08 다음 중 용기의 한 개구부로 불활성 가스를 주입하고 다른 개구부로부터 대기 또는 스크레버로 혼합가스를 용기에서 축출하는 퍼지방법은?

① 진공퍼지
② 압력퍼지
③ 스위프퍼지
④ 사이폰퍼지

해설

스위프퍼지 : 용기의 한 개구부로 퍼지가스를 가하고 다른 개구부로부터 대기로 혼합가스를 축출시키는 방법으로 용기나 장치에 압력을 가하거나 진공으로 할 수 없을 때에 사용된다.

09 헥산 1%, 메탄 2%, 에틸렌 2%, 공기 95%로 혼합된 가스의 폭발 하한계 값은 약 얼마인가? (단, 헥산, 메탄, 에틸렌의 폭발 하한계 값은 각각 1.1%, 5%, 2.7%이다.)

① 2.44
② 12.89
③ 21.78
④ 48.78

해설

$$\frac{V}{L} = \frac{V_1}{L_1} + \frac{V_2}{L_2} + \frac{V_3}{L_3} + \cdots + \frac{V_n}{L_n}(vol\%)$$

$$\frac{5}{L} = \frac{1}{1.1} + \frac{2}{5} + \frac{2}{2.7}$$

$$\therefore L = 2.44$$

10 다음 방사선 종류 중 투과력이 가장 높은 것은?

① α선
② β선
③ X선
④ γ선

해설

투과력 : α선 < β선 < X선 < γ선

11 다음 중 분진폭발의 특징을 가장 올바르게 설명한 것은?

① 가스폭발보다 발생에너지가 작다.
② 폭발압력과 연소속도는 가스폭발보다 크다.
③ 불완전연소로 인한 가스 중독의 위험성은 적다.
④ 화염의 파급속도보다 압력의 파급속도가 크다.

해설

분진폭발의 특징
① 가스폭발보다 발생에너지(파괴력)가 크다.
② 폭발압력과 연소속도는 가스폭발보다 작다.
③ 불완전연소로 인한 가스 중독 위험성이 크다.

12 위험물 또는 위험물이 발생하는 물질을 가열·건조하는 설비 중 건조실을 설치하는 건축물의 구조를 독립된 단층 건물로 해야 하는 기준으로 틀린 것은? (단, 건조실은 내화구조물이 아닌 건축물 내에 있다.)

① 위험물은 가열·건조하는 경우 가열·건조기의 내용적이 $10m^3$ 이상인 건조설비

② 위험물이 아닌 물질을 가열·건조하는 경우 고체 또는 액체 연료의 최대 사용량이 10kg/hr 이상인 건조설비

③ 위험물이 아닌 물질을 가열·건조하는 경우 기체 연료의 사용량이 $1m^3$/hr 이상인 건조설비

④ 위험물이 아닌 물질을 가열·건조하는 경우 전기사용 정격용량이 10kW 이상인 건조설비

> **해설**
>
> 위험물을 가열·건조하는 경우 내용적이 $1m^3$ 이상인 건조설비에는 건조설비를 독립된 단층 건물로 지어야 한다.

13 비점이 낮은 액체 저장탱크 주위에 화재가 발생했을 때 저장탱크 내부의 비등현상으로 인한 압력상승으로 탱크가 파열되어 그 내용물이 증발, 팽창하면서 발생되는 폭발 현상을 무엇이라 하는가?

① UVCE

② BLEVE

③ 개방계 폭발

④ 중합 폭발

> **해설**
>
> 브레비(BLEVE, Boiling Liquid Expanding Vapor Explosion) : 비등상태의 액화가스가 기화하여 팽창하고 폭발하는 현상이다.

14 산업안전보건법상 독성물질은 쥐에 대한 4시간 동안의 흡입 실험에 의하여 실험 동물의 50%를 사망시킬 수 있는 농도, 즉 LC_{50}이 몇 ppm이하인 물질을 의미하는가?

① 1,500

② 2,500

③ 3,500

④ 4,000

> **해설**
>
> 가스 LC_{50}(쥐, 4시간 흡입)이 2,500ppm 이하인 화학물질을 의미한다.

15 산업안전보건법에서 정한 공정안전보고서 제출대상 업종이 아닌 사업장으로서 위험물질의 1일 취급량이 염소 10,000kg, 수소 20,000kg, 프로판 1,000kg, 톨루엔 2,000kg인 경우 공정안전보고서 제출 대상 여부를 판단하기 위한 R값은 얼마인가? (단, 유해위험물질의 규정수량은 다음 표를 참고하여 계산한다.)

유해위험물질명	규정수량(kg)
가연성 가스	취급 : 5,000
	저장 : 200,000
인화성 물질	취급 : 5,000
	저장 : 200,000
염소	20,000
수소	50,000

① 1.2
② 1.5
③ 2.1
④ 2.5

해설

$$R = \frac{C_1}{T_1} + \frac{C_2}{T_2} + \cdots + \frac{C_n}{T_n} = \frac{10,000}{20,000} + \frac{20,000}{50,000} + \frac{1,000}{5,000} + \frac{2,000}{5,000} = 1.5$$

여기서, C_n : 위험물질 각각의 제조 또는 취급량
　　　　T_n : 위험물질 각각의 기준량

16 화학시설에 국소배기장치인 후드를 설치하고자 할 때 설치 요령으로 옳지 않은 것은?
① 후드는 되도록 발생원에 접근시킨다.
② 후드의 개구 면적을 크게 한다.
③ 전체 흡인 방식보다 국부 흡인 방식을 선택한다.
④ 충분한 포집 속도를 유지시킨다.

해설

후드의 개구 면적은 가능한 작게 한다.

17 다음 중 폭발원인물질의 물리적 상태에 따라 구분할 때 기상폭발에 해당되지 않는 것은?
① 가스폭발
② 분진폭발
③ 분무폭발
④ 증기폭발

해설

응상폭발(액상 및 고상폭발)
· 수증기폭발 또는 증기폭발
· 고상간의 전이에 의한 폭발
· 전선 폭발
· 화학류 및 유기과산화물 등의 폭발

18 이산화탄소 및 할로겐화물 소화설비의 특징으로 옳지 않은 것은?

① 소화속도가 빠르다.

② 전기기기류의 화재에 사용된다.

③ 변질우려가 있어 장기간 저장이 용이하지 않다.

④ 밀폐공간에서는 질식 및 중독 위험성이 있어 사용이 제한된다.

> **해설**
>
> 저장에 의한 변질우려가 없어 장기간 저장이 용이하다.

19 반응폭주 등 급격한 압력상승의 우려가 있는 경우에 설치하는 안전장치로 가장 적합한 것은?

① 파열판   ② 통기밸브

③ 체크밸브   ④ Flame Arrester

> **해설**
>
> **파열판** : 취급물질의 고화 및 부식성 등에 의해 안전밸브의 작동이 곤란한 경우나 방출량이 많은 경우 또는 순간방출을 필요로 하는 경우에 사용되는 안전장치이다.

20 산업안전보건법에서 정한 위험물질을 기준량 이상 제조, 취급, 사용 또는 저장하는 설비로서 내부의 이상상태를 조기에 파악하기 위하여 필요한 온도계·유량계·압력계 등의 계측장치를 설치하여야 하는 대상이 아닌 것은?

① 가열로 및 가열기

② 증류·정류·증발·추출 등 분리를 행하는 장치

③ 300℃ 이상의 온도 또는 게이지압력이 7kg/cm² 이상의 상태에서 운전하는 설비

④ 반응폭주 등 이상 화학반응에 의하여 위험물질이 발생할 우려가 있는 설비

> **해설**
>
> **특수화학설비의 종류** : 위험물질의 기준량 이상으로 제조 또는 취급되는 다음 각 호의 화학설비를 의미한다. (특수화학설비에는 계측 장치를 설치하여야 한다.)
>
> • 발열반응이 일어나는 반응장치
> • 증류·정류·증발·추출 등 분리를 행하는 장치
> • 가열시켜주는 물질의 온도가 가열되는 위험물질의 분해온도 또는 발화점보다 높은 상태에서 운전되는 설비
> • 반응폭주 등 이상 화학반응에 의하여 위험물질이 발생할 우려가 있는 설비
> • 온도가 섭씨 350℃ 이상이거나 게이지압력이 980kPa 이상인 상태에서 운전되는 설비
> • 가열로 또는 가열기

21 처음 온도가 20℃인 공기를 절대압력 1기압에서 3기압으로 단열압축하면 최종 온도는 약 몇 ℃인가? (단, 공기의 비열비는 1.4이다.)

① 68   ② 75

③ 128   ④ 164

> **해설**
>
> $$\frac{T_2}{T_1} = \left(\frac{P_2}{P_1}\right)^{\frac{r-1}{r}} = \left(\frac{V_1}{V_2}\right)^{r-1}$$
>
> $$T_2 = T_1 \times \left(\frac{P_2}{P_1}\right)^{\frac{r-1}{r}} = (273+20)\,^\circ K \times \left(\frac{3}{1}\right)^{\frac{1.4-1}{1.4}} = 401.04\,^\circ K$$
>
> T2 = 401.04 − 273 = 128.04℃

22 다음 중 금속화재는 어떤 종류의 화재에 해당되는가?

① A급   ② B급

③ C급   ④ D급

> **해설**
>
> 화재의 종류
> (1) 일반화재(A급 화재) : 나무, 섬유 종이, 고무, 플라스틱류와 같은 일반가연물이라고 해서 재가 남는 화재를 말한다.
> (2) 유류화재(B급 화재) : 인화성 액체, 가연성 액체, 석유 그리스, 파일, 오일, 유성도료, 솔벤트, 래커, 알코올 및 인화성 가스와 같은 유류라고 해서 재가 남지 않는 화재를 말한다.
> (3) 전기화재(C급 화재) : 전류가 흐르고 있는 전기기기, 배설과 관련된 화재를 말한다.
> (4) 금속화재(D급 화재) : 마그네슘(Mg), 알루미늄(Al)등에 의한 화재를 말한다.

23 프로판(C_3H_8) 가스가 공기 중에서 연소할 때의 화학양론 농도는 약 얼마인가? (단, 공기 중 산소의 농도는 21%이다.)

① 2.5%   ② 4.0%

③ 5.6%   ④ 9.5%

> **해설**
>
> $$C_{st} = \frac{100}{1 + 4.773\left(n + \dfrac{m - f - 2\lambda}{4}\right)}(\%) = \frac{100}{1 + 4.773\left(3 + \dfrac{8}{4}\right)} = 4.02\%$$
>
> 여기서, n : 탄소
>   m : 수소
>   f : 할로겐 원소
>   λ : 산소의 원자수

24 반응기를 조작 방법에 따라 분류할 때 반응기의 한쪽에서는 원료를 계속적으로 유입하는 동시에 다른 쪽에서는 생성 물질을 유출시키는 형식의 반응기를 무엇이라 하는가?

① 관형 반응기   ② 연속식 반응기

③ 회분식 반응기   ④ 교반조형 반응기

> **해설**
> 연속식 반응기에 대한 설명이다.

25 공업용 가스의 용기가 주황색으로 도색되어 있을 경우 용기 안에는 어떠한 가스가 들어있는가?

① 수소   ② 질소

③ 암모니아   ④ 아세틸렌

> **해설**
> 고압가스 용기의 도색
> • 액화탄산가스 : 청색
> • 산소 : 녹색
> • 수소 : 주황색
> • 아세틸렌 : 황색
> • 액화 암모니아 : 백색
> • 액화염소 : 갈색
> • 액화 석유 가스(LPG) 및 기타 가스 : 회색

26 다음은 자동화재 탐지설비에 대한 설명이다. 설명에 해당하는 검지기의 종류로 옳은 것은?

[설명]
• 온도의 완만한 상승에 의한 작동 불능을 해소하기 위한 검지기를 의미한다.
• 외기 온도의 영향을 거의 받지 않는다.

① 보상식 검지기   ② 차동식 검지기

③ 복사 검지기   ④ 정온식 검지기

> **해설**
> 보상식 검지기에 대한 설명이다.

27 다음 중 폭발범위에 관한 설명으로 틀린 것은?

① 상한값과 하한값이 존재한다.

② 공기와 혼합된 사연성 가스의 체적 농도로 나타낸다.

③ 온도에는 비례하지만, 압력과는 무관하다.

④ 가연성 가스의 종류에 따라 각각 다른 값을 갖는다.

> **해설**
>
> 가스압력이 높아질수록 폭발범위는 넓어진다.

28 8% NaOH 수용액과 5% NaOH 수용액을 혼합시켜 6% NaOH 100kg수용액을 만들려고 한다. 각가 몇 kg의 NaOH 수용액이 필요한가?

① 5% NaOH 수용액 : 50.5kg, 8% NaOH 수용액 : 49.5kg

② 5% NaOH 수용액 : 56.8kg, 8% NaOH 수용액 : 43.2kg

③ 5% NaOH 수용액 : 66.7kg, 8% NaOH 수용액 : 33.3kg

④ 5% NaOH 수용액 : 73.4kg, 8% NaOH 수용액 : 26.6kg

> **해설**
>
> $$N = \frac{N_1 V_1 + N_2 V_2}{V_1 + V_2}$$
>
> $$6 = \frac{5 \times V_1 + 8 \times V_2}{V_1 + V_2}$$
>
> 이 때, $V_1 + V_2 = 100kg$이므로, $V_1 = 100kg - V_2$
>
> $$6 = \frac{5 \times (100 - V_2) + 8 \times V_2}{100}$$
>
> $600 = 500 + 3V_2$
>
> $100 = 3V_2$
>
> $\therefore V_2 = 33.3kg$
>
> $\therefore V_1 = 100kg - V_2 = 100kg - 33.3kg = 66.7kg$

29 에틸알코올이 완전 연소 시 생성되는 CO_2와 H_2O의 몰수로 옳은 것은?

① CO_2 : 1, H_2O : 4

② CO_2 : 2, H_2O : 3

③ CO_2 : 3, H_2O : 2

④ CO_2 : 4, H_2O : 1

> **해설**
>
> $C_2H_5OH + 3O_2 \rightarrow 2CO_2 + 3H_2O$

30 1일 8시간 작업을 기준으로 하여 유해요인의 측정농도에 발생 시간을 곱하여 8시간으로 나눈 농도를 무엇이라 하는가?

① TWA
② STEL
③ TLV - C
④ TLV

해설

시간가중 평균 농도(TWA) : 1일 8시간 작업을 기준으로 하여 유해요인의 측정농도에 발생 시간을 곱하여 8시간으로 나눈 농도를 의미한다.

PART 6

건설공사안전관리

건설공사 안전의 개요

01 지반의 안전성

1. 건설공사 재해분석

(1) 건설공사 현장의 재해 특성
- 재해발생형태가 다양하다.
- 중대재해가 발생된다.
- 복합적인 재해가 동시에 자주 발생한다.
- 재해 기인물이 매우 복잡하다.

(2) 건설공사 현장에서 발생하는 재해형태
- 추락
- 낙하 및 비래
- 토사붕괴
- 건설기계의 도괴 또는 전도
- 기타 충돌, 협착, 감전 등

2. 지반의 조사방법

(1) 시험파기(터파보기) : 지반을 직경 60 ~ 90cm, 깊이 2 ~ 3m 정도로 우물 파듯이 파보아 지층 및 용수량 등을 측정하는 것을 의미한다.

(2) 탐사관 짚어보기 : 철봉에 의한 검사방법으로 끝이 뾰족한 직경 25 ~ 32mm 정도의 철봉을 꽂아 내리고 그 때의 손의 촉감으로 지반의 경·연질 상태, 지내력 등을 측정하는 것을 의미한다.

(3) 보오링(Boring)

    (가) 정의 : 지하에 깊게 작은 구멍을 뚫어 깊이에 따른 토질의 시료를 채취하여 그에 따라 지층의 상태를 판단하는 방법이다.

(나) 종류

- ・기계식 보오링 : 수세식 보오링, 충격식 보오링, 회전식 보오링(가장 정확)
- ・오우거 보오링(Auger Boring) : 인력으로 간단하게 실시하는 방법

3. 토질 시험

(1) 흙의 분류를 위한 시험

(가) 함수량시험

$$함수비 = \frac{물의\ 중량}{흙의\ 건조중량} \times 100(\%)$$

(나) 입도시험 : 흙 입자 크기의 분포상태를 중량 백분율로 표시한 것을 의미한다.

(다) 액성·소성·수축한계시험

- ・액성한계시험 : 흙을 가볍게 충동시켰을 때 처음으로 흐르기 시작하는 함수비를 의미한다.
- ・소성한계시험 : 흙을 국수모양으로 만들 때 부슬부슬해지는 한계의 함수비를 의미한다.
- ・수축한계시험 : 흙이 반고체상태에서 고체 상태로 옮겨지는 경계의 함수비를 의미한다.

(라) 비중시험 : 흙 입자의 비중을 결정하는 시험을 의미한다.

(2) 흙의 공학적 성질을 구하기 위한 시험

(가) 투수 시험 : 흙의 투수계수를 결정하는 시험을 의미한다.

(나) 다지기 시험 : 흙의 최적함수비와 최대건조밀도를 구하는 시험을 의미한다.

(다) 전단시험 : 흙의 전단강도 및 흙의 내부마찰각과 점토력을 결정하기 위한 시험을 의미한다.

- ・흙의 전단강도 : Coulomb 식 사용

    $S = c + \sigma \times \tan\phi$

    여기서, S : 흙의 전단강도(kg/cm^2)

    C : 점착력(kg/cm^2)

    σ : 전단면에 작용하는 수직응력(kg/cm^2)

    $\varnothing$: 내부 마찰각(°)

- ・흙의 역학적 성질 중 전단강도가 가장 중요하다.

(라) 압밀시험 : 흙의 표면을 구속하고 축 방향으로 배수를 허용하면서 재하할 때의 압축량과 압축속도를 구하는 시험을 의미한다.

- ・정의 : 흙의 간극 속에서 물이 배수됨으로써 오랜 시간에 걸쳐 압축되는 현상을 말한다.

- 목적 : 지반의 침하 속도와 침하량을 추정해서 설계 시공의 자료를 얻는 데 있다.
- 일반적으로 점토는 투수계수가 작아 압밀은 장시간에 걸쳐 일어나나, 간극비가 작아 침하량은 크다. (모래는 점토보다 투수계수가 크고 압밀침하속도는 빠르나 침하량은 작다.)

(마) 압축시험
- 일축압축시험 : 흙의 일축압축(토질시험) 강도 및 예민비를 결정하는 시험을 의미한다.
- 삼축압축시험 : 간접 전단시험이라고도 하며 흙의 강도 및 변형계수를 결정하는 시험을 의미한다.

(바) 원심함수당량시험 : 흙의 원심함수당량(물로 포화된 흙이 중력의 1,000배와 동등한 힘을 1시간 동안 받았을 때의 함수비)을 결정하는 시험을 의미한다.

(3) 현장시험

(가) 현장함수량시험 : 흙의 현장함수당량(평활하게 된 흙의 표면에 떨어뜨린 물 한 방울이 곧 흙에 흡수되지 않고 표면상에 퍼져 광택이 있는 외관을 나타낼 때의 최소 함수비)을 결정하는 시험을 의미한다.

(나) 현장의 토질시험방법
- 표준관입시험 : 흙(사질토 지반)의 경·연질(Consistency)과 상대밀도 등을 알기위한 시험을 의미한다.
- 베인시험(Vane Test) : 흙(점성토 지반)의 점착력을 판별하는 시험을 의미한다.
- 지내력시험(평판재하시험) : 지반면의 허용지내력을 구하는 시험을 의미한다.

□ 참고

모래지반과 점토지반의 차이

구분	투수계수	압밀침하속도	침하량	지반조사	이상현상
모래	크다	빠른순간침하	작다	표준관입시험	보일링 현상
점토	작다	장기압밀침하	크다	베인테스트	히빙현상

4. 지반의 이상 현상 및 대책

(1) 보일링(Boiling)현상

(가) 정의 : 사질토 지반 굴착시 굴착부와 지하수위차가 있을 경우 수두차에 의해 삼투압이 생겨 흙막이 벽 근입 부분을 침수하는 동시에 모래가 액상화 되어 솟아오르는 현상을 의미한다.

(나) 지반조건 : 지하수위가 높은 사질토에서 발생한다.

(다) 현상

- 저면에 액상화 현상(Quick Sand)이 발생한다.
- 굴착면과 배면토의 수두차에 의한 침투압이 발생한다.

(라) 대책

- 주변수위를 저하시킨다. (웰 포인트 공법에 의하여 물의 압력 감소)
- 널말뚝 저면의 타설 깊이를 깊게 한다.
- 널말뚝을 불투수성 점토질 지층까지 깊게 박는다.
- 굴착토의 원상매립 및 작업을 중지한다.

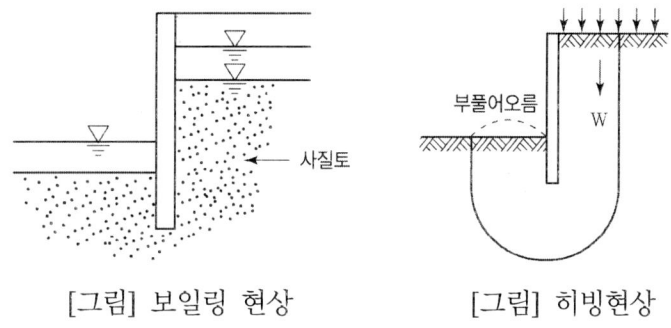

[그림] 보일링 현상   [그림] 히빙현상

(2) 히빙(Heaving)현상

(가) 정의 : 굴착이 진행됨에 따라 흙막이 벽 뒤쪽 흙의 중량이 굴착부 바닥의 지지력 이상이
되면 흙막이 벽 근입 부분의 지반이동이 발생하여 굴착부 저면이 솟아오르는 현상을
의미한다.

(나) 지반조건 : 연약성 점토지반에서 발생한다.

(다) 현상

- 굴착저면이 솟아오르고 배면의 토사가 붕괴된다.
- 널말뚝(지보공)이 파괴된다.

(라) 대책

- 굴착주변의 상재하중을 제거한다.
- 강성이 높고 강력한 흙막이 벽의 밑을 양질의 지반 속까지 깊게 박는다. (가장 좋은
방법)
- 트랜치공법 및 부분굴착, 케이슨공법이나 아일랜드공법을 고려한다.
- 1.3m 이하 굴착 시 버팀대설치 및 버팀대, 브라켓, 흙막이 등을 점검한다.

02 유해·위험 방지 계획

1. 건설업의 유해·위험방지계획서 제출 등

(1) 유해·위험 방지 계획서 제출시기 : 사업주는 유해·위험 방지 계획서를 공사 착공전날까지 공단에 2부를 제출하여야 한다.

(2) 유해·위험 방지 계획서 제출 대상 공사(건설업)

- 지상 높이가 31m 이상인 건축물 또는 인공구조물, 연면적 3만m² 이상인 건축물 또는 연면적 5천m² 이상의 문화 및 집회시설(전시장·동물원·식물원은 제외), 판매시설, 운수시설(고속철도의 역사 및 집배송 시설은 제외), 종교시설, 의료시설 중 종합병원, 숙박시설 중 관광숙박시설, 지하도상가 또는 냉동·냉장창고시설의 건설·개조 또는 해체
- 연면적 5천m² 이상의 냉동·냉장창고시설의 설비공사 및 단열공사
- 최대 지간길이가 50m 이상인 교량 건설 등 공사
- 터널 건설 등의 공사
- 다목적댐, 발전용 댐 및 저수용량 2천만톤 이상의 용수전용댐, 지방상수도 전용댐 건설 등의 공사
- 깊이 10m 이상인 굴착공사

2. 제조업 등 유해·위험방지계획서 제출 등

(1) 제출시기 : 사업주는 해당 작업시작 15일 전까지 공단에 2부를 제출하여야 한다.

(2) 제출 대상 기계·기구 및 설비

- 금속이나 그 밖의 광물의 용해로
- 화학설비
- 건조설비
- 가스집합 용접장치
- 근로자의 건강에 상당한 장해를 일으킬 우려가 있는 물질로서 고용노동부령으로 정하는 물질의 밀폐·환기·배기를 위한 설비

03 표준 안전 관리비

1. 안전관리비 산정

안전관리비 = 기본비용 + 별도계상비용

· 기본비용 : 건설공사현장에서 법에 규정된 사항의 이행을 위해 공통적으로 필요한 비용
· 별도계상비용 : 건설공사 현장의 특성에 따라 적정한 방법으로 적산하는 안전관리비

2. 적용범위

· [전기공사업법]에 따른 공사로서 저압·고압 또는 특별고압작업으로 이루어지는 공사
· [정보통신공사업법]에 따른 정보통신공사

3. 안전관리비 계상기준

· 대상액(재료비 + 직접노무비)이 5억원 미만 또는 50억원 이상일 때

$$안전관리비 = 대상액 \times \frac{비율(\%)}{100}$$

· 대상액이 5억원 이상 50억 미만일 때

$$안전관리비 = 대상액 \times \frac{X(\%)}{100} + C(기초액)$$

⊓참고

공사종류별 규모 및 안전관리비 계상 기준표

대상액 공사종류	5억 원 미만	5억 원 이상 50억 원 미만		50억 원 이상	보건관리자 선임대상 건설공사의 적용비율
		비율(x)	기초액(c)		
일반건설공사(갑)	2.93(%)	1.86(%)	5,349,000원	1.97(%)	2.15(%)
일반건설공사(을)	3.09(%)	1.99(%)	5,499,000원	2.10(%)	2.29(%)
중건설공사	3.43(%)	2.35(%)	5,400,000원	2.44(%)	2.66(%)
철도·궤도 신설 공사	2.45(%)	1.57(%)	4,411,000원	1.66(%)	1.81(%)
특수 및 기타 건설공사	1.85(%)	1.20(%)	3,250,000원	1.27(%)	1.38(%)

· 일반건설공사(갑) : 건축건설공사, 도로신설공사
· 일반건설공사(을) : 기계장치공사
· 중건설공사 : 고제방(댐)등 신설공사, 수력발전시설 신설공사, 터널신설공사
· 특수 및 기타건설공사 : 준설공사, 조경공사, 택지조성공사(경지정리공사포함), 포장공사, 전기공사, 전기통신공사

---

4. 안전관리비 항목별 사용 내역

· 안전관리자 등의 인건비 및 각종 업무수당 등

· 안전시설비 등

· 개인보호구 및 안전장구 구입비 등

· 사업장의 안전진단비 등

· 안전보건교육비 및 행사비 등

· 근로자의 건강관리비 등

· 건설재해예방 기술지도비

· 본사 사용비

5. 공사진척에 따른 안전관리비 사용기준

공정율 (기성공정율 기준)	50% 이상 70% 미만	70% 이상 90% 미만	90% 이상
사용기준	50% 이상	70% 이상	90% 이상

6. 안전관리비의 사용내역에서 제외되는 항목

· 관리감독자의 업무수당 외의 인건비

· 경비원, 청소원, 폐자재처리원, 사무보조원의 인건비

· 외부비계, 작업발판, 가설계단 등의 시설비

· 도로 확장·포장공사 등에서 공사용 외의 차량의 원활한 흐름 및 경계표시를 위한 교통안전시설물

· 기성제품에 부착된 안전장치 비요

· 가설전기설비, 분전반, 전신주 이설비용

· 타법적용사항(대기환경보전법에 의한 대기오염 방지시설 등)

· 일반근로자 작업복의 구입비

· 순시선·구명정 등의 구명조끼, 튜브 등 구입비

· 면장갑, 코팅장갑 구입비

· 건설기술 관리법에 의한 안전 점검비, 전기안전대행수수료 등

· 매설물 탐지, 계측, 지하수개발, 지질조사, 구조안전검토 비용

· 안전관계자(안전보건관리책임자, 안전보건총괄책임자, 안전 관리자, 관리감독자, 명예산업안전감독관, 본사 안전전담부서 안전전담직원) 외의 해외견학·연수비

- 안전교육장 대지구입비
- 안전교육장 외의 냉난방 설비비 및 유지비
- 기공식, 준공식 등 무재해 기원과 관계없는 행사
- 안전보건의식 고취 명목의 회식비
- 국민건강보험에 의해 실시되는 비용
- 숙사 또는 현장사무소 내의 휴게시설비
- 이동 화장실, 급수, 세면, 샤워시설, 병·의원 등에 지불되는 진료비

건설기계안전

01 굴착기계

1. 쇼벨계 굴착기계

(1) 파워쇼벨(Power Shovel)

- 중기가 위치한 지면보다 높은 장소 굴착 시 적합하다.
- 굳은 점토굴착, 깨진 돌이나 자갈 등의 옮겨쌓기 등에 사용한다.

(2) 백호우(Drag Shovel, 드래그 쇼벨)

- 중기가 위치한 지면보다 낮은 장소 굴착 시 적합하다.
- 지하층 굴착, 기초 굴착, 수중 굴착 등에 사용한다.

(3) 드래그 라인(Drag Line)

- 중기가 높은 위치에서 깊은 곳을 굴착할 때 적합하다.
- 연약한 지반굴착, 수중굴착 등 작업범위가 광범위하다.

(4) 클램 셸(Clamshell)

- 붐의 선단에서 버킷을 와이어로프로 매달아 바로 아래로 떨어뜨려 흙을 떠 올리는 중기를 의미한다.
- 수직굴착, 수중굴착, 연약지반에 사용한다.

2. 굴착기의 전부장치

붐·암·버킷으로 구성되어 있으며 모두 유압실린더에 의해 작동을 한다.

02 토공기계

1. 도저

(1) 정의

트랙터에 블레이드(Blade ; 배토판, 토공판)를 장착하여 송토, 절토, 성토작업을 하는 중기를
의미한다.

(2) 종류

- 불도저
- 앵글도저
- 틸드노저

2. 스크레이퍼

(1) 정의

굴착기와 운반기를 조합한 토공만능기로 굴착, 싣기, 운반, 하역 등의 작업을 연속적으로
행할 수 있는 중기를 의미한다.

(2) 종류

- 피견인식 스크레이퍼
- 모터스크레이퍼(자기추진식)

3. 모터그레이더

(1) 정의

지면을 절삭하여 평활하게 다듬는 것이 목적인 기계이다.

(2) 종류

- 기계식 모터 그레이더
- 유압식 모터 그레이더

4. 롤러

(1) 정의

2개 이상의 매끈한 드럼 롤러를 바퀴로 하는 다짐기계를 의미한다.

(2) 롤러는 다짐력을 가하는 방법에 따라 전압식, 진동식, 충격식 등이 있다.

(3) 종류

· 마케덤 롤러(Macadam Roller) : 앞쪽에 1개의 조향륜 롤러와 뒤축에 2개의 롤러가 배치된 것으로(2축 3륜), 전륜구동식과 후륜구동식이 있다.(3륜 롤러, 3-wheel roller)
· 탠덤 롤러(Tandem Roller) : 앞뒤 2개의 차륜이 있으며(2축 2륜), 각각의 차축이 평행으로 배치된 것이다.
· 탬핑 롤러(Tamping Roller) : 롤러의 표면에 돌기를 만들어 부착한 것으로 돌기가 전압층에 매입되어 풍화암을 파쇄하고 흙 속의 간극수압을 제거하는 롤러이다.

03 운반기계

1. 지게차(Fork Lift)

(1) 정의 : 차체 앞에 화물적재용 포크와 포크승강용 마스트를 갖춘 특수자동차로 운반 및 하역에 이용된다.

(2) 마스트 경사각 : 마스트를 앞뒤로 기울인 경우 수직면에 대하여 이루는 경사각을 의미한다.
- 전경각(마스트의 수직위치에서 앞으로 기울인 경우의 최대경사각) : 5 ~ 6° 범위
- 후경각(마스트의 수직위치에서 뒤로 기울인 경우의 최대경사각) : 10 ~ 12° 범위

(3) 최대올림높이(최대하중 적재상태에서 포크를 최고위치로 올렸을 때의 지면에서 포크 위면까지의 높이) : 3,000mm

(4) 안정도 $= \dfrac{h}{l} \times 100(\%)$

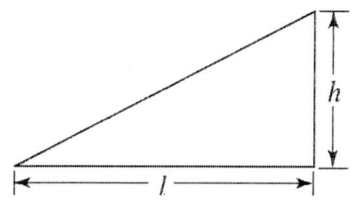

상태	상태	구배(%)
전후안정도	하역작업시(기준 부하 상태에서 포크를 최고로 올린 상태)	최대하중 5톤 미만 : 4 최대하중 5톤 이상 : 3.5
	주행시(기준 무부하 상태)	18
좌우안정도	하역작업시(기준 부하 상태에서 포크를 최고로 올리고 마스트를 최대로 기울인 상태)	6
	주행시(기준 무부하 상태)	15 + 1.1 × 최고 속도

(5) 지게차 헤드가드의 구비조건
- 상부틀의 각개구부의 폭 또는 길이는 16cm 미만일 것
- 강도는 지게차 최대하중의 2배 값(4t 초과 시는 4t)의 등분포정하중에 견딜 수 있을 것
- 운전자가 앉아서 조작하거나 서서 조작하는 지게차의 헤드가드는 [산업표준화법]에 따른 한국산업표준에서 정하는 높이 기준이상일 것

> □ 참고
> **지게차 헤드가드의 높이**
> (1) 서서 조작하는 방식(입식) : 1.88m
> (2) 앉아서 조작하는 방식(좌식) : 0.903m

(6) 지게차 작업 시작 전 점검사항
- 제동장치 및 조종장치 기능의 이상 유무
- 하역장치 및 유압장치 기능의 이상 유무
- 바퀴의 이상 유무
- 전조등, 후조등, 방향지시기 및 경보장치기능의 이상유무

2. 로더

(1) 정의 : 셔블도저, 트랙터 셔블이라고도 하며 트랙터의 앞 작업 장치에 버킷을 붙인 기계로 굴착 및 상차를 주 작업으로 한다.

(2) 종류
- 휠식 로더
- 트랙식 로더

(3) 작업 종류
- 굴착 작업
- 송토 작업
- 지면 고르기 작업
- 깎아내기 작업

04 ▶ 법상 차량계 건설기계 및 하역 운반기계

1. 법상 차량계 건설기계

(1) 종류

- 도저형 건설기계(불도저, 스트레이트도저, 틸트도저, 앵글도저, 버킷도저 등)
- 모터그레이더
- 로더(포크 등 부착물 종류에 따른 용도 변경 형식을 포함한다)
- 스크레이퍼
- 크레인형 굴착기계(크램쉘, 드래그라인 등)
- 굴삭기(브레이커, 크러셔, 드릴 등 부착물 종류에 따른 용도 변경 형식을 포함한다)
- 항다기 및 항발기
- 천공용 건설기계(어스드릴, 어스오거, 크롤러드릴, 점보드릴 등)
- 지반 압밀침하용 건설기계(샌드드레인머신, 페이퍼드레인머신, 팩드레인머신 등)
- 지반 다짐용 건설기계(타이어롤러, 매커덤롤러, 탠덤롤러 등)
- 준설용 건설기계(버킷준설선, 그래브준설선, 펌프준설선 등)
- 콘크리트 펌프카
- 덤프트럭
- 콘크리트 믹서 트럭
- 도로포장용 건설기계(아스팔트 살포기, 콘크리트 살포기, 아스팔트 피니셔, 콘크리트 피니셔 등)
- 위와 유사한 구조 또는 기능을 갖는 건설기계로서 건설작업에 사용하는 것

(2) 차량계 건설기계를 사용하여 작업을 할 때 작업계획에 포함되는 내용

- 사용하는 차량계 건설기계의 종류 및 성능
- 차량계 건설기계의 운행경로
- 차량계 건설기계에 의한 작업방법

(3) 차량계 건설기계의 전도 또는 전락 등에 의한 근로자의 위험방지 조치사항

- 갓길(노견)의 붕괴방지
- 지반의 부동침하방지
- 도로 폭의 유지
- 유도자 배치

(4) 차량계 건설기계 작업 시 근로자의 접촉방지 안전기준
- 근로자의 출입금지
- 유도자 배치

(5) 차량계 건설기계·차량계 하역운반기계 등 운전자 운전위치 이탈시 주의사항
- 포크, 버킷, 디퍼 등의 장치를 가장 낮은 위치 또는 지면에 내려 둘 것
- 원동기를 정지시키고 브레이크를 확실히 거는 등 갑작스러운 주행이나 이탈을 방지하기 위한 조치를 할 것
- 운전석을 이탈하는 경우에는 시동키를 운전대에서 분리시킬 것. 다만, 운전석에 잠금장치를 하는 등 운전자가 아닌 사람이 운전하지 못하도록 조치한 경우에는 제외

(6) 붐, 아암 등의 불시 하강에 의한 위험방지를 위해 근로자가 준수해야 할 사항
- 안전지주 사용
- 안전블록 사용

(7) 작업시작 전 점검 사항 : 브레이크 및 클러치 등의 기능

(8) 항타기·항발기의 안전기준
  (가) 항타기 또는 항발기의 부적격한 권상용 와이어 로프의 사용금지 사항
- 이음매가 있는 것
- 와이어 로프 한 꼬임에서 소선(필러선 제외)의 수가 10% 이상 절단된 것
- 지름의 감소가 호칭지름의 7%를 초과하는 것
- 심하게 변형 또는 부식된 것
- 꼬인 것
- 열과 전기충격에 의해 손상된 것

  (나) 항타기, 항발기의 권상용 와이어 로프의 안전계수 : 5이상
  (다) 항타기, 항발기 조립 시 사용 전 점검사항
- 본체의 연결부의 풀림 또는 손상의 유무
- 권상용 와이어 로프, 드럼 및 도르래의 부착상태의 이상 유무
- 권상장치의 브레이크 및 쐐기장치 기능의 이상 유무
- 권상기의 설치상태의 이상 유무
- 버팀의 방법 및 고정상태의 이상 유무

2. 법상 차량계 하역 운반기계

(1) 종류
- 지게차
- 구내운반차
- 화물자동차

(2) 차량계 하역운반기계에 의한 작업 시 작업계획의 작성 내용
- 작업에 따른 추락·낙하·전도·협착 및 붕괴 등의 위험을 예방할 수 있는 안전대책
- 차량계 하역운반기계의 운행경로 및 작업방법

(3) 차량계 하역운반기계의 포크, 버킷, 암 또는 이들에 의하여 지지되어 있는 화물의 밑에 근로자를 출입시킬 경우 조치할 사항
- 안전지주 사용
- 안전블록 사용

(4) 차량계 하역운반기계의 전도·전락 등에 의한 근로자의 위험방지 조치사항
- 유도자 배치
- 지반의 부동침하 방지
- 갓길(노견)의 붕괴 방지

(5) 차량계 하역운반기계에 화물 적재 시 준수사항
- 하중이 한쪽으로 치우치지 않도록 적재할 것
- 구내운반차 또는 화물자동차에 있어서 화물의 붕괴 또는 낙하로 인한 근로자의 위험을 방지하기 위하여 화물에 로프를 거는 등 필요한 조치를 할 것
- 운전자의 시야를 가리지 아니하도록 화물을 적재할 것

(6) 차량계 하역운반기계 등의 수리 또는 부속장치의 장착 및 해체 작업 시 작업지휘자의 준수사항
- 작업순서를 결정하고 작업을 지휘할 것
- 안전지주 또는 안전블록 등의 사용상황 등을 점검할 것

05 건설용 양중기

1. 양중기

(1) 종류

- 크레인(호이스트 포함)
- 이동식 크레인
- 리프트(이삿짐운반용 리프트의 경우 적재하중이 0.1ton 이상인 것)
- 곤돌라
- 승강기

(2) 양중기의 방호장치

- 과부하방지장치
- 권과방지장치
- 비상정지장치
- 제동장치

2. 크레인

(1) 작업 시작 전 점검사항

- 권과방지장치, 브레이크, 클러치 및 운전 장치의 기능
- 주행로의 상측 및 트롤리가 횡행하는 레일의 상태
- 와이어 로프가 통하고 있는 곳의 상태

(2) 크레인의 설치·조립·수리·점검 또는 해체 작업 시 조치사항

- 작업순서를 정하고 그 순서에 의하여 작업을 실시할 것
- 작업을 할 구역에 관계근로자 외의 자의 출입을 금지시키고 그 취지를 보기 쉬운 곳에 표시할 것
- 비·눈 그 밖의 기상상태의 불안정으로 인하여 날씨가 몹시 나쁠 때에는 그 작업을 중지시킬 것
- 작업 장소는 안전한 작업이 이루어질 수 있도록 충분한 공간을 확보하고 장애물이 없도록 할 것
- 들어올리거나 내리는 기자재는 균형을 유지하면서 작업을 실시하도록 할 것

- 크레인의 성능, 사용조건 등에 따라 충분한 응력을 갖는 구조로 기초를 설치하고 침하 등이 일어나지 아니하도록 할 것
- 규격품인 조립용 볼트를 사용하고 대칭되는 곳을 차례로 결합하고 분해할 것

(3) 폭풍에 의한 이탈방지조치 및 이상 유무 점검

- 이탈방지 조치 : 순간 풍속이 30m/sec를 초과하는 바람이 불어올 우려가 있을 때는 옥외 설치 주행 크레인에 대하여 이탈방지 장치를 작동 시킬 것
- 이상 유무 점검 : 순간 풍속이 30m/sec를 초과하는 바람이 불어온 후 또는 중진이상 진도의 지진 후에는 크레인의 각 부위의 이상 유무를 점검할 것

(4) 건설물 등과의 사이 통로의 폭

- 주행크레인 또는 선회크레인과 건설물 또는 설비와의 사이에 통로를 설치하는 경우 그 폭을 0.6m이상으로 할 것
- 통로 중 건설물의 기둥에 접촉하는 부분에 대해서는 0.4m이상으로 할 것

(5) 건설물 등의 벽체와 통로의 간격 등 : 다음 각 호의 간격을 0.3m 이하로 할 것. 다만, 추락위험이 없는 경우는 그 간격을 0.3m 이하로 유지하지 아니할 수 있음.

- 크레인의 운전실 또는 운전대를 통하는 통로의 끝과 건설물 등의 벽체의 간격
- 크레인 거더(Girder)의 통로 끝과 크레인 거더의 간격
- 크레인 거더의 통로로 통하는 통로의 끝과 건설물 등의 벽체의 간격

3. 이동식 크레인

(1) 추락방지 조치사항(전용탑승설비를 설치한 경우)

- 탑승설비가 뒤집히거나 떨어지지 아니하도록 필요한 조치를 할 것
- 안전대 및 구명줄을 설치하고, 안전난간의 설치가 가능한 구조인 경우에는 안전난간을 설치할 것

(2) 이동식 크레인의 작업시작 전 점검사항

- 권과방지장치나 그 밖의 경보장치의 기능
- 브레이크, 클러치 및 조정장치의 기능
- 와이어로프가 통하고 있는 곳 및 작업장소의 지반상태

4. 타워크레인

(1) 타워크레인의 설치·조립·해체 작업 시 작업계획서의 작성내용
- 타워크레인의 종류 및 형식
- 설치·조립 및 해체순서
- 작업도구·장비·가설설비 및 방호설비
- 작업인원의 구성 및 작업근로자의 역할 범위
- 타워크레인의 지지방법

(2) 강풍 시 타워크레인의 작업제한
- 순간풍속이 매초당 10m를 초과하는 경우 : 타워크레인의 설치·수리·점검 또는 해체작업을 중지할 것
- 순간풍속이 매초당 15m를 초과하는 경우 : 타워크레인의 운전 작업을 중지할 것

5. 리프트

(1) 종류
- 건설작업용 리프트
- 일반 작업용 리프트
- 간이 리프트
- 이삿짐운반용 리프트

(2) 건설용 리프트의 붕괴 방지조치 : 순간 풍속이 35m/sec를 초과하는 바람이 불어올 우려가 있을 때는 받침수를 증가하는 등 붕괴를 방지하기 위한 조치를 할 것.

(3) 리프트의 작업시작 전 점검사항
- 방호장치·브레이크 및 클러치의 기능
- 와이어로프가 통하고 있는 곳의 상태

(4) 리프트 등의 작업
  (가) 리프트의 설치·조립·수리·점검 또는 해체 작업 시 조치사항
  - 작업을 지휘하는 사람을 선임하여 그 사람의 지휘 하에 작업을 실시할 것
  - 작업을 할 구역에 관계 근로자가 아닌 사람의 출입을 금지하고 그 취지를 보기 쉬운

장소에 표시할 것

· 비, 눈 그 밖에 기상상태의 불안정으로 날씨가 몹시 나쁜 경우에는 그 작업을 중지시킬 것

(나) 리프트 등 작업 시 작업지휘자의 이행사항

· 작업방법과 근로자의 배치를 결정하고 해당 작업을 지휘하는 일

· 재료의 결함 유무 또는 기구 및 공구의 기능을 점검하고 불량품을 제거하는 일

· 작업 중 안전대 등 보호구의 착용 상황을 감시하는 일

6. 곤돌라

(1) 운전방법 등의 주지

· 곤돌라의 운전방법 또는 고장이 났을 때의 처치방법을 그 곤돌라를 사용하는 근로자에게 주지시켜야 한다.

(2) 작업 시작 전 점검사항

· 방호장치, 브레이크 기능

· 와이어 로프 및 슬링 와이어 등의 상태

7. 승강기

(1) 승강기의 방호장치

· 과부하방지장치

· 비상정지장치

· 파이널리미트 스위치

· 속도조절기

· 출입문 인터록

(2) 승강기의 설치·조립·수리·점검 또는 해체 작업 시 조치사항

· 작업을 지휘하는 자를 선임하여 그 자의 지휘 하에 작업을 실시할 것.

· 작업을 할 구역에 관계근로자 외의 자의 출입을 금지시키고 그 취지를 보기 쉬운 장소에 표시할 것.

· 비·눈 그 밖의 기상상태의 불안정으로 인하여 날씨가 몹시 나쁠 때에는 그 작업을 중지시킬 것.

8. 양중기의 와이어로프 · 달기체인

(1) 양중기의 와이어로프(고리걸이용 포함) 또는 달기체인의 안전계수
- 근로자가 탑승하는 운반구를 지지하는 달기와어로프 또는 달기체인의 경우 : 10 이상
- 화물의 하중을 직접 지지하는 달기와이어로프 또는 달기체인의 경우 : 5 이상
- 훅, 샤클, 클램프, 리프팅 빔 등의 경우 : 3 이상
- 기타 : 4 이상

(2) 부적격한 와이어로프의 사용금지사항
- 이음매가 있는 것
- 와이어로프의 한 꼬임에서 끊어진 소선(필러선 제외)의 수가 10% 이상(비전자로프의 경우에는 끊어진 소선의 수가 와이어로프 호칭지름의 6배 길이 이내에서 4개 이상이거나 호칭지름 30배 길이 이내에서 8개 이상)인 것
- 지름의 감소가 공칭지름의 7%를 초과하는 것
- 꼬인 것
- 심하게 변형 또는 부식된 것
- 열과 전기충격에 의해 손상된 것

(3) 부적격한 달기체인의 사용금지사항
- 달기체인의 길이가 달기체인이 제조된 때의 길이의 5%를 초과한 것
- 링의 단면지름이 달기체인이 제조된 때의 해당 링의 지름의 10%를 초과하여 감소한 것
- 균열이 있거나 심하게 변형된 것

(4) 부적격한 섬유 로프의 사용금지사항
- 꼬임이 끊어진 것
- 심하게 손상 또는 부식된 것

CHAPTER 03 건설재해 및 대책

01 추락재해

1. 추락재해의 형태에 의한 발생원인

(1) 비계로부터의 추락

- 난간이 없을 때
- 작업대의 발판이 좁을 때
- 비계에 매달려 올라갔을 때
- 비계와 구조체 사이의 연결로가 불비할 경우
- 난간을 제거한 채 작업했을 때
- 외줄비계에서 안전대를 사용하지 않았을 경우
- 비계발판의 고정이 나쁘고 어긋났을 때

(2) 작업대 끝 및 개구부로부터의 추락

- 난간, 덮개, 방책이 없을 때
- 안전대를 사용하지 않을 때
- 난간, 덮개, 방책을 제거하고 작업했을 때

(3) 슬레이트 지붕에서의 추락

- 작업발판이나 통로 판을 설치하지 않았을 때
- 안전대의 부착이나 설비가 나빴을 경우
- 안전대를 사용하지 않았을 때
- 작업 자세와 동작이 나빴을 때

2. 추락재해의 위험성 및 안전조치

(1) 추락하거나 넘어질 우려가 있는 장소(작업발판 끝·개구부 등은 제외) 또는 기계·설비·선반블록 등에서 작업 시 추락재해 방지 조치사항

- 작업발판 설치

- 추락 방호망 설치
- 안전대 착용

(2) 작업발판 및 통로의 끝이나 개구부 등의 추락재해 방지 조치사항
- 안전난간, 울타리 및 수직형 추락방망 등 설치
- 충분한 강도를 가진 구조의 덮개 설치 및 개구부 표시
- 난간 설치 곤란 시 추락 방호망을 치거나 안전대 착용

(3) 슬레이트 등 지붕 위에서의 위험방지 조치사항
- 폭 30cm 이상의 발판 설치
- 방망설치

(4) 안전난간의 구조 및 설치요건
- 상부 난간대, 중간 난간대, 발끝 막이판 및 난간기둥으로 구성할 것. (중간 난간대, 발끝 막이판 및 난간기둥은 이와 비슷한 구조 및 성능를 가진 것으로 대체할 수 있음)
- 상부 난간대는 바닥면·발판 또는 경사로의 표면(이하 "바닥면 등"이라 함)으로부터 90cm 이상 지점에 설치하고, 상부 난간대를 120cm 이하에 설치하는 경우 중간 난간대는 상부 난간대와 바닥면 등의 중간에 설치하여야 하며, 120cm 이상 지점에 설치하는 경우에는 중간 난간대를 2단 이상으로 균등하게 설치하고 난간의 상하간격은 60cm 이하가 되도록 할 것.
- 발끝 막이판은 바닥면 등으로부터 10cm 이상의 높이를 유지할 것. (물체가 떨어지거나 날아올 위험이 없거나 그 위험을 방지할 수 있는 망을 설치하는 등 필요한 예방조치를 한 장소를 제외함)
- 난간기둥은 상부 난간대와 중간 난간대를 견고하게 떠받칠 수 있도록 적정한 간격을 유지할 것.
- 상부 난간대와 중간 난간대는 난간길이 전체에 걸쳐 바닥면 등과 평행을 유지할 것.
- 난간대는 지름 2.7cm 이상의 금속제 파이프나 그 이상의 강도를 가진 재료일 것.
- 안전난간은 구조적으로 가장 취약한 지점에서 가장 취약한 방향으로 작용하는 100kg 이상의 하중에 견딜 수 있는 튼튼한 구조일 것.

□ 참고

안전난간의 구조 및 설치요건

구분	구조 및 설치요건
안전난간의 구성	·상부 난간대　　　　·중간 난간대 ·발끝 막이판　　　　·난간기둥
상부난간대 설치	바닥판 등으로부터 90cm이상 지점에 설치
중간난간대 설치	·상부난간대가 120cm이하일 경우 : 중간 난간대를 상부 난간대와 바닥면등의 중간에 설치 ·상부난간대가 120cm이상일 경우 : 중간 난간대를 2단 이상으로 설치하고 난간의 상하간격은 60cm이하
발끝막이판 높이	·바닥면 등으로부터 10cm 이상
난간대의 지름 및 재료	·지름 : 2.7cm 이상 ·재료 : 금속제파이프나 그 이상의 강도가 있는 재료
안전난간의 구조	·100kg이상 하중에 견딜 수 있는 구조

(5) 기타 추락재해 방지 조치사항

· 안전대 부착설비 : 높이 2m 이상의 장소에서 안전대 착용 시는 안전대의 부착설비를 설치하여야 한다.

· 승강설비의 설치 : 높이 또는 깊이가 2m를 초과하는 장소에서 작업하는 경우 해당 작업에 종사하는 근로자가 안전하게 승강하기 위한 건설작업용 리프트 등의 설비를 설치하여야 한다.

· 울타리의 설치 : 작업 중 또는 통행 시 전락으로 인하여 근로자가 화상·질식 등의 위험에 처할 우려가 있는 케틀(Kettle), 호퍼(Hopper), 피트(Pit) 등이 있는 경우에는 높이 90cm 이상의 울타리를 설치하여야 한다.

3. 추락방지용 안전대의 구조 등 안전기준

(1) 사용 구분

종류	등급	사용 구분
벨트식(B식) 안전그네식(H식)	1종	U자걸이 전용
	2종	1개걸이 전용
	3종	1개걸이 U자걸이 공용
	4종	안전블록
	5종	추락방지대

(2) 안전대 착용대상 작업

- 안전대는 높이 2m 이상의 추락위험이 있는 작업에는 반드시 착용하여 사용하여야 한다.
- 철골부재의 조립 또는 해체작업은 작업발판이 없거나 난간대가 없는 경우가 보통으로 작업 시는 반드시 안전대를 착용하여야 한다.

> □ 참고
> **추락위험이 있는 장소(작업)**
> (1) 작업발판(폭 40cm 이상)이 없는 장소의 작업
> (2) 작업발판이 있어도 난간대가 없는 장소의 작업
> (3) 난간대로부터 상체를 내밀어 작업하는 경우
> (4) 작업발판과 구조체 사이의 거리가 30cm 이상의 장소로 수평방호시설이 없는 경우

(3) **안전대 사용 방법** : 안전대는 개인용 보호구로 착용하므로 작업범위는 좌우 1.5m 이내이며 활동성을 증가시키기 위해 활차, 가락지 등을 보조설비로 이용한다. 안전대의착용 및 사용요령은 다음과 같다.

- 안전대의 죔줄 길이는 종류에 따라 다르나 2.5m 이내, 사용 길이는1.5m 이내로 한다.
- 몸체를 조이는 벨트는 박클로 통하는 순서에 따라서 바르게 장치하고 링의 위치는 신체의 양측보다 앞이 되지 않도록 착용한다.
- 벨트는 가능한 한 골반 가까이 착용하고 낙하 시에는 다리 쪽으로 빠지지 않도록 한다.
- 안전대의 죔줄을 지지하는 설비나 구조물의 위치는 반드시 D링의 위치보다 높아야 하며, 작업에 지장이 없는 한 높은 위치의 것으로 선정하여야 한다.
- 신축 조절기 사용 시 작업에 지장이 없는 한 죔줄의 길이를 짧게 해서 사용하도록 한다.
- 수직 구조물이나 경사면에서 설치 작업하는 경우 미끄러지거나 마찰에 의한 위험이 발생할 우려가 있을 경우에는 설비를 보강하거나 구명줄을 설치하여야 한다.
- 추락 억제 후 늘어지는 매달림이 발생치 않도록 하고 진자 상태가 되었을 경우 물체에 부딪히지 않는 위치에 안전대를 설치하여야 한다.
- 안전대는 본래 목적이외의 용도로 사용할 수 없다.
- 자유낙하거리를 최소화(0.61m 또는 그 이하가 적당) 하도록 조치한다.
- 가능한 지속적이고 완전한 방호가 되도록 한다.
- 훅은 추락시의 충격하중에 견딜 수 있는 지지력이 충분한 곳에 건다.
- 죔줄은 예리한 각이 있는 앵글 등의 구조물에 직접 감지 않는다.
- 안전대의 훅은 구명줄에 직접 거는 것이 바람직하다.

· 와이어 로프용 구명줄에 안전대를 거는 경우는 안전대의 죔줄이 구명줄에 걸리지 않아야
한다.

4. 추락방지용 방망의 구조 등 안전기준

(1) 구조

· 구성 : 방망, 망 테두리, 재봉사, 매다는 망 등
· 재료 : 합성섬유 또는 그 이상의 재질을 보유한 것
· 그물코 : 가로, 세로 10cm 이하
· 그물바닥 : 뒤틀리거나 어긋나지 않는 구조

(2) 강도

· 테두리 및 매다는 망의 강도 : $1,500kg/cm^2$
· 방망사의 신품에 대한 인장강도

그물코의 종류	매듭없는 방망의 강도	매듭방망의 강도
10cm	240kg	200kg
5cm		110kg

· 방망사의 폐기 시 인장강도

그물코의 크기 (단위 : cm)	방망의 종류(단위 : kg)	
	매듭 없는 방망의 강도	매듭 방망의 강도
10	150	135
5		60

(3) 추락방호망의 설치기준

· 설치위치 : 가능하면 작업면으로부터 가까운 지점에 설치하여야 하며, 작업면에서 추락방
호망 설치지점까지의 수직거리는 10m를 초과하지 아니할 것
· 추락방호망은 수평으로 설치할 것
· 추락방호망의 처짐 : 짧은 변 길이의 12% 이상
· 추락방호망의 내민 길이 : 벽면으로부터 3m 이상

□ 참고

그물코가 20mm 이하인 추락방호망을 사용한 경우에는 낙하물방지망을 설치한 것으로 본다.

---

(4) 방망지지점 강도

- 600kg의 외력에 견딜 수 있어야 한다.
- 연속적인 구조물이 방망지지점인 경우의 외력은 다음과 같다.

  $F = 200B$

  여기서, F : 외력(kg)

  　　　　B : 지지점 간격(m)

(5) 방망의 정기시험 : 방망은 사용 개시 후 1년 이내, 그 후 6개월마다 1회 정기적으로 시험용사에 대하여 인장시험을 하여야 한다.

(6) 방망의 표시사항

- 제조자명
- 제조연월
- 재봉치수
- 그물코
- 신품 때의 방망의 강도

02 낙하·비래재해

1. 낙하·비래재해의 발생원인

- 안전모를 착용하지 않았을 때
- 작업 중 재료·공구 등을 떨어뜨렸을 때
- 높은 위치에 놓아둔 물건의 정리정돈이 나빴을 때
- 안전망 등의 유지관리가 나빴을 때
- 출입금지 및 감시인의 배치 등의 조치를 하지 않았을 때
- 물건을 버릴 때 투하설비를 하지 않았을 때
- 작업바닥의 폭, 간격 등 구조가 나빴을 때

2. 낙하·비래의 위험방지 조치사항 및 방호설비

(1) 물체가 낙하·비래할 위험이 있을 경우 위험방지 조치사항
- 낙하물 방지망(방망)·수직보호망 또는 방호선반의 설치
- 출입금지구역의 설정
- 보호구 착용

(2) 낙하물 방지망 또는 방호선반의 설치기준
- 높이 10m 이내마다 설치하고, 내민 길이는 벽면으로부터 2m 이상으로 할 것
- 수평면과의 각도는 20°이상 30°이하를 유지할 것

(3) 높이가 3m 이상인 장소에서 물체를 투하할 경우 위험방지 조치사항
- 투하설비 설치
- 감시인 배치

(4) 낙하·비래재해의 방호 설비
- 방호철망
- 방호울타리
- 방호시트
- 방호선반
- 안전망 등

03 붕괴재해

1. 붕괴재해의 형태 및 발생원인

(1) 경사면 굴착에 의한 붕괴
- 지질조사 불충분 및 부석의 점검을 소홀히 했을 경우
- 시공계획이나 공정을 잘 모르고 있을 경우
- 작업 지휘자의 지휘를 따르지 않았을 경우
- 굴착면 상하에서 동시작업을 했거나 안전구배로 굴착하지 않았을 경우
- 굴착면 하부의 작업원 위치가 나빠 대피할 수 없었을 경우
- 악천후 후에 안전점검을 하지 않았을 경우

(2) 흙막이 지보공의 도괴
- 지보공 점검을 하지 않거나 지보공 조립방법이 나빴을 경우
- 지보공의 구조와 재료가 좋지 않았을 경우
- 작업지휘자의 지휘 없이 조립했을 경우
- 지보공 상부 또는 근처에 중량물을 적재했을 경우

2. 붕괴재해의 위험방지 조치사항

(1) 갱내에서의 낙반 또는 측벽의 붕괴에 의한 위험방지 조치사항
- 지보공 설치
- 부석제거

(2) 지반의 붕괴, 구축물의 붕괴 또는 토석의 낙하 등에 의한 위험방지 조치사항
- 지반을 안전한 경사로 할 것
- 낙하의 위험이 있는 토석을 제거할 것
- 옹벽, 흙막이 지보공을 설치할 것
- 지반의 붕괴 및 토석의 낙하원인이 되는 빗물이나 지하수 등을 배제할 것

(3) 구축물 또는 이와 유사한 시설물에 대하여 안전성평가를 하여야 할 경우
- 구축물 또는 이와 유사한 시설물의 인근에서 굴착·항타 작업 등으로 침하·균열 등이 발생하여 붕괴의 위험이 예상될 경우

- 구축물 또는 이와 유사한 시설물에 지진, 동해(凍害), 부동침하(不同沈下)등으로 균열·비틀림 등이 발생하였을 경우
- 구조물, 건축물, 그 밖의 시설물이 그 자체의 무게·적설·풍압 또는 그 밖에 부가되는 하중 등으로 붕괴 등의 위험이 있을 경우
- 화재 등으로 구축물 또는 이와 유사한 시설물의 내력(耐力)이 심하게 저하되었을 경우
- 오랜 기간 사용하지 아니하던 구축물 또는 이와 유사한 시설물을 재사용하게 되어 안전성을 검토하여야 하는 경우
- 그 밖의 잠재위험이 예상될 경우

(4) 굴착작업 시 지반의 붕괴 또는 토석의 낙하 등에 의한 위험방지 조치사항
- 흙막이 지보공의 설치
- 방호망의 설치
- 근로자의 출입금지
- 비올 경우 대비 측구설치 및 굴착사면에 비닐을 덮음

(5) 지반의 굴착작업 시 조사사항 및 작업계획서의 내용
  (가) 굴착작업 시 사전조사사항
    - 형상, 지질 및 지층의 상태
    - 균열·함수·용수 및 동결의 유무 또는 상태
    - 매설물의 유무 또는 상태
    - 지반의 지하수위 상태
  (나) 굴착작업 시 작업계획서의 내용
    - 굴착방법 및 순서
    - 토사 반출 방법
    - 필요한 인원 및 장비 사용계획
    - 매설물 등에 대한 이설·보호대책
    - 사업장 내 연락방법 및 신호방법
    - 흙막이 지보공 설치방법 및 계측계획
    - 작업지휘자의 배치계획
    - 그 밖에 안전·보건에 관련된 사항

(6) 굴착면의 기울기(구배) 기준

지반의 종류	굴착면의 기울기
모래	1 : 1.8
연암 및 풍화암	1 : 1.0
경암	1 : 0.5
그 밖의 흙	1 : 1.2

(7) 흙막이지보공(흙막이판, 말뚝, 버팀대 및 띠장 등 부재) 조립시 조립도에 포함되는 내용
- 부재의 배치
- 부재의 치수
- 부재의 재질
- 부재의 설치방법과 순서

(8) 흙막이지보공 설치 시 붕괴 등의 위험방지를 위한 정기점검사항
- 부재의 손상·변형·부식·변위 및 탈락의 유무와 상태
- 버팀대의 긴압의 정도
- 부재의 접속부·부착부 및 교차부의 상태
- 침하의 정도

3. 터널작업 등의 위험방지

(1) 사전조사 및 작업계획서 내용
   (가) 터널 굴착 작업 시 보링(Boring)등 방법으로 낙반·출수 및 가스폭발 등의 위험방지를 위해 미리 조사할 사항 : 지형·지질 및 지층상태
   (나) 터널 굴착 작업 시 작업계획의 작성내용
      - 굴착의 방법
      - 터널지보공 및 복공의 시공방법과 용수의 처리방법
      - 환기 또는 조명시설을 하는 때에는 그 방법

(2) 인화성가스 농도측정 및 자동경보장치의 설치 등
   (가) 인화성가스 농도측정 : 터널공사 등 건설 작업 시에는 인화성 가스의 농도를 측정할 담당자를 지명하고, 인화성 가스의 농도를 측정할 것
   (나) 자동경보장치의 설치 : 터널공사 등 건설 작업 시에는 인화성 가스 농도의 이상상승을 조기에 파악하기 위해 자동경보장치를 설치할 것

(다) 자동경보장치에 대한 당일의 작업시작 전 점검사항
- 계기의 이상 유무
- 검지부의 이상 유무
- 경보장치의 작동상태

(3) 터널 건설 작업 시 낙반 등에 의한 위험방지 조치사항
- 터널지보공 설치
- 록볼트의 설치
- 부석의 제거

(4) 터널 등의 출입구 부근의 지반 붕괴 및 토석 낙하에 의한 위험방지 조치사항
- 흙막이지보공 설치
- 방호망 설치

(5) 터널 작업 시 터널 내부의 시계를 유지하기 위한 조치사항
- 환기를 시킬 것
- 물을 뿌릴 것

(6) 터널지보공 설치 시 수시점검사항
- 부재의 손상·변형·부식·변위 탈락의 유무 및 상태
- 부재의 긴압의 정도
- 부재의 접속부 및 교차부의 상태
- 기둥침하의 유무 및 상태

(7) 터널지보공 조립 시 조립도에 명시하여야 할 내용
- 재료의 재질
- 단면규격
- 설치간격 및 이음방법

(8) 깊이 10.5m 이상의 굴착 시 설치해야 할 계측기기
- 수위계
- 경사계

- 하중 및 침하계
- 응력계

(9) 파이럿 터널(Pilot Tunnel)

본 터널(Main Tunnel)을 시공하기 전에 터널에서 약간 떨어진 곳에 지질조사·환기·배수·운반 등의 상태를 알아보기 위하여 설치하는 터널을 의미한다.

4. 채석작업 및 잠함 내 작업 등 안전기준

(1) 채석 작업 시 작업계획의 작성내용

- 노천굴착과 갱내굴착의 구별 및 채석방법
- 굴착면의 높이와 기울기
- 굴착면의 소단(小段)의 위치와 넓이
- 갱내에서의 낙반 및 붕괴방지의 방법
- 발파방법
- 암석의 분할방법
- 암석의 가공장소
- 사용하는 굴착기계·분할기계·적재기계 또는 운반기계(이하 "굴착기계 등"이라 함)이 종류 및 능력
- 토석 또는 암석의 적재 및 운반방법과 운반경로
- 표토 또는 용수의 처리방법

(2) 잠함·우물통·수직갱 그 밖에 이와 유사한 건설물 또는 설비의 내부에서 굴착작업을 하는 경우 준수사항

- 산소결핍의 우려가 있는 경우에는 산소의 농도를 측정하는 사람을 지명하여 측정하도록 할 것
- 근로자가 안전하게 승강하기 위한 설비(승강설비)를 설치할 것
- 굴착 깊이가 20m를 초과하는 경우에는 해당 작업장소와 외부와의 연락을 위한 통신설비 등을 설치할 것
- 산소결핍이 인정되거나 굴착 깊이가 20m를 초과할 때에는 송기설비를 설치하여 필요한 양의 공기를 공급할 것

(3) 잠함 등의 내부에서 굴착작업 시 작업을 금지해야 할 경우
  · 설비(산소농도측정기, 승강설비, 통신설비, 송기설비 등)에 고장이 있는 때
  · 잠함 등의 내부에 다량의 물 등이 침투할 우려가 있는 때

5. 토석붕괴

(1) 토석붕괴의 원인
   (가) 외적요인
      · 사면, 법면의 경사 및 구배의 증가
      · 절토 및 성토 높이의 증가
      · 지표수 및 지하수의 침투에 의한 토사중량의 증가
      · 공사에 의한 진동 및 반복하중의 증가
      · 지진, 차량, 구조물의 하중
   (나) 내적요인
      · 절토사면의 토질, 암석
      · 토석의 강도저하
      · 성토사면의 토질

(2) 토석 붕괴의 형태
   · 미끄러져 내림
   · 절토면의 붕괴
   · 얇은 표층의 붕괴
   · 성토법면의 붕괴
   · 깊은 절토 법면의 붕괴

(3) 토석 붕괴 시 조치사항
   · 동시작업의 금지
   · 대피 통로 및 공간의 확보
   · 2차재해 방지

(4) 토사붕괴예방을 위한 조치사항
   · 적절한 경사면의 기울기를 계획하여야 한다.

· 경사면의 기울기가 당초 계획과 차이가 발생되면 즉시 재검토하여 계획을 변경시켜야 한다.

· 활동할 가능성이 있는 토석은 제거하여야 한다.

· 경사면의 하단부에 압성토 등 보강공법으로 활동에 대한 저항대책을 강구하여야 한다.

· 말뚝(강관, H형강, 철근콘크리트)을 타입하여 지반을 강화시킨다.

· 비탈면 또는 법면의 「하단」을 다져서 활동이 안되도록 저항을 만들어야 한다.

· 지표수가 침투되지 않도록 배수를 시키고 지하수위를 낮추기 위하여 수평보링을 하여 배수시켜야 한다.

(5) 토사붕괴의 발생을 예방하기 위하여 점검할 사항

· 전 지표면의 답사

· 경사면의 지층 변화부 상황 확인

· 부석의 상황 변화의 확인

· 용수의 발생 유무 또는 용수량의 변화 확인

· 결빙과 해빙에 대한 상황의 확인

· 각종 경사면 보호공의 변위, 탈락 유무

· 점검 시기는 작업 전·중·후, 비온 후 인접 작업구역에서 발파한 경우에 실시

6. 지반개량공법

(1) 연약지반 개량공법

· 치환공법 : 굴착치환공법, 성토자중에 의한 치환공법, 폭파치환공법, 폭파다짐공법

· 압성토 및 여성토 공법

· 샌드드레인공법 및 페이퍼드레인공법

· 샌드콤펙션 말뚝공법(다짐모래말뚝공법 : 압축법)

· 바이브로플로테이션공법(진동법)

· 약액주입공법과 생석회 파일공법

(2) 점토지반의 개량공법

· 샌드드레인(Sand Drain)공법

· 페이퍼드레인(Paper Drain)공법

· 프리로딩(Pre Loading)공법

・치환공법

(3) **사질토지반을 강화하는 개량공법** : 다짐기계 등을 이용하는 다짐공법 사용
　・바이브로플로테이션 공법 : 진동법
　・샌드콤펙션말뚝 공법 : 압축법

(4) **지반개량을 위한 재하공법**
　・여성토(Pre - Loading)공법
　・서차지(Sur - Charge)공법
　・사면선단 재하공법

(5) **지반개량을 위한 탈수공법**
　・샌드 드레인 공법(점성토에 적합)
　・페이퍼드레인 공법(점성토에 적합)
　・웰포인트 공법(사질토에 적합)
　・생석회 공법

(6) **언더피닝 공법**
　기존건물의 인접된 장소에서 새로운 깊은 기초를 시공하고자 할 때 기존건물의 기초를
　보강하거나 새로이 기초를 삽입하는 공법

04 감전안전

1. 감전재해의 형태 및 발생원인

(1) 전기공사 중의 감전재해

- 작업순서를 잘못했을 경우
- 감시인이 없거나 보호구를 착용하지 않았을 경우
- 전로차단의 조치(표시등)와 그 확인을 하지 않았을 경우

(2) 전기기계 기구의 재해

- 코드의 피복이 나빴거나, 코드의 취급이 나빴다
- 접지를 시키지 않거나 누전차단기를 설치하지 않았을 경우
- 아크 용접기에 자동전격방지 장치를 설치하지 않았을 경우
- 용접봉 홀더의 피복이 나빴을 경우

(3) 고압활선 근접작업 중의 재해

- 작업자세가 나쁘고 물이 전선에 접속했을 경우
- 전선의 방호가 없을 경우
- 갖고 있던 재료나 공구가 전선에 접촉했을 경우
- 보호구를 착용하지 않았을 경우

2. 정전 작업 시 및 정전작업 후 조치사항

(1) 정전작업시의 조치사항 : 전로차단의 절차

- 전기기기 등에 공급되는 모든 전원을 관련 도면, 배선도 등으로 확인할 것.
- 전원을 차단한 후 각 단로기 등을 개방하고 확인할 것.
- 차단장치나 단로기 등에 잠금장치 및 꼬리표를 부착할 것.
- 개로된 전로에서 유도전압 또는 전기에너지가 축적되어 근로자에게 전기위험을 끼칠 수 있는 전기기기 등은 접촉하기 전에 잔류전하를 완전히 방전시킬 것.
- 검전기를 이용하여 작업 대상 기기가 충전되었는지를 확인할 것.
- 전기기기 등이 다른 노출 충전부와의 접촉, 유도 또는 예비동력원의 역송전 등으로 전압이 발생할 우려가 있는 경우에는 충분한 용량을 가진 단락 접지기구를 이용하여 접지할 것.

(2) 정전작업 후 조치사항

- 작업기구, 단락 접지기구 등을 제거하고 전기기기 등이 안전하게 통전될 수 있는지를 확인할 것.
- 모든 작업자가 작업이 완료된 전기기기 등에서 떨어져 있는지를 확인할 것.
- 잠금장치와 꼬리표는 설치한 근로자가 직접 철거할 것.
- 모든 이상 유무를 확인한 후 전기기기 등의 전원을 투입할 것.

3. 충전전로에서의 전기 작업(활선작업시의 안전조치)

(1) 충전전로 취급 및 인근 작업 시 안전조치 : 근로자가 충전전로를 취급하거나 그 인근에서 작업하는 경우에는 다음 각 호의 조치를 하여야 한다.

(가) 충전전로를 정전시키는 경우에는 전로차단 절차에 따른 조치를 할 것.

(나) 충전전로를 방호, 차폐하거나 절연 등의 조치를 하는 경우에는 근로자의 신체가 전로와 직접 접촉하거나 도전재료, 공구 또는 기기를 통하여 간접 접촉되지 않도록 할 것.

(다) 충전전로를 취급하는 근로자에게 그 작업에 적합한 절연용 보호구를 착용시킬 것.

(라) 충전전로에 근접한 장소에서 전기 작업을 하는 경우에는 해당 전압에 적합한 절연용 방호구를 설치할 것. 다만, 저압인 경우에는 해당 전기 작업자가 절연용 보호구를 착용하되, 충전전로에 접촉할 우려가 없는 경우에는 절연용 방호구를 설치하지 아니할 수 있다.

(마) 고압 및 특별고압의 전로에서 전기 작업을 하는 근로자에게 활선작업용 기구 및 장치를 사용하도록 할 것.

(바) 근로자가 절연용 방호구의 설치·해체작업을 하는 경우에는 절연용 보호구를 착용하거나 활선작업용 기구 및 장치를 사용하도록 할 것.

(사) 유자격자가 아닌 근로자가 충전전로 인근의 높은 곳에서 작업할 때에 근로자의 몸 또는 긴 도전성 물체가 방호되지 않은 충전전로에서 대지전압이 50kV 이하인 경우에는 300cm 이내로, 대지전압이 50kV를 넘는 경우에는 10kV당 10cm씩 더한 거리 이내로 각각 접근할 수 없도록 할 것.

(아) 유자격자가 충전전로 인근에서 작업하는 경우에는 다음 각 목의 경우를 제외하고는 노출 충전부에 다음 표에 제시된 접근한계거리 이내로 접근하거나 절연 손잡이가 없는 도전체에 접근할 수 없도록 할 것.

- 근로자가 노출 충전부로부터 절연된 경우 또는 해당 전압에 적합한 절연장갑을 착용한 경우

· 노출 충전부가 다른 전위를 갖는 도전체 또는 근로자와 절연된 경우

· 근로자가 다른 전위를 갖는 모든 도전체로부터 절연된 경우

□ 참고

특별고압에 대한 접근한계거리

충전전로의 선간전압(단위 : KV)	충전전로에 대한 접근한계거리(단위 : cm)
0.3 이하	접근금지
0.3 초과 0.75 이하	30
0.75 초과 2 이하	45
2 초과 15 이하	60
15 초과 37 이하	90
37 초과 88 이하	110
88 초과 121 이하	130
121 초과 145 이하	150
145 초과 169 이하	170
169 초과 242 이하	230
242 초과 362 이하	380
362 초과 550 이하	550
550 초과 800 이하	790

---

(2) 절연이 되지 않은 충전부 및 인근에 접근방지 및 제한조치

· 방책을 설치하고 근로자가 쉽게 알아볼 수 있도록 할 것.

· 전기와 접촉할 위험이 있는 경우에는 도전성 금속제 방책을 사용하거나, 접근 한계거리 이내에 설치하지 않을 것.

· 방책설치가 곤란한 경우에는 사전에 위험을 경고하는 감시인을 배치할 것.

4. 충전전로 인근에서의 차량 · 기계장치 작업

(1) 충전전로 인근에서 차량·기계장치 작업이 있는 경우

· 차량 등을 충전전로의 충전부로부터 300cm 이상 이격시켜 유지시킨다.

· 대지전압이 50kV(킬로볼트)를 넘는 경우 이격 거리는 10kV 증가할 때마다 10cm씩 증가시켜야 한다.

· 다만, 차량 등의 높이를 낮춘 상태에서 이동하는 경우에는 이격 거리를 120cm 이상(대지전압이 50kV를 넘는 경우에는 10kV 증가할 때마다 이격 거리를 10cm씩 증가)으로 할 수 있다.

(2) 충전전로의 전압에 적합한 절연용 방호구 등을 설치한 경우 : 이격 거리를 절연용 방호구 앞면까지로 할 수 있으며, 차량 등의 가공 붐대의 버킷이나 끝부분 등이 충전전로의 전압에 적합하게 절연되어 있고 유자격자가 작업을 수행하는 경우에는 붐대의 절연되지 않은 부분과 충전전로 간의 이격 거리는 접근 한계거리까지로 할 수 있다.

(3) 방책 등 설치 : 차량 등의 그 어느 부분과도 접촉하지 않도록 방책을 설치하거나 감시인 배치 등의 조치를 하여야 한다.

(4) 방책·설치 및 감시인 배치 제외되는 경우
  · 근로자가 해당 전압에 적합한 절연용 보호구 등을 착용하거나 사용하는 경우
  · 차량 등의 절연되지 않은 부분이 접근 한계거리 이내로 접근하지 않도록 하는 경우

(5) 충전전로 인근에서 접지된 차량 등이 충전전로와 접촉할 우려가 있을 경우 : 지상의 근로자가 접지점에 접촉하지 않도록 조치하여야 한다.

5. 전기 작업용 안전장구

(1) 절연용 보호구 : 절연안전모(절연모), 절연 고무장갑, 절연복, 절연고무장화 등

(2) 절연용 방호구 : 방호관, 점퍼 호스, 건축지장용 방호관, 커트아웃스위치커버, 고무 블랭킷, 애자후드, 완금커버

(3) 활선장구 : 활선시메라, 활선커터, 커트아웃스위치 조작봉, 디스콘 스위치 조작봉, 점퍼선, 주상작업대, 활선애자 청소기, 활선사다리, 기타 활선공구

건설 가시설물 안전

01 비계 설치기준

1. 비 계

(1) 비계 : 건축 공사 시 고소에서 작업 발판과 작업 통로 확보를 주목적으로 하는 가설 구조물을 의미한다.

(2) 비계의 종류
- 통나무비계
- 강관비계
- 강관틀비계
- 달비계
- 달대비계
- 이동식비계
- 말비계(안장비계, 각주비계)
- 시스템비계

(3) 비계가 갖추어야 할 3요소
- 안전성
- 작업성
- 경제성

2. 비계 조립 시 안전조치

(1) 통나무 비계 조립 시 준수사항(통나무비계의 구조)

　(가) 비계기둥의 간격은 2.5m 이하로 하고 지상으로부터 첫 번째 띠장은 3m이하의 위치에 설치할 것.

　(나) 비계기둥이 미끄러지거나 침하하는 것을 방지하기 위하여 비계기둥의 하단부를 묻고, 밑둥잡이를 설치하거나 깔판을 사용하는 등의 조치를 할 것.

(다) 비계기둥의 이음

- 겹침 이음인 경우에는 이음 부분에서 1m 이상을 서로 겹쳐서 두 군데 이상을 묶을 것.
- 맞댄이음인 경우에는 비계기둥을 쌍기둥틀로 하거나 1.8m 이상의 덧댐목을 사용하여 네 군데 이상을 묶을 것.

(라) 비계기둥·띠장·장선 등의 접속부 및 교차부 : 철선이나 그 밖의 튼튼한 재료로 견고하게 묶을 것.

(마) 교차 가새로 보강할 것.

(바) 외줄비계·쌍줄비계 또는 돌출비계에 대해서는 다음 각 목에 따른 벽이음 및 버팀을 설치할 것.

- 간격은 수직 방향에서 5.5m이하, 수평방향에서는 7.5m이하로 할 것
- 강관·통나무 등의 재료를 사용하여 견고한 것으로 할 것
- 인장재와 압축재로 구성되어 있는 경우에는 인장재와 압축재의 간격은 1m 이내로 할 것

(사) 통나무 비계는 지상높이 4층 이하 또는 12m이하인 건축물·공작물 등의 건조·해체및 조립 등의 작업에만 사용할 수 있도록 할 것

(2) 강관비계

(가) 강관비계 조립 시의 준수사항

- 비계기둥에는 미끄러지거나 침하하는 것을 방지하기 위하여 밑받침철물을 사용 하거나 깔판·깔목 등을 사용하여 밑둥잡이를 설치하는 등의 조치를 할 것.
- 강관의 접속부 또는 교차부(交叉部)는 적합한 부속철물을 사용하여 접속하거나 단단히 묶을 것.
- 교차 가새로 보강할 것.
- 외줄비계·쌍줄비계 또는 돌출비계에 대해서는 다음 각 목에서 정하는 바에 따라 벽이음 및 버팀을 설치할 것.

① 강관비계의 조립간격 : 다음 기준에 적합하도록 할 것.

강관비계종류	조립간격(단위 : m)	
	수직방향	수평방향
단관비계	5	5
틀비계(높이 5m 미만 제외)	6	8

② 강관·통나무 등의 재료를 사용하여 견고한 것으로 할 것.

③ 인장재(引張材)와 압축재로 구성된 경우에는 인장재와 압축재의 간격을 1m 이내로 할 것.

· 가공전로에 근접하여 비계를 설치하는 경우 가공전로와의 접촉을 방지하기 위한 조치

① 가공전로를 이설할 것.

② 가공전로에 절연용 방호구를 장착할 것.

(나) 강관비계의 구조(강관을 사용하여 비계를 구성하는 경우 준수사항)

· 비계기둥의 간격은 띠장 방향에서는 1.85m이하, 장선(張線)방향에서는 1.5m 이하로 할 것. 다만, 선박 및 보트 건조작업의 경우 안전성에 대한 구조검토를 실시하고 조립도를 작성하면 띠장 방향 및 장선 방향으로 각각 2.7m 이하로 할 수 있다.

· 띠장 간격은 2.0m 이하로 할 것 다만, 작업의 성질상 이를 준수하기가 곤란하여 쌍기둥틀 등에 의하여 해당 부분을 보강한 경우에는 그러하지 아니하다.

· 비계기둥의 제일 윗부분으로부터 31m되는 지점 밑부분의 비계기둥은 2개의 강관으로 묶어 세울 것. 다만, 브라켓(Bracket)등으로 보강하여 2개의 강관으로 묶을 경우 이상의 강도가 유지되는 경우에는 그러하지 아니하다.

· 비계기둥 간의 적재하중은 400kg을 초과하지 않도록 하여야 한다.

(3) 강관틀비계

· 비계기둥의 밑둥에는 밑받침 철물을 사용하여야 하며 밑받침에 고저차(高低差)가 있는 경우에는 조절형 밑받침철물을 사용하여 각각의 강관틀비계가 항상 수평 및 수직을 유지하도록 할 것.

· 높이가 20m 를 초과하거나 중량물의 적재를 수반하는 작업을 할 경우에는 주틀 간의 간격을 1.8m 이하로 할 것.

· 주틀 간에 교차 가새를 설치하고 최상층 및 5층 이내마다 수평재를 설치할 것.

· 수직방향으로 6m, 수평방향으로 8m 이내마다 벽이음을 할 것.

· 길이가 띠장 방향으로 4m 이하이고 높이가 10m를 초과하는 경우에는 10m 이내마다 띠장 방향으로 버팀기둥을 설치할 것.

(4) 달비계

(가) 달비계에 사용하는 와이어로프의 사용금지사항

· 이음매가 있는 것

· 와이어로프의 한 꼬임[스트랜드(Strand)를 말함]에서 끊어진 소선의 수가 10%이상(비

자전로프의 경우에는 끊어진 소선의 수가 와이어로프 호칭 지름의 6배 길이 이내에서 4개 이상이거나 호칭지름 30배 길이 이내에서 8개 이상) 인 것
- 지름의 감소가 공칭지름의 7%를 초과하는 것
- 꼬인 것
- 심하게 변형 또는 부식된 것
- 열과 전기충격에 의한 손상된 것

(나) 달비계에 사용하는 달기체인의 사용금지사항
- 달기체인의 길이가 달기체인이 제조된 때의 길이의 5%를 초과한 것
- 링의 단면지름이 달기체인이 제조된 때의 해당 링의 지름의 10%를 초과하여 감소한 것
- 균열이 있거나 심하게 변형된 것

(다) 달비계에 사용하는 섬유로프 또는 섬유벨트의 사용금지사항
- 꼬임이 끊어진 것
- 심하게 손상되거나 부식된 것

(라) 작업발판의 폭 : 40cm이상으로 하고 틈새가 없도록 할 것

(마) 달비계(곤돌라의 달비계는 제외)의 안전계수
- 달기와이어로프 및 달기강선의 안전계수 : 10 이상
- 달기체인 및 달기훅의 안전계수 : 5 이상
- 달기강대와 달비계 하부 및 상부지점의 안전계수
  ① 강재의 경우 : 2.5 이상
  ② 목재의 경우 : 5 이상

(5) 달대비계 : 철골공사의 리벳치기, 볼트 작업 시에 주로 이용되는 것으로 주체인 철골에 매달아서 작업발판을 만드는 비계로서 상하이동을 시킬 수 없는 것이다.

(6) 말비계를 조립하여 사용하는 경우 준수사항
- 지주부재(支柱部材)의 하단에는 미끄럼 방지장치를 하고, 근로자가 양측 끝부분에 올라서서 작업하지 않도록 할 것
- 지주부재와 수평면의 기울기를 75도 이하로 하고, 지주부재와 지주부재 사이를 고정시키는 보조부재를 설치할 것
- 말비계의 높이가 2m를 초과하는 경우에는 작업발판의 폭을 40cm 이상으로 할 것

(7) 이동식 비계를 조립하여 작업을 하는 경우 준수사항

- 이동식 비계의 바퀴에는 뜻밖의 갑작스러운 이동 또는 전도를 방지하기 위하여 브레이크·쐐기 등으로 바퀴를 고정시킨 다음 비계의 일부를 견고한 시설물에 고정하거나 아웃트리거(Outrigger)를 설치하는 등 필요한 조치를 할 것
- 승강용 사다리는 견고하게 설치할 것
- 비계의 최상부에서 작업을 할 경우에는 안전난간을 설치할 것
- 작업발판은 항상 수평을 유지하고 작업발판 위에서 안전난간을 딛고 작업을 하거나 받침대 또는 사다리를 사용하여 작업하지 않도록 할 것
- 작업발판의 최대 적재하중은 250kg을 초과하지 않도록 할 것

(8) 걸침비계의 구조 : 선박 및 보트 건조작업에서 걸침비계를 설치하는 경우에는 다음 각 호의 사항을 준수하도록 할 것

- 지지점이 되는 매달림부재의 고정부는 구조물로부터 이탈되지 않도록 견고히 고정할 것.
- 비계재료 간에는 서로 움직임, 뒤집힘 등이 없어야 하고, 재료가 분리되지 않도록 철물 또는 철선으로 충분히 결속할 것. 다만, 작업발판 밑 부분에 띠장 및 장선으로 사용되는 수평부재 간의 결속은 철선을 사용하지 않을 것
- 매달림부재의 안전율은 4 이상일 것
- 작업발판에는 구조검토에 따라 설계한 최대적재하중을 초과하여 적재하여서는 아니 되며, 그 작업에 종사하는 근로자에게 최대적재하중을 충분히 알릴 것

02 가설통로 설치기준

1. 통로의 설치 및 구조

(1) 통로의 설치
- 작업장으로 통하는 장소 또는 작업장 내에 근로자가 사용할 안전한 통로를 설치하고 항상 사용할 수 있는 상태로 유지하여야 한다.
- 통로의 주요 부분에는 통로표시를 하고, 근로자가 안전하게 통행할 수 있도록 하여야 한다.
- 통로면으로부터 높이 2m 이내에는 장애물이 없도록 하여야 한다.
- 통로의 조명은 75Lux 이상의 채광을 가져야 한다.

(2) 가설통로의 구조(가설통로 설치 시 준수사항)
- 견고한 구조로 할 것
- 경사는 30°이하로 할 것. 다만, 계단을 설치하거나 높이 2m 미만의 가설통로로서 튼튼한 손잡이를 설치한 경우에는 그러하지 아니하다.
- 경사가 15°를 초과하는 경우에는 미끄러지지 아니하는 구조로 할 것
- 추락할 위험이 있는 장소에는 안전난간을 설치할 것. 다만, 작업상 부득이한 경우에는 필요한 부분만 임시로 해체할 수 있다.
- 수직갱에 가설된 통로의 길이가 15m 이상인 경우에는 10m 이내마다 계단참을 설치할 것
- 건설공사에 사용하는 높이 8m 이상인 비계다리에는 7m 이내마다 계단참을 설치할 것

(3) 가설계단
- 계단의 강도 : 계단 및 계단참은 500kg/m^2(매 m^{2}당 500kg) 이상의 하중에 견딜 수 있는 강도를 가진 구조로 설치하여야 하며, 안전율(파괴응력도 / 허용응력도)은 4 이상으로 하여야 한다.
- 계단의 폭 : 계단은 그 폭을 1m 이상으로 하여야 한다.(단, 급유용·보수용·비상용 계단 및 나선형 계단이거나 높이 1m미만의 이동식 계단은 제외)
- 계단참의 높이 : 높이가 3m를 초과하는 계단에 높이 3m 이내마다 너비 1.2m 이상의 계단참을 설치하여야 한다.
- 천장의 높이 : 계단 설치시는 바닥면으로부터 높이 2m 이내의 공간에 장애물이 없도록

한다.(단, 급유용·보수용·비상용 계단 및 나선형 계단은 제외)
- 계단의 난간 : 높이 1m 이상인 계단의 개방된 측면에 안전난간을 설치하여야 한다.

2. 사다리 및 사다리식 통로

(1) 사다리의 구조
- 옥외용 사다리 : 철재를 원칙으로 하며, 길이가 10m 이상인 때에는 5m 이내의 간격으로 계단참을 두어야 하고 사다리 전면의 사방 75cm 이내에는 장애물이 없을 것
- 목재 사다리 : 발 받침대의 간격은 25 ~ 35cm로 하고 벽면과의 이격거리는 20cm이상으로 할 것
- 철재 사다리 : 발 받침대는 미끄럼 방지장치를 하여야 하며 받침대의 간격은 25 ~ 35cm로 할 것

(2) 이동식 사다리
- 길이가 6m를 초과하지 않을 것
- 다리의 벌림은 벽 높이의 1/4 정도로 할 것
- 벽면 상부로부터 최소 1m 이상의 연장길이가 있을 것.

(3) 사다리식 통로의 설치기준
- 견고한 구조로 할 것
- 심한 손상·부식 등이 없는 재료를 사용할 것
- 발판의 간격은 일정하게 할 것
- 발판과 벽과의 사이는 15cm 이상의 간격을 유지할 것
- 폭은 30cm 이상으로 할 것
- 사다리가 넘어지거나 미끄러지는 것을 방지하기 위한 조치를 할 것
- 사다리의 상단은 걸쳐놓은 지점으로부터 60cm 이상 올라가도록 할 것
- 사다리식 통로의 길이가 10m 이상인 경우에는 5m 이내마다 계단참을 설치할 것
- 사다리식 통로의 기울기는 75°이하로 할 것. 다만, 고정식 사다리식 통로의 기울기는 90°이하로 하고, 그 높이가 7m 이상인 경우에는 바닥으로부터 높이가 2.5m 되는 지점부터 등받이울을 설치할 것
- 접이식 사다리 기둥은 사용 시 접혀지거나 펼쳐지지 않도록 철물 등을 사용하여 견고하게 조치할 것

03 거푸집 설치 기준

1. 거푸집에 작용하는 하중

(1) 거푸집 및 지보공(동바리) 설계시 고려해야 할 하중
- 연직방향 하중 : 거푸집, 지보공(동바리), 콘크리트, 철근, 작업원, 타설용 기계 기구, 가설설비 등의 중량 및 충격하중
- 횡방향 하중 : 작업할 때의 진동, 충격, 시공오차 등에 기인되는 횡방향 하중 이외에 필요에 따라 풍압, 유수압, 지진 등
- 콘크리트의 측압 : 굳지 않은 콘크리트의 측압
- 특수하중 : 시공 중에 예상되는 특수한 하중
- 위의 하중에 안전율을 고려한 하중

(2) 거푸집의 연직방향 하중(W) 산정식

$$W = \text{고정하중} + \text{충격하중} + \text{작업하중} = (r \cdot t) + (1/2r \cdot t) + 150\text{kg/m}^2$$

여기서, r : 철근콘크리트 비중(kg/m^3)
      t : 슬래브 두께(m)
- 고정하중 : 콘크리트 자중(= 철근콘크리트 비중 × 슬래브 두께)
- 충격하중 : 고정하중 × 1/2
- 작업하중 : 작업원 중량 + 장비 및 가설설비의 등의 중량 = 150kg/m^2

2. 거푸집 재료 및 조립 시 안전조치사항

(1) 거푸집 및 거푸집 동바리의 재료 : 변형·부식·심하게 손상된 것을 사용하지 않을 것
(2) 거푸집 동바리 조립 시 안전조치 사항
- 깔목의 사용, 콘크리트 타설, 말뚝 박기 등 동바리의 침하를 방지하기 위한 조치를 할 것
- 개구부 상부에 동바리 설치 시 상부하중을 견딜 수 있는 견고한 받침대를 설치할 것
- 동바리의 상하고정 및 미끄러짐 방지 조치를 하고, 하중의 지지 상태를 유지할 것
- 동바리의 이음 : 같은 품질의 재료를 사용하여 맞댐 이음, 장부 이음을 할 것
- 강재와 강재의 접속부 및 교차부는 볼트·클램프 등 전용철물을 사용하여 단단히 연결할 것
- 곡면인 거푸집은 버팀대의 부착 등 그 거푸집의 부상을 방지하기 위한 조치를 할 것

(3) 깔판 및 깔목 등을 끼워서 계단형상으로 조립하는 거푸집 동바리에 대하여 준수할 사항
- 거푸집의 형상에 따른 부득이한 경우를 제외하고는 깔판·깔목 등을 2단 이상 끼우지 않도록 할 것
- 깔판·깔목 등을 이어서 사용할 경우에는 해당 깔판·깔목 등을 단단히 연결할 것
- 동바리는 상·하부의 동바리가 동일 수직선상에 위치하도록 하여 깔판·깔목 등에 고정시킬 것

3. 거푸집 동바리의 설치기준

(1) 거푸집의 동바리로 사용하는 강관의 설치기준(파이프 서포트 제외)
- 높이 2m 이내마다 수평연결재를 2개 방향으로 만들고 수평연결재의 변위를 방지할 것
- 멍에 등을 상단에 올릴 경우에는 해당 상단에 강재의 단판을 붙여 멍에 등을 고정시킬 것

(2) 거푸집의 동바리로 사용하는 파이프 서포트에 대한 설치기준
- 파이프 서포트를 3개 이상 이어서 사용하지 않도록 할 것
- 파이프 서포트를 이어서 사용할 경우에는 4개 이상의 볼트 또는 전용철물을 사용하여 이을 것
- 높이가 3.5m를 초과할 때에는 높이가 2m 이내마다 수평연결재를 2개 방향으로 만들고 수평연결재의 변위를 방지할 것

(3) 거푸집의 동바리로 사용하는 강관틀에 대한 설치기준
- 강관틀과 강관틀과의 사이에 교차가새를 설치할 것
- 최상층 및 5층 이내마다 거푸집 동바리의 측면과 틀면의 방향 및 교차가새의 방향에서 5개 이내마다 수평연결재를 설치하고 수평연결재의 변위를 방지할 것
- 최상층 및 5층 이내마다 거푸집 동바리의 틀면의 방향에서 양단 및 5개틀 이내마다 교차가새의 방향으로 띠장틀을 설치할 것
- 멍에 등을 상단에 올릴 경우에는 해당 상단에 강재의 단판을 붙여 멍에 등을 고정시킬 것

(4) 거푸집의 동바리로 사용하는 조립강주에 대한 설치기준
- 멍에 등을 상단에 올릴 경우에는 해당 상단에 강재의 단판을 붙여 멍에 등을 고정시킬 것
- 높이가 4m를 초과하는 경우에는 높이 4m 이내마다 수평연결재를 2개 방향으로 설치하고 수평연결재의 변위를 방지할 것

(5) 거푸집의 동바리로 사용하는 목재에 대한 설치기준
- 높이 2m 이내마다 수평연결재를 2개 방향으로 만들고 수평연결재의 변위를 방지할 것
- 목재를 이어서 사용하는 경우에는 2개 이상의 덧댐목을 대고 4군데 이상 견고하게 묶은 후 상단을 보 또는 멍에에 고정시킬 것

(6) 시스템 동바리(규격화·부품화된 수직재, 수평재 및 가새재 등의 부재를 현장에서 조립하여 거푸집으로 지지하는 동바리 형식을 말함) 설치기준
- 수평재는 수직재와 직각으로 설치하여야 하며, 흔들리지 않도록 견고하게 설치할 것
- 연결철물을 사용하여 수직재를 견고하게 연결하고, 연결 부위가 탈락 또는 꺾어지지 않도록 할 것
- 수직 및 수평하중에 의한 동바리 본체의 변위가 발생하지 않도록 각각의 단위 수직재 및 수평재에는 가새재를 견고하게 설치하도록 할 것
- 동바리 최상단과 최하단의 수직재와 받침철물은 서로 밀착되도록 설치하고 수직재와 받침철물의 연결부의 겹침길이는 받침철물 전체길이의 3분의 1 이상 되도록 할 것

4. 거푸집 동바리의 조립 또는 해체작업

(1) 거푸집 동바리를 고정하거나 조립 또는 해체작업(지반의 굴착작업, 흙막이지보공의 고정·조립 또는 해체작업, 터널의 굴착작업, 건물 등의 해체작업)을 할 때 관리감독자의 직무
- 안전한 작업방법을 결정하고 작업을 지휘하는 일
- 재료·기구의 결함유무를 점검하고 불량품을 제거하는 일
- 작업 중 안전대 및 안전모등 보호구 착용상황을 감시하는 일

(2) 기둥·보·벽체·슬리브 등의 거푸집 동바리 등의 조립 또는 해체작업을 하는 때 준수할 사항
- 해당 작업을 하는 구역에는 관계근로자가 아닌 사람의 출입을 금지시킬 것
- 비, 눈 그 밖의 기상상태의 불안정으로 날씨가 몹시 나쁠 경우에는 그 작업을 중지시킬 것

- 재료, 기구 또는 공구 등을 올리거나 내리는 경우에는 근로자로 하여금 달줄·달포대 등을 사용하도록 할 것
- 낙하·충격에 의한 돌발적 재해를 방지하기 위하여 버팀목을 설치하고 거푸집 동바리 등을 인양장비에 매단 후에 작업을 하도록 하는 등 필요한 조치를 할 것

5. 철근조립 및 콘크리트 타설 작업 시 준수할 사항

(1) 철근 조립 등의 작업을 하는 때에 준수하여야 할 사항
- 양중기로 철근을 운반할 경우에는 2개소이상 묶어서 수평으로 운반할 것
- 작업위치의 높이가 2m 이상일 경우에는 작업발판을 설치하거나 안전대를 착용하게 하는 등 위험방지를 위하여 필요한 조치를 할 것

(2) 콘크리트의 타설작업을 하는 때에 준수할 사항
- 당일의 작업을 시작하기 전에 해당 작업에 관한 거푸집 동바리 등의 변형·변위 및 지반의 침하 유무 등을 점검하고 이상이 있으면 이를 보수할 것
- 작업 중에는 거푸집 동바리 등의 변형·변위 및 침하 유무 등을 감시할 수 있는 감시자를 배치하여 이상이 있으면 작업을 중지하고 근로자를 대피시킬 것
- 콘크리트의 타설 작업 시 거푸집 붕괴의 위험이 발생할 우려가 있으면 충분한 보강조치를 할 것
- 설계도서상의 콘크리트 양생기간을 준수하여 거푸집 동바리 등을 해체할 것
- 콘크리트를 타설하는 경우에는 편심이 발생하지 않도록 골고루 분산하여 타설할 것

(3) 콘크리트의 타설작업을 하기 위하여 콘크리트 펌프카를 사용할 때에 준수할 사항
- 작업을 시작하기 전에 콘크리트 펌프용 비계를 점검하고 이상을 발견하였으면 즉시 보수할 것
- 건축물의 난간 등에서 작업하는 근로자가 호스의 요동·선회로 인하여 추락하는 위험을 방지하기 위하여 안전난간 설치 등 필요한 조치를 할 것
- 콘크리트 펌프카의 붐을 조정하는 경우에는 주변의 전선 등에 의한 위험을 예방하기 위한 적절한 조치를 할 것
- 작업 중에 지반의 침하, 아웃트리거의 손상 등에 의하여 콘크리트 펌프카가 넘어질 우려가 있는 경우에는 이를 방지하기 위한 적절한 조치를 할 것

6. 콘크리트 타설 및 다지기 할 때 유의사항 및 타설시 거푸집 측압에 미치는 영향

(1) 콘크리트 타설 시의 유의사항

- 타설 속도는 하계 1.5m/h, 동계 1.0m/h를 표준으로 한다.
- 비비기로부터 타설시까지 시간은 25℃ 이상에서는 1.5시간을 넘어서는 안된다.
- 최상부의 슬래브는 이어붓기를 되도록 피하고 일시에 전체를 타설하도록 한다.
- 휠발로우(Wheel Barrow)로 콘크리트를 운반할 때에는 적당한 간격으로 한다.
- 타설시 콘크리트의 재료분리는 가능한 적게 일어나도록 해야 한다.
- 운반통로에는 장애물 등이 없는가 확인하고, 있으면 즉시 제거하도록 한다.
- 타설한 콘크리트를 거푸집 안에서 횡방향으로 이동시켜서는 안된다.
- 높은 곳으로부터 콘크리트를 세게 거푸집 내에 부어넣지 않는다.
- 타설시 공동이 발생되지 않도록 밀실하게 부어 넣는다.

(2) 콘크리트 타설시 내부진동기를 사용하여 다지기를 할 때 유의사항

- 진동기는 슬럼프값 15cm 이하에만 사용한다.
- 퍼붓기 1회의 깊이는 60cm 미만으로 하고, 진동기 사용간격은 60cm 이내로 한다.
- 내부진동기는 수직으로 사용한다.
- 진동기를 넣고 나서 뺄 때까지의 시간은 보통 5 ~ 15초가 적당하다.
- 진동기를 가지고 거푸집 속의 콘크리트를 옆 방향으로 이동시켜서는 안된다.
- 진동기는 거푸집, 철근 또는 철골에 접촉되지 않도록 하고, 뽑을 때에는 천천히 뽑아내어 콘크리트에 구멍이 남지 않도록 한다.

(3) 콘크리트 타설을 할 때 거푸집의 측압에 미치는 영향

- 슬럼프가 클수록 크다.
- 기온이 낮을수록 크다(대기 중에 습도가 높을수록 크다).
- 콘크리트의 치어붓기 속도가 클수록 크다.
- 거푸집의 수밀성이 높을수록 크다.
- 콘크리트의 다지기가 강할수록 크다.
- 거푸집의 수평단면이 클수록 크다.
- 거푸집의 강성이 클수록 크다.
- 거푸집 표면이 매끄러울수록 크다.
- 콘크리트의 비중이 클수록 크다(단위중량이 클수록 크다).

- 묽은 콘크리트일수록 크다.
- 철근량이 적을수록 크다.
- 측압은 생콘크리트의 높이가 높을수록 커지는 것이나, 일정한 높이에 이르면 측압의 증대는 없게 된다.

7. 철골공사 안전기준

(1) 철골구조물이 외압에 대한 내력이 설계에 고려되었는지 확인할 사항
- 높이 20m 이상의 구조물
- 구조물의 폭과 높이의 비가 1 : 4 이상인 구조물
- 단면구조에 현저한 차이가 있는 구조물
- 연면적당 철골량이 $50kg/m^2$ 이하인 구조물
- 기둥이 타이 플레이트(Tie Plate)형인 구조물
- 이음부가 현장용접인 구조물

(2) 승강로 및 작업발판의 설치
- 근로자가 수직방향으로 이동하는 철골부재에는 답단 간격이 30cm 이내인 고정된 승강로를 설치할 것
- 수평방향 철골과 수직방향 철골이 연결되는 부분에는 연결작업을 위하여 작업발판 등을 설치할 것

(3) 철골작업을 중지해야 하는 기상조건
- 풍속이 10m/sec 이상인 경우
- 강우량이 1mm/hr 이상인 경우
- 강설량이 1cm/hr 이상인 경우

CHAPTER 05 운반 · 하역작업 안전 및 기타 작업안전

01 운반 작업

1. 취급 · 운반 작업의 원칙

(1) 취급·운반의 3조건
- 운반을 기계화 할 것
- 운반거리를 단축시킬 것
- 손이 닿지 않는 운반 방식으로 할 것

(2) 취급·운반의 5원칙
- 직선운반을 할 것
- 연속운반을 할 것
- 운반 작업을 집중화 시킬 것
- 생산을 최고로 하는 운반을 생각할 것
- 시간과 경비를 절약할 수 있는 운반 방법을 고려할 것

2. 인력운반

(1) 인력운반의 하중기준 및 안전하중기준
- 인력운반 하중기준 : 체중의 40% 정도의 운반물을 60 ~ 80m/min의 속도로 운반할 것
- 안전하중기준
  ① 성인남자 : 25kg 정도
  ② 성인여자 : 15kg 정도

(2) 인력운반 작업 시 안전수칙
- 물건을 들어 올릴 때는 팔과 무릎을 사용하며, 척추는 곧은 자세로 할 것
- 무거운 물건은 공동 작업으로 실시하고 보조기구를 사용할 것
- 길이가 긴 물건은 앞쪽을 높여 운반할 것
- 화물에 최대한 접근하여 중심을 낮게 할 것

· 어깨보다 높이 들어 올리지 않을 것

· 무리한 자세를 장시간 지속하지 않을 것

(3) 기계화해야 될 인력 작업의 표준

· 3 ~ 4인 정도가 상당시간 계속 반복운반 작업을 할 경우

· 발밑에서 머리 위까지 들어 올리는 작업일 경우

· 발밑에서 어깨까지 25kg 이상을 들어 올리는 작업일 경우

· 발밑에서 허리까지 50kg 이상을 들어 올리는 작업일 경우

· 발밑에서 무릎까지 75kg 이상을 들어 올리는 작업일 경우

3. 중량물 취급 · 운반 및 운반기계에 의한 운반

(1) 중량물·취급 작업 시 작업계획의 작성내용

· 추락위험을 예방할 수 있는 안전대책

· 낙하위험을 예방할 수 있는 안전대책

· 전도위험을 예방할 수 있는 안전대책

· 협착위험을 예방할 수 있는 안전대책

· 붕괴위험을 예방할 수 있는 안전대책

(2) 반복에 의한 중량물 취급 작업 시 작업 시작 전 점검사항

· 중량물 취급의 올바른 자세 및 복장

· 위험물이 날아 흩어짐에 따른 보호구 착용

· 카바이드, 생석회(CaO) 등과 같이 온도 상승이나 습기에 의하여 위험성이 존재하는 중량물의 취급방법

· 그 밖에 하역운반 기계 등의 적절한 사용방법

(3) 운반기계에 의한 운반 작업 시 안전수칙

· 운반차의 화물적재높이 : 1,020mm(유럽·미국 등 : 1,500 ± 500mm)

· 운반차를 밀 때는 750 ~ 850mm 정도의 높이가 적당

· 운반 대 위에는 여러 사람이 타지 말 것

02 하역작업

1. 차량 계 하역 운반기계 및 통로 폭

(1) 차량의 구내속도 : 8km/hr 이내의 속도유지

(2) 물자 운반용 차량의 통로 폭

- 일방통행용 : W = B + 60(cm)
- 양방통행용 : W = 2B + 90(cm)

  (여기서, B : 운반차량의 폭)

(3) 운반 통로에서 우선 통과 순서

- 기중기
- 짐차
- 빈차
- 사람

2. 항만 하역작업

(1) 부두, 안벽 등 하역작업을 하는 장소에 대하여 조치할 사항

- 작업장, 통로의 위험한 부분 : 안전작업을 할 수 있는 조명을 유지할 것
- 부두 또는 안벽의 선을 따라 통로를 설치할 경우 : 폭을 90cm 이상으로 할 것
- 유상에서의 통로 및 작업 장소에 다리 또는 갑문을 넘는 보도 등의 위험한 부분 : 울 등을 설치할 것

(2) 300t 급 이상의 선박에서 하역작업을 할 경우 조치사항

- 안전하게 승강할 수 있는 현문 사다리를 설치할 것
- 현문 사다리 밑에는 안전망을 설치할 것
- 현문 사다리의 바닥의 넓이는 55cm 이상이어야 하고, 양쪽에 82cm 이상 높이로 방책을 설치할 것

(3) 통행설비의 설치 등 : 갑판의 윗면에서 선창 밑바닥까지의 깊이가 1.5m를 초과하는 선창의 내부에서 화물 취급 작업을 하는 때에는 당해 작업에 종사하는 근로자가 안전하게 통행할 수 있는 설비를 설치할 것(다만, 안전하게 통행할 수 있는 설비가 선박에 설치되어 있는 때에는 제외)

03 해체작업

1. 해체 작업 시 작업계획의 작성내용 및 위험방지 조치사항

(1) 건물 등의 해체 작업 시 작업계획의 작성내용

- 해체의 방법 및 해체순서도면
- 가설설비, 방호설비, 환기설비 및 살수, 방화 설비 등의 방법
- 사업장내 연락방법
- 해체물의 처분계획
- 해체 작업용 기계, 기구 등의 작업계획서
- 해체 작업용 화약류 등의 사용계획서

(2) 해체 작업 시 조치할 사항

- 작업구역 내는 관계자 외의 자의 출입을 금지시킬 것
- 악천후(폭풍, 폭우 및 폭설 등)시는 작업을 중지시킬 것

2. 해체공법의 종류별 특징

공법		원리	특징	단점
압쇄 공법	자주식 현주식	유압 압쇄날에 의한 해체	• 취급과 조작이 용이 • 철근·철골절단이 가능 • 저 소음	• 20m 이상은 불가능 • 분진비산을 막기 위해 살 수설비가 필요
대형 브레카 공법	압축공기 자주형	압축공기에 의한 타격 파쇄	• 능률이 높은 곳에 사용이 가능 • 보·기둥·슬레브·벽체 파쇄 에 유리	• 소음과 진동이 큼 • 분진발생에 주의
	유압 자주형	유압에 의한 타격 파쇄		
전도 공법		부재를 절단하여 쓰러뜨린다.	• 원칙적으로 한층씩 해체 • 전도축과 전도방향에 주의	• 전도에 의한 진동과 매설 물에 대한 배려가 필요
철 해머에 의한 공법		무거운 철재 해머로 타격	• 능률이 좋음 • 지하매설콘크리트 해체에 는 효율이 낮음 • 기둥·보·슬래브·벽 파쇄에 유리	• 소음과 진동이 큼 • 파편이 많이 비산
화약 발파공법		발파충격과 가스압력으로 파쇄	• 파괴력이 큼 • 공기를 단축할 수 있음 • 노동력 절감에 기여	• 발파 전문자격자가 필요 • 비산물 방호장치설치 필요 • 폭음과 진동이 있음 • 지하 매설물에 영향 초래 • 슬래브 벽 파쇄에 불리
핸드 브레카 공법	압축 공기식	압축공기에 의한 타격 파쇄	• 광범위한 작업이 가능 • 좁은 장소나 작은 구조물 파쇄에 유리 • 진동은 작음	• 방진마스크, 보안경 등 보 호구 필요 • 소음이 큼
	유압식	유압에 의한 타격과 파쇄		
팽창 압공법		가스압력과 팽창압력에 의거 파쇄	• 보관취급이 간단 • 책임자 불필요 • 무근콘크리트에 유효 • 공해가 거의 없음	• 천공 때 소음과 분진발생 • 슬래브와 벽 등에는 불리
절단공법		회전톱에 의한 절단	• 질서정연한 해체나 무진동 이 요구될 때에 유리 • 최대 절단 길이는 30cm 전 후	• 절단기, 냉각수가 필요 • 해체물 운반크레인이 필요
재키공법		유압식 재키로 들어 올려 파쇄	• 소음진동이 없음	• 기둥과 기초에는 사용불가 • 슬래브와 보 해체 시 재키 를 받쳐줄 발판 필요

공 법	원 리	특 징	단 점
쐐기타입 공법	구멍에 쐐기를 밀어넣어 파쇄	· 균열이 직선적이므로 계획 적으로 해체 가능 · 무근콘크리트에 유리	· 1회 파괴량이 적음 · 코어 보링 시 물을 필요로 함 · 천공 시 소음과 분진에 주 의
화염공법	연소시켜서 용해하여 파쇄	· 강제 절단이 용이 · 거의 실용화 되어 있지 못 함	· 방열복 등 개인 보호구가 필요 · 용융물, 불꽃처리 대책필 요
통전공법	구조체에 전기 쏘트를 이용 파쇄	· 거의 실용화 되어 있지 못 함	

5과목 예상문제

01 기계 중 양중기에 포함되지 않는 것은?

① 리프트   ② 곤돌라
③ 크레인   ④ 클램셀

해설

양중기의 종류
· 크레인(호이스트 포함)
· 이동식 크레인
· 리프트(이삿짐운반용 리프트의 경우 적재하중이 0.1ton 이상인 것)
· 곤돌라
· 승강기

02 토사붕괴 예방을 위해 지반 종류에 따른 굴착면의 기울기 기준을 설명한 것으로 잘못된 것은?

① 모래 1 : 1.8   ② 풍화암 1 : 1
③ 연암 1 : 1   ④ 경암 1 : 0.2

해설

굴착면의 기울기 기준

지반의 종류	굴착면의 기울기
모래	1 : 1.8
연암 및 풍화암	1 : 1.0
경암	1 : 0.5
그 밖의 흙	1 : 1.2

03 비계의 높이가 2m 이상인 작업 장소에 작업 발판을 설치할 경우 준수하여야 할 사항으로 옳지 않은 것은?

① 발판의 폭은 20cm 이상으로 할 것
② 발판 재료 간의 틈은 3cm 이하로 할 것
③ 추락의 위험이 있는 장소에서 안전난간을 설치할 것
④ 발판재료는 뒤집히거나 떨어지지 아니하도록 2 이상의 지지물에 연결하거나 고정시킬 것

해설

높이가 2m를 초과하는 경우에는 작업발판의 폭을 40cm 이상으로 할 것

04 강관비계의 종류 중 단관비계를 설치할 때 조립간격으로 옳은 것은? (단, 수직방향, 수평방향의 순서임)

① 4m, 4m

② 5m, 5m

③ 5.5m, 7.5m

④ 6m, 8m

해설

강관비계의 조립간격 : 다음 기준에 적합하도록 할 것.

강관비계종류	조립간격(단위 : m)	
	수직방향	수평방향
단관비계	5	5
틀비계(높이 5m 미만 제외)	6	8

05 추락방지용 방망의 그물코가 10cm인 신제품 매듭 방망사의 인장강도는 몇 킬로그램 이상이어야 하는가?

① 80

② 110

③ 150

④ 200

해설

방망사의 신품에 대한 인장강도

그물코의 종류	매듭 없는 방망의 강도	매듭방망의 강도
10cm	240kg	200kg
5cm		110kg

06 흙막이지보공 설치 시 붕괴 등의 위험방지를 위한 정기 점검 사항으로 옳지 않은 것은?

① 굴착 깊이의 정도

② 버팀대의 긴압 정도

③ 부재의 접속부·부착부 및 교차부의 상태

④ 부재의 손상·변형·부식·변위 및 탈락의 유무와 상태

해설

흙막이지보공 설치 시 붕괴 등의 위험방지를 위한 정기점검사항

· 부재의 손상·변형·부식·변위 및 탈락의 유무와 상태

· 버팀대의 긴압의 정도

· 부재의 접속부·부착부 및 교차부의 상태

· 침하의 정도

07 다음 중 장비 자체보다 높은 장소의 땅을 굴착하는 데 적합한 장비는?

① 불도저(Bulldozer)　　　　　　② 파워셔블(Power Shovel)

③ 드래그라인(Drag Line)　　　　④ 클램셸(Clam Shell)

> **해설**
>
> 파워쇼벨(Power Shovel)
> ・중기가 위치한 지면보다 높은 장소 굴착 시 적합하다.
> ・굳은 점토굴착, 깨진 돌이나 자갈 등의 옮겨쌓기 등에 사용한다.

08 잠함 또는 우물통의 내부에서 굴착작업을 할 때의 준수사항으로 옳지 않은 것은?

① 굴착 깊이가 10m를 초과하는 때에는 당해 작업장소와 외부와의 연락을 위한 통신설비 등을 설치한다.

② 산소 결핍의 우려가 있는 때에는 산소의 농도를 측정하는 자를 지명하여 측정하도록 한다.

③ 근로자가 안전하게 승강하기 위한 설비를 설치한다.

④ 측정결과 산소의 결핍이 인정될 때에는 송기를 위한 설비를 설치하여 필요한 양의 공기를 송급하여야 한다.

> **해설**
>
> 잠함·우물통·수직갱 그 밖에 이와 유사한 건설물 또는 설비의 내부에서 굴착작업을 하는 경우 준수사항
> ・산소결핍의 우려가 있는 경우에는 산소의 농도를 측정하는 사람을 지명하여 측정하도록 할 것
> ・근로자가 안전하게 승강하기 위한 설비(승강설비)를 설치할 것
> ・굴착 깊이가 20m를 초과하는 경우에는 해당 작업장소와 외부와의 연락을 위한 통신설비 등을 설치할 것
> ・산소결핍이 인정되거나 굴착 깊이가 20m를 초과할 때에는 송기설비를 설치하여 필요한 양의 공기를 공급할 것

09 안전관리비 사용 내용에 해당하지 않는 것은?

① 안전 시설비　　　　　　　　　② 개인 보호구 및 안전 장구 구입비

③ 안전보건교육비 및 행사비　　④ 기성제품에 부착된 안전장치 비용

> **해설**
>
> 안전관리비 항목별 사용 내역
> ・안전관리자 등의 인건비 및 각종 업무수당
> ・안전시설비
> ・개인보호구 및 안전장구 구입비
> ・사업장의 안전진단비
> ・안전보건교육비 및 행사비
> ・근로자의 건강관리비
> ・건설재해예방 기술지도비
> ・본사 사용비

10 순간 풍속이 일정 기준 이상일 경우에는 타워크레인의 설치·수리·점검 또는 해체 작업을 중지해야 한다. 이 때의 풍속 기준(m/sec)으로 옳은 것은?

① 5m/sec
② 10m/sec
③ 15m/sec
④ 20m/sec

해설
순간풍속이 매초당 10m를 초과하는 경우 : 타워크레인의 설치·수리·점검 또는 해체작업을 중지할 것

11 추락재해를 방지하기 위하여 사용하는 방망의 지지점이 연속적인 구조물이고 지지점의 간격이 1m일 때 외력에 견딜 수 있어야 하는 강도는 최소 얼마 이상이어야 하는가?

① 200kg
② 400kg
③ 600kg
④ 800kg

해설
F = 200B = 200 × 1m = 200kg
여기서, F : 외력(kg)
　　　　 B : 지지점 간격(m)

12 본 터널(Main Tunnel)을 시공하기 전에 터널에서 약간 떨어진 곳에 지질조사, 환기, 배수, 운반 등의 상태를 알아보기 위하여 설치하는 터널은?

① 파일럿 터널
② 프리패브 터널
③ 사이드 터널
④ 쉴드 터널

해설
파이럿 터널(Pilot Tunnel) : 본 터널(Main Tunnel)을 시공하기 전에 터널에서 약간 떨어진 곳에 지질조사 환기·배수·운반 등의 상태를 알아보기 위하여 설치하는 터널을 의미한다.

13 다음 중 지게차의 작업 시작 전 점검 사항이 아닌 것은?

① 권과방지장치, 브레이크 클러치 및 운전장치 기능의 이상유무
② 하역장치 및 유압장치 기능의 이상유무
③ 제동장치 및 조종장치 기능의 이상유무
④ 전조등·후미등·방향지시기 및 경보 장치 기능의 이상유무

해설
지게차 작업 시작 전 점검사항
· 제동장치 및 조종장치 기능의 이상 유무
· 하역장치 및 유압장치 기능의 이상 유무
· 바퀴의 이상 유무
· 전조등, 후조등, 방향지시기 및 경보장치기능의 이상 유무

14 가설통로를 설치할 때 준수하여야 할 사항에 관한 설명으로 잘못된 것은?

① 건설공사에 사용하는 높이 8m 이상의 비계다리에는 7m 이내마다 계단참을 설치한다.
② 경사가 15°를 초과하는 때에는 미끄러지지 않는 구조로 한다.
③ 추락의 위험이 있는 곳에는 안전난간을 설치한다.
④ 수직갱에 가설된 통로의 길이가 10m 이상인 때에는 8m 이내마다 계단참을 설치한다.

해설

가설통로 설치 시 준수사항

· 견고한 구조로 할 것
· 경사는 30°이하로 할 것. 다만, 계단을 설치하거나 높이 2m 미만의 가설통로로서 튼튼한 손잡이를 설치한 경우에는 그러하지 아니하다.
· 경사가 15°를 초과하는 경우에는 미끄러지지 아니하는 구조로 할 것
· 추락할 위험이 있는 장소에는 안전난간을 설치할 것. 다만, 작업상 부득이한 경우에는 필요한 부분만 임시로 해체할 수 있다.
· 수직갱에 가설된 통로의 길이가 15m 이상인 경우에는 10m 이내마다 계단참을 설치할 것
· 건설공사에 사용하는 높이 8m 이상인 비계다리에는 7m 이내마다 계단참을 설치할 것

15 달비계(곤돌라의 달비계는 제외)의 최대 적재하중을 정할 때 사용하는 안전계수의 기준으로 옳은 것은?

① 달기체인의 안전계수 : 10이상
② 달기강대와 달비계의 하부 및 상부 지점의 안전계수(목재의 경우) : 2.5이상
③ 달기와이어로프의 안전 계수 : 5이상
④ 달기강선의 안전계수 : 10이상

해설

달비계(곤돌라의 달비계는 제외)의 안전계수

· 달기와이어로프 및 달기강선의 안선계수 : 10 이상
· 달기체인 및 달기훅의 안전계수 : 5 이상
· 달기강대와 달비계 하부 및 상부지점의 안전계수
  ① 강재의 경우 : 2.5 이상
  ② 목재의 경우 : 5 이상

16 타워크레인의 설치·조립·해체 작업을 하는 때에 작성하는 작업계획서에 포함시켜야 할 사항이 아닌 것은?

① 타워크레인의 종류 및 형식
② 중량물의 운반 경로
③ 작업인원의 구성 및 작업근로자의 역할 범위
④ 작업도구·장비·가설설비 및 방호 설비

해설

타워크레인의 설치·조립·해체 작업 시 작업계획서의 작성내용
· 타워크레인의 종류 및 형식
· 설치·조립 및 해체순서
· 작업도구·장비·가설설비 및 방호설비
· 작업인원의 구성 및 작업근로자의 역할 범위
· 타워크레인의 지지방법

17 연약한 점토지반의 개량공법으로 적절하지 않은 것은?

① 샌드드레인 공법　　② 생석회말뚝 공법
③ 페이퍼드레인 공법　④ 바이브로플로테이션 공법

해설

바이브로플로테이션 공법은 사질토 지반의 개량공법이다.

18 산업안전보건관리비 계상 기준으로 일반 건설공사(갑) "5억원 이상 ~ 50억원 미만"의 비율 및 기초액으로 옳은 것은?

① 비율 : 1.86%, 기초액 : 5,349,000원
② 비율 : 1.99%, 기초액 : 5,499,000원
③ 비율 : 2.35%, 기초액 : 5,400,000원
④ 비율 : 1.57%, 기초액 : 4,411,000원

해설

공사종류별 규모 및 안전관리비 계상 기준표

대상액 공사종류	5억 원 미만	5억 원 이상 50억 원 미만		50억 원 이상	보건관리자 선임대상 건설공사의 적용비율
		비율(x)	기초액(c)		
일반건설공사(갑)	2.93(%)	1.86(%)	5,349,000원	1.97(%)	2.15(%)
일반건설공사(을)	3.09(%)	1.99(%)	5,499,000원	2.10(%)	2.29(%)
중건설공사	3.43(%)	2.35(%)	5,400,000원	2.44(%)	2.66(%)
철도·궤도 신설 공사	2.45(%)	1.57(%)	4,411,000원	1.66(%)	1.81(%)
특수 및 기타 건설공사	1.85(%)	1.20(%)	3,250,000원	1.27(%)	1.38(%)

19 다음은 어느 해체 공법의 특징이다. 해당 특징을 가진 해체 공법으로 옳은 것은?

> [특징]
> · 취급과 조작이 용이하다.
> · 철근 및 철골 등의 절단이 용이하며 소음이 적다.
> · 분진비산을 막기 위해 살수 설비가 필요하다.

① 압쇄공법   ② 핸드 브레카 공법
③ 화약 발파공법   ④ 쐐기타입 공법

해설
압쇄공법에 대한 설명이다.

20 선창의 내부에서 화물취급작업을 하는 때에는 갑판의 윗면에서 선창 밑바닥까지 깊이가 몇 m를 초과하는 경우 당해 작업근로자가 안전하게 통행할 수 있는 설비를 설치해야 하는가?

① 1m   ② 1.2m
③ 1.3m   ④ 1.5m

해설
갑판의 윗면에서 선창 밑바닥까지의 깊이가 1.5m를 초과하는 선창의 내부에서 화물 취급 작업을 하는 때에는 당해 작업에 종사하는 근로자가 안전하게 통행할 수 있는 설비를 설치할 것

21 거푸집동바리 등을 조립하는 경우에 준수해야 할 사항으로 옳지 않은 것은?

① 동바리로 사용하는 강관(파이프 서포트 제외)은 높이 2m 이내마다 수평연결재를 1개 방향으로 만들고 수평연결재의 변위를 방지할 것
② 동바리로 사용하는 강관(파이프 서포트 제외)은 멍에 등을 상단에 올릴 경우에는 해당 상단에 강재의 단판을 붙여 멍에 등을 고정시킬 것
③ 동바리로 사용하는 파이프 서포트는 3개 이상이어서 사용하지 않도록 할 것
④ 동바리로 사용하는 파이프서포트를 이어서 사용하는 경우에는 4개 이상의 볼트 또는 전용 철물을 사용하여 이을 것

해설
높이 2m 이내마다 수평연결재를 2개 방향으로 만들고 수평연결재의 변위를 방지할 것

22 콘크리트 타설 시 거푸집의 측압에 영향을 미치는 인자들에 대한 설명 중 옳지 않은 것은?

① 슬럼프가 클수록 작다.

② 타설 속도가 빠를수록 크다.

③ 거푸집 속의 콘크리트 온도가 낮을수록 크다.

④ 콘크리트의 타설 높이가 높을수록 크다.

해설

콘크리트 타설을 할 때 거푸집의 측압에 미치는 영향

· 슬럼프가 클수록 크다.

· 기온이 낮을수록 크다(대기 중에 습도가 높을수록 크다).

· 콘크리트의 치어붓기 속도가 클수록 크다.

· 거푸집의 수밀성이 높을수록 크다.

· 콘크리트의 다지기가 강할수록 크다.

· 거푸집의 수평단면이 클수록 크다.

· 거푸집의 강성이 클수록 크다.

· 거푸집 표면이 매끄러울수록 크다.

· 콘크리트의 비중이 클수록 크다(단위중량이 클수록 크다).

· 묽은 콘크리트일수록 크다.

· 철근량이 적을수록 크다.

· 측압은 생콘크리트의 높이가 높을수록 커지는 것이나, 일정한 높이에 이르면 측압의 증대는 없게 된다.

23 건립 중 강풍에 의한 풍압 등 외압에 대한 내력이 설계에 고려되었는지 확인하여야 하는 철골구조물에 해당하지 않는 것은?

① 이음부가 현장용접인 건물

② 높이 15m인 건물

③ 기둥이 타이 플레이트(Tie Plate)형인 구조물

④ 구조물의 폭과 높이의 비가 1 : 5인 건물

해설

철골구조물이 외압에 대한 내력이 설계에 고려되었는지 확인할 사항

· 높이 20m 이상의 구조물

· 구조물의 폭과 높이의 비가 1 : 4 이상인 구조물

· 단면구조에 현저한 차이가 있는 구조물

· 연면적당 철골량이 50kg/m² 이하인 구조물

· 기둥이 타이 플레이트(Tie Plate)형인 구조물

· 이음부가 현장용접인 구조물

24 다음 항목 중 건설공사 유해위험방지계획서 제출대상 공사가 아닌 것은?

① 지상 높이가 50m인 건축물 또는 공작물 건설공사

② 연면적이 10,000m²인 건축물 건설공사

③ 최대 지간길이가 60m인 교량건설공사

④ 터널건설공사

해설

유해·위험 방지 계획서 제출 대상 공사(건설업)

· 지상 높이가 31m 이상인 건축물 또는 인공구조물, 연면적 3만m² 이상인 건축물 또는 연면적 5천m² 이상의 문화 및 집회시설(전시장·동물원·식물원은 제외), 판매시설, 운수시설(고속철도의 역사 및 집배송 시설은 제외), 종교시설, 의료시설 중 종합병원, 숙박시설 중 관광숙박시설, 지하도상가 또는 냉동·냉장창고시설의 건설·개조 또는 해체

· 연면적 5천m² 이상의 냉동·냉장창고시설의 설비공사 및 단열공사

· 최대 지간길이가 50m 이상인 교량 건설 등 공사

· 터널 건설 등의 공사

· 다목적댐, 발전용 댐 및 저수용량 2천만톤 이상의 용수전용댐, 지방상수도 전용댐 건설 등의 공사

· 깊이 10m 이상인 굴착공사

25 낙하물에 의한 위험방지 조치의 기준으로서 옳은 것은?

① 높이가 최소 2m 이상인 곳에서 물체를 투하하는 때에는 적당한 투하설비를 갖춰야 한다.

② 낙하물 방지망을 높이 12m 이내마다 설치한다.

③ 방호선반 설치 시 내민 길이는 벽면으로부터 2m 이상으로 한다.

④ 낙하물 방지망의 설치각도는 수평면과 30 ~ 40°를 유지한다.

해설

낙하물 방지망

① 높이가 3m 이상인 곳에서 물체를 투하하는 때에는 석낭한 투하실비를 깃춰아 한다.

② 낙하물 방지망을 높이 10m 이내마다 설치한다.

③ 방호선반 설치 시 내민 길이는 벽면으로부터 2m 이상으로 한다.

④ 낙하물 방지망의 설치각도는 수평면과 20 ~ 30°를 유지한다.

26 다음 중 근로자의 추락 위험을 방지하기 위한 안전난간의 설치 기준으로 옳지 않은 것은?

① 상부난간대는 바닥면·발판 또는 경사로의 표면으로부터 90cm 이상 120cm이하에 설치하고, 중간 난간대는 상부난간대와 바닥면 등의 중간에 설치할 것

② 발끝막이판은 바닥면 등으로부터 20cm이하의 높이를 유지할 것

③ 난간대는 지름 2.7cm 이상의 금속제 파이프나 그 이상의 강도를 가진 재료일 것

④ 안전난간은 임의의 점에서 임의의 방향으로 움직이는 100kg 이상의 하중에 견딜 수 있는 튼튼한 구조일 것

> **해설**
>
> 안전난간의 구조 및 설치요건

구분	구조 및 설치요건
안전난간의 구성	· 상부 난간대 · 중간 난간대 · 발끝 막이판 · 난간기둥
상부난간대 설치	바닥판 등으로부터 90cm이상 지점에 설치
중간난간대 설치	· 상부난간대가 120cm이하일 경우 : 중간 난간대를 상부 난간대와 바닥 면등의 중간에 설치 · 상부난간대가 120cm이상일 경우 : 중간 난간대를 2단 이상으로 설치하 고 난간의 상하간격은 60cm이하
발끝막이판 높이	· 바닥면 등으로부터 10cm 이상
난간대의 지름 및 재료	· 지름 : 2.7cm 이상 · 재료 : 금속제파이프나 그 이상의 강도가 있는 재료
안전난간의 구조	· 100kg이상 하중에 견딜 수 있는 구조

27 하역작업 시 위험방지에 대한 내용으로 옳지 않은 것은?

① 부두·안벽 등에서 하역작업을 할 때 작업장 및 통로의 위험한 부분에는 안전하게 작업할 수 있도록 조명을 유지하여야 한다.

② 꼬임이 끊어진 섬유로프는 화물운반용 또는 고정용으로 사용하여서는 안된다.

③ 부두 또는 안벽의 선을 따라 통로를 설치할 때는 폭을 75cm 이상으로 해야 한다.

④ 포대, 가마니 등의 용기로 포장된 화물이 바닥으로부터 높이가 2m 이상 되는 경우, 인접 하적단과의 간격을 하적단 밑부분에서 10cm 이상으로 하여야 한다.

> **해설**
>
> 부두 또는 안벽의 선을 따라 통로를 설치할 경우 : 폭을 90cm 이상으로 할 것

28 토사붕괴의 발생을 예방하기 위한 조치사항으로 옳지 않은 것은?

① 적절한 경사면의 기울기 계획

② 절토 및 성토 높이의 증가

③ 활동할 가능성이 있는 토석 제거

④ 말뚝(강관, H형강, 철근 콘크리트)을 타입하여 지반 강화

> **해설**
>
> 토사붕괴예방을 위한 조치사항
>
> · 적절한 경사면의 기울기를 계획하여야 한다.
> · 경사면의 기울기가 당초 계획과 차이가 발생되면 즉시 재검토하여 계획을 변경시켜야 한다.
> · 활동할 가능성이 있는 토석은 제거하여야 한다.
> · 경사면의 하단부에 압성토 등 보강공법으로 활동에 대한 저항대책을 강구하여야 한다.
> · 말뚝(강관, H형강, 철근콘크리트)을 타입하여 지반을 강화시킨다.
> · 비탈면 또는 법면의 「하단」을 다져서 활동이 안되도록 저항을 만들어야 한다.
> · 지표수가 침투되지 않도록 배수를 시키고 지하수위를 낮추기 위하여 수평보링을 하여 배수시켜야 한다.

29 차량계 건설기계를 사용하여 작업하고자 할 때 작업계획서에 포함되어야 할 사항으로 적합하지 않은 것은?

① 사용하는 차량계 건설기계의 종류

② 차량계 건설 기계의 운행 경로

③ 차량계 건설 기계의 의한 작업 방법

④ 차량계 건설 기계의 유지보수 방법

> **해설**
>
> 차량계 건설기계를 사용하여 작업을 할 때 작업계획에 포함되는 내용
>
> · 사용하는 차량계 건설기계의 종류 및 성능
> · 차량계 건설기계의 운행경로
> · 차량계 건설기계에 의한 작업방법

30 계단 및 계단참을 설치하는 때에는 매 m^2 당 kg 이상의 하중에 견딜 수 있는 강도를 가진 구조로 설치하여야 하는가?

① 200

② 300

③ 400

④ 500

> **해설**
>
> 계단 및 계단참은 500kg/m²(매 m²당 500kg) 이상의 하중에 견딜 수 있는 강도를 가진 구조로 설치하여야 하며, 안전율(파괴응력도 / 허용응력도)은 4 이상으로 하여야 한다.

부록

과년도 문제풀이

2020년 제1 · 2회 필기 기출문제		수험번호	성명
자격종목 **산업안전기사**	시험시간 **3시간**	시험유형	

※ 답안카드 작성시 시험문제지 형별누락, 마킹착오로 인한 불이익은 전적으로 수험자의 귀책사유임을 알려드립니다.

** 본문제는 수검자의 생각에 의한 것으로 실제 문제와 약간 다를 수 있음.

01 안전관리론

01 산업안전보건법상 안전관리자의 업무는?

① 직업성질환 발생의 원인조사 및 대책수립

② 해당 사업장 안전교육계획의 수립 및 안전교육 실시에 관한 보좌 및 조언 · 지도

③ 근로자의 건강장해의 원인조사와 재발방지를 위한 의학적 조치

④ 당해 작업에서 발생한 산업재해에 관한 보고 및 이에 대한 응급조치

해설

안전관리자의 업무

(1) 산업안전보건위원회 또는 안전.보건에 관한 노사협의체에서 심의 · 의결한 업무와 해당 사업장의 안전보건관리규정 및 취업규칙에서 정한 직무

(2) 안전인증대상 기계 · 기구 등과 자율안전확인대상 기계 · 기구 등의 구입시 적격품의 선정에 관한 보좌 및 조언·지도

(3) 위험성 평가에 관한 보좌 및 조언·지도

(4) 해당 사업장 안전교육계획의 수립 및 안전교육 실시에 관한 보좌 및 조언·지도

(5) 사업장 순회점검·지도 및 조치의 건의

(6) 산업재해 발생의 원인 조사 · 분석 및 재발방지를 위한 기술적 보좌 및 조언·지도

(7) 산업재해에 관한 통계의 유지·관리·분석을 위한 보좌 및 조언·지도

(8) 법 또는 법에 따른 명령으로 정한 안전에 관한 사항의 이행에 관한 보좌 및 지도 · 조언

(9) 업무 수행 내용의 기록·유지

(10) 그 밖에 안전에 관한 사항으로서 고용노동부장관이 정하는 사항

02 산업안전보건법령상 안전보건표지의 종류 중 경고표지에 해당하지 않는 것은?

① 레이저광선 경고   ② 급성독성물질 경고

③ 매달린 물체 경고   ④ 차량통행 경고

해설

차량통행은 금지 표지에 해당한다.

03 크레인, 리프트 및 곤돌라는 사업장에 설치가 끝난 날부터 몇 년 이내에 최초의 안전검사를 실시해야 하는가? (단, 이동식 크레인, 이삿짐운반용 리프트는 제외한다.)

① 1년　　　　　　　　　　② 2년
③ 3년　　　　　　　　　　④ 4년

해설

안전검사의 주기

(1) 크레인(이동식 크레인은 제외한다), 리프트(이삿짐운반용 리프트는 제외한다) 및 곤돌라 : 사업장에 설치가 끝난 날부터 3년 이내에 최초 안전검사를 실시하되, 그 이후부터 2년마다(건설현장에서 사용하는 것은 최초로 설치한 날부터 6개월마다)

(2) 이동식 크레인, 이삿짐운반용 리프트 및 고소작업대 : 「자동차관리법」 제8조에 따른 신규등록 이후 3년 이내에 최초 안전검사를 실시하되, 그 이후부터 2년마다

(3) 프레스, 전단기, 압력용기, 국소 배기장치, 원심기, 롤러기, 사출성형기, 컨베이어 및 산업용 로봇 : 사업장에 설치가 끝난 날부터 3년 이내에 최초 안전검사를 실시하되, 그 이후부터 2년마다(공정안 전보고서를 제출하여 확인을 받은 압력용기는 4년마다)

04 Y · G 성격검사에서 "안전, 적응, 적극형"에 해당하는 형의 종류는?

① A형　　　　　　　　　　② B형
③ C형　　　　　　　　　　④ D형

해설

Y–G 성격검사

성격유형	성격내용
① A형(평균형)	조화적, 적응적
② B형(우편형)	정서불안정, 활동적, 외향적(불안정, 부적응, 적극형)
③ C형(좌편형)	안정, 소극형(소극적, 온순, 안정, 내향적, 비활동)
④ D형(우하형)	안정, 적응, 적극형(정서안정, 활동적, 대인관계양호, 사회적응)
⑤ E형(좌하형)	불안정, 부적응, 수동형(D형과 반대)

05 위험예지훈련 4R(라운드) 기법의 진행방법에서 3R에 해당하는 것은?

① 목표설정　　　　　　　　② 대책수립
③ 본질추구　　　　　　　　④ 현상파악

> **해설**
>
> 위험예지 훈련 4라운드
> · 1R(현상파악)
> · 2R(본질추구)
> · 3R(대책수립)
> · 4R(목표달성)

06 A사업장의 2019년 도수율이 10이라 할 때 연천인율은 얼마인가?

① 2.4　　　　　　　　　　② 5
③ 12　　　　　　　　　　 ④ 24

> **해설**
>
> 연천인율 = 도수율 × 2.4 = 10 × 2.4 = 24

07 안전보건교육 계획에 포함해야 할 사항이 아닌 것은?

① 교육지도안　　　　　　　② 교육장소 및 교육방법
③ 교육의 종류 및 대상　　　④ 교육의 과목 및 교육내용

> **해설**
>
> 안전교육계획에 포함하여야 할 사항
> · 교육목표
> 　① 교육 및 훈련의 범위
> 　② 교육 보조 자료의 준비 및 사용지침
> 　③ 교육훈련의 의무와 책임관계 명시
> · 교육의 종류 및 교육대상
> · 교육의 과목 및 교육의 내용
> · 교육기간 및 시간
> · 교육장소
> · 교육방법
> · 교육담당자 및 강사

08 몇 사람의 전문가에 의하여 과제에 관한 견해를 발표한 뒤에 참가자로 하여금 의견이나 질문을 하게 하여 토의하는 방법을 무엇이라 하는가?

① 심포지움(Symposium) ② 버즈 세션(Buzz Session)
③ 케이스 메소드(Case Method) ④ 패널 디스커션(Panel Discussion)

해설

토의법 종류
· 포럼(Forum) : 다수의 참여자와 1명 이상의 전문가가 사회자 진행 하에 공개적으로 토의를 진행하는 방식을 의미한다.
· 심포지엄(Symposium) : 동일 주제 또는 관련 주제에 대해 전문가(2 ~ 5명)가 각자의 견해를 제시하고 참여자는 이에 대한 의견이나 질문을 하는 방식의 토의 방식을 의미한다.
· 패널 디스커션(Panel Discussion) : 4 ~ 5명의 패널이 참여자들 앞에서 자유롭게 토의 후 참여자들은 사회자의 진행에 맞춰 해당 토의에 참여하는 방식을 의미한다.
· 버즈 그룹(Buzz Group) : 몇 개의 소집단을 구성하여 주제에 대해 구성원들끼리 토의를 진행하고, 최종적으로 전체가 모여 각 소집단에서 나온 결과를 종합·정리하여 최종 결과를 도출해내는 토의 방식을 의미한다.

09 방진마스크의 사용 조건 중 산소농도의 최소기준으로 옳은 것은?

① 16% ② 18%
③ 21% ④ 23.5%

해설

방진마스크의 사용조건 : 산소농도 18% 이상인 장소에서 사용

10 안전교육에 대한 설명으로 옳은 것은?

① 사례중심과 실연을 통하여 기능적 이해를 돕는다.
② 사무직과 기능직은 그 업무가 판이하게 다르므로 분리하여 교육한다.
③ 현장 작업자는 이해력이 낮으므로 단순반복 및 암기를 시킨다.
④ 안전교육에 건성으로 참여하는 것을 방지하기 위하여 인사고과에 필히 반영한다.

해설

안전교육의 기본방향
· 사고사례 중심의 안전교육
· 안전작업(표준작업)을 위한 안전교육
· 안전의식 향상을 위한 안전교육

11 산업안전보건법령에 따라 환기가 극히 불량한 좁은 밀폐된 장소에서 용접작업을 하는 근로자를 대상으로 한 특별안전·보건교육 내용에 포함되지 않는 것은?(단, 일반적인 안전·보건에 필요한 사항은 제외한다.)

① 환기설비에 관한 사항
② 질식 시 응급조치에 관한 사항
③ 작업순서, 안전작업방법 및 수칙에 관한 사항
④ 폭발 한계점, 발화점 및 인화점 등에 관한 사항

> **해설**
> 밀폐된 장소(탱크 내 또는 환기가 극히 불량한 좁은 장소)에서 하는 용접작업 또는 습한 장소에서 하는 전기용접작업 시 특별안전보건교육의 교육내용
> • 작업순서, 안전작업방법 및 수칙에 관한 사항
> • 환기설비에 관한 사항
> • 전격 방지 및 보호구 착용에 관한 사항
> • 질식 시 응급조치에 관한 사항
> • 작업환경 점검에 관한 사항
> • 그 밖에 안전·보건관리에 필요한 사항

12 생체 리듬(Bio Rhythm) 중 일반적으로 28일을 주기로 반복되며, 주의력·창조력·예감 및 통찰력 등을 좌우하는 리듬은?

① 육체적 리듬
② 지성적 리듬
③ 감성적 리듬
④ 정신적 리듬

> **해설**
> 바이오리듬의 종류
> • 육체적 리듬(Physical Cycle) : 주기23일(식욕, 소화력, 활동력, 지구력), 청색표시
> • 지성적 리듬(Intellectual Cycle) : 주기 33일(상상력, 사고력, 기억력, 인지, 판단), 녹색표시
> • 감성적 리듬(Sensitivity Cycle) : 주기 28일(감정, 주의심, 창조력, 예감 및 통찰력)적색표시

13 재해예방의 4원칙에 해당하지 않는 것은?

① 예방가능의 원칙
② 손실가능의 원칙
③ 원인연계의 원칙
④ 대책선정의 원칙

> **해설**
> 재해예방의 4원칙
> • 손실 우연의 원칙
> • 원인 계기의 원칙
> • 예방 가능의 원칙
> • 대책 선정의 원칙

14 작업을 하고 있을 때 긴급 이상상태 또는 돌발 사태가 되면 순간적으로 긴장하게 되어 판단능력의 둔화 또는 정지상태가 되는 것은?

① 의식의 우회 ② 의식의 과잉
③ 의식의 단절 ④ 의식의 수준저하

해설

부주의 현상
· 의식의 단절 : 지속적인 의식의 흐름에 단절이 생기고 공백의 상태가 나타나는 것으로 특수한 질병이 있는 경우에 나타난다.
· 의식의 우회 : 의식의 흐름이 옆으로 빗나가 발생하는 경우로서 작업도중 걱정, 고뇌, 욕구 불만 등에 의해 다른 것에 정신을 빼앗기는 경우이다.
· 의식수준의 저하 : 혼미한 정신 상태에서 심신이 피로할 경우나 단조로운 반복작업시 일어나기 쉽다.
· 의식의 과잉 : 지나친 의욕에 의해서 생기는 부주의 현상으로 긴급사태시 순간적으로 긴장이 한 방향으로만 쏠리게 되는 경우이다.

15 관리감독자를 대상으로 교육하는 TWI의 교육내용이 아닌 것은?

① 문제해결훈련 ② 작업지도훈련
③ 인간관계훈련 ④ 작업방법훈련

해설

TWI(Training Within Industry) 종류
· JIT(Job Instruction Training) : 작업 지도법
· JMT(Job Method Training) : 작업 개선법
· JRT(Job Relation Training) : 인간관계 관리법
· JST(Job Safety Training) : 작업 안전법

16 재해 코스트 산정에 있어 시몬즈(R.H. Simonds) 방식에 의한 재해코스트 산정법으로 옳은 것은?

① 직접비 + 간접비 ② 간접비 + 비보험코스트
③ 보험코스트 + 비보험코스트 ④ 보험코스트 + 사업부보상금 지급액

해설

시몬즈(R. H. Simonds)의 법칙
총재해 Cost = 산재보험 코스트 + 비 보험 코스트
· 산재보험 코스트 = 산업재해보상보험법에 의해 보상된 금액 + 보험회사의 보험에 관련된 제경비 및 이익금을 합친 금액
· 비보험 코스트 = (휴업상해건수 × A) + (통원상해건수 × B) + (응급조치건수 × C) + (무상해 사고 건수 × D)

17 무재해운동의 기본이념 3원칙 중 다음에서 설명하는 것은?

> 직장 내의 모든 잠재위험요인을 적극적으로 사전에 발견, 파악, 해결함으로서 뿌리에서부터 산업재해를 제거하는 것

① 무의 원칙
② 선취의 원칙
③ 참가의 원칙
④ 확인의 원칙

해설

무재해운동이념 3원칙

· 무의 원칙 : 사망, 휴업 및 불휴재해는 물론 일체의 장래위험요인을 사전에 발견, 파악, 해결함으로써 근원적인 산업재해를 없애는 것을 말한다.
· 참가의 원칙 : 재해 및 일체의 위험요인을 발견, 해결하기 위해 전원이 무재해운동에 참가하여 문제 해결 등을 실천하는 것을 말한다.
· 선취해결의 원칙 : 선취란 궁극의 목표로서 무재해, 무질병의 직장을 실현하기 위해 일체의 위험요인을 행동하기 전에 발견, 파악, 해결하여 재해를 예방하거나 방지하는 것을 말한다.

18 어느 사업장에서 물적손실이 수반된 무상해 사고가 180건 발생하였다면 중상은 몇 건이나 발생할 수 있는가?(단, 버드의 재해구성 비율법칙에 따른다.)

① 6건
② 18건
③ 20건
④ 29건

해설

버드의 재해 구성 비율

· 중상 또는 폐질 : 경상(물적·인적상해) : 무상해사고(물적손실) : 무상해무사고(위험순간)
  = 1 : 10 : 30 : 600
· 무상해사고 : 중상
  30 : 1 = 180 : X

$$\therefore X(중상) = \frac{180 \times 1}{30} = 6건$$

19 산업안전보건법령상 산업안전보건위원회의 사용자위원에 해당되지 않는 사람은?(단, 각 사업장은 해당하는 사람을 선임하여야 하는 대상 사업장으로 한다.)

① 안전관리자
② 산업보건의
③ 명예산업안전감독관
④ 해당 사업장 부서의 장

해설

위원회의 구성
(1) 사용자위원(10명)
- 해당 사업의 대표자(같은 사업으로서 다른 지역에 사업장이 있는 경우에는 그 사업장의 안전보건관리책임자를 말한다.)
- 안전 관리자(안전 관리자를 두어야 하는 사업장으로 한정하되, 안전관리자의 업무를 안전관리전문기관에 위탁한 사업장의 경우에는 그 안전관리전문기관의 해당 사업장 담당자를 말한다.) 1명
- 보건관리자(보건관리자를 두어야 하는 사업장으로 한정하되, 보건관리자의 업무를 보건관리전문기관에 위탁한 사업장의 경우에는 그 보건관리전문기관의 해당 사업장 담당자를 말한다.) 1명
- 산업보건의(해당 사업장에 선임되어 있는 경우로 한정한다.)
- 해당 사업의 대표자가 지명하는 9명 이내의 해당 사업장 부서의 장
(2) 근로자위원(10명)
- 근로자대표
- 근로자대표가 지명하는 1명 이상의 명예산업안전감독관(명예 산업안전 감독관이 위촉되어 있는 사업장의 경우에 한함)
- 근로자대표가 지명하는 9명 이내의 해당 사업장의 근로자

20 다음 중 맥그리거(McGregor)의 Y이론과 가장 거리가 먼 것은?

① 성선설
② 상호신뢰
③ 선진국형
④ 권위주의적 리더십

해설

맥그리거의 X · Y이론의 관리처방

X이론의 관리처방	Y이론의 관리처방
· 경제적 보상체제의 강화	· 민주적 리더십의 확립
· 권위주의적 리더십의 확보	· 분권화의 권한과 위임
· 면밀한 감독과 엄격한 통제	· 직무확장
· 상부책임제도의 강화	· 비공식적 조직의 활용
	· 자체평가제도의 활성화

02 인간공학 및 시스템안전공학

21 인간공학 연구조사에 사용되는 기준의 구비조건과 가장 거리가 먼 것은?

① 다양성 ② 적절성
③ 무오염성 ④ 기준 척도의 신뢰성

기준의 요건
· 적절성(Relevance) : 기준이 의도된 목적에 적당하다고 판단되는 정도를 말한다.
· 무오염성 : 기준 척도는 측정하고자 하는 변수 외의 다른 변수들의 영향을 받아서는 안된다는 것을 무오염성이라고 한다.
· 기준척도의 신뢰성 : 척도의 신뢰성은 반복성(Repeatability)을 의미한다.

22 산업안전보건법령상 사업주가 유해위험방지 계획서를 제출할 때에는 사업장 별로 관련 서류를 첨부하여 해당 작업 시작 며칠 전까지 해당 기관에 제출하여야 하는가?

① 7일 ② 15일
③ 30일 ④ 60일

유해·위험방지계획서를 제출하려면 사업장 별로 제조업 등 유해·위험방지 계획서에 관련서류를 첨부하여 해당 작업시작 15일 전까지 공단에 2부를 제출하여야 한다.

23 손이나 특정 신체부위에 발생하는 누적손상장애(CTD)의 발생인자와 가장 거리가 먼 것은?

① 무리한 힘 ② 다습한 환경
③ 장시간의 진동 ④ 반복도가 높은 작업

해설
누적손상장애(CTD)의 발생요인
· 무리한 힘의 사용
· 진동 및 온도(저온)
· 반복도가 높은 작업
· 부적절한 작업 자세
· 날카로운 면과 신체 접촉

24 화학설비에 대한 안전성 평가 중 정량적 평가항목에 해당되지 않는 것은?

① 공정
② 취급물질
③ 압력
④ 화학설비용량

해설 ....

화학설비에 대한 안전성 평가 시 정량적 평가 항목

- 취급물질
- 용량
- 온도
- 압력
- 조작

2020

25 휴먼 에러(Human Error)의 요인을 심리적 요인과 물리적 요인으로 구분할 때, 심리적 요인에 해당하는 것은?

① 일이 너무 복잡한 경우
② 일의 생산성이 너무 강조될 경우
③ 동일 형상의 것이 나란히 있을 경우
④ 서두르거나 절박한 상황에 놓여있을 경우

해설 ....

휴먼 에러의 요인

심리적 요인	물리적 요인
• 서두르거나 절박한 상황 • 업무에 대한 지식부족 • 일을 할 의욕 결여 • 피곤한 상태에 있을 경우 • 선입견으로 괜찮다고 느끼고 있을 경우 • 많은 자극이 있어 어떤 것에 반응해야 좋을지 알 수 없을 경우 • 주의를 끄는 것에 치우쳐 주의를 빼앗기고 있을 경우	• 일이 너무 복잡한 경우 • 일이 단조로운 경우 • 일의 생산성이 너무 강조될 경우 • 동일 형상의 것이 나란히 있을 경우 • 자극이 너무 많을 경우 • 재촉을 느끼게 하는 조직이 있을 경우 • 스테레오 타입)에 맞지 않는 기기 • 작업조건에 문제가 있을 경우

26 모든 시스템 안전분석에서 제일 첫 번째 단계의 분석으로, 실행되고 있는 시스템을 포함한 모든 것의 상태를 인식하고 시스템의 개발단계에서 시스템 고유의 위험상태를 식별하여 예상되고 있는 재해의 위험수준을 결정하는 것을 목적으로 하는 위험분석 기법은?

① 결함위험분석(FHA : Fault hazard Analysis)

② 시스템위험분석(SHA : System Hazard Analysis)

③ 예비위험분석(PHA : Preliminary Hazard Analysis)

④ 운용위험분석(OHA : Operating Hazard Analysis)

> **해설**
>
> PHA(Preliminary Hazards Analysis, 예비사고분석)
> - 정의 : 대부분 시스템 안전 프로그램에 있어서 최초단계의 분석으로, 시스템 내의 위험한 요소가 얼마나 위험한 상태에 있는가를 정성적으로 평가하는 것이다.
> - 목적 : 시스템의 개발 단계에 있어서 시스템 고유의 위험상태를 식별하고 예상되는 재해의 위험수준을 결정하는데 있다.

27 FT도에서 사용하는 기호 중 다음 그림과 같이 OR 게이트지만 2개 또는 그 이상의 입력이 동시에 존재할 때 출력이 생기지 않는 경우 사용하는 것은?

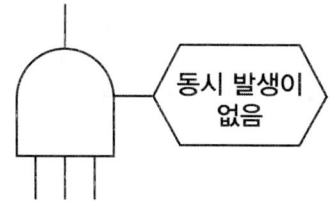

① 부정 OR 게이트

② 배타적 OR 게이트

③ 억제 게이트

④ 조합 OR 게이트

> **해설**
>
> 수정기호(⎯⎯⟨ 조건 ⟩) : 다음에 나타나는 조건을 기입한다.
> - 우선적 AND Gate : 입력사상 가운데 어느 사상이 다른 사상보다 먼저 일어났을 때에 출력사상이 생긴다. 예를 들면 [A는 B보다 먼저]와 같이 기입한다.
> - 조합 AND Gate : 3개 이상의 입력사상 가운데 어느 것이든 2개가 일어나면 출력사상이 생긴다. 예를 들면 [어느 것이든 2개]라고 기입한다.
> - 위험지속기호 : 입력사상이 생겨서 어느 일정시간 지속하였을 때에 출력사상이 생긴다. 예를 들면 [위험지속시간]과 같이 기입한다.
> - 배타적 OR Gate : OR Gate로 2개 이상의 입력이 동시에 존재할 때에는 출력사상이 생기지 않는다. 예를 들면 [동시에 발생하지 않는다.]라고 기입한다.

28 의자 설계 시 고려해야할 일반적인 원리와 가장 거리가 먼 것은?

① 자세고정을 줄인다.　　　　② 조정이 용이해야 한다.
③ 디스크가 받는 압력을 줄인다.　　④ 요추 부위의 후만곡선을 유지한다.

해설

의자 설계 시 고려해야 할 사항
• 등받이의 굴곡은 전단곡(요추의 굴곡)과 일치하여야 한다.
• 정적인 부하와 고정된 작업 자세를 피해야 한다.
• 좌면의 높이는 신장에 따라 조절 가능해야 한다.
• 의자의 높이는 오금높이와 같거나 오금높이보다 낮아야 한다.

29 각 부품의 신뢰도가 다음과 같을 때 시스템의 전체 신뢰도는 약 얼마인가?

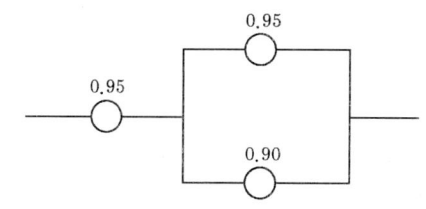

① 0.8123　　　　② 0.9453
③ 0.9553　　　　④ 0.9953

해설

시스템 신뢰도(R)
R = 0.95 × [1 − (1 − 0.95) × (1 − 0.9)] = 0.9453

30 다음 FT도에서 시스템에 고장이 발생할 확률은 약 얼마인가? (단, X_1과 X_2의 발생확률은 각각 0.05, 0.03이다.)

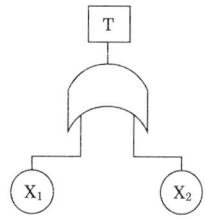

① 0.0015　　　　② 0.0785
③ 0.9215　　　　④ 0.9985

해설

시스템 고장발생확률(T)
T = 1 − (1 − X_1) × (1 − X_2) = 1 − (1 − 0.05) × (1 − 0.03) = 0.0785

31 조종 장치를 촉각적으로 식별하기 위하여 사용되는 촉각적 코드화의 방법으로 옳지 않은 것은?

① 색감을 활용한 코드화 ② 크기를 이용한 코드화
③ 조종장치의 형상 코드화 ④ 표면 촉감을 이용한 코드화

해설

조종 장치의 촉각적 코드화
· 크기를 구별하여 사용하는 경우 : 크기(직경·두께)의 차이를 쉽게 구별할 수 있도록 설계
· 형상을 구별하여 사용하는 경우 : 만져봐서 식별되는 손잡이, 용도와 관련된 형상으로 식별
· 표면 촉감을 사용하는 경우 : 매끄러운 면, 세로홈(Flute), 갈쭉면(Knurl)

32 인체 계측 자료의 응용 원칙이 아닌 것은?

① 기존 동일 제품을 기준으로 한 설계 ② 최대치수와 최소치수를 기준으로 한 설계
③ 조절범위를 기준으로 한 설계 ④ 평균치를 기준으로 한 설계

해설

인체계측자료의 응용원칙
· 최대치수와 최소 치수 : 최대 치수(90%, 95%, 99% 값 적용) 또는 최소치수(1%, 5%, 10% 값 적용)를 기준으로 하여 설계한다.
· 조절범위(조절식) : 체격이 다른 여러 사람에 맞도록 만드는 것이다.
· 평균치를 기준으로 한 설계 : 최대 치수와 최소치수 또는 조절식으로 하기가 곤란할 때 평균치를 기준으로 하여 설계한다.

33 반사율이 85%, 글자의 밝기가 400cd/m²인 VDT화면에 350lux의 조명이 있다면 대비는 약 얼마인가?

① -6.0 ② -5.0
③ -4.2 ④ -2.8

해설

(1) 반사율$(\%) = \dfrac{광속발산도}{소요조명} \times 100 = \dfrac{cd/m^2 \times \pi}{lux}$

① 배경의 광속발산도(L_b)

$L_b(cd/m^2) = \dfrac{반사율 \times 소요조명}{\pi} = \dfrac{0.85 \times 350}{3.14} = 94.75 cd/m^2$

② 표적의 광속발산도(L_t)

$L_t = 400 + 94.75 = 494.75 cd/m^2$

(2) 대비 $= \dfrac{L_b - L_t}{L_b} \times 100 = \dfrac{94.75 - 494.75}{94.75} \times 100 = -4.22\%$

34 적절한 온도의 작업환경에서 추운 환경으로 온도가 변할 때 우리의 신체가 수행하는 조절작용이 아닌 것은?

① 발한(發汗)이 시작된다.
② 피부의 온도가 내려간다.
③ 직장(直腸) 온도가 약간 올라간다.
④ 혈액의 많은 양이 몸의 중심부를 위주로 순환한다.

해설

온도변화에 대한 신체의 조절작용(인체적응)

적온에서 고온 환경으로 변할 때	적온에서 한냉 환경으로 변할 때
·많은 양의 혈액이 피부를 경유하여 피부온도가 올라간다. ·직장온도가 내려간다. ·발한이 시작된다.	·많은 양의 혈액이 몸의 중심부를 순환하며 피부 온도는 내려간다. ·직장온도가 약간 올라간다. ·소름이 돋고 몸이 떨린다.

35 인체에서 뼈의 주요 기능의 아닌 것은?

① 인체의 지주 ② 장기의 보호
③ 골수의 조혈 ④ 근육의 대사

해설

골격(뼈)의 기능(역할)
·지지기능 : 뼈는 크게 근육을 받쳐주고 몸무게를 지탱하여 체형을 유지시킨다.
·보호기능 : 신체외 중요한 기관(뇌, 심장 등 내장)을 보호한다.
·조혈기능 : 골수는 적혈구를 비롯한 혈액세포들을 만드는 조혈기능을 갖는다.
·운동기능 : 관절을 통해 다양한 동작을 가능하게 하는 운동기능을 갖는다.

36 시스템안전 MIL–STD–882B 분류기준의 위험성 평가 매트릭스에서 발생빈도에 속하지 않는 것은?

① 거의 발생하지 않는(Remote)
② 전혀 발생하지 않는(Impossible)
③ 보통 발생하는(Reasonably Probable)
④ 극히 발생하지 않을 것 같은(Extremely Improbable)

해설

위험의 정성적 확률등급

용어	등급	발생상황	
		개별항목	전체항목(시스템)
자주발생 하는 (Frequent)	A	때때로 일어날 듯	연속적으로 경험
보통 발생하는 (Reasonably Probable)	B	수회 일어남	때때로 일어남
가끔 발생하는 (Occasional)	C	드물게 일어남	수회 일어남
거의 발생하지 않는 (Remote)	D	그리 일어날 것 같지 않음	일어날 것 같지 않으나 가능성은 존재함
극히 발생하지 않는 것 같은 (Extremely Improbable)	E	발생확률이 0에 가까움	아마 위험을 경험하지는 않을 것으로 가정할 수 있음
전혀 발생하지 않는 (Impossible)	F	물리적으로 발생이 불가능	물리적으로 발생 불가능

37 인간 – 기계 시스템을 설계할 때에는 특정기능을 기계에 할당하거나 인간에게 할당하게 된다. 이러한 기능할당과 관련된 사항으로 옳지 않은 것은? (단, 인공지능과 관련된 사항은 제외한다.)

① 인간은 원칙을 적용하여 다양한 문제를 해결하는 능력이 기계에 비해 우월하다.
② 일반적으로 기계는 장시간 일관성이 있는 작업을 수행하는 능력이 인간에 비해 우월하다.
③ 인간은 소음, 이상온도 등의 환경에서 작업을 수행하는 능력이 기계에 비해 우월하다.
④ 일반적으로 인간은 주위가 이상하거나 예기치 못한 사건을 감지하여 대처하는 능력이 기계에 비해 우월하다.

해설

인간과 기계의 상대적 재능

인간이 우수한 기능	기계가 우수한 기능
• 저 에너지 자극(시각, 청각, 후각 등)감지	• 인간 감지범위 밖의 자극(X선, 초음파 등)감지
• 복잡 다양한 자극 형태 식별	• 인간 및 기계에 대한 모니터 기능
• 예기치 못한 사건 감지(예감, 느낌)	• 드물게 발생하는 사상 감지
• 다량정보를 오래 보관	• 암호화된 정보를 신속하게 대량보관
• 귀납적 추리	• 연역적 추리
• 과부하 상황에서는 중요한 일에만 전념	• 과부하시 효율적으로 작동
• 임기응변, 융통성, 원칙적용, 주관적 추산, 독창력 발휘 등의 기능	• 정량적 정보처리, 장시간 중량작업, 반복 작업, 동시에 여러 가지 작업수행

38 시각 장치와 비교하여 청각 장치 사용이 유리한 경우는?

① 메시지가 길 때

② 메시지가 복잡할 때

③ 정보 전달 장소가 너무 소란할 때

④ 메시지에 대한 즉각적인 반응이 필요할 때

해설

표시장치의 선택(청각장치와 시각장치의 선택)

청각장치사용	시각장치사용
· 전언이 간단하고 짧을 때	· 전언이 복잡하고 길 때
· 전언이 후에 재참조되지 않을 때	· 전언이 후에 재참조가 될 때
· 전언이 즉각적인 사상(Event)을 이룰 때	· 전언이 공간적인 위치를 다룰 때
· 전언이 즉각적인 행동을 요구할 때	· 전언이 즉각적인 행동을 요구하지 않을 때
· 수신자가 시각계통이 과부하 상태일 때	· 수신자의 청각계통이 과부하 상태일 때
· 수신 장소가 너무 밝거나 암조의 유지가 필요할 때	· 수신 장소가 너무 시끄러울 때
· 직무상 수신자가 자주 움직이는 경우	· 직무상 수신자가 한 곳에 머무르는 경우

39 컷셋(Cut Set)과 패스셋(Pass Set)에 관한 설명으로 옳은 것은?

① 동일한 시스템에서 패스셋의 개수와 컷셋의 개수는 같다.

② 패스셋은 동시에 발생했을 때 정상사상을 유발하는 사상들의 집합이다.

③ 일반적으로 시스템에서 최소 컷셋의 개수가 늘어나면 위험 수준이 높아진다.

④ 최소 컷셋은 어떤 고장이나 실수를 일으키지 않으면 재해는 일어나지 않는다고 하는 것이다.

해설

컷과 패스

(1) 컷과 미니멀 컷

· 컷(Cut) : 컷이란 그 속에 포함되어 있는 모든 기본사상(여기서는 통상사상, 생략 결함사상 등을 포함한 기본사상)이 일어났을 때, 정상사상을 일으키는 기본사상의 집합을 의미한다.

· 미니멀 컷(Minimal Cut Sets) : 정상사상을 일으키기 위해 필요한 최소한의 컷으로 컷 중 그 부분 집합만으로 정상사상이 일어나는 일이 없는 것을 의미한다.

(2) 패스(Path)와 미니멀 패스(Minimal Path Sets)

· 패스(Path) : 그 속에 포함되는 기본사상이 일어나지 않을 때, 처음으로 정상사상이 일어나지 않는 기본사상의 집합을 의미한다.

· 미니멀 패스(Minimal Path Sets) : 기본사상이 일어나지 않을 때, 정상 사상이 일어나지 않을 필요 최소한의 것을 의미한다.

40 FTA에 의한 재해사례 연구순서 중 2단계에 해당하는 것은?

① FT도의 작성
② 톱 사상의 선정
③ 개선계획의 작성
④ 사상의 재해원인을 규명

해설

D.R Cherition의 FTA에 의한 재해사례 연구순서
· 1단계 : 탑(TOP) 사상의 선정
· 2단계 : 사상의 재해 원인의 규명
· 3단계 : FT의 작성
· 4단계 : 개선 계획의 작성

03 기계위험방지기술

41 기계설비의 작업능률과 안전을 위해 공장의 설비 배치 3단계를 올바른 순서대로 나열한 것은?

① 지역배치 → 건물배치 → 기계배치
② 건물배치 → 지역배치 → 기계배치
③ 기계배치 → 건물배치 → 지역배치
④ 지역배치 → 기계배치 → 건물배치

해설

기계설비의 작업능률과 안전을 위한 배치 3단계
· 1단계 : 지역배치
· 2단계 : 건물배치
· 3단계 : 기계배치

42 다음 중 설비의 진단방법에 있어 비파괴시험이나 검사에 해당하지 않는 것은?

① 피로시험
② 음향탐상검사
③ 방사선투과시험
④ 초음파탐상검사

해설

설비의 진단 방법
(1) 비파괴시험의 종류
　· 방사선투과시험　　　　　· 자분탐상시험
　· 초음파탐상검사　　　　　· 와류탐상시험
　· 음향탐상검사　　　　　　· 침투형광탐상시험 등
(2) 파괴시험의 종류
　· 피로시험　　　　　　　　· 인장시험
　· 굽힘시험 등

43 밀링작업 시 안전수칙으로 틀린 것은?

① 보안경을 착용한다.

② 칩은 기계를 정지시킨 다음에 브러시로 제거한다.

③ 가공 중에는 손으로 가공면을 점검하지 않는다.

④ 면장갑을 착용하여 작업한다.

해설
밀링 작업 시 안전수칙
· 칩은 기계를 정지시킨 다음에 브러시 등으로 제거한다.
· 일감 또는 부속장치 등을 설치하거나 제거할 때는 반드시 기계를 정지시키고 작업한다.
· 가공 중에 손으로 가공면을 점검하지 않을 것
· 밀링칩(공작기계 중 가장 가늘고 예리함)의 비산에 의한 부상방지를 위해 보안경을 착용해야 한다.
· 면장갑 착용을 금지한다.

44 다음 중 회전축, 커플링 등 회전하는 물체에 작업복 등이 말려드는 위험을 초래하는 위험점은?

① 협착점　　　　　　　② 접선물림점

③ 절단점　　　　　　　④ 회전말림점

해설
기계설비의 위험점(작업점)의 분류
· 협착점(Squeeze point) : 고정부와 왕복운동을 하는 운동부 사이에 형성되는 위험점
　(예 : 프레스, 성형기, 절곡기 등)
· 끼임점(Shear point) : 고정부와 회전 또는 직선운동과 함께 형성하는 부분 사이에 형성되는 위험점
　(예 : 연삭숫돌과 작업대, 반복 동작되는 링크기구, 교반기의 구반날개와 몸체사이)
· 절단점(Cutting point) : 회전하는 운동부분 자체와 운동하는 기계자체에 위험이 형성되는 점
　(예 : 둥근톱날, 띠톱기계의 날 밀링커터 등)
· 물림점(Nip point) : 회전하는 두 개의 회전체에 물려 들어갈 위험성이 형성되는 점
　(예 : 롤러, 기어와 피니언 등)
· 접선물림점(Tangential nip point) : 회전하는 부분이 접선방향에서 만들어지는 위험점
　(예 : 벨트와 풀리, 체인과 스프라켓, 랙과 피니언 등)
· 회전말림점(Trapping point) : 크기, 길이, 속도가 다른 회전운동에 의한 위험점으로 회전하는 부분에 돌기 등이 돌출되어 작업복 등이 말리는 위험점(예 : 회전축, 드릴축, 커플링 등)

45 무부하 상태에서 지게차로 20km/h의 속도로 주행할 때, 좌우 안정도는 몇 % 이내이어야 하는가?

① 37% ② 39%

③ 41% ④ 43%

해설

지게차의 안정도

구분	상태	구배(%)
전후 안정도	하역 작업 시	4(최대하중 5톤 이상은 3.5)
	주행 시	18
좌우 안정도	하역 작업 시	6
	주행 시	15 + 1.1 × 최고 속도

∴ 지게차의 좌우 안정도 = 15 + 1.1 × 20 = 37(%)

46 산업안전보건법령상 승강기의 종류에 해당하지 않는 것은?

① 리프트 ② 에스컬레이터

③ 화물용 엘리베이터 ④ 승객용 엘리베이터

해설

승강기의 종류

· 승객용 엘리베이터 : 사람의 운송에 적합하게 제조·설치된 엘리베이터
· 승객화물용 엘리베이터 : 사람의 운송과 화물 운반을 겸용하는데 적합하게 제조·설치된 엘리베이터
· 화물용 엘리베이터 : 화물 운반에 적합하게 제조·설치된 엘리베이터로서 조작자 또는 화물취급자 1명은 탑승할 수 있는 것(적재용량이 300킬로그램 미만인 것은 제외)
· 소형화물용 엘리베이터 : 음식물이나 서적 등 소형 화물의 운반에 적합하게 제조·설치된 엘리베이터로서 사람의 탑승이 금지된 것
· 에스컬레이터 : 일정한 경사로 또는 수평로를 따라 위·아래 또는 옆으로 움직이는 디딤판을 통해 사람이나 화물을 승강장으로 운송시키는 설비

47 프레스 금형의 파손에 의한 위험방지 방법이 아닌 것은?

① 금형에 사용하는 스프링은 반드시 인장형으로 할 것
② 작업 중 진동 및 충격에 의해 볼트 및 너트의 헐거워짐이 없도록 할 것
③ 금형의 하중 중심은 원칙적으로 프레스 기계의 하중 중심과 일치하도록 할 것
④ 캠, 기타 충격이 반복해서 가해지는 부분에는 완충장치를 설치할 것

해설

금형에 사용하는 스프링은 압축형으로 할 것

48 다음 중 연삭 숫돌의 파괴원인으로 거리가 먼 것은?

① 플랜지가 현저히 클 때
② 숫돌에 균열이 있을 때
③ 숫돌의 측면을 사용할 때
④ 숫돌의 치수 특히 내경의 크기가 적당하지 않을 때

해설

연삭기숫돌의 파괴원인
· 숫돌의 회전 속도가 너무 빠를 때
· 숫돌 자체에 균열이 있을 때
· 숫돌의 측면을 사용하여 작업을 할 때
· 숫돌에 과대한 충격을 가할 때
· 숫돌의 불균형이나 베어링 마모에 의한 진동이 있을 때
· 숫돌의 치수가 부적당할 때
· 숫돌 반경 방향의 온도변화가 심할 때
· 작업에 부적당한 숫돌을 사용할 때
· 플랜지가 숫돌에 비해 현저히 작을 때

49 지름 5cm 이상을 갖는 회전중인 연삭숫돌이 근로자들에게 위험을 미칠 우려가 있는 경우에 필요한 방호장치는?

① 받침대
② 과부하 방지장치
③ 덮개
④ 프레임

해설

연삭기 숫돌의 덮개 : 회전중인 연삭숫돌(직경 5cm 이상)에는 덮개를 설치할 것

50 롤러기의 앞면 롤의 지름이 300mm, 분당회전수가 30회일 경우 허용되는 급정지장치의 급정지거리는 약 몇 mm 이내이어야 하는가?

① 37.7
② 31.4
③ 377
④ 314

해설

(1) 표면속도(V)

$$V = \frac{\pi DN}{1,000} = \frac{3.14 \times 300 \times 30}{1,000} = 28.26 \text{m/min}$$

앞면 롤러의 표면속도(m/min)	급정지 거리
30 미만	앞면 롤러 원주의 1/3 이내
30 이상	앞면 롤러 원주의 1/2.5 이내

(2) 급정지거리 $= \pi D \times \frac{1}{3} = 3.14 \times 300 \times \frac{1}{3} = 314 \text{mm}$

51 크레인의 방호장치에 해당되지 않은 것은?

① 권과방지장치　　　　　　　　② 과부하방지장치

③ 비상정지장치　　　　　　　　④ 자동보수장치

해설

크레인의 방호장치

· 해지장치 : 훅걸이용 와이어로프 등이 훅으로부터 벗겨지는 것을 방지하기 위한 장치

· 비상정지장치 : 비상시에 즉시 정지할 수 있는 장치

· 권과방지장치 : 운반구의 이탈 등의 위험방지를 위해 권상용 와이어로프 등의 권과를 방지하는 장치

· 과부하방지장치 : 정격하중 이상의 하중 부하 시 자동으로 상승 정지되면서 경보음·경보 등을 발생하는 장치

52 어떤 로프의 최대하중이 700N이고, 정격하중은 100N이다. 이 때 안전계수는 얼마인가?

① 5　　　　　　　　② 6

③ 7　　　　　　　　④ 8

해설

$$안전계수 = \frac{극한강도}{정격하중} = \frac{700}{100} = 7$$

53 산업안전보건법령상 프레스의 작업시작 전 점검사항이 아닌 것은?

① 금형 및 고정볼트 상태　　　　② 방호장치의 기능

③ 전단기의 칼날 및 테이블의 상태　　④ 트롤리(Trolley)가 횡행하는 레일의 상태

해설

프레스의 작업 시작 전 점검사항

· 클러치 및 브레이크의 기능

· 크랭크축, 플라이휠, 슬라이드, 연결봉 및 연결 나사의 볼트의 풀림 유무

· 1행정 1정지 기구·급정지 장치 및 비상정지 장치의 기능

· 슬라이드 또는 칼날에 의한 위험방지기구의 기능

· 프레스의 금형 및 고정 볼트 상태

· 해당 방호장치의 기능점검

· 전단기의 칼날 및 테이블의 상태

54 컨베이어의 제작 및 안전기준 상 작업구역 및 통행구역에 덮개, 울 등을 설치해야 하는 부위에 해당하지 않는 것은?

① 컨베이어의 동력전달 부분
② 컨베이어의 제동장치 부분
③ 호퍼, 슈트의 개구부 및 장력 유지장치
④ 컨베이어 벨트, 풀리, 롤러, 체인, 스프라켓, 스크류 등

해설

컨베이어의 작업구역 및 통행구역에 덮개, 울, 물림보호물(Nip Guard)등을 설치해야 하는 부위
· 컨베이어의 동력전달 부분
· 호퍼, 슈트의 개구부 및 장력 유지 장치
· 컨베이어 벨트, 풀리, 롤러, 체인, 스프라이켓, 스크류 등
· 기타 가동부분과 정지부분 또는 다른 물건 사이 틈 등 작업자에게 위험을 미칠 우려가 있는 부분(다만, 그 틈이 5mm이내인 경우는 예외)
· 운반되는 재료 또는 컨베이어가 화상 등을 일으킬 수 있는 구간(다만, 이 경우는 덮개나 울이 설치되어 있을 것)

55 아세틸렌 용접장치에 관한 설명 중 틀린 것은?

① 아세틸렌발생기로부터 5m 이내, 발생기실로부터 3m 이내에는 흡연 및 화기사용을 금지한다.
② 발생기실에는 관계 근로자가 아닌 사람이 출입하는 것을 금지한다.
③ 아세틸렌 용기는 뉘어서 사용한다.
④ 건식안전기의 형식으로 소결금속식과 우회로식이 있다.

해설

아세틸렌 용기는 세워 놓고 사용할 것

56 가공기계에 쓰이는 주된 풀 푸르프(Fool Proof)에서 가드(Guard)의 형식으로 틀린 것은?

① 인터록 가드(Interlock Guard)
② 안내 가드(Guide Guard)
③ 조정 가드(Adjustable Guard)
④ 고정 가드(Fixed Guard)

해설

가드(Guard)의 형식 및 기능

형식	기능
고정가드 (Fixed Guard)	개구부로부터 가공물과 공구 등을 넣어도 손은 위험영역에 머무르지 않는다.
조절가드 (Adjustable Guard)	가공물과 공구에 맞도록 형상과 크기를 조절한다.
경고가드 (Warning Guard)	손이 위험영역에 들어가기 전에 경고한다.
인터록가드 (Interlock Guard)	기계가 작동중에 개폐되는 경우 기계가 정지한다.

57 산업안전보건법령상 로봇에 설치되는 제어장치의 조건에 적합하지 않은 것은?

① 누름버튼은 오작동 방지를 위한 가드를 설치하는 등 불시기동을 방지할 수 있는 구조로 제작·설치되어야 한다.

② 로봇에는 외부 보호 장치와 연결하기 위해 하나 이상의 보호정지회로를 구비해야 한다.

③ 전원공급램프, 자동운전, 결함검출 등 작동제어의 상태를 확인할 수 있는 표시장치를 설치해야 한다.

④ 조작버튼 및 선택스위치 등 제어장치에는 해당 기능을 명확하게 구분할 수 있도록 표시해야 한다.

> **해설**
>
> 로봇에 설치되는 제어장치의 조건(산업용 로봇 제작 및 안전기준) : 로봇에 설치되는 제어장치는 다음 각 항의 요건에 적합하도록 설계·제작되어야 한다.
> · 누름버튼은 오작동 방지를 위한 가드를 설치하는 등 불시기동을 방지할 수 있는 구조로 제작·설치되어야 한다.
> · 전원공급램프, 자동운전, 결함검출 등 작동제어의 상태를 확인할 수 있는 표시 장치를 설치해야 한다.
> · 조작버튼 및 선택스위치 등 제어장치에는 해당 기능을 명확하게 구분할 수 있도록 표시해야 한다.

58 선반가공 시 연속적으로 발생되는 칩으로 인해 작업자가 다치는 것을 방지하기 위하여 칩을 짧게 절단 시켜주는 안전장치는?

① 커버 　　　　　　　② 브레이크
③ 보안경 　　　　　　④ 칩 브레이커

> **해설**
>
> 칩 브레이커 : 바이트에 설치된 칩을 짧게 끊어내는 장치

59 프레스 양수조작식 방호장치 누름버튼의 상호간 내측거리는 몇 mm 이상인가?

① 50 　　　　　　　　② 100
③ 200 　　　　　　　④ 300

> **해설**
>
> 양수 조작식 방호장치의 누름버튼 또는 조작레버의 간격 : 300mm 이상

60 산업안전보건법령상 탁상용 연삭기의 덮개에는 작업 받침대와 연삭숫돌과의 간격을 몇 mm 이하로 조정할 수 있어야 하는가?

① 3   ② 4

③ 5   ④ 10

> **해설**
>
> 탁상용 연삭기는 작업받침대와 조정편을 설치할 것
> · 작업받침대와 숫돌과의 간격 : 3mm 이내
> · 덮개의 조정편과 숫돌과의 간격 : 5 ~ 10mm 이내
> · 작업받침대의 높이 : 숫돌의 중심과 거의 같은 높이로 고정

04 전기위험방지기술

61 화재가 발생하였을 때 조사해야 하는 내용으로 가장 관계가 먼 것은?

① 발화원   ② 착화물

③ 출화의 경과   ④ 응고물

> **해설**
>
> 전기화재 발생시 조사사항 : 발화원, 착화원, 출화의 경과(발화 형태)

62 감전사고 방지대책으로 틀린 것은?

① 설비의 필요한 부분에 보호접지 실시

② 노출된 충전부에 통전망 설치

③ 안선선압 이하의 전기기기 사용

④ 전기기기 및 설비의 정비

> **해설**
>
> 감전사고의 방지대책
> · 전기기기 및 설비의 위험부에 위험표시
> · 보호접지의 실시
> · 전기설비의 점검철저
> · 전기기기 및 설비의 정비 철저
> · 고전압 선로 및 충전부에 근접하여 작업하는 경우 보호구 착용
> · 충전부가 노출된 부분에는 절연 방호구 사용
> · 유자격자이외는 전기기계 및 기구에 접촉금지
> · 안전 관리자는 작업에 대한 안전교육 실시
> · 사고발생시의 처리순서를 미리 작성하여 둘 것

63 전기기기의 Y종 절연물의 최고 허용온도는?

① 80℃   ② 85℃

③ 90℃   ④ 105℃

> **해설**
>
> 전기기기의 절연종별과 허용온도
> · Y종 절연물의 최고허용온도 : 90℃
> · A종 절연물의 최고허용온도 : 105℃

64 활선 작업 시 사용할 수 없는 전기작업용 안전장구는?

① 전기안전모   ② 절연장갑

③ 검전기   ④ 승주용 가제

> **해설**
>
> 활선작업 시 사용하는 전기 작업 안전장구
> · 절연용 보호구 (전기안전모, 전기용 고무장갑, 전기용 고무장화, 절연용 상의)
> · 절연용 방호구 (설비 또는 장치에 장착하여 작업자의 안전을 확보하기 위한 용구)
> · 검전기 (전로 등의 충전유무 확인)
> · 활선작업용 기구·장치 (배전선용 후크봉, 활선 시메라, 활선커터 등)
> · 단락접지용구 (작업 전 전로에 부착해서 안전을 확보하는 용구)

65 인체의 전기저항을 500Ω이라 한다면 심실세동을 일으키는 위험에너지(J)는? (단, 심실세동전류 $I = \dfrac{165}{\sqrt{T}}$ mA, 통전시간은 1초이다.)

① 13.61   ② 23.21

③ 33.42   ④ 44.63

> **해설**
>
> 인체저항 : 500Ω, 통전시간 : 1초
>
> $$W = I^2 RT = \left(\frac{165}{\sqrt{T}} \times 10^{-3} \right)^2 \times 500 \times T = 13.6 J$$

66 교류아크 용접기에 전격 방지기를 설치하는 요령 중 틀린 것은?

① 이완 방지 조치를 한다.

② 직각으로만 부착해야 한다.

③ 동작 상태를 알기 쉬운 곳에 설치한다.

④ 테스트 스위치는 조작이 용이한 곳에 위치시킨다.

해설

전격방지장치의 부착편의 경사 : 연직 또는 수평에 대하여 20°를 넘지 않은 상태

67 인체의 표면적이 0.5m²이고 정전용량은 0.02pF/cm²이다. 3,300V의 전압이 인가되어 있는 전선에 접근하여 작업을 할 때 인체에 축적되는 정전기 에너지(J)는?

① 5.445×10^{-2}

② 5.445×10^{-4}

③ 2.723×10^{-2}

④ 2.723×10^{-4}

해설

정전기 에너지(E)

$$E = \frac{1}{2}CV^2$$

$$= \frac{1}{2} \times 0.02PF/cm^2 \times \frac{1F}{10^{12}PF} \times \frac{100^2 cm^2}{1m^2} \times 0.5m^2 \times 3,300^2 = 5.445 \times 10^{-4}J$$

68 정전기에 관한 설명으로 옳은 것은?

① 정전기는 발생에서부터 억제 – 축적방지 – 안전한 방전이 재해를 방지할 수 있다.

② 정전기발생은 고체의 분쇄공정에서 가장 많이 발생한다.

③ 액체의 이송 시는 그 속도(유속)를 7/m/s 이상 빠르게 하여 정진기의 발생을 억제한다.

④ 접지 값은 10Ω 이하로 하되 플라스틱 같은 절연도가 높은 부도체를 사용한다.

해설

정전기 재해방지대책

・정전기 발생 억제

・정전지 축적방지

・안전한 방전

69 폭발위험장소의 분류 중 인화성 액체의 증기 또는 가연성 가스에 의한 폭발위험이 지속적으로 또는 장기간 존재하는 장소는 몇 종 장소로 분류되는가?

① 0종 장소 ② 1종 장소
③ 2종 장소 ④ 3종 장소

해설

가스폭발 위험장소의 분류

분류	적용	예
0종 장소	인화성 액체의 증기 또는 가연성 가스에 의한 폭발위험이 지속적으로 또는 장기간 존재하는 장소	용기·장치·배관 등의 내부
1종 장소	정상작동상태에서 인화성 액체의 증기 또는 가연성 가스에 의한 폭발 위험분위기가 존재하기 쉬운 장소	맨홀·벤트·피트 등의 주위
2종 장소	정상작동상태에서 인화성액체의 증기 또는 가연성가스에 의한 폭발위험분위기가 존재할 우려가 없으나, 존재할 경우 그 빈도가 아주 적고 단기간만 존재할 수 있는 장소	개스킷·패킹 등의 주위

70 화염일주한계에 대한 설명으로 옳은 것은?

① 폭발성 가스와 공기의 혼합기에 온도를 높인 경우 화염이 발생할 때까지의 시간한계치
② 폭발성 분위기에 있는 용기의 접합면 틈새를 통해 화염이 내부에서 외부로 전파되는 것을 저지할 수 있는 틈새의 최대 간격치
③ 폭발성 분위기 속에서 전기불꽃에 의하여 폭발을 일으킬 수 있는 화염을 발생시키기에 충분한 교류파형의 1주기치
④ 방폭설비에서 이상이 발생하여 불꽃이 생성된 경우에 그것이 점화원으로 작용하지 않도록 화염의 에너지를 억제하여 폭발하한계로 되도록 화염 크기를 조정하는 한계치

해설

화염일주한계 : 폭발성 분위기 내에 방치된 표준용기의 접합면 틈새를 통화여 화염이 내부에서 외부로 전파되는 것을 저지할 수 있는 틈새의 최대 간격치를 말한다.

71 내압 방폭 구조의 기본적 성능에 관한 사항으로 틀린 것은?

① 내부에서 폭발할 경우 그 압력에 견딜 것

② 폭발화염이 외부로 유출되지 않을 것

③ 습기침투에 대한 보호가 될 것

④ 외함 표면온도가 주위의 가연성 가스에 점화하지 않을 것

해설

내압 방폭 구조의 필요조건

· 내부에서 폭발할 경우 그 압력에 견딜 것

· 외함 표면온도가 주위의 가연성 가스에 점화되지 않을 것

· 폭발화염이 외부로 유출되지 않을 것

72 감전사고를 일으키는 주된 형태가 아닌 것은?

① 충전전로에 인체가 접촉되는 경우

② 이중절연 구조로 된 전기 기계·기구를 사용하는 경우

③ 고전압의 전선로에 인체가 근접하여 섬락이 발생된 경우

④ 충전 전기회로에 인체가 단락회로의 일부를 형성하는 경우

해설

②항은 감전사고방지대책에 해당된다.

73 전자파 중에서 광량자 에너지가 가장 큰 것은?

① 극저주파 ② 마이크로파

③ 가시광선 ④ 적외선

해설

전자파의 광자에너지

구분	광자에너지(eV)
가시광선	$1.7 \sim 3.1$
적외선	$1.2 \times 10^{-3} \sim 1.7$
마이크로파	$1.2 \times 10^{-6} \sim 1.2 \times 10^{-3}$
라디오파	$1.2 \times 10^{-11} \sim 1.2 \times 10^{-6}$
극저주파	1.2×10^{-11} 이하

74 피뢰침의 제한전압이 800kV, 충격절연강도가 1,000kV라 할 때, 보호여유도는 몇 %인가?

① 25 ② 33

③ 47 ④ 63

해설

$$여유도 = \frac{충격절연강도 - 제한전압}{제한전압} \times 100 = \frac{1,000 - 800}{800} \times 100 = 25\%$$

75 제 3종 접지공사를 시설하여야 하는 장소가 아닌 것은?

① 금속몰드 배선에 사용하는 몰드

② 고압계기용 변압기의 2차측 전로

③ 고압용 금속제 케이블트레이 계통의 금속트레이

④ 400V 미만의 저압용 기계기구의 철대 및 금속제 외함

해설

제3종 접지시설을 하여야 할 장소

· 철주, 철탑 등

· 교류전차선과 교차하는 고압전선로의 완금

· 주상에 시설하는 고압 콘덴서, 고압전압조정기 및 고압개폐기 등 기기의 외함

· 옥내 또는 지상에 시설하는 400V 이하의 저압 기계·기구의 철대·외함

· 고압계기용 변성기의 2차측

· 보호망 및 보호선

76 다음 중 폭발위험장소에 전기설비를 설치할 때 전기적인 방호조치로 적절하지 않은 것은?

① 다상 전기기기는 결상운전으로 인한 과열방지 조치를 한다.

② 배선은 단락·지락 사고시의 영향과 과부하로부터 보호한다.

③ 자동차단이 점화의 위험보다 클 때는 경보장치를 사용한다.

④ 단락 보호 장치는 고장상태에서 자동복구 되도록 한다.

해설

단락보호 및 지락 보호 장치는 고정 상태에서 자동개폐로 되지 않아야한다.

77 충격전압시험시의 표준충격파형을 1.2 × 50μS로 나타내는 경우 1.2와 50이 뜻하는 것은?

① 파두장 – 파미장
② 최초섬락시간 – 최종섬락시간
③ 라이징 타임 – 스테이블 타임
④ 라이징 타임 – 충격전압인가시간

해설

충격 전압 시험 시 표준충격파형 : 1.2 × 50μS
· Tf(파두장) : 1.2μS
· Tt(파미장) : 50μS

참고 파두장과 파미장

(1) 파두장(파두길이 ; T_f) : 파고치에 달할 때까지의 시간(μS)
(2) 파미장(파미길이 ; T_t) : 기준점으로부터 파미부분에서 파고치의 반으로 떨어지는 점까지의 시간(μS)

78 온도조절용 바이메탈과 온도 퓨즈가 회로에 조합되어 있는 다리미를 사용한 가정에서 화재가 발생했다. 다리미에 부착되어 있던 바이메탈과 온도퓨즈를 대상으로 화재사고를 분석하려 하는데 논리기호를 사용하여 표현하고자 한다. 어느 기호가 적당한가? (단, 바이메탈의 작동과 온도 퓨즈가 끊어졌을 경우를 0, 그렇지 않을 경우를 1이라 한다.)

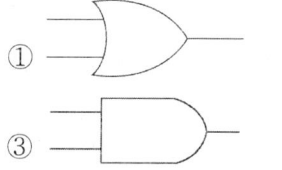

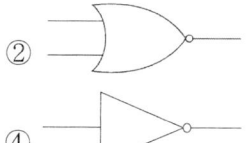

해설

(1) 화재사고 : T, 온도조절용 바이메탈 : A, 온도퓨즈 : B일 때 FT도

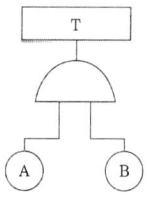

(2) 화재사고(T)가 발생되지 않기 위해서는 바이메탈 작동과 온도퓨즈가 모두 끊어졌을 때이므로 FT도 논리기호 중 AND게이트를 사용하여야 한다.

79 폭발위험이 있는 장소의 설정 및 관리와 가장 관계가 먼 것은?

① 인화성 액체의 증기 사용 ② 가연성 가스의 제조

③ 가연성 분진 제조 ④ 종이 등 가연성 물질 취급

해설

종이 등 가연성물질 취급 장소는 폭발위험장소와 관계가 적다.

80 전기설비의 필요한 부분에 반드시 보호접지를 실시하여야 한다. 접지공사의 종류에 따른 접지저항과 접지선의 굵기가 틀린 것은?

① 제1종 : 10Ω 이하, 공칭단면적 $6mm^2$ 이상의 연동선

② 제2종 : $\dfrac{150}{1선지락전류}\,\Omega$ 이하, 공칭단면적 $2.5mm^2$ 이상의 연동선

③ 제3종 : 100Ω 이하, 공칭단면적 $2.5mm^2$ 이상의 연동선

④ 특별 제3종 : 10Ω 이하, 공칭단면적 $2.5mm^2$ 이상의 연동선

해설

접지공사의 종류별 접지저항과 접지선의 굵기

접지공별	접지저항	접지선의 굵기
제1종	10Ω 이하	공칭단면적 $6mm^2$이상의 연동선
제2종	$\dfrac{150}{1선지락전류}\,\Omega$ 이하	공칭단면적 $16mm^2$이상의 연동선(고압전로 또는 특고압 가공전선로의 전로와 저압 전로를 변압기에 의하여 결합하는 경우에는 공칭단면적 $6mm^2$ 이상의 연동선)
제3종	100Ω 이하	공칭단면적 $2.5mm^2$이상의 연동선
특별제3종	10Ω 이하	공칭단면적 $2.5mm^2$이상의 연동선

05 화학설비위험방지기술

81 프로판(C_3H_8)의 연소에 필요한 최소 산소농도의 값은 약 얼마인가? (단, 프로판의 폭발하한은 Jone식에 의해 추산한다.)

① 8.1%v/v ② 11.1%v/v

③ 15.1%v/v ④ 20.1%v/v

해설

(1) 프로판(C_3H_8)의 연소반응식

$C_3H_8 + 5O_2 \rightarrow 3CO_2 + 4H_2O$

(2) 프로판의 최소산소농도(MOC)

$$MOC = 연소하한치 \times \frac{O_2의\ 몰수}{연료의\ 몰수} = 2.2 \times \frac{5}{1} = 11\%$$

참고 프로판의 폭발범위 : 2.2 ~ 9.5vol%

82 다음 관(Pipe) 부속품 중 관로의 방향을 변경하기 위하여 사용하는 부속품은?

① 니플(Nipple)
② 유니온(Union)
③ 플랜지(Flange)
④ 엘보우(Elbow)

해설

배관부속품
· 관로의 방향을 변경할 때 사용하는 관 부속품 : 엘보우(Elbow)
· 배관을 연결할 때 사용하는 관 부속품 : ① 플랜지 ② 유니온 ③ 커플링 ④ 니플 등
· 유로를 차단할 때 사용하는 관 부속품 : ① 플러그 ② 캡 등

83 산업안전보건기준에 관한 규칙에 따르면 쥐에 대한 경구투입실험에 의하여 실험동물의 50퍼센트를 사망시킬 수 있는 물질의 양, 즉 LD_{50}(경구, 쥐)이 킬로그램당 몇 밀리그램–(체중) 이하인 화학물질이 급성 독성물질에 해당하는가?

① 25
② 100
③ 300
④ 500

해설

급성독성물질의 종류
· 쥐에 대한 경구투입실험 : 실험동물의 50%를 사망시킬 수 있는 물질의 양, 즉 LD_{50}이 kg당 300mg 이하인 화학물질
· 쥐 또는 토끼에 대한 경피 흡수실험 : 실험동물의 50%를 사망시킬 수 있는 물질의 양, 즉 LD_{50}이 kg당 1,000mg 이하인 화학물질
· 쥐에 대한 4시간 동안의 흡입실험 : 실험동물의 50%를 사망시킬 수 있는 물질의 농도, 즉 가스 LC_{50}(쥐, 4시간 흡입)이 2,500ppm 이하인 화학물질, 증기 LC_{50}(쥐, 4시간 흡입)이 10mg/L이하인 화학물질, 분진 또는 미스트 1mg/L이하인 화학물질

84 분진폭발의 발생 순서로 옳은 것은?

① 비산 → 분산 → 퇴적분진 → 발화원 → 2차 폭발 → 전면폭발
② 비산 → 퇴적분진 → 분산 → 발화원 → 2차 폭발 → 전면폭발
③ 퇴적분진 → 발화원 → 분산 → 비산 → 전면폭발 → 2차 폭발
④ 퇴적분진 → 비산 → 분산 → 발화원 → 전면폭발 → 2차 폭발

해설

(1) 분진폭발의 발생순서 : 퇴적분진 → 비산 → 분산 → 발화원발생 → 전면폭발 → 2차 폭발
(2) 분진이 발화폭발하기 위한 조건
· 가연성
· 미분상태
· 지연성가스(공기)중에서의 교반과 유동
· 점화원의 존재

85 산업안전보건기준에 관한 규칙상 국소배기장치의 후드 설치 기준이 아닌 것은?

① 유해물질이 발생하는 곳마다 설치할 것
② 후드의 개구부 면적은 가능한 한 크게 할 것
③ 외부식 또는 리시버식 후드는 해당 분진등의 발산원에 가장 가까운 위치에 설치할 것
④ 후드 형식은 가능하면 포위식 또는 부스식 후드를 설치할 것

해설

국소배기장치의 후드설치기준
- 유해물질이 발생하는 곳마다 설치할 것
- 유해인자의 발생형태와 비중, 작업방법 등을 고려하여 해당 분진 등의 발산원(發散源)을 제어할 수 있는 구조로 설치할 것
- 후드(Hood) 형식은 가능하면 포위식 또는 부스식 후드를 설치할 것
- 외부식 또는 리시버식 후드는 해당 분진 등의 발산원에 가장 가까운 위치에 설치할 것

86 폭발방호대책 중 이상 또는 과잉압력에 대한 안전장치로 볼 수 없는 것은?

① 안전 밸브(Safety Valve)
② 릴리프 밸브(Relief Valve)
③ 파열판(Bursting Disk)
④ 플레임 어레스터(Flame Arrester)

해설

(1) 과잉압력에 대한 안전장치(방호장치)
- 안전밸브
- 릴리프밸브(Relief Valve)
- 파열판
- 블로우밸브(Blow Valve)

(2) Flam Arrester : 화염차단장치

87 산업안전보건법령에 따라 유해하거나 위험한 설비의 설치·이전 또는 주요 구조부분의 변경공사 시 공정안전보고서의 제출시기는 착공일 며칠 전까지 관련기관에 제출하여야 하는가?

① 15일
② 30일
③ 60일
④ 90일

해설

공정안전보고서 제출시기
공사의 착공일 30일 전까지 공정안전보고서 2부를 작성하여 공단에 제출할 것

88 다음 중 메타인산(HPO_3)에 의한 소화효과를 가진 분말소화약제의 종류는?

① 제1종 분말소화약제 ② 제2종 분말소화약제
③ 제3종 분말소화약제 ④ 제4종 분말소화약제

해설

분말소화기(드라이 케미컬) : 질식 및 냉각효과
(1) 소화약제
 · 제1종 분말 소화약제 : 중탄산나트륨(중조 : $NaHCO_3$)
 · 제2종 분말 소화약제 : 중탄산칼륨($KHCO_3$)
 · 제3종 분말 소화약제 : 인산암모늄($NH_4H_2PO_4$)
 · 제4종 분말 소화약제 : 중탄산칼륨 + 요소[$KHCO_3$ + $(NH_2)_2CO$]
(2) 특징 : 전기화재와 유류화재에 효력이 뛰어나다.

89 다음 인화성 가스 중 가장 가벼운 물질은?

① 아세틸렌 ② 수소
③ 부탄 ④ 에틸렌

해설

수소(H_2)의 성질
(1) 상온(20℃)에서 무색·무미·무취의 기체이다.
(2) 가스 중 가장 가벼운 기체로 확산속도가 빠르다.
(3) 폭발범위가 넓은 가연성가스로 최소착화에너지가 매우 낮다.
(4) 공기 중에서 폭발적으로 반응하며 물을 생성한다.
  $2H_2 + O_2 \rightarrow 2H_2O$: 수소 폭명기
(5) 할로겐원소(F_2, Cl_2, Br_2, I_2)와 격렬히 반응하여 할로겐화수소를 생성한다.
  $H_2 + Cl_2 \rightarrow 2HCl$: 염소 폭명기

90 가연성 가스 및 증기의 위험도에 따른 방폭전기기기의 분류로 폭발등급을 사용하는데, 이러한 폭발등급을 결정하는 것은?

① 발화도 ② 화염일주한계
③ 폭발한계 ④ 최소발화에너지

해설

화염일주한계 : 폭발성 분위기 내에 방치된 표준용기의 접합면 틈새를 통하여 화염이 내부에서 외부로 전파되는 것을 저지할 수 있는 틈새의 최대 간격치를 말한다.
·화염일주한계 : 안전간극 또는 안전간격이라고도 한다.
·화염일주한계는 폭발등급(1 ~ 3등급)을 결정한다.

91 다음 중 독성이 가장 강한 가스는?

① NH_3
② $COCl_2$
③ $C_6H_5CH_3$
④ H_2S

해설
허용농도
· NH_3(암모니아) : 25ppm
· $COCl_2$(포스겐) : 0.1ppm
· $C_6H_5CH_3$(톨루엔) : 100ppm
· H_2S(황화수소) : 10ppm

92 공기 중에서 폭발범위가 12.5 ~ 74vol% 인 일산화탄소의 위험도는 얼마인가?

① 4.92
② 5.26
③ 6.26
④ 7.05

해설
$$위험도 = \frac{폭발상한치 - 폭발하한치}{폭발하한치} = \frac{74 - 12.5}{12.5} = 4.92$$

93 반응성 화학물질의 위험성은 실험에 의한 평가 대신 문헌조사 등을 통해 계산에 의해 평가하는 방법을 사용할 수 있다. 이에 관한 설명으로 옳지 않은 것은?

① 위험성이 너무 커서 물성을 측정할 수 없는 경우 계산에 의한 평가 방법을 사용할 수도 있다.
② 연소열, 분해열, 폭발열 등의 크기에 의해 그 물질의 폭발 또는 발화의 위험예측이 가능하다.
③ 계산에 의한 평가를 하기 위해서는 폭발 또는 분해에 따른 생성물의 예측이 이루어져야 한다.
④ 계산에 의한 위험성 예측은 모든 물질에 대해 정확성이 있으므로 더 이상의 실험을 필요로 하지 않는다.

해설
계산에 의한 위험성 예측도 정확성이 있지만 필요한 실험은 실시하여야 한다.

94 메탄 1vol%, 헥산 2vol%, 에틸렌 2vol%, 공기 95vol%로 된 혼합가스의 폭발하한계 값(vol%)은 약 얼마인가?(단, 메탄, 헥산, 에틸렌의 폭발하한계 값은 각각 5.0, 1.1, 2.7vol%이다.)

① 1.8

② 3.5

③ 12.8

④ 21.7

해설

$$L = \frac{V_1 + V_2 + V_3}{\dfrac{V_1}{L_1} + \dfrac{V_2}{L_2} + \dfrac{V_3}{L_3}} = \frac{1 + 2 + 2}{\dfrac{1}{5.0} + \dfrac{2}{1.1} + \dfrac{2}{2.7}} = 1.81\%$$

95 다음 중 분해 폭발의 위험성이 있는 아세틸렌의 용제로 가장 적절한 것은?

① 에테르

② 에틸알코올

③ 아세톤

④ 아세트알데히드

해설

아세틸렌 용제 : 아세톤, DMF(Dimethyl Formamide)

96 소화약제 IG-100의 구성성분은?

① 질소

② 산소

③ 이산화탄소

④ 수소

해설

불활성 가스계 소화약제

구분	구성성분
IG-100	N_2 100%
IG-55	N_2 50%, Ar 50%
IG-541	N_2 52%, Ar 40%, CO_2 8%

97 압축기와 송풍의 관로에 심한 공기의 맥동과 진동을 발생하면서 불안정한 운전이 되는 서징 (Surging) 현상의 방지법으로 옳지 않은 것은?

① 풍량을 감소시킨다.

② 배관의 경사를 완만하게 한다.

③ 교축밸브를 기계에서 멀리 설치한다.

④ 토출가스를 흡입측에 바이패스 시키거나 방출밸브에 의해 대기로 방출시킨다.

해설

서어징(Surging)현상

(1) 정의 : 압축기와 송풍기에서는 토출측 저항이 커지면 풍량이 감소하고 어느 풍량에 대하여 일정한 압력으로 운전되나 우향 상승특성의 풍량까지 감소하면 관로에 심한 공기의 맥동과 진동을 발생하여 불안전운동이 되는 현상을 말한다.

(2) 서어징 현상의 방지법

· 우향 상승이 없는 특성으로 하는 방법 : 배관 내 경사를 완만하게 한다.

· 방출밸브에 의한 방법 : 토출가스 또는 공기의 일부를 방출하거나 바이패스에 의해 흡입측에 복귀시킨다.

· 베인 컨트롤에 의한 방법

· 회전수를 변화시키는 방법

· 교축밸브를 기계 근접 설치하는 방법

98 가열·마찰·충격 또는 다른 화학물질과의 접촉 등으로 인하여 산소나 산화제의 공급이 없더라도 폭발 등 격렬한 반응을 일으킬 수 있는 물질은?

① 에틸알코올

② 인화성 고체

③ 니트로화합물

④ 테레핀유

해설

폭발성 물질 및 유기과산화물 : 가열·마찰·충격 또는 다른 화학물질과의 접촉 등으로 인하여 산소나 산화제의 공급이 없더라도 폭발 등 격렬한 반응을 일으킬 수 있는 고체나 액체로서 다음 항목에 해당하는 물질을 의미한다.

· 질산에스테르류

· 니트로 화합물

· 니트로소 화합물

· 아조 화합물

· 디아조 화합물

· 하이드라진 및 그 유도체

· 유기과산화물 등

99 다음 중 물과 반응하여 아세틸렌을 발생시키는 물질은?

① Zn ② Mg

③ Al ④ CaC_2

> **해설**
>
> $CaC_2 + 2H_2O \rightarrow Ca(OH)_2 + C_2H_2$

100 다음 중 파열판에 관한 설명으로 틀린 것은?

① 압력 방출속도가 빠르다.

② 한번 파열되면 재사용 할 수 없다.

③ 한번 부착한 후에는 교환할 필요가 없다.

④ 높은 점성의 슬러리나 부식성 유체에 적용할 수 있다.

> **해설**
>
> 파열판은 한번 사용한 후에는 교환하여야 한다.

06 건설안전기술

101 작업장에 계단 및 계단참을 설치하는 경우 매 제곱미터 당 최소 몇 킬로그램 이상의 하중에 견딜 수 있는 강도를 가진 구조로 설치하여야 하는가?

① 300kg ② 400kg

③ 500kg ④ 600kg

> **해설**
>
> 계단의 강도 : 계단 및 계단참을 설치할 때에는 500kg/m²이상의 하중에 견딜 수 있는 강도를 가진 구조로 설치하여야 하며, 안전율(파괴응력/허용응력)은 4이상으로 할 것

102 작업으로 인하여 물체가 떨어지거나 날아올 위험이 있는 경우 필요한 조치와 가장 거리가 먼 것은?

① 투하설비 설치 ② 낙하물 방지망 설치

③ 수직보호망 설치 ④ 출입금지구역 설정

> **해설**
>
> 물체가 낙하·비래할 위험이 있을 경우 위험방지 조치사항
> · 낙하물 방지망, 수직보호망 또는 방호선반의 설치
> · 출입금지구역의 설정
> · 안전모 등 보호구의 착용

103 공정율이 65%인 건설현장의 경우 공사 진척에 따른 산업안전보건관리비의 최소 사용기준으로 옳은 것은?(단, 공정율은 기성공정율을 기준으로 함)

① 40% 이상
② 50% 이상
③ 60% 이상
④ 70% 이상

> **해설**

공사 진척에 따른 안전관리비 사용기준

공정률	50%이상 70%미만	70%이상 90%미만	90%이상
사용기준	50%이상	70%이상	90%이상

104 사업주가 유해위험방지 계획서 제출 후 건설공사 중 6개월 이내마다 안전보건공단의 확인을 받아야 할 내용이 아닌 것은?

① 유해위험방지 계획서의 내용과 실제공사 내용이 부합하는지 여부
② 유해위험방지 계획서 변경 내용의 적정성
③ 자율안전관리 업체 유해·위험방지 계획서 제출·심사 면제
④ 추가적인 유해·위험요인의 존재 여부

> **해설**

확인을 받아야 할 사항 : 유해위험방지계획서를 제출한 사업주는 해당 건설물 기계 기구 및 설비의 시운전단계에서 건설공사 중 6개월 이내마다 다음 각 호의 사항에 관하여 공단의 확인을 받아야 한다.
· 유해위험방지계획서의 내용과 실제공사 내용이 부합하는지 여부
· 유해 위험방지계획서 변경 내용의 적정성
· 추가적인 유해위험요인의 존재여부

105 다음 중 방망사의 폐기 시 인장강도에 해당하는 것은?(단, 그물코의 크기는 10cm이며 매듭 없는 방망의 경우임)

① 50kg
② 100kg
③ 150kg
④ 200kg

> **해설**

방망사의 강도
(1) 방망사의 신품에 대한 인장강도

그물코의 크기(단위 : cm)	방망의 종류(단위 : kg)	
	매듭 없는 방망	매듭 방망
10	240	200
5		110

(2) 방망사의 폐기 시 인장강도

그물코의 크기(단위 : cm)	방망의 종류(단위 : kg)	
	매듭 없는 방망	매듭 방망
10	150	135
5		60

106 굴착공사에서 비탈면 또는 비탈면 하단을 성토하여 붕괴를 방지하는 공법은?

① 배수공
② 배토공
③ 공작물에 의한 방지공
④ 압성토공

> 해설

압성토공법 : 성토지반의 활동파괴를 예방하기 위해 토사의 측방에 소단 모양의 성토를 하여 활동에 대한 저항모멘트를 증가시키는 공법이다.

107 지면보다 낮은 땅을 파는데 적합하고 수중굴착도 가능한 굴착기계는?

① 백호우
② 파워쇼벨
③ 가이데릭
④ 파일드라이버

> 해설

굴착기계
· 파워쇼벨(Power Shovel) : 중기가 위치한 지면보다 높은 장소의 땅을 굴착하는데 적합하며, 산지에서의 토공사, 암반으로부터 점토질까지 굴착할 수 있다.
· 백호우(드래그 셔벨) : 중기가 위치한 지면보다 낮은 곳의 땅을 파는데 적합하며, 수중굴착도 가능하다.

108 다음은 안전대와 관련된 설명이다. 아래 내용에 해당되는 용어로 옳은 것은?

로프 또는 레일 등과 같은 유연하거나 단단한 고정줄로서 추락발생시 추락을 저지시키는 추락방지대를 지냉해 주는 줄모양의 부품

① 안전블록
② 수직구명줄
③ 죔줄
④ 보조죔줄

> 해설

안전대의 용어 정의
· 안전블록 : 안전그네와 연결하여 추락발생시 추락을 억제할 수 있는 자동잠금장치가 갖추어져 있고 죔줄이 자동적으로 수축되는 금속장치
· 수직구명줄 : 로프 또는 레일 등과 같은 유연하거나 단단한 고정줄로서 추락발생시 추락을 저지시키는 추락 방지대를 지탱해주는 줄모양의 부품
· 죔줄 : 벨트 또는 안전그네를 구명줄 또는 구조물 등 기타 걸이설비와 연결하기 위한 줄모양의 부품
· 보조죔줄 : 안전대를 U자 걸이로 사용할 때 U자 걸이를 위해 혹 또는 카라비너를 지탱밸브의 D링에 걸거나 떼어낼 때 잘못하여 추락하는 것을 방지하기 위한 걸이설비연결에 사용하는 혹 또는 카라비너를 갖춘 줄모양의 부품

109 굴착과 싣기를 동시에 할 수 있는 토공기계가 아닌 것은?

① Power Shovel　　　　　　② Tractor Shovel

③ Back Hoe　　　　　　　　④ Motor Grader

해설

모터그레이더(Motor Grader) : 토공기계의 대패라고 하며, 지면을 절삭하여 평활 하에 다듬는 것이 목적인 토공기계이다.

110 구축물에 안전진단 등 안전성 평가를 실시하여 근로자에게 미칠 위험성을 미리 제거하여야 하는 경우가 아닌 것은?

① 구축물 또는 이와 유사한 시설물의 인근에서 굴착·항타작업 등으로 침하·균열 등이 발생하여 붕괴의 위험이 예상될 경우

② 구조물, 건축물, 그 밖의 시설물이 그 자체의 무게·적설·풍압 또는 그 밖에 부가되는 하중 등으로 붕괴 등의 위험이 있을 경우

③ 화재 등으로 구축물 또는 이와 유사한 시설물의 내력(耐力)이 심하게 저하되었을 경우

④ 구축물의 구조체가 안전측으로 과도하게 설계가 되었을 경우

해설

구축물 또는 이와 유사한 시설물 등의 안전성 평가 : 다음 각 호에 해당하는 경우에는 안전진단 등 안전성 평가를 실시하여 위험성을 미리 제거할 것

· 구축물 또는 이와 유사한 시설물의 인근에서 굴착·항타 작업 등으로 침하·균열 등이 발생하여 붕괴의 위험이 예상될 경우

· 구축물 또는 이와 유사한 시설물에 지진·동해·부동침하 등으로 균열·비틀림 등이 발생하였을 경우

· 구축물 또는 이와 유사한 시설물에 설계 당시보다 과다한 중량이 부과되어 안전성을 검토하여야 할 경우

· 화재 등으로 구축물 또는 이와 유사한 시설물의 내력이 현저히 저하된 경우

· 오랜 기간 사용하지 아니하던 구축물 또는 이와 유사한 시설물을 재사용하게 되어 안전성을 검토하여야 할 경우

· 그 밖의 잠재위험이 예상될 경우

111 산업안전보건법령에 따른 지반의 종류별 굴착면의 기울기 기준으로 옳지 않은 것은?

① 보통흙 습지 – 1 : 1 ~ 1 : 1.5 ② 보통흙 건지 – 1 : 0.3 ~ 1 : 1
③ 풍화암 – 1 : 0.8 ④ 연암 – 1 : 0.5

해설

굴착면의 구배기준

(1) 과거

구분	지반의 종류	구배
보통 흙	습지	1 : 1 ~ 1 : 1.5
	건지	1 : 0.5 ~ 1 : 1
암반	풍화암	1 : 0.8
	연암	1 : 0.5
	경암	1 : 0.3

(2) 현재

지반의 종류	굴착면의 기울기
모래	1 : 1.8
연암 및 풍화암	1 : 1.0
경암	1 : 0.5
그 밖의 흙	1 : 1.2

112 달비계에 사용이 불가한 와이어로프의 기준으로 옳지 않은 것은?

① 이음매가 있는 것
② 와이어로프의 한 꼬임에 끊어진 소선의 수가 7% 이상인 것
③ 지름의 감소가 공칭지름의 7%를 초과하는 것
④ 심하게 변형되거나 부식된 것

해설

달비계의 와이어 로프 등의 사용금지사항

· 이음매가 있는 것
· 와이어 로프의 한 꼬임에서 끊어진 소선(필러선 제외)의 수가 10%이상인 것
· 지름의 감소가 공칭지름의 7%를 초과하는 것
· 꼬인 것
· 심하게 변형 또는 부식된 것
· 열과 전기충격에 의해 손상된 것

113 가설통로의 설치에 관한 기준으로 옳지 않은 것은?

① 경사는 30° 이하로 한다.

② 건설공사에 사용하는 높이 8m 이상인 비계다리에는 7m 이내마다 계단참을 설치한다.

③ 작업상 부득이한 경우에는 필요한 부분에 한하여 안전난간을 임시로 해체할 수 있다.

④ 수직갱에 가설된 통로의 길이가 10m 이상인 경우에는 5m 이내마다 계단참을 설치한다.

해설

가설통로의 구조

· 견고한 구조로 할 것

· 경사는 30° 이하로 할 것(다만, 계단을 설치하거나 높이 2m 미만의 가설통로로서 튼튼한 손잡이를 설치한 때에는 그러하지 아니하다)

· 경사가 15°를 초과하는 때에는 미끄러지지 않는 구조로 할 것

· 추락의 위험이 있는 장소에는 안전난간을 설치할 것(작업상 부득이한 때에는 필요한 부분에 한하여 임시로 이를 해체할 수 있다.)

· 수직갱에 가설된 통로의 길이가 15m 이상인 때에는 10m 이내마다 계단참을 설치할 것

· 건설공사에서 사용하는 높이 8m이상인 비계다리에는 7m 이내마다 계단을 설치할 것

114 강관비계의 수직방향 벽이음 조립간격(m)으로 옳은 것은? (단, 틀비계이며 높이가 5m 이상일 경우)

① 2m

② 4m

③ 6m

④ 9m

해설

강관틀비계를 조립하여 사용할 때의 준수할 사항

· 비계기둥의 밑둥에는 밑받침철물을 사용하여야 하며 밑받침에 고저차가 있는 경우에는 조절형 밑받침철물을 사용하여 각각의 강관틀비계가 항상 수평 및 수직을 유지하도록 할 것

· 높이가 20m를 초과하거나 중량물의 적재를 수반하는 작업을 할 경우에는 주틀 간의 간격이 1.8m 이하로 할 것

· 주틀 간의 교차가새를 설치하고 최상층 및 5층 이내마다 수평재를 설치할 것

· 수직방향으로 6m, 수평방향으로 8m 이내마다 벽이음을 할 것

115 크레인의 운전실 또는 운전대를 통하는 통로의 끝과 건설물 등의 벽체의 간격은 최대 얼마 이하로 하여야 하는가?

① 0.2m

② 0.3m

③ 0.4m

④ 0.5m

> **해설**
>
> 건설물 등의 벽체와 통로의 간격 등 : 다음 각 호의 간격을 0.3m 이하로 할 것. (다만, 추락이 위험이 없는 경우는 그 간격을 0.3m 이하로 유지하지 않을 수 있음)
> · 크레인의 운전실 또는 운전대를 통하는 통로의 끝과 건설물 등의 벽체의 간격
> · 크레인 거더(Girder)의 통로 끝과 크레인 거더의 간격
> · 크레인 거더의 통로로 통하는 통로의 끝과 건설물 등의 벽체의 간격

116 흙막이 지보공을 설치하였을 때 정기적으로 점검하여 이상 발견 시 즉시 보수하여야 할 사항이 아닌 것은?

① 굴착 깊이의 정도

② 버팀대의 긴압의 정도

③ 부재의 접속부·부착부 및 교차부의 상태

④ 부재의 손상·변형·부식·변위 및 탈락의 유무와 상태

> **해설**
>
> 흙막이지보공 설치 시 붕괴 등의 위험방지를 위한 정기점검사항
> · 부재의 손상·변형·부식·변위 및 탈락의 유무와 상태
> · 버팀대의 긴압의 정도
> · 부재의 접속부·부착부 및 교착부의 상태
> · 침하의 정도

117 달비계의 최대 적재하중을 정하는 경우는 그 안전계수 기준으로 옳지 않은 것은?

① 달기와이어로프 및 달기강선의 안전계수 : 10 이상

② 달기체인 및 달기 훅의 안전계수 : 5 이상

③ 달기강대와 달비계의 하부 및 상부지점의 안전계수 : 강재의 경우 3 이상

④ 달기강대와 달비계의 하부 및 상부지점의 안전계수 : 목재의 경우 5 이상

> **해설**
>
> 달비계(곤돌라의 달비계는 제외)의 안전계수
> · 달기와이어 로프 및 달기강선의 안전계수 : 10이상
> · 달기체인 및 달기훅의 안전계수 : 5이상
> · 달기강대와 달비계의 하부 및 상부지점의 안전계수 : 강재의 경우 2.5 이상, 목재의 경우 5이상

2020

118 철골공사 시 안전작업방법 및 준수사항으로 옳지 않은 것은?

① 강풍, 폭우 등과 같은 악천우시에는 작업을 중지하여야 하며 특히 강풍시에는 높은 곳에 있는 부재나 공구류가 낙하비래하지 않도록 조치하여야 한다.

② 철골부재 반입 시 시공순서가 빠른 부재는 상단부에 위치하도록 한다.

③ 구명줄 설치 시 마닐라 로프 직경 10mm를 기준하여 설치하고 작업방법을 충분히 검토하여야 한다.

④ 철골보의 두 곳을 매어 인양시킬 때 와이어로프의 내각은 60° 이하이어야 한다.

> **해설**
>
> 구명줄 설치 시 마닐라 로프직경 16mm를 기준하여 설치하고 작업방법을 충분히 검토하여야 한다.

119 해체공사 시 작업용 기계기구의 취급 안전기준에 관한 설명으로 옳지 않은 것은?

① 철제햄머와 와이어로프의 결속은 경험이 많은 사람으로서 선임된 자에 한하여 실시하도록 하여야 한다.

② 팽창제 천공간격은 콘크리트 강도에 의하여 결정되나 70 ~ 120cm 정도를 유지하도록 한다.

③ 쐐기타입으로 해체 시 천공구멍은 타입기 삽입부분의 직경과 거의 같아야 한다.

④ 화염방사기로 해체작업 시 용기 내 압력은 온도에 의해 상승하기 때문에 항상 40℃ 이하로 보존해야 한다.

> **해설**
>
> 팽창제 천공간격 : 30 ~ 70cm정도 유지

120 콘크리트 타설 시 거푸집 측압에 관한 설명으로 옳지 않은 것은?

① 기온이 높을수록 측압은 크다.

② 타설속도가 클수록 측압은 크다.

③ 슬럼프가 클수록 측압은 크다.

④ 타짐이 과할수록 측압은 크다.

> **해설**
>
> 콘크리트의 온도가 낮을수록 측압이 커진다.

2020년 제3회 필기 기출문제			수험번호	성명
자격종목 **산업안전기사**		시험시간 **3시간**	시험유형	

※ 답안카드 작성시 시험문제지 형별누락, 마킹착오로 인한 불이익은 전적으로 수험자의 귀책사유임을 알려드립니다.
** 본문제는 수검자의 생각에 의한 것으로 실제 문제와 약간 다를 수 있음.

01 안전관리론

01 산업안전보건법령상 안전 · 보건표지의 색채와 사용사례의 연결로 틀린 것은?

① 노란색 – 정지신호, 소화설비 및 그 장소, 유해행위의 금지
② 파란색 – 특정 행위의 지시 및 사실의 고지
③ 빨간색 – 화학물질 취급장소에서의 유해 · 위험 경고
④ 녹색 – 비상구 및 피난소, 사람 또는 차량의 통행표지

해설

산업안전표지의 색채 종류, 색도 기준 및 용도

색채	색도기준	용도	사용 예
빨간색	7.5R 4/14	금지	정지신호, 소화설비 및 그 장소, 유해행위의 금지
		경고	화학물질 취급 장소에서의 유해 · 위험물질 경고
노란색	5Y 8.5/12	경고	화학물질 취급 장소에서의 유해 · 위험 경고 이 외의 위험경고, 주의표지 또는 기계 방호물
파란색	2.5PB 4/10	지시	특정행위의 지시 및 사실의 고지
녹색	2.5G 4/10	안내	비상구 및 피난소, 사람 또는 차량의 통행표지
흰색	N9.5		파란색 또는 녹색에 대한 보소색
검정색	N0.5		문자 및 빨간색 또는 노란색에 대한 보조색

02 파블로프(Pavlov)의 조건반사설에 의한 학습이론의 원리가 아닌 것은?

① 일관성의 원리
② 계속성의 원리
③ 준비성의 원리
④ 강도의 원리

해설

파블로프 조건 반사설 : 시간의 원리, 강도의 원리, 일관성의 원리, 계속성의 원리

03 허즈버그(Herzberg)의 위생 – 동기이론에서 동기요인에 해당하는 것은?

① 감독　　　　　　　　　　② 안전

③ 책임감　　　　　　　　　④ 작업조건

> **해설**

허즈버그의 위생요인과 동기요인

· 위생요인 : 직무환경에 관련된 것으로 기업정책, 개인 상호간의 관계(친교), 감독형태, 임금(급료), 보수지위, 안전, 작업조건 등이 있다.

· 동기요인 : 직무내용에 관한 것으로 목표달성에 대한 성취감, 안정감, 책임감, 도전감, 성장과 발전, 작업자체 등이 있다.

04 매슬로우(Maslow)의 욕구단계 이론 중 제2단계 욕구에 해당하는 것은?

① 자아실현의 욕구　　　　　② 안전에 대한 욕구

③ 사회적 욕구　　　　　　　④ 생리적 욕구

> **해설**

Maslow의 욕구 5단계

· 1단계 : 생리적 욕구(기아, 갈증, 호흡, 배설, 성욕 등)

· 2단계 : 안전의 욕구(안전을 기하려는 욕구)

· 3단계 : 사회적 욕구(애정, 소속에 대한 욕구)

· 4단계 : 인정받으려는 욕구(자존심, 명예, 성취, 지위에 대한 욕구 : 자기존경의 욕구)

· 5단계 : 자아실현의 욕구(잠재적인 능력을 실현하고자 하는 욕구 : 성취욕구)

05 다음 중 안전모의 성능시험에 있어서 AE, ABE종에만 한하여 실시하는 시험은?

① 내관통성시험, 충격흡수성시험　② 난연성시험, 내수성시험

③ 난연성시험, 내전압성시험　　　④ 내전압성시험, 내수성시험

> **해설**

AE, ABE종 안전모의 시험항목 및 성능기준

· 내관통성시험 : 관통거리가 9.5mm 이하

· 내전압성시험 : 교류 20kV에서 1분간 절연파괴 없이 견뎌야 하고, 이때 누설되는 충전전류는 10mA 이하

· 내수성시험 : 질량증가율이 1% 미만

06 다음 중 안전교육의 기본 방향과 가장 거리가 먼 것은?

① 생산성 향상을 위한 교육　　② 사고사례중심의 안전교육
③ 안전작업을 위한 교육　　　　④ 안전의식 향상을 위한 교육

해설

안전교육의 기본방향
· 사고사례중심의 안전교육
· 안전작업을 위한 교육
· 안전의식 향상을 위한 교육

07 강도율에 관한 설명 중 틀린 것은?

① 사망 및 영구 전노동불능(신체 장해등급 1 ~ 3급)의 근로손실일수는 7,500일로 환산한다.

② 신체장해등급 중 제14급은 근로손실일수를 50일로 환산한다.

③ 영구 일부 노동불능은 신체 장해등급에 따른 근로손실일수에 $\frac{300}{365}$ 을 곱하여 환산한다.

④ 일시 전노동 불능은 휴업일수에 $\frac{300}{365}$ 을 곱하여 근로손실일수를 환산한다.

해설

근로손실일수 산정방법
· 사망 및 영구 전노동 불능 상해(신체장애 등급 : 1 ~ 3등급) : 7,500일
· 영구 일부 노동 불능 상해(신체장애 등급 : 4 ~ 14등급)

장해등급	4	5	6	7	8	9	10	11	12	13	14
손실일수	5,500	4,000	3,000	2,200	1,500	1,000	600	400	200	100	50

08 플리커 검사(Flicker Test)의 목적으로 가장 적절한 것은?

① 혈중 알코올농도 측정　　② 체내 산소량 측정
③ 작업강도 측정　　　　　　④ 피로의 정도 측정

해설

플리커 검사(Flicker Test) : 피로도 측정

09 레빈(Lewin)은 인간의 행동 특성을 다음과 같이 표현하였다. 변수 'E'가 의미하는 것은?

$$B = f \times (P \times E)$$

① 연령   ② 성격

③ 환경   ④ 지능

해설

레빈(K. Lewin)의 법칙 : Lewin은 인간의 행동(B)은 그 사람이 가진 자질 즉, 개체(P)와 심리학적 환경(E)과의 상호 함수관계에 있다고 하였다.

∴ $B = f \times (P \times E)$

여기서, 각 용어의 뜻은 다음과 같다.

· B(Behavior) : 인간의 행동
· f(Function, 함수관계) : 적성 기타 P와 E에 영향을 미칠 수 있는 조건
· P(Person, 개체) : 연령, 경험, 심신상태, 성격, 지능 등 인간의 조건
· E(Environment, 심리적 환경) : 인간관계, 작업환경 등 환경조건

10 하인리히의 재해발생 이론이 다음과 같이 표현될 때, α가 의미하는 것으로 옳은 것은?

[다음]
재해의 발생 = 설비적 결함 + 관리적 결함 + α

① 노출된 위험의 상태   ② 재해의 직접원인

③ 물적 불안전 상태   ④ 잠재된 위험의 상태

해설

재해의 발생 = 물적 불안전상태(물적결함, 설비적 결함) + 인적불안전행위(인적결함, 관리적 결함)
        + 잠재된 위험의 상태(α)

11 인간의 동작특성 중 판단과정의 착오요인이 아닌 것은?

① 합리화   ② 정서불안정

③ 작업조건불량   ④ 정보부족

해설

착오요인(대뇌의 휴먼에러)
(1) 인지과정 착오
    · 생리, 심리적 능력의 한계
    · 정보량 저장능력의 한계
    · 감각차단현상(단조로운 업무, 반복 작업 시 발생)
    · 정서불안정(공포, 불안, 불만)

(2) 판단과정 착오
- 능력부족
- 정보부족
- 자기합리화
- 환경조건의 불비
(3) 조치과정 착오

12 다음 설명의 학습지도 형태는 어떤 토의법 유형인가?

> 6 – 6회의라고도 하며, 6명씩 소집단으로 구분하고, 집단별로 각각의 사회자를 선발하여 6분간씩 자유토의를 행하여 의견을 종합하는 방법

① 포럼(Forum)
② 버즈세션(Buzz Session)
③ 케이스 메소드(Case Method)
④ 패널 디스커션(Panel Discussion)

해설

토의식의 종류
- 버즈세션(Buzz Session) : 6–6회의라고도 하며, 먼저 사회자와 기록계를 선출한 후 나머지 사람은 6명씩의 소집단으로 구분하고, 소집단별로 각각 사회자를 선발하여 6분간씩 자유토의를 행하여 의견을 종합하는 방법
- 포럼(Forum, 공개토론회) : 새로운 자료나 교재를 제시하고 거기서의 문제점을 피교육자로 하여금 제기케 하거나 의견을 여러 가지 방법으로 발표하게 하여 다시 깊이 파고들어 토의를 행하는 방법
- 심포지움(Symposium) : 몇 사람의 전문가에 의하여 과제에 관한 견해를 발표한 뒤 참가자로 하여금 의견이나 질문을 하게 하여 토의하는 방법
- Panel Discussion : 패널 멤버(교육과제에 정통한 전문가 4~5명)가 피교육자 앞에서 자유로이 노의하고 뒤에 피교육자 전원이 참가하여 사회자의 사회에 따라 토의하는 방법

13 다음 중 브레인 스토밍의 4원칙과 가장 거리가 먼 것은?

① 자유로운 비평
② 자유분방한 발언
③ 대량적인 발언
④ 타인 의견의 수정 발언

해설

브레인스토밍(BS, Brain Storming)의 4원칙
- 비평금지 : 좋다, 나쁘다고 비평하지 않는다.
- 자유분방 : 마음대로 편안히 발언한다.
- 다량방언 : 무엇이건 좋으니 많이 발언한다.
- 수정발언 : 타인의 아이디어에 수정하거나 덧붙여 말하여도 좋다.

14 다음 중 산업재해의 원인으로 간접적 원인에 해당되지 않는 것은?

① 기술적 원인　　　　　　　　　② 물적 원인

③ 관리적 원인　　　　　　　　　④ 교육적 원인

해설

직접 원인

· 인적 원인(불안전한 행동)

· 물적 원인(불안전한 상태)

15 다음 중 안전교육의 형태 중 O.J.T(On the Job of Training) 교육에 대한 설명과 가장 거리가 먼 것은?

① 다수의 근로자에게 조직적 훈련이 가능하다.

② 직장의 실정에 맞게 실제적인 훈련이 가능하다.

③ 훈련에 필요한 업무의 지속성이 유지된다.

④ 직장의 직속상사에 의한 교육이 가능하다.

해설

O.J.T와 Off.J.T의 특징

O.J.T (현장중심교육)	Off.J.T (현장 외 중심교육)
① 개개인에게 적합한 지도 훈련을 할 수 있다.	① 다수의 근로자에게 조직적 훈련이 가능하다.
② 직장의 실정에 맞는 실체적 훈련을 할 수 있다.	② 훈련에만 전념하게 된다.
③ 훈련 필요한 업무의 계속성이 끊어지지 않는다.	③ 특별설비기구를 이용할 수 있다.
④ 즉시 업무에 연결되는 관계로 신체와 관련이 있다.	④ 전문가를 강사로 초청할 수 있다.
⑤ 효과가 곧 업무에 나타나며 훈련의 좋고 나쁨에 따라 개선이 용이하다.	⑤ 각 직장의 근로자가 많은 지식이나 경험을 교류할 수 있다.
⑥ 교육을 통한 훈련 효과에 의해 상호 신뢰 이해도가 높아진다.	⑥ 교육훈련 목표에 대해서 집단적 노력이 흐트러질 수도 있다.

16 산업안전보건법령상 안전보건관리책임자 등에 대한 교육시간 기준으로 틀린 것은?

① 보건관리자, 보건관리전문기관의 종사자 보수교육 : 24시간 이상

② 안전관리자, 안전관리전문기관의 종사자 신규교육 : 34시간 이상

③ 안전보건관리책임자 보수교육 : 6시간 이상

④ 건설재해예방전문지도기관의 종사자 신규교육 : 24시간 이상

해설

안전보건관리책임자 등에 대한 교육

교육대상	교육시간	
	신규교육	보수교육
안전보건관리책임자	6시간 이상	6시간 이상
안전관리자, 안전관리전문기관의 종사자	34시간 이상	24시간 이상
보건관리자, 보건관리전문기관의 종사자	34시간 이상	24시간 이상
건설 재해 예방 전문 지도기관의 종사자	34시간 이상	24시간 이상
석면조사기관의 종사자	34시간 이상	24시간 이상
안전보건관리담당자	–	8시간 이상
안전검사기관, 자율안전검사기관의 종사자	34시간 이상	24시간 이상

17 안전점검의 종류 중 태풍, 폭우 등에 의한 침수, 지진 등의 천재지변이 발생한 경우나 이상사태 발생 시 관리자나 감독자가 기계·기구, 설비 등의 기능상 이상 유무에 대하여 점검하는 것은?

① 일상점검   ② 정기점검

③ 특별점검   ④ 수시점검

해설

안전 점검의 종류

(1) 수시점검 : 작업 전, 중, 후에 실시하는 점검

(2) 정기점검 : 일정기간마다 정기적으로 실시하는 점검

(3) 임시점검 : 이상 발견 시 임시로 실시하거나 정기점검과 정기점검 사이에 실시하는 점검

(4) 특별점검

  ① 기계·기구 및 설비의 신설·변경 및 수리 시 등 실시

  ② 천재지변 발생 후 실시

  ③ 안전강조 기간 내 실시

18 산업안전보건법령상 안전·보건표지의 종류 중 다음 표지의 명칭은? (단, 마름모 테두리는 빨간색이며, 안의 내용은 검은색이다.)

① 폭발성물질 경고   ② 산화성물질 경고
③ 부식성물질 경고   ④ 급성독성물질 경고

해설

안전표지

산화성 물질경고	폭발성 물질경고	급성독성 물질경고	부식성 물질경고
☣	☢	☠	🧪

19 재해분석도구 중 재해발생의 유형을 어골상(魚骨像)으로 분류하여 분석하는 것은?

① 파레토도   ② 특성요인도
③ 관리도   ④ 클로즈분석

해설

통계적 원인분석방법
· 파렛토도 : 사고의 유형, 기인물 등 분류항목을 큰 순서대로 도표화하여 분석하는 방법이다.
· 특성요인도 : 특성과 요인을 도표로 하여 어골상(漁骨像)으로 세분화한다.
· 크로스 분석 : 데이터를 집계하고 표로 표시하여 요인별 결과내역을 교차한 크로스 그림을 작성하여 분석한다. (2개 이상의 문제 관계를 분석하는데 이용)
· 관리도 : 재해 발생 건수 등의 추이를 파악하고 목표관리를 행하는데 필요한 월별 재해발생수를 그래프화하여 관리선을 설정·관리하는 방법이다.

20 다음 중 재해예방의 4원칙과 관련이 가장 적은 것은?

① 모든 재해의 발생 원인은 우연적인 상황에서 발생한다.

② 재해손실은 사고가 발생할 때 사고 대상의 조건에 따라 달라진다.

③ 재해예방을 위한 가능한 안전대책은 반드시 존재한다.

④ 재해는 원칙적으로 원인만 제거되면 예방이 가능하다.

> **해설**
>
> 재해예방의 4원칙
> - 손실우연의 원칙 : 재해손실은 사고발생시 사고 대상의 조건에 따라 달라지므로 사고의 결과로서 생긴 재해손실은 우연성에 의해 결정된다.
> - 원인계기의 원칙 : 사고와 원인관계는 필연적으로, 재해발생은 반드시 원인이 있다.
> - 예방가능의 원칙 : 재해는 원칙적으로 원인만 제거되면 예방이 가능하다.
> - 대책선정의 원칙 : 재해예방을 위한 안전대책은 반드시 존재한다.

02 인간공학 및 시스템안전공학

21 화학설비의 안정성 평가에서 정량적 평가의 항목에 해당되지 않는 것은?

① 훈련 ② 조작

③ 취급물질 ④ 화학설비용량

> **해설**
>
> 정량적 평가 5항목
> - 취급물질 · 용량
> - 온도 · 압력
> - 조작

22 Sanders와 McCormick의 의자 설계의 일반적인 원칙으로 옳지 않은 것은?

① 요부 후만을 유지한다. ② 조정이 용이해야 한다.

③ 등근육의 정적부하를 줄인다. ④ 디스크가 받는 압력을 줄인다.

> **해설**
>
> 의자설계의 일반적 원칙(Sander와 McCormick)
> - 요추의 전만곡선을 유지한다.
> - 조정이 용이해야 한다.
> - 등근육의 정적부하를 줄인다.
> - 디스크(추간판)가 받는 압력을 줄인다.
> - 자세고정을 줄인다.

23 HAZOP 기법에서 사용하는 가이드 워드와 의미가 잘못 연결된 것은?

① No/Not – 설계 의도의 완전한 부정

② More/Less – 정량적인 증가 또는 감소

③ Part of – 성질상의 감소

④ Other than – 기타 환경적인 요인

해설

HAZOP에서 사용하는 용어(Guide Words, 유인어)

· No 또는 Not : 설계의도의 완전한 부정

· More 또는 Less : 양(압력, 반응, Flow Fate, 온도 등)의 증가 또는 감소

· As well As : 성질상의 증가(설계의도와 운전조건이 어떤 부가적인 행위와 함께 일어남)

· Part of : 일부변경, 성질상의 감소(어떤 의도는 성취되나 어떤 의도는 성취되지 않음)

· Reverse : 설계의도의 논리적인 역

· Other than : 완전한 대체(통상 운전과 다르게 되는 상태)

24 후각적 표시장치(Olfactory Display)와 관련된 내용으로 옳지 않은 것은?

① 냄새의 확산을 제어할 수 없다.

② 시각적 표시장치에 비해 널리 사용되지 않는다.

③ 냄새에 대한 민감도의 개별적 차이가 존재한다.

④ 경보 장치로서 실용성이 없기 때문에 사용되지 않는다.

해설

후각적 표시장치는 경보장치로서 실용성이 있기 때문에 유용하게 사용된다. 예를 들어 도시가스 중에 부취제(냄새나는 물질)를 첨가하여 가스누출을 검출하고 점멸등으로 경계경보를 나타낸다.

25 직무에 대하여 청각적 자극 제시에 대한 음성 응답을 하도록 할 때 가장 관련 있는 양립성은?

① 공간적 양립성

② 양식 양립성

③ 운동 양립성

④ 개념적 양립성

해설

양립성(Compatibility)

(1) 양립성 : 정보입력 및 처리와 관련한 양립성은 인간의 기대와 모순되지 않는 자극들 간의, 반응들 간의 또는 자극반응 조합의 관계를 말하는 것이다.

(2) 양립성의 종류

① 공간적 양립성 : 표시장치와 조정 장치에서 물리적 형태나 공간적인 배치의 양립성

② 운동 양립성 : 표시 및 조정장치, 체계반응에 대한 운동방향의 양립성

③ 개념적 양립성 : 사람들이 가지고 있는 개념적 연상(어떤 암호체계에서 청색이 정상을 나타내듯이)의 양립성

④ 양식 양립성 : 직무 시 알맞은 자극과 응답방식에 대한 양립성

26 NIOSH lifting guideline에서 권장무게한계(RWL) 산출에 사용되는 계수가 아닌 것은?

① 휴식 계수 　　　　　　　② 수평 계수

③ 수직 계수 　　　　　　　④ 비대칭 계수

해설

권장중량한계(RWL ; Recommended Weight Limit)

(1) RWL의 정의 : 건강한 작업자가 요통의 위험 없이 최대 8시간 작업시간동안 들기 작업을 할 수 있는 취급물 중량의 한계값을 말한다. (RWL은 신체의 비틀림 정도, 손잡이상태, 취급중량과 중량물의 취급위치 등 여러요인을 반영함)

(2) RWL의 공식

　① RWL(kg) = LC × HM × VM × DM × AM × FM × CM

　② 공식의 계수내용

계수기호	계수내용
LC	중량상수(부하상수)
HM	수평계수
VM	수직계수
DM	(물체이동)거리계수
AM	비대칭각도계수
FM	(작업)빈도계수
CM	커플링계수(결합계수)

27 컴퓨터 스크린 상에 있는 버튼을 선택하기 위해 커서를 이동시키는데 걸리는 시간을 예측하는 데 가장 적합한 법칙은?

① Fitts의 법칙 　　　　　　② Lewin의 법칙

③ Hick의 법칙 　　　　　　④ Weber의 법칙

해설

Fitts의 법칙

(1) 난이도 지수(ID)와 동작시간 또는 이동시간(MT ; 제어장치의 버튼을 누르기 위해 손가락이 움직이는 시간)의 관계식

MT = a + b · ID (여기서, 난이도지수$(ID) = \log_2(\frac{2A}{W})$)

$$\therefore MT = a + b \times \log_2\left(\frac{2A}{W}\right)$$

(2) Fitts Law의 의미

　① 난이도 지수(ID)는 로그 함수이다.

　② 동작시간(MT)은 버튼의 너비(W)와 반비례한다.

　③ 동작시간(MT)은 움직인 거리(A)에 비례한다(손가락이 움직이는 거리가 길수록 동작시간은 길어진다)

　④ 난이도지수(ID)가 같다면 버튼의 너비와 이동거리가 달라도 이동시간(동작시간)은 같다.

28 THERP(Technique for Human Error Rate Prediction)의 특징에 대한 설명으로 옳은 것을 모두 고른 것은?

> [보기]
> ㉠ 인간 – 기계 계(System)에서 여러 가지의 인간의 에러와 이에 의해 발생할 수 있는 위험성의 예측과 개선을 위한 기법
> ㉡ 인간의 과오를 정성적으로 평가하기 위하여 개발된 기법
> ㉢ 가지처럼 갈라지는 형태의 논리구조와 나무 형태의 그래프를 이용

① ㉠, ㉡   ② ㉠, ㉢
③ ㉡, ㉢   ④ ㉠, ㉡, ㉢

해설

THERP(Technique of Human Error Rate Prediction)
· THERP(인간과오율 예측기법) : 인간의 과오를 정량적으로 평가하기 위한 안전해석 기법이다.
· 인간과오의 분류 시스템과 그 확률을 계산함으로서 원래 제품의 결함을 감소시키고 사고의 원인 가운데 인간의 과오에 기인한 근원에 대한 분석 및 안전 공학적 대책수립에 사용하는 안전해석 기법이다.

29 인간 에러(Human Error)에 관한 설명으로 틀린 것은?

① Omission Error : 필요한 작업 또는 절차를 수행하지 않는데 기인한 에러
② Commission Error : 필요한 작업 또는 절차의 수행지연으로 인한 에러
③ Extraneous Error : 불필요한 작업 또는 절차를 수행함으로써 기인한 에러
④ Sequential Error : 필요한 작업 또는 절차의 순서 착오로 인한 에러

해설

심리적 분류(Swain)
· Omission Error(생략 에러) : 필요 절차를 제대로 수행하지 않아 발생한 에러
· Time Error(시간 에러) : 필요 절차의 수행 지연에 따른 에러
· Commission Error(수행 에러) : 필요 절차의 불확실한 수행에 따른 에러
· Sequential Error(순서 에러) : 필요 절차의 순서 착오에 따른 에러
· Extraneous Error(불필요한 에러) : 불필요한 절차를 수행함으로써 발생한 에러

30 눈과 물체의 거리가 23cm, 시선과 직각으로 측정한 물체의 크기가 0.03cm일 때 시각(분)은 얼마인가? (단, 시각은 600 이하이며, Radian 단위를 분으로 환산하기 위한 상수값은 57.3과 60을 모두 적용하여 계산하도록 한다.)

① 0.001 ② 0.007

③ 4.48 ④ 24.55

> **해설**
>
> 시각(VA ; 분)
>
> $$VA = 57.3 \times 60 \times \frac{H}{D} = 57.3 \times 60 \times \frac{0.03}{23} = 4.48\text{min}$$

31 산업안전보건기준에 관한 규칙상 "강렬한 소음 작업"에 해당하는 기준은?

① 85데시벨 이상의 소음이 1일 4시간 이상 발생하는 작업

② 85데시벨 이상의 소음이 1일 8시간 이상 발생하는 작업

③ 90데시벨 이상의 소음이 1일 4시간 이상 발생하는 작업

④ 90데시벨 이상의 소음이 1일 8시간 이상 발생하는 작업

> **해설**
>
> 강렬한 소음작업
> - 90데시벨 이상의 소음이 1일 8시간 이상 발생하는 작업
> - 95데시벨 이상의 소음이 1일 4시간 이상 발생하는 작업
> - 100데시벨 이상의 소음이 1일 2시간 이상 발생하는 작업
> - 105데시벨 이상의 소음이 1일 1시간 이상 발생하는 작업
> - 110데시벨 이상의 소음이 1일 30분 이상 발생하는 작업
> - 115데시벨 이상의 수음이 1일 15분 이상 발생하는 작업

32 그림과 같이 FTA로 분석된 시스템에서 현재 모든 기본사상에 대한 부품이 고장난 상태이다. 부품 X_1부터 부품 X_5까지 순서대로 복구한다면 어느 부품을 수리 완료하는 시점에서 시스템이 정상가동 되는가?

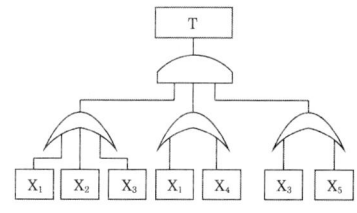

① 부품 X_2 ② 부품 X_3

③ 부품 X_4 ④ 부품 X_5

> **해설**
>
> 시스템이 정상가동 하기 위해서는 T가 발생되지 않아야 하며, FT도 가장 하위에 있는 부품 X_1, X_2, X_3의 수리가 완료되면 T가 발생되지 않게 되므로 정상가동이 가능하게 된다.

33 인간이 기계보다 우수한 기능으로 옳지 않은 것은? (단, 인공지능은 제외한다.)

① 암호화된 정보를 신속하게 대량으로 보관할 수 있다.

② 관찰을 통해서 일반화하여 귀납적으로 추리한다.

③ 항공사진의 피사체나 말소리처럼 상황에 따라 변화하는 복잡한 자극의 형태를 식별할 수 있다.

④ 수신 상태가 나쁜 음극선관에 나타나는 영상과 같이 배경 잡음이 심한 경우에도 신호를 인지할 수 있다.

해설

인간과 기계의 상대적 재능

인간이 우수한 기능	기계가 우수한 기능
① 저 에너지 자극(시각, 청각, 후각 등)감지	① 인간 감지범위 밖의 자극(X선, 초음파 등)감지
② 복잡 다양한 자극 형태 식별	② 인간 및 기계에 대한 모니터 기능
③ 예기치 못한 사건 감지(예감, 느낌)	③ 드물게 발생하는 사상 감지
④ 다량정보를 오래 보관	④ 암호화된 정보를 신속하게 대량보관
⑤ 귀납적 추리	⑤ 연역적 추리
⑥ 과부하 상황에서는 중요한 일에만 전념	⑥ 과부하시 효율적으로 작동
⑦ 임기응변, 융통성, 원칙적용, 주관적 추산, 독창력 발휘 등의 기능	⑦ 정량적 정보처리, 장시간 중량작업, 반복 작업, 동시에 여러 가지 작업수행

34 그림과 같이 신뢰도 95%인 펌프 A가 각각 신뢰도 90%인 밸브 B와 밸브 C의 병렬밸브계와 직렬계를 이룬 시스템의 실패확률은 약 얼마인가?

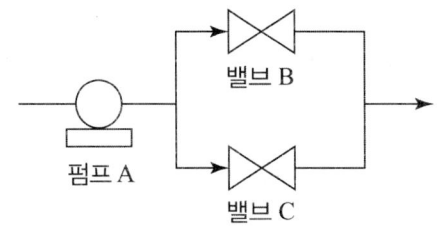

① 0.0091

② 0.0595

③ 0.9405

④ 0.9811

해설

(1) 신뢰도(R) = A × [1 − (1 − B)(1 − C)]

　　R = 0.95 × [1 − (1 − 0.9)(1 − 0.9) = 0.9405

(2) 불신뢰도(F) = 1 − R = 1 − 0.9405 = 0.0595

35 다음은 유해위험방지계획서의 제출에 관한 설명이다. ( ) 안의 들어갈 내용으로 옳은 것은?

> [다음]
> 산업안전보건법령상 "대통령령으로 정하는 사업의 종류 및 규모에 해당하는 사업으로서 해당 제품의 생산 공정과 직접적으로 관련된 건설물·기계·기구 및 설비 등 일체를 설치·이전하거나 그 주요 구조부분을 변경하려는 경우"에 해당하는 사업주는 유해위험방지 계획서에 관련 서류를 첨부하여 해당 작업 시작 (㉠)까지 공단에 (㉡)부를 제출하여야 한다.

① ㉠ : 7일 전, ㉡ : 2   ② ㉠ : 7일 전, ㉡ : 4
③ ㉠ : 15일 전, ㉡ : 2   ④ ㉠ : 15일 전, ㉡ : 4

해설
· 제조업 등 유해·위험방지계획서 제출시기 : 관련서류 첨부하여 해당 작업 시작 15일전까지 공단에 2부 제출
· 건설공사 유해·위험방지계획서 제출시기 : 관련 서류 첨부하여 해당공사 착공 전날까지 공단에 2부 제출

36 FTA에서 사용되는 최소 컷셋에 관한 설명으로 옳지 않은 것은?
① 일반적으로 Fussell Algorithm을 이용한다.
② 정상사상(Top Event)을 일으키는 최소한의 집합이다.
③ 반복되는 사건이 많은 경우 Limnios와 Ziani Algorithm을 이용하는 것이 유리하다.
④ 시스템에 고장이 발생하지 않도록 하는 모든 사상의 집합이다.

해설
시스템에 고장이 발생하도록 하는 최소사상의 집합이다.

37 인간공학을 기업에 적용할 때의 기대효과로 볼 수 없는 것은?
① 노사 간의 신뢰 저하   ② 작업손실시간의 감소
③ 제품과 작업의 질 향상   ④ 작업자의 건강 및 안전 향상

해설
인간공학의 기대효과(기여도)
· 작업손실시간의 감소
· 제품과 작업의 질 향상
· 작업자의 건강 및 안전 향상
· 성능향상 및 훈련비용의 절감
· 인력이용률의 향상 및 사용자의 수용도 향상
· 생산 및 정비유지의 경제성 증대
· 사고 및 오용으로부터의 손실 감소

38 차폐효과에 대한 설명으로 옳지 않은 것은?

① 차폐음과 배음의 주파수가 가까울 때 차폐효과가 크다.

② 헤어드라이어 소음 때문에 전화 음을 듣지 못한 것과 관련이 있다.

③ 유의적 신호와 배경 소음의 차이를 신호/소음(S/N) 비로 나타낸다.

④ 차폐효과는 어느 한 음 때문에 다른 음에 대한 감도가 증가되는 현상이다.

해설

차폐효과(은폐효과 ; Masking)

(1) 하나의 소리가 다른 소리의 판별에 방해를 주는 현상

(2) 어떤 소리가 동시에 들리는 경우 다른 소리를 들을 수 있는 능력을 감소시키는 현상(음의 한 성분이 다른 성분에 대한 귀의 감수성을 감소시키는 상황)

(3) 차폐 또는 은폐의 원리

① 소리가 들리는 최소한의 음강도는 차폐음보다 15dB 이상이어야 한다.

② 차폐효과가 가장 큰 것은 차폐음과 배음(Harmonic Overtone)의 주파수가 가까울 때이다.

③ 차폐되는 소리의 음계주파수대 주변에 있는 소리들에 의해 가장 많이 차폐된다.

④ 차폐음의 세기가 작을 때(20 ~ 40dB)는 차폐효과가 그 차폐음 부근의 주파수에 한정되며 차폐음의 세기가 클 때(60 ~ 100dB)는 차폐효과가 보다 높은 주파수로 확대된다.

39 설비의 고장과 같이 발생확률이 낮은 사건의 특정시간 또는 구간에서의 발생횟수를 측정하는데 가장 적합한 확률분포는?

① 이항분포(Binomial Distribution) ② 푸아송분포(Poisson Distribution)

③ 와이블분포(Weibull Distribution) ④ 지수분포(Exponential Distribution)

해설

푸아송분포(Poisson Distribution)

(1) 푸아송분포 : 시간적 또는 공간적으로 발생빈도가 낮은 사건의 횟수를 측정하는데 적합한 확률분포이다.

(2) 푸아송분포의 적용조건

① 서로 겹치지 않는 시간이나 공간에서 발생하는 사건의 수가 독립적이어야 한다.

② 아주 작은 시간이나 공간에 둘 또는 그 이상의 사건이 일어날 확률이 극히 작아야 한다.

③ 단위시간이나 공간에서 사건의 평균출현횟수는 일정하고, 시간 또는 공간에 따라 변하지 않아야 한다.

40 그림과 같은 FT도에서 $F_1 = 0.015$, $F_2 = 0.02$, $F_3 = 0.05$이면, 정상사상 T가 발생할 확률은 약 얼마인가?

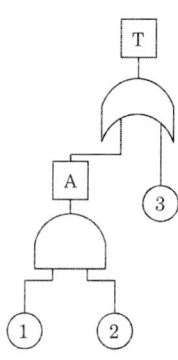

① 0.0002

② 0.0283

③ 0.0503

④ 0.9500

해설

$T = 1 - (1 - A)(1 - ③) = 1 - (1 - (① \times ②))(1 - ③)$
$= 1 - (1 - (0.015 \times 0.02)) \times (1 - 0.05) = 0.0503$

03 기계위험방지기술

41 산업안전보건법령상 형삭기(Slotter, Shaper)의 주요 구조부로 가장 거리가 먼 것은? (단, 수치제어식은 제외)

① 공구대

② 공작물 테이블

③ 램

④ 아버

해설

형삭기의 주요 구조부
· 공작물 테이블
· 공구대
· 램
· 공구공급장치(수치제어식으로 한정함)

42 둥근톱기계의 방호장치 중 반발예방장치의 종류로 틀린 것은?

① 분할날
② 반발방지 기구(Finger)
③ 보조 안내판
④ 안전덮개

해설

둥근톱기계의 반발예방장치
• 분할날 : 가공재가 톱날에 끼지 않도록 후면 톱날에 설치하는 방호장치
• 반발방지기구(Finger) : 목재 송급쪽에 설치하여 가공재의 반발을 방지하는 방호장치
• 반발방지롤러 : 가공재가 톱의 후면날 쪽에서 떠오르는 것을 방지하는 방호장치
• 보조안내판 : 가공재의 반발방지를 목적으로 사용하는 보조도구

43 크레인의 사용 중 하중이 정격을 초과하였을 때 자동적으로 상승이 정지되는 장치는?

① 해지장치
② 이탈방지장치
③ 아웃트리거
④ 과부하방지장치

해설

크레인의 방호장치
• 해지장치 : 훅걸이용 와이어로프 등이 훅으로부터 벗겨지는 것을 방지하기 위한 장치
• 비상정지장치 : 비상시에 즉시 정지할 수 있는 장치
• 권과방지장치 : 운반구의 이탈 등의 위험방지를 위해 권상용와이어로프 등의 권과를 방지하는 장치
• 과부하방지장치 : 정격하중 이상의 하중 부하시 자동으로 상승정지되면서 경보음·경보 등을 발생하는 장치

44 산업안전보건법령상 아세틸렌 용접장치를 사용하여 금속의 용접·용단 또는 가열작업을 하는 경우 게이지 압력은 얼마를 초과하는 압력의 아세틸렌을 발생시켜 사용하면 안되는가?

① 98kPa
② 127kPa
③ 147kPa
④ 196kPa

해설

압력의 제한 : 아세틸렌 용접장치는 게이지 압력이 127kPa을 초과하는 압력의 아세틸렌을 발생시켜 사용하지 않도록 할 것

45 산업안전보건법령상 컨베이어를 사용하여 작업을 할 때 작업시작 전 점검사항으로 가장 거리가 먼 것은?

① 원동기 및 풀리(Pulley) 기능의 이상 유무
② 이탈 등의 방지장치 기능의 이상 유무
③ 유압장치의 기능의 이상 유무
④ 비상정지장치 기능의 이상 유무

해설

컨베이어의 작업시간 전 점검사항
· 원동기 및 풀리 기능의 이상 유무
· 이탈 등의 방지장치 기능의 이상 유무
· 비상정지장치 기능의 이상 유무
· 원동기 · 회전축 · 기어 및 풀리 등의 덮개 또는 울 등의 이상 유무

46 선반 작업 시 안전수칙으로 가장 적절하지 않은 것은?

① 기계에 주유 및 청소 시 반드시 기계를 정지시키고 한다.
② 칩 제거 시 브러시를 사용한다.
③ 바이트에는 칩 브레이커를 설치한다.
④ 선반의 바이트에는 끝을 길게 장치한다.

해설

선반 작업 시 안전작업수칙
· 공작물의 길이가 직경의 12배 이상으로 가늘고 길 때는 방진구(공작물의 고정에 사용)를 사용하여 진동을 막을 것
· 보링작업 중 구멍 속에 손가락을 넣지 않을 것
· 칩이나 부스러기를 제거할 때는 반드시 브러시를 사용할 것
· 작업 중 장갑을 끼지 않을 것
· 시동 전에 심압대가 잘 죄어져 있는가를 확인할 것
· 선반기계를 정지시켜야 할 경우
　① 치수를 측정할 경우
　② 백기어(Back Gear)를 넣거나 풀 경우
　③ 주축을 변속할 경우
　④ 기계에 주유 및 청소를 할 경우
· 바이트는 가급적 짧게 설치하여 진동이나 휨을 막을 것
· 회전부분에 손을 대지 말 것
· 선반의 베드위에 공구를 놓지 말 것
· 일감의 센터구멍과 센터는 반드시 일치시킬 것

47 산업안전보건법령상 보일러의 과열을 방지하기 위하여 최고사용압력과 상용압력 사이에서 보일러의 버너 연소를 차단하여 정상 압력으로 유도하는 방호장치로 가장 적절한 것은?

① 압력방출장치
② 고저수위조절장치
③ 언로우드밸브
④ 압력제한스위치

해설

보일러의 방호장치의 종류
· 압력방출장치
　① 보일러의 안전한 가동을 위하여 압력방출장치를 1개 또는 2개 이상 설치하고 최고사용압력(설계압력 또는 최고허용압력) 이하에서 작동되도록 하여야 한다.
　② 압력방출장치를 2개 이상 설치할 경우에는 최고사용압력 이하에서 1개가 작동되고 다른 1개는 최고사용압력의 1.05배 이하에서 작동되도록 부착하여야 한다.
　③ 압력방출장치는 1년에 1회 이상 교정을 받은 압력계를 이용하여 설정압력에서 압력방출장치가 적정하게 작동하는지를 검사한 후 납(Pb)으로 봉인하여 사용하여야 한다.
· 압력제한스위치 : 보일러의 과열방지를 위하여 최고사용압력과 상용압력 사이에서 보일러의 버너연소를 차단할 수 있도록 압력제한 스위치를 부착하여 사용하여야 한다.
· 고저수위조절장치 : 고저수위조절장치는 작업자가 동작 상태를 쉽게 감시할 수 있도록 고저수위 지점을 알리는 경보등, 경보음장치 등을 설치하여야 하며, 자동적으로 급수 또는 단수되도록 설치하여야 한다.

48 산업안전보건법령상 프레스 및 전단기에서 안전 블록을 사용해야 하는 작업으로 가장 거리가 먼 것은?

① 금형 가공작업
② 금형 해체작업
③ 금형 부착작업
④ 금형 조정작업

해설

금형조정 작업의 위험방지 : 프레스 등의 금형을 부착·해체 또는 조정 작업을 할 때에 근로자의 신체가 위험한계 내에 있는 경우 슬라이드가 갑자기 작동함으로써 발생할 수 있는 위험을 방지하기 위해 [안전블록]을 사용하는 등 조치를 할 것

49 롤러기의 가드와 위험점간의 거리가 100mm일 경우 ILO규정에 의한 가드 개구부의 안전간격은?

① 11mm
② 21mm
③ 26mm
④ 31mm

해설

롤러 가드의 개구부 간격(Y)
$Y = 6 + 0.15X = 6 + 0.15 \times 100 = 21mm$
여기서, X : 가드와 위험점 간의 거리(mm)

50 프레스 작동 후 슬라이드가 하사점에 도달할 때까지의 소요시간이 0.5sec 일 때 양수기동식 방호장치의 안전거리는 최소 얼마인가?

① 200mm
② 400mm
③ 600mm
④ 800mm

해설

양수기동식 방호장치의 안전거리(D_m)

D_m = 160 × 0.5 = 80cm = 800mm

51 연삭기의 안전작업수칙에 대한 설명 중 가장 거리가 먼 것은?

① 숫돌의 정면에 서서 숫돌 원주면을 사용한다.
② 숫돌 교체 시 3분 이상 시운전을 한다.
③ 숫돌의 회전은 최고 사용 원주속도를 초과하여 사용하지 않는다.
④ 연삭숫돌에 충격을 가하지 않는다.

해설

연삭기 작업시의 안전작업수칙

· 작업시작 전에 1분 이상 시운전하고, 숫돌 교체 시에는 3분 이상 시운전할 것
· 연삭숫돌의 최고 사용 원주 속도(회전 속도)를 초과하여 사용하지 말 것
· 숫돌차의 정면에 서지 말고 측면으로 비켜서서 작업할 것

52 지게차의 포크에 적재된 화물이 마스트 후방으로 낙하함으로서 근로자에게 미치는 위험을 방지하기 위하여 설치하는 것은?

① 헤드가드
② 백레스트
③ 낙하방지장치
④ 과부하방지장치

해설

백레스트(Back Rest)

· 지게차 포크의 화물, 뒤쪽을 받쳐주는 장치
· 포크에 적재된 화물이 마스트 후방으로 낙하하는 위험을 방지하기 위해 설치하는 장치

53 산업안전보건법령상 산업용 로봇의 작업 시작 전 점검 사항으로 가장 거리가 먼 것은?

① 외부 전선의 피복 또는 외장의 손상 유무
② 압력방출장치의 이상 유무
③ 매니퓰레이터 작동 이상 유무
④ 제동장치 및 비상정지 장치의 기능

해설

로봇의 교시 등의 작업 시 작업시작 전 점검사항
· 외부전선의 피복 또는 외장의 손상유무
· 매니퓰레이터(Manipulator) 작동의 이상 유무
· 제동장치 및 비상정지장치의 기능

54 산업안전보건법령상 산업용 로봇으로 인하여 근로자에게 발생할 수 있는 부상 등의 위험이 있는 경우 위험을 방지하기 위하여 울타리를 설치할 때 높이는 최소 몇 m 이상으로 해야 하는가? (단, 산업표준화법 및 국제적으로 통용되는 안전기준은 제외한다.)

① 1.8
② 2.1
③ 2.4
④ 1.2

해설

로봇의 운전으로 인해 근로자가 로봇에 부딪칠 위험이 있을 때에는 1.8m 이상의 울타리를 설치하여야 한다.

55 인간이 기계 등의 취급을 잘못해도 그것이 바로 사고나 재해와 연결되는 일이 없도록 하는 기능을 의미하는 것은?

① Fail Safe
② Fail Active
③ Fail Operational
④ Fool Proof

해설

· 페일세이프(Fail Safe) : 인간이나 기계 등에 과오나 동작상의 실수가 있더라도 사고·재해를 발생시키지 않도록 철저하게 2중, 3중으로 통제를 가하는 것을 말한다.
· 풀프루프(Fool Proof) : 인간이 기계 등의 취급을 잘못해도 그것이 바로 사고로 연결되는 일이 없도록 하는 기능을 말한다.

56 산업안전보건법령상 양중기를 사용하여 작업하는 운전자 또는 작업자가 보기 쉬운 곳에 해당 양중기에 대해 표시하여야 할 내용으로 가장 거리가 먼 것은? (단, 승강기는 제외한다.)

① 정격 하중
② 운전 속도
③ 경고 표시
④ 최대 인양 높이

> **해설**
>
> 정격하중 등의 표시 : 양중기(승강기는 제외)를 사용하여 작업하는 운전자 또는 작업자가 보기 쉬운 곳에 표시하여야 할 사항은 다음과 같다
> · 정격하중
> · 운전속도
> · 경고표시

57 롤러기의 급정지장치에 관한 설명으로 가장 적절하지 않은 것은?

① 복부 조작식은 조작부 중심점을 기준으로 밑면으로부터 1.2 ~ 1.4m 이내의 높이로 설치한다.
② 손 조작식은 조작부 중심점을 기준으로 밑면으로부터 1.8m 이내의 높이로 설치한다.
③ 급정지장치의 조작부에 사용하는 줄은 사용 중에 늘어져서는 안 된다.
④ 급정지장치의 조작부에 사용하는 줄은 충분한 인장강도를 가져야 한다.

> **해설**
>
> 롤러기의 급정지장치의 종류별 설치위치
>
> | 급정지 장치 조작부의 종류 | 설치 위치 |
> |---|---|
> | 손조작 로프식 | 밑면에서 1.8m 이내 |
> | 복부 조작식 | 밑면에서 0.8m 이상 1.1m 이내 |
> | 무릎 조작식 | 밑면에서 0.6m 이내 |

58 다음 중 비파괴검사법으로 틀린 것은?

① 인장검사
② 자기탐상검사
③ 초음파탐상검사
④ 침투탐상검사

> **해설**
>
> 비파괴 검사의 종류
> · 육안검사
> · 초음파검사
> · 방사선투과검사
> · 탐상검사(자분탐상검사, 침투탐상검사, 와류탐상검사)
> · 누설검사
> · 음향검사
> · 침투검사

정답 56 ④ 57 ① 58 ①   2020 산업안전기사 필기 | **533**

59 다음 중 기계설비에서 반대로 회전하는 두 개의 회전체가 맞닿는 사이에 발생하는 위험점으로 가장 적절한 것은?

① 물림점 　　　　　　　② 협착점
③ 끼임점 　　　　　　　④ 절단점

해설
기계설비의 위험점(작업점)의 분류
· 협착점(Squeeze point) : 고정부와 왕복운동을 하는 운동부 사이에 형성되는 위험점
　(예 : 프레스, 성형기, 절곡기 등)
· 끼임점(Shear point) : 고정부와 회전 또는 직선운동과 함께 형성하는 부분 사이에 형성되는 위험점
　(예 : 연삭숫돌과 작업대, 반복 동작되는 링크기구, 교반기의 구반날개와 몸체사이)
· 절단점(Cutting point) : 회전하는 운동부분 자체와 운동하는 기계자체에 위험이 형성되는 점
　(예 : 둥근톱날, 띠톱기계의 날 밀링커터 등)
· 물림점(Nip point) : 회전하는 두 개의 회전체에 물려 들어갈 위험성이 형성되는 점
　(예 : 롤러, 기어와 피니언 등)
· 접선물림점(Tangential nip point) : 회전하는 부분이 접선방향에서 만들어지는 위험점
　(예 : 벨트와 풀리, 체인과 스프라켓, 랙과 피니언 등)
· 회전말림점(Trapping point) : 크기, 길이, 속도가 다른 회전운동에 의한 위험점으로 회전하는 부분에 돌기 등이 돌출되어 작업복 등이 말리는 위험점(예 : 회전축, 드릴축, 커플링 등)

60 다음 중 기계 설비의 안전조건에서 안전화의 종류로 가장 거리가 먼 것은?

① 재질의 안전화 　　　　② 작업의 안전화
③ 기능의 안전화 　　　　④ 외형의 안전화

해설
기계설비의 안전조건(안전화의 종류)
· 외형의 안전화
· 작업의 안전화
· 작업점의 안전화
· 기능의 안전화
· 구조의 안전화
· 보전작업의 안전화
· 표준화를 통한 안전화
· 법 규제를 통한 안전화

04 전기위험방지기술

61 300A의 전류가 흐르는 저압 가공전선로의 1선에서 허용 가능한 누설전류(mA)는?

① 600 　　　　　　　　　　② 450

③ 300 　　　　　　　　　　④ 150

> **해설**
>
> 누설전류 $= 공급전류 \times \dfrac{1}{2,000} = 300A \times \dfrac{1}{2,000} = 0.15A = 150mA$

62 전기설비의 방폭구조의 종류가 아닌 것은?

① 근본 방폭구조 　　　　　② 압력 방폭구조

③ 안전증 방폭구조 　　　　④ 본질안전 방폭구조

> **해설**
>
> 방폭 구조의 종류
> · 내압 방폭 구조
> · 압력 방폭 구조
> · 유입 방폭 구조
> · 안전증 방폭 구조
> · 본질안전 방폭 구조
> · 특수 방폭 구조

63 전로에 시설하는 기계기구의 금속제 외함에 접지공사를 하지 않아도 되는 경우로 틀린 것은?

① 저압용의 기계·기구를 건조한 목재의 마루 위에서 취급하도록 시설한 경우

② 외함 주위에 적당한 절연대를 설치한 경우

③ 교류 대지 전압이 300V 이하인 기계·기구를 건조한 곳에 시설한 경우

④ 전기용품 및 생활용품 안전관리법의 적용을 받는 2중 절연구조로 되어 있는 기계·기구를 시설하는 경우

> **해설**
>
> 교류대지전압이 150V이하인 기계·기구를 건조한 곳에 시설하는 경우

64 다음 중 정전기의 발생 현상에 포함되지 않는 것은?

① 파괴에 의한 발생　　　　② 분출에 의한 발생

③ 전도 대전　　　　　　　　④ 유동에 의한 대전

> **해설**
>
> 정전기의 발생현상(정전기 대전현상)
>
> - 마찰대전 : 물체가 마찰을 일으킬 때 마찰에 의해서 접촉위치가 이동하며 전하 분리 및 재배열이 일어나서 정전기가 발생하는 현상이다.
> - 유동대전 : 액체류가 파이프 등을 통해서 유동할 때 관벽과 액체사이에 정전기가 발생하는 현상이다.
> - 박리대전 : 서로 밀착해 있던 물체가 박리되었을 때 전하분리가 일어나서 정전기가 발생하는 현상이다.
> - 분출대전 : 기체, 액체, 분체류 등이 단면적이 작은 분출구를 통과할 때 마찰에 의해서 정전기가 발생하는 현상이다.
> - 충돌대전 : 분체류와 같은 입자끼리 또는 입자와 고체와의 충돌에 의해서 급속한 분리, 접촉이 행해지기 때문에 정전기가 발생하는 현상이다.
> - 파괴대전 : 물체가 파괴될 때 정전기가 발생하는 현상이다.
> - 비말대전 : 공간에 분출한 액체류가 가늘게 비산해서 분리되는 과정에 정전기가 발생하는 현상이다.
> - 진동대전(교반대전) : 액체를 교반할 때 정전기가 발생하는 현상이다.

65 방폭전기기기에 "Ex ia IIC T$_4$ Ga"라고 표시되어 있다. 해당 기기에 대한 설명으로 틀린 것은?

① 정상 작동, 예상된 오작동 또는 드문 오작동 중에 점화원이 될 수 없는 "매우 높은" 보호등급의 기기이다.

② 온도 등급이 T$_4$이므로 최고표면온도가 150℃를 초과해서는 안된다.

③ 본질안전 방폭구조로 0종 장소에서 사용이 가능하다.

④ 수소 및 아세틸렌 등의 가스가 존재하는 곳에 사용이 가능하다.

> **해설**
>
> 온도등급이 T$_4$이므로 최고표면온도가 100℃초과 135℃ 이하이어야 한다.

66 Dalziel에 의하여 동물실험을 통해 얻어진 전류값을 인체에 적용했을 때 심실세동을 일으키는 전기에너지(J)는 약 얼마인가?(단, 인체 전기저항은 500Ω으로 보며, 흐르는 전류 $I = \dfrac{165}{\sqrt{T}}$ mA로 한다.)

① 9.8　　　　　　　　　　② 13.6

③ 19.6　　　　　　　　　 ④ 27

> **해설**
>
> 심실 세동을 일으키는 전기에너지(W)
>
> $$W = I^2 RT = \left(\frac{165}{\sqrt{T}} \times 10^{-3} \right)^2 \times 500 \times T = 13.6 J$$

67 정전기로 인한 화재 및 폭발을 방지하기 위하여 조치가 필요한 설비가 아닌 것은?

① 드라이클리닝 설비
② 위험물 건조설비
③ 화약류 제조설비
④ 위험기구의 제전 설비

해설

정전기로 인한 화재·폭발을 방지하기 위하여 조치가 필요한 설비

· 위험물을 탱크로리·탱크차 및 드럼 등에 주입하는 설비
· 탱크로리·탱크차 및 드럼 등 위험물저장설비
· 인화성 액체를 함유하는 도료 및 접착제 등을 제조·저장·취급 또는 도포(塗布)하는 설비
· 위험물 건조설비 또는 그 부속설비
· 인화성 고체를 저장하거나 취급하는 설비
· 드라이클리닝설비, 염색 가공설비 또는 모피류 등을 씻는 설비 등 인화성유기용제를 사용하는 설비
· 유압, 압축공기 또는 고전위정전기 등을 이용하여 인화성 액체나 인화성 고체를 분무하거나 이송하는 설비
· 고압가스를 이송하거나 저장·취급하는 설비
· 화약류 제조설비
· 발파공에 장전된 화약류를 점화시키는 경우에 사용하는 발파기(발파공을 막는 재료로 물을 사용하거나 갱도발파를 하는 경우는 제외한다)

68 정전용량 C = 20μF, 방전 시 전압 V = 2kV 일 때 정전에너지(J)는?

① 40
② 80
③ 400
④ 800

해설

정전에너지(E)

$$E = \frac{1}{2}CV^2 = \frac{1}{2} \times (20 \times 10^{-6}) \times (2,000)^2 = 40J$$

여기서, C : 징징용량(F), V : 대전전위(전압 V)

69 피뢰기가 구비하여야 할 조건으로 틀린 것은?

① 제한전압이 낮아야 한다.
② 상용 주파 방전 개시 전압이 높아야 한다.
③ 충격방전 개시전압이 높아야 한다.
④ 속류 차단 능력이 충분하여야 한다.

해설

피뢰기의 성능

· 반복동작이 가능할 것
· 구조가 견고하며 특성이 변화하지 않을 것
· 점검·보수가 간단할 것
· 충격방전 개시전압과 제한전압이 낮을 것
· 뇌전류의 방전능력이 크고, 속류의 차단이 확실하게 될 것

70 작업자가 교류전압 7,000V 이하의 전로에 활선 근접작업 시 감전사고 방지를 위한 절연용 보호구는?

① 고무절연관   ② 절연시트
③ 절연커버   ④ 절연안전모

> **해설**
> 절연용 보호구 : 절연안전모, 절연고무장갑, 절연고무장화, 절연복

71 전로에 지락이 생겼을 때에 자동적으로 전로를 차단하는 장치를 시설해야하는 전기기계의 사용전압 기준은? (단, 금속제 외함을 가지는 저압의 기계 기구로서 사람이 쉽게 접촉할 우려가 있는 곳에 시설되어 있다.)

① 30V 초과   ② 50V 초과
③ 90V 초과   ④ 150V 초과

> **해설**
> 지락차단장치 설치기준
> • 금속제 외함을 가지는 사용전압이 50V를 초과하는 저압의 기계기구로서 사람이 쉽게 접촉할 우려가 있는 곳에 시설하는 것에 전기를 공급하는 전로에는 전로에 지락이 생겼을 때 자동적으로 전로를 차단하는 장치를 설치하여야 한다.
> • 대지전압이 150V를 넘는 저압의 기계·기구를 사람이 쉽게 접촉할 우려가 있는 건조한 곳 이외의 곳에 시설하는 경우 그 전로에 누전차단기 등과 같은 지락차단장치를 설치하여야 한다.

72 변압기의 중성점을 제2종 접지한 수전전압 22.9kV, 사용전압 220V인 공장에서 외함을 제3종 접지공사를 한 전동기가 운전 중에 누전되었을 경우에 작업자가 접촉될 수 있는 최소전압은 약 몇 V 인가?(단, 1선 지락전류 10A, 제3종 접지저항 30Ω, 인체저항 : 10,000Ω이다.)

① 116.7   ② 127.5
③ 146.7   ④ 165.6

> **해설**
> (1) 제2종 접지저항 $= \dfrac{150}{1선지락 전류} = \dfrac{150}{10} = 15\,\Omega$
>
> (2) 지락전류(I)
> $$I = \frac{V}{R_2 + R_3} = \frac{220}{15 + 30} = 4.89A$$
>
> (3) 외함에 제3종 접지공사를 한 경우 전압(V)
> $I = \dfrac{V}{R_3}$ 이므로, $V = I \times R_3 = 4.89 \times 30 = 146.7\,V$

73 전기기계·기구의 기능 설명으로 옳은 것은?

① CB는 부하전류를 개폐시킬 수 있다.

② ACB는 진공 중에서 차단동작을 한다.

③ DS는 회로의 개폐 및 대용량부하를 개폐시킨다.

④ 피뢰침은 뇌나 계통의 개폐에 의해 발생하는 이상 전압을 대지로 방전시킨다.

해설

· CB : 부하개폐기

· ACB : 기중차단기

· DS : 단로기(무부하회로 개폐기)

74 가스(발화온도 120℃)가 존재하는 지역에 방폭기기를 설치하고자 한다. 설치가 가능한 기기의 온도 등급은?

① T_2 ② T_3

③ T_4 ④ T_5

해설

(1) 방폭 전기기기의 온도등급

Class	최대표면온도(℃)
T_1	300 초과 450 이하
T_2	200 초과 300 이하
T_3	135 초과 200 이하
T_4	100 초과 135 이하
T_5	85 초과 100 이하
T_6	85 이하

(2) 자연발화온도와 온도등급 : 방폭 기기의 표면온도는 높은 표면온도에 의해 장비가 발화되지 않도록 자연발화온도보다 반드시 낮게 유지되도록 설계되어야 한다.

75 방폭기기에 별도의 주위 온도 표시가 없을 때 방폭기기의 주위 온도 범위는?(단, 기호"X"의 표시가 없는 기기이다.)

① 20℃ ~ 40℃   ② -20℃ ~ 40℃

③ 10℃ ~ 50℃   ④ -10℃ ~ 50℃

해설

방폭기기("X"표시가 없음)의 주위 온도범위 : -20 ~ 40℃

76 유자격자가 아닌 근로자가 방호되지 않은 충전전로 인근의 높은 곳에서 작업할 때에 근로자의 몸은 충전전로에서 몇 cm 이내로 접근할 수 없도록 하여야 하는가? (단, 대지전압이 50kV이다.)

① 50
② 100
③ 200
④ 300

> **해설**
>
> 유자격자가 아닌 근로자가 충전전로 인근의 높은 곳에서 작업할 때에 조치사항
> · 대지전압 50kV 이하인 경우 : 300cm 이내로, 접근할 수 없도록 할 것.
> · 대지전압이 50kV를 넘는 경우 : 10kV당 10cm씩 더한 거리 이내로 접근할 수 없도록 할 것.

77 다음 중 정전기의 재해방지 대책으로 틀린 것은?

① 설비의 도체 부분을 접지
② 작업자는 정전화를 착용
③ 작업장의 습도를 30% 이하로 유지
④ 배관 내 액체의 유속제한

> **해설**
>
> 정전기 발생 방지책
> · 접지(부도체물질은 부적합)
> · 가습(상대습도 70% 이상)
> · 보호구착용
> · 대전방지제 사용
> · 배관 내 액체의 유속제한 및 정치시간의 확보
> · 도전성 재료 사용
> · 제전장치 사용

78 정전기 방전현상에 해당되지 않는 것은?

① 연면방전
② 코로나방전
③ 낙뢰방전
④ 스팀방전

> **해설**
>
> 정전기 방전현상 : 스파크(Spark)방전(불꽃방전), 코로나(Corona)방전, 연면방전, 스트리머(Streamer)방전, 뇌상방전(낙뢰방전) 등

79 제전기의 종류가 아닌 것은?

① 전압인가식 제전기　　　　② 정전식 제전기

③ 방사선식 제전기　　　　　④ 자기방전식 제전기

[해설]

제전기의 종류

· 전압인가식 제전기(코로나 방전식 제전기)

· 자기 방전식 제전기

· 방사선식 제전기

· 이온식 제전기

80 산업안전보건기준에 관한 규칙 제319조에 따라 감전될 우려가 있는 장소에서 작업을 하기 위해서는 전로를 차단하여야 한다. 전로 차단을 위한 시행 절차 중 틀린 것은?

① 전기기기 등에 공급되는 모든 전원을 관련 도면, 배선도 등으로 확인

② 각 단로기를 개방한 후 전원 차단

③ 단로기 개방 후 차단장치나 단로기 등에 잠금장치 및 꼬리표를 부착

④ 전류전하 방전 후 검전기를 이용하여 작업 대상 기기가 충전되어 있는지 확인

[해설]

전로차단의 절차(정전작업시의 안전조치사항)

· 전기기기 등에 공급되는 모든 전원을 관련 도면, 배선도 등으로 확인할 것.

· 전원을 차단한 후 각 단로기 등을 개방하고 확인할 것

· 차단장치나 단로기 등에 잠금장치 및 꼬리표를 부착할 것.

· 개로된 전로에서 유도전압 또는 전기에너지가 축적되어 근로자에게 전기위험을 끼칠 수 있는 전기기기 등은 접촉하기 전에 잔류전하를 완전히 방전시킬 것

· 검전기를 이용하여 작업 대상 기기가 충전되었는지를 확인할 것.(검전기를 이용하여 충전여부확인)

· 전기기기 등이 다른 노출 충전부와의 접촉, 유도 또는 예비동력원의 역송전 등으로 선압이 발생할 우려가 있는 경우에는 충분한 용량을 가진 단락 접지기구를 이용하여 접지할 것.

05 화학설비위험방지기술

81 다음 중 유류화재의 화재급수에 해당하는 것은?

① A급   ② B급
③ C급   ④ D급

해설

화재급수

구분	A급 화재(백색) 일반화재	B급 화재(황색) 유류화재	C급 화재(청색) 전기화재	D급 화재(무색) 금속화재
소화 효과	냉각	질식	질식, 냉각	질식
적용 소화기	· 물소화기 · 강화액소화기 · 산알칼리소화기	· 포말소화기 · 분말소화기 · 증발성 액체소화기 · CO_2소화기	· 분말소화기 · 유기성소화기 · CO_2소화기	· 건조사 · 팽창질석 및 팽창 진주암

82 다음 중 분진 폭발에 관한 설명으로 틀린 것은?

① 폭발한계 내에서 분진의 휘발성분이 많으면 폭발 위험성이 높다.
② 분진이 발화 폭발하기 위한 조건은 가연성, 미분상태, 공기 중에서의 교반과 유동 및 점화원의 존재이다.
③ 가스폭발과 비교하여 연소의 속도나 폭발의 압력이 크고, 연소시간이 짧으며, 발생에너지가 작다.
④ 폭발한계는 입자의 크기, 입도분포, 산소농도, 함유수분, 가연성가스의 혼입 등에 의해 같은 물질의 분진에서도 달라진다.

해설

분진폭발 : 연소속도나 폭발압력은 가스폭발보다는 작지만 가해지는 힘(파괴력)은 매우 크다.

83 다음 중 아세틸렌을 용해가스로 만들 때 사용되는 용제로 가장 적합한 것은?

① 아세톤   ② 메탄
③ 부탄   ④ 프로판

해설

아세틸렌 용제 : 아세톤, DMF(Dimethyl Formamide)

84 진한 질산이 공기 중에서 햇빛에 의해 분해되었을 때 발생하는 갈색증기는?

① N_2

② NO_2

③ NH_3

④ NH_2

해설

$4HNO_3 \rightarrow 2H_2O + 4NO_2\uparrow + O_2$

85 프로판과 메탄의 폭발하한계가 각각 2.5, 5.0vol% 이라고 할 때 프로판과 메탄이 3 : 1의 체적비로 혼합되어 있다면 이 혼합가스의 폭발하한계는 약 몇 vol%인가? (단, 상온, 상압 상태이다.)

① 2.9

② 3.3

③ 3.8

④ 4.0

해설

(1) 프로판(C_3H_8)과 메탄(CH_4)의 부피%

$$C_3H_8 = \frac{3}{3+1} \times 100 = 75\%$$

$$CH_4 = 100 - 75 = 25\%$$

(2) 혼합가스의 폭발하한치(L)

$$L = \frac{V_1 + V_2}{\dfrac{V_1}{L_1} + \dfrac{V_2}{L_2}} = \frac{75 + 25}{\dfrac{75}{2.5} + \dfrac{25}{5.0}} = 2.86\%$$

86 탄화수소 증기의 연소하한값 추정식은 연료의 양론농도(C_{st})의 0.55배 이다. 프로판 1몰의 연소반응식이 디음과 같을 때 연소하한값은 약 몇 vol%인가?

$$C_3H_8 + 5O_2 \rightarrow 3CO_2 + 4H_2O$$

① 2.22

② 4.03

③ 4.44

④ 8.06

해설

(1) 프로판(C_3H_8)의 양론농도(C_{st})

$$C_{st} = \frac{1}{1 + 4.773\left(n + \dfrac{m}{4}\right)} \times 100 = \frac{1}{1 + 4.773 \times \left(3 + \dfrac{8}{4}\right)} \times 100 = 4.022\%$$

(2) C_3H_8의 연소하한값

연소하한값 $= C_{st} \times 0.55 = 4.022 \times 0.55 = 2.21\%$

87 다음 중 물질의 자연발화를 촉진시키는 요인으로 가장 거리가 먼 것은?

① 표면적이 넓고, 발열량이 클 것 　② 열전도율이 클 것
③ 주위 온도가 높을 것 　④ 적당한 수분을 보유할 것

해설

자연발화가 쉽게 일어나는 조건
· 주위온도가 높을 것
· 열축적이 클 것
· 적당량의 수분이 존재할 것
· 표면적이 넓고 발열량이 클 것
· 열전도율이 낮을 것

88 에틸알콜(C_2H_5OH) 1몰이 완전 연소할 때 생성되는 CO_2의 몰수로 옳은 것은?

① 1 　② 2
③ 3 　④ 4

해설

$C_2H_5OH + 3O_2 \rightarrow 2CO_2 + 3H_2O$

89 증기 배관 내에 생성하는 응축수를 제거할 때 증기가 배출되지 않도록 하면서 응축수를 자동적으로 배출하기 위한 장치를 무엇이라 하는가?

① Vent stack 　② Steam trap
③ Blow down 　④ Relief valve

해설

스팀트랩(Steam trap) : 스팀 배관 내에 생성하는 응축수를 자동적으로 배출하는 장치

90 다음 중 산업안전보건법령상 화학설비의 부속설비로만 이루어진 것은?

① 사이클론, 백필터, 전기집진기 등 분진처리설비

② 응축기, 냉각기, 가열기, 증발기 등 열교환기류

③ 고로 등 점화기를 직접 사용하는 열교환기류

④ 혼합기, 발포기, 압출기 등 화학제품 가공설비

해설

화학설비 및 그 부속설비의 종류

(1) 화학설비

① 반응기・혼합조 등 화학물질 반응 또는 혼합장치

② 증류탑・흡수탑・추출탑・감압탑 등 화학물질 분리장치

③ 저장탱크・계량탱크・호퍼・사일로 등 화학물질 저장설비 또는 계량설비

④ 응축기・냉각기・가열기・증발기 등 열교환기류

⑤ 고로 등 점화기를 직접 사용하는 열교환기류

⑥ 카렌다・혼합기・발포기・인쇄기・압출기 등 화학제품 가공설비

⑦ 분쇄기・분체분리기・용융기 등 분체화학물질 취급 장치

⑧ 결정조・유동탑・탈습기・건조기 등 분체화학물질 분리장치

⑨ 펌프류・압축기・이젝터 등의 화학물질 이송 또는 압축설비

(2) 화학설비의 부속설비

① 배관・밸브・관・부속류 등 화학물질이송 관련설비

② 온도・압력・유량 등을 지시・기록 등을 하는 자동제어 관련설비

③ 안전밸브・안전판・긴급차단 또는 방출밸브 등 비상조치 관련설비

④ 가스누출감지 및 경보관련 설비

⑤ 세정기・응축기・벤트스택・플레어스택 등 폐가스처리설비

⑥ 사이클론, 백필터, 전기감진기 등 분진처리 설비

⑦ 설비를 운전하기 위하여 부속된 전기 관련 설비

⑧ 정전기 제거장치, 긴급 샤워설비 등 안전 관련 설비

91 고온에서 완전 열분해하였을 때 산소를 발생하는 물질은?

① 황화수소　　　　　　② 과염소산칼륨

③ 메틸리튬　　　　　　④ 적린

해설

과염소산칼륨($KClO_4$)

(1) 자신은 불연성이지만 강력한 산화제이다.

(2) 400℃ 이상으로 가열하면 분해하여 산소(O_2)를 방출한다.

　　$KClO_4 \rightarrow KCl + 2O_2\uparrow$

92 산업안전보건법령에서 규정하고 있는 위험물질의 종류 중 부식성 염기류로 분류되기 위하여 농도가 40% 이상이어야 하는 물질은?

① 염산
② 아세트산
③ 불산
④ 수산화칼륨

> **해설**
>
> 법상 부식성 물질의 종류
> (1) 부식성 산류
> ① 농도가 20% 이상인 염산(HCl), 황산(H_2SO_4), 질산(HNO_3) 등
> ② 농도가 60% 이상인 인산(H_3PO_4), 아세트산(CH_3COOH), 불산(HF) 등
> (2) 부식성 염기류 : 농도가 40% 이상인 수산화나트륨($NaOH$), 수산화칼륨(KOH) 등

93 다음 중 소화약제로 사용되는 이산화탄소에 관한 설명으로 틀린 것은?

① 사용 후에 오염의 영향이 거의 없다.
② 장시간 저장하여도 변화가 없다.
③ 주된 소화효과는 억제소화이다.
④ 자체 압력으로 방사가 가능하다.

> **해설**
>
> 이산화탄소(CO_2)의 소화효과 : 질식소화

94 산업안전보건법령상 폭발성 물질을 취급하는 화학설비를 설치하는 경우에 단위공정설비로부터 다른 단위공정설비 사이의 안전거리는 설비 바깥 면으로부터 몇 m 이상 이어야 하는가?

① 10
② 15
③ 20
④ 30

> **해설**
>
> 화학설비 및 시설의 안전거리

구분	안전거리
1. 단위공정시설 및 설비로부터 다른 단위 공정 시설 및 설비의 사이	설비의 바깥면으로부터 10m 이상
2. 플레어스택으로부터 단위공정 시설 및 설비, 위험물질 저장탱크 또는 위험물질 하역설비의 사이	플레어스택으로부터 반경 20m이상. 다만, 공정시설 등이 불연재로 시공된 지붕아래 설치된 경우에는 그리하지 아니하다.
3. 위험물질 저장탱크로부터 단위공정 시설 및 설비, 보일러 또는 가열로의 사이	저장탱크의 바깥면으로부터 20m 이상. 다만, 저장탱크에 방호벽, 원격 조종화 설비 또는 살수설비를 설치한 경우에는 그리하지 아니하다.
4. 사무실・연구실・실험실・정비실 또는 식당으로부터 단위공정시설 및 설비, 위험물질저장탱크, 위험물질 하역설비, 보일러 또는 가열로의 사이	사무실 등의 바깥면으로부터 20m 이상. 다만, 난방용 보일러인 경우 또는 사무실 등의 벽을 방호구조로 설치한 경우에는 그리하지 아니하다.

95 인화점이 각 온도 범위에 포함되지 않는 물질은?

① −30℃ 미만 : 디에틸에테르
② −30℃ 이상 0℃ 미만 : 아세톤
③ 0℃ 이상 30℃ 미만 : 벤젠
④ 30℃ 이상 65℃ 이하 : 아세트산

해설

물질의 인화점

물질명(화학식)	인화점
디에틸에테르($C_2H_5OC_2H_5$)	−45℃
아세톤(CH_3COCH_3)	−18℃
벤젠(C_6H_6)	−11℃
아세트산(CH_3COOH)	39℃

96 자동화재탐지설비의 감지기 종류 중 열감지기가 아닌 것은?

① 차동식
② 정온식
③ 보상식
④ 광전식

해설

(1) 자동화재 탐지설비의 구성요소
  · 감지기 : 화원에서 상승하는 열 또는 연기에 의해서 작동한다.
  · 발신기 : 감지기에 의해 주어지는 신호를 수신기에 보내는 역할을 한다.
  · 수신기 : 화재의 발생을 알린다.
(2) 감지기의 기능상 분류
  · 정온식 : 주위의 온도가 일정하게 정해 둔 온도에 도달되었을 때 작동한다. (작동온도 범위 60 ~ 150℃)
  · 차동식 : 외계와의 변화가 일정치를 넘었을 때 작동한다.
  · 보상식 : 정온식과 차동식을 하나로 조합한 형식으로 온도상승이 완만하거나 급격한 경우에도 작동하고 외기온도의 영향을 거의 받지 않는다.

97 다음 중 수분(H_2O)과 반응하여 유독성 가스인 포스핀이 발생되는 물질은?

① 금속나트륨
② 알루미늄 분말
③ 인화칼슘
④ 수소화리튬

해설

인화칼슘(Ca_3P_2 : 인화석회)
(1) 적갈색의 미상고체로 건조한 공기 중에서 안정하나 300℃ 이상에서 산화한다.
(2) 물과 심하게 반응하여 유독성·가연성의 PH_3(포스핀)을 발생한다.
  $$Ca_3P_2 + 6H_2O \rightarrow 3Ca(OH)_2 + 2PH_3\uparrow$$
(3) 금수성물질(물반응성물질)로 벤젠, 에테르, 이황화탄소와 습기 하에서 접촉하면 발화한다.

98 대기압에서 사용하나 증발에 의한 액체의 손실을 방지함과 동시에 액면 위의 공간에 폭발성 위험가스를 형성할 위험이 적은 구조의 저장탱크는?

① 유동형 지붕 탱크
② 원추형 지붕 탱크
③ 원통형 저장 탱크
④ 구형 저장 탱크

해설

유동형 지붕 탱크 : 본문 설명

99 다음 중 밀폐 공간 내 작업시의 조치사항으로 가장 거리가 먼 것은?

① 산소결핍이나 유해가스로 인한 질식의 우려가 있으면 진행 중인 작업에 방해되지 않도록 주의하면서 환기를 강화하여야 한다.
② 해당 작업장을 적정한 공기상태로 유지되도록 환기하여야 한다.
③ 그 장소에 근로자를 입장시킬 때와 퇴장시킬 때마다 인원을 점검하여야 한다.
④ 그 작업장과 외부의 감시인 간에 항상 연락을 취할 수 있는 설비를 설치하여야 한다.

해설

사고시의 대피 : 밀폐공간에서 작업을 하는 경우에 산소결핍이나 유해가스 등의 농도가 높아서 폭발할 우려가 있는 경우에는 즉시 작업을 중단시키고 해당 근로자를 대피하도록 하여야 한다.

100 다음 중 압축기 운전 시 토출압력이 갑자기 증가하는 이유로 가장 적절한 것은?

① 윤활유의 과다
② 피스톤 링의 가스 누설
③ 토출관 내에 저항 발생
④ 저장조 내 가스압의 감소

해설

압축기 토출압력 증가원인 : 토출관 내의 저항발생

06 건설안전기술

101 비계의 부재 중 기둥과 기둥을 연결시키는 부재가 아닌 것은?

① 띠장
② 장선
③ 가새
④ 작업발판

해설

비계의 기둥과 기둥을 연결시키는 부재 : 띠장, 장선, 가새 등

102 터널작업 시 자동경보장치에 대하여 당일의 작업시작 전 점검하여야 할 사항으로 옳지 않은 것은?

① 검지부의 이상 유무
② 조명시설의 이상 유무
③ 경보장치의 작동 상태
④ 계기의 이상 유무

해설

자동경보장치의 설치 등
(1) 인화성 가스가 존재하여 폭발 또는 화재가 발생할 위험이 있는 때에는 필요한 장소에 당해 가연성 가스 농도의 이상상승을 조기에 파악하기 위하여 필요한 자동경보장치를 설치하여야 한다.
(2) 자동경보장치에 대하여 당일의 작업시작 전에 다음 각 호의 사항을 점검하고, 이상을 발견한 때에는 즉시 보수하여야 한다.
① 계기의 이상 유무
② 검지부의 이상 유무
③ 경보장치의 작동 상태

103 다음은 말비계를 조립하여 사용하는 경우에 관한 준수사항이다. ( )안에 들어갈 내용으로 옳은 것은?

> – 지주부재와 수평면의 기울기를 (A)°이하로 하고 지주부재와 지주부재 사이를 고정시키는 보조부재를 설치할 것
> – 말비계의 높이가 2m를 초과하는 경우에는 작업발판의 폭을 (B)cm 이상으로 할 것

① A : 75, B : 30
② A : 75, B : 40
③ A : 85, B : 30
④ A : 85, B : 40

해설

말비계를 조립하여 사용 시 준수사항(안전보건규칙)
· 지주부재의 하단에는 미끄럼 방지장치를 하고, 양측 끝부분에 올라서서 작업하지 아니하도록 힐 것
· 지주부재와 수평면과의 기울기를 75°이하로 하고, 지주부재 사이를 고정시키는 보조부재를 설치할 것
· 말비계의 높이가 2m를 초과할 경우에는 작업발판의 폭을 40cm이상으로 할 것

104 본 터널(Main Tunnel)을 시공하기 전에 터널에서 약간 떨어진 곳에 지질조사, 환기, 배수, 운반 등의 상태를 알아보기 위하여 설치하는 터널은?

① 프리패브(Prefab) 터널
② 사이드(Side) 터널
③ 쉴드(Shield) 터널
④ 파일럿(Pilot) 터널

해설

(1) 파일럿 터널(Pilot Tunnel) : 본문설명
(2) 쉴드 터널(Shield Tunnel) : 철제로 된 원통형의 쉴드를 원하는 깊이의 지하로 들어갈 수 있게 하는 수직구 안에 투입해 커터헤드(Cutter head)를 회전시켜 지반을 구축한 다음 공장에서 제작된 콘크리트 구조물인 세그먼트를 조립해 터널을 완성하는 공법이다.

105 항만하역작업에서의 선박승강설비 설치기준으로 옳지 않은 것은?

① 200톤급 이상의 선박에서 하역작업을 하는 경우에 근로자들이 안전하게 오르내릴 수 있는 현문(舷門) 사다리를 설치하여야 하며, 이 사다리 밑에 안전망을 설치하여야 한다.

② 현문 사다리는 견고한 재료로 제작된 것으로 너비는 55cm 이상이어야 한다.

③ 현문 사다리의 양측에는 82cm 이상의 높이로 울타리를 설치하여야 한다.

④ 현문 사다리는 근로자의 통행에만 사용하여야 하며, 화물용 발판 또는 화물용 보관으로 사용하도록 해서는 아니 된다.

해설

300톤급 이상의 선박에서 하역작업을 할 경우 조치할 사항
· 근로자들이 안전하게 승강할 수 있는 현문사다리를 설치할 것
· 현문사다리 밑에는 안전망을 설치할 것
· 현문사다리의 너비는 55cm 이상이어야 하고, 양측에 82cm 이상의 높이로 방책을 설치할 것

106 산업안전보건관리비계상기준에 따른 일반건설공사(갑), 대상액 「5억원 이상 ~ 50억원 미만」의 안전관리비 비율 및 기초액으로 옳은 것은?

① 비율 : 1.86%, 기초액 : 5,349,000원

② 비율 : 1.99%, 기초액 : 5,499,000원

③ 비율 : 2.35%, 기초액 : 5,400,000원

④ 비율 : 1.57%, 기초액 : 4,411,000원

해설

공사종류별 규모 및 안전 관리비 계상 기분표(별표1)

대상액 / 공사종류	5억 원 미만	5억 원 이상 50억 원 미만		50억 원 이상	보건관리자 선임대상 건설공사의 적용비율
		비율(x)	기초액(c)		
일반건설공사(갑)	2.93(%)	1.86(%)	5,349,000원	1.97(%)	2.15(%)
일반건설공사(을)	3.09(%)	1.99(%)	5,499,000원	2.10(%)	2.29(%)
중건설공사	3.43(%)	2.35(%)	5,400,000원	2.44(%)	2.66(%)
철도.궤도 신설 공사	2.45(%)	1.57(%)	4,411,000원	1.66(%)	1.81(%)
특수 및 기타 건설공사	1.85(%)	1.20(%)	3,250,000원	1.27(%)	1.38(%)

107 토질시험 중 연약한 점토 지반의 점착력을 판별하기 위하여 실시하는 현장시험은?

① 베인테스트(Vane Test)　　　② 표준관입시험(SPT)

③ 하중재하시험　　　　　　　④ 삼축압축시험

해설

베인테스트(Vane test) : 연약한 점토질(진흙)지반에서 보링 구멍에 십자(+)날개형의 베인테스트(Vane tester)를 때려 박고 회전시켜 그 저항력에 의하여 지반의 점착력을 판별하는 방법이다.

108 추락방지망 설치 시 그물코의 크기가 10cm인 매듭 있는 방망의 신품에 대한 인장강도 기준으로 옳은 것은?

① 100kg 이상　　　　　　　② 200kg 이상

③ 300kg 이상　　　　　　　④ 400kg 이상

해설

방망사의 강도

(1) 방망사의 신품에 대한 인장강도

그물코의 크기(단위 : cm)	방망의 종류(단위 : kg)	
	매듭 없는 방망	매듭 방망
10	240	200
5		110

(2) 방망사의 폐기 시 인장강도

그물코의 크기(단위 : cm)	방망의 종류(단위 : kg)	
	매듭 없는 방망	매듭 방망
10	150	135
5		60

109 사다리식 통로의 길이가 10m 이상일 때 얼마 이내마다 계단참을 설치하여야 하는가?

① 3m 이내마다 ② 4m 이내마다
③ 5m 이내마다 ④ 6m 이내마다

해설

사다리식 통로의 설치기준
- 견고한 구조로 할 것
- 심한 손상·부식 등이 없는 재료를 사용할 것
- 발판의 간격은 일정하게 할 것
- 발판과 벽과의 사이는 15cm 이상의 간격을 유지할 것
- 폭은 30cm 이상으로 할 것
- 사다리가 넘어지거나 미끄러지는 것을 방지하기 위한 조치를 할 것
- 사다리의 상단은 걸쳐놓은 지점으로부터 60cm 이상 올라가도록 할 것
- 사다리식 통로의 길이가 10m 이상인 경우에는 5m 이내마다 계단참을 설치할 것
- 사다리식 통로의 기울기는 75°이하로 할 것. 다만, 고정식 사다리식 통로의 기울기는 90°이하로 하고, 그 높이가 7m 이상인 경우에는 바닥으로부터 높이가 2.5m 되는 지점부터 등받이울을 설치할 것
- 접이식 사다리 기둥은 사용 시 접혀지거나 펼쳐지지 않도록 철물 등을 사용하여 견고하게 조치할 것

110 거푸집동바리 등을 조립하는 경우에 준수하여야 할 안전조치기준으로 옳지 않은 것은?

① 동바리로 사용하는 강관은 높이 2m 이내마다 수평연결재를 2개 방향으로 만들고 수평연결재의 변위를 방지할 것
② 동바리로 사용하는 파이프 서포트는 3개 이상 이어서 사용하지 않도록 할 것
③ 동바리로 사용하는 파이프 서포트를 이어서 사용하는 경우에는 3개 이상의 볼트 또는 전용철물을 사용하여 이을 것
④ 동바리로 사용하는 강관틀과 강관틀 사이에는 교차가새를 설치할 것

해설

거푸집의 동바리로 사용하는 파이프 서포트에 대한 설치기준
- 파이프 서포트를 3본 이상 이어서 사용하지 아니하도록 할 것
- 파이프 서포트를 이어서 사용할 때에는 4개 이상의 볼트 또는 전용철물을 사용하여 이을 것
- 높이가 3.5m를 초과할 때에는 높이가 2m 이내마다 수평 연결재를 2개 방향으로 만들고 수평연결재의 변위를 방지할 것

111 다음 중 해체작업용 기계 기구로 가장 거리가 먼 것은?

① 압쇄기
② 핸드 브레이커
③ 철제햄머
④ 진동롤러

해설

해체작업용 기계·기구 : 압쇄기, 대형브레이커 및 핸드브레이커, 철제햄머, 절단톱, 재키, 쐐기 타입기, 화약류 등

112 지반의 종류가 다음과 같을 때 굴착면의 기울기 기준으로 옳은 것은?

보통 흙의 습지

① 1 : 0.5 ~ 1 : 1
② 1 : 1 ~ 1 : 1.5
③ 1 : 0.8
④ 1 : 0.5

해설

굴착면의 기울기 기준[과거 기준]

구 분	지반의 종류	구 배
보통 흙	습 지	1 : 1 ~ 1 : 1.5
	건 지	1 : 0.5 ~ 1 : 1
암 반	풍화암	1 : 0.8
	연 암	1 : 0.5
	경 암	1 : 0.3

굴착면의 기울기 기쥬[현 기쥬]

지반의 종류	굴착면의 기울기
모래	1 : 1.8
연암 및 풍화암	1 : 1.0
경암	1 : 0.5
그 밖의 흙	1 : 1.2

113 장비 자체보다 높은 장소의 땅을 굴착하는데 적합한 장비는?

① 파워쇼벨(Power Shovel)
② 불도저(Bulldozer)
③ 드래그라인(Drag line)
④ 클램쉘(Clam Shell)

해설

굴착장비
· 파워쇼벨 : 장비자체보다 높은 장소 땅 굴착 시 적합
· 백호우 : 장비자체보다 낮은 장소 땅 굴착 시 적합

114 운반작업을 인력운반작업과 기계운반작업으로 분류할 때 기계운반작업으로 실시하기에 부적당한 대상은?

① 단순하고 반복적인 작업
② 표준화되어 있어 지속적이고 운반량이 많은 작업
③ 취급물의 형상, 성질, 크기 등이 다양한 작업
④ 취급물이 중량인 작업

해설

기계 운반 작업으로 실시하여야 할 사항
· 단순하고 반복적인 작업
· 취급물이 중량인 작업
· 표준화되어 있어 지속적이고 운반량이 많은 작업
· 위험한 장소에서의 운반 작업

115 타워크레인을 자립고(自立高) 이상의 높이로 설치할 때 지지벽체가 없어 와이어로프로 지지하는 경우의 준수사항으로 옳지 않은 것은?

① 와이어로프를 고정하기 위한 전용 지지프레임을 사용할 것
② 와이어로프 설치각도는 수평면에서 60° 이내로 하되, 지지점은 4개소 이상으로 하고, 같은 각도로 설치할 것
③ 와이어로프와 그 고정부위는 충분한 강도와 장력을 갖도록 설치하되, 와이어로프를 클립·샤클(Shackle) 등의 기구를 사용하여 고정하지 않도록 유의할 것
④ 와이어로프가 가공전선(架空電線)에 근접하지 않도록 할 것

해설

타워크레인을 와이어로프로 지지하는 경우 준수사항
· 와이어로프를 고정하기 위한 전용 지지프레임을 사용할 것
· 와이어로프 설치각도는 수평면에서 60도 이내로 하되, 지지점은 4개소 이상으로 하고, 같은 각도로 설치할 것
· 와이어로프와 그 고정 부위는 충분한 강도와 장력을 갖도록 설치하고, 와이어로프를 클립·샤클(Shackle) 등의 고정기구를 사용하여 견고하게 고정시켜 풀리지 아니하도록 하며, 사용 중에는 충분한 강도와 장력을 유지하도록 할 것
· 와이어로프가 가공전선(架空電線)에 근접하지 않도록 할 것

116 다음은 강관틀비계를 조립하여 사용하는 경우 준수해야할 기준이다. (   )안에 알맞은 숫자를 나열한 것은?

> 길이가 띠장방향으로 (A)미터 이하이고 높이가 (B)미터를 초과하는 경우에는 (C)미터 이내마다 띠장방향으로 버팀기둥을 설치할 것

① A : 4, B : 10, C : 5   ② A : 4, B : 10, C : 10
③ A : 5, B : 10, C : 5   ④ A : 5, B : 10, C : 10

해설

강관틀비계를 조립하여 사용할 때의 준수할 사항
· 비계기둥의 밑둥에는 밑받침철물을 사용하여야 하며 밑받침에 고저차가 있는 경우에는 조절형 밑받침철물을 사용하여 각각의 강관틀비계가 항상 수평 및 수직을 유지하도록 할 것
· 높이가 20m를 초과하거나 중량물의 적재를 수반하는 작업을 할 경우에는 주틀 간의 간격이 1.8m 이하로 할 것
· 주틀 간의 교차가새를 설치하고 최상층 및 5층 이내마다 수평재를 설치할 것
· 수직방향으로 6m, 수평방향으로 8m 이내마다 벽이음을 할 것
· 길이가 띠장 방향으로 4m 이하이고 높이가 10m를 초과하는 경우에는 10m 이내마다 띠장 방향으로 버팀기둥을 설치할 것

117 다음 중 유해위험방지계획서 제출 대상공사가 아닌 것은?
① 지상높이가 30m인 건축물 건설공사
② 최대지간길이가 50m인 교량건설공사
③ 터널 건설공사
④ 깊이가 11m인 굴착공사

해설

건설업 중 유해위험방지계획서 제출대상 사업장
· 지상높이가 31미터 이상인 건축물 또는 인공구조물, 연면적 3만 제곱미터 이상인 건축물 또는 연면적 5천 제곱미터 이상의 문화 및 집회시설(전시장 및 동물원·식물원은 제외), 판매시설, 운수시설(고속철도의 역사 및 집·배송시설은 제외), 종교시설, 의료시설 중 종합병원, 숙박시설 중 관광숙박시설, 지하도상가 또는 냉동·냉장 창고시설의 건설·개조 또는 해체(이하 "건설 등"이라 함)
· 연면적 5천 제곱미터 이상의 냉동·냉장 창고시설의 설비공사 및 단열공사
· 최대 지간길이가 50미터 이상인 교량건설 등 공사
· 터널 건설 등의 공사
· 다목적댐, 발전용 댐 및 저수용량 2천만 톤 이상의 용수 전용 댐, 지방상수도 전용댐 건설 등의 공사
· 깊이 10미터 이상인 굴착공사

118 동력을 사용하는 항타기 또는 항발기에 대하여 무너짐을 방지하기 위하여 준수하여야 할 기준으로 옳지 않은 것은?

① 연약한 지반에 설치하는 경우에는 각부(脚部)나 가대(架臺)의 침하를 방지하기 위하여 깔판·깔목 등을 사용할 것

② 각부나 가대가 미끄러질 우려가 있는 경우에는 말뚝 또는 쐐기 등을 사용하여 각부나 가대를 고정시킬 것

③ 버팀대만으로 상단부분을 안정시키는 경우에는 버팀대는 3개 이상으로 하고 그 하단 부분은 견고한 버팀·말뚝 또는 철골 등으로 고정시킬 것

④ 버팀줄만으로 상단 부분을 안정시키는 경우에는 버팀줄을 2개 이상으로 하고 같은 간격으로 배치할 것

해설

항타기·항발기의 도괴를 방지하기 위하여 준수해야 할 사항

• 연약한 지반에 설치하는 때에는 각부 또는 가대의 침하를 방지하기 위하여 깔판, 깔목 등을 사용할 것
• 시설 또는 가설물 등에 설치하는 때에는 그 내력을 확인하고 내력이 부족한 때에는 그 내력을 보강할 것
• 각부 또는 가대가 미끄러질 우려가 있는 때에는 말뚝 또는 쐐기 등을 사용하여 각부 또는 기대를 고정시킬 것
• 궤도 또는 차로 이동하는 항타기 또는 항발기에 대하여 불시에 이동하는 것을 방지하기 위하여 레일클램프 및 쐐기 등으로 고정시킬 것
• 버팀대만으로 상단부분을 안정시키는 때에는 버팀대는 3개 이상으로 하고 그 하단 부분은 견고한 버팀말뚝 또는 철골 등으로 고정시킬 것
• 버팀줄만으로 상단부분을 안정시키는 때에는 버팀줄을 3개 이상으로 하고 같은 간격으로 배치할 것
• 평형추를 사용하여 안정시키는 때에는 평형추의 이동을 방지하기 위하여 가대에 견고하게 부착시킬 것

119 터널등의 건설작업을 하는 경우에 낙반 등에 의하여 근로자가 위험해질 우려가 있는 경우에 필요한 직접적인 조치사항과 거리가 먼 것은?

① 터널지보공 설치   ② 부석의 제거

③ 울 설치   ④ 록볼트 설치

해설

터널건설 작업 시 낙반 등에 의한 위험방지 조치사항

• 터널지보공 설치
• 록 볼트의 설치
• 부석의 제거

120 콘크리트 타설을 위한 거푸집동바리의 구조검토 시 가장 선행되어야 할 작업은?

① 각 부재에 생기는 응력에 대하여 안전한 단면을 산정한다.

② 가설물에 작용하는 하중 및 외력의 종류, 크기를 산정한다.

③ 하중 및 외력에 의하여 각 부재에 생기는 응력을 구한다.

④ 사용할 거푸집동바리의 설치간격을 결정한다.

해설

거푸집 동바리 구조 검토 시 가장 선행되어야 할 작업 : 가설물(거푸집)에 작용하는 하중 및 외력의 종류, 크기 등 산정

2020년 제4회 필기 기출문제				수험번호	성명
자격종목 **산업안전기사**		시험시간 **3시간**	시험유형		

※ 답안카드 작성시 시험문제지 형별누락, 마킹착오로 인한 불이익은 전적으로 수험자의 귀책사유임을 알려드립니다.
** 본문제는 수검자의 생각에 의한 것으로 실제 문제와 약간 다를 수 있음.

01 안전관리론

01 라인(Line)형 안전관리 조직의 특징으로 옳은 것은?

① 안전에 관한 기술의 축적이 용이하다.

② 안전에 관한 지시나 조치가 신속하다.

③ 조직원 전원을 자율적으로 안전활동에 참여시킬 수 있다.

④ 권한 다툼이나 조정 때문에 통제수속이 복잡해지며, 시간과 노력이 소모된다.

> **해설**
>
> 라인(Line)형 조직의 특징
> (1) 장점
> ① 안전지시나 개선조치 등 명령이 철저하고 신속하게 수행된다.
> ② 상하관계만 있기 때문에 명령과 보고가 간단명료하다.
> ③ 참모식 조직보다 경제적인 조직체계이다.
> (2) 단점
> ① 안전전담부서(Staff)가 없기 때문에 안전에 대한 정보가 불충분하고 안전지식 및 기술축적이
>   어렵다.
> ② 라인(Line)에 과중한 책임을 지우기가 쉽다.

02 레빈(Lewin)은 인간의 행동 특성을 다음과 같이 표현하였다. 변수 'P'가 의미하는 것은?

$$B = f \times (P \times E)$$

① 행동　　　　　　　　② 소질

③ 환경　　　　　　　　④ 함수

> **해설**
>
> 레빈(K. Lewin)의 법칙 : Lewin은 인간의 행동(B)은 그 사람이 가진 자질 즉, 개체(P)와 심리학적
> 환경(E)과의 상호 함수관계에 있다고 하였다.
> $B = f \times (P \times E)$
> (1) B(Behavior) : 인간의 행동
> (2) f(function, 함수관계) : 적성 기타 P와 E에 영향을 미칠 수 있는 조건
> (3) P(Person, 개체) : 연령, 경험, 심신상태, 성격, 지능 등 인간의 조건
> (4) E(Environment, 심리적 환경) : 인간관계, 작업환경 등 환경조건

03 Y-K(Yutaka – Kohate)성격검사에 관한 사항으로 옳은 것은?

① C, C'형은 적응이 빠르다.   ② M, M'형은 내구성, 집념이 부족하다.

③ S, S'형은 담력, 자신감이 강하다.   ④ P, P'형은 운동, 결단이 빠르다.

해설

Y-K(Yutaka – Kohata) 성격검사

성격유형	작업 성격 인자	적성직종의 일반적 경향
① C, C'형 (담즙질)진공성형	1. 운동, 결단, 기민하고 빠르다. 2. 적응 빠르다. 3. 세심하지 않다. 4. 내구성, 집념부족 5. 진공 자신감 강함	1. 대인적 작업 2. 창조적, 관리자적 직업 3. 변화 있는 기술적, 가공작업 4. 변화 있는 물품을 대상으로 하는 불연속작업
② M, M'형 (흡담즙질)신경질형	1. 운동성 느리고 지속성 풍부 2. 적응 느리다 3. 세심, 억제, 정확하다. 4. 내구성, 집념, 지속성 5. 담력, 자신감 강하다	1. 연속적, 신중적, 인내적 작업 2. 연구 개발적, 과학적 작업 3. 정밀 복합성 작업
③ S, S'형(다혈질) 운동성형	1, 2, 3, 4 : C, C'형과 동일 5. 담력, 자신감 약하다.	1. 변화하는 불연속적 작업 2. 사람상대 상업적 작업 3. 기민한 동작을 요하는 작업
④ P, P'형(점액질) 평범수동성형	1, 2, 3, 4 : M, M'형과 동일 5. 담력, 자신감 약함	1. 경리사무, 흐름작업 2. 계기관리, 연속작업 3. 지속적 단순작업
⑤ Am형(이상질)	1. 극도로 나쁨 2. 극도로 느림 3. 극도로 나쁨 4. 극도로 결핍 5. 극도로 강하거나 약함	1. 위험을 수반하지 않는 단순한 기술적 작업 2. 작업상 부적응성 성격자는 정신위생적 치료 요함

04 재해예방의 4원칙이 아닌 것은?

① 손실우연의 원칙　　　　　② 사전준비의 원칙
③ 원인계기의 원칙　　　　　④ 대책선정의 원칙

해설

재해예방의 4원칙

· 손실우연의 원칙 : 재해손실은 사고발생시 사고 대상의 조건에 따라 달라지므로 사고의 결과로서 생긴 재해손실은 우연성에 의해 결정된다.
· 원인계기의 원칙 : 사고와 원인관계는 필연적으로, 재해발생은 반드시 원인이 있다.
· 예방가능의 원칙 : 재해는 원칙적으로 원인만 제거되면 예방이 가능하다.
· 대책선정의 원칙 : 재해예방을 위한 안전대책은 반드시 존재한다.

05 재해의 발생확률은 개인적 특성이 아니라 그 사람이 종사하는 작업의 위험성에 기초한다는 이론은?

① 암시설　　　　　② 경향설
③ 미숙설　　　　　④ 기회설

해설

재해 빈발성

· 기회설 : 재해가 다발하는 것은 개인의 영향이 아니라 작업조건 자체에 위험성이 많기 때문이라는 설이다.
· 암시설 : 한 번 재해를 당하면 겁쟁이가 되거나 신경과민이 되어 그 사람이 갖는 대응능력이 열화되기 때문에 재해가 빈발한다는 설이다.
· 재해빈발경향자설 : 근로자 가운데에 재해를 빈발하는 소질적 결함자가 있다는 설이다.

06 타인의 비판 없이 자유로운 토론을 통하여 다량의 독창적인 아이디어를 이끌어내고, 대안적 해결안을 찾기 위한 집단적 사고기법은?

① Role playing　　　　　② Brain storming
③ Action playing　　　　④ Fish Bowl playing

해설

브레인스토밍(BS, Brain Storming)의 4원칙

· 비평금지 : 좋다, 나쁘다고 비평하지 않는다.
· 자유분방 : 마음대로 편안히 발언한다.
· 다량발언 : 무엇이건 좋으니 많이 발언한다.
· 수정발언 : 타인의 아이디어에 수정하거나 덧붙여 말하여도 좋다.

07 강도율 7인 사업장에서 한 작업자가 평생 동안 작업을 한다면 산업재해로 인한 근로손실 일수는 며칠로 예상되는가?(단, 이 사업장의 연근로시간과 한 작업자의 평생근로시간은 100,000시간으로 가정한다.)

① 500
② 600
③ 700
④ 800

> **해설**
>
> 환산강도율 : 평생근로시간(40년, 10만시간)당 잃어버린 근로손실일수
>
> ∴ 환산 강도율 = 강도율 × 100 = 7 × 100 = 700

08 산업안전보건법령상 유해·위험 방지를 위한 방호조치가 필요한 기계·기구가 아닌 것은?

① 예초기
② 지게차
③ 금속절단기
④ 금속탐지기

> **해설**
>
> 유해·위험방지를 위하여 방호조치가 필요한 기계·기구 등
>
> ・예초기 　　・원심기
> ・공기압축기 　・금속절단기
> ・지게차 　　　・포장기계(진공포장기, 랩핑기로 한정)

09 산업안전보건법령상 안전·보건표지의 색채와 사용사례의 연결로 틀린 것은?

① 노란색 – 화학물질 취급장소에서의 유해·위험 경고 이외의 위험경고
② 파란색 – 특정 행위의 지시 및 사실의 고지
③ 빨간색 – 화학물질 취급장소에서의 유해·위험 경고
④ 녹색 – 정지신호, 소화설비 및 그 장소, 유해행위의 금지

> **해설**
>
> 산업안전표지의 색채 종류, 색도 기준 및 용도

색채	색도 기준	용도	사용 예
빨간색	7.5R 4/14	금지	정지신호, 소화설비 및 그 장소, 유해행위의 금지
		경고	화학물질 취급 장소에서의 유해·위험물질 경고
노란색	5Y 8.5/12	경고	화학물질 취급 장소에서의 유해·위험 경고 이 외의 위험경고, 주의표지 또는 기계 방호물
파란색	2.5PB 4/10	지시	특정행위의 지시 및 사실의 고지
녹색	2.5G 4/10	안내	비상구 및 피난소, 사람 또는 차량의 통행표지
흰색	N9.5		파란색 또는 녹색에 대한 보조색
검정색	N0.5		문자 및 빨간색 또는 노란색에 대한 보조색

10 재해의 발생형태 중 다음 그림이 나타내는 것은?

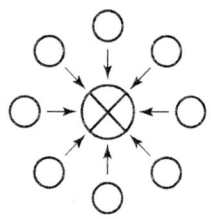

① 단순 연쇄형　　　　　② 복합 연쇄형
③ 단순 자극형　　　　　④ 복합형

> 해설

산업재해의 발생형태(⊗ : 재해)

11 생체리듬의 변화에 대한 설명으로 틀린 것은?
① 야간에는 체중이 감소한다.
② 야간에는 말초운동 기능이 증가된다.
③ 체온, 혈압, 맥박수는 주간에 상승하고 야간에 감소한다.
④ 혈액의 수분과 염분량은 주간에 감소하고 야간에 상승한다.

> 해설

야간에는 말초운동 기능이 감소된다.

12 무재해 운동을 추진하기 위한 조직의 세 기둥으로 볼 수 없는 것은?
① 최고경영자의 경영자세　　　　② 소집단 자주활동의 활성화
③ 전 종업원의 안전요원화　　　　④ 라인관리자에 의한 안전보건의 추진

> 해설

무재해운동의 3요소(무재해운동 추진 3기둥)
· 최고경영자의 경영자세 : 사업주
· 관리감독자에 의한 안전보건의 추진 : 관리감독자(라인화의 철저)
· 직장 소집단의 자주 활동의 활발화 : 근로자

13 안전인증 절연장갑에 안전인증 표시 외에 추가로 표시하여야 하는 등급별 색상의 연결로 옳은 것은? (단, 고용노동부 고시를 기준으로 한다.)

① 00등급 : 갈색   ② 0등급 : 흰색

③ 1등급 : 노란색   ④ 2등급 : 빨간색

해설

절연장갑의 등급별 최대사용전압 및 색상

등급	최대사용전압		색상
	교류(V, 실효값)	직류(V)	
00	500	750	갈색
0	1,000	1,500	빨간색
1	750	11,250	흰색
2	17,000	25,500	노란색
3	26,500	39,750	녹색
4	36,000	54,000	등색

14 안전교육방법 중 구안법(Project Method)의 4단계의 순서로 옳은 것은?

① 계획수립 → 목적결정 → 활동 → 평가

② 평가 → 계획수립 → 목적결정 → 활동

③ 목적결정 → 계획수립 → 활동 → 평가

④ 활동 → 계획수립 → 목적결정 → 평가

해설

구안법(Project Method)

(1) 정의 : 학습자 스스로가 계획을 세워서 수행하는 학습활동으로 이루어지는 교육 형태이다.

(2) 구안법의 단계

　① 1단계 : 목적

　② 2단계 : 계획

　③ 3단계 : 수행(활동)

　④ 4단계 : 평가

(3) 특징

　① 동기부여가 충분하다.

　② 현실적인 학습방법이다.

　③ 작업에 대하여 창조력이 생긴다.

　④ 시간과 에너지가 많이 소비된다.

15 산업안전보건법령상 사업 내 안전보건교육 중 관리감독자 정기교육의 내용이 아닌 것은?

① 유해·위험 작업환경 관리에 관한 사항
② 표준안전 작업방법 및 지도 요령에 관한 사항
③ 작업공정의 유해·위험과 재해 예방대책에 관한 사항
④ 기계·기구의 위험성과 작업의 순서 및 동선에 관한 사항

해설

관리감독자 정기안전보건교육내용
· 작업공정의 유해·위험과 재해 예방대책에 관한 사항
· 표준 안전작업방법 및 지도 요령에 관한 사항
· 관리감독자의 역할과 임무에 관한 사항
· 산업보건 및 직업병 예방에 관한 사항
· 유해·위험 작업환경 관리에 관한 사항
· 산업안전보건법 및 일반관리에 관한 사항

16 다음 재해원인 중 간접원인에 해당하지 않는 것은?

① 기술적 원인
② 교육적 원인
③ 관리적 원인
④ 인적 원인

해설

직접원인
· 인적 원인(불안전한 행동)
· 물적 원인(불안전한 상태)

17 재해원인 분석방법의 통계적 원인분석 중 사고의 유형, 기인물 등 분류항목을 큰 순서대로 도표화한 것은?

① 파레토도
② 특성요인도
③ 크로스도
④ 관리도

해설

통계적 원인분석방법
· 파렛토도 : 사고의 유형, 기인물 등 분류항목을 큰 순서대로 도표화하여 분석하는 방법이다.
· 특성요인도 : 특성과 요인을 도표로 하여 어골상(漁骨狀)으로 세분화한다.
· 크로스 분석 : 데이터를 집계하고 표로 표시하여 요인별 결과내역을 교차한 크로스 그림을 작성하여 분석한다.
· 관리도 : 재해 발생 건수 등의 추이를 파악하고 목표관리를 행하는데 필요한 월별 재해발생수를 그래프화하여 관리선을 설정·관리하는 방법이다.

18 다음 중 헤드십(Headship)에 관한 설명과 가장 거리가 먼 것은?

① 권한의 근거는 공식적이다.

② 지휘의 형태는 민주주의적이다.

③ 상사와 부하와의 사회적 간격은 넓다.

④ 상사와 부하와의 관계는 지배적이다.

해설

헤드십과 리더십의 구분

구분	헤드십	리더십
임명	위에서 위임하여 임명	아래에서 동의에 의해 선출
권한근거	법적 또는 공식적	개인능력
상관과 부하와의 관계 및 책임 귀속	지배적 상사	개인적인 경향 상사와 부하
부하와의 사회적 간격	넓다	좁다
지휘형태	권위주의적	민주주의적

19 다음 설명에 해당하는 학습 지도의 원리는?

학습자가 지니고 있는 각자의 요구와 능력 등에 알맞은 학습활동의 기회를 마련해주어야 한다는 원리

① 직관의 원리

② 자기활동의 원리

③ 개별화의 원리

④ 사회화의 원리

해설

학습지도의 원리

(1) 자기활동의 원리 : 학습자 자신이 스스로 자발적으로 학습에 참여하는데 중점을 둔 원리

(2) 개별화의 원리 : 학습자가 지니고 있는 각자의 요구와 능력 등에 알맞은 학습활동의 기회를 마련해 주어야 한다는 원리

(3) 사회화의 원리 : 학습내용이 현실사회의 사상과 문제를 기반으로 하여 학교에서 경험한 것을 교류시키고 공동학습을 통하여 협력적이고 우호적인 학습을 진행시키는 원리

(4) 통합의 원리 : 학습을 종합적인 전체로서 지도하자는 원리(=동시학습의 원리)

(5) 직관의 원리 : 구체적인 사물을 직접 제시하거나 경험시킴으로써 큰 효과를 볼 수 있다는 원리

20 안전교육의 단계에 있어 교육대상자가 스스로 행함으로서 습득하게 하는 교육은?

① 의식교육

② 기능교육

③ 지식교육

④ 태도교육

해설

안전교육 훈련기법 (사업장에서의 기본교육 훈련방식)

· 지식형성 : 제시방식

· 기능숙련 : 실습방식

· 태도개발 : 참가방식

02 인간공학 및 시스템안전공학

21 결함수분석의 기호 중 입력사상이 어느 하나라도 발생할 경우 출력사상이 발생하는 것은?

① NOR GATE

② AND GATE

③ OR GATE

④ NAND GATE

해설

AND gate와 OR gate

AND gate	출력 입력	· 출력 X의 사상이 이어나가기 위해서는 모든 입력 A, B, C의 사상이 일어나지 않으면 안된다는 논리조작을 나타낸다. 즉, 모든, 입력 사상이 공존할 때만이 출력 사상이 발생한다. · 이 기호는 AND 또는 ● 와 같이 표시될 때도 있다.
OR gate	출력 입력	· 입력 사상 A, B중 어느 하나가 일어나도 출력 X의 사상이 일어난다고 하는 논리 조작을 나타낸다. 즉, 입력 사상 중 어느 것이나 하나가 존재할 때 출력 사상이 발생한다. · 이 기호는 OR 또는 + 와 같이 표시되기도 한다.

22 가스밸브를 잠그는 것을 잊어 사고가 발생했다면 작업자는 어떤 인적오류를 범한 것인가?

① 생략 오류(Omission Error)
② 시간지연 오류(Time Error)
③ 순서 오류(Sequential Error)
④ 작위적 오류(Commission Error)

해설

심리적인 분류(Swain) : Error의 원인을 불확정, 시간지연, 순서착오의 세 가지로 나누어 분류한다.
(1) Omission Error(부작위 실수, 생략과오) : 필요한 task또는 절차를 수행하지 않는 데 기인한 Error
(2) Time Error(시간적 과오, 지연오류) : 필요한 task 또는 절차의 수행지연으로 인한 Error
(3) Commission Error(작위 실수, 수행적 과오) : 필요한 task 또는 절차의 불확실한 수행으로 인한 Error
(4) Sequential Error(순서적 과오) : 필요한 task 또는 절차의 순서착오로 인한 Error
(5) Extraneous Error(불필요한 과오) : 불필요한 task 또는 절차를 수행함으로써 기인한 Error

23 어떤 소리가 1,000Hz, 60dB인 음과 같은 높이임에도 4배 더 크게 들린다면, 이 소리의 음압수준은 얼마인가?

① 70dB
② 80dB
③ 90dB
④ 100dB

해설

(1) 1,000Hz, 60dB : 60phon

$$Sone = 2^{\frac{60-40}{10}} = 2^2 = 4Sone$$

(2) 4sone × 4배 = 16sone
이 때, phon = 33.3log(Sone) + 40 = 33.3 × log(16) + 40 = 80phon
(3) 80phon : 1,000Hz에서 음압수준 80dB

24 시스템 안전분석 방법 중 예비위험분석(PHA)단계에서 식별하는 4가지 범주에 속하지 않는 것은?

① 위기상태
② 무시가능상태
③ 파국적상태
④ 예비조처상태

해설

예비위험분석(PHA)에서 식별하는 4가지 범주(Category)
· 파국적(Catastrophic)
· 중대(Critical)
· 한계적(Marginal)
· 무시가능(Negligible)

25 다음은 불꽃놀이용 화학물질취급설비에 대한 정량적 평가이다. 해당 항목에 대한 위험등급이 올바르게 연결된 것은?

항목	A (10점)	B (5점)	C (2점)	D (0점)
취급물질	○	○	○	
조작		○		○
화학설비의 용량	○		○	
온도	○	○		
압력		○	○	○

① 취급물질 – I등급, 화학설비의 용량 – I등급
② 온도 – I등급, 화학설비의 용량 – II등급
③ 취급물질 – I등급, 조작 – IV등급
④ 온도 – II등급, 압력 – III등급

해설

화학설비의 정량적 평가

(1) 당해 화학설비의 취급물질, 용량, 온도, 압력 및 조작의 5항목에 대해 A, B, C, D급으로 분류하고, A급은 10점, B급은 5점, C급은 2점, D급은 0점으로 점수를 부여한 후, 5항목에 관한 점수들의 합을 구한다.

(2) 합산 결과에 의한 위험도의 등급

등급	점수	내용
등급I	16점 이상	위험도가 높다.
등급II	11 ~ 15점 이하	주위상황, 다른 설비와 관련해서 평가
등급III	10점 이하	위험도가 낮다.

① 취급물질 : 17점(1등급)
② 조작 : 5점(3등급)
③ 화학설비의 용량 : 12점(2등급)
④ 온도 : 15점(2등급)
⑤ 압력 : 7점(3등급)

26 산업안전보건법령상 유해위험방지계획서의 제출 대상 제조업은 전기 계약 용량이 얼마 이상인 경우에 해당되는가? (단, 기타 예외사항은 제외한다.)

① 50kW
② 100kW
③ 200kW
④ 300kW

해설

유해위험방지계획서 제출대상 사업 : 전기 계약용량이 300kW이상인 제조업 등의 사업

27 인간 – 기계 시스템에서 시스템의 설계를 다음과 같이 구분할 때 제3단계인 기본설계에 해당되지 않는 것은?

> 1단계 : 시스템의 목표와 성능 명세 결정
> 2단계 : 시스템의 정의
> 3단계 : 기본설계
> 4단계 : 인터페이스설계
> 5단계 : 보조물 설계
> 6단계 : 시험 및 평가

① 화면 설계
② 작업 설계
③ 직무 분석
④ 기능 할당

해설

기본설계(제3단계)
· 인간, 하드웨어 및 소프트웨어에 대한 기능할당
· 작업설계(직무설계)
· 과업분석(직무분석)
· 인간 퍼포먼스(Performance)요건

28 결함수분석법에서 Path Set에 관한 설명으로 옳은 것은?

① 시스템의 약점을 표현한 것이다.
② Top사상을 발생시키는 조합이다.
③ 시스템이 고장 나지 않도록 하는 사상의 조합이다.
④ 시스템고장을 유발시키는 필요불가결한 기본사상들의 집합이다.

해설

(1) 컷과 미니멀 컷
· 컷(Cut) : 컷이란 그 속에 포함되어 있는 모든 기본사상(여기서는 통상사상, 생략 결함사상 등을 포함한 기본사상)이 일어났을 때, 정상사상을 일으키는 기본사상의 집합을 의미한다.
· 미니멀 컷(Minimal Cut Sets) : 정상사상을 일으키기 위해 필요한 최소한의 컷으로 컷 중 그 부분 집합만으로 정상사상이 일어나는 일이 없는 것을 의미한다.
(2) 패스(Path)와 미니멀 패스(Minimal Path Sets)
· 패스(Path) : 그 속에 포함되는 기본사상이 일어나지 않을 때, 처음으로 정상사상이 일어나지 않는 기본사상의 집합을 의미한다.
· 미니멀 패스(Minimal Path Sets) : 기본사상이 일어나지 않을 때, 정상 사상이 일어나지 않을 필요 최소한의 것을 의미한다.

29 연구 기준의 요건과 내용이 옳은 것은?

① 무오염성 : 실제로 의도하는 바와 부합해야 한다.

② 적절성 : 반복 실험 시 재현성이 있어야 한다.

③ 신뢰성 : 측정하고자 하는 변수 이외의 다른 변수의 영향을 받아서는 안된다.

④ 민감도 : 피실험자 사이에서 볼 수 있는 예상 차이점에 비례하는 단위로 측정해야 한다.

> **해설**
>
> ・무오염성 : 측정하고자 하는 변수 이외의 다른 변수의 영향을 받아서는 안 된다.
>
> ・적절성 : 의도된 목적에 부합하여야 한다.
>
> ・신뢰성 : 반복 실험 시 재현성이 있어야 한다.

30 FTA 결과 다음과 같은 패스셋을 구성하였다. 최소 패스셋(Minimal Path Sets)로 옳은 것은?

[다음]	$\{X_2, X_3, X_4\}$
	$\{X_1, X_3, X_4\}$
	$\{X_3, X_4\}$

① $\{X_3,\ X_4\}$

② $\{X_1,\ X_3,\ X_4\}$

③ $\{X_2,\ X_3,\ X_4\}$

④ $\{X_2,\ X_3,\ X_4\}$와 $\{X_3,\ X_4\}$

> **해설**
>
> $$\left.\begin{bmatrix}(x_2, x_3, x_4)\\(x_1, x_3, x_4)\\(x_3, x_4)\end{bmatrix}\right\} \rightarrow [x_3 \cdot x_4]$$
>
> 패스셋　　　최소패스셋

31 인체측정에 대한 설명으로 옳은 것은?

① 인체측정은 동적측정과 정적측정이 있다.

② 인체측정학은 인체의 생화학적 특징을 다룬다.

③ 자세에 따른 인체치수의 변화는 없다고 가정한다.

④ 측정항목에 무게, 둘레, 두께, 길이는 포함되지 않는다.

> **해설**
>
> 인체계측의 방법
>
> (1) 구조적 치수(정적 인체계측)
>
> ① 체위를 정지한 상태에서의 기본자서(선 자세, 앉은 자세 등)에 관한 신체 각 부를 계측하는 것이다.
>
> ② 여러 가지 설계의 표준이 되는 기초적 치수를 결정하는 데 그 목적이 있다.
>
> (2) 기능적 치수(동적 인체계측)
>
> ① 상지나 하지의 운동이나 체위의 움직임에 따른 상태에서 계측하는 것이다
>
> ② 설계의 작업, 생활조건에 밀접한 관계를 갖는 현실성 있는 인체치수를 구하는 것이다.

32 실린더 블록에 사용하는 가스켓의 수명 분포는 $X \sim N(10,000, 200^2)$인 정규분포를 따른다. $t = 9,600$시간일 경우에 신뢰도는($R(t)$)는?(단, $P(Z \leq 1) = 0.8413$, $P(Z \leq 1.5) = 0.9332$, $P(Z \leq 2) = 0.9772$, $P(Z \leq 3) = 0.9987$이다.)

① 84.13%
② 93.32%
③ 97.72%
④ 99.87%

해설

정규분포 범위 $= \dfrac{평균 - 시간}{표준편차} = \dfrac{10,000 - 9,600}{200} = \dfrac{400}{200} = 2$

$Z \leq 2$이므로 신뢰도는 0.9772, 즉 97.72%이다.

33 다음 중 열 중독증(Heat Illness)의 강도를 올바르게 나열한 것은?

ⓐ 열소모(Heat Exhaustion)
ⓑ 열발진(Heat Rash)
ⓒ 열경련(Heat Cramp)
ⓓ 열사병(Heat Stroke)

① ⓒ < ⓑ < ⓐ < ⓓ
② ⓒ < ⓑ < ⓓ < ⓐ
③ ⓑ < ⓒ < ⓐ < ⓓ
④ ⓑ < ⓓ < ⓐ < ⓒ

해설

열중독증

(1) 종류
- 열발진 : 땀샘의 막힘, 땀의 체류, 염증 등이 원인이 되어 피부에 작고 붉으며 물집모양의 뾰루지가 생기는 것으로[땀띠]라고도 한다.
- 열경련 : 고온환경에서 작업 중이거나 작업 후 수시간 내에 근육(팔, 다리, 복부 등)에 통증이 있는 경련이 생기는 것으로 염분손실과 관계된다.
- 열소모(열피비) : 주로 탈수 때문에 생기는 것으로 근육 무력, 구역질, 구토, 현기증, 실신 등의 증상을 나타낸다.
- 열사병 : 체온이 과도하게 상승하여 온도조절 메커니즘이 파괴되었을 때 생긴다.

(2) 열중독증의 강도 순서 : 열발진 < 열경련 < 열소모 < 열사병

34 사무실 의자나 책상에 적용할 인체 측정 자료의 설계 원칙으로 가장 적합한 것은?

① 평균치 설계   ② 조절식 설계

③ 최대치 설계   ④ 최소치 설계

> **해설**
>
> 조절식의 적용
> - 조절식은 자동차 좌석의 전후조절, 사무실 의자의 상하조절 등에 응용된다.
> - 조절식을 설계할 때에는 통상 5%치에서 95%까지 90%범위를 수용대상으로 설계하는 것이 관례이다.

35 암호체계의 사용 시 고려해야 될 사항과 거리가 먼 것은?

① 정보를 암호화한 자극은 검출이 가능하여야 한다.

② 다 차원의 암호보다 단일 차원화된 암호가 정보 전달이 촉진된다.

③ 암호를 사용할 때는 사용자가 그 뜻을 분명히 알 수 있어야 한다.

④ 모든 암호 표시는 감지장치에 의해 검출될 수 있고, 다른 암호 표시와 구별될 수 있어야 한다.

> **해설**
>
> 암호체계 사용상의 일반적인 지침
> - 암호의 검출성 : 검출이 가능해야 한다.
> - 암호의 변별성 : 다음 암호표시와 구별되어야 한다.
> - 부호의 양립성 : 양립성이란 자극들 간의, 반응들 간의, 자극 −반응 조합의 관계가 인간의 기대와 모순되지 않는다.
> - 부호의 의미 : 사용자가 그 뜻을 분명히 알아야 한다.
> - 암호의 표준화 : 암호를 표준화하여야 한다.
> - 다차원 암호의 사용 : 2가지 이상의 암호차원을 조합해서 사용하면 정보전달이 촉진된다.

36 신호검출이론(SDT)의 판정결과 중 신호가 없었는데도 있었다고 말하는 경우는?

① 긍정(Hit)   ② 누락(Miss)

③ 허위(False Alarm)   ④ 부정(Correct Rejection)

> **해설**
>
> 신호검출이론(SDT)의 판정결과
> - 긍정(Hit ; 옳은 결정) : 신호(S)를 신호(S)로 판정할 확률, $P(S/S)$
>
> $P(S/S) = 1 - P(N/S)$
> - 누락(Miss ; 신호 검출 실패) : 신호(S)를 소음(N)으로 판정할 확률, $P(N/S)$
> - 허위경보(False Alarm) : 소음(N)을 신호(S)로 판정할 확률, $P(S/N)$
> - 부정(Correct Rejection ; 옳은 결정) : 소음(N)을 소음(N)으로 판정할 확률, $P(N/N)$
>
> $P(N/N) = 1 - P(S/N)$

37 촉감의 일반적인 척도의 하나인 2점 문턱값(two–point threshold)이 감소하는 순서대로 나열된 것은?

① 손가락 → 손바닥 → 손가락 끝 ② 손바닥 → 손가락 → 손가락 끝

③ 손가락 끝 → 손가락 → 손바닥 ④ 손가락 끝 → 손바닥 → 손가락

> **해설**
>
> 2점 문턱값(two–point threshold)
>
> (1) 정의
>
>   ① 두 점을 눌렀을 때 따로 따로 지각할 수 있는 두 점 사이의 최소거리를 말한다.
>
>   ② 촉감의 일반적 척도로 사용한다.
>
> (2) 2점 문턱 값이 감소하는 순서 : '손바닥 → 손가락 → 손가락 끝'으로 갈수록 강도가 증가(2점 문턱 값 감소)하므로 세밀한 식별이 필요한 경우 손바닥보다 손가락 사용을 유도해야 한다.

38 시스템 안전분석 방법 중 HAZOP에서 "완전 대체"를 의미하는 것은?

① NOT ② REVERSE

③ PART OF ④ OTHER THAN

> **해설**
>
> 유인어
>
> ・No 또는 Not : 설계의도의 완전한 부정
>
> ・More 또는 Less : 양(압력, 반응, Flow Fate, 온도 등)의 증가 또는 감소
>
> ・As well As : 성질상의 증가(설계의도와 운전조건이 어떤 부가적인 행위와 함께 일어남)
>
> ・Part of : 일부변경, 성질상의 감소(어떤 의도는 성취되나 어떤 의도는 성취되지 않음)
>
> ・Reverse : 설계이도의 논리적인 역
>
> ・Other than : 완전한 대체(통상 운전과 다르게 되는 상태)

39 어느 부품 1,000개를 100,000시간 동안 가동 하였을 때 5개의 불량품이 발생하였을 경우 평균동작시간(MTTF)은?

① 1×10^6 시간 ② 2×10^7 시간

③ 1×10^8 시간 ④ 2×10^9 시간

> **해설**
>
> $$MTTF = \frac{1}{\lambda(고장률)} = \frac{고장시간}{고장건수} = \frac{1,000 \times 100,000}{5} = 2 \times 10^7 시간$$

40 신체활동의 생리학적 측정법 중 전신의 육체적인 활동을 측정하는데 가장 적합한 방법은?

① Flicker 측정
② 산소 소비량 측정
③ 근전도(EMG) 측정
④ 피부전기반사(GSR) 측정

해설

산소소비량(Oxygen Consumption)

· 산소소비량을 측정하여 에너지 소비량을 평가할 수 있다.
· 육체적 작업 특히 큰 근육의 움직임을 요구하는 동적작업(Dynamic Work)을 많이 하면 산소소비량이 증가한다.

03 기계위험방지기술

41 산업안전보건법령상 롤러기의 방호장치 중 롤러의 앞면 표면속도가 30m/min 이상일 때 무부하 동작에서 급정지거리는?

① 앞면 롤러 원주의 1/2.5 이내
② 앞면 롤러 원주의 1/3 이내
③ 앞면 롤러 원주의 1/3.5 이내
④ 앞면 롤러 원주의 1/5.5 이내

해설

급정지 장치 설치

앞면 롤러의 표면속도(m/min)	급정지 거리
30 미만	앞면 롤러 원주의 1/3 이내
30 이상	앞면 롤러 원주의 1/2.5 이내

42 극한하중이 600N인 체인에 안전계수가 4일 때 체인의 정격하중(N)은?

① 130
② 140
③ 150
④ 160

해설

$$안전계수 = \frac{극한하중}{정격하중}$$

$$정격하중 = \frac{극한하중}{안전계수} = \frac{600}{4} = 150$$

43 연삭작업에서 숫돌의 파괴원인으로 가장 적절하지 않은 것은?

① 숫돌의 회전속도가 너무 빠를 때
② 연삭작업 시 숫돌의 정면을 사용할 때
③ 숫돌에 큰 충격을 줬을 때
④ 숫돌의 회전중심이 제대로 잡히지 않았을 때

해설
연삭기숫돌의 파괴원인
• 숫돌의 회전 속도가 너무 빠를 때
• 숫돌 자체에 균열이 있을 때
• 숫돌의 측면을 사용하여 작업을 할 때
• 숫돌에 과대한 충격을 가할 때
• 숫돌의 불균형이나 베어링 마모에 의한 진동이 있을 때
• 숫돌의 치수가 부적당할 때
• 숫돌 반경 방향의 온도변화가 심할 때
• 작업에 부적당한 숫돌을 사용할 때
• 플랜지가 숫돌에 비해 현저히 작을 때

44 산업안전보건법령상 용접장치의 안전에 관한 준수사항으로 옳은 것은?

① 아세틸렌 용접장치의 발생기실을 옥외에 설치한 경우에는 그 개구부를 다른 건축물로부터 1m 이상 떨어지도록 하여야 한다.
② 가스집합장치로부터 7m 이내의 장소에서는 화기의 사용을 금지시킨다.
③ 아세틸렌 발생기에서 10m 이내 또는 발생기실에서 4m 이내의 장소에서는 화기의 사용을 금지시킨다.
④ 아세틸렌 용접장치를 사용하여 용접작업을 할 경우 게이지 압력이 127kPa을 초과하는 압력의 아세틸렌을 발생시켜 사용해서는 아니 된다.

해설
• 아세틸렌 용접장치의 발생기실을 옥외에 설치한 경우에는 그 개구부를 다른 건축물로부터 1.5m 이상 떨어지도록 하여야 한다.
• 가스집합장치로부터 5m 이내의 장소에서는 화기의 사용을 금지시킨다.
• 아세틸렌 발생기에서 5m 이내 또는 발생기실에서 3m 이내의 장소에서는 흡연, 화기의 사용 또는 불꽃이 발생할 위험한 행위를 금지시킨다.

45 500rpm으로 회전하는 연삭숫돌의 지름이 300mm일 때 원주속도(m/min)는?

① 약 748　　　　　　　　② 약 650

③ 약 532　　　　　　　　④ 약 471

> **해설**
>
> 원주 속도(V)
>
> $$V(\text{m/min}) = \frac{\pi DN}{1,000} = \frac{3.14 \times 300 \times 500}{1,000} = 471 m/min$$

46 산업안전보건법령상 로봇을 운전하는 경우 근로자가 로봇에 부딪칠 위험이 있을 때 높이는 최소 얼마 이상의 울타리를 설치하여야 하는가? (단, 로봇의 가동범위 등을 고려하여 높이로 인한 위험성이 없는 경우는 제외)

① 0.9m　　　　　　　　② 1.2m

③ 1.5m　　　　　　　　④ 1.8m

> **해설**
>
> 로봇의 운전으로 인해 근로자가 로봇에 부딪칠 위험이 있을 때에는 1.8m 이상의 울타리를 설치하여야 한다.

47 일반적으로 전류가 과대하고, 용접속도가 너무 빠르며, 아크를 짧게 유지하기 어려운 경우 모재 및 용접부의 일부가 녹아서 홈 또는 오목한 부분이 생기는 용접부 결함은?

① 잔류응력　　　　　　　② 융합불량

③ 기공　　　　　　　　　④ 언더컷

> **해설**
>
> 용접결함
> - 언더컷(Under Cut) : 용접상부(모재표면과 용접표면이 교차되는 점)에 따라 모재가 녹아 용착금속이 채워지지 않고 홈으로 남게 되는 부분
> - 오버 랩(Over Lap ; 겹치기) : 용접 금속과 모재가 융합되지 않고 겹쳐지는 결함
> - 균열(Crack) : 공기구멍 또는 선상조직, 용접의 구속, 살 붙임 불량 등으로 생기는 결함
> - 슬래그 섞임(Slag Inclusion ; 슬래그 감싸 돌기) : 용접에서 용융금속이 급속하게 냉각되면 슬래그의 일부분이 달아나지 못하고 용착 금속 내에 혼입되는 결함.
> - 피트(Pit) : 공기의 구멍이 발생함으로서 용접부의 표면에 생기는 작은 구멍
> - 공기구멍(Blow Hole = Gas Pocket) : 용접 금속의 내부에 생기는 구멍으로 주로 용융금속이 응고할 때 방출되어야 할 가스가 남아서 생기는 경함

48 산업안전보건법령상 승강기의 종류로 옳지 않은 것은?

① 승객용 엘리베이터   ② 리프트

③ 화물용 엘리베이터   ④ 승객화물용 엘리베이터

> **해설**
>
> 승강기의 종류
> · 승객용 엘리베이터 : 사람의 운송에 적합하게 제조·설치된 엘리베이터
> · 승객화물용 엘리베이터 : 사람의 운송과 화물 운반을 겸용하는데 적합하게 제조·설치된 엘리베이터
> · 화물용 엘리베이터 : 화물 운반에 적합하게 제조·설치된 엘리베이터로서 조작자 또는 화물취급자 1명은 탑승 할 수 있는 것(적재용량이 300킬로그램 미만인 것은 제외한다)
> · 소형화물용 엘리베이터 : 음식물이나 서적 등 소형 화물의 운반에 적합하게 제조·설치된 엘리베이터로서 사람의 탑승이 금지된 것
> · 에스컬레이터 : 일정한 경사로 또는 수평로를 따라 위·아래 또는 옆으로 움직이는 디딤판을 통해 사람이나 화물을 승강장으로 운송시키는 설비

49 다음 중 선반의 방호장치로 가장 거리가 먼 것은?

① 쉴드(Shield)   ② 슬라이딩

③ 척 커버   ④ 칩 브레이커

> **해설**
>
> 선반의 방호장치
> · 칩 브레이커 : 바이트에 설치된 칩을 짧게 끊어내는 장치
> · 쉴드(Shield) : 칩 비산 방지 투명판
> · 덮개 또는 울 : 돌출가공물에 설치한 안전장치
> · 브레이크 : 급정지장치
> · 기타 척커버, 고정브리지(Bridge) 등

50 산업안전보건법령상 목재가공용 둥근톱 작업에서 분할날과 톱날 원주면과의 간격은 최대 얼마 이내가 되도록 조정하는가?

① 10mm   ② 12mm

③ 14mm   ④ 16mm

> **해설**
>
> 둥근톱기계의 방호장치 분할날 기준
> · 분할날과 톱날원주면과의 거리(분할날과 톱날의 간격) : 12mm 이내
> · 분할날의 최소길이 = $\pi D \times \dfrac{1}{4} \times \dfrac{2}{3}$
> · 분할날의 두께(t_2) : $1.1t_1 \le t_2 < b$ (t_1 : 톱의 두께, b : 치진폭)

51 기계설비에서 기계 고장률의 기본 모형으로 옳지 않은 것은?

① 조립 고장
② 초기 고장
③ 우발 고장
④ 마모 고장

해설

고장률의 기본모형
- 초기고장 : 감소형
- 우발고장 : 일정형
- 마모고장 : 증가형

52 산업안전보건법령상 화물의 낙하에 의해 운전자가 위험을 미칠 경우 지게차의 헤드가드(Head Guard)는 지게차 최대하중의 몇 배가 되는 등분포정하중에 견디는 강도를 가져야 하는가? (단, 4톤을 넘는 값은 제외)

① 1배
② 1.5배
③ 2배
④ 3배

해설

지게차 헤드가드의 구비조건
- 강도는 지게차의 최대하중의 2배 값(4톤을 넘는 값에 대해서는 4톤으로 한다)의 등분포정하중(等分布靜荷重)에 견딜 수 있을 것
- 상부틀의 각 개구의 폭 또는 길이가 16센티미터 미만일 것
- 운전자가 앉아서 조작하거나 서서 조작하는 지게차의 헤드가드는 [산업표준화법]에 따른 한국 산업표준에서 정하는 높이 기준 이상일 것
  ① 좌승식 : 좌석기준점으로부터 903mm이상
  ② 입승식 : 운전자가 서 있는 바닥면으로부터 1,880mm이상

53 다음 중 컨베이어의 안전장치로 옳지 않은 것은?

① 비상정지장치
② 반발예방장치
③ 역회전방지장치
④ 이탈방지장치

해설

컨베이어의 방호장치 : 이탈 및 역주행 방지장치, 비상정지장치, 덮개 또는 울 등 낙하물에 의한 위험 방지 장치, 건널다리, 스토퍼

54 크레인에 돌발 상황이 발생한 경우 안전을 유지하기 위하여 모든 전원을 차단하여 크레인을 급정지시키는 방호장치는?

① 호이스트
② 이탈방지장치
③ 비상정지장치
④ 아우트리거

> **해설**
> 비상정지장치 : 본문설명

55 산업안전보건법령상 프레스 등을 사용하여 작업을 할 때에 작업시작 전 점검 사항으로 가장 거리가 먼 것은?

① 압력방출장치의 기능
② 클러치 및 브레이크의 기능
③ 프레스의 금형 및 고정볼트 상태
④ 1행정 1정지기구·급정지장치 및 비상정지장치의 기능

> **해설**
> 프레스 등(프레스 또는 전단기)의 작업시작 전 점검항목
> ·클러치 및 브레이크의 기능
> ·크랭크축, 플라이휠, 슬라이드, 연결봉 및 연결나사의 볼의 풀림유무
> ·1행정 1정지 기구, 급정지장치 및 비상정지장치의 기능
> ·슬라이드 또는 칼날에 의한 위험방지기구의 기능
> ·프레스의 금형 및 고정 볼트 상태
> ·방호장치의 기능
> ·전단기의 길날 및 데이블의 상태

56 다음 중 프레스 방호장치에서 게이트 가드식 방호장치의 종류를 작동방식에 따라 분류할 때 가장 거리가 먼 것은?

① 경사식
② 하강식
③ 도립식
④ 횡 슬라이드식

> **해설**
> 게이트가드식 방호장치의 작동방식에 의한 분류
> ·하강식
> ·도립식
> ·횡슬라이드식
> ·상승식

57 선반작업의 안전수칙으로 가장 거리가 먼 것은?

① 기계에 주유 및 청소를 할 때에는 저속회전에서 한다.

② 일반적으로 가공물의 길이가 지름의 12배 이상일 때는 방진구를 사용하여 선반작업을 한다.

③ 바이트는 가급적 짧게 설치한다.

④ 면장갑을 사용하지 않는다.

해설

선반 작업 시 안전작업수칙

(1) 공작물의 길이가 직경의 12배 이상으로 가늘고 길 때는 방진구(공작물의 고정에 사용)를 사용하여 진동을 막을 것

(2) 보링작업 중 구멍 속에 손가락을 넣지 않을 것

(3) 칩이나 부스러기를 제거할 때는 반드시 브러시를 사용할 것

(4) 작업 중 장갑을 끼지 않을 것

(5) 시동 전에 심압대가 잘 죄여져 있는가를 확인할 것

(6) 선반기계를 정지시켜야 할 경우

　① 치수를 측정할 경우

　② 백기어(Back Gear)를 넣거나 풀 경우

　③ 주축을 변속할 경우

　④ 기계에 주유 및 청소를 할 경우

(7) 바이트는 가급적 짧게 설치하여 진동이나 휨을 막을 것

(8) 회전부분에 손을 대지 말 것

(9) 선반의 베드위에 공구를 놓지 말 것

(10) 일감의 센터구멍과 센터는 반드시 일치시킬 것

58 다음 중 보일러 운전 시 안전수칙으로 가장 적절하지 않은 것은?

① 가동 중인 보일러에는 작업자가 항상 정위치를 떠나지 아니할 것

② 보일러의 각종 부속장치의 누설상태를 점검할 것

③ 압력방출장치는 매 7년 마다 정기적으로 작동시험을 할 것

④ 노 내의 환기 및 통풍 장치를 점검할 것

해설

보일러의 압력방출장치

(1) 압력방출장치 : 최고사용압력(증기압력) 이하에서 자동적으로 밸브가 열려서 증기를 외부로 분출시켜 증기 상승압력을 방지하는 장치를 의미한다.

(2) 압력방출장치의 설치기준

　① 보일러의 안전한 가동을 위하여 보일러 규격에 적합한 압력방출장치를 1개 또는 2개 이상 설치하고 최고사용압력(설계압력 또는 최고허용압력)이하에서 작동되도록 할 것. 다만, 압력 방출장치가 2개 이상 설치된 경우에는 최고사용압력 이하에서 1개가 작동되고, 다른 압력방출장치는 최고사용압력 1.05배 이하에서 작동되도록 부착할 것

　② 압력방출장치는 1년에 1회 이상씩 국가교정기관에서 교정을 받은 압력계를 이용하여 설정압력에서 적정하게 작동하는 지를 검사한 후 납으로 봉인하여 사용하도록 할 것(단, 공정안전보고서 이행상태 평가결과가 우수한 사업장은 4년에 1회 이상 검사)

59 산업안전보건법령상 크레인에서 권과방지장치의 달기구 윗면이 권상장치의 아랫면과 접촉할 우려가 있는 경우 최소 몇 m 이상 간격이 되도록 조정하여야 하는가? (단, 직동식 권과방지장치의 경우는 제외)

① 0.1   ② 0.15

③ 0.25   ④ 0.3

해설

방호장치의 조정 : 크레인 및 이동식크레인의 양중기에 대한 권과방지장치는 혹·버킷 등 달기구의 윗면(그 달기구에 권상용 도르래가 설치된 경우에는 권상용 도르래의 윗면)이 드럼, 상부도르래, 트롤리 프레임 등 권상장치의 아랫면과 접촉할 우려가 있는 경우에 그 간격이 0.25m 이상(직동식 권과방지장치는 0.05m 이상)이 되도록 조정할 것

60 슬라이드가 내려옴에 따라 손을 쳐내는 막대가 좌우로 왕복하면서 위험한계에 있는 손을 보호하는 프레스 방호장치는?

① 수인식   ② 게이트 가드식

③ 반발예방장치   ④ 손쳐내기식

해설

손쳐내기식 방호장치 설치기준
(1) 슬라이드의 행정길이가 40mm 이상일 경우에 사용할 것
(2) 손쳐내기식 막대는 그 길이 및 진폭을 조정할 수 있는 구조일 것
(3) 손쳐내기판의 폭은 금형 크기의 1/2 이상으로 할 것(단, 행정이 300mm 이상은 폭을 300mm로 할 것)
(4) 슬라이드 하행징 거리의 3/4 위치에서 손을 안전히 밀어낼 것

04 전기위험방지기술

61 KS C IEC 60079–0에 따른 방폭기기에 대한 설명이다. 다음 빈칸에 알맞은 용어는?

(ⓐ)은 EPL로 표현되며 점화원이 될 수 있는 가능성에 기초하여 기기에 부여된 보호등급이다. EPL의 등급 중 (ⓑ)는 정상 작동, 예상된 오작동, 드문 오작동 중에 점화원이 될 수 없는 "매우 높은" 보호 등급의 기기이다.

① ⓐ Explosion Protection Level, ⓑ EPL Ga
② ⓐ Explosion Protection Level, ⓑ EPL Gc
③ ⓐ Equipment Protection Level, ⓑ EPL Ga
④ ⓐ Equipment Protection Level, ⓑ EPL Gc

해설

EPL(Equipment Protection Level)
· 정의 : 점화원이 될 수 있는 가능성에 기초하여 기기에 부여된 보호등급이다.
· EPL의 등급 : Ga, Gb, Gc

62 접지계통 분류에서 TN접지방식이 아닌 것은?

① TN–S 방식　　　　　　② TN–C 방식
③ TN–T 방식　　　　　　④ TN–C–S 방식

해설

TN접지방식의 분류
(1) TN–C(Terre Netural Combined)
　① 전원측 계통의 한점에서 대지와 직접연결하고,
　② 노출된 도전성부분의 보호선은 전원측 중성선과 결합시켜 접지하는 방법이다.
(2) TN–S(Terre Netural Separate)
　① 전원측 계통의 한점은 대지와 접지하고,
　② 노출된 도전성부분의 보호선은 전원측 중성선과 분리시켜 전원측 접지극에 접속하는 방법이다.
(3) TN–C · S(Terre Netural Combined Separate)
　① 전원측 계통의 한 점은 직접 연결한다.
　② 노출된 도전성 부분의 보호선 중 일부는 전원측 중성선과 결합시킨다.
　③ 나머지부분은 전원측 중성선과 분리시켜 전원측 접지극에 접속하는 방법이다.

63 접지공사의 종류에 따른 접지선(연동선)의 굵기 기준으로 옳은 것은?

① 제1종 : 공칭단면적 6mm² 이상

② 제2종 : 공칭단면적 12mm² 이상

③ 제3종 : 공칭단면적 5mm² 이상

④ 특별 제3종 : 공칭단면적 3.5mm² 이상

해설

접지공사의 종류별 접지저항과 접지선의 굵기

접지공별	접지저항	접지선의 굵기
제1종	10Ω이하	공칭단면적 6mm²이상의 연동선
제2종	$\dfrac{150}{1선지락전류}[\Omega]$이하	공칭단면적 16mm²이상의 연동선(고압전로 또는 특고압 가공전선로의 전로와 저압 전로를 변압기에 의하여 결합하는 경우에는 공칭단면적 6mm² 이상의 연동선)
제3종	100Ω이하	공칭단면적 2.5mm²이상의 연동선
특별제3종	10Ω이하	공칭단면적 2.5mm²이상의 연동선

64 최소 착화에너지가 0.26mJ인 가스에 정전용량이 100pF인 대전 물체로부터 정전기 방전에 의하여 착화할 수 있는 전압은 약 몇 V인가?

① 2,240　　　　　　② 2,260

③ 2,280　　　　　　④ 2,300

해설

$$E = \frac{1}{2}CV^2$$

$$V = \sqrt{\frac{2E}{C}} = \sqrt{\frac{2 \times 0.26 \times 10^{-3}}{100 \times 10^{-12}}} = 2,280.35\text{V}$$

65 누전차단기의 구성요소가 아닌 것은?

① 누전검출부　　　　② 영상변류기

③ 차단장치　　　　　④ 전력퓨즈

해설

전류 동작형 누전차단기의 구성요소

· 누전 검출부

· 영상변류기

· 차단기구

66 우리나라의 안전전압으로 볼 수 있는 것은 약 몇 V인가?

① 30 ② 50

③ 60 ④ 70

> 해설
> 우리나라 안전전압 : 30V

67 산업안전보건기준에 관한 규칙에 따라 누전에 의한 감전의 위험을 방지하기 위하여 접지를 하여야 하는 대상의 기준으로 틀린 것은? (단, 예외조건은 고려하지 않는다.)

① 전기기계·기구의 금속제 외함

② 고압 이상의 전기를 사용하는 전기기계·기구 주변의 금속제 칸막이

③ 고정배선에 접속된 전기기계·기구 중 사용전압이 대지 전압 100V를 넘는 비충전 금속체

④ 코드와 플러그를 접속하여 사용하는 전기기계·기구 중 휴대형 전동기계·기구의 노출된 비충전 금속체

> 해설
> 고정배선에 접속된 전기기계·기구 중 사용전압이 대지전압 150V를 넘는 비금속 금속체

68 정전유도를 받고 있는 접지되어 있지 않는 도전성 물체에 접촉한 경우 전격을 당하게 되는데 이 때 물체에 유도된 전압 V을 옳게 나타낸 것은?(단, E는 송전선의 대지전압, C_1은 송전선과 물체사이의 정전용량, C_2는 물체와 대지사이의 정전용량이며, 물체와 대지사이의 저항은 무시한 다.)

① $V = \dfrac{C_1}{C_1 + C_2} \times E$ ② $V = \dfrac{C_1 + C_2}{C_1} \times E$

③ $V = \dfrac{C_1}{C_1 \times C_2} \times E$ ④ $V = \dfrac{C_1 \times C_2}{C_1} \times E$

> 해설
> 물체에 유도된 전압(V)
>
> $V = \dfrac{C_1}{C_1 + C_2} \times E$

69 교류 아크 용접기의 자동전격방지장치는 전격의 위험을 방지하기 위하여 아크 발생이 중단된 후 약 1초 이내에 출력 측 무부하 전압을 자동적으로 몇 V 이하로 저하시켜야 하는가?

① 85

② 70

③ 50

④ 25

해설

교류아크용접기의 방호장치

(1) 방호장치 : 자동전격방지장치

(2) 방호장치의 성능

① 아크발생을 정지시킬 때 주접점이 개로될 때까지의 시간(자동시간)은 1초 이내일 것

② 2차 무부하 전압은 25V 이내일 것

(3) 자동전격방지장치의 기능 : 용접작업 중단 직후부터 다음 아크 발생까지 유지할 것

70 정전기 발생에 영향을 주는 요인으로 가장 적절하지 않은 것은?

① 분리속도

② 물체의 질량

③ 접촉면적 및 압력

④ 물체의 표면상태

해설

정전기 발생에 영향을 주는 요인

(1) 물체의 특성

① 대전량은 접촉이나 분리하는 두 가지 물체가 대전서열 내에서 가까운 위치에 있으면 대전량이 적고 먼 위치에 있을수록 대전량이 커진다.

② 물체가 불순물을 포함하고 있으면 정전기 발생량은 커진다.

(2) 물체의 표면상태

① 물체의 표면이 원활하면 정전기 발생량이 적어진다.

② 물체표면이 수분이나 기름 등에 오염되었을 때에는 산화, 부식에 의해 정전기가 크게 발생한다.

(3) 물체의 분리력 : 처음접촉, 분리가 일어날 때 정전기 발생은 최대가 되며 이후 접촉, 분리가 반복됨에 따라 발생량은 점차 감소한다.

(4) 접촉면적 및 압력

① 접촉 면적이 클수록 발생량은 커진다.

② 접촉압력이 증가하면 접촉 면적이 커지므로 발생량도 증가하게 된다.

(5) 분리속도

① 전하완화시간이 길면 전하분리에 주는 에너지가 커져서 발생량이 증가한다.

② 물체의 분리속도가 빠를수록 정전기 발생량은 커진다.

71 다음에서 설명하고 있는 방폭구조는?

> 전기기기의 정상 사용 조건 및 특정 비정상 상태에서 과도한 온도 상승, 아크 또는 스파크의
> 발생위험을 방지하기 위해 추가적인 안전 조치를 취한 것으로 Ex e라고 표시한다.

① 유입 방폭구조
② 압력 방폭구조
③ 내압 방폭구조
④ 안전증 방폭구조

해설
방폭구조의 종류별 특징
(1) 유입방폭구조 : 전폐용기에 기름을 채워서 외부의 폭발성가스와 점화원이 접촉하여 인화될 위험이 없도록 한 구조
(2) 압력방폭구조 : 용기내부에 불연성 가스인 공기나 질소 등을 압입시켜 외부의 폭발성 가스가 용기내부로 침투하지 못하도록 한 구조
(3) 내압방폭구조 : 아크 또는 고열이 발생하여 폭발성가스에 점화할 우려가 있는 부분을 전폐된 용기에 넣어 폭발에 견디도록 한 구조
(4) 안전증방폭구조 : 안전성을 더욱 보강하기 위하여 코일의 절연보강, 공극을 크게 하여 구조상 또는 온도상승에 대하여 금속망 같은 물질로 차폐시킨 구조로 전기불꽃이나 과열에 대하여 회로특성상 폭발의 위험을 방지할 수 있는 구조

72 KS C IEC 60079–6에 따른 유입방폭구조 "o" 방폭장비의 최소 IP등급은?

① IP44
② IP54
③ IP55
④ IP66

해설
유입 방폭 구조(o) 방폭 장비의 최소 IP등급 : IP66

73 20Ω의 저항 중에 5A의 전류를 3분간 흘렸을 때의 발열량(cal)은?

① 4,320
② 90,000
③ 21,600
④ 376,560

해설

$$W = I^2 \times R \times T = 5^2 \times 20 \times 3min \times \frac{60sec}{1min} = 90,000 J$$

$$= 90,000J \times \frac{1cal}{4.186J} = 21,500cal$$

74 다음은 어떤 방전에 대한 설명인가?

> 정전기가 대전되어 있는 부도체에 접지체가 접근한 경우 대전물체와 접지체 사이에 발생하는 방전과 거의 동시에 부도체의 표면을 따라서 발생하는 나뭇가지 형태의 발광을 수반하는 방전

① 코로나 방전
② 뇌상 방전
③ 연면 방전
④ 불꽃 방전

해설

연면방전의 특징
(1) 정의
  · 액체 또는 고체 절연체와 기체 사이의 경계에 따른 방전이다.
  · 정전기가 대전되어 있는 부도체에 접지체가 접근할 경우 대전물체와 접지체 사이에서 발생하는 것으로 나뭇가지 형태(별표마크)의 발광을 수반하는 방전을 말한다.
(2) 방전조건
  · 부도체의 대전량이 극히 큰 경우
  · 대전된 부도체의 표면 가까이에 접지체가 있는 경우

75 가연성 가스가 있는 곳에 저압 옥내전기설비를 금속관 공사에 의해 시설하고자 한다. 관 상호 간 또는 관과 전기기계기구와는 몇 턱 이상 나사조임으로 접속하여야 하는가?

① 2턱
② 3턱
③ 4턱
④ 5턱

해설

전선관 상호 접속할 경우 : 유니온 카플링 등을 사용하여 최소한 5산(턱) 이상 유효하게 접속할 것

76 전기시설의 직접 접촉에 의한 감전방지 방법으로 적절하지 않은 것은?

① 충전부는 내구성이 있는 절연물로 완전히 덮어 감쌀 것
② 충전부가 노출되지 않도록 폐쇄형 외함이 있는 구조로 할 것
③ 충전부에 충분한 절연효과가 있는 방호망 또는 절연 덮개를 설치할 것
④ 충전부는 출입이 용이한 전개된 장소에 설치하고 위험표시 등의 방법으로 방호를 강화할 것

해설

직접접촉 및 간접접촉에 의한 감전방지대책
(1) 직접접촉에 의한 감전방지대책
  · 충전부 전체를 절연할 것
  · 노출형 배전설비 등은 폐쇄 배전반형으로 하고 전동기 등은 적절한 방호구조의 형식을 사용할 것
  · 설치장소의 제한, 별도의 실내 또는 울타리 등을 설치하고 시건 장치를 할 것

(2) 간접접촉에 의한 감전방지대책
  · 계통 또는 기기접지
  · 누전차단기 설치
  · 비접지방식의 전로채용

77 심실세동을 일으키는 위험한계 에너지는 약 몇 J인가? (단, 심실세동 전류 $I = \dfrac{165}{\sqrt{T}}\,mA$, 인체의 전기저항 R = 800Ω, 통전시간 T = 1초이다.)

① 12　　　　　　　　　　② 22
③ 32　　　　　　　　　　④ 42

해설

$$W = I^2 R\,T = \left(\frac{165}{\sqrt{T}} \times 10^{-3}\right)^2 \times 800 \times T = 21.78J \fallingdotseq 22J$$

78 전기기계 · 기구에 설치되어 있는 감전방지용 누전차단기의 정격감도전류 및 작동시간으로 옳은 것은? (단, 정격전부하전류가 50A 미만이다.)

① 15mA 이하, 0.1초 이내　　　② 30mA 이하, 0.03초 이내
③ 50mA 이하, 0.5초 이내　　　④ 100mA 이하, 0.05초 이내

해설

감지방지용 누전차단기 접속 시 준수사항
(1) 전기기계 · 기구에 접속되어 있는 누전차단기는 정격 감도전류가 30mA 이하이고 작동시간은 0.03초 이내일 것. 다만, 정격 전 부하전류가 50A 이상인 전기기계 · 기구에 접속되는 누전차단기는 오작동을 방지하기 위하여 정격감도전류는 200mA 이하로, 작동시간은 0.1초 이내로 할 수 있다.
(2) 분기회로 또는 전기기계 · 기구마다 누전차단기를 접속할 것. 다만, 평상시 누설전류가 미소한 소용량 부하의 전로에는 분기회로에 일괄하여 접속할 수 있다.
(3) 누전차단기는 배전반 또는 분전반 내에 접속하거나 꽂음 접속기형 누전차단기를 콘센트에 연결하는 등 파손 또는 감전 사고를 방지할 수 있는 장소에 접속할 것
(4) 지락보호전용 누전차단기는 과전류를 차단하는 퓨즈 또는 차단기 등과 조합하여 접속할 것

79 피뢰레벨에 따른 회전구체 반경이 틀린 것은?

① 피뢰레벨 I : 20m　　　　　② 피뢰레벨 II : 30m
③ 피뢰레벨 III : 50m　　　　④ 피뢰레벨 IV : 60m

해설

피뢰레벨 III : 45m

80 지락사고 시 1초를 초과하고 2초 이내에 고압전로를 자동차단하는 장치가 설치되어 있는 고압전로에 제2종 접지공사를 하였다. 접지저항은 몇 Ω이하로 유지해야 하는가?(단, 변압기의 고압측 전로의 1선 지락전류는 10A이다.)

① 10Ω ② 20Ω

③ 30Ω ④ 40Ω

해설

변압기 중성점 접지 저항

1초 초과 2초 이내에 고압·특고압 전로를 자동으로 차단하는 장치를 설치할 때

접지저항 $= \dfrac{300}{전류}$ 이하

그러므로, 접지저항 $= \dfrac{300}{전류} = \dfrac{300}{10} = 30$

---

05 화학설비위험방지기술

81 사업주는 가스폭발 위험장소 또는 분진폭발 위험장소에 설치되는 건축물 등에 대해서는 규정에서 정한 부분을 내화구조로 하여야 한다. 다음 중 내화구조로 하여야 하는 부분에 대한 기준이 틀린 것은?

① 건축물의 기둥 : 지상 1층(지상 1층의 높이가 6미터를 초과하는 경우에는 6미터)까지
② 위험물 저장·취급용기의 지지대(높이가 30센티미터 이하인 것은 제외) : 지상으로부터 지지대 의 끝부분까지
③ 건축물의 보 : 지상 2층(지상 2층의 높이가 10미터를 초과하는 경우에는 10미터)까지
④ 배관·전산관 등의 지지대 : 지상으로부터 1단(1단의 높이가 6미터를 초과하는 경우에는 6미터)까지

해설

내화구조로 하여야 할 건축물

(1) 건축물의 기둥 및 보 : 지상 1층(지상 1층의 높이가 6m를 초과하는 경우에는 6m)까지
(2) 위험물 저장·취급용기의 지지대(높이가 30cm 이하인 것을 제외) : 지상으로부터 지지대의 끝부분까지
(3) 배관·전선관 등의 지지대 : 지상으로부터 1단(1단의 높이가 6m를 초과하는 경우에는 6m)까지

82 다음 물질 중 인화점이 가장 낮은 물질은?

① 이황화탄소
② 아세톤
③ 크실렌
④ 경유

> **해설**
>
> 인화점
> · 이황화탄소(CS_2) : $-30℃$
> · 아세톤(CH_3COCH_3) : $-18℃$
> · 크실렌($C_6H_4(CH_3)_2$) : $30℃$
> · 경유(Diesel Oil) : $54℃$

83 물의 소화력을 높이기 위하여 물에 탄산칼륨(K_2CO_3)과 같은 염류를 첨가한 소화약제를 일반적으로 무엇이라 하는가?

① 포 소화약제
② 분말 소화약제
③ 강화액 소화약제
④ 산안칼리 소화약제

> **해설**
>
> 강화액 소화기 : 물에 탄산칼륨(K_2CO_3)등을 녹인 수용액
> · 빙점이 $0℃$인 물을 탄산칼륨으로 강화하여 빙점을 $-17 \sim -30℃$까지 낮추어 한랭 지역이나 겨울철의 소화에 많이 이용한다.
> · 일반화재, 전기화재에 이용한다.

84 다음 중 분진의 폭발위험성을 증대시키는 조건에 해당하는 것은?

① 분진의 온도가 낮을수록
② 분위기 중 산소 농도가 작을수록
③ 분진 내의 수분농도가 작을수록
④ 분진의 표면적이 입자체적에 비교하여 작을수록

> **해설**
>
> 분진의 폭발위험성을 증대시키는 조건
> · 분진의 발열량이 클수록
> · 분위기 중 산소농도가 클수록
> · 표면적이 입자체적에 비교하여 클수록
> · 분진내의 수분농도가 작을수록

85 다음 중 관의 지름을 변경하는데 사용되는 관의 부속품으로 가장 적절한 것은?

① 엘보우(Elbow)
② 커플링(Coupling)
③ 유니온(Union)
④ 리듀서(Reducer)

> **해설**
> Reducer : 지름이 서로 다른 관을 접속하는데 사용하는 관 이음쇠

86 가연성물질의 저장 시 산소농도를 일정한 값 이하로 낮추어 연소를 방지할 수 있는데 이때 첨가하는 물질로 적합하지 않은 것은?

① 질소
② 이산화탄소
③ 헬륨
④ 일산화탄소

> **해설**
> (1) 산소농도를 일정한 값 이하로 낮추는데 사용하는 물질 : 불활성가스(N_2, CO_2, He등)
> (2) 일산화탄소(CO) : 가연성·독성가스

87 다음 중 물과의 반응성이 가장 큰 물질은?

① 니트로글리세린
② 이황화탄소
③ 금속나트륨
④ 석유

> **해설**
> 물반응성물질(금수성 물질)
> · 칼륨(K)
> · 나트륨(Na)
> · 알킬알루미늄[$(C_2H_5)_3Al$]
> · 알킬리튬(C_4H_9Li)
> · 알칼리금속(Li, Rb등)
> · 금속의 인화물(Ca_3P_2)
> · 탄화칼슘(CaC_2) 등

88 산업안전보건법령상 위험물질의 종류에서 폭발성 물질에 해당하는 것은?

① 니트로화합물
② 등유
③ 황
④ 질산

해설

폭발성 물질 및 유기과산화물 : 가열·마찰·충격 또는 다른 화학물질과의 접촉 등으로 인하여 산소나 산화제의 공급이 없더라도 폭발 등 격렬한 반응을 일으킬 수 있는 고체나 액체로서 다음 항목에 해당하는 물질을 의미한다.

(1) 질산 에스테르류
(2) 니트로 화합물
(3) 니트로소 화합물
(4) 아조 화합물
(5) 디아조 화합물
(6) 하이드라진 및 그 유도체
(7) 유기과산화물 등

89 어떤 습한 고체재료 10kg을 완전 건조 후 무게를 측정하였더니 6.8kg이었다. 이 재료의 건량 기준 함수율은 몇 $kg \cdot H_2O/kg$ 인가?

① 0.25
② 0.36
③ 0.47
④ 0.58

해설

$$함수율 = \frac{건조 전 무게 - 건조 후 무게}{건조 후 무게} = \frac{10 - 6.8}{6.8} = 0.47kg \cdot H_2O/kg$$

90 대기압하에서 인화점이 0℃ 이하인 물질이 아닌 것은?

① 메탄올
② 이황화탄소
③ 산화프로필렌
④ 디에틸에테르

해설

인화점

명칭	인화점
메탄올(CH_3OH)	11℃
이황화탄소(CS_2)	−30℃
산화프로필렌(C_3H_6O)	−37℃
디에틸에테르(($C_2H_5)_2O$)	−45℃

91 가연성가스의 폭발범위에 관한 설명으로 틀린 것은?

① 압력 증가에 따라 폭발 상한계와 하한계가 모두 현저히 증가한다.

② 불활성가스를 주입하면 폭발범위는 좁아진다.

③ 온도의 상승과 함께 폭발범위는 넓어진다.

④ 산소 중에서 폭발범위는 공기 중에서 보다 넓어진다.

해설

압력증가에 따라 폭발하한계는 변함이 없고 폭발상한계가 현저히 증가한다.

92 열교환기의 정기적 점검을 일상점점과 개방점검으로 구분할 때 개방점검 항목에 해당하는 것은?

① 보냉재의 파손 상황

② 플랜지부나 용접부에서의 누출 여부

③ 기초볼트의 체결 상태

④ 생성물, 부착물에 의한 오염 상황

해설

열교환기의 점검사항

(1) 일상점검 항목(운전 중에도 점검 가능한 항목)
· 보온재 및 보냉재의 파손 상황
· 도장의 열화 상황
· Flange 부, 용접부 등에서 외부로 누출여부
· 기초 볼트의 헐거움 여부
· 기초(특히 콘크리트 기초)에 파손이 없는지 여부

(2) 정기적 개방점검항목
· 부식 및 폴리머(Polymer)등의 생성물 상황 혹은 부착물에 의한 오염상황 여부
· 부식의 형태, 정도, 범위
· 누출의 원인이 되는 균열, 흠집의 유무
· Tube의 두께가 감소되지 않았는지의 여부
· 라이닝(Lining), 코팅(Coating) 상태

93 다음 중 분진 폭발을 일으킬 위험이 가장 높은 물질은?

① 염소

② 마그네슘

③ 산화칼슘

④ 에틸렌

해설

· 염소(Cl_2) : 조연성 및 독성가스
· 마그네슘(Mg) : 인화성 고체(분진폭발)
· 산화칼슘(CaO) : 산화성 고체
· 에틸렌(C_2H_4) : 인화성 가스

94 산업안전보건법령에서 인화성 액체를 정의할 때 기준이 되는 표준압력은 몇 kPa인가?

① 1   ② 100

③ 101.3   ④ 273.15

해설

물리적 위험성 분류기준

(1) 폭발성 물질 : 자체의 화학반응에 따라 주위환경에 손상을 줄 수 있는 정도의 온도·압력 및 속도를 가진 가스를 발생시키는 고체·액체 또는 혼합물을 의미한다.

(2) 인화성가스 : 20℃, 표준압력(101.3kPa)에서 공기와 혼합하여 인화되는 범위에 있는 가스와 54℃ 이하 공기 중에서 자연 발화하는 가스를 말한다.

(3) 인화성액체 : 표준압력(101.3kPa)에서 인화점이 93℃이하인 액체를 의미한다.

(4) 인화성고체 : 쉽게 연소되거나 마찰에 의하여 화재를 일으키거나 촉진할 수 있는 물질을 의미한다.

95 다음 중 C급 화재에 해당하는 것은?

① 금속화재   ② 전기화재

③ 일반화재   ④ 유류화재

해설

화재의 종류

· A급 화재 : 일반화재

· B급 화재 : 유류화재

· C급 화재 : 전기화재

· D급 화재 : 금속화재

96 액화 프로판 310kg을 내용적 50L 용기에 충전할 때 필요한 소요 용기의 수는 몇 개인가? (단, 액화 프로판의 가스정수는 2.35이다.)

① 15   ② 17

③ 19   ④ 21

해설

(1) 충진량 $= \dfrac{용적(V)}{가스정수(C)} = \dfrac{50}{2.35} = 21.28kg$

(2) 용기 소요 개수 $= \dfrac{310}{21.28} = 14.57 ≒ 15개$

97 다음 중 가연성 가스의 연소 형태에 해당하는 것은?

① 분해연소　　　　　　　② 증발연소

③ 표면연소　　　　　　　④ 확산연소

해설

기체의 연소 : 확산연소(발염연소, 불꽃연소)

98 다음 중 산업안전보건법령상 위험물질의 종류에 있어 인화성 가스에 해당하지 않는 것은?

① 수소　　　　　　　　　② 부탄

③ 에틸렌　　　　　　　　④ 과산화수소

해설

인화성 가스

(1) 수소(H_2)

(2) 아세틸렌(C_2H_2)

(3) 에틸렌(C_2H_4)

(4) 메탄(CH_4)

(5) 에탄(C_2H_6)

(6) 프로판(C_3H_8)

(7) 부탄(C_4H_{10})

99 반응폭주 등 급격한 압력상승의 우려가 있는 경우에 설치하여야 하는 것은?

① 파열판　　　　　　　　② 통기밸브

③ 체크밸브　　　　　　　④ Flame arrester

해설

파열판을 설치하여야 할 경우

(1) 반응 폭주 등 급격한 압력 상승 우려가 있는 경우

(2) 급성 독성물질의 누출로 인하여 주위의 작업환경을 오염시킬 우려가 있는 경우

(3) 운전 중 안전밸브에 이상 물질이 누적되어 안전밸브가 작동되지 아니할 우려가 있는 경우

100 다음 중 응상폭발이 아닌 것은?

① 분해폭발
② 수증기폭발
③ 전선폭발
④ 고상간의 전이에 의한 폭발

> **해설**
>
> 폭발의 종류
> (1) 기상폭발
>   ① 혼합가스의 폭발(가스폭발)
>   ② 분해폭발
>   ③ 분진폭발 및 분무폭발
> (2) 응상폭발(액상 및 고상폭발)
>   ① 수증기폭발 또는 증기폭발
>   ② 고상간의 전이에 의한 폭발
>   ③ 전선폭발
>   ④ 화약류 및 유기과산화물 등의 폭발

06 건설안전기술

101 건설재해대책의 사면보호공법 중 식물을 생육시켜 그 뿌리로 사면의 표층토를 고정하여 빗물에 의한 침식, 동상, 이완 등을 방지하고, 녹화에 의한 경관조성을 목적으로 시공하는 것은?

① 식생공
② 쉴드공
③ 뿜어 붙이기공
④ 블럭공

> **해설**
>
> 식생공법
> (1) 식물을 생육시켜 그 뿌리로 사면의 표층토를 고정하여 빗물에 의한 침식, 동상, 이완 등을 방지한다.
> (2) 녹화에 의한 경관조성을 목적으로 한다.

102 산업안전보건법령에 따른 양중기의 종류에 해당하지 않는 것은?

① 곤돌라
② 리프트
③ 클램쉘
④ 크레인

> **해설**
>
> 양중기의 종류
> (1) 크레인(호이스트 포함)
> (2) 이동식 크레인
> (3) 리프트(이삿짐운반용 리프트의 경우 적재하중이 0.1ton 이상인 것)
> (4) 곤돌라
> (5) 승강기(최대하중 0.25ton 이상인 것)

103 화물취급작업과 관련한 위험방지를 위해 조치하여야 할 사항으로 옳지 않은 것은?

① 하역작업을 하는 장소에서 작업장 및 통로의 위험한 부분에는 안전하게 작업할 수 있는 조명을 유지할 것

② 하역작업을 하는 장소에서 부두 또는 안벽의 선을 따라 통로를 설치하는 경우에는 폭을 50cm 이상으로 할 것

③ 차량 등에서 화물을 내리는 작업을 하는 경우에 해당 작업에 종사하는 근로자에게 쌓여 있는 화물 중간에서 화물을 빼내도록 하지 말 것

④ 꼬임이 끊어진 섬유로프 등을 화물운반용 또는 고정용으로 사용하지 말 것

해설

부두 또는 안벽의 선을 따라 통로를 설치하는 경우에는 폭을 90cm 이상으로 할 것

104 표준관입시험에 관한 설명으로 옳지 않은 것은?

① N치(N-value)는 지반을 30cm 굴진하는데 필요한 타격횟수를 의미한다.

② N치가 4 ~ 10일 경우 모래의 상대밀도는 매우 단단한 편이다.

③ 63.5kg 무게의 추를 76cm 높이에서 자유낙하하여 타격하는 시험이다.

④ 사질지반에 적용하며, 점토지반에서는 편차가 커서 신뢰성이 떨어진다.

해설

표준관입시험 : 63.5kg의 추를 75cm의 높이에서 자유 낙하시켜 30cm 관입 시험때의 타격회수(N)를 측정하여 흙의 경·연도의 정도를 판정하는 방법

(1) 사질지반의 상대밀도 등 토질 조사시 신뢰성이 높다.

(2) N값과 모래의 상태

N의 값	모래의 상태
0 ~ 5	몹시 느슨하다.
5 ~ 10	느슨하다.
10 ~ 30	보통
50이상	다진 상태(밀실 상태)

105 근로자의 추락 등의 위험을 방지하기 위한 안전난간의 설치요건에서 상부난간대를 120cm 이상 지점에 설치하는 경우 중간난간대를 최소 몇 단 이상 균등하게 설치하여야 하는가?

① 2단　　　　　　　　　　　② 3단
③ 4단　　　　　　　　　　　④ 5단

해설

안전난간의 구조 및 설치요건

(1) 상부 난간대, 중간 난간대, 발끝막이판 및 난간기둥으로 구성할 것. 다만, 중간 난간대, 발끝막이판 및 난간기둥은 이와 비슷한 구조와 성능을 가진 것으로 대체할 수 있다.

(2) 상부 난간대는 바닥면·발판 또는 경사로의 표면(이하 "바닥면 등"이라 함)으로부터 90cm이상 지점에 설치하고, 상부 난간대를 120cm이하에 설치하는 경우에는 중간 난간대는 상부 난간대와 바닥면 등의 중간에 설치하여야 하며, 120cm이상 지점에 설치하는 경우에는 중간 난간대를 2단 이상으로 균등하게 설치하고 난간의 상하 간격은 60cm이하가 되도록 할 것. 다만, 계단의 개방된 측면에 설치된 난간기둥 간의 간격이 25cm 이하인 경우에는 중간 난간대를 설치하지 아니할 수 있다.

(3) 발끝막이판은 바닥면 등으로부터 10cm 이상의 높이를 유지할 것. 다만, 물체가 떨어지거나 날아올 위험이 없거나 그 위험을 방지할 수 있는 망을 설치하는 등 필요한 예방 조치를 한 장소는 제외한다.

(4) 난간기둥은 상부 난간대와 중간 난간대를 견고하게 떠받칠 수 있도록 적정한 간격을 유지한다.

(5) 상부 난간대와 중간 난간대는 난간 길이 전체에 걸쳐 바닥면등과 평행을 유지한다.

(6) 난간대는 지름 2.7cm 이상의 금속제 파이프나 그 이상의 강도가 있는 재료이어야 한다.

(7) 안전난간은 구조적으로 가장 취약한 지점에서 가장 취약한 방향으로 작용하는 100kg 이상의 하중에 견딜 수 있는 튼튼한 구조이어야 한다.

106 건설현장에 설치하는 사다리식 통로의 설치기준으로 옳지 않은 것은?

① 발판과 벽과의 사이는 15cm 이상의 간격을 유지할 것
② 발판의 간격은 일정하게 할 것
③ 사다리의 상단은 걸쳐놓은 지점으로부터 60cm 이상 올라가도록 할 것
④ 사다리식 통로의 길이가 10m 이상인 경우에는 3m 이내마다 계단참을 설치할 것

해설

사다리식 통로의 길이가 10m 이상인 경우에는 5m 이내마다 계단참을 설치할 것

107 불도저를 이용한 작업 중 안전조치사항으로 옳지 않은 것은?

① 작업종료와 동시에 삽날을 지면에서 띄우고 주차 제동장치를 건다.
② 모든 조종간은 엔진 시동 전에 중립 위치에 놓는다.
③ 장비의 승차 및 하차 시 뛰어내리거나 오르지 말고 안전하게 잡고 오르내린다.
④ 야간작업 시 자주 장비에서 내려와 장비 주위를 살피며 점검하여야 한다.

해설

작업종료와 동시에 삽날을 지면에 내려놓고 주차 제동장치를 건다.

108 건설공사의 산업안전보건관리비 계상 시 대상액이 구분되어 있지 않은 공사는 도급계약 또는 자체사업 계획 상의 총 공사금액 중 얼마를 대상액으로 하는가?

① 50%   ② 60%
③ 70%   ④ 80%

해설

건설공사 안전관리비 계상 시 대상액이 구분되어 있지 않은 공사의 대상액 : 도급계약 또는 자체사업 계획상의 총 공사 금액의 70%

109 도심지 폭파해체공법에 관한 설명으로 옳지 않은 것은?

① 장기간 발생하는 진동, 소음이 적다.
② 해체 속도가 빠르다.
③ 주위의 구조물에 끼치는 영향이 적다.
④ 많은 분진 발생으로 민원을 발생시킬 우려가 있다.

해설

주위의 구조물에 끼치는 영향이 크다.

110 NATM 공법 터널공사의 경우 록 볼트 작업과 관련된 계측결과에 해당되지 않은 것은?

① 내공변위 측정 결과　　　　　② 천단침하 측정 결과
③ 인발시험 결과　　　　　　　④ 진동 측정 결과

<u>해설</u>

NATM(New Austrian Tunnel Method)

(1) 정의 : 터널 주변 지반을 터널의 주지보를 이용하여 암석굴착 후 록볼트(Rock Bolt)를 체결하고 1차 라이닝(Lining) – 방수시트(Sheet) – 2차 라이닝(Lining)하여 터널을 형성시키면서 굴진하는 공법을 의미한다.

(2) 계측별 조사항목

① 내공변위 측정 : 변위량, 변위속도 등을 파악하여 주위지반의 안전상 파악, 1차 지보의 설계, 시공 타당성 파악

② 천단침하 측정 : 천단의 변위량을 측정하여 터널 천장부의 침하 판단

③ 지표침하 측정 : 터널굴착에 따른 지표의 침하량 파악

④ 지중침하 측정 : 터널굴착에 따른 지중의 침하량 파악

⑤ 록볼트 축력 측정 : 록볼트(Rock Bolt)에 작용하는 축력을 심도별로 측정하여 지보효과와 유효설계 깊이 판단

⑥ 록볼트 인발강도 : 록볼트의 인발내력을 확인, 정착상태 파악

⑦ 숏크리트 응력 측정 : 배면토압과 숏크리트(Shotcrete)의 내부응력 측정

⑧ 지중변위 측정 : 터널주변 이완영역과 볼트길이 타당성 판단

⑨ 지중수평변위 측정 : 굴착에 따른 지반심도별 수평변위(경사)를 측정하여 수평방향의 지반이완영 역 판단

111 거푸집동바리 등을 조립하는 경우에 준수하여야 할 사항으로 옳지 않은 것은?

① 깔목의 사용, 콘크리트 타설, 말뚝박기 등 동바리의 침하를 방지하기 위한 조치를 할 것

② 개구부 상부에 동바리를 설치하는 경우에는 상부하중을 견딜 수 있는 견고한 받침대를 설치할 것

③ 거푸집이 곡면인 경우에는 버팀대의 부착 등 그 거푸집의 부상(浮上)을 방지하기 위한 조치를 할 것

④ 동바리의 이음은 맞댄이음이나 장부이음을 피할 것

<u>해설</u>

동바리 이음 : 맞댄이음 또는 장부이음으로 하고 같은 품질의 재료를 사용할 것

112 비계의 높이가 2m 이상인 작업장소에 설치하는 작업발판의 설치기준으로 옳지 않은 것은? (단, 달비계, 달대비계 및 말비계는 제외)

① 작업발판의 폭은 40cm 이상으로 한다.
② 작업발판재료는 뒤집히거나 떨어지지 않도록 하나 이상의 지지물에 연결하거나 고정시킨다.
③ 발판재료 간의 틈은 3cm 이하로 한다.
④ 작업발판의 지지물은 하중에 의하여 파괴될 우려가 없는 것을 사용한다.

해설

작업발판의 구조 : 비계의 높이가 2m 이상인 작업 장소에는 다음 각 호의 기준에 적합한 작업발판을 설치하여야 한다.

(1) 발판재료는 작업시의 하중치를 견딜 수 있도록 견고한 것으로 할 것
(2) 작업발판의 폭은 40cm 이상, 발판재료 간의 틈은 3cm 이하로 할 것
(3) 선박 및 보트 건조작업의 경우 선박블록 또는 엔진실 등의 좁은 작업공간에 작업발판을 설치하기 위하여 필요하면 작업발판의 폭을 30cm이상으로 할 수 있고, 결침비계의 경우 강관기둥 때문에 발판재료간의 틈을 3cm 이하로 유지하기 곤란하면 5cm 이하로 할 수 있다. 이 경우 그 틈 사이로 물체 등이 떨어질 우려가 있는 곳에는 출입금지 등의 조치를 하여야 한다.
(4) 추락의 위험성이 있는 장소에는 안전난간을 설치할 것(작업의 성질상 안전난간을 설치하는 것이 곤란한 때 및 작업의 필요상 임시로 안전난간을 해체함에 있어서 방망을 치거나 근로자로 하여금 안전대를 사용하도록 하는 등 추락에 의한 위험방지조치를 한 때에는 그러하지 아니하다.)
(5) 작업발판의 지지물은 하중에 의하여 파괴될 우려가 없는 것을 사용할 것
(6) 작업발판재료는 뒤집히거나 떨어지지 아니하도록 둘 이상의 지지물에 부착시킬 것
(7) 작업발판을 작업에 따라 이동시킬 때에는 위험방지에 필요한 조치를 할 것

113 흙막이 지보공을 설치하였을 경우 정기적으로 점검하고 이상을 발견하면 즉시 보수하여야 하는 사항과 거리가 먼 것은?

① 부재의 접속부·부착부 빛 교차부의 상태
② 버팀대의 긴압(緊壓)의 정도
③ 부재의 손상·변형·부식·변위 및 탈락의 유무와 상태
④ 지표수의 흐름 상태

해설

흙막이지보공 설치 시 정기적 점검사항
① 부재의 손상·변형·부식·변위 및 탈락의 유무와 상태
② 버팀대의 긴압의 정도
③ 부재의 접속부·부착부 교차부의 상태
④ 침하의 정도

114 말비계를 조립하여 사용하는 경우 지주부재와 수평면의 기울기는 얼마 이하로 하여야 하는가?

① 65° ② 70°

③ 75° ④ 80°

해설

말비계를 조립하여 사용 시 준수사항

(1) 지주부재의 하단에는 미끄럼 방지장치를 하고, 양측 끝부분에 올라서서 작업하지 아니하도록 할 것

(2) 지주부재와 수평면과의 기울기를 75° 이하로 하고, 지주부재와 지주부재 사이를 고정시키는 보조부재를 설치할 것

(3) 말비계의 높이가 2m를 초과할 경우에는 작업발판의 폭을 40cm 이상으로 할 것

115 지반 등의 굴착 시 위험을 방지하기 위한 경암 지반 굴착면의 기울기 기준으로 옳은 것은?

① 1 : 0.3 ② 1 : 0.4

③ 1 : 0.5 ④ 1 : 0.6

해설

굴착면의 기울기 기준

지반의 종류	굴착면의 기울기
모래	1 : 1.8
연암 및 풍화암	1 : 1.0
경암	1 : 0.5
그 밖의 흙	1 : 1.2

116 작업발판 및 통로의 끝이나 개구부로서 근로자가 추락할 위험이 있는 장소에서 난간 등의 설치가 매우 곤란하거나 작업의 필요상 임시로 난간등을 해체하여야 하는 경우에 설치하여야 하는 것은?

① 구명구 ② 수직보호망

③ 석면포 ④ 추락방호망

해설

개구부 등의 방호조치

· 안전난간, 울타리, 수직형 추락 방호망 설치

· 덮개 설치

· (난간 설치 곤란 시 등) 추락 방호망 설치

· 안전대 착용

117 흙막이 공법을 흙막이 지지방식에 의한 분류와 구조방식에 의한 분류로 나눌 때 다음 중 지지방식에 의한 분류에 해당하는 것은?

① 수평 버팀대식 흙막이 공법
② H – Pile 공법
③ 지하연속벽 공법
④ Top down method 공법

해설

흙막이 공법의 종류

구분	공법 종류
흙막이 지지방식에 의한 분류	(1) 자립공법 (2) 버팀대 공법(빗버팀대식, 수평버팀대식) (3) 어스앵커공법 (4) 타이로드 공법
흙막이 구조방식에 의한 분류	(1) H – Pile 공법(H 말뚝, 흙막이 토류판 공법) (2) 버팀대공법(강널말뚝공법, 강관널말뚝공법) (3) Slurry Wall(지하연속벽공법, 다이어프램 월) (4) 톱다운 공법(역타 공법)

118 철골용접부의 내부결함을 검사하는 방법으로 가장 거리가 먼 것은?

① 알칼리 반응 시험
② 방사선 투과시험
③ 자기분말 탐상시험
④ 침투 탐상시험

해설

(1) 철골용접부의 내부결함을 검사하는 방법 : 비파괴검사
(2) 비파괴검사 : 방사선투과시험, 자기분말탐상시험, 침투탐상시험 등

119 유해위험방지 계획서를 제출하려고 할 때 그 첨부서류와 가장 거리가 먼 것은?

① 공사개요서
② 산입인진보긴괸리비 작성요령
③ 전체 공정표
④ 재해 발생 위험 시 연락 및 대피방법

해설

유해·위험 방지 계획서 첨부 서류
(1) 공사 개요 및 안전보건관리계획
① 공사 개요서
② 공사현장의 주변 현황 및 주변과의 관계를 나타내는 도면(매설물 현황 포함)
③ 건설물, 사용 기계설비 등의 배치를 나타내는 도면
④ 전체 공정표
⑤ 산업안전보건관리비 사용계획
⑥ 안전관리 조직표
⑦ 재해 발생 위험 시 연락 및 대피방법

120 콘크리트 타설작업과 관련하여 준수하여야 할 사항으로 가장 거리가 먼 것은?

① 당일의 작업을 시작하기 전에 해당 작업에 관한 거푸집 동바리 등의 변형·변위 및 지반의 침하 유무 등을 점검하고 이상이 있으면 보수할 것

② 콘크리트를 타설하는 경우에는 편심이 발생하지 않도록 골고루 분산하여 타설할 것

③ 전동기의 사용은 많이 할수록 균일한 콘크리트를 얻을 수 있으므로 가급적 많이 사용할 것

④ 설계도서상의 콘크리트 양생기간을 준수하여 거푸집동바리 등을 해체할 것

> **해설**
>
> 콘크리트의 타설 작업 시 준수해야 할 사항
>
> (1) 당일의 작업을 시작하기 전에 당해 작업에 관한 거푸집동바리 등의 변형·변위 및 지반의 침하유무 등을 점검하고 이상을 발견한 때에는 이를 보수할 것
>
> (2) 작업 중에는 거푸집 동바리 등의 변형·변위 및 침하유무 등을 감시할 수 있는 감시자를 배치하여 이상을 발견한 때에는 작업을 중지시키고 근로자를 대피시킬 것
>
> (3) 콘크리트의 타설 작업 시 거푸집 붕괴의 위험이 발생할 우려가 있는 때에는 충분한 보강 조치를 할 것
>
> (4) 설계 도서상의 콘크리트 양생기간을 준수하여 거푸집동바리 등을 해체할 것
>
> (5) 콘크리트를 타설하는 경우에는 편심이 발생하지 않도록 골고루 분산하여 타설할 것

2021년 제1회 필기 기출문제			수험번호	성명
자격종목 **산업안전기사**		시험시간 **3시간**	시험유형	

※ 답안카드 작성시 시험문제지 형별누락, 마킹착오로 인한 불이익은 전적으로 수험자의 귀책사유임을 알려드립니다.

** 본문제는 수검자의 생각에 의한 것으로 실제 문제와 약간 다를 수 있음.

01 안전관리론

01 산업안전보건법령상 중대재해의 범위에 해당하지 않는 것은?

① 1명의 사망자가 발생한 재해

② 1개월의 요양을 요하는 부상자가 동시에 5명 발생한 재해

③ 3개월의 요양을 요하는 부상자가 동시에 3명 발생한 재해

④ 10명의 직업성 질병자가 동시에 발생한 재해

해설

중대재해의 정의

· 사망자가 1명 이상 발생한 재해

· 3개월 이상의 요양이 필요한 부상자가 동시에 2명 이상 발생한 재해

· 부상자 또는 직업성질병자가 동시에 10명 이상 발생한 재해

02 Thorndike의 시행착오설에 의한 학습의 원칙이 아닌 것은?

① 연습의 원칙

② 효과의 원칙

③ 동일성의 원칙

④ 준비성의 원칙

해설

돈다이크(Thorndike)의 시행착오설에 의한 학습원칙

· 연습의 법칙(Law of Exercise) : 모든 학습과정은 많은 연습과 반복을 통해서 바람직한 행동의 변화를 가져오게 된다는 법칙으로, 빈도의 법칙(law of frequency)이라고도 한다.

· 효과의 법칙(Law of Effect) : 학습의 결과가 학습자에게 쾌감을 주면 줄수록 반응은 강화되고 반대로 고통이나 불쾌감을 주면 약화된다는 법칙으로 결과의 법칙이라고도 한다.

· 준비성의 법칙(Law of Readiness) : 특정한 학습을 행하는 데에 필요한 기초적인 능력을 충분히 갖춘 뒤에 학습을 행함으로써 효과적인 학습을 이룩할 수 있다는 법칙이다.

03 재해의 빈도와 상해의 강약도를 혼합하여 집계하는 지표로 옳은 것은?

① 강도율
② 종합재해지수
③ 안전활동율
④ Safe-T-Score

> **해설**
>
> 종합재해지수(도수 강도치, Frequency Severity Indicator : F.S.I)
>
> 도수 강도치 $= \sqrt{도수율(F) \times 강도율(S)}$

04 집단에서의 인간관계 메커니즘(Mechanism)과 가장 거리가 먼 것은?

① 분열, 강박
② 모방, 암시
③ 동일화, 일체화
④ 커뮤니케이션, 공감

> **해설**
>
> 인간관계의 메커니즘
> - 모방 : 남의 행동이나 판단을 표본으로 하여 그것과 같거나 또는 그것에 가까운 행동 판단을 취하는 것
> - 암시 : 다른 사람으로부터의 판단이나 행동을 무비판적으로 논리적, 사실적 근거없이 받아들이는 것
> - 투사 : 자기 속의 억압된 것을 다른 사람의 것으로 생각하는 것
> - 동일화 : 다른 사람의 행동양식이나 태도를 투입하거나 다른 사람 가운데서 자기와 비슷한 것을 발견하는 것
> - 커뮤니케이션 : 갖가지 행동양식이나 기호를 매개로 하여 어떤 사람으로부터 다른 사람에게 전달되는 과정

05 재해조사의 목적과 가장 거리가 먼 것은?

① 재해예방 자료수집
② 재해관련 책임자 문책
③ 동종 및 유사재해 재발방지
④ 재해발생 원인 및 결함 규명

> **해설**
>
> 재해조사의 목적
> - 재해발생 원인 및 결함 규명
> - 재해예방 자료수집
> - 동종재해 및 유사재해 재발방지

06 무재해 운동의 3원칙에 해당되지 않는 것은?

① 무의 원칙   ② 참가의 원칙

③ 선취의 원칙   ④ 대책선정의 원칙

해설

무재해운동이념 3원칙

· 무의 원칙 : 사망, 휴업 및 불휴재해는 물론 일체의 장래위험요인을 사전에 발견, 파악, 해결함으로써 근원적인 산업재해를 없애는 것을 말한다.

· 참가의 원칙 : 재해 및 일체의 위험요인을 발견, 해결하기 위해 전원이 무재해운동에 참가하여 문제 해결 등을 실천하는 것을 말한다.

· 선취해결의 원칙 : 선취란 궁극의 목표로서 무재해, 무질병의 직장을 실현하기 위해 일체의 위험요인을 행동하기 전에 발견, 파악, 해결하여 재해를 예방하거나 방지하는 것을 말한다.

07 산업안전보건법령상 보안경 착용을 포함하는 안전보건표지의 종류는?

① 지시표지   ② 안내표지

③ 금지표지   ④ 경고표지

해설

지시표지 : 보호구 착용 등 특정행위의 지시 및 사실의 고지에 관한 안전표지

08 안전보건관리조직의 형태 중 라인-스태프(Line-Staff)형에 관한 설명으로 틀린 것은?

① 조직원 전원을 자율적으로 안전 활동에 참여시킬 수 있다.

② 라인의 관리, 감독자에게도 안전에 관한 책임과 권한이 부여된다.

③ 중규모 사업장(100명 이상 ~ 500명 미만)에 적합하다.

④ 안전 활동과 생산업무가 유리될 우려가 없기 때문에 균형을 유지할 수 있어 이상적인 조직혓태이다.

해설

라인 · 스탭(Line-staff)혼합형 (직계 · 참모 조직)

· 라인형과 스탭형의 장점을 취한 절충식 조직 형태로 안전업무를 전문으로 담당하는 스탭 부분을 두고 생산라인의 각층에도 겸임 또는 전임의 안전담당자를 두어서 안전대책은 스탭 부분에서 기획하고, 이것을 라인을 통하여 실시하도록 할 조직방식이다.

· 대규모의 사업장(1,000명 이상)에 효율적이다.

· 라인 · 스탭형의 특징(단점)

① 명령계통과 조언 권고적 참여가 혼동되기 쉽다.

② 라인이 스탭에만 의존하거나 또는 활용치 않는 경우가 있다.

③ 스탭의 월권행위의 경우가 있다.

09 **교육훈련기법 중 Off.J.T(Off the Job Training)의 장점이 아닌 것은?**

① 업무의 계속성이 유지된다.

② 외부의 전문가를 강사로 활용할 수 있다.

③ 특별교재, 시설을 유효하게 사용할 수 있다.

④ 다수의 대상자에게 조직적 훈련이 가능하다.

해설

OJT와 off JT

· O.J.T(현장중심교육) : 현장에서 개인에 대한 직속상사의 개별교육 및 지도

· Off.J.T(현장 외 중심교육) : 공통교육대상자에 대한 집합 교육

· 특징

O.J.T (현장중심교육)	Off.J.T (현장 외 중심교육)
① 개개인에게 적합한 지도 훈련을 할 수 있다.	① 다수의 근로자에게 조직적 훈련이 가능하다.
② 직장의 실정에 맞는 실체적 훈련을 할 수 있다.	② 훈련에만 전념하게 된다.
③ 훈련 필요한 업무의 계속성이 끊어지지 않는다.	③ 특별설비기구를 이용할 수 있다.
④ 즉시 업무에 연결되는 관계로 신체와 관련이 있다.	④ 전문가를 강사로 초청할 수 있다.
⑤ 효과가 곧 업무에 나타나며 훈련의 좋고 나쁨에 따라 개선이 용이하다.	⑤ 각 직장의 근로자가 많은 지식이나 경험을 교류할 수 있다.
⑥ 교육을 통한 훈련 효과에 의해 상호 신뢰 이해도가 높아진다.	⑥ 교육훈련 목표에 대해서 집단적 노력이 흐트러질 수도 있다.

10 **안전교육 중 같은 것을 반복하여 개인의 시행착오에 의해서만 점차 그 사람에게 형성되는 것은?**

① 안전기술의 교육　　　　② 안전지식의 교육

③ 안전기능의 교육　　　　④ 안전태도의 교육

해설

안전교육의 3단계

· 지식교육(제1단계) : 강의, 시청각교육을 통한 지식의 전달과 이해

· 기능교육(제2단계) : 시범, 견학, 실습, 현장실습교육을 통한 경험체득과 이해

· 태도교육(제3단계) : 작업동작지도, 생활지도 등을 통한 안전의 습관화

11 산업안전보건법령상 안전인증대상기계등에 포함되는 기계, 설비, 방호장치에 해당하지 않는 것은?

① 롤러기

② 크레인

③ 동력식 수동대패용 칼날 접촉 방지장치

④ 방폭구조(防爆構造) 전기기계·기구 및 부품

해설

안전인증대상 기계·기구·설비 및 방호장치

구분	기계·기구 및 설비	방호장치

안전인증대상
기계·기구
	① 프레스
	② 전단기 및 절곡기
	③ 크레인
	④ 리프트
	⑤ 압력용기
	⑥ 롤러기
	⑦ 사출성형기
	⑧ 고소작업대
	⑨ 곤돌라
	⑩ 기계톱(이동식만 해당)
		① 프레스 및 전단기 방호장치
		② 양중기용 과부하 방지장치
		③ 보일러 압력방출용 안전밸브
		④ 압력용기 압력방출용 안전밸브
		⑤ 압력용기 압력방출용 파열판
		⑥ 절연용 방호구 및 활선작업용 기구
		⑦ 방폭구조 전기기계·기구 및 부품
		⑧ 추락·낙하 및 붕괴 등의 위험방호에 필요한
		  기설기자재로서 고용노동부장관이 정하여 고
		  시하는 것

12 재해로 인한 직접비용으로 8,000만원의 산재보상비가 지급되었을 때, 하인리히 방식에 따른 총 손실비용은?

① 16,000만원

② 24,000만원

③ 32,000만원

④ 40,000만원

해설

하인리히 방식에 의한 재해손실비

총재해 Cost = 직접비 + 간접비(직접비 : 간접비 = 1 : 4)

∴ 총재해 Cost = 8,000만 + 8,000만 × 4 = 40,000만원(4억원)

13 일반적으로 시간의 변화에 따라 야간에 상승하는 생체리듬은?

① 혈압   ② 맥박수

③ 체중   ④ 혈액의 수분

해설

생체리듬과 피로
- 혈액의 수분, 염분량 : 주간에는 감소하고 야간에는 증가한다.
- 체온, 혈압, 맥박수 : 주간에는 상승하고 야간에는 저하한다.
- 야간 : 소화분비액 불량, 체중 감소, 말초운동기능 저하, 피로의 자각증상이 증대한다.

14 상황성 누발자의 재해 유발원인과 가장 거리가 먼 것은?

① 작업이 어렵기 때문이다.

② 심신에 근심이 있기 때문이다.

③ 기계설비의 결함이 있기 때문이다.

④ 도덕성이 결여되어 있기 때문이다.

해설

사고경향성자(재해누발자)의 유형
- 상황성 누발자 : 작업의 어려움, 기계설비의 결함, 환경상 주의력의 집중곤란, 심신의 근심 등 때문에 재해를 누발하는 자이다.
- 습관성 누발자 : 재해의 경험으로 겁쟁이가 되거나 신경과민이 되어 재해를 누발하는자와 일종의 슬럼프상태에 빠져서 재해를 누발하는 자이다.
- 소질성 누발자 : 재해의 소질적 요인을 가지고 있기 때문에 재해를 누발하는 자이다.
- 미숙성 누발자 : 기능 미숙이나 환경에 익숙하지 못하기 때문에 재해를 누발하는 자이다.

15 작업자 적성의 요인이 아닌 것은?

① 지능   ② 인간성

③ 흥미   ④ 연령

해설

적성의 요인
- 직업적성(기계적 적성, 사무적 적성)
- 지능
- 흥미
- 인간성(성격)

16 보호구에 관한 설명으로 옳은 것은?

① 유해물질이 발생하는 산소결핍지역에서는 필히 방독마스크를 착용하여야 한다.

② 차광용보안경의 사용구분에 따른 종류에는 자외선용, 적외선용, 복합용, 용접용이 있다.

③ 선반작업과 같이 손에 재해가 많이 발생하는 작업장에서는 장갑 착용을 의무화한다.

④ 귀마개는 처음에는 저음만을 차단하는 제품부터 사용하며, 일정 기간이 지난 후 고음까지 모두 차단할 수 있는 제품을 사용한다.

> **해설**
> ①항, 산소결핍지역에서는 송기마스크(또는 공기호흡기)를 착용하여야 한다.
> ③항, 선반 등 공작기계 작업 시에는 장갑 착용을 금지하여야 한다.
> ④항, 귀마개는 작업장 상황에 적합한 것을 착용하여야 한다.

17 참가자에게 일정한 역할을 주어 실제적으로 연기를 시켜봄으로써 자기의 역할을 보다 확실히 인식할 수 있도록 체험학습을 시키는 교육방법은?

① Symposium
② Brain Storming
③ Role Playing
④ Fish Bowl Playing

> **해설**
> 역할연기법(Role playing)
> • 참석자에게 어떤 역할을 주어서 실제로 시켜 봄으로써 훈련이나 평가에 사용되는 교육기법이다.
> • 절충능력이나 협조성을 높여서 태도의 변형에도 도움을 준다.

18 브레인스토밍 기법에 관한 설명으로 옳은 것은?

① 타인의 의견을 수정하지 않는다.

② 지정된 표현방식에서 벗어나 자유롭게 의견을 제시한다.

③ 참여자에게는 동일한 횟수의 의견제시 기회가 부여된다.

④ 주제와 내용이 다르거나 잘못된 의견은 지적하여 조정한다.

> **해설**
> 브레인스토밍(BS, Brain Storming)의 4원칙
> • 비평금지 : 좋다, 나쁘다고 비평하지 않는다.
> • 자유분방 : 마음대로 편안히 발언한다.
> • 다량방언 : 무엇이건 좋으니 많이 발언한다.
> • 수정발언 : 타인의 아이디어에 수정하거나 덧붙여 말하여도 좋다.

19 하인리히의 재해구성비율 "1 : 29 : 300"에서 "29"에서 해당되는 사고발생비율은?

① 8.8%

② 9.8%

③ 10.8%

④ 11.8%

해설

하인리히의 재해구성비율

중상 또는 사망 : 경상 : 무상해사고 = 1 : 29 : 300

총 사고발생건수 = 1 + 29 + 300 = 330건

$\therefore \dfrac{29}{330} \times 100 = 8.8\%$

20 산업안전보건법령상 사업 내 안전보건교육의 교육시간에 관한 설명으로 옳은 것은?

① 일용근로자의 작업내용 변경 시의 교육은 2시간 이상이다.

② 사무직에 종사하는 근로자의 정기교육은 매분기 3시간 이상이다.

③ 일용근로자를 제외한 근로자의 채용 시 교육은 4시간 이상이다.

④ 관리감독자의 지위에 있는 사람의 정기교육은 연간 8시간 이상이다.

해설

①항, 일용근로자의 작업내용 변경시의 교육 : 1시간 이상

③항, 일용근로자를 제외한 근로자의 채용 시 교육 : 8시간 이상

④항, 관리감독자 정기교육 : 연간 16시간 이상

02 인간공학 및 시스템안전공학

21 자동차를 생산하는 공장의 어떤 근로자가 95dB(A)의 소음수준에서 하루 8시간 작업하며 매 시간 조용한 휴게실에서 20분씩 휴식을 취한다고 가정하였을 때, 8시간 시간가중평균(TWA)은? (단, 소음의 누적소음노출량측정기로 측정하였으며, OSHA에서 정한 95dB(A)의 허용시간은 4시간이라 가정한다.)

① 약 91dB(A)

② 약 92dB(A)

③ 약 93dB(A)

④ 약 94dB(A)

해설

• 누적소음 폭로량(D)

$$D = \left(\dfrac{C_1}{T_1} + \dfrac{C_2}{T_2} + \cdots + \dfrac{C_n}{T_n} \right) \times 100 = \left(\dfrac{40/60}{4} \times 8 \right) \times 100 = 133.33\%$$

• 시간가중평균소음수준(TWA)

$$TWA = 16.61\log\left[\dfrac{D}{100} \right] + 90 = 16.61 \times \log\left(\dfrac{133.33}{100} \right) + 90 = 92.08 dB$$

22 정신작업 부하를 측정하는 척도를 크게 4가지로 분류할 때 심박수의 변동, 뇌 전위, 동공 반응 등 정보처리에 중추신경계 활동이 관여하고 그 활동이나 징후를 측정하는 것은?

① 주관적(Subjective)척도
② 생리적(Physiological)척도
③ 주 임무(Primary Task)척도
④ 부 임무(Secondary Task)척도

해설

생리적(Physiological)척도 : 심박수의 변동, 뇌 전위, 동공반응 등 정보처리에 중추신경계 활동이 관여하고 그 활동이나 징후를 측정하는 것이다.

23 Chapanis가 정의한 위험의 확률수준과 그에 따른 위험발생률로 옳은 것은?

① 전혀 발생하지 않는(Impossible) 발생빈도 : 10^{-8}/day
② 극히 발생할 것 같지 않는(Extremely Unlikely) 발생빈도 : 10^{-7}/day
③ 거의 발생하지 않은(Remote) 발생빈도 : 10^{6}/day
④ 가끔 발생하는(Occasional) 발생빈도 : 10^{-5}/day

해설

확률수준과 그에 따른 위험발생률
· Frequent(자주 발생하는) : 발생빈도 > 10^{-2}/day
· Reasonably Probable(보통 발생하는) : 발생빈도 > 10^{-3}/day
· Occasional(가끔 발생하는) : 발생빈도 > 10^{-4}/day
· Remote(거의 발생하지 않는) : 발생빈도 > 10^{-5}/day
· Extremely unlikely(극히 발생하지 않을 것 같은) : 발생빈도 > 10^{-6}/day
· Impossible(발생이 불가능한) : 발생빈도 > 10^{-8}/day

24 인간의 위치 동작에 있어 눈으로 보지 않고 손을 수평면상에서 움직이는 경우 짧은 거리는 지나치고, 긴 거리는 못 미치는 경향이 있는데 이를 무엇이라고 하는가?

① 사정효과(Range Effect)
② 반응효과(Reaction Effect)
③ 간격효과(Distance Effect)
④ 손동작효과(Hand action Effect)

해설

사정효과(Range Effect)
· 눈으로 보지 않고 손을 수평면 위에서 움직이는 경우에 짧은 거리는 지나치고 긴 거리는 못 미치는 경향을 말한다.
· 조작자가 작은 오차에는 과잉반응, 큰 오차에는 과소반응을 한다.

25 불(Boole)대수의 정리를 나타낸 관계식으로 틀린 것은?

① $A \cdot A = A$　　　　　　② $A + \overline{A} = 0$

③ $A + AB = A$　　　　　　④ $A + A = A$

> **해설**
>
> $A + \overline{A} = 1$

26 그림과 같은 FT도에서 정상사상 T의 발생 확률은? (단, X_1, X_2, X_3의 발생 확률은 각각 0.1, 0.15, 0.1이다.)

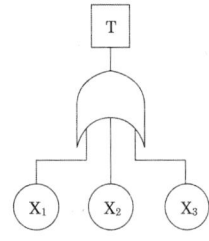

① 0.3115　　　　　　② 0.35

③ 0.496　　　　　　④ 0.9985

> **해설**
>
> $T = 1 - (1 - X_1)(1 - X_2)(1 - X_3) = 1 - (1 - 0.1)(1 - 0.15)(1 - 0.1) = 0.3115$

27 서브시스템, 구성요소, 기능 등의 잠재적 고장 형태에 따른 시스템의 위험을 파악하는 위험분석기법으로 옳은 것은?

① ETA(Event Tree Analysis)　　　② HEA(Human Error Analysis)

③ PHA(Preliminary Hazard Analysis)　④ FMEA(Failure Mode and Effect Analysis)

> **해설**
>
> FMEA(고장의 형과 영향분석)
> ・FMEA : 시스템안전 분석에 이용되는 정성적 및 귀납적 분석방법으로 시스템에 영향을 미치는 전체요소의 고장을 형별로 분석하여 그 영향을 검토하는 것이다.
> ・FMEA의 장점・단점
> 　① 장점 : 서식간단, 특별한 훈련 없이 분석가능
> 　② 단점 : 논리성 부족, 동시에 2가지 이상 고장의 분석곤란, 인적원인분석곤란

28 불필요한 작업을 수행함으로써 발생하는 오류로 옳은 것은?

① Command Error ② Extraneous Error

③ Secondary Error ④ Commission Error

해설

인간과오의 심리적인 분류

· Omission Error : 필요한 task또는 절차를 수행하지 않는 데 기인한 과오
· Time Error : 필요한 task 또는 절차의 수행지연으로 인한 과오
· Commission Error : 필요한 task 또는 절차의 불확실한 수행으로 인한 과오
· Sequential Error : 필요한 task 또는 절차의 순서착오로 인한 과오
· Extraneous Error : 불필요한 task 또는 절차를 수행함으로써 기인한 과오

29 작업공간의 배치에 있어 구성요소 배치의 원칙에 해당하지 않는 것은?

① 기능성의 원칙 ② 사용빈도의 원칙

③ 사용순서의 원칙 ④ 사용방법의 원칙

해설

부품배치의 4원칙

· 사용빈도의 원칙 · 중요성의 원칙
· 기능별 배치의 원칙 · 사용 순서의 원칙

30 인간이 기계보다 우수한 기능이라 할 수 있는 것은? (단, 인공지능은 제외한다.)

① 일반화 및 귀납적 추리 ② 신뢰성 있는 반복 작업

③ 신속하고 일관성 있는 반응 ④ 대량의 암호화된 정보의 신속한 보관

해설

인간과 기계의 상대적 재능

인간이 우수한 기능	기계가 우수한 기능
① 저 에너지 자극(시각, 청각, 후각 등)감지	① 인간 감지범위 밖의 자극(X선, 초음파 등)감지
② 복잡 다양한 자극 형태 식별	② 인간 및 기계에 대한 모니터 기능
③ 예기치 못한 사건 감지(예감, 느낌)	③ 드물게 발생하는 사상 감지
④ 다량정보를 오래 보관	④ 암호화된 정보를 신속하게 대량보관
⑤ 귀납적 추리	⑤ 연역적 추리
⑥ 과부하 상황에서는 중요한 일에만 전념	⑥ 과부하시 효율적으로 작동
⑦ 임기응변, 융통성, 원칙적용, 주관적 추산, 독창력 발휘 등의 기능	⑦ 정량적 정보처리, 장시간 중량작업, 반복 작업, 동시에 여러 가지 작업수행

31 다음 시스템의 신뢰도 값은?

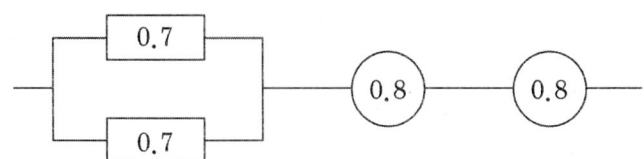

① 0.5824
② 0.6682
③ 0.7855
④ 0.8642

해설

시스템의 신뢰도(R)

$R = [1 - (1 - 0.7)(1 - 0.7)] \times 0.8 \times 0.8 = 0.5824$

32 인체측정 자료를 장비, 설비 등의 설계에 적용하기 위한 응용원칙에 해당하지 않는 것은?

① 조절식 설계
② 극단치를 이용한 설계
③ 구조적 치수 기준의 설계
④ 평균치를 기준으로 한 설계

해설

인간 계측자료의 응용원칙

· 최대치수와 최소치수 : 최대치수 또는 최소치수를 기준으로 하여 설계한다.
· 조절범위(조절식) : 체격이 다른 여러 사람에게 맞도록 만드는 것 이다.
· 평균치를 기준으로 한 설계 : 최대치수나 최소치수, 조절식으로 하기가 곤란할 때 평균치를 기준으로 하여 설계한다.

33 시각적 표시장치보다 청각적 표시장치를 사용하는 것이 더 유리한 경우는?

① 정보의 내용이 복잡하고 긴 경우
② 정보가 공간적인 위치를 다룬 경우
③ 직무상 수신자가 한 곳에 머무르는 경우
④ 수신 장소가 너무 밝거나 암순응이 요구될 경우

해설

표시장치의 선택(청각장치와 시각장치의 선택)

청각장치사용	시각장치사용
· 전언이 간단하고 짧을 때 · 전언이 후에 재참조되지 않을 때 · 전언이 즉각적인 사상(Event)을 이룰 때 · 전언이 즉각적인 행동을 요구할 때 · 수신자가 시각계통이 과부하 상태일 때 · 수신 장소가 너무 밝거나 암조의 유지가 필요할 때 · 직무상 수신자가 자주 움직이는 경우	· 전언이 복잡하고 길 때 · 전언이 후에 재참조가 될 때 · 전언이 공간적인 위치를 다룰 때 · 전언이 즉각적인 행동을 요구하지 않을 때 · 수신자의 청각계통이 과부하 상태일 때 · 수신 장소가 너무 시끄러울 때 · 직무상 수신자가 한 곳에 머무르는 경우

34 시스템의 수명 및 신뢰성에 관한 설명으로 틀린 것은?

① 병렬설계 및 디레이팅 기술로 시스템의 신뢰성을 증가시킬 수 있다.

② 직렬시스템에서는 부품들 중 최소 수명을 갖는 부품에 의해 시스템 수명이 정해진다.

③ 수리가 가능한 시스템의 평균 수명(MTBF)은 평균 고장률(λ)과 정비례 관계가 성립한다.

④ 수리가 불가능한 구성요소로 병렬구조를 갖는 설비는 중복도가 늘어날수록 시스템 수명이 길어진다.

> **해설**
>
> 시스템의 평균수명(MTBF) : 평균 고장율(λ)과 반비례가 성립한다.
>
> $$MTBF = \frac{1}{\lambda} = \frac{고장건수}{시간}$$

35 컷셋(Cut Sets)과 최소 패스셋(Minimal Path Sets)의 정의로 옳은 것은?

① 컷셋은 시스템 고장을 유발시키는 필요 최소한의 고장들의 집합이며, 최소 패스셋은 시스템의 신뢰성을 표시한다.

② 컷셋은 시스템 고장을 유발시키는 기본고장들의 집합이며, 최소 패스셋은 시스템의 불신뢰도를 표시한다.

③ 컷셋은 그 속에 포함되어 있는 모든 기본사상이 일어났을 때 정상사상을 일으키는 기본사상의 집합이며, 최소 패스셋은 시스템의 신뢰성을 표시한다.

④ 컷셋은 그 속에 포함되어 있는 모든 기본사상이 일어났을 때 정상사상을 일으키는 기본사상의 집합이며, 최소 패스셋은 시스템의 성공을 유발하는 기본사상의 집합이다.

> **해설**
>
> (1) 컷과 미니멀 컷
> - 컷(Cut) : 컷이란 그 속에 포함되어 있는 모든 기본사상(여기서는 통상사상, 생략 결함사상 등을 포함한 기본사상)이 일어났을 때, 성상사상을 일으키는 기본사상의 집합을 의미한다.
> - 미니멀 컷(Minimal Cut Sets) : 정상사상을 일으키기 위해 필요한 최소한의 컷으로 컷 중 그 부분 집합만으로 정상사상이 일어나는 일이 없는 것을 의미한다.
>
> (2) 패스(Path)와 미니멀 패스(Minimal Path Sets)
> - 패스(Path) : 그 속에 포함되는 기본사상이 일어나지 않을 때, 처음으로 정상사상이 일어나지 않는 기본사상의 집합을 의미한다.
> - 미니멀 패스(Minimal Path Sets) : 기본사상이 일어나지 않을 때, 정상 사상이 일어나지 않을 필요 최소한의 것을 의미한다.

36 동작경제의 원칙에 해당하지 않는 것은?

① 공구의 기능을 각각 분리하여 사용하도록 한다.

② 두 팔의 동작은 동시에 서로 반대방향으로 대칭적으로 움직이도록 한다.

③ 공구나 재료는 작업동작이 원활하게 수행되도록 그 위치를 정해준다.

④ 가능하다면 쉽고도 자연스러운 리듬이 작업동작에 생기도록 작업을 배치한다.

해설

공구의 기능을 결합하여서 사용하도록 한다.

37 화학설비에 대한 안전성 평가 중 정성적 평가방법의 주요 진단 항목으로 볼 수 없는 것은?

① 건조물　　　　② 취급물질

③ 입지 조건　　　④ 공장 내 배치

해설

정성적 평가의 주요 진단항목

설계관계	운전관계
·입지조건	·원재료, 중간체제품
·공장 내 배치	·공정
·건조물	·수송, 저장 등
·소방 설비	·공정기기

38 산업안전보건법령상 해당 사업주가 유해위험방지계획서를 작성하여 제출해야하는 대상은?

① 시·도지사　　　② 관할 구청장

③ 고용노동부장관　④ 행정안전부장관

해설

유해위험방지계획서의 작성·제출 : 사업주는 유해위험방지계획서를 작성하여 고용노동부령으로 정하는 바에 따라 고용노동부장관에게 제출하고 심사를 받아야 한다.

39 작업면상의 필요한 장소만 높은 조도를 취하는 조명은?

① 완화조명　　　② 전반조명

③ 투명조명　　　④ 국소조명

해설

국부조명(국소조명)

· 필요한 곳만을 강하게 조명하는 조명법으로 정밀한 작업 또는 시력을 집중시켜 줄 수 있는 일에 사용하는 조명방식이다.

· 밝고 어둠의 차이가 많아 눈부심을 일으켜 눈을 피로하게 한다.

· 조명도를 고르게 하기 위해 전체조명의 조도는 국부조명의 1/5~1/10 정도가 되도록 조절한다.

40 다음 현상을 설명한 이론은?

> 인간이 감지할 수 있는 외부의 물리적 자극 변화의 최소범위는 표준 자극의 크기에 비례한다.

① 피츠(Fitts) 법칙
② 웨버(Weber) 법칙
③ 신호검출이론(SDT)
④ 힉–하이만(Hick–Hyman)법칙

해설

Weber의 법칙 : 특정감각기관의 변화감지역(△L)은 사용되는 표준자극(I)에 비례한다는 관계를 Weber의 법칙이라 한다.(Weber비가 작을수록 분별력이 좋아진다.)

$$\therefore \frac{\triangle L}{I} = const(일정)$$

03 기계위험방지기술

41 비파괴 검사 방법으로 틀린 것은?

① 인장 시험
② 음향 탐상 시험
③ 와류 탐상 시험
④ 초음파 탐상 시험

해설

비파괴 검사
- 정의 : 재료 또는 제품의 재질이나 형상치수에 아무런 변화를 주지 않고 그 재료의 결함, 재질, 상태를 검사하는 방법을 말한다.
- 비파괴검사의 종류
  ① 육안검사
  ② 초음파탐상검사
  ③ 방사선투과검사
  ④ 자기탐상검사(자분검사)
  ⑤ 누설검사
  ⑥ 음향검사
  ⑦ 침투검사

42 기계설비의 위험점 중 연삭숫돌과 작업받침대, 교반기의 날개와 하우스 등 고정부분과 회전하는 동작 부분 사이에서 형성되는 위험점은?

① 끼임점
② 물림점
③ 협착점
④ 절단점

해설

끼임점 : 기계의 고정부분과 회전하는 동작(운동)부분이 함께 만드는 위험점(교반기의 날개와 하우스)

43 다음 중 금형을 설치 및 조정할 때 안전수칙으로 가장 적절하지 않은 것은?

① 금형을 체결할 때에는 적합한 공구를 사용한다.

② 금형의 설치 및 조정은 전원을 끄고 실시한다.

③ 금형을 부착하기 전에 하사점을 확인하고 설치한다.

④ 금형을 체결할 때에는 안전블럭을 잠시 제거하고 실시한다.

해설

금형을 체결할 때에는 안전 블럭을 설치하고 실시한다.

44 선반 작업에 대한 안전수칙으로 가장 적절하지 않은 것은?

① 선반의 바이트는 끝을 짧게 장치한다.

② 작업 중에는 면장갑을 착용하지 않도록 한다.

③ 작업이 끝난 후 절삭 칩의 제거는 반드시 브러시 등의 도구를 사용한다.

④ 작업 중 일감의 치수 측정 시 기계 운전상태를 저속으로 하고 측정한다.

해설

선반 작업 시 안전수칙

• 칩은 기계를 정지시킨 다음에 브러시 등으로 제거한다.

• 일감 또는 부속장치 등을 설치하거나 제거할 때는 반드시 기계를 정지시키고 작업할 것

• 가공 중에 손으로 가공면을 점검하지 않을 것

• 절삭칩(공작기계 중 가장 가늘고 예리함)의 비산에 의한 부상방지를 위해 보안경을 착용할 것

• 면장갑 착용을 금지할 것

• 선반기계를 정지시켜야 할 경우

   ① 치수를 측정할 경우

   ② 백기어(Back Gear)를 넣거나 풀 경우

   ③ 주축을 변속할 경우

   ④ 기계에 주유 및 청소를 할 경우

   ⑤ 기계 점검을 할 경우

45 프레스의 손쳐내기식 방호장치 설치기준으로 틀린 것은?

① 방호판의 폭이 금형 폭의 1/2이상이어야 한다.

② 슬라이드 행정수가 300SPM 이상의 것에 사용한다.

③ 손쳐내기봉의 행정(Stroke)길이를 금형의 높이에 따라 조정할 수 있고 진동폭은 금형폭 이상이
  어야 한다.

④ 슬라이드 하행정거리의 3/4 위치에서 손을 완전히 밀어내야 한다.

해설

슬라이드 행정수가 120SPM 이하의 것에 사용한다.

46 산업안전보건법령상 정상적으로 작동될 수 있도록 미리 조정해 두어야할 이동식 크레인의 방호장치로 가장 적절하지 않은 것은?

① 제동장치
② 권과방지장치
③ 과부하방지장치
④ 파이널 리미트 스위치

해설

크레인 방호장치 : 과부하 방지장치, 권과방지장치, 비상정지장치 및 제동장치

47 산업안전보건법령상 고속회전체의 회전시험을 하는 경우 미리 회전축의 재질 및 형상 등에 상응하는 종류의 비파괴검사를 해서 결함유무를 확인해야 한다. 이때 검사 대상이 되는 고속회전체의 기준은?

① 회전축의 중량이 0.5톤을 초과하고, 원주속도가 100m/s 이내인 것
② 회전축의 중량이 0.5톤을 초과하고, 원주속도가 120m/s 이상인 것
③ 회전축의 중량이 1톤을 초과하고, 원주속도가 100m/s 이내인 것
④ 회전축의 중량이 1톤을 초과하고, 원주속도가 120m/s 이상인 것

해설

• 비파괴검사의 실시 : 고속회전체(회전축의 중량이 1톤을 초과하고 원주 속도가 120m/sec이상인 것에 한함)의 회전시험을 하는 경우 미리 회전축의 재질 및 형상 등에 상응하는 종류의 비파괴검사를 해서 결함유무를 확인하여야 한다.
• 고속회전체의 회전시험 중의 위험방지 : 고속회전체로서 원주 속도가 25m/sec를 초과하는 것에 한함)의 회전시험을 할 때에는 고속회전체의 파괴로 인한 위험을 방지하기 위한 전용의 견고한 시설물을 내부 또는 견고한 장벽 등으로 격리된 장소에서 실시하여야 한다.

48 보일러 부하의 급변, 수위의 과상승 등에 의해 수분이 증기와 분리되지 않아 보일러 수면이 심하게 솟아올라 올바른 수위를 판단하지 못하는 현상은?

① 프라이밍
② 모세관
③ 워터해머
④ 역화

해설

프라이밍(비수공발) : 보일러의 급격한 부하, 급격한 압력강하, 고수위 등에 의해 물방울 또는 물거품이 수면위로 튀어 올라 관 밖으로 운반되는 현상

49 다음 중 절삭가공으로 틀린 것은?

① 선반　　　　　　　　② 밀링
③ 프레스　　　　　　　④ 보링

> **해설**
> ·프레스 : 소성가공
> ·소성가공 : 물체의 소성(물체에 힘을 가해 변형시킬 때 영구적으로 변화하는 성질)을 이용하여 변형시켜 갖가지 모양을 만드는 가공법이다.

50 500rpm으로 회전하는 연삭숫돌의 지름이 300mm일 때 회전속도(m/min)는?

① 471　　　　　　　　② 551
③ 751　　　　　　　　④ 1025

> **해설**
> $$원주속도 = \frac{\pi \times D \times N}{1,000} = \frac{3.14 \times 300 \times 500}{1,000} = 471 m/\min$$

51 산업안전보건법령상 금속의 용접, 용단에 사용하는 가스 용기를 취급할 때 유의사항으로 틀린 것은?

① 밸브의 개폐는 서서히 할 것
② 운반하는 경우에는 캡을 벗길 것
③ 용기의 온도는 40℃ 이하로 유지할 것
④ 통풍이나 환기가 불충분한 장소에는 설치하지 말 것

> **해설**
> 금속의 용접·용단 또는 가열에 사용되는 가스 등의 용기 취급 시 준수사항
> ·다음 항목에 해당하는 장소에서 사용하거나 해당 장소에 설치·저장 또는 방치하지 않도록 할 것
> 　① 통풍이나 환기가 불충분한 장소
> 　② 화기를 사용하는 장소 및 그 부근
> 　③ 위험물 또는 인화성 액체를 취급하는 장소 및 그 부근
> ·용기의 온도를 섭씨 40℃ 이하로 유지할 것
> ·전도의 위험이 없도록 할 것
> ·충격을 가하지 않도록 할 것
> ·운반하는 경우에는 캡을 씌울 것
> ·사용하는 경우에는 용기의 마개에 부착되어 있는 유류 및 먼지를 제거할 것
> ·밸브의 개폐는 서서히 할 것
> ·사용 전 또는 사용 중인 용기와 그 밖의 용기를 명확히 구별하여 보관할 것
> ·용해아세틸렌의 용기는 세워 둘 것
> ·용기의 부식·마모 또는 변형상태를 점검한 후 사용할 것

52 크레인 로프에 질량 2,000kg의 물건을 10m/sec²의 가속도로 감아올릴 때, 로프에 걸리는 총 하중(kN)은? (단, 중력가속도는 9.8m/sec²)

① 9.6
② 19.6
③ 29.6
④ 39.6

해설

총 하중(W) = W₁(정하중) + W₂(동하중)

$$= W_1 + \left(W_1 \times \frac{a}{g} \right) = 2{,}000\text{kg} + \left(2{,}000\text{kg} \times \frac{10\text{m}/\sec^2}{9.8\text{m}/\sec^2} \right)$$

$$= 4{,}040.82\text{kg} \times \frac{9.8 \times 10^{-3}\text{kN}}{1\text{kg}} = 39.6\text{kN}$$

53 산업안전보건법령상 숫돌 지름이 60cm인 경우 숫돌 고정 장치인 평형 플랜지의 지름은 최소 몇 cm이상인가?

① 10
② 20
③ 30
④ 60

해설

플랜지의 직경은 숫돌 직경의 1/3 이상 되어야 한다.

$$\therefore \text{플랜지 지름} = 60 \times \frac{1}{3} = 20cm$$

54 산업안전보건법령상 롤러기의 방호장치 설치 시 유의해야 할 사항으로 가장 적절하지 않은 것은?

① 손으로 조작하는 급정지장치의 조작부는 롤러기의 전면 및 후면에 각각 1개씩 수평으로 설치하여야 한다.
② 앞면 롤러의 표면속도가 30m/min 미만인 경우 급정지 거리는 앞면 롤러 원주의 1/2.5이하로 한다.
③ 급정지장치의 조작부에 사용하는 줄을 사용 중 늘어져서는 안 된다.
④ 급정지장치의 조작부에 사용하는 줄은 충분한 인장강도를 가져야 한다.

해설

급정지장치의 성능

앞면 롤러의 표면속도(m/min)	급정지거리
30미만	앞면 롤러 원주 × 1/3
30이상	앞면 롤러 원주 × 1/2.5

55 산업안전보건법령상 컨베이어에 설치하는 방호장치로 거리가 가장 먼 것은?

① 건널다리　　　　　　　　　② 반발예방장치
③ 비상정지장치　　　　　　　　④ 역주행방지장치

> **해설**
>
> 컨베이어 방호장치 : 이탈 및 역주행 방지장치, 비상정지장치, 덮개 또는 울 등 낙하물에 의한 위험
> 방지 장치, 건널다리, 스토퍼

56 자동화 설비를 사용하고자 할 때 기능의 안전화를 위하여 검토할 사항으로 거리가 가장 먼 것은?

① 재료 및 가공 결함에 의한 오동작
② 사용압력 변동 시의 오동작
③ 전압강하 및 정전에 따른 오동작
④ 단락 또는 스위치 고장 시의 오동작

> **해설**
>
> 자동화설비 사용 시 기능의 안전화를 위하여 적절한 조치가 필요한 이상상태
> · 전압의 강하
> · 정전 시 오동작
> · 단락스위치나 릴레이 고장 시 오동작
> · 사용압력 고장 시 오동작
> · 밸브계통의 고장에 의한 오동작 등

57 프레스 작동 후 작업점까지의 도달시간이 0.3초인 경우 위험한계로부터 양수조작식 방호장치의 최단 설치거리는?

① 48cm 이상　　　　　　　　② 58cm 이상
③ 68cm 이상　　　　　　　　④ 78cm 이상

> **해설**
>
> 양수기동식 방호장치의 안전거리(D_m)
> $\therefore D_m = 160 \times 0.3 = 48cm$

58 휴대형 연삭기 사용 시 안전사항에 대한 설명으로 가장 적절하지 않은 것은?

① 잘 안 맞는 장갑이나 옷은 착용하지 말 것
② 긴 머리는 묶고 모자를 착용하고 작업할 것
③ 연삭숫돌을 설치하거나 교체하기 전에 전선과 압축공기 호스를 설치할 것
④ 연삭작업 시 클램핑 장치를 사용하여 공작물을 확실히 고정할 것

[해설]

연삭숫돌을 설치하거나 교체한 후에 전선과 압축공기호스를 설치할 것

59 산업안전보건법령상 보일러에 설치해야하는 안전장치로 거리가 가장 먼 것은?

① 해지장치   ② 압력방출장치
③ 압력제한스위치   ④ 고·저수위조절장치

[해설]

· 보일러의 방호장치의 종류(안전보건규칙)
  ① 압력방출장치
  ② 압력제한스위치
  ③ 고저수위조절장치
  ④ 기타 도피밸브, 가용전, 방폭문, 화염 검출기 등
· 보일러의 폭발위험의 방지 : 보일러는 폭발사고 예방을 위하여 압력방출장치, 압력제한스위치, 고저수위조절장치, 화염 검출기 등을 설치하고 그 기능이 정상적으로 작동될 수 있도록 유지 관리하여야 한다.
· 압력방출장치
  ① 보일러의 안전한 가동을 위하여 압력방출장치를 1개 또는 2개 이상 설치하고 최고사용압력(설계압력 또는 최고허용압력) 이하에서 작동되도록 하여야 한다.
  ② 압력방출장치를 2개 이상 설치할 경우에는 최고사용압력 이하에서 1개가 작동되고 다른 1개는 최고사용압력의 1.05배 이하에서 작동되도록 부착하여야 한다.
  ③ 압력방출장치는 1년에 1회 이상 교정을 받은 압력계를 이용하여 설정압력에서 압력방출 장치가 적정하게 작동하는지를 검사한 후 납(Pb)으로 봉인하여 사용하여야 한다.
· 입력제한스위치 : 보일러의 과열방지를 위하여 최고사용압력과 상용압력 사이에서 보일러의 버너연소를 차단할 수 있도록 압력제한 스위치를 부착하여 사용하여야 한다.
· 고저수위조절장치 : 고저수위조절장치는 작업자가 동작 상태를 쉽게 감시할 수 있도록 고저수위 지점을 알리는 경보등, 경보음장치 등을 설치하여야 하며, 자동적으로 급수 또는 단수되도록 설치하여야 한다.

60 지게차의 방호장치에 해당하는 것은?

① 버킷　　　　　　　　　　② 포크

③ 마스트　　　　　　　　　④ 헤드가드

> **해설**
>
> 지게차의 방호장치
> - 전조등 및 후미등(안전 작업 수행을 위해 필요한 조명이 확보되어 있는 장소에서는 제외)
> - 헤드가드(지게차의 방호장치)
> - 백 레스트(후방에서 화물의 낙하함으로서 위험의 우려가 없을 때는 제외)

04 전기위험방지기술

61 전기설비에 접지를 하는 목적으로 틀린 것은?

① 누설전류에 의한 감전방지

② 낙뢰에 의한 피해방지

③ 지락사고 시 대지전위 상승유도 및 절연강도 증가

④ 지락사고 시 보호계전기 신속동작

> **해설**
>
> 지락사고 시 대전전위의 상승을 억제하고 절연강도를 경감시킨다.

62 전로에 시설하는 기계기구의 철대 및 금속제 외함에 접지공사를 생략할 수 없는 경우는?

① 30V 이하의 기계기구를 건조한 곳에 시설하는 경우

② 물기 없는 장소에 설치하는 저압용 기계기구를 위한 전로에 정격감도전류 40mA 이하, 동작시간 2초 이하의 전류동작형 누전차단기를 시설하는 경우

③ 철대 또는 외함의 주위에 적당한 절연대를 설치하는 경우

④ [전기용품 및 생활용품 안전 관리법]의 적용을 받는 이중절연구조로 되어 있는 기계기구를 시설하는 경우

> **해설**
>
> 물기 없는 장소에 설치하는 저압용 기계·기구를 위한 전로에 정격감도전류 30mA이하, 동작시간 0.03초 이하의 전류 동작형 누전차단기를 시설하는 경우

63 한국전기설비규정에 따라 욕조나 샤워시설이 있는 욕실 등 인체가 물에 젖어있는 상태에서 전기를 사용하는 장소에 인체감전보호용 누전차단기가 부착된 콘센트를 시설하는 경우 누전차단기의 정격감도전류 및 동작시간은?

① 15mA 이하, 0.01초 이하
② 15mA 이하, 0.03초 이하
③ 30mA 이하, 0.01초 이하
④ 30mA 이하, 0.03초 이하

해설

· 욕실 등 물을 사용하는 장소 또는 습기 장소에 콘센트를 시설하는 경우 : 콘센트 회로에 정격감도전류 15mA 이하, 동작전류시간 0.03초 이하의 전류동작형 인체감도보호용차단기(ELB)에 접속하여 누전 시 해당 전로를 신속하게 차단하여 전위상승을 억제할 수 있어야 한다.
· 전기기계·기구에 설치되어 있는 누전차단기
  ① 정격감도전류 30mA 이하, 작동시간 0.03초 이내일 것
  ② 정격전부하전류가 50A 이상인 전기 기계·기구에 접속되는 누전차단기는 오작동을 방지하기 위하여 정격감도전류 200mA 이하, 작동시간은 0.1초 이내로 할 것

64 개폐기로 인한 발화는 스파크에 의한 가연물의 착화화재가 많이 발생한다. 이를 방지하기 위한 대책으로 틀린 것은?

① 가연성증기, 분진 등이 있는 곳은 방폭형을 사용한다.
② 개폐기를 불연성 상자 안에 수납한다.
③ 비포장 퓨즈를 사용한다.
④ 접속부분의 나사풀림이 없도록 한다.

해설

스파크(전기불꽃) 화새의 방지책
· 개폐기를 불연성의 외함 내에 내장시키거나 통형퓨즈를 사용할 것
· 가연성 증기, 분지 등의 위험성 물질이 있는 곳은 방폭형 개폐기를 사용할 것
· 유입개폐기는 절연유의 열화 정도, 유량에 유의하고 주위에는 내화벽을 설치할 것
· 접촉부분의 산화, 변형, 퓨즈의 나사풀림 등으로 인하여 접촉저항이 증가되는 것을 방지할 것

65 인체의 전기저항을 500Ω으로 하는 경우 심실세동을 일으킬 수 있는 에너지는 약 얼마인가?

(단, 심실세동전류 $I = \dfrac{165}{\sqrt{T}}$ mA로 한다.)

① 13.6J
② 19.0J
③ 13.6mJ
④ 19.0mJ

해설

$$W = I^2 RT = \left(\frac{165}{\sqrt{T}} \times 10^{-3}\right)^2 \times 500 \times T = 13.6J$$

66 방폭인증서에서 방폭부품을 나타내는 데 사용되는 인증번호의 접미사는?

① "G" ② "X"

③ "D" ④ "U"

해설

방폭 부품에 최소 표시사항

· 제조자의 이름 또는 등록상표

· 형식

· 기호 Ex 및 방폭구조의 기호

· 인증서 발급기관의 이름 또는 마크, 합격번호

· X또는 U기호

67 개폐기, 차단기, 유도 전압조정기의 최대 사용 전압이 7kV 이하인 전로의 경우 절연 내력시험은 최대 사용 전압의 1.5배의 전압을 몇 분간 가하는가?

① 10 ② 15

③ 20 ④ 25

해설

절연내력시험

최대사용전압	시험압력
7kV이하	1.5배
7kV초과	1.25배

[비고] 최대사용전압에 의해서 결정되는 시험전압을 지속하여 10분간 가하여 견뎌야 함

68 다른 두 물체가 접촉할 때 접촉 전위차가 발생하는 원인으로 옳은 것은?

① 두 물체의 온도 차 ② 두 물체의 습도 차

③ 두 물체의 밀도 차 ④ 두 물체의 일함수 차

해설

물체 접촉시 전위차가 발생하는 원인 : 두 물체의 일함수의 차

69 방폭전기설비의 용기내부에서 폭발성가스 또는 증기가 폭발하였을 때 용기가 그 압력에 견디고 접합면이나 개구부를 통해서 외부의 폭발성가스나 증기에 인화되지 않도록 한 방폭구조는?

① 내압 방폭구조
② 압력 방폭구조
③ 유입 방폭구조
④ 본질안전 방폭구조

> **해설**

내압방폭구조
· 정의 : 용기 내부에서 가스가 폭발하였을 때 용기가 그 압력에 견디고 또한 용기 내에 폭발성 가스가 침입할 수 없도록 되어 있는 구조(전폐형 구조)
· 내압방폭구조의 내압한도 : $10kg/cm^2$이상
· 내압방폭구조에서 안전간극(Safe Gap)을 적게 하는 이유 : 폭발압력이 외부로 유출되지 않도록 하기 위해

70 불활성화할 수 없는 탱크, 탱크롤리 등에 위험물을 주입하는 배관은 정전기 재해방지를 위하여 배관 내 액체의 유속제한을 한다. 배관 내 유속제한에 대한 설명으로 틀린 것은?

① 물이나 기체를 혼합하는 비수용성 위험물의 배관 내 유속은 1m/sec 이하로 할 것
② 저항률이 $10^{10}\Omega \cdot cm$미만의 도전성 위험물의 배관 내 유속은 7m/sec 이하로 할 것
③ 저항률이 $10^{10}\Omega \cdot cm$이상인 위험물의 배관 내 유속은 관내경이 0.05m 이면 3.5m/sec이하로 할 것
④ 이황화탄소 등과 같이 유동대전이 심하고 폭발 위험성이 높은 것은 배관 내 유속을 3m/sec 이하로 할 것

> **해설**

이황화탄소, 에테르 등과 같이 유동대진이 심하고 폭발위험성이 높온 물질의 배관내 유속 : 1m/sec 이하

71 고압 및 특고압 전로에 시설하는 피뢰기의 설치장소로 잘못된 곳은?

① 가공전선로와 지중전선로가 접속되는 곳
② 발전소, 변전소의 가공전선 인입구 및 인출구
③ 고압 가공전선로에 접속하는 배전용 변압기의 저압측
④ 고압 가공전선로로부터 공급을 받는 수용장소의 인입구

해설
피뢰기의 설치장소
1. 발전소·변전소 또는 이에 준하는 장소의 가공전선 인입구 및 인출구
2. 가공전선로(25kV 이하의 중성점 다중접지식 특고압 가공전선로를 제외한다)에 접속하는 배전용 변압기의 고압측 및 특고압측
3. 고압 또는 특고압의 가공전선로로부터 공급을 받는 수용 장소의 인입구
4. 가공전선로와 지중전선로가 접속되는 곳

72 속류를 차단할 수 있는 최고의 교류전압을 피뢰기의 정격전압이라고 하는데 이 값은 통상적으로 어떤 값으로 나타내고 있는가?

① 최대값
② 평균값
③ 실효값
④ 파고값

해설
피뢰기의 정격전압 : 속류를 차단할 수 있는 최대 교류전압(실효값으로 나타냄)

73 감전 등의 재해를 예방하기 위하여 특·고압용 기계·기구 주위에 관계자 외 출입을 금하도록 울타리를 설치할 때, 울타리의 높이와 울타리로부터 충전부분까지의 거리의 합이 최소 몇 m 이상이 되어야 하는가? (단, 사용전압이 35kV 이하인 특고압용 기계기구이다.)

① 5m
② 6m
③ 7m
④ 9m

해설
감전재해 방지를 위해 고압기계·기구 등의 주위에 출입금지를 위한 울타리를 설치할 경우 : 울타리 높이와 울타리로부터 충전부분까지의 거리의 합이 5m 이상이 되도록 할 것

74 산업안전보건기준에 의한 정전전로에서의 정전 작업을 마친 후 전원을 공급하는 경우에 사업주가 작업에 종사하는 근로자 및 전기기기와 접촉할 우려가 있는 근로자에게 감전의 위험이 없도록 준수해야할 사항이 아닌 것은?

① 단락 접지기구 및 작업기구를 제거하고 전기기기 등이 안전하게 통전될 수 있는지 확인한다.
② 모든 작업자가 작업이 완료된 전기기기에서 떨어져 있는지 확인한다.
③ 잠금장치와 꼬리표를 근로자가 직접 설치한다.
④ 모든 이상 유무를 확인한 후 전기기기 등의 전원을 투입한다.

해설

정전작업 후 재통전시 안전조치사항
· 작업기구, 단락 접지기구 등을 제거하고 전기기기 등이 안전하게 통전될 수 있는지를 확인할 것.
· 모든 작업자가 작업이 완료된 전기기기 등에서 떨어져 있는지를 확인할 것
· 잠금장치와 꼬리표는 설치한 근로자가 직접 철거할 것
· 모든 이상 유무를 확인한 후 진기기기 등의 전원을 투입할 것

75 한국전기설비규정에 따라 과전류차단기로 저압전로에 사용하는 범용 퓨즈(gG)의 용단전류는 정격전류의 몇 배인가? (단, 정격전류가 4A 이하인 경우이다.)

① 1.5배　　　　　② 1.6배
③ 1.9배　　　　　④ 2.1배

해설

범용퓨즈(gG)의 용단전류 : 정격전류 × 2.1배(정격전류가 4A 이하인 경우 적용)

76 정전기가 대전된 물체를 제전시키려고 한다. 다음 중 대전된 물체의 절연저항이 증가되어 제전의 효과를 감소시키는 것은?

① 접지한다.　　　　　② 건조시킨다.
③ 도전성 재료를 첨가한다.　　　　　④ 주위를 가습한다.

해설

대전된 물체를 건조시킬 경우 : 절연저항이 증가되어 제전효과를 감소시킨다.

77 변압기의 최소 IP 등급은? (단, 유입 방폭구조의 변압기이다.)

① IP55　　　　　② IP56
③ IP65　　　　　④ IP66

해설

유입방폭구조의 변압기 최소 IP등급 : 전기기기 성능기준에 따라 기기의 보호등급은 최소 IP66에 적합하여야 한다.

78 절연물의 절연계급을 최고허용온도가 낮은 온도에서 높은 온도 순으로 배치한 것은?

① Y종 → A종 → E종 → B종

② A종 → B종 → E종 → Y종

③ Y종 → E종 → B종 → A종

④ B종 → Y종 → A종 → E종

> **해설**
>
> 절연물의 절연계급(종별 허용최고온도)

종별	허용최고온도[°C]	절연물의 종류	용도별
Y종	90	유리화수지, 메탈아크릴지, 폴리에틸렌, 폴리염화비닐, 폴리스틸렌	저압의 기기
A종	105	폴리에스테르수지, 셀룰로오스, 유도체, 폴리아미드, 폴리비닐포르말	보통의 회전기, 변압기
E종	120	멜라닌수지, 페놀수지의 유기질 기재의 성형, 폴리에스테르수지	대용량 및 보통의 기기
B종	130	무기질재료의 각종 성형, 적층품	고전압의 기기
F종	155	에폭시수지, 폴리우레탄수지, 변성실리콘수지	고전압의 기기
H종	180	유리, 실리콘고무	건식변압기
C종	180이상	실리콘, 폴리4 플루오루화 에틸렌	특수한기기

79 가스그룹이 IIB인 지역에 내압방폭구조 "d"의 방폭기기가 설치되어 있다. 기기의 플랜지 개구부에서 장애물까지의 최소 거리(mm)는?

① 10

② 20

③ 30

④ 40

> **해설**
>
> 방폭기기(내압방폭구조 d)의 플랜지 개구부에 장애물까지의 최소거리 : 30mm

80 극간 정전용량이 1,000pF이고, 착화에너지가 0.019mJ인 가스에서 폭발한계 전압(V)은 약 얼마인가? (단, 소수점 이하는 반올림한다.)

① 3,900

② 1,950

③ 390

④ 195

> **해설**
>
> · $E = \dfrac{1}{2}CV^2$
>
> · 폭발한계전압(V)
>
> $V = \sqrt{\dfrac{2E}{C}} = \sqrt{\dfrac{2 \times 0.019 \times 10^{-3}}{1,000 \times 10^{-12}}} = 194.94\,V$

05 화학설비위험방지기술

81 산업안전보건법령상 대상 설비에 설치된 안전밸브에 대해서는 경우에 따라 구분된 검사주기마다 안전밸브가 적정하게 작동하는지 검사하여야 한다. 화학공정 유체와 안전밸브의 디스크 또는 시트가 직접 접촉될 수 있도록 설치된 경우의 검사주기로 옳은 것은?

① 매년 1회 이상

② 2년마다 1회 이상

③ 3년마다 1회 이상

④ 4년마다 1회 이상

> **해설**
>
> 안전밸브의 검사주기
> - 화학공정 유체와 안전밸브의 디스크 또는 시트가 직접 접촉될 수 있도록 설치된 경우 : 매년 1회 이상
> - 안전밸브 전단에 파열판이 설치된 경우 : 2년마다 1회 이상
> - 공정안전보고서 제출 대상으로서 고용노동부장관이 실시하는 공정안전보고서 이행상태 평가결과가 우수한 사업장의 안전밸브의 경우 : 4년마다 1회 이상

82 위험물안전관리법령상 제1류 위험물에 해당하는 것은?

① 과염소산나트륨

② 과염소산

③ 과산화수소

④ 과산화벤조일

> **해설**
>
> 제1류 위험물 산화성고체의 품명 및 종류
> - 아염소산염류 : 아염소산나트륨, 아염수산칼륨 등
> - 염소산염류 : 염소산나트륨, 염소산칼륨, 염소산암모늄, 염소산칼슘 등
> - 과염소산염류 : 과염소산나트륨, 과염소산칼륨, 과염소산암모늄 등
> - 무기과산화물 : 과산화나트륨, 과산화 칼륨 등
> - 기타 브롬산염류, 질산염류, 요오드산염류, 과망간산염류, 중크롬산염류 등

2021

83 산화안전보건법령상 다음 내용에 해당하는 폭발위험장소는?

> 20종 장소 밖으로서 분진운 형태의 가연성 분진이 폭발농도를 형성할 정도의 충분한 양이 정상 작동 중에 존재할 수 있는 장소를 말한다.

① 21종 장소   ② 22종 장소

③ 0종 장소   ④ 1종 장소

 해설

분진폭발위험장소의 분류

분류	적용	예
20종 장소	분진운 형태의 가연성 분진이 폭발농도를 형성할 정도로 충분한 양이 정상작동 중에 연속적으로 또는 자주 존재하거나, 제어할 수 없을 정도의 양 및 두께의 분진층이 형성될 수 있는 장소	호퍼 · 분진저장소 · 집진장치 · 피터 등의 내부
21종 장소	20종 장소외의 장소로서, 분진운 형태의 가연성 분진이 폭발농도를 형성할 정도의 충분한 양이 정상작동중에 존재할 수 있는 장소	집진장치 · 백필터 · 배기구 등의 주위, 이송밸트 샘플링 지역 등
22종 장소	21종 장소외의 장소로서, 가연성 분진운 형태가 드물게 발생 또는 단기간 존재할 우려가 있거나, 이상작동 상태하에서 가연성 분진층이 형성될 수 있는 장소	21종 장소에서 예방조치가 취하여진 지역, 환기설비 등과 같은 안전장치 배출구 주위 등

84 다음 중 질식소화에 해당하는 것은?

① 가연성 기체의 분출화재 시 주 밸브를 닫는다.

② 가연성 기체의 연쇄반응을 차단하여 소화한다.

③ 연료 탱크를 냉각하여 가연성 가스의 발생속도를 작게 한다.

④ 연소하고 있는 가연물이 존재하는 장소를 기계적으로 폐쇄하여 공기의 공급을 차단한다.

해설

질식소화 : 산소공급을 차단하여 소화하는 방법

85 포스겐가스 누설검지의 시험지로 사용되는 것은?

① 연당지   ② 염화파라듐지

③ 하리슨시험지   ④ 초산벤젠지

해설

가스검지 시험지법

검지가스	시험지	반응
암모니아(NH_3)	적색 리트머스지	청색
염소(Cl_2)	KI-전분지	청갈색
포스겐($COCl_2$)	하리슨 시험지	유자색
시안화수소(HCN)	초산 벤젠지	청색
일산화탄소(CO)	염화파라듐지	흑색
황화수소(H_2S)	초산납시험지(연당지)	회흑색
아세틸렌(C_2H_2)	염화제1동착염지	적갈색

86 공기 중 아세톤의 농도가 200ppm(TLV 500ppm), 메틸에틸케톤(MEK)의 농도가 100ppm(TLV 200ppm)일 때 혼합물질의 허용농도(ppm)는? (단, 두 물질은 서로 상가작용을 하는 것으로 가정한다.)

① 150   ② 200

③ 270   ④ 333

해설

혼합물의 허용농도(C)

$$C = \frac{C_1 + C_2 + \cdots + C_n}{\dfrac{C_1}{TLV_1} + \dfrac{C_2}{TLV_2} + \cdots + \dfrac{C_n}{TLV_n}} = \frac{200 + 100}{\dfrac{200}{500} + \dfrac{100}{200}} = 333.33 ppm$$

87 Li과 Na에 관한 설명으로 틀린 것은?

① 두 금속 모두 실온에서 자연발화의 위험성이 있으므로 알코올 속에 저장해야 한다.

② 두 금속은 물과 반응하여 수소기체를 발생한다.

③ Li은 비중 값이 물보다 작다.

④ Na는 은백색의 무른 금속이다.

해설

Li(리튬), Na(나트륨)저장법

· 물과의 접촉을 절대 피한다.

· 석유 등의 보호액을 넣은 내통에 밀봉하여 저장한다.

2021

88 분진폭발의 특징에 관한 설명으로 옳은 것은?

① 가스폭발보다 발생에너지가 작다.

② 폭발압력과 연소속도는 가스폭발보다 크다.

③ 입자의 크기, 부유성 등이 분진폭발에 영향을 준다.

④ 불완전연소로 인한 가스중독의 위험성은 작다.

해설

분진폭발의 특징

· 가스폭발보다 발생에너지가 크다.

· 연소속도나 폭발압력은 가스폭발보다 작지만 가해지는 힘(파괴력)은 매우 크다.

· 불완전연소로 인한 가스중독의 위험성이 크다.

89 다음 중 누설 발화형 폭발재해의 예방 대책으로 가장 거리가 먼 것은?

① 발화원 관리　　　　　　　② 밸브의 오동작 방지

③ 가연성 가스의 연소　　　　④ 누설물질의 검지 경보

해설

누설 발화형(착화형)폭발재해의 예방 대책

· 발화원 관리

· 밸브의 오동작 방지

· 누설물질의 검지 경보

· 누설방지를 위한 안전설계, 재료선택, 보전검사의 실시

· 밸브 조작 등의 안전조업에 대한 교육 훈련

90 다음 중 폭발한계(vol%)의 범위가 가장 넓은 것은?

① 메탄　　　　　　　　　　② 부탄

③ 톨루엔　　　　　　　　　④ 아세틸렌

해설

각 가스의 폭발한계의 범위

메탄(CH_4)	부탄(C_4H_{10})	톨루엔($C_6H_5CH_3$)	아세틸렌(C_2H_2)
5 ~ 15vol%	1.8 ~ 8.4vol%	1.4 ~ 6.7vol%	2.5 ~ 81vol%

91 다음 중 관의 지름을 변경하고자 할 때 필요한 관 부속품은?

① Elbow
② Reducer
③ Plug
④ Valve

해설

· Elbow : 서로 어떤 각을 이루는 관의 접속에 이용되는 관이음
· Reducer : 지름이 서로 다른 관을 접속하는데 사용하는 관 이음쇠
· Plug : 관 끝 또는 구멍을 막는데 사용하는 나사붙이 마개
· Valve : 관 속을 흐르는 기체 또는 액체의 유입, 유출 및 이를 조절하는 장치 또는 부품의 총칭

92 안전밸브 전단·후단에 자물쇠형 또는 이에 준하는 형식의 차단밸브 설치를 할 수 있는 경우에 해당하지 않는 것은?

① 자동압력조절밸브와 안전밸브 등이 직렬로 연결된 경우
② 화학설비 및 그 부속설비에 안전밸브 등이 복수방식으로 설치되어 있는 경우
③ 열팽창에 의하여 상승된 압력을 낮추기 위한 목적으로 안전밸브가 설치된 경우
④ 인접한 화학설비 및 그 부속설비에 안전밸브 등이 각각 설치되어 있고, 해당 화학설비 및 그 부속설비의 연결배관에 차단밸브가 없는 경우

해설

차단밸브의 설치
· 인접한 화학설비 및 그 부속설비에 안전밸브 등이 각각 설치되어 있고, 해당 화학설비 및 그 부속설비의 연결배관에 차단밸브가 없는 경우
· 안전밸브 등의 배출용량의 2분의 1이상에 해당하는 용량의 자동압력조절밸브(구동용 동력원의 공급을 차단하는 경우 열리는 구조인 것으로 한정)와 안전밸브 등이 병렬로 연결된 경우
· 화학설비 및 그 부속설비에 안전 밸브등이 복수방식으로 설치되어 있는 경우
· 예비용 설비를 설치하고 각각의 설비에 안전밸브 등이 설치되어 있는 경우
· 열팽창에 의하여 상승된 압력을 낮추기 위한 목적으로 안전밸브가 설치된 경우
· 하나의 플레어 스택(Flare Stack)에 둘 이상의 단위공정의 플레어 헤더(Flare Header)를 연결하여 사용하는 경우로서 각각의 단위공정의 플레어헤더에 설치된 차단밸브의 열림·닫힘 상태를 중앙제어실에서 알 수 있도록 조치한 경우

93 산업안전보건기준에 관한 규칙에서 정한 위험물질의 종류에서 "물반응성 물질 및 인화성 고체"에 해당하는 것은?

① 질산에스테르류
② 니트로화합물
③ 칼륨·나트륨
④ 니트로소화합물

> **해설**
>
> 물반응성 물질 및 인화성고체
> ·리튬
> ·나트륨
> ·황린
> ·적린
> ·알킬알루미늄
> ·마그네슘분말
> ·알칼리금속(리튬·칼륨 및 나트륨은 제외)
> ·유기금속화합물(알킬알루미늄 및 알킬리튬은 제외)
> ·금속의 수소화물
> ·금속의 인화물
> ·칼슘탄화물·알루미늄탄화물
> ·칼륨
> ·황
> ·황화인
> ·셀룰로이드류
> ·알킬리튬
> ·금속분말(마그네슘분말은 제외)

94 다음 중 인화점에 관한 설명으로 옳은 것은?

① 액체의 표면에서 발생한 증기농도가 공기 중에서 연소하한 농도가 될 수 있는 가장 높은 액체온도
② 액체의 표면에서 발생한 증기농도가 공기 중에서 연소상한 농도가 될 수 있는 가장 낮은 액체온도
③ 액체의 표면에서 발생한 증기농도가 공기 중에서 연소하한 농도가 될 수 있는 가장 낮은 액체온도
④ 액체의 표면에서 발생한 증기농도가 공기 중에서 연소상한 농도가 될 수 있는 가장 높은 액체온도

> **해설**
>
> 연소의 특성
> ·인화점 : 가연성 증기에 점화원을 주었을 때 연소가 시작되는 최저온도
> ·발화점 : 가연물을 가열할 때 점화원이 없이 스스로 연소가 시작되는 최저온도
> ·연소범위(폭발범위) : 가연성가스(또는 증기)와 공기(또는 산소)와의 혼합가스에 점화원을 주었을 때 연소(폭발)가 일어나는 혼합가스의 농도범위(부피%)
> ① 낮은 쪽을 폭발 하한계, 높은 쪽을 폭발 상한계라 한다.
> ② 온도와 압력이 높을수록 폭발범위는 넓어진다.

95 수분을 함유하는 에탄올에서 순수한 에탄올을 얻기 위해 벤젠과 같은 물질은 첨가하여 수분을 제거하는 증류 방법은?

① 공비증류 ② 추출증류
③ 가압증류 ④ 감압증류

해설

공비증류 : 비점 차이가 상당히 큰(100℃ 이상) 물질의 혼합물 증류 시 단수를 증가하거나 환류를 증가하여도 어느 한도 이상으로는 분리할 수 없는 경우가 있는데 이와 같은 혼합물을 공비혼합물이라 한다.
• 2성분계가 공비혼합물인 경우 분리방법은 추출증류와 같이 제3의 성분을 첨가하는 방법을 사용한다.
• 공비증류는 알코올-물계와 같이 상호 용해하고 있는 혼합물에서 물을 제거하는데 사용되는 경우가 많으며 첨가물로 벤젠을 사용한다.

96 위험물을 산업안전보건법령에서 정한 기준량이상으로 제조하거나 취급하는 설비로서 특수화학 설비에 해당되는 것은?

① 가열시켜 주는 물질의 온도가 가열되는 위험물질의 분해온도보다 높은 상태에서 운전되는 설비
② 상온에서 게이지 압력으로 200kPa의 압력으로 운전되는 설비
③ 대기압 하에서 300℃로 운전되는 설비
④ 흡열반응이 행하여지는 반응설비

해설

특수화학설비의 종류
• 발열반응이 일어나는 반응장치
• 증류·정류·증발·추출 등 분리를 행하는 장치
• 가열시켜주는 물질의 온도가 가열되는 위험물질의 분해온도 또는 발화점보다 높은 상태에서 운전되는 설비
• 반응폭주 등 이상 화학반응에 의하여 위험물질이 발생할 우려가 있는 설비
• 온도가 섭씨 350℃이상이거나 게이지압력이 980kPa 이상인 상태에서 운전되는 설비
• 가열로 또는 가열기

97 공기 중에서 A 물질의 폭발하한계가 4vol%, 상한계가 75vol%라면 이 물질의 위험도는?

① 16.75 ② 17.75
③ 18.75 ④ 19.75

해설

A물질 위험도(H)

$$H = \frac{U-L}{L} = \frac{75-4}{4} = 17.75$$

98 다음 중 최소발화에너지(E[J])를 구하는 식으로 옳은 것은? (단, I는 전류[A], R은 저항[Ω], V는 전압[V], C는 콘덴서용량[F], T는 시간[초]이라 한다.)

① $E = IRT$

② $E = 0.24I^2\sqrt{R}$

③ $E = \frac{1}{2}CV^2$

④ $E = \frac{1}{2}\sqrt{C^2 V}$

해설

최소발화 에너지(E)

$$E = \frac{1}{2}CV^2$$

99 다음 중 분진이 발화 폭발하기 위한 조건으로 거리가 먼 것은?

① 불연성질

② 미분상태

③ 점화원의 존재

④ 산소 공급

해설

(1) 분진폭발의 발생순서

① 퇴적분진 → ② 비산 → ③ 분산 → ④ 발화원발생 → ⑤ 전면폭발 → ⑥ 2차 폭발

(2) 분진이 발화폭발하기 위한 조건

① 가연성

② 미분상태

③ 지연성가스(공기) 중에서의 교반과 유동

④ 점화원의 존재

100 압축하면 폭발할 위험성이 높아 아세톤 등에 용해시켜 다공성 물질과 함께 저장하는 물질은?

① 염소

② 아세틸렌

③ 에탄

④ 수소

해설

아세틸렌(C_2H_2)

· 아세틸렌의 폭발성

① 화합폭발 : C_2H_2는 Ag(은), Hg(수은), Cu(구리)와 반응하여 폭발성의 금속 아세틸리드를 생성한다.

② 분해폭발 : C_2H_2는 1기압 이상으로 가압하면 분해폭발을 일으킨다.

③ 산화폭발 : C_2H_2는 공기 중에서 산소와 반응하여 연소폭발을 일으킨다.

· 아세틸렌의 충전 : C_2H_2는 가압하면 분해폭발을 하므로 아세톤 등에 침윤시켜 다공성물질이 들어있는 용기에 충전시킨다.

101 거푸집동바리 등을 조립하는 경우에 준수하여야 하는 기준으로 옳지 않은 것은?

① 동바리로 사용하는 파이프 서포트를 이어서 사용하는 경우에는 3개 이상의 볼트 또는 전용철물을 사용하여 이을 것

② 동바리로 사용하는 강관은 높이 2m 이내마다 수평연결재를 2개 방향으로 만들 것

③ 깔목의 사용, 콘크리트 타설, 말뚝박기 등 동바리의 침하를 방지하기 위한 조치를 할 것

④ 동바리로 사용하는 파이프 서포트를 3개 이상 이어서 사용하지 않도록 할 것

> **해설**
>
> 거푸집의 동바리로 사용하는 파이프 서포트에 대한 설치기준
> · 파이프 서포트를 3본 이상 이어서 사용하지 아니하도록 할 것
> · 파이프 서포트를 이어서 사용할 때에는 4개 이상의 볼트 또는 전용철물을 사용하여 이을 것
> · 높이가 3.5m를 초과할 때에는 높이가 2m 이내마다 수평 연결재를 2개 방향으로 만들고 수평연결재의 변위를 방지할 것

102 사면 보호 공법 중 구조물에 의한 보호공법에 해당되지 않는 것은?

① 블럭공 ② 식생구멍공
③ 돌쌓기공 ④ 현장타설 콘크리트 격자공

> **해설**
>
> · 구조물에 의한 사면 보호공법
>   ① 현장타설 콘크리트 공법(콘크리트 틀에 의한 공법)
>   ② 콘크리트 블록과 돌쌓기 공법(표면 돌 붙임 공법)
>   ③ 소일시멘트공법
> · 식생에 의한 사면보호공법
> · 떼입공법 등

103 산업안전보건법령에서 규정하는 철골작업을 중지하여야 하는 기후조건에 해당하지 않는 것은?

① 풍속이 초당 10m 이상인 경우 ② 강우량이 시간당 1mm 이상인 경우
③ 강설량이 시간당 1cm 이상인 경우 ④ 기온이 영하 5℃ 이하인 경우

> **해설**
>
> 철골작업을 중지해야 할 기상조건
> · 풍속 : 10m/sec 이상
> · 강우량 : 1mm/hr 이상
> · 강설량 : 1cm/hr 이상

104 강관을 사용하여 비계를 구성하는 경우 준수하여야 할 기준으로 옳지 않은 것은?

① 비계기둥의 간격은 띠장 방향에서는 1.85m이하, 장선(長線)방향에서는 1.5m 이하로 할 것

② 띠장 간격은 2.0m 이하로 할 것

③ 비계기둥의 제일 윗부분으로부터 31m 되는 지점 밑부분의 비계기둥은 3개의 강관으로 묶어 세울 것

④ 비계기둥 간의 적재하중은 400kg을 초과하지 않도록 할 것

해설

강관비계의 구조 : 강관을 사용하여 비계를 구성할 때의 준수사항

· 비계기둥의 간격은 띠장방향에서는 1.85m 이하 장선방향에서는 1.5m 이하로 할 것

· 띠장간격은 2.0m 이하로 할 것

· 비계기둥의 최고부로부터 31m 되는 지점 밑부분의 비계기둥은 2개의 강관으로 묶어세울 것(브라켓 등으로 보강하여 그 이상의 강도가 유지되는 경우에는 그러하지 아니하다)

· 비계기둥 간의 적재하중은 400kg을 초과하지 아니하도록 할 것

105 다음 중 지하수위 측정에 사용되는 계측기는?

① Load Cell
② Inclinometer
③ Extensometer
④ Piezometer

해설

토공사에 사용되는 계측기기

· 간극수압계 : 피에조 미터(Piezo Meter)

· 경사계 : 인클리노 미터(InclinoMeter)

· 인접구조물 기울기 측정 : 틸트 미터(Tilt Meter)

· 버팀대 변형 측정계 : 스트레인게이지(Strain Gauge)

· 인접구조물의 균열측정 : 크랙 게이지(Crack Gauge)

· 지중침하계 : 익스텐션 미터(Extension Meter)

· 하중계 : 로드 셀(Load Cell)

· 토압측정계 : Soil Pressure Gauge

106 터널 지보공을 조립하거나 변경하는 경우에 조치하여야 하는 사항으로 옳지 않은 것은?

① 목재의 터널 지보공은 그 터널 지보공의 각 부재에 작용하는 긴압 정도를 체크하여 그 정도가 최대한 차이나도록 할 것

② 강(鋼)아치 지보공의 조립은 연결볼트 및 띠장 등을 사용하여 주재 상호간을 튼튼하게 연결할 것

③ 기둥에는 침하를 방지하기 위하여 받침목을 사용하는 등의 조치를 할 것

④ 주재(主材)를 구성하는 1세트의 부재는 동일 평면 내에 배치할 것

해설

목재의 터널지보공은 그 터널지보공의 각 부재의 긴압정도가 균등하게 되도록 할 것

107 미리 작업장소의 지형 및 지반상태 등에 적합한 제한속도를 정하지 않아도 되는 차량계 건설기계의 속도 기준은?

① 최대 제한 속도가 10km/h 이하   ② 최대 제한 속도가 20km/h 이하

③ 최대 제한 속도가 30km/h 이하   ④ 최대 제한 속도가 40km/h 이하

해설
차량계 건설기계의 속도기준 : 최대 제한속도가 10km/hr이하

108 차량계 건설기계를 사용하여 작업을 하는 경우 작업계획서 내용에 포함되지 않는 사항은?

① 사용하는 차량계 건설기계의 종류 및 성능

② 차량계 건설기계의 운행경로

③ 차량계 건설기계에 의한 작업방법

④ 차량계 건설기계 사용 시 유도자 배치 위치

해설
차량계 건설기계 작업 시 작업계획서에 포함되어야 할 사항

· 사용하는 차량계 건설기계의 종류 및 성능

· 차량계 건설기계의 운행경로

· 차량계 건설기계에 의한 작업방법

109 이동식비계를 조립하여 작업을 하는 경우에 준수하여야 할 기준으로 옳지 않은 것은?

① 승강용사다리는 견고하게 설치할 것

② 비계의 최상부에서 작업을 하는 경우에는 안전난간을 설치할 것

③ 작업발판의 최대적재하중은 400kg을 초과하지 않도록 할 것

④ 작업발판은 항상 수평을 유지하고 작업발판 위에서 안선난간을 딛고 작입을 하거나 받침대 또는 사다리를 사용하여 작업하지 않도록 할 것

해설
이동식비계를 조립하여 작업을 할 때 준수사항

· 이동식 비계의 바퀴에는 뜻밖의 갑작스러운 이동을 방지하기 위하여 브레이크·쐐기 등으로 바퀴를 고정시킨 다음 비계의 일부를 견고한 시설물에 잡아매는 등의 조치를 할 것

· 승강용사다리는 견고하게 설치할 것

· 비계의 최상부에서 작업을 할 때에는 안전난간을 설치할 것

· 작업발판은 항상 수평으로 유지하고 작업발판 위에서 안전난간을 딛고 작업을 하거나 받침대 또는 사다리를 사용하여 작업하지 않도록 할 것

· 작업발판의 최대적재하중은 250kg을 초과하지 않도록 할 것

110 화물을 적재하는 경우의 준수사항으로 옳지 않은 것은?

① 침하 우려가 없는 튼튼한 기반 위에 적재할 것

② 건물의 칸막이나 벽 등이 화물의 압력에 견딜 만큼의 강도를 지니지 아니한 경우에는 칸막이나 벽에 기대어 적재하지 않도록 할 것

③ 불안정할 정도로 높이 쌓아 올리지 말 것

④ 하중을 한쪽으로 치우치더라도 화물을 최대한 효율적으로 적재할 것

해설

하중이 한쪽으로 치우치지 않도록 적재할 것

111 유해위험방지계획서를 고용노동부장관에게 제출하고 심사를 받아야 하는 대상 건설공사 기준으로 옳지 않은 것은?

① 최대 지간길이가 50m 이상인 다리의 건설 등 공사

② 지상높이 25m 이상인 건축물 또는 인공구조물의 건설 등 공사

③ 깊이 10m 이상인 굴착공사

④ 다목적댐, 발전용댐, 저수용량 2천만톤 이상의 용수 전용 댐 및 지방상수도 전용 댐의 건설 등 공사

해설

건설업 중 유해위험방지계획서 제출대상 사업장

· 지상높이가 31m 이상인 건축물 또는 인공구조물, 연면적 3만m^2 이상인 건축물 또는 연면적 5천m^2 이상의 문화 및 집회시설(전시장 및 동물원·식물원은 제외), 판매시설, 운수시설(고속철도의 역사 및 집·배송시설은 제외), 종교시설, 의료시설 중 종합병원, 숙박시설 중 관광숙박시설, 지하상가 또는 냉동·냉장 창고시설의 건설·개조 또는 해체(이하 "건설 등"이라 함)

· 연면적 5천m^2 이상의 냉동·냉장 창고시설의 설비공사 및 단열공사

· 최대 지간길이가 50m 이상인 교량건설 등 공사

· 터널 건설 등의 공사

· 다목적댐, 발전용 댐 및 저수용량 2천만 톤 이상의 용수 전용 댐, 지방상수도 전용댐 건설 등의 공사

· 깊이 10m 이상인 굴착공사

112 가설통로를 설치하는 경우 준수하여야 할 기준으로 옳지 않은 것은?

① 경사는 30°이하로 할 것

② 경사가 15°를 초과하는 경우에는 미끄러지지 아니하는 구조로 할 것

③ 추락할 위험이 있는 장소에는 안전난간을 설치할 것

④ 수직갱에 가설된 통로의 길이가 15m 이상인 경우에는 7m 이내마다 계단참을 설치할 것

해설

가설통로 설치 시 준수사항

· 견고한 구조로 할 것

· 경사는 30°이하로 할 것(계단을 설치하거나 높이 2m 미만의 가설통로로서 튼튼한 손잡이를 설치한 때에는 그러하지 아니하다)

· 경사가 15°를 초과하는 때에는 미끄러지지 아니하는 구조로 할 것

· 추락의 위험이 있는 장소에는 안전난간을 설치할 것(작업상 부득이한 때에는 필요한 부분에 한하여 임시로 해체할 수 있다)

· 수직갱에 가설된 통로의 길이가 15m 이상인 때에는 10m 이내마다 계단참을 설치할 것

· 건설공사에 사용하는 높이 8m 이상인 비계다리에는 7m 이내마다 계단참을 설치할 것

113 발파구간 인접구조물에 대한 피해 및 손상을 예방하기 위한 건물기초에서의 허용진동치 (cm/sec)기준으로 옳지 않은 것은? (단, 기존 구조물에 금이 가 있거나 노후구조물 대상일 경우 등은 고려하지 않는다.)

① 문화재 : 0.2cm/sec

② 주택, 아파트 : 0.5cm/sec

③ 상가 : 1.0cm/sec

④ 철골콘크리트 빌딩 : 0.8 ~ 1.0cm/sec

해설

발파구간 인접 구조물에 대한 피해 및 손상을 예방하기 위한 허용 진동치 기준

건물분류	건물 기초에서의 허용 진동치(cm/초)
문화재	0.2
주택, 아파트	0.5
상가 (금이 없는 상태)	1.0
철골콘크리트 빌딩 및 상가	1.0 ~ 4.0

114 안전계수가 4이고 2,000MPa의 인장강도를 갖는 강선의 최대허용응력은?

① 500MPa

② 1,000MPa

③ 1,500MPa

④ 2,000MPa

해설

$$안전계수 = \frac{파괴하중(인장강도)}{허용응력}$$

$$허용응력 = \frac{인장강도}{안전계수} = \frac{2,000MPa}{4} = 500MPa$$

115 지하수위 상승으로 포화된 사질토 지반의 액상화 현상을 방지하기 위한 가장 직접적이고 효과적인 대책은?

① Well Point 공법 적용

② 동다짐 공법 적용

③ 입도가 불량한 재료를 입도가 양호한 재료로 치환

④ 밀도를 증가시켜 한계간극비 이하로 상대밀도를 유지하는 방법 강구

해설

Well Point공법

· 출 수가 많고 깊은 터 파기에서 진공펌프와 원심펌프를 병용하는 지하수 배수에 의해 지하수위를 낮추는 공법이다.

· 사질토, 실트층 등 투수성이 좋은 지반에는 효율이 좋으나 점토질 등 투수성이 나쁜 지반에는 효율이 나쁘다.

· 흙막이 토질 약화를 예방하고, 흙막이 토압을 낮추며 기초 파기 공사를 용이하게 하고 지내력을 증가시킨다.

116 공사진척에 따른 공정율이 다음과 같을 때 안전관리비 사용기준으로 옳은 것은? (단, 공정율은 기성공정율을 기준으로 함)

공정율 : 70퍼센트 이상, 90퍼센트 미만

① 50퍼센트 이상

② 60퍼센트 이상

③ 70퍼센트 이상

④ 80퍼센트 이상

해설

공사 진척도에 따른 안전관리비 사용기준

공정률	50%이상 70%미만	70%이상 90%미만	90%이상
사용기준	50%이상	70%이상	90%이상

117 크레인 등 건설장비의 가공전선로 접근 시 안전대책으로 옳지 않은 것은?

① 안전 이격거리를 유지하고 작업한다.

② 장비를 가공전선로 밑에 보관한다.

③ 장비의 조립, 준비 시부터 가공전선로에 대한 감전 방지 수단을 강구한다.

④ 장비 사용 현장의 장애물, 위험물 등을 점검 후 작업계획을 수립한다.

해설

장비는 가공전선로 밑을 피하여 보관한다.

118 거푸집동바리 등을 조립 또는 해체하는 작업을 하는 경우의 준수사항으로 옳지 않은 것은?

① 재료, 기구 또는 공구 등을 올리거나 내리는 경우에는 근로자로 하여금 달줄·달포대 등의 사용을 금하도록 할 것

② 낙하·충격에 의한 돌발적 재해를 방지하기 위하여 버팀목을 설치하고 거푸집동바리 등을 인양장비에 매단 후에 작업을 하도록 하는 등 필요한 조치를 할 것

③ 비, 눈, 그 밖의 기상상태의 불안정으로 날씨가 몹시 나쁜 경우에는 그 작업을 중지할 것

④ 해당 작업을 하는 구역에는 관계 근로자가 아닌 사람의 출입을 금지할 것

해설

재료, 기구 또는 공구 등을 올리거나 내리는 경우에는 근로자로 하여금 달줄 또는 달포대 등을 사용하도록 할 것

119 흙의 투수계수에 영향을 주는 인자에 관한 설명으로 옳지 않은 것은?

① 포화도 : 포화도가 클수록 투수계수도 크다.

② 공극비 : 공극비가 클수록 투수계수는 작다.

③ 유체의 점성계수 : 점성계수가 클수록 투수계수는 작다.

④ 유체의 밀도 : 유체의 밀도가 클수록 투수계수는 크다.

해설

공극비 : 공극비가 클수록 투수계수는 크다.

120 터널공사의 전기발파작업에 관한 설명으로 옳지 않은 것은?

① 전선은 점화하기 전에 화약류를 충진한 장소로부터 30m 이상 떨어진 안전한 장소에서 도통시험 및 저항시험을 하여야 한다.

② 점화는 충분한 허용량을 갖는 발파기를 사용하고 규정된 스위치를 반드시 사용하여야 한다.

③ 발파 후 발파기와 발파모선의 연결을 유지한 채 그 단부를 절연시킨 후 재점화가 되지 않도록 한다.

④ 점화는 선임된 발파책임자가 행하고 발파기의 핸들을 점화할 때 이외는 시건장치를 하거나 모선을 분리하여야 하며 발파책임자의 엄중한 관리하에 두어야 한다.

> **해설**
> 발파 후 즉시 발파모선을 발파기로부터 분리하고 그 단부를 절연시킨 후 재점화가 되지 않도록 하여야 한다.

2021년 제2회 필기 기출문제			수험번호	성명
자격종목 **산업안전기사**		시험시간 **3시간**	시험유형	

※ 답안카드 작성시 시험문제지 형별누락, 마킹착오로 인한 불이익은 전적으로 수험자의 귀책사유임을 알려드립니다.
** 본문제는 수검자의 생각에 의한 것으로 실제 문제와 약간 다를 수 있음.

01 안전관리론

01 학습자가 자신의 학습속도에 적합하도록 프로그램 자료를 가지고 단독으로 학습하도록 하는 안전교육 방법은?

① 실연법
② 모의법
③ 토의법
④ 프로그램 학습법

[해설]

프로그램 학습법 : 수업프로그램이 프로그램 학습의 원리에 의해서 만들어지고 자기 학습속도에 따른 학습이 허용되어 있는 상태에서 학습자가 프로그램 자료를 가지고 단독으로 학습하도록 하는 교육방법이다.

02 헤드십의 특성이 아닌 것은?

① 지휘형태는 권위주의적이다.
② 권한행사는 임명된 헤드이다.
③ 구성원과의 사회적 간격은 넓다.
④ 상관과 부하와의 관계는 개인적인 영향이다.

[해설]

헤드십의 특성
· 지휘형태는 권위주의적이다.
· 권한행사는 임명된 헤드이다.
· 구성원과의 사회적 간격은 넓다.
· 상사와 부하와의 관계는 종속적이다.

03 산업안전보건법령상 특정행위의 지시 및 사실의 고지에 사용되는 안전·보건표지의 색도기준으로 옳은 것은?

① 2.5G 4/10　　　　　　　　② 5Y 8.5/12

③ 2.5PB 4/10　　　　　　　　④ 7.5R 4/14

해설

산업안전표지의 색채 종류, 색도 기준 및 용도

색채	색도기준	용도	사용 예
빨간색	7.5R 4/14	금지	정지신호, 소화설비 및 그 장소, 유해행위의 금지
		경고	화학물질 취급 장소에서의 유해·위험물질 경고
노란색	5Y 8.5/12	경고	화학물질 취급 장소에서의 유해·위험 경고 이 외의 위험경고, 주의표지 또는 기계 방호물
파란색	2.5PB 4/10	지시	특정행위의 지시 및 사실의 고지
녹색	2.5G 4/10	안내	비상구 및 피난소, 사람 또는 차량의 통행표지
흰색	N9.5		파란색 또는 녹색에 대한 보조색
검정색	N0.5		문자 및 빨간색 또는 노란색에 대한 보조색

04 인간관계의 메커니즘 중 다른 사람의 행동 양식이나 태도를 투입시키거나 다른 사람 가운데서 자기와 비슷한 것을 발견하는 것은?

① 공감　　　　　　　　② 모방

③ 동일화　　　　　　　　④ 일체화

해설

인간관계의 메커니즘(Mechanism)

· 동일화(Identification) : 다른 사람의 행동 양식이나 태도를 투입시키거나, 다른 사람 가운데서 자기와 비슷한 것을 발견하는 것을 말한다.

· 투사(投射 : Projection) : 자기 속의 억압된 것을 다른 사람의 것으로 생각하는 것을 투사(또는 투출)라고 한다.

· 커뮤니케이션(Communication) : 갖가지 행동 양식이나 기호를 매개로 하여 어떤 사람으로부터 다른 사람에게 전달되는 과정을 말한다.

· 모방(Imitation) : 남의 행동이나 판단을 표본으로 하여 그것과 같거나 또는 그것에 가까운 행동 또는 판단을 취하려는 것이다.

· 암시(Suggestion) : 다른 사람으로부터의 판단이나 행동을 무비판적으로 논리적, 사실적 근거 없이 받아들이는 것을 말한다.

05 다음의 교육내용과 관련 있는 교육은?

> - 작업동작 및 표준작업방법의 습관화
> - 공구 · 보호구 등의 관리 및 취급태도의 확립
> - 작업 전후의 점검, 검사요령의 정확화 및 습관화

① 지식교육　　　　　　　　　② 기능교육

③ 태도교육　　　　　　　　　④ 문제해결교육

해설

안전교육의 3단계
- 1단계 – 지식교육 : 안전의식향상, 안전규정숙지, 기능교육 및 태도교육에 필요한 기초지식주입
- 2단계 – 기능교육 : 전문적 기술 및 안전 기술기능, 점검 · 검사 · 정비 등에 관한 기능습득
- 3단계 – 태도교육 : 작업동작 및 표준작업방법 습관화, 점검 · 검사요령의 정확화 및 습관화

06 데이비스(K. Davis)의 동기부여 이론에 관한 등식에서 그 관계가 틀린 것은?

① 지식 × 기능 = 능력

② 상황 × 능력 = 동기유발

③ 능력 × 동기유발 = 인간의 성과

④ 인간의 성과 × 물질의 성과 = 경영의 성과

해설

데이비스(K. Davis)의 동기부여이론
① 인간의 성과 × 물리적인 성과 = 경영의 성과
② 인간의 성과 = 능력 × 동기유발
③ 능력 = 지식 × 기능
④ 동기유발 = 상황(Situation) × 태도(Attitude)

07 산업안전보건법령상 보호구 안전인증 대상 방독마스크의 유기화합물용 정화통 외부 측면표시 색으로 옳은 것은?

① 갈색　　　　　　　　　　　② 녹색

③ 회색　　　　　　　　　　　④ 노란색

해설

방독마스크의 종류별 시험가스

종 류	표시색
유기화합물용 정화통	갈색
할로겐용 정화통	회색
황화수소용 정화통	
시안화수소용 정화통	
아황산용 정화통	노란색
암모니아용 정화통	녹색
복합용 및 겸용의 정화통	· 복합용의 경우 : 해당가스 모두 표시(2층 분리) · 겸용의 경우 : 백색과 해당가스 모두 표시(2층 분리)

08 재해원인 분석기법의 하나인 특성요인도의 작성 방법에 대한 설명으로 틀린 것은?

① 큰뼈는 특성이 일어나는 요인이라고 생각되는 것을 크게 분류하여 기입한다.

② 등뼈는 원칙적으로 우측에서 좌측으로 향하여 가는 화살표를 기입한다.

③ 특성의 결정은 무엇에 대한 특성요인도를 작성할 것인가를 결정하고 기입한다.

④ 중뼈는 특성이 일어나는 큰뼈의 요인마다 다시 미세하게 원인을 결정하여 기입한다.

> **해설**
>
> 등뼈는 원칙적으로 좌측에서 우측으로 향하여 가는 화살표를 기입한다.

09 TWI의 교육 내용 중 인간관계 관리방법 즉 부하 통솔법을 주로 다루는 것은?

① JST(Job Safety Training) ② JMT(Job Method Training)

③ JRT(Job Relation Training) ④ JIT(Job Instruction Training)

> **해설**
>
> TWI(Training Within Industry)
> ·교육대상 : 감독자
> ·교육내용
>   ① JI(Job Instruction) : 작업지도 기법
>   ② JM(Job Method) : 작업개선 기법
>   ③ JR(Job Relation) : 인간관계관리 기법(부하통솔 기법)
>   ④ JS(Job Safety) : 작업안전 기법
> ·교육방법 : 한 클래스 10명 정도, 토의법, 1일 2시간씩 5일(10시간)

10 산업안전보건법령상 안전보건관리규정에 반드시 포함되어야 할 사항이 아닌 것은?(단, 그 밖에 안전 및 보건에 관한 사항은 제외한다.)

① 재해코스트 분석 방법 ② 사고 조사 및 대책 수립

③ 작업장 안전 및 보건관리 ④ 안전 및 보건 관리조직과 그 직무

> **해설**
>
> 법상 안전보건관리규정에 포함되어야 할 사항
> ·안전 및 보건에 관한 관리조직과 그 직무에 관한 사항
> ·안전보건교육에 관한 사항
> ·작업장의 안전 및 보건 관리에 관한 사항
> ·사고 조사 및 대책 수립에 관한 사항
> ·그 밖에 안전 및 보건에 관한 사항

11 재해조사에 관한 설명으로 틀린 것은?

① 조사목적에 무관한 조사는 피한다.

② 조사는 현장을 정리한 후에 실시한다.

③ 목격자나 현장 책임자의 진술을 듣는다.

④ 조사자는 객관적이고 공정한 입장을 취해야 한다.

해설

재해조사

· 재해조사 목적 : 동종재해 및 유사재해 재발방지를 위한 예방대책 강구

· 재해조사시의 유의 사항

① 사실을 수집한다. 이유는 뒤에 확인한다.

② 목격자 등이 증언하는 사실 이외의 추측의 말은 참고로만 한다.

③ 조사는 신속하게 행하고 긴급 조치하여, 2차 재해의 방지를 도모한다.

④ 사람, 기계 설비, 양면의 재해 요인을 모두 도출한다.

⑤ 객관적인 입장에서 공정하게 조사하며, 조사는 2인 이상이 한다.

⑥ 책임 추궁보다 재발 방지를 우선하는 기본 태도를 갖는다.

⑦ 피해자에 대한 구급 조치를 우선한다.

⑧ 2차 재해의 예방과 위험성에 대한 보호구를 착용한다.

12 산업안전보건법령상 안전보건표지의 종류 중 경고표지의 기본모형(형태)이 다른 것은?

① 고압전기 경고   ② 방사성물질 경고

③ 폭발성물질 경고   ④ 매달린 물체 경고

해설

경고표시 : 바탕은 노란색, 기본모형(삼각형), 관련부호 및 그림은 검정색[다만, 인화성물질 경고, 산화성물질 경고, 폭발성물질 경고, 급성독성물질 경고, 부식성물질 경고 및 발암성·변이원성·생식독성·전신독성·호흡기과민성물질 경고의 경우 바탕은 무색, 기본모형(다이아몬드형)은 빨간색(흑색도 가능)]

13 무재해운동 추진의 3요소에 관한 설명이 아닌 것은?

① 안전보건은 최고경영자의 무재해 및 무질병에 대한 확고한 경영자세로 시작된다.

② 안전보건을 추진하는 데에는 관리감독자들의 생산 활동 속에 안전보건을 실천하는 것이 중요하다.

③ 모든 재해는 잠재요인을 사전에 발견·파악·해결함으로써 근원적으로 산업재해를 없애야한다.

④ 안전보건은 각자 자신의 문제이며, 동시에 동료의 문제로서 직장의 팀 멤버와 협동 노력하여 자주적으로 추진하는 것이 필요하다.

해설

무재해운동의 추진 3기둥(무재해운동의 3요소)

· 최고경영자의 엄격한 안전경영자세 : ①항

· 관리감독자에 의한 안전보건의 추진(라인화의 철저) : ②항

· 직장 소집단 자주활동의 활발화 : ④항

14 헤링(Hering)의 착시현상에 해당하는 것은?

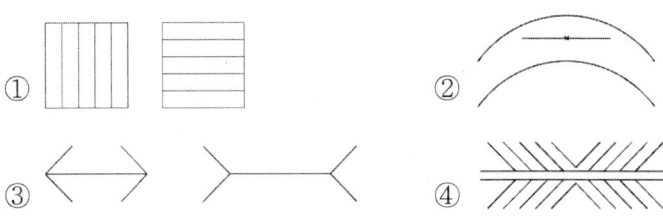

> **해설**
> ① : 헬프홀즈(Helmholz)착시
> ② : 코홀러(Köhler)착시(윤곽착시)
> ③ : 뮬러 · 라이러(Müler · Lyer)착시
> ④ : 헤링(Hering)착시

15 도수율이 24.50이고, 강도율이 1.15인 사업장에서 한 근로자가 입사하여 퇴직할 때까지 근로손실일 수는?

① 2.45일   ② 115일
③ 215일   ④ 245일

> **해설**
> 환산강도율 : 평생(40년, 10만 시간)동안의 근로손실일수
> 환산강도율 = 강도율 × 100 = 1.15 × 100 = 115일

16 학습을 자극(Stimulus)에 의한 반응(Response)으로 보는 이론에 해당하는 것은?

① 장설(Field Theory)   ② 통찰설(Insight Theory)
③ 기호형태설(Sign–gestalt Theory) ④ 시행착오설(Trial and Error Theory)

> **해설**
> S–R이론 : 학습을 자극(Stimulus)에 의한 반응(Response)으로 보는 이론으로 시행착오설과 조건반사설이 있다.
> · 시행착오설 : Thorndike
> · 조건반사설 : Pavlov
> · 접근적조건화설 : Guthrie
> · 도구적(조작적) 조건화설 : Skinner

17 하인리히의 사고방지 기본원리 5단계 중 시정방법의 선정 단계에 있어서 필요한 조치가 아닌 것은?

① 인사조정

② 안전행정의 개선

③ 교육 및 훈련의 개선

④ 안전점검 및 사고조사

해설

사고 예방대책의 기본원리(사고방지원리의 5단계)

단계별 과정		내용
1단계	조직	① 경영층의 참여 ② 안전관리자의 임명 ③ 안전의 라인 및 참모 조직 구성 ④ 안전활동 방침 및 계획수립 ⑤ 조직을 통한 안전활동
2단계	사실의 발견	① 사고 및 안전활동 기록 검토 ② 작업분석 ③ 안전점검 및 안전진단 ④ 사고조사 ⑤ 안전회의 및 토의 ⑥ 근로자의 제안 및 여론조사 ⑦ 관찰 및 보고서의 연구 등을 통하여 불안전요소 발견
3단계	분석평가	① 사고보고서 및 현장조사 ② 사고기록 및 인적 물적 조건의 분석 ③ 작업공정 분석 ④ 교육 훈련 분석 등을 통하여 사고의 직접원인 및 간접원인을 규명
4단계	시정방법의 선정	① 기술적 개선 ② 인사조정(배치조정) ③ 교육 훈련의 개선 ④ 안전행정의 개선 ⑤ 규정 및 수칙 작업표준 제도의 개선 ⑥ 확인 및 통제체제 개선
5단계	시정책의 적용 (3E 적용)	① 기술적(engineering)대책 ② 교육적(education)대책 ③ 단속적(enforcement)대책

18 산업안전보건법령상 안전보건교육 교육대상별 교육내용 중 관리감독자 정기교육의 내용으로 틀린 것은?

① 정리정돈 및 청소에 관한 사항
② 유해·위험 작업환경 관리에 관한 사항
③ 표준안전작업방법 및 지도 요령에 관한 사항
④ 작업공정의 유해·위험과 재해 예방대책에 관한 사항

> **해설**
>
> 관리감독자 정기안전보건교육의 교육 내용
> · 작업공정의 유해·위험과 재해 예방대책에 관한 사항
> · 표준안전작업방법 및 지도 요령에 관한 사항
> · 관리감독자의 역할과 임무에 관한 사항
> · 산업보건 및 직업병 예방에 관한 사항
> · 유해·위험 작업환경 관리에 관한 사항
> · 산업안전보건법 및 일반관리에 관한 사항

19 산업안전보건법령상 협의체 구성 및 운영에 관한 사항으로 (   )에 알맞은 내용은?

> 도급인은 관계수급인 근로자가 도급인의 사업장에서 작업을 하는 경우 도급인과 수급인을 구성원으로 하는 안전 및 보건에 관한 협의체를 구성 및 운영하여야 한다. 이 협의체는 (   ) 정기적으로 회의를 개최하고 그 결과를 기록·보존해야 한다.

① 매월 1회 이상
② 2개월마다 1회
③ 3개월마다 1회
④ 6개월마다 1회

> **해설**
>
> 법상 안전·보건협의체의 정기회의 주기 : 매월 1회 이상

20 산업안전보건법령상 프레스를 사용하여 작업을 할 때 작업시작 전 점검사항으로 틀린 것은?

① 방호장치의 기능
② 언로드밸브의 기능
③ 금형 및 고정볼트 상태
④ 클러치 및 브레이크의 기능

> **해설**
>
> 프레스 및 전단기의 작업시작 전 점검사항
> · 클러치 및 브레이크의 기능
> · 크랭크축·플라이 휠·슬라이드·연결봉 및 연결나사의 볼트의 풀림 유무
> · 1행정 1정지 기구·급정지장치·비상정지장치의 기능
> · 슬라이드 또는 칼날에 의한 위험 방지기구의 기능
> · 프레스의 금형 및 고정 볼트 상태
> · 당해 방호장치의 기능 점검
> · 전단기의 칼날 및 테이블 상태

02 인간공학 및 시스템안전공학

21 일반적으로 은행의 접수대 높이나 공원의 벤치를 설계할 때 가장 적합한 인체 측정 자료의 응용원칙은?

① 조절식 설계
② 평균치를 이용한 설계
③ 최대치수를 이용한 설계
④ 최소치수를 이용한 설계

해설

인간계측 자료의 응용원칙
- 최대치수와 최소치수 : 최대치수 또는 최소치수를 기준으로 하여 설계한다.
- 조절범위(조절식) : 체격이 다른 여러 사람에게 맞도록 만드는 것이다.
- 평균치를 기준으로 한 설계 : 최대치수나 최소치수, 조절식으로 하기가 곤란할 때 평균치를 기준으로 하여 설계한다.

22 위험분석기법 중 고장이 시스템의 손실과 인명의 사상에 연결되는 높은 위험도를 가진 요소나 고장의 형태에 따른 분석법은?

① CA
② ETA
③ FHA
④ FTA

해설

CA(치명도분석 또는 위험도 분석, Criticality Analysis)
- 고장이 직접 시스템의 손실과 사상에 연결되는 높은 위험도(또는 치명도)를 가진 요소나 고장의 형태에 따른 분석법이다.
- 고장형의 위험도 분류
  ① CategoryⅠ : 생명의 상실로 이어질 염려가 있는 고장
  ② CategoryⅡ : 작업의 실패로 이어질 염려가 있는 고장
  ③ CategoryⅢ : 운용의 지연 또는 손실로 이어질 고장
  ④ CategoryⅣ : 극단적인 계획외의 관리로 이어질 고장

23 작업장의 설비 3대에서 각각 80dB, 86dB, 78dB의 소음이 발생되고 있을 때 작업장의 음압수준은?

① 약 81.3dB
② 약 85.5dB
③ 약 87.5dB
④ 약 90.3dB

해설

합성소음도(L)

$$L = 10\log\left(10^{\frac{L_1}{10}} + 10^{\frac{L_2}{10}} + 10^{\frac{L_3}{10}}\right) = 10\log\left(10^{80/10} + 10^{86/10} + 10^{78/10}\right) = 87.49\text{dB}$$

24 일반적인 화학설비에 대한 안전성 평가(Safety Assessment) 절차에 있어 안전대책 단계에 해당되지 않는 것은?

① 보전
② 위험도 평가
③ 설비적 대책
④ 관리적 대책

해설

(1) 안전성 평가의 기본원칙 6단계
   · 1단계 : 관계 자료의 정비검토
   · 2단계 : 정성적 평가
   · 3단계 : 정량적 평가
   · 4단계 : 안전대책
   · 5단계 : 재해정보에 의한 재평가
   · 제6단계 : FTA에 의한 재평가
(2) 제4단계 : 안전대책
   · 설비대책 : 안전장치 및 방재장치에 대한 대책
   · 관리적 대책 : 인원배치, 교육훈련 및 보전에 관한 대책

25 욕조곡선에서 고장 형태에서 일정한 형태의 고장률이 나타나는 구간은?

① 초기 고장구간
② 마모 고장구간
③ 피로 고장구간
④ 우발 고장구간

해설

고장율의 유형(욕조곡선에서의 고장형태)
· 초기고장구간 : 감소형
· 우발고장구간 : 일정형
· 마모고장구간 : 증가형

26 음량수준을 평가하는 척도와 관계없는 것은?

① dB
② HSI
③ phon
④ Sone

해설

음량수준의 평가척도
· dB(Decibel) : 음압수준을 표시하는 단위로 사용한다. (dB은 소리의 세기에 대한 물리적 측정단위)
· Phon : 1,000Hz 순음의 음압수준(dB)은 나타낸다.
· Sone : 1,000Hz, 40dB의 음압수준을 가진 순음의 크기(= 40Phon)를 1Sone이라한다.
· Sone과 Phon의 관계식

$$\therefore Sone = 2^{\frac{Phon - 40}{10}}$$

27 실효 온도(Effective Temperature)에 영향을 주는 요인이 아닌 것은?

① 온도

② 습도

③ 복사열

④ 공기유동

해설

실효온도(체감온도 또는 감각온도)에 영향을 주는 요인

· 온도

· 습도

· 공기유동(기류)

28 FT도에서 시스템의 신뢰도는 얼마인가?(단, 모든 부품의 발생확률은 0.1이다.)

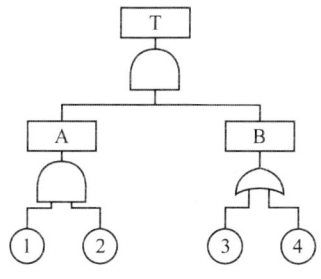

① 0.0033

② 0.0062

③ 0.9981

④ 0.9936

해설

· 시스템 고장발생확률(T) = A × B = ① × ② × [1 − (1 − ③)(1 − ④)]

$= 0.1 × 0.1 × [1 − (1 − 0.1)(1 − 0.1)] = 1.9 × 10^{-3} = 0.0019$

· 시스템 신뢰도(R) = 1 − T = 1 − 0.0019 = 0.9981

29 인간공학 연구방법 중 실제의 제품이나 시스템이 추구하는 특성 및 수준이 달성 되는지를 비교하고 분석하는 연구는?

① 조사연구

② 실험연구

③ 분석연구

④ 평가연구

해설

인간공학 연구방법

· 조사연구 : 집단(사람)의 속성에 관한 특성을 탐구한다.

· 실험연구 : 어떤 변수가 행동에 미치는 영향을 시험하는 것이 목적이다.

· 평가연구 : 본문 설명

30 어떤 설비의 시간당 고장률이 일정하다고 할 때 이 설비의 고장간격은 다음 중 어떤 확률분포를 따르는가?

① t분포
② 와이블분포
③ 지수분포
④ 아이링(Eyring)분포

해설

지수분포(Exponential Distribution)
- 평균수명(MTTF, Mean Time To Failure) : 고장이 나면 수명이 없어지는 제품에서는 지수분포를 하는 확률변수 T의 기댓값이 다음과 같이 되며 이를 고장까지의 평균시간 또는 평균수명(MTTF)이라 부른다.

$$E(T) = MTTF = \frac{1}{\lambda}$$

- 평균고장간격(MTBF, Mean Time Between Failure) : 고장이 나도 수리해서 사용할 수 있는 제품에서 $1/\lambda$은 평균고장간격이 된다.

31 시스템 수명주기에 있어서 예비위험분석(PHA)이 이루어지는 단계에 해당하는 것은?

① 구상단계
② 점검단계
③ 운전단계
④ 생산단계

해설

시스템 수명주기의 단계
- 구상단계 : 시작단계
  ① PHA(예비사고분석) : 이용
  ② 리스크(위험)분석 시행
  ③ SSPP(시스템 안전프로그램계획)
- 정의단계 : 예비설계와 생산기술을 확인하는 단계
- 개발단계 : 정의단계에 환경적 충격, 생산기술, 운용연구 등을 포함시키는 단계
  ① OHA(운용위험분석)이용
  ② FMEA(고장의 형태 및 영향분석)과 관련된 신뢰 성공학 적용
- 생산단계 : 생산이 시작되면 품질관리부서는 생산물을 검사하고 조사하는 역할을 함
- 운전단계 : 시스템을 운전하는 단계

32 FTA에서 사용하는 다음 사상기호에 대한 설명으로 맞는 것은?

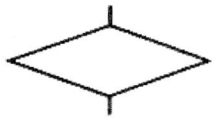

① 시스템 분석에서 좀 더 발전시켜야 하는 사상
② 시스템의 정상적인 가동상태에서 일어날 것이 기대되는 사상
③ 불충분한 자료로 결론을 내릴 수 없어 더 이상 전개할 수 없는 사상
④ 주어진 시스템의 기본사상으로 고장원인이 분석되었기 때문에 더 이상 분석할 필요가 없는 사상

해설

생략사상(추적 가능한 최후사상) : 사상과 원인과의 관계를 충분히 알 수 없거나 또는 필요한 정보를 얻을 수 없기 때문이 이것이상 전개할 수 없는 최후적 사상을 나타낼 때 사용한다(말단사상)

33 정보를 전송하기 위해 청각적 표시장치보다 시각적 표시장치를 사용하는 것이 더 효과적인 경우는?

① 정보의 내용이 간단한 경우
② 정보가 후에 재참조되는 경우
③ 정보가 즉각적인 행동을 요구하는 경우
④ 정보의 내용이 시간적인 사건을 다루는 경우

해설

표시장치의 선택(청각장치와 시각장치의 선택)

청각장치사용	시각장치사용
· 전언이 간단하고 짧다.	· 전언이 복잡하고 길다.
· 전언이 후에 재참조되지 않는다.	· 전언이 후에 재참조된다.
· 전언이 즉각적인 사상(Event)을 이룬다.	· 전언이 공간적인 위치를 다룬다.
· 전언이 즉각적인 행동을 요구한다.	· 전언이 즉각적인 행동을 요구하지 않는다.
· 수신자가 시각계통이 과부하 상태일 때	· 수신자의 청각계통이 과부하 상태일 때
· 수신 장소가 너무 밝거나 암조의 유지가 필요한 경우	· 수신 장소가 너무 시끄러울 때
· 직무상 수신자가 자주 움직이는 경우	· 직무상 수신자가 한 곳에 머무르는 경우

34 감각저장으로부터 정보를 작업기억으로 전달하기 위한 코드화 분류에 해당되지 않는 것은?

① 시각코드
② 촉각코드
③ 음성코드
④ 의미코드

해설

· 인간기억체계 : 감각보관, 작업기억(단기기억), 장기기억의 3가지 형태로 되어 있다.

감각보관 ──주의──▶ 단기기억 ──반복──▶ 장기기억

· 작업기억의 정보 : 시각(視覺 : Visual), 표음(表音 : Phonetic), 의미(意味 : Semantic)의 3가지 코드로 코드화 된다.

　　① 시각 및 표음(음성)코드 : 자극의 시각적 또는 청각적 표현이다.

　　② 의미코드 : 자극에 의해서 발생되는 상이나 음이 아닌 자극, 의미의 추상적 표현이다.

35 인간 – 기계시스템 설계과정 중 직무분석을 하는 단계는?

① 제1단계 : 시스템의 목표와 성능명세 결정
② 제2단계 : 시스템의 정의
③ 제3단계 : 기본 설계
④ 제4단계 : 인터페이스 설계

해설

기본설계(제3단계)

· 인간, 하드웨어 및 소프트웨어 에 대한 기능할당
· 작업설계(직무설계)
· 과업분석(직무분석)
· 인간 퍼포먼스(Performance)요건

36 중량물 들기 작업 시 5분간의 산소소비량을 측정한 결과 90L의 배기량 중에 산소가 16%, 이산화탄소가 4%로 분석되었다. 해당 작업에 대한 산소소비량(L/min)은 약 얼마인가?(단, 공기 중 질소는 79vol%, 산소는 21vol%이다.)

① 0.948　　　　　　　　　② 1.948

③ 4.74　　　　　　　　　④ 5.74

해설

・배기량$(L/\min) = \dfrac{90L}{5\min} = 18L/\min$

・흡기량 $\times \dfrac{79\%}{100} = $ 배기량 $\times \dfrac{N_2(\%)}{100}$

$$\text{흡기량} = \frac{\text{배기량} \times N_2\%}{79} = \frac{\text{배기량} \times (100 - O_2\% - CO_2\%)}{79}$$

$$= \frac{18 \times (100 - 16 - 4)}{79} = 18.23L/\min$$

・산소소비량 $=$ 흡기량 $\times \dfrac{21}{100} = $ 배기량 $\times \dfrac{O_2(\%)}{100}$

$$= 18.23 \times 0.21 - 18 \times 0.16 = 0.948L/\min$$

37 의도는 올바른 것이었지만, 행동이 의도한 것과는 다르게 나타나는 오류는?

① Slip　　　　　　　　　② Mistake

③ Lapse　　　　　　　　④ Violation

해설

인간의 오류모형

・실수(Slip)

① 의도는 올바른 것이었지만 반응의 실행이 올바른 것이 아니 경우를 실수라 한다.

② 실수는 주의력이 부족한 상태에서 발생하는 에러이다.

・착오(Mistake)

① 부적합한 의도를 가지고 행동으로 옮긴 경우를 착오라 한다.

② 착오는 주관적인 인식과 객관적 실재가 일치하지 않는 것을 의미한다.

・건망증(Lapse) : 단기기억의 한계로 이해 기억을 잊어서 해야 할 일을 못해 발생하는 에러이다.

・위반(고의사고, Violation) : 작업수행 과정 중에 일부러 나쁜 의도를 가지고 발생시키는 에러를 말한다.

38 동작경제의 원칙과 가장 거리가 먼 것은?

① 급작스런 방향의 전환은 피하도록 할 것

② 가능한 관성을 이용하여 작업하도록 할 것

③ 두 손의 동작은 같이 시작하고 같이 끝나도록 할 것

④ 두 팔의 동작은 동시에 같은 방향으로 움직일 것

> **해설**
>
> 두팔(양팔)은 동시에 서로 반대방향에서 대칭적으로 움직이도록 할 것

39 두 가지 상태 중 하나가 고장 또는 결함으로 나타나는 비정상적인 사건은?

① 톱사상　　　　　　　　　② 결함사상

③ 정상적인 사상　　　　　　④ 기본적인 사상

> **해설**
>
> 결함사상 : 두 가지 상태 중 하나가 고장 또는 결함으로 나타나는 비정상적인 사건

40 설비보전 방법 중 설비의 열화를 방지하고 그 진행을 지연시켜 수명을 연장하기 위한 점검, 청소, 주유 및 교체 등의 활동은?

① 사후 보전　　　　　　　　② 개량 보전

③ 일상 보전　　　　　　　　④ 보전 예방

> **해설**
>
> **설비보전방식의 유형**
>
> - 예방보전 : 설비를 항상 정상, 양호한 상태로 유지하기 위한 정기검사와 초기단계에서 성능의 저하나 고장을 제거하거나 조정 또는 수복(修復)하기 위한 설비의 보수활동을 의미한다.
> - 일상보전 : 설비의 열화를 방지하고 그 진행을 지연시켜 수명을 연장하기 위한 설비의 점검, 청소, 주유, 교체 등의 활동을 의미한다.
> - 개량보전 : 고장을 미연에 방지하기 위해 설비를 개조하거나 설계에서부터 시정조치를 취하고 설비의 체질개선을 도모하는 설비보전 방법을 의미한다.
> - 보전예방 : 설비보전 정보와 신기술을 기초로 신뢰성, 조작성, 보전성, 안전성, 경제성 등이 우수한 설비의 선정, 조달 또는 설계를 통하여 궁극적으로 설비의 설계, 제작 단계에서 보전활동이 불필요한 체제를 목표로 한 설비보전 방법을 말한다.
> - 사후보전 : 수리를 행하는 설비보전방법을 의미한다.
> - 예지보전 : 설비의 이상 상태를 검출, 측정 또는 감시하여 열화의 정도가 사용한도에 이른 시점에서 분해, 검사, 부품교환, 수리하는 설비보전방법을 의미한다.

03 기계위험방지기술

41 산업안전보건법령상 보일러 수위가 이상 현상으로 인해 위험수위로 변하면 작업자가 쉽게 감지할 수 있도록 경보등, 경보음을 발하고 자동적으로 급수 또는 단수되어 수위를 조절하는 방호장치는?

① 압력방출장치 ② 고저수위 조절장치
③ 압력제한 스위치 ④ 과부하방지장치

해설

고저수위조절장치 : 고저수위조절장치는 작업자가 동작상태를 쉽게 감시할 수 있도록 고저수위 지점을 알리는 경보등, 경보음장치 등을 설치하여야 하며, 자동적으로 급수 또는 단수되도록 설치하여야 한다.

42 프레스 작업에서 제품 및 스크랩을 자동적으로 위험한계 밖으로 배출하기 위한 장치로 틀린 것은?

① 피더 ② 키커
③ 이젝터 ④ 공기 분사 장치

해설

· 피더(Feeder)
  ① 공급 장치로 종류에는 테이블, 스크루, 에어프런, 로터리, 벨트, 세이킹 드래그(Drag) 등이 있다.
  ② 전기에서 사용되는 급전선 또는 궤전선 등을 말한다.
· 자동배출장치 : 키커(Kicker), 이젝터(Ejector), 공기분사장치 등

43 산업안전보건법령상 로봇의 작동범위 내에서 그 로봇에 관하여 교시 등 작업을 행하는 때 작업시작 전 점검 사항으로 옳은 것은?(단, 로봇의 동력원을 차단하고 행하는 것은 제외)

① 과부하방지장치의 이상 유무
② 압력제한스위치의 이상 유무
③ 외부 전선의 피복 또는 외장의 손상 유무
④ 권과방지장치의 이상 유무

해설

산업용 로봇의 교시 등의 작업시작 전 점검사항
· 외부전선의 피복 또는 외장의 손상유무
· 매니퓰레이터(Manipulator)작동의 이상 유무
· 제동장치 및 비상정지장치의 기능

44 산업안전보건법령상 지게차 작업시작 전 점검사항으로 거리가 가장 먼 것은?

① 제동장치 및 조종장치 기능의 이상 유무

② 압력방출장치의 작동 이상 유무

③ 바퀴의 이상 유무

④ 전조등·후미등·방향지시기 및 경보장치 기능의 이상 유무

> **해설**
>
> 지게차 작업시작 전 점검사항
> - 제동장치 및 조종 장치 기능의 이상 유무
> - 하역장치 및 유압장치 기능의 이상 유무
> - 바퀴의 이상 유무
> - 전조등, 후미등, 방향지시기 및 경보장치기능의 이상 유무

45 다음 중 가공재료의 칩이나 절삭유 등이 비산되어 나오는 위험으로부터 보호하기 위한 선반의 방호장치는?

① 바이트

② 권과방지장치

③ 압력제한스위치

④ 쉴드(Shield)

> **해설**
>
> 선반의 방호장치
> - 칩 브레이크 : 바이트에 설치된 칩을 짧게 끊어내는 장치
> - 쉴드(Shield) : 칩 비산 방지 투명판
> - 덮개 또는 울 : 돌출가공물에 설치한 안전장치
> - 브레이크 : 급정지장치
> - 기타 척의 인터록 덮개, 고정브리지(Bridge) 등

46 산업안전보건법령상 보일러의 압력방출장치가 2개 설치된 경우 그 중 1개는 최고사용압력 이하에서 작동된다고 할 때 다른 압력방출장치는 최고사용압력의 최대 몇 배 이하에서 작동되도록 하여야 하는가?

① 0.5

② 1

③ 1.05

④ 2

> **해설**
>
> 보일러의 압력방출장치의 설치기준
> - 보일러의 안전한 가동을 위하여 보일러 규격에 적합한 압력방출장치를 1개 또는 2개 이상 설치하고 최고사용압력 이하에서 작동되도록 할 것. 다만 압력방출장치가 2개 이상 설치된 경우에는 최고사용압력 이하에서 1개가 작동되고, 다른 압력 방출장치는 최고사용압력 1.05배 이하에서 작동되도록 할 것
> - 압력방출장치는 1년에 1회 이상 표준압력계를 이용하여 토출압력을 시험한 후 납으로 봉인하여 사용하도록 할 것

47 상용운전압력 이상으로 압력이 상승할 경우 보일러의 파열을 방지하기 위하여 버너의 연소를 차단하여 정상압력으로 유도하는 장치는?

① 압력방출장치   ② 고저수위 조절장치
③ 압력제한 스위치   ④ 통풍제어 스위치

> **해설**
>
> 압력제한스위치 : 보일러의 과열방지를 위하여 최고사용압력과 상용압력 사이에서 보일러의 버너연소를 차단할 수 있도록 압력제한 스위치를 부착하여 사용하여야 한다.

48 용접부 결함에서 전류가 과대하고, 용접속도가 너무 빨라 용접부의 일부가 홈 또는 오목하게 생기는 결함은?

① 언더컷   ② 기공
③ 균열   ④ 융합불량

> **해설**
>
> 용접결함
> - 균열(Crack) : 공기구멍 또는 선상조직, 용접의 구속, 살 붙임 불량 등으로 생기는 결함
> - 슬래그 섞임(Slag Inclusion ; 슬래그 감싸 돌기) : 용접에서 용융금속이 급속하게 냉각되면 슬래그의 일부분이 달아나지 못하고 용착 금속 내에 혼입되는 결함
> - 피트(Pit) : 공기의 구멍이 발생함으로서 용접부의 표면에 생기는 작은 구멍
> - 공기구멍(Blow Hole = Gas Pocket) : 용접 금속의 내부에 생기는 구멍으로 주로 용융금속이 응고할 때 방출되어야 할 가스가 남아서 생기는 결함
> - 언더 컷(Under Cut) : 용접상부(모재표면과 용접표면이 교차되는 점)에 따라 모재가 녹아 용착금속이 채워지지 않고 홈으로 남게 되는 부분
> - 오버 랩(Over Lap ; 겹치기) : 용접 금속과 모재가 융합되지 않고 겹쳐지는 결함
> - 기타 결함 : 외관 비틀림 결함, 불용착(녹아 붙기 불량), 변형, 용접치수의 불규칙, 용입부족 등

49 물체의 표면에 침투력이 강한 적색 또는 형광성의 침투액을 표면 개구 결함에 침투시켜 직접 또는 자외선 등으로 관찰하여 결함장소와 크기를 판별하는 비파괴시험은?

① 피로시험   ② 음향탐상시험
③ 와류탐상시험   ④ 침투탐상시험

> **해설**
>
> 침투탐상시험 : 본문설명

2021

50 연삭숫돌의 파괴원인으로 거리가 가장 먼 것은?

① 숫돌이 외부의 큰 충격을 받았을 때
② 숫돌의 회전속도가 너무 빠를 때
③ 숫돌 자체에 이미 균열이 있을 때
④ 플랜지 직경이 숫돌 직경의 1/3 이상일 때

> **해설**
>
> 연삭기 숫돌의 파괴원인
> ・숫돌의 회전속도가 빠를 때
> ・숫돌자체에 균열이 있을 때
> ・숫돌에 과대한 충격을 가할 때
> ・숫돌의 측면을 사용하여 작업할 때
> ・숫돌의 불균형이나 베어링 마모에 의한 진동이 있을 때
> ・숫돌 반경방향의 온도변화가 심할 때
> ・작업에 부적당한 숫돌을 사용할 때
> ・숫돌의 치수가 부적당할 때
> ・플랜지가 현저히 작을 때

51 산업안전보건법령상 프레스 등 금형을 부착·해체 또는 조정하는 작업을 할 때, 슬라이드가 갑자기 작동함으로써 근로자에게 발생할 우려가 있는 위험을 방지하기 위해 사용해야 하는 것은?(단, 해당 작업에 종사하는 근로자의 신체가 위험한계 내에 있는 경우)

① 방진구   ② 안전블록
③ 시건장치   ④ 날접촉예방장치

> **해설**
>
> 금형조정작업의 위험방지 : 프레스 등의 금형을 부착·해체 또는 조정하는 작업을 할 때에 해당 작업에 종사하는 근로자의 신체가 위험한계 내에 있는 경우 슬라이드가 갑자기 작동함으로써 근로자에게 발생할 우려가 있는 위험을 방지하기 위하여 안전블록을 사용하는 등 필요한 조치를 하여야 한다.

52 페일 세이프(Fail Safe)의 기능적인 면에서 분류할 때 거리가 가장 먼 것은?

① Fool Proof
② Fail Passive
③ Fail Active
④ Fail Operational

해설

· Fail Safe와 Fool Proof
  ① 페일 세이프(Fail Safe) : 인간이나 기계에 과오(Error)나 동작상의 실수가 있더라도 사고방지를 위해서 2중, 3중으로 통제를 가하도록 한 체계를 의미한다.
  ② 풀프루프(Fool Proof) : 인간의 실수가 있어도 안전장치가 설치되어 사고나 재해로 연결되지 않는 구조를 의미한다.
· 페일 세이프 구조의 기능면에서의 분류
  ① Fail Passive : 일반적인 산업기계방식의 구조이며, 성분의 고장 시 기계·장치는 정지상태로 옮겨간다.
  ② Fail Operational : 병렬 여분계의 성분을 구성한 경우이며, 성분의 고장이 있어도 다음 정기 점검 시까지는 운전이 가능하다.
  ③ Fail Active : 성분의 고장 시 기계·장치는 경보를 나타내며 단시간에 역전이 된다.

53 산업안전보건법령상 크레인에서 정격하중에 대한 정의는?(단, 지브가 있는 크레인은 제외)

① 부하할 수 있는 최대하중
② 부하할 수 있는 최대하중에서 달기기구의 중량에 상당하는 하중을 뺀 하중
③ 짐을 싣고 상승할 수 있는 최대하중
④ 가장 위험한 상태에서 부하할 수 있는 최대하중

해설

크레인

· 크레인 및 호이스트 정의
  ① 크레인 : 동력을 사용하여 중량물을 매달아 상하 또는 좌우(수평 또는 선회)로 운반하는 것을 목적으로 하는 기계 또는 기계장치를 의미한다.
  ② 호이스트 : 훅이나 그 밖의 달기구 등을 사용하여 화물을 권상 및 횡행 또는 권상동작만을 하여 양중하는 것을 의미한다.
· 크레인의 정격하중 : 부하할 수 있는 최대하중에서 달기구의 중량에 상당하는 하중을 뺀 하중

54 기계설비의 안전조건인 구조의 안전화와 거리가 가장 먼 것은?

① 전압 강하에 따른 오동작 방지 ② 재료의 결함 방지
③ 설계상의 결함 방지 ④ 가공 결함 방지

해설

기계설비의 구조의 안전화
· 설계상 결함방지 : 최대하중 예측의 부정확성과 강도저하를 생각하여 안전율을 충분히 고려하여야
한다.
· 재료의 결함방지 : 균열, 부식, 강도저하 등 재료의 결함을 방지하여야 한다.
· 가공결함 방지 : 가공도중에 생기는 가공경화방지에 유의하여야 한다.

55 공기압축기의 작업안전수칙으로 가장 적절하지 않은 것은?

① 공기압축기의 점검 및 청소는 반드시 전원을 차단한 후에 실시한다.
② 운전 중에 어떠한 부품도 건드려서는 안 된다.
③ 공기압축기 분해 시 내부의 압축공기를 이용하여 분해한다.
④ 최대공기압력을 초과한 공기압력으로는 절대로 운전하여서는 안 된다.

해설

공기압축기(압력용기) 취급 시 안전대책
· 공기압축기 운전 시 최대 공기압력을 초과하여 사용하지 않을 것
· 공기압축기를 정지시킬 때는 언로드밸브를 조작한 후 정지시킬 것.
· 공기압축기 분해 시는 압축공기를 완전히 제거한 후 실시할 것
· 공기압축기의 점검, 청소 시는 반드시 전원 스위치를 끌 것

56 산업안전보건법령상 컨베이어, 이송용 롤러 등을 사용하는 경우 정전·전압강하 등에 의한 위험
을 방지하기 위하여 설치하는 안전장치는?

① 권과방지장치 ② 동력전달장치
③ 과부하방지장치 ④ 화물의 이탈 및 역주행 방지장치

해설

이탈 및 역주행방지장치 : 컨베이어, 이송용 롤러 등(이하 "컨베이어 등"이라 함)을 사용하는 때에는
정전, 전압강하 등에 의한 화물 또는 운반구의 이탈 및 역주행을 방지하는 장치를 갖출 것(단, 무동력상태
또는 수평상태로만 사용하여 근로자에 위험을 미칠 우려가 없는 때에는 제외)

57 회전하는 동작부분과 고정부분이 함께 만드는 위험점으로 주로 연삭숫돌과 작업대, 교반기의 교반날개와 몸체 사이에서 형성되는 위험점은?

① 협착점
② 절단점
③ 물림점
④ 끼임점

해설

기계설비의 위험점의 예

위험점	보기(예)
협착점	프레스, 성형기, 절곡기 등
끼임점	연삭숫돌과 작업대, 반복동작되는 링크기구, 교반기의 교반날개와 몸체사이 등
절단점	밀링커터, 둥근톱날, 띠톱기계의 날 등
물림점	롤러, 기어와 피니언 등

58 다음 중 드릴 작업의 안전사항으로 틀린 것은?

① 옷소매가 길거나 찢어진 옷은 입지 않는다.
② 작고, 길이가 긴 물건은 손으로 잡고 뚫는다.
③ 회전하는 드릴에 걸레 등을 가까이 하지 않는다.
④ 스핀들에서 드릴을 뽑아낼 때에는 드릴 아래에 손을 내밀지 않는다.

해설

작고 길이가 긴 물건은 바이스로 고정한다.

59 산업안전보건법령상 양중기의 과부하방지장치에서 요구하는 일반적인 성능기준으로 가장 적절하지 않은 것은?

① 과부하방지장치 작동 시 경보음과 경보램프가 작동되어야 하며 양중기는 작동이 되지 않아야 한다.
② 외함의 전선 접촉부분은 고무 등으로 밀폐되어 물과 먼지 등이 들어가지 않도록 한다.
③ 과부하방지장치와 타 방호장치는 기능에 서로 장애를 주지 않도록 부착할 수 있는 구조이어야 한다.
④ 방호장치의 기능을 정지 및 제거할 때 양중기의 기능이 동시에 원활하게 작동하는 구조이며 정지해서는 안 된다.

해설

방호장치의 기능을 제거 또는 정지할 때 양중기의 기능도 동시에 정지할 수 있는 구조이어야 한다.

60 프레스기의 SPM(Stroke Per Minute)이 200이고, 클러치의 맞물림 개소수가 6인 경우 양수기동식 방호장치의 안전거리는?

① 120mm ② 200mm

③ 320mm ④ 400mm

해설

양수기동식 방호장치의 안전거리(D_m)

$$D_m = 1.6\,T_m = 1.6 \times \left(\frac{1}{클러치\,물림\,개소수} + \frac{1}{2} \right) \times \frac{60,000}{미분행정수}$$

$$= 1.6 \times \left(\frac{1}{6} + \frac{1}{2} \right) \times \frac{60,000}{200} = 320mm$$

04 전기위험방지기술

61 폭발한계에 도달한 메탄가스에 공기에 혼합되었을 경우 착화한계전압(V)은 약 얼마인가?(단, 메탄의 착화최소에너지는 0.2mJ, 극간용량은 10pF으로 한다.)

① 6,325 ② 5,225

③ 4,135 ④ 3,035

해설

착화한계전압(V)

$$V = \sqrt{\frac{2E}{C}} = \sqrt{\frac{2 \times 0.2 \times 10^{-3}}{10 \times 10^{-12}}} = 6,324.56\,V$$

62 $Q = 2 \times 10^{-7}C$ 으로 대전하고 있는 반경 25cm 도체구의 전위(kV)는 약 얼마인가?

① 7.2 ② 12.5

③ 14.4 ④ 25

해설

· 반지름 r(m)인 도체 구위의 전위 및 정전용량

① 전위 $(V) = \dfrac{Q}{4\pi\epsilon_o r}$ (V)

② 정전용량 $(C) = \dfrac{Q}{V}(4\pi\varepsilon_0)r$

· $V = \dfrac{Q}{4\pi\epsilon_o r} = \dfrac{2 \times 10^{-7}}{\left(\dfrac{1}{9 \times 10^9} \right) \times 0.25} = 7,200V = 7.2kV$

(여기서, Q : 전하(C : 쿨롬), $4\pi\epsilon_o : \dfrac{1}{9 \times 10^9}$, r : 반경(m))

63 다음 중 누전차단기를 시설하지 않아도 되는 전로가 아닌 것은?(단, 전로는 금속제 외함을 가지는 사용전압이 50V를 초과하는 저압의 기계기구에 전기를 공급하는 전로이며 기계기구에는 사람이 쉽게 접촉할 우려가 있다.)

① 기계기구를 건조한 장소에 시설하는 경우

② 기계기구가 고무, 합성수지, 기타 절연물로 피복된 경우

③ 대지전압 200V 이하인 기계기구를 물기가 있는 곳 이외의 곳에 시설하는 경우

④ [전기용품 및 생활용품 안전관리법]의 적용을 받는 이중절연구조의 기계기구를 시설하는 경우

해설

누전차단기를 설치해야 할 전기기계·기구

· 대지전압이 150V를 초과하는 이동형 또는 휴대형 전기기계·기구

· 물 등 도전성이 높은 액체가 있는 습윤 장소에서 사용하는 저압(750V 이하 직류전압이나 600V 이하 교류 전압)용 전기기계·기구

· 철판·철골 위 등 도전성이 높은 장소에서 사용하는 이동형 휴대형 전기기계·기구

· 임시배선의 전로가 설치되는 장소에서 사용하는 이동형 또는 휴대형 전기기계·기구

64 고압전로에 설치된 전동기용 고압전류 제한퓨즈의 불용단전류의 조건은?

① 정격전류 1.3배의 전류로 1시간 이내에 용단되지 않을 것

② 정격전류 1.3배의 전류로 2시간 이내에 용단되지 않을 것

③ 정격전류 2배의 전류로 1시간 이내에 용단되지 않을 것

④ 정격전류 2배의 전류로 2시간 이내에 용단되지 않을 것

해설

전동기용 고압전류 제한퓨스의 불용단전류의 조건 : 정격전류 × 1.3배의 전류로 2시간 이내에 용단되지 않을 것

65 누전차단기의 시설방법 중 옳지 않은 것은?

① 시설장소는 배전반 또는 분전반 내에 설치한다.

② 정격전류용량은 해당 전로의 부하전류 값 이상이어야 한다.

③ 정격감도전류는 정상의 사용상태에서 불필요하게 동작하지 않도록 한다.

④ 인체감전보호형은 0.05초 이내에 동작하는 고감도고속형이어야 한다.

해설

인체감전보호용 누전차단기 : 정격감도전류가 30mA이하이고 작동시간은 0.03초 이내일 것

66 정전기 방지대책 중 적합하지 않는 것은?

① 대전서열이 가급적 먼 것으로 구성한다.

② 카본 블랙을 도포하여 도전성을 부여한다.

③ 유속을 저감 시킨다.

④ 도전성 재료를 도포하여 대전을 감소시킨다.

> **해설**
>
> 대전서열이 가급적 가까운 것으로 구성한다.

67 다음 중 방폭전기기기의 구조별 표시방법으로 틀린 것은?

① 내압방폭구조 : p ② 본질안전방폭구조 : ia, ib

③ 유입방폭구조 : o ④ 안전증방폭구조 : e

> **해설**
>
> 방폭구조의 기호(방폭구조의 상징[심벌] : ex)
> - 내압방폭구조 : d
> - 압력방폭구조 : p
> - 안전증방폭구조 : e
> - 본질안전방폭구조 : ia 또는 ib
> - 유입방폭구조 : o
> - 특수방폭구조 : s
> - 충전방폭구조 : q
> - 몰드방폭구조 : m
> - 비점화방폭구조 : n

68 내전압용절연장갑의 등급에 따른 최대사용전압이 틀린 것은?(단, 교류 전압은 실효값이다.)

① 등급 00 : 교류 500V

② 등급 1 : 교류 7,500V

③ 등급 2 : 직류 17,000V

④ 등급 3 : 직류 39,750V

해설

절연장갑의 등급별 최대사용전압 및 색상

등급	최대사용전압		색상
	교류(V, 실효값)	직류(V)	
00	500	750	갈색
0	1,000	1,500	빨간색
1	7,500	11,250	흰색
2	17,000	25,500	노란색
3	26,500	39,750	녹색
4	36,000	54,000	등색

69 저압전로의 절연성능에 관한 설명으로 적합하지 않는 것은?

① 전로의 사용전압이 SELV 및 PELV일 때 절연저항은 0.5MΩ 이상이어야 한다.

② 전로의 사용전압이 FELV일 때 절연저항은 1.0MΩ 이상이어야 한다.

③ 전로의 사용전압이 FELV일 때 DC 시험 전압은 500V 이다.

④ 전로의 사용전압이 600V일 때 절연저항은 1.5MΩ 이상이어야 한다.

해설

저압전로의 절연성능

전로의 사용전압(V)	DC시험전압(V)	절연저항(MΩ)
SELV 및 PELV	250	0.5
FELV, 500(V)이하	500	1.0
500(V)초과	1,000	1.0

[주] 특별저압(extra low voltage ; 2차전압이 AC 50V, DC 120V이하)으로 SELV(비접지회로구성) 및 PELV(접지회로구성)은 1차와 2차가 전기적으로 절연된 회로, FELV는 1차와 2차가 전기적으로 절연되지 않은 회로

70 다음 중 0종 장소에 사용될 수 있는 방폭구조의 기호는?

① Ex ia
② Ex ib
③ Ex d
④ Ex e

> 해설

위험장소의 방폭구조선정

위험장소	해당 방폭 구조 선정
0종 장소	본질안전 방폭구조(ia)
1종 장소	본질안전(ia 또는 ib), 내압, 압력, 유입, 충전, 몰드, 안전증 방폭구조
2종 장소	0종장소 및 1종장소에서 사용가능한 방폭구조, 비점화방폭구조

71 다음 중 전기화재의 주요 원인이라고 할 수 없는 것은?

① 절연전선의 열화
② 정전기 발생
③ 과전류 발생
④ 절연저항값의 증가

> 해설

전기화재의 원인
· 단락(전선의 접촉, 합선 등)
· 스파크(전기불꽃)
· 누전 및 지락
· 접촉부의 과열
· 절연열화 및 절연파괴
· 과전류 발생
· 정전기 발생

72 배전선로에 정전작업 중 단락 접지기구를 사용하는 목적으로 가장 적합한 것은?

① 통신선 유도 장해 방지
② 배전용 기계 기구의 보호
③ 배전선 통전 시 전위경도 저감
④ 혼촉 또는 오동작에 의한 감전방지

> 해설

단락 접지기구
· 사용목적 : 혼촉 또는 오동작에 의한 감전방지
· 전기기기 등이 다른 노출 충전부와의 접촉, 유도 또는 예비동력원의 역송전 등으로 전압이 발생할 우려가 있는 경우에는 충분한 용량을 가진 단락 접기기구를 이용하여 접지할 것

73 어느 변전소에서 고장전류가 유입되었을 때 도전성구조물과 그 부근 지표상의 점과의 사이(약 1m)의 허용접촉전압은 약 몇 V 인가? (단, 심실세동전류 : $I_k = \dfrac{0.165}{\sqrt{t}} A$, 인체의 저항 : $1,000\Omega$, 지표면의 저항률 : $150\Omega \cdot m$, 통전시간을 1초로 한다.)

① 164
② 186
③ 202
④ 228

> **해설**
>
> 허용접촉전압(E)
>
> $$E = \left(R_b + \frac{3R_S}{2}\right) \times I_K = \left(1,000 + \frac{3 \times 150}{2}\right) \times \frac{0.165}{\sqrt{1}} = 202.13\,V$$
>
> (여기서, R_b : 인체의 저항률(Ω), R_S : 지표의 저항률($\Omega \cdot m$), t : 통전시간)

74 방폭 기기 그룹에 관한 설명으로 틀린 것은?

① 그룹 I, 그룹 II, 그룹 III가 있다.
② 그룹 I의 기기는 폭발성 갱내 가스에 취약한 광산에서의 사용을 목적으로 한다.
③ 그룹 II의 세부 분류로 IIA, IIB, IIC가 있다.
④ IIA로 표시된 기기는 그룹 IIB기기를 필요로 하는 지역에 사용할 수 있다.

> **해설**
>
> IIB로 표시된 전기기기는 IIA전기기기를 필요로 하는 지역에 사용할 수 있다.

75 한국전기설비규정에 따라 피뢰설비에서 외부피뢰시스템의 수뢰부시스템으로 적합하지 않는 것은?

① 돌침
② 수평도체
③ 메시도체
④ 환상도체

> **해설**
>
> 수뢰부시스템의 구성요소
> ・돌침 : 피뢰침(프랭클린 피뢰침, 쌍극자 피뢰침, 광역피뢰침 포함)
> ・수평도체 : 건축물 테두리에 설치하는 수평으로 설치되는 도체
> ・메시형도체 : 메시법에 의한 격자모양으로 설치되는 도체

76 정전기 재해의 방지를 위하여 배관 내 액체의 유속 제한이 필요하다. 배관의 내경과 유속 제한 값으로 적절하지 않은 것은?

① 관내경(mm) : 25, 제한유속(m/s) : 6.5

② 관내경(mm) : 50, 제한유속(m/s) : 3.5

③ 관내경(mm) : 100, 제한유속(m/s) : 2.5

④ 관내경(mm) : 200, 제한유속(m/s) : 1.8

해설

관내경과 유속제한 값

관내경 D(mm)	제한유속(m/sec)
10	8
25	4.9
50	3.5
100	2.5
200	1.8
400	1.3
600	1.0

77 지락이 생긴 경우 접촉상태에 따라 접촉전압을 제한할 필요가 있다. 인체의 접촉상태에 따른 허용접촉전압을 나타낸 것으로 다음 중 옳지 않은 것은?

① 제1종 : 2.5V 이하

② 제2종 : 25V 이하

③ 제3종 : 35V 이하

④ 제4종 : 제한 없음

해설

허용접촉전압

종별	접촉상태	허용접촉전압
제 1종	・인체의 대부분이 수중에 있는 상태	2.5V 이하
제 2종	・인체가 현저히 젖어 있는 상태 ・금속성의 전기・기계장치나 구조물에 인체의 일부가 상시 접촉되어 있는 상태	25V 이하
제 3종	・제1종 및 제2종 이외의 경우로서 통상의 인체생태에 있어서 접촉전압이 가해지면 위험성이 높은 상태	50V 이하
제 4종	・제3종의 경우로써 위험성이 낮은 상태 ・접촉전압이 가해질 위험이 없는 경우	제한 없음

78 계통접지로 적합하지 않는 것은?

① TN계통　　　　　　② TT계통
③ IN계통　　　　　　④ IT계통

> **해설**

계통접지 : TN계통, TT계통, IT계통

---

79 정전기 발생에 영향을 주는 요인이 아닌 것은?

① 물체의 분리속도　　② 물체의 특성
③ 물체의 접촉시간　　④ 물체의 표면상태

> **해설**

정전기 발생에 영향을 주는 요인
- 물체의 특성
  ① 대전량은 접촉이나 분리하는 두 가지 물체가 대전서열 내에서 가까운 위치에 있으면 대전량이 적고 먼 위치에 있을수록 대전량이 커진다.
  ② 물체가 불순물을 포함하고 있으면 정전기 발생량은 커진다.
- 물체의 표면상태
  ① 물체의 표면이 원활하면 정전기 발생량이 적어진다.
  ② 물체표면이 수분이나 기름 등에 오염되었을 때에는 산화, 부식에 의해 정전기가 크게 발생한다.
- 물체의 분리력 : 처음접촉, 분리가 일어날 때 정전기 발생은 최대가 되며 이후 접촉, 분리가 반복됨에 따라 발생량은 점차 감소한다.
- 접촉면적 및 압력
  ① 접촉면적이 클수록 발생량은 커진다.
  ② 접촉압력이 증가하면 접촉면적이 커지므로 발생량도 증가하게 된다.
- 분리속도
  ① 진하원화시간이 길면 전하분리에 주는 에너지가 커져서 발생량이 증가한다.
  ② 물체의 분리속도가 빠를수록 정전기 발생량은 커진다.

---

80 정전기재해의 방지대책에 대한 설명으로 적합하지 않는 것은?

① 접지의 접속은 납땜, 용접 또는 멈춤나사로 실시한다.
② 회전부품의 유막저항이 높으면 도전성의 윤활제를 사용한다.
③ 이동식 용기는 절연성 고무제 바퀴를 달아서 폭발위험을 제거한다.
④ 폭발의 위험이 있는 구역은 도전성 고무류로 바닥 처리를 한다.

> **해설**

이동식 용기에 절연성 고무제 바퀴를 사용하면 폭발위험이 높아지므로 이동식 용기 바퀴는 도체인 금속제를 사용하여야 한다.

---

05 화학설비위험방지기술

81 산업안전보건법령상 특수화학설비를 설치할 때 내부의 이상상태를 조기에 파악하기 위하여 필요한 계측장치를 설치하여야 한다. 이러한 계측장치로 거리가 먼 것은?

① 압력계   ② 유량계

③ 온도계   ④ 비중계

> **해설**
>
> 특수화학설비 설치시 내부의 이상상태를 조기에 파악하기 위해 설치하는 장치
>
> ・계측장치 : 온도계, 유량계, 압력계 등
> ・자동경보장치 설치(자동경보장치 설치 곤란시는 감시인 배치)

82 불연성이지만 다른 물질의 연소를 돕는 산화성 액체물질에 해당하는 것은?

① 히드라진   ② 과염소산

③ 벤젠   ④ 암모니아

> **해설**
>
> 과염소산칼륨($KClO_4$)
>
> ・자신은 불연성이지만 강력한 산화제이다.
> ・400℃ 이상으로 가열하면 분해하여 산소(O_2)를 방출한다.
>
> $KClO_4 \rightarrow KCl + 2O_2\uparrow$

83 아세톤에 대한 설명으로 틀린 것은?

① 증기는 유독하므로 흡입하지 않도록 주의해야 한다.

② 무색이고 휘발성이 강한 액체이다.

③ 비중이 0.79이므로 물보다 가볍다.

④ 인화점이 20℃이므로 여름철에 인화 위험이 더 높다.

> **해설**
>
> 아세톤(CH_3COCH_3, 디메틸케톤)
>
> ・물에 잘 용해되는 수용성의 인화성 물질이다. (인화점 : −18℃)
> ・일광이나 공기 중에 노출되면 폭발성의 과산화물을 생성한다.
> ・피부에 닿으면 탈지작용을 일으킨다.
> ・저장용기는 밀봉하여 냉암소에 보관한다.

84 화학물질 및 물리적 인자의 노출기준에서 정한 유해인자에 대한 노출기준의 표시단위가 잘못 연결된 것은?

① 에어로졸 : ppm
② 증기 : ppm
③ 가스 : ppm
④ 고온 : 습구흑구온도지수(WBGT)

유해인자에 대한 노출기준의 표시단위

· 화학적 인자의 가스, 증기, 분진, 흄(fume), 미스트(mist)등의 농도 : 피피엠(ppm)또는 세제곱미터 당 밀리그램(mg/m^3)으로 표시한다. 다만, 석면의 농도표시는 세제곱센티미터 당 섬유개수(개/cm^3)로 표시한다.

· 피피엠(ppm)과 세제곱미터 당 밀리그램(mg/m^3)간의 상호 농도변환 공식

$$① \ 노출기준(mg/m^3) = \frac{노출기준(ppm) \times 분자량(MW, g)}{24.45(25℃, 1기압)}$$

$$② \ 노출기준(ppm) = \frac{노출기준(mg/m^3) \times 24.45}{분자량(MW, g)}$$

· 소음수준의 측정단위 : 데시벨[dB(A)]로 표시한다.

· 고열(복사열 포함)의 측정단위 : 습구흑구온도지수(WBGT)를 구하여 섭씨온도(℃)로 표시한다.

85 다음 [표]를 참조하여 메탄 70vol%, 프로판 21vol%, 부탄 9vol%인 혼합가스 폭발범위를 구하면 약 몇 vol%인가?

가스	폭발하한계(vol%)	폭발상한계(vol%)
C_4H_{10}	1.8	8.4
C_3H_8	2.1	9.5
C_2H_6	3.0	12.4
CH_4	5.0	15.0

① 3.45 ~ 9.11
② 3.45 ~ 12.58
③ 3.85 ~ 9.11
④ 3.85 ~ 12.58

· 혼합가스 폭발 하한계(L_a)

$$L_a = \frac{V_1 + V_2 + V_3}{\dfrac{V_1}{L_1} + \dfrac{V_2}{L_2} + \dfrac{V_3}{L_3}} = \frac{70 + 21 + 9}{\dfrac{70}{5.0} + \dfrac{21}{2.1} + \dfrac{9}{1.8}} = 3.45vol\%$$

· 혼합가스 폭발 상한계(L_b)

$$L_b = \frac{70 + 21 + 9}{\dfrac{70}{15.0} + \dfrac{21}{9.5} + \dfrac{9}{8.4}} = 12.58vol\%$$

86 산업안전보건법령상 위험물질의 종류를 구분할 때 다음 물질들이 해당하는 것은?

> 리튬, 칼륨・나트륨, 황, 황린, 황화인・적린

① 폭발성 물질 및 유기과산화물　② 산화성 액체 및 산화성 고체
③ 물반응성 물질 및 인화성 고체　④ 급성 독성 물질

해설

물반응성 물질 및 인화성고체
・리튬
・칼륨
・나트륨
・황
・황린
・황화인
・적린
・셀룰로이드류
・알킬알루미늄・알킬리튬
・마그네슘분말
・금속분말(마그네슘분말은 제외)
・알칼리금속(리튬・칼륨 및 나트륨은 제외)
・유기금속화합물(알킬알루미늄 및 알킬리튬은 제외)
・금속의 수소화물
・금속의 인화물
・칼슘탄화물・알루미늄탄화물

87 제1종 분말소화약제의 주성분에 해당하는 것은?

① 사염화탄소　　　　　　② 브롬화메탄
③ 수산화암모늄　　　　　④ 탄산수소나트륨

해설

소화약제
・제1종 분말 소화약제 : 중탄산나트륨(중조 : $NaHCO_3$)
・제2종 분말 소화약제 : 중탄산칼륨($KHCO_3$)
・제3종 분말 소화약제 : 인산암모늄($NH_4H_2PO_4$)
・제4종 분말 소화약제 : 중탄산칼륨 + 요소[$KHCO_3 + (NH_2)_2CO$]

88 탄화칼슘이 물과 반응하였을 때 생성물을 옳게 나타낸 것은?

① 수산화칼슘 + 아세틸렌　　　② 수산화칼슘 + 수소

③ 염화칼슘 + 아세틸렌　　　　④ 염화칼슘 + 수소

> **해설**
>
> 물(H_2O)과 탄화칼슘(CaC_2)이 반응하면 수산화칼슘[$Ca(OH)_2$]과 아세틸렌(C_2H_2)을 발생시킨다.
> $$CaC_2 + 2H_2O \rightarrow Ca(OH)_2 + C_2H_2$$

89 다음 중 분진 폭발의 특징으로 옳은 것은?

① 가스폭발보다 연소시간이 짧고, 발생 에너지가 작다.

② 압력의 파급속도보다 화염의 파급속도가 빠르다.

③ 가스폭발에 비하여 불완전 연소의 발생이 없다.

④ 주위의 분진에 의해 2차, 3차의 폭발로 파급될 수 있다.

> **해설**
>
> 분진폭발의 특징
> ・가스폭발보다 연소시간은 길고 가해지는 힘(발생에너지)은 매우 크다.
> ・연소속도나 폭발압력은 가스폭발보다 작다. (화염의 파급속도보다 압력의 파급속도가 빠르다.)
> ・가스폭발에 비하여 불완전 연소가 크게 발생하여 'CO'의 중독피해가 우려된다.
> ・2차, 3차 폭발을 한다.

90 가연성 가스 A의 연소범위를 2.2 ~ 9.5vol%라 할 때 가스 A의 위험도는 얼마인가?

① 2.52　　　　　　　　　　② 3.32

③ 4.91　　　　　　　　　　④ 5.64

> **해설**
>
> $$\text{가스 A의 위험도} = \frac{\text{폭발상한계} - \text{폭발하한계}}{\text{폭발하한계}} = \frac{9.5 - 2.2}{2.2} = 3.32$$

91 다음 중 증기배관내에 생성된 증기의 누설을 막고 응축수를 자동적으로 배출하기 위한 안전장치는?

① Steam trap　　　　　　　② Vent stack

③ Blow down　　　　　　　④ Flame arrester

> **해설**
>
> 스팀트랩(Steam Trap) : 스팀 배관 내에 생성하는 응축수를 자동적으로 배출하는 장치이다.

92 CF₃Br 소화약제의 하론 번호를 옳게 나타낸 것은?

① 하론 1031

② 하론 1311

③ 하론 1301

④ 하론 1310

> **해설**
>
> CF_3Br : 하론 1301

93 산업안전보건법령에 따라 공정안전보고서에 포함해야 할 세부내용 중 공정안전자료에 해당하지 않는 것은?

① 안전운전지침서

② 각종 건물·설비의 배치도

③ 유해하거나 위험한 설비의 목록 및 사양

④ 위험설비의 안전설계·제작 및 설치관련 지침서

> **해설**
>
> 공정안전보고서 중 공정안전자료의 세부내용
> - 취급·저장하고 있거나 취급·저장하고자 하는 유해·위험물질의 종류 및 수량
> - 유해·위험물질에 대한 물질안전보건자료
> - 유해·위험설비의 목록 및 사양
> - 유해·위험설비의 운전방법을 알 수 있는 공정도면
> - 각종 건물설비의 배치도
> - 방폭 지역 구분도 및 전기 단선도
> - 위험설비의 안전설계·제작 및 설치관련 지침서

94 산업안전보건법령상 단위공정시설 및 설비로부터 다른 단위공정 시설 및 설비 사이의 안전거리는 설비의 바깥 면부터 얼마 이상이 되어야 하는가?

① 5m
② 10m
③ 15m
④ 20m

해설

화학설비 및 시설의 안전거리

구분	안전거리
단위공정시설 및 설비로부터 다른 단위공정시설 및 설비의 사이	설비의 바깥면으로부터 10m 이상이다.
플레어스택으로부터 단위공정 시설 및 설비, 위험물질 저장탱크 또는 위험물질 하역설비의 사이	플레어스택으로부터 반경 20m 이상. 다만, 단위 공정시설 등이 불연재로 시공된 지붕아래 설치된 경우에는 그리하지 아니하다.
위험물질 저장탱크로부터 단위공정 시설 및 설비, 보일러 또는 가열로의 사이	저장탱크의 바깥으로부터 20m 이상. 다만, 저장탱크의 방호벽, 원격조정 소화설비 또는 살수설비를 설치한 경우에는 그리하지 아니한다.
사무실·연구실·실험실·정비실 또는 식당으로부터 단위공정시설 및 설비, 위험물질저장탱크, 위험물질 하역설비, 보일러 또는 가열로의 사이	사무실 등의 바깥면으로부터 20m 이상. 다만, 난방용 보일러인 경우 또는 사무실 등의 벽을 방호구조로 설치한 경우에는 그리하지 아니하다.

95 자연발화 성질을 갖는 물질이 아닌 것은?

① 질화면
② 목탄분말
③ 아마인유
④ 과염소산

해설

과염소산($HClO_4$) : 산화성물질

96 다음 중 왕복펌프에 속하지 않는 것은?

① 피스톤 펌프
② 플런저 펌프
③ 기어 펌프
④ 격막 펌프

해설

· 왕복펌프 : 피스톤펌프, 플런저펌프, 격막펌프 등
· 회전펌프 : 기어펌프, 베인펌프 등
· 원심펌프 : 볼류트펌프, 터어빈펌프 등

97 두 물질을 혼합하면 위험성이 커지는 경우가 아닌 것은?

① 이황화탄소 + 물　　　　　　② 나트륨 + 물

③ 과산화나트륨 + 염산　　　　④ 염소산칼륨 + 적린

> **해설**
>
> 이황화탄소(CS_2) : 물속에 보관

98 5% NaOH 수용액과 10% NaOH 수용액을 반응기에 혼합하여 6% 100kg의 NaOH 수용액을 만들려면 각각 몇 kg의 NaOH 수용액이 필요한가?

① 5% NaOH 수용액 : 33.3, 10% NaOH 수용액 : 66.7

② 5% NaOH 수용액 : 50, 10% NaOH 수용액 : 50

③ 5% NaOH 수용액 : 66.7, 10% NaOH 수용액 : 33.3

④ 5% NaOH 수용액 : 80, 10% NaOH 수용액 : 20

> **해설**
>
> 5% NaOH 수용액 질량 : W_1(kg)
>
> 10% NaOH 수용액 질량 : W_2(kg)
>
> $W_1 + W_2 = 100$ ‥‥‥‥‥ ①식
>
> $0.05W_1 + 0.1W_2 = 0.06 \times 100$ ‥‥‥ ②
>
> ①식에서 $W_2 = 100 - W_1$을 ②식에 대입
>
> $0.05W_1 + 0.1(100 - W_1) = 6$
>
> $0.05W_1 + 10 - 0.1W_1 = 6$
>
> $0.1W_1 - 0.05W_1 = 10 - 6$
>
> $0.05W_1 = 4$
>
> $W_1 = \dfrac{4}{0.05} = 80kg$
>
> $W_2 = 100 - W_1 = 100 - 80 = 20kg$

99 다음 중 노출기준(TWA, ppm) 값이 가장 작은 물질은?

① 염소　　　　　　　　　　　② 암모니아

③ 에탄올　　　　　　　　　　④ 메탄올

> **해설**
>
> 노출기준(TWA)
>
> | 염소(Cl_2) | 0.5ppm |
> | --- | --- |
> | 암모니아(NH_3) | 25ppm |
> | 에탄올(C_2H_5OH) | 1,000ppm |
> | 메탄올(CH_3OH) | 200ppm |

100 산업안전보건법령에 따라 위험물 건조설비 중 건조실을 설치하는 건축물의 구조를 독립된 단층 건물로 하여야 하는 건조설비가 아닌 것은?

① 위험물 또는 위험물이 발생하는 물질을 가열·건조하는 경우 내용적이 2m³인 건조설비
② 위험물이 아닌 물질을 가열·건조하는 경우 액체연료의 최대사용량이 5kg/hr인 건조설비
③ 위험물이 아닌 물질을 가열·건조하는 경우 기체연료의 최대사용량이 2m³/hr인 건조설비
④ 위험물이 아닌 물질을 가열·건조하는 경우 전기사용 정격용량이 20kW인 건조설비

해설

(1) 위험물 건조설비(위험물 또는 위험물이 발생하는 물질을 가열·건조하는 건조실 및 건조기)중 건조실을 설치하는 건축물의 구조 : 독립된 단층 건물로 할 것(단, 건조실을 건축물의 최상층에 설치하거나 건축물이 내화구조일 때는 제외)
(2) 독립된 단층 건물로 해야 하는 건조설비
 · 위험물을 가열·건조하는 경우 내용적이 1m³이상인 건조설비
 · 위험물이 아닌 물질을 가열·건조하는 경우로서 다음 각 목의 어느 하나의 용량에 해당하는 건조설비
   ① 고체 또는 액체연료의 최대사용량이 시간당 10kg 이상
   ② 기체연료의 최대사용량이 1m³/hr이상
   ③ 전기사용 정격용량이 10kW 이상

---

06 건설안전기술

101 부두·안벽 등 하역작업을 하는 장소에서 부두 또는 안벽의 선을 따라 통로를 설치하는 경우에는 폭을 최소 얼마 이상으로 하여야 하는가?

① 85cm   ② 90cm
③ 100cm   ④ 120cm

해설

부두·안벽 등 하역작업을 하는 장소에 대한 조치사항(하역작업장의 조치기준)
 · 작업장 및 통로의 위험한 부분에는 안전하게 작업할 수 있는 조명을 유지할 것
 · 부두 또는 안벽의 선을 따라 통로를 설치하는 때에는 폭을 90cm 이상으로 할 것
 · 육상에서의 통로 및 작업장소로서 다리 또는 선거의 갑문을 넘는 보도 등의 위험한 부분에는 안전난간 또는 울 등을 설치할 것

102 다음은 산업안전보건법령에 따른 산업안전보건관리비의 사용에 관한 규정이다. (   )안에 들어갈 내용을 순서대로 옳게 작성한 것은?

> 건설공사도급인은 고용노동부장관이 정하는 바에 따라 해당 건설공사를 위하여 계상된 산업안전보건관리비를 그가 사용하는 근로자와 그의 관계수급인이 사용하는 근로자의 산업재해 및 건강장해 예방에 사용하고, 그 사용명세서를 (   ) 작성하고 건설공사 종료 후 (   )간 보존해야 한다.

① 매월, 6개월
② 매월, 1년
③ 2개월 마다, 6개월
④ 2개월 마다, 1년

해설

사용명세서 작성 및 보존 : 산업안전보건관리비 사용명세서는 매월(공사가 1개월 이내에 종료되는 사업의 경우에는 해당공사 종료시)작성하고 공사종료 후 1년간 보존하여야 한다.

103 지반의 굴착 작업에 있어서 비가 올 경우를 대비한 직접적인 대책으로 옳은 것은?

① 측구 설치
② 낙하물 방지망 설치
③ 추락 방호망 설치
④ 매설물 등의 유무 또는 상태 확인

해설

지반의 굴착작업 시 비가 올 경우를 대비한 빗물 등의 침투에 의한 붕괴재해를 예방하기 위한 조치사항
• 측구설치
• 굴착경사면에 비닐을 덮음

104 강관틀비계(높이 5m 이상)의 넘어짐을 방지하기 위하여 사용하는 벽이음 및 버팀의 설치간격 기준으로 옳은 것은?

① 수직방향 5m, 수평방향 5m
② 수직방향 6m, 수평방향 7m
③ 수직방향 6m, 수평방향 8m
④ 수직방향 7m, 수평방향 8m

해설

강관틀비계를 조립하여 사용할 때의 준수할 사항
• 비계기둥의 밑둥에는 밑받침철물을 사용하여야 하며 밑받침에 고저차가 있는 경우에는 조절형 밑받침철물을 사용하여 각각의 강관틀비계가 항상 수평 및 수직을 유지하도록 할 것
• 높이가 20m를 초과하거나 중량물의 적재를 수반하는 작업을 할 경우에는 주틀 간의 간격이 1.8m 이하로 할 것
• 주틀 간의 교차가새를 설치하고 최상층 및 5층 이내마다 수평재를 설치할 것
• 수직방향으로 6m, 수평방향으로 8m 이내마다 벽이음을 할 것
• 길이가 띠장방향으로 4m 이하이고 높이가 10m를 초과하는 경우에는 10m 이내마다 띠장방향으로 버팀기둥을 설치할 것

105 굴착공사에 있어서 비탈면붕괴를 방지하기 위하여 실시하는 대책으로 옳지 않은 것은?

① 지표수의 침투를 막기 위해 표면배수공을 한다.

② 지하수위를 내리기 위해 수평배수공을 설치한다.

③ 비탈면 하단을 성토한다.

④ 비탈면 상부에 토사를 적재한다.

해설

토사붕괴예방을 위한 조치사항

· 적절한 경사면의 기울기를 계획하여야 한다.

· 경사면의 기울기가 당초 계획과 차이가 발생되면 즉시 재검토하여 계획을 변경시켜야 한다.

· 활동할 가능성이 있는 토석은 제거하여야 한다.

· 경사면의 하단부에 압성토 등 보강공법으로 활동에 대한 저항대책을 강구하여야 한다.

· 말뚝(강관, H형강, 철근콘크리트)을 타입하여 지반을 강화시킨다.

· 비탈면 또는 법면의 「하단」을 다져서 활동이 안되도록 저항을 만들어야 한다.

· 지표수가 침투되지 않도록 배수를 시키고 지하수위를 낮추기 위하여 수평보링을 하여 배수시켜야 한다.

106 강관을 사용하여 비계를 구성하는 경우 준수해야할 사항으로 옳지 않은 것은?

① 비계기둥의 간격은 띠장 방향에서는 1.85m 이하, 장선(長線) 방향에서는 1.5m 이하로 할 것

② 띠장 간격은 2.0m 이하로 할 것

③ 비계기둥의 제일 윗부분으로부터 31m 되는 지점 밑부분의 비계기둥은 3개의 강관으로 묶어 세울 것

④ 비계기둥 간의 적재하중은 400kg을 초과하지 않도록 할 것

해설

강관비계의 구조 : 강관을 사용하여 비계를 구성할 때의 준수사항

· 비계기둥의 간격은 띠장방향에서는 1.85m이하, 장선방향에서는 1.5m이하로 할 것

· 띠장 간격은 2.0m 이하로 할 것

· 비계기둥의 최고부로부터 31m 되는 지점 밑부분의 비계기둥은 2개의 강관으로 묶어세울 것

· 비계기둥 간의 적재하중은 400kg을 초과하지 아니하도록 할 것

107 다음은 산업안전보건법령에 따른 시스템 비계의 구조에 관한 사항이다. (   )안에 들어갈 내용으로 옳은 것은?

> 비계 밑단의 수직재와 받침철물은 밀착되도록 설치하고, 수직재와 받침철물의 연결부의 겹침 길이는 받침철물 전체길이의 (   ) 이상이 되도록 할 것

① 2분의 1 ② 3분의 1
③ 4분의 1 ④ 5분의 1

해설

시스템비계의 구조
· 수직재·수평재·가새재를 견고하게 연결하는 구조가 되도록 할 것
· 비계 밑단의 수직재와 받침철물은 밀착되도록 설치하고, 수직재와 받침철물의 연결부의 겹침길이는 받침철물 전체길이의 3분의 1이상이 되도록 할 것
· 수평재는 수직재와 직각으로 설치하여야 하며, 체결 후 흔들림이 없도록 견고하게 설치할 것
· 수직재와 수직재의 연결철물은 이탈되지 않도록 견고한 구조로 할 것
· 벽 연결재의 설치간격은 제조사가 정한 기준에 따라 설치할 것

108 건설현장에서 작업으로 인하여 물체가 떨어지거나 날아올 위험이 있는 경우에 대한 안전조치에 해당하지 않는 것은?

① 수직보호망 설치 ② 방호선반 설치
③ 울타리설치 ④ 낙하물 방지망 설치

해설

물체가 떨어지거나 날아올 위험이 있는 경우 위험방지 조치사항
· 낙하물방지망·수직보호망 또는 방호선반의 설치
· 출입금지구역의 설정
· 보호구의 착용

109 흙막이 가시설 공사 중 발생할 수 있는 보일링(Boiling) 현상에 관한 설명으로 옳지 않은 것은?

① 이 현상이 발생하면 흙막이 벽의 지지력이 상실된다.
② 지하수위가 높은 지반을 굴착할 때 주로 발생한다.
③ 흙막이벽의 근입장 깊이가 부족할 경우 발생한다.
④ 연약한 점토지반에서 굴착면의 융기로 발생한다.

해설

보일링(Boiling) 현상

· 보일링(Boiling) : 보일링이란 사질토 지반을 굴착시, 굴착부와 지하수위차가 있을 경우, 수두차(水頭差)에 의하여 삼투압이 생겨 흙막이벽 근입부분을 침식하는 동시에 모래가 액상화(液狀化)되어 솟아오르는 현상으로 흙막이 벽의 근입부가 지지력을 상실하여 흙막이공의 붕괴를 초래한다.
· 지반조건 : 지하수위가 높은 사질토
· 대책
 ① 굴착배면의 지하수위를 낮춘다.
 ② 흙막이벽(토류벽)의 근입깊이를 깊게 한다.
 ③ 흙막이벽 하단부에 버팀대를 보강한다.
 ④ 흙막이벽 선단에 코어 및 필터 층을 설치한다.

110 거푸집동바리 등을 조립하는 경우에 준수해야 할 기준으로 옳지 않은 것은?

① 동바리의 상하 고정 및 미끄러짐 방지조치를 하고, 하중의 지지상태를 유지한다.
② 강재와 강재의 접속부 및 교차부는 볼트·클램프 등 전용철물을 사용하여 단단히 연결한다.
③ 파이프서포트를 제외한 동바리로 사용하는 강관은 높이 2m마다 수평연결재를 2개 방향으로 만들고 수평연결재의 변위를 방지할 것
④ 동바리로 사용하는 파이프서포트는 4개 이상 이어서 사용하지 않도록 할 것

해설

거푸집동바리 조립시 준수사항

· 깔목의 사용, 콘크리트 타설(打設), 말뚝박기 등 동바리의 침하를 방지하기 위한 조치를 할 것
· 개구부 상부에 동바리를 설치하는 때에는 상부하중을 견딜 수 있는 견고한 받침대를 설치할 것
· 동바리의 상하고정 및 미끄러짐 방지조치를 하고, 하중의 지지상태를 유지할 것
· 동바리의 이음은 맞댄이음 또는 장부이음으로 하고 같은 품질의 재료를 사용할 것
· 강재와 강재와의 접속부 및 교차부는 볼트·클램프 등 전용철물을 사용하여 단단히 연결할 것
· 거푸집이 곡면인 때에는 버팀대의 부착 등 그 거푸집의 부상(浮上)을 방지하기 위한 조치를 할 것
· 동바리로 사용하는 파이프서포트를 이어서 사용하는 경우에는 4개 이상의 볼트 또는 전용철물을 사용하여 이을 것

111 장비가 위치한 지면보다 낮은 장소를 굴착하는 데 적합한 장비는?

① 트럭크레인 ② 파워서블
③ 백호 ④ 진폴

> **해설**

Back hoe(백호)

· 중기가 위치한 지면보다 낮은 곳의 땅을 굴착하는데 적합하다.
· 경질지반 기초굴착, 지하층굴착, 도랑파기굴착, 수중굴착 등에 쓰인다.

112 건설공사도급인은 건설공사 중에 가설구조물의 붕괴 등 산업재해가 발생할 위험이 있다고 판단되면 건축·토목 분야의 전문가의 의견을 들어 건설공사 발주자에게 해당 건설공사의 설계변경을 요청할 수 있는데, 이러한 가설구조물의 기준으로 옳지 않은 것은?

① 높이 20m 이상인 비계
② 작업발판 일체형 거푸집 또는 높이 6m 이상인 거푸집 동바리
③ 터널의 지보공 또는 높이 2m 이상인 흙막이 지보공
④ 동력을 이용하여 움직이는 가설구조물

> **해설**

높이 31m 이상인 비계

113 콘크리트 타설 시 안전수칙으로 옳지 않은 것은?

① 타설순서는 계획에 의하여 실시하여야 한다.
② 진동기는 최대한 많이 사용하여야 한다.
③ 콘크리트를 치는 도중에는 거푸집, 지보공 등의 이상유무를 확인하여야 한다.
④ 손수레로 콘크리트를 운반할 때에는 손수레를 타설하는 위치까지 천천히 운반하여 거푸집에 충격을 주지 아니하도록 타설하여야 한다.

> **해설**

콘크리트 타설시 내부진동기를 사용하여 다지기를 할 때 유의사항

· 진동기는 슬럼프값 15cm 이하에만 사용한다.
· 퍼붓기 1회의 깊이는 60cm 미만으로 하고 진동기 사용간격은 60cm 이내로 한다.
· 내부진동기는 수직으로 사용한다.
· 진동기를 넣고 나서 뺄 때까지의 시간은 보통 5 ~ 15초가 적당하다.
· 진동기를 가지고 거푸집 속의 콘크리트를 옆 방향으로 이동시켜서는 안 된다.
· 진동기는 거푸집, 철근 또는 철골에 접촉되지 않도록 하고 뽑을 때에는 천천히 뽑아내어 콘크리트에 구멍이 남지 않도록 한다.

114 산업안전보건법령에 따른 작업발판 일체형 거푸집에 해당되지 않는 것은?

① 갱 폼(Gang Form)　　　　　　② 슬립 폼(Slip Form)
③ 유로 폼(Euro Form)　　　　　④ 클라이밍 폼(Climbing Form)

· 작업발판 일체형 거푸집 : 거푸집의 설치 · 해체, 철근 조립, 콘크리트 타설, 콘크리트 면처리 작업 등을 위하여 거푸집을 작업발판과 일체로 제작하여 사용하는 거푸집을 말한다.
· 작업발판 일체형 거푸집의 종류
　① 갱 폼(Gang Form)
　② 슬립 폼(Slip Form)
　③ 클라이밍 폼(Climbing Form)
　④ 터널 라이닝 폼(Tunnel Lining Form)
　⑤ 그 밖에 거푸집과 작업발판이 일체로 제작된 거푸집 등

115 터널 지보공을 조립하는 경우에는 미리 그 구조를 검토한 후 조립도를 작성하고, 그 조립도에 따라 조립하도록 하여야 하는데 이 조립도에 명시하여야 할 사항과 가장 거리가 먼 것은?

① 이음방법　　　　　　　　　② 단면규격
③ 재료의 재질　　　　　　　　④ 재료의 구입처

터널지보공 조립 시 조립도에 명시하여야 할 사항
· 재료의 재질
· 단면규격
· 설치간격
· 이음방법

116 산업안전보건법령에 따른 건설공사 중 다리 건설공사의 경우 유해위험방지계획서를 제출하여야 하는 기준으로 옳은 것은?

① 최대 지간길이가 40m 이상인 다리의 건설등 공사
② 최대 지간길이가 50m 이상인 다리의 건설등 공사
③ 최대 지간길이가 60m 이상인 다리의 건설등 공사
④ 최대 지간길이가 70m 이상인 다리의 건설등 공사

해설

건설업 중 유해위험방지계획서 제출대상 사업장

· 지상높이가 31미터 이상인 건축물 또는 인공구조물, 연면적 3만 제곱미터 이상인 건축물 또는 연면적 5천 제곱미터 이상의 문화 및 집회시설(전시장 및 동물원·식물원은 제외), 판매시설, 운수시설(고속철도의 역사 및 집·배송시설은 제외), 종교시설, 의료시설 중 종합병원, 숙박시설 중 관광숙박시설, 지하도상가 또는 냉동·냉장 창고시설의 건설·개조 또는 해체(이해 "건설등"이라 함)
· 연면적 5천 제곱미터 이상의 냉동·냉장 창고시설의 설비공사 및 단열공사
· 최대 지간길이가 50미터 이상인 교량건설 등 공사
· 터널 건설 등의 공사
· 다목적댐, 발전용댐 및 저수용량 2천만 톤 이상의 용수 전용 댐, 지방상수도 전용댐 건설 등의 공사
· 깊이 10미터 이상인 굴착공사

117 가설통로 설치에 있어 경사가 최소 얼마를 초과하는 경우에는 미끄러지지 아니하는 구조로 하여야 하는가?

① 15도
② 20도
③ 30도
④ 40도

해설

가설통로 설치 시 준수사항

· 견고한 구조로 할 것
· 경사는 30°이하로 할 것(계단을 설치하거나 높이 2m 미만의 가설통로로서 튼튼한 손잡이를 설치한 때에는 그러하지 아니하다)
· 경사가 15°를 초과하는 때에는 미끄러지지 아니하는 구조로 할 것
· 추락의 위험이 있는 장소에는 안전난간을 설치할 것(작업상 부득이한 때에는 필요한 부분에 한하여 임시로 해체할 수 있다)
· 수직갱에 가설된 통로의 길이가 15m 이상인 때에는 10m 이내마다 계단참을 설치할 것
· 건설공사에 사용하는 높이 8m 이상인 비계다리에는 7m 이내마다 계단참을 설치할 것

118 굴착과 싣기를 동시에 할 수 있는 토공기계가 아닌 것은?

① 트랙터 셔블(Tractor Shovel)
② 백호(Back Hoe)
③ 파워 셔블(Power Shovel)
④ 모터 그레이더(Motor Grader)

해설

모터그레이더(Motor Grader) : 토공 기계의 대패·지면을 절삭하여 평활하게 다듬는 것이 목적인 토공기계

119 강관틀 비계를 조립하여 사용하는 경우 준수하여야 할 사항으로 옳지 않은 것은?

① 비계기둥의 밑둥에는 밑받침 철물을 사용할 것
② 높이가 20m를 초과하거나 중량물의 적재를 수반하는 작업을 할 경우에는 주틀 간의 간격을 1.8m 이하로 할 것
③ 주틀 간에 교차 가새를 설치하고 최하층 및 3층 이내마다 수평재를 설치할 것
④ 길이가 띠장 방향으로 4m 이하이고 높이가 10m를 초과하는 경우에는 10m 이내마다 띠장 방향으로 버팀기둥을 설치할 것

해설

강관틀비계를 조립하여 사용할 때의 준수할 사항
· 비계기둥의 밑둥에는 밑받침철물을 사용하여야 하며 밑받침에 고저차가 있는 경우에는 조절형 밑받침철물을 사용하여 각각의 강관틀비계가 항상 수평 및 수직을 유지하도록 할 것
· 높이가 20m를 초과하거나 중량물의 적재를 수반하는 작업을 할 경우에는 주틀 간의 간격이 1.8m 이하로 할 것
· 주틀 간의 교차가새를 설치하고 최상층 및 5층 이내마다 수평재를 설치할 것
· 수직방향으로 6m, 수평방향으로 8m 이내마다 벽이음을 할 것
· 길이가 띠장방향으로 4m 이하이고 높이가 10m를 초과하는 경우에는 10m 이내마다 띠장방향으로 버팀기둥을 설치할 것

120 산업안전보건법령에 따른 양중기의 종류에 해당하지 않는 것은?

① 고소작업차
② 이동식 크레인
③ 승강기
④ 리프트(Lift)

해설

양중기의 종류
· 크레인(호이스트 포함)
· 이동식 크레인
· 리프트(이삿짐운반용 리프트의 경우 적재하중이 0.1ton 이상인 것)
· 곤돌라
· 승강기(최대하중 0.25ton 이상인 것)

2021년 제3회 필기 기출문제		수험번호	성명
자격종목 **산업안전기사**	시험시간 **3시간**	시험유형	

※ 답안카드 작성시 시험문제지 형별누락, 마킹착오로 인한 불이익은 전적으로 수험자의 귀책사유임을 알려드립니다.
** 본문제는 수검자의 생각에 의한 것으로 실제 문제와 약간 다를 수 있음.

01 안전관리론

01 안전점검표(체크리스트) 항목 작성 시 유의사항으로 틀린 것은?

① 정기적으로 검토하여 설비나 작업방법이 타당성 있게 개조된 내용일 것
② 사업장에 적합한 독자적 내용을 가지고 작성할 것
③ 위험성이 낮은 순서 또는 긴급을 요하는 순서대로 작성할 것
④ 점검항목을 이해하기 쉽게 구체적으로 표현할 것

> **해설**
> 안전점검표(체크리스트)작성 시 유의사항
> ·사업장에 적합한 독자적인 내용일 것
> ·중점도가 높은 것부터 순서대로 작성할 것(위험성이 높은 순이나 긴급을 요하는 순으로 작성)
> ·정기적으로 검토하여 재해방지에 실효성 있게 개조된 내용일 것
> ·일정양식을 정하여 점검대상을 정할 것
> ·점검표의 내용을 이해하기 쉽도록 표현하고 구체적일 것

02 안전교육에 있어서 동기부여방법으로 가장 거리가 먼 것은?

① 책임감을 느끼게 한다.
② 관리감독을 철저히 한다.
③ 자기 보존본능을 자극한다.
④ 물질적 이해관계에 관심을 두도록 한다.

> **해설**
> 안전 교육 시 동기부여 방법
> ·책임감 주입
> ·자기 보존본능 자극
> ·물질적 이해관계에 관심을 갖도록 함

03 교육과정 중 학습경험조직의 원리에 해당하지 않는 것은?

① 기회의 원리   ② 계속성의 원리

③ 계열성의 원리   ④ 통합성의 원리

해설

학습경험조직의 원리
- 계속성의 원리
- 계열성의 원리
- 통합성의 원리
- 균형성의 원리
- 다양성의 원리
- 건전성의 원리(보편성의 원리)

04 근로자 1,000명 이상의 대규모 사업장에 적합한 안전관리 조직의 유형은?

① 직계식 조직   ② 참모식 조직

③ 병렬식 조직   ④ 직계참모식 조직

해설

직계·참모식 혼합형(라인·스탭 혼합형)
- 안전업무를 전담하는 스탭부분을 두고 생산라인에도 안전을 전담하는 관리감독자를 두어서 안전계획 및 안전대책은 스탭진에서 기획하고, 이것을 생산라인을 통하여 실시하도록 한 조직형태이다.
- 1,000명 이상의 대규모 사업장에 적합한 조직이다.

05 산업안전보건법령상 안전보건표지의 종류와 형태 중 관계자 외 출입금지에 해당하지 않는 것은?

① 관리대상물질 작업장   ② 허가대상물질 작업장

③ 석면취급·해체 작업장   ④ 금지대상물질 취급 실험실

해설

관계자 외 출입금지표지 종류
- 허가대상 유해물질 취급
- 석면취급 및 해체·제거
- 금지유해물질 취급

06 산업안전보건법령상 명시된 타워크레인을 사용하는 작업에서 신호업무를 하는 작업 시 특별교육 대상 작업별 교육 내용이 아닌 것은? (단, 그 밖에 안전·보건관리에 필요한 사항은 제외한다.)

① 신호방법 및 요령에 관한 사항

② 걸고리·와이어로프 점검에 관한 사항

③ 화물의 취급 및 안전작업방법에 관한 사항

④ 인양물이 적재될 지반의 조건, 인양하중, 풍압 등이 인양물과 타워크레인에 미치는 영향

> **해설**
>
> 타워크레인을 사용하는 작업에서 신호업무를 하는 작업 시 특별교육 대상 작업별 교육내용
> · 타워크레인의 기계적 특성 및 방호장치 등에 관한 사항
> · 화물의 취급 및 안전작업방법에 관한 사항
> · 신호방법 및 요령에 관한 사항
> · 인양 물건의 위험성 및 낙하·비래·충돌재해 예방에 관한 사항
> · 인양물이 적재될 지반의 조건, 인양하중, 풍압 등이 인양물과 타워크레인에 미치는 영향
> · 그 밖에 안전·보건관리에 필요한 사항

07 보호구 안전인증 고시상 추락방지대가 부착된 안전대 일반구조에 관한 내용 중 틀린 것은?

① 죔줄은 합성섬유로프를 사용해서는 안된다.

② 고정된 추락방지대의 수직구명줄은 와이어로프 등으로 하며 최소지름이 8mm이상이어야 한다.

③ 수직구명줄에서 걸이설비와의 연결부위는 훅 또는 카라비너 등이 장착되어 걸이설비와 확실히 연결되어야 한다.

④ 추락방지대를 부착하여 사용하는 안전대는 신체지지의 방법으로 안전그네만을 사용하여야 하며 수직구명줄이 포함되어야 한다.

> **해설**
>
> 죔줄은 합성섬유로프를 사용한다.

08 하인리히 재해 구성 비율 중 무상해사고가 600건이라면 사망 또는 중상 발생 건수는?

① 1 ② 2

③ 29 ④ 58

> **해설**
>
> · 하인리히의 재해구성비율
>   중상 또는 사망 : 경상 : 무상해사고 = 1 : 29 : 300
> · 무상해 사고건수 600건일 때 사망 또는 중상 발생건수
> ∴ 사망 또는 중상발생건수 = $600 \times \dfrac{1}{300}$ = 2건

09 재해사례연구 순서로 옳은 것은?

> 재해 상황의 파악 → (㉠) → (㉡) → 근본적 문제점의 결정 → (㉢)

① ㉠ 문제점의 발견, ㉡ 대책수립, ㉢ 사실의 확인
② ㉠ 문제점의 발견, ㉡ 사실의 확인, ㉢ 대책수립
③ ㉠ 사실의 확인, ㉡ 대책수립, ㉢ 문제점의 발견
④ ㉠ 사실의 확인, ㉡ 문제점의 발견, ㉢ 대책수립

해설

재해사례연구의 진행단계
· 전제조건 : 재해 상황의 파악
· 1단계 : 사실의 확인
· 2단계 : 문제점의 발견
· 3단계 : 근본적 문제점의 결정
· 4단계 : 대책의 수립

2021

10 강의식 교육지도에서 가장 많은 시간을 소비하는 단계는?

① 도입   ② 제시
③ 적용   ④ 확인

해설

단계별 교육시간 : 1시간(60분)

교육법의 4단계	강의식	토의식
제1단계 – 도입(준비)	5분	5분
제2단계 – 제시(설명)	40분	10분
제3단계 – 적용(응용)	10분	40분
제4단계 – 확인(총괄)	5분	5분

11 위험예지훈련 4단계의 진행 순서를 바르게 나열한 것은?

① 목표설정 → 현상파악 → 대책수립 → 본질추구
② 목표설정 → 현상파악 → 본질추구 → 대책수립
③ 현상파악 → 본질추구 → 대책수립 → 목표설정
④ 현상파악 → 본질추구 → 목표설정 → 대책수립

해설

위험예지훈련의 4단계(4R)
· 1R : 현상파악   · 2R : 본질추구
· 3R : 대책수립   · 4R : 목표설정

12 레윈(Lewin.K)에 의하여 제시된 인간의 행동에 관한 식을 올바르게 표현한 것은? (단, B는 인간의 행동, P는 개체, E는 환경, f는 함수관계를 의미한다.)

① $B = f(P \cdot E)$　　　　② $B = f(P+1)^E$
③ $P = E \cdot f(B)$　　　　④ $E = f(P \cdot B)$

> **해설**
>
> Lewin, K.의 법칙 : Lewin은 인간의 행동(B)은 그 사람이 가진 자질, 극 개체(P)와 심리학적 환경(E)과의 상호 함수관계에 있다고 하였다.
> ∴ $B = f(P \cdot E)$

13 산업안전보건법령상 근로자에 대한 일반건강진단의 실시 시기 기준으로 옳은 것은?

① 사무직에 종사하는 근로자 : 1년에 1회 이상
② 사무직에 종사하는 근로자 : 2년에 1회 이상
③ 사무직외의 업무에 종사하는 근로자 : 6월에 1회 이상
④ 사무직외의 업무에 종사하는 근로자 : 2년에 1회 이상

> **해설**
>
> 일반건강진단의 실시 시기
> · 사무직에 종사하는 근로자(공장 또는 공사현장과 같은 구역에 있지 아니한 사무실에서 서무·인사·경리·판매·설계 등의 사무업무에 종사하는 근로자를 말하며, 판매업무 등에 직접 종사하는 근로자는 제외) : 2년에 1회 이상
> · 그 밖의 근로자 : 1년에 1회 이상

14 매슬로우(Maslow)의 욕구 5단계 이론 중 안전욕구의 단계는?

① 제1단계　　　　② 제2단계
③ 제3단계　　　　④ 제4단계

> **해설**
>
> Maslow의 욕구 5단계
> · 1단계 : 생리적 욕구(기아, 갈증, 호흡, 배설, 성욕 등)
> · 2단계 : 안전의 욕구(안전을 기하려는 욕구)
> · 3단계 : 사회적 욕구(애정, 소속에 대한 욕구)
> · 4단계 : 인정받으려는 욕구(자존심, 명예, 성취, 지위에 대한 욕구 : 자기존경의 욕구)
> · 5단계 : 자아실현의 욕구(잠재적인 능력을 실현하고자 하는 욕구 : 성취욕구)

15 교육계획 수립 시 가장 먼저 실시하여야 하는 것은?

① 교육내용의 결정
② 실행교육계획서 작성
③ 교육의 요구사항 파악
④ 교육실행을 위한 순서, 방법, 자료의 검토

해설

(1) 교육계획수립시 가장 먼저 실시할 사항 : 교육의 요구사항 파악
(2) 안전교육계획에 포함하여야 할 사항
- 교육목표(첫째 과제)
  ① 교육 및 훈련의 범위
  ② 교육 보조 자료의 준비 및 사용지침
  ③ 교육훈련의 의무와 책임관계 명시
- 교육의 종류 및 교육대상(교육계획 수립시 최우선적으로 고려해야 할 사항)
- 교육의 과목 및 교육의 내용
- 교육기간 및 시간
- 교육장소
- 교육방법
- 교육담당자 및 강사

16 상황성 누발자의 재해유발원인이 아닌 것은?

① 심신의 근심
② 작업의 어려움
③ 도덕성의 결여
④ 기계설비의 결함

해설

사고경향성자(재해누발자)의 유형
- 상황성 누발자 : 작업의 어려움, 기계설비의 결함, 환경상 주의력의 집중곤란, 심신의 근심 등 때문에 재해를 누발하는 자이다.
- 습관성 누발자 : 재해의 경험으로 겁쟁이가 되거나 신경과민이 되어 재해를 누발하는자와 일종의 슬럼프상태에 빠져서 재해를 누발하는 자이다.
- 소질성 누발자 : 재해의 소질적 요인을 가지고 있기 때문에 재해를 누발하는 자이다.
- 미숙성 누발자 : 기능 미숙이나 환경에 익숙하지 못하기 때문에 재해를 누발하는 자이다.

17 인간의 의식 수준을 5단계로 구분할 때 의식이 몽롱한 상태의 단계는?

① Phase I   ② Phase II

③ Phase III   ④ Phase IV

해설

의식수준의 상태

단계	의식의 상태	주의작용	생리적 상태	신뢰성
Phase 0	무의식, 실신	없음(Zero)	수면, 뇌 발작	0
Phase I	정상이하(Subnormal)의식 몽롱함	부주의(Inactive)	피로, 단조, 졸음, 술 취함	0.9 이하
Phase II	정상, 이완상태 (Normal, Relaxed)	수동적 (Passive)마음이 안쪽으로 향함	안정 기거, 휴식시, 장례 작업시	0.99 ~ 0.99999
Phase III	정상, 상쾌한 상태 (Normal, Clear)	능동적(Active) 앞으로 향하는 주의 시야도 넓다.	적극 활동시	0.999999 이상
Phase IV	초정상, 과긴장 상태 (Hypernormal, Excited)	일점으로 응집, 판단지	긴급 방위반응 당황해서 Panic	0.9 이하

18 산업안전보건법령상 사업장에서 산업재해 발생 시 사업주가 기록·보존하여야 하는 사항을 모두 고른 것은? (단, 산업재해조사표와 요양신청서의 사본은 보존하지 않았다.)

> ㄱ. 사업장의 개요 및 근로자의 인적사항
> ㄴ. 재해 발생의 일시 및 장소
> ㄷ. 재해 발생의 원인 및 과정
> ㄹ. 재해 재발방지 계획

① ㄱ, ㄹ   ② ㄴ, ㄷ, ㄹ

③ ㄱ, ㄴ, ㄷ   ④ ㄱ, ㄴ, ㄷ, ㄹ

해설

산업재해발생시 기록·보존하여야 할 사항 : 산업재해조사표 사본이나 요양신청서 사본에 재해방지계획을 첨부하여 보존할 경우는 제외

1) 사업장의 개요 및 근로자의 인적사항
2) 재해발생의 일시 및 장소
3) 재해발생의 원인 및 과정
4) 재해 재발방지계획

19 A사업장의 조건이 다음과 같을 때 A사업장에서 연간재해발생으로 인한 근로손실일수는?

[조건]

- 강도율 : 0.4
- 근로자 수 : 1,000명
- 연근로시간수 : 2,400시간

① 480

② 720

③ 960

④ 1,440

해설

$$강도율 = \frac{근로손실일수}{연 근로시간수} \times 1,000$$

$$근로손실일수 = 강도율 \times 연근로시간수 \times \frac{1}{1,000}$$

$$= 0.4 \times 1,000 \times 2,400 \times \frac{1}{1,000} = 960$$

20 무재해운동의 이념 중 선취의 원칙에 대한 설명으로 옳은 것은?

① 사고의 잠재요인을 사후에 파악하는 것

② 근로자 전원이 일체감을 조성하여 참여하는 것

③ 위험요소를 사전에 발견, 파악하여 재해를 예방 또는 방지하는 것

④ 관리감독자 또는 경영층에서의 자발적 참여로 안전 활동을 촉진하는 것

해설

무재해운동이념 3원칙

- 무의 원칙 : 사망, 휴업 및 불휴재해는 물론 일체의 장래위험요인을 사전에 발견, 파악, 해결함으로써 근원적인 산업재해를 없애는 것을 말한다.
- 참가의 원칙 : 재해 및 일체의 위험요인을 발견, 해결하기 위해 전원이 무재해운동에 참가하여 문제 해결 등을 실천하는 것을 말한다.
- 선취해결의 원칙 : 선취란 궁극의 목표로서 무재해, 무질병의 직장을 실현하기 위해 일체의 위험요인을 행동하기 전에 발견, 파악, 해결하여 재해를 예방하거나 방지하는 것을 말한다.

02 인간공학 및 시스템안전공학

21 다음 상황은 인간실수의 분류 중 어느 것에 해당하는가?

> 전자기기 수리공이 어떤 제품의 분해·조립 과정을 거쳐서 수리를 마친 후 부품하나가 남았다.

① Time Error
② Omission Error
③ Command Error
④ Extraneous Error

해설

휴먼에러의 심리적인 분류(Swain) : Error의 원인을 불확정, 시간지연, 순서착오의 세 가지로 나뉘어 분류한다.
- 부작위적 실수, 생략과오(Omission Error) : 필요한 task 또는 절차를 수행하지 않는데 기인한 Error
- 시간적 과오, 지연오류(Time Error) : 필요한 task 또는 절차의 수행지연으로 인한 Error
- 작위적 실수, 수행적 과오(Commission Error) : 필요한 task 또는 절차의 불확실한 수행으로 인한 Error
- 순서적 과오(Sequential Error) : 필요한 task 또는 절차의 순서착오로 인한 Error
- 불필요한 과오(Extraneous Error) : 불필요한 task 또는 절차를 수행함으로써 기인한 Error

22 스트레스의 영향으로 발생된 신체 반응의 결과인 스트레인(strain)을 측정하는 척도가 잘못 연결된 것은?

① 인지적 활동 – EEG
② 육체적 동적 활동 – GSR
③ 정신 운동적 활동 – EOG
④ 국부적 근육 활동 – EMG

해설

피부전기반사(GSR : galvanic skin reflex) : 작업 부하의 정신적 부담도가 피로와 함께 증대하는 양상을 수장(手掌) 내측의 전기저항의 변화에서 측정하는 것으로, 피부전기저항 또는 정신전류현상이라고도 한다.

23 일반적인 시스템의 수명곡선(욕조곡선)에서 고장형태 중 증가형 고장률을 나타내는 기간으로 옳은 것은?

① 우발 고장기간
② 마모 고장기간
③ 초기 고장기간
④ Burn – in 고장기간

해설

고장률의 유형(욕조곡선에서의 고장형태)
- 초기고장구간 : 감소형
- 우발고장구간 : 일정형
- 마모고장구간 : 증가형

24 청각적 표시장치의 설계 시 적용하는 일반 원리에 대한 설명으로 틀린 것은?

① 양립성이란 긴급용 신호일 때는 낮은 주파수를 사용하는 것을 의미한다.

② 검약성이란 조작자에 대한 입력신호는 꼭 필요한 정보만을 제공하는 것이다.

③ 근사성이란 복잡한 정보를 나타내고자 할 때 2단계의 신호를 고려하는 것이다.

④ 분리성이란 두 가지 이상의 채널을 듣고 있다면 각 채널의 주파수가 분리되어 있어야 한다는 의미이다.

> 해설
>
> 양립성이란 긴급용 신호일 때는 높은 주파수를 사용하는 것을 의미한다.

25 FTA에 대한 설명으로 가장 거리가 먼 것은?

① 정성적 분석만 가능

② 하향식(Top – Down)방법

③ 복잡하고 대형화된 시스템에 활용

④ 논리게이트를 이용하여 도해적으로 표현하여 분석하는 방법

> 해설
>
> FTA(결함수분석법)의 특징
>
> · 연역적 해석
>
> · 정량적 해석 : 정량적 해석은 정성적 해석을 한 후에 실시하는 것이다.

26 발생 확률이 동일한 64가지의 대안이 있을 때 얻을 수 있는 총 정보량은?

① 6bit

② 16bit

③ 32bit

④ 64bit

> 해설
>
> 총정보량(H) $= \log_2 N = \log_2 (64) = 6\text{bit}$

27 인간 – 기계 시스템의 설계 과정을 [보기]와 같이 분류할 때 다음 중 인간, 기계의 기능을 할당하는 단계는?

> [보기]
> 1단계 : 시스템의 목표와 성능명세 결정
> 2단계 : 시스템의 정의
> 3단계 : 기본 설계
> 4단계 : 인터페이스 설계
> 5단계 : 보조물 설계 혹은 편의수단 설계
> 6단계 : 평가

① 기본 설계
② 인터페이스 설계
③ 시스템의 목표와 성능명세 결정
④ 보조물 설계 혹은 편의수단 설계

해설

기본설계(제3단계)
· 인간, 하드웨어 및 소프트웨어 에 대한 기능할당
· 작업설계(직무설계)
· 과업분석(직무분석)
· 인간 퍼포먼스(Performance)요건

28 FT도에서 최소 컷셋을 올바르게 구한 것은?

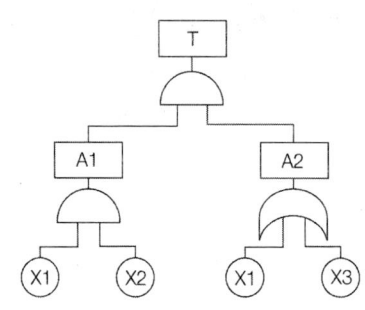

① (X_1, X_2)
② (X_1, X_3)
③ (X_2, X_3)
④ (X_1, X_2, X_3)

해설

$T \rightarrow A_1 \cdot A_2 \rightarrow X_1 \cdot X_2 \cdot A_2 \rightarrow \begin{matrix} X_1 \cdot X_2 \cdot X_1 \\ X_1 \cdot X_2 \cdot X_3 \end{matrix} \rightarrow \begin{matrix} X_1 \cdot X_2 \\ X_1 \cdot X_2 \cdot X_3 \end{matrix} \rightarrow \begin{matrix} X_1 \cdot X_2 \\ (\text{최소컷셋}) \end{matrix}$
(컷셋)

29 일반적으로 인체측정치의 최대집단치를 기준으로 설계하는 것은?

① 선반의 높이 　　　　② 공구의 크기

③ 출입문의 크기 　　　④ 안내 데스크의 높이

해설

인체 계측자료의 응용원칙 예

- 극단치 설계
  ① 최대집단치 : 출입문, 통로, 의자사이의 간격 등
  ② 최소집단치 : 선반의 높이, 조종장치까지의 거리, 버스나 전철의 손잡이 등
- 조절식 설계 : 사무실 의자의 높낮이 조절, 자동차 좌석의 전후조절 등
- 평균치 설계 : 가게나 은행의 계산대 등

30 인간공학의 궁극적인 목적과 가장 관계가 깊은 것은?

① 경제성 향상 　　　　② 인간 능력의 극대화

③ 설비의 가동률 향상 　④ 안전성 및 효율성 향상

해설

인간공학의 주목적 : 안전의 최대화와 능률의 극대화

31 '화재 발생'이라는 시작(초기)사상에 대하여, 화재감지기, 화재 경보, 스프링클러 등의 성공 또는 실패 작동여부와 그 확률에 따른 피해결과를 분석하는데 가장 적합한 위험 분석기법은?

① FTA 　　　　　　　② ETA

③ FHA 　　　　　　　④ THERP

해설

ETA(사상수분석법)

- ETA(Event tree Analysis) : 사상(事象)의 안전도를 사용한 시스템의 안전도를 나타내는 시스템 모델의 하나로서 귀납적이고, 정량적인 분석방법으로 재해의 확대요인을 분석하는 데 적합한 방법이다.
- ETA의 작성방법
  ① 통상 좌로부터 우로 진행된다.
  ② 각 요소를 나타내는 시점에서 통상 성공사상은 위쪽에 실패사상은 아래쪽으로 분기된다.
  ③ 분기마다 안전도와 불안전도의 발생확률이 표시된다. (분기된 각 사상의 확률의 합은 항상 1이다.)
  ④ 각각의 곱의 합으로서 시스템의 안전도가 계산된다.

32 여러 사람이 사용하는 의자의 좌판 높이 설계 기준으로 옳은 것은?

① 5% 오금높이 ② 50% 오금높이

③ 75% 오금높이 ④ 95% 오금높이

> **해설**
>
> 조절식의 적용
>
> ・조절식은 자동차 좌석의 전후조절, 사무실 의자의 상하조절 등에 응용된다.
>
> ・조절식을 설계할 때에는 통상 5%치에서 95%까지 90%범위를 수용대상으로 설계하는 것이 관례이다.

33 FTA에서 사용되는 사상기호 중 결함사상을 나타낸 기호로 옳은 것은?

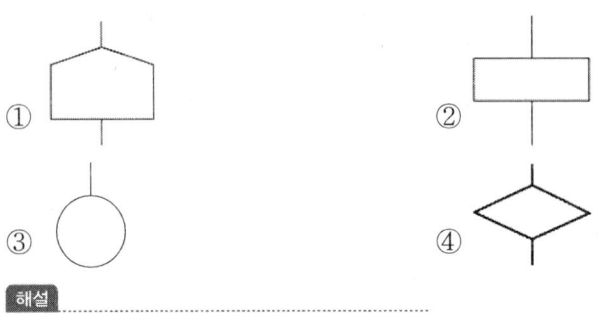

> **해설**
>
> ① 통상사상   ② 결함사상
>
> ③ 기본사상   ④ 생략사상

34 기술개발과정에서 효율성과 위험성을 종합적으로 분석・판단할 수 있는 평가방법으로 가장 적절한 것은?

① Risk Assessment ② Risk Management

③ Safety Assessment ④ Technology Assessment

> **해설**
>
> ・테크놀로지 어시스먼트(Technology Assessment)
>
> ① [기술개방의 종합평가]라고 한다.
>
> ② 기술개발과정에서 효율성과 비합리성(위험성)을 종합적으로 분석판단하고 대체수단의 이해득실을 평가하여 의사결정에 필요한 종합적인 자료를 체계화한 조직적인 계획과 예측의 프로세스(process)를 말한다.
>
> ・테크놀로지 어시스먼트의 5단계
>
> ① 1단계 – 사회적 복리기여도
>
> ② 2단계 – 실현가능성
>
> ③ 3단계 – 안전성과 위험성
>
> ④ 4단계 – 경제성
>
> ⑤ 5단계 – 종합평가(조정)

35 자동차를 타이어가 4개인 하나의 시스템으로 볼 때, 타이어 1개가 파열될 확률이 0.01이라면, 이 자동차의 신뢰도는 약 얼마인가?

① 0.91

② 0.93

③ 0.96

④ 0.99

해설

자동차 신뢰도(R)

$R = R_1 \times R_2 \times R_3 \times R_4 = (1 - 0.01 \times (1 - 0.01) \times (1 - 0.01) \times (1 - 0.01)) = 0.96$

36 다음 그림에서 명료도 지수는?

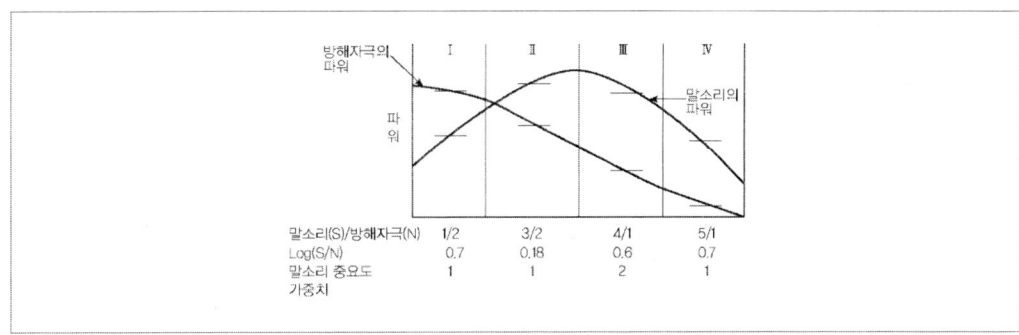

① 0.38

② 0.68

③ 1.38

④ 5.68

해설

명료도 지수

· 송화음의 통화이해도를 추정할 수 있는 지수이다.

· 각 옥타브대의 음성과 잡음의 dB값에 가중치를 곱하여 합계를 구한다.

∴ 명료도 지수 = (-0.7 × 1) + (0.18 × 1) + (0.6 × 2) + (0.7 × 1) = 1.38

37 정보수용을 위한 작업자의 시각 영역에 대한 설명으로 옳은 것은?

① 판별시야 – 안구운동만으로 정보를 주시하고 순간적으로 특정정보를 수용할 수 있는 범위

② 유효시야 – 시력, 색판별 등의 시각 기능이 뛰어나며 정밀도가 높은 정보를 수용할 수 있는 범위

③ 보조시야 – 머리부분의 운동이 안구운동을 돕는 형태로 발생하며 무리 없이 주시가 가능한 범위

④ 유도시야 – 제시된 정보의 존재를 판별할 수 있는 정도의 식별능력 밖에 없지만 인간의 공간좌표 감각에 영향을 미치는 범위

해설

유도시야

1) 제시된 정보의 존재를 판별할 수 있는 정도의 식별능력 밖에 없지만,

2) 인간의 공간좌표 감각에 영향을 미치는 범위

38 FMEA분석 시 고장평점법의 5가지 평가요소에 해당하지 않는 것은?

① 고장발생의 빈도

② 신규설계의 가능성

③ 기능적 고장 영향의 중요도

④ 영향을 미치는 시스템의 범위

> **해설**
>
> FMEA의 고장평점을 결정하는 5가지 평가요소
> - C_1 : 기능적 고장 영향의 중요도
> - C_2 : 영향을 미치는 시스템의 범위
> - C_3 : 고장발생의 빈도
> - C_4 : 고장방지의 가능성
> - C_5 : 신규설계의 정도

39 건구온도 30℃, 습구온도 35℃일 때의 옥스퍼드(Oxford) 지수는?

① 20.75

② 24.58

③ 30.75

④ 34.25

> **해설**
>
> Oxford지수 = 0.85W + 0.15D = 0.85 × 35 + 0.15 × 30 = 34.25℃

40 설비보전에서 평균수리시간을 나타내는 것은?

① MTBF

② MTTR

③ MTTF

④ MTBP

> **해설**
>
> - MTTR(Mean Time To Repair ; 평균 수리시간) : 총 수리시간을 그 기간의 수리회수로 나눈 시간을 말한다.
> - $MTTR = \dfrac{총\,수리시간}{수리회수}$

03 기계위험방지기술

41 산업안전보건법령상 사업장내 근로자 작업환경 중 '강렬한 소음작업'에 해당하지 않는 것은?

① 85데시벨 이상의 소음이 1일 10시간 이상 발생하는 작업
② 90데시벨 이상의 소음이 1일 8시간 이상 발생하는 작업
③ 95데시벨 이상의 소음이 1일 4시간 이상 발생하는 작업
④ 100데시벨 이상의 소음이 1일 2시간 이상 발생하는 작업

해설

강렬한 소음작업
· 90dB이상의 소음이 1일 8시간 이상 발생하는 작업
· 95dB이상의 소음이 1일 4시간 이상 발생하는 작업
· 100dB이상의 소음이 1일 2시간 이상 발생하는 작업
· 105dB이상의 소음이 1일 1시간 이상 발생하는 작업
· 110dB이상의 소음이 1일 30분 이상 발생하는 작업
· 115dB이상의 소음이 1일 15분 이상 발생하는 작업

2021

42 산업안전보건법령상 프레스의 작업 시작 전 점검 사항이 아닌 것은?

① 슬라이드 또는 칼날에 의한 위험방지기구의 기능
② 프레스의 금형 및 고정볼트 상태
③ 전단기의 칼날 및 테이블의 상태
④ 권과방지장치 및 그 밖의 경보장치의 기능

해설

프레스 및 전단기의 작업시작 전 점검사항
· 클러치 및 브레이크의 기능
· 크랭크축·플라이 휠·슬라이드·연결봉 및 연결나사의 볼트의 풀림 유무
· 1행정 1정지 기구·급정지장치·비상정지장치의 기능
· 슬라이드 또는 칼날에 의한 위험 방지기구의 기능
· 프레스의 금형 및 고정볼트 상태
· 당해 방호장치의 기능 점검
· 전단기의 칼날 및 테이블 상태

43 동력전달부분의 전방 35cm 위치에 일반 평형보호망을 설치하고자 한다. 보호망의 최대 구멍의 크기는 몇 mm인가?

① 41

② 45

③ 51

④ 55

해설

보호망의 최대 구멍크기(Y)

$$Y = 6 + \frac{1}{10}X = 6 + \frac{1}{10} \times 350 = 41mm$$

44 다음 연삭숫돌의 파괴원인 중 가장 적절하지 않은 것은?

① 숫돌의 회전속도가 너무 빠른 경우

② 플랜지의 직경이 숫돌 직경의 1/3이상으로 고정된 경우

③ 숫돌 자체에 균열 및 파손이 있는 경우

④ 숫돌에 과대한 충격을 준 경우

해설

연삭기 숫돌의 파괴원인

1) 숫돌의 회전속도가 빠를 때

2) 숫돌자체에 균열이 있을 때

3) 숫돌에 과대한 충격을 가할 때

4) 숫돌의 측면을 사용하여 작업할 때

5) 숫돌의 불균형이나 베어링 마모에 의한 진동이 있을 때

6) 숫돌 반경방향의 온도변화가 심할 때

7) 작업에 부적당한 숫돌을 사용할 때

8) 숫돌의 치수가 부적당할 때

9) 플랜지가 현저히 작을 때(플랜지 직경 = 숫돌직경 × 1/3)

45 화물중량이 200kgf, 지게차의 중량이 400kgf, 앞바퀴에서 화물의 무게중심까지의 최단거리가 1m일 때 지게차가 안정되기 위하여 앞바퀴에서 지게차의 무게중심까지 최단거리는 최소 몇 m를 초과해야하는가?

① 0.2m

② 0.5m

③ 1m

④ 2m

해설

W × a < G × b

$$b > \frac{W \times a}{G} = \frac{200 \times 1}{400} = 0.5m$$

46 산업안전보건법령상 압력용기에서 안전인증된 파열판에 안전인증 표시 외에 추가로 나타내어야 하는 사항이 아닌 것은?

① 분출차(%)
② 호칭지름
③ 용도(요구 성능)
④ 유체의 흐름방향 지시

해설

파열판 추가표시사항
· 호칭지름
· 용도(요구 성능)
· 유체의 흐름방향 지시
· 설정 파열 압력 및 설정온도
· 파열판의 재질

47 선반에서 일감의 길이가 지름에 비하여 상당히 길 때 사용하는 부속품으로 절삭 시 절삭저항에 의한 일감의 진동을 방지하는 장치는?

① 칩 브레이커
② 척 커버
③ 방진구
④ 실드

해설

선반 작업 시 안전작업수칙
1) 공작물의 길이가 직경의 12배 이상으로 가늘고 길 때는 방진구(공작물의 고정에 사용)를 사용하여 진동을 막을 것
2) 보링작업 중 구멍 속에 손가락을 넣지 않을 것
3) 칩이나 부스러기를 제거할 때는 반드시 브러시를 사용할 것
4) 작업 중 장갑을 끼지 않을 것
5) 시동 전에 심압대가 잘 죄어져 있는가를 확인할 것
6) 선반기계를 정지시켜야 할 경우
　① 치수를 측정할 경우
　② 백기어(Back Gear)를 넣거나 풀 경우
　③ 주축을 변속할 경우
　④ 기계에 주유 및 청소를 할 경우
7) 바이트는 가급적 짧게 설치하여 진동이나 휨을 막을 것
8) 회전부분에 손을 대지 말 것
9) 선반의 베드위에 공구를 놓지 말 것
10) 일감의 센터구멍과 센터는 반드시 일치시킬 것

48 산업안전보건법령상 프레스를 제외한 사출성형기·주형조형기 및 형단조기 등에 관한 안전조치 사항으로 틀린 것은?

① 근로자의 신체 일부가 말려들어갈 우려가 있는 경우에는 양수조작식 방호장치를 설치하여 사용한다.

② 게이트 가드식 방호장치를 설치할 경우에는 연동구조를 적용하여 문을 닫지 않아도 동작할 수 있도록 한다.

③ 사출성형기의 전면에 작업용 발판을 설치할 경우 근로자가 쉽게 미끄러지지 않는 구조여야 한다.

④ 기계의 히터 등의 가열 부위, 감전 우려가 있는 부위에는 방호덮개를 설치하여 사용한다.

> **해설**
>
> 사출성형기 등의 방호장치
> - 사출성형기(射出成形機)·주형조형기(鑄型造形機) 및 형단조기(프레스동은 제외) 등에 근로자의 신체 일부가 말려들어갈 우려가 있는 경우 게이트가드(Gate Guard) 또는 양수조작식 등에 의한 방호장치, 그 밖에 필요한 방호 조치를 하여야 한다.
> - 게이트가드는 닫지 아니하면 기계가 작동되지 아니하는 연동구조(連動構造)여야 한다.
> - 기계의 히터 등의 가열 부위 또는 감전 우려가 있는 부위에는 방호덮개를 설치하는 등 필요한 안전 조치를 하여야 한다.

49 연강의 인장강도가 420MPa이고, 허용응력이 140MPa이라면 안전율은?

① 1   ② 2

③ 3   ④ 4

> **해설**
>
> $$안전계수(안전율) = \frac{극한강도}{허용응력}\left(= \frac{절단하중}{최대사용하중} \right) = \frac{420}{140} = 3$$

50 밀링 작업 시 안전 수칙에 관한 설명으로 틀린 것은?

① 칩은 기계를 정지시킨 다음에 브러시 등으로 제거한다.

② 일감 또는 부속장치 등을 설치하거나 제거할 때는 반드시 기계를 정지시키고 작업한다.

③ 면장갑을 반드시 끼고 작업한다.

④ 강력 절삭을 할 때는 일감을 바이스에 깊게 물린다.

해설

밀링 작업 시 안전수칙

· 칩은 기계를 정지시킨 다음에 브러시 등으로 제거한다.

· 일감 또는 부속장치 등을 설치하거나 제거할 때는 반드시 기계를 정지시키고 작업한다.

· 강력 절삭을 할 때는 일감을 바이스에 깊게 물린다.

· 가공 중에 손으로 가공면을 점검하지 않을 것

· 밀링칩(공작기계 중 가장 가늘고 예리함)의 비산에 의한 부상방지를 위해 보안경을 착용할 것

· 면장갑 착용을 금지한다.

51 다음 중 프레스기에 사용되는 방호장치에 있어 원칙적으로 급정지 기구가 부착되어야만 사용할 수 있는 방식은?

① 양수조작식   ② 손쳐내기식

③ 가드식   ④ 수인식

해설

· 급정지기구에 따른 방호장치 : 급정지기구가 부착되어 있어야만 유효한 방호장치(마찰식 클러치 프레스)

① 양수조작식 방호장치

② 감응식 방호장치

· 급정지기구가 부착되어 있지 않아도 유효한 방호장치(확동식 클러치 프레스)

① 양수기동식 방호장치

② 게이트 가드식 방호장치

③ 수인식 방호장치

④ 손쳐내기식 방호장치

52 산업안전보건법령상 지게차의 최대하중의 2배 값이 6톤일 경우 헤드가드의 강도는 몇 톤의 등분포정하중에 견딜 수 있어야 하는가?

① 4

② 6

③ 8

④ 10

해설

지게차의 헤드가드

· 강도는 지게차 최대하중의 2배의 값(그 값이 4톤을 넘는 것에 대해서는 4톤으로 한다.)의 등분포정하중에 견딜 수 있는 것일 것

· 상부틀의 각 개구의 폭 또는 길이가 16cm 미만일 것

· 운전자가 앉아서 조작하거나 서서 조작하는 지게차의 헤드가드는 [산업표준화법]에 따른 한국산업표준에서 정하는 높이기준(입식 : 1.88m, 좌식 : 0.903m)이상일 것

53 강자성체를 자화하여 표면의 누설자속을 검출하는 비파괴 검사 방법은?

① 방사선 투과 시험

② 인장시험

③ 초음파 탐상 시험

④ 자분 탐상 시험

해설

자분탐상시험

· 철강재표면에 자분을 산포하여 자화시키고 자분모양에 의해 육안으로 결함의 유무를 조사하는 방법이다.

· 용접부의 블로홀, 슬래그의 끼임, 균열등의 유무를 조사한다.

54 산업안전보건법령상 보일러 방호장치로 거리가 가장 먼 것은?

① 고저수위 조절장치

② 아우트리거

③ 압력방출장치

④ 압력제한스위치

해설

보일러의 폭발위험의 방지를 위한 방호장치

· 압력방출 장치

· 압력제한스위치

· 고저수위 조절 장치

· 화염 검출기 등

55 산업안전보건법령상 아세틸렌 용접장치에 관한 설명이다. (   )안에 공통으로 들어갈 내용으로 옳은 것은?

> · 사업주는 아세틸렌 용접장치의 취관마다 (   )를 설치하여야 한다.
> · 사업주는 가스용기가 발생기와 분리되어 있는 아세틸렌 용접장치에 대하여 발생기와 가스용기 사이에 (   )를 설치하여야 한다.

① 분기장치　　　　　　　② 자동발생 확인장치
③ 유수 분리장치　　　　　④ 안전기

해설

아세틸렌 용접장치에 안전기의 설치
· 아세틸렌 용접장치의 취관마다 안전기를 설치할 것. 다만, 주관 및 취관에 가장 가까운 분기관마다 안전기를 부착한 경우에는 제외
· 가스용기가 발생기와 분리되어 있는 아세틸렌 용접장치에 대하여 발생기와 가스용기 사이에 안전기를 설치할 것

56 프레스기의 안전대책 중 손을 금형 사이에 집어넣을 수 없도록 하는 본질적 안전화를 위한 방식(No – Hand in Die)에 해당하는 것은?

① 수인식　　　　　　　　② 광전자식
③ 방호울식　　　　　　　④ 손쳐내기식

해설

(1) No – hand in die 방식
　① 안전울(방호울)을 부착한 프레스
　② 안전금형을 부착한 프레스
　③ 전용 프레스의 도입
　④ 자동 프레스의 도입
(2) hand in die 방식
　① 가드식
　② 손쳐내기식
　③ 수인식
　④ 양수조작식
　⑤ 감응식(광전자식)

57 회전하는 부분의 접선방향으로 물려 들어갈 위험이 존재하는 점으로 주로 체인, 풀리, 벨트, 기어와 랙 등에서 형성되는 위험점은?

① 끼임점
② 협착점
③ 절단점
④ 접선물림점

해설

기계설비의 위험점의 예

위험점	보기(예)
협착점	프레스, 성형기, 절곡기 등
끼임점	연삭숫돌과 작업대, 반복동작되는 링크기구, 교반기의 교반날개와 몸체사이 등
절단점	밀링커터, 둥근톱날, 띠톱기계의 날 등
물림점	롤러, 기어와 피니언 등
접선물림점	벨트와 풀리, 체인과 스프라켓, 잭과 피니언 등
회전말림점	회전축, 드릴축, 커플링 등

58 산업안전보건법령상 양중기에 해당하지 않는 것은?

① 곤돌라
② 이동식 크레인
③ 적재하중 0.05톤의 이삿짐운반용 리프트
④ 화물용 엘리베이터

해설

양중기의 종류

· 크레인[호이스트(hoist) 포함]
· 이동식 크레인
· 리프트(이삿짐운반용 리프트는 적재하중이 0.1톤 이상인 것)
· 곤돌라
· 승강기(최대하중이 0.25톤 이상인 것)

59 다음 설명 중 (   )안에 알맞은 내용은?

> 산업안전보건법령상 롤러기의 급정지장치는 롤러를 무부하로 회전시킨 상태에서 앞면롤러의 표면속도가 30m/min미만일 때에는 급정지거리가 앞면 롤러 원주의 (   )이내에서 롤러를 정지시킬 수 있는 성능을 보유해야 한다.

① $\dfrac{1}{4}$

② $\dfrac{1}{3}$

③ $\dfrac{1}{2.5}$

④ $\dfrac{1}{2}$

해설

급정지장치의 성능

앞면 롤러의 표면속도(m/min)	급정지거리
30미만	앞면 롤러 원주 × 1/3
30이상	앞면 롤러 원주 × 1/2.5

60 산업안전보건법령상 지게차에서 통상적으로 갖추고 있어야 하나, 마스트의 후방에서 화물이 낙하함으로써 근로자에게 위험을 미칠 우려가 없는 때에는 반드시 갖추지 않아도 되는 것은?

① 전조등

② 헤드가드

③ 백레스트

④ 포크

해설

백레스트(Back Rest)
· 지게차 포크의 화물, 뒤쪽을 받쳐주는 장치
· 포크에 직재된 화물이 마스트 후방으로 낙하하는 위험을 방지하기 위해 설치하는 장치

04 전기위험방지기술

61 피뢰시스템의 등급에 따른 회전구체의 반지름으로 틀린 것은?

① I등급 : 20m

② II등급 : 30m

③ III등급 : 40m

④ IV등급 : 60m

> **해설**

피뢰시스템의 등급에 따른 회전구체의 반지름 및 최소피크전류

피뢰레벨(LPL)	회전구체 반지름(r)	최소피로 전류(I)
I	20m	3kA
II	30m	5kA
III	35m	10kA

62 전류가 흐르는 상태에서 단로기를 끊었을 때 여러 가지 파괴작용을 일으킨다. 다음 그림에서 유입차단기의 차단순서와 투입순서가 안전수칙에 가장 적합한 것은?

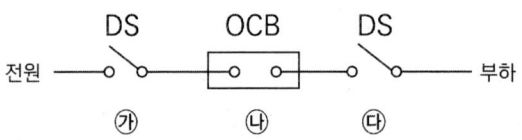

① 차단 : ㉮ → ㉯ → ㉰, 투입 : ㉮ → ㉯ → ㉰

② 차단 : ㉯ → ㉰ → ㉮, 투입 : ㉯ → ㉰ → ㉮

③ 차단 : ㉰ → ㉯ → ㉮, 투입 : ㉰ → ㉮ → ㉯

④ 차단 : ㉯ → ㉰ → ㉮, 투입 : ㉰ → ㉮ → ㉯

> **해설**

유입차단기의 작동순서

(1) 유입차단기의 작동순서

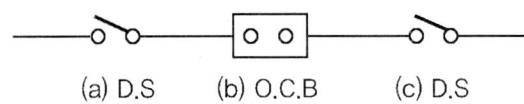

(a) D.S   (b) O.C.B   (c) D.S

· 투입순서 : (c) − (a) − (b)

· 차단순서 : (b) − (c) − (a)

(2) 바이패스 회로 설치 시 유입차단기의 작동순서

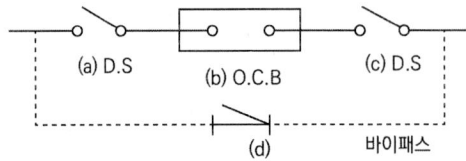

· 작동순서 : (d)투입, (b), (c), (a)차단

63 다음은 무슨 현상을 설명한 것인가?

> 전위차가 있는 2개의 대전체가 특정거리에 접근하게 되면 등전위가 되기 위하여 전하가 절연공간을 깨고 순간적으로 빛과 열을 발생하며 이동하는 현상

① 대전   ② 충전
③ 방전   ④ 열전

해설

방전(Discharge) : 본문설명

64 정전기 재해를 예방하기 위해 설치하는 제전기의 제전효율은 설치 시에 얼마 이상이 되어야 하는가?

① 40%이상   ② 50%이상
③ 70%이상   ④ 90%이상

해설

제전기 제전효율 : 제전기 설치 시에 90%이상이 되어야 한다.

65 정전기 화재폭발 원인으로 인체대전에 대한 예방대책으로 옳지 않은 것은?

① Wrist Strap을 사용하여 접지선과 연결한다.
② 대전방지제를 넣은 제전복을 착용한다.
③ 대전방지 성능이 있는 안전화를 착용한다.
④ 바닥 재료는 고유저항이 큰 물질로 사용한다.

해설

바닥 재료는 고유저항이 적은 물질을 사용하여 도전성을 갖추도록 하여야 한다.

66 정격사용률이 30%, 정격2차전류가 300A인 교류아크 용접기를 200A로 사용하는 경우의 허용사용률(%)은?

① 13.3   ② 67.5
② 110.3   ④ 157.5

해설

$$허용사용률(\%) = 정격사용률 \times \left(\frac{정격2차전류}{실제용접전류} \right)^2 = 30 \times \left(\frac{300}{200} \right)^2 = 67.5$$

67 피뢰기의 제한 전압이 752kV이고 변압기의 기준충격 절연강도가 1,050kV이라면, 보호 여유도 (%)는 약 얼마인가?

① 18　　　　　　　　　② 28
③ 40　　　　　　　　　④ 43

> **해설**
>
> $$여유도 = \frac{충격절연강도 - 제한전압}{제한전압} \times 100 = \frac{1,050 - 752}{752} \times 100 = 39.6\%$$

68 절연물의 절연불량 주요원인으로 거리가 먼 것은?

① 진동, 충격 등에 의한 기계적 요인　② 산화 등에 의한 화학적 요인
③ 온도상승에 의한 열적 요인　　　　④ 정격전압에 의한 전기적 요인

> **해설**
>
> 절연물의 절연불량 원인
> · 진동, 충격 등에 의한 기계적 요인
> · 산화 등에 의한 화학적 요인
> · 온도상승에 의한 열적요인

69 고장전류를 차단할 수 있는 것은?

① 차단기(CB)　　　　　② 유입 개폐기(OS)
③ 단로기(DS)　　　　　④ 선로 개폐기(LS)

> **해설**
>
> · 차단기(CB, Circuit Breaker) : 이상상태, 특히 단락상태에서 전로를 개폐할 수 있는 장치 (고장전류와 같은 대전류 차단)
> · 유입개폐기(OS, Oil Switch) : 차단부분이 오일(Oil)속에 있는 차단기
> · 단로기(DS, Disconnecting Switch) : 무부하 회로에서 개폐하는 개폐기

70 주택용 배선차단기 B타입의 경우 순시동작범위는? (단, I_n는 차단기 정격전류이다.)

① $3I_n$ 초과 ~ $5I_n$ 이하   ③ $5I_n$ 초과 ~ $10I_n$ 이하

③ $10I_n$ 초과 ~ $15I_n$ 이하   ④ $10I_n$ 초과 ~ $20I_n$ 이하

해설 ────────────────────────

배선차단기의 순시 타입별 순시동작범위

순시타입	순시동작 전류범위(I_n : 차단기전격전류)
B형	$3I_n$초과 ~ $5I_n$이하
C형	$6I_n$초과 ~ $10I_n$이하
D형	$10I_n$초과 ~ $20I_n$이하

71 다음 중 방폭 구조의 종류가 아닌 것은?

① 유압 방폭구조(k)   ② 내압 방폭구조(d)

③ 본질안전 방폭구조(i)   ④ 압력 방폭구조(p)

해설 ────────────────────────

방폭구조의 종류별 특징

· 내압방폭구조 : 아크 또는 고열이 발생하여 폭발성 가스에 점화할 우려가 있는 부분을 전폐된 용기에 넣어 폭발에 견디도록 한 구조

· 유입방폭구조 : 전폐용기에 기름을 채워서 외부의 폭발성 가스와 점화원이 접촉하여 인화될 위험이 없도록 한 구조

· 안전증방폭구조 : 안전성을 더욱 보강하기 위하여 코일의 절연보강, 공극을 크게 하여 구조상 또는 온도상승에 대하여 금속망 같은 물질로 차폐시킨 구조로 전기불꽃이나 과열에 대하여 회로특성상 폭발의 위험을 방지할 수 있는 구조

· 압력방폭구조 : 용기내부에 불연성 가스인 공기나 질소 등을 압입시켜 외부의 폭발성 가스가 용기내부로 침투하지 못하도록 한 구조

· 본질안전방폭구조 : 정상시 및 사고시(단선, 단락, 지락 등)에 발생하는 전기불꽃 아크 또는 고온에 의하여 폭발성가스 또는 증기에 점화되지 않는 것이 점화시험, 기타에 의해서 확인된 구조

72 동작 시 아크가 발생하는 고압 및 특고압용 개폐기·차단기의 이격거리(목재의 벽 또는 천장, 기타 가연성 물체로부터의 거리)의 기준으로 옳은 것은? (단, 사용전압이 35kV이하의 특고압용의 기구 등으로서 길이를 화재가 발생할 우려가 없도록 제한하는 경우가 아니다.)

① 고압용 : 0.8m 이상, 특고압용 : 1.0m이상
② 고압용 : 1.0m 이상, 특고압용 : 2.0m이상
③ 고압용 : 2.0m이상, 특고압용 : 3.0m이상
④ 고압용 : 3.5m이상, 특고압용 : 4.0m이상

해설

아크가 발생하는 고압 및 특고압용 개폐기·차단기와 목재의 벽 또는 가연성물질과의 이격거리
· 고압용 : 1.0m이상
· 특고압용 : 2.0m이상

73 3,300/220V, 20kVA인 3상 변압기로부터 공급받고 있는 저압 전선로의 절연 부분의 전선과 대지 간의 절연저항의 최소값은 약 몇 Ω인가? (단, 변압기의 저압 측 중성점에 접지가 되어 있다.)

① 1,240   ② 2,794
③ 4,840   ④ 8,383

해설

1) 저압전선로의 누설전류 $= 최대공급전류 \times \dfrac{1}{2,000}$

$$= \dfrac{20kVA \times \dfrac{1,000\,V}{1kV}}{220\,V} \times \dfrac{1}{2,000} = 0.04545A$$

2) 절연저항 $= \dfrac{전압}{누설전류} = \dfrac{220}{0.04545} = 4,840.48\Omega$

3) 3상변압기 절연저항 $= \sqrt{3} \times 절연저항 = \sqrt{3} \times 4,840.48 = 8,383.96\Omega$

74 감전사고로 인한 전격사의 메커니즘으로 가장 거리가 먼 것은?

① 흉부수축에 의한 질식
② 심실세동에 의한 혈액순환기능의 상실
③ 내장파열에 의한 소화기계통의 기능상실
④ 호흡중추신경 마비에 따른 호흡기능 상실

해설

전격현상의 메커니즘
· 심장의 심실세동에 의한 혈액순환 기능의 상실
· 뇌의 호흡중추신경 마비에 따른 호흡기능 정지
· 흉부수축에 의한 질식

75 욕조나 샤워시설이 있는 욕실 또는 화장실에 콘센트가 시설되어 있다. 해당 전로에 설치된 누전차단기의 정격감도전류와 동작시간은?

① 정격감도전류 15mA 이하, 동작시간 0.01초 이하
② 정격감도전류 15mA 이하, 동작시간 0.03초 이하
③ 정격감도전류 30mA 이하, 동작시간 0.01초 이하
④ 정격감도전류 130mA 이하, 동작시간 0.03초 이하

> **해설**
> · 욕실 등 물을 사용하는 장소 또는 습기 장소에 콘센트를 시설하는 경우 : 콘센트 회로에 정격감도전류 15mA 이하, 동작전류시간 0.03초 이하의 전류동작형 인체감도보호용차단기(ELB)에 접속하여 누전 시 해당 전로를 신속하게 차단하여 전위상승을 억제할 수 있어야 한다.
> · 전기기계·기구에 설치되어 있는 누전차단기
> ① 정격감도전류 30mA 이하, 작동시간 0.03초 이내일 것
> ② 다만, 정격전부하전류가 50A 이상인 전기 기계·기구에 접속되는 누전차단기는 오작동을 방지하기 위하여 정격감도전류 200mA 이하, 작동시간은 0.1초 이내로 할 것

76 50kW, 60Hz 3상 유도전동기가 380V 전원에 접속된 경우 흐르는 전류(A)는 약 얼마인가? (단, 역률은 80%이다.)

① 82.24　　　　　　　　② 94.96
③ 116.30　　　　　　　　④ 164.47

> **해설**
> 1) 전력 $(P) = \sqrt{3} \times V \times 1 \times \cos\theta$(역률 80%) $= \sqrt{3} \times 380 \times 0.8 = 526.54$
> 2) 전력 $(A) = \dfrac{50 \times 1,000}{526.54} = 94.96A$

77 인체저항을 500Ω이라 한다면, 심실세동을 일으키는 위험 한계 에너지는 약 몇 J인가? (단, 심실세동전류값 $I = \dfrac{165}{\sqrt{T}}$ mA의 Dalziel의 식을 이용하며, 통전시간은 1초로 한다.)

① 11.5　　　　　　　　② 13.6
③ 15.3　　　　　　　　④ 16.2

> **해설**
> 심실세동을 일으키는 전기에너지(W)
> $$W = I^2 RT = \left(\dfrac{165}{\sqrt{T}} \times 10^{-3} \right)^2 \times 500 \times T = 13.6J$$

78 내압방폭용기 "d"에 대한 설명으로 틀린 것은?

① 원통형 나사 접합부의 체결 나사산 수는 5산 이상이어야 한다.

② 가스/증기 그룹이 IIB일 때 내압 접합면과 장애물과의 최소 이격거리는 20mm이다.

③ 용기 내부의 폭발이 용기 주위의 폭발성 가스 분위기로 화염이 전파되지 않도록 방지하는 부분은 내압방폭 접합부이다.

④ 가스/증기 그룹이 IIC일 때 내압 접합면과 장애물과의 최소 이격거리는 40mm이다.

해설

가스/증기 그룹이 IIB일 때 내압접합면과 장애물과의 최소이격거리 : 30mm

79 KS C IEC 60079–0의 정의에 따라 '두 도전부 사이의 고체 절연물 표면을 따른 최단거리'를 나타내는 명칭은?

① 전기적 간격 ② 절연공간거리

③ 연면거리 ④ 충전물 통과거리

해설

연면거리(Surface Discharge) : 두 도전부 사이의 고체절연물 표면을 따른 최단거리

80 접지 목적에 따른 분류에서 병원설비의 의료용 전기전자(M·E)기기와 모든 금속부분 또는 도전 바닥에도 접지하여 전위를 동일하게 하기 위한 접지를 무엇이라 하는가?

① 계통 접지 ② 등전위 접지

③ 노이즈방지용 접지 ④ 정전기 장해방지 이용 접지

해설

접지 목적에 따른 종류

· 계통접지 : 고압전류와 저압전로가 혼촉되었을 때의 감전이나 화재방지

· 기기접지 : 누전되고 있는 기기에 접촉되었을 때의 감전방지

· 피뢰기접지 : 낙뢰로부터 전기기의 손상을 방지

· 정전기접지 : 정전기의 축적에 의한 폭발재해방지

· 지락검출용 접지 : 누전차단기의 동작을 확실하게 하기 위한 접지

· 등전위 접지 : 병원에 있어서의 의료기기 사용시의 안전도모

81 다음 중 고체연소의 종류에 해당하지 않는 것은?

① 표면연소
② 증발연소
③ 분해연소
④ 예혼합연소

해설

고체의 연소형태

· 분해연소 : 목재, 종이, 석탄, 플라스틱 등
· 표면연소 : 코크스, 목탄, 금속분 등
· 증발연소 : 황, 나프탈렌, 파라핀 등
· 자기연소 : 질산에스테르류, 셀룰로이드류, 니트로화합물 등 폭발성 물질

82 가연성물질을 취급하는 장치를 퍼지하고자 할 때 잘못된 것은?

① 대상물질의 물성을 파악한다.
② 사용하는 불활성가스의 물성을 파악한다.
③ 퍼지용 가스를 가능한 한 빠른 속도로 단시간에 다량 송입한다.
④ 장치내부를 세정한 후 퍼지용 가스를 송입한다.

해설

퍼지용 가스의 송입속도는 가능한 한 느리게 한다.

83 위험물질에 대한 설명 중 틀린 것은?

① 과산화나트륨에 물이 접촉하는 것은 위험하다.
② 황린은 물속에 저장한다.
③ 염소산나트륨은 물과 반응하여 폭발성의 수소기체를 발생한다.
④ 아세트알데히드는 0℃ 이하의 온도에서도 인화할 수 있다.

해설

염소산나트륨($NaClO_3$)은 물과 반응하지 않고 물에 녹는다.

84 공정안전보고서 중 공정안전자료에 포함하여야 할 세부내용에 해당하는 것은?

① 비상조치계획에 따른 교육계획   ② 안전운전지침서

③ 각종 건물·설비의 배치도   ④ 도급업체 안전관리계획

> **해설**
>
> 공정안전보고서 중 공정안전자료의 세부내용
> 1) 취급·저장하고 있거나 취급저장하려는 유해, 위험물질의 종류 및 수량
> 2) 유해·위험설비의 목록 및 사양
> 3) 유해·위험물질에 대한 물질안전보건자료
> 4) 유해·위험설비의 운전방법을 알 수 있는 공정 도면
> 5) 각종 건물, 설비의 배치도
> 6) 폭발위험장소 구분도 및 전기단선도
> 7) 위험설비의 안전설계, 제작 및 설치관련지침서

85 디에틸에테르의 연소범위에 가장 가까운 값은?

① 2 ~ 10.4%   ② 1.9 ~ 48%

③ 2.5 ~ 15%   ④ 1.5 ~ 7.8%

> **해설**
>
> 디에틸에테르($C_2H_5OC_2H_5$)의 연소범위 : 1.9 ~ 48vol%

86 공기 중에서 A가스의 폭발하한계는 2.2vol%이다. 이 폭발하한계 값을 기준으로 하여 표준상태에서 A가스와 공기의 혼합기체 $1m^3$에 함유되어 있는 A가스의 질량을 구하면 약 몇 g인가? (단, A가스의 분자량은 26이다.)

① 19.02   ② 25.54

③ 29.02   ④ 35.54

> **해설**
>
> · A가스와 공기의 혼합기체 $1m^3$(1,000L) 중 A가스의 부피
>
> $$1,000L \times \frac{2.2}{100} = 22L$$
>
> · 1mol = 22.4L(0℃, 1기압) = 분자량g
>
> $$A가스질량 = 22L \times \frac{26g}{22.4L} = 25.54g$$

87 다음 물질 중 물에 가장 잘 용해되는 것은?

① 아세톤
② 벤젠
③ 톨루엔
④ 휘발유

해설

아세톤(CH_3COCH_3)
· 향기가 있는 무색의 액체이다.
· 물에 잘 녹으며 유기물질을 녹이는 유기용매이다.

88 가스누출감지경보기 설치에 관한 기술상의 지침으로 틀린 것은?

① 암모니아를 제외한 가연성가스 누출감지경보기는 방폭성능을 갖는 것이어야 한다.
② 독성가스 누출감지경보기는 해당 독성가스 허용농도의 25% 이하에서 경보가 울리도록 설정하여야 한다.
③ 하나의 감지대상가스가 가연성이면서 독성인 경우에는 독성가스를 기준하여 가스누출감지경보기를 선정하여야 한다.
④ 건축물 안에 설치되는 경우, 감지대상가스의 비중이 공기보다 무거운 경우에는 건축물 내의 하부에 설치하여야 한다.

해설

가스누출감지경보기 경보 설정치
· 경보 설정치 : 가연성가스 누출감지경보기는 감지대상가스의 폭발하한계 25%이하, 독성가스 누출감지경보기는 해당 독성가스의 허용농도이하에서 경보가 울리도록 설정할 것
· 가스누출감지경보의 정밀도 : 경보 설정치에 대하여 가연성가스 누출감지경보기는 ±25%이하, 독성가스누출감지경보기는 ±30%이하일 것

89 폭발을 기상폭발과 응상폭발로 분류할 때 기상폭발에 해당되지 않는 것은?

① 분진폭발
② 혼합가스폭발
③ 분무폭발
④ 수증기폭발

해설

· 기상폭발
  ① 혼합가스의 폭발(가스폭발)
  ② 분해폭발
  ③ 분진폭발 및 분무폭발
· 응상폭발(액상 및 고상폭발)
  ① 수증기폭발 또는 증기폭발
  ② 고상간의 전이에 의한 폭발
  ③ 전선폭발
  ④ 화약류 및 유기과산화물 등의 폭발

90 다음 가스 중 가장 독성이 큰 것은?

① CO

② $COCl_2$

③ NH_3

④ H_2

> **해설**
>
> 독성가스의 허용농도
> 1) $COCl_2$ (포스겐) : 0.1ppm
> 2) NH_3 (암모니아) : 25ppm
> 3) CO (일산화탄소) : 50ppm
> 4) H_2 (수소) : 가연성가스

91 처음 온도가 20°C인 공기를 절대압력 1기압에서 3기압으로 단열압축하면 최종온도는 약 몇 도인가? (단, 공기의 비열비 1.4이다.)

① 68°C

② 75°C

③ 128°C

④ 164°C

> **해설**
>
> $$T_2 = T_1 \times \left(\frac{P_2}{P_1}\right)^{\frac{K-1}{K}} = (273+20) \times \left(\frac{3}{1}\right)^{\frac{1.4-1}{1.4}} = 401.04K = 128℃$$

92 물질의 누출방지용으로써 접합면을 상호 밀착시키기 위하여 사용하는 것은?

① 개스킷

② 체크밸브

③ 플러그

④ 콕크

> **해설**
>
> 개스킷(Gasket) : 두 개의 고정된 부품사이에 있는 접촉면에서 가스나 물이 새지 않도록 하기 위해 끼워 넣는 패킹(Packing)이다.

93 건조설비의 구조를 구조부분, 가열장치, 부속설비로 구분할 때 다음 중 "부속설비"에 속하는 것은?

① 보온판

② 열원장치

③ 소화장치

④ 철골부

> **해설**
>
> 건조설비의 구조
> · 구조부분 : 철골부
> · 가열장치 : 보온판, 열원장치
> · 부속설비 : 소화장치

94 에틸렌(C_2H_4)이 완전연소하는 경우 다음의 Jones식을 이용하여 계산할 경우 연소하한계는 약 몇 vol%인가?

$$\text{Jones식} : LFL = 0.55 \times Cst$$

① 0.55
② 3.6
③ 6.3
④ 8.5

해설

· 에틸렌(C_2H_4)의 양론농도(C_{st})

$$C_{st} = \frac{1}{1 + 4.773\left(n + \frac{n}{4}\right)} \times 100 = \frac{1}{1 + 4.773 \times \left(2 + \frac{4}{4}\right)} \times 100 = 6.53$$

· 연소하한계(LEL)

$$LEL = 0.55 \times C_{st} = 0.55 \times 6.53 = 3.59\text{vol\%}$$

95 [보기]의 물질을 폭발 범위가 넓은 것부터 좁은 순서로 옳게 배열한 것은?

[보기] H_2 C_3H_8 CH_4 CO

① CO > H_2 > C_3H_8 > CH_4
② H_2 > CO > CH_4 > C_3H_8
③ C_3H_8 > CO > CH_4 > H_2
④ CH_4 > H_2 > CO > C_3H_8

해설

폭발범위(폭발한계)

· H_2(수소) : 4.0 ~ 75vol%
· C_3H_8(프로판) : 2.2 ~ 9.5vol%
· CH_4(메탄) : 5.3 ~ 14vol%
· CO(일산화탄소) : 12.5 ~ 75vol%

96 산업안전보건법령상 위험물질의 종류에서 "폭발성 물질 및 유기과산화물"에 해당하는 것은?

① 디아조화합물   ② 황린

③ 알킬알루미늄   ④ 마그네슘 분말

해설

폭발성 물질 및 유기과산화물 : 가열·마찰·충격 또는 다른 화학물질과의 접촉 등으로 인하여 산소나 산화제의 공급이 없더라도 폭발 등 격렬한 반응을 일으킬 수 있는 고체나 액체로서 다음 항목에 해당하는 물질

1) 질산에스테르류

2) 니트로 화합물

3) 니트로소 화합물

4) 아조 화합물

5) 디아조 화합물

6) 하이드라진 및 그 유도체

7) 유기과산화물 등

97 화염방지기의 설치에 관한 사항으로 ( )에 알맞은 것은?

> 사업주는 인화성 액체 및 인화성 가스를 저장·취급하는 화학설비에서 증기나 가스를 대기로 방출하는 경우에는 외부로부터의 화염을 방지하기 위하여 화염방지기를 그 설비 ( )에 설치하여야 한다.

① 상단   ② 하단

③ 중앙   ④ 무게중심

해설

화염방지기 설치 : 인화성 액체 및 인화성 가스를 저장·취급하는 화학설비로부터 증기 또는 가스를 방출하는 때에는 외부로부터의 화염을 방지하기 위하여 화염방지기를 그 설비상단에 설치하여야 한다. 다만, 인화점이 38℃ 이상 60℃ 이하인 인화성 액체를 저장·취급하는 경우로서 화염방지 기능을 가지는 인화방지망을 설치할 때는 그러하지 아니하다.

98 다음 중 인화성 가스가 아닌 것은?

① 부탄   ② 메탄

③ 수소   ④ 산소

해설

산소(O_2) : 조연성 가스

99 반응기를 조작방식에 따라 분류할 때 해당되지 않는 것은?

① 회분식 반응기 ② 반회분식 반응기
③ 연속식 반응기 ④ 관형식 반응기

해설

반응기의 분류
· 조작방식에 의한 분류
  ① 회분식 반응기(Batch Reactor)
  ② 반회분식 반응기(Semi Batch Reactor)
  ③ 연속기 반응기(Plug Flow Reactor)
· 구조방식에 의한 분류
  ① 교반조형 반응기
  ② 관형 반응기
  ③ 탑형 반응기
  ④ 유동충형 반응기

100 다음 중 가연성 물질과 산화성 고체가 혼합하고 있을 때 연소에 미치는 현상으로 옳은 것은?

① 착화온도(발화점)가 높아진다.
② 최소점화에너지가 감소하며, 폭발의 위험성이 증가한다.
③ 가스나 가연성 증기의 경우 공기혼합보다 연소범위가 축소된다.
④ 공기 중에서보다 산화작용이 약하게 발생하여 화염온도가 감소하며 연소속도가 늦어진다.

해설

가연성물질과 산화성고체 혼합시 연소성
1) 착화온도(발화점)가 낮아진다.
2) 최소점화에너지가 감소하며 폭발의 위험성이 증가한다.
3) 연소범위가 넓어진다.
4) 화염온도가 증가하며 연소속도가 빨라진다.

06 건설안전기술

101 건설현장에서 사용되는 작업발판 일체형 거푸집의 종류에 해당되지 않는 것은?

① 갱폼(Gang Form)
② 슬립폼(Slip Form)
③ 클라이밍 폼(Climbing Form)
④ 유로폼(Euro Form)

해설

(1) 작업발판 일체형 거푸집 : 거푸집의 설치·해체, 철근 조립, 콘크리트 타설, 콘크리트 면처리 작업 등을 위하여 거푸집을 작업발판과 일체로 제작하여 사용하는 거푸집을 말한다.
(2) 작업발판 일체형 거푸집의 종류
　① 갱 폼(Gang Form)
　② 슬립 폼(Slip Form)
　③ 클라이밍 폼(Climbing Form)
　④ 터널 라이닝 폼(Tunnel Lining Form)
　⑤ 그 밖에 거푸집과 작업발판이 일체로 제작된 거푸집 등

102 콘크리트 타설작업을 하는 경우 준수하여야 할 사항으로 옳지 않은 것은?

① 당일의 작업을 시작하기 전에 해당 작업에 관한 거푸집동바리 등의 변형·변위 및 지반의 침하 유무 등을 점검하고 이상이 있으면 보수할 것
② 콘크리트를 타설하는 경우에는 편심이 발생하지 않도록 골고루 분산하여 타설할 것
③ 설계도서상의 콘크리트 양생기간을 준수하여 거푸집동바리 등을 해체할 것
④ 작업 중에는 거푸집동바리 등의 변형·변위 및 침하 유무 등을 감시할 수 있는 감시자를 배치하여 이상이 있으면 작업을 중지하지 아니하고, 즉시 충분한 보강조치를 실시할 것

해설

콘크리트 타설 작업 시 준수해야할 사항
• 당일의 작업을 시작하기 전에 해당 작업에 관한 거푸집 동바리 등의 변형·변위 및 지반의 침하 유무 등을 점검하고 이상이 있으면 보수할 것
• 콘크리트를 타설하는 경우에는 편심이 발생하지 않도록 골고루 분산하여 타설할 것
• 설계도서상의 콘크리트 양생기간을 준수하여 거푸집 동바리 등을 해체할 것
• 작업 중에는 거푸집동바리 등의 변형·변위 및 침하유무 등을 감시할 수 있는 감시자를 배치하여 이상을 발견한 때에는 작업을 중지시키고 근로자를 대피시킬 것
• 설계 도서상의 콘크리트 양생기간을 준수하여 거푸집동바리 등을 해체할 것
• 콘크리트 타설작업 시 거푸집붕괴의 위험이 발생할 우려가 있으면 충분한 보강조치를 할 것

103 버팀보, 앵커 등의 축하중 변화상태를 측정하여 이들 부재의 지지효과 및 그 변화 추이를 파악하는데 사용되는 계측기기는?

① Water Level Meter
② Load Cell
③ Piezo Meter
④ Strain Gauge

해설

계측기의 설치목적
· 간극수압계(Piezometer) : 지하수의 수압을 측정
· 수위계(Water Level Meter) : 지반내 지하수위 변화를 측정
· 경사계(Inclinometer) : 흙막이벽의 수평변위(변형) 측정
· 하중계(Load Cell) : 버팀보(지주)또는 어스앵커(Earth Anchor)등의 실제 축하 중 변화 상태를 측정(부재의 안전 상태를 파악하는 기기)
· 변형계(Strain Gauge) : 흙막이벽의 변형과 응력을 측정

104 차량계 건설기계를 사용하여 작업을 하는 경우 작업계획서 내용에 포함되지 않는 것은?

① 사용하는 차량계 건설기계의 종류 및 성능
② 차량계 건설기계의 운행경로
③ 차량계 건설기계에 의한 작업방법
④ 차량계 건설기계의 유지보수방법

해설

차량계 건설기계 작업시 작업계획서에 포함되어야 할 사항
1) 사용하는 차량계 건설기계의 종류 및 성능
2) 차량계 건설기계의 운행경로
3) 차량계 건설기계에 의한 작업방법

105 근로자의 추락 등의 위험을 방지하기 위한 안전난간의 설치기준으로 옳지 않은 것은?

① 상부 난간대와 중간 난간대는 난간 길이 전체에 걸쳐 바닥면등과 평행을 유지할 것
② 발끝막이판은 바닥면등으로부터 20cm 이상의 높이를 유지할 것
③ 난간대는 지름 2.7cm 이상의 금속제 파이프나 그 이상의 강도가 있는 재료일 것
④ 안전난간은 구조적으로 가장 취약한 지점에서 가장 취약한 방향으로 작용하는 100kg 이상의 하중에 견딜 수 있는 튼튼한 구조일 것

해설

발끝막이판은 바닥면 등으로부터 10cm 이상의 높이를 유지할 것

106 흙 속의 전단응력을 증대시키는 원인에 해당하지 않는 것은?

① 자연 또는 인공에 의한 지하공동의 형성
② 함수비의 감소에 따른 흙의 단위체적 중량의 감소
③ 지진, 폭파에 의한 진동 발생
④ 균열내에 작용하는 수압증가

해설

함수비 증가에 따른 흙의 단위체적 중량의 증가

107 다음은 산업안전보건법령에 따른 항타기 또는 항발기에 권상용 와이어로프를 사용하는 경우에 준수하여야 할 사항이다. ( )안에 알맞은 내용으로 옳은 것은?

> 권상용 와이어로프는 추 또는 해머가 최저의 위치에 있을 때 또는 널말뚝을 빼내기 시작할 때를 기준으로 권상장치의 드럼에 적어도 ( )감기고 남을 수 있는 충분한 길이일 것

① 1회
② 2회
③ 4회
④ 6회

해설

항타기 또는 항발기에 권상용 와이어로프를 사용하는 경우 준수사항
· 권상용 와이어로프는 추 또는 해머가 최저의 위치에 있을 때 또는 널말뚝을 빼내기 시작할 때를 기준으로 권상장치의 드럼에 적어도 2회 감기고 남을 수 있는 충분한 길이일 것
· 권상용 와이어로프는 권상장치의 드럼에 클램프·클립 등을 사용하여 견고하게 고정할 것
· 항타기의 권상용 와이어로프에서 추·해머 등과의 연결은 클램프·클립 등을 사용하여 견고하게 할 것

108 산업안전보건법령에 따른 유해위험방지계획서 제출 대상 공사로 볼 수 없는 것은?

① 지상 높이가 31m 이상인 건축물의 건설공사
② 터널 건설공사
③ 깊이 10m 이상인 굴착공사
④ 다리의 전체길이가 40m이상인 건설공사

해설

건설업 중 유해위험방지계획서 제출대상 사업장
· 지상높이가 31미터 이상인 건축물 또는 인공구조물, 연면적 3만 제곱미터 이상인 건축물 또는 연면적 5천 제곱미터 이상의 문화 및 집회시설(전시장 및 동물원·식물원은 제외), 판매시설, 운수시설(고속철도의 역사 및 집·배송시설은 제외), 종교시설, 의료시설 중 종합병원, 숙박시설 중 관광숙박시설, 지하도상가 또는 냉동·냉장 창고시설의 건설·개조 또는 해체(이하 "건설등"이라 함)
· 연면적 5천 제곱미터 이상의 냉동·냉장 창고시설의 설비공사 및 단열공사

- 최대 지간길이가 50미터 이상인 교량건설 등 공사
- 터널 건설 등의 공사
- 다목적댐, 발전용댐 및 저수용량 2천만 톤 이상의 용수 전용 댐, 지방상수도 전용댐 건설 등의 공사
- 깊이 10미터 이상인 굴착공사

109 사다리식 통로 등을 설치하는 경우 고정식 사다리식 통로의 기울기는 최대 몇 도 이하로 하여야 하는가?

① 60도　　　　　　　　　　　② 75도

③ 80도　　　　　　　　　　　④ 90도

해설 ----------------------------------

사다리식 통로의 구조
- 견고한 구조로 할 것
- 심한 손상·부식 등이 없는 재료를 사용할 것
- 발판의 간격은 동일하게 할 것
- 발판과 벽과의 사이는 15cm 이상의 간격을 유지할 것
- 폭은 30cm 이상으로 할 것
- 사다리가 넘어지거나 미끄러지는 것을 방지하기 위한 조치를 할 것
- 사다리의 상단은 걸쳐놓은 지점으로부터 60cm 이상 올라가도록 할 것
- 사다리식 통로의 길이가 10cm 이상인 때에는 5m 이내마다 계단참을 설치할 것
- 이동식 사다리식 통로의 기울기는 75° 이하로 할 것(다만, 고정식 사다리식 통로의 기울기는 90° 이하로 하고 높이 7m 이상인 경우 바닥으로부터 2.5m 되는 지점부터 등받이 울을 설치할 것)
- 접이식 사다리기능은 사용시 접혀지거나 펼쳐지지 않도록 철물 등을 사용하여 견고하게 조치할 것

110 거푸집동바리 구조에서 높이가 L = 3.5m인 파이프 서포트의 좌굴하중은? (단, 상부받이판과 하부받이판은 힌지로 가정하고, 단면 2차 모멘트 I = 8.31cm⁴, 탄성계수 E = 2.1 × 10⁵MPa)

① 14,060N　　　　　　　　　② 15,060N

③ 16,060N　　　　　　　　　④ 17,060N

해설 ----------------------------------

좌굴하중(P)

$$P = \frac{\pi^2 \times E \times I}{(K \times L)^2} = \frac{\pi^2 \times (2.1 \times 10^5)MPa \times (8.31 \times 10^4)mm^4}{(1 \times 3.5 \times 1,000)^2 mm^2} = 14,059.96N$$

111 하역작업 등에 의한 위험을 방지하기 위하여 준수하여야 할 사항으로 옳지 않은 것은?

① 꼬임이 끊어진 섬유로프를 화물운반용으로 사용해서는 안 된다.

② 심하게 부식된 섬유로프를 고정용으로 사용해서는 안 된다.

③ 차량 등에서 화물을 내리는 작업 시 해당작업에 종사하는 근로자에게 쌓여 있는 화물 중간에서 화물을 빼내도록 할 경우에는 사전 교육을 철저히 한다.

④ 부두 또는 안벽의 선을 따라 통로를 설치하는 경우에는 폭을 90cm 이상으로 한다.

> **해설**
> 화물 중간에서 빼내기 금지 : 화물자동차에서 화물을 내리는 작업을 하는 경우에는 그 작업을 하는 근로자에게 쌓여있는 화물의 중간에서 화물을 빼내도록 해서는 아니된다.

112 추락방지용 방망 중 그물코의 크기가 5cm인 매듭방망 신품의 인장강도는 최소 몇 kg이상이어야 하는가?

① 60 　　　　　　　　② 110

③ 150 　　　　　　　④ 200

> **해설**
> 방망사의 강도
> (1) 방망사의 신품에 대한 인장강도

그물코의 크기(단위 : cm)	방망의 종류(단위 : kg)	
	매듭 없는 방망	매듭 방망
10	240	200
5		110

> (2) 방망사의 폐기 시 인장강도

그물코의 크기(단위 : cm)	방망의 종류(단위 : kg)	
	매듭 없는 방망	매듭 방망
10	150	135
5		60

113 단관비계의 도괴 또는 전도를 방지하기 위하여 사용하는 벽이음의 간격기준으로 옳은 것은?

① 수직방향 5m 이하, 수평방향 5m 이하
② 수직방향 6m 이하, 수평방향 6m 이하
③ 수직방향 7m 이하, 수평방향 7m 이하
④ 수직방향 8m 이하, 수평방향 8m 이하

해설

비계의 조립간격(벽이음 간격기준)

강관비계의 종류	조립간격(단위 : m)	
	수직 방향	수평 방향
단관비계	5	5
틀비계(높이가 5m미만의 것은 제외)	6	8
통나무비계	5.5	7.5

114 인력으로 하물을 인양할 때의 몸의 자세와 관련하여 준수하여야 할 사항으로 옳지 않은 것은?

① 한쪽 발을 들어올리는 물체를 향하여 안전하게 고정시키고 다른 발은 그 뒤에 안전하게 고정시킬 것
② 등은 항상 직립한 상태와 90도 각도를 유지하여 가능한 한 지면과 수평이 되도록 할 것
③ 팔은 몸에 밀착시키고 끌어당기는 자세를 취하며 가능한 한 수평거리를 짧게 할 것
④ 손가락으로만 인양물을 잡아서는 아니 되며 손바닥으로 인양물 전체를 잡을 것

해설

등은 항상 직립한 상태와 90도 각도를 유지하여 가능한 한 지면과 수식이 뇌노록 할 것

115 산업안전보건관리비 항목 중 안전시설비로 사용가능한 것은?

① 원활한 공사수행을 위한 가설시설 중 비계설치 비용
② 소음관련 민원예방을 위한 건설현장 소음방지용 방음시설 설치 비용
③ 근로자의 재해예방을 위한 목적으로만 사용하는 CCTV에 사용되는 비용
④ 기계·기구 등과 일체형 안전장치의 구입비용

해설

재해예방을 목적으로만 사용하는 CCTV 사용비용 : 안전시설비로 사용가능

116 유한사면에서 원형활동면에 의해 발생하는 일반적인 사면 파괴의 종류에 해당하지 않는 것은?

① 사면내파괴(Slope failure) ② 사면선단파괴(Toe failure)

③ 사면인장파괴(Tension failure) ④ 사면저부파괴(Base failure)

해설

사면파괴의 종류

· 사면내 파괴(사면 중심부 붕괴)

· 사면선단파괴(사면 천단부 붕괴)

· 사면저부파괴(사면 하단부 붕괴)

117 강관비계를 사용하여 비계를 구성하는 경우 준수해야할 기준으로 옳지 않은 것은?

① 비계기둥의 간격은 띠장 방향에서는 1.85m이하, 장선(長線)방향에서는 1.5m 이하로 할 것

② 띠장 간격은 2.0m 이하로 할 것

③ 비계기둥의 제일 윗부분으로부터 31m 되는 지점 밑부분의 비계기둥은 2개의 강관으로 묶어 세울 것

④ 비계기둥 간의 적재하중은 600kg을 초과하지 않도록 할 것

해설

강관비계의 구조 : 강관을 사용하여 비계를 구성할 때의 준수사항

· 비계기둥의 간격은 띠장방향에서는 1.85m이하, 장선방향에서는 1.5m이하로 할 것

· 띠장간격은 2.0m 이하로 할 것

· 비계기둥의 최고부로부터 31m 되는 지점 밑부분의 비계기둥은 2개의 강관으로 묶어세울 것

· 비계기둥 간의 적재하중은 400kg을 초과하지 아니하도록 할 것

118 다음은 산업안전보건법령에 따른 화물자동차의 승강설비에 관한 사항이다. (   )안에 알맞은 내용으로 옳은 것은?

> 사업주는 바닥으로부터 짐 윗면까지의 높이가 (   )이상인 화물자동차에 짐을 싣는 작업 또는 내리는 작업을 하는 경우에는 근로자의 추가 위험을 방지하기 위하여 해당 작업에 종사하는 근로자가 바닥과 적재함의 짐 윗면 간을 안전하게 오르내리기 위한 설비를 설치하여야 한다.

① 2m ② 4m

③ 6m ④ 8m

해설

승강설비설치 : 바닥으로부터 짐 윗면까지의 높이가 2m 이상인 화물자동차에 짐을 싣는 작업 또는 내리는 작업을 하는 경우에는 근로자의 추가 위험을 방지하기 위하여 해당 작업에 종사하는 근로자가 바닥과 적재함의 짐 윗면 간을 안전하게 오르내리기 위한 설치를 설치하여야 한다.

119 달비계의 최대 적재하중을 정함에 있어서 활용하는 안전계수의 기준으로 옳은 것은? (단, 곤돌라의 달비계를 제외한다.)

① 달기 훅 : 5 이상
② 달기 강선 : 5 이상
③ 달기 체인 : 3 이상
④ 달기 와이어로프 : 5 이상

해설

달비계(곤돌라의 달비계는 제외)의 안전계수
· 달기와이어로프 및 달기강선의 안전계수 : 10이상
· 달기체인 및 달기훅의 안전계수 : 5이상
· 달기강대와 달비계의 하부 및 상부지점의 안전계수 : 강재의 경우 2.5 이상, 목재의 경우 5이상

120 발파작업 시 암질변화 구간 및 이상암질의 출현 시 반드시 암질판별을 실시하여야 하는데, 이와 관련된 암질판별기준과 가장 거리가 먼 것은?

① R.Q.D(%)
② 탄성파속도(m/sec)
③ 전단강도(kg/cm^2)
④ R.M.R

해설

암질판별방식
1) RQD(%)
2) 탄성파속도(m/sec)
3) RMR(%)
4) 일축압축강도(kg/cm^2)
5) 진동치 속도(cm/sec=kine)

국가기술자격검정 필기시험

2022년 제1회 필기 기출문제			수험번호	성명
자격종목 **산업안전기사**		시험시간 **3시간**	시험유형	

※ 답안카드 작성시 시험문제지 형별누락, 마킹착오로 인한 불이익은 전적으로 수험자의 귀책사유임을 알려드립니다.
** 본문제는 수검자의 생각에 의한 것으로 실제 문제와 약간 다를 수 있음.

01 안전관리론

01 산업안전보건법령상 산업안전보건위원회의 구성·운영에 관한 설명 중 틀린 것은?

① 정기회의는 분기마다 소집한다.
② 위원장은 위원 중에서 호선(互選)한다.
③ 근로자대표가 지명하는 명예산업안전감독관은 근로자 위원에 속한다.
④ 공사금액 100억원 이상의 건설업의 경우 산업안전보건위원회를 구성·운영해야 한다.

> **해설**
>
> 공사금액 120억원 이상(토목공사업에 해당하는 공사의 경우에는 150억원 이상)의 건설업의 경우 산업안전보건위원회를 구성하여야 한다.

02 산업안전보건법령상 잠함(潛函) 또는 잠수작업 등 높은 기압에서 작업하는 근로자의 근로시간 기준은?

① 1일 6시간, 1주 32시간 초과금지   ② 1일 6시간, 1주 34시간 초과금지
③ 1일 8시간, 1주 32시간 초과금지   ④ 1일 8시간, 1주 34시간 초과금지

> **해설**
>
> 잠함 또는 잠수작업 등 높은 기압에서 작업하는 근로자의 근로시간 기준
> 1) 1일 6시간
> 2) 1주 34시간 초과금지

03 산업현장에서 재해 발생 시 조치 순서로 옳은 것은?

① 긴급처리 → 재해조사 → 원인분석 → 대책수립
② 긴급처리 → 원인분석 → 대책수립 → 재해조사
③ 재해조사 → 원인분석 → 대책수립 → 긴급처리
④ 재해조사 → 대책수립 → 원인분석 → 긴급처리

> **해설**
>
> 산업재해발생시 조치사항
> 1) 긴급처리 → 2) 재해조사 → 3) 원인강구 → 4) 대책수립 → 5) 대책실시계획
> → 6) 실시 → 7) 평가

04 산업재해보험적용근로자 1,000명인 플라스틱 제조 사업장에서 작업 중 재해 5건이 발생하였고, 1명이 사망하였을 때 이 사업장의 사망만인율은?

① 2
② 5
③ 10
④ 20

해설

$$사망만인율 = \frac{사망자수}{상시근로자수} \times 10,000 = \frac{1}{1,000} \times 10,000 = 10$$

참고 $상시근로자수 = \dfrac{연간\,국내\,공사\,실적액 \times 노무비율}{건설업\,월평균임금 \times 12}$

05 안전·보건 교육계획 수립 시 고려사항 중 틀린 것은?

① 필요한 정보를 수집한다.
② 현장의 의견은 고려하지 않는다.
③ 지도안은 교육대상을 고려하여 작성한다.
④ 법령에 의한 교육에만 그치지 않아야 한다.

해설

현장의 의견을 충분히 고려한다.

06 학습지도의 형태 중 몇 사람의 전문가가 주제에 대한 견해를 발표하고 참가자로 하여금 의견을 내거나 질문을 하게 하는 토의방식은?

① 포럼(Forum)
② 심포지엄(Symposium)
③ 버즈세션(Buzz Session)
④ 자유토의법(Free Discussion Method)

해설

심포지엄(Symposium) : 동일 주제 또는 관련 주제에 대해 전문가(2 ~ 5명)가 각자의 견해를 제시하고 참여자는 이에 대한 의견이나 질문을 하는 방식의 토의 방식을 의미한다.

07 산업안전보건법령상 근로자 안전보건교육 대상에 따른 교육시간 기준 중 틀린 것은? (단, 상시작업이며, 일용근로자는 제외한다.)

① 특별교육 – 16시간 이상
② 채용 시 교육 – 8시간 이상
③ 작업내용 변경 시 교육 – 2시간 이상
④ 사무직 종사 근로자 정기교육 – 매분기 1시간 이상

해설

교육시간

교육과정	교육대상		교육시간
정기교육	사무직 종사 근로자		매반기 6시간 이상
	그 밖의 근로자	판매 업무에 직접 종사하는 근로자	매반기 6시간 이상
		판매 업무에 직접 종사하는 근로자 외의 근로자	매반기 12시간 이상
채용 시 교육	일용근로자 및 근로계약기간이 1주일 이하인 기간제 근로자		1시간 이상
	근로계약기간이 1주일 초과 1개월 이하인 기간제 근로자		4시간 이상
	그 밖의 근로자		8시간 이상
작업내용 변경 시 교육	일용근로자 및 근로계약기간이 1주일 이하인 기간제 근로자		1시간 이상
	그 밖의 근로자		2시간 이상
특별교육	일용근로자 및 근로계약기간이 1주일 이하인 기간제 근로자 : 특별교육 대상 작업(타워크레인을 사용하는 작업 시 신호업무를 하는 작업은 제외한다)에 종사하는 근로자에 한정한다.		2시간 이상
	일용근로자 및 근로계약기간이 1주일 이하인 기간제 근로자 : 타워크레인을 사용하는 작업 시 신호업무를 하는 작업에 종사하는 근로자에 한정한다.		8시간 이상
	일용근로자 및 근로계약기간이 1주일 이하인 기간제 근로자를 제외한 근로자 : 특별교육 대상 작업에 종사하는 근로자에 한정한다.		• 16시간 이상(최초 작업에 종사하기 전 4시간 이상 실시하고 12시간은 3개월 이내에서 분할하여 실시 가능) • 단기간 작업 또는 간헐적 작업인 경우에는 2시간 이상
건설업 기초안전 · 보건교육	건설 일용근로자		4시간 이상

08 버드(Bird)의 신 도미노이론 5단계에 해당하지 않는 것은?

① 제어부족(관리)   ② 직접원인(징후)
③ 간접원인(평가)   ④ 기본원인(기원)

해설

버드(Bird)의 사고 연쇄성 이론
- 1단계 : 통제의 부족
- 2단계 : 기본원인
- 3단계 : 직접원인
- 4단계 : 사고
- 5단계 : 상해

09 재해예방의 4원칙에 해당하지 않는 것은?

① 예방가능의 원칙   ② 손실우연의 원칙
③ 원인연계의 원칙   ④ 재해 연쇄성의 원칙

해설

재해예방의 4원칙
- 손실 우연의 원칙
- 원인 계기의 원칙
- 예방 가능의 원칙
- 대책 선정의 원칙

10 안전점검을 점검시기에 따라 구분할 때 다음에서 설명하는 안전점검은?

작업담당자 또는 해당 관리감독자가 맡고 있는 공정의 실비, 기계, 공구 등을 매일 작업 전 또는 작업 중에 일상적으로 실시하는 안전점검

① 정기점검   ② 수시점검
③ 특별점검   ④ 임시점검

해설

수시점검 : 작업 전, 작업 중, 작업 후 등 수시로 실시하는 점검(일상점검)

11 타일러(Tyler)의 교육과정 중 학습경험선정의 원리에 해당하는 것은?

① 기회의 원리
② 계속성의 원리
③ 계열성의 원리
④ 통합성의 원리

해설

학습경험설정의 원리

1) 동기유발의 원리
2) 기회의 원리
3) 가능성의 원리
4) 다목적 달성의 원리
5) 전이가능성의 원리

참고 ▶ 학습경험조직의 원리

1) 계속성의 원리
2) 계열성의 원리
3) 통합성의 원리
4) 균형성의 원리
5) 다양성의 원리
6) 전전성의 원리(보편성의 원리)

12 주의(Attention)의 특성에 관한 설명 중 틀린 것은?

① 고도의 주의는 장시간 지속하기 어렵다.
② 한 지점에 주의를 집중하면 다른 곳의 주의는 약해진다.
③ 최고의 주의 집중은 의식의 과잉 상태에서 가능하다.
④ 여러 자극을 지각할 때 소수의 현란한 자극에 선택적 주의를 기울이는 경향이 있다.

해설

주의의 특성

· 주의는 동시에 2개 방향에 집중하지 못한다(선택성).
· 고도의 주의는 장시간 지속할 수 없다(변동성).
· 한 지점에 주의를 집중하면 다른데 주의는 약해진다(방향성).

13 산업재해보상보험법령상 보험급여의 종류가 아닌 것은?

① 장례비   ② 간병급여

③ 직업재활급여   ④ 생산손실비용

> **해설**
>
> 산업재해보상보험법령상 보험급여의 종류
> 1. 요양급여   2. 휴업급여
> 3. 장해급여   4. 간병급여
> 5. 유족급여   6. 상병(傷病)보상연금
> 7. 장례비   8. 직업재활급여

14 산업안전보건법령상 그림과 같은 기본 모형이 나타내는 안전·보건표지의 표시사항으로 옳은 것은? (단, L은 안전·보건표지를 인식할 수 있거나 인식해야 할 안전거리를 말한다.)

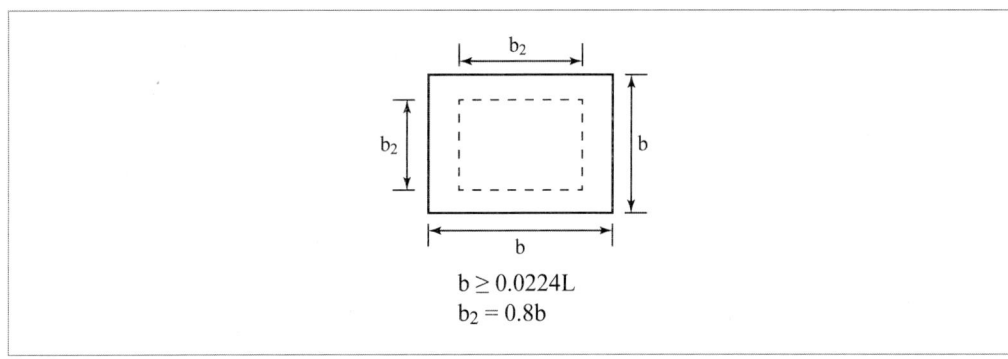

$$b \geq 0.0224L$$
$$b_2 = 0.8b$$

① 금지   ② 경고

③ 지시   ④ 안내

> **해설**
>
> 산업안전표지의 기본모형

번호	기본모형	규격비율(크기)	표시사항
4		$b \geq 0.0224L$ $b_2 = 0.8b$	안내

15 기업내의 계층별 교육훈련 중 주로 관리감독자를 교육대상자로 하며 작업을 가르치는 능력, 작업능력을 개선하는 기능 등을 교육 내용으로 하는 기업 내 정형교육은?

① TWI(Training Within Industry)

② ATT(American Telephone Telegram)

③ MTP(Management Training Program)

④ ATP(Administration Training Program)

해설

TWI(Training Within Industry)

1) 교육대상자 : 감독자

2) 교육내용

　① JI(Job Instruction) : 작업지도 기법

　② JM(Job Method) : 작업개선 기법

　③ JR(Job Relation) : 인간관계관리 기법(부하통솔 기법)

　④ JS(Job Safety) : 작업안전 기법

3) 교육방법 : 한 클래스는 10명 정도, 교육방법은 토의법, 1일 2시간씩 5일에 걸쳐 10시간 정도 한다.

16 사회행동의 기본 형태가 아닌 것은?

① 모방　　　　　　　　　　　② 대립

③ 도피　　　　　　　　　　　④ 협력

해설

사회행동의 기본형태

1) 협력(Cooperation) : 조력, 분업

2) 대립(Opposition) : 공격, 경쟁

3) 도피(Escape) : 고립, 정신병, 자살

17 위험예지훈련의 문제해결 4라운드에 해당하지 않는 것은?

① 현상파악　　　　　　　　　② 본질추구

③ 대책수립　　　　　　　　　④ 원인결정

해설

위험예지 훈련 4라운드

· 1R(현상파악)

· 2R(본질추구)

· 3R(대책수립)

· 4R(목표달성)

18 바이오리듬(생체리듬)에 관한 설명 중 틀린 것은?

① 안정기(+)와 불안정기(−)의 교차점을 위험일이라 한다.

② 감성적 리듬은 33일을 주기로 반복하며, 주의력, 예감 등과 관련되어 있다.

③ 지성적 리듬은 "I"로 표시하며 사고력과 관련이 있다.

④ 육체적 리듬은 신체적 컨디션의 율동적 발현, 즉 식욕·활동력 등과 밀접한 관계를 갖는다.

해설

바이오리듬의 종류

· 육체적 리듬(Physical Cycle) : 주기 23일(식욕, 소화력, 활동력, 지구력), 청색표시
· 지성적 리듬(Intellectual Cycle) : 주기 33일(상상력, 사고력, 기억력 인지, 판단), 녹색표시
· 감성적 리듬(Sensitivity Cycle) : 주기 28일(감정, 주의심, 창조력, 예감 및 통찰력), 정색표시

19 운동의 시지각(착각현상) 중 자동운동이 발생하기 쉬운 조건에 해당하지 않는 것은?

① 광점이 작은 것
② 대상이 단순한 것
③ 광의 강도가 큰 것
④ 시야의 다른 부분이 어두운 것

해설

운동의 시지각(착각현상)

1) 자동운동 : 암실 내에서 정지된 소광점을 응시하고 있으면 그 광점이 움직이는 것을 볼 수 있는데 이것을 자동운동이라 한다. 자동운동이 생기기 쉬운 조건은 다음과 같다.
   ① 광점이 작을 것
   ② 시야의 다른 부분이 어두울 것
   ③ 광의 강도가 작을 것
   ④ 대상이 단순할 것

2) 유도운동 : 실제로는 움직이지 않는 것이 어느 기준의 이동에 유도되어 움직이는 것처럼 느껴지는 현상을 말한다.

3) 가현운동 : 객관적으로 정지하고 있는 대상물이 급속히 나타나든가 소멸하는 것으로 인하여 일어나는 운동으로 마치 대상물이 운동하는 것처럼 인식되는 현상을 말한다. (β운동 : 영화 영상의 방법)

20 보호구 안전인증 고시상 안전인증 방독마스크의 정화통 종류와 외부 측면의 표시 색이 잘못 연결된 것은?

① 할로겐용 – 회색 ② 황화수소용 – 회색
③ 암모니아용 – 회색 ④ 시안화수소용 – 회색

> 해설

정화통의 외부 측면의 표시색

종류	표시색
유기화합물용 정화통	갈색
할로겐용 정화통	회색
황화수소용 정화통	
시안화수소용 정화통	
아황산용 정화통	노란색
암모니아용 정화통	녹색
복합용 및 겸용의 정화통	• 복합용의 경우 : 해당가스 모두 표시(2층 분리) • 겸용의 경우 : 백색과 해당가스 모두 표시(2층 분리)

02 인간공학 및 시스템안전공학

21 인간공학적 연구에 사용되는 기준 척도의 요건 중 다음 설명에 해당하는 것은?

> 기준 척도는 측정하고자 하는 변수 외의 다른 변수들의 영향을 받아서는 안된다.

① 신뢰성 ② 적절성
③ 검출성 ④ 무오염성

> 해설

인간기준척도의 요건

• 적절성(Relevance) : 기준이 의도된 목적에 적당하다고 판단되는 정도를 말한다.
• 무오염성 : 기준 척도는 측정하고자 하는 변수 외의 다른 변수들의 영향을 받아서는 안된다는 것을 무오염성이라고 한다.
• 기준척도의 신뢰성 : 척도의 신뢰성은 반복성(Repeatability)을 의미한다.

22 그림과 같은 시스템에서 부품 A, B, C, D의 신뢰도가 모두 r로 동일할 때 이 시스템의 신뢰도는?

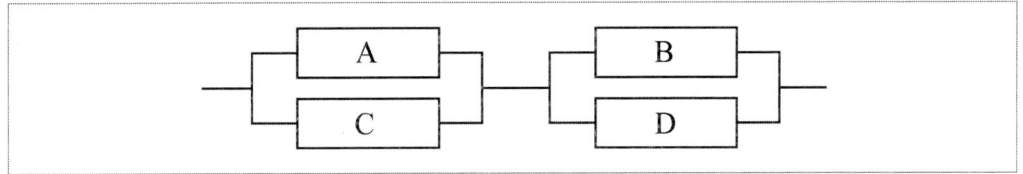

① $r \times (2 - r^2)$

② $r^2 \times (2 - r)^2$

③ $r^2 \times (2 - r^2)$

④ $r^2 \times (2 - r)$

해설

시스템 신뢰도(R)

$R = [1 - (1 - A)(1 - C)] \times [1 - (1 - B)(1 - D)]$

　$= [1 - (1 - r)(1 - r)] \times [1 - (1 - r)(1 - r)]$

　$= [1 - (1 - r)^2]^2$

　$= r^2(2 - r)^2$

23 서브시스템 분석에 사용되는 분석방법으로 시스템 수명주기에서 ㉠에 들어갈 위험분석기법은?

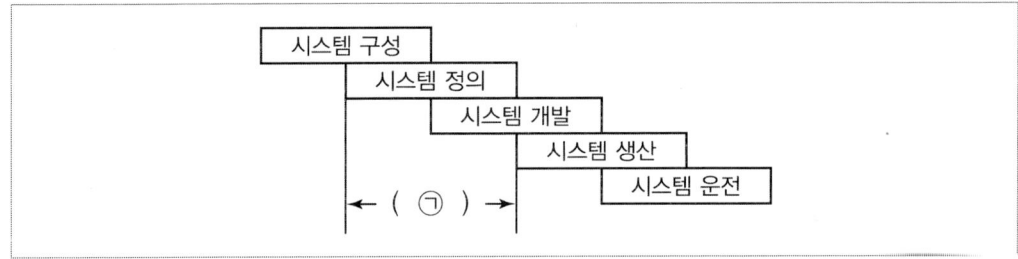

① PHA

② FHA

③ FTA

④ ETA

해설

FHA(결함위험분석) : PHA(예비사고분석)가 제일먼저 실행되고 FHA는 시스템의 정의와 개발단계에서 실행된다.

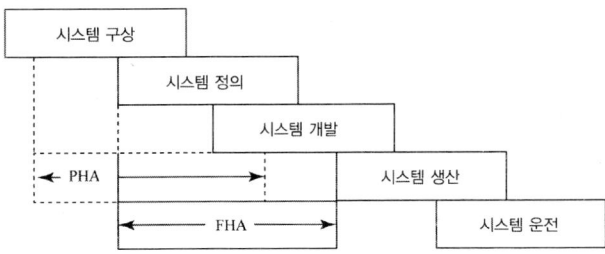

24 정신적 작업 부하에 관한 생리적 척도에 해당하지 않는 것은?

① 근전도
② 뇌파도
③ 부정맥 지수
④ 점멸융합주파수

해설

근전도(EMG) : 육체적 작업부하에 관한 생리적 척도

25 A사의 안전관리자는 자사 화학 설비의 안전성 평가를 실시하고 있다. 그 중 제2단계인 정성적 평가를 진행하기 위하여 평가항목을 설계관계 대상과 운전관계 대상으로 분류하였을 때 설계관계 항목이 아닌 것은?

① 건조물
② 공장 내 배치
③ 입지조건
④ 원재료, 중간제품

해설

제2단계 : 정성적 평가

1. 설계관계	항목수	2. 운전관계	항목수
① 입지조건	5	① 원재료, 중간체제품	7
② 공장 내 배치	9	② 공정	7
③ 건조물	8	③ 수송, 저장 등	9
④ 소방설비	5	④ 공정기기	11

26 불(Boole) 대수의 관계식으로 틀린 것은?

① $A + \overline{A} = 1$
② $A + AB = A$
③ $A(A+B) = A + B$
④ $A + \overline{A}B = A + B$

해설

A(A+B) = A
A(A+B) = AA + AB = A + AB = A(1 + B)
불대수법칙에 따라 1 + B = 1
그러므로 A(1 + B) = A × 1 = A

27 인간공학의 목표와 거리가 가장 먼 것은?

① 사고 감소 ② 생산성 증대

③ 안전성 향상 ④ 근골격계질환 증가

인간공학의 목적
- 첫 번째 목표 : 안전성 향상 및 사고 방지
- 두 번째 목표 : 기계 조작의 능률성과 생산성 향상
- 세 번째 목표 : 환경의 쾌적성

28 통화이해도 척도로서 통화 이해도에 영향을 주는 잡음의 영향을 추정하는 지수는?

① 명료도 지수 ② 통화 간섭 수준

③ 이해도 점수 ④ 통화 공진 수준

통화간섭수준 : 본문설명

29 예비위험분석(PHA)에서 식별된 사고의 범주가 아닌 것은?

① 중대(critical) ② 한계적(marginal)

③ 파국적(catastrophic) ④ 수용가능(acceptable)

PHA(예비위험분석)의 사고의 범주
- 파국적(Catastrophic)
- 중대(Critical)
- 한계적(Marginal)
- 무시가능(Negligible)

30 어떤 결함수를 분석하여 Minimal Cut Set을 구한 결과 다음과 같았다. 각 기본사상의 발생확률을 q_i, $i = 1, 2, 3$라 할 때, 정상사상의 발생확률함수로 맞는 것은?

> [다음] $k_1 = [1, 2]$, $k_2 = [1, 3]$, $k_3 = [2, 3]$

① $q_1 q_2 + q_1 q_2 - q_2 q_3$

② $q_1 q_2 + q_1 q_3 - q_2 q_3$

③ $q_1 q_2 + q_1 q_3 + q_2 q_3 - q_1 q_2 q_3$

④ $q_1 q_2 + q_1 q_3 + q_2 q_3 - 2 q_1 q_2 q_3$

1,2,3 중 2개가 동시에 발생하면 정상사상이 발생한다는 것으로, 1,2,3는 교집합개념으로 제외. 단, 교집합이 2개 적용된다는 것에 주의

31 반사경 없이 모든 방향으로 빛을 발하는 점광원에서 3m 떨어진 곳의 조도가 300lux라면 2m 떨어진 곳에서 조도(lux)는?

① 375

② 675

③ 875

④ 975

해설

광원 = 조도×거리² = 300×3^2 = 2,700

그러므로 2m 떨어진 곳에서의 조도는 다음과 같다.

$$조도 = \frac{광원}{거리^2} = \frac{2,700}{2^2} = 675 lux$$

32 근골격계부담작업의 범위 및 유해요인조사방법에 관한 고시상 근골격계부담작업에 해당하지 않는 것은? (단, 상시작업을 기준으로 한다.)

① 하루에 10회 이상 25kg 이상의 물체를 드는 작업

② 하루에 총 2시간 이상 쪼그리고 앉거나 무릎을 굽힌 자세에서 이루어지는 작업

③ 하루에 총 2시간 이상 시간당 5회 이상 손 또는 무릎을 사용하여 반복적으로 충격을 가하는 작업

④ 하루에 4시간 이상 집중적으로 자료입력등을 위해 키보드 또는 마우스를 조작하는 작업

해설

근골격계부담작업의 범위(단기간작업 또는 간헐적인 작업은 제외)

1. 하루에 4시간 이상 집중적으로 자료입력 등을 위해 키보드 또는 마우스를 조작하는 작업

2. 하루에 총 2시간 이상 목, 어깨, 팔꿈치, 손목 또는 손을 사용하여 같은 동작을 반복하는 작업

3. 하루에 총 2시간 이상 머리 위에 손이 있거나, 팔꿈치가 어깨위에 있거나, 팔꿈치를 몸통으로부터 들거나, 팔꿈치를 몸통뒤쪽에 위치하도록 하는 상태에서 이루어지는 작업

4. 지지되지 않은 상태이거나 임의로 자세를 바꿀 수 없는 조건에서, 하루에 총 2시간 이상 목이나 허리를 구부리거나 트는 상태에서 이루어지는 작업

5. 하루에 총 2시간 이상 쪼그리고 앉거나 무릎을 굽힌 자세에서 이루어지는 작업

6. 하루에 총 2시간 이상 지지되지 않은 상태에서 1kg 이상의 물건을 한손의 손가락으로 집어 옮기거나, 2kg 이상에 상응하는 힘을 가하여 한손의 손가락으로 물건을 쥐는 작업

7. 하루에 총 2시간 이상 지지되지 않은 상태에서 4.5kg 이상의 물건을 한 손으로 들거나 동일한 힘으로 쥐는 작업

8. 하루에 10회 이상 25kg 이상의 물체를 드는 작업

9. 하루에 25회 이상 10kg 이상의 물체를 무릎 아래에서 들거나, 어깨 위에서 들거나, 팔을 뻗은 상태에서 드는 작업

10. 하루에 총 2시간 이상, 분당 2회 이상 4.5kg 이상의 물체를 드는 작업

11. 하루에 총 2시간 이상 시간당 10회 이상 손 또는 무릎을 사용하여 반복적으로 충격을 가하는 작업

33 시각적 식별에 영향을 주는 각 요소에 대한 설명 중 틀린 것은?

① 조도는 광원의 세기를 말한다.

② 휘도는 단위 면적당 표면에 반사 또는 방출되는 광량을 말한다.

③ 반사율은 물체의 표면에 도달하는 조도와 광도의 비를 말한다.

④ 광도 대비란 표적의 광도와 배경의 광도의 차이를 배경 광도로 나눈 값을 말한다.

해설

조도(Illuminance) : 물체나 표면에 도달하는 빛의 밀도를 의미한다.

34 부품 배치의 원칙 중 기능적으로 관련된 부품들을 모아서 배치한다는 원칙은?

① 중요성의 원칙   ② 사용 빈도의 원칙

③ 사용 순서의 원칙   ④ 기능별 배치의 원칙

해설

부품배치의 4원칙

1) 중요성의 원칙 : 부품을 작동하는 성능이 체계의 목표달성에 긴요한 정도에 따라 우선순위를 설정한다.

2) 사용빈도의 원칙 : 부품을 사용하는 빈도에 따라, 우선순위를 설정한다.

3) 기능별 배치의 원칙 : 기능적으로 관련된 부품들(표시장치, 조정장치 등)을 모아서 배치한다.

4) 사용 순서의 원칙 : 사용되는 순서에 따라 장치들을 가까이에 배치한다.

35 HAZOP 분석기법의 장점이 아닌 것은?

① 학습 및 적용이 쉽다.

② 기법 적용에 큰 전문성을 요구하지 않는다.

③ 짧은 시간에 저렴한 비용으로 분석이 가능하다.

④ 다양한 관점을 가진 팀 단위 수행이 가능하다.

해설

HAZOP(위험 및 운전성 검토)의 장점 및 단점

장점	·학습 및 적용이 쉽다. ·기법적용에 큰 전문성을 요구하지 않는다. ·다양한 관점을 가진 팀 단위 수행이 가능하다. ·공정의 운전정지 시간을 줄여 생산품의 품질향상이 가능하다. ·근로자에게 공정안전에 대한 신뢰성을 제공한다.
단점	·팀의 구성 및 구성원의 참여 소요기간이 과다소모된다. ·접근방법이 어려우며 위험과는 무관한 잠재적인 요소들 까지도 함께 도출된다.

36 태양광이 내리쬐지 않는 옥내의 습구흑구 온도지수(WBGT)산출 식은?

① 0.6 × 자연습구온도 + 0.3 × 흑구온도

② 0.7 × 자연습구온도 + 0.3 × 흑구온도

③ 0.6 × 자연습구온도 + 0.4 × 흑구온도

④ 0.7 × 자연습구온도 + 0.4 × 흑구온도

> **해설**
>
> 햇빛이 없는 실외나 실내
>
> WBGT = 0.7NWB + 0.3GT
>
> (NWB : 자연 습구온도, GT : 흑구온도(복사온도), DB : 건구온도)

37 FTA에서 사용되는 논리게이트 중 입력과 반대되는 현상으로 출력되는 것은?

① 부정 게이트   ② 억제 게이트

③ 배타적 OR 게이트   ④ 우선적 AND 게이트

> **해설**
>
> 부정게이트(Not Gate) : 부정 모디파이어(Not Modifier)라고 하며, 입력사상의 반대사상이 출력된다.

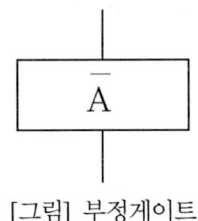

[그림] 부정게이트

38 부품고장이 발생하여도 기계가 추후 보수 될 때까지 안전한 기능을 유지할 수 있도록 하는 기능은?

① Fail – Soft   ② Fail – Active

③ Fail – Operational   ④ Fail – Passive

> **해설**
>
> 페일 세이프 구조의 기능면에서의 분류
>
> ① Fail Passive : 일반적인 산업기계방식의 구조이며, 성분의 고장 시 기계·장치는 정지상태로 옮겨간다.
>
> ② Fail Operational : 병렬 여분계의 성분을 구성한 경우이며, 성분의 고장이 있어도 다음 정기 점검 시까지는 운전이 가능하다.
>
> ③ Fail Active : 성분의 고장 시 기계·장치는 경보를 나타내며 단시간에 역전이 된다.

39 양립성의 종류가 아닌 것은?

① 개념의 양립성　　　　　② 감성의 양립성
③ 운동의 양립성　　　　　④ 공간의 양립성

해설

양립성의 분류
• 공간적 양립성 : 어떤 사물들, 특히 묘사장치나 조종 장치에서 물리적 형태나 공간적인 배치의 양립성
• 운동 양립성 : 표시 및 조정장치, 체계반응의 운동방향의 양립성
• 개념적 양립성 : 어떤 암호체계에서 청색이 "정상"을 나타내듯이, 사람이 가지고 있는 개념적 연상(Association)의 양립성

40 James Reason의 원인적 휴먼에러 종류 중 다음 설명의 휴먼에러 종류는?

> 자동차가 우측 운행하는 한국의 도로에 익숙해진 운전자가 좌측 운행을 해야 하는 일본에서 우측 운행을 하다가 교통사고를 냈다.

① 고의 사고(Violation)
② 숙련 기반 에러(Skill based error)
③ 규칙 기반 착오(Rule based mistake)
④ 지식 기반 착오(Knowledge based mistake)

해설

에러의 원인적 분류(James Reason, Rasmussen의 모델)
1) 규칙기반 에러 : 잘못된 규칙을 기억하거나 상황에 맞지 않게 적용히는 것
2) 지식기반 에러 : 관련 지식이 없는 경우 추론이나 유추로 처리중 실패
3) 숙련기반 에러 : 실수, 망각으로 구분

03 기계위험방지기술

41 산업안전보건법령상 사업주가 진동 작업을 하는 근로자에게 충분히 알려야 할 사항과 거리가 가장 먼 것은?

① 인체에 미치는 영향과 증상　　② 진동기계·기구 관리방법

③ 보호구 선정과 착용방법　　　　④ 진동재해 시 비상연락체계

해설

진동 작업을 하는 근로자에게 충분히 알려야 할 사항

· 인체에 미치는 영향과 증상

· 보호구의 선정과 착용방법

· 진동 기계·기구 관리방법

· 진동 장해 예방방법

42 산업안전보건법령상 크레인에 전용탑승설비를 설치하고 근로자를 달아 올린 상태에서 작업에 종사시킬 경우 근로자의 추락 위험을 방지하기 위하여 실시해야 할 조치 사항으로 적합하지 않은 것은?

① 승차석 외의 탑승 제한

② 안전대나 구명줄의 설치

③ 탑승설비의 하강시 동력하강방법을 사용

④ 탑승설비가 뒤집히거나 떨어지지 않도록 필요한 조치

해설

조치사항

· 탑승설비가 뒤집히거나 떨어지지 않도록 필요한 조치를 할 것

· 안전대나 구명줄을 설치하고, 안전난간을 설치할 수 있는 구조인 경우에는 안전난간을 설치할 것

· 탑승설비를 하강시킬 때에는 동력하강방법으로 할 것

43 연삭기에서 숫돌의 바깥지름이 150mm일 경우 평형플랜지 지름은 몇 mm이상이어야 하는가?

① 30　　　　　　　　　　　② 50

③ 60　　　　　　　　　　　④ 90

해설

플랜지 지름 = 숫돌지름 $\times \dfrac{1}{3}$ = 150mm $\times \dfrac{1}{3}$ = 50mm이상

44 플레이너 작업시의 안전대책이 아닌 것은?

① 베드 위에 다른 물건을 올려놓지 않는다.

② 바이트는 되도록 짧게 나오도록 설치한다.

③ 프레임 내의 피트(pit)에는 뚜껑을 설치한다.

④ 칩 브레이커를 사용하여 칩이 길게 되도록 한다.

해설

안전 작업수칙

· 바이트는 되도록 짧게 설치할 것.

· 이동 테이블에는 방호울을 설치할 것.

· 프레임 내의 피트(Pit)에는 뚜껑을 설치할 것.

· 반드시 스위치를 끄고 일감의 고정 작업을 할 것

· 압판이 수평이 되도록 고정시킬 것

· 압판은 죄는 힘에 의해 휘어지지 않도록 충분히 두꺼운 것을 사용할 것

· 운전 중인 평삭기 테이블 또는 수직선반 등의 테이블에는 근로자를 탑승시키지 않을 것.

45 양중기 과부하방지장치의 일반적인 공통사항에 대한 설명 중 부적합한 것은?

① 과부하방지장치와 타 방호장치는 기능에 서로 장애를 주지 않도록 부착할 수 있는 구조이어야 한다.

② 방호장치의 기능을 변형 또는 보수할 때 양중기의 기능도 동시에 정지할 수 있는 구조이어야 한다.

③ 과부하방지장치에는 정상동작상태의 녹색램프와 과부하 시 경고 표시를 할 수 있는 붉은색램프와 경보음을 발하는 장치 등을 갖추어야 하며, 양중기 운전지가 확인할 수 있는 위치에 설치해야 한다.

④ 과부하방지장치 작동 시 경보음과 경보램프가 작동되어야 하며 양중기는 작동이 되지 않아야 한다. 다만, 크레인은 과부하 상태 해지를 위하여 권상된 만큼 권하시킬 수 있다.

해설

양중기 과부하방지장치의 일반적 공통사항

1) 과부하방지장치와 타 방호장치는 기능에 서로 장애를 주지 않도록 부착할 수 있는 구조이어야 한다.

2) 방호장치의 기능을 제거 또는 정지할 때 양중기의 기능도 동시에 정지할 수 있는 구조이어야 한다.

3) 과부하방지장치에는 정상동작상태의 녹색램프와 과부하 시 경고 표시를 할 수 있는 붉은색램프와 경보음을 발하는 장치 등을 갖추어야 하며, 양중기 운전자가 확인할 수 있는 위치에 설치해야 한다.

4) 과부하방지장치 작동 시 경보음과 경보램프가 작동되어야 하며 양중기는 작동이 되지 않아야 한다. 다만, 크레인은 과부하 상태 해지를 위하여 권상된 만큼 권하시킬 수 있다.

5) 외함은 납봉인 또는 시건할 수 있는 구조이어야 한다.

6) 외함의 전선 접촉부분은 고무 등으로 밀폐되어 물과 먼지 등이 들어가지 않도록 한다.

7) 과부하방지장치는 정격하중의 1.1배 권상시 경보와 함께 권상동작이 정지되고 횡행과 주행동작이 불가능한 구조이어야 한다. 다만, 타워크레인은 정격하중의 1.05배 이내로 한다.

46 산업안전보건법령상 프레스 작업시작 전 점검해야 할 사항에 해당하는 것은?

① 와이어로프가 통하고 있는 곳 및 작업장소의 지반상태
② 하역장치 및 유압장치 기능
③ 권과방지장치 및 그 밖의 경보장치의 기능
④ 1행정 1정지기구·급정지장치 및 비상정지장치의 기능

해설

작업 시작 전 점검사항
· 클러치 및 브레이크의 기능
· 크랭크축, 플라이휠, 슬라이드, 연결봉 및 연결 나사의 볼트의 풀림 유무
· 1행정 1정지 기구·급정지 장치 및 비상정지 장치의 기능
· 슬라이드 또는 칼날에 의한 위험방지기구의 기능
· 프레스의 금형 및 고정 볼트 상태
· 해당 방호장치의 기능점검
· 전단기의 칼날 및 테이블의 상태

47 방호장치를 분류할 때는 크게 위험장소에 대한 방호장치와 위험원에 대한 방호장치로 구분할 수 있는데, 다음 중 위험장소에 대한 방호장치가 아닌 것은?

① 격리형 방호장치
② 접근거부형 방호장치
③ 접근반응형 방호장치
④ 포집형 방호장치

해설

위험장소에 대한 방호장치

구분	종류
위험원에 설치	· 포집형 방호장치 · 감지형 방호장치
위험장소에 설치	· 격리형 방호장치 · 접근거부형 방호장치 · 접근반응형 방호장치 · 위치제한형 방호장치

48 산업안전보건법령상 목재가공용 기계에 사용되는 방호장치의 연결이 옳지 않은 것은?

① 둥근톱기계 : 톱날접촉예방장치
② 띠톱기계 : 날접촉예방장치
③ 모떼기기계 : 날접촉예방장치
④ 동력식 수동대패기계 : 반발예방장치

해설

동력식 수동대패기계 : 날접촉예방장치

49 다음 중 금속 등의 도체에 교류를 통한 코일을 접근시켰을 때, 결함이 존재하면 코일에 유기되는 전압이나 전류가 변하는 것을 이용한 검사방법은?

① 자분탐상검사
② 초음파탐상검사
③ 와류탐상검사
④ 침투형광탐상검사

해설

와류탐상검사 : 본문설명

50 산업안전보건법령상에서 정한 양중기의 종류에 해당하지 않는 것은?

① 크레인[호이스트(hoist)를 포함한다]
② 도르래
③ 곤돌라
④ 승강기

해설

양중기의 종류
- 크레인(호이스트 포함)
- 이동식 크레인
- 리프트(이삿짐운반용 리프트는 적재하중이 0.1ton 이상인 것)
- 곤돌라
- 승강기(최대하중이 0.25ton 이상인 것)

51 롤러의 급정지를 위한 방호장치를 설치하고자 한다. 앞면 롤러 직경이 36cm이고, 분당회전속도가 50rpm이라면 급정지거리는 약 얼마 이내이어야 하는가? (단, 무부하동작에 해당한다.)

① 45cm
② 50cm
③ 55cm
④ 60cm

해설

1) 롤러기의 표면속도(V)

$$V = \frac{\pi DN}{1,000} = \frac{\pi \times 360mm \times 50rpm}{1,000} = 56.55m/\min$$

2) 급정지거리 = 롤러원주길이 × $\frac{1}{2.5}$

$$= \pi D \times \frac{1}{2.5} = \pi \times 36cm \times \frac{1}{2.5} = 45.24cm$$

참고 롤러기 급정지장치의 급정지거리

앞면 롤러의 표면속도(m/min)	급정지 거리
30 미만	앞면 롤러 원주의 1/3이내
30 이상	앞면 롤러 원주의 1/2.5 이내

2022

52 다음 중 금형 설치·해체작업의 일반적인 안전사항으로 틀린 것은?

① 고정볼트는 고정 후 가능하면 나사산이 3 ~ 4개 정도 짧게 남겨 슬라이드 면과의 사이에 협착이 발생하지 않도록 해야 한다.

② 금형 고정용 브래킷(물림판)을 고정시킬 때 고정용 브래킷은 수평이 되게 하고, 고정볼트는 수직이 되게 고정하여야 한다.

③ 금형을 설치하는 프레스의 T홈 안길이는 설치 볼트 직경 이하로 한다.

④ 금형의 설치용구는 프레스의 구조에 적합한 형태로 한다.

해설

금형을 설치하는 프레스의 T홈 안길이는 설치 볼트 직경의 2배 이상으로 한다.

53 산업안전보건법령상 보일러에 설치하는 압력방출장치에 대하여 검사 후 봉인에 사용되는 재료로 가장 적합한 것은?

① 납   ② 주석

③ 구리   ④ 알루미늄

해설

압력방출장치는 1년에 1회 이상 국가교정기관에서 교정을 받은 압력계를 이용하여 설정압력에서 압력 방출장치가 적정하게 작동하는지를 검사한 후 납으로 봉인하여 사용하도록 할 것. (단, 공정안전보고서 이행상태 평가결과가 우수한 사업장은 4년에 1회 이상 검사)

54 슬라이드가 내려옴에 따라 손을 쳐내는 막대가 좌우로 왕복하면서 위험점으로부터 손을 보호하여 주는 프레스의 안전장치는?

① 수인식 방호장치   ② 양손조작식 방호장치

③ 손쳐내기식 방호장치   ④ 게이트 가드식 방호장치

해설

손쳐내기식 방호장치

(1) 작동 개요 : 손쳐내는 기구(제수봉)가 슬라이드와 직결되어 슬라이드 하강에 의해 위험 구역 내에 있는 작업자의 손을 우에서 좌로 또는 좌에서 우로 쳐내어 방호하는 장치(소형 프레스기에 적합)

(2) 설치 방법

    ① 손쳐내기 판의 폭은 금형 크기의 1/2이상일 것(단, 행정이 300mm 이상의 프레스는 손쳐내기 판의 폭을 300mm로 할 것)

    ② 슬라이드 하행정거리의 3/4 위치에서 손을 완전히 밀어낼 것.

55 산업안전보건법령에 따라 사업주는 근로자가 안전하게 통행할 수 있도록 통로에 얼마 이상의 채광 또는 조명시설을 하여야 하는가?

① 50럭스
② 75럭스
③ 90럭스
④ 100럭스

해설

통로의 조명 : 75럭스(lux) 이상의 채광 또는 조명시설을 할 것

56 산업안전보건법령상 다음 중 보일러의 방호장치와 가장 거리가 먼 것은?

① 언로드밸브
② 압력방출장치
③ 압력제한스위치
④ 고저수위 조절장치

해설

보일러 방호장치의 종류
· 압력방출장치
· 압력제한스위치
· 고저수위조절장치
· 기타 도피밸브, 가용전, 방폭문, 화염검출기 등

57 다음 중 롤러기 급정지장치의 종류가 아닌 것은?

① 어깨조작식
② 손조작식
③ 복부조작식
④ 무릎조작식

해설

롤러기급정지장치의 종류 및 설치위치

급정지장치의 종류	설치위치
손조작 로프식	밑면에서 1.8m 이내
복부 조작식	밑면에서 0.8m 이상 1.1m 이내
무릎 조작식	밑면에서 0.6m 이내

58 산업안전보건법령에 따라 레버풀러(Lever Puller) 또는 체인블록(Chain Block)을 사용하는 경우 훅의 입구(Hook Mouth)간격이 제조자가 제공하는 제품사양서 기준으로 몇 %이상 벌어진 것은 폐기하여야 하는가?

① 3 ② 5
③ 7 ④ 10

> **해설**
>
> 레버풀러 또는 체인블록을 사용하는 경우 : 훅의 입구(Hook Mouth) 간격이 제조자가 제공하는 제품사양서 기준으로 10퍼센트 이상 벌어진 것은 폐기할 것

59 컨베이어(Conveyor) 역전방지장치의 형식을 기계식과 전기식으로 구분할 때 기계식에 해당하지 않는 것은?

① 라쳇식 ② 밴드식
③ 슬러스트식 ④ 롤러식

> **해설**
>
> 컨베이어의 기계식 역전방지장치 : 라쳇식, 밴드식, 롤러식

60 다음 중 연삭숫돌의 3요소가 아닌 것은?

① 결합제 ② 입자
③ 저항 ④ 기공

> **해설**
>
> 연삭숫돌의 3요소
> ・결합제
> ・연삭입자
> ・기공

04 전기위험방지기술

61 다음 ( )안의 알맞은 내용을 나타낸 것은?

> 폭발성 가스의 폭발등급 측정에 사용되는 표준용기는 내용적이 (㉮)cm³, 반구상의 플렌지
> 접합면의 안길이(㉯)mm의 구상용기의 틈새를 통과시켜 화염일주한계를 측정하는 장치이다.

① ㉮ 600 ㉯ 0.4   ② ㉮ 1,800 ㉯ 0.6

③ ㉮ 4,500 ㉯ 8   ④ ㉮ 8,000 ㉯ 25

해설

폭발등급 : 표준용기[내용적 8L(8,000cm³), 틈의 안 길이 25mm]의 내부에서 폭발이 발생했을 때 외부에
화염이 미치지 않는 틈의 치수에 따라 등급을 정한 것이다.

62 다음 차단기는 개폐기구가 절연물의 용기 내에 일체로 조립한 것으로 과부하 및 단락사고 시에
자동적으로 전로를 차단하는 장치는?

① OS   ② VCB

③ MCCB   ④ ACB

해설

MCCB(Molded Case Circuit Breaker) : 과부하 및 단락사고시에 전로를 자동적으로 차단하는 배선용
차단기이다.

63 한국전기설비규정에 따라 보호등전위본딩 도체로서 주접지단자에 접속하기 위한 등전위본딩
도체(구리도체)의 단면석은 몇 mm^2 이상이어아 하는가? (단, 등전위본딩 도체는 설비 내에 있는
가장 큰 보호접지 도체 단면적의 $\frac{1}{2}$ 이상의 단면적을 가지고 있다.)

① 2.5   ② 6

③ 16   ④ 50

해설

등전위본딩 도체(구리)의 단면적 : 6mm² 이상

참고 알루미늄 도체 16mm²

        강철 도체 50mm²

64 저압전로의 절연성능 시험에서 전로의 사용전압이 380V인 경우 전로의 전선 상호간 및 전로와 대지 사이의 절연저항은 최소 몇 MΩ 이상이어야 하는가?

① 0.1

② 0.3

③ 0.5

④ 1

해설

전로의 사용전압(V)	DC시험전압(V)	절연저항(MΩ)
SELV 및 PELV	250	0.5
FELV, 500(V)이하	500	1.0
500(V)초과	1,000	1.0

[주] 특별저압(extra low voltage ; 2차전압이 AC 50V, DC 120V이하)으로 SELV(비접지회로구성) 및 PELV(접지회로구성)은 1차와 2차가 전기적으로 절연된 회로, FELV는 1차와 2차가 전기적으로 절연되지 않은 회로

65 전격의 위험을 결정하는 주된 인자로 가장 거리가 먼 것은?

① 통전전류

② 통전시간

③ 통전경로

④ 접촉전압

해설

전격 위험도 결정조건
(1) 1차적 감전위험요소
 ① 통전전류의 크기(감전에 의한 사망위험성은 통전전류의 크기에 의해서 결정됨)
 ② 전원의 종류(교류, 직류별)
 ③ 통전경로
 ④ 통전시간
(2) 2차적 감전위험요소
 ① 인체의 조건(저항)
 ② 전압
 ③ 주파수
 ④ 계절

66 교류 아크용접기의 허용사용률(%)은? (단, 정격사용률은 10%, 2차 정격전류는 500A, 교류 아크용접기의 사용전류는 250A이다.)

① 30

② 40

③ 50

④ 60

해설

$$\text{허용사용률} = \text{정격사용률} \times \left(\frac{\text{정격 2차 전류}}{\text{실제용접전류}} \right)^2 = 10 \times \left(\frac{500}{250} \right)^2 = 40\%$$

67 내압방폭구조의 필요충분조건에 대한 사항으로 틀린 것은?

① 폭발화염이 외부로 유출되지 않을 것

② 습기침투에 대한 보호를 충분히 할 것

③ 내부에서 폭발한 경우 그 압력에 견딜 것

④ 외함의 표면온도가 외부의 폭발성가스를 점화하지 않을 것

해설

내압방폭구조의 조건

1) 내부에서 폭발할 경우 그 압력에 견딜 것
2) 외함 표면온도가 주위의 가연성 가스에 점화되지 않을 것
3) 폭발화염이 외부로 유출되지 않을 것

68 다음 중 전동기를 운전하고자 할 때 개폐기의 조작순서로 옳은 것은?

① 메인 스위치 → 분전반 스위치 → 전동기용 개폐기

② 분전반 스위치 → 메인 스위치 → 전동기용 개폐기

③ 전동기용 개폐기 → 분전반 스위치 → 메인 스위치

④ 분전반 스위치 → 전동기용 스위치 → 메인 스위치

해설

전동기 운전 시 개폐기 조작순서

메인스위치 → 분전반 스위치 → 전동기용 개폐기

69 다음 빈칸에 들어갈 내용으로 알맞은 것은?

> "교류 특고압 가공전선로에서 발생하는 극저주파 전자계는 지표상 1m에서 전계가 (ⓐ), 자계가 (ⓑ)가 되도록 시설하는 등 상시 정전유도 및 전자유도 작용에 의하여 사람에게 위험을 줄 우려가 없도록 시설하여야 한다."

① ⓐ 0.35kV/m이하, ⓑ 0.833μT이하 ② ⓐ 3.5kV/m이하, ⓑ 8.33μT이하

③ ⓐ 3.5kV/m이하, ⓑ 83.3μT이하 ④ ⓐ 35kV/m이하, ⓑ 833μT이하

해설

교류 특고압 가공전선로에서 발생하는 극저주파 전자계는 지표상 1m에서 전계가 3.5kV/m 이하, 자계가 83.3μT 이하가 되도록 시설하고, 직류 특고압 가공전선로에서 발생하는 직류전계는 지표면에서 25kV/m 이하, 직류자계는 지표상 1m에서 400,000μT 이하가 되도록 시설하는 등 상시 정전유도(靜電誘導) 및 전자유도(電磁誘導) 작용에 의하여 사람에게 위험을 줄 우려가 없도록 시설하여야 한다. 다만, 논밭, 산림 그 밖에 사람의 왕래가 적은 곳에서 사람에 위험을 줄 우려가 없도록 시설하는 경우에는 그러하지 아니하다.

70 감전사고를 방지하기 위한 방법으로 틀린 것은?

① 전기기기 및 설비의 위험부에 위험표지
② 전기설비에 대한 누전차단기 설치
③ 전기기기에 대한 정격표시
④ 무자격자는 전기기계 및 기구에 전기적인 접촉 금지

해설

감전사고의 방지대책
1) 전기기기 및 설비의 위험부에 위험표시
2) 보호접지의 실시
3) 전기설비의 점검철저
4) 전기기기 및 설비의 정비 철저
5) 고전압 선로 및 충전부에 근접하여 작업하는 경우 보호구 착용
6) 충전부가 노출된 부분에는 절연 보호구 사용
7) 유자격자이외는 전기기계 및 기구에 접촉금지
8) 안전 관리자는 작업에 대한 안전교육 실시
9) 사고발생시의 처리순서를 미리 작성하여 둘 것

71 외부피뢰시스템에서 접지극은 지표면에서 몇 m 이상 깊이로 매설하여야 하는가? (단, 동결심도는 고려하지 않는 경우이다.)

① 0.5
② 0.75
③ 1
④ 1.25

해설

외부피뢰시스템에서 접지극의 매설 깊이 : 지표면에서 75cm(0.75m) 이상

72 정전기의 재해방지 대책이 아닌 것은?

① 부도체에는 도전성을 향상 또는 제전기를 설치 운영한다.
② 접촉 및 분리를 일으키는 기계적 작용으로 인한 정전기 발생을 적게 하기 위해서는 가능한 접촉 면적을 크게 하여야 한다.
③ 저항률이 $10^{10}\Omega \cdot cm$ 미만의 도전성 위험물의 배관유속은 7m/s 이하로 한다.
④ 생산공정에 별다른 문제가 없다면, 습도를 70(%)정도 유지하는 것도 무방하다.

해설

②항, 정전기 발생을 적게 하기 위해서는 가능한 접촉면적을 작게 할 것

2022

73 어떤 부도체에서 정전용량이 10pF이고, 전압이 5kV일 때 전하량(C)은?

① 9×10^{-12}
② 6×10^{-10}
③ 5×10^{-8}
④ 2×10^{-6}

해설

대전전하량(Q)

Q = C(정전용량) × V(전압)

$$= 10pF \times \frac{1F}{10^{12}pF} \times 5,000\,V = 5 \times 10^{-8}\,C \text{ (coulomb ; 쿨롱)}$$

참고 ▶ 정전에너지 산정식

1) $E = \frac{1}{2}CV^2 = \frac{1}{2}QV$

2) $Q = CV$

여기서, E : 정전에너지(J)
　　　　C : 정전용량(F)
　　　　V : 대전전위(전압 ; V)
　　　　Q : 대전전하량(C)

74 KS C IEC 60079–0에 따른 방폭에 대한 설명으로 틀린 것은?

① 기호 "X"는 방폭기기의 특정사용조건을 나타내는 데 사용되는 인증번호의 접미사이다.

② 인화하한(LFL)과 인화상한(UFL) 사이의 범위가 클수록 폭발성 가스 분위기 형성 가능성이 크다.

③ 기기그룹에 따라 폭발성가스를 분류할 때 IIA의 대표 가스로 에틸렌이 있다.

④ 연면거리는 두 도전부 사이의 고체 절연물 표면을 따른 최단거리를 말한다.

> **해설**
>
> GroupII의 세부분류
> 1) IIA 대표가스 : 프로판
> 2) IIB 대표가스 : 에틸렌
> 3) IIC 대표가스 : 수소 및 아세틸렌

75 다음 중 활선근접 작업시의 안전조치로 적절하지 않은 것은?

① 근로자가 절연용 보호구의 설치·해체작업을 하는 경우에는 절연용 방호구를 착용하거나 활선작업용 기구 및 장치를 사용하도록 하여야 한다.

② 저압인 경우에는 해당 전기작업자가 절연용보호구를 착용하되, 충전전로에 접촉할 우려가 없는 경우에는 절연용 방호구를 설치하지 아니할 수 있다.

③ 유자격자가 아닌 근로자가 근로자의 몸 또는 긴 도전성 물체가 방호되지 않은 충전전로에서 대지전압이 50kV이하인 경우에는 400cm 이내로 접근할 수 없도록 하여야 한다.

④ 고압 및 특별고압의 전로에서 전기작업을 하는 근로자에게 활선작업용 기구 및 장치를 사용하여야 한다.

> **해설**
>
> 유자격자가 아닌 근로자가 충전전로 인근의 높은 곳에서 작업할 때에 조치사항 : 근로자의 몸 또는 긴 도전성 물체가 방호되지 않은 충전전로에서,
> 1) 대지전압이 50kV 이하인 경우 : 300cm 이내로, 접근할 수 없도록 할 것
> 2) 대지전압이 50kV를 넘는 경우 : 10kV당 10cm씩 더한 거리 이내로 접근할 수 없도록 할 것

76 밸브 저항형 피뢰기의 구성요소로 옳은 것은?

① 직렬갭, 특성요소   ② 병렬갭, 특성요소

③ 직렬갭, 충격요소   ④ 병렬갭, 충격요소

> **해설**
>
> 밸브 저항형 피뢰기의 구성요소
> 1) 직렬갭
> 2) 특성요소

77 정전기 제거 방법으로 가장 거리가 먼 것은?

① 작업장 바닥을 도전처리한다.　② 설비의 도체 부분은 접지시킨다.

③ 작업자는 대전방지화를 신는다.　④ 작업장을 항온으로 유지한다.

해설

정전기 제거방법

1) 접지
2) 보호구(대전방지화, 제전복 등)착용
3) 도전성 재료사용(작업장바닥 도전처리)
4) 가습
5) 대전방지제, 제전장치 사용

78 인체의 전기저항을 0.5kΩ이라고 하면 심실세동을 일으키는 위험한계 에너지는 몇 J인가? (단,

심실세동전류값 $I = \dfrac{165}{\sqrt{T}}$ mA의 Dalziel의 식을 이용하며, 통전시간은 1초로 한다.)

① 13.6　　　　　　　　② 12.6

③ 11.6　　　　　　　　④ 10.6

해설

심실 세동을 일으키는 전기에너지(W)

$W = I^2 R T$

$= \left(\dfrac{165}{\sqrt{T}} \times 10^{-3} \right)^2 \times 500 \times T$

$= 13.6\text{J}$

79 다음 중 전기설비기술기준에 따른 전압의 구분으로 틀린 것은?

① 저압 : 직류 1kV 이하　② 고압 : 교류 1kV를 초과, 7kV 이하

③ 특고압 : 직류 7kV 초과　④ 특고압 : 교류 7kV 초과

해설

전압의 구분

압력분류	직류	교류
저압	1.5kV 이하	1kV 이하
고압	1.5kV ~ 7kV 이하	1kV ~ 7kV이하
특별고압	7kV 초과	7kV초과

80 가스 그룹 IIB 지역에 설치된 내압방폭구조 "d" 장비의 플랜지 개구부에서 장애물까지의 최소 거리(mm)는?

① 10   ② 20

③ 30   ④ 40

해설

내압방폭구조(d) 플랜지 접합부(내압접합면)와 장애물 간 최소이격거리

가스/증기그룹	최소이격거리(mm)
IIA	10
IIB	30
IIC	40

05 화학설비위험방지기술

81 다음 설명이 의미하는 것은?

> 온도, 압력 등 제어상태가 규정의 조건을 벗어나는 것에 의해 반응속도가 지수함수적으로 증대되고, 반응용기 내의 온도, 압력이 급격히 이상 상승되어 규정 조건을 벗어나고, 반응이 과격화되는 현상

① 비등   ② 과열·과압

③ 폭발   ④ 반응폭주

해설

반응폭주 : 본문설명

82 다음 중 전기화재의 종류에 해당하는 것은?

① A급   ② B급

③ C급   ④ D급

해설

화재급수

구분	A급 화재(백색) 일반화재	B급 화재(황색) 유류화재	C급 화재(청색) 전기화재	D급 화재(무색) 금속화재
소화 효과	냉각	질식	질식, 냉각	질식
적용 소화기	① 물소화기 ② 강화액소화기 ③ 산알칼리소화기	① 포말소화기 ② 분말소화기 ③ 증발성액체소화기 ④ CO_2소화기	① 분말소화기 ② 유기성소화기 ③ CO_2소화기	① 건조사 ② 팽창질석 및 팽창진주암

83 다음 중 폭발범위에 관한 설명으로 틀린 것은?

① 상한값과 하한값이 존재한다.

② 온도에는 비례하지만 압력과는 무관하다.

③ 가연성 가스의 종류에 따라 각각 다른 값을 갖는다.

④ 공기와 혼합된 가연성 가스의 체적 농도로 나타낸다.

> 해설
>
> 폭발범위는 온도와 압력이 높을수록 폭발범위는 넓어진다.

84 다음 [표]와 같은 혼합가스의 폭발범위(vol%)로 옳은 것은?

종류	용적비율(vol%)	폭발하한계(vol%)	폭발상한계(vol%)
CH_4	70	5	15
C_2H_6	15	3	12.5
C_3H_8	5	2.1	9.5
C_4H_{10}	10	1.9	8.5

① 3.75 ~ 13.21

② 4.33 ~ 13.21

③ 4.33 ~ 15.22

④ 3.75 ~ 15.22

> 해설
>
> (1) 혼합가스의 폭발상한값(L_H)
>
> $$\frac{100}{L_H} = \frac{V_1}{L_1} + \frac{V_2}{L_2} + \frac{V_3}{L_3} + \frac{V_4}{L_4}(vol\%)$$
>
> $$\frac{100}{L_H} = \frac{70}{15} + \frac{15}{12.5} + \frac{5}{9.5} + \frac{10}{8.5}(vol\%) \qquad \therefore L_H = 13.21\%$$
>
> (2) 혼합가스의 폭발하한값(L_L)
>
> $$\frac{100}{L_L} = \frac{V_1}{L_1} + \frac{V_2}{L_2} + \frac{V_3}{L_3} + \frac{V_4}{L_4}(vol\%)$$
>
> $$\frac{100}{L_L} = \frac{70}{5} + \frac{15}{3} + \frac{5}{2.1} + \frac{10}{1.9}(vol\%) \qquad \therefore L_L = 3.75\%$$
>
> (3) 혼합가스의 폭발범위 : 3.75 ~ 13.21vol%

85 위험물을 저장·취급하는 화학설비 및 그 부속 설비를 설치할 때 '단위공정시설 및 설비로부터 다른 단위공정시설 및 설비의 사이'의 안전거리는 설비의 바깥 면으로부터 몇 m 이상이 되어야 하는가?

① 5　　　　　　　　　　　　　② 10

③ 15　　　　　　　　　　　　④ 20

<u>해설</u>

안전거리(위험물을 저장·취급하는 화학설비 및 그 부속설비를 설치하는 경우에 폭발이나 화재에 따른 피해를 줄일 수 있도록 설비 및 시설간에 유지하여야 할 안전거리)

구분	안전거리
1. 단위공정시설 및 설비로부터 다른 단위공정시설 및 설비의 사이	설비의 바깥 면으로부터 10미터 이상
2. 플레어스택으로부터 단위공정시설 및 설비, 위험물질 저장탱크 또는 위험물질 하역설비의 사이	플레어스택으로부터 반경 20미터 이상. 다만, 단위공정시설 등이 불연재로 시공된 지붕 아래에 설치된 경우에는 그러하지 아니하다.
3. 위험물질 저장탱크로부터 단위공정시설 및 설비, 보일러 또는 가열로의 사이	저장탱크의 바깥 면으로부터 20미터 이상. 다만, 저장탱크의 방호벽, 원격조종화설비 또는 살수설비를 설치한 경우에는 그러하지 아니하다.
4. 사무실·연구실·실험실·정비실 또는 식당으로부터 단위공정시설 및 설비, 위험물질 저장탱크, 위험물질 하역설비, 보일러 또는 가열로의 사이	사무실 등의 바깥 면으로부터 20미터 이상. 다만, 난방용 보일러인 경우 또는 사무실 등의 벽을 방호구조로 설치한 경우에는 그러하지 아니하다.

86 열교환기의 열교환 능률을 향상시키기 위한 방법으로 거리가 먼 것은?

① 유체의 유속을 적절하게 조절한다.

② 유체의 흐르는 방향을 병류로 한다.

③ 열교환기 입구와 출구의 온도차를 크게 한다.

④ 열전도율이 좋은 재료를 사용한다.

<u>해설</u>

②항, 유체가 흐르는 방향을 향류로 한다.

87 다음 중 인화성 물질이 아닌 것은?

① 디에틸에테르
② 아세톤
③ 에틸알코올
④ 과염소산칼륨

해설

④항, 과염소산칼륨($KClO_4$) : 산화성고체(제1류 위험물)

88 산업안전보건법령상 위험물질의 종류에서 "폭발성 물질 및 유기과산화물"에 해당하는 것은?

① 리튬
② 아조화합물
③ 아세틸렌
④ 셀룰로이드류

해설

폭발성물질 및 유기과산화물(자기반응성물질)

(1) 폭발성 물질 및 유기과산화물 : 가열・마찰・충격 또는 다른 화학물질과의 접촉에 의해 산소나 산화제의 공급이 없더라도 폭발 등 격렬한 반응을 일으킬 수 있는 고체나 액체

(2) 종류

① 질산에스테르류 : 니트로셀룰로오스, 니트로글리세린, 질산메틸, 질산에틸 등
② 니트로 화합물 : 피크린산(트리니트로페놀), 트리니트로톨루엔(TNT) 등
③ 니트로소 화합물 : 파라니트로소벤젠, 디니트로소레조르
④ 아조화합물 및 디아조 화합물
⑤ 하이드라진 및 그 유도체
⑥ 유기과산화물 : 메틸에틸케톤 과산화물, 과산화벤조일, 과산화아세틸 등

89 건축물 공사에 사용되고 있으나, 불에 타는 성질이 있어서 화재 시 유독한 시안화수소 가스가 발생되는 물질은?

① 염화비닐
② 염화에틸렌
③ 메타크릴산메틸
④ 우레탄

해설

우레탄($H_2NCOOC_2H_5$)의 성질

(1) 막대모양의 결정이다.
(2) 비점 184℃, 융점 49 ~ 50℃
(3) 연소성이 있으며 화재 시 유독성의 시안화수소(HCN)가스를 발생시킨다.

90 반응기를 설계할 때 고려하여야 할 요인으로 가장 거리가 먼 것은?

① 부식성
② 상의 형태
③ 온도 범위
④ 중간생성물의 유무

해설

반응기 설계 시 고려해야 할 요인(반응기 안전 설계 시 주요인자)

(1) 상(phase)의 형태
(2) 온도범위
(3) 부식성
(4) 체류시간 또는 공간속도
(5) 열전달
(6) 온도조절
(7) 조작방법
(8) 운전압력
(9) 수율

91 에틸알코올 1몰의 완전 연소 시 생성되는 CO_2와 H_2O의 몰수로 옳은 것은?

① CO_2 : 1, H_2O : 4
② CO_2 : 2, H_2O : 3
③ CO_2 : 3, H_2O : 2
④ CO_2 : 4, H_2O : 1

해설

에틸알코올(C_2H_5OH)의 연소반응식

$C_2H_5OH + 3O_2 \rightarrow 2CO_2 + 3H_2O$

92 산업안전보건법령상 각 물질이 해당하는 위험물질의 종류를 옳게 연결한 것은?

① 아세트산(농도 90%) – 부식성 산류
② 아세톤(농도 90%) – 부식성 염기류
③ 이황화탄소 – 인화성 가스
④ 수산화칼륨 – 인화성 가스

해설

위험물질의 종류

가. 부식성 산류
 (1) 농도가 20% 이상인 염산, 황산, 질산, 그 밖에 이와 같은 정도 이상의 부식성을 가지는 물질
 (2) 농도가 60% 이상인 인산, 아세트산, 불산, 그 밖에 이와 같은 정도 이상의 부식성을 가지는 물질

나. 부식성 염기류
 농도가 40% 이상인 수산화나트륨, 수산화칼륨, 그 밖에 이와 같은 정도 이상의 부식성을 가지는 염기류

다. 인화성 가스
    (1) 수소
    (2) 아세틸렌
    (3) 에틸렌
    (4) 메탄
    (5) 에탄
    (6) 프로판
    (7) 부탄

라. 인화성 액체
    (1) 에틸에테르, 가솔린, 아세트알데히드, 산화프로필렌, 그 밖에 인화점이 23℃ 미만이고 초기끓는점이 35℃ 이하인 물질
    (2) 노르말헥산, 아세톤, 메틸에틸케톤, 메틸알코올, 에틸알코올, 이황화탄소, 그 밖에 인화점이 23℃ 미만이고 초기 끓는점이 35℃를 초과하는 물질
    (3) 크실렌, 아세트산아밀, 등유, 경유, 테레핀유, 이소아밀알코올, 아세트산, 하이드라진, 그 밖에 인화점이 23℃ 이상 60℃ 이하인 물질

93 물과의 반응으로 유독한 포스핀가스를 발생하는 것은?

① HCl
② NaCl
③ Ca_3P_2
④ $Al(OH)_3$

해설

인화칼슘(인화석회 ; Ca_3P_2) : 물과 심하게 반응하여 유독성, 가연성의 포스핀(PH_3)가스를 발생한다.

$Ca_3P_2 + 6H_2O \rightarrow 3Ca(OH)_2 + 2PH_3\uparrow$

94 분진폭발의 요인을 물리적 인자와 화학적 인자로 분류할 때 화학적 인자에 해당하는 것은?

① 연소열
② 입도분포
③ 열전도율
④ 입자의 형상

해설

분진폭발의 요인
(1) 화학적 인자 : 연소열, 산화속도 등
(2) 물리적 인자 : 입도분포, 입자형상, 열전도율 등

95 메탄올에 관한 설명으로 틀린 것은?

① 무색투명한 액체이다.

② 비중은 1보다 크고, 증기는 공기보다 가볍다.

③ 금속나트륨과 반응하여 수소를 발생한다.

④ 물에 잘 녹는다.

해설

②항, 메탄올(CH_3OH)의 비중은 0.79로 1보다 작고 증기비중은 1.1로 공기보다 무겁다.

96 다음 중 자연발화가 쉽게 일어나는 조건으로 틀린 것은?

① 주위온도가 높을수록   ② 열 축적이 클수록

③ 적당량의 수분이 존재할 때   ④ 표면적이 작을수록

해설

④항, 표면적이 클수록

97 다음 중 인화점이 가장 낮은 것은?

① 벤젠   ② 메탄올

③ 이황화탄소   ④ 경유

해설

인화점

명칭	벤젠(C_6H_6)	메탄올(CH_3OH)	이황화탄소(CS_2)	경유(Diesel Oil)
인화점	$-11°C$	$11.11°C$	$-30°C$	$50 \sim 90°C$

98 자연발화성을 가진 물질이 자연발화를 일으키는 원인으로 거리가 먼 것은?

① 분해열   ② 증발열

③ 산화열   ④ 중합열

해설

자연발열을 일으키는 반응열 : 분해열, 산화열, 중합열, 용해열

99 비점이 낮은 가연성 액체 저장탱크 주위에 화재가 발생했을 때 저장탱크 내부의 비등현상으로 인한 압력 상승으로 탱크가 파열되어 그 내용물이 증발, 팽창하면서 발생되는 폭발현상은?

① Back Draft

② BLEVE

③ Flash Over

④ UVCE

해설

브레비(BLEVE, Boiling Liquid Expanding Vapor Explosion) : 비등상태의 액화가스가 기화하여 팽창하고 폭발하는 현상이다

100 사업주는 산업안전보건법령에서 정한 설비에 대해서는 과압에 따른 폭발을 방지하기 위하여 안전밸브 등을 설치하여야 한다. 다음 중 이에 해당하는 설비가 아닌 것은?

① 원심펌프

② 정변위 압축기

③ 정변위 펌프(토출축에 차단밸브가 설치된 것만 해당한다)

④ 배관(2개 이상의 밸브에 의하여 차단되어 대기온도에서 액체의 열팽창에 의하여 파열될 우려가 있는 것으로 한정한다)

해설

(1) 압력용기(안지름이 150밀리미터 이하인 압력용기는 제외하며, 압력 용기 중 관형 열교환기의 경우에는 관의 파열로 인하여 상승한 압력이 압력용기의 최고사용압력을 초과할 우려가 있는 경우만 해당한다)

(2) 정변위 압축기

(3) 정변위 펌프(토출축에 차단밸브가 설치된 것만 해당한다)

(4) 배관(2개 이상의 밸브에 의하여 차단되어 대기온도에서 액체의 열팽창에 의하여 파열될 우려가 있는 것으로 한정한다)

(5) 그 밖의 화학설비 및 그 부속설비로서 해당 설비의 최고사용압력을 초과할 우려가 있는 것

06 건설안전기술

101 유해 · 위험방지계획서 제출 시 첨부 서류로 옳지 않은 것은?

① 공사현장의 주변 현황 및 주변과의 관계를 나타내는 도면

② 공사개요서

③ 전체공정표

④ 작업인부의 배치를 나타내는 도면 및 서류

해설

공사 개요 및 안전보건관리계획

(1) 공사 개요서

(2) 공사현장의 주변 현황 및 주변과의 관계를 나타내는 도면(매설물 현황을 포함한다)

(3) 전체 공정표

(4) 산업안전보건관리비 사용계획서

(5) 안전관리 조직표

(6) 재해 발생 위험 시 연락 및 대피방법

102 거푸집 해체작업 시 유의사항으로 옳지 않은 것은?

① 일반적으로 수평부재의 거푸집은 연직부재의 거푸집보다 빨리 떼어낸다.

② 해체된 거푸집이나 각목 등에 박혀있는 못 또는 날카로운 돌출물은 즉시 제거하여야 한다.

③ 상하 동시 작업은 원칙적으로 금지하여 부득이한 경우에는 긴밀히 연락을 위하며 작업을 하여야 한다.

④ 거푸집 해체작업장 주위에는 관계자를 제외하고는 출입을 금지시켜야 한다.

해설

거푸집을 해체할 때에는 다음 각 목에 정하는 사항을 유념하여 작업하여야 한다.

(1) 해체작업을 할 때에는 안전모등 안전 보호 장구를 착용토록 하여야 한다.

(2) 거푸집 해체작업장 주위에는 관계자를 제외하고는 출입을 금지시켜야 한다.

(3) 상하 동시 작업은 원칙적으로 금지하여 부득이한 경우에는 긴밀히 연락을 위하며 작업을 하여야 한다.

(4) 거푸집 해체 때 구조체에 무리한 충격이나 큰 힘에 의한 지렛대 사용은 금지하여야 한다.

(5) 보 또는 스라브 거푸집을 제거할 때에는 거푸집의 낙하 충격으로 인한 작업원의 돌발적 재해를 방지하여야 한다.

(6) 해체된 거푸집이나 각목 등에 박혀있는 못 또는 날카로운 돌출물은 즉시 제거하여야 한다.

(7) 해체된 거푸집이나 각목은 재사용 가능한 것과 보수하여야 할 것을 선별, 분리하여 적치하고 정리정돈을 하여야 한다.

103 사다리식 통로 등을 설치하는 경우 통로구조로서 옳지 않은 것은?

① 발판의 간격은 일정하게 한다.

② 발판과 벽과의 사이는 15cm 이상의 간격을 유지한다.

③ 사다리의 상단은 걸쳐놓은 지점으로부터 60cm 이상 올라가도록 한다.

④ 폭은 40cm 이상으로 한다.

해설

사다리식 통로 등의 구조

(1) 견고한 구조로 할 것

(2) 심한 손상·부식 등이 없는 재료를 사용할 것

(3) 발판의 간격은 일정하게 할 것

(4) 발판과 벽과의 사이는 15cm 이상의 간격을 유지할 것

(5) 폭은 30cm 이상으로 할 것

(6) 사다리가 넘어지거나 미끄러지는 것을 방지하기 위한 조치를 할 것

(7) 사다리의 상단은 걸쳐놓은 지점으로부터 60cm 이상 올라가도록 할 것

(8) 사다리식 통로의 길이가 10m 이상인 경우에는 5m 이내마다 계단참을 설치할 것

(9) 사다리식 통로의 기울기는 75° 이하로 할 것. 다만, 고정식 사다리식 통로의 기울기는 90° 이하로 하고, 그 높이가 7m 이상인 경우에는 바닥으로부터 높이가 2.5m 되는 지점부터 등받이울을 설치할 것

(10) 접이식 사다리 기둥은 사용 시 접혀지거나 펼쳐지지 않도록 철물 등을 사용하여 견고하게 조치할 것

2022

104 추락 재해방지 설비 중 근로자의 추락재해를 방지 할 수 있는 설비로 작업발판 설치가 곤란한 경우에 필요한 설비는?

① 경사로

② 추락방호망

③ 고정사다리

④ 달비계

해설

작업발판을 설치하기 곤란한 경우 추락방호망을 설치해야 한다. 다만, 추락방호망을 설치하기 곤란한 경우에는 근로자에게 안전대를 착용하도록 하는 등 추락위험을 방지하기 위해 필요한 조치를 해야 한다.

105 콘크리트 타설작업을 하는 경우에 준수해야할 사항으로 옳지 않은 것은?

① 당일의 작업을 시작하기 전에 해당 작업에 관한 거푸집동바리 등의 변형·변위 및 지반의 침하 유무 등을 점검하고 이상이 있으면 보수한다.

② 작업 중에는 거푸집동바리 등의 변형·변위 및 침하 유무 등을 감시할 수 있는 감시자를 배치하여 이상이 있으면 작업을 빠른 시간 내 우선 완료하고 근로자를 대피시킨다.

③ 콘크리트 타설작업 시 거푸집붕괴의 위험이 발생할 우려가 있다면 충분한 보강조치를 한다.

④ 콘크리트를 타설하는 경우에는 편심이 발생하지 않도록 골고루 분산하여 타설한다.

> **해설**
>
> 콘크리트 타설 작업 시 준수 사항
>
> (1) 당일의 작업을 시작하기 전에 해당 작업에 관한 거푸집 및 동바리의 변형·변위 및 지반의 침하 유무 등을 점검하고 이상이 있으면 보수할 것
>
> (2) 작업 중에는 감시자를 배치하는 등의 방법으로 거푸집 및 동바리의 변형·변위 및 침하 유무 등을 확인해야 하며, 이상이 있으면 작업을 중지하고 근로자를 대피시킬 것
>
> (3) 콘크리트 타설 작업 시 거푸집 붕괴의 위험이 발생할 우려가 있으면 충분한 보강조치를 할 것
>
> (4) 설계도서상의 콘크리트 양생기간을 준수하여 거푸집 및 동바리를 해체할 것
>
> (5) 콘크리트를 타설하는 경우에는 편심이 발생하지 않도록 골고루 분산하여 타설할 것

106 작업장 출입구 설치 시 준수해야 할 사항으로 옳지 않은 것은?

① 출입구의 위치·수 및 크기가 작업장의 용도와 특성에 맞도록 한다.

② 출입구에 문을 설치하는 경우에는 근로자가 쉽게 열고 닫을 수 있도록 한다.

③ 주된 목적이 하역운반기계용인 출입구에는 보행자용 출입구를 따로 설치하지 않는다.

④ 계단이 출입구와 바로 연결된 경우에는 작업자의 안전한 통행을 위하여 그 사이에 1.2m 이상 거리를 두거나 안내표지 또는 비상벨 등을 설치한다.

> **해설**
>
> 작업장 출입구 설치 시 준수 사항
>
> (1) 출입구의 위치, 수 및 크기가 작업장의 용도와 특성에 맞도록 할 것
>
> (2) 출입구에 문을 설치하는 경우에는 근로자가 쉽게 열고 닫을 수 있도록 할 것
>
> (3) 주된 목적이 하역운반기계용인 출입구에는 인접하여 보행자용 출입구를 따로 설치할 것
>
> (4) 하역운반기계의 통로와 인접하여 있는 출입구에서 접촉에 의하여 근로자에게 위험을 미칠 우려가 있는 경우에는 비상등·비상벨 등 경보장치를 할 것
>
> (5) 계단이 출입구와 바로 연결된 경우에는 작업자의 안전한 통행을 위하여 그 사이에 1.2미터 이상 거리를 두거나 안내표지 또는 비상벨 등을 설치할 것. 다만, 출입구에 문을 설치하지 아니한 경우에는 그러하지 아니하다.

107 건설작업장에서 근로자가 상시 작업하는 장소의 작업면 조도기준으로 옳지 않은 것은? (단, 갱내 작업장과 감광재료를 취급하는 작업장의 경우는 제외)

① 초정밀작업 : 600럭스(lux)이상

② 정밀작업 : 300럭스(lux)이상

③ 보통작업 : 150럭스(lux)이상

④ 초정밀, 정밀, 보통작업을 제외한 기타 작업 : 75럭스(lux) 이상

해설

(1) 초정밀작업 : 750럭스(lux) 이상

(2) 정밀작업 : 300럭스 이상

(3) 보통작업 : 150럭스 이상

(4) 그 밖의 작업 : 75럭스 이상

108 건설업 산업안전보건관리비 계상 및 사용기준에 따른 안전관리비의 개인보호구 및 안전장구 구입비 항목에서 안전관리비로 사용이 가능한 경우는?

① 안전·보건관리자가 선임되지 않은 현장에서 안전·보건업무를 담당하는 현장관계자용 무전기, 카메라, 컴퓨터, 프린터 등 업무용 기기

② 혹한·혹서에 장기간 노출로 인해 건강장해를 일으킬 우려가 있는 경우 특정근로자에게 지급되는 기능성 보호 장구

③ 근로자에게 일률적으로 지급하는 보냉·보온장구

④ 감리원이나 외부에서 방문하는 인사에게 지급하는 보호구

해설

현재는 해당 항목과 관련된 법령은 삭제되었다.

참고 [과거] 산업안전보건관리비 계상 및 사용기준 별표2

안전관리비로 사용할 수 없는 개인보호구 및 안전장구 구입비 항목

가. 안전·보건관리자가 선임되지 않은 현장에서 안전·보건업무를 담당하는 현장관계자용 무전기, 카메라, 컴퓨터, 프린터 등 업무용 기기

나. 근로자 보호 목적으로 보기 어려운 피복, 장구, 용품 등

(1) 작업복, 방한복, 면장갑, 코팅장갑 등

(2) 근로자에게 일률적으로 지급하는 보냉·보온장구(핫팩, 장갑, 아이스조끼, 아이스팩 등을 말한다) 구입비

※ 다만, 혹한·혹서에 장기간 노출로 인해 건강장해는 일으킬 우려가 있는 경우 특정 근로자에게 지급하는 기능성 보호 장구는 사용 가능함

(3) 감리원이나 외부에서 방문하는 인사에게 지급하는 보호구

109 옥외에 설치되어 있는 주행크레인에 대하여 이탈방지장치를 작동시키는 등 그 이탈을 방지하기 위한 조치를 하여야 하는 순간풍속에 대한 기준으로 옳은 것은?

① 순간풍속이 초당 10m를 초과하는 바람이 불어올 우려가 있는 경우
② 순간풍속이 초당 20m를 초과하는 바람이 불어올 우려가 있는 경우
③ 순간풍속이 초당 30m를 초과하는 바람이 불어올 우려가 있는 경우
④ 순간풍속이 초당 40m를 초과하는 바람이 불어올 우려가 있는 경우

해설

폭풍에 의한 이탈방지조치 및 이상 유무 점검

(1) 이탈방지 조치 : 순간 풍속이 30m/sec를 초과하는 바람이 불어올 우려가 있을 때는 옥외 설치 주행 크레인에 대하여 이탈방지 장치를 작동 시킬 것
(2) 이상 유무 점검 : 순간 풍속이 30m/sec를 초과하는 바람이 불어온 후 또는 중진이상 진도의 지진 후에는 크레인의 각 부위의 이상 유무를 점검할 것

110 지반 등의 굴착작업 시 연암의 굴착면 기울기로 옳은 것은?

① 1 : 0.3
② 1 : 0.5
③ 1 : 0.8
④ 1 : 1.0

해설

굴착면의 기울기 기준

지반의 종류	굴착면의 기울기
모래	1 : 1.8
연암 및 풍화암	1 : 1
경암	1 : 0.5
그 밖의 흙	1 : 1.2

111 철골작업 시 철골부재에서 근로자가 수직방향으로 이동하는 경우에 설치하여야 하는 고정된 승강로의 최대 답단 간격은 얼마 이내인가?

① 20cm
② 25cm
③ 30cm
④ 40cm

해설

승강로의 설치

사업주는 근로자가 수직방향으로 이동하는 철골부재(鐵骨部材)에는 답단(踏段) 간격이 30센티미터 이내인 고정된 승강로를 설치하여야 하며, 수평방향 철골과 수직방향 철골이 연결되는 부분에는 연결 작업을 위하여 작업발판 등을 설치하여야 한다.

112 흙막이벽의 근입깊이를 깊게하고, 전면의 굴착부분을 남겨두어 흙의 중량으로 대항하게 하거나, 굴착예정부분의 일부를 미리 굴착하여 기초콘크리트를 타설하는 등의 대책과 가장 관계 깊은 것은?

① 파이핑현상이 있을 때　　　　② 히빙현상이 있을 때
③ 지하수위가 높을 때　　　　　④ 굴착깊이가 깊을 때

> **해설**
> 히빙현상이 있을 때 굴착공법 : 본문설명

113 재해사고를 방지하기 위하여 크레인에 설치된 방호장치로 옳지 않은 것은?

① 공기정화장치　　　　　　　② 비상정지장치
③ 제동장치　　　　　　　　　④ 권과방지장치

> **해설**
> 크레인의 방호장치
> (1) 과부하방지장치
> (2) 권과방지장치
> (3) 비상정지장치
> (4) 제동장치

114 가설구조물의 문제점으로 옳지 않은 것은?

① 도괴재해의 가능성이 크다.
② 추락재해 가능성이 크다.
③ 부재의 결합이 간단하나 연결부가 견고하다.
④ 구조물이라는 통상의 개념이 확고하지 않으며 조립의 정밀도가 낮다.

> **해설**
> 가설구조물의 문제점
> (1) ①, ②, ④항
> (2) 부재의 결합이 간단하여 불완전한 결합이 많다.
> (3) 연결재가 적은 구조로 되기 쉽다.
> (4) 부재가 과소단면이거나 결함재가 되기 쉽다.
> (5) 전체 구조에 대한 구조계산 기준이 부족하다.

115 강관틀비계를 조립하여 사용하는 경우 준수해야할 기준으로 옳지 않은 것은?

① 수직방향으로 6m, 수평방향으로 8m 이내마다 벽이음을 할 것
② 높이가 20m를 초과하거나 중량물의 적재를 수반하는 작업을 할 경우에는 주틀 간의 간격을 2.4m 이하로 할 것
③ 길이가 띠장 방향으로 4m 이하이고 높이가 10m를 초과하는 경우에는 10m 이내마다 띠장 방향으로 버팀기둥을 설치할 것
④ 주틀 간에 교차 가새를 설치하고 최상층 및 5층 이내마다 수평재를 설치할 것

> **해설**
>
> 강관틀비계
> 사업주는 강관틀 비계를 조립하여 사용하는 경우 다음 각 호의 사항을 준수하여야 한다.
> (1) 비계기둥의 밑둥에는 밑받침 철물을 사용하여야 하며 밑받침에 고저차(高低差)가 있는 경우에는 조절형 밑받침철물을 사용하여 각각의 강관틀비계가 항상 수평 및 수직을 유지하도록 할 것
> (2) 높이가 20미터를 초과하거나 중량물의 적재를 수반하는 작업을 할 경우에는 주틀 간의 간격을 1.8미터 이하로 할 것
> (3) 주틀 간에 교차 가새를 설치하고 최상층 및 5층 이내마다 수평재를 설치할 것
> (4) 수직방향으로 6미터, 수평방향으로 8미터 이내마다 벽이음을 할 것
> (5) 길이가 띠장 방향으로 4미터 이하이고 높이가 10미터를 초과하는 경우에는 10미터 이내마다 띠장 방향으로 버팀기둥을 설치할 것

116 비계의 높이가 2m 이상인 작업장소에 작업발판을 설치할 경우 준수하여야 할 기준으로 옳지 않은 것은?

① 작업발판의 폭은 30cm 이상으로 한다.
② 발판재료간의 틈은 3cm 이하로 한다.
③ 추락의 위험성이 있는 장소에는 안전난간을 설치한다.
④ 발판재료는 뒤집히거나 떨어지지 않도록 2개 이상의 지지물에 연결하거나 고정시킨다.

> **해설**
>
> 말비계의 높이가 2미터를 초과하는 경우에는 작업발판의 폭을 40센티미터 이상으로 할 것

117 사면지반 개량공법으로 옳지 않은 것은?

① 전기 화학적 공법
② 석회 안정처리 공법
③ 이온 교환 공법
④ 옹벽 공법

해설

지반개량공법

지반구분	종류
1. 사질토	1) 진동다짐공법 2) 다짐모래말뚝공법 3) 약액주입법 4) 전지충격공법
2. 점성토	1) 치환공법(굴착치환, 폭파치환) 2) 압밀공법(선행재하공법, 압성토공법) 3) 탈수공법(샌드드레인, 페이퍼드레인) 4) 배수공법(Deep well, well point) 5) 고결공법(생석회공법, 동결공법) 6) 전기침투공법 7) 표면처리공법

2022

118 법면 붕괴에 의한 재해 예방조치로서 옳은 것은?

① 지표수와 지하수의 침투를 방지한다.
② 법면의 경사를 증가한다.
③ 절토 및 성토높이를 증가한다.
④ 토질의 상태에 관계없이 구배조건을 일정하게 한다.

해설

사업주는 비가 올 경우를 대비하여 측구(側溝)를 설치하거나 굴착경사면에 비닐을 덮는 등 빗물 등의 침투에 의한 붕괴재해를 예방하기 위하여 필요한 조치를 해야 한다.

119 취급 · 운반의 원칙으로 옳지 않은 것은?

① 운반 작업을 집중하여 시킬 것
② 생산을 최고로 하는 운반을 생각할 것
③ 곡선 운반을 할 것
④ 연속 운반을 할 것

해설
취급 · 운반의 5원칙
(1) 직선운반을 할 것
(2) 연속운반을 할 것
(3) 운반 작업을 집중화시킬 것
(4) 생산을 최고로 하는 운반을 생각할 것
(5) 최대한 시간과 경비를 절약할 수 있는 운반방법을 고려할 것

120 가설통로의 설치기준으로 옳지 않은 것은?

① 경사가 15°를 초과하는 때에는 미끄러지지 않는 구조로 한다.
② 건설공사에 사용하는 높이 8m 이상인 비계다리에는 7m 이내마다 계단참을 설치한다.
③ 수직갱에 가설된 통로의 길이가 15m 이상일 경우에는 15m 이내마다 계단참을 설치한다.
④ 추락의 위험이 있는 장소에는 안전난간을 설치한다.

해설
가설통로의 구조
사업주는 가설통로를 설치하는 경우 다음 각 호의 사항을 준수하여야 한다.
(1) 견고한 구조로 할 것
(2) 경사는 30도 이하로 할 것. 다만, 계단을 설치하거나 높이 2미터 미만의 가설통로로서 튼튼한 손잡이를 설치한 경우에는 그러하지 아니하다.
(3) 경사가 15도를 초과하는 경우에는 미끄러지지 아니하는 구조로 할 것
(4) 추락할 위험이 있는 장소에는 안전난간을 설치할 것. 다만, 작업상 부득이한 경우에는 필요한 부분만 임시로 해체할 수 있다.
(5) 수직갱에 가설된 통로의 길이가 15미터 이상인 경우에는 10미터 이내마다 계단참을 설치할 것
(6) 건설공사에 사용하는 높이 8미터 이상인 비계다리에는 7미터 이내마다 계단참을 설치할 것

국가기술자격검정 필기시험

2022년 제2회 필기 기출문제				수험번호	성명
자격종목 **산업안전기사**		시험시간 **3시간**	시험유형		

※ 답안카드 작성시 시험문제지 형별누락, 마킹착오로 인한 불이익은 전적으로 수험자의 귀책사유임을 알려드립니다.

** 본문제는 수검자의 생각에 의한 것으로 실제 문제와 약간 다를 수 있음.

---

01 안전관리론

01 매슬로우(Maslow)의 인간의 욕구단계 중 5번째 단계에 속하는 것은?

① 안전 욕구　　　　　　　② 존경의 욕구

③ 사회적 욕구　　　　　　④ 자아실현의 욕구

> **해설**

매슬로우(Maslow)의 욕구 5단계

(1) 1단계 – 생리적 욕구(신체적 욕구) : 기아, 갈등, 호흡, 배설, 성욕 등 기본적 욕구

(2) 2단계 – 안전의 욕구 : 안전을 구하려는 욕구

(3) 3단계 – 사회적 욕구(친화욕구) : 애정, 소속에 대한 욕구

(4) 4단계 – 인정받으려는 욕구(자기존경의 욕구, 승인욕구) : 자존심, 명예, 성취, 지위 등에 대한 욕구

(5) 5단계 – 자아실현의 욕구(성취욕구) : 잠재적인 능력을 실현하고자 하는 욕구

02 A사업장의 현황이 다음과 같을 때 이 사업장의 강도율은?

- 근로자수 : 500명
- 연근로시간수 : 2,400시간
- 신체 장해등급(2급 : 3명, 10급 : 5명)
- 의사 진단에 의한 휴업일수 : 1,500일

① 0.22　　　　　　　　　② 2.22

③ 22.28　　　　　　　　④ 222.88

> **해설**

$$강도율 = \frac{근로손실일수}{연근로시간수} \times 1,000$$

$$= \frac{(7,500 \times 3) + (600 \times 5) + \left(1,500 \times \frac{300}{365}\right)}{500 \times 2,400} \times 1,000 = 22.28$$

03 보호구 자율안전확인 고시상 자율안전확인 보호구에 표시하여야 하는 사항을 모두 고른 것은?

ㄱ. 모델명	ㄴ. 제조 번호
ㄷ. 사용 기한	ㄹ. 자율안전확인 번호

① ㄱ, ㄴ, ㄷ   ② ㄱ, ㄴ, ㄹ

③ ㄱ, ㄷ, ㄹ   ④ ㄴ, ㄷ, ㄹ

> **해설**
>
> 자율 안전 확인 보호구의 표시사항
> (1) 형식 또는 모델명
> (2) 규격 또는 등급 등
> (3) 제조자명
> (4) 제조번호 및 제조연월
> (5) 자율 안전 확인 번호

04 학습지도의 형태 중 참가자에게 일정한 역할을 주어 실제적으로 연기를 시켜봄으로써 자기의 역할을 보다 확실히 인식시키는 방법은?

① 포럼(Forum)   ② 심포지엄(Symposium)

③ 롤 플레잉(Role playing)   ④ 사례연구법(Case study method)

> **해설**
>
> 역할연기법(Role playing)
> (1) 참석자에게 어떤 역할을 주어서 실제로 시켜 봄으로써 훈련이나 평가에 사용되는 교육기법이다.
> (2) 절충능력이나 협조성을 높여서 태도의 변형에도 도움을 준다.

05 보호구 안전인증 고시상 전로 또는 평로 등의 작업 시 사용하는 방열두건의 차광도 번호는?

① #2 ~ #3   ② #3 ~ #5

③ #6 ~ #8   ④ #9 ~ #11

> **해설**
>
> 방열두건의 사용구분
>
> | 사용구분 | 차광도 번호 |
> |---|---|
> | 1. 고로강판가열로, 조괴 등의 작업 | #2 ~ #3 |
> | 2. 전로 또는 평로 등의 작업 | #3 ~ #5 |
> | 3. 전기로의 작업 | #6 ~ #8 |

06 산업재해의 분석 및 평가를 위하여 재해발생 건수 등의 추이에 대해 한계선을 설정하여 목표 관리를 수행하는 재해통계 분석기법은?

① 관리도   ② 안전 T점수

③ 파레토도   ④ 특성 요인도

해설

통계적 원인분석방법

(1) 파렛토도 : 사고의 유형, 기인물 등 분류항목을 큰 순서대로 도표화하여 분석하는 방법이다.

(2) 특성요인도 : 특성과 요인을 도표로 하여 어골상으로 세분화한다.

(3) 크로스 분석 : 데이터를 집계하고 표로 표시하여 요인별 결과내역을 교차한 크로스 그림을 작성하여 분석한다.

(4) 관리도 : 재해 발생 건수 등의 추이를 파악하고 목표관리를 행하는데 필요한 월별 재해발생수를 그래프화하여 관리선을 설정·관리하는 방법이다.

07 산업안전보건법령상 안전보건관리규정 작성 시 포함되어야 하는 사항을 모두 고른 것은? (단, 그 밖에 안전 및 보건에 관한 사항은 제외한다.)

> ㄱ. 안전보건교육에 관한 사항
> ㄴ. 재해사례 연구·토의결과에 관한 사항
> ㄷ. 사고 조사 및 대책 수립에 관한 사항
> ㄹ. 작업장의 안전 및 보건 관리에 관한 사항
> ㅁ. 안전 및 보건에 관한 관리조직과 그 직무에 관한 사항

① ㄱ, ㄴ, ㄷ, ㄹ   ② ㄱ, ㄴ, ㄹ, ㅁ

③ ㄱ, ㄷ, ㄹ, ㅁ   ④ ㄴ, ㄷ, ㄹ, ㅁ

해설

법상 안전보건관리규정에 포함되어야 할 사항

(1) 안전 및 보건에 관한 관리조직과 그 직무에 관한 사항

(2) 안전보건교육에 관한 사항

(3) 작업장의 안전 및 보건 관리에 관한 사항

(4) 사고 조사 및 대책 수립에 관한 사항

(5) 그 밖에 안전 및 보건에 관한 사항

2022

08 억측판단이 발생하는 배경으로 볼 수 없는 것은?

① 정보가 불확실할 때　　　　② 타인의 의견에 동조할 때
③ 희망적인 관측이 있을 때　　④ 과거에 성공한 경험이 있을 때

해설

억측판단이 발생하는 배경
(1) 정보가 불확실할 때
(2) 희망적인 관측이 있을 때
(3) 과거의 성공한 경험이 있을 때

09 하인리히의 사고예방원리 5단계 중 교육 및 훈련의 개선, 인사조정, 안전관리규정 및 수칙의 개선 등을 행하는 단계는?

① 사실의 발견　　　　　　　② 분석 평가
③ 시정방법의 선정　　　　　④ 시정책의 적용

해설

재해 예방대책의 기본원리(사고방지원리의 단계)

단계별 과정		내용
1단계	조직	① 경영층의 참여 ② 안전관리자의 임명 ③ 안전의 라인 및 참모 조직 구성 ④ 안전 활동 방침 및 계획 수립 ⑤ 조직을 통한 안전 활동 수행
2단계	사실의 발견	① 사고 및 안전 활동 기록 검토 ② 작업분석 ③ 안전점검 및 안전진단 ④ 사고조사 ⑤ 안전회의 및 토의 ⑥ 근로자의 제안 및 여론조사 ⑦ 관찰 및 보고서의 연구 등을 통하여 불안전요소 발견
3단계	분석평가	① 사고 원인 및 경향성 분석 ② 사고기록 및 자료 분석 ③ 인적·물적 조건의 분석 ④ 작업공정 분석 ⑤ 교육 훈련 분석 등을 통하여 사고의 직접원인 및 간접원인을 규명
4단계	시정방법의 선정	① 기술적 개선 ② 인사조정(배치조정) ③ 교육 훈련의 개선 ④ 안전행정의 개선 ⑤ 규정 및 수칙 작업표준 제도의 개선 ⑥ 확인 및 통제체제 개선
5단계	시정책의 적용 (3E 적용)	① 기술적(Engineering) 대책 ② 교육적(Education) 대책 ③ 단속(Enforcement) 대책

10 재해예방의 4원칙에 대한 설명으로 틀린 것은?

① 재해발생은 반드시 원인이 있다.

② 손실과 사고와의 관계는 필연적이다.

③ 재해는 원인을 제거하면 예방이 가능하다.

④ 재해를 예방하기 위한 대책은 반드시 존재한다.

해설

재해예방의 4원칙

(1) 손실우연의 원칙 : 재해손실은 사고발생시 사고 대상의 조건에 따라 달라지므로 사고의 결과로서 생긴 재해손실은 우연성에 의해 결정된다.

(2) 원인계기의 원칙 : 사고와 원인관계는 필연적으로, 재해발생은 반드시 원인이 있다.

(3) 예방가능의 원칙 : 재해는 원칙적으로 원인만 제거되면 예방이 가능하다.

(4) 대책선정의 원칙 : 재해예방을 위한 안전대책은 반드시 존재한다.

11 산업안전보건법령상 안전보건진단을 받아 안전보건개선계획의 수립 및 명령을 할 수 있는 대상이 아닌 것은?

① 유해인자의 노출기준을 초과한 사업장

② 산업재해율이 같은 업종 평균 산업재해율의 2배 이상인 사업장

③ 사업주가 필요한 안전조치 또는 보건조치를 이행하지 아니하여 중대재해가 발생한 사업장

④ 상시근로자 1천명 이상인 사업장에서 직업성 질병자가 연간 2명 이상 발생한 사업장

해설

(1) 산업 재해율이 같은 업종 평균 산업재해율의 2배 이상인 사업장

(2) 사업주가 필요한 안전조치 또는 보건조치를 이행하지 아니하여 중대재해가 발생한 사업장

(3) 직업성 질병자가 연간 2명 이상(상시근로자 1천명 이상 사업장의 경우 3명 이상) 발생한 사업장

(4) 유해인자의 노출기준을 초과한 사업장

(5) 그 밖에 작업환경 불량, 화재·폭발 또는 누출 사고 등으로 사업장 주변까지 피해가 확산된 사업상으로서 고용노동부령으로 정하는 사업장

12 버드(Bird)의 재해분포에 따르면 20건의 경상(물적, 인적상해)사고가 발생했을 때 무상해·무사고(위험순간) 고장 발생 건수는?

① 200   ② 600

③ 1,200   ④ 12,000

> **해설**
>
> 버드의 재해구성 비율(1 : 10 : 30 : 600)
> - 폐질 또는 중상 : 1
> - 경상(인적 상해, 물적 손실 모두 포함) : 10
> - 무상해 사고(물적 손실만 포함) : 30
> - 무상해·무사고 고장(위험한 순간) : 600
>
> 경상 : 무상해·무사고 고장 = 10 : 600
>
> ∴ 그러므로 경상이 20건인 경우 무상해·무사고 고장은 1,200건이다.

13 산업안전보건법령상 거푸집 동바리의 조립 또는 해체작업 시 특별교육 내용이 아닌 것은? (단, 그 밖에 안전·보건관리에 필요한 사항은 제외한다.)

① 비계의 조립순서 및 방법에 관한 사항

② 조립 해체 시의 사고 예방에 관한 사항

③ 동바리의 조립방법 및 작업 절차에 관한 사항

④ 조립재료의 취급방법 및 설치기준에 관한 사항

> **해설**
>
> 거푸집 동바리의 조립 또는 해체작업 시 특별교육 내용
> (1) 동바리의 조립방법 및 작업 절차에 관한 사항
> (2) 조립재료의 취급방법 및 설치기준에 관한 사항
> (3) 조립 해체 시의 사고 예방에 관한 사항
> (4) 보호구 착용 및 점검에 관한 사항
> (5) 그 밖에 안전·보건관리에 필요한 사항

14 산업안전보건법령상 다음의 안전보건표지 중 기본모형이 다른 것은?

① 위험장소 경고   ② 레이저 광선 경고

③ 방사성 물질 경고   ④ 부식성 물질 경고

> **해설**
>
> 경고표지
> - 바탕은 노란색
> - 기본모형.관련부호 및 그림은 검정색
> - 다만, 인화성물질경고, 산화성물질경고, 폭발성물질경고, 급성독성물질경고, 부식성물질경고 및 발암성·변이원성·생식독성·전신독성·호흡기과민성물질경고의 경우 바탕은 무색, 기본모형은 적색(흑색도 가능)

15 학습정도(Level of learning)의 4단계를 순서대로 나열한 것은?

① 인지 → 이해 → 지각 → 적용　　② 인지 → 지각 → 이해 → 적용

③ 지각 → 이해 → 인지 → 적용　　④ 지각 → 인지 → 이해 → 적용

> **해설**
>
> 1) 학습효과 : 학습목적을 세분하여 구체적으로 결정하는 것
> 2) 학습목적의 3요소
>   ① 목표 : 학습을 통하여 달성하려는 지표
>   ② 주제 : 목표달성을 위한 테마(Thema)
>   ③ 학습정도 : 학습범위와 내용의 정도(인지 → 지각 → 이해 → 적용)

16 기업 내 정형교육 중 TWI(Training Within Industry)의 교육내용이 아닌 것은?

① Job Method Training　　　　② Job Relation Training

③ Job Instruction Training　　④ Job Standardization Training

> **해설**
>
> TWI(Training Within Industry) 종류
> ① JIT(Job Instruction Training) : 작업 지도법
> ② JMT(Job Method Training) : 작업 개선법
> ③ JRT(Job Relation Training) : 인간관계 관리법
> ④ JST(Job Safety Training) : 작업 안전법

17 레빈(Lewin)의 법칙 $B = F \times (P \times E)$중 B가 의미하는 것은?

① 행동　　　　　　　② 경험

③ 환경　　　　　　　④ 인간관계

> **해설**
>
> 레빈(Lewin)의 법칙
> $B = F \times (P \times E)$
> ・B(Behavior) : 인간의 행동
> ・F(Function) : 함수관계(적성 기타 P와 E에 영향을 미치는 조건)
> ・P(Person) : 개체(연령, 경험, 심신상태, 성격, 지능 등)
> ・E(Environment) : 심리적 환경(인간관계, 작업환경 등)

18 재해원인을 직접원인과 간접원인으로 분류할 때 직접원인에 해당하는 것은?

① 물적 원인
② 교육적 원인
③ 정신적 원인
④ 관리적 원인

> **해설**
> 직접원인
> (1) 인적 원인 : 불안전한 행동
> (2) 물적 원인 : 불안전한 상태

19 산업안전보건법령상 안전관리자의 업무가 아닌 것은? (단, 그 밖에 고용노동부장관이 정하는 사항은 제외한다.)

① 업무 수행 내용의 기록
② 산업재해에 관한 통계의 유지·관리·분석을 위한 보좌 및 지도·조언
③ 안전교육계획의 수립 및 안전교육 실시에 관한 보좌 및 지도·조언
④ 작업장 내에서 사용되는 전체 환기장치 및 국소 배기장치 등에 관한 설비의 점검

> **해설**
> 안전관리자의 업무는 다음 각 호와 같다.
> (1) 산업안전보건위원회 또는 안전 및 보건에 관한 노사협의체에서 심의·의결한 업무와 해당 사업장의 안전보건관리규정 및 취업규칙에서 정한 업무
> (2) 위험성평가에 관한 보좌 및 지도·조언
> (3) 안전인증대상기계 등과 자율 안전 확인대상 기계 등 구입 시 적격품의 선정에 관한 보좌 및 지도·조언
> (4) 해당 사업장 안전교육계획의 수립 및 안전교육 실시에 관한 보좌 및 지도·조언
> (5) 사업장 순회점검, 지도 및 조치 건의
> (6) 산업재해 발생의 원인 조사·분석 및 재발 방지를 위한 기술적 보좌 및 지도·조언
> (7) 산업재해에 관한 통계의 유지·관리·분석을 위한 보좌 및 지도·조언
> (8) 안전에 관한 사항의 이행에 관한 보좌 및 지도·조언
> (9) 업무 수행 내용의 기록·유지
> (10) 그 밖에 안전에 관한 사항으로서 고용노동부장관이 정하는 사항

20 헤드십(Headship)의 특성에 관한 설명으로 틀린 것은?

① 지휘형태는 권위주의적이다. ② 상사의 권한 근거는 비공식적이다.

③ 상사와 부하의 관계는 지배적이다. ④ 상사와 부하의 사회적 간격은 넓다.

해설

헤드십과 리더십의 구분

구분	헤드십	리더십
1. 권한부여 및 행사	위에서 위임하여 임명	아래로부터 동의에 의한 선출
2. 권한근거	법적 또는 공식적	개인능력
3. 지휘형태	권위주의적	민주주의적
4. 상사와 부하의 관계	지배적	개인적인 영향
5. 책임귀속	상사	상사와 부하
6. 부하와의 사회적 간격	넓다	좁다

02 인간공학 및 시스템안전공학

21 위험분석 기법 중 시스템 수명주기 관점에서 적용 시점이 가장 빠른 것은?

① PHA ② FHA

③ OHA ④ SHA

해설

PHA(예비위험분석)

(1) 시스템안전 프로그램에 있어서 최초단계(개발단계, 구상단계)의 분석법이다.

(2) PHA는 시스템내의 위험요소가 얼마나 위험상태에 있는가를 정성적으로 평가하는 안전 해석기법이다.

22 상황해석을 잘못하거나 목표를 잘못 설정하여 발생하는 인간의 오류 유형은?

① 실수(Slip) ② 착오(Mistake)

③ 위반(Violation) ④ 건망증(Lapse)

해설

인간의 오류모형

(1) 실수(Slip)

① 의도는 올바른 것이었지만 반응의 실행이 올바른 것이 아니 경우를 실수라 한다.

② 실수는 주의력이 부족한 상태에서 발생하는 에러이다.

(2) 착오(Mistake)

① 부적합한 의도를 가지고 행동으로 옮긴 경우를 착오라 한다.

② 착오는 주관적인 인식과 객관적 실재가 일치하지 않는 것을 의미한다.

(3) 건망증(Lapse) : 단기기억의 한계로 이해 기억을 잊어서 해야 할 일을 못해 발생하는 에러이다.

(4) 위반(고의사고, Violation) : 작업수행 과정 중에 일부러 나쁜 의도를 가지고 발생시키는 에러를 말한다.

23 A작업의 평균에너지소비량이 다음과 같을 때, 60분간의 총 작업시간 내에 포함되어야 하는 휴식시간(분)은?

> · 휴식 중 에너지소비량 : 1.5kcal/min
> · A작업 시 평균 에너지소비량 : 6kcal/min
> · 기초대사를 포함한 작업에 대한 평균 에너지소비량 상한 : 5kcal/min

① 10.3　　　　　　　　　　② 11.3
③ 12.3　　　　　　　　　　④ 13.3

해설

휴식 시간 계산

$$R = \frac{E-5}{E-1.5} \times 60 = \frac{6-5}{6-1.5} \times 60 = 13.33분$$

여기서, R : 휴식시간(min)
　　　　 E : 작업 시 평균 에너지 소비량(kcal/min)

24 시스템의 수명곡선(욕조곡선)에 있어서 디버깅(Debugging)에 관한 설명으로 옳은 것은?

① 초기 고장의 결함을 찾아 고장률을 안정시키는 과정이다.
② 우발 고장의 결함을 찾아 고장률을 안정시키는 과정이다.
③ 마모 고장의 결함을 찾아 고장률을 안정시키는 과정이다.
④ 기계 결함을 발견하기 위해 동작시험을 하는 기간이다.

해설

디버깅(Debugging)기간 : 초기고장(감소형)의 결함을 찾아내 고장률을 안정시키는 기간을 의미한다.

25 밝은 곳에서 어두운 곳으로 갈 때 망막에 시홍이 형성되는 생리적 과정인 암조응이 발생하는데 완전 암조응(Dark adaptation)이 발생하는데 소요되는 시간은?

① 약 3 ~ 5분　　　　　　② 약 10 ~ 15분
③ 약 30 ~ 40분　　　　　④ 약 60 ~ 90분

해설

완전 암조응에 소요되는 시간 : 30 ~ 40분

26 인간공학에 대한 설명으로 틀린 것은?

① 인간 – 기계 시스템의 안전성, 편리성, 효율성을 높인다.

② 인간을 작업과 기계에 맞추는 설계 철학이 바탕이 된다.

③ 인간이 사용하는 물건, 설비, 환경의 설계에 적용된다.

④ 인간의 생리적, 심리적인 면에서의 특성이나 한계점을 고려한다.

> **해설**
> ②항, 작업과 기계를 인간에 맞추는 설계철학이 바탕이 된다.

27 HAZOP 기법에서 사용하는 가이드워드와 그 의미가 잘못 연결된 것은?

① Part of : 성질상의 감소

② As well as : 성질상의 증가

③ Other than : 기타 환경적인 요인

④ More/Less : 정량적인 증가 또는 감소

> **해설**
> Other than : 완전한 대체(통상 운전과 다르게 되는 상태)

28 그림과 같은 FT도에 대한 최소 컷셋(Minimal Cut Sets)으로 옳은 것은? (단, Fussell의 알고리즘을 따른다.)

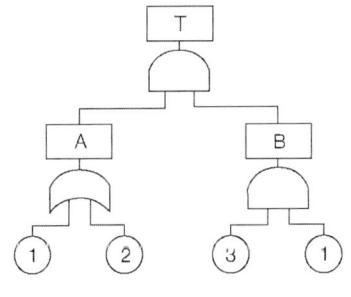

① {1, 2}

② {1, 3}

③ {2, 3}

④ {1, 2, 3}

> **해설**
> $$T \to A \cdot B \to \begin{matrix} ① \cdot B \\ ② \cdot B \end{matrix} \to \begin{matrix} ① \cdot ③ \cdot ① \\ ② \cdot ③ \cdot ① \end{matrix} \to \begin{matrix} ① \cdot ③ \\ ① \cdot ② \cdot ③ \end{matrix} \to ① \cdot ③$$
> (컷 셋)　　(미니멀 컷 셋)

29 경계 및 경보신호의 설계지침으로 틀린 것은?

① 주의를 환기시키기 위하여 변조된 신호를 사용한다.

② 배경소음의 진동수와 다른 진동수의 신호를 사용한다.

③ 귀는 중음역에 민감하므로 500 ~ 3,000Hz의 진동수를 사용한다.

④ 300m 이상의 장거리용으로는 1,000Hz를 초과하는 진동수를 사용한다.

> **해설**
> 300m 이상의 장거리용으로는 1,000Hz이하의 진동수를 사용한다.

30 FTA(Fault Tree Analysis)에서 사용되는 사상 기호 중 통상의 작업이나 기계의 상태에서 재해의 발생 원인이 되는 요소가 있는 것을 나타내는 것은?

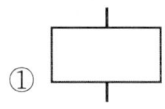 ①  ②

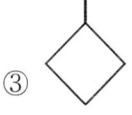 ③ 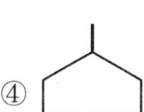 ④

> **해설**
> ① : 결함사상
> ② : 기본사상
> ③ : 이하 생략의 결함사상
> ④ : 통상사상

31 불(Bool) 대수의 정리를 나타낸 관계식 중 틀린 것은?

① $A \cdot 0 = 0$ ② $A + 1 = 1$

③ $A \cdot \overline{A} = 1$ ④ $A(A + B) = A$

> **해설**
> ③항, $A \cdot \overline{A} = 0$

32 근골격계 질환 작업분석 및 평가 방법인 OWAS의 평가요소를 모두 고른 것은?

ㄱ. 상지	ㄴ. 무게(하중)
ㄷ. 하지	ㄹ. 허리

① ㄱ, ㄴ ② ㄱ, ㄷ, ㄹ
③ ㄴ, ㄷ, ㄹ ④ ㄱ, ㄴ, ㄷ, ㄹ

> 해설

OWAS(Ovako Working – posture Analysing System)
1) OWAS 평가요소
　① 상지(팔)
　② 하중(외부부하)
　③ 하지(다리)
　④ 허리
2) 정의 · 특성 등
　① 육체작업을 할 경우에 부적절한 작업자세를 구별해낼 목적으로 개발한 평가기법이다(핀란드 Karhu개발)
　② 현장에서 기록 및 해석의 용이함 때문에 많은 작업장에서 작업자세를 평가한다.
　③ 관찰에 의해서 작업자세를 평가한다.
　④ 작업대상물의 무게를 분석요인에 포함하며 상지와 하지의 작업분석을 할 수 있다.

33 다음 중 좌식작업이 가장 적합한 작업은?
① 정밀 조립 작업
② 4.5kg 이상의 중량물을 다루는 작업
③ 작업장이 서로 떨어져 있으며 작업장 간 이동이 잦은 작업
④ 작업자의 정면에서 매우 높거나 낮은 곳으로 손을 자주 뻗어야 하는 작업

> 해설

① 정밀조립작업 : 좌식작업

34 n개의 요소를 가진 병렬 시스템에 있어 요소의 수명(MTTF)이 지수 분포를 따를 경우, 이 시스템의 수명으로 옳은 것은?

① $MTTF \times n$

② $MTTF \times \dfrac{1}{n}$

③ $MTTF \times \left(1 + \dfrac{1}{2} + \cdots + \dfrac{1}{n}\right)$

④ $MTTF \times \left(1 \times \dfrac{1}{2} \times \cdots \times \dfrac{1}{n}\right)$

해설

계의 수명(MTTF : mean time to failure)

1) 병렬계 : 구성요소가 모두 고장난 시점. 즉, 가장 긴 수명이고 가장 늦게 고장난 요소가 계의 수명을 결정하는 최대수명계로 되어 있다. 요소가 지수분포에 따를 경우 계의 수명 MTTF는 $\left(1 + \dfrac{1}{2} + \cdots + \dfrac{1}{n}\right)$ 배로 늘어난다.

병렬계의 수명 $= MTTF \times \left(1 + \dfrac{1}{2} + \cdots + \dfrac{1}{n}\right)$

2) 직렬계 : 직렬계를 구성하는 요소 중에서 어느 하나가 맨 먼저 고장나는 것이 계의 수명을 결정한다. 특히 구성요소의 수명이 모두 같은 MTTF=1/λ을 갖는 지수분포에 따를 경우 계의 고장율은 요소의 고장율의 n배, 즉 고장의 찬스는 n배로 늘고 따라서 계의 수명 MTTF는 요소 MTTF의 $\dfrac{1}{n}$이 된다.

직렬계의 수명 $= \dfrac{MTTF}{n}$

35 인간 – 기계 시스템에 관한 설명으로 틀린 것은?

① 자동 시스템에서는 인간요소를 고려하여야 한다.

② 자동차 운전이나 전기 드릴 작업은 반자동시스템의 예시이다.

③ 자동 시스템에서 인간은 감시, 정비유지, 프로그램 등의 작업을 담당한다.

④ 수동 시스템에서 기계는 동력원을 제공하고 인간의 통제 하에서 제품을 생산한다.

해설

④항, 수동시스템은 인간의 신체적인 힘을 동력원으로 한다.

36 양식 양립성의 예시로 가장 적절한 것은?

① 자동차 설계 시 고도계 높낮이 표시
② 방사능 사업장에 방사능 폐기물 표시
③ 청각적 자극 제시와 이에 대한 음성 응답
④ 자동차 설계 시 제어장치와 표시장치의 배열

해설

양식양립성
(1) 직무에 알맞는 자극과 응답방식(양식)에 대한 것을 말한다.
(2) "예" 청각적 자극제시와 이에 대한 음성 응답

참고 양립성의 종류
(1) 개념양립성
(2) 운동양립성
(3) 공간양립성
(4) 양식양립성

37 다음에서 설명하는 용어는?

> 유해·위험요인을 파악하고 해당 유해·위험요인에 의한 부상 또는 질병의 발생 가능성(빈도)과 중대성(강도)을 추정·결정하고 감소대책을 수립하여 실행하는 일련의 과정을 말한다.

① 위험성 결정   ② 위험성 평가
③ 위험빈도 추정   ④ 유해·위험요인 파악

해설

위험성 평가 : 본문설명

38 태양광선이 내리쬐는 옥외장소의 자연습구온도 20℃, 흑구온도 18℃, 건구온도 30℃일 때 습구흑구온도지수(WBGT)는?

① 20.6℃   ② 22.5℃
③ 25.0℃   ④ 28.5℃

해설

태양이 내리쬐는 옥외장소의 습구흑구온도지수(WBGT)
WBGT = (0.7 × 자연습구온도) + (0.2 × 흑구온도) + (0.1 × 건구온도)
= (0.7 × 20) + (0.2 × 18) + (0.1 × 30) = 20.6℃

참고 옥내 또는 옥외(태양광선이 내리쬐지 않는 장소)에서의 WBGT
WBGT=(0.7×자연습구온도)+(0.3×흑구온도)

39 FTA(Fault Tree Analysis)에 관한 설명으로 옳은 것은?

① 정성적 분석만 가능하다.

② 복잡하고 대형화된 시스템의 신뢰성 분석 및 안정성 분석에 이용되는 기법이다.

③ FT에 동일한 사건이 중복되어 나타나는 경우 상향식(Bottom – up)으로 정상 사건 T의 발생 확률을 계산할 수 있다.

④ 기초사건과 생략사건의 확률 값이 주어지게 되더라도 정상 사건의 최종적인 발생확률을 계산할 수 없다.

> **해설**
>
> FTA의 특징
> (1) 간단한 FT도의 작성으로 정성적 해석 가능
> (2) 재해의 정량적 예측가능(정량적으로 재해발생확률 계산)
> (3) 연역적 해석가능(Top down 형식)
> (4) 컴퓨터 처리기능

40 1sone에 관한 설명으로 (　　　　　　)에 알맞은 수치는?

> 1sone : (ㄱ)Hz, (ㄴ)dB의 음압수준을 가진 순음의 크기

① ㄱ : 1,000, ㄴ : 1　　　　　② ㄱ : 4,000, ㄴ : 1

③ ㄱ : 1,000, ㄴ : 40　　　　④ ㄱ : 4,000, ㄴ : 40

> **해설**
>
> 음량수준의 평가척도
> (1) dB(decibel) : 음압수준을 표시하는 단위로 사용한다.
>   (dB은 소리의 세기에 대한 물리적 측정단위)
> (2) phon : 1000Hz 순음의 음압수준(dB)은 나타낸다.
> (3) Sone : 1000Hz, 40dB의 음압수준을 가진 순음의 크기(= 40phon)를 1sone이라한다.
> (4) Sone과 phon의 관계식
> $$\therefore \; Sone\,치 = 2^{\frac{Phon-40}{10}}$$

03 기계위험방지기술

41 다음 중 와이어 로프의 구성요소가 아닌 것은?

① 클립　　　　　　　　　　② 소선
③ 스트랜드　　　　　　　　④ 심강

해설

와이어로프의 구성 요소 : 소선, 로프, 스트랜드, 심강

1) 와이어로프의 구성 : 여러 개의 와이어(Wire, 소선)로 1개의 가닥 또는 꼬임(자승, Strand)을 만든 다음에 이것을 보통 6개 이상 꼬아서 만든 것으로 심에는 기름을 칠한 대마심선을 삽입시킨다.
2) 와이어로프의 명명법
　　자승(가닥, Strand)의 수 × 소선(Wire)의 수
[보기] 6(자승의 수)×19(소선의 수)

42 산업안전보건법령상 산업용 로봇에 의한 작업 시 안전조치 사항으로 적절하지 않은 것은?

① 로봇의 운전으로 인해 근로자가 로봇에 부딪칠 위험이 있을 때에는 높이 1.8m 이상의 울타리를 설치하여야 한다.
② 작업을 하고 있는 동안 로봇의 기동스위치 등은 작업에 종사하고 있는 근로자가 아닌 사람이 그 스위치 등을 조작할 수 없도록 필요한 조치를 한다.
③ 로봇의 조작방법 및 순서, 작업 중의 매니퓰레이터의 속도 등에 관한 지침에 따라 작업을 하여야 한다.
④ 작업에 종사하는 근로자가 이상을 발견하면, 관리 감독자에게 우선 보고하고, 지시가 나올 때 끼지 작업을 진행한다.

해설

교시 등의 작업을 하는 경우 조치사항 : 산업용로봇의 작동범위에서 해당 로봇에 대하여 교시 등의 작업을 하는 경우 해당로봇의 예기치 못한 작동 또는 오조작에 의한 위험 방지 조치사항

1) 다음 각 목의 사항에 관한 지침을 정하고 그 지침에 따라 작업을 시킬 것
　　① 로봇의 조작방법 및 순서
　　② 작업 중의 매니퓰레이터의 속도
　　③ 2명 이상의 근로자에게 작업을 시킬 경우의 신호방법
　　④ 이상을 발견한 경우의 조치
　　⑤ 이상을 발견하여 로봇의 운전을 정지시킨 후 이를 재가동시킬 경우의 조치
　　⑥ 그 밖에 로봇의 예기치 못한 작동 또는 오조작에 의한 위험을 방지하기 위하여 필요한 조치
2) 작업에 종사하고 있는 근로자 또는 그 근로자를 감시하는 사람은 이상을 발견하면 즉시 로봇의 운전을 정지시키기 위한 조치를 할 것
3) 작업을 하고 있는 동안 로봇의 기동스위치 등에 작업 중이라는 표시를 하는 등 작업에 종사하고 있는 근로자가 아닌 사람이 그 스위치 등을 조작할 수 없도록 필요한 조치를 할 것

43 밀링 작업 시 안전수칙으로 옳지 않은 것은?

① 테이블 위에 공구나 기타 물건 등을 올려놓지 않는다.

② 제품 치수를 측정할 때는 절삭 공구의 회전을 정지한다.

③ 강력 절삭을 할 때는 일감을 바이스에 짧게 물린다.

④ 상·하, 좌·우 이송장치의 핸들은 사용 후 풀어 둔다.

> **해설**
>
> 밀링의 안전 작업 수칙
>
> · 테이블 위에 공구나 기타 물건 등을 올려놓지 않을 것.
> · 상하 좌우 이송 장치의 핸들(손잡이)은 사용 후 반드시 풀어 둘 것.
> · 장갑의 사용을 금할 것.
> · 칩의 제거는 반드시 브러시를 사용할 것(걸레 사용 금지).
> · 일감을 풀거나 고정할 때와 측정 시에는 반드시 운전을 정지시킬 것.
> · 가공 중에 손으로 가공면을 점검하지 않을 것
> · 강력 절삭을 할 때는 일감을 바이스에 깊게 물릴 것
> · 가동 중에 기계를 변속시키지 않을 것
> · 밀링 칩은 공작기계 중 가장 가늘고 예리하므로 비산에 의한 부상을 방지하기 위해 보안경을 착용할 것.
> · 아버 너트(Arber Nut : 고정 너트의 압력으로 축심에 정확히 직각으로 고정해주는 역할을 함)는 너무 힘껏 조이지 않도록 할 것.

44 다음 중 지게차의 작업 상태별 안정도에 관한 설명으로 틀린 것은? (단, V는 최고속도(km/h)이다.)

① 기준 부하상태에서 하역작업 시의 전후 안정도는 20% 이내이다.

② 기준 부하상태에서 하역작업 시의 좌우 안정도는 6% 이내이다.

③ 기준 무부하상태에서 주행 시의 전후 안정도는 18% 이내이다.

④ 기준 무부하상태에서 주행 시의 좌우 안정도는 (15 + 1.1V)% 이내이다.

> **해설**
>
> 지게차의 안정도
>
>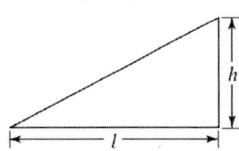
>
> 안정도 $= \dfrac{h}{l} \times 100(\%)$
>
> (가) 하역 작업 시
> · 전후 안정도 : 4%(5톤 이상의 것은 3.5%)
> · 좌우 안정도 : 6%
>
> (나) 주행 시
> · 전후 안정도 : 18%
> · 좌우 안정도 : (15+1.1V)%, (여기서, V는 최고속도(km/hr))

45 산업안전보건법령상 보일러의 안전한 가동을 위하여 보일러 규격에 맞는 압력방출장치가 2개 이상 설치된 경우에 최고사용압력 이하에서 1개가 작동되고, 다른 압력방출장치는 최고사용압력의 몇 배 이하에서 작동되도록 부착하여야 하는가?

① 1.03배
② 1.05배
③ 1.2배
④ 1.5배

해설

[보일러 압력방출장치의 설치기준]
1) 보일러의 안전한 가동을 위하여 보일러 규격에 적합한 압력방출장치를 1개 또는 2개 이상 설치하고 최고사용압력 이하에서 작동되도록 할 것. 다만 압력방출장치가 2개 이상 설치된 경우에는 최고사용압력 이하에서 1개가 작동되고, 다른 압력방출장치는 최고사용압력 1.05배 이하에서 작동되도록 할 것
2) 압력방출장치는 1년에 1회 이상 표준 압력계를 이용하여 토출압력을 시험한 후 납으로 봉인하여 사용하도록 할 것

46 금형의 설치, 해체, 운반 시 안전사항에 관한 설명으로 틀린 것은?

① 운반을 위하여 관통 아이볼트가 사용될 때는 구멍 틈새가 최소화되도록 한다.
② 금형을 설치하는 프레스의 T홈 안길이는 설치 볼트 지름의 1/2 이하로 한다.
③ 고정볼트는 고정 후 가능하면 나사산을 3 ~ 4개 정도 짧게 남겨 설치 또는 해체 시 슬라이드 면과의 사이에 협착이 발생하지 않도록 해야 한다.
④ 운반 시 상부금형과 하부금형이 닿을 위험이 있을 때는 고정 패드를 이용한 스트랩, 금속재질이나 우레탄 고무의 블록 등을 사용한다.

해설

금형을 설치하는 프레스의 T홈 안길이 : 설치볼트 직경의 2배 이상일 것

47 선반에서 절삭 가공 시 발생하는 칩을 짧게 끊어지도록 공구에 설치되어 있는 방호장치의 일종인 칩 제거 기구를 무엇이라 하는가?

① 칩 브레이커
② 칩 받침
③ 칩 쉴드
④ 칩 커터

해설

칩 브레이크 : 바이트에 설치된 칩을 짧게 끊어내는 장치

48 다음 중 산업안전보건법령상 안전인증대상 방호장치에 해당하지 않는 것은?

① 연삭기 덮개
② 압력용기 압력방출용 파열판
③ 압력용기 압력방출용 안전밸브
④ 방폭구조(防爆構造) 전기기계·기구 및 부품

해설

안전인증대상 방호장치

가. 프레스 및 전단기 방호장치
나. 양중기용(揚重機用) 과부하 방지장치
다. 보일러 압력방출용 안전밸브
라. 압력용기 압력방출용 안전밸브
마. 압력용기 압력방출용 파열판
바. 절연용 방호구 및 활선작업용(活線作業用) 기구
사. 방폭구조(防爆構造) 전기기계·기구 및 부품
아. 추락·낙하 및 붕괴 등의 위험 방지 및 보호에 필요한 가설기자재로서 고용노동부장관이 정하여 고시하는 것
자. 충돌·협착 등의 위험 방지에 필요한 산업용 로봇 방호장치로서 고용노동부장관이 정하여 고시하는 것

참고 ▶ 자율안전확인대상 방호장치

가. 아세틸렌 용접장치용 또는 가스집합 용접장치용 안전기
나. 교류 아크용접기용 자동전격방지기
다. 롤러기 급정지장치
라. 연삭기 덮개
마. 목재 가공용 둥근톱 반발 예방장치와 날 접촉 예방장치
바. 동력식 수동대패용 칼날 접촉 방지장치
사. 추락·낙하 및 붕괴 등의 위험 방지 및 보호에 필요한 가설기자재로서 고용노동부장관이 정하여 고시하는 것

49 인장강도가 250N/mm²인 강판에서 안전율이 4라면 이 강판의 허용응력(N/mm²)은 얼마인가?

① 42.5 ② 62.5

③ 82.5 ④ 102.5

> **해설**
>
> $$안전율 = \frac{파괴하중}{최대사용하중} = \frac{극한강도(파단하중)}{최대설계하중(안전하중)} = \frac{인장강도}{허용응력}$$
>
> $$허용응력 = \frac{인장강도}{안전율} = \frac{250N/mm^2}{4} = 62.5N/mm^2$$

50 산업안전보건법령상 강렬한 소음작업에서 데시벨에 따른 노출시간으로 적합하지 않은 것은?

① 100데시벨 이상의 소음이 1일 2시간 이상 발생하는 작업

② 110데시벨 이상의 소음이 1일 30분 이상 발생하는 작업

③ 115데시벨 이상의 소음이 1일 15분 이상 발생하는 작업

④ 120데시벨 이상의 소음이 1일 7분 이상 발생하는 작업

> **해설**
>
> "강렬한 소음작업"이란 다음 각목의 어느 하나에 해당하는 작업을 말한다.
>
> 가. 90데시벨 이상의 소음이 1일 8시간 이상 발생하는 작업
>
> 나. 95데시벨 이상의 소음이 1일 4시간 이상 발생하는 작업
>
> 다. 100데시벨 이상의 소음이 1일 2시간 이상 발생하는 작업
>
> 라. 105데시벨 이상의 소음이 1일 1시간 이상 발생하는 작업
>
> 마. 110데시벨 이상의 소음이 1일 30분 이상 발생하는 작업
>
> 바. 115데시벨 이상의 소음이 1일 15분 이상 발생하는 작업

> **참고** **소음작업 및 충격소음작업(안전보건규칙 제512조)**
>
> 1) 소음작업 : 1일 8시간 작업을 기준으로 85데시벨 이상의 소음이 발생하는 작업
>
> 2) 충격소음작업 : 소음이 1초 이상의 간격으로 발생하는 작업으로서 다음 각 목의 어느 하나에 해당하는 작업
>
>   ① 120데시벨을 초과하는 소음이 1일 1만회 이상 발생하는 작업
>
>   ② 130데시벨을 초과하는 소음이 1일 1천회 이상 발생하는 작업
>
>   ③ 140데시벨을 초과하는 소음이 1일 1백회 이상 발생하는 작업

51 방호장치 안전인증 고시에 따라 프레스 및 전단기에 사용되는 광전자식 방호장치의 일반구조에 대한 설명으로 가장 적절하지 않은 것은?

① 정상동작표시램프는 녹색, 위험표시램프는 붉은색으로 하며, 근로자가 쉽게 볼 수 있는 곳에 설치해야 한다.

② 슬라이드 하강 중 정전 또는 방호장치의 이상 시에 정지할 수 있는 구조이어야 한다.

③ 방호장치는 릴레이, 리미트 스위치 등의 전기부품의 고장, 전원전압의 변동 및 정전에 의해 슬라이드가 불시에 동작하지 않아야 하며, 사용전원전압의 ±(100분의 10)의 변동에 대하여 정상으로 작동되어야 한다.

④ 방호장치의 감지기능은 규정한 검출영역 전체에 걸쳐 유효하여야 한다. (다만, 블랭킹 기능이 있는 경우 그렇지 않다)

> **해설**
> 방호장치는 릴레이, 리미트 스위치 등의 전기부품의 고장, 전원전압의 변동 및 정전에 의해 슬라이드가 불시에 동작하지 않아야 하며, 사용전원전압의 ±(100분의 20)의 변동에 대하여 정상으로 작동되어야 한다.

52 산업안전보건법령상 연삭기 작업 시 작업자가 안심하고 작업을 할 수 있는 상태는?

① 탁상용 연삭기에서 숫돌과 작업 받침대의 간격이 5mm이다.

② 덮개 재료의 인장강도는 224MPa이다.

③ 숫돌 교체 후 2분 정도 시험운전을 실시하여 해당 기계의 이상 여부를 확인하였다.

④ 작업 시작 전 1분 정도 시험운전을 실시하여 해당 기계의 이상 여부를 확인하였다.

> **해설**
> 연삭숫돌을 사용하는 작업의 경우에는 작업을 시작하기 전에는 1분 이상, 연삭숫돌을 교체한 후에는 3분 이상 시험운전을 하고 해당 기계에 이상이 있는지를 확인해야 한다.

53 보기와 같은 기계요소가 단독으로 발생시키는 위험점은?

> [보기] 밀링커터, 둥근톱날

① 협착점   ② 끼임점
③ 절단점   ④ 물림점

해설

절단점(Cutting point)
· 회전하는 운동부분 자체와 운동하는 기계자체와의 위험이 형성되는 점
· 종류 : 둥근톱날, 띠톱기계의 날, 밀링커터 등

[기계설비의 위험점(작업점)의 분류]
1) 협착점(Squeeze point) : 고정부와 왕복운동을 하는 운동부 사이에 형성되는 위험점(예 : 프레스, 성형기, 절곡기 등)
2) 끼임점(Shear point) : 고정부와 회전 또는 직선운동과 함께 형성하는 부분 사이에 형성되는 위험점(예 : 연삭숫돌과 작업대, 반복 동작되는 링크기구, 교반기의 구반날개와 몸체사이)
3) 절단점(Cutting point) : 회전하는 운동부분 자체와 운동하는 기계자체에 위험이 형성되는 점(예 : 둥근톱날, 띠톱기계의 날 밀링커터 등)
4) 물림점(Nip point) : 회전하는 두 개의 회전체에 물려 들어갈 위험성이 형성되는 점(중심점+회전운동) (예 : 롤러, 기어와 피니언 등)
5) 접선물림점(Tangential nip point) : 회전하는 부분이 접선방향에서 만들어지는 위험점(접선점+회전운동)(예 : 벨트와 풀리, 체인과 스프라켓, 랙과 피니언 등)
6) 회전말림점(Trapping point) : 크기, 길이, 속도가 다른 회전운동에 의한 위험점으로 회전하는 부분에 돌기 등이 돌출되어 작업복 등이 말리는 위험점(예 : 회전축, 드릴축, 커플링 등)

54 다음 중 크레인의 방호장치로 가장 거리가 먼 것은?
① 권과방지장치   ② 과부하방지장치
③ 비상정지장치   ④ 자동보수장치

해설

크레인의 방호장치
(1) 해지장치 : 훅걸이용 와이어로프 등이 훅으로부터 벗겨지는 것을 방지하기 위한 장치
(2) 비상정지장치 : 비상시에 즉시 정지할 수 있는 장치
(3) 권과방지장치 : 운반구의 이탈 등의 위험방지를 위해 권상용와이어로프 등의 권과를 방지하는 장치
(4) 과부하방지장치 : 정격하중 이상의 하중 부하시 자동으로 상승정지되면서 경보음·경보 등을 발생하는 장치

55 산업안전보건법령상 프레스기를 사용하여 작업을 할 때 작업시작 전 점검사항으로 틀린 것은?

① 클러치 및 브레이크의 기능
② 압력방출장치의 기능
③ 크랭크축・플라이휠・슬라이드・연결봉 및 연결나사의 풀림 유무
④ 프레스의 금형 및 고정 볼트의 상태

해설

프레스를 사용하여 작업 할 때 작업시작 전 점검사항
가. 클러치 및 브레이크의 기능
나. 크랭크축・플라이휠・슬라이드・연결봉 및 연결 나사의 풀림 여부
다. 1행정 1정지기구・급정지장치 및 비상정지장치의 기능
라. 슬라이드 또는 칼날에 의한 위험방지 기구의 기능
마. 프레스의 금형 및 고정볼트 상태
바. 방호장치의 기능
사. 전단기(剪斷機)의 칼날 및 테이블의 상태

56 설비보전은 예방보전과 사후보전으로 대별된다. 다음 중 예방보전의 종류가 아닌 것은?

① 시간계획보전
② 개량보전
③ 상태기준보전
④ 적응보전

해설

설비보전 중 예방보전의 종류
1) 시간계획보전(TBM) : 보전주기에 의해서 실시하는 보전이다.
2) 상해기준보존(CBM) : 설비의 상태에 의해 보전주기나 보전방법을 결정한다.
3) 적응보전(AM) : 생산 상황이나 설비의 노후 정도등을 고려하여 설비상태를 파악, 보존을 실행하는 보전이다.

57 천장크레인에 중량 3kN의 화물을 2줄로 매달았을 때 매달기용 와이어(Sling wire)에 걸리는 장력은 약 몇 kN인가? (단, 매달기용 와이어(Sling wire) 2줄 사이의 각도는 55°이다.)

① 1.3
② 1.7
③ 2.0
④ 2.3

해설

$$로프에 작용하는 장력 = \frac{짐의무게}{로프의수} \div \cos\left(\frac{로프각도}{2}\right)$$

$$= \frac{3kN}{2} \div \cos\left(\frac{55}{2}\right) = 1.69kN$$

58 다음 중 롤러의 급정지 성능으로 적합하지 않은 것은?

① 앞면 롤러 표면 원주속도가 25m/min, 앞면 롤러의 원주가 5m 일 때 급정지거리 1.7m 이내
② 앞면 롤러 표면 원주속도가 35m/min, 앞면 롤러의 원주가 7m 일 때 급정지거리 2.8m 이내
③ 앞면 롤러 표면 원주속도가 30m/min, 앞면 롤러의 원주가 6m 일 때 급정지거리 2.6m 이내
④ 앞면 롤러 표면 원주속도가 20m/min, 앞면 롤러의 원주가 8m 일 때 급정지거리 2.7m 이내

해설

앞면 롤러의 표면속도(m/min)	급정지 거리
30 미만	앞면 롤러 원주의 1/3 이내
30 이상	앞면 롤러 원주의 1/2.5 이내

① 급정지 거리 $= \pi \times D \times \dfrac{1}{3} = 5m \times \dfrac{1}{3} = 1.67m$

② 급정지 거리 $= \pi \times D \times \dfrac{1}{2.5} = 7m \times \dfrac{1}{2.5} = 2.8m$

③ 급정지 거리 $= \pi \times D \times \dfrac{1}{2.5} = 6m \times \dfrac{1}{2.5} = 2.4m$

④ 급정지 거리 $= \pi \times D \times \dfrac{1}{3} = 8m \times \dfrac{1}{3} = 2.67m$

2022

59 조작자의 신체부위가 위험한계 밖에 위치하도록 기계의 조작 장치를 위험구역에서 일정거리 이상 떨어지게 하는 방호장치는?

① 덮개형 방호장치　　　　　② 차단형 방호장치
③ 위치제한형 방호장치　　　④ 접근반응형 방호장치

해설

위치 제한형 방호장치
· 정의 : 작업자의 신체부위가 위험한계 밖에 있도록 기계의 조작장치를 위험한 작업점에서 안전거리 이상 떨어지게 하거나 조작 장치를 양손으로 동시 조작하게 함으로써 위험한계에 접근하는 것을 제한하는 것을 의미한다.
· 종류 : 양수 조작식 방호장치
위치 제한형 방호장치 : 작업자의 신체부위가 위험한계 밖에 있도록 기계의 조작장치를 위험한 작업점에서 안전거리 이상 떨어지게 하거나 조작장치를 양손으로 동시 조작하게 함으로써 위험한계에 접근하는 것을 제한하는 것
[예] 프레스기의 양수 조작식 방호장치

60 산업안전보건법령상 아세틸렌 용접장치의 아세틸렌 발생기실을 설치하는 경우 준수하여야 하는 사항으로 옳은 것은?

① 벽은 가연성 재료로 하고 철근 콘크리트 또는 그 밖에 이와 동등하거나 그 이상의 강도를 가진 구조로 할 것

② 바닥면적의 16분의 1 이상의 단면적을 가진 배기통을 옥상으로 돌출시키고 그 개구부를 창이나 출입구로부터 1.5미터 이상 떨어지도록 할 것

③ 출입구의 문은 불연성 재료로 하고 두께 1.0밀리미터 이하의 철판이나 그 밖에 그 이상의 강도를 가진 구조로 할 것

④ 발생기실을 옥외에 설치한 경우에는 그 개구부를 다른 건축물로부터 1.0미터 이내 떨어지도록 할 것

> **해설**
> ─────────────────────

[발생기실의 설치장소 등]

① 사업주는 아세틸렌 용접장치의 아세틸렌 발생기(이하 "발생기"라 한다)를 설치하는 경우에는 전용의 발생기실에 설치하여야 한다.

② 제1항의 발생기실은 건물의 최상층에 위치하여야 하며, 화기를 사용하는 설비로부터 3미터를 초과하는 장소에 설치하여야 한다.

③ 제1항의 발생기실을 옥외에 설치한 경우에는 그 개구부를 다른 건축물로부터 1.5미터 이상 떨어지도록 하여야 한다.

[발생기실의 구조]

1. 벽은 불연성 재료로 하고 철근 콘크리트 또는 그 밖에 이와 같은 수준이거나 그 이상의 강도를 가진 구조로 할 것

2. 지붕과 천장에는 얇은 철판이나 가벼운 불연성 재료를 사용할 것

3. 바닥면적의 16분의 1 이상의 단면적을 가진 배기통을 옥상으로 돌출시키고 그 개구부를 창이나 출입구로부터 1.5미터 이상 떨어지도록 할 것

4. 출입구의 문은 불연성 재료로 하고 두께 1.5밀리미터 이상의 철판이나 그 밖에 그 이상의 강도를 가진 구조로 할 것

5. 벽과 발생기 사이에는 발생기의 조정 또는 카바이드 공급 등의 작업을 방해하지 않도록 간격을 확보할 것

04 전기위험방지기술

61 대지에서 용접작업을 하고 있는 작업자가 용접봉에 접촉한 경우 통전전류는? (단, 용접기의 출력 측 무부하전압 : 90V, 접촉저항(손, 용접봉 등 포함) : 10kΩ, 인체의 내부저항 : 1kΩ, 발과 대지의 접촉저항 : 20kΩ이다.)

① 약 0.19mA   ② 약 0.29mA

③ 약 1.96mA   ④ 약 2.90mA

해설

$$I = \frac{E}{R_1 + R_2 + R_3} = \frac{90}{10 + 1 + 20} = 2.9 \mathrm{mA}$$

62 KS C IEC 60079-10-2에 따라 공기 중에 분진운의 형태로 폭발성 분진 분위기가 지속적으로 또는 장기간 또는 빈번히 존재하는 장소는?

① 0종 장소   ② 1종 장소

③ 20종 장소   ④ 21종 장소

해설

위험장소의 분류

분류		적용	예
가스폭 발위험 장소	0종 장소	인화성 액체의 증기 또는 가연성 가스에 의한 폭발위험이 지속적으로 또는 장기간 존재하는 장소	용기·장치·배관 등의 내부 등(Zone 0)
	1종 장소	정상작동상태에서 인화성 액체의 증기 또는 가연성 가스에 의한 폭발위험분위기가 존재하기 쉬운 장소	맨홀·벤트·피트 등의 주위(Zone 1)
	2종 장소	정상작동상태에서 인화성 액체의 증기 또는 가연성 가스에 의한 폭발위험분위기가 존재할 우려가 없으나, 존재할 경우 그 빈도가 아주 적고 단기간만 존재할 수 있는 장소	개스킷·패킹 등의 주위(Zone 2)

분류		적용	예
분진폭발위험장소	20종 장소	분진운 형태의 가연성 분진이 폭발농도를 형성할 정도로 충분한 양이 정상작동 중에 연속적으로 또는 자주 존재하거나, 제어할 수 없을 정도의 양 및 두께의 분진층이 형성될 수 있는 장소	호퍼·분진저장소·집진장치 필터 등의 내부
	21종 장소	20종 장소 외의 장소로서, 분진운 형태의 가연성 분진이 폭발농도를 형성할 정도의 충분한 양이 정상작동 중에 존재할 수 있는 장소	집진장치·백필터·배기구 등의 주위, 이송밸트 샘플링 지역 등
	22종 장소	21종 장소 외의 장소로서, 가연성 분진운 형태가 드물게 발생 또는 단기간 존재할 우려가 있거나, 이상작동 상태하에서 가연성 분진층이 형성될 수 있는 장소	21종 장소에서 예방조치가 취하여진 지역, 환기설비 등과 같은 안전장치 배출구 주위 등

63 설비의 이상현상에 나타나는 아크(Arc)의 종류가 아닌 것은?

① 단락에 의한 아크
② 지락에 의한 아크
③ 차단기에서의 아크
④ 전선저항에 의한 아크

해설

아크의 종류
1) 단락에 의한 아크
2) 지락에 의한 아크
3) 차단기에 의한 아크
4) 섬락(플래시 오버)의 아크
5) 교류아크 용접기의 아크
6) 전선 절단에 의한 아크

64 정전기 재해방지에 관한 설명 중 틀린 것은?

① 이황화탄소의 수송 과정에서 배관 내의 유속을 2.5m/s 이상으로 한다.
② 포장 과정에서 용기를 도전성 재료에 접지한다.
③ 인쇄 과정에서 도포량을 소량으로 하고 접지한다.
④ 작업장의 습도를 높여 전하가 제거되기 쉽게 한다.

해설

①항, 이황화탄소(CS_2)의 수송과정에서 배관내의 유속을 1m/s이하로 한다.

65 한국전기설비규정에 따라 사람이 쉽게 접촉할 우려가 있는 곳에 금속제 외함을 가지는 저압의 기계기구가 시설되어 있다. 이 기계기구의 사용전압이 몇 V를 초과할 때 전기를 공급하는 전로에 누전차단기를 시설해야하는가? (단, 누전차단기를 시설하지 않아도 되는 조건은 제외한다.)

① 30V

② 40V

③ 50V

④ 60V

해설
금속제 외함을 가지는 사용전압이 50V를 초과하는 저압의 기계기구로서 사람이 쉽게 접촉할 우려가 있는 곳에 시설하는 것에 전기를 공급하는 전로에는 누전차단기를 시설하여야 한다.

66 다음 중 방폭설비의 보호등급(IP)에 대한 설명으로 옳은 것은?

① 제1 특성 숫자가 "1"인 경우 지름 50mm이상의 외부 분진에 대한 보호

② 제1 특성 숫자가 "2"인 경우 지름 10mm이상의 외부 분진에 대한 보호

③ 제2 특성 숫자가 "1"인 경우 지름 50mm이상의 외부 분진에 대한 보호

④ 제2 특성 숫자가 "2"인 경우 지름 10mm이상의 외부 분진에 대한 보호

해설
방폭 설비 보호등급
(1) 제1 특성 숫자가 1인 경우 지름 50mm 이상의 분진에 대한 침입 방호
(2) 제1 특성 숫자가 2인 경우 지름 12.5mm 이상의 분진에 대한 침입 방호
(3) 제2 특성 숫자가 1인 경우 수직으로 떨어지는 물방울에 대한 침입 방호
(4) 제2 특성 숫자가 2인 경우 수직에서 최대 15°로 떨어지는 물방울에 대한 침입 방호

참고 보호등급(IP)의 제1 특성은 분진에 대한 침입 방호를 의미하며, 제2 특성은 액체에 대한 침입 방호를 의미한다.

67 정전기 발생에 영향을 주는 요인에 대한 설명으로 틀린 것은?

① 물체의 분리속도가 빠를수록 발생량은 적어진다.

② 접촉면적이 크고 접촉압력이 높을수록 발생량이 많아진다.

③ 물체 표면이 수분이나 기름으로 오염되면 산화 및 부식에 의해 발생량이 많아진다.

④ 정전기의 발생은 처음 접촉, 분리할 때가 최대로 되고 접촉, 분리가 반복됨에 따라 발생량은 감소한다.

> **해설**
>
> 정전기 발생에 영향을 주는 요인
>
> (가) 물체의 특성
> - 대전량은 접촉이나 분리하는 두 가지 물체가 대전서열 내에서 가까운 위치에 있으면 대전량이 적고 먼 위치에 있을수록 대전량이 커진다.
> - 물체가 불순물을 포함하고 있으면 정전기 발생량은 커진다.
>
> (나) 물체의 표면상태
> - 물체의 표면이 원활하면 정전기 발생량이 적어진다.
> - 물체표면이 수분이나 기름 등에 오염되었을 때에는 산화, 부식에 의해 정전기가 크게 발생된다.
>
> (다) 물체의 분리력 : 처음접촉, 분리가 일어날 때 정전기 발생은 최대가 되며 이후 접촉, 분리가 반복됨에 따라 발생량은 점차 감소한다.
>
> (라) 접촉면적 및 압력
> - 접촉 면적이 클수록 발생량은 커진다.
> - 접촉압력이 증가하면 접촉 면적이 커지므로 발생량도 증가하게 된다.
>
> (마) 분리속도
> - 전하완화시간이 길면 전원분리에 주는 에너지가 커져서 발생량이 증가한다.
> - 물체의 분리속도가 빠를수록 정전기 발생량은 커진다.

68 전기기기, 설비 및 전선로 등의 충전 유무 등을 확인하기 위한 장비는?

① 위상검출기   ② 디스콘 스위치

③ COS   ④ 저압 및 고압용 검전기

> **해설**
>
> 저압 및 고압용 검전기 : 전기기기, 설비 및 전선로 등의 충전유무를 확인하기 위한 장치

69 피뢰기로서 갖추어야 할 성능 중 틀린 것은?

① 충격 방전 개시전압이 낮을 것
② 뇌전류 방전 능력이 클 것
③ 제한전압이 높을 것
④ 속류 차단을 확실하게 할 수 있을 것

해설

피뢰기의 성능

· 반복동작이 가능할 것
· 구조가 견고하며 특성이 변화하지 않을 것
· 점검·보수가 간단할 것
· 충격방전 개시전압과 제한전압이 낮을 것(피뢰기의 충격방전개시전압 = 공칭전압 × 4.5배)
· 뇌전류의 방전능력이 크고, 속류의 차단이 확실하게 될 것

70 접지저항 저감 방법으로 틀린 것은?

① 접지극의 병렬 접지를 실시한다.
② 접지극의 매설 깊이를 증가시킨다.
③ 접지극의 크기를 최대한 작게 한다.
④ 접지극 주변의 토양을 개량하여 대지 저항률을 떨어뜨린다.

해설

접지저항 저감법

· 접지극의 매설깊이를 깊게(매설깊이 75cm 이상) 할 것
· 접지극의 수를 증가하여 이들을 병렬로 연결시킬 것
· 접지극의 크기를 크게 할 것
· 토양이 불량한 경우는 토질에 적합한 시공법을 택하거나, 접지 저항 저감제를 사용 토양을 개선할 것

71 교류 아크용접기의 사용에서 무부하 전압이 80V, 아크 전압 25V, 아크 전류 300A일 경우 효율은 약 몇 %인가? (단, 내부손실은 4kW이다.)

① 65.2
② 70.5
③ 75.3
④ 80.6

해설

1) 용접사용전압 = 아크전압 × 아크전류 = 25V × 300A = 7,500W
2) 총사용 전압 = 용접사용전압 + 내부손실전압 = 7,500W + 4,000W = 11,500W
3) 용접기 효율 = $\dfrac{용접사용전압}{총사용전압} = \dfrac{7,500\,W}{11,500\,W} \times 100 = 65.22\%$

72 아크방전의 전압전류 특성으로 가장 옳은 것은?

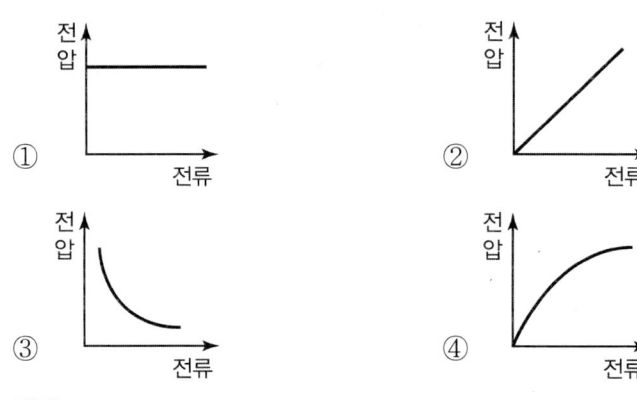

해설

아크방전의 주요특성

1) 아크방전 : 방전 현상 중에 가장 높은 전류 밀도하에서 발생한다.

2) 두전극사이의 전류가 증가할 때 아크방전은 외광방전에 의해 시작되며, 아크방전에 필요한 전압은 미광방전보다 낮지만 전류밀도와 온도는 높다.

73 다음 중 기기보호등급(EPL)에 해당하지 않는 것은?

① EPL Ga   ② EPL Ma

③ EPL Dc   ④ EPL Mc

해설

EPL(Equipment protection level) : 기기의 보호 등급

- 점화원이 될 수 있는 가능성에 따라 기기에 부여된 보호 등급

- EPL Ma / Mb : 폭발성 갱내 가스에 취약한 광산에 설치되는 기기

- EPL Ga / Gb / Gc : 폭발성 가스 분위기에 설치되는 기기

- EPL Da / Db / Dc : 폭발성 분진 부위기에 설치되는 기기

* a : 정상작동, 오작동 중에 점화원이 될 수 없는 매우 높은(Very high level) 보호 등급의 기기

* b : 정상작동, 오작동 중에 점화원이 될 수 없는 높은(High level) 보호 등급의 기기

* c : 정상작동 중에 전화원이 될 수 없고 정기적인 고장시 점화원으로 비활성 상태를 유지하기 위하여 추가적인 보호 장치가 있을수 있는 강화된 (Enhanced) 보호등급의 기기

74 다음 중 산업안전보건기준에 관한 규칙에 따라 누전차단기를 설치하지 않아도 되는 곳은?

① 철판·철골 위 등 도전성이 높은 장소에서 사용하는 이동형 전기기계·기구
② 대지전압이 220V인 휴대형 전기기계·기구
③ 임시배선의 전로가 설치되는 장소에서 사용하는 이동형 전기기계·기구
④ 절연대 위에서 사용하는 전기기계·기구

> **해설**
>
> 누전차단기 설치해야 하는 기구
> 1. 대지전압이 150볼트를 초과하는 이동형 또는 휴대형 전기기계·기구
> 2. 물 등 도전성이 높은 액체가 있는 습윤장소에서 사용하는 저압(1.5천볼트 이하 직류전압이나 1천볼트 이하의 교류전압을 말한다)용 전기기계·기구
> 3. 철판·철골 위 등 도전성이 높은 장소에서 사용하는 이동형 또는 휴대형 전기기계·기구
> 4. 임시배선의 전로가 설치되는 장소에서 사용하는 이동형 또는 휴대형 전기기계·기구

75 다음 설명이 나타내는 현상은?

> 전압이 인가된 이극 도체간의 고체 절연물 표면에 이물질이 부착되면 미소방전이 일어난다. 이 미소방전이 반복되면서 절연물 표면에 도전성 통로가 형성되는 현상이다.

① 흑연화현상   ② 트래킹현상
③ 반단선현상   ④ 절연이동현상

> **해설**
>
> 트래킹 현상 : 본문설명

76 다음 중 방폭구조의 종류가 아닌 것은?

① 본질안전 방폭구조   ② 고압 방폭구조
③ 압력 방폭구조   ④ 내압 방폭구조

> **해설**
>
> 방폭구조의 종류 및 특징
> (1) 압력(내부압) 방폭 구조
> (2) 유입 방폭 구조
> (3) 내압 방폭 구조
> (4) 안전증 방폭 구조
> (5) 본질 안전 방폭 구조
> (6) 특수 방폭 구조
> (7) 비점화 방폭 구조
> (8) 몰드 방폭 구조
> (9) 충전 방폭 구조

77 심실세동 전류 $I = \dfrac{165}{\sqrt{t}} \, (mA)$라면 심실세동 시 인체에 직접 받는 전기 에너지(cal)는 약 얼마인가? (단, t는 통전시간으로 1초이며, 인체의 저항은 500Ω으로 한다.)

① 0.52
② 1.35
③ 2.14
④ 3.25

해설

$$W = I^2 RT = \left(\frac{165}{\sqrt{T}} \times 10^{-3} \right)^2 \times 500 \times T = 13.6125\text{J} \times \frac{1\text{cal}}{4.186\text{J}} = 3.25\text{cal}$$

78 산업안전보건기준에 관한 규칙에 따른 전기기계·기구의 설치 시 고려할 사항으로 거리가 먼 것은?

① 전기기계·기구의 충분한 전기적 용량 및 기계적 강도
② 전기기계·기구의 안전효율을 높이기 위한 시간 가동율
③ 습기·분진 등 사용장소의 주위 환경
④ 전기적·기계적 방호수단의 적정성

해설

위험방지를 위한 전기기계·기구 설치 시 고려할 사항
1. 전기기계·기구의 충분한 전기적 용량 및 기계적 강도
2. 습기·분진 등 사용장소의 주위 환경
3. 전기적·기계적 방호수단의 적정성

79 정전작업 시 조치사항으로 틀린 것은?

① 작업 전 전기설비의 잔류 전하를 확실히 방전한다.
② 개로된 전로의 충전여부를 검전기구에 의하여 확인한다.
③ 개폐기에 잠금장치를 하고 통전금지에 관한 표지판은 제거한다.
④ 예비 동력원의 역송전에 의한 감전의 위험을 방지하기 위해 단락접지 기구를 사용하여 단락접지를 한다.

해설

③항, 개폐기에 시건 장치를 하고 통전금지에 관한 표지판을 설치한다.

80 정전기로 인한 화재 폭발의 위험이 가장 높은 것은?

① 드라이클리닝설비 ② 농작물 건조기
③ 가습기 ④ 전동기

해설

정전기로 인한 화재·폭발을 방지하기 위하여 조치가 필요한 설비
1. 위험물을 탱크로리·탱크차 및 드럼 등에 주입하는 설비
2. 탱크로리·탱크차 및 드럼 등 위험물저장설비
3. 인화성 액체를 함유하는 도료 및 접착제 등을 제조·저장·취급 또는 도포(塗布)하는 설비
4. 위험물 건조설비 또는 그 부속설비
5. 인화성 고체를 저장하거나 취급하는 설비
6. 드라이클리닝설비, 염색가공설비 또는 모피류 등을 씻는 설비 등 인화성유기용제를 사용하는 설비
7. 유압, 압축공기 또는 고전위정전기 등을 이용하여 인화성 액체나 인화성 고체를 분무하거나 이송하는 설비
8. 고압가스를 이송하거나 저장·취급하는 설비
9. 화약류 제조설비
10. 발파공에 장전된 화약류를 점화시키는 경우에 사용하는 발파기(발파공을 막는 재료로 물을 사용하거나 갱도발파를 하는 경우는 제외한다)

05 화학설비위험방지기술

81 산업안전보건법에서 정한 위험물질을 기준량 이상 제조하거나 취급하는 화학설비로서 내부의 이상상태를 조기에 파악하기 위하여 필요한 온도계·유량계·압력계 등의 계측장치를 설치하여야 하는 대상이 아닌 것은?

① 가열로 또는 가열기
② 증류·정류·증발·추출 등 분리를 하는 장치
③ 반응폭주 등 이상 화학반응에 의하여 위험물질이 발생할 우려가 있는 설비
④ 흡열반응이 일어나는 반응장치

해설

계측장치를 설치하여야 하는 대상
1. 발열반응이 일어나는 반응장치
2. 증류·정류·증발·추출 등 분리를 하는 장치
3. 가열시켜 주는 물질의 온도가 가열되는 위험물질의 분해온도 또는 발화점보다 높은 상태에서 운전되는 설비
4. 반응폭주 등 이상 화학반응에 의하여 위험물질이 발생할 우려가 있는 설비
5. 온도가 섭씨 350도 이상이거나 게이지 압력이 980킬로파스칼 이상인 상태에서 운전되는 설비
6. 가열로 또는 가열기

82 다음 중 퍼지(Purge)의 종류에 해당하지 않는 것은?

① 압력퍼지

② 진공퍼지

③ 스위프퍼지

④ 가열퍼지

해설

퍼지의 종류(불활성화 방법)

1) 진공퍼지(저압퍼지) : 용기에 대한 가장 일반적인 불활성화 방법으로 큰 용기는 보통 진공이 되도록 설계되지 않아서 큰 저장용기에는 사용할 수 없다.

2) 압력퍼지 : 가압하에서 불활성 가스를 주입함으로써 퍼지시킬 수 있는 방법이다.

3) 스위프퍼지 : 용기의 한 개구부로 퍼지가스를 가하고 다른 개구부로부터 대기로 혼합가스를 축출시키는 방법으로 용기나 장치에 압력을 가하거나 진공으로 할 수 없을 때에 사용된다.

83 폭발한계와 완전 연소 조성 관계인 Jones식을 이용하여 부탄(C_4H_{10})의 폭발하한계를 구하면 몇 vol% 인가?

① 1.4

② 1.7

③ 2.0

④ 2.3

해설

1) C_4H_{10}(부탄) 화약양론농도(C_{st})

$$C_{st} = \frac{1}{1 + 4.773\left(n + \dfrac{m}{4}\right)} \times 100 = \frac{1}{1 + 4.773 \times \left(4 + \dfrac{10}{4}\right)} \times 100 = 3.1226\%$$

2) ① C_4H_{10}의 폭발하한치 $= C_{st} \times 0.55 = 3.1226 \times 0.55 = 1.72 vol\%$

② C_4H_{10}의 폭발상한치 $= C_{st} \times 3.5 = 3.1226 \times 3.5 = 10.93 vol\%$

84 가스를 분류할 때 독성가스에 해당하지 않는 것은?

① 황화수소

② 시안화수소

③ 이산화탄소

④ 산화에틸렌

해설

③항 이산화탄소 : 불연성·비독성 가스

85 다음 중 폭발 방호 대책과 가장 거리가 먼 것은?

① 불활성화   ② 억제

③ 방산   ④ 봉쇄

해설

폭발방호대책

(1) 폭발봉쇄

(2) 폭발억제

(3) 폭발방산

(4) 대기방출

86 질화면(Nitrocellulose)은 저장·취급 중에는 에틸알코올 등으로 습면상태를 유지해야 한다. 그 이유를 옳게 설명한 것은?

① 질화면은 건조 상태에서는 자연적으로 분해하면서 발화할 위험이 있기 때문이다.

② 질화면은 알코올과 반응하여 안정한 물질을 만들기 때문이다.

③ 질화면은 건조 상태에서 공기 중의 산소와 환원반응을 하기 때문이다.

④ 질화면은 건조 상태에서 유독한 중합물을 형성하기 때문이다.

해설

질화면(니트로셀룰로오스 ; $[C_6H_7O_2(ONO_2)_3]_n$)

(1) 질화면은 건조한 상태에서 충격·마찰에 의해 위험성이 증대되고 자연발화에 의해 분해폭발할 수 있다.

(2) 질화면은 물과 혼합할수록 위험성이 감소되므로 저장·취급시는 물(20%), 용제 또는 알코올(30%)을 첨가하여 습면상태를 유지한다.

87 분진폭발의 특징으로 옳은 것은?

① 연소속도가 가스폭발보다 크다.

② 완전연소로 가스중독의 위험이 작다.

③ 화염의 파급속도보다 압력의 파급속도가 빠르다.

④ 가스폭발보다 연소시간은 짧고 발생에너지는 작다.

해설

분진폭발의 특성

· 연소속도나 폭발압력은 가스폭발보다는 작지만 가해지는 힘(파괴력)은 매우 크다.

· 2차 폭발을 한다.

· CO(일산화탄소)의 중독피해의 우려가 있다.

88 크롬에 대한 설명으로 옳은 것은?

① 은백색 광택이 있는 금속이다.　② 중독 시 미나마타병이 발병한다.

③ 비중이 물보다 작은 값을 나타낸다.　④ 3가 크롬이 인체에 가장 유해하다.

> **해설**
>
> 크롬(Cr)의 성상 등
>
> 1) 경도(Hardness)가 큰 은백색의 금속으로 부식에 대한 저항성이 크다.
> 2) 중독시 심한 과뇨증(혈뇨증)이 오며 비중격천공증 및 비강염을 유발한다.
> 3) 2가크롬(Cr^{2+}), 3가크롬(Cr^{3+}), 6가크롬(Cr^{6+}) 중에서 6가크롬이 인체에 가장 유해하며 발암성이 크다.

89 사업주는 인화성 액체 및 인화성 가스를 저장 취급하는 화학설비에서 증기나 가스를 대기로 방출하는 경우에는 외부로부터의 화염을 방지하기 위하여 화염방지기를 설치하여야 한다. 다음 중 화염방지기의 설치 위치로 옳은 것은?

① 설비의 상단　　　　　　② 설비의 하단

③ 설비의 측면　　　　　　④ 설비의 조작부

> **해설**
>
> 화염방지기 설치
>
> 인화성 액체 및 인화성 가스를 저장·취급하는 화학설비에서 증기나 가스를 대기로 방출하는 경우에는 외부로부터의 화염을 방지하기 위하여 화염방지기를 그 설비 상단에 설치해야 한다. 다만, 대기로 연결된 통기관에 화염방지 기능이 있는 통기밸브가 설치되어 있거나, 인화점이 섭씨 38도 이상 60도 이하인 인화성 액체를 저장·취급할 때에 화염방지 기능을 가지는 인화방지망을 설치한 경우에는 그렇지 않다.

90 열교환탱크 외부를 두께 0.2m의 단열재(열전도율 K = 0.037kcal/m·h·℃)로 보온하였더니 단열재 내면은 40℃, 외면은 20℃이었다. 면적 1m²당 1시간에 손실되는 열량(kcal)은?

① 0.0037　　　　　　② 0.037

③ 1.37　　　　　　　④ 3.7

> **해설**
>
> 손실열량(Q)
>
> $$Q = 0.037kcal/m \cdot hr \cdot ℃ \times \frac{1}{0.2m} \times (40-20)℃ = 3.7kcal/m^2 \cdot hr$$

91 산업안전보건법령상 다음 인화성 가스의 정의에서 (   )안에 알맞은 값은?

> "인화성 가스"란 인화한계 농도의 최저한도가 (㉠)% 이하 또는 최고한도와 최저한도의
> 차가 (㉡)% 이상인 것으로서 표준압력(101.3kPa), 20℃에서 가스 상태인 물질을 말한다.

① ㉠ 13, ㉡ 12
② ㉠ 13, ㉡ 15
③ ㉠ 12, ㉡ 13
④ ㉠ 12, ㉡ 15

[해설]

인화성 가스란 인화한계 농도의 최저한도가 13% 이하 또는 최고한도와 최저한도의 차가 12% 이상인
것으로서 표준압력(101.3kPa)에서 20℃에서 가스 상태인 물질을 의미한다.

92 액체 표면에서 발생한 증기농도가 공기 중에서 연소하한농도가 될 수 있는 가장 낮은 액체온도를
무엇이라 하는가?

① 인화점
② 비등점
③ 연소점
④ 발화온도

[해설]

인화점(인화온도) : 본문설명

93 위험물의 저장방법으로 적절하지 않은 것은?

① 탄화칼슘은 물 속에 저장한다.
② 벤젠은 산화성 물질과 격리시킨다.
③ 금속나트륨은 석유 속에 저장한다.
④ 질산은 감색병에 넣어 냉암소에 보관한다.

[해설]

탄화칼슘(CaC_2, 카바이트)
1) 물과 심하게 반응하여 수산화칼슘[$Ca(OH)_2$, 소석회]와 아세틸렌(C_2H_2)을 생성한다.
   $$CaC_2 + 2H_2O \rightarrow Ca(OH)_2 + C_2H_2$$
2) 저장 및 취급 : 밀폐된 저장용기 중에 저장하며 물 또는 습기 등이 침투되지 않도록 한다.

94 다음 중 열교환기의 보수에 있어 일상점검 항목과 정기적 개방점검항목으로 구분할 때 일상점검항목으로 거리가 먼 것은?

① 도장의 노후상황
② 부착물에 의한 오염의 상황
③ 보온재, 보냉재의 파손여부
④ 기초볼트의 체결정도

해설

열교환기의 점검사항
1) 일상점검 항목(운전 중에도 점검 가능한 항목)
   ① 보온재 및 보냉재의 파손 상황
   ② 도장의 열화 상황
   ③ 플랜지 부, 용접부 등에서 외부로 누출여부
   ④ 기초 볼트의 헐거움 여부
   ⑤ 기초(특히 Concrete 기초)에 파손이 없는지 여부
2) 정기적 개방점검항목
   ① 부식 및 폴리머(Polymer)등의 생성물 상황, 혹은 부착물에 의한 오염상황 여부
   ② 부식의 형태, 정도, 범위
   ③ 누출의 원인이 되는 균열, 흠집의 유무
   ④ 튜브의 두께가 감소되지 않았는지의 여부
   ⑤ 라이닝(Lining), 코팅(Coating) 상태

95 다음 중 반응기의 구조 방식에 의한 분류에 해당하는 것은?

① 탑형 반응기
② 연속식 반응기
③ 반회분식 반응기
④ 회분식 균일상반응기

해설

반응기의 분류
1) 조작방식에 의한 분류
   ① 회분식 반응기(Batch Reactor)
   ② 반회분식 반응기(Semi Batch Reactor)
   ③ 연속기 반응기(Plug Flow Reactor)
2) 구조방식에 의한 분류
   ① 교반조형 반응기
   ② 관형 반응기
   ③ 탑형 반응기
   ④ 유동충형 반응기

96 다음 중 공기 중 최소 발화에너지 값이 가장 작은 물질은?

① 에틸렌

② 아세트알데히드

③ 메탄

④ 에탄

해설

최소발화에너지(MIE)

가연성가스	최소발화에너지(공기 중)
이황화탄소(CS_2)	0.015×10^{-3}J
수소(H_2)	0.019×10^{-3}J
아세틸렌(C_2H_2)	0.020×10^{-3}J
에틸렌(C_2H_4)	0.096×10^{-3}J
산화에틸렌(C_2H_4O)	0.105×10^{-3}J
메탄(CH_4)	0.28×10^{-3}J
에탄(C_2H_6)	0.31×10^{-3}J
프로판(C_4H_{10})	0.31×10^{-3}J

97 다음 [표]의 가스(A~D)를 위험도가 큰 것부터 작은 순으로 나열한 것은?

	폭발하한값	폭발상한값
A	4.0vol%	75.0vol%
B	3.0vol%	80.0vol%
C	1.25vol%	44.0vol%
D	2.5vol%	81.0vol%

① D – B – C – A

② D – B – A C

③ C – D – A – B

④ C – D – B – A

해설

$$H = \frac{U - L}{L}$$

· H : 위험도

· U : 폭발상한

· L : 폭발하한

(1) A위험도 : $\dfrac{75 - 4}{4} = 17.75$

(2) B 위험도 : $\dfrac{80 - 3}{3} = 25.67$

(3) C 위험도 : $\dfrac{44 - 1.25}{1.25} = 34.2$

(4) D 위험도 : $\dfrac{81 - 2.5}{2.5} = 31.4$

∴ 위험도 크기 : C > D > B > A

98 알루미늄분이 고온의 물과 반응하였을 때 생성되는 가스는?

① 이산화탄소 　　　　　　② 수소

③ 메탄 　　　　　　　　　④ 에탄

> **해설**
>
> 알루미늄분(Al) : 뜨거운 물(H_2O)과 격렬하게 반응하여 수소(H_2)를 발생한다.
>
> $2Al + 6H_2O \rightarrow 2Al(OH)_3 + 3H_2$

99 메탄, 에탄, 프로판의 폭발하한계가 각각 5vol%, 3vol%, 2.1vol%일 때 다음 중 폭발하한계가 가장 낮은 것은? (단, Le - Chatelier의 법칙을 이용한다.)

① 메탄 20vol%, 에탄 30vol%, 프로판 50vol%의 혼합가스

② 메탄 30vol%, 에탄 30vol%, 프로판 40vol%의 혼합가스

③ 메탄 40vol%, 에탄 30vol%, 프로판 30vol%의 혼합가스

④ 메탄 50vol%, 에탄 30vol%, 프로판 20vol%의 혼합가스

> **해설**
>
> $$\frac{100}{L} = \frac{V_1}{L_1} + \frac{V_2}{L_2} + \frac{V_3}{L_3} + \cdots + \frac{V_n}{L_n}(vol\%), \quad L = \frac{V_1 + V_2 + V_3}{\dfrac{V_1}{L_1} + \dfrac{V_2}{L_2} + \dfrac{V_3}{L_3}}$$
>
> ① $L = \dfrac{20 + 30 + 50}{\dfrac{20}{5} + \dfrac{30}{3} + \dfrac{50}{2.1}} = 2.64\%$
>
> ② $L = \dfrac{30 + 30 + 40}{\dfrac{30}{5} + \dfrac{30}{3} + \dfrac{40}{2.1}} = 2.85\%$
>
> ③ $L = \dfrac{40 + 30 + 30}{\dfrac{40}{5} + \dfrac{30}{3} + \dfrac{30}{2.1}} = 3.09\%$
>
> ④ $L = \dfrac{50 + 30 + 20}{\dfrac{50}{5} + \dfrac{30}{3} + \dfrac{20}{2.1}} = 3.39\%$

100 고압가스 용기 파열사고의 주요 원인 중 하나는 용기의 내압력(耐壓力, Capacity to Resist Pressure)부족이다. 다음 중 내압력 부족의 원인으로 거리가 먼 것은?

① 용기 내벽의 부식
② 강재의 피로
③ 과잉 충전
④ 용접 불량

해설

용기 파열사고 원인 중 내압력 부족의 원인
1) 용기내벽의 부식
2) 강재의 피로
3) 용접불량

101 건설현장에 거푸집동바리 설치 시 준수사항으로 옳지 않은 것은?

① 파이프서포트 높이가 4.5m를 초과하는 경우에는 높이 2m 이내마다 2개 방향으로 수평 연결재를 설치한다.
② 동바리의 침하 방지를 위해 깔목의 사용, 콘크리트 타설, 말뚝박기 등을 실시한다.
③ 강재와 강재의 접속부는 볼트 또는 클램프 등 전용철물을 사용한다.
④ 강관틀 동바리는 강관틀과 강관틀 사이에 교차가새를 설치한다.

해설

높이가 3.5미터를 초과하는 경우에는 높이 2미터 이내마다 수평 연결재를 2개 방향으로 만들고 수평연결재의 변위를 방지할 것

102 고소작업대를 설치 및 이동하는 경우에 준수하여야 할 사항으로 옳지 않은 것은?

① 와이어로프 또는 체인의 안전율은 3이상일 것
② 붐의 최대 지면경사각을 초과 운전하여 전도되지 않도록 할 것
③ 고소작업대를 이동하는 경우 작업대를 가장 낮게 내릴 것
④ 작업대에 끼임·충돌 등 재해를 예방하기 위한 가드 또는 과상승방지장치를 설치할 것

해설

작업대를 와이어로프 또는 체인으로 올리거나 내릴 경우에는 와이어로프 또는 체인이 끊어져 작업대가 떨어지지 아니하는 구조여야 하며, 와이어로프 또는 체인의 안전율은 5 이상일 것

103 건설공사의 유해위험방지계획서 제출 기준일로 옳은 것은?

① 당해공사 착공 1개월 전까지
② 당해공사 착공 15일 전까지
③ 당해공사 착공 전날까지
④ 당해공사 착공 15일 후까지

해설

유해위험 방지계획서 제출

(1) 제품의 생산 공정과 직접적으로 관련된 건설물·기계·기구 및 설비 등 전부를 설치·이전하거나 그 주요 구조부분을 변경하려는 경우 : 작업 시작 15일전까지

(2) 유해하거나 위험한 작업 또는 장소에서 사용하거나 건강장해를 방지하기 위하여 사용하는 기계·기구 및 설비로서 기계·기구 및 설비를 설치·이전하거나 그 주요 구조부분을 변경하려는 경우 : 작업 시작 15일전까지

(3) 건설공사를 착공하려는 경우 : 해당 공사의 착공 전날까지

104 철골건립준비를 할 때 준수하여야 할 사항으로 옳지 않은 것은?

① 지상 작업장에서 건립준비 및 기계기구를 배치할 경우에는 낙하물의 위험이 없는 평탄한 장소를 선정하여 정비하여야 한다.
② 건립작업에 다소 지장이 있다하더라도 수목은 제거하거나 이설하여서는 안된다.
③ 사용전에 기계기구에 대한 정비 및 보수를 철저히 실시하여야 한다.
④ 기계에 부착된 앵카 등 고정장치와 기초구조 등을 확인하여야 한다.

해설

철골건립준비를 할 때 다음 각 호의 사항을 준수하여야 한다.

1. 지상 작업장에서 건립준비 및 기계기구를 배치할 경우에는 낙하물의 위험이 없는 평탄한 장소를 선정하여 정비하고 경사지에서는 작업대나 임시발판 등을 설치하는 등 안전하게 한 후 작업하여야 한다.
2. 건립작업에 지장이 되는 수목은 제거하거나 이설하여야 한다.
3. 인근에 건축물 또는 고압선 등이 있는 경우에는 이에 대한 방호조치 및 안전조치를 하여야 한다.
4. 사용전에 기계기구에 대한 정비 및 보수를 철저히 실시하여야 한다.
5. 기계가 계획대로 배치되어 있는가, 윈치는 작업구역을 확인할 수 있는 곳에 위치하였는가, 기계에 부착된 앵카 등 고정장치와 기초구조 등을 확인하여야 한다.

105 가설공사 표준안전 작업지침에 따른 통로발판을 설치하여 사용함에 있어 준수사항으로 옳지 않은 것은?

① 추락의 위험이 있는 곳에는 안전난간이나 철책을 설치하여야 한다.

② 작업발판의 최대폭은 1.6m 이내이어야 한다.

③ 비계발판의 구조에 따라 최대 적재하중을 정하고 이를 초과하지 않도록 하여야 한다.

④ 발판을 겹쳐 이음하는 경우 장선 위에서 이음을 하고 겹침길이는 10cm 이상으로 하여야 한다.

해설 _____

사업주는 통로발판을 설치하여 사용함에 있어서 다음 각 호의 사항을 준수하여야 한다.

1. 근로자가 작업 및 이동하기에 충분한 넓이가 확보되어야 한다.
2. 추락의 위험이 있는 곳에는 안전난간이나 철책을 설치하여야 한다.
3. 발판을 겹쳐 이음하는 경우 장선 위에서 이음을 하고 겹침길이는 20센티미터 이상으로 하여야 한다.
4. 발판 1개에 대한 지지물은 2개 이상이어야 한다.
5. 작업발판의 최대폭은 1.6미터 이내이어야 한다.
6. 작업발판 위에는 돌출된 못, 옹이, 철선 등이 없어야 한다.
7. 비계발판의 구조에 따라 최대 적재하중을 정하고 이를 초과하지 않도록 하여야 한다.

106 항타기 또는 항발기의 사용 시 준수사항으로 옳지 않은 것은?

① 증기나 공기를 차단하는 장치를 작업 관리자가 쉽게 조작할 수 있는 위치에 설치한다.

② 해머의 운동에 의하여 증기호스 또는 공기호스와 해머의 접속부가 파손되거나 벗겨지는 것을 방시하기 위하여 그 접속부기 이닌 부위를 선정하여 증기호스 뜨는 공기호스를 해머에 고정시킨다.

③ 항타기나 항발기의 권상장치의 드럼에 권상용 와이어로프가 꼬인 경우에는 와이어로프에 하중을 걸어서는 안된다.

④ 항타기나 항발기의 권상장치에 하중을 건 상태로 정지하여 두는 경우에는 쐐기장치 또는 역회전방지용 브레이크를 사용하여 제동하는 등 확실하게 정지시켜 두어야 한다.

해설 _____

항타기 및 항발기 사용 시 조치

① 사업주는 압축공기를 동력원으로 하는 항타기나 항발기를 사용하는 경우에는 다음 각 호의 사항을 준수하여야 한다.

  1. 해머의 운동에 의하여 공기호스와 해머의 접속부가 파손되거나 벗겨지는 것을 방지하기 위하여 그 접속부가 아닌 부위를 선정하여 공기호스를 해머에 고정시킬 것

  2. 공기를 차단하는 장치를 해머의 운전자가 쉽게 조작할 수 있는 위치에 설치할 것

② 사업주는 항타기나 항발기의 권상장치의 드럼에 권상용 와이어로프가 꼬인 경우에는 와이어로프에 하중을 걸어서는 아니 된다.

③ 사업주는 항타기나 항발기의 권상장치에 하중을 건 상태로 정지하여 두는 경우에는 쐐기장치 또는 역회전방지용 브레이크를 사용하여 제동하는 등 확실하게 정지시켜 두어야 한다.

107 건설업 중 유해위험방지계획서 제출 대상 사업장으로 옳지 않은 것은?

① 지상높이가 31m 이상인 건축물 또는 인공구조물, 연면적 30,000m² 이상인 건축물 또는 연면적 5,000m² 이상의 문화 및 집회시설의 건설공사

② 연면적 3,000m² 이상의 냉동·냉장 창고시설의 설비공사 및 단열공사

③ 깊이 10m 이상인 굴착공사

④ 최대 지간길이가 50m 이상인 다리의 건설 공사

해설

유해위험방지계획서 제출 대상

(1) 지상높이가 31미터 이상인 건축물 또는 인공구조물

(2) 연면적 3만제곱미터 이상인 건축물

(3) 연면적 5천제곱미터 이상인 시설로서 다음의 어느 하나에 해당하는 시설
　　1) 문화 및 집회시설(전시장 및 동물원·식물원은 제외한다)
　　2) 판매시설, 운수시설(고속철도의 역사 및 집배송시설은 제외한다)
　　3) 종교시설
　　4) 의료시설 중 종합병원
　　5) 숙박시설 중 관광숙박시설
　　6) 지하도상가
　　7) 냉동·냉장 창고시설

(4) 연면적 5천제곱미터 이상인 냉동·냉장 창고시설의 설비공사 및 단열공사

(5) 최대 지간(支間)길이(다리의 기둥과 기둥의 중심사이의 거리)가 50미터 이상인 다리의 건설등 공사

(6) 터널의 건설등 공사

(7) 다목적댐, 발전용댐, 저수용량 2천만톤 이상의 용수 전용 댐 및 지방상수도 전용 댐의 건설등 공사

(8) 깊이 10미터 이상인 굴착공사

108 건설작업용 타워크레인의 안전장치로 옳지 않은 것은?

① 권과 방지장치　　　　　② 과부하 방지장치

③ 비상정지 장치　　　　　④ 호이스트 스위치

해설

건설작업용 타워크레인의 안전장치(방호장치)

1) 권과방지장치

2) 과부하방지장치

3) 비상정지장치

4) 제동장치

109 이동식 비계를 조립하여 작업을 하는 경우의 준수기준으로 옳지 않은 것은?

① 비계의 최상부에서 작업을 할 때에는 안전난간을 설치하여야 한다.

② 작업발판의 최대적재하중은 400kg을 초과하지 않도록 한다.

③ 승강용 사다리는 견고하게 설치하여야 한다.

④ 작업발판은 항상 수평을 유지하고 작업발판 위에서 안전난간을 딛고 작업을 하거나 받침대 또는 사다리를 사용하여 작업하지 않도록 한다.

해설

이동식비계를 조립하여 작업을 할 때 준수사항

1. 이동식비계의 바퀴에는 뜻밖의 갑작스러운 이동 또는 전도를 방지하기 위하여 브레이크·쐐기 등으로 바퀴를 고정시킨 다음 비계의 일부를 견고한 시설물에 고정하거나 아웃트리거(Outrigger, 전도방지용 지지대)를 설치하는 등 필요한 조치를 할 것

2. 승강용사다리는 견고하게 설치할 것

3. 비계의 최상부에서 작업을 하는 경우에는 안전난간을 설치할 것

4. 작업발판은 항상 수평을 유지하고 작업발판 위에서 안전난간을 딛고 작업을 하거나 받침대 또는 사다리를 사용하여 작업하지 않도록 할 것

5. 작업발판의 최대적재하중은 250킬로그램을 초과하지 않도록 할 것

110 토사붕괴원인으로 옳지 않은 것은?

① 경사 및 기울기 증가

② 성토높이의 증가

③ 건설기계 등 하중작용

④ 토사중량의 감소

해설

토사붕괴의 원인

1) 외적요인

　① 사면, 법면의 경사 및 구배의 증가

　② 절토 및 성토 높이의 증가

　③ 공사에 의한 진동 및 반복하중의 증가

　④ 지표수 및 지하수의 침투에 의한 토사중량 증가

　⑤ 지진, 차량, 구조물의 하중

2) 내적요인

　① 절토사면의 토질, 암석

　② 성토사면의 토질

　③ 토석의 강도저하

111 건설용 리프트의 붕괴 등을 방지하기 위해 받침의 수를 증가 시키는 등 안전조치를 하여야 하는 순간풍속 기준은?

① 초당 15미터 초과　　　　　② 초당 25미터 초과

③ 초당 35미터 초과　　　　　④ 초당 45미터 초과

> **해설**
>
> 순간 풍속이 35m/sec 초과 시는 건설용 리프트에 대하여 받침수를 증가시키는 등 도괴방지를 위한 조치를 할 것.

112 토사붕괴에 따른 재해를 방지하기 위한 흙막이 지보공 부재로 옳지 않은 것은?

① 흙막이판　　　　　　　　　② 말뚝

③ 턴버클　　　　　　　　　　④ 띠장

> **해설**
>
> 턴버클(Turn Buckle) : 인장재(줄)를 팽팽히 당겨 조이는 나사 있는 탕개쇠로 거푸집 연결시 철선을 조이는데 사용하는 긴장기

113 가설구조물의 특징으로 옳지 않은 것은?

① 연결재가 적은 구조로 되기 쉽다.

② 부재 결합이 간략하여 불안전 결합이다.

③ 구조물이라는 개념이 확고하여 조립의 정밀도가 높다.

④ 사용부재는 과소단면이거나 결함재가 되기 쉽다.

> **해설**
>
> ③항, 구조설계의 개념이 확실하지 않고 조립의 정밀도가 낮다.

114 사다리식 통로 등의 구조에 대한 설치기준으로 옳지 않은 것은?

① 발판의 간격은 일정하게 할 것
② 발판과 벽과의 사이는 15cm 이상의 간격을 유지할 것
③ 사다리식 통로의 길이가 10m 이상인 때에는 7m 이내마다 계단참을 설치할 것
④ 사다리의 상단은 걸쳐놓은 지점으로부터 60cm 이상 올라가도록 할 것

해설

사다리식 통로의 설치기준
1. 견고한 구조로 할 것
2. 심한 손상·부식 등이 없는 재료를 사용할 것
3. 발판의 간격은 일정하게 할 것
4. 발판과 벽과의 사이는 15센티미터 이상의 간격을 유지할 것
5. 폭은 30센티미터 이상으로 할 것
6. 사다리가 넘어지거나 미끄러지는 것을 방지하기 위한 조치를 할 것
7. 사다리의 상단은 걸쳐놓은 지점으로부터 60센티미터 이상 올라가도록 할 것
8. 사다리식 통로의 길이가 10미터 이상인 경우에는 5미터 이내마다 계단참을 설치할 것
9. 사다리식 통로의 기울기는 75도 이하로 할 것. 다만, 고정식 사다리식 통로의 기울기는 90도 이하로 하고, 그 높이가 7미터 이상인 경우에는 바닥으로부터 높이가 2.5미터 되는 지점부터 등받이울을 설치할 것
10. 접이식 사다리 기둥은 사용 시 접혀지거나 펼쳐지지 않도록 철물 등을 사용하여 견고하게 조치할 것

2022

115 가설통로를 설치하는 경우 준수해야 할 기준으로 옳지 않은 것은?

① 경사는 30° 이하로 할 것
② 경사가 25°를 초과하는 경우에는 미끄러지지 아니하는 구조로 할 것
③ 건설공사에 사용하는 높이 8m 이상인 비계다리에는 7m 이내마다 계단참을 설치할 것
④ 수직갱에 가설된 통로의 길이가 15m 이상인 때에는 10m 이내마다 계단참을 설치할 것

해설

가설통로 설치 시 준수사항
1. 견고한 구조로 할 것
2. 경사는 30도 이하로 할 것. 다만, 계단을 설치하거나 높이 2미터 미만의 가설통로로서 튼튼한 손잡이를 설치한 경우에는 그러하지 아니하다.
3. 경사가 15도를 초과하는 경우에는 미끄러지지 아니하는 구조로 할 것
4. 추락할 위험이 있는 장소에는 안전난간을 설치할 것. 다만, 작업상 부득이한 경우에는 필요한 부분만 임시로 해체할 수 있다.
5. 수직갱에 가설된 통로의 길이가 15미터 이상인 경우에는 10미터 이내마다 계단참을 설치할 것
6. 건설공사에 사용하는 높이 8미터 이상인 비계다리에는 7미터 이내마다 계단참을 설치할 것

116 터널공사에서 발파작업 시 안전대책으로 옳지 않은 것은?

① 발파전 도화선 연결상태, 저항치 조사 등의 목적으로 도통시험 실시 및 발파기의 작동상태에 대한 사전점검 실시

② 모든 동력선은 발원점으로부터 최소한 15m 이상 후방으로 옮길 것

③ 지질, 암의 절리 등에 따라 화약량에 대한 검토 및 시방기준과 대비하여 안전조치 실시

④ 발파용 점화회선은 타동력선 및 조명회선과 한곳으로 통합하여 관리

> **해설**
>
> ④항, 발파용 점화회선은 타동력선 및 조명회선과 분리하여 관리

117 건설업 산업안전보건관리비 계상 및 사용기준은 산업재해보상 보험법의 적용을 받는 공사 중 총 공사금액이 얼마 이상인 공사에 적용하는가?(단, 전기공사업법, 정보통신공사업법에 의한 공사는 제외)

① 4천만원   ② 3천만원

③ 2천만원   ④ 1천만원

> **해설**
>
> 건설공사 중 총공사금액 2천만 원 이상인 공사에 적용한다. 다만, 다음 각 호의 어느 하나에 해당되는 공사 중 단가계약에 의하여 행하는 공사에 대하여는 총계약금액을 기준으로 적용한다.
>
> [과거] 안전관리비 적용범위 : 산업재해보상보험법의 적용을 받는 공사중 총공사금액이 4,000만원 이상인 건설공사

118 건설업의 공사금액이 850억 원일 경우 산업안전보건법령에 따른 안전관리자의 수로 옳은 것은? (단, 전체 공사기간을 100으로 할 때 공사 전·후 해당하는 경우는 고려하지 않는다.)

① 1명 이상　　　　　　　② 2명 이상
③ 3명 이상　　　　　　　④ 4명 이상

> **해설**

건설업의 규모에 따른 안전관리자의 수

공사금액	안전관리자의 수
공사금액 50억원 이상(관계수급인은 100억원이상) 120억원 미만(토목공사업은 150억원 미만)	1명 이상
공사금액 120억원 이상(토목 공사업은 150억원이상) 800억원 미만	
공사금액 800억원 이상 1500억원 미만	2명 이상(다만, 전체공사 기간중 전·후 15에 해당하는 기간은 1명이상)
공사금액 1500억원 이상 2200억원 미만	3명 이상(다만, 전체공사기간 중 전·후 12에 해당하는 기간은 2명이상)
공사금액 1조원 이상	11명 이상[매 2천억원(2조원 이상부터는 매 3천억원)마다 1명씩 추가] (다만, 전체공사기간 중 전·후 15에 해당하는 기간은 선임대상 안전관리자수의 2분의 1이상)

---

119 거푸집 동바리의 침하를 방지하기 위한 직접적인 조치로 옳지 않은 것은?

① 수평연결재 사용　　　　② 깔목의 사용
③ 콘크리트의 타설　　　　④ 말뚝박기

> **해설**

거푸집동바리 조립시 준수사항(거푸집동바리 등의 안전조치)
(1) 깔목의 사용, 콘크리트 타설(打設), 말뚝박기 등 동바리의 침하를 방지하기 위한 조치를 할 것
(2) 개구부 상부에 동바리를 설치하는 때에는 상부하중을 견딜 수 있는 견고한 받침대를 설치할 것
(3) 동바리의 상하고정 및 미끄러짐 방지조치를 하고, 하중의 지지상태를 유지할 것
(4) 동바리의 이음은 맞댄이음 또는 장부이음으로 하고 같은 품질의 재료를 사용할 것
(5) 강재와 강재와의 접속부 및 교차부는 볼트·클램프 등 전용철물을 사용하여 단단히 연결할 것
(6) 거푸집이 곡면인 때에는 버팀대의 부착 등 그 거푸집의 부상(浮上)을 방지하기 위한 조치를 할 것

120 달비계에 사용하는 와이어로프의 사용금지 기준으로 옳지 않은 것은?

① 이음매가 있는 것
② 열과 전기 충격에 의해 손상된 것
③ 지름의 감소가 공칭지름의 7%를 초과하는 것
④ 와이어로프의 한 꼬임에서 끊어진 소선의 수가 7% 이상인 것

해설

이음매가 있는 와이어로프 등의 사용금지사항
(1) 이음매가 있는 것
(2) 와이어로프의 한 꼬임에서 끊어진 소선(필러선 제외)의 수가 10%이상(비전로프의 경우에는 끊어진 소선의 수가 와이어로프 호칭지름의 6배 길이 이내에서 4개 이상이거나 호칭지름의 30배 길이 이내에서 8개 이상)인 것
(3) 지름의 감소가 공칭지름의 7%를 초과하는 것
(4) 꼬인 것
(5) 심하게 변형 또는 부식된 것
(6) 열과 전기충격에 의해 손상된 것

CBT 제1회 필기 모의고사			수험번호	성명
자격종목 **산업안전기사**		시험시간 **3시간**	시험유형	

※ 답안카드 작성시 시험문제지 형별누락, 마킹착오로 인한 불이익은 전적으로 수험자의 귀책사유임을 알려드립니다.

** 본문제는 수검자의 생각에 의한 것으로 실제 문제와 약간 다를 수 있음.

01 산업재해 예방 및 안전보건교육

01 다음 중 물체의 낙하, 충격 및 찔림에 의한 위험으로부터 발을 보호하고 아울러 정전기의 인체 대전을 방지하기 위한 안전화의 종류로 옳은 것은?

① 가죽제 안전화
② 고무제 안전화
③ 정전기 안전화
④ 절연화

해설

정전기 안전화에 대한 설명이다.

02 안전사고의 본질적 특성으로 옳지 않은 것은?

① 사고 발생의 시간성
② 우연성 중의 법칙성
③ 필연성 중의 우연성
④ 사고 재현의 가능성

해설

안전사고의 본질적 특성
(1) 사고발생의 시간성
(2) 우연성 중의 법칙성
(3) 필연성 중의 우연성
(4) 사고의 재현 불가능성

03 다음 중 안전보건관리 책임자의 업무 내용에 해당하지 않는 것은?

① 산업재해 예방계획의 수립에 관한 사항
② 근로자의 안전·보건교육에 관한 사항
③ 근로자의 건강진단 등 건강관리에 관한 사항
④ 사업장 순회점검·지도 및 조치의 건의

해설

사업장 순회점검·지도 및 조치의 건의는 안전관리자의 업무 내용이다.

04 산업현장에서는 용도에 따라 색을 선택해서 사용한다. 다음 중 색의 선택조건으로 옳지 않은 것은?

① 차분하고 밝은 색을 선택한다.
② 지루함을 없앨 수 있는 악센트를 준다.
③ 빛의 반사도가 낮은 순백색을 사용한다.
④ 차가운색, 아늑한 색을 구분하여 사용한다.

해설
빛의 반사도가 높은 순백색은 사용을 피한다.

05 중대재해란 산업재해 중 사망 등 재해 정도가 심하거나 다수의 재해자가 발생한 경우로서 고용노동부령으로 정하는 재해를 말한다. 이 때 고용노동부령으로 정하는 중대 재해로 옳지 않은 것은?

① 사망자가 1명 이상 발생한 재해를 의미한다.
② 3개월 이상의 요양이 필요한 부상자가 동시에 2명이상 발생한 재해를 의미한다.
③ 부상자가 동시에 5명 이상 발생한 재해를 의미한다.
④ 직업성 질병자가 동시에 10명 이상 발생한 재해를 의미한다.

해설
중대재해란 부상자 또는 직업성 질병자가 동시에 10명이상 발생한 재해를 의미한다.

06 어느 사업장의 근로자의 평균 작업 시 소비하는 에너지량이 10kcal/min이라 할 때 필요한 휴식시간 (min)은 얼마인가?

① 약 15   ② 약 25
③ 약 35   ④ 약 45

해설
$$R = \frac{E-5}{E-1.5} \times 60 = \frac{10-5}{10-1.5} \times 60 = 35.29 \text{min}$$

07 다음은 재해에 대한 설명이다. 설명에 해당하는 재해의 분류로 옳은 것은?

- 사고에 의한 부상으로 실체의 일부가 영구적으로 기능을 상실한 상태이다.
- 신체 장애 등급은 4 ~ 14급에 해당한다.

① 영구 일부 노동 불능 상해   ② 영구 전노동 불능 상해
③ 일시 일부 노동 불능 상해   ④ 일시 전노동 불능 상해

해설
영구 일부 노동 불능 상해 : 사고에 의한 부상으로 신체의 일부가 영구적으로 기능을 상실한 상태로 신체 장애 등급은 4 ~ 14급에 해당한다.

08 안전관리 계획 수립 시 유의사항으로 옳지 않은 것은?

① 사업장의 실태에 맞도록 독자적으로 수립하되 실현가능성이 있어야 한다.

② 직장단위로 구체적 계획을 작성한다.

③ 계획상의 재해 감소 목표는 가장 이상적인 목표 수준을 기준으로 한다.

④ 복수적인 계획안을 내어 그 중에서 선택한다.

해설 ....

계획상의 재해 감소 목표는 점진적으로 수준을 높이도록 한다.

09 다음 그림에 해당하는 안전보건 표지의 종류로 옳은 것은?

① 인화성 물질 경고   ② 산화성 물질 경고

③ 화기 사용 경고   ④ 폭발성 물질 경고

해설 ....

해당 그림은 인화성 물질 경고 표지이다.

10 재해의 원인을 통계적으로 분석하는 방법은 다양하다. 옳게 설명한 것은?

① 크로스(Cross)분석이란 문제 및 목표 이해를 편리하게 하기 위해 사고 유형, 기인물 등 분류 항목을 큰 순서대로 도표화 한 분석법이다.

② 관리도란 데이터(Data)를 집계 후 표로 표시하고 요인별 결과 내역을 교차한 크로스 그림을 작성하여 2가지 이상의 문제 관계를 분석히는데 이용하는 방법이다.

③ 파렛토도란 재해 발생 건수 등의 추이를 파악하여 목표관리를 행하는데 필요한 월별 재해발생수를 그래프화하여 관리선을 설정 관리하는 방법이다.

④ 특성 요인도란 특성과 요인관계를 도표로 하여 어골상으로 세분화 한 분석법이다.

해설 ....

재해의 통계적 분석

(1) 파렛토도란 문제 및 목표 이해를 편리하게 하기 위해 사고 유형, 기인물 등 분류 항목을 큰 순서대로 도표화 한 분석법이다.

(2) 특성 요인도란 특성과 요인관계를 도표로 하여 어골상으로 세분화 한 분석법이다.

(3) 크로스(Cross)분석이란 데이터(Data)를 집계 후 표로 표시하고 요인별 결과 내역을 교차한 크로스 그림을 작성하여 2가지 이상의 문제 관계를 분석하는데 이용하는 방법이다.

(4) 관리도란 재해 발생 건수 등의 추이를 파악하여 목표관리를 행하는데 필요한 월별 재해발생수를 그래프화하여 관리선을 설정 관리하는 방법이다.

CBT

11 재해의 발생 원리를 하인리히의 사고 연쇄성 이론으로 설명할 때 사고 발생의 기본 2단계에 해당하는 것은?

① 불안전한 행동 및 불안전한 상태(물리적, 기계적 위험)
② 사회적 환경 및 유전적 요소
③ 개인적 결함
④ 사고

해설
하인리히(Heinrich)의 사고연쇄성 이론[도미노(domino)현상]
· 1단계 : 사회적 환경 및 유전적 요소
· 2단계 : 개인적 결함
· 3단계 : 불안전한 행동 및 불안전한 상태(물리적, 기계적 위험)
· 4단계 : 사고
· 5단계 : 재해

12 상시근로자를 400명 채용하고 있는 사업장에서 주 40시간씩 50주를 작업하였을 때, 재해가 180건 발생되고 이에 따른 근로손실일수가 780이라면 강도율은 얼마인가?

① 0.42
② 0.75
③ 0.98
④ 1.22

해설
$$강도율 = \frac{근로손실일수}{연근로시간수} \times 1,000 = \frac{780일}{400명 \times 40시간/주 \times 50주/년} \times 1,000 = 0.98$$

13 다음 중 산업안전보건위원회에서 위원회 구성 시 사용자위원에 포함되지 않는 것은?

① 사업장 대표자
② 명예산업안전감독관
③ 산업보건의
④ 안전관리자

해설
명예산업안전감독관은 근로자 위원에 포함된다.

14 다음 중 고음만을 차음할 수 있는 귀보호구로 옳은 것은?

① EP - 1
② EP - 2
③ EM - 1
④ EM - 2

해설
EP – 2는 고음만을 차음하도록 만든 것이다.

15 하인리히의 재해 코스트에 대한 설명으로 옳지 않은 것은?

① 총 재해 코스트는 직접비와 간접비를 합산하여 구할 수 있다.

② 직접비가 1억원이라고 할 때, 총 재해코스트는 4억원으로 본다.

③ 직접비는 법령으로 정한 피해자에게 지급되는 산재 보상비로 휴업보상비, 장해보상비, 요양보상비, 장의비, 유족보상비 등이 여기에 해당한다.

④ 간접비에는 재산손실, 생산 중단 등으로 기업이 입은 손실로 인적손실, 물적손실, 생산손실 등이 포함된다.

> **해설**
>
> 직접비와 간접비가 1 : 4의 비율이므로, 직접비가 1억원이면 간접비는 4억원이다.
> 그러므로 총 재해 코스트는 5억원이다.

16 다음 중 방독마스크의 정화통 표지 색이 적색인 것으로 옳은 것은?

① 할로겐용   ② 일산화탄소용

③ 암모니아용   ④ 청산가리용

> **해설**
>
> 방독마스크 정화통 색
> (1) 할로겐용 – 회색 또는 흑색
> (2) 암모니아용 – 녹색
> (3) 청산가리용 - 청색

17 근로자가 500명인 사업장에서 신체장애 등급 2급이 3명, 신체장애 등급 10급이 5명, 의사진단에 의한 휴업일수가 1,500일 발생하였다면 이 때 강도율은? (단, 연근로시간수는 2,400시간으로 한다.)

① 0.22   ② 2.22

③ 22.28   ④ 222.8

> **해설**
>
> $$강도율 = \frac{근로손실일수}{연근로시간수} \times 1,000$$
>
> $$= \frac{(7,500일 \times 3) + (600일 \times 5) + (1,500일 \times \frac{300}{365})}{500명 \times 2,400시간/연} \times 1,000 = 22.28$$

18 안전모의 성능 시험 항목으로 옳지 않은 것은?

① 내관통성 시험   ② 충격흡수성 시험
③ 난연성 시험   ④ 내노후성 시험

> **해설**
>
> 안전모 성능 시험 항목
> (1) 내관통성 시험
> (2) 충격흡수성 시험
> (3) 내전압성 시험(AE와 ABE)
> (4) 내수성 시험(AE와 ABE)
> (5) 난연성 시험
> (6) 턱끈 풀림시험

19 다음 중 라인형 조직에 대한 특징으로 옳지 않은 것은?

① 안전지시나 개선조치가 각 부분의 직제를 통하여 생산업무와 같이 흘러가므로 지시나 조치가 철저할 뿐만 아니라 그 실시도 빠르다.
② 명령과 보고가 상하관계 뿐이므로 간단명료하다.
③ 안전 전문 입안이 되어 안전에 대한 정보가 충분하다.
④ 100명 이하의 소규모 사업장에 적합하다.

> **해설**
>
> 안전에 대한 정보가 불충분하며, 안전 전문 입안이 되어 있지 않아 내용이 빈약하다.

20 다음 중 방진 마스크의 구비 조건으로 옳지 않은 것은?

① 분진포집효율이 높을 것   ② 흡·배기저항이 높을 것
③ 사용 면적이 적을 것   ④ 중량이 가벼울 것

> **해설**
>
> 흡·배기저항이 낮을 것

02 인간공학 및 위험성 평가 · 관리

21 다음 중 휴먼에러(Human Error)의 종류로 옳지 않은 것은?

① Man
② Machine
③ Management
④ Movement

해설

휴먼에러(Human Error)의 배후요인 4요소(4M)
· 사람(Man)
· 기계(Machine)
· 미디어(Media)
· 매니지먼트(Management)

22 다음은 이상 고온에 의한 특징을 설명한 내용이다. 해당 설명과 관련된 이상고온 현상으로 옳은 것은?

· 고온·다습한 환경에서 격심한 노동을 오랫동안 하거나 강한 태양빛에 의해 뇌 온도가 상승하여 중추 신경 기능에 문제가 생기는 위급 상태를 의미한다.
· 전신의 피부가 건조해지고 땀이 배출되지 않아 체열 방산이 일어나지 못해 직장 온도가 상승(40℃ 이상)한다.

① 열사병(Heat Stroke)
② 열피로(Heat Exhaustion)
③ 열경련(Heat Cramp)
④ 열실신(Heat Syncope)

해설

열사병에 관한 설명이다.

23 FT도에서 각 사상이 발생할 확률이 0.1, 0.2, 0.3이라 할 때, 해당 사상들이 OR Gate로 연결되었다면, 정상사상이 발생할 확률은 얼마인가?

① 0.296
② 0.496
③ 0.628
④ 0.828

해설

사상이 OR Gate로 연결되어있는 경우

$T_2 = 1 - (1 - A) \times (1 - B) \times (1 - C)$
$= 1 - (1 - 0.1) \times (1 - 0.2) \times (1 - 0.3) = 0.496$

24 반경 15cm의 조종구를 20°움직였을 때 표시장치는 2cm 이동하였다. 이 때 통제표시비(C/D)는 약 얼마인가?

① 2.62

② 3.22

③ 4.42

④ 5.32

> **해설**
>
> $$\frac{C}{D}비 = \frac{\frac{a}{360} \times 2\pi L}{표시계기의이동거리} = \frac{\frac{20}{360} \times 2 \times \pi \times 15}{2} = 2.62$$

25 위험 및 운전성 검토(HAZOP)에서 사용하는 용어 중 완전한 대체를 의미하는 것은?

① Other than

② More or Less

③ As well As

④ Reverse

> **해설**
>
> Other than : 완전한 대체(통상 운전과 다르게 되는 상태)

26 다음 중 인간공학의 목적으로 거리가 먼 것은?

① 안전성 향상

② 기계 조작의 능률성

③ 기술의 개발

④ 환경의 쾌적성

> **해설**
>
> 인간공학의 목적
> - 첫 번째 목표 : 안전성 향상 및 사고 방지
> - 두 번째 목표 : 기계 조작의 능률성과 생산성 향상
> - 세 번째 목표 : 환경의 쾌적성

27 통제장치의 선택 조건으로 옳지 않은 것은?

① 계기 지침의 작동 방향과 대상물이 움직이는 방향이 일치하는 통제 기기를 사용하여야 한다.

② 복잡하고 정밀한 조작이 필요한 통제기기의 경우 멀티로테이션 컨트롤(Multi Rotation Control) 기기를 사용하는 것이 좋다.

③ 대상의 통제가 불규칙한 경우 설정 위치마다 저항을 약하게 두는 것이 좋다.

④ 특정 목적에 사용하는 통제기기의 경우 단독으로 사용하는 것보다 여러 종류를 조합해서 사용하는 것이 효과적이다.

> **해설**
>
> 대상의 통제가 불규칙한 경우 설정 위치마다 저항을 강하게 두는 것이 좋다.

28 화학물질 관리법에서 정의하는 유해 화학물질의 종류로 옳지 않은 것은?

① 제한물질　　　　　　　② 허가물질
③ 금지물질　　　　　　　④ 취급물질

> **해설**
>
> 유독물질, 허가물질, 제한물질 또는 금지물질, 사고대비물질, 그 밖에 유해성 또는 위해성이 있거나 그럴 우려가 있는 화학물질을 말한다.

29 FTA에 의한 재해사례 연구순서 중 2단계에 해당하는 것은?

① 탑 사상의 선정　　　　② 사상의 재해 원인의 규명
③ FT의 작성　　　　　　④ 개선 계획의 작성

> **해설**
>
> D.R Cherition의 FTA에 의한 재해사례 연구순서
> · 1단계 : 탑(TOP) 사상의 선정
> · 2단계 : 사상의 재해 원인의 규명
> · 3단계 : FT의 작성
> · 4단계 : 개선 계획의 작성

30 소음과 작업과의 관계로 옳지 않은 것은?

① 일정한 소음이 90dB을 초과하지 않는 경우 작업에 방해를 주지 않는다.
② 단순한 작업보다 복잡하고 세밀한 작업이 소음에 더 큰 영향을 받는다.
③ 지주피음이 고주파음보다 작업에 큰 영향을 미친다.
④ 불규칙한 소음은 90dB 이하에서도 작업에 방해를 줄 수 있다.

> **해설**
>
> 고주파음이 저주파음보다 작업에 큰 영향을 미친다.

31 필요 절차의 불확실한 수행에 따라 발생하는 휴먼에러의 종류로 옳은 것은?

① Omission Error　　　　② Time Error
③ Commission Error　　　④ Sequential Error

> **해설**
>
> Commission Error(수행 에러) : 필요 절차의 불확실한 수행에 따른 에러

32 다음 설명에 해당하는 비전리 방사선으로 옳은 것은?

> (1) 물체가 작열 시 방출하는 파장으로 열작용을 일으켜 열선이라고도 부른다.
> (2) 온실효과를 유발하기도 한다.
> (3) 혈액 순환을 도와 진통 작용을 일으켜 치료에 사용되기도 한다.

① 가시광선   ② 자외선
③ 적외선   ④ X선

해설

적외선(Infrared Radiation)
· 물체가 작열 시 방출하는 파장으로 열작용을 일으켜 열선이라고도 부른다.
· 온실효과를 유발하기도 한다.
· 피부 홍반을 일으킬 수 있으나 색소 침착은 일으키지 않는다.
· 혈액 순환을 도와 진통 작용을 일으켜 치료에 사용되기도 한다.

33 안전성 평가의 기본 원칙 6단계 중 3단계에 해당하는 것은?

① 안전 대책   ② 정성적 평가
③ 정량적 평가   ④ FTA에 의한 재평가

해설

안전성 평가 기본 원칙 6단계
· 제1단계 : 관계 자료의 정비검토
· 제2단계 : 정성적 평가
· 제3단계 : 정량적 평가
· 제4단계 : 안전 대책
· 제5단계 : 재해 정보에 의한 재평가
· 제6단계 : FTA에 의한 재평가

34 예측할 수 없을 때 생기는 고장으로 시운전이나 점검 작업으로는 방지할 수 없는 고장을 무엇이라 하는가?

① 초기고장   ② 우발고장
③ 마모고장   ④ 상쇄고장

해설

우발고장 : 예측할 수 없을 때 생기는 고장으로 시운전이나 점검 작업으로는 방지할 수 없는 고장을 의미한다.

35 정보를 전송하기 위하여 표시장치를 선택할 때 시각장치보다 청각장치를 사용하는 것이 더 좋은 경우는?

① 메시지가 즉각적인 행동을 요구하는 경우
② 메시지가 공간적인 위치를 다루는 경우
③ 메시지가 이후에 다시 재참조되는 경우
④ 직무상 수신자가 한 곳에 머무르는 경우

해설

청각장치는 시각장치보다 즉각적 행동을 요구할 때 사용하기 좋다.

36 다음에 설명하는 시스템 안전 분석 기법으로 옳은 것은?

> 시스템 안전 프로그램의 최초 분석 단계로 시스템 내 위험한 요소가 얼마나 위험한 상태에 위치하고 있는가를 정성적으로 평가하는 것을 의미한다.

① 예비사고 분석(PHA)　　② 결함사고 분석(FHA)
③ 고장형태와 영향분석(FMEA)　　④ 위험도 분석(CA)

해설

예비사고 분석(PHA : Preliminary Hazards Analysis) : 시스템 안전 프로그램의 최초 분석 단계로 시스템 내 위험한 요소가 얼마나 위험한 상태에 위치하고 있는가를 정성적으로 평가하는 것을 의미한다.

37 작업시간 동안 잠시도 노출되어서는 안되는 농도를 의미하는 용어로 옳은 것은?

① TLV　　② TLV-TWA
③ TLV-STEL　　④ TLV-C

해설

TLV-C(Threshold Limit Value-Ceiling, 최고허용기준) : 작업시간 동안 잠시도 노출되어서는 안되는 농도를 의미한다.

38 광원 혹은 반사광이 시계 내에 존재하는 경우 성가신 느낌과 함께 불편감을 주어 시성능을 저하시킨다. 이러한 광원으로부터 직사 휘광을 처리하는 방법으로 옳지 않은 것은?

① 광원을 시선에서 멀리 위치시킨다.
② 차양 혹은 갓 등을 사용한다.
③ 광원의 휘도를 줄이고 광원의 수를 늘린다.
④ 휘광원의 주위를 밝게 하여 광속 발산비를 늘린다.

> **해설**
>
> 광원으로부터의 직사휘광 처리
> ·광원의 휘도를 줄이고 수를 증가시킨다.
> ·광원을 시선에서 멀리 위치시킨다.
> ·휘광원 주위를 밝게 하여 광속발산비(휘도)를 줄인다.
> ·가리개(Shield), 갓(Hood), 혹은 차양(Visor)을 사용한다.

39 작업자의 상해 또는 주요 시스템의 손해가 생기는 일이 없이 배제 또는 제어할 수 있는 위험성 단계로 옳은 것은?

① 파국적(Catastrophic)   ② 위험(Critical)
③ 한계적(Marginal)   ④ 무시(Negligible)

> **해설**
>
> 한계적(marginal) : 인원의 상해 또는 주요시스템의 손해가 생기는 일이 없이 배제 또는 제어할 수 있다.

40 방사선에 대한 설명으로 옳지 않은 것은?

① 에너지가 전자기파의 형태로 이동하는 방식을 의미한다.
② 빛의 속도로 이동 및 직진을 하며 물질과 만나는 순간 흡수, 산란, 반사, 굴절, 확산 등을 일으킬 수 있다.
③ 매개체가 없는 진동 상태에서는 전파가 불가능하다.
④ 방사선 피복에 따른 위험도가 가장 큰 체내 조직은 생식선이다.

> **해설**
>
> 방사선은 파동의 형태로 매개체가 없는 진동 상태에서도 전파가 가능하다.

03 기계·기구 및 설비 안전 관리

41 기계의 왕복운동을 하는 운동부와 고정부 사이에서 형성되는 위험점으로 옳은 것은?

① 협착점   ② 끼임점
③ 절단점   ④ 물림점

> **해설**
>
> 협착점(Squeeze point) : 고정부와 왕복운동을 하는 운동부 사이에 형성되는 위험점으로 덮개, 울 등의 방호조치가 필요하다.

42 프레스 작동 후 작업점까지 도달시간이 0.6초가 걸렸다면 양수기동식 방호장치의 조작부 설치거리는 최소 몇 cm 이상이어야 하는가? (단, 사람손의 기준 속도는 1.6m/sec로 한다.)

① 66   ② 76
③ 86   ④ 96

> **해설**
>
> 안전거리(cm) = 160 × 프레스 작동 후 작업점까지의 도달 시간(Sec)
> $$= 160 × 0.6(Sec) = 96cm$$

43 다음 중 양중기의 방호장치 종류로 옳지 않은 것은?

① 과부하 방지장치   ② 권과 방지장치
③ 비상 정지장치   ④ 속도조절기

> **해설**
>
> 속도조절기는 승강기의 방호장치이다.

> **참고** 양중기의 방호장치
> · 과부하방지장치
> · 권과방지장치
> · 비상정지장치
> · 제동장치

44 다음 중 보일러의 안적 작업 수칙으로 옳지 않은 것은?

① 가동 중인 보일러에는 작업자가 항상 정위치하고 있어야 한다.

② 고·저수위 조절장치와 상호 기능 상태를 점검해야 한다.

③ 압력방출장치는 1년마다 정기적으로 작동시험을 해야 한다.

④ 보일러의 각 종 부속장치의 누설 상태를 점검해야 한다.

> **해설**
>
> 압력방출장치는 봉인된 상태에서 정상 작동 되도록 1일 1회 이상 작동시험을 할 것.

45 아세틸렌 및 가스집합 용접장치의 방호장치의 성능 검사 시험에 대한 설명으로 옳지 않은 것은?

① 수압 시험기에 역화방지기를 부착하여 밀폐시키고, $50kg/cm^2$ 이상의 수압을 가했을 때, 균열·변형 등이 없어야 한다.

② 가스의 흐름 반대방향으로 시험품을 부착한 후 $1kg/cm^2$ 이상의 공기를 보냈을 때 공기의 역류현상이 없어야 한다.

③ 최고 사용압력의 1.5배의 공기를 밀폐역화방지기에 연결한 후 물속에서 공기누설상태를 검사해야 한다.

④ 역화방지시험은 산소아세틸렌 불꽃이 정상상태를 유지할 수 있는 조성의 혼합가스를 시험품에 보낸 다음 강제 점화시켜 역화방지 상태를 검사하고, 연속 3회 이상 실험하여 역화현상이 없어야 한다.

> **해설**
>
> 역류방지시험 : 가스의 흐름반대방향으로 시험품을 부착한 후 $0.1kg/cm^2$ 이하의 공기를 보냈을 시 공기의 역류현상이 없어야 한다.

46 지게차의 하역 작업 시 전후 안정도로 옳은 것은? (단, 지게차의 무게는 6ton이다.)

① 3.5% ② 4%

③ 6% ④ 18%

> **해설**
>
> 하역 작업 시 전후 안정도 : 4%(5톤 이상의 것은 3.5%)

47 연삭숫돌을 이용한 작업 시 안전작업 수칙으로 옳지 않은 것은?

① 숫돌의 정면에 서지 말고 측면으로 비켜서서 작업할 것

② 작업시작 전에 5분 이상 시운전하고, 숫돌 교체 시는 2분 이상 시운전할 것

③ 숫돌의 파열은 과대한 회전수가 주요원인이므로 월 1회 정도 정기점검을 할 것

④ 연삭숫돌은 제조 후 사용속도의 1.5배로 안전시험을 할 것

[해설]

작업시작 전에 1분 이상 시운전하고, 숫돌 교체 시는 3분 이상 시운전할 것

48 크레인의 로프에 질량 200kg인 물체를 5m/sec²의 가속도로 감아올릴 때 로프에 걸리는 하중은 약 몇 N인가?

① 500
② 1,480
③ 2,540
④ 2,960

[해설]

총 하중(W) = 정하중(W_1) + 동하중(W_2) = 200kg + 102.04kg = 302.04kg

이 때, 총하중(N) = 302.04kg × 9.8m/sec² = 2,960N

(1) 정하중 = 200kg

(2) 동하중$(W_2) = \dfrac{W_1}{g} \times \alpha = \dfrac{200kg}{9.8m/\sec^2} \times 5m/\sec^2 = 102.04kg$

49 밀링 작업 시 안전 수칙으로 옳지 않은 것은?

① 강력 절삭을 할 때는 일감을 바이스에 짧게 물릴 것

② 칩의 제거는 반드시 브러시를 사용할 것

③ 가공 중에 손으로 가공면을 점검하지 않을 것

④ 밀링 칩은 공작기계 중 가장 가늘고 예리하므로 비산에 의한 부상을 방지하기 위해 보안경을 착용할 것

[해설]

강력 절삭을 할 때는 일감을 바이스에 깊게 물릴 것

50 앞면 롤러의 지름이 500mm이고 회전수가 10rpm인 경우 롤러기에 설치하는 급정지 장치의 급정지 거리는?

① 약 524mm 이내
② 약 628mm 이내
③ 약 723mm 이내
④ 약 825mm 이내

> **해설**
>
> $$V = \frac{\pi DN}{1,000} = \frac{\pi \times 500 \times 10}{1,000} = 15.71 m/\min$$
>
> | 앞면 롤러의 표면속도(m/min) | 급정지 거리 |
> |---|---|
> | 30 미만 | 앞면 롤러 원주의 1/3 이내 |
> | 30 이상 | 앞면 롤러 원주의 1/2.5 이내 |
>
> ∴ 급정지 거리 = π × D ÷ 3 = π × 500 ÷ 3 = 523.6mm

51 기계부품에 작용하는 하중에서 일반적으로 안전계수를 가장 크게 취하는 것은?

① 반복 하중
② 교번 하중
③ 정하중
④ 충격 하중

> **해설**
>
> 안전율을 크게 취하여야 할 힘의 순서 : 충격하중 > 교번하중 > 반복하중 > 정하중

52 보일러의 급격한 부하, 급격한 압력강하, 고수위 등에 의해 물방울 혹은 물거품이 수면위로 튀어 올라 관 밖으로 운반되는 현상을 무엇이라 하는가?

① 프라이밍
② 포밍
③ 캐리오버
④ 수격작용

> **해설**
>
> 프라이밍(비수공발) : 보일러의 급격한 부하, 급격한 압력강하, 고수위 등에 의해 물방울 혹은 물거품이 수면위로 튀어 올라 관 밖으로 운반되는 현상을 의미한다.

53 다음 중 와이어로프의 사용 금지 사항 중 옳지 않은 것은?

① 와이어로프의 한 꼬임에서 끊어진 소선의 수가 10% 이내인 것
② 꼬인 것
③ 이음매가 있는 것
④ 지름의 감소가 공칭지름의 7%를 초과한 것

해설

와이어로프의 사용금지사항

·이음매가 있는 것
·와이어로프의 한 꼬임에서 끊어진 소선의 수가 10% 이상인 것
·지름의 감소가 공칭지름의 7%를 초과한 것
·꼬인 것
·심하게 변형되거나 부식된 것
·열과 전기충격에 의해 손상된 것

54 압력용기에 관한 설명으로 옳지 않은 것은?

① 압력방출장치는 1년에 1회 이상 국가 교정기관에서 교정을 받은 압력계를 이용하여 검사한다.
② 압력방출방치는 설정압력에서 방력방출장치가 적정하게 작동하는 지 검사 후 납으로 봉인한다.
③ 다단형 압축기 또는 직렬로 접속된 공기압축기에는 과압 방지 압력방출장치를 각단마다 설치하도록 한다.
④ 공정안전보고서 이행 상태 평가 결과가 우수한 사업장의 경우 5년에 1회 이상 검사를 실시한다.

해설

공정안전보고서 이행상태 평가결과가 우수한 사업장은 4년에 1회 이상 검사를 실시한다.

55 연삭숫돌의 상부를 사용하는 것을 목적으로 하는 탁상용 연삭기의 안전 덮개 노출각도로 옳은 것은?

① 90° 이내
② 65° 이상
③ 60° 이내
④ 125° 이상

해설

숫돌의 상부사용을 목적으로 할 경우 : 60° 이내

56 기계의 각 작동 부분 상호간을 전기적·기구적 유공압 장치 등으로 연결하여 기계의 각 작동부분이 정상적으로 작동하기 위한 조건이 만족되지 않는 경우 자동적으로 그 기계를 작동할 수 없도록 하는 것은?

① 인터록 장치
② 트립 기구
③ 과부하 방지장치
④ 오버런 기구

해설

인터록 장치(Interlock System)에 대한 설명이다.

57 플레이너(Planer)의 안전 작업 수칙으로 옳지 않은 것은?

① 이동 테이블에는 방호울을 설치할 것
② 압판이 수평이 되도록 고정시킬 것
③ 바이트는 되도록 길게 설치할 것
④ 운전 중인 평삭기 테이블 또는 수직선반 등의 테이블에는 근로자를 탑승시키지 않을 것

해설

바이트는 되도록 짧게 설치할 것

58 수공구인 정의 안전작업 수칙으로 옳지 않은 것은?

① 보안경을 착용해야 한다.
② 정으로 담금질 된 재료를 가공하지 않아야 한다.
③ 재료를 절단하기 위해서는 점차적으로 강도를 높여 마지막에 세게 쳐 깔끔하게 마무리 한다.
④ 철강재를 정으로 절단할 때에는 철편이 날아 튀는 것에 주의해야 한다.

해설

정의 안전작업수칙
· 보안경을 착용할 것
· 정으로 담금질 된 재료를 가공하지 말 것
· 자르기 시작할 때와 끝날 무렵에는 세게 치지 말 것
· 철강재를 정으로 절단할 때에는 철편이 날아 튀는 것에 주의할 것

59 연삭기 숫돌의 파괴 원인으로 옳지 않은 것은?

① 숫돌의 불균형이나 베어링 마모에 의한 진동이 있을 때

② 숫돌의 회전 속도가 너무 빠를 때

③ 숫돌의 측면을 사용하여 작업을 할 때

④ 플랜지가 숫돌에 비해 현저히 클 때

> **해설**
>
> 플랜지가 숫돌에 비해 현저히 작을 때

60 세이퍼(Shaper) 작업에서 위험요인이 아닌 것은?

① 가공칩의 비산　　　② 램 말단부의 충돌

③ 공작물의 이탈　　　④ 척핸들의 이탈

> **해설**
>
> 세이퍼(Shaper) 위험요인 : 공작물 이탈, 가공칩의 비산, 램(Ram) 말단부 충돌

04 전기설비안전관리

61 다음 중 전전기에 의한 화재 및 폭발 방지를 위한 조치가 필요한 설비로 거리가 먼 것은?

① 탱크로리·탱크차 및 드럼 등 위험물저장설비

② 인화성 액체를 함유하는 도료 및 접착제 등을 제조·저장·취급 또는 도포하는 설비

③ 드라이클리닝설비, 염색가공 설비 또는 모피류 등을 씻는 설비 등 인화성 유기용제를 사용하는 설비

④ 갱도발파를 위해 사용하는 발파기

> **해설**
>
> 발파공에 장전된 화약류를 점화시키는 경우에 사용하는 발파기(발파공을 막는 재료로 물을 사용하거나 갱도발파를 하는 경우는 제외)

62 접지저항 저감 방법으로 옳지 않은 것은?

① 접지극의 매설 깊이를 깊게 한다.

② 접지극의 수를 증가시키고 이들을 직렬로 연결시킨다.

③ 접지극의 크기를 크게 한다.

④ 접지저항 저감제를 사용하여 토양을 개선시킨다.

> **해설**
>
> 접지극의 수를 증가시키고 이들을 병렬로 연결시킨다.

63 건조 시 인체의 전기저항을 피부저항만으로 가정하여 $2,000\Omega \cdot cm^2$이라 할 때 피부에 땀이 나 있을 경우 전기저항은 약 몇 $\Omega \cdot cm^2$인가?

① $100 \sim 167\Omega \cdot cm^2$ ② $200 \sim 262\Omega \cdot cm^2$

③ $320 \sim 415\Omega \cdot cm^2$ ④ $530\Omega \cdot cm^2$ 이상

> **해설**
>
> $2,000\Omega \cdot cm^2 \times (1/12 \sim 1/20) = 100 \sim 167\Omega \cdot cm^2$

64 다음 중 정전기 발생현상에 포함되지 않는 것은?

① 파괴대전 ② 분출대전

③ 전도대전 ④ 유동대전

> **해설**
>
> 정전기 발생의 종류
> (1) 마찰대전
> (2) 유동대전
> (3) 박리대전
> (4) 분출대전
> (5) 충돌대전
> (6) 파괴대전
> (7) 비말대전
> (8) 진동대전(교반대전)

65 분진운 형태의 가연성 분진이 폭발농도를 형성할 정도로 충분한 양이 정상 작동 중에 연속적 또는 자주 존재하거나 제어할 수 없을 정도의 양 및 두께의 분진층이 형성될 수 있는 장소로 정의되는 폭발위험 장소는?

① 0종 장소 ② 1종 장소

③ 20종 장소 ④ 21종 장소

> **해설**
>
> 20종 장소 : 분진운 형태의 가연성 분진이 폭발농도를 형성할 정도로 충분한 양이 정상작동 중에 연속적으로 또는 자주 존재하거나, 제어할 수 없을 정도의 양 및 두께의 분진층이 형성될 수 있는 장소를 의미한다.

66 자기 방전식 제전기의 특징으로 옳지 않은 것은?

① 코로나 방전을 일으켜 공기를 이온화하는 방식이다.

② 50kV 내외의 높은 대전을 제거하는 장점이 있으나 2kV 내외의 대전이 남는 결점이 있다.

③ 제전능력이 작으며 제전에 시간을 필요로 하므로 이동하는 대전물체의 제전에는 효과가 적다.

④ 인화위험이 거의 없으며 제전기 중 설치비가 가장 경제적이다.

해설

제전능력이 작으며 제전에 시간을 필요로 하므로 이동하는 대전물체의 제전에는 효과가 적은 건 방사선식 제전기의 특징이다.

67 다음 중 접지 목적으로 옳지 않은 것은?

① 낙뢰에 의한 피해방지

② 전기설비의 절연물이 열화 또는 손상되었을 때 누전전류에 의한 감전방지

③ 대지로 전류를 흘려보냄으로써 고압선과 저압선의 혼촉 시 위험 방지

④ 송·배전선로의 지락 사고 시 대전전위의 상승시켜 절연강도 경감

해설

송·배전선로의 지락 사고 시 대전전위의 상승을 억제하고 절연강도를 경감시킴

68 다음 설명하는 특징을 가진 대전 방지제로 옳은 것은?

- 값이 싸고 무독성이다.
- 섬유의 균일 부차성과 연안전성이 양호하다.
- 섬유의 원사 등에 사용된다.

① 음이온계 활성제

② 양이온계 활성제

③ 비이온계 활성제

④ 양성이온계 활성제

해설

음이온계 활성제에 대한 특징이다.

69 전압은 저압, 고압, 특별고압으로 구분되고 있다. 다음 중 저압의 기준으로 옳은 것은? (단, 교류를 기준으로 한다.)

① 1,5kV 이하
② 1kV 이하
③ 750V 이하
④ 600V 이하

해설

전기의 압력분류

압 력 분 류	직류	교류
저압	1.5kV 이하	1kV 이하
고압	1.5kV ~ 7kV 이하	1kV~7kV 이하
특별고압	7kV 초과	7kV 초과

70 다음 중 화재 폭발의 예민성이 커지는 조건으로 옳지 않은 것은?

① 폭발 등급이 클수록
② 발화도가 높을수록
③ 안전간격이 클수록
④ 발화온도가 낮을수록

해설

화재폭발의 예민성은 다음과 같은 조건일 때 커진다.
· 폭발등급이 클수록
· 안전간격이 작을수록
· 발화도가 높을수록
· 발화온도가 낮을수록

71 다음 중 방폭 전기기기의 구조별 표시 방법으로 옳지 않은 것은?

① 안전증 방폭구조 : e
② 특수 방폭구조 : s
③ 유입 방폭구조 : o
④ 내압 방폭구조 : p

해설

내압 방폭 구조 : d

72 정전기 화재폭발 원인인 인체 대전에 대한 예방 대책으로 옳지 않은 것은?

① 대전 물체를 금속판 등으로 차폐한다.
② 대전방지제를 넣은 제전복을 착용한다.
③ 대전방지 성능이 있는 안전화를 착용한다.
④ 바닥재료는 고유 저항이 큰 물질을 사용한다.

해설

바닥 재료는 고유 저항이 작은 물질을 사용한다.

73 인체의 대부분이 수중에 있는 상태에서의 허용접촉전압은?

① 2.5V

② 25V

③ 50V

④ 75V

해설

허용 접촉전압

종별	접촉 상태	허용접촉전압
제 1종	· 인체의 대부분이 수중에 있는 상태	2.5V
제 2종	· 인체가 현저히 젖어있는 상태 · 금속성의 전기기계장치나 구조물에 인체의 일부가 상시 접촉되어 있는 상태	25V 이하
제 3종	· 제1종 및 제2종 이외의 경우로써 통상의 인체상태에 있어서 접촉전압이 가해지면 위험성이 높은 상태	50V 이하
제 4종	· 제3종의 경우로써 위험성이 낮은 상태 · 접촉전압이 가해질 위험이 없는 경우	제한 없음

74 시설물 건설 등의 작업 시 감전 방지 조치사항으로 옳지 않은 것은?

① 차량, 기계장치 등을 고압선으로부터 300cm 이상 이격시킬 것

② 충전전로에 절연용 방호구를 설치할 것

③ 전압이 50kV를 초과하는 경우 10kV 증가시마다 이격거리는 5cm씩 증가시킬 것

④ 감시인을 배치하는 등 감전의 위험을 방지하기 위한 방책을 실시할 것

해설

전압이 50kV를 초과하는 경우 10kV 증가시마다 이격거리는 10cm씩 증가시킬 것

75 다음 중 정전기 방전의 종류로 거리가 먼 것은?

① 스트리머 방전

② 코로나 방전

③ 연면 방전

④ 적외선 방전

해설

방전의 종류

(1) 스파크(Spark) 방전(불꽃방전)

(2) 코로나(Corona) 방전

(3) 연면방전

(4) 스트리머(Streamer) 방전

(5) 뇌상방전

CBT

76 폭발성 분위기가 주기적 또는 간헐적으로 발생할 염려가 있는 장소 중 거리가 먼 것은?

① 탱크로리, 드럼관 등 인화성 액체를 충전하는 경우 개구부의 부근

② 탱크 내 액면 상부의 공간부

③ 릴리프 밸브가 가끔 작동하여 가연성 가스, 증기를 방출하는 경우

④ 점검, 수리작업 시 가연성가스나 증기를 방출하는 장소

> **해설**
> 1종 장소
> · 탱크로리, 드럼관 등 인화성 액체를 충전하는 경우 개구부의 부근
> · 릴리프 밸브가 가끔 작동하여 가연성 가스, 증기를 방출하는 경우
> · 탱크류의 벤트의 개구부 부근
> · 점검, 수리작업 시 가연성가스나 증기를 방출하는 장소
> · 플로팅 루프탱크(Floating Roof Tank)상의 셀(Shell)내의 부근
> · 실내(환기가 방해되는 장소)에서 가연성 가스나 증기를 방출할 염려가 있는 장소
> · 위험한 가스가 누출할 염려가 있는 장소로서 핏트류처럼 가스가 축적되는 장소

77 누전차단기 접속 시 유의사항으로 옳지 않은 것은?

① 정격부하전류가 50A 이상인 전기기계·기구에 접속되는 누전차단기는 오작동을 방지하기 위하여 정격감도전류는 200mA 이하로 작동시간은 0.1초 이내로 할 수 있다.

② 분기회로 또는 전기기계·기구마다 누전차단기를 접속시켜야 한다.

③ 전기기계·기구에 설치되어 있는 누전차단기는 정격감도전류가 50mA 이하이고 작동시간은 0.01초 이내이어야 한다.

④ 누전차단기는 배전반 또는 분전반 내에 접속하거나 꽂음 접속기형 누전차단기를 콘센트에 접속하는 등 파손이나 감전 사고를 방지할 수 있는 장소에 접속해야 한다.

> **해설**
> 전기기계·기구에 설치되어 있는 누전차단기는 정격감도전류가 30mA 이하이고 작동시간은 0.03초 이내이어야 한다.

78 다음 중 과전류에 의한 전선의 인화로부터 용단에 이르기까지 각 단계별 기준으로 옳지 않은 것은? (단, 전선전류 밀도는 A/mm^2이다.)

① 인화단계 : $20 \sim 43A/mm^2$ ② 착화단계 : $43 \sim 60A/mm^2$

③ 발화단계 : $60 \sim 120A/mm^2$ ④ 용단단계 : $120A/mm^2$ 이상

> **해설**
> 인화단계 : $40 \sim 43A/mm^2$

79 평소에는 수동으로 개폐하지만 단락 시에는 자동으로 과전류를 차단하도록 한 차단기의 문자 기호로 옳은 것은?

① NBB
② NFB
③ ABB
④ GCB

해설

배선용차단기(NFB, No Fuse Breaker) : 평상시에는 수동으로 개폐하고, 과부하전류나 단락시에는 자동적으로 과전류를 차단하는 것

80 다음 중 감전사고의 방지대책으로 옳지 않은 것은?

① 전기기기 및 설비의 위험부에 위험표시
② 노출된 충전부에 통전망 설치
③ 안전 관리자는 작업에 대한 안전교육 실시
④ 전기설비의 점검철저

해설

감전사고의 방지대책
· 전기기기 및 설비의 위험부에 위험표시
· 보호접지의 실시
· 전기설비의 점검철저
· 전기기기 및 설비의 정비 철저
· 고전압 선로 및 충전부에 근접하여 작업하는 경우 보호구 착용
· 충전부가 노출된 부분에는 절연 방호구 사용
· 유자격자이외는 전기기계 및 기구에 접촉금지
· 안전 관리자는 작업에 대한 안전교육 실시
· 사고발생시의 처리순서를 미리 작성하여 둘 것

05 화학설비안전관리

81 다음 중 연소가 일어나기 쉬운 조건으로 옳지 않은 것은?

① 산소와의 접촉면적이 클수록
② 발열량이 클수록
③ 열전도율이 클수록
④ 건조도가 클수록

해설

열전도율이 작을수록 연소가 일어나기 쉽다.

82 프로판의 폭발한계가 2.2 ~ 9.5%일 때 위험도는 얼마인가?

① 2.52   ② 3.32

③ 4.91   ④ 5.64

해설

$$H = \frac{U - L}{L} = \frac{9.5 - 2.2}{2.2} = 3.32$$

· H : 위험도
· U : 폭발상한
· L : 폭발하한

83 다음 중 발화성 물질의 종류별 저장 방법으로 옳지 않은 것은?

① 나트륨 : 석유 속에 저장   ② 칼륨 : 물 속에 저장

③ 마그네슘 : 격리 저장   ④ 질산은 용액 : 햇빛을 피해 저장

해설

칼륨 : 석유 속에 저장

84 비점이 낮은 액체 저장탱크 주위에 화재가 발생하였을 경우 저장탱크 내부의 비등 현상으로 인한 압력상승이 발생하고 이에 따라 탱크가 파열되어 그 내용물이 증발 및 팽창하면서 발생하는 폭발 현상을 무엇이라 하는가?

① UVCE   ② BLEVE

③ 개방계 폭발   ④ 중합 폭발

해설

브레비(BLEVE, Boiling Liquid Expanding Vapor Explosion) : 비등상태의 액화가스가 기화하여 팽창하고 폭발하는 현상이다.

85 다음 중 화학공장에서 주로 사용되고 있는 불활성 가스로 옳은 것은?

① 수증기   ② 수소

③ 질소   ④ 일산화탄소

해설

화학공장에서 주로 사용되고 있는 불활성가스는 질소(N_2)이다.

86 산업안전보건기준에 관한 규칙에서 안전밸브 등의 전·후단에 자물쇠형 또는 이에 준하는 형식의 차단밸브를 설치할 수 있는 경우가 아닌 것은?

① 화학설비 및 그 부속설비에 안전밸브 등이 복수방식으로 설치되어 있는 경우

② 인접한 화학설비 및 그 부속설비에 안전밸브 등이 각각 설치되어 있고, 해당 화학설비 및 그 부속설비의 연결배관에 차단밸브가 없는 경우

③ 파열판과 안전밸브를 직렬로 설치한 경우

④ 열팽창에 의하여 상승된 압력을 낮추기 위한 목적으로 안전밸브가 설치된 경우

> **해설**
>
> 자물쇠형 또는 이에 준하는 차단밸브 설치 가능한 경우
>
> 1. 인접한 화학설비 및 그 부속설비에 안전밸브 등이 각각 설치되어 있고, 해당 화학설비 및 그 부속설비의 연결배관에 차단밸브가 없는 경우
> 2. 안전밸브 등의 배출용량의 2분의 1 이상에 해당하는 용량의 자동압력조절밸브(구동용 동력원의 공급을 차단하는 경우 열리는 구조인 것으로 한정한다)와 안전밸브 등이 병렬로 연결된 경우
> 3. 화학설비 및 그 부속설비에 안전밸브 등이 복수방식으로 설치되어 있는 경우
> 4. 예비용 설비를 설치하고 각각의 설비에 안전밸브 등이 설치되어 있는 경우
> 5. 열팽창에 의하여 상승된 압력을 낮추기 위한 목적으로 안전밸브가 설치된 경우
> 6. 하나의 플레어 스택(Flare Stack)에 둘 이상의 단위공정의 플레어 헤더(Flare Header)를 연결하여 사용하는 경우로서 각각의 단위공정의 플레어헤더에 설치된 차단밸브의 열림·닫힘 상태를 중앙제어실에서 알 수 있도록 조치한 경우

87 알코올, 에테르, 등유 등 액체연료 표면에서 발생된 증기가 연소하는 연소 형태로 옳은 것은?

① 증발연소　　　　　　② 분해연소

③ 표면연소　　　　　　④ 확산연소

88 메탄(CH_4)이 공기 중에서 연소 반응이 일어날 때 화학 양론 농도(%)는 얼마인가?

① 2.21　　　　　　　② 4.03

③ 5.76　　　　　　　④ 9.50

> **해설**
>
> $$C_{st}(\%) = \frac{100}{1 + 4.773\left(n + \dfrac{m}{4}\right)} = \frac{100}{1 + 4.773\left(1 + \dfrac{4}{4}\right)} = 9.48$$

89 폭발성 물질의 저장 및 취급하는 화학설비 및 그 부속설비를 설치할 때 단위공정시설 및 설비로부터 다른 단위공정시설 및 설비 사이의 안전거리는 설비 외면으로부터 몇 m이상 두어야 하는가?

① 3　　　　　　　　　　② 5

③ 10　　　　　　　　　　④ 20

해설

안전거리

구분	안전거리
1. 단위공정시설 및 설비로부터 다른 단위공정 시설 및 설비의 사이	설비의 바깥면으로부터 10m 이상
2. 플레어스택으로부터 단위공정 시설 및 설비, 위험물질 저장탱크 또는 위험물질 하역설비의 사이	플레어스택으로부터 반경 20m이상. 다만, 공정시설 등이 불연재로 시공된 지붕아래 설치된 경우에는 그리하지 아니하다.
3. 위험물질 저장탱크로부터 단위공정 시설 및 설비, 보일러 또는 가열로의 사이	저장탱크의 바깥면으로부터 20m 이상. 다만, 저장탱크에 방호벽, 원격 조종화 설비 또는 살수설비를 설치한 경우에는 그러하지 아니하다.
4. 사무실·연구실·실험실·정비실 또는 식당으로부터 단위공정시설 및 설비, 위험물질저장탱크, 위험물질 하역설비, 보일러 또는 가열로의 사이	사무실 등의 바깥면으로부터 20m 이상. 다만, 난방용 보일러인 경우 또는 사무실 등의 벽을 방호구조로 설치한 경우에는 그러하지 아니하다.

90 액체의 증발 잠열을 이용하는 소화 방법으로 열용량이 큰 고체를 이용하는 것을 무엇이라 하는가?

① 희석 소화　　　　　　② 냉각 소화

③ 질식 소화　　　　　　④ 제거 소화

해설

냉각소화에 대한 설명이다.

91 산업안전보건법상 가연성 가스의 정의에서 폭발한계 농도 기준으로 옳은 것은?

① 폭발한계농도의 하한이 10% 이하인 가스

② 상한과 하한의 차가 10% 이상인 가스

③ 폭발한계 농도의 하한이 20% 이하인 가스

④ 상한과 하한의 차가 20% 이하인 가스

해설

가연성가스

(1) 폭발한계농도의 하한이 10%이하인 가스를 의미한다.

(2) 폭발한계농도의 상한과 하한의 차가 20%이상인 가스를 의미한다.

(3) 그 밖의 15℃, 1기압에서 기체 상태인 가연성 가스를 의미한다.

92 다음 중 폭굉유도거리가 짧아지는 조건으로 옳지 않은 것은?

① 정상 연소속도가 큰 혼합가스일수록
② 관경이 클수록
③ 점화원의 에너지가 강할수록
④ 관 내부에 방해물이 있을수록

해설

관경이 작을수록 폭굉유도거리는 짧아진다.

93 후드에 의한 흡인 요령으로 옳지 않은 것은?

① 후드의 개구면적을 작게 한다.
② 충분한 포집속도를 유지시킨다.
③ 국부 흡인 방식보다 전체 흡인 방식을 선택한다.
④ 배풍기나 송풍기의 소요 동력에는 충분한 여유를 준다.

해설

전체 흡인 방식보다 국부 흡인 방식을 선택한다.

94 산업안전보건법에서 규정한 독성물질은 쥐에 대한 4시간 동안의 흡입실험에 의하여 실험동물 50%를 사망시킬 수 있는 농도, 즉 LC_{50}이 몇 mg/L이하인 물질을 말하는가?

① 5 　　　　　　　　　　② 10
③ 20 　　　　　　　　　④ 35

해설

증기 LC_{50}(쥐, 4시간 흡입)이 10mg/L 이하인 화학물질을 의미한다.

95 탄산가스 소화기에 대한 특징으로 옳지 않은 것은?

① 화재 진화 후 깨끗하고 화재 심부 속까지 파고들어 증거의 보존이 가능하다.
② 고압밸브, 배관 등으로 부속이 구성되어 고장 시 수리가 어렵다.
③ 소리가 요란하며 사람에게 질식의 해를 입힐 수 있다.
④ 유류 및 전기화재에는 적합하지 않다.

해설

유류, 전기, 기계 화재에 유효하다.

96 다음 중 폭발범위에 관한 설명으로 옳지 않은 것은?

① 상한값과 하한값이 존재한다.

② 공기와 혼합된 가연성 가스의 체적 농도로 나타낸다.

③ 온도에는 비례하나 압력과는 관련이 없다.

④ 가연성 가스의 종류에 따라 각각 다른 값을 갖는다.

> **해설**
>
> 폭발범위는 온도와 압력에 비례한다.

97 다음 중 유류화재와 전기화재에 모두 사용 가능한 소화기 종류로 옳은 것은?

① 분말 소화기

② 증발성 액체 소화기

③ 물 소화기

④ 강화액 소화기

> **해설**
>
> 유류화재와 전기화재에 모두 사용 가능한 소화기는 분말 소화기이다.

98 위험물의 종류 중 폭발성 물질 및 유기과산화물로 옳지 않은 것은?

① 질산에스테르류

② 아조화합물

③ 하이드라진 및 그 유도체

④ 유기 금속화합물

> **해설**
>
> 유기 금속화합물은 금수성 물질 중 하나이다.

99 다음 중 폭발 또는 화재가 발생할 우려가 있는 건조설비의 구조로 적절하지 않은 것은?

① 위험물 건조설비는 그 상부를 가벼운 재료로 만들고 주위상황을 고려하여 폭발구를 설치할 것

② 건조설비의 바깥 면은 불연성 재료로 만들 것

③ 위험물 건조설비의 측벽이나 바닥은 견고한 구조로 할 것

④ 위험물 건조설비의 열원으로서 직화를 사용할 것

> **해설**
>
> **건조설비의 구조**
>
> 1. 건조설비의 바깥 면은 불연성 재료로 만들 것
> 2. 건조설비(유기과산화물을 가열 건조하는 것은 제외한다)의 내면과 내부의 선반이나 틀은 불연성 재료로 만들 것
> 3. 위험물 건조설비의 측벽이나 바닥은 견고한 구조로 할 것
> 4. 위험물 건조설비는 그 상부를 가벼운 재료로 만들고 주위상황을 고려하여 폭발구를 설치할 것
> 5. 위험물 건조설비는 건조하는 경우에 발생하는 가스·증기 또는 분진을 안전한 장소로 배출시킬 수 있는 구조로 할 것
> 6. 액체연료 또는 인화성 가스를 열원의 연료로 사용하는 건조설비는 점화하는 경우에는 폭발이나

화재를 예방하기 위하여 연소실이나 그 밖에 점화하는 부분을 환기시킬 수 있는 구조로 할 것

7. 건조설비의 내부는 청소하기 쉬운 구조로 할 것

8. 건조설비의 감시창·출입구 및 배기구 등과 같은 개구부는 발화 시에 불이 다른 곳으로 번지지 아니하는 위치에 설치하고 필요한 경우에는 즉시 밀폐할 수 있는 구조로 할 것

9. 건조설비는 내부의 온도가 부분적으로 상승하지 아니하는 구조로 설치할 것

10. 위험물 건조설비의 열원으로서 직화를 사용하지 아니할 것

11. 위험물 건조설비가 아닌 건조설비의 열원으로서 직화를 사용하는 경우에는 불꽃 등에 의한 화재를 예방하기 위하여 덮개를 설치하거나 격벽을 설치할 것

100 다음 중 파열판의 특징으로 옳지 않은 것은?

① 반영구적으로 사용이 가능하며 유지관리비가 저렴하다.

② 구조가 간단하고 취급 및 점검이 용이하다.

③ 밸브시트의 누설이 없다.

④ 압력 상승속도가 급격한 중합, 분해 등의 반응장치에 사용된다.

해설
파열판은 일회용으로 사용 후 교체가 필요하다.

06 건설공사안전관리

101 다음 중 연약지반 개량공법으로 옳지 않은 것은?

① 폭파 치환 공법　　　　　　② 샌드 드레인 공법

③ 우물통 공법　　　　　　　　④ 모래다짐 말뚝 공법

해설
연약지반 개량공법
· 치환공법 : 굴착치환공법, 성토자중에 의한 치환공법, 폭파치환공법, 폭파다짐공법
· 압성토 및 여성토 공법
· 샌드드레인공법 및 페이퍼드레인공법
· 샌드콤펙션 말뚝공법(다짐모래말뚝공법 : 압축법)
· 바이브로플로테이션공법(진동법)
· 약액주입공법과 생석회 파일공법

102 가설계단을 설치하는 때에는 매 m²당 몇 kg이상의 하중을 견딜 수 있는 강도를 가진 구조로 설치하여야 하는가?

① 200
② 300
③ 400
④ 500

> **해설**
>
> 가설계단의 강도 : 계단 및 계단참은 매 m²당 500kg 이상의 하중에 견딜 수 있는 강도를 가진 구조로 설치한다.

103 흙막이벽을 설치하고 기초 굴착 작업을 하던 중 굴착부 바닥이 솟아올랐다. 이에 대한 대책으로 옳은 것은?

① 널말뚝의 타설 깊이를 깊게 한다.
② 굴착 작업의 속도를 빨리 한다.
③ 수평 버팀을 추가하여 흙막이벽의 지지력을 강화시킨다.
④ 흙막이벽의 변위가 생기지 않도록 시공의 정도를 높인다.

> **해설**
>
> 해당 현상은 보일링 현상에 관련된 내용으로 대책은 다음과 같다.
> • 주변수위를 저하시킨다.
> • 널말뚝 저면의 타설 깊이를 깊게 한다.
> • 널말뚝을 불투수성 점토질 지층까지 깊게 박는다.
> • 굴착토의 원상매립 및 작업을 중지한다.

104 안전난간의 구조 및 설치 조건으로 거리가 먼 것은?

① 상부 난간대, 중간 난간대, 발끝 막이판 및 난간기둥으로 구성해야 한다.
② 상부 난간대는 바닥면·발판 또는 경사로의 표면으로부터 90cm 이상 지점에 설치한다.
③ 발끝 막이판은 바닥면 등으로부터 20cm 이상의 높이를 유지해야 한다.
④ 상부 난간대와 중간 난간대는 난간길이 전체에 걸쳐 바닥면 등과 평행을 유지해야 한다.

> **해설**
>
> 안전난간의 구조 및 설치요건
> • 상부 난간대, 중간 난간대, 발끝 막이판 및 난간기둥으로 구성할 것.
> • 상부 난간대는 바닥면·발판 또는 경사로의 표면(이하 "바닥면 등"이라 함)으로부터 90cm 이상 지점에 설치하고, 상부 난간대를 120cm 이하에 설치하는 경우 중간 난간대는 상부 난간대와 바닥면 등의 중간에 설치하여야 하며, 120cm 이상 지점에 설치하는 경우에는 중간 난간대를 2단 이상으로 균등하게 설치하고 난간의 상하간격은 60cm 이하가 되도록 할 것.
> • 발끝 막이판은 바닥면 등으로부터 10cm 이상의 높이를 유지할 것. (물체가 떨어지거나 날아올 위험이 없거나 그 위험을 방지할 수 있는 망을 설치하는 등 필요한 예방조치를 한 장소를 제외함)
> • 난간기둥은 상부 난간대와 중간 난간대를 견고하게 떠받칠 수 있도록 적정한 간격을 유지할 것.

- 상부 난간대와 중간 난간대는 난간길이 전체에 걸쳐 바닥면 등과 평행을 유지할 것.
- 난간대는 지름 2.7cm 이상의 금속제 파이프나 그 이상의 강도를 가진 재료일 것.
- 안전난간은 구조적으로 가장 취약한 지점에서 가장 취약한 방향으로 작용하는 100kg 이상의 하중에 견딜 수 있는 튼튼한 구조일 것.

105 하역 작업 시 위험방지에 대한 설명으로 옳지 않은 것은?

① 부두·안벽 등에서 하역작업을 할 때 작업장 및 통로의 위험한 부분에는 안전하게 작업할 수 있도록 조명을 유지하여야 한다.

② 꼬임이 끊어진 섬유 로프는 화물운반용 또는 고정용으로 사용하여서는 안된다.

③ 육상에서의 통로 및 작업 장소에 다리 또는 갑문을 넘는 보도 등의 위험한 부분에는 울 등을 설치하여야 한다.

④ 부두 또는 안벽의 선을 따라 통로를 설치할 경우 폭을 70cm 이상으로 해야 한다.

해설

부두 또는 안벽의 선을 따라 통로를 설치할 경우 : 폭을 90cm 이상으로 할 것

106 콘크리트 측압에 관한 설명으로 옳은 것은?

① 부어넣기 속도가 빠르면 측압은 작아진다.

② 철근의 양이 적으면 측압은 작아진다.

③ 대기의 온도가 낮을수록 측압이 크다.

④ 구조물의 단면이 크면 측압은 작다.

해설

콘크리트 타설을 할 때 거푸집의 측압에 미치는 영향

- 슬럼프가 클수록 크다.
- 기온이 낮을수록 크다(대기 중에 습도가 높을수록 크다).
- 콘크리트의 부어넣기 속도가 클수록 크다.
- 거푸집의 수밀성이 높을수록 크다.
- 콘크리트의 다지기가 강할수록 크다.
- 거푸집의 수평단면이 클수록 크다.
- 거푸집의 강성이 클수록 크다.
- 거푸집 표면이 매끄러울수록 크다.
- 콘크리트의 비중이 클수록 크다(단위중량이 클수록 크다).
- 묽은 콘크리트일수록 크다.
- 철근량이 적을수록 크다.
- 측압은 생콘크리트의 높이가 높을수록 커지는 것이나, 일정한 높이에 이르면 측압의 증대는 없게 된다.

107 추락방지용 방망의 그물코가 10cm인 신제품 방망사의 인장강도는 몇 kg 이상이어야 하는가? (단, 매듭 없는 방망사를 기준으로 한다.)

① 110

② 150

③ 200

④ 240

> **해설**
>
> 방망사의 신품에 대한 인장강도
>
> | 그물코의 종류 | 매듭 없는 방망의 강도 | 매듭방망의 강도 |
> |---|---|---|
> | 10cm | 240kg | 200kg |
> | 5cm | | 110kg |

108 물체가 낙하 또는 비래할 위험이 있는 경우 이에 따른 재해를 방지하기 위해 낙하물 방지망을 설치하여야 한다. 이 때 설치하는 낙하물 방지망은 벽면으로부터 몇 m 이상으로 하여야 하는가?

① 1m

② 2m

③ 3m

④ 4m

> **해설**
>
> 낙하물 방지망 또는 방호선반의 설치기준
> · 높이 10m 이내마다 설치하고, 내민 길이는 벽면으로부터 2m 이상으로 할 것
> · 수평면과의 각도는 20°이상 30°이하를 유지할 것

109 제조업에서 유해·위험 방지 계획서를 제출하고자 할 때 사업주는 공단에 며칠까지 제출하여야 하는가?

① 작업 시작 전까지

② 작업 시작 7일전까지

③ 작업 시작 15일전까지

④ 작업 시작 30일전까지

> **해설**
>
> 사업주는 해당 작업시작 15일 전까지 공단에 2부를 제출하여야 한다.

110 강관비계의 종류 중 단관비계를 설치할 때 조립간격으로 옳은 것은? (단, 수직방향, 수평방향 순서임)

① 4m, 4m
② 5m, 5m
③ 6m, 6m
④ 8m, 8m

해설

강관비계의 조립간격

강관비계의 종류	조립간격(단위 : m)	
	수직 방향	수평 방향
단관비계	5	5
틀비계(높이가 5m미만 제외)	6	8

111 다음 중 이동식 비계를 조립하여 작업을 하는 경우 준수사항으로 옳지 않은 것은?

① 작업발판은 항상 수평을 유지하고 작업발판 위에서 안전난간을 딛고 작업을 하거나 받침대 또는 사다리를 사용하여 작업하지 않도록 해야 한다.
② 작업발판의 최대 적재하중은 150kg을 초과하지 않도록 해야 한다.
③ 비계의 최상부에서 작업을 할 경우에는 안전난간을 설치해야 한다.
④ 이동식 비계의 바퀴에는 뜻밖의 갑작스러운 이동 또는 전도를 방지하기 위하여 브레이크·쐐기 등으로 바퀴를 고정시킨 다음 비계의 일부를 견고한 시설물에 고정하거나 아웃트리거를 설치하는 등 필요한 조치를 취해야 한다.

해설

작업발판의 최대 적재하중은 250kg을 초과하지 않도록 해야 한다.

112 다음 중 장비자체보다 높은 장소의 땅을 굴착하는데 적합한 장비는?

① 불도저
② 파워쇼벨
③ 드래그라인
④ 크램셀

해설

파워쇼벨(Power Shovel)
· 중기가 위치한 지면보다 높은 장소 굴착 시 적합하다.
· 굳은 점토굴착, 깨진 돌이나 자갈 등의 옮겨쌓기 등에 사용한다.

113 운반 작업 시 주의사항으로 옳지 않은 것은?

① 단독으로 긴 물건을 어깨에 메고 운반할 때에는 뒤쪽을 위로 올린 상태로 운반한다.

② 운반시의 시선은 진행방향을 향하고 뒷걸음 운반을 하여서는 안된다.

③ 무거운 물건을 운반할 때 무게 중심이 높은 화물은 인력으로 운반하지 않는다.

④ 물건을 들고 일어날 때는 허리보다 무릎의 힘으로 일어선다.

> **해설**
>
> 인력운반 작업 시 안전수칙
> · 물건을 들어 올릴 때는 팔과 무릎을 사용하며, 척추는 곧은 자세로 할 것
> · 무거운 물건은 공동 작업으로 실시하고 보조기구를 사용할 것
> · 길이가 긴 물건은 앞쪽을 높여 운반할 것
> · 화물에 최대한 접근하여 중심을 낮게 할 것
> · 어깨보다 높이 들어 올리지 않을 것
> · 무리한 자세를 장시간 지속하지 않을 것

114 해체 공법 중 하나인 화약발파공법에 대한 특징으로 옳지 않은 것은?

① 공기를 크게 단축시킬 수 있다.

② 발파 전문자격자가 수행하여야 한다.

③ 폭음 및 진동이 있다.

④ 슬래브 벽 파쇄에 매우 유리하다.

> **해설**
>
> 슬래브 벽 파쇄에 불리하다.

115 통나무 비계의 비계기둥 이음을 겹침이음으로 할 경우 그 겹침이음 길이는 최소 몇 m이상으로 하여야 하는가?

① 1m

② 1.5m

③ 2m

④ 2.5m

> **해설**
>
> 겹침 이음인 경우에는 이음 부분에서 1m 이상을 서로 겹쳐서 두 군데 이상을 묶을 것

116 다음 중 양중기에 사용되어서는 안되는 권상용 와이어로프의 기준으로 옳지 않은 것은?

① 이음매가 있는 것

② 지름의 감소가 호칭지름의 7%를 초과하는 것

③ 와이어 로프 한 꼬임에서 소선(필러선 제외)의 수가 5% 이상 절단된 것

④ 심하게 변형 또는 부식된 것

> **해설**
>
> 권상용 와이어로프 사용 금지 기준
> - 이음매가 있는 것
> - 와이어 로프 한 꼬임에서 소선(필러선 제외)의 수가 10% 이상 절단된 것
> - 지름의 감소가 호칭지름의 7%를 초과하는 것
> - 심하게 변형 또는 부식된 것
> - 꼬인 것
> - 열과 전기충격에 의해 손상된 것

117 토석붕괴의 외적 원인으로 옳지 않은 것은?

① 사면, 법면의 경사 및 기울기의 증가

② 절토 및 성토 높이의 증가

③ 공사에 의한 진동 및 반복하중의 증가

④ 토석의 강도 저하

> **해설**
>
> 토석붕괴의 원인
> (가) 외적요인
> - 사면, 법면의 경사 및 구배의 증가
> - 절토 및 성토 높이의 증가
> - 지표수 및 지하수의 침투에 의한 토사중량의 증가
> - 공사에 의한 진동 및 반복하중의 증가
> - 지진, 차량, 구조물의 하중
> (나) 내적요인
> - 절토사면의 토질, 암석
> - 토석의 강도저하
> - 성토사면의 토질

118 지게차의 작업 시작 전 점검사항으로 거리가 먼 것은?
① 권과방지장치, 브레이크, 클러치 및 운전 장치 기능의 이상 유무
② 하역장치 및 유압장치 기능의 이상 유무
③ 바퀴의 이상 유무
④ 전조등, 후조등, 방향지시기 및 경보장치기능의 이상 유무

해설
지게차 작업 시작 전 점검사항
· 제동장치 및 조종장치 기능의 이상 유무
· 하역장치 및 유압장치 기능의 이상 유무
· 바퀴의 이상 유무
· 전조등, 후조등, 방향지시기 및 경보장치기능의 이상유무

119 유해·위험 방지계획서를 제출해야 할 건설 공사로 옳지 않은 것은?
① 지상 높이가 31m 이상인 건축물 또는 공작물의 건설 및 개조 또는 해체 공사
② 최대지간 길이가 50m 이상인 교량 건설 공사
③ 다목적댐, 발전용댐 및 저수용량이 2천만톤 이상의 용수전용댐 건설 공사
④ 깊이가 5m 이상인 굴착 공사

해설
유해·위험 방지 계획서 제출 대상 공사(건설업)
· 지상 높이가 31m 이상인 건축물 또는 인공구조물, 연면적 3만m² 이상인 건축물 또는 연면적 5천m² 이상의 문화 및 집회시설(전시장·동물원·식물원은 제외), 판매시설, 운수시설(고속철도의 역사 및 집배송 시설은 제외), 종교시설, 의료시설 중 종합병원, 숙박시설 중 관광숙박시설, 지하도상가 또는 냉동·냉장창고시설의 건설·개조 또는 해체
· 연면적 5천m² 이상의 냉동·냉장창고시설의 설비공사 및 단열공사
· 최대 지간길이가 50m 이상인 교량 건설 등 공사
· 터널 건설 등의 공사
· 다목적댐, 발전용 댐 및 저수용량 2천만톤 이상의 용수전용댐, 지방상수도 전용댐 건설 등의 공사
· 깊이 10m 이상인 굴착공사

120 추락의 위험이 있는 개구부에 대한 방호조치로서 적합하지 않은 것은?
① 안전난간·울 및 손잡이 등으로 방호조치를 한다.
② 충분한 강도를 가진 구조의 덮개를 뒤집히거나 떨어지지 아니하도록 설치한다.
③ 어두운 장소에서도 식별이 가능한 개구부 주의 표지를 부착한다.
④ 폭 30cm 이상의 발판을 설치한다.

해설
폭 30cm 이상의 발판을 설치하는 건 슬레이트 등 지붕 위에서의 위험방지 조치사항에 해당한다.

CBT 제2회 필기 모의고사		수험번호	성명
자격종목 **산업안전기사**	시험시간 **3시간**	시험유형	

※ 답안카드 작성시 시험문제지 형별누락, 마킹착오로 인한 불이익은 전적으로 수험자의 귀책사유임을 알려드립니다.
※※ 본문제는 수검자의 생각에 의한 것으로 실제 문제와 약간 다를 수 있음.

01 산업재해 예방 및 안전보건교육

01 다음 중 자율안전 확인대상 보호구로 옳지 않은 것은?

① 안전모(추락 및 감전 위험 방지용 제외)
② 보안면(차광 및 비산물 위험방지용 제외)
③ 용접용 보안면을 제외한 나머지 보안면
④ 방음용 귀마개 또는 귀덮개

해설

방음용 귀마개 도는 귀덮개는 안전인증대상 보호구이다.

02 다음 중 안전보건관리 담당자의 업무 내용에 해당하지 않는 것은?

① 위험성평가에 관한 보좌 및 조언·지도
② 사업장 순회점검·지도 및 조치의 건의
③ 작업환경측정 및 개선에 관한 보좌 및 조언·지도
④ 산업재해 발생의 원인 조사, 산업재해 통계의 기록 및 유지를 위힌 보좌 및 조언·지도

해설

사업장 순회섬섬·시도 및 조치의 긴의는 안전관리자의 업무 내용이다

03 재해에 대한 설명으로 옳지 않은 것은?

① 사망이란 노동손실일수가 7,500일인 상해를 의미한다.
② 부상에 의해 하루 이상 7일 이하의 노동 손실을 가지고 온 상해를 경미상해라고 한다.
③ 사고에 의한 부상으로 영구적으로 근로를 할 수 없는 상태로 신체 장애 등급이 1 ~ 3급에 해당하는 상해를 영구 전노동 불능 상해라 한다.
④ 일시 일부 노동 불능 상해란 의사의 진단에 따라 일정 기간 동안 가벼운 노동을 제외하고는 할 수 없는 상해를 의미한다.

해설

부상에 의해 하루 이상 7일 이하의 노동손실을 가지고 온 상해를 경상해라 한다.

04 다음 중 저압의 전기에 의한 감전을 방지하기 위한 안전화로 옳은 것은?

① 가죽제 안전화
② 고무제 안전화
③ 절연장화
④ 절연화

> **해설**
> 절연화에 대한 설명이다.

05 다음 중 안전대용 로프의 구비 조건으로 옳지 않은 것은?

① 충격 및 인장강도가 강할 것
② 내마모성이 작을 것
③ 내열성이 높을 것
④ 부드럽고 되도록 매끄럽지 않을 것

> **해설**
> 내마모성이 높아야 한다.

06 재해 형태별로 분류할 때 해당하지 않는 것은?

① 추락
② 감전
③ 익사
④ 폭발

> **해설**
> 익사는 상해 종류에 따른 분류이다.

07 안전보건진단을 받아 개선계획을 수립·제출해야 되는 사업장으로 옳지 않은 것은?

① 산업 재해율이 같은 업종의 평균 산업 재해율보다 높은 사업장 중 중대재해가 발생한 사업장
② 산업 재해율이 같은 업종 평균 산업재해율의 2배 이상인 사업장
③ 직업병에 걸린 사람이 연간 2명 이상인 상시 근로가 1,000명 이상인 사업장
④ 작업환경불량, 화재·폭발 또는 누출사고로 사회적 물의를 일으킨 사업장

> **해설**
> 직업병에 걸린 사람이 연간 2명 이상(상시 근로자 1,000명 이상 사업장의 경우 3명 이상)인 사업장

08 재해의 원인으로는 직접원인과 간접원인이 있다. 이 중 직접원인(불안전한 행동)에 해당하지 않는 것은?

① 위험장소로의 접근
② 불안전한 상태의 방치
③ 작업환경의 결함
④ 안전장치의 기능 제거

> **해설**
> 작업환경의 결함은 불안전한 상태의 종류이다.

09 다음 중 안전표지가 경고 표지에 해당하지 않는 것은?

① 차량 통행 경고
② 저온 경고
③ 몸균형 상실 경고
④ 레이저 광선 경고

해설

차량 통행은 금지 표지에 해당한다.

10 어느 한 사업장의 경상 건수가 총 30건일 때, 무상해 사고건수로 옳은 것은?

① 3
② 30
③ 90
④ 600

해설

버드의 재해구성 비율에 따라 경상과 무상해사고 건수의 비율은 10 : 30이다.
그러므로, 경상이 30건이라면 무상해 사고 건수는 30 × 3 = 90건이다.

11 A사업장에서 작업자가 활선 작업을 진행하려고 한다. 작업 위치 상 스카이를 사용하는 2m 이상의 고소 작업이 필요하다할 때 해당 작업자가 착용해야 할 안전모로 옳은 것은?

① AB
② AE
③ BE
④ ABE

해설

ABE : 낙하 및 비래, 추락, 감전 방지용

12 다음 중 산업안전보건위원회를 설치·운영해야 할 사업의 종류로 옳지 않은 것은? (단, 상시근로자 50명 이상을 기준으로 한다.)

① 토사석 광업
② 비금속 광물제품 제조업
③ 소프트웨어 개발 및 공급업
④ 자동차 및 트레일러 제조업

해설

소프트웨어 개발 및 공급업은 상시근로자 300명 이상을 기준으로 한다.

13 연평균 200명의 근로자가 작업하는 사업장에서 연간 3건의 재해가 발생하여 사망 1명, 30일 가료 1명, 나머지 1명은 20일간 요양하였다면 강도율은?

① 15.61　　　　　　② 15.71

③ 17.61　　　　　　④ 17.71

해설

$$강도율 = \frac{근로손실일수}{연근로시간수} \times 1{,}000 = \frac{7{,}500일 + (30 + 20) \times \frac{300}{365}}{200 \times 8시간/일 \times 300일/년} \times 1{,}000 = 15.71$$

14 다음 중 브레인 스토밍의 4대 원칙으로 옳지 않은 것은?

① 자유로운 비평　　② 자유로운 발언

③ 대량 발언　　　　④ 수정 발언

해설

브레인 스토밍은 비평을 금지한다.

15 방독마스크의 정화통 외부 측면의 표시색과 그에 다른 종류로 옳게 짝지어진 것은?

① 유기화합물용 정화통 - 갈색　② 할로겐용 정화통 - 노란색

③ 아황산가스용 정화통 - 녹색　④ 암모니아용 정화통 - 회색

해설

정화통 외부 측면의 표시색과 그에 다른 종류
(1) 할로겐용 정화통 – 회색
(2) 아황산가스용 정화통 – 노란색
(3) 암모니아용 정화통 – 녹색

16 시몬즈(Simonds) 방식 중 비보험코스트에 해당되지 않는 상해건수는?

① 영구 전노동 불능 상해　② 영구 일부노동 불능 상해

③ 일시 전노동 불능 상해　④ 일시 일부노동 불능 상해

해설

시몬즈 방식 중 비보험코스트에는 사망과 영구 전노동 불능 상해는 제외된다.

17 재해 예방 대책의 기본 원리 5단계 중 2단계에 포함되는 내용으로 옳지 않은 것은?

① 사고 및 안전 활동 기록 검토　② 안전 점검 및 안전 진단
③ 근로자의 제안 및 여론 조사　　④ 안전 활동 방침 및 계획 수립

해설
안전 활동 방침 및 계획 수립은 1단계(조직)에 포함된다.

18 다음 중 자율안전확인 대상 보안경으로 옳지 않은 것은?

① 유리 보안경　　　　　　　② 용접용 보안경
③ 도수렌즈 보안경　　　　　④ 플라스틱 보안경

해설
용접용 보안경은 안전 인증 대상 보안경이다.

19 조직 형태의 종류 중 라인·스탭형의 특징으로 옳지 않은 것은?

① 1,000명 이상의 대규모 사업장에 효과적인 시스템이다.
② 안전입안 계획 평가 조사는 스탭에서, 생산기술의 안전대책은 라인에서 실시하므로 안전 활동과 생산업무가 균형을 유지할 수 있다.
③ 명령 계통과 조언 및 권고적 참여가 명확하게 구분되어 있어 근로자들이 헷갈리지 않고 일할 수 있다.
④ 안전 스탭의 월권행위로 라인에 간섭하는 경우가 있다.

해설
명령계통과 조언·권고적 참여가 혼동되기 쉽다.

20 다음 조건에 해당하는 장소에서 사용해야 하는 방진마스크의 등급으로 옳은 것은?

> · 베릴륨 등과 같이 독성이 강한 물질을 함유한 분진 등 발생장소
> · 석면 취급 장소

① 특급   ② 1급
③ 2급   ④ 3급

해설

방진마스크의 등급별 사용 장소

등 급	사용 장소
특급	· 베릴륨 등과 같이 독성이 강한 물질을 함유한 분진 등 발생장소 · 석면 취급 장소
1급	· 특급마스크 착용장소를 제외한 분진 등 발생장소 · 금속 흄 등과 같이 열적으로 생기는 분진 등 발생장소 · 기계적으로 생기는 분진 등 발생장소(규소 등과 같이 2급 마스크를 착용하여도 무방한 경우는 제외)
2급	· 특급 및 1급 마스크 착용장소를 제외한 분진 등 발생장소

02 인간공학 및 위험성 평가 · 관리

21 다음 설명에 해당하는 수정기호로 옳은 것은?

> 2개 이상의 입력이 동시에 존재할 때에는 출력사상이 생기지 않는다. 예를 들면 「동시에 발생하지 않는다.」라고 기입한다.

① 우선적 AND Gate   ② 조합 AND Gate
③ 위험지속 AND Gate   ④ 배타적 OR Gate

해설

배타적 OR Gate : OR Gate로 2개 이상의 입력이 동시에 존재할 때에는 출력사상이 생기지 않는다. 예를 들면 「동시에 발생하지 않는다.」라고 기입한다.

22 인체를 구성하는 조직 중에서 전리 방사선에 대한 감수성이 가장 큰 것은?

① 림프조직   ② 상피세포
③ 근육세포   ④ 내피세포

해설

골수, 림프조직, 임파선 등이 전리 방사선에 영향을 가장 크게 받는다.

23 다음 중 인간이 기계보다 우수한 특징으로 옳지 않은 것은?

① 한 번에 여러 가지 작업을 동시에 수행할 수 있다.

② 예기치 못한 사건을 감지할 수 있다.

③ 과부하 상태에서 중요한 일을 선택해서 집중할 수 있다.

④ 복잡하고 다양한 자극의 형태를 식별할 수 있다.

> **해설**
>
> 한 번에 여러 가지 작업을 동시에 수행할 수 있는 건 기계의 장점이다.

24 소음에 의해 나타날 수 있는 현상으로 옳지 않은 것은?

① 위장관 운동을 억제시켜 소화 불량을 일으킬 수 있다.

② 교감 신경에 작용하여 혈압을 낮춘다.

③ 수면 방해를 줄 수 있다.

④ 일상적인 대화의 어려움뿐만이 아니라 작업 능률 저하도 일으킬 수 있다.

> **해설**
>
> 교감신경에 작용하여 혈압을 상승시킨다.

25 설계의도의 완전한 부정을 의미하는 HAZOP의 용어로 옳은 것은?

① More 또는 Less

② No 또는 Not

③ Part of

④ Other than

> **해설**
>
> No 또는 Not : 설계의도의 완전한 부성

26 실내공간의 조명을 설계할 때 조명에 대한 반사율이 낮은 면에서 높은 순으로 올바르게 나열된 것은?

① 바닥 – 창문 – 가구 – 벽

② 바닥 – 가구 – 벽 – 천장

③ 창문 – 바닥 – 가구 – 벽

④ 벽 – 천장 – 가구 – 바닥

> **해설**
>
> 옥내 최적 반사율
>
> ① 천정 : 80 ~ 90%
>
> ② 벽, 창문 발(Blind) : 40 ~ 60%
>
> ③ 가구, 사무용기기, 책상 : 25 ~ 45%
>
> ④ 바닥 : 20 ~ 40%

27 하나의 고장에서부터 다음 고장까지의 평균고장시간으로 평균 수명 또는 고장발생까지의 동작시간 평균을 의미하는 것은?

① MTTF
② MTTR
③ Burn In
④ Debugging

> **해설**
> MTTF(Mean Time To Failure) : 평균 수명 또는 고장발생까지의 동작시간 평균이라고도 하며, 하나의 고장에서부터 다음 고장까지의 평균고장시간을 말한다.

28 동작 경제의 원칙과 가장 거리가 먼 것은?

① 두 팔의 동작은 동시에 같은 방향으로 움직일 것
② 두 손의 동작은 같이 시작하고 같이 끝나도록 할 것
③ 갑작스러운 방향 전환은 가급적 피하도록 할 것
④ 가능한 한 관성을 이용하여 작업하도록 할 것

> **해설**
> 두 팔의 동작을 동시에 반대 방향으로 움직일 것

29 다음 중 휴먼에러의 종류로 옳지 않은 것은?

① 표시오류
② 인지오류
③ 판단오류
④ 동작오류

> **해설**
> 휴먼에러의 종류
> • 인지 오류
> • 판단 오류
> • 동작 또는 조작의 오류

30 반경 10cm의 조종구를 30°움직였을 때 표시장치는 1cm 이동하였다. 이 때 통제표시비(C/D)는 약 얼마인가?

① 2.56
② 3.12
③ 4.56
④ 5.24

> **해설**
> $$\frac{C}{D}비 = \frac{\frac{a}{360} \times 2\pi L}{표시계기의이동거리} = \frac{\frac{30}{360} \times 2 \times \pi \times 10}{1} = 5.24$$

31 다음 중 방사선량의 단위로 옳지 않은 것은?

① C/kg

② Bq

③ Gy

④ Sv

해설
Bq은 방사능의 단위이다.

32 이상고온현상에 대한 설명으로 옳지 않은 것은?

① 열사병이란 고온 다습한 환경에 오랫동안 노출된 경우 나타나는 현상으로 땀 배출이 늘어나면서 탈수 증상 및 정신 착란 증세 등을 나타낸다.

② 땀띠란 고온 다습한 환경에 오랫동안 노출된 상태에서 옷 등에 의해 피부의 땀샘 구멍이 막혀 발생하는 피부 장해를 의미한다.

③ 열피로란 고온 환경에 오랫동안 노출되어 말초혈관에 이상이 생기는 현상으로 미숙련공일수록 발생 빈도는 높아진다.

④ 열경련이란 고온 환경에서 고된 육체 작업을 장시간 지속하여 염분손실 및 탈수로 인해 나타나는 현상으로 근육에 발작적 경련 현상이 나타나는 것이 특징이다.

해설
열사병은 피부가 건조해지고 땀이 배출되지 않아 직장 온도가 상승하는 특징을 가지고 있다.

33 통제 장치의 유형 중 개폐에 의한 통제 방식으로 옳지 않은 것은?

① 수동식 푸쉬 버튼

② 토글 스위치

③ 로터리 스위치

④ 크랭크

해설
크랭크는 양의 조절에 의한 통세 방식이다.

34 다음 중 고장형태와 영향분석(FMEA)에 대한 설명으로 거리가 먼 것은?

① 시스템 안전 분석에 이용되는 전형적인 귀납적·정성적 분석방법이다.

② 시스템 분석을 위한 고도의 기술 훈련을 요구한다.

③ 요소가 물체로 한정되므로 인적 원인 분석이 곤란하다.

④ 동시에 두 가지 이상의 요소가 고장이 나는 경우 분석이 곤란하다.

해설
비교적 작은 노력으로 특별한 훈련 없이 분석이 가능하다.

35 습구 온도가 27℃, 건구온도가 23℃일 때 Oxford 지수 값으로 옳은 것은?

① 23.6   ② 24.7

③ 25.5   ④ 26.4

<해설>

WD = 0.85W(습구온도) + 0.15D(건구온도) = 0.85 × 27 + 0.15 × 23 = 26.4

36 인간의 오류를 단계적으로 분류할 때 작업형태나 조건 중에서 문제가 생겨 필요한 사항을 수행할 수 없는 오류를 무엇이라 하는가?

① Primary Error   ② Secondary Error

③ Third Error   ④ Command Error

<해설>

Secondary Error(2차 에러)

· 작업형태나 조건 중에서 문제가 생겨 필요한 사항을 수행할 수 없는 에러

· 어떤 결함으로부터 파생하여 발생하는 에러

37 다음 중 시스템의 수명곡선(욕조곡선)에 있어서 디버깅(Debugging)과 가장 관련이 깊은 것은?

① 초기 고장기간의 대표적 안정화 과정이다.

② 우발 고장기간의 대표적 안정화 과정이다.

③ 마모 고장기간의 대표적 안정화 과정이다.

④ 고장기간의 안정화 과정과는 아무런 관계가 없다.

<해설>

디버깅이란 초기 고장기간의 안정화 과정이다.

38 다음은 유해화학물질에 대한 노출 기준이다. 옳은 것은?

① 시간가중 평균 노출 기준(TLV – TWA)이란 거의 모든 근로자가 매일 반복하여 노출되어도 건강에 악영향이 없을 것이라 판단되는 공기 중 농도를 의미한다.

② 단기간 노출한계 기준(TLV – STEL)이란 단시간(15분) 동안 노출되었을 때 근로자가 자극, 만성 또는 불가역적 조직 장애, 사고 유발, 응급대처 능력 저하 및 작업능률 저하 등을 초래할 정도를 일으키지 않는 평균 농도를 의미한다.

③ TLV란 작업시간 동안 잠시도 노출되어서는 안되는 농도를 의미한다.

④ TLV – C란 최고허용기준으로 거의 모든 근로자들이 건강에 악영향이 없이 정상적으로 매일 8시간 또는 매주 40시간 반복적으로 노출될 수 있는 농도를 의미한다.

해설

용어

· TLV(Threshold Limit Value) : 거의 모든 근로자가 매일 반복하여 노출되어도 건강에 악영향이 없을 것이라 판단되는 공기 중 농도를 의미한다.

· TLV-TWA(Time Weighted Average, 시간가중평균노출기준) : 거의 모든 근로자들이 건강에 악영향이 없이 정상적으로 매일 8시간 또는 매주 40시간 반복적으로 노출될 수 있는 평균 농도를 의미한다.

· TLV-STEL(Short Term Exposure Limit, 단기간 노출한계 기준) : 단시간(15분) 동안 노출되었을 때 근로자가 자극, 만성 또는 불가역적 조직 장애, 사고 유발, 응급대처 능력 저하 및 작업능률 저하 등을 초래할 정도를 일으키지 않는 평균 농도를 의미한다.

· TLV-C(Threshold Limit Value-Ceiling, 최고허용기준) : 작업시간 동안 잠시도 노출되어서는 안되는 농도를 의미한다.

39 주로 해녀나 잠수부한테서 발생하며 고압 환경에서 체내에 과다하게 용해된 불활성 기체인 질소가 정상 기압 환경으로 빠르게 복귀하였을 때 혈액과 조직 내부에서 기포를 형성하여 혈액 순환을 방해하는 현상을 무엇이라 하는가?

① 잠함병   ② 침수족
③ 레이노드 증상   ④ 참호족

해설

잠함병(케이슨병) : 고압 환경에서 체내에 과다하게 용해된 불활성 기체인 질소가 정상 기압 환경으로 빠르게 복귀하였을 때 혈액과 조직 내부에서 기포를 형성하여 혈액 순환을 방해하는 현상을 의미한다.

40 어떤 공장에서 10,000시간 가동하는 동안 부품 15,000개 중 15개의 불량품이 발생하였다. 이 때 평균고장간격(MTBF)은?

① 1×10^6시간   ② 2×10^6시간
③ 1×10^7시간   ④ 2×10^7시간

해설

$$MTTF = \frac{1}{\lambda(\text{고장률})} = \frac{10,000 \times 15,000}{15} = 1 \times 10^7 \text{시간}$$

03 기계·기구 및 설비 안전 관리

41 탁상용 연삭숫돌에 결합도가 높아 무디어진 입자가 탈락하지 않아 절삭이 어렵고 일감을 상하게 하고 표면이 변질되는 현상을 무엇이라 하는가?

① 글레이징 현상
② 프라이밍 현상
③ 포밍 현상
④ 수격작용

> **해설**
>
> 글레이징(Glazing, 무딤) 현상 : 탁상용 연삭숫돌에 결합도가 높아 무디어진 입자가 탈락하지 않아 절삭이 어렵고 일감을 상하게 하고 표면이 변질되는 현상을 의미한다.

42 압력방출장치의 설치 기준으로 옳지 않은 것은?

① 다단형 압축기 또는 직렬로 접속된 공기압축기에는 과압 방지 압력방출장치를 각단마다 설치하도록 할 것
② 운전자가 토출압력을 임의로 조정하기 위하여 납으로 봉인된 압력방출장치를 해체하거나 조정할 수 없도록 조치할 것
③ 1년에 1회 이상 표준 압력계를 이용하여 토출압력을 시험한 후 납으로 봉인하여 사용하도록 할 것
④ 압력용기의 최고사용압력의 1.1배에서 작동되도록 설정할 것

> **해설**
>
> 압력방출장치는 압력용기의 최고사용압력 이전에 작동되도록 설정할 것.

43 프레스 및 전단기의 작업 시작 전 점검 사항으로 옳지 않은 것은?

① 전단기의 칼날 및 테이블의 상태
② 1행정 1정지 기구·급정지 장치 및 비상정지 장치의 기능
③ 슬라이드 또는 칼날에 의한 위험방지기구의 기능
④ 전자밸브, 압력조정밸브 및 기타 공압계통의 이상 유무

> **해설**
>
> 프레스 및 전단기의 작업 시작 전 점검사항
> - 클러치 및 브레이크의 기능
> - 크랭크축, 플라이휠, 슬라이드, 연결봉 및 연결 나사의 볼트의 풀림 유무
> - 1행정 1정지 기구·급정지 장치 및 비상정지 장치의 기능
> - 슬라이드 또는 칼날에 의한 위험방지기구의 기능
> - 프레스의 금형 및 고정 볼트 상태
> - 해당 방호장치의 기능점검
> - 전단기의 칼날 및 테이블의 상태

44 고정부와 회전 또는 직선운동과 함께 형성하는 부분 사이에 형성되는 위험점으로 옳은 것은?

① 협착점
② 끼임점
③ 물림점
④ 접선 물림점

해설

끼임점(Shear point) : 고정부와 회전 또는 직선운동과 함께 형성하는 부분 사이에 형성되는 위험점

45 수인식 방호장치의 설치 기준으로 옳지 않은 것은?

① 슬라이드의 행정 길이가 40mm 이상일 경우에 사용한다.
② 슬라이드의 행정수가 120spm 이상의 것에 사용한다.
③ 수인줄의 재질은 합성 섬유로 하고 절단 하중 150kg에 견디는 직경 4mm 이상의 로프를 사용한다.
④ 수인줄과 연결부는 50kg 이상의 정하중에 견딜 수 있어야 한다.

해설

슬라이드의 행정수가 120spm 이하의 것에 사용한다.

46 연삭기의 덮개나 반발예방장치처럼 위험장소에 설치하여 위험원이 비산하거나 튀는 것을 포집하여 작업자로부터 위험원을 차단하는 방호장치는?

① 포집형 방호장치
② 감지형 방호장치
③ 위치제한형 방호장치
④ 접근반응형 방호장치

해설

포집형 방호장치 : 위험장소에 설치하여 위험원이 비산하거나 튀는 것을 포집하여 작업자로부터 위험원을 차단하는 것을 의미한다.

47 다음 중 와이어 로프의 사용 금지 기준에 해당하지 않는 것은?

① 열과 전기충격에 의해 손상된 것
② 꼬인 것
③ 지름의 감소가 공칭지름의 7%를 초과한 것
④ 와이어로프의 한 꼬임에서 끊어진 소선의 수가 15% 이상인 것

해설

와이어로프의 사용금지사항
· 이음매가 있는 것
· 와이어로프의 한 꼬임에서 끊어진 소선의 수가 10% 이상인 것
· 지름의 감소가 공칭지름의 7%를 초과한 것
· 꼬인 것
· 심하게 변형되거나 부식된 것
· 열과 전기충격에 의해 손상된 것

48 안전계수가 5인 체인의 최대 설계하중이 120kg인 경우 해당 체인의 극한 하중(kg)은?

① 24
② 120
③ 600
④ 1,200

> **해설**
>
> 안전계수 $= \dfrac{\text{극한 하중}}{\text{최대 설계 하중}}$
>
> 극한 하중 = 안전 계수 × 최대 설계 하중 = 5 × 120 = 600kg

49 세이퍼(Shaper)의 안전장치 종류로 옳지 않은 것은?

① 칩 받이
② 방책
③ 칸막이
④ 시건 장치

> **해설**
>
> 세이퍼(Shaper) 안전장치 : 칩 받이, 방책, 칸막이

50 아세틸렌 용접 작업 시 안전작업 수칙으로 옳지 않은 것은?

① 작업 전에 안전기와 산소조정기의 상태를 점검할 것
② 토치의 점화는 먼저 아세틸렌 밸브를 연 다음 산소밸브를 열어 점화 시키고 작업 후에는 아세틸렌 밸브를 먼저 닫고 산소 밸브를 닫을 것
③ 산소용 호스는 흑색, 아세틸렌용 호스는 적색 등 색으로 구별된 것을 사용할 것
④ 용접 시 사용되는 가스용기와 가연성 가스 탱크와의 거리는 30m 이상, 가스용기와 화기와의 거리는 5m 이상을 유지할 것

> **해설**
>
> 토치의 점화는 조정기의 압력을 조정하고, 먼저 아세틸렌 밸브를 연 다음 산소밸브를 열어 점화 시키고, 작업 후에는 산소밸브를 먼저 닫고 아세틸렌 밸브를 닫을 것

51 연삭기 숫돌의 파괴 원인으로 옳지 않은 것은?

① 숫돌의 회전 속도가 너무 빠른 경우
② 숫돌 자체의 균열이 있는 경우
③ 숫돌의 직경과 플랜지의 직경이 같은 경우
④ 숫돌의 치수가 부적당한 경우

> **해설**
>
> 플랜지가 숫돌에 비해 현저히 작을 때

52 아세틸렌 용접장치의 발생기실의 설치 기준으로 옳지 않은 것은?

① 발생기실은 건물 최상층에 위치하여야 하며 화기사용 설비로부터 3m를 초과하는 장소에 설치할 것
② 발생기실의 옥외 설치시는 개구부를 다른 건축물로부터 3m 이상 떨어지도록 할 것
③ 발생기실의 벽은 불연성의 재료로 하고 철근콘크리트 또는 그 밖에 이와 동등 이상의 강도를 가진 구조로 할 것
④ 지붕 천정에는 얇은 철판이나 가벼운 불연성 재료를 사용할 것

해설

발생기실의 옥외 설치시는 개구부를 다른 건축물로부터 1.5m 이상 떨어지도록 할 것

53 상용운전 압력 이상에서 압력이 상승할 경우 보일러의 파열을 방지하기 위하여 버너의 연소를 차단하여 열원을 제거함으로써 정상 압력으로 유도하는 장치로 옳은 것은?

① 압력 방출장치
② 고저수위 조절장치
③ 압력제한 스위치
④ 통풍제어 스위치

해설

압력제한스위치 : 상용 압력 이상으로 압력 상승 시 보일러의 과열 방지를 위해 버너의 연소차단 등 열원을 제거하여 정상 압력으로 유도하는 장치를 의미한다.

54 다음 설비의 진단방법 중 비파괴 시험에 해당하지 않는 것은?

① 육안검사
② 방사선 투과검사
③ 자분탐상 검사
④ 피로시험

해설

피로시험은 파괴 시험에 해당한다.

55 500kg의 무게를 가진 물체를 와이어로프 2개로 매달아 들어올릴 때 로프 하나에 작용하는 무게는 얼마인가? (단, 와이어로프 2개는 60°의 각도를 유지하고 있다.)

① 약 250kg
② 약 289kg
③ 약 312kg
④ 약 350kg

해설

$$\text{로프에 작용하는 장력} = \frac{\text{짐의무게}}{\text{로프의수}} \div \cos\left(\frac{\text{로프각도}}{2}\right) = \frac{500}{2} \div \cos\left(\frac{60}{2}\right) = 288.68 kg$$

56 기계설비가 이상이 있을 때 기계를 급정지시키거나 방호장치가 작동되도록 하는 것과 전기회로를 개선하여 오동작을 방지하거나 별도의 완전한 회로에 의해 정상기능을 찾을 수 있도록 하는 것을 무엇이라 하는가?

① 구조의 안전화 ② 기능적 안전화
③ 외관상 안전화 ④ 보전작업 안전화

> **해설**
> 기능적 안전화에 대한 설명이다.

57 지게차의 작업 상태별 안전도에 관한 설명으로 옳지 않은 것은?

① 주행 시의 전후 안정도는 18%이다.
② 하역작업 시의 좌우 안정도는 6%이다.
③ 주행 시 좌우 안정도는 (15 + 1.1V)%이다.
④ 하역작업 시의 전후 안정도는 20%이다.

> **해설**
> 하역 작업 시 전후 안정도 : 4%(5톤 이상의 것은 3.5%)

58 프레스 기계의 위험을 방지하기 위한 본질적 안전화 방식이 아닌 것은?

① 금형에 안전 울 설치 ② 수인식 방호장치 사용
③ 안전 금형 사용 ④ 전용 프레스 사용

> **해설**
> 수인식 방호장치 사용은 Hand – in Die 방식이다.

59 밀링 머신의 상향 절삭 방식의 특징으로 옳지 않은 것은?

① 칩이 커터에 의해 가공된 면에 떨어지므로 절삭을 방해하지 않는다.
② 날의 마멸이 적고 수명이 길다.
③ 가공 면이 깨끗하지 못하다.
④ 동력낭비가 많다.

> **해설**
> 상향 절삭 방식은 날의 마멸이 심하고 수명이 짧다.

60 산업용 로봇의 작동범위 내에서 당해 로봇에 대하여 교시 등의 작업 시 위험을 방지하기 위하여 수립해야 하는 지침사항에 해당하지 않는 것은?

① 로봇의 구성품의 설계 절차
② 2인 이상의 근로자에게 작업을 시킬 때의 신호방법
③ 로봇의 조작 방법 및 순서
④ 작업 중의 매니퓰레이터의 속도

해설

로봇의 작업지침
· 로봇의 조작 방법 및 순서
· 작업 중의 매니퓰레이터의 속도
· 2명 이상의 근로자에게 작업을 시킬 때의 신호방법
· 이상 발견 시 조치
· 이상 발견 시 로봇의 운전을 정지시킨 후 이를 재가동시킬 때의 조치
· 그 밖에 로봇의 불의의 작동, 오조작에 의한 위험방지 조치

04 전기설비안전관리

61 감전 재해가 발생하는 경우 그 위험도는 통전 경로에 따라 달라질 수 있다. 다음 중 위험도가 가장 높은 통전 경로는 무엇인가?

① 왼손 - 가슴
② 오른손 - 가슴
③ 왼손 - 등
④ 오른손 - 등

해설

통전경로에 따른 위험도 : 왼손 – 가슴 > 오른손 – 가슴 > 왼손 – 등 > 오른손 – 등

62 전압은 저압, 고압, 특별고압으로 구분되고 있다. 다음 중 저압에 대한 설명으로 가장 알맞은 것은?

① 직류 750V 이하, 교류 600V이하
② 직류 600V 이하, 교류 750V이하
③ 직류 1.5kV 이하, 교류 1kV이하
④ 직류 1kV 이하, 교류 1.5kV이하

해설

전기의 압력분류

압 력 분 류	직류	교류
저압	1.5kV 이하	1kV 이하
고압	1.5kV ~ 7kV 이하	1kV~7kV 이하
특별고압	7kV 초과	7kV 초과

63 인체 각부의 근육이 수축현상을 일으키고 신경이 마비되어 신체를 자유로이 움직일 수 없게 되는 경우의 전류치를 무엇이라 하는가?

① 최소 감지 전류
② 고통 한계 전류
③ 마비 한계 전류
④ 심실 세동 전류

해설
마비한계전류(10 ~ 15mA 정도) : 인체 각부의 근육이 수축현상을 일으키고 신경이 마비되어 신체를 자유로이 움직일 수 없게 되는 경우의 전류치를 의미한다.

64 인체가 현저히 젖어있는 상태 또는 금속성의 전기기계장치나 구조물에 인체의 일부가 상시 접촉되어 있는 상태에서 허용접촉전압은?

① 2.5V 이하
② 25V 이하
③ 50V 이하
④ 75V 이하

해설
허용 접촉전압

종별	접촉상태	허용접촉전압
제 1종	·인체의 대부분이 수중에 있는 상태	2.5V 이하
제 2종	·인체가 현저히 젖어 있는 상태 ·금속성의 전기·기계장치나 구조물에 인체의 일부가 상시 접촉되어 있는 상태	25V 이하
제 3종	·제1종 및 제2종 이외의 경우로서 통상의 인체생태에 있어서 접촉전압이 가해지면 위험성이 높은 상태	50V 이하
제 4종	·제3종의 경우로써 위험성이 낮은 상태 ·접촉전압이 가해질 위험이 없는 경우	제한 없음

65 다음 중 제3종 접지를 해야 하는 공작물 또는 기기가 아닌 것은?

① 철주 및 철탑
② 고압계기용 변성기의 2차측
③ 옥내 또는 지상에 시설하는 400V 이하의 저압 기계·기구의 철대·외함
④ 고압 또는 특별고압용 기기의 철대 및 금속제 외함

해설
고압 또는 특별고압용 기기의 철대 및 금속제 외함은 1종 접지 대상이다.

66 방사선의 전리작용으로 공기를 이온화하는 방식으로 제전효율은 낮지만 폭발 위험이 높은 곳에서 사용하기 좋은 제전기로 옳은 것은?

① 전압 인가식 제전기
② 이온식 제전기
③ 방사선식 제전기
④ 자기 방전식 제전기

해설

이온식 제전기(라디오 - 아이소토프 : Radio - Isotope식 제전기)
· 방사선의 전리작용으로 공기를 이온화하는 방식이다.
· 제전효율이 낮으나 폭발위험이 있는 곳에 적당하다.

67 다음 중 누전차단기를 설치해야 하는 전기 기계·기구의 종류로 옳지 않은 것은?

① 대지전압이 200V를 초과하는 이동형 또는 휴대형 전기기계·기구
② 물 등 도전성이 높은 액체가 있는 습윤 장소에서 사용하는 저압용(1.5kV 이하 직류전압이나 1kV 이하의 교류전압) 전기기계·기구
③ 철판·철골 위 등 도전성이 높은 장소에서 사용하는 이동형 또는 휴대형 전기기계·기구
④ 임시배선의 전로가 설치되는 장소에서 사용하는 이동형 또는 휴대형 전기기계·기구

해설

대지전압이 150V를 초과하는 이동형 또는 휴대형 전기기계·기구

68 다음 중 피뢰기가 갖추고 있어야 할 성능 조건으로 옳지 않은 것은?

① 구조가 견고하며 특성이 변화하지 않을 것
② 뇌전류의 방전능력이 클 것
③ 충격방전 개시전압과 제한전압이 클 것
④ 속류의 차단이 확실하게 될 것

해설

피뢰기의 성능
· 반복동작이 가능할 것
· 구조가 견고하며 특성이 변화하지 않을 것
· 점검·보수가 간단할 것
· 충격방전 개시전압과 제한전압이 낮을 것
· 뇌전류의 방전능력이 크고, 속류의 차단이 확실하게 될 것

69 활선 작업용 공구 중 충전중인 고압 커트아웃스위치를 개폐할 때에 섬광에 의한 화상 등의 재해 방지를 위해 사용하는 것으로 옳은 것은?

① 활선 시메라
② 활선 커터
③ 커트 아웃 스위치 조작봉
④ 디스콘 스위치 조작봉

해설

활선 작업용 장구(공구)
· 활선 시메라 : 충전중인 고·저압전선을 장선하는 작업에 사용
· 활선카터 : 충전된 고압전선을 절단하는데 사용
· 커트아웃스위치 조작봉(배전용 후크봉) : 충전중인 고압 커트아웃스위치를 개폐할 때에 섬광에 의한 화상 등의 재해 방지를 위해 사용
· 디스콘 스위치 조작봉 : 충전부와의 절연거리를 유지하기 위하여 사용

70 정전기의 발생에 영향을 주는 요인으로 옳지 않은 것은?

① 물질의 특성
② 물질의 분리속도
③ 물질의 표면상태
④ 물질의 온도

해설

정전기 발생에 영향을 주는 요인
(가) 물체의 특성
(나) 물체의 표면상태
(다) 물체의 분리력
(라) 접촉면적 및 압력
(마) 분리속도

71 인체의 전기 저항이 250Ω이고, 세동전류와 통전시간과의 관계를 $I = \dfrac{165}{\sqrt{T}}$ 이라 할 때, 심실세동을 일으키는 위험에너지(J)는 얼마인가? (단, 통전시간은 1초이다.)

① 6.81
② 13.6
③ 68.1
④ 136

해설

$$W = I^2 RT = (\frac{165}{\sqrt{T}})^2 RT = (165 \times 10^{-3})^2 \times 250 = 6.81 J$$

72 다음 중 공기 차단기의 문자 기호로 옳은 것은?

① ABB
② ACB
③ GCB
④ VCB

해설

공기차단기(ABB) : 압축공기로 아크를 소호하는 차단기

73 피뢰기의 제한 전압이 820kV이고 변압기의 기준 충격 절연강도가 1,200kV일 때 보호 여유도는 약 몇 %인가?

① 32%
② 44%
③ 52%
④ 59%

해설

$$여유도(\%) = \frac{충격절연강도 - 제한전압}{제한전압} \times 100 = \frac{1,250 - 825}{825} \times 100 = 51.52\%$$

74 충전전로를 취급하거나 그 인근에서 작업 시 조치사항으로 옳지 않은 것은?

① 근로자의 신체가 전로와 직접 접촉하거나 도전재료, 공구 또는 기기를 통하여 간접 접촉되지 않도록 할 것
② 충전전로 취급 작업자에게 작업에 적합한 절연용 보호구를 착용시킬 것
③ 유자격자가 아닌 근로자가 충전전로 인근의 높은 곳에서 작업 시 대지전압이 50kV 이하라면 150cm 이내로 접근할 수 없도록 할 것
④ 고압 및 특별고압 선로에서 전기 작업을 수행하는 경우 활선 작업용 기구 및 장치를 사용하도록 할 것

해설

유자격자가 아닌 근로자가 충전전로 인근의 높은 곳에서 작업 시 대지전압이 50kV 이하라면 300cm 이내로 접근할 수 없도록 할 것

75 인화성 액체의 증기 또는 가연성 가스에 의한 폭발위험이 지속적으로 또는 장기간 존재하는 가스폭발위험 장소는?

① 0종 장소
② 1종 장소
③ 20종 장소
④ 21종 장소

해설

0종 장소 : 인화성 액체의 증기 또는 가연성 가스에 의한 폭발위험이 지속적으로 또는 장기간 존재하는 장소를 의미한다.

76 접지공사를 생략할 수 있는 장소로 거리가 먼 것은?

① 주상에 설치하는 비접지계통의 고압주상 변압기의 저압측 중성점
② 전기용품 안전관리법의 적용을 받는 이중절연의 전기기계기구
③ 철대와 외함 주위에 절연대를 설치한 전기기계기구
④ 사람이 쉽게 접촉되지 않게 목주 등에 높이 설치한 저압·고압용 전기기계기구

> **해설**
>
> 주상에 설치하는 비접지계통의 고압주상 변압기의 저압측 중성점은 제2종 접지공사 대상이다.

77 전선의 케이블 공사 시 차도 및 중량물의 압력을 받을 우려가 있는 장소의 매설 깊이는 최소 얼마 이상으로 해야 하는가?

① 0.5m
② 0.8m
③ 1.2m
④ 2m

> **해설**
>
> 차도 및 중량물의 압력을 받을 우려가 있는 장소의 매설깊이는 1.2m 이상

78 인체가 100V 전로에 접촉되었을 경우 접촉저항이 500Ω이고, 인체저항이 500Ω일 때 인체에 통과하는 전류는 몇 mA인가?

① 250
② 200
③ 150
④ 100

> **해설**
>
> $$I = \frac{E}{R} = \frac{100\,V}{(500/500)\,\Omega} = 100\,mA$$

79 방폭 전기기기의 구조별 표시 방법으로 옳지 않은 것은?

① 내압 방폭구조 : d
② 몰드 방폭구조 : m
③ 유입 방폭구조 : i
④ 충전 방폭구조 : q

> **해설**
>
> 유입 방폭구조 : o

80 정전 작업 시 안전조치 사항으로 옳지 않은 것은?

① 전기기기 등에 공급되는 모든 전원을 관련 도면, 배선도 등으로 확인할 것

② 개폐기에 시건 장치를 부착하고 통전 금지에 관한 표지판을 제거한다.

③ 개로된 전로에서 유도전압 또는 전기에너지가 축적되어 근로자에게 전기위험을 끼칠 수 있는 전기기기 등은 접촉하기 전에 잔류전하를 완전히 방전시킬 것

④ 검전기를 이용하여 작업 대상 기기가 충전되었는지를 확인할 것

해설

차단장치나 단로기 등에 잠금장치 및 꼬리표를 부착할 것

05 화학설비안전관리

81 습기가 있는 재료를 처리하여 수분을 제거하고 조작하는 기구를 건조설비라 한다. 건조 설비를 형태 및 구조에 따라 분류하고자 할 때 용액 및 슬러리 건조기에 해당하지 않는 것은?

① 드럼 건조기 ② 분무 건조기

③ 상자 건조기 ④ 교반 건조기

해설

상자 건조기는 고체 건조기 종류 중 하나이다.

82 다음 중 증류탑의 보수에 있어서 일상점검 항목에 해당하는 것은?

① 트레이(Tray)의 부식상태 ② 라이닝의 코팅 상황

③ 기초 볼트의 이상 유무 ④ 용접선 상태의 이상 유무

해설

증류탑의 일상점검 항목

· 보온재 및 보냉재의 파손 상황

· 도장의 열화상황

· 플랜지(Flange)부, 맨홀(Manhole)부, 용접부에서 외부누출 여부

· 기초 볼트의 헐거움 여부

· 증기배관에 열팽창에 의한 무리한 힘이 가해지고 있는지의 여부와 부식

83 금속 등을 쉽게 부식시키고 인체에 접촉하면 심한 상해(화상)를 입히는 물질을 부식성 물질이라 한다. 다음 중 부식성 물질로 옳지 않은 것은?

① 농도 22%의 아세트산　　　② 농도 25%의 염산
③ 농도 50%의 황산　　　　　④ 농도 70%의 인산

> **해설**
>
> 부식성 산류
> ・농도가 20% 이상인 염산, 황산, 질산, 기타 이와 동등 이상의 부식성을 지니는 물질을 의미한다.
> ・농도가 60% 이상인 인산, 아세트산, 불산, 기타 이와 동등 이상의 부식성을 가지는 물질을 의미한다.

84 다음 중 폭굉 유도거리가 짧아지는 경우로 옳지 않은 것은?

① 관속에 방해물이 있는 경우　　② 관경이 작은 경우
③ 압력이 낮은 경우　　　　　　　④ 점화원의 에너지가 큰 경우

> **해설**
>
> 압력이 높을수록 폭굉 유도거리는 짧아진다.

85 평활한 금속판상에 한 방울의 니트로글리세린을 떨어뜨려 놓고 금속추로 타격을 행할 때 니트로글리세린 중에 아주 작은 기포가 존재하는 경우 기포가 존재하지 않을 때보다 작은 충격에 의해서도 발화가 일어나는데 이러한 현상의 원인으로 옳은 것은?

① 단열압축　　　　　② 정전기 발생
③ 기포의 탈출　　　　④ 미분화 현상

> **해설**
>
> 단열 압축에 의한 발생이다.

86 다음 중 응상 폭발의 종류로 옳지 않은 것은?

① 수증기 폭발　　　　② 증기 폭발
③ 분진 폭발　　　　　④ 전선 폭발

> **해설**
>
> 분진 폭발은 기상 폭발의 종류이다.

87 이산화탄소 및 할로겐화물 소화 설비에 대한 설명 중 옳지 않은 것은?

① 소화 속도가 빠르다.

② 주변 환경을 오염시키지 않으며 부식성이 없다.

③ 밀폐 공간에서 질식 및 중독 위험이 있어 사용이 제한된다.

④ 변질 우려가 있어 단기간 저장이 가능하다.

해설

저장에 의한 변질우려가 없어 장기간 저장이 용이하다.

88 다음 중 반응폭주에 의한 위급상태의 발생을 방지하기 위하여 설치하여야 하는 장치로 거리가 먼 것은?

① 원재료의 공급차단장치   ② 제품의 긴급 방출 장치

③ 불활성 가스의 제거장치   ④ 냉각 용수 공급 장치

해설

불활성 가스의 주입장치를 설치하여야 한다.

89 물질의 비점이 높고 상압에서 증류하면 분해할 가능성이 있거나 열원의 온도가 낮기 때문에 원액이 증류온도에 도달하는 것이 곤란한 경우에 활용하는 특수 증류 방법으로 옳은 것은?

① 감압 증류   ② 추출 증류

③ 공비 증류   ④ 수증기 증류

해설

수증기 증류에 대한 설명이다.

90 위험물 건조설비를 설치하고자 할 때 독립된 단층 건물로 해야 하는 경우로 옳지 않은 것은?

① 위험물을 가열 및 건조하는 내용적 $5m^3$인 건조설비

② 고체 또는 액체 연료의 최대 사용량이 5kg/hr인 건조설비

③ 기체 연료의 최대 사용량이 $10m^3$/hr인 건조설비

④ 전기 사용 전격용량이 10kW인 건조설비

해설

독립된 단층 건물로 해야 하는 건조설비

(1) 위험물을 가열·건조하는 경우 내용적이 $1m^3$ 이상인 건조설비

(2) 위험물이 아닌 물질을 가열·건조하는 경우로서 다음 각 목의 어느 하나의 용량에 해당하는 건조설비
 · 고체 또는 액체연료의 최대사용량이 10kg/hr 이상
 · 기체연료의 최대사용량이 $1m^3$/hr 이상
 · 전기사용 전격용량이 10kW 이상

CBT

91 공기 중에서 폭발범위가 12.5 ~ 74%인 일산화탄소의 위험도는 얼마인가?

① 4.92

② 5.26

③ 6.26

④ 7.05

해설

$$H = \frac{U - L}{L} = \frac{74 - 12.5}{12.5} = 4.92$$

92 다음 중 질식소화에 해당하지 않는 것은?

① 이산화탄소로 연소물을 덮는 방법

② 소화 분말로 연소물을 덮는 방법

③ 물로 연소물을 덮는 방법

④ 모래로 연소물을 덮는 방법

해설

물을 이용하는 방법은 냉각소화이다.

93 산업안전보건법상 화학설비로만 이루어진 것은?

① 세정기, 응축기, 벤트스택(Bent Stack), 플레어스택(Flare Stack) 등 폐가스처리설비

② 사이클론, 백필터(Bag Filter), 전기집진기 등 분진처리설비

③ 증류탑·흡수탑·추출탑·감압탑 등 화학물질 분리장치

④ 배관·밸브·관·부속류 등 화학물질 이송 관련 설비

해설

화학설비 및 그 부속설비의 종류

1. 화학설비

　가. 반응기·혼합조 등 화학물질 반응 또는 혼합장치

　나. 증류탑·흡수탑·추출탑·감압탑 등 화학물질 분리장치

　다. 저장탱크·계량탱크·호퍼·사일로 등 화학물질 저장설비 또는 계량설비

　라. 응축기·냉각기·가열기·증발기 등 열교환기류

　마. 고로 등 점화기를 직접 사용하는 열교환기류

　바. 캘린더(Calender)·혼합기·발포기·인쇄기·압출기 등 화학제품 가공설비

　사. 분쇄기·분체분리기·용융기 등 분체화학물질 취급장치

　아. 결정조·유동탑·탈습기·건조기 등 분체화학물질 분리장치

　자. 펌프류·압축기·이젝터(Ejector) 등의 화학물질 이송 또는 압축설비

2. 화학설비의 부속설비

　가. 배관·밸브·관·부속류 등 화학물질 이송 관련 설비

　나. 온도·압력·유량 등을 지시·기록 등을 하는 자동제어 관련 설비

　다. 안전밸브·안전판·긴급차단 또는 방출밸브 등 비상조치 관련 설비

　라. 가스누출감지 및 경보 관련 설비

　마. 세정기, 응축기, 벤트스택(Bent Stack), 플레어스택(Flare Stack) 등 폐가스처리설비

　바. 사이클론, 백필터(Bag Filter), 전기집진기 등 분진처리설비

사. 설비를 운전하기 위하여 부속된 전기 관련 설비

아. 정전기 제거장치, 긴급 샤워설비 등 안전 관련 설비

94 화학설비 중 반응기를 구조 방식에 따라 분류할 때 해당하지 않는 것은?

① 관형 반응기
② 회분식형 반응기
③ 탑형 반응기
④ 교반조형 반응기

해설

구조방식에 의한 분류

· 교반조형 반응기
· 관형 반응기
· 탑형 반응기
· 유동층형 반응기

95 메탄과 프로판의 폭발 하한계는 각각 5%, 2.5%이다. 메탄과 프로판이 1 : 3의 부피비로 혼합되어 있다면 이 혼합가스의 폭발 하한계는 몇 %인가? (단, 모든 상태는 상온 및 상압상태이다.)

① 2.9
② 3.3
③ 3.8
④ 4.2

해설

$$프로판 조성비 = \frac{3}{1+3} \times 100 = 75\%$$

$$메탄의 조성비 = 100 - 프로판 조성비 = 100 - 75 = 25\%$$

$$혼합가스의 폭발하한계 : \frac{100}{L} = \frac{V_1}{L_1} + \frac{V_2}{L_2}$$

$$\therefore \ 폭발하한계(L) - \frac{100}{\dfrac{V_1}{L_1} + \dfrac{V_2}{L_2}} = \frac{100}{\dfrac{25}{5} + \dfrac{75}{2.5}} = 2.86\%$$

96 다음 중 중유, 목재, 석탄 등의 고체연료 연소 형태로 옳은 것은?

① 분해연소
② 증발연소
③ 표면연소
④ 확산연소

해설

분해연소

· 열분해에 의해 가연성가스를 방출시켜서 연소하는 것을 의미한다.
· 중유, 석탄, 목재, 고체파라핀 등의 고체연소의 형태이다.

97 산업안전보건법에 따라 사업주가 특수화학 설비를 설치하는 때 그 내부의 이상상태를 조기에 파악하기 위하여 설치하여야 하는 장치는?

① 자동경보장치　　　　　　　　② 안전감시장치
③ 자동문개폐장치　　　　　　　　④ 스크레버 개방장치

해설
특수 화학설비 설치 시 내부의 이상상태를 조기에 파악하기 위해 설치하는 장치
· 계측장치 : 온도계, 유량계, 압력계 등 설치
· 자동경보장치설치(자동경보장치설치가 곤란한 경우 감시인 배치)

98 다음 중 분진폭발의 특징으로 옳은 것은?

① 가스폭발보다 연소시간이 짧고 발생에너지가 작다.
② 압력의 파급속도보다 화염의 파급속도가 빠르다.
③ 가스폭발에 비하여 불완전 연소 생성물이 적게 발생한다.
④ 주위의 분진에 의해 2차 및 3차 폭발이 일어날 수 있다.

해설
분진폭발의 특성
· 연소속도나 폭발압력은 가스폭발보다는 작지만 가해지는 힘(파괴력)은 매우 크다.
· 2차 폭발을 일으킨다.
· CO(일산화탄소)의 중독피해의 우려가 있다.

99 다음 중 특수화학설비에 해당하지 않는 것은?

① 발열반응이 일어나는 반응장치
② 가열시켜주는 물질의 온도가 가열되는 위험물질의 분해온도 또는 발화점보다 높은 상태에서 운전되는 설비
③ 반응폭주 등 이상 화학반응에 의하여 위험물질이 발생할 우려가 있는 설비
④ 온도가 섭씨 300℃ 이상이거나 게이지압력이 500kPa 이상인 상태에서 운전되는 설비

해설
온도가 섭씨 350℃ 이상이거나 게이지압력이 980kPa 이상인 상태에서 운전되는 설비

100 다음 설명에 해당하는 검지기 종류로 옳은 것은?

> • 외계와의 변화가 일정치를 넘었을 때 작동되는 검지기를 의미한다.
> • 사계절을 통해 일정한 감도를 유지하는 장점이 있다.
> • 온도상승이 완만한 훈소화재에는 효과가 적다.

① 차동식 검지기　　　　　② 정온식 검지기
③ 보상식 검지기　　　　　④ 복사 검지기

해설
차동식 검지기
• 외계와의 변화가 일정치를 넘었을 때(주위의 온도가 정해진 비율 이상으로 크게 되었을 경우) 작동되는 검지기를 의미한다.
• 사계절을 통해 일정한 감도를 유지하는 장점이 있으나 온도상승이 완만한 훈소화재에는 효과가 적다.

---

06 건설공사안전관리

101 다음 중 기계화해야 하는 인력 작업의 표준으로 거리가 먼 것은?
① 3 ~ 4인 정도가 상당시간 계속 반복운반 작업을 할 경우
② 발밑에서 어깨까지 25kg 이상을 들어 올리는 작업일 경우
③ 발밑에서 머리 위까지 들어 올리는 작업일 경우
④ 발밑에서 무릎까지 50kg 이상을 들어 올리는 작업일 경우

해설
기계화해야 될 인력 작업의 표준
• 3 ~ 4인 정도가 상당시간 계속 반복운반 작업을 할 경우
• 발밑에서 머리 위까지 들어 올리는 작업일 경우
• 발밑에서 어깨까지 25kg 이상을 들어 올리는 작업일 경우
• 발밑에서 허리까지 50kg 이상을 들어 올리는 작업일 경우
• 발밑에서 무릎까지 75kg 이상을 들어 올리는 작업일 경우

102 굴착 시 토석 붕괴 예방을 위한 조치사항으로 옳지 않은 것은?

① 활동할 가능성이 있는 토석은 제거하여야 한다.

② 경사면의 기울기가 당초 계획과 차이가 발생되면 즉시 재검토하여 계획을 변경시켜야 한다.

③ 비탈면 또는 법면의 상단을 다져서 토석 붕괴 활동이 일어나지 않도록 한다.

④ 지표수가 침투되지 않도록 배수를 시키고 지하수위를 낮추기 위하여 수평보링을 하여 배수시켜야 한다.

> **해설**
> ....
>
> 비탈면 또는 법면의 하단을 다져서 활동이 안되도록 저항을 만들어야 한다.

103 낙하 또는 비래 재해가 발생할 위험이 있을 때 방지 대책으로 옳지 않은 것은?

① 낙하물 방지망 또는 방호선반을 설치한다.

② 출입금지 구역을 설정하여 출입통제를 한다.

③ 안전난간을 설치한다.

④ 보호구를 착용하고 작업하도록 한다.

> **해설**
> ....
>
> 물체가 낙하·비래할 위험이 있을 경우 위험방지 조치사항
> · 낙하물 방지망(방망)·수직보호망 또는 방호선반의 설치
> · 출입금지구역의 설정
> · 보호구 착용

104 차량계 건설기계를 사용하여 작업하고자 할 때 작업계획서에 포함되어야 할 사항으로 옳지 않은 것은?

① 사용하는 차량계 건설기계의 종류

② 차량계 건설기계의 운행경로

③ 차량계 건설기계에 의한 작업방법

④ 차량계 건설 기계의 유지보수 방법

> **해설**
> ....
>
> 차량계 건설기계를 사용하여 작업을 할 때 작업계획에 포함되는 내용
> · 사용하는 차량계 건설기계의 종류 및 성능
> · 차량계 건설기계의 운행경로
> · 차량계 건설기계에 의한 작업방법

105 항만 하역작업 중 부두 또는 안벽의 선을 따라 통로를 설치하고자 할 때 통로의 폭은 몇 cm이상이어야 하는가?

① 30cm
② 40cm
③ 50cm
④ 90cm

해설

부두 또는 안벽의 선을 따라 통로를 설치할 경우 : 폭을 90cm 이상으로 할 것

106 흙막이지보공을 설치하였을 때 정기적으로 점검하여 이상 발견 시 즉시 보수하여야 할 사항이 아닌 것은?

① 굴착 깊이의 정도
② 버팀대의 긴압 정도
③ 부재의 접속부·부착부 및 교차부의 상태
④ 부재의 손상·변형·부식·변위 및 탈락의 유무와 상태

해설

흙막이지보공 설치 시 붕괴 등의 위험방지를 위한 정기점검사항
· 부재의 손상·변형·부식·변위 및 탈락의 유무와 상태
· 버팀대의 긴압의 정도
· 부재의 접속부·부착부 및 교차부의 상태
· 침하의 정도

107 사람이나 화물을 운반하는 것을 목적으로 하는 기계 설비인 리프트의 종류가 아닌 것은?

① 건설작업용 리프트
② 상용리프트
③ 일반작업용 리프트
④ 간이리프트

해설

리프트 종류
· 건설작업용 리프트
· 일반 작업용 리프트
· 간이 리프트
· 이삿짐운반용 리프트

108 추락재해를 방지하기 위하여 사용하는 추락방지용 방망의 지지점 강도는 최소 몇 kg의 외력을 견딜 수 있어야 하는가?

① 400kg   ② 500kg

③ 600kg   ④ 800kg

> **해설**
> 600kg의 외력에 견딜 수 있어야 한다.

109 양중기에 사용되는 와이어로프의 안전계수로 옳은 것은? (단, 근로자가 탑승하는 운반구를 지지하는 경우를 기준으로 한다.)

① 10 이상   ② 5 이상

③ 4 이상   ④ 3 이상

> **해설**
> 근로자가 탑승하는 운반구를 지지하는 달기와이어로프 또는 달기체인의 경우 : 10 이상

110 다음 중 가설통로를 설치할 때 준수하여야 할 사항으로 거리가 먼 것은?

① 건설공사에 사용하는 높이 8m 이상의 비계다리에는 7m 이내마다 계단참을 설치하여야 한다.

② 경사가 15°를 초과하는 때에는 미끄러지지 않는 구조로 한다.

③ 추락의 위험이 있는 곳에는 안전난간을 설치한다.

④ 수직갱에 가설된 통로의 길이가 10m 이상일 때에는 8m 이내마다 계단참을 설치한다.

> **해설**
> 수직갱에 가설된 통로의 길이가 15m 이상인 경우에는 10m 이내마다 계단참을 설치할 것

111 추락위험이 있는 장소에서 작업하는 작업자는 안전대를 착용하여야 한다. 안전대 착용이 필요한 장소에서의 작업으로 옳지 않은 것은?

① 폭 40cm 이상의 작업발판이 없는 장소의 작업

② 작업발판이 있어도 난간대가 없는 장소의 작업

③ 난간대로부터 상체를 내밀어 작업하는 경우

④ 작업발판과 구조체 사이의 거리가 50cm 이상의 장소로 수평방호시설이 없는 경우

> **해설**
> 추락위험이 있는 장소(작업)
> (1) 작업발판(폭 40cm 이상)이 없는 장소의 작업
> (2) 작업발판이 있어도 난간대가 없는 장소의 작업
> (3) 난간대로부터 상체를 내밀어 작업하는 경우
> (4) 작업발판과 구조체 사이의 거리가 30cm 이상의 장소로 수평방호시설이 없는 경우

112 터널공사 시 가연성 가스가 농도 이상으로 상승하는 것을 조기에 파악하기 위하여 자동경보장치를 설치하여야 하는데 작업 시작 전 점검해야 할 사항이 아닌 것은?

① 계기의 이상유무
② 발열 여부
③ 검지부의 이상유무
④ 경보장치의 작동상태

해설

자동경보장치에 대한 당일의 작업시작 전 점검사항
· 계기의 이상 유무
· 검지부의 이상 유무
· 경보장치의 작동상태

113 공사종류에 따라 안전관리비 계상은 달리하고 있다. 이 중 일반건설공사(을)에 해당하는 것으로 옳은 것은?

① 건축건설공사
② 도로신설공사
③ 기계장치공사
④ 터널신설공사

해설

일반건설공사(을)은 기계장치공사를 의미한다.

114 유해·위험 방지계획서를 제출해야 할 건설 공사로 거리가 먼 것은?

① 연면적 5천m^2 이상의 냉동·냉장창고시설의 설비공사 및 단열공사
② 지상 높이가 31m 이상인 건축물 또는 인공구조물
③ 최대 지간길이가 30m 이상인 교량 건설 등 공사
④ 터널 건설 등의 공사

해설

유해·위험 방지 계획서 제출 대상 공사(건설업)
· 지상 높이가 31m 이상인 건축물 또는 인공구조물, 연면적 3만m^2 이상인 건축물 또는 연면적 5천m^2 이상의 문화 및 집회시설(전시장·동물원·식물원은 제외), 판매시설, 운수시설(고속철도의 역사 및 집배송 시설은 제외), 종교시설, 의료시설 중 종합병원, 숙박시설 중 관광숙박시설, 지하도상가 또는 냉동·냉장창고시설의 건설·개조 또는 해체
· 연면적 5천m^2 이상의 냉동.냉장창고시설의 설비공사 및 단열공사
· 최대 지간길이가 50m 이상인 교량 건설 등 공사
· 터널 건설 등의 공사
· 다목적댐, 발전용 댐 및 저수용량 2천만톤 이상의 용수전용댐, 지방상수도 전용댐 건설 등의 공사
· 깊이 10m 이상인 굴착공사

115 해제 작업 공법 중 압쇄공법에 특징으로 옳지 않은 것은?
① 취급과 조작이 용이하다.　　② 소음이 크다.
③ 철근 및 철골 절단이 가능하다.　④ 분진비산으로 인한 살수 설비가 필요하다.

해설
압쇄공법은 저소음이다.

116 다음 중 콘크리트 타설 시 거푸집의 측압이 커지는 조건으로 옳지 않은 것은?
① 대기 중 기온이 낮을수록　　　② 콘크리트의 다지기가 강할수록
③ 거푸집의 수밀성이 작을수록　④ 철근량이 적을수록

해설
콘크리트 타설을 할 때 거푸집의 측압에 미치는 영향
· 슬럼프가 클수록 크다.
· 기온이 낮을수록 크다(대기 중에 습도가 높을수록 크다).
· 콘크리트의 치어붓기 속도가 클수록 크다.
· 거푸집의 수밀성이 높을수록 크다.
· 콘크리트의 다지기가 강할수록 크다.
· 거푸집의 수평단면이 클수록 크다.
· 거푸집의 강성이 클수록 크다.
· 거푸집 표면이 매끄러울수록 크다.
· 콘크리트의 비중이 클수록 크다(단위중량이 클수록 크다).
· 묽은 콘크리트일수록 크다.
· 철근량이 적을수록 크다.
· 측압은 생콘크리트의 높이가 높을수록 커지는 것이나, 일정한 높이에 이르면 측압의 증대는 없게
  된다.

117 안전관리비 사용내역에서 제외되는 항목이 아닌 것은?
① 기성제품에 부착된 안전장치 비용
② 안전보건교육비 및 행사비
③ 국민건강보험에 의해 실시되는 비용
④ 안전교육장 대지구입비

해설
안전보건교육비 및 행사비는 안전관리비로 사용이 가능한 항목 중 하나이다.

정답　115 ②　116 ③　117 ②

118 지게차의 안전 방호 장치 중 하나인 헤드가드에 대한 설명으로 옳지 않은 것은?

① 상부틀의 각개구부의 폭 또는 길이는 16cm 미만이어야 한다.
② 강도는 지게차 최대하중의 2배 값의 등분포정하중에 견딜 수 있어야 한다.
③ 지게차의 최대 하중이 10ton을 넘어가는 경우에 강도는 5ton을 견딜 수 있어야 한다.
④ 지게차를 서서 작업하는 경우 헤드가드의 높이는 1.88m 이상이어야 한다.

해설
강도는 지게차 최대하중의 2배 값(4t 초과 시는 4t)의 등분포정하중에 견딜 수 있을 것

119 이동식 사다리를 조립할 때 준수사항으로 틀린 것은?

① 재료는 심한 손상 및 부식 등이 없는 것으로 한다.
② 폭은 30cm 이상으로 한다.
③ 발판의 간격은 동일하게 한다.
④ 사다리 기둥과 수평면과의 각도는 85°이하로 한다.

해설
사다리식 통로의 기울기는 75°이하로 할 것

120 크레인의 작업 시작 전 점검사항으로 옳지 않은 것은?

① 권과방지장치, 브레이크, 클러치 및 운전 장치의 기능
② 주행로의 상측 및 트롤리가 횡행하는 레일의 상태
③ 와이어로프가 통하고 있는 곳의 상태
④ 붐의 경사 각도

해설
작업 시작 전 점검사항
· 권과방지장치, 브레이크, 클러치 및 운전 장치의 기능
· 주행로의 상측 및 트롤리가 횡행하는 레일의 상태
· 와이어 로프가 통하고 있는 곳의 상태

CBT 제3회 필기 모의고사				수험번호	성명
자격종목 **산업안전기사**		시험시간 **2시간**	시험유형		

※ 답안카드 작성시 시험문제지 형별누락, 마킹착오로 인한 불이익은 전적으로 수험자의 귀책사유임을 알려드립니다.
** 본문제는 수검자의 생각에 의한 것으로 실제 문제와 약간 다를 수 있음.

01 산업재해 예방 및 안전보건교육

01 재해를 통계적으로 분류할 때의 설명으로 옳은 것은?

① 사망이란 노동손실 일수가 4,000일 이상인 상해를 의미한다.
② 중상해란 부상에 의해 8일 이상의 노동 손실을 가지고 온 상해를 의미한다.
③ 경상해란 8시간 이하의 휴식 또는 가벼운 노동이나 통원 치료를 받으면서 작업을 수행할 수 있는 상해를 의미한다.
④ 경미상해란 부상에 의해 하루 이상 7일 이하의 노동 손실을 가지고 온 상해를 의미한다.

해설

통계적 분류
(가) 사망 : 노동손실 일수가 7,500일 상해를 의미한다.
(나) 중상해 : 부상에 의해 8일 이상의 노동 손실을 가지고 온 상해를 의미한다.
(다) 경상해 : 부상에 의해 하루 이상 7일 이하의 노동 손실을 가지고 온 상해를 의미한다.
(라) 경미 상해 : 8시간 이하의 휴식 또는 가벼운 노동이나 통원치료를 받으면서 작업을 수행할 수 있을 정도의 상해를 의미한다.

02 위험 예지 4라운드를 순서대로 올바르게 나열한 것은?

① 본질추구 – 현상파악 – 대책수립 – 목표달성
② 현상파악 – 본질추구 – 대책수립 – 목표달성
③ 현상파악 – 대책수립 – 본질추구 – 목표달성
④ 본질추구 – 대책수립 – 현상파악 – 목표달성

해설

위험예지 4라운드 : 현상파악 – 본질추구 – 대책수립 – 목표달성

03 상해의 종류에 따른 설명으로 옳지 않은 것은?

① 골절이란 뼈가 부러진 상해를 의미한다.

② 창상이란 칼날 등 날카로운 물건에 찔린 상해를 의미한다.

③ 부종이란 국부의 혈액순환에 이상으로 몸이 퉁퉁 부어오르는 상해를 의미한다.

④ 뇌진탕이란 머리를 세게 맞았을 때 장해로 일어난 상해를 의미한다.

해설

자상이란 칼날 등 날카로운 물건에 찔린 상해를 의미한다.

04 다음 중 화학물질 취급 장소에서의 유해·위험 경고를 위한 표지의 색도 기준으로 옳은 것은?

① 7.5R 4/14

② 5Y 8.5/12

③ 2.5PB 4/10

④ 2.5G 4/10

해설

화학물질 취급장소에서의 유해·위험 경고는 빨간색(7.5R 4/14)이다.

05 재해 예방의 4원칙에 포함되지 않는 것은?

① 재해 예측의 원칙

② 원인 계기의 원칙

③ 예방 가능의 원칙

④ 대책 선정의 원칙

해설

재해 예방의 4원칙 : 손실 우연의 원칙, 원인 계기의 원칙, 예방 가능의 원칙, 대책 선정의 원칙

06 다음은 산업안전보건위원회를 설치·운영해야 할 사업장의 종류와 그에 따른 규모이다. 옳지 않은 것은?

① 토사석 광업 – 상시근로자 50명 이상

② 금융 및 보험업 – 상시근로자 300명 이상

③ 건설업(토목 공사업) – 공사금액 150억 이상

④ 자동차 및 트레일러 제조업 – 상시근로자 100명 이상

해설

자동차 및 트레일러 제조업은 상시 근로자 50명 이상을 기준으로 한다.

07 신체적 능력은 직무 수행에 중요한 영향을 미치게 된다. 다음 중 직업군에 따라 업무를 수행하기 어려운 신체 능력으로 옳게 짝지어지지 않은 것은?

① 서서하는 작업 - 편평족

② 중근 작업 - 색약

③ 고소 작업 - 비만

④ 유기용제 취급업 - 빈혈

> **해설**
>
> 중근 작업이 힘든 신체적 능력으로는 신체허약, 빈혈, 심계항진 등이 있다.

08 다음 중 방진마스크 선정 시 기준으로 옳지 않은 것은?

① 분진 포집효율이 낮을 것

② 흡기·배기저항이 낮을 것

③ 사용 면적이 적을 것

④ 중량이 가벼울 것

> **해설**
>
> 분진 포집효율이 높을 것

09 재해를 문제 및 목표 이해를 편리하게 하기 위해 사고 유형, 기인물 등 분류 항목을 큰 순서대로 도표화 한 분석법으로 옳은 것은?

① 파렛토도

② 특성 요인도

③ 크로스 분석

④ 관리도

> **해설**
>
> 파렛토도 : 문제 및 목표 이해를 편리하게 하기 위해 사고 유형, 기인물 등 분류 항목을 큰 순서대로 도표화 한 분석법이다.

10 브레인스토밍이란 잠재의식을 일깨워 자유롭게 아이디어를 개발하기 위한 토의식 기법을 의미한다. 이런 브레인스토밍에서 지켜야 할 원칙으로 옳지 않은 것은?

① 잘못된 의견에 대해서는 자유롭게 비평할 수 있다.

② 자신의 의견을 자유롭게 발언할 수 있다.

③ 어떤 것이든 좋으니 많이 발언한다.

④ 타인의 아이디어에 대해 수정하거나 덧붙여 말할 수 있다.

> **해설**
>
> 브레인스토밍에서는 '좋다, 나쁘다' 비평하지 않는다.

11 다음 중 안전인증 대상 보호구의 종류로 옳지 않은 것은?

① 보안면
② 추락 및 감전 위험 방지용 안전모
③ 안전장갑
④ 안전대

해설

용접용 보안면을 제외한 보안면은 자율안전 확인 대상 보호구이다.

12 아담스의 사고 연쇄성 이론의 단계를 순서대로 옳게 나열한 것은?

① 관리 구조 – 전술적 에러 – 작전적 에러 – 사고 – 상해
② 작전적 에러 – 관리의 구조 – 전술적 에러 – 사고 – 상해
③ 관리 구조 – 작전적 에러 – 전술적 에러 – 사고 – 상해
④ 전술적 에러 – 관리의 구조 – 작전적 에러 – 사고 – 상해

해설

아담스(Adams)의 사고 연쇄성 이론 : 관리 구조 – 작전적 에러 – 전술적 에러 – 사고 – 상해

13 어느 사업장의 총 재해건수가 990건이라 한다. 이 중 이론적으로 구한 사망은 몇 건인가? (단, 재해 발생은 하인리히의 법칙을 기준으로 할 것)

① 1
② 3
③ 10
④ 30

해설

하인리히의 재해 발생 비율은 1 : 29 : 300으로 이 중 1이 사망 또는 중상에 해당한다.

그러므로 $990건 \times \dfrac{1건}{330건} = 3건$이다.

14 다음 중 보호구 재료의 성질로 옳지 않은 것은?

① 쉽게 부식되지 않는 것
② 피부에 해로운 영향을 주지 않는 것
③ 모체의 표면은 다른 사람 시야에 영향주지 않도록 어두운 색채로 할 것
④ 사용 목적에 따라 내열성, 내한성, 내수성을 보유할 것

해설

모체의 표면을 밝고 선명한 색채로 할 것

15 평균 근로자수 500명인 어떤 사업장에서 연간 평균 48건의 재해가 발생하였다면 만약 이 사업장에서 한 작업자가 평생 작업한다면 몇 건의 재해를 당하겠는가? (단, 한 근로자의 근로가능연수는 40년, 잔업시간은 100시간으로 한다.)

① 1.8건   ② 2.9건

③ 4.0건   ④ 6.1건

> **해설**
>
> $$도수율 = \frac{재해발생건수}{연근로시간수} \times 10^6 = \frac{48건}{500명 \times 8시간/일 \times 300일/년} \times 10^6 = 40$$
>
> $$환산도수율 = \frac{도수율}{10} = \frac{40}{10} = 4건$$

16 다음 중 방독마스크 정화통의 외부 측면의 표시색이 회색이 아닌 종류는?

① 할로겐용   ② 황화수소용

③ 시안화수소용   ④ 유기화합물용

> **해설**
>
> 유기화합물용 정화통 외부 측면 표시색은 갈색이다.

17 다음 중 스트레스에 의해 나타날 수 있는 신체적 현상으로 옳지 않은 것은?

① 맥박수가 증가한다.   ② 혈압이 낮아진다.

③ 호흡이 얕고 빨라진다.   ④ 소화기관 내 위산 분비가 촉진된다.

> **해설**
>
> 스트레스를 받는 경우 혈압은 상승한다.

18 다음 경고 표지 중 그 형태가 다른 것은?

① 산화성 물질 경고   ② 몸균형 상실 경고

③ 레이저광선 경고   ④ 위험 장소 경고

> **해설**
>
> 일반적인 경고 표지는 바탕은 노란색, 나머지는 검정색이다. 다만, 인화성물질경고, 산화성물질경고, 폭발성물질경고, 급성독성물질경고, 부식성물질경고 및 발암성·변이원성·생식독성·전신독성·호흡기과민성물질경고의 경우 바탕은 무색, 기본모형은 적색(흑색도 가능)이다.

19 재해통계에서 강도율 2란 무엇을 의미하는가?

① 연간 근로자 1,000명당 발생한 사상자 수가 2명

② 연간 근로자 1,000명당 재해 발생 건수가 2건

③ 연 근로 1,000시간당 재해 발생 건수가 2건

④ 연 근로 1,000시간당 재해에 의해서 잃어버린 근로손실일수 2일

해설

강도율이란 연 근로 1,000시간당 재해에 의해서 잃어버린 근로손실일수를 의미한다.

20 다음 설명에 해당하는 토의법으로 옳은 것은?

동일 주제 또는 관련 주제에 대해 전문가 2 ~ 5명이 각자의 견해를 제시하고 참여자는 이에 대한 의견이나 질문을 하는 방식의 토의 방식을 의미한다.

① 포럼(Forum)
② 심포지엄(Symposium)
③ 패널 디스커션(Panel Discussion)
④ 버즈 그룹(Buzz Group)

해설

심포지엄(Symposium) : 동일 주제 또는 관련 주제에 대해 전문가(2 ~ 5명)가 각자의 견해를 제시하고 참여자는 이에 대한 의견이나 질문을 하는 방식의 토의 방식을 의미한다.

02 인간공학 및 위험성 평가·관리

21 설비를 수리하면서 사용하는 체계에서 고장과 고장 사이 시간의 평균치를 무엇이라 하는가?

① MTBF
② MTLFF
③ MTTR
④ MTBHE

해설

MTBF(Mean Time Between Failure) : 평균고장간격으로 평균 동작시간과 평균 수리시간을 합해서 구한다.

22 피부에 염증이 발생하며 심한 경우 수포가 일어나고 시간이 지남에 따라 피부의 색이 점차 청남색으로 변하기 시작하는 동상 단계로 옳은 것은?

① 1도 동상   ② 2도 동상

③ 3도 동상   ④ 4도 동상

해설

2도 동상

· 피부에 염증이 발생하며 심한 경우 수포가 일어나기도 한다.

· 피부는 점차 청남색으로 변하고 심한 경우 궤양이 진행되기도 한다.

23 안전성 평가 기본원칙 6단계가 순서대로 나열된 것은?

① 관계 자료의 정비 검토 – 정성적 평가 – 정량적 평가 – 안전대책 – 재해 정보에 의한 재평가 – FTA에 의한 재평가

② 관계 자료의 정비 검토 – 정량적 평가 – 정성적 평가 – 재해 정보에 의한 재평가 – FTA에 의한 재평가 – 안전대책

③ 관계 자료의 정비 검토 – 정성적 평가 – 정량적 평가 – 안전대책 – FTA에 의한 재평가 – 재해 정보에 의한 재평가

④ 관계 자료의 정비 검토 – 정량적 평가 – 정성적 평가 – FTA에 의한 재평가 – 재해 정보에 의한 재평가 – 안전대책

해설

관계 자료의 정비 검토 – 정성적 평가 – 정량적 평가 – 안전대책 – 재해 정보에 의한 재평가 – FTA에 의한 재평가

24 다음 주어진 논리 기호의 명칭으로 옳은 것은?

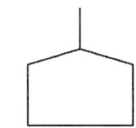

① 결함사상   ② 통상사상

③ 기본사상   ④ 전이기호

해설

통상사상 기호이다.

25 다음 중 위험도 평가를 위해 위험도 지수(Cr)를 활용하며 FAMEA와 CA를 병용한 기법으로 옳은 것은?

① FMECA
② DT
③ THERP
④ MORT

해설

FMECA에 대한 설명이다.

26 다음 중 인간보다 기계가 우수한 점으로 거리가 먼 것은?

① 반복 작업 및 장시간 중량 작업을 수행할 수 있다.
② 한 번에 여러 가지 작업을 동시에 수행할 수 있다.
③ 주위 환경 변화에 큰 영향 없이 작업을 수행할 수 있다.
④ 독창성 있는 문제 해결력을 가지고 다양한 문제를 해결할 수 있다.

해설

독창성 있는 문제 해결력은 인간이 가진 우수성이다.

27 다음 중 결함수 분석법(FTA)의 특징이 아닌 것은?

① Bottom Up 형식
② Top Down 형식
③ 특정 사상에 대한 해석
④ 논리 기호를 사용한 해석

해설

결함수 분석법 특징
(1) Top Down 형식
(2) 특정 사상에 대한 해석
(3) 논리 기호를 사용한 해석

28 유해화학물질에 1 ~ 3개월 반복 노출되는 것을 의미하는 용어로 옳은 것은?

① 급성 독성
② 아급성 독성
③ 아만성 독성
④ 만성 독성

해설

아만성 독성에 대한 정의이다.

CBT

29 사람에 대한 모니터링 방법 중 작업자의 태도를 보고 상태를 파악하는 방법으로 옳은 것은?

① Self Monitoring 방법
② 생리학적 Monitoring 방법
③ Visual Monitoring 방법
④ 반응에 의한 Monitoring 방법

해설

Visual Monitoring 방법 : 작업자의 태도를 보고 상태를 파악하는 방법

30 다음 중 인체 측정치의 하위 백분위수를 기준으로 설계하는 사례로 옳은 것은?

① 선반의 높이
② 출입문의 높이
③ 탈출구의 크기
④ 그네의 지지하중

해설

선반의 높이는 인체 측정치의 하위 백분위수를 기준으로 설계한다.

31 두 가지 이상의 화학물질이 체내로 유입되는 경우 화학적 상호 작용에 따라 체내 독성 정도가 달라지게 된다. 이 중 인체에 나쁜 영향을 나타내지 않는 물질이 유해화학물질과 같이 노출되었을 때 오히려 독성 작용을 더 크게 일으키는 작용을 의미하는 것으로 옳은 것은?

① 상가 작용
② 상승 작용
③ 가승 작용
④ 길항 작용

해설

잠재작용(가승작용) : 인체에 나쁜 영향을 나타내지 않는 물질이 유해화학물질과 같이 노출되었을 때 오히려 독성 작용을 더 크게 일으키는 작용을 의미한다.

32 다음은 휴먼 에러를 심리적 분류한 것이다. 알맞게 설명한 것으로 옳은 것은?

① 필요 절차를 제대로 수행하지 않아 발생한 오류를 Omission Error라고 한다.
② 필요 절차의 수행 지연에 따른 오류를 Sequential Error라 한다.
③ 필요 절차의 불확실한 수행에 따른 오류를 Extraneous Error라 한다.
④ 불필요한 절차를 수행함으로써 발생한 오류를 Commission Error라 한다.

해설

휴먼 에러의 심리적 분류(Swain)
· Omission Error(생략 에러) : 필요 절차를 제대로 수행하지 않아 발생한 에러
· Time Error(시간 에러) : 필요 절차의 수행 지연에 따른 에러
· Commission Error(수행 에러) : 필요 절차의 불확실한 수행에 따른 에러
· Sequential Error(순서 에러) : 필요 절차의 순서 착오에 따른 에러
· Extraneous Error(불필요한 에러) : 불필요한 절차를 수행함으로써 발생한 에러

33 어느 사업장의 실내 온도를 측정한 결과 건구 온도는 23°C, 습구 온도는 27°C였다. 해당 사업장에서 근무하는 근로자들이 느낄 수 있는 불쾌지수 값은?

① 약 69
② 약 77
③ 약 85
④ 약 91

해설
불쾌지수(DI) = (건구온도 + 습구 온도)°C × 0.72 + 40.6
= (23 + 27)°C × 0.72 + 40.6 = 76.6

34 기술개발 종합평가(Technology Assessment) 5단계 중 3단계에 해당하는 것은?

① 사회적 복리기여도
② 실현 가능성
③ 안전성과 위험성
④ 경제성

해설
테크놀로지 어시스먼트의 평가 5단계
(1) 제1단계 : 사회적 복리기여도
(2) 제2단계 : 실현 가능성
(3) 제3단계 : 안전성과 위험성
(4) 제4단계 : 경제성
(5) 제5단계 : 종합 평가

35 이상고온현상 중 열경련(Heat Cramp)에 대한 특징으로 거리가 먼 것은?

① 고온 환경에서 고된 육체적인 작업을 장시간 지속했을 때 발한에 의한 염분 손실 및 탈수로 인하여 발생하는 현상이다.
② 팔과 다리 등의 근육에 발작적 경련 현상이 일어나는 것이 특징이다.
③ 체온은 정상이거나 약간 상승하며 일시적인 단백뇨 현상이 나타날 수 있다.
④ 중추신경계의 장해가 나타난다.

해설
중추신경계 장해는 나타나지 않는다.

36 인간 또는 기계에 과오나 동작상의 실수가 있어도 안전사고를 발생시키지 않도록 2중·3중으로 통제를 가하도록 한 체제를 무엇이라 하는가?

① 페일세이프
② 풀프루프
③ 인터록 시스템
④ 트랜스록 시스템

해설
페일세이프 : 인간 또는 기계에 과오나 동작상의 실수가 있어도 안전사고를 발생시키지 않도록 2중·3중으로 통제를 가하도록 한 체제를 말한다.

37 인체를 계측하는 방법 중 동적 계측 측정 도구로 다른 것은?

① 마틴식 인체 측정기　　② VTR
③ 사이클 그래프　　④ 시네 필름

> **해설**
> 마틴식 인체 측정기는 정적 계측 도구이다.

38 방사선의 종류 중 전리 작용이 가장 큰 것은?

① X - 선　　② α - 선
③ γ - 선　　④ β - 선

> **해설**
> 전리 작용 순서 : α - 선 〉 β - 선 〉 X - 선 또는 γ - 선

39 자동차는 타이어가 4개인 하나의 시스템으로 볼 수 있다. 타이어 1개가 파열될 확률이 0.01이라면 이 자동차의 신뢰도는 얼마인가?

① 0.92　　② 0.94
③ 0.96　　④ 0.99

> **해설**
> 타이어 1개의 신뢰도 = 1 − 0.01 = 0.99
> 직렬연결이므로 신뢰도(R) = 0.99 × 0.99 × 0.99 × 0.99 = 0.96

40 다음은 창조적 사고를 유도하고 자극하여 이상의 발견 및 의도를 한정하기 위해 HAZOP에서 사용하는 용어이다. 설명이 바르지 않은 것은?

① No 또는 Not : 설계의도의 완전한 부정
② As well As : 성질상의 증가
③ Other than : 설계의도의 논리적인 역
④ Part of : 성질상의 감소

> **해설**
> Other than : 완전한 대체

03 기계·기구 및 설비 안전 관리

41 기계 방호장치의 기본 목적으로 옳지 않은 것은?

① 작업자의 보호
② 기계위험 부위의 접촉방지
③ 기계 기능의 향상
④ 인적 및 물적 손실의 방지

해설

방호장치(안전장치)의 기본목적
· 작업자의 보호(부상 및 사상 방지)
· 기계위험 부위의 접촉방지
· 인적·물적 손실 방지

42 크레인, 간이리프트, 곤돌라, 승강기 등에 공통적으로 설치하여야 할 방호장치는?

① 과부하 방지장치
② 권과 방지장치
③ 제동장치
④ 비상 정지장치

해설

양중기나 승강기에 설치하는 공통 방호장치는 과부하 방지장치이다.

43 사용하지 말아야 하는 와이어로프의 기준에 해당하지 않는 것은?

① 이음매가 있는 것
② 심하게 변형되거나 부식된 것
③ 지름의 감소가 공칭지름의 5%를 초과한 것
④ 와이어로프의 한 꼬임에서 끊어진 소선의 수가 10% 이상인 것

해설

와이어로프의 사용금지사항
· 이음매가 있는 것
· 와이어로프의 한 꼬임에서 끊어진 소선의 수가 10% 이상인 것
· 지름의 감소가 공칭지름의 7%를 초과한 것
· 꼬인 것
· 심하게 변형되거나 부식된 것
· 열과 전기충격에 의해 손상된 것

CBT

44 작업자의 신체부위가 위험한계 밖에 있도록 기계의 조작장치를 위험한 작업점에서 안전거리 이상 떨어지게 하거나 조작 장치를 양손으로 동시 조작하게 함으로써 위험한계에 접근하는 것을 제한하는 방호장치는?

① 격리형 방호장치　　　　　　② 위치 제한형 방호장치
③ 접근 반응형 방호장치　　　　④ 포집형 방호장치

> **해설**
> 위치 제한형 방호장치 : 작업자의 신체부위가 위험한계 밖에 있도록 기계의 조작장치를 위험한 작업점에서 안전거리 이상 떨어지게 하거나 조작 장치를 양손으로 동시 조작하게 함으로써 위험한계에 접근하는 것을 제한하는 것을 의미한다.

45 다음 중 선반 작업 시 지켜야 하는 안전수칙으로 거리가 먼 것은?

① 주축을 변속하거나 기계에 주유를 하는 경우 먼저 기계를 정지시키고 작업한다.
② 칩이나 부스러기를 제거하기 위해 헝겊을 사용하며 제거가 잘 이루어지지 않는 경우 손가락으로 떼어낸다.
③ 공작물의 설치가 끝나면 척, 렌치류 등은 바로 떼어 놓는다.
④ 바이트는 가급적 짧게 설치하여 진동이나 휨을 막는다.

> **해설**
> 칩이나 부스러기를 제거할 때는 반드시 브러시를 사용해야 한다.

46 연삭기를 이용하는 작업 시 안전 수칙으로 옳지 않은 것은?

① 숫돌의 측면에 서지 말고 정면에서 작업할 것
② 숫돌의 파열은 과대한 회전수가 주요원인이므로 월 1회 정도 정기점검을 할 것
③ 연삭숫돌의 최고사용 원주 속도(회전속도)를 초과하여 사용하지 말 것
④ 연삭숫돌은 제조 후 사용속도의 1.5배로 안전시험을 할 것

> **해설**
> 숫돌의 정면에 서지 말고 측면으로 비켜서서 작업할 것

47 지름이 20mm인 드릴의 회전수가 1,000rpm이라면 원주 속도(m/min)는 얼마인가?

① 약 3.14　　　　　　　　② 약 31.4
③ 약 6.28　　　　　　　　④ 약 62.8

> **해설**
> $$원주속도 = \frac{\pi \times D \times N}{1,000} = \frac{\pi \times 20 \times 1,000}{1,000} = 62.8 m/min$$

48 보일러의 방호장치에 속하지 않는 것은?

① 절탄 장치　　　　　　　② 도피 밸브

③ 방폭문　　　　　　　　④ 화염검출기

해설

보일러의 방호장치의 종류

· 압력방출장치

· 압력제한스위치

· 고·저수위 조절장치

· 기타 도피밸브, 가용전, 방폭문, 화염 검출기

49 급정지 장치의 종류 중 복부 조작식의 설치 위치로 옳은 것은?

① 밑면에서 0.6m 이내　　　　② 밑면에서 0.8m 이상 1.1m 이내

③ 밑면에서 1.1m 이상 1.5m 이내　④ 밑면에서 1.8m 이내

해설

급정지 장치의 종류

급정지장치 조작부의 종류	설치위치
손조작 로프식	밑면에서 1.8m 이내
복부 조작식	밑면에서 0.8m 이상 1.1m 이내
무릎 조작식	밑면에서 0.6m 이내

50 아세틸렌 용접 장치의 발생기실의 구조로 옳시 않은 것은?

① 벽이나 천장은 불연성의 재료로 하고 철근콘크리트 또는 그 밖에 이와 동등 이상의 강도를 가진 구조로 할 것

② 바닥면적의 1/16 이상의 단면적을 가진 배기통을 옥상으로 돌출시키고 그 개구부를 창 또는 출입구로부터 1.5m 이상 떨어지도록 할 것

③ 출입구의 문은 불연성 재료로 하고 두께 1.5mm 이상의 철판 기타 이와 동등 이상의 강도를 가진 구조로 할 것

④ 벽과 발생기 사이에는 발생기의 조정 또는 카바이트 공급 등의 작업을 방해하지 아니하도록 간격을 확보할 것

해설

지붕 천정에는 얇은 철판이나 가벼운 불연성 재료를 사용할 것

51 취성재료의 극한 강도가 500MPa이며, 허용 응력이 200MPa일 경우 안전 계수는 얼마인가?

① 0.4
② 1.2
③ 2.0
④ 2.5

해설

$$안전율 = \frac{파괴하중}{최대사용하중} = \frac{극한강도(파단하중)}{최대설계하중(안전하중)} = \frac{500}{200} = 2.5$$

52 보일러에서 압력방출장치가 2개 설치되어 있는 경우 최고 사용압력을 10kg/cm²이라 할 때 압력방출장치 설정 방법으로 옳은 것은?

① 2개 모두 10kg/cm²에서 작동되도록 설정한다.
② 하나는 10kg/cm²에서 작동하도록 하고, 나머지 하나는 10.5kg/cm²에서 작동되도록 설정한다.
③ 하나는 10kg/cm²에서 작동하도록 하고, 나머지 하나는 11kg/cm²에서 작동되도록 설정한다.
④ 하나는 10kg/cm²에서 작동하도록 하고, 나머지 하나는 12kg/cm²에서 작동되도록 설정한다.

해설

압력방출장치가 2개 이상 설치된 경우에는 최고사용압력 이하에서 1개가 작동되고, 다른 압력방출장치는 최고사용압력 1.05배 이하에서 작동되도록 부착해야 한다.
그러므로, 하나는 10kg/cm², 나머지 하나는 10kg/cm² × 1.05배 = 10.5kg/cm²

53 회전축, 기어, 풀리, 플라이휠 등에는 어떤 고정구를 설치하여야 하는가?

① 개방형 고정구
② 돌출형 고정구
③ 묻힘형 고정구
④ 요철형 고정구

해설

회전축, 기어, 풀리 및 플라이휠 등에 부속하는 키 및 핀 등의 고정구는 묻힘형으로 하거나 해당 부위에 덮개를 설치할 것

54 평면 연삭기 또는 절단 연삭기 덮개의 노출각도로 옳은 것은?

① 60° 이내
② 125° 이내
③ 150° 이내
④ 180° 이내

해설

평면 연삭기, 절단 연삭기의 덮개 : 덮개의 노출 각은 150° 이내

55 밀링 머신을 안전하게 사용하기 위한 작업 수칙으로 옳지 않은 것은?

① 손이 다치는 것을 방지하기 위하여 장갑을 착용한다.
② 칩의 제거는 반드시 브러시를 사용하도록 한다.
③ 일감을 풀거나 고정할 때와 측정 시에는 반드시 운전을 정지시켜야 한다.
④ 가동 중에는 기계를 변속시키지 않아야 한다.

해설

밀링 머신 작업 시 장갑은 착용하지 않는다.

56 드릴기계로 작업하는 경우 안전 작업 수칙으로 옳지 않은 것은?

① 작업 시 손이 다칠 위험성이 있으므로 반드시 장갑을 착용한다.
② 쇳가루가 날리기 쉬운 작업이므로 반드시 보안경을 착용한다.
③ 구멍을 뚫는 경우 작은 구멍을 먼저 뚫은 후 큰 구멍을 뚫는다.
④ 구멍이 뚫린 것을 확인하기 위해 손을 집어넣는 행위는 하지 않는다.

해설

장갑을 끼고 작업하지 않아야 한다.

57 물속에 용해되어 있는 고형분이나 수분이 증기의 흐름에 따라서 발생증기 속으로 운반되어 나오게 되는 현상을 무엇이라 하는가?

① Water Hammering
② Foaming
③ Priming
④ Carry Over

해설

캐리오버(Carry Over, 기수공발) : 물속에 용해되어 있는 고형분이나 수분이 증기의 흐름에 따라서 발생증기 속으로 운반되어 나오게 되는 현상을 의미한다.

58 연삭기에서 숫돌의 바깥지름이 180mm인 경우 평형 플랜지 지름은 몇 mm 이상이어야 하는가?

① 30
② 50
③ 60
④ 90

해설

플랜지 직경 = 숫돌직경 × 1/3 이상 = 180 × 1/3 = 60mm 이상

59 지게차를 이용한 작업을 안전하게 수행하기 위한 장치로 거리가 먼 것은?

① 헤드가드   ② 백레스트

③ 훅   ④ 전조등

> **해설**
>
> 지게차가 갖추어야 할 장치
> · 전조등 및 후미등
> · 헤드가드
> · 백 레스트

60 회전축, 커플링 등 크기, 길이, 속도가 회전 운동하는 기계에 돌기가 돌출되어 작업복 등이 말려 들어갈 위험이 있는 위험점으로 옳은 것은?

① 접선 물림점   ② 협착점

③ 물림점   ④ 회전 말림점

> **해설**
>
> 회전말림점(Trapping point) : 크기, 길이, 속도가 다른 회전운동에 의한 위험점으로 회전하는 부분에 돌기 등이 돌출되어 작업복 등이 말리는 위험점.

04 전기설비안전관리

61 다음 중 가스폭발위험장소 중 0종 장소에 사용가능한 방폭구조로 옳은 것은?

① 본질안전 방폭구조(ia)   ② 본질안전 방폭구조(ib)

③ 안전증 방폭구조(e)   ④ 압력 방폭구조(p)

> **해설**
>
> 0종 장소에서 사용가능한 방폭 구조는 본질안전 방폭구조(ia)이다.

62 전압은 저압, 고압, 특별고압으로 구분되고 있다. 다음 중 고압에 대한 설명으로 가장 알맞은 것은? (단, 직류를 기준으로 한다.)

① 1.0kV ~ 7kV
② 600V ~ 7kV
③ 1.5kV ~ 7kV
④ 750V ~ 7kV

해설

전기의 압력분류

압력분류	직류	교류
저압	1.5kV 이하	1kV 이하
고압	1.5kV ~ 7kV 이하	1kV ~ 7kV이하
특별고압	7kV 초과	7kV초과

63 다음 중 누전차단기를 설치하지 않아도 되는 대상으로 옳지 않은 것은?

① 기계·기구를 취급자 이외의 사람이 출입할 수 없도록 시설하는 경우
② 대지전압 300V 이하인 기계·기구를 건조한 곳에 시설하는 경우
③ 기계·기구에 설치한 접지 저항 값이 3Ω 이하인 경우
④ 물 등 도전성이 높은 액체가 있는 습윤 장소에서 사용하는 저압용 전기기계·기구

해설

누전차단기 설치 제외대상
· 기계·기구를 취급자 이외의 사람이 출입할 수 없도록 시설하는 경우
· 기계·기구를 건조한 곳에 시설하는 경우
· 대지전압 300V 이하인 기계·기구를 건조한 곳에 시설하는 경우
· 기계·기구에 설치한 접지 저항 값이 3Ω 이하인 경우

64 정전기로 인한 화재·폭발 등의 위험이 발생할 우려가 있는 설비 사용 시 정전기를 제거하는 방법으로 거리가 먼 것은?

① 접지
② 도전성 재료 사용
③ 제습
④ 제전장치 사용

해설

정전기로 인한 화재.폭발 등의 위험이 발생할 우려가 있는 설비 사용 시 정전기의 제거
· 확실한 방법으로 접지
· 도전성재료를 사용
· 가습(상대습도 70% 이상)
· 제전장치 사용

65 다음 중 피뢰기가 갖추고 있어야 할 성능 조건으로 옳지 않은 것은?

① 반복동작이 가능할 것

② 속류의 차단이 확실하게 될 것

③ 구조가 견고하며 특성이 변화하지 않을 것

④ 뇌전류의 방전능력이 작을 것

> **해설**
>
> 피뢰기의 성능
>
> · 반복동작이 가능할 것
> · 구조가 견고하며 특성이 변화하지 않을 것
> · 점검·보수가 간단할 것
> · 충격방전 개시전압과 제한전압이 낮을 것
> · 뇌전류의 방전능력이 크고, 속류의 차단이 확실하게 될 것

66 스파크 방전이 발생할 경우 공기 중에 생성되는 물질로 옳은 것은?

① 산소(O_2) ② 오존(O_3)

③ 질소(N_2) ④ 이산화탄소(CO_2)

> **해설**
>
> 스파크 방전시 공기 중에 오존(O_3)이 생성되어 인화성 물질에 인화되거나 분진폭발을 일으킬 수 있다.

67 정전기 방전에 대한 설명으로 옳지 않은 것은?

① 스파크 방전이란 전위차가 있는 2개의 대전체가 특정거리에 근접하게 되면 등전위가 되기 위하여 전하가 절연공간을 깨고 순간적으로 흘러가면서 빛과 열을 발생하는 현상을 의미한다.

② 뇌상방전이란 정전기가 대전되어 있는 부도체에 접지체가 접근한 경우 대전물체와 접지체 사이에서 발생하는 것으로 나뭇가지 형태(별표마크)의 발광을 수반하는 방전을 의미한다.

③ 스트리머(Streamer) 방전이란 대전량이 큰 부도체와 평편한 형상을 갖는 금속과의 기상공간에서 발생하기 쉬운 방전을 의미한다.

④ 연면방전은 방전에너지가 커서 불꽃방전과 더불어 착화 및 전격을 일으킨 위험성이 크다.

> **해설**
>
> 정전기가 대전되어 있는 부도체에 접지체가 접근한 경우 대전물체와 접지체 사이에서 발생하는 것으로 나뭇가지 형태(별표마크)의 발광을 수반하는 방전을 연면방전이라 한다.

68 인체의 전기 저항이 500Ω이고, 세동전류와 통전시간과의 관계를 $I = \dfrac{165}{\sqrt{T}}$이라 할 때, 심실세동을 일으키는 위험에너지(J)는 얼마인가? (단, 통전시간은 1초이다.)

① 13.6　　　　　　　　　　② 16.3
③ 136　　　　　　　　　　④ 163

해설

$$W = I^2RT = (\frac{165}{\sqrt{T}})^2RT = (165 \times 10^{-3})^2 \times 500 = 13.61J$$

69 저압전기기기에 인체가 감전이 되었을 때 영향을 기술한 것이다. 옳지 않은 것은? (단, 통전경로는 손 → 발, 성인(남)의 기준이다.)

① 1 ~ 2mA는 쇼크를 느끼나 인체 기능에는 크게 영향이 없다.
② 10 ~ 15mA는 극심한 고통을 동반한 쇼크를 느낀다.
③ 20 ~ 30mA는 고통과 함께 강한 근육 수축이 발생하여 호흡 곤란이 일어날 수 있다.
④ 50 ~ 70mA는 순간적으로 확실하게 사망한다.

해설

50mA 이상은 상당히 위험한 상태로 만들 수 있지만 반드시 사망한다고 보기는 어렵다.

70 집진장치·백필터·배기구 등의 주위처럼 분진운 형태의 가연성 분진이 폭발농도를 형성할 정도의 충분한 양이 정상작동 중에 존재할 수 있는 장소는?

① 0종 장소　　　　　　　　② 1종 장소
③ 20종 장소　　　　　　　　④ 21종 장소

해설

21종 장소 : 20종 장소 외의 장소로서, 분진운 형태의 가연성 분진이 폭발농도를 형성할 정도의 충분한 양이 정상작동 중에 존재할 수 있는 장소로 집진장치·백필터·배기구 등의 주위가 여기에 해당한다.

71 다음 중 제1종 접지공사를 실시해야 하는 공작물 또는 기기로 옳지 않은 것은?

① 피뢰기
② 옥내 또는 지상에 시설하는 400V를 넘는 저압기계·기구의 철대·외함
③ 주상에 설치하는 3상 4선식 접지계통 변압기 및 기기 외함
④ 특고압계기용 변성기의 2차측

해설

옥내 또는 지상에 시설하는 400V를 넘는 저압기계·기구의 철대·외함은 특별 제3종 접지공사 대상이다.

72 전격 재해의 위험도는 전류가 인체로 들어와서 다시 체외로 빠져나갈 때의 경로(통전 경로)에 따라 다르다. 다음 중 가장 위험도가 높은 통전 경로는 무엇인가?

① 오른손 – 발
② 왼손 – 발
③ 오른손 – 등
④ 왼손 – 오른손

해설

위험도가 높은 통전 경로 : 왼손 – 발 > 오른손 – 발 > 왼손 – 오른손 > 오른손 - 등

73 방폭전기기기의 발화도의 온도 등급과 최고 표면온도에 의한 폭발성 가스의 분류표기로 가장 올바르게 나타낸 것은?

① T_1 : 450℃ 이하
② T_2 : 350℃ 이하
③ T_4 : 125℃ 이하
④ T_6 : 100℃ 이하

해설

전기기기의 최대표면온도의 분류(KSCIEC)

온도등급	T_1	T_2	T_3	T_4	T_5	T_6
최고표면온도의 범위(℃)	300초과 450이하	200초과 300이하	135초과 200이하	100초과 135이하	85초과 100이하	85이하

74 폭발한계에 도달한 메탄가스가 공기에 혼합되었을 때 착화 한계전압은 몇 V인가? (단, 메탄의 최소 착화에너지는 0.2mJ, 극간용량은 10pF으로 한다.)

① 6,325V
② 5,225V
③ 4,135V
④ 3,035V

해설

$$V = \sqrt{\frac{2E}{C}} = \sqrt{\frac{2 \times 0.2 \times 10^{-3}}{10 \times 10^{-12}}} = 6,324.56\,V$$

75 다음 중 누전차단기 선정 시 주의해야 할 사항으로 옳지 않은 것은?

① 누전차단기는 동작시간이 1초 이하의 가능한 한 짧은 시간의 것을 사용해야 한다.
② 절연저항이 5MΩ 이상이 되어야 한다.
③ 누전차단기는 접속된 각각의 휴대용, 이동용 전동기기에 대해 정격감도전류가 30mA 이하의 것을 사용해야 한다.
④ 정격부 동작전류가 정격감도전류의 50% 이상이고 또한 이들의 차가 가능한 한 작은 값을 사용해야 한다.

해설

누전차단기는 동작시간이 0.1초 이하의 가능한 한 짧은 시간의 것을 사용해야 한다.

76 변전소에 고장전류가 유입되었을 때 도전성 구조물과 그 부근의 지표상 점과의 사이(약 1m)의 허용 접촉 전압은? (단, 심실세동 전류 $I = \dfrac{165}{\sqrt{T}}(mA)$, 인체의 저항값 = $1,000\Omega$, 지표면의 저항률 : $150\Omega\cdot m$, 통전시간은 1초로 한다.)

① 228V
② 202V
③ 186V
④ 164V

> **해설**
>
> 허용접촉전압 $E = \left(R_b + \dfrac{3R_s}{2}\right) \times I_k = \left(1,000 + \dfrac{3 \times 150}{2}\right) \times \dfrac{0.165}{\sqrt{1}} = 202.125\,V$

77 인체가 자력으로 이탈할 수 있는 전류를 말하며 전원이 교류인 경우는 이탈전류, 직류인 경우는 해방 전류라고 하는데 이를 무엇이라 하는가?

① 가수전류
② 불수전류
③ 최소전류
④ 마비전류

> **해설**
>
> 가수전류(Let - go Current) : 인체가 자력으로 이탈할 수 있는 전류를 말하며 전원이 교류인 경우는 이탈전류, 직류인 경우는 해방 전류라고 한다.

78 충전전로의 선간 전압이 22.3kV인 경우 충전전로에 대한 접근 한계거리로 옳은 것은?

① 30cm
② 45cm
③ 60cm
④ 90cm

> **해설**
>
> 선간전압이 15 ~ 37kV인 경우 접근한계 거리는 90cm 이다.

79 다음은 접지목적에 따른 종류이다. 사용 목적이 다른 것은?

① 피뢰기 접지 : 낙뢰로부터 전기기기의 손상을 방지
② 계통접지 : 고압전류와 저압전로가 혼촉되었을 때의 감전이나 화재방지
③ 기기접지 : 누전되고 있는 기기에 접촉되었을 때의 감전방지
④ 정전기접지 : 누전차단기의 동작을 확실하게 하기 위한 접지

> **해설**
>
> 접지목적에 따른 종류
> ·계통접지 : 고압전류와 저압전로가 혼촉되었을 때의 감전이나 화재방지
> ·기기접지 : 누전되고 있는 기기에 접촉되었을 때의 감전방지
> ·피뢰기접지 : 낙뢰로부터 전기기기의 손상을 방지
> ·정전기접지 : 정전기의 축적에 의한 폭발재해방지
> ·지락검출용 접지 : 누전차단기의 동작을 확실하게 하기 위한 접지
> ·등전위접지 : 병원에 있어서의 의료기기 사용 시의 안전도모

80 다음은 감전사고 시 응급조치에 관한 설명이다. 옳지 않은 것은?

① 구출자는 감전자 발견 즉시 보호용구 착용여부에 관계없이 직접 충전부로부터 이탈시킨다.

② 감전에 의해 넘어진 사람에 대하여 의식 상태, 호흡 상태, 맥박 상태 등을 관찰한다.

③ 감전에 의하여 높은 곳에서 추락한 경우 출혈 상태, 골절 이상 유무 등을 확인한다.

④ 감전에 의해서 의식이 소실된 환자의 경우 지체 없이 구급차가 오기 전까지 인공호흡과 심폐소생술을 시행한다.

해설

스위치를 끄고 구출자 본인의 방호조치 후 신속하게 상해자를 구출할 것

05 화학설비안전관리

81 다음 중 산업안전보건법상 화학설비의 부속설비로만 이루어진 것은?

① 사이클론, 백필터(Bag Filter), 전기집진기 등 분진처리설비

② 응축기 · 냉각기 · 가열기 · 증발기 등 열교환기류

③ 분쇄기 · 분체분리기 · 용융기 등 분체화학물질 취급장치

④ 반응기 · 혼합조 등 화학물질 반응 또는 혼합장치

해설

화학설비 및 그 부속설비의 종류

1. 화학설비

    가. 반응기 · 혼합조 등 화학물질 반응 또는 혼합장치

    나. 증류탑 · 흡수탑 · 추출탑 · 감압탑 등 화학물질 분리장치

    다. 저장탱크 · 계량탱크 · 호퍼 · 사일로 등 화학물질 저장설비 또는 계량설비

    라. 응축기 · 냉각기 · 가열기 · 증발기 등 열교환기류

    마. 고로 등 점화기를 직접 사용하는 열교환기류

    바. 캘린더(Calender) · 혼합기 · 발포기 · 인쇄기 · 압출기 등 화학제품 가공설비

    사. 분쇄기 · 분체분리기 · 용융기 등 분체화학물질 취급장치

    아. 결정조 · 유동탑 · 탈습기 · 건조기 등 분체화학물질 분리장치

    자. 펌프류 · 압축기 · 이젝터(Ejector) 등의 화학물질 이송 또는 압축설비

2. 화학설비의 부속설비

    가. 배관 · 밸브 · 관 · 부속류 등 화학물질 이송 관련 설비

    나. 온도 · 압력 · 유량 등을 지시 · 기록 등을 하는 자동제어 관련 설비

    다. 안전밸브 · 안전판 · 긴급차단 또는 방출밸브 등 비상조치 관련 설비

    라. 가스누출감지 및 경보 관련 설비

    마. 세정기, 응축기, 벤트스택(Bent Stack), 플레어스택(Flare Stack) 등 폐가스처리설비

    바. 사이클론, 백필터(Bag Filter), 전기집진기 등 분진처리설비

    사. 설비를 운전하기 위하여 부속된 전기 관련 설비

    아. 정전기 제거장치, 긴급 샤워설비 등 안전 관련 설비

82 프로판(C_3H_8)가스가 공기 중에서 연소할 때 화학양론 농도는 얼마인가?

① 약 2.5%　　　　　　　② 약 4.0%

③ 약 5.6%　　　　　　　④ 약 7.2%

> **해설**
>
> $$C_{st}(\%) = \frac{100}{1 + 4.773 \times \left(n + \dfrac{m}{4}\right)} = \frac{100}{1 + 4.773 \times \left(3 + \dfrac{8}{4}\right)} = 4.02\%$$

83 다음 중 폭발범위가 넓어지는 조건으로 옳은 것은?

① 온도가 높을수록, 압력이 높을수록　② 온도가 높을수록, 압력이 낮을수록

③ 온도가 낮을수록, 압력이 높을수록　④ 온도가 낮을수록, 압력이 낮을수록

> **해설**
>
> 온도와 압력이 높을수록 폭발범위는 넓어진다.

84 후드를 이용하여 밀폐된 공간 내 유해가스를 흡입하고자 한다. 이 때 흡입 효율을 높일 수 있는 방법으로 옳지 않은 것은?

① 후드의 개구면적을 크게 한다.

② 후드를 되도록 발생원에 접근시킨다.

③ 전체 흡인 방식보다 국부 흡인 방식을 선택한다.

④ 후드로부터 연결된 덕트를 직선화한다.

> **해설**
>
> 후드의 개구면적은 가능한 작게 한다.

85 Halon – 2402의 화학식으로 맞는 것은?

① $C_2Br_2F_4$　　　　　　② $C_2Cl_2Br_4$

③ $C_2F_2Br_4$　　　　　　④ $C_2F_2Cl_4$

> **해설**
>
> Halon – 2402 : $CBrF_2CBrF_2$

86 다음 중 폭발 또는 화재가 발생할 우려가 있는 건조설비의 구조로 적절하지 않은 것은?

① 위험물 건조설비가 아닌 건조설비의 열원으로서 직화를 사용하는 경우에는 불꽃 등에 의한 화재를 예방하기 위하여 덮개를 설치하거나 격벽을 설치할 것

② 위험물 건조설비의 측벽이나 바닥은 견고한 구조로 할 것

③ 액체연료 또는 인화성 가스를 열원의 연료로 사용하는 건조설비는 점화하는 경우에는 폭발이나 화재를 예방하기 위하여 연소실이나 그 밖에 점화하는 부분을 환기시킬 수 있는 구조로 할 것

④ 건조설비(유기과산화물의 가열 및 건조하는 것을 포함한다)의 내면과 내부의 선반이나 틀은 불연성 재료로 만들 것

> **해설**
>
> 건조설비의 구조
> 1. 건조설비의 바깥 면은 불연성 재료로 만들 것
> 2. 건조설비(유기과산화물을 가열 건조하는 것은 제외한다)의 내면과 내부의 선반이나 틀은 불연성 재료로 만들 것
> 3. 위험물 건조설비의 측벽이나 바닥은 견고한 구조로 할 것
> 4. 위험물 건조설비는 그 상부를 가벼운 재료로 만들고 주위상황을 고려하여 폭발구를 설치할 것
> 5. 위험물 건조설비는 건조하는 경우에 발생하는 가스·증기 또는 분진을 안전한 장소로 배출시킬 수 있는 구조로 할 것
> 6. 액체연료 또는 인화성 가스를 열원의 연료로 사용하는 건조설비는 점화하는 경우에는 폭발이나 화재를 예방하기 위하여 연소실이나 그 밖에 점화하는 부분을 환기시킬 수 있는 구조로 할 것
> 7. 건조설비의 내부는 청소하기 쉬운 구조로 할 것
> 8. 건조설비의 감시창·출입구 및 배기구 등과 같은 개구부는 발화 시에 불이 다른 곳으로 번지지 아니하는 위치에 설치하고 필요한 경우에는 즉시 밀폐할 수 있는 구조로 할 것
> 9. 건조설비는 내부의 온도가 부분적으로 상승하지 아니하는 구조로 설치할 것
> 10. 위험물 건조설비의 열원으로서 직화를 사용하지 아니할 것
> 11. 위험물 건조설비가 아닌 건조설비의 열원으로서 직화를 사용하는 경우에는 불꽃 등에 의한 화재를 예방하기 위하여 덮개를 설치하거나 격벽을 설치할 것

87 다음 중 물질의 자연발화를 촉진시키는데 영향을 가장 적게 미치는 것은?

① 표면적이 넓을 것　　　　② 열전도율이 클 것
③ 주위온도가 높을 것　　　④ 발열량이 클 것

> **해설**
>
> 자연발화성물질의 자연발화를 촉진시키는데 영향을 주는 경우
> ·표면적이 넓고 발열량이 클 것
> ·주위온도가 높을 것
> ·열전도율이 낮을 것

88 주위의 온도가 일정하게 정해둔 온도에 도달하였을 때에 작동되는 감지기로 옳은 것은?

① 차동식 검지기   ② 정온식 검지기

③ 보상식 검지기   ④ 복사 검지기

해설

정온식 검지기
- 주위의 온도가 일정하게 정해둔 온도에 도달하였을 때에 작동되는 감지기를 의미한다.
- 작동온도 범위 : $60 \sim 150℃$

89 특수화학설비를 설치할 때 내부의 이상상태를 조기에 파악하기 위하여 필요한 계측 장치로 옳지 않은 것은?

① 습도계   ② 유량계

③ 온도계   ④ 차압계

해설

특수화학설비 설치 시 내부의 이상상태를 조기에 파악하기 위해 설치하는 장치
- 계측장치 : 온도계, 유량계, 압력계 등 설치
- 자동경보장치설치(자동경보장치설치가 곤란한 경우 감시인 배치)

90 다음 중 질식 및 냉각 효과가 있는 포말 소화제의 구비조건으로 옳지 않은 것은?

① 부착성이 있을 것
② 기름 또는 물보다 무거울 것
③ 열에 대한 센 막을 가지고 유동성이 있을 것
④ 가연물 표면을 짧은 시간 내에 덮을 것

해설

포 소화제의 구비조건
- 부착성이 있을 것
- 열에 대한 센 막을 가지고 유동성이 있을 것
- 바람 등에 견디고 응집성과 안전성이 있을 것
- 가연물 표면을 짧은 시간 내에 덮을 것
- 기름 또는 물보다 가벼운 것일 것

CBT

91 폭발성 물질의 저장 및 취급하는 화학설비 및 그 부속설비를 설치할 때 위험물질 저장탱크로부터 단위공정시설 및 설비, 보일러 또는 가열로의 사이의 안전거리는 저장 탱크의 바깥 면으로부터 몇 m이상 두어야 하는가?

① 5 　　　　　　　　　　　　② 10
③ 15 　　　　　　　　　　　　④ 20

해설
안전거리

구분	안전거리
1. 단위공정시설 및 설비로부터 다른 단위 공정 시설 및 설비의 사이	설비의 바깥면으로부터 10m 이상
2. 플레어스택으로부터 단위공정 시설 및 설비, 위험물질 저장탱크 또는 위험물질 하역설비의 사이	플레어스택으로부터 반경 20m이상. 다만, 공정시설 등이 불연재로 시공된 지붕아래 설치된 경우에는 그리하지 아니하다.
3. 위험물질 저장탱크로부터 단위공정 시설 및 설비, 보일러 또는 가열로의 사이	저장탱크의 바깥면으로부터 20m 이상. 다만, 저장탱크에 방호벽, 원격 조종화 설비 또는 살수설비를 설치한 경우에는 그러하지 아니하다.
4. 사무실·연구실·실험실·정비실 또는 식당으로부터 단위공정시설 및 설비, 위험물질저장탱크, 위험물질 하역설비, 보일러 또는 가열로의 사이	사무실 등의 바깥면으로부터 20m 이상. 다만, 난방용 보일러인 경우 또는 사무실 등의 벽을 방호구조로 설치한 경우에는 그러하지 아니하다.

92 산업안전보건법에서 규정한 독성물질은 쥐에 대한 4시간 동안의 흡입실험에 의하여 실험동물 50%를 사망시킬 수 있는 농도, 즉 LC_{50}이 몇 ppm이하인 물질을 말하는가?

① 1,500 　　　　　　　　　　② 2,500
③ 3,500 　　　　　　　　　　④ 4,500

해설
가스 LC_{50}(쥐, 4시간 흡입)이 2,500ppm 이하인 화학물질을 의미한다.

93 나무, 섬유 종이, 고무, 플라스틱류와 같은 일반가연물에 의한 것으로 재가 남는 화재를 나타내는 등급으로 옳은 것은?

① A급 화재 　　　　　　　　② B급 화재
③ C급 화재 　　　　　　　　④ D급 화재

해설
일반화재(A급 화재) : 나무, 섬유 종이, 고무, 플라스틱류와 같은 일반가연물이라고 해서 재가 남는 화재를 말한다.

94 소화 방법 중 연소반응의 계 내의 가연물이나 산화제의 농도를 낮추어서 반응을 억제시키는 것을 무엇이라 하는가?

① 냉각 소화

② 희석 소화

③ 제거 소화

④ 질식 소화

> **해설**
>
> 희석 소화에 대한 설명이다.

95 분진폭발의 발생 과정을 순서대로 나열한 것으로 옳은 것은?

① 퇴적분진 – 비산 – 분산 – 발화원 – 전면 폭발 – 2차 폭발

② 비산 – 분산 – 퇴적분진 – 발화원 – 2차 폭발 – 전면 폭발

③ 퇴적분진 – 발화원 – 분산 – 비산 – 전면 폭발 – 2차 폭발

④ 비산 – 퇴적분진 – 분산 – 발화원 – 2차 폭발 – 전면 폭발

> **해설**
>
> 분진폭발의 발생 과정 : 퇴적분진 – 비산 – 분산 – 발화원 – 전면 폭발 – 2차 폭발

96 다음은 분진 폭발에 영향을 주는 요인에 대한 설명이다. 옳지 않은 것은?

① 표면적이 클수록 폭발성은 커진다.

② 입도가 작을수록 폭발성은 커진다.

③ 구형일수록 폭발성은 커진다.

④ 입자 표면의 산소 활성도가 클수록 폭발성은 커진다.

> **해설**
>
> 구형일수록 산소와의 접촉 면적은 작아져 폭발성은 약해진다.

97 다음 중 인화성 액체의 종류에 해당하지 않는 것은?

① 인화점이 10℃인 가솔린

② 인화점이 35℃인 아세트 알데하이드

③ 인화점이 15℃인 아세톤

④ 인화점이 40℃인 경유

> **해설**
>
> 인화성 액체의 종류
> - 에틸에테르, 가솔린, 아세트알데히드, 산화프로필렌, 그 밖에 인화점이 23℃ 미만이고 초기끓는점이 35℃ 이하인 물질
> - 노르말헥산, 아세톤, 메틸에틸케톤, 메틸알코올, 에틸알코올, 이황화탄소, 그 밖에 인화점이 23℃ 미만이고 초기 끓는점이 35℃를 초과하는 물질
> - 크실렌, 아세트산아밀, 등유, 경유, 테레핀유, 이소아밀알코올, 아세트산, 하이드라진, 그 밖에 인화점이 23℃ 이상 60℃ 이하인 물질

98 다음 중 용기의 한 개구부로 불활성 가스를 주입하고 다른 개구부로부터 대기 또는 스크레버로 혼합가스를 용기에서 축출하는 퍼지 방법을 무엇이라 하는가?

① 진공퍼지
② 압력퍼지
③ 스위프퍼지
④ 사이폰퍼지

> **해설**
> 스위프퍼지 : 용기의 한 개구부로 퍼지가스를 가하고 다른 개구부로부터 대기로 혼합가스를 축출시키는 방법으로 용기나 장치에 압력을 가하거나 진공으로 할 수 없을 때에 사용된다.

99 다음 중 고압가스의 종류에 따른 저장용기 색으로 옳게 짝지어지지 않은 것은?

① 산소 : 녹색
② 수소 : 주황색
③ 액화 암모니아 : 황색
④ 액화 염소 : 갈색

> **해설**
> 액화 암모니아 : 백색

100 다음 중 고체연료의 연소 형태 종류로 옳지 않은 것은?

① 분해연소
② 표면연소
③ 자기연소
④ 예혼합연소

> **해설**
> 예혼합연소는 기체연료의 연소 형태이다.

06 건설공사안전관리

101 다음 중 양중기에 포함되지 않는 것은?

① 리프트
② 백호우
③ 곤돌라
④ 크레인

> **해설**
> 양중기 종류
> · 크레인(호이스트 포함)
> · 이동식 크레인
> · 리프트(이삿짐운반용 리프트의 경우 적재하중이 0.1ton 이상인 것)
> · 곤돌라
> · 승강기

102 추락방지용 방망의 그물코가 10cm인 신제품 매듭 방망사의 인장강도는 몇 kg 이상이어야 하는가?

① 80

② 110

③ 150

④ 200

해설

방망사의 신품에 대한 인장강도

그물코의 종류	매듭 없는 방망의 강도	매듭방망의 강도
10cm	240kg	200kg
5cm		110kg

103 다음 중 철골작업을 중지하여야 하는 기준으로 옳은 것은?

① 풍속이 초당 1m 이상인 경우

② 강우량이 시간당 1cm 이상인 경우

③ 강설량이 시간당 1cm 이상인 경우

④ 10분간 평균 풍속이 초당 5m 이상인 경우

해설

철골작업을 중지해야 하는 기상조건

· 풍속이 10m/sec 이상인 경우

· 강우량이 1mm/hr 이상인 경우

· 강설량이 1cm/hr 이상인 경우

104 다음 중 가설통로 설치 시 준수사항으로 옳지 않은 것은?

① 경사가 30°를 초과하는 경우에는 미끄러지지 아니하는 구조로 할 것

② 추락할 위험이 있는 장소에는 안전난간을 설치할 것

③ 건설공사에 사용하는 높이 8m 이상인 비계다리에는 7m 이내마다 계단참을 설치할 것

④ 수직갱에 가설된 통로의 길이가 15m 이상인 경우에는 10m 이내마다 계단참을 설치할 것

해설

경사가 15°를 초과하는 경우에는 미끄러지지 아니하는 구조로 할 것

105 깊이 10.5m 이상의 굴착 작업 시 설치해야 할 계측장치로 옳지 않은 것은?

① 수위계 　　　　　　　　　② 경사계

③ 온도계 　　　　　　　　　④ 응력계

> **해설**
>
> 깊이 10.5m 이상의 굴착 시 설치해야 할 계측기기
> · 수위계
> · 경사계
> · 하중 및 침하계
> · 응력계

106 잠함·우물통·수직갱 그 밖에 이와 유사한 건설물 또는 설비의 내부에서 굴착작업을 하는 경우 준수사항으로 옳지 않은 것은?

① 산소결핍의 우려가 있는 경우에는 산소의 농도를 측정하는 사람을 지명하여 측정하도록 할 것

② 굴착 깊이가 15m를 초과하는 경우에는 해당 작업장소와 외부와의 연락을 위한 통신설비 등을 설치할 것

③ 근로자가 안전하게 승강하기 위한 설비를 설치할 것

④ 산소결핍이 인정되거나 굴착 깊이가 20m를 초과할 때에는 송기설비를 설치하여 필요한 양의 공기를 공급할 것

> **해설**
>
> 잠함·우물통·수직갱 그 밖에 이와 유사한 건설물 또는 설비의 내부에서 굴착작업을 하는 경우 준수사항
> · 산소결핍의 우려가 있는 경우에는 산소의 농도를 측정하는 사람을 지명하여 측정하도록 할 것
> · 근로자가 안전하게 승강하기 위한 설비(승강설비)를 설치할 것
> · 굴착 깊이가 20m를 초과하는 경우에는 해당 작업장소와 외부와의 연락을 위한 통신설비 등을 설치할 것
> · 산소결핍이 인정되거나 굴착 깊이가 20m를 초과할 때에는 송기설비를 설치하여 필요한 양의 공기를 공급할 것

107 통나무 비계의 비계기둥 이음을 맞댄이음으로 할 경우 사용하여야 하는 덧댐목의 길이는 최소 몇 m인가?

① 1.0m 　　　　　　　　　② 1.5m

③ 1.8m 　　　　　　　　　④ 2.5m

> **해설**
>
> 맞댄이음인 경우에는 비계기둥을 쌍기둥틀로 하거나 1.8m 이상의 덧댐목을 사용하여 네 군데 이상을 묶을 것

108 지게차 운전 시 안전사항에 해당하지 않는 것은?

① 짐을 들어 올린 상태로 출발 및 주행하여야 한다.

② 적재 화물이 크고 현저하게 시계를 방해할 경우 유도자를 붙여 차를 유도시키는 등의 안전 조치를 취해야 한다.

③ 짐을 싣고 내리막길을 내려갈 때에는 전진으로 천천히 운행하여야 한다.

④ 철판 또는 각목을 다리 대용으로 하여 통과할 때에는 반드시 강도를 확인하여야 한다.

해설

짐을 싣고 내리막길을 내려갈 때에는 후진으로 천천히 운행하여야 한다.

109 다음 중 안전관비리로 사용이 가능한 항목으로 옳지 않은 것은?

① 개인보호구 및 안전장구 구입비   ② 근로자의 건강관리비

③ 건설재해예방 기술지도비   ④ 안전교육장 대지구입비

해설

안전관리비 항목별 사용 내역

· 안전관리자 등의 인건비 및 각종 업무수당 등

· 안전시설비 등

· 개인보호구 및 안전장구 구입비 등

· 사업장의 안전진단비 등

· 안전보건교육비 및 행사비 등

· 근로자의 건강관리비 등

· 건설재해예방 기술지도비

· 본사 사용비

110 강관비계 조립 시 준수사항으로 잘못된 것은?

① 비계기둥의 간격은 띠장 방향에서는 1.85m이하, 장선방향에서는 1.5m 이하로 해야 한다.

② 비계기둥의 최고부로부터 31m되는 지점 밑부분의 비계 기둥은 2본의 강관으로 묶어 세워야 한다.

③ 비계 기둥간의 적재 하중은 40kg을 초과하지 아니하도록 한다.

④ 띠장 간격은 2.0m 이하로 해야 한다.

해설

강관을 사용하여 비계를 구성하는 경우 준수사항

· 비계기둥의 간격은 띠장 방향에서는 1.85m이하, 장선(張線)방향에서는 1.5m 이하로 할 것. 다만, 선박 및 보트 건조작업의 경우 안전성에 대한 구조검토를 실시하고 조립도를 작성하면 띠장 방향 및 장선 방향으로 각각 2.7m 이하로 할 수 있다.

· 띠장 간격은 2.0m 이하로 할 것 다만, 작업의 성질상 이를 준수하기가 곤란하여 쌍기둥틀 등에 의하여 해당 부분을 보강한 경우에는 그러하지 아니하다.

- 비계기둥의 제일 윗부분으로부터 31m되는 지점 밑부분의 비계기둥은 2개의 강관으로 묶어 세울 것. 다만, 브라켓(bracket)등으로 보강하여 2개의 강관으로 묶을 경우 이상의 강도가 유지되는 경우에는 그러하지 아니하다.
- 비계기둥 간의 적재하중은 400kg을 초과하지 않도록 하여야 한다.

111 다음 중 장치가 위치한 지면보다 낮은 장소 굴착 시 적합한 것으로 주로 기초 굴착, 수중 굴착 등에 사용하는 것은?

① 파워쇼벨   ② 백호우
③ 불도저   ④ 앵글도저

해설

백호우(Drag Shovel, 드래그 쇼벨)
- 중기가 위치한 지면보다 낮은 장소 굴착 시 적합하다.
- 지하층 굴착, 기초 굴착, 수중 굴착 등에 사용한다.

112 다음 중 사다리식 통로의 설치 기준으로 옳지 않은 것은?

① 발판과 벽과의 사이는 30cm 이상의 간격을 유지할 것
② 사다리가 넘어지거나 미끄러지는 것을 방지하기 위한 조치를 할 것
③ 고정식 사다리의 높이가 7m 이상인 경우에는 바닥으로부터 높이가 2.5m 되는 지점부터 등받이 울을 설치할 것
④ 사다리식 통로의 길이가 10m 이상인 경우에는 5m 이내마다 계단참을 설치할 것

해설

발판과 벽과의 사이는 15cm 이상의 간격을 유지할 것

113 흙막이공의 파괴 원인 중 보일링 현상이 주된 원인이 되는 경우가 있는데 보일링 현상에 관한 설명으로 거리가 먼 것은?

① 지하수위가 높은 지반을 굴착할 때 주로 발생한다.
② 연약사질토 지반에서 주로 발생한다.
③ 시트 파일(Sheet Pile) 등의 저면에 분사현상이 발생한다.
④ 연약점토지반에서 굴착면의 융기로 발생한다.

해설

연약점토지반에서 굴착면의 융기로 발생하는 건 히빙(Heaving) 현상에 관한 설명이다.

114 철골구조물이 외압에 대한 내력이 설계에 고려되었는지 확인해야할 대상으로 옳지 않은 것은?

① 높이 15m 이상의 구조물

② 구조물의 폭과 높이의 비가 1 : 4 이상인 구조물

③ 단면구조에 현저한 차이가 있는 구조물

④ 이음부가 현장용접인 구조물

> **해설**
> 철골구조물이 외압에 대한 내력이 설계에 고려되었는지 확인해야 할 사항
> ・높이 20m 이상의 구조물
> ・구조물의 폭과 높이의 비가 1 : 4 이상인 구조물
> ・단면구조에 현저한 차이가 있는 구조물
> ・연면적당 철골량이 50kg/m^2 이하인 구조물
> ・기둥이 타이 플레이트(Tie Plate)형인 구조물
> ・이음부가 현장용접인 구조물

115 다음 (   )안에 들어갈 알맞은 숫자로 옳은 것은?

> 동바리로 사용하는 파이프 서포트는 (㉮)본 이상을 이어서 사용해서는 안되고 높이가 (㉯)m를 초과할 때에는 높이 (㉰)m이내마다 수평연결재를 2개 방향으로 만들고 수평연결재의 변위를 방지하여야 한다.

① ㉮ : 2, ㉯ : 3, ㉰ : 1   ② ㉮ : 3, ㉯ : 3.5, ㉰ : 2

③ ㉮ : 3, ㉯ : 3, ㉰ : 3   ④ ㉮ : 2, ㉯ : 3.5, ㉰ : 1

> **해설**
> 거푸집의 동바리로 사용하는 파이프 서포트에 대한 설치기준
> ・파이프 서포트를 3개 이상 이어서 사용하지 않도록 할 것
> ・파이프 서포트를 이어서 사용할 경우에는 4개 이상의 볼트 또는 전용 철물을 사용하여 이을 것
> ・높이가 3.5m를 초과할 때에는 높이가 2m 이내마다 수평연결재를 2개 방향으로 만들고 수평연결재의 변위를 방지할 것

116 추락재해를 방지하기 위하여 사용하는 방망의 지지점이 연속적인 구조물이고 지지점의 간격이 1m인 경우 외력에 견딜 수 있어야 하는 강도는 최소 얼마 이상이어야 하는가?

① 200kg   ② 400kg

③ 600kg   ④ 800kg

> **해설**
> 연속적인 구조물이 방망지지점인 경우의 외력은 다음과 같다.
> F = 200B = 200 × 1m = 200kg
> 여기서, F : 외력(kg)
>   B : 지지점 간격(m)

117 타워크레인의 설치·조립·해체 작업 시 작성하는 작업계획서에 포함시켜야 할 사항이 아닌 것은?

① 타워크레인의 종류 및 형식
② 중량물의 운반 경로
③ 작업인원의 구성 및 작업근로자의 역할 범위
④ 작업도구·장비·가설설비 및 방호설비

> **해설**
>
> 타워크레인의 설치·조립·해체 작업 시 작업계획서의 작성내용
> ·타워크레인의 종류 및 형식
> ·설치·조립 및 해체순서
> ·작업도구·장비·가설설비 및 방호설비
> ·작업인원의 구성 및 작업근로자의 역할 범위
> ·타워크레인의 지지방법

118 표면에 다수의 돌기를 붙여 접지면적을 작게 하여 접지압을 증가시킨 롤러로써 고함수비의 점성토 지반의 다짐작업에 적합한 롤러는?

① 탠덤 롤러   ② 로드 롤러
③ 타이어 롤러   ④ 탬핑 롤러

> **해설**
>
> 탬핑 롤러(Tamping Roller) : 롤러의 표면에 돌기를 만들어 부착한 것으로 돌기가 전압층에 매입되어 풍화암을 파쇄하고 흙 속의 간극수압을 제거하는 롤러이다.

119 유해·위험 방지계획서를 제출해야 할 건설 공사로 옳은 것은?

① 연면적 3천m² 이상의 냉동·냉장창고시설의 설비공사 및 단열공사
② 지상 높이가 31m 이상인 건축물 또는 인공구조물
③ 최대 지간길이가 30m 이상인 교량 건설 등 공사
④ 깊이가 13m 이상의 터널 건설 등의 공사

> **해설**
>
> 유해·위험 방지 계획서 제출 대상 공사(건설업)
> ·지상 높이가 31m 이상인 건축물 또는 인공구조물, 연면적 3만m² 이상인 건축물 또는 연면적 5천m² 이상의 문화 및 집회시설(전시장·동물원·식물원은 제외), 판매시설, 운수시설(고속철도의 역사 및 집배송 시설은 제외), 종교시설, 의료시설 중 종합병원, 숙박시설 중 관광숙박시설, 지하도상가 또는 냉동·냉장창고시설의 건설·개조 또는 해체
> ·연면적 5천m² 이상의 냉동·냉장창고시설의 설비공사 및 단열공사
> ·최대 지간길이가 50m 이상인 교량 건설 등 공사
> ·터널 건설 등의 공사

・다목적댐, 발전용 댐 및 저수용량 2천만톤 이상의 용수전용댐, 지방상수도 전용댐 건설 등의 공사
・깊이 10m 이상인 굴착공사

120 다음 중 토석붕괴의 원인이 아닌 것은?

① 사면·법면의 경사 및 기울기의 증가
② 절토 및 성토의 높이 증가
③ 토석의 강도 상승
④ 지표수·지하수의 침투에 의한 토사 중량의 증가

해설

토석붕괴의 원인
(가) 외적요인
・사면, 법면의 경사 및 구배의 증가
・절토 및 성토 높이의 증가
・지표수 및 지하수의 침투에 의한 토사중량의 증가
・공사에 의한 진동 및 반복하중의 증가
・지진, 차량, 구조물의 하중
(나) 내적요인
・절토사면의 토질, 암석
・토석의 강도저하
・성토사면의 토질

CBT 제4회 필기 모의고사				수험번호	성명
자격종목 **산업안전기사**		시험시간 **3시간**	시험유형		

※ 답안카드 작성시 시험문제지 형별누락, 마킹착오로 인한 불이익은 전적으로 수험자의 귀책사유임을 알려드립니다.

** 본문제는 수검자의 생각에 의한 것으로 실제 문제와 약간 다를 수 있음.

01 산업재해 예방 및 안전보건교육

01 제1선의 감독자를 대상으로 하는 교육으로 작업을 지도하는 방법, 작업 개선 방법 등의 주요 내용을 다루는 기업 교육 방법으로 옳은 것은?

① TWI   ② CCS

③ MTP   ④ ATT

해설

TWI

· 현장 감독자 교육 훈련으로 감독자의 지도·통솔력 향상 및 관리에 관한 기초적인 지식 함양이 가능하도록 하는 훈련을 의미한다.

· TWI(Training Within Industry) 종류

　① JIT(Job Instruction Training) : 작업 지도법

　② JMT(Job Method Training) : 작업 개선법

　③ JRT(Job Relation Training) : 인간관계 관리법

　④ JST(Job Safety Training) : 작업 안전법

02 다음 주어진 재해사례에서 기인물에 해당하는 것은?

> 기계작업에 배치된 작업자가 반장의 지시를 받기 전에 정지된 선반을 운전시키면서 변속치차의 덮개를 벗겨내고 치차를 저속으로 운전하면서 급유하려고 할 때 오른손이 변속치차에 맞물려 손가락이 절단되었다.

① 덮개   ② 급유

③ 선반   ④ 변속치차

해설

재해원인 분석

· 기인물 : 선반

· 가해물 : 변속 치차

· 재해 형태 : 협착

· 상해 종류 : 절단

03 산업안전보건법상 특별안전보건교육에서 방사선 업무에 관계되는 작업을 할 때 교육내용으로 거리가 먼 것은?

① 방사선의 유해·위험 및 인체에 미치는 영향
② 방사선 측정기기 기능의 점검에 관한 사항
③ 비상 시 응급처리 및 보호구 착용에 관한 사항
④ 산소농도측정 및 작업환경에 관한 사항

> **해설**
>
> 방사선 업무에 관계되는 작업(의료 및 실험용은 제외한다)
> · 방사선의 유해·위험 및 인체에 미치는 영향
> · 방사선의 측정기기 기능의 점검에 관한 사항
> · 방호거리·방호벽 및 방사선물질의 취급 요령에 관한 사항
> · 응급처치 및 보호구 착용에 관한 사항
> · 그 밖에 안전·보건관리에 필요한 사항

04 한 사람, 한 사람의 위험에 대한 감수성 향상을 도모하기 위하여 삼각 및 원 포인트 위험예지훈련을 통합한 활용기법은?

① 1인 위험예지훈련
② TBM 위험예지훈련
③ 자문자답 위험예지훈련
④ 시나리오 역할연기훈련

> **해설**
>
> 1인 위험예지훈련에 대한 설명이다.

05 다음 중 중대재해에 포함되지 않는 것은?

① 사망자가 1명 이상 발생한 재해
② 3개월 이상 요양이 필요한 부상자가 동시에 2명 이상 발생한 재해
③ 부상자가 동시에 10명 이상 발생한 재해
④ 직업성 질병자가 동시에 5명 이상 발생한 재해

> **해설**
>
> 중대재해
> (가) 사망자가 1명 이상 발생한 재해를 의미한다.
> (나) 3개월 이상의 요양이 필요한 부상자가 동시에 2명 이상 발생한 재해를 의미한다.
> (다) 부상자 또는 직업성질병자가 동시에 10명 이상 발생한 재해를 의미한다.

06 안전관리조직의 참모식(Staff형)에 대한 장점이 아닌 것은?

① 경영자의 조언과 자문역할을 한다.

② 안전 정보 수집이 용이하고 빠르다.

③ 안전에 관한 명령과 지시는 생산라인을 통해 신속하게 전달한다.

④ 안전전문가가 안전계획을 세워 문제해결 방안을 모색하고 조치한다.

> **해설**
> 참모식 조직 특징
> (1) 장점
> ・안전지식 및 기술 축적이 용이하므로 사업장의 특수성에 적합한 기술연구를 전문적으로 할 수 있다.
> ・경영자에게 직접적으로 조언과 자문 역할을 할 수 있다.
> (2) 단점
> ・생산 부분과 협력하여 안전 명령을 전달하므로 안전과 생산을 별개로 취급하기 쉽다.
> ・생산부분은 안전에 대한 책임과 권한이 없다.
> ・권한 다툼이나 조정 때문에 통제가 복잡해지며, 시간과 노력이 소모된다.

07 부상에 의해 8일 이상 노동 손실을 가지고 온 상해의 종류로 옳은 것은?

① 사망

② 중상해

③ 경상해

④ 경미상해

> **해설**
> **중상해** : 부상에 의해 8일 이상의 노동 손실을 가지고 온 상해를 의미한다.

08 다음 중 재해 형태 분류에 따른 설명으로 옳지 않은 것은?

① 추락 : 사람의 발바닥이 지면과 맞닿은 상태에서 몸의 중심이 낮아지는 경우

② 협착 : 신체 일부 중 하나가 물건에 끼거나 말려드는 경우

③ 비래 : 사물이 주체가 되어 사람이 맞은 경우

④ 도괴 : 적재물이나 건축물 등이 무너진 경우

> **해설**
> 사람의 발바닥이 지면과 맞닿은 상태에서 몸의 중심이 낮아지는 형태를 전도라 한다.

09 문제 및 목표 이해를 편리하게 하기 위하여 사고 유형, 기인물 등 분류 항목을 큰 순서대로 도표화한 통계적 분석 방법으로 옳은 것은?

① 파렛토도   ② 특성 요인도
③ 관리도   ④ 크로스 분석

해설

파렛토도에 대한 설명이다.

10 안전교육방법 중 학습자가 이미 설명을 듣거나 시범을 보고 알게 된 지식이나 기능을 강사의 감독 아래 직접적으로 연습하여 적용할 수 있도록 하는 교육방법은?

① 모의법   ② 토의법
③ 실연법   ④ 반복법

해설

실연법에 대한 설명이다.

11 하인리히의 법칙에 따른 간접비의 종류로 옳은 것은?

① 휴업 보상비   ② 상병 보상 연금
③ 병상 위문금   ④ 유족 보상비

해설

하인리히의 재해 코스트(직접비)
· 휴업보상비 : 평균임금의 100분의 70에 상당하는 금액을 의미한다.
· 장해보상비 : 신체 장애가 남는 경우 장애등급에 의한 금액을 의미한다.
· 요양보상비 : 요양비의 전액을 의미한다.
· 장의비 : 평균임금의 120일 분에 상당하는 금액을 의미한다.
· 유족보상비 : 평균임금의 1,300일분에 상당하는 금액을 의미한다.
· 기타 유족특별보상비, 장애특별보상비, 상병보상연금 등

CBT

12 사고예방대책의 기본원리 5단계 중 틀린 것은?

① 1단계 : 안전관리계획 ② 2단계 : 사실의 발견

③ 3단계 : 분석 평가 ④ 4단계 : 시정방법의 선정

> **해설**
>
> 사고예방대책의 기본원리 5단계
>
> (1) 1단계 : 조직
>
> (2) 2단계 : 사실의 발견
>
> (3) 3단계 : 분석평가
>
> (4) 4단계 : 시정방법의 선정
>
> (5) 5단계 : 시정책의 적용

13 국제노동기구(ILO)의 산업재해 정도구분에서 부상 결과 근로자가 신체장해등급 제12등급 판정을 받았다면 이는 어느 정도의 부상을 의미하는가?

① 영구 전노동 불능 ② 영구 일부노동 불능

③ 일시 전노동 불능 ④ 일시 일부노동 불능

> **해설**
>
> 영구 일부노동 불능 상해를 의미한다.

14 재해통계에 있어 강도율이 2.0인 경우에 대한 설명으로 옳은 것은?

① 재해로 인해 전제 작업비용의 2.0%에 해당하는 손실이 발생하였다.

② 근로자 1,000명당 2.0건의 재해가 발생하였다.

③ 근로시간 1,000시간당 2.0건의 재해가 발생하였다.

④ 근로시간 1,000시간당 2.0일의 근로손실일수가 발생하였다.

> **해설**
>
> 강도율(Severity Rate of Injury : SR)
>
> 재해의 경중, 즉 강도를 나타내는 척도로서 연 근로 1,000시간당 재해에 의해서 잃어버린 근로손실일수를 의미한다.
>
> $$강도율 = \frac{근로손실일수}{연근로시간수} \times 1,000$$

15 산업안전보건위원회를 설치 및 운영해야 하는 사업장으로 해당 규모가 상시 근로자 300명 이상이 어야 하는 곳이 아닌 것은?

① 1차 금속 제조업
② 정보 서비스업
③ 농업
④ 어업

규모가 상시근로자 300명 이상인 사업장

1. 농업
2. 어업
3. 소프트웨어 개발 및 공급업
4. 컴퓨터 프로그래밍, 시스템 통합 및 관리업
5. 정보서비스업
6. 금융 및 보험업
7. 임대업 : 부동산 제외
8. 전문 과학 및 기술 서비스업(연구개발업은 제외)
9. 사업지원 서비스업
10. 사회복지 서비스업

16 산업안전보건법령상 산업안전보건위원회의 구성에서 사용자위원 구성원이 아닌 것은?(단, 해당 위원이 사업장에 선임이 되어 있는 경우에 한한다.)

① 안전관리자
② 보건관리자
③ 산업보건의
④ 명예산업안전감독관

위원회의 구성

(가) 사용자위원
· 해당 사업의 대표자(사업장의 최고 책임자)
· 산업보건의(선임되어 있는 경우에 한함)
· 안전관리자 1명, 보건관리자 1명
· 해당 사업의 대표자가 지명하는 9명 이내의 해당 사업장 부서의 장

(나) 근로자위원
· 근로자대표(노동조합이 있는 경우에는 노동조합의 대표자)
· 근로자대표가 지명하는 근로자 9명 이내
· 근로자대표가 지명하는 1명 이상의 명예산업안전감독관(감독관이 위촉되어 있는 경우에 한함)

17 다음의 무재해운동의 이념 중 "선취의 원칙"에 대한 설명으로 가장 적절한 것은?

① 사고의 잠재요인을 사후에 파악하는 것

② 근로자 전원이 일체감을 조성하여 참여하는 것

③ 위험요소를 사전에 발견, 파악하여 재해를 예방 또는 방지하는 것

④ 관리감독자 또는 경영층에서의 자발적 참여로 안전 활동을 촉진하는 것

해설

무재해운동이념 3원칙

(1) 무의 원칙 : 장래의 위험 요인을 사전에 발견 및 파악하고 이를 해결함으로써 근원적인 재해를 없애는 것을 의미한다.

(2) 참가의 원칙 : 재해 및 일체의 위험요인을 발견·해결하기 위하여 전원이 무재해 운동에 참가하는 것을 의미한다.

(3) 선취해결의 원칙 : 무재해·무질병을 실현하기 위하여 모든 위험 요인을 행동하기 전 발견 및 파악하고 이를 해결함으로써 재해를 예방하거나 방지하는 것을 의미한다.

18 다음 중 브레인스토밍(Brain Storming)의 4원칙을 올바르게 나열한 것은?

① 자유분방, 비판금지, 대량발언, 수정발언

② 비판자유, 소량발언, 자유분방, 수정발언

③ 대량발언, 비판자유, 자유분방, 수정발언

④ 소량발언, 자유분방, 비판금지, 수정발언

해설

브레인 스토밍 4원칙

· 비평금지 : '좋다, 나쁘다' 비평하지 않는다.

· 자유분방 : 마음대로 편안히 발언한다.

· 대량발언 : 무엇이건 좋으니 많이 발언한다.

· 수정발언 : 타인의 아이디어에 수정하거나 덧붙여 말하여도 좋다.

19 다음 중 자율 안전 확인 대상 보호구로 옳지 않은 것은?

① 추락 및 감전위험 방지용을 제외한 안전모

② 용접용을 제외한 보안면

③ 방독용을 제외한 마스크

④ 차광 및 비산물 위험 방지용을 제외한 보안경

해설

자율안전 확인 대상 보호구

① 안전모(추락 및 감전위험방지용 제외)

② 보안경(차광 및 비산물 위험방지용 제외)

③ 보안면(용접용 제외)

20 안전모가 기본적으로 갖추어야 할 조건으로 옳지 않은 것은?

① 모체의 표면은 눈부심을 방지하기 위하여 어두운 색채로 칠할 것
② 재료는 쉽게 부식되지 않는 것을 사용할 것
③ 피부에 직접적인 해로운 영향을 주지 않아야 할 것
④ 충분한 강도를 가지고 내한성 및 내수성을 가질 것

해설

안전모 재료의 성질

· 쉽게 부식하지 않는 것
· 피부에 해로운 영향을 주지 않는 것
· 사용목적에 따라 내열성, 내한성 및 내수성을 보유할 것
· 충분한 강도를 가질 것
· 모체의 표면을 밝고 선명한 색채로 할 것

02 인간공학 및 위험성 평가 · 관리

21 기계와 비교하였을 때 인간의 우수성으로 옳지 않은 것은?

① 다양한 경험을 통한 의사 결정이 가능하다.
② 한 번에 여러 가지의 작업 수행이 가능하다.
③ 상황에 따른 융통성 있는 선택 등 임기응변이 가능하다.
④ 과부하 상태에서 중요한 일을 선택해서 집중할 수 있다.

해설

인간의 우수성

· 저에너지 자극 감지
· 복잡하고 다양한 자극의 형태를 식별
· 예기치 못한 사건 감지
· 상황의 관찰을 통한 귀납적 추리
· 다양한 경험을 통한 의사결정, 상황에 따른 방법 선택 등의 융통성 및 임기응변
· 독창성 있는 문제 해결력
· 과부하 상태에서 중요한 일을 선택해서 집중

CBT

22 FT도에 사용되는 다음 게이트의 명칭은?

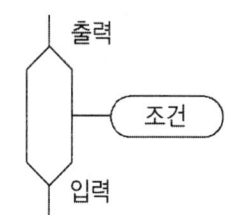

출력

조건

입력

① 부정 게이트
② 억제 게이트
③ 배타적 OR 게이트
④ 우선적 AND 게이트

> **해설**
>
> 해당 기호는 제약 게이트 또는 제지 게이트라고도 한다.

23 다음 중 휴먼에러(Human Error)의 4M으로 옳지 않은 것은?

① Man
② Machine
③ Multiple
④ Management

> **해설**
>
> 휴먼에러(Human Error)의 배후요인 4요소(4M)
> ・사람(Man) : 본인 이외의 사람
> ・기계(Machine) : 장치나 기기 등의 물적 요인
> ・미디어(Media) : 인간과 기계를 연결하는 매체로 작업의 방법이나 순서, 작업정보의 실태나 환경과의
>   관계, 정리정돈 등
> ・매니지먼트(Management) : 안전법규의 준수 방법, 단속, 점검 관리 외에 지휘감독, 교육훈련 등

24 광원으로부터 직사 휘광을 처리하는 방법으로 옳지 않은 것은?

① 광원의 휘도를 줄이고 수를 증가시킨다.
② 광원을 시선으로부터 멀리 위치시킨다.
③ 휘광원 주위를 어둡게 하여 광속 발산비를 줄인다.
④ 가림막, 후드, 차양 등을 사용한다.

> **해설**
>
> **광원으로부터의 직사휘광 처리**
> ・광원의 휘도를 줄이고 수를 증가시킨다.
> ・광원을 시선에서 멀리 위치시킨다.
> ・휘광원 주위를 밝게 하여 광속발산비(휘도)를 줄인다.
> ・가리개(Shield), 갓(Hood), 혹은 차양(Visor)을 사용한다.

25 연구 기준의 요건에 대한 설명으로 옳은 것은?

① 적절성 : 반복 실험 시 재현성이 있어야 한다.
② 신뢰성 : 측정하고자 하는 변수 이외의 다른 변수의 영향을 받아서는 안된다.
③ 무오염성 : 의도된 목적에 부합하여야 한다.
④ 민감도 : 피실험자 사이에서 볼 수 있는 예상 차이점에 비례하는 단위로 측정하여야 한다.

해설

기준의 요건
· 적절성(Relevance) : 기준이 의도된 목적에 적당하다고 판단되는 정도를 말한다.
· 무오염성 : 기준 척도는 측정하고자 하는 변수 외의 다른 변수들의 영향을 받아서는 안된다는 것을 무오염성이라고 한다.
· 기준 척도의 신뢰성 : 척도의 신뢰성은 반복성(Repeatability)을 의미한다.

26 상황이나 목표의 해석은 정확하지만 의도와는 다른 행동을 하는 인간의 오류 모형으로 옳은 것은?

① 착오(Mistake)
② 실수(Slip)
③ 건망증(Lapse)
④ 위반(Violation)

해설

실수에 대한 설명이다.

27 신체 부위의 운동에 대한 설명으로 틀린 것은?

① 굴곡(flexion)은 부위간의 각도가 증가하는 신체의 움직임을 의미한다.
② 외전(abduction)은 신체 중심선으로부터 이동하는 신체의 움직임을 의미한다.
③ 내전(adduction)은 신체의 외부에서 중심선으로 이동하는 신체의 움직임을 의미한다.
④ 외선(lateral rotation)은 신체의 중심선으로부터 회전하는 신체의 움직임을 의미한다.

해설

신체동작의 유형
1) 굴곡(屈曲, flexion) : 관절의 각도를 감소시키는 동작
2) 신전(伸展, extension) : 굴곡과 반대방향으로 움직이는 동작으로 관절의 각도를 증가시키는 동작
3) 내전(內傳, adduction) : 신체의 중심선에 가까워지도록 움직이는 동작
4) 외전(外傳, abduction) : 신체의 중심선으로부터 멀어지도록 움직이는 동작
5) 회전(回轉, rotation) : 신체부위 자체의 길이방향 축 둘레에서의 동작
　① 내선(內旋, medial rotation) : 신체의 중심선을 향하여 안쪽으로 회전하는 동작
　② 외선(外旋, lateral rotation) : 신체의 중심선 바깥으로 회전하는 동작

28 휴먼에러 중 심리적 요인으로써 필요 절차의 수행 지연에 따른 에러를 나타내는 것은?

① Omission Error　　　　② Sequential Error

③ Time Error　　　　　④ Commission Error

해설 ....

시간 에러(Time Error)에 대한 설명이다.

29 결함수분석의 기대효과와 가장 관계가 먼 것은?

① 시스템의 결함 진단　　② 시간에 따른 원인 분석

③ 사고원인 규명의 간편화　④ 사고원인 분석의 정량화

해설 ....

FTA의 기대효과

· 사고원인 분석의 일반화

· 사고원인 분석의 정량화

· 사고원인 규명의 간편화

· 시스템의 결함 진단

· 노력 시간의 절감

· 안전 점검 작성

30 음량수준을 측정할 수 있는 3가지 척도에 해당되지 않는 것은?

① sone　　　　　　　② 럭스

③ phon　　　　　　　④ 인식소음 수준

해설 ....

럭스(Lux)는 조명과 관련되어 있다.

31 사용자의 안전을 위한 의자의 설계 원칙으로 거리가 먼 것은?

① 체중이 좌골 결절에 실리도록 설계한다.

② 의자 좌판의 앞부분은 오금의 높이보다 높지 않아야 한다.

③ 의자 좌판의 깊이는 큰 사람에게 맞도록 해야 모두가 편리하게 이용가능하다.

④ 의자 좌판의 폭은 큰 사람에게 맞도록 해야 모두가 앉는데 무리가 없다.

해설 ....

의자 좌판의 깊이는 작은 사람에게 맞도록 한다.

32 유해화학물질의 화학적 상호 작용 관계 중 인체에 나쁜 영향을 나타내지 않는 물질이 유해화학물질과 같이 노출되었을 때 오히려 독성 작용을 더 크게 일으키는 작용을 의미하는 것은?

① 상가 작용
② 상승 작용
③ 가승 작용
④ 길항 작용

> **해설**
>
> 가승 작용(잠재 작용)에 대한 설명이다.

33 FMEA의 장점이라 할 수 있는 것은?

① 분석방법에 대한 논리적 배경이 강하다.
② 물적, 인적요소 모두가 분석대상이 된다.
③ 서식이 간단하고 비교적 적은 노력으로 분석이 가능하다.
④ 두 가지 이상의 요소가 동시에 고장 나는 경우에도 분석이 용이하다.

> **해설**
>
> FMEA의 특징
> (1) 장점
> ① FTA보다 서식이 간단하다.
> ② 비교적 작은 노력으로 특별한 훈련 없이 분석이 가능하다.
> (2) 단점
> ① 논리성이 부족하다.
> ② 요소가 물체로 한정되므로 인적 원인 분석이 곤란하다.
> ③ 요소끼리의 영향을 분석하기 어렵다.
> ④ 동시에 두 가지 이상의 요소가 고장이 나는 경우 분석이 곤란하다

34 작업자 건강상 영향을 크게 미칠 수 있는 열사병에 대한 설명으로 옳지 않은 것은?

① 전신이 땀에 젖어 빠른 체열 방산이 일어나 탈진 상태가 될 수 있다.
② 40% 이상인 높은 치명률을 가지고 있어 초기에 제대로 된 조치가 필요하다.
③ 정신착란, 경련 등의 증상이 나타나며 심할 경우 혼수 상태에 이를 수 있다.
④ 보통 고온·다습한 환경에서 오랫동안 태양빛을 쬐며 노동을 하는 경우 나타날 수 있다.

> **해설**
>
> 열사병은 전신의 피부가 건조해지고 땀이 배출되지 않아 체열 방산이 일어나지 못해 직장 온도가 상승(40℃ 이상)한다.

CBT

35 채광을 위한 창문 설치 시 옳지 않은 것은?

① 일반적으로 창문의 방향을 남향이 좋다.

② 동일 면적을 가진 창문의 경우 가로형보다 세로형이 훨씬 채광이 좋다.

③ 창문을 낮은 곳에 위치하는 것보다 높은 곳에 위치하는 것이 실내가 더 밝다.

④ 실내 공간이 작업을 위한 공간일 경우 조명이 평등한 북향으로 창문을 설치하는 것이 좋다.

> **해설**
>
> 창문 형태 및 높이 : 동일 면적을 가진 창문의 경우 세로형이 가로형보다 좋다.

36 HAZOP에서 사용하는 용어 중 성질상의 증가를 나타내는 것은?

① Part of

② Other than

③ More

④ As well As

> **해설**
>
> As well As : 성질상의 증가

37 정신적 작업 부하에 관한 생리적 척도에 해당하지 않는 것은?

① 부정맥 지수

② 근전도

③ 점멸융합주파수

④ 뇌파도

> **해설**
>
> 근전도는 작업자의 육체 작업 부하를 측정하는 방법이다.

38 다음의 각 단계를 결함수분석법(FTA)에 의한 재해사례의 연구 순서대로 나열한 것은?

[다음]	
㉠ 정상사상의 선정	㉡ FT도 작성 및 분석
㉢ 개선 계획의 작성	㉣ 각 사상의 재해원인 규명

① ㉠ → ㉡ → ㉢ → ㉣

② ㉠ → ㉣ → ㉢ → ㉡

③ ㉠ → ㉢ → ㉡ → ㉣

④ ㉠ → ㉣ → ㉡ → ㉢

> **해설**
>
> D.R Cheriton의 FTA에 의한 재해사례 연구순서
> - 1단계 : 탑(TOP) 사상의 선정
> - 2단계 : 사상의 재해 원인의 규명
> - 3단계 : FT의 작성
> - 4단계 : 개선 계획의 작성

39 소음과 작업과의 관계를 나타낸 것이다. 다음 중 옳지 않은 것은?

① 일정한 소음이라도 90dB을 초과하지 않는 경우 작업에 큰 방해를 주지는 않는다.

② 저주파음이 고주파음보다 작업에 더 큰 영향을 미친다.

③ 단순한 작업보다는 복잡하고 세밀한 작업이 소음에 더 큰 영향을 받는다.

④ 90dB 이하에서도 불규칙한 소음이라면 작업에 방해를 줄 수 있다.

> **해설**
>
> 고주파음이 저주파음보다 작업에 큰 영향을 미친다.

40 인간공학의 연구 목적으로 가장 적절한 것은?

① 정보 저장의 극대화   ② 운전시 피로의 평준화

③ 시스템의 신뢰성 극대화   ④ 안전의 극대화 및 생산능률의 향상

> **해설**
>
> 인간공학의 목적
> · 첫 번째 목표 : 안전성 향상 및 사고 방지
> · 두 번째 목표 : 기계 조작의 능률성과 생산성 향상
> · 세 번째 목표 : 환경의 쾌적성

---

03 기계·기구 및 설비 안전 관리

CBT

41 휴대용 연삭기 덮개의 개방부 각도는 몇 도(°)이내여야 하는가?

① 60°   ② 90°

③ 125°   ④ 180°

> **해설**
>
> 휴대용 연삭기, 스윙 연삭기의 덮개 : 덮개의 노출 각은 180° 이내

42 보일러 등에 사용하는 압력방출장치의 봉인은 무엇으로 실시해야 하는가?

① 구리 테이프   ② 납

③ 봉인용 철사   ④ 알루미늄 실(Seal)

> **해설**
>
> 압력방출장치는 1년에 1회 이상 국가교정기관에서 교정을 받은 압력계를 이용하여 설정압력에서 압력방출장치가 적정하게 작동하는지를 검사한 후 납으로 봉인하여 사용하도록 할 것. (단, 공정안전보고서 이행상태 평가결과가 우수한 사업장은 4년에 1회 이상 검사)

43 다음 중 산업안전보건법령상 연삭숫돌을 사용하는 작업의 안전수칙으로 틀린 것은?

① 연삭숫돌을 사용하는 경우 작업시작 전과 연삭숫돌을 교체한 후에는 1분 정도 시운전을 통해 이상 유무를 확인한다.

② 회전 중인 연삭숫돌이 근로자에게 위험을 미칠 우려가 있는 경우에 그 부위에 덮개를 설치하여야 한다.

③ 연삭숫돌의 최고 사용회전속도를 초과하여 사용하여서는 안 된다.

④ 측면을 사용하는 목적으로 하는 연삭숫돌 이외에는 측면을 사용해서는 안 된다.

> **해설**
>
> 작업시작 전에 1분 이상 시운전하고, 숫돌 교체 시는 3분 이상 시운전할 것

44 회전수가 300rpm, 연삭숫돌의 지름이 200mm일 때 숫돌의 원주 속도는 약 몇 m/min인가?

① 60.0   ② 94.2

③ 150.0   ④ 188.5

> **해설**
>
> $$V = \frac{\pi DN}{1,000} = \frac{\pi \times 200 \times 300}{1,000} = 188.5 m/\min$$

45 다음 중 산업용 로봇에 의한 작업 시 안전조치 사항으로 적절하지 않은 것은?

① 로봇의 운전으로 인해 근로자가 로봇에 부딪칠 위험이 있을 때에는 1.8m 이상의 울타리를 설치하여야 한다.

② 작업을 하고 있는 동안 로봇의 기동스위치 등은 작업에 종사하고 있는 근로자가 아닌 사람이 그 스위치 등을 조작할 수 없도록 필요한 조치를 한다.

③ 로봇의 조작방법 및 순서, 작업 중의 매니퓰레이터의 속도 등에 관한 지침에 따라 작업을 하여야 한다.

④ 작업에 종사하는 근로자가 이상을 발견하면, 관리 감독자에게 우선 보고하고, 지시에 따라 로봇의 운전을 정지시킨다.

> **해설**
>
> 작업에 종사하는 근로자가 이상을 발견하게 될 경우 즉시 로봇의 운전을 정지시킨 후 조치할 것.

46 크레인의 방호장치 종류로 옳지 않은 것은?

① 과부하 방지장치   ② 비상정지장치

③ 권과방지장치   ④ 파이널 리미트 스위치

해설

크레인 방호장치의 종류
- 과부하방지장치 : 하중 초과 시 리미트 스위치에 의해 권상을 정지시키는 장치
- 권과방지장치 : 지정거리에서 권상을 정지시키는 장치
- 비상정지장치 : 비상 시 운행을 정지시키는 장치
- 제동장치 : 크레인의 주행을 제동시키는 장치
- 훅의 해지장치 : 와이어로프가 훅을 이탈하는 것을 방지하는 장치

47 프레스기에 설치하는 방호장치에 관한 사항으로 틀린 것은?

① 수인식 방호장치의 수인끈 재료는 합성섬유로 직경이 4mm 이상이어야 한다.

② 양수조작식 방호장치는 1행정마다 누름버튼에서 양손을 떼지 않으면 다음 작업의 동작을 할 수 없는 구조이어야 한다.

③ 광전자식 방호장치는 정상동작표시램프는 적색, 위험표시램프는 녹색으로 하며, 쉽게 근로자가 볼 수 있는 곳에 설치해야 한다.

④ 손쳐내기식 방호장치는 슬라이드 하행정거리의 3/4위치에서 손을 완전히 밀어내야 한다.

해설

광전자식 방호장치의 정상 동작 표시 램프는 녹색, 위험 표시 램프는 적색으로 한다.

48 비파괴 시험의 종류가 아닌 것은?

① 자분 탐상시험   ② 침투 탐상시험

③ 와류 탐상시험   ④ 샤르피 충격시험

해설

비파괴시험(Non-Destructive Test)
- 육안검사
- 음향검사
- 방사선 투과 검사
- 초음파 검사
- 자분탐상검사
- 형광탐상검사 등

[참고] 샤르피 충격시험은 재료의 노치 취성 시험법으로 충격 시험법의 종류 중 하나이다.

49 프레스 작업 시작 전 점검해야 할 사항으로 거리가 먼 것은?

① 매니퓰레이터 작동의 이상 유무
② 클러치 및 브레이크 기능
③ 슬라이드, 연결봉 및 연결 나사의 풀림 여부
④ 프레스 금형 및 고정볼트 상태

> **해설**
>
> 프레스 및 전단기의 작업 시작 전 점검사항
> · 클러치 및 브레이크의 기능
> · 크랭크축, 플라이휠, 슬라이드, 연결봉 및 연결 나사의 볼트의 풀림 유무
> · 1행정 1정지 기구·급정지 장치 및 비상정지 장치의 기능
> · 슬라이드 또는 칼날에 의한 위험방지기구의 기능
> · 프레스의 금형 및 고정 볼트 상태
> · 해당 방호장치의 기능점검
> · 전단기의 칼날 및 테이블의 상태

50 공기압축기 방호장치로 일정한 조건하에서 공기 압축기를 무부하로 하여 압력 상승을 방지하기 위해 사용되는 밸브로 옳은 것은?

① 안전밸브   ② 역지밸브
③ 언로우드 밸브   ④ 릴리프 밸브

> **해설**
>
> 언로우드 밸브에 대한 설명이다.

51 유해·위험기계·기구 중에서 진동과 소음을 동시에 수반하는 기계설비로 가장 거리가 먼 것은?

① 컨베이어   ② 사출 성형기
③ 가스 용접기   ④ 공기 압축기

> **해설**
>
> 진동과 소음을 동시에 수반하는 기계설비
> 1) 컨베이어
> 2) 사출성형기
> 3) 공기 압축기

52 기능의 안전화 방안을 소극적 대책과 적극적 대책으로 구분할 때 다음 중 적극적 대책에 해당하는 것은?

① 기계의 이상을 확인하고 급정지시켰다.

② 원활한 작동을 위해 급유를 하였다.

③ 회로를 개선하여 오동작을 방지하도록 하였다.

④ 기계의 볼트 및 너트가 이완되지 않도록 다시 조립하였다.

> **해설**
>
> 기능의 안전화
> (1) 소극적 대책 : 이상 시 기계 설비의 급정지로 안전화 도모
> (2) 적극적 대책 : 페일 세이프, 회로의 개선으로 오동작 방지

53 손쳐내기식 방호장치의 장점으로 옳지 않은 것은?

① 기계적인 고장에 의한 슬라이드의 2차 낙하에도 재해 방지가 가능하다.

② 설치 및 유지 보수가 용이하다.

③ 경제적이다.

④ 측면 방호에 용이하다.

> **해설**
>
> 손쳐내기식 방호장치는 측면 방호가 불가능하다.

54 다음 중 와이어로프의 사용 금지 사항으로 옳지 않은 것은?

① 와이어로프의 한 꼬임에서 끊어진 소선의 수가 7% 이상인 것

② 지름의 감소가 공칭지름의 7%를 초과한 것

③ 심하게 변형되거나 부식된 것

④ 이음매가 있는 것

> **해설**
>
> 와이어로프의 사용 금지 사항
> · 이음매가 있는 것
> · 와이어로프의 한 꼬임의 수가 10% 이상인 것
> · 지름의 감소가 공칭지름의 7%를 초과한 것
> · 꼬인 것
> · 심하게 변형되거나 부식된 것
> · 열과 전기충격에 의해 손상된 것

55 다음 중 기계설비의 정비·청소·급유·검사·수리 등의 작업 시 근로자가 위험해질 우려가 있는 경우 필요한 조치와 거리가 먼 것은?

① 근로자의 위험방지를 위하여 해당 기계를 정지시킨다.

② 작업지휘자를 배치하여 갑작스러운 기계 가동에 대비한다.

③ 기계내부에 압축된 기체나 액체가 불시에 방출될 수 있는 경우에는 사전에 방출조치를 실시한다.

④ 기계 운전을 정지한 경우에는 기동장치에 잠금장치를 하고 다른 작업자가 그 기계를 임의 조작할 수 있도록 열쇠를 찾기 쉬운 곳에 보관하다.

> 해설
>
> 기계 운전을 정지한 후 잠금장치를 하고 열쇠는 다른 작업자가 임의로 조작할 수 없도록 별도 보관한다.

56 프레스기의 비상정지스위치 작동 후 슬라이드가 하사점까지 도달시간이 0.15초 걸렸다면 양수기동식 방호장치의 안전거리는 최소 몇 cm 이상이어야 하는가?

① 240   ② 150

③ 24   ④ 15

> 해설
>
> 안전거리(cm) = 160 × 프레스 작동 후 작업점까지의 도달 시간(sec)
>
>   = 160 × 0.15sec = 24cm

57 로울러기 맞물림점의 전방에 개구부의 간격을 30mm로 하여 가드를 설치하고자 한다. 가드의 설치 위치는 맞물림점에서 적어도 얼마의 간격을 유지하여야 하는가?

① 154   ② 160

③ 166   ④ 172

> 해설
>
> 롤러 가드의 개구부 간격
>
> $Y = 6 + 0.15X$
>
> $X = \dfrac{Y-6}{0.15} = \dfrac{30-6}{0.15} = 160mm$

58 다음 중 선반 작업 시 지켜야 할 안전수칙으로 거리가 먼 것은?

① 작업 중 절삭 칩이 눈에 들어가지 않도록 보안경을 착용한다.

② 칩이나 부스러기를 제거할 때에는 손을 사용하지 않고 반드시 브러시를 이용한다.

③ 장갑은 손에 맞는 것을 끼도록 하며 소맷자락은 묶어 작업에 방해되지 않도록 한다.

④ 공작물 세팅에 필요한 공구는 세팅이 끝난 후 바로 제거한다.

해설

선반 작업 시 안전작업수칙

• 공작물의 길이가 직경의 12배 이상으로 가늘고 길 때는 방진구(공작물의 고정에 사용)를 사용하여 진동을 막을 것
• 보링작업 중 구멍 속에 손가락을 넣지 않을 것
• 칩이나 부스러기를 제거할 때는 반드시 브러시를 사용할 것
• 작업 중 장갑을 끼지 않을 것
• 시동 전에 심압대가 잘 죄어져 있는가를 확인할 것
• 선반기계를 정지시켜야 할 경우
  ① 치수를 측정할 경우
  ② 백기어(Back Gear)를 넣거나 풀 경우
  ③ 주축을 변속할 경우
  ④ 기계에 주유 및 청소를 할 경우
  ⑤ 기계 점검을 할 경우
• 바이트는 가급적 짧게 설치하여 진동이나 휨을 막을 것
• 회전부분에 손을 대지 말 것
• 선반의 베드 위에 공구를 놓지 말 것
• 일감의 센터구멍과 센터는 반드시 일치시킬 것
• 공작물의 설치가 끝나면 척에서 렌치류는 제거시킬 것

59 재료의 강도시험 중 항복점을 알 수 있는 시험의 종류는?

① 비파괴시험　　　　　　　② 충격시험
③ 인장시험　　　　　　　　④ 피로시험

해설 --

재료 시험

(가) 기계적 시험(파괴시험)
- 정적시험 : 인장 시험, 굽힘 시험, 경도 시험, 비틀림 시험, 압축 시험, 크리이프 시험 등
- 동적 시험 : 충격 시험, 피로 시험
- 특수재료시험 : 연성 시험, 마멸 시험, 스프링시험

(나) 비파괴시험(Non-Destructive Test)
- 육안검사
- 음향검사
- 방사선 투과 검사
- 초음파 검사
- 자분탐상검사
- 형광탐상검사 등

(다) 인장시험
- 재료의 기계적 성질인 비례한도
- 탄성한도
- 항복점
- 인장강도
- 파단점
- 연신율 등

60 지게차의 방호장치인 헤드가드에 대한 설명으로 맞는 것은?

① 상부틀의 각 개구의 폭 또는 길이는 16센티미터 미만일 것
② 운전자가 앉아서 조작하는 방식의 지게차의 경우에는 운전자의 좌석 윗면에서 헤드가드의 상부틀 아랫면까지의 높이는 1.5미터 이상일 것
③ 지게차에는 최대하중의 2배(5톤을 넘는 값에 대해서는 5톤으로 한다.)에 해당하는 등분포정하중에 견딜 수 있는 강도의 헤드가드를 설치하여야 한다.
④ 운전자가 서서 조작하는 방식의 지게차의 경우에는 운전석의 바닥면에서 헤드가드의 상부틀 하면까지의 높이는 2미터 이상일 것

해설 --

지게차의 헤드가드
- 강도는 지게차의 최대하중의 2배의 값(그 값이 4톤을 넘는 것에 대하여서는 4톤으로 함)의 등분포정하중에 견딜 수 있는 것일 것
- 상부틀의 각 개구의 폭 또는 길이가 16cm 미만일 것
- 운전자가 앉아서 조작하거나 서서 조작하는 지게차의 헤드가드는 [산업표준화법]에 따른 한국산업표준에서 정하는 높이기준(입식 : 1.88m, 좌식 : 0.903m)이상일 것

04 전기설비안전관리

61 정전작업 시 작업 중의 조치사항으로 옳은 것은?

① 검전기에 의한 정전확인　　　② 개폐기의 관리

③ 잔류전하의 방전　　　　　　④ 단락접지 실시

해설

정전 작업 시 안전조치 사항

단계조치	실무사항(조치사항)
작업 전	· 작업지휘자에 의한 작업내용의 주지 철저 · 개로개폐기의 시건 또는 표시(잠금장치 및 꼬리표 부착) · 잔류전하의 방전 · 검전기에 의한 정전확인 · 단락접지 · 일부 정전 작업 시 정전선로 및 활선선로의 표시 · 근접활선에 대한 방호
작업 중	· 작업지휘자에 의한 지휘 · 개폐기의 관리 · 단락접지의 수시확인 · 근접활선에 대한 방호상태의 관리
작업 종료 시	· 단락접지기구의 철거 · 표지의 철거 · 작업자에 대한 위험이 없는 것을 확인 · 개폐기를 투입해서 송전재개

62 인체의 전기저항 R을 1,000Ω이라고 할 때 위험 한계 에너지의 최저는 약 몇 J 인가? (단, 통전 시간은 1초이고, 심실세동전류 $I = \dfrac{165}{\sqrt{T}}$ 이다.)

① 17.23　　　　　　　　　② 27.23

③ 37.23　　　　　　　　　④ 47.23

해설

심실 세동을 일으키는 전기에너지 값

$$W = I^2 RT = (\frac{165}{\sqrt{T}})^2 \times R \times T$$

$$= (\frac{165}{\sqrt{1}} \times 10^{-3})^2 \times 1,000 \times 1 = 27.23 J$$

63 감전 사고를 방지하기 위한 방법으로 틀린 것은?

① 전기기기 및 설비의 위험부에 위험표시

② 전기설비에 대한 누전차단기 설치

③ 전기기기에 대한 정격표시

④ 무자격자는 전기기계 및 기구에 전기적인 접촉 금지

> **해설** ┈┈┈┈┈┈┈┈┈┈┈┈┈┈┈┈┈┈┈┈┈┈┈
>
> 감전사고의 방지대책
> - 전기기기 및 설비의 위험부에 위험표시
> - 보호접지의 실시
> - 전기설비의 점검철저
> - 전기기기 및 설비의 정비 철저
> - 고전압 선로 및 충전부에 근접하여 작업하는 경우 보호구 착용
> - 충전부가 노출된 부분에는 절연 방호구 사용
> - 유자격자이외는 전기기계 및 기구에 접촉금지
> - 안전 관리자는 작업에 대한 안전교육 실시
> - 사고발생시의 처리순서를 미리 작성하여 둘 것

64 다음 중 피뢰기의 설치 장소로 옳지 않은 것은?

① 발전소, 변전소의 가공 전선의 인입구 및 인출구

② 배전선로 차단기, 개폐기의 전원측 및 부하측

③ 고압가공 전선로에서 수전하는 300kW 이상의 수용장소의 인입구

④ 콘덴서의 전원측

> **해설** ┈┈┈┈┈┈┈┈┈┈┈┈┈┈┈┈┈┈┈┈┈┈┈
>
> 피뢰기의 설치장소
> (가) 고압 또는 특별고압의 전로 중에서 다음의 장소에 설치할 것
> - 발전소, 변전소의 가공 전선의 인입구 및 인출구
> - 가공 전선로에 접속하는 특고압 옥외배전용 변압기의 고압측 및 특고압측
> - 고압가공 전선로에서 수전하는 500[kW] 이상의 수용장소의 인입구
> - 특고압 가공 전선로에서 수전하는 수용장소의 인입구
> (나) 배전선로 차단기, 개폐기의 전원측 및 부하측
> (다) 콘덴서의 전원측

65 내압방폭구조의 필요충분조건에 대한 사항으로 틀린 것은?

① 폭발화염이 외부로 유출되지 않을 것

② 습기침투에 대한 보호를 충분히 할 것

③ 내부에서 폭발한 경우 그 압력에 견딜 것

④ 외함의 표면온도가 외부의 폭발성가스를 점화하지 않을 것

해설

내압 방폭 구조의 조건

· 내부에서 폭발할 경우 그 압력에 견딜 것

· 외함 표면온도가 주위의 가연성 가스에 점화되지 않을 것

· 폭발화염이 외부로 유출되지 않을 것

66 정전기 발생현상의 분류에 해당되지 않는 것은?

① 유체대전　　　　　　③ 박리대전

② 마찰대전　　　　　　④ 교반대전

해설

정전기 발생의 종류

(1) 마찰대전

· 물체가 마찰을 일으킬 때 마찰에 의해서 접촉위치가 이동하며 전하 분리 및 재배열이 일어나서 정전기가 발생하는 현상이다.

· 고체, 액체, 분체류의 정전기발생은 마찰대전에 기인한다.

(2) 유동대전

(가) 액체류가 파이프 등을 통해서 유동할 때 관벽과 액체사이에서 정전기가 발생하는 현상이다.

(나) 액체유동에 의한 정전기발생은 액체의 유속에 큰 영향을 받는다.

· 배관 내 유체의 대전량(정전하량) : 유속의 1.5 ～ 2배에 비례

· 배관 내 유체의 제한유속 : 1m/sec 이하

(3) 박리대전

· 서로 밀착해 있던 물체가 박리되었을 때 전하분리가 일어나서 정전기가 발생하는 현상이다.

· 박리대전은 접촉면적, 접촉면의 밀착력, 박리속도 등에 영향을 받는다.

(4) 분출대전 : 기체, 액체, 분체류 등이 단면적이 작은 분출구를 통과할 때 마찰에 의해서 정전기가 발생하는 현상이다.

(5) 충돌대전 : 분체류와 같은 입자끼리 또는 입자와 고체와의 충돌에 의해서 급속한 분리, 접촉이 행해지기 때문에 정전기가 발생하는 현상이다.

(6) 파괴대전 : 물체가 파괴될 때 정전기가 발생하는 현상이다.

(7) 비말대전 : 공간에 분출한 액체류가 가늘게 비산해서 분리되는 과정에 정전기가 발생하는 현상이다.

(8) 진동대전(교반대전) : 액체를 교반할 때 정전기가 발생하는 현상이다.

67 감전사고를 방지하기 위한 대책으로 틀린 것은?

① 전기설비에 대한 보호 접지
② 전기기기에 대한 정격 표시
③ 전기설비에 대한 누전차단기 설치
④ 충전부가 노출된 부분에는 절연 방호구 사용

> **해설**
>
> 감전사고의 방지대책
> · 전기기기 및 설비의 위험부에 위험표시
> · 보호접지의 실시
> · 전기설비의 점검철저
> · 전기기기 및 설비의 정비 철저
> · 고전압 선로 및 충전부에 근접하여 작업하는 경우 보호구 착용
> · 충전부가 노출된 부분에는 절연 방호구 사용
> · 유자격자이외는 전기기계 및 기구에 접촉금지
> · 안전 관리자는 작업에 대한 안전교육 실시
> · 사고발생시의 처리순서를 미리 작성하여 둘 것

68 위험 장소 중 제 1종 장소에 해당하지 않는 방폭 구조는?

① 내압 방폭구조
② 비점화 방폭구조
③ 안전증 방폭구조
④ 압력 방폭구조

> **해설**
>
> 비점화 방폭구조는 2종 장소에 해당한다.

69 인체 피부의 전기저항에 영향을 주는 주요 인자와 가장 거리가 먼 것은?

① 접촉면적
② 인가전압의 크기
③ 통전경로
④ 인가시간

> **해설**
>
> 인체피부의 전기저항에 영향을 주는 요인
> · 인가전압의 크기와 전류의 세기
> · 접촉 면적
> · 인가 시간

70 일반 허용접촉 전압과 그 종별을 짝지은 것으로 틀린 것은?

① 제1종 : 0.5V 이하　　② 제2종 : 25V 이하

③ 제3종 : 50V 이하　　④ 제4종 : 제한 없음

해설

허용 접촉전압

종별	접촉상태	허용접촉전압
제 1종	・인체의 대부분이 수중에 있는 상태	2.5V 이하
제 2종	・인체가 현저히 젖어 있는 상태 ・금속성의 전기・기계장치나 구조물에 인체의 일부가 상시 접촉되어 있는 상태	25V 이하
제 3종	・제1종 및 제2종 이외의 경우로서 통상의 인체생태에 있어서 접촉전압이 가해지면 위험성이 높은 상태	50V 이하
제 4종	・제3종의 경우로써 위험성이 낮은 상태 ・접촉전압이 가해질 위험이 없는 경우	제한 없음

71 전기기계 및 기구에 설치되어 있는 누전차단기의 정격감도전류(mA)와 동작 시간(초)의 최대값으로 옳은 것은?

① 10mA, 0.03초　　② 20mA, 0.01초

③ 30mA, 0.03초　　④ 50mA, 0.1초

해설

전기기계・기구에 설치되어 있는 누전차단기는 정격감도전류가 30mA 이하이고 작동시간은 0.03초 이내이어야 한다.

72 내부에서 폭발하더라도 틈의 냉각 효과로 인하여 외부의 폭발성 가스에 착화될 우려가 없는 방폭구조는?

① 내압 방폭구조　　② 유입 방폭구조

③ 안전증 방폭구조　　④ 본질안전 방폭구조

해설

내압 방폭구조에 대한 설명이다.

73 다음 중 자기 방전식 제전기에 대한 설명으로 옳지 않은 것은?

① 코로나 방전을 일으켜 공기를 이온화하는 방식의 제전기이다.

② 50kV 내외의 높은 대전을 제거할 수 있으나 2kV 내외의 대전이 남는 단점이 있다.

③ 인화위험이 높은 단점이 있다.

④ 플라스틱, 섬유, 고무, 필름 공장 등에서 정전기 제거에 효과적이다.

> **해설**
>
> 자기 방전식 제전기
> · 코로나 방전을 일으켜 공기를 이온화하는 방식이다.
> · 50kV 내외의 높은 대전을 제거하는 장점이 있으나 2kV 내외의 대전이 남는 결점이 있다.
> · 인화위험이 거의 없으며 제전기 중 설치비가 가장 경제적이다.
> · 플라스틱, 섬유, 고무, 필름 공장 등에서 정전기 제거에 효과적이다.

74 가연성 분진운 형태가 드물게 발생 또는 단기간 존재할 우려가 있거나, 이상 작동 상태 하에서 가연성 분진층이 형성될 수 있는 분진 폭발 위험 장소로 옳은 것은?

① 1종 장소　　　　　　　② 2종 장소

③ 21종 장소　　　　　　④ 22종 장소

> **해설**
>
> 22종 장소에 대한 설명이다.

75 피뢰기의 여유도가 33%이고, 충격절연강도가 1,000kV라고 할 때 피뢰기의 제한전압은 약 몇 kV인가?

① 852　　　　　　　　　② 752

③ 652　　　　　　　　　④ 552

> **해설**
>
> 피뢰침의 보호여유도
>
> $$여유도(\%) = \frac{충격절연강도 - 제한전압}{제한전압} \times 100$$
>
> $$제한전압 = \frac{충격절연강도}{\dfrac{피뢰침의 보호여유도}{100} + 1} = \frac{1,000}{\dfrac{33}{100} + 1} = 751.88 kV$$

76 화재 폭발의 예민성이 커지는 조건으로 옳지 않은 것은?

① 폭발 등급이 클수록 ② 안전간격이 작을수록
③ 발화온도가 높을수록 ④ 발화도가 높을수록

> **해설**
>
> 화재폭발의 예민성 증가 조건
> · 폭발등급이 클수록
> · 안전간격이 작을수록
> · 발화도가 높을수록
> · 발화온도가 낮을수록

77 고압전류나 저압전로의 혼촉되었을 때 감전이나 화재 방지를 위한 접지 종류로 옳은 것은?

① 계통 접지 ② 피뢰기 접지
③ 기기 접지 ④ 정전기 접지

> **해설**
>
> 계통 접지에 대한 설명이다.

78 대전 방지제로써 값이 저렴하고 무독성이며 섬유의 균일 부착성과 열 안전성이 좋아 섬유 원사 등에 사용가능한 것은?

① 음이온계 활성제 ② 양이온계 활성제
③ 비이온계 활성제 ④ 양성이온계 활성제

> **해설**
>
> 음이온계 활성제에 대한 설명이다.

79 방폭전기기기의 온도등급의 기호는?

① E ② S
③ T ④ N

> **해설**
>
> 온도등급을 나타내는 기호는 T이다.

80 가스 위험 장소 중 하나로 폭발성 분위기가 주기적 또는 간헐적으로 발생할 염려가 있는 장소로 옳지 않은 것은?

① 탱크 내 액면 상부의 공간부
② 탱크류의 벤트의 개구부 부근
③ 환기가 방해되는 실내에서 가연성 가스나 증기를 방출할 염려가 있는 장소
④ 점검·수리작업 시 가연성가스나 증기를 방출하는 장소

해설

1종 장소 : 폭발성 분위기가 주기적 또는 간헐적으로 발생할 염려가 있는 장소(보통상태에서 위험분위기를 발생할 염려가 있는 장소)로서 다음의 장소를 말한다.
· 탱크로리, 드럼관 등 인화성 액체를 충전하는 경우 개구부의 부근
· 릴리프 밸브가 가끔 작동하여 가연성 가스, 증기를 방출하는 경우
· 탱크류의 벤트의 개구부 부근
· 점검, 수리작업 시 가연성가스나 증기를 방출하는 장소
· 플로팅 루프탱크(Floating Roof Tank)상의 셀(Shell)내의 부근
· 실내(환기가 방해되는 장소)에서 가연성 가스나 증기를 방출할 염려가 있는 장소
· 위험한 가스가 누출할 염려가 있는 장소로서 핏트류처럼 가스가 축적되는 장소

05 화학설비안전관리

81 위험물 또는 가스에 의한 화재를 경보하는 기구에 필요한 설비가 아닌 것은?

① 간이 완강기
② 자동화재감지기
③ 축전지설비
④ 자동화재수신기

해설

간이 완강기는 피난 기구로 경보 기구와는 거리가 멀다.

82 산업안전보건기준에 관한 규칙에서 지정한 '화학설비 및 그 부속설비의 종류' 중 화학설비의 부속설비에 해당하는 것은?

① 응축기·냉각기·가열기 등의 열교환기류
② 반응기·혼합조 등의 화학물질 반응 또는 혼합장치
③ 펌프류·압축기 등의 화학물질 이송 또는 압축설비
④ 온도·압력·유량 등을 지시·기록하는 자동제어 관련 설비

해설

화학설비 및 부속설비의 종류
1. 화학설비
   가. 반응기·혼합조 등 화학물질 반응 또는 혼합장치
   나. 증류탑·흡수탑·추출탑·감압탑 등 화학물질 분리장치
   다. 저장탱크·계량탱크·호퍼·사일로 등 화학물질 저장설비 또는 계량설비
   라. 응축기·냉각기·가열기·증발기 등 열교환기류
   마. 고로 등 점화기를 직접 사용하는 열교환기류
   바. 캘린더(Calender)·혼합기·발포기·인쇄기·압출기 등 화학제품 가공설비
   사. 분쇄기·분체분리기·용융기 등 분체화학물질 취급장치
   아. 결정조·유동탑·탈습기·건조기 등 분체화학물질 분리장치
   자. 펌프류·압축기·이젝터(Ejector) 등의 화학물질 이송 또는 압축설비
2. 화학설비의 부속설비
   가. 배관·밸브·관·부속류 등 화학물질 이송 관련 설비
   나. 온도·압력·유량 등을 지시·기록 등을 하는 자동제어 관련 설비
   다. 안전밸브·안전판·긴급차단 또는 방출밸브 등 비상조치 관련 설비
   라. 가스누출감지 및 경보 관련 설비
   마. 세정기, 응축기, 벤트스택(Bent Stack), 플레어스택(Flare Stack) 등 폐가스처리설비
   바. 사이클론, 백필터(Bag Filter), 전기집진기 등 분진처리설비
   사. 가목부터 바목까지의 설비를 운전하기 위하여 부속된 전기 관련 설비
   아. 정전기 제거장치, 긴급 샤워설비 등 안전 관련 설비

83 메탄(CH_4)이 공기 중에서 연소될 때의 이론혼합비(화학양론조성)는 약 몇 vol%인가?

① 2.21　　　　　　　② 4.03
③ 5.76　　　　　　　④ 9.50

해설

$$C_{st} = \frac{100}{1 + 4.773\left(n + \frac{m - f - 2\lambda}{4}\right)} (\%)$$

$$C_{st} = \frac{100}{1 + 4.773\left(1 + \frac{4}{4}\right)} (\%) = 9.48\%$$

84 다음 중 인화성 가스가 아닌 것은?

① 부탄
③ 수소
② 메탄
④ 산소

> **해설**
> 산소는 조연성 가스이다.

85 다음 물질이 물과 접촉하였을 때 위험성이 가장 낮은 것은?

① 과산화칼륨
② 나트륨
③ 메틸리튬
④ 이황화탄소

> **해설**
> 이황화탄소는 인화성 액체로 대부분 물보다 가볍고 물에 용해되기 어렵다.

86 고압의 환경에서 장시간 작업하는 경우에 발생할 수 있는 잠함병(潛函病) 또는 잠수병(潛水病)은 다음 중 어떤 물질에 의하여 중독현상이 일어나는가?

① 질소
② 황화수소
③ 일산화탄소
④ 이산화탄소

> **해설**
> 잠함병의 원인이 되는 물질 : 질소(N_2)

87 다음 중 반응기를 조작방식에 따라 분류할 때 이에 해당하지 않는 것은?

① 회분식 반응기
② 반회분식 반응기
③ 연속식 반응기
④ 관형식 반응기

> **해설**
> 조작방식에 의한 분류
> ・회분식 반응기(Batch Reactor)
> ・반회분식 반응기(Semi Batch Reactor)
> ・연속식 반응기(Plug Flow Reactor)

88 20℃, 1기압의 공기 5기압으로 단열압축하면 공기의 온도는 약 몇 ℃가 되겠는가? (단, 공기의 비열비는 1.4 이다.)

① 32

② 191

③ 305

④ 464

해설 ————————————————

단열 압축 시 가스의 온도

$$\frac{T_2}{T_1} = \left(\frac{P_2}{P_1}\right)^{\frac{r-1}{r}} = \left(\frac{V_1}{V_2}\right)^{r-1}$$

$$T_2 = (273 + 20) \times \left(\frac{5}{1}\right)^{\frac{1.4-1}{1.4}} = 464.06K = 191.06℃$$

89 다음 중 가연성 물질이 연소하기 쉬운 조건으로 옳지 않은 것은?

① 연소 발열량이 클 것

② 점화에너지가 작을 것

③ 산소와 친화력이 클 것

④ 입자의 표면적이 작을 것

해설 ————————————————

자연발화성물질의 자연발화를 촉진시키는데 영향을 주는 경우

· 표면적이 넓고 발열량이 클 것

· 주위온도가 높을 것

· 열전도율이 낮을 것

· 산소 친화력이 클 것

· 점화에너지가 작을 것

90 폭발원인물질의 물리적 상태에 따라 구분할 때 기상폭발(Gas Explosion)에 해당되지 않는 것은?

① 분진폭발

② 응상폭발

③ 분무폭발

④ 가스폭발

해설 ————————————————

응상폭발은 고상 및 액상 폭발을 의미한다.

91 다음 중 증류탑의 보수에 있어 일상점검항목과 정기적 개방점검항목으로 구분할 때 일상 점검 항목으로 가장 거리가 먼 것은?

① 도장의 노후상황
② 부착물에 의한 오염의 상황
③ 보온재, 보냉재의 파손여부
④ 기초볼트의 체결정도

해설

증류탑의 일상점검 항목
· 보온재 및 보냉재의 파손 상황
· 도장의 열화상황
· 플랜지(Flange)부, 맨홀(Manhole)부, 용접부에서 외부누출 여부
· 기초 볼트의 헐거움 여부
· 증기배관에 열팽창에 의한 무리한 힘이 가해지고 있는지의 여부와 부식 등

92 다음 중 후드의 설치 요령으로 옳지 않은 것은?

① 후드의 개구면적을 크게 할 것
② 후드는 발생원에 가깝게 접근시킬 것
③ 후드로부터 연결되는 덕트는 직선화할 것
④ 충분한 포집속도를 유지할 것

해설

후드의 개구면적은 가능한 작게 할 것

93 산업안전보건기준에 관한 규칙 중 급성 독성 물질에 관한 기준 중 일부이다. (A)와 (B)에 알맞은 수치를 옳게 나타낸 것은?

· 쥐에 대한 경구투입실험에 의하여 실험동물의 50퍼센트를 사망시킬 수 있는 물질의 양, 즉 LD_{50}(경구, 쥐)이 킬로그램당 (A)밀리그램 - (체중) 이하인 화학물질
· 쥐 또는 토끼에 대한 경피흡수실험에 의하여 실험동물의 50퍼센트를 사망시킬 수 있는 물질의 양, 즉 LD_{50}(경피, 토끼 또는 쥐)이 킬로그램당(B)밀리그램 - (체중)이하인 화학물질

① A : 1,000, B : 300
② A : 1,000, B : 1,000
③ A : 300, B : 300
④ A : 300, B : 1,000

해설

[쥐에 대한 경구투입실험]
· 실험동물의 50%를 사망시킬 수 있는 물질의 양을 의미한다.
· LD_{50}(경구, 쥐)이 (체중)kg당 300mg 이하인 화학물질을 의미한다.
[쥐 또는 토끼에 대한 경피 흡수 실험]
· 실험동물의 50%를 사망시킬 수 있는 물질의 양을 의미한다.
· LD_{50}(경피, 쥐 또는 토끼)이 (체중)kg당 1,000mg 이하인 화학물질을 의미한다.

94 인화성 액체, 가연성 액체, 석유 그리스, 파일, 오일, 유성도료, 솔벤트, 래커, 알코올 및 인화성 가스와 같은 유류라고 해서 재가 남지 않는 화재를 표시하는 색은?

① 백색
② 황색
③ 청색
④ 무색

해설

유류화재(B급 화재)는 황색으로 표시한다.

95 폭굉유도거리가 짧아지는 경우로 옳지 않은 것은?

① 압력이 낮을수록
② 점화원의 에너지가 강할수록
③ 관경이 작을수록
④ 정상 연소속도가 큰 화합물일수록

해설

폭굉유도거리가 짧은 경우
• 정상 연소속도가 큰 혼합가스일수록
• 관속에 방해물이 있거나 관경이 가늘수록
• 압력이 높을수록
• 점화원의 에너지가 강할수록

96 헥산 1Vol%, 메탄 2Vol%, 에틸렌 2Vol%, 공기 95Vol%로 된 혼합가스의 폭발하한계 값(Vol%)은 약 얼마인가?(단, 헥산, 메탄, 에틸렌의 폭발하한계 값은 각각 1.1, 5.0, 2.7Vol%이다.)

① 2.44
② 12.89
③ 21.78
④ 48.78

해설

$$\frac{V}{L} = \frac{V_1}{L_1} + \frac{V_2}{L_2} + \cdot \cdot \cdot + \frac{V_n}{L_n}$$

$$\frac{5}{L} = \frac{1}{1.1} + \frac{2}{5} + \frac{2}{2.7}$$

$$\therefore L = 2.44$$

97 안전간격에 따른 위험 물질을 구분할 때 폭발 등급이 1등급에 해당하지 않는 물질은?

① 프로판
② 아세톤
③ 암모니아
④ 이황화탄소

해설

이황화탄소는 폭발 등급이 3등급 물질이다.

98 공기 중에서 A 가스는 2.2%(V/V)이다. 공기 1m³에 함유되어 있는 A 가스의 질량을 구하면 약 몇 g인가?(단, A 가스의 분자량은 26이다.)

① 19.02
② 25.54
③ 29.02
④ 35.54

> **해설**
>
> $1,000L \times 0.022 = 22L$
>
> $22L \times \dfrac{26g}{22.4L} = 25.54g$

99 다음 중 독립된 단층 건물로 해야 하는 건조설비로 옳지 않은 것은?

① 고체 또는 액체연료의 최대사용량이 10kg/hr 이상인 설비
② 기체연료의 최대사용량이 10m³/hr 이상인 설비
③ 전기사용 정격용량이 10kW 이상
④ 위험물을 가열·건조하는 경우 내용적이 1m³ 이상인 설비

> **해설**
>
> 독립된 단층 건물로 해야 하는 건조설비
> (1) 위험물을 가열·건조하는 경우 내용적이 1m³ 이상인 건조설비
> (2) 위험물이 아닌 물질을 가열·건조하는 경우로서 다음 각 목의 어느 하나의 용량에 해당하는 건조설비
> ・고체 또는 액체연료의 최대사용량이 10kg/hr 이상
> ・기체연료의 최대사용량이 1m³/hr 이상
> ・전기사용 정격용량이 10kW 이상

100 다음 중 자연 발화의 방지법으로 가장 거리가 먼 것은?

① 직접 인화할 수 있는 불꽃과 같은 점화원만 제거하면 된다.
② 저장소 등의 주위 온도를 낮게 한다.
③ 습기가 많은 곳에는 저장하지 않는다.
④ 통풍이나 저장법을 고려하여 열의 축적을 방지한다.

> **해설**
>
> 자연발화 방지법
> ・통풍을 잘 시킬 것
> ・습기가 높은 것을 피할 것
> ・연소성 가스의 발생에 주의할 것
> ・저장실의 온도 상승을 피할 것

06 건설공사안전관리

101 건설현장의 가설계단 및 계단참을 설치하는 경우 얼마 이상의 하중에 견딜 수 있는 강도를 가진 구조로 설치하여야 하는가?

① 200kg/m²

③ 400kg/m²

② 300kg/m²

④ 500kg/m²

해설

계단의 강도 : 계단 및 계단참은 500kg/m²(매 m²당 500kg) 이상의 하중에 견딜 수 있는 강도를 가진 구조로 설치

102 보통흙의 건조된 지반을 흙막이지보공 없이 굴착하려 할 때 적합한 굴착면의 기울기 기준으로 옳은 것은?

① 1 : 1

② 1 : 1.2

③ 1 : 1.8

④ 1 : 2

해설

굴착면의 기울기(구배) 기준

지반의 종류	굴착면의 기울기
모래	1 : 1.8
연암 및 풍화암	1 : 1
경암	1 : 0.5
그 밖의 흙	1 : 1.2

CBT

103 다음 중 유해·위험방지계획서를 작성 및 제출하여야 하는 공사에 해당되지 않는 것은?

① 지상높이가 31m인 건축물의 건설·개조 또는 해체

② 최대 지간길이가 50m인 교량건설 등 공사

③ 깊이가 8m인 굴착공사

④ 터널 건설 등의 공사

해설

유해·위험 방지 계획서 제출 대상 공사(건설업)

· 지상 높이가 31m 이상인 건축물 또는 인공구조물, 연면적 3만m² 이상인 건축물 또는 연면적 5천m² 이상의 문화 및 집회시설(전시장 · 동물원 · 식물원은 제외), 판매시설, 운수시설(고속철도의 역사 및 집배송 시설은 제외), 종교시설, 의료시설 중 종합병원, 숙박시설 중 관광숙박시설, 지하도상가 또는 냉동 · 냉장창고시설의 건설 · 개조 또는 해체

· 연면적 5천m² 이상의 냉동.냉장창고시설의 설비공사 및 단열공사

· 최대 지간길이가 50m 이상인 교량 건설 등 공사

· 터널 건설 등의 공사

· 다목적댐, 발전용 댐 및 저수용량 2천만톤 이상의 용수전용댐, 지방상수도 전용댐 건설 등의 공사

· 깊이 10m 이상인 굴착공사

104 건설업 중 교량건설 공사의 경우 유해위험방지계획서를 제출하여야 하는 기준으로 옳은 것은?

① 최대 지간길이가 40m 이상인 교량건설 등 공사

② 최대 지간길이가 50m 이상인 교량건설 등 공사

③ 최대 지간길이가 60m 이상인 교량건설 등 공사

④ 최대 지간길이가 70m 이상인 교량건설 등 공사

해설

최대 지간길이가 50m 이상인 교량 건설 등 공사

105 터널굴착작업을 하는 때 미리 작성하여야 하는 작업계획서에 포함되어야 할 사항이 아닌 것은?

① 굴착의 방법

② 암석의 분할방법

③ 환기 또는 조명시설을 설치할 때에는 그 방법

④ 터널지보공 및 복공의 시공방법과 용수의 처리방법

해설

터널 굴착 작업 시 작업계획의 작성내용

· 굴착의 방법

· 터널지보공 및 복공의 시공방법과 용수의 처리방법

· 환기 또는 조명시설을 하는 때에는 그 방법

106 일반건설공사(갑)로서 대상액이 5억원 이상 50억원 미만 인 경우에 산업안전보건관리비의 비율(가) 및 기초액(나)으로 옳은 것은?

① (가) 1.86%, (나) 5,349,000원
② (가) 1.99%, (나) 5,499,000원
③ (가) 2.35%, (나) 5,400,000원
④ (가) 1.57%, (나) 4,411,000원

해설

공사종류별 규모 및 안전관리비 계상 기준표

대상액 공사종류	5억 원 미만	5억 원 이상 50억 원 미만		50억 원 이상	보건관리자 선임대상 건설공사의 적용비율
		비율(x)	기초액(c)		
일반건설공사(갑)	2.93(%)	1.86(%)	5,349,000원	1.97(%)	2.15(%)
일반건설공사(을)	3.09(%)	1.99(%)	5,499,000원	2.10(%)	2.29(%)
중건설공사	3.43(%)	2.35(%)	5,400,000원	2.44(%)	2.66(%)
철도.궤도 신설 공사	2.45(%)	1.57(%)	4,411,000원	1.66(%)	1.81(%)
특수 및 기타 건설공사	1.85(%)	1.20(%)	3,250,000원	1.27(%)	1.38(%)

107 건설현장에서 근로자의 추락재해를 예방하기 위한 안전난간을 설치하는 경우 그 구성요소와 거리가 먼 것은?

① 상부난간대
② 중간난간대
③ 사다리
④ 발끝막이판

해설

안전난간대는 상부 난간대, 중간 난간대, 발끝 마이판 및 난간기둥으로 구성할 것.

108 중량물을 운반할 때의 바른 자세로 옳은 것은?

① 허리를 구부리고 양손으로 들어올린다.
② 중량은 보통 체중의 60%가 적당하다.
③ 물건은 최대한 몸에서 멀리 떼어서 들어올린다.
④ 길이가 긴 물건은 앞쪽을 높게 하여 운반한다.

해설

인력운반 작업 시 안전수칙
· 물건을 들어 올릴 때는 팔과 무릎을 사용하며, 척추는 곧은 자세로 할 것
· 무거운 물건은 공동 작업으로 실시하고 보조기구를 사용할 것
· 길이가 긴 물건은 앞쪽을 높여 운반할 것
· 화물에 최대한 접근하여 중심을 낮게 할 것
· 어깨보다 높이 들어 올리지 않을 것
· 무리한 자세를 장시간 지속하지 않을 것

109 차량계 하역운반기계를 사용하는 작업을 할 때 그 기계가 넘어지거나 굴러떨어짐으로써 근로자에게 위험을 미칠 우려가 있는 경우에 우선적으로 조사하여야 할 사항과 가장 거리가 먼 것은?

① 해당 기계에 대한 유도자 배치
② 지반의 부동침하 방지 조치
③ 갓길 붕괴 방지 조치
④ 경보 장치 설치

> **해설**
>
> 차량계 건설기계의 전도 또는 전락 등에 의한 근로자의 위험방지 조치사항
> · 갓길(노견)의 붕괴방지
> · 지반의 부동침하방지
> · 도로 폭의 유지
> · 유도자 배치

110 산업안전보건법령에 따른 거푸집동바리를 조립하는 경우의 준수사항으로 옳지 않은 것은?

① 개구부 상부에 동바리를 설치하는 경우에는 상부하중을 견딜 수 있는 견고한 받침대를 설치할 것
② 동바리의 이음은 맞댄이음이나 장부이음으로 하고 같은 품질의 제품을 사용할 것
③ 강재와 강재의 접속부 및 교차부는 철선을 사용하여 단단히 연결할 것
④ 거푸집이 곡면이 경우에는 버팀대의 부착 등 그 거푸집의 부상(浮上)을 방지하기 위한 조치를 할 것

> **해설**
>
> 거푸집 동바리 조립 시 안전조치 사항
> · 깔목의 사용, 콘크리트 타설, 말뚝 박기 등 동바리의 침하를 방지하기 위한 조치를 할 것
> · 개구부 상부에 동바리 설치 시 상부하중을 견딜 수 있는 견고한 받침대를 설치할 것
> · 동바리의 상하고정 및 미끄러짐 방지 조치를 하고, 하중의 지지 상태를 유지할 것
> · 동바리의 이음 : 같은 품질의 재료를 사용하여 맞댐 이음, 장부 이음을 할 것
> · 강재와 강재의 접속부 및 교차부는 볼트·클램프 등 전용철물을 사용하여 단단히 연결할 것
> · 곡면인 거푸집은 버팀대의 부착 등 그 거푸집의 부상을 방지하기 위한 조치를 할 것

111 달비계의 구조에서 달비계 작업발판의 폭은 최소 얼마 이상 이어야 하는가?

① 30cm
② 40cm
③ 50cm
④ 60cm

> **해설**
>
> 작업발판의 폭 : 40cm이상으로 하고 틈새가 없도록 할 것

112 다음은 가설통로를 설치하는 경우의 준수사항이다. (   )안에 알맞은 숫자를 고르면?

건설공사에 사용하는 높이 8m 이상인 비계다리에는 (   )m 이내마다 계단참을 설치할 것

① 7   ② 6
③ 5   ④ 4

해설
건설공사에 사용하는 높이 8m 이상인 비계다리에는 7m 이내마다 계단참을 설치할 것

113 추락방지용 방망의 그물코의 크기가 10cm인 신품 매듭방망사의 인장강도는 몇 킬로그램 이상이어야 하는가?

① 80   ② 110
③ 150   ④ 200

해설
방망사의 신품에 대한 인장강도

그물코의 종류	매듭 없는 방망의 강도	매듭방망의 강도
10cm	240kg	200kg
5cm		110kg

114 철골구조물이 외압에 대한 내력이 설계에 고려되었는지 확인해야 하는 구조물로 옳지 않은 것은?

① 구조물의 폭과 높이 비가 1 : 4이상인 구조물
② 연면직당 철골량이 50kg/m² 이하인 구조물
③ 높이 10m 이상인 구조물
④ 이음부가 현장용접인 구조물

해설
철골구조물이 외압에 대한 내력이 설계에 고려되었는지 확인할 사항
· 높이 20m 이상의 구조물
· 구조물의 폭과 높이의 비가 1 : 4 이상인 구조물
· 단면구조에 현저한 차이가 있는 구조물
· 연면적당 철골량이 50kg/m² 이하인 구조물
· 기둥이 타이 플레이트(Tie Plate)형인 구조물
· 이음부가 현장용접인 구조물

115 달비계(곤돌라의 달비계는 제외)의 최대적재 하중을 정하는 경우에 사용하는 안전계수의 기준으로 옳은 것은?

① 달기체인의 안전계수 : 10 이상
② 달기강대와 달비계의 하부 및 상부지점의 안전계수(목재의 경우) : 2.5이상
③ 달기와이어로프의 안전계수 : 5 이상
④ 달기강선의 안전계수 : 10 이상

해설

달비계(곤돌라의 달비계는 제외)의 안전계수
· 달기와이어로프 및 달기강선의 안전계수 : 10 이상
· 달기체인 및 달기훅의 안전계수 : 5 이상
· 달기강대와 달비계 하부 및 상부지점의 안전계수
　① 강재의 경우 : 2.5 이상
　② 목재의 경우 : 5 이상

116 건축물의 해체 작업 방법으로 화약 발파공법 사용 시 특징으로 옳지 않은 것은?

① 노동력을 절감시킬 수 있으며 공기 단축이 가능하다.
② 비산물 방호장치 설비의 설치가 필요하다.
③ 슬래브 벽 파쇄에 유리하다.
④ 파괴력이 커 폭음과 진동이 있다.

해설

슬래브 벽 파쇄에 불리하다.

117 다음 중 방망에 표시해야할 사항이 아닌 것은?

① 방망의 신축성　　　　② 제조자명
③ 제조년월　　　　　　④ 재봉 치수

해설

방망의 표시사항
· 제조자명
· 제조연월
· 재봉치수
· 그물코
· 신품 때의 방망의 강도

118 사다리식 통로 등을 설치하는 경우 고정식 사다리식 통로의 기울기는 최대 몇 도 이하로 하여야 하는가?

① 60도

② 75도

③ 80도

④ 90도

> **해설**
>
> 사다리식 통로의 기울기는 75°이하로 할 것. 다만, 고정식 사다리식 통로의 기울기는 90°이하로 한다.

119 흙막이 지보공 조립 시 조립도에 포함되는 내용으로 옳지 않은 것은?

① 부재의 배치

② 부재의 설치방법

③ 부재의 구입처

④ 부재의 재질

> **해설**
>
> 흙막이지보공(흙막이판, 말뚝, 버팀대 및 띠장 등 부재) 조립시 조립도에 포함되는 내용
> · 부재의 배치
> · 부재의 치수
> · 부재의 재질
> · 부재의 설치방법과 순서

120 강관비계 조립시의 준수사항으로 옳지 않은 것은?

① 비계기둥에는 미끄러지거나 침하하는 것을 방지하기 위하여 밑받침철물을 사용한다.

② 지상높이 4층 이하 또는 12m 이하인 건축물의 해체 및 조립 등의 작업에서만 사용한다.

③ 교차가새로 보강한다.

④ 외줄비계·쌍줄비계 또는 돌출비계에 대해서는 벽이음 및 버팀을 설치한다.

> **해설**
>
> 강관비계 조립 시의 준수사항
> · 비계기둥에는 미끄러지거나 침하하는 것을 방지하기 위하여 밑받침철물을 사용 하거나 깔판·깔목 등을 사용하여 밑둥잡이를 설치하는 등의 조치를 할 것.
> · 강관의 접속부 또는 교차부(交叉部)는 적합한 부속철물을 사용하여 접속하거나 단단히 묶을 것.
> · 교차 가새로 보강할 것.
> · 외줄비계·쌍줄비계 또는 돌출비계에 대해서는 다음 각 목에서 정하는 바에 따라 벽이음 및 버팀을 설치할 것.
>   ① 강관비계의 조립간격 : 다음 기준에 적합하도록 할 것.

강관비계종류	조립간격(단위 : m)	
	수직 방향	수평 방향
단관비계	5	5
틀비계(높이가 5m미만 제외)	6	8

② 강관·통나무 등의 재료를 사용하여 견고한 것으로 할 것.

③ 인장재(引張材)와 압축재로 구성된 경우에는 인장재와 압축재의 간격을 1m 이내로 할 것.

• 가공전로에 근접하여 비계를 설치하는 경우 가공전로와의 접촉을 방지하기 위한 조치

① 가공전로를 이설할 것.

② 가공전로에 절연용 방호구를 장착할 것.

올배움 이러닝 강의 및 교재내용 문의

올배움 홈페이지 **www.kisa.co.kr**에
방문하시면 본 교재의 저자직강 강의를 통하여
자격증 단기합격을 할 수 있습니다.
또한 본 교재의 정오표는
올배움 홈페이지를 통해 확인이 가능하며
그 밖의 다른 의견 및 오탈자를 제보해주시면
더 좋은 강의와 교재로 보답하겠습니다.

www.kisa.co.kr

📞 **1544-8509**   💬 카톡 ID : **kisa**

올배움BOOK
홈페이지
바로가기   >

산업안전기사 필기

1판1쇄 발행   2025년   1월 10일
2판1쇄 발행   2026년   1월 10일

지 은 이 • 최 병 환
펴 낸 이 • 이 정 훈
펴 낸 곳 •  올배움
주   소 • 서울시 금천구 가산디지털1로 168 B동 B105(가산동, 우림라이온스밸리)
전   화 • 1544-8509 / FAX 0505-909-0777
홈페이지 • www.kisa.co.kr

법인등록번호 • 110111-5784750
I S B N • 979-11-6517-192-6 (13530)

정가 35,000원
